NOUVEAU DICTIONNAIRE

D'HISTOIRE NATURELLE

—

TOME DEUXIÈME

PARIS. — TYPOGRAPHIE ET LITHOGRAPHIE LACOUR, RUE SOUFFLOT, 18.

NOUVEAU DICTIONNAIRE

D'HISTOIRE NATURELLE

ET DES

PHÉNOMÈNES DE LA NATURE

Par le Dʳ Antonin BOSSU

Médecin de l'Infirmerie Marie-Thérèse, du Bureau de Bienfaisance du Xᵉ Arrondissement;
Membre titulaire de la Société de Médecine de Paris; honoré d'une Médaille (Choléra) par le Gouvernement;
Auteur de l'*Anthropologie*, du *Traité des Plantes Médicinales*, précédé d'un *Cours de Botanique*,
du *Nouveau Compendium Médical*; Rédacteur en chef de l'*Abeille Médicale*, etc.

OUVRAGE ENRICHI D'UN TRÈS GRAND NOMBRE DE FIGURES

RÉSUMÉ DES TRAVAUX DE TOUS LES SAVANTS :

BUFFON. — DAUBENTON. — LACÉPÈDE. — Georges CUVIER.
Frédéric CUVIER. — GEOFFROY-SAINT-HILAIRE. — DE JUSSIEU. — BRONGNIART. — ARAGO. — LEVERRIER.
FLOURENS. — DUMÉRIL. — VALENCIENNES. — HAUY. — RÉAUMUR. — HUMBOLDT. — DUMAS.
PAYEN. — BEUDANT. — ÉLIE DE BEAUMONT, ETC., ETC.

TOME DEUXIÈME

PARIS

AU BUREAU DE *L'ABEILLE MÉDICALE*

31, RUE DE SEINE, 31

1858

NOUVEAU DICTIONNAIRE

D'HISTOIRE NATURELLE

ET DES

PHÉNOMÈNES DE LA NATURE

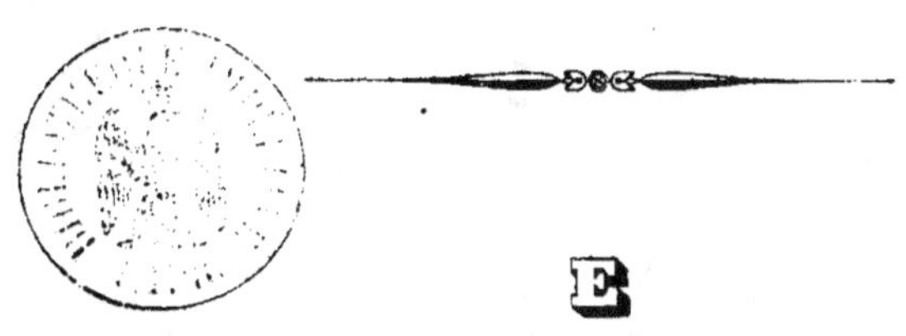

E

EAU. Corps liquide, incolore, transparent, insipide, extrêmement répandu dans la nature et y jouant un rôle immense, résultant de la combinaison de 88,91 parties d'oxygène avec 11,09 d'hydrogène. Son étude est très importante ; elle se présente sous divers aspects. En effet, on trouve l'eau : 1° à l'état liquide ; 2° à l'état solide ; 3° à l'état gazeux.

Eau à l'état liquide. C'est sous cette forme surtout qu'elle est répandue. Outre les mers qui enveloppent nos continents, les lacs, les rivières, les fleuves, les ruisseaux, qui se rencontrent presque partout et sillonnent la surface de la terre en tous sens, l'eau se présente encore en amas plus ou moins considérables dans l'intérieur même du globe. — V. *Puits artésien.* A l'état de pureté, sa pesanteur sert de terme de comparaison pour déterminer celle de tous les autres corps liquides et solides : à 4 degrés centigrades au-dessus de 0, 1 cent. d'eau distillée pèse 1 gramme. On entend par *eau distillée* celle que l'on obtient en distillant l'eau de pluie ou de rivière, eau qui, après la distillation, ne doit contenir aucun sel, aucune matière étrangère, ne doit donner aucun précipité par les azotates de baryte et d'argent, par l'oxalate d'ammoniaque, le sublimé corrosif, les eaux de chaux ou de baryte. Comme tous les liquides, l'eau se dilate par l'action de la chaleur : elle entre en ébullition et s'évaporise au-dessus de 100° centigrades. Elle se congèle à 1 ou 2° cent.

au-dessous de 0. Elle dissout un grand nombre de corps ; elle entre en proportion extrêmement considérable dans les divers liquides et tissus organiques, puisqu'un cadavre pesant 60 kilog. peut être réduit à 5 par la dessiccation.

L'eau ordinaire, non distillée, contient en suspension une quantité plus ou moins grande de substances terreuses alcalines ou métalliques, quelques gaz et des matières végétales ou animales, dont on ne peut la débarrasser entièrement que par la distillation. Pour être potable, elle doit être claire, incolore, insipide, fraîche, ne donnant, après l'évaporation, qu'un résidu à peine sensible. Elle doit dissoudre le savon, cuire les légumes secs, ce qui prouve alors qu'elle est pure ou à peu près de sels terreux ; elle doit aussi contenir un peu d'air, et, sous ce rapport, l'eau distillée à laquelle on n'a pas rendu ce fluide en l'agitant, n'est pas la plus légère à l'estomac ni la meilleure pour les usages économiques.

L'eau se distingue en douce, en salée et en minérale. Les eaux douces sont celles de *pluie,* de *lacs,* d'*étangs,* de *rivières,* de *sources,* de *puits :* les eaux salées ne sont autres que les *mers.* — V. *Mer, Eaux minérales.*

L'eau de pluie est la plus pure, non pas, toutefois, celle qui tombe la première, après quelques jours de sécheresse, parce qu'elle entraîne avec elle les corpuscules organiques répandus dans l'atmosphère. Il faut aussi qu'elle soit recueillie dans des réservoirs pratiqués exprès. L'eau que l'on conserve dans des citernes a nécessairement entraîné des matières étrangères et elle croupit assez promptement. Après l'eau de pluie vient celle de rivière, puis celle de fontaine, et enfin celle de puits, par ordre de pureté. Cette dernière est toujours chargée d'une forte proportion de substances salines, principalement de sulfate de chaux, de chlorures de calcium et de magnésium qui la rendent dure, lourde à la digestion, peu propre à cuire les légumes et à dissoudre le savon; de plus, elle ne contient pas d'air. L'eau des *marais*, des *tourbières*, et, en général, les *eaux stagnantes*, sont impropres à la consommation, parce qu'elles sont chargées de principes organiques en décomposition.

Les eaux jouent un rôle très important dans les changements qui se font à la surface du globe, quelquefois par leur action dissolvante, mais le plus souvent par leur action délayante, par leur poids et surtout par les mouvements dont elles peuvent être animées, par la force de transport qui résulte de leur vitesse. — V. *Éboulement, Cascade, Cataracte, Torrent, Dunes,* etc.

Eau à l'état solide ou *Glace.* L'eau se congèle à une température qui est le point de départ des degrés thermométriques: ce point est marqué 0. En se congelant, elle subit une augmentation de volume que l'on a comparée à 1 14 de la masse totale congelée. C'est à cette dilatation que l'on doit attribuer, pendant les grands froids, le brisement des tubes et des flacons qui renferment de l'eau à l'état liquide, le déchirement des arbres, l'éboulement de certaines roches, etc. « A l'état de pureté, la glace est transparente, incolore, très sapide, très élastique, très dure, très tenace et plus légère que l'eau : c'est de l'eau sous une forme cristalline, dont la figure primitive est l'octaèdre régulier ; elle réfracte fortement la lumière, au point qu'on peut en faire des lentilles ardentes: elle conduit la chaleur pour les degrés au-dessous de zéro, mais au-dessus, elle l'absorbe et se réduit en eau, en vapeur. A 15 ou 16 degrés au-dessous de zéro, on peut l'amener à l'état de poudre impalpable. »

Les usages de la glace sont très étendus en médecine et en économie domestique : on la conserve, pour l'été, dans de grands réservoirs souterrains, disposés exprès, appelés *glacières*. Quand celles-ci sont épuisées, on a recours à la *glace artificielle*, que l'on prépare au moyen de mélanges réfrigérants. Voici quelques-uns de ces moyens : — 5 part. de sel ammoniac réduit en poudre fine, 5 part. de salpêtre pulvérisé, 16 part. d'eau de puits, donnent un froid de 12 degrés. — 10 part. de salpêtre en poudre fine, 32 part. de chlorure de chaux en poudre fine, eau quatre fois la quantité des sels ci-dessus, donnent également un froid de 12 degrés. —9 part. de phosphate de soude cristallisé et pulvérisé, 4 part. d'eau forte, donnent un froid de 24 degrés. — 1 part. de chlorure de chaux calciné et pulvérisé avec part. égales de neige, ou moins, donnent un froid artificiel qui solidifie

le mercure, pourvu qu'on opère par un temps de froid intense et dans un vase de bois. — Dans toutes ces opérations, la théorie repose sur ce principe : que toutes les fois qu'un sel se dissout dans l'eau, ils devient liquide ; que pour devenir liquide, il absorbe du calorique, et conséquemment que cette absorption du calorique donne du froid.

La glace ordinaire est d'une structure compacte ou vitreuse ; mais d'autres fois cette structure est saccharoïde, etc. —V. *Glaciers, Neige, Givre,* etc.

Eau à l'état de vapeur. L'eau se réduit en vapeur sous des influences diverses, depuis l'état atmosphérique dont la température ne s'abaisse pas au-dessous de zéro, jusqu'à l'ébullition ordinaire, jusqu'à cette ébullition active et soutenue dans les chaudières des machines à vapeur. La vapeur d'eau n'a ni couleur, ni odeur, ni saveur, et sa légèreté est plus grande que celle de l'air. C'est ce qui fait qu'elle se mêle à ce fluide, le sature, sans que nous nous en apercevions pour ainsi dire. Son mélange avec l'atmosphère est dans des proportions directes avec le degré de température de celle-ci, d'où il suit que plus l'air est chaud, plus il est chargé de vapeur d'eau; plus il est froid, au contraire, plus il est sec. On a la preuve de la première vérité quand, dans les beaux jours d'été, on monte une bouteille de la cave : on la voit aussitôt se couvrir d'une humidité, qui n'est que la vapeur d'eau tenue en suspension dans l'atmosphère et que le contact du verre froid condense; phénomène qui, en effet, n'a pas lieu pendant les gelées.

L'air chargé de vapeur d'eau est, nous venons de le dire, invisible, mais c'est à condition que la saturation de l'atmosphère n'est pas complète. Dans le cas contraire, ou dès que le moindre refroidissement a lieu, la vapeur se condense : de là la formation des phénomènes connus sous les noms de *nuages, pluie, neige, grêle, brouillard, rosée, gelée blanche.* — V. ces mots.

EAUX MINÉRALES. On appelle ainsi des eaux chargées de substances fixes ou volatiles, qui sont dues tantôt à la filtration de l'eau à travers des terrains où elle rencontre des matières salines dont elle se charge, tantôt à diverses forces électro-chimiques qui déterminent la dissolution de ces matières, en les produisant de toutes pièces. Les Eaux minérales sont dites thermales ou froides; elles sont *froides* jusqu'à 20°, et *chaudes* au-delà de ce terme. Leur température plus ou moins élevée est due à des actions électro-chimiques, à des décompositions souterraines, ou plutôt à la chaleur du globe. On les divise, d'après leurs principes dominants, en *salines, acidules gazeuses, alcalines gazeuses, ferrugineuses* et *sulfureuses.* Leur histoire géographique, chimique et thérapeutique, ne peut être de l'objet de cet ouvrage.

EBÉNACÉES. Famille de plantes dicotylédones, monopétales, hypogynes, composées d'arbres ou arbustes, la plupart des régions tropicales, dont le bois est très dur, souvent noir à son centre ; dont les feuilles sont alternes, entières, souvent coriaces et luisantes ; les fleurs, le plus souvent polygames, à calice et corolle 3-6 divisés : étamine en nombre double ou quadruple des divisions de la corolle ; ovaire libre ; fruit bacciforme globuleux. — Cette famille peu nombreuse a pour genre type le *Plaqueminier*.

ÉBÉNIER. Nom vulgaire d'une espèce du genre *Plaqueminier*. — V. ce mot.

ÉBOULEMENT. En géologie, se dit des terres qui s'éboulent par l'action dissolvante et délayante des eaux, ou par l'effet de leur poids, de leur chute, etc. Les eaux exercent une action chimique sur les substances qu'elles peuvent dissoudre, soit immédiatement, soit au moyen de l'acide carbonique qu'elles renferment quelquefois. Dans ce dernier cas, coulant le long des masses calcaires, elles y forment des sillons verticaux qui provoquent des éboulements plus ou moins considérables, comme cela se remarque surtout dans les Alpes et les Pyrénées.—L'eau en pénétrant dans les couches argileuses, les ramollit quelquefois au point que ces masses s'écroulent sous leur propre poids. Les terrains de sédiment offrent beaucoup d'exemples de ces éboulements. Le plus remarquable est celui qui arriva, en 1806, au Rosberg, en Suisse, où, après une saison pluvieuse, il se détacha tout à coup une masse de plus de 50 millions de mètres cubes qui se précipita dans la vallée, y forma des collines de 60 mètres de hauteur, et ensevelit plusieurs villages sous des amas de fange et de cailloux. — « L'eau, agissant par son poids comme tous les autres corps, doit contribuer souvent aux éboulements que nous avons signalés, et il n'est pas moins certain qu'elle exerce ainsi une action puissante sur les digues qui peuvent la retenir. Nous en voyons les malheureux effets dans les inondations auxquelles diverses contrées sont exposées par suite de leur position au-dessous des fleuves, des lacs ou des mers, retenus par des digues naturelles ou artificielles. »

ÉCAILLE (*Squama*). En histoire naturelle, ce mot désigne des objets différents, auxquels une définition commune ne peut convenir. Ils appartiennent aux animaux et aux végétaux.

Dans les animaux, l'Écaille est une matière dure, flexible et cornée, recouvrant, sous forme de plaques plus ou moins étendues et régulières, quelques parties ou la totalité du corps. Cette matière paraît être le produit d'une sécrétion de la nature des poils en général ; et elle est formée d'albumine, de phosphate de chaux et de soude, d'oxyde de fer et d'un corps huileux. Il existe des écailles chez les Arachnides, les Insectes, chez les Poissons surtout, dont elles recouvrent la peau, étant ici microscopiques, ailleurs plus ou moins développées, tantôt à découvert, comme dans certains Clupes, tantôt recouvertes par la peau ou cachées dans son épaisseur, comme dans l'Anguille, éloignées, éparses, ou rapprochées, imbriquées, etc. Parmi les Reptiles, les Batraciens sont seuls entièrement dépourvus d'écailles. Celles des Ophidiens et des Sauriens sont disposées par petites lames et souvent sous forme de tubercules : celles des Crocodiles sont osseuses et rangées par bandes ; celles des Amphisbènes sont en anneaux circulaires, etc.

La Tortue est l'animal qui fournit l'Écaille la plus remarquable par sa beauté et ses usages. Celle qui est le plus estimée provient du Caret (V. ce mot) : elle est dure, transparente, très fragile, offrant trois couleurs distinctes, le blond, le brun et le noir clair : comme elle est très ductile et malléable par l'effet de la chaleur, et qu'elle reprend sa dureté par le refroidissement, on a mis à profit ces propriétés pour la soumettre aux formes les plus élégantes et en faire des ouvrages de marqueterie, de tabletterie, etc.

Si nous continuons la revue de la série animale, nous voyons que les Oiseaux ne présentent d'écailles que sur les pattes ; les Manchots en ont aussi sur leurs petites ailes. De tous les Mammifères, les Pangolins et les Phatagins sont seuls entièrement couverts d'écailles ; celles des Tatous adhèrent à la peau ; celles de la queue des Rats, des Capromys, des Castors, des Sariguès et de plusieurs Singes, sont en lames écailleuses. L'Homme n'en présente qu'à l'état pathologique.

Dans les plantes, les Écailles paraissent n'être que des feuilles avortées ; leurs formes, grandeur, nombre, siége, varient sans fin. L'involucre ou calice commun des Composées est entouré d'écailles plus ou moins distinctes, nombreuses et imbriquées, etc.

ECBALLION (*Elaterium*, vulg. *Concombre d'âne*). Plante de la famille des Cucurbitacées, très voisine des Momordiques, à tige charnue couchée sur le sol, chargée de poils, mais sans vrilles ; feuilles alternes, cordiformes : fleurs jaunâtres, en épis axillaires. Le fruit est ovoïde, allongé, semblable au Concombre ou au Cornichon, à surface très hispide. — L'Ecballion est très commun dans les lieux incultes de nos contrées méridionales. On le cultive dans quelques jardins, où il amuse les enfants et même les grandes personnes par la singularité de son fruit, qui, lorsqu'on le détache à l'époque de la maturité, lance les grains avec impétuosité et à une assez grande distance par le trou qui se forme.

ÉCHALOTTE. Espèce du genre *Ail*. — V. ce mot.

ÉCHASSE (*Himantopus*). Genre d'Oiseaux de l'ordre des Échassiers longirostres, ayant le bec long et mince, pointu, cannelé latéralement jusqu'au milieu : les narines linéaires : les jambes presque entièrement nues, avec les tarses très longs, grêles, flexibles: les ailes très longues, aiguës: la queue courte et égale, etc.

Les Echasses sont des oiseaux voyageurs que l'on rencontre dans presque tout l'ancien et le nouveau continent. Elles se tiennent dans les lieux humides, les prairies inondées, les marais, sur les rivages de la mer, et se nourrissent de vers et de petits mollusques. La faiblesse de leurs jambes les rend propres seulement à marcher dans la vase, mais non sur la terre ferme. Elles sont d'ailleurs tristes, silencieuses et solitaires, ne se réunissant par troupes qu'à l'époque de l'incubation.

L'Echasse à manteau noir (*H. melanopterus*) ou *É. d'Europe* est l'espèce la mieux connue. Sa longueur, de la base du bec au bas des tarses, est

Fig. 471. — Échasse à manteau noir.

de 39 à 40 cent. Plumage d'un blanc pur, tirant sur le rose à la poitrine et à l'abdomen, avec la nuque noire, tachetée de blanchâtre: dos et ailes d'un noir à reflets verdâtres, queue cendrée en dessus; bec noir, pieds rouges. — Cet oiseau habite l'est de l'Europe et le midi de la France, mais il est assez rare. Il niche dans les marais, à terre; sa ponte est de 3 ou 4 œufs d'un bleu verdâtre, très clair, moucheté de brun foncé et de brun noir.

L'Echasse a cou noir, de l'Amérique méridionale, n'offre que de très légères différences avec celle d'Europe.

ÉCHASSIERS. Ordre d'Oiseaux caractérisé principalement par la longueur des membres inférieurs qui sont disproportionnés avec le corps, ce qui fait paraître ces volatiles comme étant en quelque sorte montés sur des échasses. Les tarses sont fort allongés, les jambes nues, le bec allongé, le cou long, les ailes développées, les pattes souvent palmées, etc.

Les Echassiers comprennent tous les oiseaux de rivage. Ils sont pour la plupart voyageurs, et vivent tantôt solitaires, tantôt réunis en troupes plus ou moins considérables. Ils ont au plus haut degré la faculté de se tenir perchés sur une seule jambe, ce qui s'explique par une disposition anatomique

de l'articulation du genou, par une sorte d'engrènement du péroné à peu près semblable à celui du ressort d'un couteau. — On les divise en cinq familles :

1° Brévipennes (de *brevis penna*, courte plume). Ces Echassiers sont caractérisés par des ailes courtes, impropres au vol, mais ce sont les plus gros et les meilleurs coureurs que l'on connaisse. Tels sont les *Autruches* et les *Casoars*, dont toutefois Blainville, Vieillot, etc., ont cru devoir faire un ordre à part, par la raison que ces oiseaux sont granivores et qu'ils se tiennent dans l'intérieur des terres, au lieu de fréquenter le bord des eaux.

2° Pressirostres (de *pressus*, serré; *rostrum*, bec). Leur bec est médiocre, plus ou moins pointu; les jambes sont longues, et le pouce manque ou est trop court pour toucher à terre. Ces oiseaux vivent d'insectes ou de vers qu'ils retirent de terre au moyen de leur bec. On trouve dans cette famille les *Outardes*, les *Pluviers*, les *Vanneaux*, etc.

3° Cultrirostres (de *cultrum*, couteau; *rostrum*, bec). Le bec est gros, long, fort, souvent même tranchant, et représente assez dans chacune de ses mandibules la lame d'un couteau. Genres : *Grue, Agami, Héron, Cigogne, Marabou, Spatule*, etc.

4° Longirostres (*longum*, long; *rostrum*, bec). Oiseaux dont le bec est long, grêle, faible, droit ou courbé, ne permettant de fouiller que dans la vase. Ce sont les *Bécasses, Ibis, Courlis, Avocettes, Barges, Maubèches*, etc.

5° Macrodactyles (du gr. *makros*, long; *dactylos*, doigt). Volatiles dont les doigts sont fort longs, quelquefois bordés ou palmés, propres à la marche dans les herbes des marais ou même à la nage; bec comprimé plus ou moins allongé. Tels sont les genres : *Jacana, Kamichis, Râle, Poule d'eau, Flamant, Foulque*, etc.

Fig. 472. — Échassier.

ECHÉNÉIDE (*Echeneis*). Genre de Poissons malacoptérygiens subrachiens, de la famille des Discoboles, ayant pour caractères : corps allongé, revêtu de petites écailles: tête tout à fait plate en dessus et portant un disque formé d'un grand nombre de lames cartilagineuses; yeux sur le côté; bouche horizontale, la mâchoire inférieure étant un peu plus avancée que la supérieure. — Les Echénéides sont surtout remarquables par le disque qu'ils portent sur la tête, disque composé de lames cartilagineuses transversales, dentelées ou épineuses à leur bord postérieur, mobiles, à l'aide desquelles l'animal se fixe avec force aux différents corps, ce qui a donné lieu à la fable tant de fois répétée, que ces poissons pouvaient arrêter la course du vaisseau le plus rapide.

ECHÉNÉIDE RÉMORA. Ce poisson n'a que 30 centimètres, mais il est célèbre entre tous, comme on le verra bientôt. Il a le corps et la queue noi-

ÉCHASSIERS.

Fig. 173 à 179. — Caurale. — Grande Aigrette. — Marabou. — Ardéole Blongios. — Héron.
Grue couronnée. — Échasse d'Europe.

râtres, couverts d'une peau molle et visqueuse, revêtus de petites écailles. Les lames qui revêtent le dessus de la tête sont au nombre de 18, formant par leur arrangement une sorte de bouclier ovale, aux deux extrémités duquel ces lames sont moins longues qu'au milieu. — Ce poisson se trouve assez fréquemment dans la Méditerranée. « Depuis le temps d'Aristote jusqu'à nos jours, le Remora

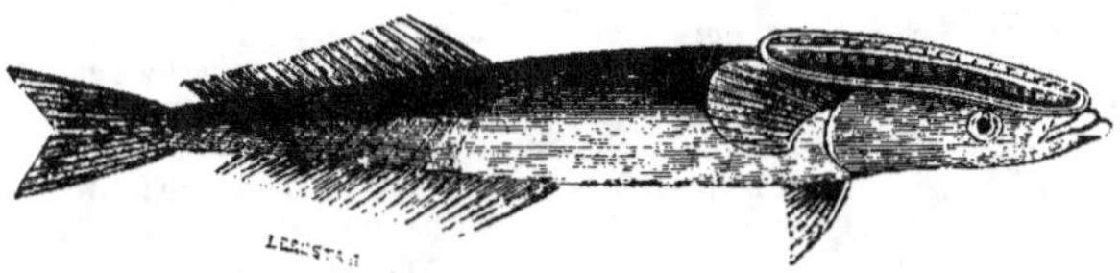

Fig. 180. — Échénéide Remora.

a été l'objet d'une attention particulière : on l'a examiné dans ses formes, observé dans ses habitudes, considéré dans ses effets : on ne s'est pas contenté de lui attribuer des propriétés merveilleuses, des facultés absurdes, des formes ridicules, on l'a regardé comme un exemple frappant des qualités occultes départies par la nature à ses diverses productions; il a paru une preuve convaincante de l'existence de ces qualités, secrètes dans leur origine et inconnues dans leur essence; il a figuré avec honneur dans les tableaux des poètes, dans les récits des voyageurs, dans les descriptions des naturalistes, et cependant à peine si l'image de ses traits, de ses mœurs, de ses effets, a été tracée avec fidélité. » L'auteur de ce passage avait lu ce qu'avait écrit Pline : « C'est un petit Poisson accoutumé à vivre au milieu des rochers, qui s'attache à la carène des vaisseaux et en retarde la marche, qui sert à composer les poisons capables d'éteindre les feux de l'amour, qui, doué d'une puissance bien plus étonnante et agissant par une faculté morale, arrête l'action de la justice et la marche des tribunaux, et, d'un autre côté, délivre les femmes enceintes des accidents qui pourraient trop hâter la naissance de leurs enfants, et qui, conservé dans le sel, suffit, par son approche, pour retirer du fond du puits l'or qui peut y être tombé, » etc. Voici maintenant ce que dit Commerson : c'est moins merveilleux, mais plus vrai. « Ce Poisson, pour se transporter d'un lieu dans un autre ou pour rester dans un lieu qui abonde en nourriture qui lui convient, et non pour sucer ou détruire les corps sur lesquels il se place, peut adhérer très fortement par les lames de son disque céphalique aux rochers, aux navires et aux grands poissons, surtout aux Squales, qu'il rencontre sur sa route. Cette adhérence est excessivement forte, et un homme ne peut même quelquefois pas détacher le Rémora du corps sur lequel il se trouve, à moins qu'il ne tire dans le sens des lames du disque; souvent le poisson reste encore suspendu au Squale lorsque ce dernier est pris. Les Rémoras vivent en troupes plus ou moins nombreuses, et parfois quand ils ne sont pas à portée de se coller contre quelques Squales, ils s'accrochent à la carène des vaisseaux, et, dans l'instant où cette carène est pour ainsi dire hérissée d'un grand nombre de ces animaux, elle éprouve, au dire de plusieurs navigateurs, en cinglant au milieu des eaux, une certaine résistance; elle glisse avec moins de facilité et ne présente plus la même vitesse. Mais, à ces adhérences des Échénéides, il y a une cause naturelle, de même qu'il y en a une dans la conduite d'une espèce du même genre, le Naucrate, qui semble précéder les Squales et qu'on a nommé son pilote; c'est que ces poissons s'emparent des ordures animales rejetées par les navires et de la proie qui échappe aux Squales. »

Échénéide naucrate. Cette espèce, qui est plus grande et plus forte que la précédente, se trouve dans presque toutes les mers. Son bouclier se compose de 22 plaques; il adhère plus fortement aux corps que le Rémora, dont il a d'ailleurs les habitudes. Il se nourrit quelquefois de coquilles et de crabes.

ÉCHENILLEUR (*Ceblepyris*). Genre d'Oiseaux de l'ordre des Passereaux dentirostres, dont les caractères sont : bec gros, échancré à sa pointe, convexe en dessus, élargi à la base; narines ovoïdes, basales, cachées par les plumes du front; ailes médiocres; queue large; pieds faibles et courts; croupion garni de plumes à baguettes raides, souvent terminées de pointes aiguës.

Ces oiseaux habitent l'Afrique et les Indes; leur nom vient de ce que la plupart d'entre eux se nourrissent de chenilles. Leurs mœurs sont peu connues d'ailleurs; ils sont en général très silencieux, fréquentant les bois les plus fourrés. Toujours on les trouve d'une maigreur extrême. — Il est plusieurs espèces. Nous figurons l'Échenilleur a bec faible, de l'Australie, dont la longueur totale est de 22 à 23 centim.

Fig. 481 et 482. — Échenilleur (mâle et femelle).

ÉCHIDNÉ (*Echidna*). Genre de Mammifères de l'ordre des Édentés monotrêmes, qui furent confondus, jusqu'à Cuvier, avec les Fourmiliers par les uns, avec les Ornithorhynques par d'autres, et dont voici les caractères spéciaux : tête mince et allongée, terminée par une très petite bouche; narines placées dans un sillon en croissant; mâchoires entièrement dépourvues de dents; corps ramassé, couvert de piquants; pieds à 5 doigts, robustes et armés d'ongles fouisseurs; un ergot aux membres postérieurs des mâles; queue fort courte.

Les Échidnés appartiennent à la Nouvelle-Hollande. Ce sont des animaux au corps ramassé, bas sur pattes, qui, aux caractères ci-dessus, joignent les suivants : ils ont la langue très longue, filiforme, bouche très étroitement ouverte; l'ergot corné des mâles est creux et percé à sa pointe d'un petit trou qui paraît destiné à laisser passer l'humeur sécrétée par une glande placée à la base de cet ongle. Il y a 15 paires de côtes: le palais est hérissé de lances cornées assez dures, les dents manquant à toutes les périodes de la vie.

L'Échidné épineux (*E. hystrix*) est la seule espèce admise dans ce genre. Il rappelle par sa forme notre Hérisson; il est tout couvert de poils et de piquants d'un blanc sale dans la plus grande partie de leur longueur. Sa longueur totale est d'environ 35 cent. Cet animal se nourrit de fourmis et d'insectes qu'il saisit de sa langue extensible et longue. Il se creuse des terriers dans lesquels il construit une sorte de nid pour y élever ses petits, et qu'il ne quitte que la nuit: il peut se rouler en boule comme le Hérisson, présentant ainsi à ses ennemis une masse de piquants. Le mode de génération de l'Echidné est celui des *Édentés monotrèmes.*

ÉCHIMYS (*Echimys*). Genre de Rongeurs de la famille des Muridés, dont le corps est couvert

Fig. 483. — Échidné hystrix.

d'un mélange de piquants aplatis et de poils (d'où leur nom qui signifie *rats à piquants*); pattes grêles, étroites, avec 5 doigts aux antérieurs, 4 seulement avec un rudiment de pouce aux postérieurs: queue arrondie, tantôt nue, tantôt écailleuse, couverte de poils dans une seule espèce, souvent plus longue que le corps.

Les Echimys ont la forme assez semblable à

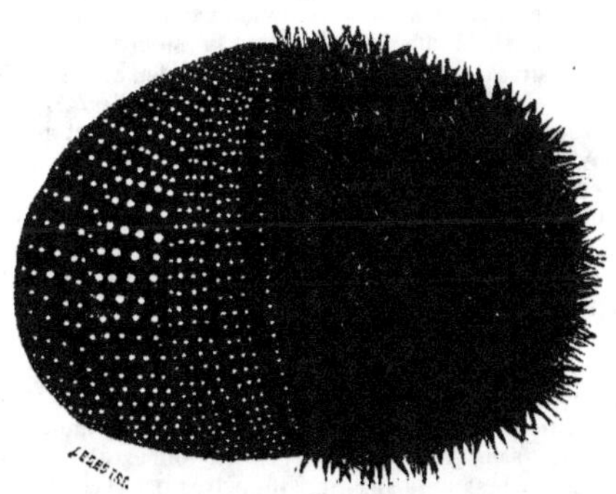

Fig. 484. — Échinoderme pédicellé (Oursin).

En côté gauche on a enlevé les cirrhes pour faire voir le test.

celle des Rats, leurs oreilles sont ovalaires, assez grandes, membraneuses. Ils vivent dans le nouveau continent, et semblent être grimpeurs et frugivores. On en connaît plusieurs espèces, dont le système dentaire est fort analogue à celui des rats. Les principales sont : l'E. DE CAYENNE, dont la taille est de moins de 20 cent., et la queue plus longue que le corps et la tête réunis; — l'E. A ÉPINES BLANCHES, à queue de même longueur à peu près que le reste du corps; — l'E. ÉPINEUX, ou E. *roux*, qui a le pelage mélangé de piquants larges, longs et forts.

ÉCHINOCOQUE (*Echinococcus*). Genre d'Entozoaires cestoïdes, contenus dans une hydatide ou acéphalocyste, présentant, à l'état d'isolement, un corps de forme sphéroïdale, un peu plus large en arrière qu'en avant, d'une longueur de 2 à 3 millim., lequel se divise en tête, tronc et pédicule, dont la description microscopique est assez compliquée.

l'extrémité céphalique est armée d'une couronne de crochets. — Ce sont des corpuscules déprimés et allongés qui nagent dans le liquide qui remplit les vésicules hydatiques. Quant à leur génération, ils « ne sont autre chose qu'une des phases de l'évolution d'un helminthe par *génération hétéromorphe*, sans qu'on sache encore quels sont les êtres ou les formes dont ils dérivent, ni si de la forme échinocoque en dérive une autre d'organisation plus ou moins compliquée. »

ÉCHINODERMES. Classe de Rayonnés ou Zoophytes, qui ont en général une forme globuleuse ou étoilée, la peau épaisse, le plus souvent encroûtée de pièces calcaires et soutenue par une sorte de squelette solide; de cette peau sort une multitude de petits organes singuliers, espèces de tentacules rétractiles ou de cirrhes, rangés dans une disposition radiaire, et à l'aide desquels ces animaux rampent au fond de l'eau.

Les Echinodermes sont, parmi les Zoophytes, ceux dont l'organisation est la plus compliquée. Tiedmann aurait reconnu un rudiment de système nerveux. — Chez la plupart, la cavité digestive a la forme d'un tube ouvert à ses deux extrémités (Oursins); mais chez d'autres, elle ne consiste que dans un sac garni tout autour d'appendices plus ou moins rameux, et communiquant au dehors par une seule ouverture qui remplit la double fonction d'une bouche et d'un anus (Astérie). — Il existe des organes circulatoires assez parfaits; mais ceux de la respiration ne sont pas toujours très distincts. Toutes les fois qu'on a cru les apercevoir, ils avaient de l'analogie avec les branchies. — Les organes sexuels sont séparés, sur des individus distincts.

Les Echinodermes se divisent en deux ordres : 1° Les E. PÉDICELLÉS, ceux munis de cirrhes, d'épines aux pieds en forme de tentacules, comme les *Oursins*, les *Astéries*, les *Holothuries*.

2° Les E. APODES, c'est-à-dire sans pieds, dont la peau est sans trous et sans piquants : tels sont les *Priapules*, les *Siponcles*, les *Bonellies*, les *Miniades*, etc.

ÉCHINORRHYNQUE (du gr. *ekinos*, hérisson; *rukos*, bec). Genre d'Entozoaires de l'ordre des Hématoïdes, à trompe rétractile, sans ventouse, armée de crochets. Propres à certains animaux, ils ne se trouvent pas chez l'homme. — L'E. GÉANT a le corps lisse ou ridé en travers, allongé, cylindrique, aminci en arrière; trompe petite, presque globuleuse, avec 5 ou 6 rangées de crochets; mâle moitié plus petit que la femelle. Cet helminthe est très commun dans les intestins du cochon et du sanglier.

ÉCHO. Répétition du son réfléchi par un corps dense ; on donne aussi ce nom à la localité dans laquelle cette répétition se fait entendre. « Pour que ce phénomène puisse être observé, il faut que l'oreille soit placée, au minimum, à 17 mètres du corps qui réfléchit le son, parce que l'expérience a démontré que cet organe ne distingue plus les sons qui ne sont pas séparés au moins par un dixième de seconde; or, dans ce laps de temps, le son parcourt 34 mètres, c'est-à-dire 17 en son initial, et 17 en son réfléchi. Donc, si l'obstacle qui réfléchit le son était à une distance moindre de 17 mètres, l'oreille confondrait le son direct et le son réfléchi; il n'y aurait plus écho, mais seulement résonnance. »

Comme un son réfléchi peut se réfléchir de nouveau en rencontrant un ou plusieurs obstacles dans sa direction, il existe des échos multiples. Ils se reproduisent ordinairement dans des lieux où se trouvent des murs parallèles et très éloignés. Il y a un écho à Woodstock (Oxfordshire) qui répète le son 20 fois, et un près de Milan (au château de Simonetta) qui le répète 40 fois.

ÉCLAIR. Lueur subite, plus ou moins vive, qui sillonne les nuages chargés d'électricité atmosphérique, quand celle-ci se transporte, à travers l'air, d'un nuage à un autre, ou d'une partie à une autre d'un même nuage. Cette transmission est due à la rupture de l'équilibre électrique des nuages et à la combinaison instantanée de leur électricité contraire, ce qui produit un bruit proportionnel qu'on nomme tonnerre. On distingue : 1° l'*éclair fulminant*, formé par un trait de lumière linéaire qui parcourt en zigzag une grande étendue du ciel; c'est le plus dangereux; 2° l'*éclair en nappe*, formé par une lumière diffuse qui illumine une grande partie du ciel : c'est le plus commun et le moins à craindre; 3° l'*éclair sphérique*, en forme de globe de feu marchant lentement dans l'espace : il est rare; 4° l'*éclair de chaleur*, celui qui paraît dans l'horizon et qui n'est suivi d'aucun bruit, parce que le nuage où il se montre est trop éloigné pour que le son, qui se propage beaucoup moins que la lumière, se fasse entendre.

L'éclair est donc un feu électrique (V. *Électricité*) qui ne se produit qu'avec bruit (V. *Foudre*). On peut apprécier la distance où la foudre a éclaté par le temps qui s'écoule de l'apparition de l'éclair au bruit du tonnerre. La lumière se mouvant beaucoup plus vite que le son, on aperçoit l'éclair un temps plus ou moins long avant d'entendre le bruit du tonnerre. Sachant que ce son parcourt 340 mètres par seconde, on peut compter l'intervalle qui sépare l'éclair du bruit du tonnerre, et multipliant le nombre de secondes écoulées par 340, on aura pour produit le nombre de mètres qui indiquera la distance où la foudre a éclaté. Il résulte de cette connaissance que les personnes qui se signent à l'apparition d'un éclair, ont à remercier Dieu de ce qu'elles ont été épargnées, plutôt qu'à implorer leur salut, puisque le danger est passé.

ÉCLAIRE. — V. *Chélidoine.*

ÉCLIPSE. Disparition momentanée d'un astre,

en tout ou en partie. Les Eclipses sont solaires ou lunaires; elles sont dues à l'interception de la lumière du soleil par la lune interposée entre cet astre et la terre (éclipse de soleil), ou à l'interposition de la terre entre le soleil et la lune, au moment où celle-ci traverse le cône d'ombre que la première projette derrière elle.

La terre et la lune se mouvant seules, c'est de leurs mouvements que résultent les éclipses. La lune suit notre planète dans sa marche autour du soleil, en décrivant un orbite à peu près circulaire. On est convenu de regarder comme le point de départ de la lune le moment où elle se trouve entre la terre et le soleil (point de conjonction): c'est le moment où elle est *nouvelle*, c'est-à-dire où elle n'a point cette lumière argentée qu'elle offre dans d'autres positions, qu'elle offre pleinement au contraire dans le point opposé (point d'opposition), lorsque le soleil, au lieu d'éclairer la partie de la lune qui ne nous regarde pas, éclaire celle qui est tournée vers nous, ce que nous désignons par le mot *pleine lune*. C'est lorsque la lune se trouve dans ces deux positions qu'il y a pour nous Éclipse de lune ou de soleil. Mais alors, demandera-t-on, pourquoi n'y a-t-il pas éclipse tous les quinze jours, c'est-à-dire toutes les fois que la lune est nouvelle ou pleine? Cela dépend de ce que le plan dans lequel la lune décrit son orbite autour de la terre n'est pas le même que le plan dans lequel la terre décrit son orbite autour du soleil. L'inclinaison du plan orbitaire de la lune sur le plan de l'écliptique étant de 5° 8' 48", la lune, lorsqu'elle est en conjonction, ne peut pas se trouver sur la ligne qui joint les centres de la terre et du soleil; se trouvant un peu au-dessus ou au-dessous, elle ne nous empêche pas de voir le disque du soleil. La même raison explique pourquoi il n'y a pas éclipse de lune toutes les fois que cet astre est en opposition.

Tout ceci s'applique spécialement aux *Eclipses totales*, qui, pour se produire complètes, exigent que la lune soit placée aux points que l'on nomme *nœuds*, c'est-à-dire sur la ligne d'intersection passant par le centre de la terre et du soleil; mais lorsque la lune s'approche suffisamment des nœuds, qu'elle a une partie d'elle-même engagée dans l'ombre de la terre ou dans le trajet des rayons solaires qui nous arrivent, il y a *éclipse partielle* de lune ou de soleil. Lorsque la lune est centralement superposée au soleil, et que sa distance à la terre est telle que son diamètre angulaire est moindre que celui de cet astre, on voit alors le phénomène singulier de l'*éclipse de soleil annulaire*, dans laquelle les bords du soleil forment pendant quelques instants autour du disque obscur de la lune un anneau brillant de lumière et de clarté.

Telle est l'explication naturelle et fort simple de phénomènes qui, avant d'être connus, inspiraient aux peuples la plus grande terreur, parce qu'ils étaient supposés les précurseurs d'événements surnaturels, de malheurs immenses.

ÉCORCE. Couche ligneuse extérieure des tiges de Cotylédones. — V. *Tiges.* — L'Écorce est, pour la végétation, la partie la plus importante des plantes, parce que c'est dans ses vaisseaux que les sucs s'élaborent et que s'opèrent les sécrétions; c'est par elle que les plaies faites aux arbres se ferment, que les boutures prennent des racines, etc. Aussi importe-t-il extrêmement de donner la plus grande attention à l'écorce des arbres dont on veut tirer profit : il faut enlever les mousses, les lichens, les nids d'insectes, préserver le tronc des rayons solaires trop ardents ou des froids trop intenses en l'entourant de paille, etc. — On sait que les Ecorces servent à une foule d'usages en médecine, en économie domestique et dans l'industrie.

ÉCREVISSE (*Astacus*). Genre de Crustacés de l'ordre des Décapodes macroures, dont voici les caractères : six pattes antérieures terminées chacune par une pince à 2 doigts, et dont les deux premières sont très fortes; carapace allongée; abdomen (queue) à six anneaux, terminés par des écailles pouvant s'écarter en forme d'éventail et servant de nageoires; antennes placées sur une ligne droite horizontale; la couleur générale est brun verdâtre, passant au rouge par la cuisson.

Les Ecrevisses présentent une organisation externe et interne dont plusieurs points sont fort intéressants. L'abdomen est mu par des muscles robustes qui lui impriment des mouvements rapides et brusques, en le dirigeant d'arrière en avant, d'où résulte une natation à reculons. Il est pourvu en dessous de fausses pattes filamenteuses à l'extrémité, qui servent à la natation et à retenir les œufs chez les femelles. Les pattes et les antennes ont la propriété de repousser lorsqu'elles ont été coupées ou arrachées. En répétant cette expérience sur le même individu, on trouve que chaque fois le membre perd de sa longueur et de sa force. Ces animaux changent de test chaque année au printemps. Le corps profite des 2 ou 3 jours qu'il cesse d'être emprisonné dans sa carapace dure, pour prendre de l'accroissement, et aussitôt il se revêt d'une nouvelle enveloppe crustacée dont la dureté progressive ne tarde pas à égaler celle de la première. Cette mue ne s'opère pas sans causer un état de maladie à l'Ecrevisse, qui parfois y succombe. Lorsqu'elle est prête à se faire, on trouve constamment sur les côtés de l'estomac deux concrétions pierreuses, auxquelles on a donné le nom d'*yeux d'écrevisse*, et qui disparaissent pendant le changement de test. — Du côté de la digestion, remarquons les pieds-mâchoires extérieurs qui sont longs, avec leurs deux premiers articles garnis de cils raides et de petites épines sur le côté interne; les mâchoires de la seconde paire, découpées en six lanières; les mandibules, très fortes et dentelées sur leur bord interne. L'estomac est formé de membranes fortes et assez épaisses, muni intérieurement de trois dents écailleuses, pointues.

Le grand intestin part de l'estomac et va droit s'ouvrir à l'anus, situé à l'extrémité de l'abdomen. Les vaisseaux biliaires sont très nombreux et très gros, disposés en deux grosses grappes dont les tiges représentent les conduits excréteurs qui s'insèrent tous contre le pylore. Ce sont ces vaisseaux qui forment la plus grande partie de ce que l'on nomme la *farce* dans les Homards et autres grandes espèces que l'on mange. — Les organes respiratoires consistent en des paquets de vaisseaux capillaires rangés en manière de pyramides placées à chaque côté du corselet, pouvant être comprimées ou dilatées alternativement à la volonté de l'animal. — Les organes générateurs mâles se composent de testicules divisés en trois parties, dont deux en avant, une plus grosse en arrière; ils sont situés sur le thorax; d'autres vaisseaux tortueux, turgescents, sont regardés comme les conduits séminifères, et remplissent un assez grand espace au voisinage du cœur. La femelle a deux ovaires, divisés aussi en trois portions, et occupant les côtés du corps : ils aboutissent au premier article de la troisième paire de pattes. L'accouplement se fait ventre à ventre. La ponte a lieu deux mois après; les œufs sont fixés aux filets mobiles de la queue, et la femelle les porte jusqu'à l'éclosion.

Les Ecrevisses sont très voraces et carnivores. Celles qui viennent de se dépouiller de leur enveloppe crustacée doivent éviter d'être rencontrées par d'autres, parce que, n'étant plus protégées, elles en deviendraient la proie. Les unes habitent les eaux douces, les autres la mer.

Écrevisse de rivière (*A. fluvialis*). Elle a les pinces antérieures chagrinées et finement dentelées au bord interne des mordants : le museau a une dent de chaque côté, et deux à sa base; les bords latéraux des segments de la queue forment un angle aigu. — Les Ecrevisses de rivière se trouvent dans les eaux douces de l'Europe; elles vivent surtout dans les ruisseaux encombrés de pierres et de racines, où elles se cachent pour ne se montrer que lorsqu'elles vont prendre les petits poissons, les grenouilles, vers, larves, viandes corrompues, dont elles font leur nourriture. Elles passent pour vivre de 20 à 30 ans; leur taille s'accroît à proportion. — On prend ces crustacés avec des pêchettes amorcées de divers appâts, tels que viande, grenouilles, etc. On les pêche encore à la main, en fouillant les trous où ils se cachent, ou bien enfin au moyen d'un fagot de menu bois, dans lequel on met un appât et qu'on retire lorsqu'ils y ont pénétré. On préfère les Ecrevisses qui vivent dans les eaux vives et courantes.

Écrevisse de mer. — V. *Homard*.

ECTOSPERME (*Ectosperma*). Genre de Cryptogames, espèces de Conferves ou d'Ulvacées tubuleuses, ayant pour caractères : filaments simples ou rameux, tubuleux, inarticulés, plus ou moins transparents, de couleur généralement verte, ayant pour fructification des capsules extérieures en tube, remplies de corpuscules graniformes. — Ce sont des plantes aquatiques plus ou moins rudes au toucher, disposées soit en gazons, soit en touffes arrondies, ou en nappes au fond des bassins des eaux vives. Elles continuent quelquefois de croître sur la vase après la disparition de l'eau, formant alors des masses pressées, d'apparence spongieuse, ou bien par l'entrecroisement de leurs extrémités filamenteuses, des espèces de coussinets à surface assez rude.

ÉCUME DE MER. Nom donné : 1° à une terre magnésienne fort tendre et blanche, dont on fait des pipes très recherchées (V. *Magnésite*); 2° à un composé de plantes marines et de polypiers que les vagues jettent sur le rivage.

ÉCUREUIL (*Sciurus*). Genre de Mammifères de l'ordre des Rongeurs claviculés, famille des Sciuriens à membres libres, caractérisés de la manière suivante : corps svelte, allongé; tête petite, à oreilles droites, médiocres, arrondies, et à yeux grands; pieds de devant à 4 doigts longs, bien séparés les uns des autres, armés d'ongles crochus, outre un tubercule à peine unguiculé à la place de 5e doigt ou de pouce; pieds de derrière très grands, à tarse allongé, et 5 doigts allongés aussi, avec ongles crochus; queue longue, souvent garnie de poils disposés sur deux rangs; mamelles au nombre de 8, dont 2 pectorales et 6 ventrales.

Le genre Ecureuil est très nombreux en espèces, dont le plus grand nombre appartiennent aux contrées chaudes, et de la physionomie desquelles l'*Ecureuil commun* donne une idée très exacte. Ce sont des animaux conformés pour grimper et pour passer leur vie sur les arbres, car leurs extrémités postérieures, plus longues que les antérieures, sont disposées pour embrasser les branches. Leur pelage est soyeux et doux; leurs mouvements sont légers et gracieux. Ils se nourrissent de matières végétales, principalement de graines et de fruits secs, qu'ils portent à la bouche avec les deux mains. Toutefois, s'ils rencontrent un nid d'oiseaux, ils sucent les œufs qu'ils y trouvent, en dévorent les petits, et même la mère s'ils peuvent la surprendre. Ils paraissent doués de l'instinct de prévoyance; ils emmagasinent des provisions pour l'hiver dans des cachettes, des trous d'arbres, etc. Ils vivent tantôt en troupes, tantôt par couples isolés; le mâle n'abandonne jamais sa femelle. Sédentaires, ils s'éloignent très peu de la forêt qui les a vus naître. Méfiants, ils construisent, sur la cime des arbres, plusieurs nids assez éloignés les uns des autres, et la mère change souvent de domicile, transportant sa progéniture avec sa gueule, à la manière des chats. Chaque portée est de 4 ou 5 petits. « Ces animaux ont toujours le soin, dit M. Boitard, quand ils aperçoivent le chasseur, de se tenir derrière le tronc de l'arbre, et de tourner autour pour rester constamment masqués à mesure que le chasseur tourne lui-même autour de l'arbre. Ils n'en continuent pas moins à monter, et, parvenus à l'enfourchure d'une branche, ils s'y blottissent et restent invisibles : aussi est-il fort difficile de les tirer à coups de fusil si l'on est seul. » On assure que la vue des serpents leur cause un effroi si profond, qu'ils perdent la force de fuir, et qu'on les a vus même se laisser tomber dans la gueule de ces reptiles.

Ecureuil commun (*S. vulgaris*). Tête aplatie latéralement ; nez avancé, lèvre supérieure dirigée obliquement en bas et en arrière ; lèvre inférieure très courte ; yeux très gros, ronds, saillants, placés plus près des oreilles que du nez ; oreilles droites, terminées par un bouquet de poils dirigés en haut ; pelage roux en dessus, blanc en dessous ; longueur de la tête et du corps de 2 à 4 cent., celle de la queue étant à peu près la même.

« L'Ecureuil, dit Buffon, est un joli petit animal qui n'est qu'à demi sauvage, et qui, par sa gentillesse, par sa docilité, par l'innocence même de ses mœurs, mériterait d'être épargné ; il n'est ni carnassier, ni nuisible, quoiqu'il saisisse quelquefois des oiseaux ; sa nourriture ordinaire sont des fruits, des amandes, des noisettes, de la faîne et

Fig. 485. — Écureuil.

du gland ; il est propre, leste, vif, très alerte, très éveillé, très industrieux : il a les yeux pleins de feu, la physionomie fine, le corps nerveux, les membres très dispos : sa jolie figure est encore rehaussée, parée par une belle queue en forme de panache, qu'il relève jusque dessus sa tête, et sous laquelle il se met à l'ombre : il est, pour ainsi dire, moins quadrupède que les autres : il se tient ordinairement assis presque debout, et se sert de ses pieds de devant, comme d'une main, pour porter à sa bouche ; au lieu de se cacher sous terre, il est toujours en l'air ; il approche des oiseaux par sa légèreté ; il demeure comme eux sur la cime des arbres, parce qu'il court les forêts en sautant de l'un à l'autre, y fait son nid, cueille des graines, boit la rosée, et ne descend à terre que quand les arbres sont agités par la violence des vents. On ne le trouve point dans les champs, dans les lieux découverts, dans les pays de plaine ; il n'approche jamais des habitations, il ne reste point dans les taillis, mais dans les bois de hauteur, sur les vieux arbres des plus belles futaies. Il craint l'eau plus encore que la terre, et l'on assure que, lorsqu'il faut la passer, il se sert d'une écorce pour vaisseau, et de sa queue pour voiles et pour gouvernail. Il ne s'engourdit pas comme le loir pendant

l'hiver, il est en tout temps très éveillé ; et pour peu que l'on touche au pied de l'arbre sur lequel il repose, il sort de sa petite bauge, fuit sur un autre arbre, ou se cache à l'abri d'une branche. Il ramasse des noisettes pendant l'été, en remplit les troncs, les fentes d'un vieil arbre, et a recours en hiver à sa provision : il les cherche aussi sous la neige, qu'il détourne en grattant. Il a la voix éclatante, et plus perçante encore que celle de la fouine ; il a de plus un murmure à bouche fermée, un petit grognement de mécontentement qu'il fait entendre toutes les fois qu'on l'irrite. Il est trop léger pour marcher ; il va ordinairement par petits sauts, et quelquefois par bonds ; il a les ongles si pointus et les mouvements si prompts, qu'il grimpe en un instant sur un hêtre dont l'écorce est fort lisse.

« On entend des Ecureuils, pendant les belles nuits d'été, crier en courant sur les arbres les uns après les autres ; ils semblent craindre l'ardeur du soleil ; ils demeurent pendant le jour à l'abri dans leur domicile, dont ils sortent le soir pour s'exercer, jouer, courir et manger ; ce domicile est propre, chaud et impénétrable à la pluie ; c'est ordinairement sur l'enfourchure d'un arbre qu'ils l'établissent : ils commencent par transporter des bûchettes qu'ils mêlent, qu'ils entrelacent, avec de la mousse, ils la serrent ensuite, ils la foulent, et donnent assez de capacité et de solidité à leur ouvrage, pour y être à l'aise et en sûreté avec leurs petits ; il n'y a qu'une ouverture vers le haut, juste, étroite, et qui suffit à peine pour passer ; au-dessus de l'ouverture, est une espèce de couvert en cône qui met le tout à l'abri, et fait que la pluie s'écoule par les côtés, et ne pénètre pas. Ils muent au sortir de l'hiver, le poil nouveau est plus roux que celui qui tombe. Ils se peignent, ils se polissent avec les mains et les dents ; ils sont propres, ils n'ont aucune mauvaise odeur ; leur chair est assez bonne à manger. Le poil de la queue sert à faire des pinceaux, mais leur peau ne fait pas une bonne fourrure. »

L'Ecureuil se plie très bien à l'état de domesticité ; libre dans une chambre, il rentre volontiers dans sa prison pour faire mouvoir son tourniquet. On a remarqué qu'en dansant dans sa cage, il observe la cadence la plus régulière et bat la mesure en quelque sorte. Le caractère de ces animaux varie considérablement ; on peut en voir de sauvages, de familiers, de gais, de sérieux, de

méchants, de doux, d'obéissants, de volontaires. Il ne paraît pas, dit Fr. Cuvier, que le caractère du véritable *apprivoisement* ait été développé en

eux, et qu'il soit même possible de l'y développer. Ils ne produisent pas en captivité.

Parmi les variétés de l'Ecureuil commun, nous citerons l'*E. roux uniforme*, l'*E. piqueté de gris*, l'*E. gris cendré*, l'*E. gris blanc*, l'*E. blanc*, l'*E. noir*, etc. Les variétés grises sont plutôt propres aux contrées septentrionales ou aux régions élevées, et les rousses aux pays méridionaux.

Écureuil des alpes (*S. alpinus*). C'est plutôt une variété de l'Ecureuil commun qu'une espèce distincte. Son pelage est d'un brun foncé, presque noir, quelquefois piqueté de blanc, jaunâtre sur le dos. Plus petit que le précédent. — Il habite les Pyrénées et les Alpes.

Écureuil petit-gris (*S. carolinensis*). Espèce américaine, d'un gris fauve, piqueté de noir en dessus, ou gris blanchâtre : pas de pinceaux aux oreilles. — On le trouve en Pensylvanie et à la Caroline. Il est recherché par les fourreurs.

Une foule d'autres espèces appartiennent au Nouveau-Monde : leur histoire n'offre qu'un intérêt secondaire, après celle du type.

Nous rapprochons de l'Ecureuil l'Aye-Aye, dont il a été dit un mot déjà.—Voir la fig. 487 et le texte page 110.

ÉDENTÉS. Ordre de Mammifères dont les caractères spéciaux sont d'être munis d'un appareil dentaire composé de molaires et de canines seulement, avec absence de dents incisives sur le devant de la bouche, ou bien quelquefois de manquer de toute espèce de dentition. Mais ces animaux sont pourvus d'ongles gros qui embrassent l'extrémité des doigts et se rapprochent plus ou moins de la nature des sabots ; leurs membres sont disposés de telle sorte qu'ils manquent d'agilité : leur pouce n'est pas opposable, leurs mouvements sont lents. Cet ordre, l'un des moins naturels de ceux des Mammifères, ne comporte pas une caractéristique générale précise, à moins d'entrer dans des développements qui viendront à l'histoire de chaque genre.

Les Edentés étaient à peu près inconnus des anciens. Ils habitent l'Amérique méridionale, le midi de l'Afrique, les îles de l'archipel des Indes et la Nouvelle-Hollande. On les partage en quatre familles.

1° Tardigrades (de *tardus*, lent ; *gradiri*, marcher). Cette famille d'Edentés est caractérisée par des membres très grêles, dont les antérieurs sont beaucoup plus longs que les postérieurs, ce qui rend leur marche lente et gauche ; par leur tête courte, ronde ; la queue courte, presque nulle ; poil rude, etc. Tels sont les *Paresseux* ou *Bradypes*, c'est-à-dire l'*Aï*, l'*Unau* et les espèces *fossiles*.

2° Fouisseurs. Ces Edentés ont les membres à peu près égaux ; leur tête est conique, la queue plus ou moins longue ; ils sont pourvus de molaires plus ou moins nombreuses. On les nomme *Tatous* et *Oryctéropes*.

3° Myrmécophages ou Fourmiliers. Ce sont les

Édentés vrais, puisqu'ils n'ont aucune espèce de
dents. Leur bouche est prolongée en tube, très
étroitement ouverte, et laisse sortir une langue
longue, filiforme, très mobile et visqueuse, qui
sert à la préhension de la nourriture en engluant
les fourmis et les thermites. Tels sont les *Fourmiliers* et les *Pangolins*.

4° MONOTRÈMES (du gr. *monos*, seul: *trêma*,
trou). Le nom de cette famille vient de ce que les
animaux qui la composent n'offrent qu'une seule
ouverture pour les organes de la génération, l'u-
rine et les autres excréments. C'est une sorte de
cloaque analogue à celui des Oiseaux et des Reptiles, dont ils se rapprochent aussi un peu sous le
rapport de la disposition du sternum, des clavicules et des omoplates. Longtemps on a cru ces
singuliers animaux ovipares, parce qu'on n'avait
pas reconnu chez eux l'existence de mamelles, qui
sont en effet peu apparentes. Les mâles portent
aux pieds de derrière, munis de 5 doigts et de
5 griffes, comme ceux de devant, un ergot particulier creusé d'un canal qui transmet au dehors une
sorte de venin sécrété par une glande placée en dedans de la cuisse. Tels sont l'*Échidné* et l'*Orni-
thorhynque*.

EDREDON. Duvet produit par l'*Eider*. — V. ce
mot.

EFFARVATTE. Espèce de Fauvette.—V. *Sylvie*.

EFFRAIE (*Strix*). Genre d'Oiseaux de l'ordre
des Rapaces nocturnes, différant du Hibou par le
bec, long, droit à la base, recourbé à la pointe
crochue, comprimé latéralement; par la tête, dépourvue d'aigrettes; disque facial très grand:
tarses beaucoup plus longs que le doigt médian,
couverts de plumes duveteuses jusqu'à la naissance des doigts, qui sont longs, garnis de poils
rares; ailes allongées: queue très courte et ample.
Les Effraies se rapprochent presque toujours
des lieux habités, tout en ne se logeant que de la
manière la moins accessible. Le plus ordinairement c'est dans les trous de rochers, de murs et
de vieilles masures, souvent aussi dans les vieilles
tours et les clochers, qu'elles se retirent pour pondre, mais sans jamais faire de nids. Celles d'Europe s'emparent fréquemment des trous dont les
Martinets font leur retraite, pendant leur séjour
dans nos latitudes, et elles en détruisent un grand
nombre, sans que ceux-ci s'éloignent de ce dangereux voisinage. Les Effraies font leur nourriture
d'oiseaux, mais surtout de petits rongeurs, tels
que mulots, loirs et souris. Elles pondent de trois
à quatre œufs d'un blanc pur, un peu allongés,
différant en cela des œufs globuleux des autres ac-
cipitres nocturnes.

EFFRAIE COMMUNE (*S. flammea*), ou *Chouette-
Effraie*. Parties supérieures d'un fauve très clair,
variées de lignes grises et brunes en zigzag, et
parsemées d'une multitude de petits points blanchâtres: face et gorge blanches: parties inférieures

blanchâtres, pointillées de brunâtre; iris jaune;
taille, 36 à 37 centimètres de longueur. — L'Effraie, qu'on nomme souvent *Chouette des clochers*,
est commune en France; elle fréquente les toits
d'église, les clochers, d'où elle sort la nuit pour
faire entendre ces soufflements, ces cris lugubres

Fig. 487. — Effraie.

qui l'ont fait regarder comme l'oiseau précurseur
de la mort. Et pourtant, loin d'être un objet de terreur et de superstition désolante, elle devrait être
considérée, au contraire, comme un des animaux
les plus utiles à l'homme, puisqu'elle détruit les
mulots, les rats et autres rongeurs.

ÉGILOPS. — V. *Égilope*.

ÉGLANTIER. Espèce du genre *Rosier*. — V. ce
mot.

ÉGOCÈRES. Espèces d'Antilopes du sous-genre
Oryx. — V. ce mot.

ÉGOPODE (*Ægopodium*). Genre d'Ombellifères
ne comprenant qu'une seule espèce. — C'est l'Égo-
PODE DES GOUTTEUX (*Æ. podagraria*), plante vivace,
de 60 à 90 centimètres, à tiges cannelées glabres:
feuilles palmatiséquées à trois segments triséqués:
fleurs blanches disposées en ombelles à rayons
nombreux; calice à limbe presque nul: pas d'involucre ni d'involucelles. — L'Égopode se plaît
aux lieux frais et ombragés, au bord des eaux,
fleurissant au mois de juin. Ses feuilles sentent
l'Angélique. On l'employait jadis contre les affections goutteuses.

ÉLAN (*Cervus alces*). Espèce du genre Cerf,
dont quelques naturalistes font un genre distinct,
caractérisé par des bois courts, terminés par une
vaste empaumure divisée en deux parties inégales,
dont la supérieure, qui est plus forte, porte à son

bord externe plusieurs digitations. Tête assez allongée, étroite en avant, avec la région nasale fort développée ; cou court ; formes robustes ; pelage grossier et brunâtre ; taille presque égale à celle du cheval, le train de devant l'emportant sur celui de derrière. Le mâle seul porte des bois, qui, dans la première année, ont la forme d'une dague, se divisent ensuite en grandes lanières, et, à cinq ans, constituent une vaste empaumure garnie de 15 à 28 pointes supportées par un pédoncule court et très épais, pourvu lui-même d'un grand andouiller séparé et dirigé en avant. Ces bois tombent vers la fin de septembre et se renouvellent au printemps.

L'Élan habite les côtes septentrionales des deux continents ; on le trouve en général dans les forêts basses et humides, les lieux marécageux, où il vit en troupes ; il se tient dans les endroits élevés pendant l'hiver ; l'été, au contraire, il reste plongé dans les marécages d'où il ne sort que la tête, afin de se préserver des taons. A terre, vu la brièveté de son cou, il est obligé, pour brouter, d'écarter les jambes de devant ou de se mettre à genoux. Il mange les rejetons des arbres et fait beaucoup de mal aux forêts, ainsi qu'aux blés et aux lins. Sa marche ou son trot (car il galope difficilement) est accompagné d'un craquement singulier, dû, selon Gilbert, au manque de synovie des articulations, selon Fr. Cuvier, au choc de ses sabots. Son ouïe est excellente ; il fuit l'homme et ses cultures, et disparaît là où la population s'étend. La durée de sa vie est de 20 ans.

Fig. 188. — Élan du Canada.

« L'Élan vit en famille composée, dit-on, d'une vieille femelle, de deux femelles adultes, de deux jeunes femelles et de deux jeunes mâles ; et quelquefois plusieurs familles se tiennent ensemble. Au temps du rut, dans le mois de septembre, on voit des réunions de 15 à 20 individus : les vieux mâles rassemblent les femelles, et les jeunes qui n'entrent pas en chaleur s'écartent pour ce temps seulement. » La première portée n'est que d'un petit, les autres de deux, rarement de trois. La chair de ces ruminants passe pour légère et nourrissante. Leur peau est excellente pour la buffleterie et leur bois s'emploie comme celui des Cerfs. On les chasse de la même manière que ces derniers. On assure que lorsque l'Élan est poursuivi, il lui arrive souvent de tomber tout à coup comme frappé d'épilepsie : on a conclu de là fort gratuitement que la corne de cet animal devait être propre à guérir cette maladie chez l'homme. L'Élan a pour ennemis encore le loup, l'ours et surtout le glouton ; celui-ci, pour l'attaquer, le guette du haut d'un arbre, et dès qu'il le voit à sa portée, s'élance sur lui et s'attache à son dos.

Plusieurs espèces fossiles ont été trouvées, telles que le *Cerf couronné*, le *Cerf géant*, le *Cerf irlandais*, le *Cerf d'Amérique*.

ÉLAPHIENS. Famille de Ruminants. — V. *Cerf.*

ÉLAPS (*Elaps*). Genre d'Ophidiens assez semblables aux Couleuvres, mais doués de crochets rétractiles et de glandes à venin. — Ils habitent les contrées chaudes de l'Asie et de l'Afrique, où ils fréquentent surtout les lieux herbeux et marécageux. Ces reptiles sont agréablement colorés : « Ces belles couleurs et le poli brillant de leur robe, disent MM. Duméril et Bibron, ont intéressé la curiosité des indigènes et celle des voyageurs qui se rendent dans les contrées qu'habitent les Elaps. La plupart racontent que les dames du pays s'en font un objet d'amusement, de curiosité, et même une parure de coquetterie. On dit qu'elles s'en servent comme d'un ornement pour en faire des bracelets naturels et des sortes de colliers vivants et agiles, qui leur deviennent peut-être agréables à cause de la fraîcheur qu'ils leur procurent en se mettant en équilibre de température avec la peau. Ce serpent rouge et noir fait d'ailleurs ressortir leur blancheur par l'opposition des couleurs, et, par leurs mouvements onduleux, les formes agréables des parties qu'il entoure dans ses évolutions sinueuses. Les femmes, en jouant ainsi avec ces Élaps, ignorent le danger auquel elles s'exposent, mais que rendent moins redoutable, d'une part la petitesse de leur bouche, d'où résulte pour eux une difficulté s'opposant à ce qu'ils attaquent avec leurs dents. »

ÉLATER. V. *Taupin.*

ÉLATÉRIDES. On donne ce nom à une tribu de Coléoptères pentamères, de la famille des Serricornes, renfermant des espèces remarquables par une partie cornée et pointue qui se trouve sous leur corselet, et qui, s'enfonçant et se retirant subitement dans une cavité correspondante, permet à l'insecte, placé sur le dos, de sauter perpendiculairement à une hauteur souvent égale à douze fois la longueur de son corps. — Tel est l'*Élater* ou *Taupin*. — V. ce mot.

ÉLECTRICITÉ. Propriété qu'ont certains corps, lorsqu'ils ont été frottés, chauffés ou mis en contact, d'attirer d'abord et de repousser ensuite les corps légers, de lancer des étincelles et des aigrettes lumineuses, de faire éprouver des commotions au système nerveux, de décomposer une foule de substances. Ce nom dérive du mot grec *électron*, ambre jaune, parce que c'est dans cette substance qu'on découvrit d'abord les phénomènes électriques. Ces phénomènes sont dus à un fluide impondéré, universellement répandu, et dont on apprécie les effets sans en connaître ni l'origine ni la véritable nature. On les constate au moyen du *pendule électrique*, qui consiste en une petite boule de moelle de sureau suspendue par un fil fin, et qu'on voit s'écarter de l'équilibre, dès qu'on lui présente un corps électrisé. Si l'on approche du pendule électrique un bâton de résine frotté avec de la laine, la boule de sureau s'en approche, la touche, puis est repoussée. Mais lorsque de cette boule ainsi électrisée on approche un tube de verre, frotté aussi avec de la laine, la boule se porte énergiquement vers lui. Cette expérience répétée et variée a donné lieu à l'hypothèse de deux fluides électriques, à savoir : le *fluide positif*, celui qui est développé sur le verre, et le *fluide négatif* ou résineux, produit par la résine. Tous les corps possèdent ces fluides au repos, en quantités égales, à l'état de fluide neutre. Les corps *chargés de même électricité se repoussent; chargés d'électricité contraire, ils s'attirent* : telle est la loi fondamentale de la théorie de l'électricité.

La nature de l'électricité développée dépend tout autant du corps frottant que du corps frotté, et la seule proposition absolue qu'on puisse émettre, c'est que *le corps frottant et le corps frotté acquièrent toujours des électricités contraires*.

Certains corps, les métaux par exemple, ne manifestent pas d'électricité après qu'on les a frottés, mais ils laissent passer ce fluide : ils sont appelés, à cause de cela, *corps bons conducteurs*; d'autres, comme la résine, le spath, le verre et presque tous les corps combustibles, ne montrent d'électricité qu'aux points frottés et ne transmettent pas celle qui est accumulée sur un bon conducteur : ce sont les *corps mauvais conducteurs et isolants*.

Au contact d'une sphère métallique, les corps électrisés perdent d'autant mieux leur propriété électrique que la sphère est plus grosse. Le sol, composé de substances éminemment conductrices, est considéré comme une sphère de grandeur infinie, sous le nom de *réservoir commun*. On sépare un corps du réservoir commun par un corps mauvais conducteur ou isolant, comme par exemple une table sous les quatre pieds de laquelle on place un disque de verre.

Sur les corps bons conducteurs, l'électricité se porte à la surface, où la maintient l'air mauvais conducteur, surtout lorsqu'il est sec. La pression exercée en un point par l'électricité contre l'air est nommée *tension électrique*. Cette tension est partout égale sur la surface d'une sphère; sur un ellipsoïde, elle augmente aux extrémités du grand axe : enfin sur les pointes elle est si forte, que le fluide se dissipe dans l'air à mesure qu'on le développe. — V. *Foudre*, *Paratonnerre*.

On connaît la construction et les usages de la *machine électrique*. La plus simple consiste en un plateau de verre tenu dans une position verticale au moyen d'un axe auquel une manivelle communique à volonté un mouvement de rotation. Ce plateau est pressé contre quatre coussins de cuir rembourrés avec du crin et communiquant avec le réservoir commun. Lorsque l'on met en jeu la manivelle, l'électricité se développe par le frottement que les coussins exercent sur les deux surfaces du plateau; la résineuse se répand sur les coussins et va se perdre dans le sol, mais la vitrée reste sur le verre, agit sur les électricités combinées des branches métalliques isolées, dont les pointes se trouvent très près du plateau; elle attire la résineuse, et refoule dans ces branches la vitrée, qui devient libre et se répand sur leur surface. Si on approche du conducteur ainsi électrisé le doigt ou tout autre conducteur non isolé, on lui enlève son électricité sous forme d'étincelle.

Il est un appareil électrique, la *bouteille de Leyde*, dont nous devons donner la description. Il a été découvert en 1746 par Musschenbroeck. « C'est un bocal de verre recouvert d'une feuille d'étain jusqu'à une certaine hauteur, contenant des feuilles de cuivre, et fermé par un bouchon de liége traversé par une tige métallique recourbée en crochet, dont l'extrémité supérieure, externe, se termine en boule, et dont l'autre extrémité, intérieure, est en contact avec le cuivre contenu dans le vase. Pour charger la bouteille de Leyde, on la met en communication avec le sol (et on la tient ordinairement dans la main), en même temps qu'on fait toucher la boule au conducteur d'une machine électrique. On la retire quand l'électromètre à cadran indique que l'intensité est arrivée au maximum. Si l'on touche alors la boule avec un doigt de l'autre main, on est frappé dans les deux bras et surtout dans les articulations, d'une commotion qui se transmet avec une si inconcevable vitesse, que toutes les personnes qui se tiennent par la main la ressentent au même instant. — D'après l'observation que la bouteille de Leyde a d'autant plus de puissance qu'elle a une surface plus étendue, on a construit des *batteries électriques*, appareils qu'on appelle *jarres*, composés d'un certain nombre de bouteilles réunies dans une boîte de bois dont l'intérieur est couvert d'une feuille d'étain, en sorte que toutes les surfaces extérieures communiquent entre elles; tous les crochets des bouteilles sont en outre réunis par une ou plusieurs tiges métalliques. »

Faraday a découvert une nouvelle source d'électricité, nommée d'*induction*, dont nous dirons un mot à l'article *Galvanisme*.

ÉLÉMENT. Pour Thalès, l'élément unique, le principe de l'univers était l'eau; pour Héraclite c'était le feu, pour Epicure les atomes; pour Empédocle, l'eau, la terre, l'air et le feu, système qui fut adopté par Aristote, Hippocrate, Galien.

La chimie, s'emparant de ce mot, lui donna d'abord une signification trop absolue, car il servait à désigner tout corps regardé comme simple. Aujourd'hui on ne l'emploie plus que dans un sens relatif, pour indiquer des corps à l'égard desquels on n'affirme pas qu'ils sont réellement simples; mais on veut dire seulement que, jusqu'à ce jour, la chimie n'a pu les réduire en plusieurs sortes de matières. Ces éléments sont divisés en *métalloïdes* et en *métaux*. — V. ces mots.

Métalloïdes.

1. Arsenic.	6. Chlore.	11. Phosphore,
2. Azote.	7. Fluor.	12. Sélénium.
3. Bore.	8. Hydrogène.	13. Silicium.
4. Brome.	9. Iode.	14. Soufre.
5. Carbone.	10. Oxygène.	15. Tellure.

Métaux.

16. Aluminium.	31. Glucynium.	46. Plomb.
17. Antimoine.	32. Iridium.	47. Potassium.
18. Argent.	33. Lantane.	48. Rodium.
19. Baryum.	34. Lithium.	49. Ruthénium.
20. Bismuth.	35. Magnésium.	50. Sodium.
21. Cadmium.	36. Manganèse.	51. Strontium.
22. Calcium.	37. Mercure.	52. Tantale.
23. Cérium.	38. Molybdène.	53. Terbium.
24. Chrome.	39. Nickel.	54. Titane.
25. Cobalt.	40. Niobium.	55. Tungstène.
26. Cuivre.	41. Or.	56. Uranium.
27. Didyme.	42. Osmium.	57. Vanadium.
28. Erbium.	43. Palladium.	58. Yttrium.
29. Etain.	44. Pélopium.	59. Zinc.
30. Fer.	45. Platine.	60. Zirconium.

ÉLÉPHANT (*Elephas*). Genre de Mammifères de l'ordre des Pachydermes, tribu des Proboscidiens, présentant pour caractères : d'abord une taille et un volume qui dépassent ceux de tous les autres animaux terrestres; des incisives transformées en défenses très grosses, cylindriques, un peu arquées en haut et n'existant qu'à la mâchoire supérieure; une tête grosse, avec une trompe très allongée et mobile dans tous les sens, renfermant les deux tuyaux des narines; yeux comparativement petits, latéraux; cou très court; jambes très grosses; cinq doigts qui ne sont apparents que par les sabots appliqués contre la base du pied, et dont un ou deux manquent aux pieds de derrière; queue courte ou médiocre; peau très épaisse, rugueuse, nue; deux mamelles pectorales.

Les Eléphants appartiennent à l'Afrique et à l'Asie; bientôt nous dirons les caractères qui distinguent ces deux espèces. Ce sont des animaux qui joignent à une force prodigieuse le caractère le plus doux et une intelligence remarquable; dont les sens sont très développés, et qui se servent de leur trompe à la fois comme organe de préhension des aliments, de tact exquis et d'action puissante, soit pour soulever les fardeaux, soit pour arracher les arbres, terrasser l'ennemi, qui a encore plus à redouter leurs défenses.

Buffon, toujours admirable par les pensées et le style, fait ainsi le portrait de cet animal : « L'Eléphant, dit-il, est, si nous ne voulons pas nous compter, l'être le plus considérable de ce monde : il surpasse tous les êtres terrestres en grandeur, et il approche de l'homme par l'intelligence autant au moins que la matière peut approcher de l'esprit. L'Eléphant, le Chien, le Castor, le Singe, sont de tous les êtres animés ceux dont l'instinct est le plus admirable; mais cet instinct, qui n'est que le produit de toutes les facultés, tant intérieures qu'extérieures de l'animal, se manifeste par des résultats bien différents dans chacune de ces espèces. Le Chien est naturellement, et lorsqu'il est livré à lui seul, aussi cruel, aussi sanguinaire que le loup; seulement il s'est trouvé dans cette nature féroce un point flexible, sur lequel nous avons appuyé; le naturel du Chien ne diffère donc de celui des animaux de proie que par ce point sensible, qui le rend susceptible d'affection et capable d'attachement; c'est de la nature qu'il tient le germe de ce sentiment, que l'homme ensuite a cultivé, nourri, développé, par une ancienne et constante société avec cet animal, qui seul en était digne; qui, plus susceptible, plus capable qu'un autre des impressions étrangères, a perfectionné dans le commerce toutes ses facultés relatives. Sa sensibilité, sa docilité, son courage, ses talents, tout, jusqu'à ses manières, s'est modifié par l'exemple, et modelé sur les qualités de son maître : l'on ne doit donc pas lui accorder en propre tout ce qu'il paraît avoir; ses qualités les plus relevées, les plus frappantes, sont empruntées de nous; il a plus d'acquis que les autres animaux, parce qu'il est plus à portée d'acquérir; que loin d'avoir comme eux de la répugnance pour l'homme, il a pour lui du penchant; que ce sentiment doux, qui n'est jamais muet, s'est annoncé par l'envie de plaire, et a produit la docilité, la fidélité, la soumission constante, et en même temps le degré d'attention nécessaire pour agir en conséquence et toujours obéir à propos.

« Le Singe est indocile autant qu'extravagant; sa nature est en tout point également revêche : nulle sensibilité relative, nulle reconnaissance des bons traitements, nulle mémoire des bienfaits : de l'éloignement pour la société de l'homme, de l'horreur pour la contrainte, du penchant à toute espèce de mal, ou, pour mieux dire, une forte propension à faire tout ce qui peut nuire ou déplaire. Mais ces défauts réels sont compensés par des perfections apparentes; il est extérieurement conformé comme l'homme; il a des bras, des mains, des doigts; l'usage seul de ces parties le rend supérieur, pour l'adresse, aux autres animaux, et les rapports qu'elles lui donnent avec nous par la similitude des mouvements et par la conformité des actions, nous plaisent, nous déçoivent, et nous font attribuer à des qualités intérieures ce qui ne dépend que de la forme des membres.

« Le Castor, qui paraît être fort au-dessous du Chien et du Singe par les facultés individuelles, a cependant reçu de la nature un don presque équivalent à celui de la parole ; il se fait entendre à ceux de son espèce, et si bien entendre, qu'ils se réunissent en société, qu'ils agissent de concert, qu'ils entreprennent et exécutent de grands et longs travaux en commun ; et cet amour social,

aussi bien que le produit de leur intelligence réciproque, ont plus de droit à notre admiration que l'adresse du Singe et la fidélité du Chien.

« Le Chien n'a donc que de l'esprit (qu'on me permette, faute de termes, de profaner ce nom) : le Chien, dis-je, n'a donc que de l'esprit d'emprunt, le Singe n'en a que l'apparence, et le Castor n'a du sens que pour lui seul et les siens. L'Eléphant leur est supérieur à tous trois ; il réunit leurs qualités les plus éminentes. La main est le principal organe de l'adresse du Singe ; l'Eléphant, au moyen de sa trompe, qui lui sert de bras et de main, et avec laquelle il peut enlever et saisir les plus petites choses comme les plus grandes, les porter à

Fig. 180. — Éléphant des Indes.

sa bouche, les poser sur son dos, les tenir embrassées, ou les lancer au loin, a donc le même moyen d'adresse que le Singe, et en même temps il a la docilité du Chien ; il est comme lui susceptible de reconnaissance, et capable d'un fort attachement ; il s'accoutume aisément à l'homme, se soumet moins par la force que par les bons traitements, le sert avec zèle, avec fidélité, avec intelligence, etc. Enfin l'Eléphant, comme le Castor, aime la société de ses semblables, il s'en fait entendre ; on les voit souvent se rassembler, se disperser, agir de concert, et s'ils n'édifient rien, s'ils ne travaillent point en commun, ce n'est peutêtre que faute d'assez d'espace et de tranquillité : car les hommes se sont très anciennement multipliés dans toutes les terres qu'habite l'Eléphant : il vit donc dans l'inquiétude, et n'est nulle part paisible possesseur d'un espace grand, assez libre pour s'y établir à demeure. Nous avons vu qu'il faut toutes ces conditions et tous ces avantages pour que les talents du Castor se manifestent, et que partout où les hommes se sont habitués, il perd son industrie et cesse d'édifier. Chaque être dans la nature a son prix réel et sa valeur rela-

tive ; si l'on veut juger au juste de l'un et de l'autre dans l'Eléphant, il faut lui accorder au moins l'intelligence du Castor, l'adresse du Singe, le sentiment du Chien, et y ajouter ensuite les avantages particuliers, uniques, de la force, de la grandeur, et de la longue durée de la vie ; il ne faut pas oublier ses armes ou ses défenses, avec lesquelles il peut percer et vaincre le Lion ; il faut se représenter que sous ses pas il ébranle la terre ; que de sa main il arrache les arbres ; que d'un coup de son corps il fait brèche dans un mur : que, terrible par la force, il est encore invincible par la seule résistance de sa masse, par l'épaisseur du cuir qui la couvre : qu'il peut porter sur son dos une tour armée en guerre et chargée de plusieurs hommes : que seul il fait mouvoir des machines, et transporte des fardeaux que six chevaux ne pourraient remuer : qu'à cette force prodigieuse il joint encore le courage, la prudence, le sangfroid, l'obéissance exacte ; qu'il conserve de la modération, même dans ses passions les plus vives : que dans la colère il ne méconnaît pas ses amis : qu'il n'attaque jamais que ceux qui l'ont offensé : qu'il se souvient des bienfaits aussi longtemps que des injures : que, n'ayant nul goût pour la chair, et ne se nourrissant que de végétaux, il n'est pas né l'ennemi des autres animaux ; qu'enfin il est aimé de tous, puisque tous le respectent, et n'ont nulle raison de le craindre.

« Dans l'état sauvage, l'Eléphant n'est ni sanguinaire, ni féroce ; il est d'un naturel doux, et jamais il ne fait abus de ses armes ou de sa force : il ne les emploie, il ne les exerce que pour se défendre lui-même ou pour protéger ses semblables : il a les mœurs sociales : on le voit rarement errant ou solitaire ; il marche ordinairement de compagnie : le plus âgé conduit la troupe, le second d'âge la fait aller et marche le dernier : les jeunes et les faibles sont au milieu des autres : les mères portent leurs petits et les tiennent embrassés de leur trompe ; ils ne gardent cet ordre que dans les marches périlleuses, lorsqu'ils vont paître sur des terres cultivées ; ils se promènent ou voyagent avec moins de précaution dans les forêts et dans les solitudes, sans cependant se séparer absolument, ni même s'écarter assez loin pour être hors de portée des secours et des avertissements ; il y en a néanmoins quelques-uns qui s'égarent ou qui traînent après les autres, et ce sont les seuls que les chasseurs osent attaquer ; car il faudrait une petite armée pour assaillir la troupe entière, et l'on ne pourrait la vaincre sans perdre beaucoup de monde ; il serait même dangereux de leur faire la moindre injure, ils vont droit à l'offenseur, et quoique la masse de leur corps soit très pesante, leur pas est si grand, qu'ils atteignent aisément l'homme le plus léger à la course, ils le percent de leurs défenses ou le saisissent avec la trompe, le lancent même comme une pierre, et achèvent de le tuer en le foulant aux pieds ; mais ce n'est que lorsqu'ils sont provoqués qu'ils font ainsi main basse sur les hommes, ils ne font aucun mal à ceux qui ne les cherchent pas ; cependant, comme ils sont susceptibles et délicats sur le fait des injures, il est bon d'éviter leur rencontre ; et les voyageurs qui fréquentent leur pays allument de grands feux la nuit, et battent de la caisse pour les empêcher d'approcher. On prétend que, lorsqu'ils ont une fois été attaqués par les hommes, ou qu'ils sont tombés dans quelque embûche, ils ne l'oublient jamais, et qu'ils cherchent à se venger en toute occasion. Comme ils ont l'odorat excellent, et peut-être plus parfait qu'aucun des animaux, à cause de la grande étendue de leur nez, l'odeur de l'homme les frappe de très loin ; ils pourraient aisément le suivre à la piste : les anciens ont écrit que les Eléphants arrachent l'herbe des endroits où le chasseur a passé, et qu'ils se la donnent de main en main, pour que tous soient informés du passage et de la marche de l'ennemi. Ces animaux aiment le bord des fleuves, les profondes vallées, les lieux ombragés et les terrains humides ; ils ne peuvent se passer d'eau, et la troublent avant que de la boire ; ils en remplissent souvent leur trompe, soit pour la porter à leur bouche, ou seulement pour se rafraîchir

le nez, et s'amuser en la répandant à flots, ou l'aspergeant à la ronde : ils ne peuvent supporter le froid, et souffrent aussi de l'excès de la chaleur : car, pour éviter la trop grande ardeur du soleil, ils s'enfoncent autant qu'ils peuvent dans la profondeur des forêts les plus sombres : ils se mettent aussi assez souvent dans l'eau ; le volume énorme de leur corps leur nuit moins qu'il ne leur aide à nager ; ils enfoncent moins dans l'eau que les autres animaux, et d'ailleurs la longueur de leur trompe qu'ils redressent en haut, et par laquelle ils respirent, leur ôte toute crainte d'être submergés.

« Leurs aliments ordinaires sont des racines, des herbes, des feuilles et du bois tendre ; ils mangent aussi des fruits et des grains ; mais ils dédaignent la chair et le poisson. Lorsque l'un d'entre eux trouve quelque part un pâturage abondant, il appelle les autres, et les invite à venir manger avec lui. Comme il leur faut une grande quantité de fourrage, ils changent souvent de lieu : et lorsqu'ils arrivent à des terres ensemencées, ils y font un dégât prodigieux ; leur corps étant d'un poids énorme, ils cachent et détruisent dix fois plus de plantes avec leurs pieds qu'ils n'en consomment pour leur nourriture, laquelle peut monter à cent cinquante livres d'herbe par jour ; n'arrivant jamais qu'en nombre, ils dévastent donc une campagne en une heure. Aussi les Indiens et les nègres cherchent tous les moyens de prévenir leur visite et de les détourner, en faisant de grands bruits, de grands feux autour de leurs terres cultivées ; souvent, malgré ces précautions, les Eléphants viennent s'en emparer, en chassent le bétail domestique, font fuir les hommes, et quelquefois renversent de fond en comble leurs minces habitations. Il est difficile de les épouvanter, et ils ne sont guère susceptibles de crainte : la seule chose qui les surprenne et puisse les arrêter, sont les feux d'artifice, les pétards qu'on leur lance, et dont l'effet subit et promptement renouvelé les saisit, et leur fait quelquefois rebrousser chemin. On vient très rarement à bout de les séparer les uns des autres, car ordinairement ils prennent tous ensemble le même parti d'attaquer, de passer indifféremment, ou de fuir.

« Maintenant examinons en détail les facultés de l'individu, les sens, les mouvements, la grandeur, la force, l'adresse, l'intelligence, etc. L'Eléphant a les yeux très petits relativement au volume de son corps, mais ils sont brillants et spirituels ; et ce qui les distingue de ceux de tous les autres animaux, c'est l'expression pathétique du sentiment et la conduite presque réfléchie de tous leurs mouvements ; il les tourne lentement et avec douceur vers son maître ; il a pour lui le regard de l'amitié, celui de l'attention lorsqu'il parle, le coup d'œil de l'intelligence quand il l'a écouté, celui de la pénétration lorsqu'il veut le prévenir ; il semble réfléchir, délibérer, penser, et ne se déterminer qu'après avoir examiné et regardé à plusieurs fois et sans précipitation, sans passions, les signes auxquels il doit obéir. Les Chiens, dont les yeux ont beaucoup d'expression, sont des animaux trop vifs pour qu'on puisse distinguer aisément les nuances successives de leurs sensations ; mais comme l'Eléphant est naturellement grave et modéré, on lit pour ainsi dire dans ses yeux, dont les mouvements se succèdent lentement, l'ordre et la suite de ses affections intérieures.

Il a l'ouïe très bonne, et cet organe est, à l'extérieur, comme celui de l'odorat, plus marqué dans l'Eléphant que dans aucun autre animal; ses oreilles sont très grandes, beaucoup plus longues, même à proportion du corps, que celles de l'âne, et aplaties contre la tête comme celles de l'homme : elles sont ordinairement pendantes; mais il les relève et les remue avec une grande facilité; elles lui servent à essuyer ses yeux, à les préserver de l'incommodité de la poussière et des mouches. Il se délecte au son des instruments, et paraît aimer la musique ; il apprend aisément à marquer la mesure, à se remuer en cadence, et à joindre à propos quelques accents au bruit des tambours et au son des trompettes. Son odorat est exquis, et il aime avec passion les parfums de toute espèce, et surtout les fleurs odorantes; il les choisit, il les cueille une à une, il en fait des bouquets, et après en avoir savouré l'odeur, il les porte à sa bouche, et semble les goûter; la fleur d'orange est un de ses mets les plus délicieux; il dépouille avec sa trompe un oranger de toute sa verdure, et en mange les fruits, les fleurs, les feuilles, et jusqu'au jeune bois. Il choisit dans les prairies les plantes odoriférantes, et dans les bois il préfère les cocotiers, les bananiers, les palmiers, les sagous : et, comme ces arbres sont moelleux et tendres, il en mange non-seulement les feuilles et les fruits, mais même les branches, le tronc et les racines; car quand il ne peut arracher ces arbres avec sa trompe, il les déracine avec ses défenses.

« A l'égard du sens du toucher, il ne l'a pour ainsi dire que dans la trompe; mais il est aussi délicat, aussi distinct dans cette espèce de main que dans celle de l'homme. Cette trompe, composée de membranes, de nerfs et de muscles, est en même temps un membre capable de mouvement et un organe de sentiment; l'animal peut non-seulement la remuer, la fléchir, mais il peut la raccourcir, l'allonger, la courber, et la tourner en tous sens; l'extrémité de la trompe est terminée par un rebord qui s'allonge par le dessus en forme de doigt; c'est par le moyen de ce rebord et de cette espèce de doigt que l'éléphant fait tout ce que nous faisons avec les doigts: il ramasse à terre les plus petites pièces de monnaie ; il cueille les herbes et les fleurs en les choisissant une à une, il dénoue les cordes, ouvre et ferme les portes en tournant les clefs et poussant les verrous; il apprend à tracer des caractères réguliers avec un instrument aussi petit qu'une plume. On ne peut même disconvenir que cette main de l'éléphant n'ait plusieurs avantages sur la nôtre : elle est d'abord, comme on vient de le voir, également

flexible, et tout aussi adroite pour saisir, palper en gros, et toucher en détail. Toutes ces opérations se font par le moyen de l'appendice en manière de doigt situé à la partie supérieure du rebord qui environne l'extrémité de la trompe, et laisse dans le milieu une concavité faite en forme de tasse, au fond de laquelle se trouvent les deux orifices des conduits communs de l'odorat et de la respiration. L'éléphant a donc le nez dans la main, et il est le maître de joindre la puissance de ses poumons à l'action de ses doigts, et d'attirer par une forte succion les liquides, ou d'enlever des corps solides très pesants en appliquant à leur surface le rebord de sa trompe, et faisant un vide au dedans par aspiration.

« La délicatesse du toucher, la finesse de l'odorat, la facilité du mouvement et la puissance de succion, se trouvent donc à l'extrémité du nez de l'éléphant. De tous les instruments dont la nature a si libéralement muni ses productions chéries, la trompe est peut-être le plus complet et le plus admirable ; c'est non-seulement un instrument organique, dont les fonctions réunies et combinées sont en même temps la cause, et produisent les effets de cette intelligence et de ces facultés qui distinguent l'éléphant, et l'élèvent au-dessus de tous les animaux. Il est moins sujet qu'aucun autre aux erreurs du sens de la vue, parce qu'il les rectifie promptement par le sens du toucher ; et que, se servant de sa trompe comme d'un long bras pour toucher les corps au loin, il prend, comme nous, des idées nettes de la distance par ce moyen; au lieu que les autres animaux (à l'exception du singe et de quelques autres, qui ont des espèces de bras et de mains) ne peuvent acquérir ces mêmes idées qu'en parcourant l'espace avec leur corps. Le toucher est de tous les sens celui qui est le plus relatif à la connaissance; la délicatesse du toucher donne l'idée de la substance des corps, la flexibilité dans les parties de cet organe donne l'idée de leur forme extérieure, la puissance de succion celle de leur pesanteur, l'odorat celle de leur distance : ainsi, par un seul et même membre, et pour ainsi dire par un acte unique ou simultané, l'éléphant sent, aperçoit, et juge plusieurs choses à la fois; or, une sensation multiple équivaut en quelque sorte à la réflexion; donc, quoique cet animal soit, ainsi que tous les autres, privé de la puissance de réfléchir, comme ses sensations se trouvent combinées dans l'organe même, qu'elles sont contemporaines, et pour ainsi dire indivises les unes avec les autres, il n'est pas étonnant qu'il ait de lui-même des espèces d'idées, et qu'il acquière en peu de temps celles qu'on veut lui transmettre. La réminiscence doit être ici plus parfaite que dans aucune autre espèce d'animal, car la mémoire tient beaucoup aux circonstances des actes, et toute sensation isolée, quoique très vive, ne laisse aucune trace distincte ni durable ; mais plusieurs sensations combinées et contemporaines font des impressions profondes et des empreintes étendues ; en sorte que, si l'éléphant ne peut se rappeler une idée par le seul toucher, les sensations voisines et accessoires de l'odorat et de la force de succion, qui ont agi en même temps que le toucher, lui aident à s'en rappeler le souvenir : dans nous-mêmes, la meilleure manière de rendre la mémoire fidèle est de se servir successivement de tous nos sens pour considérer un objet : et c'est faute de cet usage combiné des sens que l'homme oublie plus de choses qu'il n'en retient. »

Ecoutons maintenant Pline, racontant la manière de prendre et de dompter les Éléphants.

« Dans l'Inde, pour prendre des éléphants, le chasseur en monte un déjà privé : et quand il rencontre un éléphant sauvage qui s'est écarté de la troupe, il le poursuit et le frappe jusqu'à ce qu'il l'ait outré de fatigue : alors il monte de l'un sur l'autre, et rend celui-ci aussi souple que le premier. En Afrique on creuse des fossés, où l'on attend que quelqu'un de ces animaux vienne à tomber. Cependant, si les autres s'aperçoivent de l'accident, ils s'empressent de jeter des branches dans la fosse, d'y rouler de grosses masses, et de la combler de terre ; en un mot, ils n'oublient rien pour retirer leur camarade. Anciennement la chasse des éléphants se faisait par des gens qui poussaient la troupe jusque dans un chemin préparé exprès, en forme d'un long défilé sans issue. Les éléphants s'y trouvaient renfermés par des rivages et des fossés : et une fois amenés là, on les domptait par la faim. On connaissait qu'on en était venu à bout, quand une branche d'arbre, qu'on leur présentait à manger, était acceptée de bonne grâce. Aujourd'hui, qu'on n'en veut qu'à leurs dents, on s'attache à leur darder les pieds, qu'ils ont d'ailleurs tendres et délicats. Les Troglodytes, voisins de l'Éthiopie, qui ne vivent que de la chasse de ces animaux, grimpent sur les arbres le long des chemins par où la troupe a coutume de passer. Ils épient celui qui passe le dernier, lui sautent sur la croupe, saisissent la queue avec la main gauche, appuient les pieds sur la cuisse gauche de l'animal, lui coupent (ainsi suspendus) un jarret de la main droite, avec une hache extrêmement tranchante, sautent en bas pour s'enfuir quand il a une jambe estropiée, et en se sauvant lui coupent encore l'autre jarret, le tout avec une agilité et une promptitude surprenantes. D'autres chasseurs emploient une méthode moins périlleuse, à la vérité, mais aussi d'une réussite bien moins certaine : c'est de les attaquer de loin, au moyen d'arcs tendus et d'une longueur démesurée, le sommet de ces arcs tient à un long pieu enfoncé en terre ; ils sont d'ailleurs fermement tenus et assujettis par les efforts réunis de jeunes gens des plus vigoureux, tandis que d'autres, avec des efforts non moins surprenants, bandent ces arcs prodigieux et ramènent à eux la corde. Par ce moyen on décoche des pieux de chasse, en guise de flèches, aux éléphants qui passent par cette route : et du moment qu'ils sont blessés, on les suit à la trace du sang qu'ils répandent. Les éléphants femelles sont beaucoup moins timides que les mâles.

« Quand ils sont furieux, on emploie les coups et la faim pour les réduire ; et l'on a soin de les attacher à des éléphants apprivoisés, qui les tiennent à la chaîne et les empêchent d'exercer leur fougue. Le temps où ils sont en amour est surtout celui où ils entrent en fureur. Ils renversent alors, avec leurs défenses, les étables ; on les empêche donc de s'accoupler, en tenant à part les femelles, qu'on gouverne aussi aisément que nous faisons de nos bestiaux. Quand les mâles sont domptés, on les dresse pour la guerre, et on les habitue à porter des tours chargées de combattants pour aller à l'ennemi. Ils décident du succès dans la plupart des guerres de l'Orient, mettant le désordre dans les armées, et foulant aux pieds les soldats ; cependant le plus petit cri d'un pourceau les effraie, et une fois épouvantés, ils retournent obstinément sur leurs pas ; alors l'armée dans laquelle ils servent a autant à souffrir d'eux qu'aurait pu faire l'ennemi. Les éléphants d'Afrique redoutent ceux de l'Inde ; ils n'osent les regarder en face ; ceux de cette région sont en effet d'une plus grande taille.

« Il est peu d'animaux, dit F. Cuvier, dont on ait autant exalté l'intelligence, et qui, sous ce rapport, aient été jugés avec plus de prévention. Le trait caractéristique de son esprit est la prudence ; il n'apprend rien, mais il le fait plus aisément qu'on ne puisse apprendre à un cheval ; et si on a cru apercevoir le contraire, c'est qu'on n'a pas fait attention à la différence des organes. Tout ce qu'on a dit de ses calculs et de ses combinaisons ne repose que sur de simples apparences et n'a de consistance que dans l'erreur de ceux qui ont cru les apercevoir ; et l'on doit surtout mettre au nombre de ces créations fantastiques l'histoire que rapporte Pline, et qui a toujours été répétée, d'un Éléphant qui s'exerçait la nuit aux leçons de danse qu'il recevait pendant le jour, afin d'éviter les châtiments que sa maladresse lui attirait. »

Buffon vante la chasteté prétendue de l'Éléphant ; cet animal ne cherche pas plus que les autres animaux à se cacher de l'homme ou de ses semblables pendant l'accouplement, qui se fait à la manière du cheval. Le mâle se contente d'une seule femelle, et celle-ci porte plus longtemps que la Chamelle, dont la gestation est de 11 à 12 mois, mais non deux ans et davantage comme les anciens l'ont cru. Chaque portée est d'un petit seulement, qui suce la mamelle de sa mère avec sa bouche et non avec sa trompe, pendant près de deux années, et dont la croissance est très lente.

On connaît deux espèces vivantes d'Éléphants :

ELÉPHANT DES INDES (*E. asiaticus*). Voici ses caractères : tête oblongue, front concave, oreilles médiocres, quatre sabots aux pieds de derrière : taille au-dessus de celle de l'Éléphant d'Afrique : hauteur moyenne du corps au garrot, 2 m. 50 : longueur de la tête et du corps, 3, 35 ; de la queue, 1 m. 2, de la trompe, 2, 35. — Cet animal a la peau d'un gris terreux, passant au brun, parsemée de poils rares et assez courts. Il est doux, docile, et c'est lui surtout que l'on dresse, pour certains usages domestiques, de même que c'est à cette espèce que se rapportent principalement les détails ci-dessus. Quoique très massif, il marche vite, d'un pas allongé, et peut faire de 50 à 60 kilom. dans un jour. Sa course consiste en un trot assez vif qu'un bon cheval peut à peine suivre au galop. L'Eléphant indien a été employé jadis au service militaire : aujourd'hui les indigènes s'en servent plutôt pour transporter des bagages que

des combattants, car le bruit des armes à feu les met facilement en déroute. Les princes indiens montrent leur luxe par le grand nombre d'Eléphants qu'ils entretiennent pour leur service.

ELÉPHANT D'AFRIQUE (*E. africanus*). Ses caractères sont : tête ronde; front convexe, reculé, aplati en arrière; oreilles très grandes et les défenses plus longues; trois sabots aux pieds de derrière. Longueur du corps, depuis le front jusqu'à l'origine de la queue, 2 m. 75; longueur de la queue, 0,80; hauteur prise du dos jusqu'à terre, 2 m. 50. — Cette espèce diffère encore de

Fig. 400. — Éléphant d'Afrique.

la précédente par les collines moins nombreuses et moins étroites de ses molaires. On la trouve depuis le cap de Bonne-Espérance jusque dans la Haute-Egypte et au Cap-Vert. C'est cet Eléphant que les Carthaginois employaient dans les combats. Il y a longtemps que les Africains, moins industrieux que les Indiens, ne le domptent plus.

Mais on le chasse pour avoir ses défenses, qui fournissent l'*ivoire*, si recherché pour les ouvrages de tabletterie, dans quelques cas pour se nourrir de sa chair. Lorsqu'on ne le tue pas avec le fusil ou les flèches empoisonnées, on se borne à creuser des fossés dans lesquels le colosse tombe et se tue sur un pieu effilé. « La chasse de l'Eléphant, dit Delegorgue, offre par ses dangers une parfaite similitude avec le duel d'homme à homme. Souvent même la femelle, furieuse, n'attend pas le premier coup, et charge inopinément l'homme, dont la présence trouble sa tranquillité et lui donne des inquiétudes sur le sort de son jeune. L'Eléphant a les jambes bien longues, l'homme les a bien courtes, et qu'il soit saisi de la trompe,

écrasé sur la défense, jeté en l'air, pétri sous les pieds, son triste sort découragera les plus hardis. »

On trouve sous terre beaucoup d'ossements fossiles d'Eléphants. — V. *Fossiles, Mastodonte* et *Mammouth*.

ELLÉBORE (*Elleborus* ou *Helleborus*). Genre de Plantes de la famille des Renonculacées, herbacées, vivaces, glabres, dont les feuilles sont persistantes, palmatiséquées, alternes ou toutes radicales, les fleurs presque régulières, dépourvues d'involucre. — Voici les principales espèces.

ELLÉBORE NOIR (*E. niger*), vulg. *Rose de Noël*. Plante de 30 cent. au plus, à tige florifère nue, et à feuilles radicales, pétiolées, grandes, coriaces, divisées en 8 ou 9 lobes pédicellés, allongés, aigus et dentés en scie. La tige, munie supérieurement de bractées ovales entières, porte de 4 à 3 fleurs, grandes, d'un blanc rosé; calice à 5 divisions très ouvertes; 10-12 pétales en cornets bilabiés, beaucoup plus courts que le calice, d'un

jaune verdâtre ; nombreuses étamines : 6-8 carpelles réunis au centre.

L'Ellébore noir croît dans nos bois montagneux
et humides, et montre une seule fleur dès que les
neiges sont fondues pour ainsi dire. Cette plante,
cultivée dans nos jardins, fleurit vers la fin de
décembre, ce qui lui a valu le nom de *Rose de
Noël*. Si elle est presque sans odeur, elle est riche en propriétés actives, vénéneuses même. Sa
racine a été employée, soit comme purgatif dans
l'hydropisie, soit comme altérant dans les dartres
rebelles, et comme exerçant sur le cerveau une
action particulière, mystérieuse, capable de guérir
la folie. L'*Elléborisme*, c'est-à-dire le traitement
des aliénations mentales par l'Ellébore, a été cé-
lébré par les poètes anciens, quoiqu'il ne fût pas
sans danger. Aujourd'hui on se demande comment
cette plante a pu être exaltée de cette façon.

Fig. 491. — Ellébore noir.

ELLÉBORE FÉTIDE (*E. fœtidus*), vulg. *Pied-de-
griffon*. Tiges de 30-70 cent., dressées, nues inférieurement, où elles présentent les empreintes
des feuilles détruites, feuillées supérieurement, où
elles se partagent en rameaux florifères. Fleurs
vertes, rougeâtres, terminales, disposées en ombelles penchées, avec des bractées ovales, sessiles.
— Le Pied-de-griffon, qui doit ce nom à la forme
de ses feuilles, se trouve dans les lieux pierreux,
au bord des chemins et des bois, fleurissant au
printemps. Son odeur est fétide, sa saveur âcre et
amère. Usages nuls en médecine.

ELLÉBORE VERT (*E. viridis*). Cette espèce a les
tiges dressées, un peu rameuses en haut, feuillées
à partir des rameaux, hautes de 30 à 50 cent. Les
feuilles radicales sont longuement pétiolées, mais
celles des rameaux et les florales sont sessiles,
palmatipartites. Fleurs vertes, au nombre de 2-5,
un peu penchées. — L'Ellébore vert croît dans les
lieux humides, ombragés et pierreux. Il fleurit en
mars-avril. Suivant certains auteurs, on doit le
préférer à l'Ellébore noir pour l'usage médical.

ELLÉBORE BLANC. — V. *Vérâtre*.

ELMIS (*Elmis*). Très petits Coléoptères de la
section des Pentamères clavicornes, qui vivent
sous l'eau, accrochés au-dessous des pierres répandues au fond des ruisseaux d'eau vive. Leurs
antennes sont longues et composées de onze articles.

ÉLODITES ou ÉMYDIENS. Famille de Chéloniens, comprenant les Tortues de marais. — V.
Chéloniens.

ÉLOPE (*Elops*). Genre de Poissons de la famille
des Clupes, voisin des Mégalopes et des Harengs.
Deux espèces, des mers des Indes et de l'Amérique méridionale. Leur chair est alimentaire et
donne de bon bouillon.

ÉLYTRES. Nom sous lequel on désigne les ailes
supérieures des *Coléoptères*. — V. ce mot.

ÉMAIL, substance vitreuse, quelle que soit sa
couleur, qui ne jouit point d'une transparence
parfaite. Plusieurs de ces substances sont le produit naturel des volcans.

EMBRYON (du gr. *en*, dans ; *bruôn*, qui croît).
On donne ce nom, dans tout ce qui se reproduit,
au germe fécondé ayant déjà pris un certain développement ; chez les animaux, au germe dont les
formes du corps et des membres commencent à
être visibles ; dans les végétaux, au rudiment
d'une nouvelle plante. — V. *Fécondation*, *Œuf*,
Graine.

ÉMERAUDE. Substance vitreuse composée de
silice, d'alumine et de glucine, rayant le quartz,
rayée par la topaze, présentant des couleurs variées, se trouvant généralement cristallisée, et
dont la forme naturelle est un prisme hexagonal.
L'Emeraude se trouve en général disséminée
dans la pegmatite, qui est une espèce de granit.
C'est une pierre précieuse fort estimée, surtout
lorsqu'elle est d'un beau vert et qu'elle vient du
Pérou, où la plus belle existe. Toutefois, cette matière est assez commune, car elle se trouve en
France en grande quantité dans les pegmatites du
Limousin, et il n'est pas rare, dans le pays, de la
trouver en morceaux brisés dans les tas de pierres réunies pour l'entretien des routes. Après celle
du Pérou, l'Emeraude la plus estimée est celle du
Brésil, puis l'Emeraude d'Egypte (le *Peuch*, qu'on
exploitait du temps de Sésostris), qui a été re-
trouvée par M. Caillaud dans la montagne de
Zibara, à 30 kil. de la mer Rouge, et que le vice-
roi Méhémet-Ali a remise en valeur.
On emploie pour la bijouterie l'Emeraude verte
du Pérou, certaines variétés bleuâtres qu'on
nomme *aigues-marines*, et les variétés vert-jau-
nâtre qu'on nomme *béril*. La première est la
seule qui ait quelque valeur ; elle est même d'un

prix assez élevé lorsqu'elle est assez grande et qu'elle ne présente aucun défaut. Celle du marquis de Drée, qui pesait six carats (1 gr. 20 environ), a été vendue 2,400 fr. On imite parfaitement cette pierre en colorant du verre avec l'oxyde de chrome.

ÉMERILLON. Espèce de *Faucon.* — V. ce mot.

ÉMEU ou **Emou.** — V. *Casoar.*

EMPIDES (*Empis*). Tribu de Diptères de la famille des Tanistomes : mouches qui ont pour caractères : tête petite, globuleuse ; suçoir allongé, dirigé perpendiculairement ou en arrière ; ailes plus longues que le corps : pattes très allongées, les postérieures souvent plumeuses ou moins fortement velues. — Ces Insectes sont de petite taille, et vivent soit de proie, soit du suc des plantes : ils attaquent aussi quelquefois les animaux. — Genre type : *Empis,* dont les caractères sont ceux ci-dessus.

ÉMYDE (*Emys*). Genre de Chéloniens de la famille des Élodites (Tortues de marais), caractérisé par : plastron large, non mobile, garni de 12 plaques ; deux écailles axillaires et deux inguinales ; tête de grosseur ordinaire ; pattes à 5 doigts, les postérieures n'offrant que 4 ongles ; queue longue. Les Émydes ont les membres disposés pour la natation, grâce à la présence de membranes interdigitales. On en trouve dans toutes les parties du monde, excepté en Australie, bien que le plus grand nombre d'espèces, et surtout les plus grosses, soient propres à l'Amérique septentrionales. Ce sont des êtres innocents, de mœurs douces, mais sauvages et colères vis-à-vis des grandes espèces.

Parmi les nombreuses espèces, nous citerons : l'Émyde caspienne, dont la carapace olivâtre est sillonnée par des lignes flexueuses d'un jaune sale : longueur de 21 à 25 cent. : — l'E. sigriz, à carapace olivâtre, marquée de taches orangées : longueur, 10 à 12 cent. Elle se trouve sur les côtes méditerranéennes de l'Afrique et en Espagne : on la voit quelquefois vivante à Paris. Ces Tortues sont peu recherchées comme aliment, et leur écaille est sans usage.

ÉMYSAURE (*Emysaurus*). Genre de Chéloniens de la famille des Élodites, ayant le plastron non mobile, en forme de croix, couvert de 15 plaques ; tête large, couverte de petites plaques : museau court : mâchoires crochues : deux barbillons sous le menton : 5 ongles aux pattes de devant, et 4 à celles de derrière : queue longue. — Ces Tortues fréquentent le voisinage des lacs et des rivières de l'Amérique septentrionale. On n'en connaît qu'une seule espèce, qui se nourrit de poissons et d'oiseaux. Sa longueur est de 35 à 65 cent.

ENCÉPHALE (du gr. *en*, dans ; *képhalé*, tête).

Quoique ce mot, par son étymologie, désigne les parties contenues dans la tête, c'est-à-dire le cerveau, le cervelet et la protubérance cérébrale ou mésocéphale, on lui a donné une acception plus étendue, en l'appliquant en même temps à la moelle épinière. — Étudions d'abord l'Encéphale de l'homme, où nous le trouvons dans sa plus grande perfection, nous l'examinerons ensuite comparativement dans la série animale.

Cerveau. Communément on donne ce nom à toute la masse contenue dans l'intérieur du crâne : mais anatomiquement, le *Cerveau* n'est que la portion considérable de cette masse qui occupe toute la partie supérieure et antérieure de la cavité crânienne. Cet organe s'étend du front aux fosses occipitales supérieures, s'appuyant, en devant, sur les voûtes orbitaires, en arrière, sur les fosses moyennes de la base du crâne, postérieurement sur la tente du cervelet. La face supérieure de cet organe est divisée par une scissure médiane profonde (*scissure interlobaire*), en deux moitiés appelées *hémisphères cérébraux*, qui sont réunies à leur base par le *corps calleux*. Elle présente à sa surface un grand nombre d'éminences flexueuses, arrondies, ondulées, appelées *circonvolutions cérébrales*, séparées par des sillons sinueux auxquels on donne le nom d'*anfractuosités*. La face supérieure offre à l'étude une quantité de détails dans lesquels nous ne pouvons entrer. Nous signalerons seulement, d'avant en arrière et sur la ligne médiane, la continuation de la grande scissure interlobaire, l'entrecroisement des *nerfs optiques*, l'origine de la *tige pituitaire*, les *tubercules mamillaires*, le *pont de Varole* et le *bulbe rachidien* ; sur les côtés, en allant toujours d'avant en arrière : les *lobes antérieurs*, les *nerfs olfactifs* (1re paire), le *nerf optique* (2e paire), les *lobes moyens*, les *pédoncules cérébraux*, les *nerfs oculo-moteurs communs* (3e paire), les *nerfs pathétiques* (4e paire), le *trijumeau* ou *trifacial* (5e paire), les *nerfs oculo-moteurs externes* (6e paire), le *nerf facial* (7e paire), le *nerf acoustique* (8e paire), le *nerf glosso-pharyngien* (9e paire), le *pneumo-gastrique* (10e paire), le *nerf spinal* (11e paire), le *nerf hypoglosse* (12e paire), enfin les *lobes postérieurs*.

Le Cerveau est contenu dans une triple enveloppe membraneuse, formée par : la *dure-mère*, qui est fibreuse, résistante : l'*arachnoïde*, qui est séreuse, transparente, et la *pie-mère*, qui est aussi très mince, mais vasculaire, et qui se moule exactement sur toutes les circonvolutions et anfractuosités, tandis que les deux autres passent par-dessus comme un pont.

Le Cerveau se compose de deux substances : la *médullaire*, qui est blanche, centrale, parsemée de ramuscules vasculaires, et la *corticale*, qui est grisâtre, plus molle, située particulièrement à la surface de l'organe. Dans son intérieur, le Cerveau présente sur la ligne médiane le *corps calleux*, la *cloison des ventricules*, la *voûte à trois piliers*, la *glande pinéale*, dont Descartes fit le

siége de l'âme, le *ventricule moyen*; latéralement, les *ventricules latéraux*, dans lesquels on
rencontre les *corps striés*, les *couches optiques*, etc. De nombreuses artères se distribuent
au Cerveau ; elles sont fournies par la carotide interne et l'artère vertébrale ; les veines aboutissent
aux sinus de la dure-mère, et ceux-ci à la jugu-
laire interne.

Le Cerveau est l'organe des facultés intellectuelles, de la pensée, des sentiments moraux et
des instincts ; selon Gall, chacune de ses parties
est le siége d'une faculté particulière. — V. *Phrénologie*.

Cervelet. Le Cervelet est situé dans les fosses
occipitales inférieures, immédiatement au-dessous
du cerveau, dont le sépare un repli de la dure-
mère, appelé *tente du Cervelet*. Il est au cerveau
comme 1 à 8 en poids, d'ailleurs symétrique et régulier, continu en devant avec le cerveau et la
moelle vertébrale ou épinière, au moyen de la pro-

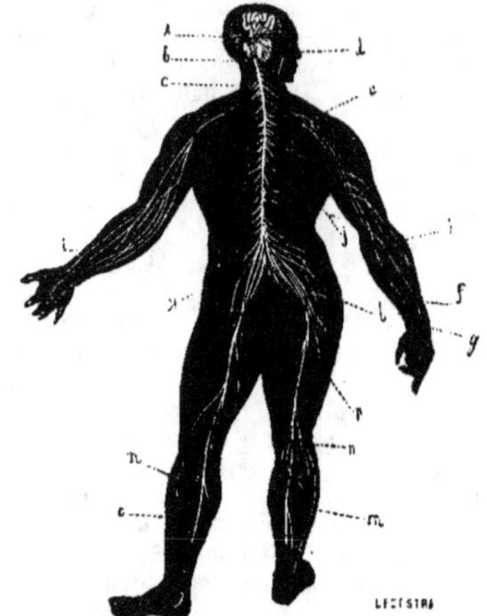

Fig. 492. — Système nerveux de l'homme.

a, cerveau ; — *b*, cervelet ; — *c*, moelle épinière ; — *d*, nerf facial ; — *e*, plexus brachial formé par la réunion de plusieurs nerfs qui proviennent de la moelle épinière ; — *f*, nerf médian du bras ; — *g*, nerf cubital ; — *h*, nerf cutané interne du bras ; — *i*, nerfs radial et
musculo-cutané du bras ; — *j*, nerfs intercostaux ; — *k*, plexus fémoral formé par plusieurs nerfs lombaires et donnant naissance au nerf
crural ; — *l*, plexus sciatique, donnant naissance au nerf principal du membre, le nerf sciatique, lequel se divise ensuite pour former le
nerf tibial (*m*), le nerf péronier externe (*n*), le nerf saphène externe (*o*) ; — *p*, terminaison de la moelle, appelée queue de cheval.

tubérance cérébrale, qu'il embrasse en quelque
sorte, et partagé par une rainure en deux lobes ou
hémisphères parfaitement semblables, placés sur un
plan horizontal. Sa face supérieure est plane et recouverte par la tente du cervelet ; sa face inférieure, qui s'accommode aux anfractuosités de la
base postérieure du crâne, offre dans son milieu
un enfoncement destiné à loger l'origine de la
moelle épinière ; de chaque côté et sur les parties
latérales, des saillies concentriques en rapport
avec les fosses occipitales inférieures. En coupant
les lobes verticalement, on voit une disposition
particulière des substances médullaire et corticale,
qui sont entremêlées de manière à représenter des
espèces de ramifications auxquelles on a donné le
nom d'*Arbre de vie*.

Protubérance cérébrale. C'est cette grosse
éminence, saillante à la face inférieure de l'Encéphale, qui passe transversalement d'un pédoncule
moyen du cerveau à l'autre, au devant de la moelle
allongée et du cervelet. On la nomme aussi *Pont*
de Varole, à cause de sa forme et du nom de l'a-
natomiste qui en a donné le premier une description.

Moelle épinière. C'est ce gros cordon nerveux
qui, naissant de la protubérance cérébrale, descend dans le canal vertébral ou rachidien jusqu'au
niveau de la 2e vertèbre lombaire, sans le remplir
exactement. Il présente, dans ce trajet, plusieurs
renflements, et est creusé sur sa face antérieure
et sur sa face postérieure, d'un sillon qui le partage dans toute sa longueur en deux cordons nerveux intimement unis. L'extrémité supérieure de la
moelle vertébrale, qui est renfermée dans le crâne,
forme une sorte de renflement ou de bulbe, nommé
bulbe rachidien, moelle allongée, étendu de la protubérance cérébrale au grand trou occipital. Le *bulbe*
présente quatre éminences, dont deux en dedans,
appelées *éminences pyramidales*; deux en dehors,
les *éminences olivaires*. A sa partie inférieure, la
moelle vertébrale se termine par deux renflements
d'où part le faisceau des nerfs lombaires et sacrés,

improprement appelé *queue de cheval.* Elle est formée de deux substances : l'une blanche, externe; l'autre grise, interne, disposition inverse de celle qu'on trouve au cerveau. Elle est enveloppée aussi d'une triple membrane, continuation de la dure-mère, de l'arachnoïde et de la pie-mère. Elle est fixée sur ses côtés par un ligament, nommé *ligament dentelé,* qui règne dans toute sa longueur à droite et à gauche. De la moelle vertébrale ou épinière naissent 30 paires de nerfs. — V. *Nerfs.*

Étude comparative de l'Encéphale. En examinant le système nerveux dans les différentes classes de la série animale, on voit que les animaux placés à la partie supérieure de l'échelle possèdent un cerveau, un cervelet et une moelle épinière. On voit que le cerveau, par rapport à la moelle épinière ou vertébrale, est d'autant plus développé que les hémisphères cérébraux sont plus ovales, que les ventricules latéraux sont plus grands, que le cervelet est plus recouvert par les hémisphères cérébraux, etc. Au contraire, à mesure que l'on descend vers les degrés inférieurs, le cerveau, le cervelet et la moelle épinière, s'amoindrissent et finissent par disparaître, pour être remplacés par un ou plusieurs renflements nerveux, reliés entre eux par des nerfs très petits et formant une chaîne ganglionnaire, qui fournissent des filets nerveux aux différents organes.

Dans tous les animaux *vertébrés,* le système nerveux consiste en un axe central cérébro-rachidien, contenu dans un canal osseux, et en prolongements périphériques ou nerfs. On trouve, en outre, chez eux, une chaîne ganglionnaire (V. *Ganglions*) située

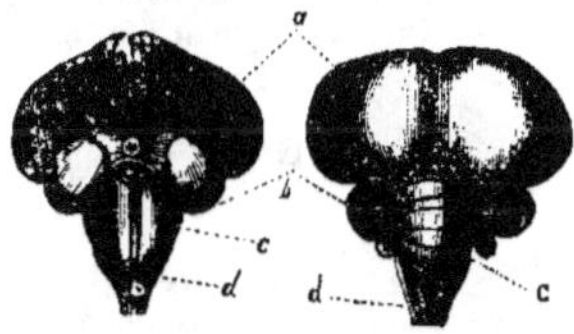

Fig. 493. — Cerveau d'Oiseau (Dindon).

(*a,* hémisphères cérébraux, vus : ceux de gauche par la face inférieure, ceux de droite par la face supérieure ; — *b,* tubercules bijumeaux (lobes optiques) ; — *c,* cervelet ; — *d,* bulbe et protubérance.)

profondément, le long de la colonne vertébrale, et fournissant des nerfs d'un autre ordre aux viscères de la poitrine et de l'abdomen. — Le système nerveux des *Mammifères* n'offre, avec celui de l'homme, que des différences peu essentielles, qui portent, soit sur l'importance réciproque des renflements encéphaliques, soit sur le nombre des nerfs crâniens et rachidiens, soit sur le nombre des ganglions et des plexus du système ganglionnaire ou grand sympathique. — Chez les *Oiseaux,* les hémisphères ou lobes cérébraux sont encore, comme chez les Mammifères, les parties les plus volumineuses de l'Encéphale ; mais ils n'offrent point de circonvolutions, et ils ne sont pas aussi complètement réunis entre eux, car le corps calleux fait défaut. Les tubercules quadrijumeaux, au nombre de quatre chez les Mammifères, ne sont qu'au nombre de deux chez les Oiseaux (tubercules bijumeaux), et ils présentent un grand volume, mais sont creux : on les nomme *lobes optiques.* Le cervelet est réduit à son lobe moyen, et le cerveau le laisse complètement à découvert ; le pont de Varole manque.

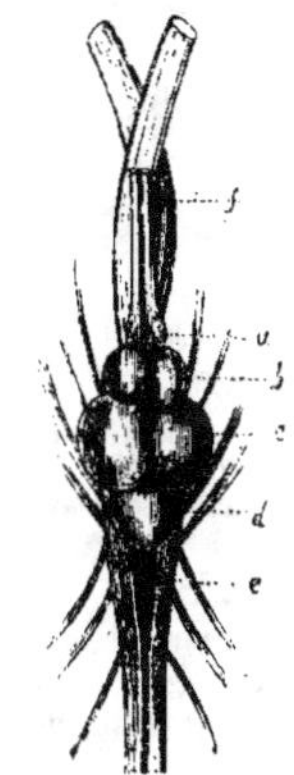

Fig. 494. — Système nerveux d'un Poisson (Brochet).

a, renflement des nerfs olfactifs; — *b,* hémisphères centraux; — *c,* tubercules quadrijumeaux; — *d,* cervelet; — *e,* moelle épinière.)

L'Encéphale des *Reptiles* et des *Poissons* est peu développé ; on n'y rencontre point de circonvolutions. La prépondérance des hémisphères n'est plus aussi marquée; les lobes optiques et les lobules olfactifs sont généralement assez volumineux; le cervelet, réduit au lobe moyen, est petit. La moelle épinière des Reptiles est très développée, relativement à la masse de leur encéphale, et les nerfs qui en partent sont volumineux.

Chez les *Invertébrés,* il n'y a ni crâne, ni vertèbres, ni cavité rachidienne par conséquent ; aussi le système nerveux est tout simplement étendu le long du corps et consiste en une série de renflements communiquant entre eux, comme il a été dit déjà ci-dessus. Les Invertébrés n'ont pas de système central comme les Vertébrés, mais leur système nerveux, quoique très semblable au système ganglionnaire de ces derniers, paraît représenter les deux systèmes, car il préside aux fonctions de sensibilité, de mouvement et de nutrition. — Les *Articulés* (Insectes, Crustacés) ont un système nerveux très symétrique, formé d'une série unique ou double de ganglions dont le nombre est variable, et dont l'un, plus volumineux que les autres, occupe la tête et peut être comparé au cerveau des vertébrés. — Chez les *Mollusques*, la chaîne ganglionnaire est moins symétrique ; généralement il y

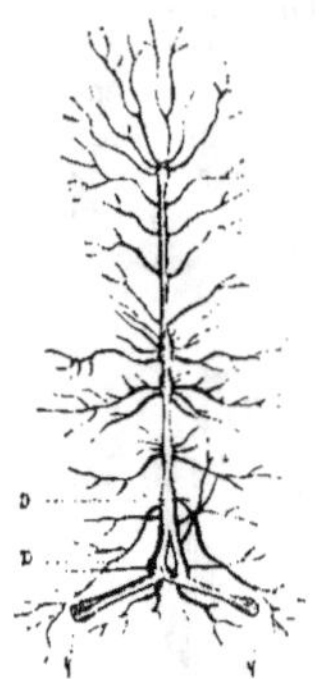

Fig. 495. — Système nerveux d'un insecte (Cerf-volant).

(*a*, ganglion céphalique ; — *b*, *b*, nerfs optiques ; — *c*, premier ganglion thoracique.)

Au mot Insectes, on peut voir figuré le double cordon formant une double chaîne.

a un ganglion, dit cerveau, placé au côté céphalique de l'animal, et deux ganglions abdominaux, placés plus en arrière sous l'œsophage, reliés au précé-

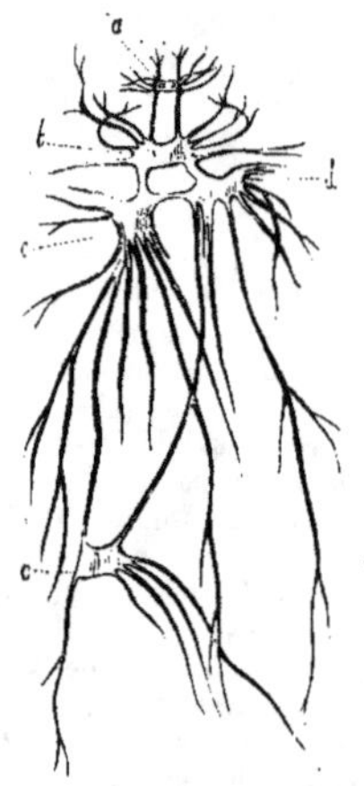

Fig. 496. — Système nerveux d'un Mollusque.

(*a*, ganglion buccal ou labial ; — *b*, ganglion céphalique ; — *c*, ganglion thoracique ; — *d*, ganglion œsophagien.)

dent par un collier nerveux. — Chez les *Zoophytes*, le système nerveux, à l'état rudimentaire, consiste en une série de petits ganglions réun-

entre eux sous forme de cercle, autour de l'ouverture, généralement unique, qui sert à la nutrition ; de ce cercle partent des rameaux déliés qui se rendent dans les tissus. Dans les Zoophytes inférieurs, toute trace de système nerveux a disparu ; les fonctions de nutrition s'accomplissent comme dans les végétaux, et l'animal ne diffère de la plante que par ses mouvements.

Ainsi donc, primitivement formé de ganglions plus ou moins éloignés les uns des autres et égaux entre eux, le système nerveux, considéré dans le règne animal, se perfectionne en rapprochant, confondant ces ganglions, en les centralisant. A mesure que l'on s'élève dans la série zoologique, au lieu d'être placés horizontalement à la suite les uns des autres, on les voit se superposant verticalement les uns aux autres ; on remarque en même temps que le degré de l'intelligence est proportionnel à cette centralisation plus grande des ganglions ; et que si l'homme est si supérieur par les facultés intellectuelles, c'est aussi chez lui qu'on trouve le cerveau le plus gros proportionnellement à son corps et au reste de son système nerveux.

ENCHÉLIDE. Genre de Zoophytes microscopiques de la plus grande simplicité et d'une figure à peu près pyriforme et cylindracée ; nul appendice, cirrhe ou organe n'altère la simplicité du corps. — Ces infusoires vivent dans les eaux pures, dans la mer ou dans les infusions. C'est parmi eux qu'on a reconnu les premiers zoocarpes, semences animées, destinées à reproduire un végétal, et qui effacent à jamais, selon Bory-Saint-Vincent, toute limite positive entre deux règnes qu'on ne peut plus désormais adopter que par des divisions purement artificielles. — On en reconnaît dix-sept espèces.

ENCOUBERT. Genre type de la famille des *Tatous*. — V. ce mot.

ENCRINES (*Encrinus*). Genre de Polypes échinodermes, dont le corps, plus ou moins bursiforme, est toujours porté sur une longue tige articulée au moyen de laquelle il reste fixé. Ces animaux-plantes se rapprochent des Étoiles de mer. Leur grandeur varie assez, ainsi que leurs espèces.

Les ENCRINES VRAIES ont un corps membraneux régulier, au fond d'une sorte d'entonnoir radiaire, porté sur une tige composée d'un grand nombre d'articles pentagonaux, percés d'un trou rond au centre, et ayant leur surface articulaire radiée, pourvue de rayons accessoires épars.

Les Encrines sont plus abondantes à l'état fossile que vivantes. Leurs débris se trouvent dans le calcaire de transition, dans la craie, l'oolite, le grès rouge et le grès houiller. Ils ont été pris, par Agricola, pour des infiltrations inorganiques semblables aux stalactites ; quelques auteurs ont voulu y trouver des articulations vertébrales de poissons et on les appelle vulgairement *larmes de géants, grains de rosaires, pierres de fées, pierres étoilées.*

Fig. 497. — Encrine.

ENDOMYQUE (*Endomycus*). Genre de Coléoptères trimères, de petite taille et de couleurs brillantes, dont la tête est petite, les antennes terminées par une massue de trois articles, les élytres bombés.—L'E. ÉCARLATE (*E. coccineus*), une des plus jolies espèces de notre pays, est d'un rouge de cinabre, avec cinq taches noires, une sur le corselet et deux sur chaque élytre. Cet insecte se trouve sur le bouleau.

ENDOSPERME. Corps ou masse inorganique qui accompagne l'embryon dans un grand nombre de végétaux : de là le nom d'*endospermées* donné à leurs graines, par opposition à celui d'*exendospermées*, qui désigne des graines dépourvues d'endosperme. — V. *Graine.*

ENGOULEVENT (*Caprimulgus*). Genre d'Oiseaux de l'ordre des Passereaux fissirostres, formant, avec les Podarges, les Nyctidromes, etc., la tribu des Caprimulgidés, remarquables par leur bec, dont la partie cornée est très peu développée, quoique pourtant l'ouverture devienne énorme, et qui est garni de fortes moustaches; narines basales, tubuleuses; ailes sub-aiguës, tarses emplumés et courts; doigts réunis à leur base par une membrane, le médian étant beaucoup plus long que les latéraux; pouce susceptible de se porter à volonté en avant ou en arrière.

Les Engoulevents, dont le nom dérive du vieux français *engouler,* parce qu'ils ouvrent largement le bec en volant et que l'air s'y engouffre en produisant un bruissement singulier, sont des oiseaux nocturnes et crépusculaires, d'un plumage sombre, ordinairement gris ou roussâtre, avec de petits traits noirs. Par la nature de leur bec et de leurs pattes, ils ne s'éloignent pas des Hirondelles; mais ils sont de tous les pays, quoique plus communs sous l'équateur que partout ailleurs, vivant ordinairement isolés et donnant la chasse aux insectes pendant le crépuscule. D'après Fl. Prévost, ils font une guerre meurtrière aux hannetons, qu'ils avalent tout entiers. Comme ils fréquentent les parcs de moutons et de chèvres pour y chercher les scarabées bousiers que les crottins attirent, le vulgaire s'est imaginé qu'ils tétaient les mères : c'est de cette supposition même que vient leur nom latin, ainsi que celui de *Tette-chèvre.* « Ces oiseaux ne se donnent pas la peine de construire un nid ; un petit trou en terre ou entre les pierres, au pied d'un arbre ou même dans le milieu d'un sentier, leur suffit ; ils y déposent deux ou trois œufs, et s'ils s'aperçoivent qu'un de leurs œufs a été dérangé ou manié, ils l'examinent longtemps en tournant autour de lui, le saisissent dans leur bec et vont le porter ailleurs. »

Fig. 498. — Engoulevent d'Europe.

ENGOULEVENT ORDINAIRE OU D'EUROPE (*C. europæus*). Cet oiseau a le plumage agréablement varié de lignes en zigzags noirs et blanchâtres, les joues et la gorge rayées de lignes plus étroites et d'une teinte rousse, et une bande blanche s'étendant depuis l'angle du bec jusqu'à l'occiput ; sa taille est de 28 à 29 cent., celle de la Grive à peu près. — Cette espèce se trouve presque sur tous les points de l'Europe, plus communément toutefois dans le Midi que dans le Nord. Son cri ayant quelque ressemblance avec le coassement du Crapaud, le vulgaire lui a donné le nom de *Crapaud-volant.* Sa ponte est de deux œufs allongés, blanchâtres, marqués de taches et de marbrures cendrées, violettes et brunes.

ENGOULEVENT A COLLIER ROUX. Il se reconnaît aisément au large collier roux qu'il présente sur la nuque. Sa taille est de 32 cent. Il appartient surtout à l'Europe méridionale.

Nous passons sous silence les espèces étrangères à l'Europe, telles que l'E. A QUEUE ÉTAGÉE, du

Sénégal, l'E. **a queue en ciseau**, du Brésil, l'E. **isabelle**, des déserts de l'Afrique, etc.

ENGRAIS. Matières animales ou végétales susceptibles de se décomposer par la fermentation, et de fournir aux plantes les substances liquides ou gazeuses qu'elles absorbent dans la végétation. L'efficacité des Engrais est incontestable, puisqu'ils restituent au sol, dans un état soluble et assimilable, les substances inorganiques (chaux, potasse, acide sulfurique, sels, etc.) nécessaires au développement de certaines plantes, et qui lui ont été enlevées par les premières récoltes. Ils agissent aussi en partie par les produits gazeux (acide carbonique et ammoniaque), qu'ils offrent aux plantes en se putréfiant. — Les principaux Engrais animaux sont les cadavres des animaux, les poissons, les os, l'huile, la corne, les cheveux, les poils, les plumes, le fumier d'animaux, les lits de vers à soie, la poudrette, les excréments de l'homme, les déjections des mammifères, des oiseaux domestiques, l'urine, la boue des rues, la suie, etc., etc.

« Les *Engrais animaux* sont ceux qui contiennent le plus de principes propres à favoriser la végétation des plantes. Leur action, généralement plus forte que celle des Engrais végétaux, est en proportion de la faculté fermentescible de chaque matière. Les chairs, en se putréfiant, commencent à agir dès le moment de leur enfouissement; les os, la corne, les huiles, la suie, se décomposent plus lentement et agissent de même; l'effet des uns est plus puissant, celui des autres plus durable.

« Les principaux *Engrais végétaux* sont les mauvaises herbes, les récoltes enterrées en vert, les herbes marines, le foin, la tourbe, les marcs de raisin et les tourteaux de graines oléagineuses, les pailles sèches, l'eau et la vase des routoirs. »

Les meilleurs Engrais étant ceux qui contiennent de l'azote, on préfère naturellement les Engrais animaux aux Engrais purement végétaux.

« L'usage des Engrais remonte à la plus haute antiquité. Les excréments humains, les fumiers de chèvre, de mouton, de bœuf, de cheval, la fougère et même le plâtre étaient employés comme Engrais par les Grecs et les Romains. De nombreuses expériences ont été faites par les agronomes, dans ces dernières années, pour établir la théorie des Engrais sur des bases chimiques. Malheureusement le charlatanisme s'est bientôt emparé de cette industrie, et beaucoup d'Engrais, dits *artificiels* ou *concentrés*, paraissent plus nuisibles qu'utiles à l'agriculture. »

Le meilleur Engrais sera toujours celui qui renfermera une plus forte proportion de matière azotée; qui se décomposera plus sûrement et d'une manière graduelle dans la période de végétation; qui contiendra enfin en proportion convenable et sous une forme assimilable, les éléments minéraux particulièrement nécessaires à la constitution des plantes. MM. Payen et Boussaingault appellent *Engrais normal* le fumier de ferme produit par une proportion de 30 chevaux, 30 bœufs ou vaches, 12 à 20 porcs. — V. *Fumier*.

ÉNICURE (*Enicurus*). Genre de Passereaux dentirostres, voisin des Bergeronnettes, dont ils ont la taille; queue profondément fourchue (d'où leur nom, de *enikos*, singulier; *oura*, queue); ailes courtes et obtuses; tarses faibles, écussonnés, etc. — Ces Oiseaux habitent Java et Sumatra.

L'**Énicure couronné** (*E. coronatus*) est l'espèce principale du genre. Son vertex, d'un blanc de neige, tranche sur le fond noir du cou et du dos, et forme une espèce de couronne. Il fréquente le bord des eaux et cherche avec avidité les larves des libellules.

ÉNOPLOSE (*Enoplosus*). Genre de Poissons de la famille des Percoïdes, dont la seule et unique espèce est l'E. **armé**, long de 10 cent., aplati verticalement, d'un blanc argenté relevé par huit bandes des noires de longueur inégale. — Ce poisson osseux, des côtes de la Nouvelle-Hollande, se distingue surtout par ses deux nageoires dorsales qui s'élèvent plus que le corps lui-même, ce qu'exprime son nom, dérivé du grec *anoplos*, armé.

ENTOMOLITHES. Nom donné à un genre de Fossiles, comprenant tous les Insectes et les Crustacés pétrifiés.

ENTOMOLOGIE (du gr. *entomos*, insecte; *logos*, traité). Partie de l'histoire naturelle qui a pour objet la connaissance des Insectes, et selon certains auteurs, celle des Crustacés, des Arachnides et des Myriapodes.

ENTOMOSTRACÉS. Ce nom, formé du grec, signifie insectes à coquille, et désigne la seconde sous-classe de *Crustacés*. — V. ce mot.

ENTOZOAIRES (du gr. *entos*, dedans; *zôon*, animal). Rudolphi a désigné sous ce nom les Vers qui vivent dans l'intérieur du corps de l'homme ou des autres espèces animales, non-seulement les Vers intestinaux, mais aussi tous ceux que l'on trouve dans les tissus et les fluides organiques, dans quelque partie que ce soit du corps animal. Quelle est la place assignée à ces êtres dans les classifications? Elle a varié selon que les naturalistes les ont considérés d'après leur organisation, sans tenir compte de leurs habitudes parasites, ou d'après la considération de leur existence dans l'intérieur des corps vivants. Or, dans le premier cas, les Entozoaires occupent des degrés divers dans l'échelle zoologique; les uns se trouvent placés tout près des Annélides et dans la même classe que les Sangsues, les Lombrics, les Annélides apodes de Cuvier; tandis que d'autres, d'une organisation beaucoup plus simple, forment le groupe des *Parento - mozoaires* de Blainville, et servent en quelque sorte à former le passage entre es Entomozoaires et les Rayonnés, ne pouvant être rigoureusement rapportés ni aux uns ni aux autres. Dans la seconde manière de voir, au contraire, les Entomozoaires sont considérés comme constituant un groupe isolé, dans lequel on a fait des coupes, établi une classification spéciale. C'est celle que nous adopterons, parce qu'elle simplifie l'étude des espèces, quoiqu'elle soit moins philosophique.

Les généralités auxquelles nous allons nous livrer seront empruntées en grande partie aux *Eléments d'histoire naturelle médicale*, de A. Richard.

Les Entozoaires manquent d'organes spéciaux

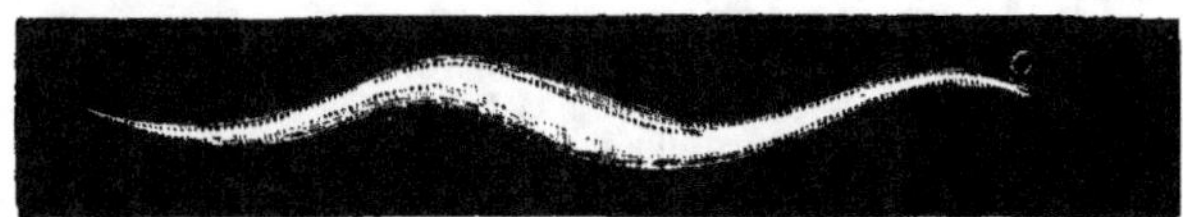

Fig. 499. — Ascaride.

de locomotion : ils n'ont pas de membranes, pas d'appendices qui en tiennent lieu, absence même de soies comme celles que présentent les Lombrics. Leurs faibles mouvements sont dus seulement à la contraction de leur peau. Le système nerveux se compose de masses ganglionnaires et de filaments fins et délicats, dont la disposition varie selon les espèces, et qui pendant longtemps ont échappé aux investigations des anatomistes. A l'exception du toucher, les Entozoaires sont tout à fait dépourvus d'organes des sens. Rien, en effet, chez eux n'indique l'existence des yeux, des oreilles, ou des organes du goût et de l'olfaction. Mais on peut admettre que leur peau est le siège d'un toucher plus ou moins délicat.

La vie de nutrition est naturellement plus développée que celle de relation. Les organes de la digestion sont assez appréciables : ils offrent deux modifications principales : Dans la première (Ascarides, Oxyures), le canal intestinal a deux ouvertures distinctes : l'une antérieure et buccale, l'autre postérieure ou anale ; ce canal s'étend de l'une à l'autre sans former de circonvolutions, ne présentant distinctement ni œsophage, ni estomac, ni intestins proprement dits. La bouche est une simple ouverture terminale dépourvue de lèvres ; cependant on y remarque 3 ou 6 petits mamelons obtus chez le Strongle et l'Ascaride lombricoïde. Nul indice de foie, ni de pancréas. L'anus n'est jamais parfaitement terminal ; quelquefois même il est médian. Dans le second type d'organisation (Tænias, Botryocéphales), le canal alimentaire n'a qu'une seule ouverture, qui donne dans un œsophage court et auquel succèdent de longs tubes flexueux, étendus dans toute la longueur de l'animal et s'y perdant quelquefois sans présenter d'ouverture. On conçoit que les animaux qui offrent une semblable disposition dans leurs organes digestifs ne peuvent être que parasites, empruntant aux autres animaux, aux dépens desquels ils vivent, des substances nutritives toutes formées, qui peuvent être immédiatement employées à leur nutrition. Enfin il y a des Entozoaires dans lesquels on n'observe ni organes digestifs, ni aucun autre organe fonctionnel (Vers vésiculaires en général).

La respiration est nulle, du moins on ne leur connait point d'organes propres à exécuter cette fonction. Mais on peut admettre que la respiration

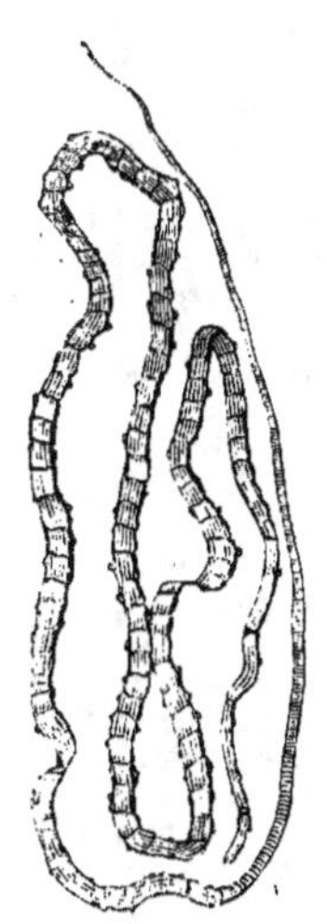

Fig. 500. — Tænia ou Ver solitaire.

a lieu par toute la surface cutanée. Plusieurs Entozoaires, tels que les Douves par exemple, ont un système circulatoire très développé ; il se compose, dans le plus grand nombre de cas, de trois longs vaisseaux qui s'étendent dans toute la longueur de l'animal, et qui communiquent ensemble et envoient des rameaux dans toutes les parties du corps. Inférieurement ces vaisseaux se réunissent en une espèce d'ampoule, considérée comme le réservoir du suc nutritif, particularité qui confirme les rapports existant entre les Entozoaires et les Annélides.

Chez les uns les organes de la génération sont séparés sur chaque individu; chez d'autres ils sont réunis sur le même sujet. Dans le premier cas, offert par les Ascarides, les Oxyures, les Trichocéphales, les organes mâles et les organes femelles présentent une grande analogie de configuration : les testicules et les ovaires sont constitués de la même manière, c'est-à-dire qu'ils consistent, les uns et les autres, en un long vaisseau grêle, très sinueux et contourné sur lui-même, qui embrasse les organes de la digestion ; la seule différence, c'est que dans le mâle il se termine par une petite verge pointue, et que dans la femelle il vient aboutir à une sorte de fourreau ou de vagin. Il est par conséquent nécessaire qu'il y ait accouplement pour que les œufs soient fécondés. — Lorsque les deux sexes sont réunis, comme dans les Tænias, les Botryocéphales, il y a une prédominance marquée dans les organes femelles. On ne connaît même pas encore l'organe mâle du Ver solitaire. — Certains Entozoaires manquent tout à fait d'organes reproducteurs. Presque tous ces animaux sont ovipares, mais on n'a encore rien de bien précis sur la structure intérieure de leurs œufs. Il en est quelques-uns qui sont vivipares. — Rudolphi a divisé les Entozoaires en cinq ordres :

Hméatoïdes : Corps cylindrique, canal intestinal à deux ouvertures; sexes séparés : *Filaire, Trichocéphale, Oxyure, Strongle, Ascaride, Ophiostome.*

Acanthocéphales : Corps cylindrique, extrémité antérieure prolongée en une sorte de trompe rétractile, garnie de crochets disposés par séries, sexes séparés : *Echinorhynque.*

Trématoïdes : Corps déprimé ou presque cylindrique, mou ; pores ou suçoirs pour bouche. Tous les individus sont androgynes ou hermaphrodites : *Distome.*

Cestoïdes : Corps allongé, déprimé, continu ou articulé : suçoirs ; tous les individus sont hermaphrodites : *Botryocéphale, Tænia.*

Cystoïdes : Corps déprimé, terminé en arrière par une vessie pour chaque individu, ou commune à plusieurs : tête pourvue de 2 ou 4 suçoirs, avec une couronne de crochets ou de 4 trompes : organes de la génération presque incomplets : *Cysticerque, Acéphalocyste.* — V. ces mots.

ÉOLIDE (*Eolis*). Genre de Mollusques gastéropodes nudibranches, animaux limaciformes gélatineux, à tête distincte, munie de 2 ou 3 paires de tentacules ; pied entier occupant presque toute la longueur de l'animal ; pas de manteau ; branchies diversement disposées, mais jamais en cercle ou bouquet comme chez les Doris. — Les Eolides sont toutes marines ; elles vivent le plus souvent sur les rivages, rampant au milieu des fucus. Elles brillent par de riches couleurs.

Les espèces de ce genre forment deux groupes, selon que les branchies sont disposées sur les deux côtés du dos et plus ou moins serrées, ou selon que ces mêmes organes sont en forme de filets disposés sur le dos en rangées transversales.

ÉPAGNEUL. Espèce du genre *Chien.* — V. ce mot.

ÉPEAUTRE. Espèce du genre *Froment.* — V. ce mot.

ÉPÉE DE MER. — V. *Espadon.*

ÉPEIRE (*Epeira*). Genre d'Arachnides de l'ordre des Pulmonaires, famille des Fileuses, dont les caractères distinctifs sont : crochets des mandibules repliés le long de leur côté interne; filières extérieures presque coniques, disposées en rosette; 8 yeux presque égaux, occupant le devant et les côtés du corselet; la 1re paire de pieds et ensuite la 2e sont les plus longues de toutes, la 3e est la plus courte.

Les Araignées qui composent ce genre sont sédentaires, et forment une toile à réseaux réguliers, composée de spirales ou de cercles concentriques, croisés par des rayons droits qui partent d'un centre où l'animal se tient immobile la tête en bas. Cette toile est suspendue verticalement entre les branches d'arbre ou dans les encoignures des murailles; quelquefois elle est oblique ou horizontale. Quelques espèces construisent auprès de leur toile une demeure cintrée de toutes parts en forme de tuyaux soyeux, ou bien ouverte par le haut et figurant un nid d'oiseaux; des feuilles réunies entre elles par des fils constituent les parois de ces habitations. Plus souvent elles filent un cocon globuleux, rempli d'une bourre de soie épaisse. La ponte a lieu vers la fin de l'été, et les œufs sont nombreux et agglutinés entre eux. — Ces Aranéides ont été divisées en plusieurs familles.

L'Epeire diadème (*E. diadema*), peut être considérée comme le type du genre. Elle est très commune en automne, dans les jardins, sur les murs et contre les fenêtres. Elle construit une grande toile et se tient au centre. Le mâle n'approche de la femelle qu'avec une extrême circonspection, et il arrive souvent qu'après l'accouplement il est victime de sa témérité amoureuse; s'il n'a eu soin de prendre la fuite aussitôt. Les œufs sont nombreux et contenus dans une bourre renfermée en un cocon arrondi, déprimé, d'un tissu soyeux et très serré. Les organes sécréteurs de la soie consistent en six grands canaux, et en un grand nombre de petites vésicules ayant le même usage.

L'Epeire clavipède (*E. clavipes*) appartient à l'île Maurice. C'est une grande espèce, ainsi que l'*E. esuriens*, dont la toile, au dire de Sloane, est formée d'une soie jaune tellement visqueuse, qu'elle arrête les oiseaux et embarrasse même l'homme lorsqu'il s'y trouve engagé. — Nous passons sous silence une foule d'espèces tant indigènes qu'étrangères —V. le *Tableau des Aranéides*, par Walckenaër).

ÉPERLAN. Espèce du genre Saumon (*Salmo eperlanus*) suivant Linné, genre distinct (*osmerus*), suivant Cuvier, se distinguant des Salmonides, outre sa petitesse, par deux rangées de dents écartées à chaque os palatin, par le vomer qui ne présente que quelques dents sur le devant, et par la membrane des ouïes à 8 rayons. — On ne connaît qu'une seule espèce. Son corps est argenté, sans taches, presque diaphane, avec des reflets vert clair: longueur, 10 cent. environ.

Les Éperlans habitent plus particulièrement les eaux saumâtres, car on les trouve sur les côtes de l'Océan, et ils ne remontent pas dans les fleuves au-delà des lieux où la marée se fait sentir. Ils répandent une odeur assez forte. Ils vivent en troupes, se suivent à la file, et, après le frai, retournent à la mer. Leur chair est estimée, recherchée. On les pêche en France, principalement dans la basse Seine près de Caudebec.

L'*Éperlan de Seine* est une espèce de Cyprin (*C. bipunctatus*), du genre Able. Sa grosseur est inférieure à celle du Meunier, et son corps est argenté, brillant, avec deux points noirs sur chaque écaille de sa ligne latérale. — Il habite nos eaux douces. Peu estimé comme mets.

ÉPERONNIER (*Polyplectron*). Genre de Gallinacés, famille des Faisans, oiseaux dont le plumage, orné de brillantes couleurs, rappelle celui des Paons, et qui ont la tête ornée d'une huppe courte et serrée, le bec médiocre, droit; les pieds grêles, armés de plusieurs éperons dans les mâles, le pouce élevé de terre; la queue longue, arrondie ou étagée, etc. — Les Éperonniers se trouvent dans les Indes et en Chine; ils ont la taille de nos Faisans, sont granivores, de mœurs très douces, et susceptibles d'être élevés en domesticité.

L'ÉPERONNIER CHINQUIS, le plus anciennement connu, a été placé dans le genre Paon, par Linné, à cause de ses couleurs jaunâtres variées de petites bandes brunes, avec des taches œillées d'un vert irisé entouré de noir. La femelle a des couleurs moins vives et manque d'ergots. Taille, 58 cent. On élève cet oiseau dans une sorte de domesticité dans quelques parties de la Chine. — L'É. A TOUPET est encore plus riche de couleurs, avec une huppe frontale.

ÉPERVIER (*Falco, Accipiter, Nisus*). Ces trois noms latins témoignent de plusieurs classifications à l'égard de cet oiseau de proie, qui est très voisin des Faucons et des Autours, dont il ne diffère que par ses tarses beaucoup plus longs et plus courts. Le bec est court, incliné depuis la base jusqu'à la pointe, qui est crochue; ailes médiocres; queue longue, ample; tarses minces, très grêles, doigts également longs et minces; formes sveltes et élancées; taille généralement petite.

Les Éperviers sont cosmopolites. Ce sont des oiseaux intrépides et courageux, qui attaquent les petits mammifères, les oiseaux jusqu'aux perdrix et aux pigeons pour se nourrir : « Un jour que j'étais occupé, comme de coutume, raconte Levaillant, à écorcher devant ma tente les oiseaux que j'avais tués, il passe au-dessus de ma tête un de ces Éperviers qui, ayant remarqué sur ma table plusieurs oiseaux, s'y abattit tout à coup, malgré ma présence, et m'en enleva un qui était déjà préparé. Il l'emporta dans ses serres, et fut bien étonné, après l'avoir plumé sur un arbre à trente pas de nous, de n'y trouver, au lieu de chair, que de la mousse et du coton; cela ne l'empêcha pas, après avoir déchiré la peau en pièces, de manger le crâne tout entier, seule partie que je laisse dans mes oiseaux préparés. » Les Éperviers nichent en général sur les arbres et pondent 5 ou 6 œufs.

ÉPERVIER ORDINAIRE OU D'EUROPE (*Accipiter*). Il a les parties supérieures d'un cendré bleuâtre, une tache blanche à la nuque; les parties inférieures blanches, avec des raies longitudinales à la gorge, transversales sur les autres parties inférieures; queue d'un gris cendré; bec noirâtre; pieds et iris jaunes. Taille, 35 centimètres.

L'Épervier fait une chasse continuelle aux petits oiseaux, aux petits mammifères et aux insectes; son vol est peu élevé, mais rapide; la faim le rend audacieux; un mâle adulte, poursuivant un moineau, dit Degland, entra avec lui dans une maison habitée, et fut pris au moment où il saisissait sa proie. Quelquefois il suit les oiseaux insectivores qui émigrent, pour en faire sa pâture ; le plus souvent il demeure dans nos contrées, nichant sur les grands arbres, particulièrement sur les sapins. Il pond 3 à 6 œufs courts, d'un blanc sale, jaunâtre ou bleuâtre, ordinairement tacheté de roux. L'Epervier peut s'apprivoiser ; autrefois les autouristes le dressaient pour le vol de la caille et du perdreau.

Nous passerons sous silence l'ÉPERVIER GABAR, du Sénégal et du sud de l'Afrique, ainsi que l'E. MINULLE, qui, bien que n'étant pas plus gros qu'un Merle, est très courageux et très hardi. Le mâle et la femelle ne se séparent guère, chassent ensemble, et nichent sur les mimosas. Cette espèce est encore de l'Afrique.

ÉPERVIÈRE (*Hieracium*). Genre de Composées de la tribu des semi-flosculeuses, comprenant des plantes herbacées, vivaces, sans tige ou caulescentes, dont les capitules de fleurs sont jaunes, disposés en panicule ou en corymbe, rarement solitaires ; nombreuses folioles à l'involucre ; réceptacle dépourvu de paillettes ; fruit aigretté. — On compte plus de cent espèces, dont la plus grande partie est indigène à l'Europe, et dont la détermination est assez embrouillée. Trois seulement méritent d'être signalées.

ÉPERVIÈRE EN OMBELLE (*H. umbellatum*). Tige de 50 cent. à 1 m., pubescente en haut ; feuilles radicales peu développées, détruites lors de la floraison, les caulinaires oblongues, lancéolées, les inférieures plus grandes et pétiolées, les supérieures plus petites et sessiles. — Cette plante croît dans les clairières des bois, les pâturages, les bruyères, sur les coteaux arides, où elle fleurit en juillet-septembre, produisant un bel effet par sa taille élancée et ses corymbes ombelliformes d'un jaune brillant.

Fig. 503. — Épervière-piloselle.

ÉPERVIÈRE PILOSELLE (*H. pilosella*). Plante stolonifère, à rejets rampants, velus, feuillés : feuilles ovales oblongues, entières, velues tomenteuses en dessous. Les capitules sont assez gros, solitaires à l'extrémité des hampes ou pédoncules radicaux ; involucre chargé de poils raides et noirs ; fleurons de la circonférence souvent d'un jaune rougeâtre en dessus.

La Piloselle, appelée vulgairement *Oreille-de-rat*, fleurit tout l'été au bord des chemins et sur les pelouses. Elle est inodore, mais d'une saveur un peu amère et acèrbe. Elle a été vantée autrefois dans la gravelle et l'hydropisie.

ÉPERVIÈRE DES MURAILLES (*H. murorum*). Cette espèce, dont la tige ne porte qu'une seule feuille sessile, et dont les feuilles radicales sont ovales lancéolées, vertes, croît au milieu des ruines et des décombres. — On la recherchait jadis pour ses prétendues vertus médicinales contre les maladies du poumon, à l'instar de la *Pulmonaire des Français*, dont elle n'est qu'une variété ; mais l'expérience et l'analyse chimique l'ont dépouillée de sa réputation ; elle n'a plus de vogue maintenant que comme plante alimentaire des bestiaux, qui la mangent avec plaisir, surtout les chevaux, et comme donnant à la teinture une nuance dorée solide.

ÉPHÉMÈRE (*Ephemera*). Genre d'Insectes de l'ordre des Névroptères subulicornes, qui ont le corps allongé ; les ailes supérieures longues et triangulaires, élevées dans le repos ; les inférieures très petites et n'ayant l'air que d'un lobe des supérieures ; l'abdomen terminé par deux filets allongés dans les mâles, par trois dans les femelles, les mâles ayant, en outre, une paire de pinces placée inférieurement.

Les Ephémères, ainsi appelés parce qu'ils ne vivent que quelques heures, sont de frêles animaux qui naissent au coucher du soleil, au milieu de l'été, et meurent à son lever. Mais, à l'état de larves, ils passent sous l'eau une ou plusieurs années. Ces larves, de forme allongée, sont munies de branchies extérieures, qui sont dans une agitation continuelle. Quelques-unes se tiennent en terre dans des trous creusés dans les berges des rivières, trous toujours doubles, séparés par une étroite languette, mais se rejoignant au fond ; d'autres sont errantes et ne se creusent pas de trous. Les nymphes des Ephémères ne diffèrent des larves que par les rudiments des ailes. Quand arrive le moment de la dernière transformation, les nymphes sortent de l'eau et vont se fixer sur quelque endroit sec, où l'Ephémère ne tarde pas à sortir de sa peau fendue.

Les Ephémères naissent ordinairement le soir. A peine sont-ils sortis de la nymphe, qu'on les voit s'élever à la surface des mares en essaims innombrables, composés de mâles en presque totalité : à peine y trouve-t-on une femelle pour mille prétendants, qui passent, à se disputer celle-ci, le peu d'heures qu'ils ont à consacrer au plaisir de l'amour, et qui y préludent par des batailles. Celui des mâles qui réussit à s'approprier l'objet de tant de poursuites, conduit sa conquête en quelque lieu écarté, ou ses transports sont suivis de la mort la plus prompte. -La femelle fécondée, pressée de pondre, s'abaisse vers les eaux, redresse en voltigeant l'extrémité de son corps, d'où sortent, vers la jonction du sixième anneau, deux grappes d'œufs agglutinés, qui sont abandonnés à l'élément nourricier. » Ces œufs, au nombre de 3 à 4 cents pour chacune de ces grappes, tombent au fond de l'eau et s'y dispersent. — Les Éphémères forment ces nuées de petits insectes volants qui apparaissent le soir dans les beaux jours d'été, et dont les cadavres couvrent bientôt les eaux et servent de nourriture aux poissons, sous le nom vulgaire de *Manne aux poissons*. Il n'est pas rare de voir les terres avoisinant les rivières, couvertes le matin d'un blanc de neige qui n'est autre que les cadavres amoncelés de ces insectes, sans compter ceux qui sont tombés dans l'eau.

L'ÉPHÉMÈRE COMMUN (*E. vulgata*), la plus grande espèce des environs de Paris, est long de 18 millimètres, avec les filets plus longs que le corps. Ses larves, très communes dans la Marne et dans la Seine, criblent le sol de ces rivières d'une multitude de trous, que plus d'un lecteur aura pu remarquer en se baignant.

La vie de l'Éphémère, considérée dans l'éternité, n'est pas plus courte que celle de l'Éléphant. Créée pour durer douze ou vingt-quatre heures seulement, elle doit avoir ses péripéties, comme elle a ses périodes. Cette pensée a suggéré à un auteur anonyme le morceau de littérature suivant, d'une philosophie charmante et gracieuse.

Fig. 804. — Éphémère.

Aristote dit qu'il y a sur la rivière Hypanis de petites bêtes qui ne vivent qu'un jour. Celle qui meurt à huit heures du matin, meurt en sa jeunesse; celle qui meurt à cinq heures du soir, meurt en sa décrépitude (1).

Supposons qu'un des plus robustes de ces Hypaulens fût, selon ces nations, aussi ancien que le temps même; il aura commencé à exister à la pointe du jour, et, par la force extraordinaire de son tempérament, il aura été en état de soutenir une vie active pendant le nombre infini de secondes de dix ou douze heures. Durant une si longue suite d'instants, par l'expérience et par les réflexions sur tout ce qu'il a vu, il doit avoir acquis une haute sagesse; il voit ses semblables qui sont morts sur le midi, comme des créatures heureusement délivrées du grand nombre d'incommodités auxquelles la vieillesse est sujette. Il peut avoir à raconter à ses petits-fils une tradition étonnante de faits antérieurs à tous les Mémoires de la nation. Le jeune essaim, composé d'êtres qui peuvent avoir déjà vécu une heure, approche avec respect de ce vénérable vieillard, et écoute avec admiration ses discours instructifs. Chaque chose qu'il leur racontera paraîtra un prodige à cette génération dont la vie est si courte. L'espace d'une journée leur paraîtra la durée entière des temps, et le crépuscule du jour sera appelé dans leur chronologie la grande ère de leur création.

Supposons maintenant que ce vénérable insecte, ce Nestor de l'Hypanis, un peu avant sa mort, et à l'heure du coucher du soleil, rassemble tous ses descendants, ses amis et ses connaissances, pour leur faire part en mourant de ses derniers avis. Ils se rendent de toutes parts sous le vaste abri d'un champignon; et le sage moribond s'adresse à eux de la manière suivante :

« Amis et compatriotes, je sens que la plus longue vie doit avoir une fin. Le terme de la mienne est arrivé : et je ne regrette pas mon sort, puisque mon grand âge m'était devenu un fardeau, et que pour moi il n'y a plus rien de beau sous le soleil. Les révolutions et les calamités qui ont désolé mon pays, le grand nombre d'accidents particuliers auxquels nous sommes tous sujets, les infirmités qui affligent notre espèce, et les malheurs qui me sont arrivés dans ma propre famille, tout ce que j'ai vu dans le cours d'une longue vie ne m'a que trop appris cette grande vérité, qu'aucun bonheur, placé dans les choses qui ne dépendent pas de nous, ne peut être assuré ni durable. Une génération entière a péri par un vent aigu; une multitude de notre jeunesse imprudente a été balayée dans les eaux par un vent frais et inattendu. Quels terribles déluges ne nous a pas causés une pluie soudaine! Nos abris même les plus solides ne sont pas à l'épreuve d'un orage de grêle. Un nuage sombre fait trembler les cœurs les plus courageux.

« J'ai vécu dans les premiers âges, et conversé avec des insectes d'une plus haute taille, d'une constitution plus forte, et je puis dire encore d'une plus grande sagesse qu'aucun de la généra-

(1) Ces quatre lignes sont traduites de Cicéron, *Tusculanes*, dont l'auteur a tiré le sujet de ses réflexions et du discours.

tion présente. Je vous conjure d'ajouter foi à mes dernières paroles, quand je vous assure que le soleil qui nous paraît maintenant au-delà de l'eau, et qui semble n'être pas éloigné de la terre, je l'ai vu autrefois fixé au milieu du ciel, et lancer ses rayons directement sur nous. La terre était beaucoup plus éclairée dans les âges reculés, l'air beaucoup plus chaud, et nos ancêtres plus sobres et plus vertueux,

« Quoique mes sens soient affaiblis, ma mémoire ne l'est pas: je puis vous assurer que cet astre glorieux a du mouvement. J'ai vu son premier lever sur le sommet de cette montagne, et je commençai ma vie vers le temps où il commença son immense carrière. Il a, pendant plusieurs siècles, avancé dans le ciel avec une chaleur prodigieuse et un éclat dont vous ne pouvez avoir aucune idée, et que sûrement vous n'auriez pu supporter; mais maintenant, dans son déclin et une diminution sensible dans sa vigueur, je prévois que toute la nature doit finir en peu de temps, et que ce monde va être enseveli dans les ténèbres en moins d'une centaine de minutes.

« Hélas ! mes amis, combien ne me suis-je pas autrefois flatté de l'espérance trompeuse d'habiter toujours cette terre ! quelle magnificence dans les cellules que je me suis moi-même creusées ! quelle confiance n'avais-je pas mise dans la fermeté de mes membres et les ressorts de leurs jointures, et dans la force de mes ailes ! Mais j'ai assez vécu pour la nature et pour la gloire, et aucun de ceux que je laisse après moi n'aura la même satisfaction en ce siècle de ténèbres et de décadence que je vois commencer. »

ÉPI. — V. *Inflorescence.*

ÉPICÉA. Espèce du genre *Mélèze.* — V. ce mot.

ÉPI-DE-LAIT. Nom vulgaire d'une espèce d'*Ornithogale.*

ÉPIDENDRÉE. Nom d'une tribu et d'un genre de la famille des *Orchidées.* — V. ce mot.

L'ÉPIDENDRÉE À COQUILLE est une Orchidée des Antilles qui tire son nom de son labelle recourbé en forme de coquille. Ses fleurs sont grandes et roses.

ÉPIDERME. — V. *Peau.*

ÉPIGYNE. Adjectif qui exprime l'insertion d'un organe quelconque de la fleur au-dessous de l'ovaire.

ÉPILOBE (*Epilobium*). Genre de Plantes de la famille des Onagrariées, herbacées, à souche vivace, dont les feuilles sont opposées, éparses ; les fleurs roses ou purpurines, disposées en grappes ou en panicules ; capsule linéaire siliquiforme, à 4 loges polyspermes. — Toutes les espèces sont rustiques, aiment les lieux frais et humides, et se multiplient très aisément.

ÉPILOBE À ÉPI (*E. spicatum*). Plante de 50 à 150 cent., à tiges dressées, souvent rougeâtres ; feuilles sessiles lancéolées, semblables à celles du Saule et de l'Osier; fleurs purpurines; calice long, à 4 divisions : 4 pétales; 8 étamines ; stigmate 4-lobé ; capsule quadrangulaire ; semences aigrettées.

L'Épilobe, auquel le vulgaire a donné les noms d'*Osier fleuri* et de *Laurier de Saint-Antoine,* croît dans les bois montueux, où elle fleurit aux mois de juillet, août-septembre, et produit des touffes d'un bel aspect, que rehaussent ses feuilles d'un vert gai et ses grandes fleurs purpurines, disposées en épi pyramidal. Cette plante n'est pas sans usages, ses racines, qui sont traçantes, se mangent dans nos départements du nord ; ses feuilles entrent dans la composition de la bière, et sont très recherchées des chèvres et des vaches. Les aigrettes des semences, mêlées au coton, peuvent servir à fabriquer de légers tissus.

L'ÉPILOBE VELU (*E. hirsutum*) a les tiges très pubescentes, les fleurs plus grandes, et forme de larges buissons ornant le bord des eaux courantes et des étangs. — Nous passons sous silence d'autres variétés sans utilité.

ÉPIMAQUE (*Epimachus*). Genre de Passereaux ténuirostres, de la tribu des Oiseaux de paradis, ayant pour caractères : bec plus long que la tête, recourbé, comprimé, arrondi, à commissure des mandibules fendue jusqu'aux yeux; narines cachées par les plumes soyeuses du front : ailes am-

Fig. 565. — Épimaque.

ples, dépassant le croupion ; queue médiocre, égale: tarses robustes, scutellés ; ongles recourbés, crochus. Les mâles ont les flancs parés de longues plumes décomposées, filamenteuses. — Une seule espèce connue, de la Nouvelle-Guinée:

C'est l'ÉPIMAQUE PROMÉFIL. (*E. magnificus*), dont la longueur totale est de 36 cent. Son plumage est d'un noir de velours, à nuance pourpre sous certains effets, d'une exquise douceur au toucher. Le devant du cou est couvert par un long plastron d'écailles imbriquées, gaufrées et d'un vert bleu très métallisé; une bordure noire encadre la partie inférieure de ce plastron, et une bordure or vert en fixe la limite sur le thorax. Le ventre est noir, à teinte pourpre des plus vives; sur chaque flanc sont implantées de longues plumes décomposées, poilues, molles, qui retombent d'une manière gracieuse en parures capillaires. « Ailes puissantes, noires, plus longues que la queue, qui est courte et composée, ainsi que les ailes, de rectrices très raides: bec rougeâtre. — C'est dans les immenses et profondes forêts qui enceignent le hâvre de Dorey à la Nouvelle-Guinée, que se trouve cet oiseau. Les mâles ont d'éclatantes parures, et les femelles un plumage généralement roux et terne. » (Lesson.)

ÉPINARD (*Spinacea*). Genre de la famille des Chénopodiacées, plantes herbacées, annuelles, à feuilles alternes pétiolées, triangulaires hastées, ou ovales oblongues; fleurs verdâtres, dioïques, rarement hermaphrodites, disposées en glomérules axillaires: 4-5 sépales et 4-5 étamines dans les mâles: 4-6 sépales soudés en un tube ventru, et 4 styles capillaires dans les femelles.

Les feuilles d'Epinard sont inodores, aqueuses, d'une saveur très légèrement amère; on les regarde comme émollientes, laxatives, et on les mange, quoiqu'elles nourrissent peu. Cette plante légumineuse peut se semer de mois en mois, depuis mars jusqu'en novembre, dans une terre meuble, fumée, souvent arrosée si la saison lui refuse l'eau. Les semences conservent leur faculté germinative pendant trois ans.

L'ÉPINARD ÉPINEUX (*S. spinosa*), ou *E. commun*, *E. d'hiver*, atteint de 40 à 80 cent. Ses fruits ou calices fructifères sont comprimés, anguleux, toujours épineux. Il est cultivé dans tous les jardins, où il fleurit en juin et septembre. — L'ÉPINARD LISSE (*S. inermis*), ou *E. sans piquants*, *E. de Hollande*, porte des feuilles beaucoup plus grandes et plus épineuses. Ses semences sont lisses et sans épines: elles lèvent moins tôt et résistent moins bien aux fortes gelées.

ÉPINARD SAUVAGE. — V. *Bon-Henri*.

ÉPINE. Piquant dur, fort, terminé en pointe aiguë, qui tire son origine du corps ligneux même et non de l'écorce. — V. *Aiguillon*.

ÉPINE-VINETTE. Il a été question déjà de cette plante, au mot *Berbéride*, sous le rapport de ses caractères botaniques principalement. Ici nous devons compléter son histoire. Elle croît le long des bois, et on la cultive dans les jardins, soit pour utilité comme clôture, soit pour les jolis massifs qu'elle forme, étant tenue isolée. Sous d'autres rapports, elle n'est pas très agréable puisqu'elle est armée de piquants et que ses fleurs répandent une odeur spermatique prononcée. L'Epine-Vinette a été accusée, sans fondement, de nuire à l'agriculture des céréales, d'arrêter le blé dans son parfait développement, d'exhaler un gaz délétère pouvant causer des désordres sur les prairies et les arbres fruitiers. Sa racine, bouillie, fournit une très belle couleur verte pour les peaux de chèvre et de mouton; l'écorce moyenne, lessivée, teint en jaune: les feuilles servent d'aliment aux vaches et aux brebis: le fruit, vert, remplace les câpres: bien mûr, on le convertit en confiture, etc. — V. *Berbéride*.

ÉPINOCHE (*Gasterosteus*). Genre de poissons acanthoptérygiens de la famille des Joues cuirassées, de petite taille, ayant pour caractères: tête lisse, non épineuse ni tuberculeuse; corps allongé, petit: épines dorsales libres et ne formant pas de nageoires; ventre garni d'une cuirasse osseuse formée de la réunion du bassin à des os huméraux très développés; nageoires ventrales plus en arrière que les pectorales et réduites à une seule épine: trois rayons branchiaux; longueur de 1 à 10 cent.

Les Epinoches sont de très petits poissons qui vivent dans les ruisseaux, les rivières et même dans la mer si on comprend la Gastrée dans ce genre. Ils sont remarquables par leur agilité, leur force musculaire, puisqu'ils peuvent s'élancer hors de l'eau à près de 35 cent., et aussi par leur voracité et leur fécondité. Ils se nourrissent de vers, de larves, de chrysalides, de mollusques nus, d'œufs de poissons et de poissons naissants, ce qui fait qu'ils peuvent causer de grands dommages dans les étangs. Ils frayent dans le mois de mai. La durée de leur vie est de trois ans. Leur fécondité est telle que, dans certains pays, on en nourrit les porcs et on en fume les terres: en France et dans d'autres contrées, on en extrait une huile épaisse. On peut en faire, dit-on, un bouillon agréable. On les servirait comme mets d'un goût agréable, n'était leur armure et leur petitesse.

L'Epinoche se construit un nid. Le mâle seul s'occupe de ce soin en entassant des brins d'herbe qu'il leste de sable et qu'il agglutine ensemble avec le mucus qui suinte de sa peau. La forme et la situation du nid sont variables suivant l'espèce à laquelle il appartient. Il n'a d'abord qu'une seule ouverture, mais plus tard il en présentera deux, lorsque la femelle y aura fait sa ponte et en aura perforé la paroi opposée. A l'époque des amours, on voit parfois, dans les ruisseaux qu'habitent les Epinoches, un si grand nombre de nids, sous l'apparence de monticules au fond de l'eau, qu'on ne sait comment s'expliquer que leur nidification ait été si longtemps inconnue.

Le nid construit, l'Epinoche mâle offre un abri à la femelle dont il a su fixer l'attention. « La femelle peut aisément le distinguer des autres mâles, car à ce moment il porte les vives couleurs de la livrée des amours; aussi dès qu'elle l'aperçoit, elle s'empresse, par une série de petits manéges coquets et d'agaceries, de lui montrer qu'elle est prête à le suivre Alors le mâle se précipite vers son nid, plonge la tête dans l'ouverture unique, qu'il élargit vivement pour en faciliter l'entrée à la femelle, à laquelle il cède ensuite la place. Celle-ci s'y engage tout entière et ne laisse plus voir à l'extérieur que l'extrémité de sa queue, et pendant cinq minutes ses mouvements convulsifs indiquent tous les efforts qu'elle fait pour pondre ses œufs; puis elle en sort bientôt par l'ouverture qu'elle forme à la partie du nid opposée à l'ouverture par laquelle elle est entrée. Le mâle assiste la femelle, la frotte avec son museau pour l'encourager, et, dès qu'elle a accompli l'acte pour lequel elle a été créée, il entre par la même voie qu'elle a suivie, glisse sur les œufs en frétillant et en déposant la liqueur reproductive, et sort presque aussitôt pour réparer les désordres de son établissement. Il recommence plusieurs fois, et à plusieurs jours de distance, le même manége avec d'autres femelles, jusqu'à ce que le nid renferme la quantité d'œufs qu'il doit avoir, quantité véritablement énorme. La faculté qu'ont les femelles de pondre plusieurs fois et à des intervalles assez rapprochés, explique

Fig. 346. — Épinoche dans son nid.

pourquoi ces poissons sont susceptibles de se multiplier d'une manière prodigieuse. »

A l'inverse de presque tous les autres animaux, le mâle Epinoche s'occupe exclusivement des soins de la progéniture : après avoir confectionné le nid, il veille à sa conservation; après que les œufs ont été pondus, il les protége contre des coalitions de femelles cherchant à les détruire, il veille aux conditions favorables à leur éclosion, fortifie son nid, etc. Les petits éclosent au bout de dix à douze jours, et c'est encore le père qui s'occupe de leur éducation: qui les défend, les ramène au domicile s'ils s'en échappent trop tôt, jusqu'à ce qu'ils puissent se passer de sa surveillance et de ses soins, ce qui arrive au bout de quinze ou vingt jours. Chose étonnante, l'Epinoche, lui si vorace, passe presque dans l'abstinence complète le mois qu'il consacre au grand acte de la reproduction.

Le genre comprend une vingtaine d'espèces connues, divisées en *Epinoches* et *Epinochettes*. — Le GRAND EPINOCHE des eaux douces d'Europe a trois épines libres sur le dos, une taille d'environ 8 cent. — L'EPINOCHETTE propre à nos ruisseaux a neuf épines, une taille de 2 à 3 cent.

ÉPIPACTIDE (*Epipactis*) ou SERAPIAS. Genre d'Orchidées indigènes, caractérisé par un labelle étale, non prolongé en éperons, des masses polliniques réunies par un rétinacle commun, un ovaire non contourné. — Ces plantes sont les unes terrestres, les autres marécageuses.

L'EPIPACTIDE A LARGES FEUILLES (*E. latifolia*) a une tige de 20 à 80 cent., les feuilles oblongues ovales ou lancéolées; des bractées égalant le périanthe ; les fleurs sont d'un pourpre foncé, en épi allongé, un peu penchées; labelle sensiblement acuminé: ovaire non contourné. Cette plante, que le vulgaire nomme *Helléborine*, croît dans les bois, les taillis, les lieux couverts; ses fleurs paraissent au milieu de l'été et répandent une légère odeur de vanille.

L'EPIPACTIDE DES MARAIS (*E. palustris*) a les feuilles plus lancéolées, des bractées plus courtes que les fleurs, qui sont d'un vert cendré, rougeâtres en dedans, avec le labelle arrondi, obtus, l'ovaire linéaire oblong. — Ces deux espèces sont sans usages.

EPISPERME. Enveloppe ou tégument propre de la *Graine*. — V. ce mot.

EPONGE (*Spongia*). Genre de Zoophytes ou Rayonnés, que certains naturalistes ont considéré comme appartenant à un cinquième embranchement, celui des *Spongiaires*, consistant en masses d'un tissu dur et résistant, *spongieux*, de forme et de couleur extrêmement variées et qui, dans l'état de vie, c'est-à-dire encore adhérents aux rochers du fond de la mer, sont recouvertes d'une couche muqueuse que l'on considère comme animée. » Voici une définition plus anatomique : « Corps volumineux, de forme variable, creusé de conduits de divers ordres, ouverts au dehors par des *oscu-les*, et s'y prolongeant quelquefois en tube ; charpente ou squelette du corps siliceux, calcaire ou corné, contenant des couches molles, charnues, à surface visqueuse, tapisssée de cils vibratiles, partout ou dans les tubes seulement; sans organes digestifs, respiratoires ou reproducteurs distincts. La reproduction a lieu : 1° par des *gemmes ciliées* qui nagent, se fixent sur un corps dur, grossissent et se soudent plusieurs ensemble ; 2° par des *gemmes non ciliées*, blanches, quiapparaissent seulement quand l'animal meurt, et se fixent sur le squelette qu'il laisse ; 3° par des *œufs de première saison*, se formant dans le corps, sortant par les oscules, tombant et se développant où ils s'arrêtent; 4° par des *œufs de seconde saison*, rougeâtres. Les masses que nous appelons *Éponges* sont des individus agrégés, confondus, formés par suite : 1° de soudure d'**embryons** pouvant provenir des quatre modes de **reproduction** ci-dessus ; 2° par soudure d'Éponges de tout âge voisines l'une de l'autre. »

On pourrait bien distinguer jusqu'à trois cents espèces d'Éponges, variant pour la forme, le volume et la consistance. — L'É. USUELLE (*S. officinalis*) est commune dans toutes les mers, mais plus spécialement dans la Méditerranée, et surtout dans les îles de l'Archipel. C'est de là que nousviennent les plus douces et les plus blanches. Les plus ordinaires, qui d'ailleurs sont plus volumineuses, pullulent dans les mers équatoriales. L'Éponge adhère au rocher par un pied large et solide que le plongeur détache habilement. Sur le rivage on la lave, on la bat, on la passe au chlore pour lui enlever son odeur désagréable, et on la livre au commerce.

L'emploi des Éponges fines dans la toilette est connu de tout le monde. Ses usages en médecine ne sont pas sans valeur. On en forme une sorte de charbon en les calcinant dans un vaisseau clos, pour les employer contre les scrofules, le goitre, les engorgements lymphatiques. C'est à l'iode qu'elles contiennent que sont dues leurs propriétés thérapeutiques. Mais aujourd'hui on remplace l'*éponge calcinée* par l'iode en nature ou à l'état d'iodure libre.

ÉPOQUES GÉOLOGIQUES. On entend par là la détermination des âges relatifs des principales catastrophes du globe. « Si la terre n'avait jamais subi aucun bouleversement, dit M. Beudant, auprès duquel nous nous renseignons en ce moment, les couches sédimentaires dont se compose son écorce solide, rigoureusement concentrique,

se recouvriraient toutes successivement, et la dernière, enveloppant toutes celles qui l'ont précédée, se trouverait elle-même sous les eaux, qui s'étendraient en une mer sans bornes. Il n'y aurait dès lors aucune terre visible, et le genre humain n'existerait pas : d'où il suit qu'avant toute création terrestre, il est d'absolue nécessité que le globe ait été le théâtre de diverses catastrophes, pour élever successivement les terres au-dessus des eaux, et établir un ordre de choses plus ou moins analogue à celui que nous voyons. »

Les diverses couches sédimentaires devraient donc être horizontales; lorsque nous en voyons d'inclinées, de soulevées, c'est qu'elles ont été dérangées de leur position primitive. Si toutes ont été soulevées, l'époque de l'accident est indéterminée; mais si d'autres sédiments en couches horizontales s'appuient au pied de ces proéminences et contre elles, on a la certitude qu'ils leur sont postérieurs; et si on parvient à déterminer l'époque de leur formation, on arrive à quelque probabilité relativement à celle des soulèvements. Les chaînes parallèles correspondent en général à la même époque de soulèvement. L'ensemble des directions sur une même ligne, et des directions parallèles, forme ce qu'on nomme un *système de soulèvement*, ou *système de montagnes* : c'est ainsi qu'on dit *système des Pyrénées*, *système des Alpes*, etc.

Les couches sédimentaires appuyées horizontalement sur les flancs des montagnes annoncent que les mers sont venues battre au pied des escarpements produits par des soulèvements antérieurs : de là les expressions de *mer crétacée*, *mer jurassique*, etc., qui indiquent les eaux sous lesquelles chacun de ces dépôts sédimentaires s'est formé. L'absence de dépôt sur une étendue plus ou moins considérable nous indique que le terrain précédent était alors au-dessus des mers. C'est ainsi que le plateau central de la France a dû être à sec dès les époques les plus reculées, et qu'au moment de la formation parisienne, la plus grande partie de l'Europe même devait être découverte, puisque nous voyons à peine quelques traces de ces dépôts ailleurs qu'aux environs de Paris ou de Bordeaux. Mais il arrive aussi que les parties qui se trouvaient à sec en un certain moment ont été ensuite recouvertes par des sédiments plus modernes, d'où il faut conclure qu'elles se sont affaissées pour recevoir ces nouveaux dépôts : c'est par de tels affaissements que certaines catastrophes sont surtout caractérisées.

Les géologues comptent dix-sept soulèvements, qu'ils classent, par ordre d'ancienneté ou chronologique, de la manière suivante : Système de la Vendée, S. du Finistère, S. du Longmynd, S. du Morbihan, S. du Hundsruck, S. des Ballons, S. du nord de l'Angleterre, S. du Hainaut, S. du Rhin, S. du Thüringerwald, S. de la Côte-d'Or, S. du mont Viso, S. des Pyrénées, S. de Corse, S. des Alpes occidentales, S. des Alpes principales, enfin S. du Ténare.

Nous ne pouvons passer en revue ces divers systèmes. Citons-en un au hasard cependant, le 13e par exemple; le système des Pyrénées. Il n'est pas de date très ancienne, parce que le terrain crétacé supérieur, dépôt par lequel commencent ordinairement les terrains tertiaires, se trouve relevé à des hauteurs considérables, formant de grands escarpements dans le haut de quelques vallées, surtout du côté de l'Espagne. Le dernier soulèvement, le système du Ténare, a eu lieu à une époque où nos mers étaient uniquement peuplées par les êtres qui y vivent encore aujourd'hui, et peut-être depuis que l'homme a paru sur la terre. Les dépôts soulevés ne renferment que des coquilles exactement semblables à celles de nos mers. Il y a plus, les dépôts sédimentaires de la Sardaigne ont offert les débris d'une industrie naissante, et paraissent avoir participé au mouvement qui, dès lors, serait d'une époque extrêmement moderne, relativement à toutes les autres.

Tableau des époques de soulèvement :

1er soulèvement,	avant les terrains cumbriens de la Bretagne.
2e	—	entre les dépôts cumbriens et les ardoises vertes du Longmynd.
3e	—	entre les ardoises vertes et le calcaire de Bala.
4e	—	entre le calcaire de Bala et les dépôts siluriens.
5e	—	entre le terrain silurien et le terrain dévonien.
6e	—	entre le terrain dévonien et le terrain houiller.
7e	—	entre le terrain houiller et les dépôts pénéens.
8e	—	entre les dépôts pénéens et le grès vosgien.
9e	—	entre le grès vosgien et le trias.
10e	—	entre le terrain de trias et le terrain jurassique.
11e	—	entre le terrain jurassique et le terrain crétacé inférieur.
12e	—	entre les deux terrains crétacés.
13e	—	entre le crétacé supérieur et le calcaire parisien.
14e	—	entre le calcaire parisien et la molasse.
15e	—	entre la molasse et le terrain subapennin.
16e	—	entre le terrain subapennin et le diluvium.
17e	—	après le diluvium et peut-être quelques alluvions modernes. — V. *Terrains*.

M. Élie de Beaumont s'est livré à de savantes recherches pour décrire l'état de l'Europe aux différentes époques de soulèvements, et il a même publié des cartes représentant les parties exondées et celles encore émergées. Nous ne suivrons pas cet auteur dans cette voie difficile et ardue. Nous dirons seulement que c'est au temps de calme qui suivit la catastrophe des Alpes principales que se rapporte vraisemblablement l'apparition de l'homme sur la terre; car, d'une part, il n'y a pas de débris humains dans les dépôts émergés, et d'autre part, les animaux dont alors l'existence a commencé, après la disparition des

germes dont il ne reste que des parties osseuses fossiles, sont précisément ceux avec lesquels, depuis les temps historiques, l'homme a toujours vécu. Tout ce qui se passe aujourd'hui sur le globe paraît dater de l'époque moderne : les dunes, les cordons littoraux, le remplissage successif des lagunes restées derrière, leur conversion en deltas, tous ces phénomènes, qui se continuent aujourd'hui comme ils ont fait jadis, peuvent servir de *chronomètres*, pour établir la durée de la période dans laquelle nous vivons. « Le peu de largeur de l'espace envahi par les dunes, relativement à la plus petite rapidité que l'on puisse admettre dans leur marche, ne peut faire remonter le commencement des choses actuelles qu'à un temps très peu reculé, à un très petit nombre de milliers d'années. » — V. *Déluge*.

ÉPURGE. — V. *Euphorbe*.

ÉQUILLE (*Ammodites*). Genre de Poissons malacoptérygiens subrachiens, dont le corps est anguilliforme, pourvu d'une nageoire à rayons articulés sur une grande partie du dos, d'une autre nageoire derrière l'anus, d'une troisième nageoire fourchue au bout de la queue, toutes les trois séparées par des espaces libres; museau aigu, mâchoire inférieure plus longue que la supérieure. — Ces Poissons vivent dans le sable au bord de la mer. Ils s'enfoncent dans le sol, où ils recherchent les vers dont ils font leur nourriture. Nos côtes en produisent deux espèces.

L'ÉQUILLE APPAT (*A. lancea*) a 15 cent. de longueur environ, beaucoup de rapports avec l'Anguille; et comme elle a l'habitude de s'enfoncer dans le sable des mers, on lui a donné le nom d'*Anguille de sable*. Elle se dérobe ainsi aux regards, non-seulement pour chercher sa nourriture dans le sol, mais encore pour se soustraire aux poursuites de plusieurs poissons voraces, des Scombres, des Dauphins; et c'est à cause du goût très marqué de ces animaux marins pour ce poisson qu'on l'a nommé *appât*. Au printemps la femelle dépose ses œufs très près de la côte.

Le LANÇON (*A. lancea*) a le corps plus mince, non moins long; les maxillaires plus longs, la mâchoire inférieure plus pointue; la dorsale ne commence que vis-à-vis la fin des pectorales.

ÉQUISÉTACÉES. Famille de Plantes acotylédones composée du seul genre *Prêle*, auquel nous renvoyons pour les caractères.

ÉRABLE (*Acer*). Genre type de la famille des Acéracées, qui comprend des arbres ordinairement élevés, à feuilles palmatilobées; fleurs jaunâtres ou verdâtres, polygames, qui se développent en même temps que les feuilles; le calice est à 5 divisions, souvent colorées; la corolle a 5 pétales; 8 étamines, plus longues dans les fleurs mâles; pour fruit, double coque ou samarre présentant à sa face interne un duvet laineux.

Les Érables ont beaucoup de rapports avec les Marronniers ; ils constituent dans les contrées septentrionales de vastes forêts ; ils sont maintenant indigènes à notre climat, se multipliant de toutes les manières avec la plus grande facilité, et profitant également dans les sols les plus superficiels et dans les vallées les plus riches et les plus sombres. Le bois d'Érable est compacte, dur, souple, agréablement veiné et propre à toutes sortes d'usages d'ébénisterie, de lutherie, d'armurerie. Certains de ces arbres fournissent du sucre, que les peuplades du nord de l'Amérique savent extraire de temps immémorial.

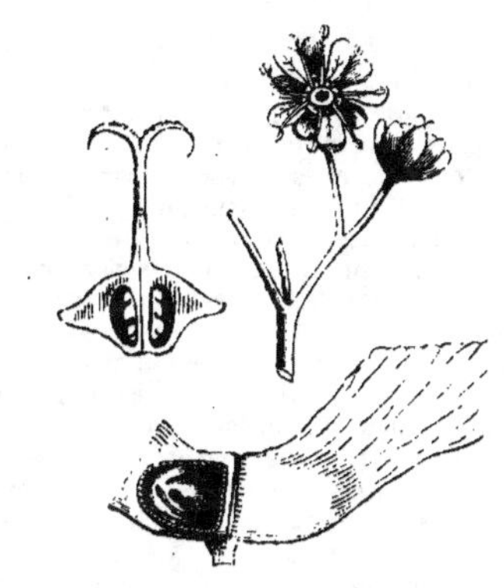

Fig — 307. Érable.

Fleur mâle épanouie, avec fleur femelle à côté. — A gauche, coupe longitudinale du pistil ; au-dessous, fruit dont une des loges est ouverte et laisse l'embryon à nu.

L'ÉRABLE CHAMPÊTRE (A. *campestris*) croît naturellement dans les buissons ; il pousse des jets parfaitement droits, couverts d'une écorce raboteuse, dont les feuilles ont 5 lobes, et il porte de petites fleurs verdâtres disposées en grappes ; son bois est très dur. Sa croissance est lente : il ne s'élève pas au-delà de 7 à 8 mètres.

L'ÉRABLE PLANE (A. *plantanoïdes*) est un arbre fréquemment planté dans les avenues, les parcs, les promenades publiques : ses feuilles, vertes sur les deux faces, sont palmatilobées à 5-7 divisions profondément dentées ; ses fleurs sont jaunâtres, ses fruits glabres, au lieu d'être pubescents comme dans l'espèce précédente. — Il s'élève à 15 et 16 mètres, et donne de l'ombre encore au milieu de l'automne. Les feuilles se couvrent, durant les chaleurs, d'un suc extravasé que l'on a comparé à la *manne*, et dont les abeilles font d'amples récoltes.

L'ÉRABLE SYCOMORE (A. *pseudo-platanus*), commun en Suisse, où il atteint jusqu'à 20 mètres de haut, présente des feuilles à 5 divisions crénelées-dentées, blanches en dessous : des fleurs verdâtres en panicules racémiformes pendantes. Son bois est dense, léger, brillant, bon pour des ouvrages d'art, de menuiserie, pour le chauffage, etc.

Telles sont les trois espèces dont les anciens font mention et que l'on connaît le plus. Mais nous devons en citer d'autres, telles que : l'*Érable de Tartarie*, simple arbuste propre à la décoloration, à cause de ses fleurs disposées en grappes rouges et de ses feuilles découpées en cœur ; — l'*Érable de Virginie*, très grand et très bel arbre, dont les feuilles, largement découpées, sont vertes en dessus et argentées en dessous : fleurs et graines d'un rouge vif ; bois très dur ; — l'*Érable rouge* : il s'élève jusqu'à 70 pieds de haut ; son écorce est tachée de plaques blanches, et ses fleurs sont d'un rouge sombre : bon bois de travail ; — l'*Érable jaspé* doit son nom à la couleur de son écorce, qui est toujours rayée de lignes noires en Amérique, son pays natal, et de veines blanches en Europe : on peut le greffer sur le sycomore ; — l'*Érable à sucre*, grand arbre de 80 pieds, originaire de l'Amérique septentrionale, où on le cultive en grand pour retirer le sucre qui est contenu dans sa sève. Ce sucre est cristallisable comme celui de la canne, et peut devenir un important objet de fabrication pour les contrées où cet érable est cultivé en quantité notable. Son beau feuillage est à peu près semblable à celui de l'érable plane ; il est découpé en cinq lobes aigus, d'un vert très foncé en dessus et un peu plus clair en dessous. Son bois est excellent. Quand on ne veut point épuiser l'arbre, et que l'on ne soutire la sève que par deux trous, on peut en retirer quatre livres de sucre par an. Dans une expérience faite sur un gros Érable à sucre que l'on avait percé de vingt trous, on obtint jusqu'à quatre-vingt-seize litres de sève par jour, et la récolte en sucre de ce seul arbre, pour une seule saison, s'éleva à trente-trois livres. L'Érable à sucre réussit bien en France. »

ERGOT. Maladie qui attaque les graminées. — V. *Seigle ergoté*.

ÉRICACÉES ou ÉRICINÉES. Famille de Plantes dicotylédones monopétales : sous-arbrisseaux ou arbustes d'un port élégant, dont les feuilles sont alternes, persistantes, simples ; dont les fleurs, disposées en épis ou en grappes, ont un calice monosépale à 4-5 divisions, une corolle 4-5 lobée ; étamines en nombre double de ces divisions, à filets libres ; ovaire libre et supère, à 4-5 loges pluriovulées ; style simple à stigmate 4-5 lobé. Le fruit est une capsule ou une baie. — Les principaux genres sont : *Bruyère*, *Callune*, *Rosage*, qui ont le fruit capsulaire ; *Arbousier*, *Pyrole*, dont le fruit est charnu. V. la fig. 308 ci-contre, —

ÉRICULE (*Ericulus*). Genre de Carnassiers de la tribu des Insectivores, voisin des Hérissons et des Tanrecs, ayant pour caractères : tête plus allongée que dans les Hérissons et moins que chez les Tanrecs ; membres courts ; pieds tous à 5 doigts, dont le médian est le plus long de tous; queue très courte, à peine apparente; pelage composé de trois sortes de poils : les uns en petit nombre, ordinaires, les autres très longs, les derniers, plus nombreux, transformés en piquants très résistants; système dentaire offrant des rapports mixtes avec ceux des Hérissons et des Tanrecs.

De même que ces derniers, les Ericules ne se trouvent qu'à Madagascar. On n'en connaît que deux espèces : l'E. sora, dont la longueur totale est de 19 cent. et la coloration générale noirâtre. Cet animal habite l'intérieur des forêts. Il sort de sa retraite probablement souterraine au milieu du jour, pour chercher sa nourriture, sautant et courant avec beaucoup d'agilité; dès qu'on approche de lui, il hérisse la huppe épineuse qu'il porte ordinairement rabattue sur son cou. — L'E. TENDRAC n'est probablement que la même espèce. Toutefois son pelage présente des piquants dont la portion apparente au dehors est roussâtre, tandis qu'elle est noire dans le Sora.

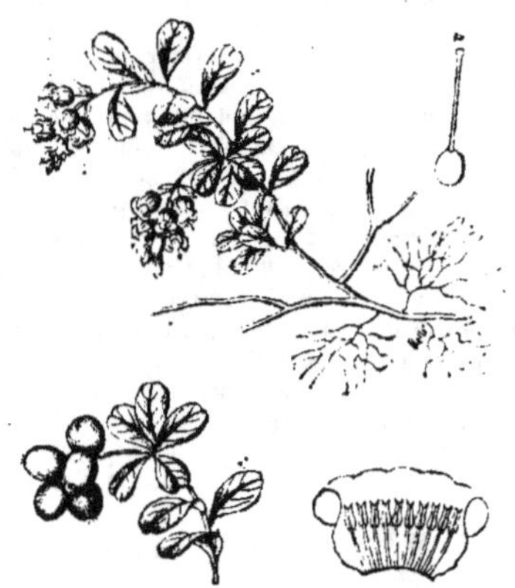

Fig. 508. — Éricacée. (Busserole.)

(Tige florifère : rameau portant des fruits; corolle ouverte montrant les 10 étamines; pistil.)

ÉRIGERON (*Erigeron*). Genre de plantes de la famille des Composées, annuelles ou vivaces, à feuilles entières ou obscurément dentées: fleurs en capitules terminaux ou latéraux, disposés en corymbe ou en panicule feuillée; fleurons de la circonférence dressés, d'un rose violet ou d'un blanc jaunâtre, ceux du centre jaunâtres; involucre à folioles linéaires.

L'ÉRIGERON DU CANADA (*E. canadense*), plus connu sous le nom de *Vergerette*, est une plante annuelle, dont la tige, qui atteint de 40 à 80 cent., est pubescente hérissée, ornée de feuilles également pubescentes, bordées de cils raides, lancéolées ou linéaires; capitules très petits et nombreux, en grappes rameuses formant une vaste panicule; fleurons de la circonférence d'un blanc jaunâtre, dépassant à peine ceux du centre.

La Vergerette est extrêmement commune dans les décombres, au bord des chemins, dans les villages, les champs en friche; elle fleurit en juillet-octobre, et il est facile de la reconnaître à son port et à son ensemble. — L'ÉRIGÉRON ACRE (*E. acre*) est moins élevé (10 à 40 cent.); les capitules sont peu nombreux, solitaires; l'involucre est velu, tandis qu'il est glabre dans l'espèce précédente; les fleurons de la circonférence sont d'un rose violet. — Cette plante est d'ailleurs beaucoup moins commune; elle fleurit en juin-septembre.

ÉRIODE (*Eriodes*). Genre de Singes, de la tribu des Cébiens, formé aux dépens du genre Atèle et offrant pour caractères : pelage entièrement composé de poils doux au toucher et laineux; membres très longs et grêles; pouces antérieurs nuls ou extrêmement courts; queue forte, prenante, nue et calleuse en dessous à son extrémité; narines très rapprochées, dont la cloison commune est très peu épaisse; oreilles petites et velues.

Les Eriodes habitent les forêts du Brésil, où ils sont d'ailleurs très rares; ils n'ont ni abajoues, ni callosités. D'après Spix, ils vivent en troupes, et font, pendant toute la journée, retentir l'air de leur voix *claquante*; ils se sauvent rapidement à l'approche du chasseur, en sautant sur le sommet des arbres. Ces singes paraissent avoir, en somme, les mêmes habitudes que les Atèles, dont ils avaient été distingués, avant leur séparation de ce groupe, par le nom de *Singes-Araignées*. On en connaît trois espèces : l'Hémidactyle, l'Arachnoïde ou *Singe-Araignée*, et l'Hypoxanthe.

ÉRISTALE (*Eristalis*). Genre de Diptères athéricères, dont le corps est tout couvert de poils, avec les ailes écartées dans le repos, les antennes rapprochées et situées sur une éminence, etc. Leurs larves font partie de celles nommées par Réaumur *larves à queue de rat*; elles ont le corps arrondi et terminé par une queue beaucoup plus mince, susceptible d'atteindre une longueur de 6 à 8 cent., étant formée par les deux derniers anneaux de l'abdomen, qui rentrent dans eux-mêmes comme les tubes d'une lunette. Cette queue porte les stigmates de la respiration; et quand la larve se trouve submergée dans les eaux corrompues, les boues des égouts et des mares, où elle se tient habituellement, elle reste au dehors, à la surface de l'eau. Ces insectes ont la vie très dure, et la plus forte compression ne parvient pas toujours à les écraser.

« L'ÉRISTALE ENTÊTÉ (*E. tenax*) ressemble au premier coup d'œil à une Abeille; brun noirâtre, avec les deux côtés de la face et tout le thorax couverts de poils jaunâtres; l'écusson et deux taches sur le premier segment abdominal sont fauves, ainsi que le genou de toutes les pattes. — Cette espèce plane souvent pendant un temps considérable à la même place, et quand elle en est chassée, elle y revient de suite : c'est ce qui lui a valu le nom qu'elle porte. »

ÉRODION (*Erodium*). Genre de la famille des Géraniacées, plantes annuelles, pubescentes ou velues, à feuilles pétiolées, pinnatiséquées : à fleurs roses purpurines, disposées en ombelles : 5 sépales égaux : 5 pétales ; 10 étamines, dont 5 sans anthères.

L'ÉRODION A FEUILLES DE CIGUE (*E. cicutarium*) est une plante annuelle qui croît dans les terrains sablonneux, les prairies, les décombres, au bord des chemins, où elle étale ses tiges couchées et ses fleurs depuis le mois d'avril jusqu'en octobre. Une variété *précoce*, presque sans tige, fleurit au premier printemps.

L'ÉRODION MUSQUÉ (*E. moschatum*) se distingue aux filets de ses étamines fertiles, qui sont dilatés en bas en un élargissement terminé par deux dents, et à son odeur de musc, qui l'avait fait employer jadis comme antispasmodique. C'est d'ailleurs une plante très rare.

ÉROPHYLE. Genre de Crucifères formé aux dépens du genre *Drave*. — V. ce mot.

ÉROTYLE (*Erotylus*). Nom d'un genre de Coléoptères tétramères, de la famille des Clavipalpes, remarquables par l'éclat de leurs couleurs et leurs formes singulières, généralement arrondies et bombées. — Leurs mœurs sont assez peu connues. Ils se tiennent sur les agarics et les bolets, dans l'intérieur desquels leurs larves vivent et se développent. Lorsqu'on les saisit, ils contrefont le mort pendant quelques instants. Ils exhalent une odeur particulière, analogue à celle que répand l'Hélops.

Le nombre des espèces, toutes propres à l'Amérique, est très considérable. Le type du genre est l'*E. histrio*, que l'on trouve communément à Cayenne.

ERPÉTOLOGIE (du gr. *erpeton*, reptile ; *logos*, discours). Partie de l'histoire naturelle qui s'occupe de l'étude des *Reptiles*. — V. ce mot.

ERS (*Ervum*). Genre de Plantes de la famille des Légumineuses, herbes à tiges grêles, faibles, à feuilles pinnées, fleurs petites, pédoncules axillaires, disposées en grappes, dont les divisions du calice atteignent la longueur de la corolle.

ERS-LENTILLE (*E. lens*). Tiges pubescentes ; feuilles supérieures terminées en vrille ; fleurs blanchâtres, disposées par 1-3 au sommet des pédoncules : calice velu, gousse glabre. — La Lentille est une plante historique ; on sait la passion d'Esaü pour ce légume, et ce qu'elle eut pour lui de funeste. On la cultive en grand pour les usages domestiques.

L'*Ers ervilia* (vul. *Ervilier*, *Comin*) et l'*E. lentoïdes*, sont deux variétés de Lentille dont les feuilles supérieures sont dépourvues de vrille. La première se cultive comme plante fourragère : sa graine sert aussi à engraisser les pigeons.

ERS HÉRISSÉE (*E. hirsuta*). Cette espèce a les fleurs très petites, d'un blanc tirant sur le bleuâtre, réunies 3-8 au sommet des pédoncules : calice velu, à divisions linéaires ; légumes oblongs, pendants, hérissés. — Elle vient dans les champs, les buissons ; fleurit tout l'été.

ÉRYTHRÉE (*Erythræa*). Genre de Plantes de la famille des Gentianacées, annuelles ou bisannuelles, dont les feuilles sont opposées, entières, sessiles ; les fleurs roses, rarement blanches, disposées en cymes dichotomes ou en corymbes : calice à 5 divisions linéaires ; corolle infundibuliforme à 5 divisions ; 5 étamines, dont les anthères se contournent en spirale après la fécondation.

PETITE CENTAURÉE (*E. centaurium*). C'est l'espèce la plus importante ; elle a de 20 à 60 cent., est dressée, rameuse, à rameaux opposés ; feuilles oblongues, les radicales disposées en rosette ; fleurs à court pédicelle, disposées en corymbe. — La petite Centaurée (1) se trouve communément dans les bois, les pâturages, les bruyères, et fleurit en juin-septembre. D'une amertume franche et persistante, elle est réputée tonique, antiscrofuleuse et fébrifuge. On en emploie les sommités fleuries en infusion dans les atonies, les fièvres intermittentes, les affections lymphatiques.

L'*Erythræa pulchella* est une espèce plus petite, rameuse dès la base, dont les fleurs sont longuement pédicellées, disposées en cyme dichotome, lâche, et qui habite les lieux humides, et est moins commune.

ÉRYTHRONE (*Erythronium*). Nom donné à une plante bulbeuse de la famille des Colchicacées, dont on a fait le type d'un genre, à fleur rouge. — Vulgairement parlant, c'est la *Violte* ou *Dent-de-chien*, dont la hampe s'élève de 13 à 16 cent., et porte à son sommet une fleur purpurine, gracieusement penchée, et assez semblable à la Tulipe ; ses pétales sont étroits et acuminés. Cette plante est commune dans les montagnes des Alpes et des Pyrénées.

ÉRYX (*Eryx*). Genre d'Ophidiens de la section des non venimeux, espèces moyennes ou petites, à narines et yeux latéraux ; tête recouverte d'écailles, excepté sur le bout du museau. — Ces serpents se rencontrent à la surface ou dans l'intérieur du sol. — Le type est l'*E.* JAVELOT (*E. jaculus*), qui a une longueur totale de 1 m. 8 cent., et qui habite la Grèce, la Tartarie, la Perse, la Syrie et l'Égypte. Il semble se nourrir de petits sauriens ; il est ovipare. « Dans les villes d'Égypte, on rencontre souvent des charlatans exposant à la curiosité publique des Eryx javelots vivants ; afin de les faire passer pour des Cérastes, ils ont eu le soin d'implanter en manière de corne, au-dessous de chaque œil, un ongle d'oiseau ou de petit mammifère par le même procédé que celui qu'on

(1) Voir la fig., oubliée ici, au mot *Petite Centaurée*.

emploie dans nos fermes pour fixer deux ergots sur la crête de certains coqs quand on les chaponne. »

ESCARBOT (*Hister*). Genre de Coléoptères clavicornes, dont le corps, très reconnaissable par sa forme, offre un carré un peu long, rétréci dans les deux bouts, avec les antennes coudées et terminées par une massue globuleuse à 3 articles ; les élytres sont plates, carrées, couvrant un peu plus de la moitié du corps ; le corselet transversal, de toute la largeur de l'abdomen, recevant la tête dans une profonde échancrure de sa partie supérieure. — Ces insectes sont assez répandus ; ils vivent dans les boues, les fumiers, les charognes, ainsi que leurs larves, qui sont blanchâtres, très allongées, molles, excepté à la tête et au premier segment, qui est muni d'une plaque écailleuse.

L'Escarbot des cadavres (*H. cadaverinus*), espèce type, est long de 10 millim., entièrement noir brillant, avec les tibias dentés en scie, et quatre stries parallèles sur les élytres. Il est commun aux environs de Paris, vivant sur les cadavres.

Escargot. Nom vulgaire donné à tous les Limaçons, et particulièrement à celui des vignes. — V. *Hélice*.

ESCAROLE ou Scarole. — V. *Laitue*.

ESCHARE. Genre de Polypes bryozoaires, sous la forme de croûtes composées de petites cellules saillantes, diversement réunies, percées de pores, ornées de stries ou lamelles à mailles fines comme une dentelle, et recouvrant les corps sous-marins. Le Polypier est dur, presque pierreux. — Ces Zoophytes se trouvent dans toutes les mers, mais surtout dans les zônes chaudes et tempérées ; leur grandeur est peu considérable, l'Eschare foliacé excepté, qui se trouve sur toutes les côtes de France à une profondeur de quatre brasses au moins.

ESCLAVE (*Dulus*). Vieillot a établi ce genre d'Oiseaux, qui ne repose que sur une seule espèce, le Tangara esclave de Buffon. Il se caractérise par un bec nu, convexe, comprimé latéralement ; par des tarses et doigts courts, robustes, armés d'ongles forts et courbés. — Ces oiseaux, sur la classification desquels on a été fort longtemps peu d'accord, appartiennent aux Passereaux dentirostres percheurs, tribu des Tanagridés, où Linné leur avait donné le nom de *Dominicus*.

L'Esclave de Saint-Domingue (*D. dominicus*) a le dessus du corps olivâtre uniforme, le dessous d'un blanc sale, varié de taches brunes occupant le centre de chaque plume ; bec et pattes très vigoureux et en discordance avec sa taille, qui n'est que de 18 cent. environ. — Ces oiseaux paraissent, par leur conformation, destinés à se tenir souvent dans une position verticale le long des troncs ou des branches, ou même suspendus à ces branches ou à leurs fruits pour leur alimentation. Ils ni-

chent et couchent en famille dans les palmiers, se réunissant par centaines pour construire un énorme nid, formé de bûchettes, d'un diamètre de plus de 1 mètre. La majeure partie couche dans le nid, les autres restent perchés auprès, sur les branches. L'Esclave se nourrit, soit de la graine du palmiste, soit des larves que son tronc recèle. Il est d'un caractère querelleur et criard, comme nos Moineaux, et comme ceux-ci aussi, il dispute à ses rivaux la possession des femelles au temps des amours. Plusieurs couples font leur nid sur le même arbre, ainsi qu'il vient d'être dit ; la ponte est de 4 ou 5 œufs blancs, de forme globuleuse.

Fig. 509. — Esclave.

ÉSOCES (d'*esox*, brochet). Famille de Poissons malacoptérygiens abdominaux, qui ont pour caractères principaux de manquer d'adipeuse et d'avoir la mâchoire supérieure à bord formé par l'intermaxillaire, ou du moins, quand il ne le forme pas tout à fait, ayant le maxillaire sans dent et caché dans l'épaisseur des lèvres. Presque tous ont la nageoire dorsale opposée à l'anale, comme dans le Brochet. — Les Esoces sont des poissons très voraces, qui ont l'intestin très court et sans cœcum ; ils sont pourvus d'une vessie natatoire. Ils habitent la mer, les fleuves, les petits cours d'eau, dans lesquels ils détruisent un grand nombre de Poissons. — Le genre principal est le *Brochet*.

ESPADON (*Xiphias*). Genre de Poissons acanthoptérygiens, de la famille des Scombéroïdes, dont le caractère le plus remarquable consiste en un prolongement osseux, en forme d'épée, qui termine la mâchoire supérieure. Ils manquent tout à fait de nageoire ventrale ; leur taille peut devenir énorme.

L'Espadon épée (*X. gladius*), vulg. *Epée de mer*, *Empereur*, est l'espèce unique du genre. Il a le corps allongé, et la tête terminée en pointe, aplatie horizontalement et tranchante comme une lame d'épée ; côtés de la queue fortement carénés, une seule dorsale, mais qui s'élève d'avant en arrière, et dont le milieu s'use avec l'âge, au point qu'il paraît exister deux nageoires ; longueur ordinaire, 2 à 3 mètres.

L'Espadon se trouve dans l'Océan, mais surtout dans la Méditerranée, où on le pêche dans les environs de Phare, en Sicile. Il joint l'agilité à la force, aussi est-il redoutable pour les habitants des eaux. On trouve souvent des becs de ces poissons dans les carènes des navires. Ils vont ordinairement par paires, un mâle et une femelle. La chair de cet animal est blanche, compacte, excellente, nutritive. La pêche se fait au harpon. L'Espadon, comme le Thon, est tourmenté par un crustacé parasite de la famille des Lernés : il en

Fig. 540. — Espadon ou Xiphias épée.

éprouve de telles douleurs, qu'il en devient furieux au point, dit-on, de se jeter sur le rivage ou de sauter sur les navires.

ESPÈCE. — V. *Classification.*

ESSAIM. Nous avons fait connaître, au mot *Abeille,* le rôle de la Reine, celui des Bourdons et celui des Ouvrières ou Neutres : nous avons parlé de l'éducation de ces intéressants insectes et des avantages de leur culture. Cependant leur histoire n'a pas été complétée, puisqu'il n'a pas été question d'une manière spéciale des Essaims ni des Ruches.

« Lorsqu'une ruche (V. ce mot), dont le nombre d'habitants peut s'élever, d'après Réaumur, jusqu'à 26,426 ouvrières, 700 mâles et une femelle, ne peut plus contenir de nouveaux habitants, une émigration devient alors nécessaire ; un grand nombre d'Abeilles, ayant à leur tête leur reine, abandonnent l'habitation, et cette réunion forme alors ce qu'on nomme un *Essaim.* Les insectes qui le composent ne tardent pas à s'arrêter sur une branche d'arbre ou quelque partie avancée d'un mur ; là ils forment une sorte de grappe ou de cône en se cramponnant les uns aux autres au moyen de leurs pattes. La femelle, d'abord errant dans le voisinage, ne vient que quelque temps après se réunir à la masse. Bientôt quelques-unes s'en détachent ; toutes alors s'agitent et s'envolent vers une cavité de tronc d'arbre, de rocher, ou de muraille, choisissant de préférence l'ouverture la plus étroite. »

« C'est ordinairement depuis dix heures du matin jusqu'à trois heures après midi que les essaims sortent. Lorsqu'une ruche essaime, le bruit que font les abeilles augmente, ce qui vient de la sortie d'un plus grand nombre de mouches qui s'agitent et s'élèvent ; cette quantité s'accroît bientôt, et dans un instant l'air en est rempli ; la ruche continue de fournir jusqu'à ce que l'essaim soit complétement sorti.

« Les abeilles restent ordinairement deux ou trois minutes en l'air ; elles vont et viennent pendant ce temps, sans paraître avoir un but déterminé. Il faut alors se borner à examiner les lieux dont elles s'approchent le plus, afin de voir où elles se posent. Voilà quelle doit être la seule occupation de la personne qui veille, en ayant soin de s'éloigner du tourbillon et de se tenir à l'ombre, si cela se peut, de crainte que l'essaim ne vienne se poser sur elle. Le bruit qu'on fait, dans plusieurs endroits, avec des poêles ou des chaudrons, les cris, etc., sont inutiles et ridicules.

« Lorsqu'on voit quelques abeilles posées dans un endroit quelconque, on peut être sûr que ce sera là où, peu à peu, tout l'essaim se rassemblera.

« Lorsque l'essaim est posé, il faut se hâter de le recueillir, de crainte que la chaleur du soleil ne l'engage à aller se placer ailleurs. Pour cet effet, après avoir attaché une ruche préparée à l'extrémité d'une perche de hauteur convenable, on la place au bord supérieur de l'essaim, s'il est posé le long d'un arbre ; s'il se trouve attaché à une branche, on porte la ruche dessus, en ayant soin d'en écarter le plus possible les petites branches environnantes ; dans ces deux cas, il suffit qu'un des bords de la ruche touche à une partie de l'essaim ; on a l'attention, autant que cela se peut, de placer la ruche de manière qu'elle mette l'essaim à l'abri du soleil.

« Il arrive quelquefois que les abeilles ne veulent pas entrer dans la ruche ; dans ce cas, il faut les y contraindre. On attend que le soleil soit prêt à se coucher ; on forme un balai d'une moyenne grosseur avec de l'herbe ou avec de petites branches d'arbre ; on l'attache au bout d'une perche, et on touche légèrement les abeilles, en commençant par le bas de l'essaim et en continuant vers le haut. On applique légèrement ce balai, que l'on relève aussitôt, et ainsi de suite, jusqu'à ce que l'essaim soit rentré. Lorsque l'essaim est entré dans la ruche, il faut le descendre, l'envelopper d'une nappe et le mettre en place sans différer.

« Si l'essaim se posait sur une branche très faible, on pourrait la couper avec le moins de secousse possible et la mettre sous la ruche destinée à le recevoir.

« Pour réunir plusieurs essaims, on prend une ruche de chaque main, on les rapproche l'une de l'autre sans qu'elles se touchent, et on les frappe ensemble sur la nappe. Si on avait trois ou quatre essaims, on recommencerait de suite, afin qu'en mettant le moins d'intervalle possible, les abeilles puissent mieux se mêler : par ce moyen, il n'y a jamais à craindre qu'elles se tuent ; les reines sont les seules qui soient exposées à être sacrifiées, car il est rare qu'il en reste plus d'une dans la ruche.

« Une ruche n'essaime que parce que le nombre des abeilles étant considérablement augmenté, elles se trouvent mal à leur aise, ce qui les force d'abandonner leur ruche.

« D'après ce principe, il est évident que le moyen d'empêcher cette émigration, c'est d'augmenter la capacité des ruches en proportion de l'accroissement de leur population. » — V. *Ruche* et *Miel*.

ESTOMAC. — V. *Digestion*.

ESTRAGON (*Artemisia dracunculus*). Cette plante, du genre Armoise, se distingue des autres espèces du même genre par ses feuilles lancéolées, entières, glabres. — Originaire de la Tartarie, on la cultive dans nos jardins potagers, où elle donne rarement des graines et où on la multiplie de boutures et de pieds écartés. L'estragon se renouvelle tous les trois ans. On coupe ses rameaux tous les trois mois. C'est un aromate très employé.

ESTURGEON (*Acipenser*). Genre de Poissons de l'ordre des Chondroptérygiens, n'ayant pour caractères spéciaux que de présenter des branchies libres, comme dans les poissons ordinaires : le corps

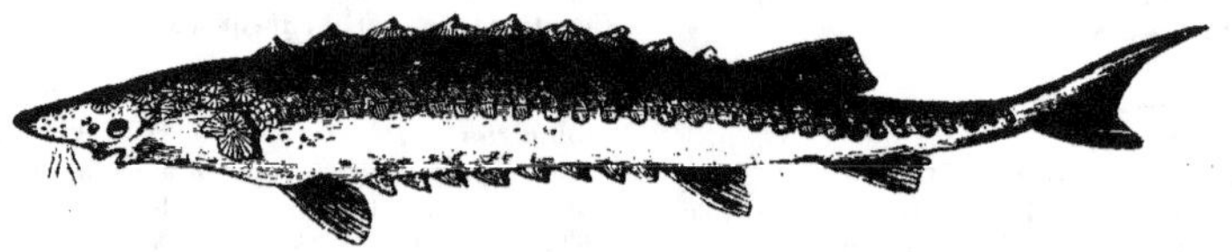

Fig. 511. — Grand Esturgeon.

a la forme générale des Squales ; il est plus ou moins garni d'écussons osseux, implantés sur la peau en rangées longitudinales ; bouche petite, située sous le museau, dépourvue de dents ; yeux et narines aux côtés de la tête, qui est très cuirassée à l'extérieur ; barbillons sous le menton ; la dorsale est en arrière des ventrales, et l'anale sous elle ; très grande vessie natatoire, communiquant par un large trou avec l'œsophage. Taille très grande qui peut atteindre jusqu'à 6 et 8 mètres de longueur.

Les Esturgeons vivent indifféremment dans les rivières, les fleuves, les lacs et sur les rivages de la mer, surtout de la mer Noire et de la Caspienne. Ils sont inoffensifs, quoique d'une force prodigieuse. Ils se nourrissent de harengs, de vers, de fretin. On n'en connaît qu'une dizaine d'espèces qui vivent dans les mers d'Europe et de l'Amérique du Nord, remontant dans les rivières à certaines époques, et y donnant lieu aux pêches les plus profitables.

ESTURGEON ORDINAIRE OU COMMUN (*A. sturio*). C'est l'espèce la plus commune en Europe. Museau pointu ; écussons forts, épineux, disposés sur 5 rangées ; dessous du corps plus foncé que le des-sus, comme noirâtre ; taille, 2 m. à 2 m 30 ordinairement. — Ce poisson s'engage dans presque tous les fleuves, où il acquiert d'énormes dimensions. C'est surtout dans le Volga, le Danube, le Pô, qu'on le rencontre, quelquefois dans la Garonne, la Loire, le Rhin, l'Elbe. Il se sert de son museau pour fouir la vase et y chercher des vers, des mollusques. Sa fécondité est prodigieuse : la femelle porte plus d'un million d'œufs. Sa chair est estimée, et la laite des mâles passe pour un mets délicat. Non-seulement on mange l'Esturgeon frais, mais encore, dans les pays où l'on en prend un grand nombre, on le conserve séché, mariné ou salé, et il devient ainsi une branche assez considérable de commerce, principalement en Russie, où on le nomme *store, sture*. Dans ces contrées on prépare, avec les œufs de ces poissons, une espèce de salaison, connue sous le nom de *Caviar*, dont on fait une consommation considérable. Les grandes pêches, qui ne se font que dans les eaux douces, sont sans résultat quant aux petits Esturgeons, parce qu'aussitôt après leur naissance ils descendent dans la mer et ne reviennent dans les fleuves que lorsque, devenus adultes, ils y sont appelés par l'instinct de progéniture.

Le GRAND ESTURGEON (*A. huso*), que nous représentons, atteint une longueur de 4 à 5 m. et plus et un poids de 5 à 6 cents kilogr.; le museau et les barbillons sont plus courts que dans l'Esturgeon ordinaire, la peau est plus lisse, les boucliers plus émoussés. — Le Huso ne se trouve guère que dans les fleuves qui se versent dans les mers Noire et Caspienne. On assure que la pêche dont il est l'objet rapporte à la Russie plus de 1,700 mille roubles; car tout en lui est utile, peau, chair, œufs, vessie natatoire, graisse. La plus grande partie du *caviar* du commerce en provient, ainsi que presque la totalité de la colle de poisson qui se consomme en Europe sous le nom d'*Ichthyocolle*.

Le STERLET OU PETIT ESTURGEON (*A. rathenus*) n'a qu'une longueur de 65 cent. Il habite les mêmes eaux que le précédent. Sa chair passe pour plus délicate que celle de l'Esturgeon ordinaire, et dans le Nord, le *caviar* que l'on forme avec sa laite est réservé pour la cour. Ce serait, selon Cuvier, l'*Elops* et l'*Acipenser*, si célèbres chez les Romains. Ce poisson a été introduit avec succès par l'homme dans plusieurs lacs d'eau douce de la Suède et de la Prusse, et pourrait sans doute être acclimaté dans nos pays.

ÉSULE: Espèce du genre *Euphorbe*. — V. ce mot.

ÉTAIN. Métal ductile et oxydable, d'une couleur tirant sur celle de l'argent, mais plus sombre, faisant entendre un petit craquement nommé *cri de l'étain*, quand on le plie en différents sens: plus dur, plus ductile, plus tenace et plus éclatant que le plomb: le plus fusible de tous les métaux ductiles et fondant à 228°. — L'Etain ne se trouve dans la nature qu'à l'état d'oxyde ou de sulfure; il pèse 7,291. L'oxyde d'étain, à l'état de pureté, renferme 79 pour 100 d'étain métallique. Ce minerai est assez abondamment répandu dans la nature, mais la France n'en possède que des indices sur la côte de Piriac en Bretagne et à Vaulry près de Limoges. L'Angleterre, et principalement la Cornouailles, est, sous ce rapport, le pays le plus riche de l'Europe. Il vient aussi beaucoup d'étain de l'Asie méridionale, du pays de Malacca, où il est le plus pur.

Les usages de l'Etain sont nombreux, tant pour la confection d'une foule d'ustensiles de ménage, d'objets divers, que pour l'étamage, la fabrication du fer-blanc, la composition du bronze, de l'airain, des émaux, etc. Plusieurs préparations d'étain sont employées en médecine, entre autres le protoxyde et le persulfure d'étain, contre les affections vermineuses.

ÉTAMINE (du gr. *stao*, je me tiens droit). Organe sexuel mâle des végétaux. L'étamine se compose ordinairement: du *filet*, qui s'élève du centre de la fleur et dont la forme, la longueur, le volume, sont très variables; de l'*anthère*, partie qui termine le filet en forme de petite tête, constituée le plus souvent par deux loges adossées l'une à l'autre, et à laquelle on distingue une face, un dos, une base et un sommet; du *pollen*, sorte de poussière que renferment les loges de l'anthère, et qui s'échappe à l'époque de la floraison pour féconder le pistil.

Le pollen est quelquefois sous forme d'une masse solide, due à l'agglomération de ses utricules (Orchidée); ses grains sont aux plantes ce que sont les spermatozoïdes aux animaux. — L'anthère est dite: *uniloculaire*, lorsqu'elle est à une seule loge (Mauve): *biloculaire*, deux loges (Giroflée), *quadriloculaire*, quatre loges (Butome); *introrse*, lorsque la face regarde le centre de la fleur; *extrorse*, la face tournée en dehors. — Le filet peut manquer, alors l'anthère, dite *sessile*, constitue seule l'étamine, qui n'en est pas moins complète, car l'essence de celle-ci réside dans le pollen que contient l'anthère.

Les Etamines offrent des caractères d'une très grande importance, pour la classification des plantes, quant à leur nombre, à leur longueur respective, à leurs rapports, à leur insertion. Relativement à leur nombre, nous renvoyons à la classification de Linné. — V. *Classification végétale*.

Relativement à leurs différentes longueurs, on les appelle *didynames*, lorsqu'elles sont au nombre de quatre, dont deux constamment plus petites (Muflier); *tétradynames*, lorsqu'elles sont six, dont quatre plus grandes que les deux autres (Giroflée).

On appelle *monadelphes* les Etamines dont tous les filets sont soudés ensemble, de manière à ne former qu'un seul faisceau tubuleux, nommé *androphore* (Mauve); *diadelphes*, celles dont les filets sont réunis en deux androphores, égaux ou inégaux quant au nombre d'étamines qui les composent (Gesse); *polyadelphes*, celles dont les filets sont réunis en trois ou en un plus grand nombre d'androphores (Oranger); *gynandres*, les étamines soudées et confondues avec le pistil (Aristoloche); *synanthérées*, les étamines dont les anthères sont soudées ensemble, de manière à former un tube cylindrique plus ou moins allongé, à travers lequel passe le pistil. — V. *Composées*.

Les Etamines dont les filets sont libres sont dites: *hypogynes*, lorsqu'elles s'insèrent sous l'ovaire, et de manière qu'on peut enlever le calice sans les détacher (Renoncule); *périgynes*, lorsqu'elles s'insèrent autour de l'ovaire: comme elles adhèrent au calice dans ce cas, on les enlève en détachant celui-ci (Abricotier); *épigynes*, lorsqu'elles s'insèrent sur l'ovaire et qu'elles persistent après l'enlèvement des enveloppes florales (Fenouil).

Toute corolle monosépale portant les étamines soudées à sa face interne prend les épithètes ci-dessus, selon qu'elle s'insère sous, autour ou dessus l'ovaire. — V. *Corolle*.

ÉTOILE. Les Etoiles sont des astres lumineux par eux-mêmes, qui paraissent étrangers à notre système solaire, et que nous apercevons comme une multitude innombrable de points lumineux, lorsque par une belle nuit nous levons les yeux vers le ciel. Ces astres se montrent fixes et dénués de toute espèce de mouvement; ils se distinguent des planètes par ce caractère de fixité et aussi par leur *scintillation* ou tremblement lumineux. Leur nombre est immense, incalculable. Pour les classer, on considère surtout leur éclat. Les Etoiles les plus brillantes sont dites de *première grandeur*; puis viennent les Etoiles de *deuxième grandeur*, et ainsi de suite, selon l'intensité de leur lumière. L'œil nu peut distinguer les Etoiles des six premières classes; mais au-dessous, il lui faut le secours des télescopes. Les Etoiles de première classe sont au nombre de 15 à 20, celles de deuxième classe au nombre de 50 à 60. Nous devons faire remarquer, toutefois, que telle Etoile que nous disons de première grandeur est peut-être fort inférieure en volume à telle autre de sixième grandeur; la distance immense qui les sépare de nous peut renverser toutes nos suppositions à cet égard; mais cette distance incalculable ne doit pas nous empêcher d'en appeler au témoignage de notre vue. Pour aider la mémoire, on a supposé des assemblages d'un certain nombre d'Etoiles fixes, représentant une figure, soit d'homme, soit d'animal, soit de plante, et donné un nom à chacun de ces assemblages, pour le distinguer des autres de même espèce : c'est ce que l'on nomme *Constellation*. Les astronomes ont divisé le ciel en différentes constellations, telles que celles du *Zodiaque*, du *Bélier*, du *Taureau*, de la *Balance*, etc.

On nomme *Voie lactée*, parce que les anciens prétendaient que cette traînée blanche était due à une goutte de lait tombée du sein de Junon nourrissant Hercule, une immense zone lumineuse sillonnant le ciel d'un horizon à l'autre, comme un grand cercle, qui résulte d'un amas innombrable d'Etoiles de dixième ou onzième grandeur, entassées par millions, et jetées sur cette partie du ciel, comme des grains de poudre d'or sur un fond noir.

Armé d'un télescope d'un pouvoir très grandissant, l'œil découvre des *Etoiles doubles* parmi celles que nous voyons simples, sans le secours d'aucun instrument. Ces Etoiles, dont le nombre s'élève à plus de 500, ne paraissent peut-être telles que par la distance qui sépare deux astres indépendants, dont le rapprochement n'est dû qu'à un effet de perspective : cependant on croit qu'il existe des Etoiles bien réellement doubles, tournant l'une autour de l'autre dans des orbites réguliers, et on les a appelées *binaires*. Les Etoiles doubles se montrent souvent colorées, phénomène curieux, qui probablement n'est dû, lui, qu'à un effet d'optique.

Il y a dans le ciel des exemples assez nombreux d'Etoiles réunies ensemble, et qui paraissent avoir entre elles divers rapports qui les lient en faisceau : c'est là ce qu'on appelle des *agglomérations d'E-toiles*. Les unes sont faciles à reconnaître, les autres ne se distinguent qu'avec les instruments d'optiques les plus puissants. Ces dernières sont appelées *nébuleuses*.

La science n'est pas encore parvenue à résoudre le problème de la distance des Etoiles à la terre. On croit pourtant avoir indiqué la limite au-delà de laquelle ces astres peuvent être placés, et en deçà de laquelle aucun ne peut se trouver. Ainsi, la distance des Etoiles à la terre ne saurait être aussi petite que 4,800,000,000 de rayons terrestres, ou bien 30,898,846,080,000,000 de mètres. Voilà quelle est la limite *inférieure*. Quant à la supérieure, elle échappe à nos calculs. La lumière parcourant 3,089,884,608,000 mètres en une seconde, il lui faudrait donc 100,000,000 secondes ou trois années pour franchir l'espace indiqué comme devant être la station de l'Etoile la plus rapprochée; et si, suivant Herschel, la lumière d'une Etoile de première grandeur est le double de celle d'une Etoile de seconde grandeur, et ainsi de suite, il faut qu'une Etoile de seizième grandeur soit 362 fois plus éloignée qu'une Etoile de première grandeur. Par conséquent, nous sommes conduits à dire, en parlant d'une Etoile de seizième grandeur, que les variations que nous lui voyons, sont celles qu'elle a manifestées il y a mille ans!

Toutes ces brillantes Etoiles, ces globes immenses et sans nombre, sont-ils autant de soleils, autant de nouveaux centres de systèmes semblables au nôtre? Cela est probable, c'est l'opinion de presque tous les astronomes. « Ainsi, autour de ces milliers de soleils qui apparaissent à nos yeux en Etoiles, roulent des milliers de planètes entraînant avec elles des millions de satellites. Et tout cela se fait dans un ordre parfait : aucun dérangement imprévu ne vient troubler l'harmonie du vaste univers; tout y est coordonné avec un art infini : tout y est soumis aux règles invariables de la pesanteur et de l'attraction, et sans cesse les mêmes phénomènes se reproduisent avec suite et régularité. Après cela, nous n'avons plus qu'à abaisser notre faible raison devant ces résultats prodigieux, et à dire très humblement : *Adoremus.* »

ÉTOILE FILANTE. Météore lumineux qu'on aperçoit souvent dans le ciel pendant les nuits sereines, et qui produit sur nos yeux l'effet d'une Etoile qui tombe. Tout porte à croire que les Etoiles filantes sont de petits astres qui, dans leur mouvement régulier autour du soleil, rencontrent la route suivie par notre globe en des points différents où il se trouve, pénètrent dans les hautes couches de l'atmosphère et s'y enflamment spontanément, en vertu de leur affinité pour l'oxygène. Ce météore se remarque surtout du 12 au 14 novembre et vers le 10 août. Selon certains auteurs, les Etoiles filantes qui cèdent à l'attraction de notre planète et s'y précipitent, constitueraient les *Aérolites.* — V. ce mot et aussi *Météore*.

ÉTOILE DE MER. — V. *Astérie*.

ÉTOURNEAU (*Sturnus*). Genre de Passereaux conirostres, caractérisé par un bec droit, entier, un peu comprimé, presque aussi long que la tête ; par des narines moitié fermées par une membrane ; tarses allongés ; doigt médian long, ongle du pouce robuste ; 2e et 3e rémiges plus longues que les autres ; queue assez courte, légèrement échancrée.

Les Étourneaux ont le plumage noir lustré, ou varié de différentes couleurs. Ce sont des oiseaux voyageurs, répandus dans toutes les parties du monde, et qui sont à la fois granivores, insectivores et baccivores. Ils vivent en troupes et se tiennent dans les prairies humides. L'hiver, ils s'assemblent en grandes bandes.

Fig. 512, 513 et 514. — Étourneau vulgaire.
(Mâle, femelle et jeune.)

ÉTOURNEAU COMMUN OU SANSONNET (*S. vulgaris*) Son plumage est noir chatoyant, avec reflets de vert et de pourpre violet, tacheté de blanc ou de fauve ; pieds bruns, bec jaune. Les femelles ont moins de blanc que les mâles. Longueur totale, 11 cent. et demi.

Les Sansonnets se rencontrent dans presque toute l'Europe. Sédentaires dans certaines contrées, ils émigrent le plus souvent pour aller à la recherche de cantons où ils puissent trouver une alimentation plus abondante. Leur plumage varie selon l'âge et le sexe ; de plus, ils présentent dans leurs teintes des altérations accidentelles qui ont fait établir, dans l'espèce, plusieurs variétés. Hors

le temps des couvées, ces oiseaux volent en troupes nombreuses, et se tiennent de préférence dans les lieux humides, fréquentant les bestiaux, dans la fiente desquels ils trouvent pâture. On les voit par bandes s'abattre sur les vieilles tours, sur les grands arbres, puis en partir pour descendre sur quelque buisson isolé, montrant toujours un caractère inquiet, capricieux, querelleur Dans la saison des amours, vers le mois de mars, les mâles se livrent de fréquents combats et se disputent les femelles ; puis ils s'éloignent avec celles qu'ils se sont associées, et le couple s'occupe de la confection du nid, qu'il place le plus souvent dans le creux d'un arbre, d'un mur, ou bien sous les toits, dans les vieilles tours, etc. La ponte est de 5 ou 6 œufs d'un beau vert sans taches.

Pris jeune, l'Étourneau, dont on fait le symbole de l'étourderie, se soumet pourtant à la domesticité, et vit en cage 7 ou 8 ans : on l'élève en le nourrissant avec du cœur de mouton. Il apprend à siffler agréablement et même à articuler divers mots. Sa chair est assez délicate, quoique non recherchée.

Fig. 515 et 516. — Étourneau unicolore. (Mâle et femelle.)

ÉTOURNEAU UNICOLORE (*S. unicolor*). Cette espèce, du midi de l'Europe, a, pendant la belle saison, toutes les parties du corps d'un noir lustré, dont l'uniformité est relevée par de légers reflets pourprés ; la femelle diffère peu du mâle, mais les jeunes, avant la première mue, sont d'un gris brun. — Cet Étourneau se trouve particulièrement en Sardaigne et en Sicile ; il se voit aussi dans le nord de l'Afrique, particulièrement en Egypte. Ses mœurs sont celles du Sansonnet, aux troupes duquel il se mêle souvent.

EUCALYPTE (*Eucalyptus*). Ce mot, qui signifie *bien coiffé*, a été employé par Lhéritier pour désigner un genre d'Arbres de la famille des Myrtacées, dont le caractère essentiel consiste dans l'espèce de coiffe qui recouvre la fleur avant son épanouissement. — Ces arbres ont été découverts en 1792 au cap Van-Diemen. Leur bois est dur, résineux; ils répandent une odeur balsamique très prononcée. On les cultive en France depuis 1712; ils réussissent merveilleusement dans nos départements méridionaux, et produisent un effet très agréable, lorsque, après la chute de l'opercule, leurs nombreuses étamines s'élancent hors du calice en forme d'aigrette.

L'EUCALYPTE GIGANTESQUE (*E. robusta*) atteint jusqu'à 50 mètres de haut, et 4 à 5 de circonférence. Son bois, dur et veiné, a reçu des Anglais le nom d'*Acajou de la Nouvelle-Hollande*.

Il y a bien une trentaine d'espèces, que nous sommes forcé de passer sous silence.

EUCÈRE (*Eucera*). Hyménoptère mellifère, insecte de moyenne taille qui paraît au commencement du printemps, volant de fleur en fleur et vivant solitaire. La femelle creuse en terre un trou cylindrique qu'elle polit, et dans lequel elle fait des espèces de nids en forme de dé à coudre. — L'E. LONGICORNE a 13 à 14 millim.; elle est noire avec des bandes grisâtres sur la partie antérieure du corps. Le mâle a les antennes noires, aussi longues que le corps.

EUGLOSSE (*Euglossa*). Hyménoptères mellifères, dont les pattes manquent de brosses, et qui ont des couleurs métalliques très brillantes. — Appartiennent à l'Amérique méridionale; vivent en société.

EULOPHE (*Eulophus*). Genre d'Hyménoptères térébrants, de très petite taille, vivant à l'état de larves dans l'intérieur d'insectes plus gros qu'eux généralement. A l'état parfait, ils volent légèrement sur les fleurs. — L'EULOPHE DES LARVES (*E. larvarum*) est de couleur brune et noire. La larve, dont le corps est en forme de cône blanc, vit dans les Chenilles; près de sa dernière métamorphose, elle perce la peau de l'insecte où elle a vécu, se colle sur son dos dans une position presque verticale, et passe à l'état de nymphe. Commune partout.

EUMÈNE (*Eumenes*). Genre d'Hyménoptères diploptères, dont le corps est très allongé, la tête triangulaire, les pattes moyennes, les mandibules allongées, etc. — L'EUMÈNE ÉTRANGLÉE (*E. coarctata*) est longue de 13 millim., noire, avec des taches et le bord des segments abdominaux jaunes. Elle fait son nid sur les graminées, les bruyères, et ce nid, dans lequel la femelle ne dépose qu'un seul œuf, consiste en une boule de terre très fine, remplie de miel.

EUMOLPE (*Eumolpus*). Genre de Coléoptères tétramères, de la famille des Cycliques, dont les caractères consistent en : tête verticale entièrement enfoncée dans le corselet, qui est court, globuleux; antennes longues; couleurs brillantes à reflets dorés. — L'EUMOLPE DE LA VIGNE est un insecte long de 4 à 5 millim., noir, avec les élytres fauve-brun, couvertes de duvet, dont la larve attaque les jeunes bourgeons de la vigne, les jeunes feuilles, quelquefois même le raisin, et cause de grands dégâts. Cette larve est ovalaire et de couleur obscure.

EUNICE (*Eunice*). Genre d'Annélides, dont le corps est linéaire et presque cylindrique, légèrement atténué en arrière et renflé à l'extrémité céphalique; les anneaux qui le composent sont courts, mais très nombreux; les antennes sont au nombre de cinq; les pieds sont similaires, et les branchies, pectinées d'un seul côté, sont fixées au-dessus du cirrhe dorsal des pieds, dans une étendue plus ou moins considérable du corps. — Ces Annélides forment un genre très remarquable par la longueur considérable de la plupart des espèces, parmi les exotiques, quoique celles de nos côtes soient de taille moyenne ou petite.

L'EUNICE DE HARASSE (*E. Harassii*) est d'un rose vineux en dessus, d'une teinte plus foncée sur la ligne médiane, nuancée d'un rose très pâle et nacré en dessous du corps; mais ces couleurs disparaissent dès qu'on met l'animal dans l'alcool, pour être remplacées par une teinte générale jaune, à reflets cuivreux et irisés. — On la rencontre aux environs de Saint-Malo, sur la côte de France : elle habite les tubes sablonneux qu'elle paraît construire, se cache souvent dans ceux que les Hernulles ont abandonnés, et nage très bien en exécutant avec son corps des mouvements ondulatoires.

L'EUNICE FRANÇAISE (*E. gallica*), aussi de nos côtes, se rapproche beaucoup de la précédente, et se trouve sur les coquilles d'Huitres.

L'EUNICE GÉANTE (*E. gigantea*) est la plus grande des Annélides connues : son corps a 135 cent. de longueur. — Elle se trouve dans la mer des-Indes.

EUPATOIRE (*Eupatorium*). Genre de Plantes de la grande famille des Composées, tribu des Corymbifères; arbres ou arbrisseaux, quelquefois herbes, à feuilles opposées. capitules peu fournis, disposés en corymbes ou en panicules : involucre allongé, réceptacle nu, fleurons hermaphrodites et fertiles, anthères incluses; style très long; fruit aigretté. — On en compte un grand nombre d'espèces, la plupart de l'Amérique.

EUPATOIRE D'AVICENNE (*E. cannabinum*). Plante vivace de 60 à 120 cent., dont les tiges dressées, pubescentes, portent des feuilles opposées, de 3-5 segments, pétiolées; capitules de 5-6 fleurons de couleur purpurine, tous tubuleux et hermaphrodites, disposés en un corymbe terminal; fruit aigretté.

L'Eupatoire d'Avicenne est la seule espèce du genre propre à l'Europe. C'est une herbe qui croit dans les lieux humides, le long des fossés, et dont les feuilles et la racine ont été l'objet, depuis Avicenne qui en a parlé le premier, de beaucoup d'essais thérapeutiques qui n'ont produit que d s opinions contradictoires et en définitive l'abandon du médicament.

Fig. 517 — Eupatoire.

(Sommité fleurie ; — à droite, fleur grossie détachée d'un corymbe, composée d'un calice commun dans lequel se trouvent 4 ou 5 fleurons hermaphrodites ; — à gauche, fleuron isolé, puis graine aigrettée.)

EUPATOIRE AYAPANA. — V. *Aya-pana.*

On cultive, comme plantes d'agrément, plusieurs espèces exotiques, telles que l'*E. pourpre*, l'*E. conocline.*

EUPHORBE (*Euphorbia*) ou **TITHYMALE.** Genre de Plantes de la famille des Euphorbiacées, herbacées, annuelles ou vivaces, dont les fleurs, verdâtres ou rougeâtres, sont unisexuées, monoïques, disposées en une ombelle terminale, ou parfois solitaires, entourées d'un involucre à 8-10 lobes ; les fleurs mâles sont réunies plusieurs dans un même involucre, qui cache leurs calices, et constituées chacune par une seule étamine ; les fleurs femelles sont sans calice, solitaires au centre du même involucre, et réduites à 1 ovaire pédicellé, surmonté de 3 styles bifides ; le fruit est une capsule à 3 coques et 3 graines. La fleur est donc, en un mot, un assemblage de fleurs mâles, au centre desquelles s'élève une fleur femelle, le tout environné d'un involucre commun.

Les Euphorbes, très nombreuses en espèces, sont très diverses pour l'aspect ; ce sont des herbes chez nous ; mais elles sont frutescentes dans les contrées tropicales. Elles contiennent généralement un suc laiteux d'une grande âcreté. Les espèces particulières à l'Afrique et à l'Arabie ont le port des Cactées, et quelques-unes sont cultivées parmi les plantes grasses, à cause de leurs formes bizarres.

EUPHORBE CYPARISSE (*E. cyparissias*), vulg. *Petite Esule.* Racines un peu grêles ; tige rarement simple, droite, herbacée, longue de 20 à 30 cent., hérissée d'aspérités occasionnées par l'attache des feuilles tombées, quelquefois poussant vers son sommet des rameaux stériles, chargés de feuilles nombreuses très fines. Feuilles des tiges éparses, linéaires, très étroites, sessiles, glabres, entières, très rapprochées, d'un vert un peu foncé, longues de 4 cent. au plus. Fleurs en ombelle à 8 ou 10 rayons bifides, entourés à leur base de folioles linéaires en forme d'involucre : les involucres partiels ou bractées sont presque en cœur, d'un vert jaunâtre, un peu aiguës : les quatre découpures extérieures du calice petites, en demi-lune. Capsule à 3 coques ; graines lisses, etc.

« Cette espèce présente deux variétés, ou plutôt deux monstruosités très remarquables. Dans l'une, piquée par un insecte, elle produit au sommet de ses rameaux un gros bouton rouge qui s'épanouit en partie, et forme une sorte de rose assez agréable, souvent d'un rouge vif. Dans l'autre entièrement déformée, elle offre presque l'aspect d'un polypode, garnie sous les feuilles de petits points jaunâtres, en forme de coupe, très souvent dispo-

Fig. 518. — Euphorbe Cyparisse.

(1, Racine ; — 2, fleur entière grossie ; — 3, un pétale détaché ; — 4, une étamine avant l'épanouissement de l'anthère ; — 5, étamine après l'émission du pollen ; — 6, pistil composé d'un ovaire surmonté de trois styles à stigmate bifide.)

sée sur deux rangs ; c'est une petite plante parasite, décrite par Decandolle, et que Schrank avait nommée *Lycoperdon euphorbie.*

L'Euphorbe-Petite-Esule est très commune aux lieux sablonneux et stériles, sur le bord des bois, le long des chemins. C'est une plante âcre, dont toutes les parties contiennent un suc lactiforme qui s'en écoule goutte à goutte lorsqu'on les coupe ou qu'on les déchire. C'est à ce suc gommo-résineux qu'elle doit son activité, c'est-à-dire son action violemment purgative à l'intérieur, et vésicante à l'extérieur. Les mendiants s'en servent quelquefois pour se procurer à volonté des ulcères sur différentes parties du corps. La racine est appelée vulgairement *Rhubarbe des paysans*, en raison de ses propriétés purgatives. Cette plante dangereuse n'est plus employée par les médecins; il serait à souhaiter que les ignorants et les charlatans la méconnussent.

EUPHORBE-ÉPURGE (*E. lathyris*), vulg. *Catapuce, Epurge*. Tiges droites, cylindriques, très lisses, d'un vert un peu rougeâtre, surtout vers leur base, longues d'un mètre au moins, ramifiées à leur sommet. Feuilles sessiles, disposées en croix par paires, vertes et luisantes en dessus, glauques en dessous. Ombelle à quatre rayons dichotomes, à la base de laquelle sont quatre grandes folioles ovales lancéolées, sessiles, formant involucre; les involucres partiels à deux folioles. Fleurs placées à l'aisselle des bifurcations, sessiles, solitaires, composées d'un involucre calici-

Fig. 519. — Euphorbe (Trois rayons de l'ombelle coupés.) — Epurge.

(1, Racine; — 2, fleur ouverte; — 3, étamine grossie afin de faire voir l'articulation du filet; — 4, fruit coupé horizontalement; — 5, graine isolée, surmontée d'une caroncule pédiculée.)

forme, globuleux et monophylle, contenant plusieurs fleurs mâles à une seule étamine, et une seule fleur femelle centrale.

L'Epurge croît en France, en Allemagne, dans les terrains sablonneux et boisés, quelquefois aussi dans les lieux cultivés, au voisinage des vieux châteaux, etc., montrant ses tristes fleurs au milieu de l'été. Il en découle un suc lactescent, gommo-résineux, doué de propriétés corrosives. « Les propriétés médicales de ce suc âcre sont analogues à celles de l'écorce et des feuilles de la plante d'où il provient; comme elles, il irrite singulièrement la langue et enflamme l'intérieur de la bouche. Appliqué à l'extérieur, il rougit la peau, y détermine des boutons, des ampoules, et souvent même une inflammation qui, dans quelques cas, s'étend au tissu cellulaire sous-jacent et aux parties voisines. »

EUPHORBE RÉVEIL-MATIN (*E. helioscopia*). C'est une plante annuelle de 20 à 50 cent., dont la tige herbacée est simple, dressée; feuilles éparses, obovales, cunéiformes, finement dentées dans leur moitié supérieure; celles de l'involucre plus grandes que les caulinaires; ombelle à 5 rayons trifurqués, etc. — Le Réveil-matin doit ce nom vulgaire à ce que, quand on se frotte les yeux avec les doigts imprégnés du suc laiteux de cette plante, il en résulte une inflammation de l'organe, accompagnée de douleur qui cause l'insomnie. On le trouve dans les lieux cultivés, les jardins, etc., et il fleurit en juin-octobre.

EUPHORBE-ÉSULE (*E. esula*). Tiges de 30 à 80 cent., dressées, naissant d'une souche presque ligneuse; rameaux la plupart florifères au-dessous de l'ombelle; feuilles éparses, lancéolées; ombelle à rayons nombreux 1-2 fois bifurqués; bractées libres souvent jaunes à la floraison. — Cette espèce est rare. Elle fleurit en mai-septembre.

EUPHORBE DES MARAIS (*E. palustris*) ou *Epurge des marais, Grande Esule*. Racine très épaisse;

tige robuste, dressée, haute d'un mètre et plus, donnant naissance à un grand nombre de rameaux, la plupart stériles ; feuilles éparses, oblongues, lancéolées. Ombelle irrégulière, à rayons nombreux 1-2 fois bifurqués, souvent dépassée par les rameaux stériles ; capsule profondément 3-lobée, chargée de tubercules.

La Grande Ésule renferme un suc abondant gommo-résineux, très âcre, qui, appliqué sur la peau, l'irrite, l'enflamme et détermine une éruption pustuleuse, comme l'huile d'Épurge.

EUPHORBIACÉES. Nom d'une famille de Plantes dicotylédones apétales, unisexuées, herbes ou sous-arbrisseaux à fleurs monoïques ou dioïques, diversement disposées, ainsi que nous l'avons expliqué aux genres *Euphorbe*, *Buis*, *Mercuriale*, etc., qui en font partie.

EUPHRAISE (*Euphrasia*). Genre de la famille des Scrophulariées ; plantes annuelles, à fleurs blanchâtres, purpurines ou jaunes, disposées en épis terminaux : calice tubuleux 4-fide ; corolle à 2 lèvres, la supérieure en casque tronqué ou émarginé, l'inférieure 3-lobée ; étamines 4 ; anthères rapprochées, prolongées en pointe ; capsule ovoïde, oblongue, polysperme. — Les espèces de ce genre se rapportent aux Euphraises et aux Odontites.

Fig. 520. — Euphraise.

EUPHRAISE OFFICINALE (*E. officinalis*). Plante herbacée de 5 à 30 cent., dont la tige est dressée, simple ou rameuse, munie de feuilles petites, sessiles, ovales, dentées, pubescentes ; fleurs blanches, parfois bleuâtres, marquées de lignes violettes, à palais jaune ; étamines plus courtes que la corolle, à anthères bicornes.

L'Euphraise se trouve dans les prairies sèches, sur la lisière des bois, fleurissant en juillet-oc-

tobre. Inodore, elle est sans propriétés réelles, bien qu'elle soit légèrement amère. Comme, en raison de sa tache jaune située au milieu de sa corolle, on lui a trouvé une certaine ressemblance avec l'œil, on a supposé qu'elle devait être propre à guérir les maladies de cet organe ; de là la réputation de cette plante d'être *bonne pour les yeux*, et son nom vulgaire de *Casse-lunette*.

EUPHRAISE ODONTITE (*E. odontites*). Cette espèce a les fleurs rouges, les anthères saillantes, et toutes les 4 munies d'une arête ; corolle très pubescente, à lèvres écartées. — Assez commune.

EUPODES (du gr. *eu*, bien ; *pous*, pied). Famille de Coléoptères tétramères, ayant généralement les pattes très développées. — V. *Coléoptères*.

EURYLAIME (*Eurylaimus*). Genre de Passereaux dentirostres, dont le bec est plus large que haut, la mandibule supérieure ayant son arête tronquée brusquement au sommet ; narines basales, tarses robustes, écussonnés ; plumage éclatant, varié de noir, de blanc, de jaune et de rouge. — Ces Oiseaux appartiennent aux îles Indiennes ; ils sont insectivores, et fréquentent les endroits marécageux, le bord des eaux, dans les cantons les plus déserts.

L'EURYLAIME DE JAVA est l'espèce la plus commune. On le trouve à Sumatra et à Java. Sa taille est celle de notre Merle.

EURYPODE (*Eurypodius*). Genre de Crustacés décapodes, ayant quelque analogie avec les Inachus ; test triangulaire, rétréci en avant, et terminé par un rostre bifide ; serres égales, plus grandes dans les mâles, à main comprimée et allongée ; pattes longues, décroissant de longueur depuis la première paire ; métatarse des 4 paires de pattes ambulatoires très dilaté ; yeux pédonculés, non rétractiles, etc. — L'EURYPODE DE LATREILLE est l'espèce type. Ce Crustacé a au moins 7 cent. de long ; sa carapace est tuberculeuse et velue.

ÉVANIE (*Evania*). Nom dérivé d'*evanios*, qui plaît, désignant un genre d'Hyménoptères pupivores, qui a servi de type à un groupe particulier, appelé *Évaniales* ou *Évaniens*, caractérisé ainsi : antennes filiformes, grêles, de 13-14 articles ; palpes maxillaires de 6 articles ; mandibules dentées ; pattes postérieures plus grandes que les antérieures ; abdomen implanté sur le thorax, immédiatement au-dessous de l'écusson, et comme effacé ou sortant du milieu du dos.

Ces Insectes, dont la conformation est très singulière, ne sont pas très bien connus encore quant à leurs mœurs. « Les femelles déposent leurs œufs dans le corps des insectes hyménoptères, au moyen de leur tarière saillante ; ces œufs s'y développent, et les larves qui en sortent, apodes et blanches, se nourrissent de l'animal dans lequel elles sont placées, et ne tardent pas à le tuer. · — L'Évanie appendigastre, type du genre, est long de 9 millim., entièrement noir cendré, chagriné. Il se trouve en Europe, notamment dans le midi de la France. L'abdomen est tellement distinct du corps, que l'on pourrait croire d'abord que l'on tient un insecte mutilé.

EVENT. « C'est ainsi qu'on désigne les ouvertures que les Cétacés portent en général sur la partie la plus élevée de la tête, ouvertures qui donnent à l'animal la facilité d'aspirer, sans élever son museau hors de l'eau, en même temps que sa bouche reste plongée dans la profondeur; et peut ainsi avaler, saisir sa proie et se défendre. Ces ouvertures servent encore à rejeter l'eau qui s'introduit dans la bouche avec les aliments. Pour que les grandes masses d'eau que les Cétacés engloutissent avec leur proie soient lancées au dehors sous forme de jets qui s'élèvent dans l'air et s'aperçoivent souvent de très loin, il faut une série d'actes assez compliquée et que nous croyons devoir indiquer ici : la langue et les mâchoires se meuvent comme pour avaler le liquide, pendant que le commencement de l'œsophage, resserré avec force, met obstacle à ce qu'il descende dans l'estomac, et le retient dans le pharynx. Le voile du palais s'abaisse, intercepte la communication entre la bouche et l'arrière-bouche; les muscles puissants qui entourent cette cavité, venant alors à se contracter, en chassent l'eau, qui, n'ayant d'issue que par les arrière-narines, traverse les fosses nasales, et s'amasse dans deux poches membraneuses situées entre la portion osseuse du canal nasal et la peau. Une valvule charnue, placée de façon à se soulever lorsque l'eau la pousse de bas en haut, et à empêcher toute communication entre ces cavités et les fosses nasales lorsqu'elle est pressée en sens contraire, empêche l'eau poussée dans les réservoirs de redescendre dans les fosses nasales : enfin les fibres charnues qui partent en rayonnant du pourtour du crâne, pour se fixer sur ces deux bourses, en se contractant, les pressent avec force, et en expulsent l'eau, qui s'échappe par l'ouverture étroite des narines, et forme un jet dont la hauteur est quelquefois de quarante pieds. C'est cette ouverture étroite qu'on appelle l'Event. Ces dispositions ne sont pas absolument les mêmes dans les diverses familles de l'ordre des Cétacés. » — V. *Baleine, Cétacés, Cachalot, Dauphin.*

EXCECARIA. Genre d'Arbres de la famille des Euphorbiacées, dont les fleurs sont monoïques ou dioïques, les mâles consistant en un filet staminal simple à la base, mais divisé en 3 filets en haut, portant les anthères ou se subdivisant encore auparavant ; les femelles ont un petit calice trifide; style court, épais, surmonté de 3 stigmates réfléchis; capsule globuleuse à 3 coques.

Les Excæcarias appartiennent à l'Inde. Ce sont des arbres ou arbustes d'aspect désagréable, qui contiennent un suc laiteux excessivement causti-

que. Ce suc, dit-on, jaillit sous le choc de la cognée ; quelques gouttes tombées sur la peau en décomposent le tissu, causent les plus atroces douleurs et frappent de cécité l'œil qui s'en trouve atteint. De là le nom d'*Excæcaria* ou *Arbre aveuglant.*

EXCRÉTION. Expulsion au dehors de l'économie animale des résidus devenus inutiles à l'organisme, tels que excréments, urine, sueur, salive, cérumen, etc. L'Excrétion n'est donc qu'une conséquence de la *Sécrétion.* — V. ce mot.

Les Plantes elles-mêmes ont aussi leurs excrétions, dont les produits sont la gomme, la résine, les huiles volatiles, etc.

EXHALATION. Fonction organique ayant pour but l'expulsion de certains fluides gazeux ou liquides, sous forme de vapeur ou de rosée, à la surface des membranes muqueuses et séreuses ou des téguments externes. Désignée aussi sous le nom de *Sécrétion perspiratoire*, cette fonction implique l'idée d'une sécrétion préliminaire. — V. *Sécrétion.* — Elle doit être considérée non-seulement dans les animaux, mais aussi dans les Plantes.

Exhalation animale. Etudions-la d'abord chez l'homme, puis dans la série zoologique.

L'Exhalation s'opère à la surface des muqueuses, des séreuses et de la peau. — V. *Membranes et Peau.* — Elle est gazeuse ou sous forme liquide.

Exhalations gazeuses. La plus remarquable de ces fonctions est la *perspiration pulmonaire*, qui se lie tellement à la respiration, qu'on ne peut guère séparer son étude de celle de cette grande fonction. — V. *Respiration.*

Des *gaz* se développent très souvent dans nos organes creux et autres, mais presque toujours ils sont le produit, soit d'actions chimico-vitales, comme ceux de la digestion stomacale, soit d'une fermentation acide ou putride d'humeurs, comme ceux du gros intestin, ou ceux résultant d'un état pathologique des organes. Une exhalation gazeuse tout à fait physiologique, sans altération des liquides ni des solides, est chose rare. Elle se remarque quelquefois dans le péritoine, la matrice, etc.; mais alors on est en droit d'admettre l'existence d'un trouble de l'innervation comme cause efficiente, quoique son mode d'action échappe à toute explication.

Exhalations liquides. Ce sont celles qui ont pour but de répandre à la surface des membranes et de la peau des liquides connus sous les noms de mucus, sérum, sueur, etc. Elles s'exécutent au moyen d'un ordre particulier de vaisseaux très ténus qui communiquent avec le système capillaire artériel, dont ils semblent être la continuation, et aboutissent à la surface de ces mêmes membranes. On prouve la continuité des exhalants avec les capillaires, en pratiquant des injections de liquides colorés, que l'on voit aboutir dans les vaisseaux exhalants et apparaître même sous forme de rosée à leur surface libre.

L'Exhalation *muqueuse* est le plus souvent confondue avec la sécrétion muqueuse. C'est à tort : celle-ci a pour siège les follicules dont les membranes muqueuses sont parsemées, et pour produit le *mucus* (V. *Sécrétion muqueuse*), tandis que ces mêmes membranes exhalent aussi un liquide plus ténu, dont l'abondance exagérée donne lieu à ce que l'on nomme *glaires*, *pituite*, et qui se remarque surtout dans les bronches, les fosses nasales, le vagin, etc., lorsque ces cavités sont le siège de catarrhe.

L'Exhalation *séreuse* s'opère dans toutes les membranes de ce nom, telles que celles qui enveloppent les poumons, le cœur, le cerveau, la masse intestinale, qui tapissent les cavités articulaires, etc. Son produit est la *sérosité*, liquide très ténu, incolore, albumineux, onctueux, ayant pour mission de faciliter le glissement des deux feuillets contigus de la membrane, et de faciliter les changements de position et les fonctions des viscères qu'ils recouvrent. La sérosité se sépare de la partie aqueuse du sang, du sérum, soit par une action sécrétoire, soit par l'effet d'une simple imbibition, ou d'une transsudation. C'est elle qui, reprise par les vaisseaux absorbants (V. *Absorption*), circule sous le nom de *lymphe;* c'est elle dont l'accumulation dans les cavités séreuses constitue l'hydropisie ; c'est encore elle qui, répandue dans les mailles du tissu cellulaire et y étant exhalée ou retenue en quantité trop considérable, forme ces gonflements blancs, pâteux, qu'on appelle *œdèmes*, et qui se montrent si fréquemment au bas des jambes

chez les convalescents et les individus dont la circulation générale est troublée.

L'Exhalation *cutanée* consiste en la formation et l'expulsion par les myriades de pores dont la peau est criblée, de cette humeur aqueuse qui, lorsque son abondance est telle que l'air ne peut la vaporiser ou les vêtements l'absorber, constitue cette humidité plus ou moins marquée que l'on appelle *sueur*. La sueur, comme tous les produits sécrétés et exhalés, est formée aux dépens des éléments constituants du sang, dont elle diminue surtout la partie aqueuse, ce qui explique parfaitement la soif, c'est-à-dire le besoin de réparer les pertes faites par ce liquide. La peau, outre ses pores d'exhalation, a ses follicules sébacés, comme les muqueuses ont leurs cryptes muqueux, qui sont le siège d'une véritable sécrétion, ainsi que nous le verrons au mot *Sécrétion.*

Exhalation comparée. L'Exhalation, même chez l'homme, est une fonction trop mal déterminée, ou qui se rattache à des fonctions trop importantes, pour que nous ayons à la suivre dans la série animale, où elle se modifie selon ces fonctions premières, selon l'organisation de l'enveloppe externe et le milieu où vivent les diverses espèces animales. — V. *Respiration* et *Sécrétion.*

EXHALATION VÉGÉTALE. C'est encore aux mots *Respiration* et *Sécrétion* que nous renverrons le lecteur pour ce qui a rapport à ce sujet de physiologie comparative.

EXOCET (*Exocetus*). Genre de Poissons malacoptérygiens abdominaux, de la famille des Eso-

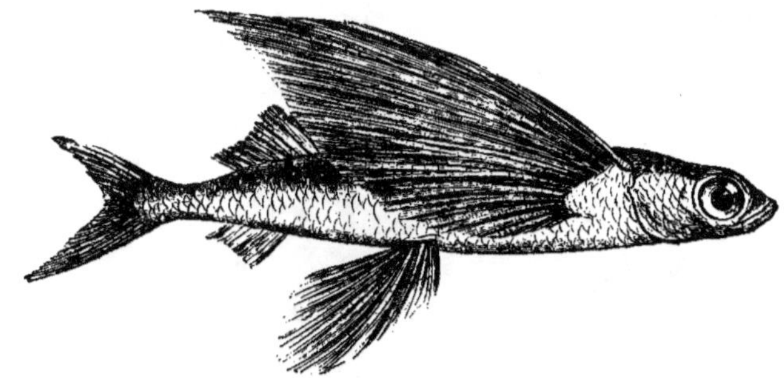

Fig. 521. — Exocet volant.

es, ayant le corps allongé, la tête aplatie sur les côtés, les yeux grands, les nageoires pectorales très grandes et capables d'exécuter le vol; de chaque côté du corps, est une rangée longitudinale d'écailles dures, formant une ligne saillante, etc.

L'Exocet a la taille, les formes et les couleurs du Hareng. Il voyage par troupes plus ou moins nombreuses, mais est continuellement en frayeur, et menacé dans les eaux par les Dorades, les Bonites, etc.; dans les airs, par les Frégates et autres Oiseaux de proie. Ces poissons s'élèvent au-dessus des eaux au moyen de leurs pectorales en forme d'ailes, et peuvent même voler assez longtemps. Souvent, dit Bory Saint-Vincent, ils ne font que remiser en quelque sorte, comme des perdrix, et rappellent par leur vol et leur immersion promptement successifs, ces galets que les enfants, dans leurs jeux, lancent à la surface d'un lac, et qui en effleurent la superficie par des ricochets multipliés.

L'Exocet volant (*E. volitans*) est l'espèce vulgaire. Ses gros yeux lui donnent un air stupide ; écailles grandes et caduques ; nageoires ventrales fort petites. Des reflets azurés et argentés rehaussent la teinte bleue de la dorsale, de la queue et de la poitrine ; mais l'éclat de ses couleurs ne lui sert qu'à le faire découvrir de plus loin par des ennemis contre lesquels il a été laissé sans défense.

EXOSTEMME (*Exostemma*). Nom sous lequel Bompland a groupé les espèces de Quinquinas dont les étamines font saillie hors du tube de la corolle, qui est complètement glabre. C'est un genre d'Arbrisseaux qui croissent dans l'Amérique méridionale et dans les Antilles, et dont l'espèce la plus connue est le

Quinquina de Sainte-Lucie (*E. floribunda*). Arbrisseau de 2 à 3 mètres au plus, à feuilles ovales ; à fleurs en panicule terminale, blanches. — Son écorce a une saveur amère et un peu astringente ; c'est un succédané très faible du Quinquina du Pérou.

L'Exostemme caraibe (*E. caribea*) est une espèce commune aux Antilles, sous la forme d'un arbuste peu élevé, assez touffu, à feuilles ondulées sur les bords.

EXOTIQUES. Animaux ou Végétaux étrangers au climat dans lequel on les transporte.

F

FAISAN (*Phasianus*). Genre d'Oiseaux de l'ordre des Gallinacés, formant, concurremment avec quelques autres genres moins connus, tels que les *Bicolors*, les *Eulophes*, etc., une famille à laquelle on a donné le nom de Phasianidés. Ils ont le bec moitié de la longueur de la tête, à base nue, et à mandibule supérieure convexe et déprimée vers le bout : narines basales et latérales, à moitié fermées par une membrane voûtée : ailes courtes : queue allongée, très étagée, conique : tarses robustes, scutellés, munis d'un éperon : doigts réunis par une courte membrane : les joues et le tour des yeux sont nus et couverts de petites barbules verruqueuses.

Les Faisans sont originaires de la Colchide. Quoique tous les volatiles de leur famille se fassent remarquer par leur beauté, il n'en est pas qui réunissent, à un si haut degré qu'eux, la richesse

Fig. 522 à 524. — Faisan blanc. — Faisan à collier. — Faisan panaché.

et l'éclat du plumage à la grâce et à la juste proportion des formes. A l'inverse du Paon, qui met une ridicule affectation à étaler sa roue, le Faisan ne semble pas même se douter de sa beauté : et puis quel autre prix n'a t-il pas à nos yeux lorsque nous considérons la délicatesse de sa chair. Les faisans se plaisent dans les bois en plaine, différant en cela des Tétras et des Gélinottes, qui semblent préférer les bois en montagne. Ils se nourrissent de graines de toutes sortes, de petits colimaçons, de fourmis et autres insectes. Leur naturel est si farouche que non-seulement ils évitent l'homme, mais qu'ils s'évitent les uns les autres, si ce n'est au mois de mars ou d'avril, qui est le temps où le mâle recherche sa femelle. Cependant rien n'est plus facile que de leur tendre des pièges auxquels ils se laissent prendre très souvent.

Le Faisan est polygame comme le Coq ; mais moins soucieux que lui de sa progéniture, il est aussi moins ardent en amour. Le Coq-Faisan pourtant suffit à plusieurs femelles. Celles-ci se préparent un nid de mousse et de duvet au pied d'un arbre, et y pondent une douzaine d'œufs, d'un gris verdâtre tacheté de brun, qu'elles couvent pendant 25 jours. Néanmoins elles élèvent rarement plus de 2 ou 3 petits, car la plupart des œufs avortent. Si l'on veut conserver la portée, il faut la confier dans la basse-cour à quelque poule, et préparer aux Faisandeaux une pâtée composée de mie de pain, d'œufs cuits et de laitue hachée, à laquelle on ajoute des œufs de fourmi, comme ingrédient indispensable. Dès qu'ils ont acquis un peu de force, les petits vont eux-mêmes à la quête des insectes; mais ce n'est guère qu'à l'âge de 3 mois qu'ils peuvent seuls pourvoir à leurs besoins.

Fig. 523. — Faisan doré.

Le Faisan vit de 6 à 10 ans au plus. Il court avec beaucoup de célérité, et ne s'envole que lorsqu'il est poursuivi ou chassé. Il prend l'essor avec un grand bruit d'ailes; c'est alors que le mâle jette des cris sonores. « Les chasseurs connaissent sous le nom de *Coquards* des Faisans qui ressemblent par leur couleur à des mâles dont le plumage serait décoloré. On a cru longtemps que ces oiseaux étaient des mâles malades, mais les observations de Vicq-d'Azyr et de Mauduit ont prouvé que ce sont au contraire des femelles vieilles et infécondes, qui revêtent une parure d'autant plus riche qu'elles avancent davantage en âge.

Faisan ordinaire (*P. colchicus*). C'est celui auquel s'appliquent spécialement les détails ci-dessus. Il est originaire de l'Asie-Mineure; c'est l'*Oiseau du Phase* que les compagnons de Jason observèrent pendant leur expédition sur les côtes de la mer Noire. Sa taille varie de 70 à 80 cent.

Faisan a collier (*P. torquatus*). Espèce originaire de la Chine, qui produit en Europe, mais qui est moins fréquente que la précédente; taille, 78 cent.

Faisan doré (*P. pictus*). C'est la plus belle espèce du genre; il se distingue par le vif éclat de ses couleurs dorées, par sa huppe de même couleur qui orne le sommet de la tête, et par les plumes de l'occiput, allongées en camail, etc. Taille, 98 cent.

Nous terminerons ici cet article sans parler du *F. argenté*, du *F. noir et blanc*, du *F. versicolor* et de plusieurs autres espèces qu'il faut exclure de notre cadre.

FALCINELLE (*Falcinellus*). Nom donné : 1° par Cuvier, à un genre d'Oiseaux de l'ordre des Echassiers longirostres, voisin des Ibis, caractérisé surtout par son manque de pouce, et dont une seule espèce, de l'Afrique, la *F. coureur*, qui est longue de 35 cent., riche de belles couleurs; 2° par Vieillot, à un genre de Paradisiers, connu sous le nom de *Paradis à 12 filets*, et qui diffère des Epimaques par le bec presque droit.

FALCONELLE (*Falconella*). Genre de Passereaux dentirostres, à bec fort, court, haut, comprimé; ailes aiguës; tête comme huppée; tarses allongés et écussonnés.

La Falconelle a casque (*F. frontatus*), de la taille d'un Moineau, ressemble par le plumage à notre Mésange charbonnière; les plumes de la tête des mâles se relèvent en huppe. — Ces oiseaux appartiennent à l'Australie.

FALCONIDÉS. Nom donné à une tribu d'Oiseaux

de l'ordre des Rapaces, dont le Faucon est le genre type. Cette tribu correspond au sous-genre Diurnes, où l'on trouve les Caracas, Buses, Aigles, Faucons, Milans, Autours. — V. *Rapaces*.

FAMILLE. — V. *Classification*.

FAON. On donne ce nom aux jeunes Cerfs et Daims âgés de moins de six mois.

FARLOUSE (*Anthus*) ou **Pipi**. Genre de Passereaux voisin des Bergeronnettes, faisant passage aux Alouettes; ils ont le bec grêle, droit, glabre à la base; les narines basales, ovales, en partie cachées par une membrane; les tarses allongés, l'ongle postérieur étant le plus long, peu courbé, très aigu. — Ces Oiseaux sont plus insectivores que granivores; ils impriment à leur queue un mouvement de bas en haut, comme les Bergeronnettes, et chantent en s'élevant dans les airs à la manière des Alouettes.

La **Farlouse des prés** (*A. pratensis*), vulg. *Pipi farlouse*, a le plumage brun olivâtre en dessus, blanchâtre en dessous, avec des taches brunes à la poitrine et aux flancs; longueur totale, 15 cent. — Elle habite les prairies humides, dans toute l'Europe, et niche dans les joncs, les touffes de

gazon : ponte de 5 ou 6 œufs oblongs, gris, tachetés ou striés de noir. En automne cet oiseau engraisse singulièrement, et est alors recherché sous le nom de *Bec-Figue* ou de *Vinette*.

Fig. 526 et 527. — Farlouse des prés (mâle et femelle).

La **Farlouse rousseline** (*A. campestris*), vulg. *Pipi rousselin*, a 16 cent. de taille: elle fréquente

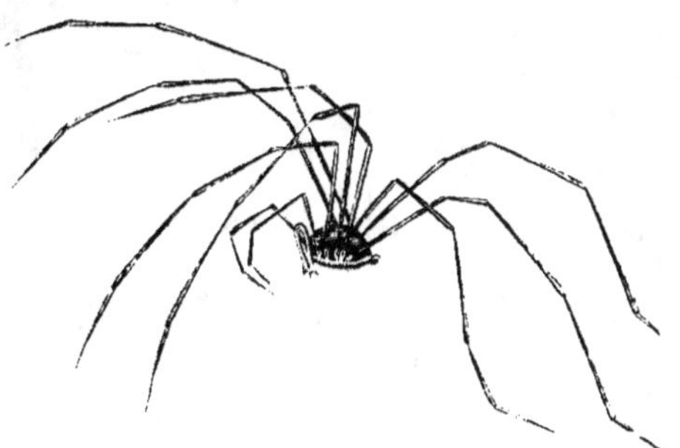

Fig. 528. — Faucheur.

de préférence les lieux pierreux et les coteaux arides, court vite et se perche rarement sur les arbres. Elle se nourrit d'insectes névroptères; niche dans le sable, à l'abri d'une pierre ou dans une fente de rocher; pond de 4 à 6 œufs d'un blanc sale, grisâtres, roussâtres, ou verdâtres, pointillés de gris ou de brun.

FASCIOLAIRE (*Fasciolaria*). Genre de Coquilles subfusiformes, canaliculées à la base, sans bourrelets persistants, ayant sur la columelle, à l'origine du canal, deux ou trois plis très obliques. — La **Fasciolaire tulipe** est une grande coquille fusiforme, ventrue, lisse, de couleur variable. —

La F. **orangée**, vulg. *Veste parisienne*, a la forme d'un fuseau un peu renflé; la surface est marquée de bandes transversales, séparées les unes des autres par des sillons peu profonds; les spires sont divisées par un angle saillant chargé de tubercules plus ou moins gros, canal court et strié; ouverture blanche, lèvre droite sillonnée ; la columelle a trois plis.

FAUCHEUR (*Phalangium*). Genre d'Arachnides trachéens, ayant la tête, le tronc et l'abdomen réunis en masse, sous un épiderme commun; masse très petite, si on la compare à la longueur démesurée des pattes qui la meuvent, et qui, phénomène singulier, après s'être détachées très facilement du corps, conservent la faculté de se mouvoir pendant plusieurs heures, ce que l'on attribue à l'action de l'air sur les filets nerveux et imperceptibles des muscles déliés qui s'insèrent à chaque article; huit pattes ambulatoires; six mâchoires disposées par paires; deux yeux portés sur un tubercule commun.

Les Faucheurs se rencontrent sur les murailles ou sur des troncs d'arbre; ils se montrent très agiles, et arpentent avec leurs grandes pattes beaucoup de terrain en fort peu de temps; leur démarche singulière prête à l'idée de les comparer aux ouvriers qui, en fauchant les champs, marchent à grands pas et lentement. Ces Arachnides sont carnassiers, ils ne filent pas. Dans l'état de repos, leur corps appuie sur le sol, au centre du grand espace circonscrit par les pattes. Si un animal touche à l'extrémité de l'une d'elles, le Faucheur redresse aussitôt son corps pour agrandir l'arcade sous laquelle cet animal peut passer; mais si ce moyen ne réussit pas, il saute à terre et s'éloigne promptement. Les mâles se disputent souvent une femelle, qui fait quelquefois résistance; mais le vainqueur saisit ses mandibules avec ses pinces et s'en approche alors facilement. Peu de temps après l'accouplement, qui ne dure que quelques secondes, la femelle dépose ses œufs dans la terre. Les petits éclosent au printemps, et leur accroissement n'est complet qu'à la fin de l'été. La durée de leur vie n'est que d'une année suivant Latreille; elle serait plus longue d'après Tréviranus. Certaines espèces exhalent une odeur forte de feuille de noyer.

Les espèces qui composent ce genre sont au nombre de douze à quinze. Nous citerons le FAUCHEUR DES MURAILLES (*P. opilio*), au corps ovale, cendré en dessus, blanchâtre en dessous; ayant des piquants sur les cuisses, une bande noirâtre sur le dos, avec ses bords festonnés chez la femelle. Très commun aux environs de Paris, dans les champs, sur les murailles, les troncs d'arbre, etc. — Le FAUCHEUR DES MOUSSES, du midi de la France, etc.

FAUCON (*Falco*). Genre d'Oiseaux de l'ordre des Rapaces, famille des Diurnes, ayant pour caractères : bec court, enveloppé d'une cire plus ou moins poilue, à mandibule supérieure recourbée dès sa base, dentée à sa pointe; narines basales; ailes longues et plus aiguës que celles des autres Oiseaux de proie; tarses réticulés, recouverts par les plumes de la jambe dans leur partie supérieure; doigts et ongles robustes.

Les Faucons habitent les forêts, les montagnes, les falaises, et se nourrissent de volatiles, de mulots, de rats, de lapins et autres petits mammifères. Ce sont les plus intrépides et les plus agiles des Rapaces diurnes. On les appelait oiseaux de proie *nobles*, à cause de leur courage et de leur docilité pour la *Fauconnerie*, ce genre de chasse qui fut en si grand honneur au moyen âge. Leur vol est si rapide, qu'ils peuvent franchir des espaces immenses en peu de temps, témoin le Faucon échappé de la fauconnerie de Henri II, qui alla de Fontainebleau à l'île de Malte en un jour, points séparés l'un de l'autre par 300 lieues. Ces Rapaces attaquent leur proie sans ruse, mais se cachent pour la dévorer.

Les Faucons, comme représentant un genre, comprennent de nombreuses espèces, qui sont élevées elles-mêmes au titre de genres, lorsqu'elles sont considérées comme réunies en famille. Pour simplifier la question, on peut, dans cette famille, ne reconnaître que trois genres : Faucon, Diodon et Baza. Nous dirons un mot de ces deux derniers, à la fin de l'histoire des Faucons.

Fig. 529 et 530. — Faucon Pèlerin (mâle et femelle).

FAUCON COMMUN OU PÈLERIN (*F. peregrinus*). Ailes aboutissant à l'extrémité de la queue, doigt du milieu aussi long que le tarse; bec bleu, à une seule dent; tour des yeux, iris et pieds jaunes; tête et partie supérieure du cou d'un bleu noirâtre; bande brune ou moustache placée à la partie latérale du haut du cou; gorge et poitrine d'un blanc pur, ventre d'un blanc sale; dos d'un bleu cendré, avec bandes plus foncées, etc.; taille, 35 cent. Le plumage varie selon l'âge, le sexe et les saisons.

Le Faucon pèlerin est l'espèce la plus commune; il habite l'Europe, nichant dans les rochers les plus escarpés. Sa nourriture ordinaire consiste en Gallinacés : il recherche surtout les faisans, les perdrix, les poulets, et aussi les alouettes quand il n'a pas d'autre pâture; il s'élève au-dessus de sa proie et fond perpendiculairement sur elle, comme s'il tombait des nues. On le dresse aisément à la chasse. Ces Rapaces vivent, dit-on, plus d'un siècle; on prit au cap de Bonne-Espérance, il y a 60 ans, un Faucon qui portait un collier d'or sur lequel était gravé qu'en 1610, cet oiseau appartenait au roi d'Angleterre

Jacques Ier : il avait par conséquent 180 ans. La femelle est d'un tiers plus grosse que le mâle, et cette particularité se remarque dans les autres espèces ; c'est ce qui a valu aux mâles le surnom de *Tiercelets*. La femelle est seule chargée de l'incubation. Les œufs des diverses espèces présentent une uniformité de caractères, et pour la forme, généralement ovalaire, et pour la couleur, qui est d'un brun variant du bistre au brun de Sienne, répartie uniformément ou par larges taches. Ces œufs ne diffèrent guère que par le diamètre.

Faucon Gerfaut (*F. islandicus*). Queue dépassant notablement les ailes ; bec jaunâtre ; cire et tour des yeux d'un jaune livide ; iris brun ; fond du plumage blanc, rayé d'étroites bandes brunes sur le dos, marqué de petites taches sous le ventre. Taille, prise depuis le bout du bec jusqu'à l'extrémité de la queue, 48 centim. Les jeunes de l'année n'ont presque point de blanc. — Cette espèce se trouve particulièrement en Islande ; elle se nourrit d'oiseaux et de quadrupèdes, sur les-

quels elle s'élance avec une rapidité étonnante, et, le plus souvent, en se laissant tomber en ligne perpendiculaire (Temminck).

Faucon lanier (*F. lanarius*). Ailes aboutissant aux deux tiers de la queue ; moustache très étroite, disparaissant avec l'âge ; tour des yeux, cire et iris jaunes ; bec et pieds bleuâtres ; sommet de la tête d'un roux clair ; large sourcil blanc aboutissant à l'occiput ; blanc pur marqué de taches lancéolées d'un brun clair aux parties inférieures ; taille de 37 à 40 cent. — Cet Oiseau de proie habite plus particulièrement les contrées orientales et septentrionales de l'Europe. Il est assez commun en Hongrie, en Pologne, en Russie ; il est très rare en Allemagne et encore plus en France. Il se nourrit d'oiseaux, sur lesquels il se laisse tomber du haut des airs, rarement de petits mammifères.

Faucon hobereau (*F. subbuteo*). Ailes presque aussi longues que la queue ; cire, paupières et pieds jaunes : iris brun : gorge blanche ; large bande noire étendue sur la partie blanche des

Fig. 531 et 532. — Faucon Hobereau (mâle et femelle).

côtés du cou ; parties supérieures d'un noir bleuâtre ; parties inférieures blanchâtres, avec des taches longitudinales noires. — Cet Oiseau habite les bois dans le voisinage des plaines : il est commun dans plusieurs parties de l'Europe, qu'il quitte pendant l'hiver. Il se nourrit de petits oiseaux et d'insectes.

Faucon émerillon (*F. œsalon*). Les ailes aboutissent aux deux tiers de la queue ; bec bleuâtre : cire, tour des yeux et pieds jaunes : iris brun ; gorge blanche : parties supérieures et queue d'un

cendré bleuâtre ; parties inférieures d'un jaune roussâtre, avec des taches oblongues en forme de larmes ; taille de 20 cent.

L'Émerillon habite les forêts, et se nourrit de petits oiseaux. Son aspect terrifie ces volatiles, qui se laissent prendre sans chercher à fuir. Le mâle, appelé *Rochier*, a les dimensions de la grive ; la femelle a 5 cent. de plus. Si cet oiseau est le plus petit de tous nos Rapaces, il n'est ni le moins ardent, ni le moins docile à la fauconnerie : aussi sert-il pour la chasse des alouettes, des perdrix et des cailles. L'été il gagne les régions septentrionales de l'Europe. Il niche sur les arbres et dans les fentes des rochers.

FAUCON CRÉCERELLE (*F. tinnunculus*). Ailes aboutissant aux trois quarts de la longueur de la queue ; bec bleuâtre ; cire, tour des yeux, iris et pieds jaunes ; parties supérieures d'un brun rougeâtre parsemé de taches angulaires noires ; parties inférieures d'un blanc légèrement teint de rougeâtre, avec des taches oblongues, brunes : taille de 35 à 36 cent.

Fig. 533 et 534. — Faucon Crécerelle (mâle et femelle).

La Crécerelle, vulg. appelée *Emouchet, Mouquet*, est très commune dans toute l'Europe. Elle habite les vieilles tourelles et les clochers, souvent aussi les bois, et se nourrit de souris, de mulots, de grenouilles, de petits oiseaux, de lézards et même d'insectes ; quelquefois elle poursuit sa proie jusque dans les maisons. C'est ce Faucon qu'on voit communément planer dans les airs, en jetant un cri aigu et fréquent, qui lui a valu son nom de *Crécerelle*. On le dresse quelquefois pour la fauconnerie, mais son vol est moins rapide.

Le FAUCON CRÉCERELLETTE est une autre espèce plus petite ; ses ailes aboutissent à l'extrémité de la queue ; son plumage supérieur est sans taches ; ongles d'une blancheur parfaite. — Il se nourrit d'insectes et de petits oiseaux.

Il nous reste à mentionner : 1° le DIODON, qui est un genre de Falconidés de l'Amérique du Sud ; il se tient sur la lisière des bois où il chasse aux petits oiseaux ; — 2° le BAZA, autre genre de l'Asie méridionale, de l'Afrique et de l'Océanie, dont les espèces vivent sur les bords de la mer et des rivières poissonneuses, se nourrissant de petits poissons, de crabes, de moules, d'oursins, etc.

Nous passons sous silence d'autres espèces étrangères à notre continent, telles que le *F. montagnard*, de la Cafrerie ; le *F. huppé*, de l'Afrique ; le *F. de la Caroline*, sur lequel M. A. d'Orbigny a donné des détails pleins d'intérêt ; le *F. des pigeons*, de l'Amérique septentrionale, très voisin de l'Emerillon.

FAUVETTE (*Sylvia*, *Motacilla*). Genre de Passereaux dentirostres extrêmement vaste, se divisant en sous-genres qui ont été partagés en trois sections, dont le caractère commun est : bec très fin, un peu comprimé. Ces trois sections sont :

1° Les RUBIETTES, dont le bec est fin, mince, droit, plus large que haut depuis la base jusqu'au milieu, ensuite plus haut que large jusqu'à la pointe ; yeux grands, tarses longs, queue ample, élargie à l'extrémité, qui est carrée ou légèrement échancrée. — V. *Rossignol, Rouge-queue, Rouge-gorge, Gorge bleue*.

2° Les ROUSSEROLES OU FAUVETTES FAUSSES. Elles ont le front anguleux, le sommet de la tête déprimé, la queue généralement inégale, très arrondie ou conique. Elles fréquentent pour la plupart les lieux bas et humides, et sont insectivores. — V. *Hypolaïs, Rousserole, Phragmite, Locustelle et Cisticole*.

Ce dernier sous-genre (*Cisticola*) comprend des Oiseaux à plumage tacheté, qui habitent les pâturages en plaine, et deviennent très gras à la fin de l'été. Ce sont : — la *Fauvette cisticole*, des régions méridionales de l'Europe et de l'Afrique septentrionale, dont le nid est attaché à une touffe de Carex et reçoit 4 à 6 œufs blancs ou cendrés ; — la *Fauvette couturière*, petite espèce indienne, dont le nid est construit, comme celui de la précédente, avec beaucoup d'art ; — le *Capocier*, autre cisticole dont nous avons parlé à son nom.

3° SYLVIES OU FAUVETTES VRAIES. Le front et le dessus de la tête sont arrondis ; la queue est carrée ou arrondie ; l'ongle du pouce médiocre et plus court que le doigt. — V. *Accenteur, Pouillot, Fauvette*.

Nous allons donc passer en revue les diverses espèces appartenant à ce dernier sous-genre (Fauvette), après avoir, toutefois, exposé les généralités qui sont applicables à la plupart d'entre elles.

Les *Fauvettes vraies* offrent les caractères suivants : bec mince, comprimé dans la moitié antérieure ; mandibule supérieure échancrée vers la pointe, à arête formant un angle mousse, et dessinant une ligne concave au niveau des narines, qui sont oblongues, operculées, ouvertes de part en part ; tarses de longueur moyenne, recouverts

en avant par une série d'écussons ; doigts médiocres ; ongles faibles, recourbés ; ailes allongées,
ainsi que la queue, qui est inégale, arrondie ou
carrée.

« Les Fauvettes sont gaies, vives, d'une grande
mobilité et d'un naturel doux ; elles habitent les
bois, les vergers, les buissons, sont insectivores
et frugivores, et avides surtout de fruits sucrés,
dont elles font leur nourriture principale ; le régime frugivore les engraisse et donne à leur chair
une saveur exquise. Elles descendent très rarement à terre ; leur vol est bas, vif, irrégulier,
sautillant ; elles émigrent presque toutes vers la
fin de l'été, et voyagent isolément aux crépuscules
du soir et du matin ; la plupart ont un chant agréable. Elles font ordinairement deux couvées par
an. »

Fig. 535 et 536. — Fauvette (mâle et femelle).

« Le triste hiver, dit Buffon, saison de mort,
est le temps du sommeil, ou plutôt de la torpeur
de la nature : les insectes sans vie, les reptiles
sans mouvement, les végétaux sans verdure et
sans accroissement, tous les habitants de l'air détruits ou relégués, ceux des eaux renfermés dans
des prisons de glace, et la plupart des animaux
terrestres confinés dans les cavernes, les antres
et les terriers ; tout nous présente les images de
la langueur et de la dépopulation. Mais le retour
des oiseaux au printemps est le premier signal et
la douce annonce du réveil de la nature vivante ;
et les feuillages renaissants, et les bocages revêtus de leur nouvelle parure, sembleraient moins
frais et moins touchants sans les nouveaux hôtes
qui viennent les animer.

« De ces hôtes des bois, les Fauvettes sont les
plus nombreuses, comme les plus aimables : vives, agiles, légères, et sans cesse remuées, tous

leurs mouvements ont l'air du sentiment, et tous
leurs accents, le ton de la joie. Ces jolis oiseaux
arrivent au moment où les arbres développent
leurs feuilles et commencent à laisser épanouir
leurs fleurs ; ils se dispersent dans toute l'étendue
de nos campagnes : les uns viennent habiter nos
jardins, d'autres préfèrent les avenues et les bosquets ; plusieurs espèces s'enfoncent dans les
grands bois, et quelques-unes se cachent au milieu des roseaux. Ainsi les Fauvettes remplissent
tous les lieux de la terre, et les animent par les
mouvements et les accents de leur tendre gaîté.

« A ce mérite des grâces naturelles nous vou-
drions réunir celui de la beauté ; mais en leur
donnant tant de qualités aimables, la nature semble avoir oublié de parer leur plumage. Il est obscur et terne : excepté deux ou trois espèces qui
sont légèrement tachetées, toutes les autres n'ont
que des teintes plus ou moins sombres de blanchâtre, de gris et de roussâtre. »

La FAUVETTE A TÊTE NOIRE (*Motacilla atricapilla*) a les ailes atteignant le milieu de la queue,
qui est médiocre, unicolore, carrée ; dessus de la
tête d'un noir profond dans le mâle ; reste du
corps gris ; taille de 15 cent. — Elle habite les
haies de nos jardins. Le mâle a un chant brillant et modulé qui rappelle celui du Rossignol. Le
nid est fait dans les buissons, à peu de distance
du sol : 4 à 6 œufs d'un gris glacé de jaunâtre,
tacheté de brun.

Fig. 537. — Fauvette Bec-fin.

La FAUVETTE DES JARDINS (*Sylvia hortensis*),
vulg. *petite Fauvette*, *Passerinette*, *Bec-fin Fauvette*, a le dessus du corps d'un gris rembruni
lavé de vert olive, les parties inférieures blanchâtres, la poitrine et les flancs d'un gris roussâtre ; il y a du blanc entre le bec et l'œil. — Cette

espèce fréquente nos vergers et nos bosquets, où le mâle fait entendre un ramage mélodieux et varié. Elle nous quitte en automne pour aller hiverner en Asie, en Afrique. Le nid est placé presque à découvert sur les charmilles et dans les grands arbrisseaux : 4 à 6 œufs d'un blanc grisâtre, glacé de fauve, avec des taches café au lait.

Fig. 528 et 529. — Fauvette Effarvatte (mâle et femelle).

La FAUVETTE BABILLARDE (*Sylvia curruca*), vulg. *Bec-fin babillard*, offre pour caractères : ailes atteignant le milieu de la queue, qui est bicolore, allongée, arrondie ; tête cendrée, dos brunâtre : taille plus petite que les précédentes. — Répandue dans les régions tempérées de l'Europe et de l'Asie, elle niche dans les taillis épais : 4 ou 5 œufs d'un blanc roussâtre ou gris, tacheté de brun.

La FAUVETTE ORPHÉE (*S. Orphea*), vulg. *Fauvette Colombaude*, est une des plus grandes Fauvettes de France : 16 cent. Plumage brun cendré en dessus, blanchâtre en dessous, etc. — Elle nous arrive au printemps. Elle niche dans les arbustes ou sous les ramées : 4 ou 5 œufs d'un blanc sale, jaunâtre, pointillé et tacheté de brun et de gris.

La FAUVETTE RAYÉE (*S. nisoria*), vulg. *Fauvette épervière*, *Bec-fin rayé*, est la plus grande espèce d'Europe : 18 cent. — Elle habite le Nord, se tient dans les taillis, les haies qui avoisinent les prairies. Elle a l'iris jaune, et le regard rappelant celui d'un oiseau de proie. La ponte est de 4 ou 5 œufs un peu ventrus, blanchâtres ou grisâtres, pointillé de roussâtre.

Citons encore, pour terminer, la F. GRISETTE (*S. cinerca*), qui se tient dans les bois humides, les haies et les champs de légumes : — la F. TACHETÉE (*S. æstiva*) qui est une espèce de l'Amérique, petite, dans le nid de laquelle le Carouge femelle dépose son œuf, en le cachant dans l'é-

paisseur des parois de ce nid. — V. les mots *Accenteur*, *Mouchet*.

FÉCONDATION. Acte physiologique effectué en commun par les deux appareils sexuels, d'où résulte l'animation d'un ou plusieurs germes et la création d'un ou plusieurs êtres semblables à ceux qui ont concouru à cet acte. « Il existe deux hypothèses sur la formation des êtres engendrés, de quelque nature qu'ils soient, celle de l'*évolution* et celle de l'*épigénèse* : la première admet la préexistence des germes que l'action fécondante ne fait que développer ; la deuxième, au contraire, admet que les germes n'existent pas avant l'imprégnation, mais qu'ils se forment de toutes pièces au moment de l'action fécondante : cette dernière opinion a généralement prévalu en France. » — Nous avons à considérer : 1° la Fécondation animale ; 2° la Fécondation végétale ; 3° la Fécondation artificielle.

FÉCONDATION CONSIDÉRÉE DANS LES ANIMAUX. Nous allons l'étudier d'abord dans sa plus grande perfection, c'est-à-dire chez l'homme, ensuite dans les divers degrés de l'échelle zoologique.

Fécondation dans l'espèce humaine. Étant la conséquence habituelle de l'accomplissement préalable des deux fonctions ovarique et spermatique, la Fécondation suppose d'abord, pour sa parfaite intelligence, la connaissance de ces fonctions. — V. *Génération.*

La Fécondation exige la transmission de la matière fécondante aux ovaires, c'est-à-dire le contact ou le mélange de la liqueur prolifique avec l'ovule, qui reçoit ainsi l'impression de la constitution du mâle, et communique au nouvel être, par hérédité, ses caractères physiques et instinctifs. L'acte fécondant est enveloppé des plus impénétrables mystères. On sait seulement que la faculté de reproduction ne se développe qu'à une certaine période de la vie, appelée *puberté*, à laquelle correspondent le réveil des organes génitaux, la sécrétion du fluide séminal chez le mâle et le développement des ovules chez la femme ; que le sperme doit contenir des *spermatozoaires*, lesquels présentent quelques différences selon les différents ordres d'animaux (V. *Animalcules*) ; que tous les faits semblent bien prouver qu'il existe des rapports intimes entre la présence des animalcules spermatiques et la faculté qu'ont les animaux de se reproduire, puisque ces animalcules existent toutes les fois qu'il y a faculté reproductive ; qu'ils manquent avant l'époque où cette faculté se développe ; qu'ils apparaissent avec elle, et disparaissent au contraire, soit temporairement, comme chez les oiseaux, soit pour toujours, comme chez les animaux âgés, à mesure que la puissance de reproduction disparaît aussi temporairement ou pour toujours.

Quoi qu'il en soit, la Fécondation s'explique assez bien dans ce qu'elle offre de visible pour ainsi dire. Pour qu'elle s'opère, il faut qu'il y ait 1° développement et maturation des ovules au centre des vésicules de Graaf : 2° état de congestion de l'ovaire, avec distension d'une ou plusieurs vésicules ovariques, selon les animaux, rupture amenant la chute de l'œuf, lequel est reçu par la trompe de Fallope, qui s'érige en quelque sorte et s'applique sur l'ovaire, au moment de cette rupture, afin que cet œuf pénètre plus sûrement dans sa cavité et non à côté, ce qui arrive quelquefois et donne lieu à une grossesse extra-utérine ; 3° il faut qu'il y ait progression de l'ovule ou œuf dans la trompe jusqu'à l'utérus ; 4° rapport sexuel au moment de ce voyage de l'ovule, et arrivée des spermatozoaires dans la cavité utérine, et même jusque dans les trompes. Lorsque ce cheminement a lieu sans rencontre des animalcules spermatiques, l'ovule se détruit dans la cavité utérine.

L'exhalation sanguine qui s'opère à la surface interne de l'utérus, à des périodes à peu près fixes, et qui constitue ce que l'on nomme *règles*, *flux menstruel*, est due à l'évolution de la vésicule de Graaf, qui entraîne une congestion de tout l'appareil et surtout de la muqueuse utérine. C'est au moment où l'ovule se détache de l'ovaire que le flux menstruel se manifeste ; cet œuf parcourt la trompe ou oviducte lentement, et n'est pas encore arrivé dans la matrice lorsque les règles ont cessé ; or, c'est pourquoi les accoucheurs conseillent aux époux qui désirent augmenter les chances fécondantes de leurs approches, de s'unir dans les premiers jours qui suivent la menstruation, attendu que, d'une part, le col de l'utérus est encore entr'ouvert et plus favorable à la pénétration du sperme, et d'autre part, que les spermatozoaires rencontreront plus facilement l'ovule déjà près d'arriver dans la matrice.

Cette théorie donne lieu à des difficultés d'explication dans les cas nombreux où la Fécondation s'opère chez la femme à un moment également éloigné des règles passées et de celles qui doivent leur succéder. Une autre hypothèse veut que ce soient les spermatozoaires qui aillent, par la cavité utérine et l'étroit canal des trompes de Fallope, jusqu'à l'ovaire pour animer l'ovule ; mais jamais on n'a trouvé de ces animalcules dans cet organe, tandis qu'ils se rencontrent fréquemment dans les trompes, et à plus forte raison dans la matrice. Une opinion plus ancienne admettait une sorte d'évaporation spermatique et fécondante (*aura seminalis*) qui se répandait dans les organes sexuels de la femelle. Et quant à l'animation du germe, les uns veulent que l'animalcule pénètre dans l'ovule et qu'il s'y développe en miniature d'embryon. D'autres prétendent que le spermatozoaire ne serait appelé qu'à former le système nerveux ; d'autres qu'il ne serait que simple colporteur du sperme, etc. Il paraît démontré, en tout cas, qu'il pénètre dans l'ovule à travers une ouverture, non encore aperçue toutefois, et qu'il s'y liquéfie après l'avoir pénétré.

Pour peu qu'on réfléchisse aux obscurités du sujet, on est bientôt convaincu du caractère mensonger de l'art prétendu de procréer les sexes et les hommes de talent et de génie à volonté, art décoré du nom de *Mégalanthropogénésie*, et qui tient tout du roman, rien de la science.

L'ovule, une fois fécondé, s'arrête dans la matrice, s'y greffe en quelque sorte, et parcourt les phases de son développement intra-utérin. — V. *Gestation*.

Fécondation comparée. Il ne peut être question ici des divers modes d'accouplement : si les détails varient quant à la réunion des sexes, le but est toujours le même : partout où il y a des organes spéciaux de reproduction, il y a contact matériel de la liqueur séminale avec l'ovule.

Chez les *Mammifères*, la Fécondation s'opère suivant le même mécanisme que dans l'espèce humaine et les Quadrumanes. Les principales différences portent sur le nombre des petits, sur la durée de la parturition, la fréquence des actes de reproduction et sur certaines particularités relatives au mode d'adhérence du ou des fœtus avec la cavité utérine. Les femelles en folie doivent cet état particulier, qui leur communique une odeur si excitante pour les mâles, à une circulation plus active, à une sorte d'orgasme de leurs ovaires. Chez la plupart des Mammifères, l'utérus n'est pas, comme chez la femme, constitué par une cavité simple ; cette cavité se prolonge plus ou moins sur les côtés, et forme ce qu'on appelle les *cornes de l'utérus*. Quelquefois, comme chez les Carnassiers, la division de l'utérus se prolonge jusqu'à l'orifice vaginal de l'utérus.

Chez les *Oiseaux*, la Fécondation a lieu dans l'intérieur des organes femelles, comme chez les Mammifères, et nécessite un accouplement, mais qui est dû à un simple contact plutôt qu'à une intromission. Le produit de la génération sort de ces organes à l'état d'*œuf*: de là le nom d'*ovipares* donné à ces animaux. L'Homme et les Mammifères sont aussi ovipares ; seulement chez eux l'œuf ne sort du corps qu'après son développement complet, qu'après avoir été soumis à l'incubation dans l'intérieur de l'utérus. Chez les Ovipares proprement dits, les oviductes sont les analogues des trompes des Mammifères. — V. *Œuf*, *Oiseaux*.

Les *Reptiles* ont les organes mâles qui diffèrent suivant les espèces. Il n'y a pas d'organes copulateurs chez les Batraciens : les canaux spermatiques, qui font suite aux testicules, s'ouvrent dans le cloaque, et la Fécondation a lieu, comme chez les Oiseaux, lorsqu'elle précède la ponte, par l'application des anus. Mais les Crapauds et les Grenouilles pondent leurs œufs avant la Fécondation : le mâle embrasse étroitement la femelle et féconde ses œufs au moment où elle les émet. Dans les autres ordres de Reptiles, il y a un véritable accouplement. — Nous renvoyons aux mots *Reptiles*, *Incubation*, *Œuf*, etc.

Les *Poissons* se reproduisent bien différemment. Non-seulement la Fécondation n'a lieu qu'après la ponte, mais encore elle ne s'opère qu'à une époque plus ou moins éloignée. La femelle dépose ses œufs, extrêmement nombreux, dans des endroits abrités, généralement le long du rivage, et le mâle répand ensuite sur ces œufs sa *laite* ou liqueur fécondante.

Les *Invertébrés* présentent des modes de fécondation très divers : cette fécondation s'opère tantôt à l'aide d'œufs et de sexes séparés, tantôt à l'aide d'œufs et d'hermaphrodisme. — V. *Génération.*

FÉCONDATION CONSIDÉRÉE DANS LES VÉGÉTAUX. La Fécondation dans les plantes phanérogames résulte, comme dans les animaux, du contact de la matière fécondante, qui est le pollen, sur les ovules contenus dans l'ovaire. Ce contact est facile à comprendre dans les plantes hermaphrodites : les étamines ayant acquis leur entier développement dans la floraison, les anthères s'ouvrent et laissent échapper le pollen, qui se fixe sur le stigmate et pénètre par la cavité du style jusque sur les ovules. Dans les plantes Monoïques, c'est-à-dire à fleurs unisexuées, l'action pollinique devrait être moins certaine, puisque les organes mâles sont séparés des organes femelles; mais soit par l'influence de l'air, par une attraction et une affinité mystérieuses, soit par l'effet des pérégrinations volages des insectes ailés qui se reposent sur les fleurs, la poussière fécondante parvient à trouver l'ovaire, et à communiquer la vie aux ovules, pour produire le fruit.

Les plantes Dioïques, qui ont les deux genres d'organes séparés non plus sur le même individu, mais sur deux individus distincts, présentent un mode de Fécondation encore bien plus étonnant, puisque celle-ci s'opère alors même que le végétal porteur du pollen est très éloigné de celui auquel appartient l'ovaire. C'est ainsi que les fleurs des Palmiers se fécondent à plusieurs lieues de distance. Les plantes aquatiques s'élèvent à la surface de l'eau pour opérer la Fécondation, parce que le pollen, en sa qualité de matière huileuse, ne peut se mêler à ce fluide, qui, en tout état de cause, ne saurait favoriser son intromission ovarique. Aussitôt après, ces plantes replongent dans leur élément, où mûrit le fruit.

Pour ce qui concerne la reproduction des Cryptogames et des Zoophytes, nous renvoyons au mot *Génération.*

FÉCONDATION ARTIFICIELLE. Il paraît possible, toutes les fois qu'il est donné de mettre en contact la liqueur spermatique pourvue de ses spermatozoaires avec l'ovaire, d'opérer artificiellement la Fécondation. Mais nous n'avons pas besoin d'insister pour démontrer les obstacles de toutes sortes qui s'opposent à cette pratique dans les animaux supérieurs, où néanmoins certains moyens sont journellement employés par les nourrisseurs pour rendre les femelles plus fécondes. Les expériences de Spallanzani viennent à l'appui de cette proposition. Cet expérimentateur, pour prouver, non pas seulement la possibilité de la Fécondation artificielle, mais encore ceci, que la quantité de sperme nécessaire pour l'opérer pouvait être très petite, délaya 15 centigr. de la liqueur fécondante d'un crapaud dans plus de 500 gramm. d'eau, et, prenant une goutte de ce liquide, il trouva que cette goutte suffisait pour féconder un certain nombre d'œufs, dont le développement n'était ni plus rapide ni plus complet quand la quantité de sperme employé était plus considérable.

La *Fécondation artificielle des Poissons* est maintenant passée à l'état d'industrie. Les anciens Romains connurent l'art d'élever dans des rivières de nombreuses espèces de poissons; mais la possibilité de les reproduire par semis est une découverte qui, sans être tout à fait récente, n'a été appliquée que depuis peu sur une grande échelle à l'empoissonnement des rivières et des étangs. Deux pêcheurs des Vosges, MM. Gehin et Remy, ont en quelque sorte recréé la Fécondation artificielle des poissons, et l'ont transportée dans le domaine de la vie pratique. Voici en quels termes M. J. Remy faisait part de sa découverte à l'autorité en 1853 :

« Je suis parvenu, à force de soin et de peine, à faire éclore une immense quantité d'œufs de truite, dont les jeunes, vigoureux et bien portants, sont propres à repeupler les rivières. Je crois devoir faire connaître le résumé des moyens que j'ai employés pour parvenir à cet heureux résultat; mais auparavant, je dois dire que les truites, une fois enfermées dans les réservoirs, y perdent leurs œufs, sans que jamais ils puissent produire quelque chose, et que précisément j'ai opéré sur des truites enfermées, afin que le pays ne soit plus privé davantage de leurs fruits.

« A l'époque du froid, au commencement de novembre, au moment où les œufs se détachent dans le ventre de la truite, j'ai, en passant le pouce et en pressant légèrement le ventre de la femelle, fait sortir les œufs, que j'ai placés d'abord dans un vase où se trouvait de l'eau; après j'ai pris le mâle, et, en opérant comme pour la femelle, j'ai fait couler le lait sur les œufs jusqu'à ce que l'eau soit blanchie. Aussitôt cette opération faite et les œufs devenus plus clairs, je les ai déposés dans des boîtes en fer-blanc percées de mille trous et entre des grains de gros sable, dont les fonds se trouvent bien garnis. J'ai placé une de ces boîtes dans une fontaine d'eau pure, et d'autres dans la rivière de la Bresse, en un endroit assez tranquille, quoique courant un peu. Vers le milieu de février, les œufs de la boîte placée dans la source commençaient déjà à éclore, tandis que ceux placés dans la rivière n'ont commencé que le 20 mars. J'ai aussi remarqué que, dans les premiers, il s'en trouvait beaucoup qui n'avaient pas réussi, tandis que presque tous les autres prenaient vie. Avant qu'ils n'éclosent, on aperçoit parfaitement, à travers la peau de l'œuf, la forme arrondie du poisson, la queue venant toucher la tête, les yeux paraissant comme deux points noirs et bien marqués. En sortant, les petits, dont la queue se dégage la première, sont blancs, allongés, maigres, ont la tête grosse et conservent sous le ventre l'œuf, qui devient ainsi une partie de leur corps, sauf la peau extérieure qui se détache. Les petits remuent aussitôt, et semblent par leur élan nager avec plaisir. Tous les jours on les voit changer de couleur et prendre celle des grands poissons : le corps s'arrondit et se remplit. »

Dans ce récit, il n'est question que de la Fécondation artificielle des œufs de truite; mais nous devons dire que des expériences faites avec succès prouvent que la méthode peut s'appliquer à d'autres espèces, telles que saumons, brochets, perches, poissons de mer.

Les boîtes adoptées par MM. Remy et Gehin sont en zinc, semblables à des bassinoires de 20 à 25 centim. de diamètre, sur 8 à 10 de profondeur, et criblées de trous d'environ 1 millim. d'ouverture et faits à l'emporte-pièce. Des essais d'acclimatation et de fécondation en France de plusieurs espèces de poissons des eaux douces de l'Allemagne ont été tentées sans succès, par les membres d'une commission de l'Académie des sciences.

FÉCONDITÉ. Faculté dont jouissent les corps vivants de se reproduire, c'est-à-dire de donner naissance à d'autres corps vivants organisés et conformés comme eux. — La Fécondité, considérée dans chaque espèce, est variable selon les individus, sans qu'on connaisse positivement les conditions physiologiques qui gouvernent ces différences. Elle paraît plus ou moins grande selon l'âge, la constitution, les habitudes, le genre de nourriture, les saisons, les climats, etc.; mais étudier un sujet si obscur et si vaste, est chose impossible dans un livre de la nature de celui-ci.

Considérée sous le rapport des différences extrêmes qu'elle présente dans les diverses classes animales, la Fécondité offre cela de remarquable, que plus on s'élève dans la série zoologique, plus elle est bornée, et, qu'au contraire, dans les degrés inférieurs, elle se montre infiniment plus grande, dans quelque cas véritablement prodigieuse. C'est ainsi qu'on a vu des Poissons, pesant à peine 500 grammes, contenir 100,000 œufs; une Carpe de 40 cent. de longueur en avoir 262,224; une Perche, 282,000; une femelle d'Esturgeon, pondre 59 kilog. et demi d'œufs, dont le nombre pouvait être évalué à 7,653,200. Avec quelle rapidité les Insectes ne se reproduisent-ils pas?

Considérée par rapport à l'économie de la Nature entière, à l'ordre qui y est établi, la Fécondité nous montre que, par elle, les petites espèces animales jouent dans l'Univers un rôle bien plus important que les grandes ; que, tandis que l'Homme, l'Éléphant, la Baleine, etc., produisent rarement plus d'un rejeton à la fois ; l'Abeille, par exemple, pond jusqu'à 8,000 œufs, et la Morue près de 9,000. L'influence de ces myriades d'œufs, de ces naissances d'Insectes sans nombre est immense. En effet, d'après des calculs fort curieux, on estime que, si tous les œufs du modeste Hareng

étaient fécondés, il ne faudrait pas plus de huit ans à l'espèce pour combler tout le bassin de l'Océan, et que, si le globe était couvert d'eau, il serait bientôt trop étroit pour contenir tous les descendants de ce petit poisson. Il y a donc des quantités prodigieuses d'œufs de poisson qui n'aboutissent pas. La majeure partie est dévorée par les autres habitants des eaux, avant ou après la fécondation, ou bien les petits deviennent la pâture des gros. Tout est merveilleusement combiné pour le maintien de l'équilibre entre la production et la destruction. Il n'y a pas de jour où la mort ne frappe des myriades d'êtres organisés, dont les cadavres jetteraient bientôt, en se décomposant, l'infection dans l'air que nous respirons ou dans l'eau qui nous est aussi précieuse que l'air. Mais à peine les animaux et les végétaux ont-ils cessé de vivre, que des quantités innombrables de crustacés, de poissons, etc., se précipitent sur leurs cadavres et les détruisent entièrement avant que les émanations qui en proviennent aient pu communiquer à l'atmosphère leurs propriétés délétères.

FELDSPATH. Nom que l'on donnait, dans l'ancienne minéralogie, à des minéraux de composition assez différente, et qui, aujourd'hui, sont partagés en deux espèces du genre Silicate. Ces deux espèces sont l'*Orthose*, qui est partie constituante essentielle des granits et des gneiss, et l'*Albite*, qui présente à peu près les mêmes circonstances que l'Orthose. Le Feldspath a un aspect chatoyant, nacré, opalisant, vitreux, aventuriné. Il raie le verre et fait feu sous le briquet. Certaines variétés sont employées dans la joaillerie sous le nom de *Pierre de lune*, dont les plus belles viennent de Ceylan. On nomme *Pierre de soleil* une variété analogue, remplie de petites paillettes de mica disséminées, et qui est plus rare et d'un prix très élevé.

FEMME (*Femina*). En histoire naturelle, c'est la femelle de l'*Homme*. — V. ce mot.

« La Femme a communément des cheveux longs, fins et flexibles, une peau blanche et délicate, une chair tendre et molle, des formes arrondies, le contour des membres gracieux, les hanches fort larges, les cuisses grosses et les extrémités petites. Elle a le tronc plus long que celui de l'homme, les lombes plus étendues, le cou plus mince et plus long aussi ; mais les jambes, les cuisses et les bras sont plus courts. Elle a en partage une taille svelte, remarquable surtout chez les jeunes négresses, l'élégance des membres avec la souplesse et l'aisance des mouvements, la légèreté, la grâce, résultats naturels de la molle flexibilité de son organisation. »

Au moral, avons-nous dit dans l'*Anthropologie*, la Femme est plus sensible, d'un caractère plus vif et plus mobile que l'Homme. Sa passion dominante, c'est l'amour; aimer c'est pour elle la principale chose de la vie; et soit qu'on la considère sous le rapport des charmes de sa personne, qui excitent l'homme sans cesse à se rapprocher d'elle, soit qu'on l'envisage sous le rapport de ses facultés et de ses instincts, qui sont principalement ceux d'attachement, d'amour, toujours elle semble n'exister que pour la reproduction de l'espèce.

FENNEC. Mammifère dont la place, en classification zoologique, est entre le Renard et le Chien. Il s'en distingue surtout par sa petite taille et ses grandes oreilles redressées; son pelage est épais et doux, sa couleur générale est isabelle pâle, avec une tache fauve au devant de chaque œil, le bout de la queue noir. Taille : 24 cent. depuis l'occiput jusqu'à l'origine de la queue, qui en a 18; la tête a 8 cent., les oreilles aussi.

Le Fennec a été signalé pour la première fois par Bruce, en 1767. Il appartient à l'Afrique, où il fait la chasse aux petits animaux qui fréquentent les sables du désert. Il se creuse des terriers et y

Fig. 540. — Fennec.

reste caché pendant une grande partie du jour. Il a l'ouïe fine et bien servie par d'énormes oreilles. Cet animal est assez rare dans les collections.

FENOUIL (*Anethum fœniculum*), vulg. *Anis doux*, *Aneth fenouil*. Espèce du genre Aneth ;

Fig. 541. — Fenouil.

Sommité fleurie ; — Fleur détachée grossie ; — Fruit et graines.

plante vivace, dont la racine fournit tous les ans de nouvelles tiges qui s'élèvent à 1 ou 2 mètres, sont dressées, fistuleuses, lisses, glabres, rameuses ; feuilles découpées en lanières très étroites, dont le pétiole embrasse la tige par une membrane large. Fleurs jaunes, petites ; ombelle à rayons inégaux ; pas d'involucre ni d'involucelles. Fruits allongés et striés.

Le Fenouil croît en Italie et dans le midi de la France. On le cultive dans les jardins. Sa racine et ses graines, qui ont une odeur aromatique forte et agréable, et une saveur sucrée un peu âcre, sont employées dans les mêmes cas que l'Anis. Les semences, prises en infusion théiforme, passent pour être douées de la propriété d'augmenter la sécrétion laiteuse des nourrices.

Le Fenouil odorant ou puant (*A. graveolens*) a été signalé au mot Aneth, où il aurait dû être précédé de celui dont nous venons de tracer l'histoire, pour la parfaite intelligence de ce que nous en avons dit.

FENUGREC (*Fœnum græcum*). Espèce du genre Trigonelle; plante herbacée, annuelle, à tige cannelée, fistuleuse, de 25 à 30 cent. de haut, avec feuilles ovales cunéiformes, servant de base à une couronne de fleurs d'un blanc teint de jaune, semblables à celles du Trèfle; gousses longues, recourbées en faucille.

Le Fenugrec, appelé vulgairement *Foin-grec*, *Sénegré*, paraît originaire de l'Egypte, où il fut en grand honneur. Les cultivateurs, dans le midi de la France, s'en sont emparés comme offrant une double ressource pour l'homme et les animaux. En effet, les graines sont utiles à l'alimentation, à la médecine et à l'industrie. Elles peuvent se servir sur les tables à l'état de purée; se prescrire comme émollientes; s'employer comme donnant un très beau rouge incarnat. La plante constitue un excellent fourrage pour les bœufs et les chevaux; elle mérite donc toute l'attention des agronomes.

FER (*Ferrum*). Métal solide, d'un gris bleuâtre, grenu ou lamelleux, très ductile et en même temps très résistant, d'une pesanteur spécifique de 7,780, n'étant fusible qu'à 158 ou 175° du pyromètre de Wedgwood.

Le fer est très répandu dans la nature : on l'extrait des minerais métalliques qui le contiennent à l'état d'oxyde ou de carbone. On a deux moyens de reconnaître sa présence, sous quelque aspect qu'il se cache. S'il est pur, l'aimant l'attire, et s'il est à l'état de combinaison, l'acide nitrique et l'hydrocyanate de potasse le transforment en bleu de Prusse; mais il faut ensuite une foule d'opérations pour l'amener à l'état qui permette de l'utiliser. Ce métal n'a pas été connu de toute antiquité, malgré son abondance dans la nature, à cause de la difficulté de son extraction et de sa purification. Exposé à un air humide, le Fer s'oxyde à la température ordinaire. L'oxyde qu'il forme, en absorbant à froid l'oxygène de l'air, s'empare de l'acide carbonique contenu dans l'atmosphère et produit du carbonate de fer (rouille). A froid, il a peu d'action sur l'eau pure, mais, chauffé au rouge, il la décompose avec rapidité, absorbe l'oxygène, et met à nu l'hydrogène. Il est précipité de toutes ses dissolutions, en noir par la noix de galle, et en bleu par le prussiate de potasse.

Les meilleurs Fers connus sont ceux de Suède et de Russie; ceux du Berry, du Périgord, de la Bourgogne et de la Normandie, sont estimés; les Fers anglais ne passent pas pour être bons. La France compte 150 mines de fer exploitées, 1,850 minerais, et près d'un millier de fonderies et de forges. La production, tant en fonte brute qu'en fer malléable, est d'une valeur de 150 millions de francs.

Les usages du Fer sont si nombreux, qu'il faudrait passer en revue tous les arts et métiers pour les faire connaître. Le Fer et ses préparations fournissent de puissants agents thérapeutiques. Il est astringent, tonique, corroborant. Sa propriété la plus importante consiste à modifier la composition du sang, dont il augmente la matière colorante ou *hématosine;* il le rend par là plus plastique, plus excitant, et il augmente, par suite, l'énergie de toutes les fonctions.

FÉRULE (*Ferula*). Genre de Plantes de la famille des Ombellifères : ombelle hémisphérique ; involucres nuls ou polyphylles, courts et caducs ; 5 pétales étalés, égaux et cordiformes ; fleurs jaunes ; fruit ovoïde, comprimé, presque plane, relevé de 3 côtes peu saillants sur chacune de ses moitiés. — On compte une vingtaine d'espèces.

Férule commune (*F. communis*). Tige de 3 m. 50 c. cylindrique, glabre, simple, remplie de moelle; feuilles pétiolées, très grandes, dilatées, à base découpée en une infinité de lobes ou de folioles linéaires, aiguës ; 3 ombelles dépourvues d'involucres au sommet de la tige. — Cette plante décore les bords de la Méditerranée et les lieux maritimes de l'Europe, de l'Afrique et de l'Asie orientale.

Férule de Perse (*F. assa fœtida*). Tige cylindrique, nue ; feuilles toutes radicales, décomposées en folioles oblongues, pinnatifides. — Cette espèce est originaire de la Perse. Elle doit son nom spécifique au suc gommo-résineux qu'on en obtient en faisant une incision au collet de sa racine. — V. la *fig.* 512.

L'*Assa fœtida* (c'est le nom de ce suc) est en masses brunes rougeâtres, d'une odeur alliacée, forte et fétide, d'une saveur âcre, amère et repoussante. Cette gomme résine est insoluble dans l'eau ou à peu près, mais se dissout dans le vinaigre, l'alcool faible, le jaune d'œuf. On l'emploie comme carminatif, et surtout comme antispasmodique dans les troubles nerveux qui se rattachent à l'hystérie. Son odeur et sa saveur désagréables empêchent de l'administrer en solution; c'est plutôt en pilules recouvertes d'une feuille d'argent, et en lavement, dissoute dans un jaune d'œuf, qu'on la prescrit habituellement.

FÉTUQUE (*Festuca*). Genre de Graminées, comprenant des plantes annuelles ou vivaces, ayant des épillets oblongs, comprimés latéralement, disposés en panicules, avec des pédicelles renflés au sommet ; chaque épillet contient 5-10 fleurs ou plus, dont la corolle est formée de deux balles inégales ; 3 étamines; ovaire glabre ; 2 stigmates plumeux; graine oblongue (cariopse), offrant un sillon profond. — Les Fétuques sont nombreuses en espèces, qui croissent abondamment aux lieux arides et stériles des régions tempérées, et qui fournissent un foin salutaire aux bestiaux.

La Fétuque coquiole (*F. ovina*) a les feuilles enroulées-sétacées, scabres et formant touffes : elles sont recherchées des bêtes à laine, qui s'en engraissent parfaitement. Elle fournit un pâturage précieux durant toute l'année, même au milieu de l'hiver. On a dû renoncer à en former des gazons à cause de sa disposition à se tenir en touffes denses et étalées.

La Fétuque flottante (*F. fluitans*), vulg. *Herbe à la manne,* est propre aux terrains marécageux; c'est l'espèce que les Herbivores mangent avec le plus d'empressement. La graine, très petite, contient une substance farineuse d'un goût agréable, qui a servi de nourriture à l'homme.

FEU. Réunion de la lumière et de la chaleur qui se dégagent d'un corps en combustion. Les anciens considéraient le Feu comme un élément, comme un corps simple, et presque tous les premiers peuples, dans l'impuissance où ils étaient d'en pénétrer l'essence, l'ont divinisé. Berzélius pense que le Feu n'est autre chose qu'un degré de température plus élevé que celui du calorique sans lumière. — V. *Combustion*.

FEU FOLLET ou **Follet**. Espèce de Météore, exhalaison enflammée qui se montre quelquefois dans les cimetières et dans les endroits marécageux. Les physiciens ont attribué jusqu'à présent l'origine et la formation de ces feux, appelés *follets* à cause de leur légèreté et de leur ténuité, au dégagement du gaz hydrogène carboné qui a lieu lorsque les matières animales sont en état de putréfaction, gaz qu'enflamme accidentellement quelque courant électrique. Plusieurs pensent, non sans raison, que la matière des Feux follets n'est autre chose que la matière même de l'électricité. Quant à leur marche capricieuse, à leur légèreté à vous poursuivre ou à vous fuir, le premier de ces phénomènes s'explique par le vide que, dans la marche, on laisse derrière soi, vide dans lequel ces feux légers se jettent aussitôt. Nécessairement, chaque mouvement que nous faisons les attache à nos pas, et alors ils semblent

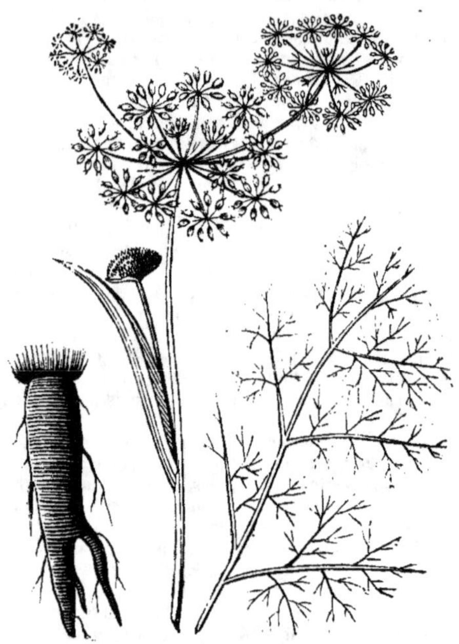

Fig. 542. — Férule Assa Fœtida.

nous poursuivre. Si au contraire ces flammettes se trouvent devant le voyageur, l'air que celui-ci déplace et pousse en avant les chasse dans la même direction, ce qui fait qu'elles semblent fuir. Les *Feux follets* sont encore la frayeur des villageois, des personnes superstitieuses, des femmes et des enfants.

FEU GRISOU. Gaz hydrogène carboné, qui se dégage de certaines espèces de houille, et qui s'allume quelquefois avec explosion au contact des chandelles, des lampes, ou de tout corps en ignition. Avant l'heureuse invention de la *Lampe de Davy*, le *Grisou* produisait très souvent des accidents funestes. Nous n'avons pas à décrire cette lampe, mais nous dirons seulement, pour en faire comprendre le principe, que sa flamme, ne pouvant passer à travers la toile métallique très serrée qui l'enveloppe, sans éprouver une diminution notable de température, ne peut enflammer les gaz ambiants.

FEUILLE. Les Feuilles sont des expansions fibro-membraneuses qui naissent sur la tige et les rameaux, par suite du développement des bourgeons, et qui se composent : 1° de faisceaux vasculaires provenant de la tige ; 2° d'un parenchyme ; 3° de deux lames épidermiques recouvrant les deux faces, le tout se réduisant à deux parties seulement : le pétiole et le limbe.

Le faisceau vasculaire commence par le *pétiole* (vulg. *queue*), qui est comme une petite tige supportant le limbe. Ce pétiole traverse celui-ci, sous le nom de *côte*, donnant de chaque côté des prolongements, appelés *nervures*, qui se subdivisent en *veines*, et forment ainsi un réseau fin dont les mailles sont remplies par le tissu utriculaire de la plante. — Le *limbe* est la partie plane et membraneuse de la Feuille, due aux subdivisions des nervures et au parenchyme qui en remplit les vides. — Ce parenchyme est recouvert par une lame épidermique parsemée de *stomates*.

Les Feuilles présentent un très grand nombre de caractères distinctifs, tirés du pétiole et du limbe, de leur forme, de leur couleur, de leur disposition générale et particulière, etc. Ainsi les Feuilles sont dites : *pétiolées*, lorsqu'elles ont un pétiole (Chêne); *sessiles*, dépourvues de pétiole (Garance); *peltées*, dont le pétiole s'insère à la face inférieure du limbe (Capucine); *ailées*, dont le pétiole est garni d'une expansion marginale de même nature que le parenchyme de la Feuille (Bistorte); *articulées*, dont le pétiole semble s'articuler avec la tige au lieu de lui faire suite (Tremble); *amplexicaules* ou *embrassantes*, qui embrassent la tige dans toute sa circonférence (Buplèvre); *engaînantes*, qui embrassent la tige de manière à lui former une espèce de gaîne (Blé, Patience); *décurrentes*, dont le limbe se prolonge de chaque côté sur la tige, au-dessous de son point d'attache en formant deux ailes membraneuses (Consoude).

Les Feuilles se distinguent en : *arrondies* (Poirier); *cordiformes* (Tilleul); *réniformes* (Lierre terrestre); *ensiformes* (Iris), *sagittées* (Liseron); *lyrées* (Laitron); *lancéolées* ou en fer de lance (Troène); *entières* ou sans dents ni incisions (Lilas); *dentées* ou à dentelures sur les bords (Châtaignier); *bifides*, *trifides*, quand elles offrent des incisions qui les partagent en deux, trois divisions; *bilobées*, *trilobées*, lorsque ces divisions forment des lobes larges séparés par des sinus obtus (Melon); *palmées*, dont les lobes partent en divergeant du sommet du pétiole (Ricin).

On nomme *simple* la Feuille dont les vaisseaux vasculaires qui composent le pétiole se répandent dans un seul et même limbe (Lilas); *composée*, celle dont les faisceaux du pétiole vont se terminer dans plusieurs limbes, qui forment autant de folioles (Vigne); *décomposée*, celle dont le pétiole se subdivise en pétioles secondaires, supportant tous des folioles, et dont les diverses parties sont unies ensemble par articulation (Sensitive, Marronnier); *digitée*, dont les folioles naissent du sommet du pétiole commun (Lupin); *pinnée*, dont les folioles naissent des parties latérales du pétiole commun (Robinier); *bipinnée*, dont les pétioles secondaires forment autant de feuilles pinnées partant du pétiole commun; *stipulée*, munie de stipules (Rosier).

Les Feuilles *caulinaires* sont celles qui naissent sur la tige ou lui appartiennent (Giroflée); les *radicales* partent du collet de la racine (Carotte); on nomme *florales* les Feuilles qui accompagnent les fleurs; *alternes*, celles qui naissent seule à seule de chaque nœud dans des points différents de la tige (Platane); *opposées*, celles qui naissent dans deux points diamétralement opposés et à la même hauteur de la tige (Erable); *géminées*, naissant par paires d'un même point (Pin); *fasciculées*, émanant en grand nombre d'un même point (Pin du Nord); *verticillées*, quand trois au moins naissent circulairement d'un même nœud et forment une espèce de couronne autour de la tige (Garance); *éparses*, qui paraissent dispersées et sans ordre sur la tige, etc.

Les Feuilles diffèrent d'une manière essentielle sous le rapport de la disposition de leurs nervures, selon qu'elles appartiennent aux Monocotylédones ou aux Dicotylédones. Dans les plantes monocotylédones leurs nervures secondaires sont en général peu saillantes, presque toujours simples et parallèles entre elles; dans les dicotylédonées, au contraire, les nervures sont irrégulièrement anastomosées, formant une sorte de réseau comparable à une toile grossière.

FÉVE (*Faba*). Genre de Légumineuses, comprenant des plantes annuelles à tige anguleuse; à feuilles paripinnées, stipulées, dont le rachis se termine en arête; fleurs blanches ou rosées, marquées d'une tache noire sur chaque aile, et disposées en courtes grappes pauciflores. — On dit la Fève originaire de la Perse, mais on la trouve très anciennement connue en Egypte, où elle était d'un usage vulgaire, comme plus tard elle le fut en Grèce. On la cultive en Europe, où elle a produit un grand nombre de variétés.

La FÉVE VULGAIRE (*F. vulgaris*), vulg. *Fève de marais*, parce qu'elle est fournie par les jardiniers appelés maraîchers, se cultive en grand pour ses gousses ou légumes qui sont très gros, un peu charnus, pulvérulents, et dans lesquels il y a 2 ou 4 graines oblongues tronquées, comprimées, d'un goût très prononcé. La terre qui doit la recevoir doit être préparée d'avance par deux bons labours et par des engrais consommés.

Celles de ses variétés qui méritent une mention sont : la *Fève de Windsor* ou *F. ronde d'Angleterre*, qui abonde dans nos départements méridionaux et dont les gousses, plus allongées et plus nombreuses, contiennent un plus grand nombre de graines; — la *Fève julienne*, variété hâtive, beaucoup plus petite que la précédente; — la *Fève naine*, qui jette beaucoup de branches et qui produit abondamment; — la *Fève à longues gousses*, plus tardive, ainsi que la *Fève verte* qui a sur les marchés un plus grand prix, parce que ses graines conservent toujours une couleur verte.

La FÉVE GOURGANE (*F. equina*) ou *Féverolle*, *F. des champs*, *F. de cheval*, a la tige peu élevée, les fleurs tantôt d'une couleur noire, tantôt d'un

blanc salé, les graines allongées, âpres et dures.
— Cette espèce est inférieure à la précédente et à
ses variétés. On ne la sème qu'en plein champ
pour la nourriture des bestiaux : la culture ne la
modifie pas. Sa tige fournit une filasse qui pourrait
remplacer celle du chanvre.

FÈVE DE SAINT-IGNACE. Fruit de l'*Ignatier
amer*. — V. ce mot.

FÉVEROLLE. — V. *Fève*.

FIBRINE (*Fibrina*). Substance organique, naturellement liquide, mais pouvant se coaguler
spontanément, et alors demi-solide, plus ou moins
élastique, d'un blanc grisâtre si elle est pure,
dont les principes élémentaires sont ceux de l'albumine. La Fibrine entre dans la composition du
sang, du chyle, de la lymphe, de la sérosité. Son
état normal est l'état liquide; mais hors de l'économie, elle passe à l'état solide, elle se *coagule*,
caractère spécifique de cette substance. Le sang
veineux, à l'état normal, en contient 2,20 à 2,30
pour 1,000; dans l'état de maladie par inflammation, cette quantité augmente, tandis qu'elle paraît
diminuer dans les fièvres éruptives, les débilités.
— V. *Sang*. — Les fausses membranes du croup
sont formées presque uniquement de fibrine. —
On peut se procurer ce principe organique en la-
vant le caillot du sang, et le traitant ensuite par
l'éther pour le dépouiller de la graisse. Alors il
se comporte comme l'albumine coagulée. — V.
Albumine.

FICAIRE. — V. *Renoncule*.

FICOIDE (*Mesenbrianthemum*). Genre de Plantes grasses, type de la famille des Ficoïdées, ayant
pour caractères : calice supère à 4 ou 5 divisions;
corolle composée d'un grand nombre de pétales,
disposés sur plusieurs rangs, linéaires et inégaux;
étamines nombreuses; ovaire infère; 5 styles;
capsule charnue, etc. — Ce genre est du cap de
Bonne-Espérance, et l'un des plus variés du règne
végétal. Ces plantes fleurissent dans nos jardins
et nos serres, où on les multiplie de graines et de
boutures. Elles sont faciles à reconnaître à l'aspect de la fleur, qui est celui d'une radiée, avec
des feuilles opposées et charnues. Leurs fleurs,
selon les espèces, s'ouvrent à des instants différents, et déterminés par la hauteur du soleil ou
par l'absence de cet astre.

Le genre Ficoïde ou *Mésenbrianthème* est très
nombreux en espèces, dont on a fait sept divisions
ainsi désignées : F. sans tiges, F. à feuilles réunies en tête, F. rampantes, F. à feuilles perfoliées,
F. à feuilles triangulaires, F. à feuilles cylin-
droïdes, F. glanduleuses. Parmi ces espèces, nous
citerons la FICOÏDE CRISTALLINE, vulg. *Glaciale*, à
cause des vésicules brillantes et semblables à des
gouttes d'eau glacée qui couvrent ses feuilles.
Cette plante est annuelle et croît dans l'Archipel.

La F. BRILLANTE a les feuilles parsemées de vésicules brillantes comme celles de la Glaciale; ses
fleurs sont jaune-orangé. On la cultive en France
depuis cent cinquante ans environ.

La F. COMESTIBLE, type du genre, a les feuilles
et la tige tendres, charnues, les fleurs grandes et
jaunes. Son fruit, qui est à peu près de la grosseur
d'une figue, est savoureux et alimentaire.

FIERASFER (*Ophidium*). Genre de Poissons anguilliformes, ressemblant aux Donzelles, sauf que
leur mâchoire inférieure est dépourvue de barbillons. — Deux espèces, de très petite grosseur,
sont propres à la Méditerranée : l'une à dents en
velours, l'autre à dents en crochets à chaque mâchoire.

FIGUIER (*Ficus*). Genre d'Arbres de la famille
des Urticacées, à feuilles alternes, lobées, d'un
vert foncé. Fleurs réunies en grand nombre dans
un réceptacle commun, charnu, ombiliqué au
sommet, muni à la base de quelques bractées
écailleuses; les mâles occupent la partie supérieure, et ont un calice à 3-5 divisions lancéolées,
inégales, pareil nombre d'étamines libres; les

Fig. 513. — Figuier.

(1. Coupe longitudinale d'un fruit ou involucre pyriforme; —
2. Fleur mâle; — 3. Fleur femelle; — 4. Fruit — 5. Le même
coupé dans sa longueur.)

fleurs femelles, en plus grande quantité, couvrent
en entier toute la paroi intérieure; calice à 5 découpures; ovaire supère et style courbé, à 2 stigmates. Le fruit consiste en petites graines crustacées, renfermées dans le réceptacle accru et
devenu pulpeux, succulent, considéré à tort comme
un fruit, sous le nom de *figue*.

FIGUIER COMMUN (*F. carica*). Arbre ou Arbris

seau à bois tendre, dont les rameaux contiennent une moelle abondante; à feuilles très amples, épaisses, palmatilobées ; à fleurs disposées de la manière que nous venons d'indiquer.

Le Figuier est originaire du Levant, mais il y a plus de deux mille ans qu'il a été introduit en Europe. Il résulte du *Figuier sauvage*, petit arbre tortueux qui croît spontanément dans le midi de l'Europe, en Asie et en Afrique. Les Egyptiens le regardaient comme le but final de tous les désirs; pour eux c'était un gage de félicité parfaite que de pouvoir vivre à son ombre. Les Romains s'occupèrent aussi beaucoup de cet arbre, dont ils distinguaient déjà plusieurs variétés. Le Figuier vient bien partout, mais il craint les hivers. Il est tellement vivace, que, quand on l'a arraché, pour peu qu'il reste des racines, il repousse des tiges. Les bestiaux ne touchent point à ses feuilles; les oiseaux, quoique très friands de ses fruits, n'osent point s'arrêter dessus ; les insectes ne s'attachent point à son feuillage, qui se conserve longtemps. Son bois est d'un jaune très clair et tendre, mais il acquiert de la consistance et de l'élasticité en se desséchant. Le suc laiteux qu'il contient quand il est jaune est très âcre, caustique.

Nous passerons sous silence le *Figuier des Pagodes* de l'Inde, le *F. du Bengale*. le *F. Sycomore* de l'Egypte, le *F. des Malais*, etc.

Le fruit du Figuier, ou ce que l'on nomme ainsi (V. les caractères botaniques), la *Figue*, affecte la forme d'une poire plus ou moins volumineuse, allongée ou globuleuse, selon les espèces, qui sont au nombre de plus de cent, se divisant en blanches, jaunâtres, vertes, violettes , rouges , brunes et noires. Ce fruit, à l'état frais, constitue un aliment agréable et salubre. Dans les pays méridionaux, on en retire, en outre, une liqueur vineuse et de l'eau-de-vie par la distillation. Desséchées, les figues, dites *grasses*, font l'objet d'un commerce considérable, plutôt comme médicament que comme aliment. On les emploie en effet très fréquemment en tisane émolliente et béchique , dans les inflammations des organes de la respiration, en décoction pour gargarismes émollients.

« On nomme *caprification* l'usage qu'avaient adopté les anciens, pour hâter la maturation des figues, de placer sur des Figuiers des figues remplies d'une espèce d'insecte (Cynips), qu'on trouve surtout sur le Figuier sauvage. Ces insectes , se répandant sur les fruits de l'arbre, pénètrent dans l'intérieur et accélèrent ainsi la maturation. L'utilité de cette pratique est contestée; les Egyptiens prétendent obtenir le même résultat en cernant l'œil de la figue : chez nous on se contente de la piquer avec une aiguille trempée dans l'huile. »

FILAIRE (*Filaria*). Genre d'Entozoaires, dont le corps est très allongé, cylindrique, à peu près d'un égal diamètre dans toute son étendue : tête non distincte du reste du corps : bouche orbiculaire. — Ce ver, unique espèce, vit hors des organes digestifs.

FILAIRE DRAGONNEAU (*F. dracunculus*), vulg. *Ver de Médine*, *Ver cutané*. Le mâle est inconnu. La femelle est de la grosseur d'une plume de corbeau, longue de 50 cent. à 4 mètres : sa queue est un peu recourbée en crochet. Ses œufs éclosent dans l'intérieur de son corps, ce qui l'a fait paraître vivipare. — Cet Entozoaire se développe sous la peau, dans le tissu cellulaire et sous les muscles. Il ne se rencontre pas en Europe, à moins que ce ne soit chez des individus arrivant des contrées tropicales, là seulement où on l'observe. Il n'est pas exclusif à l'homme : tous les vertébrés y sont exposés. Sa présence dans les tissus s'annonce par des tumeurs qui s'enflamment et suppurent quelquefois. On s'en débarrasse en saisissant une de ses extrémités, apparente ou mise à découvert par une incision, en l'enroulant, avec la précaution de ne pas le rompre, autour d'un petit cylindre.

FILEUSES ou **ARANÉIDES**. Famille d'Arachnides pulmonés, comprenant les véritables Araignées. « Elles ont constamment huit pieds ; deux palpes de même forme et quelquefois presque de même grandeur que les pieds, terminées par un petit crochet mobile ; des chélices ou mandibules solides, portant un crochet replié en dessous, très acéré à son sommet, et présentant une petite fente par laquelle s'écoule un venin qui s'insinue dans les plaies faites avec ce crochet mobile. De là les accidents qui résultent de la piqûre ou, comme on dit, de la morsure de ces animaux. Ce venin est sécrété par une petite glande placée à la base des mandibules. Les palpes des mâchoires sont en forme de petites pattes sans pinces à l'extrémité. »

Les Fileuses doivent leur nom à la faculté qu'elles ont de se filer une toile destinée à retenir les petits insectes assez malavisés pour s'y reposer, et qu'elles dévorent. Elles ont un appareil sécréteur spécial pour cet usage, qui consiste en deux petits réservoirs situés dans l'intérieur de l'abdomen, desquels partent 4 vaisseaux flexueux, très longs, qui se réunissent en un tube commun lequel se rend près de l'anus, à des papilles coniques appelées *filières*, percées de trous excessivement fins, par lesquels sort le liquide qui se condense, à sa sortie, en un fil très délié.

Ces animaux sont doués d'un instinct assez remarquable, eu égard à leur volume et à la disposition de leur centre nerveux: mais une particularité singulière qu'il faut noter dans leurs mœurs, c'est que les mâles , toujours plus petits et moins forts que les femelles , ont besoin de prendre toutes sortes de précautions pour s'approcher d'elles, et que souvent la mort est le prix de leurs démarches amoureuses. Le mâle s'approche donc par derrière avec crainte et circonspection: il cherche à exciter la cruelle par les attouchements de ses palpes, et celle-ci, se laissant aller enfin à ces douces sensations, se renverse et permet le contact des deux abdomens.

Les genres principaux de Fileuses sont les *Araignées*, les *Mygales*, les *Théridions*, les *Lycoses*, la *Tarentule*, etc.

FILIPENDULE. — V. *Spirée*.

FILON. Amas de matières minérales remplissant de grandes fentes ou fissures qui coupent transversalement les grottes ou les couches des roches qui les renferment. « L'opinion la plus probable relativement à l'origine des Filons, c'est que ce sont des fentes qui ont eu pour cause divers soulèvements qui ont couvert d'aspérités la surface du globe, et que ces fentes ont été remplies par sublimation : résultat qu'il faut attribuer à l'action des feux souterrains, ou, ce qui est probablement le même fait, à l'action du feu central. Ce qui appuie cette opinion, c'est que tout prouve que les Filons ont été remplis de bas en haut. »

Ainsi, par exemple, fréquemment une nappe de laves mise au jour se trouve en communication évidente avec un Filon qui, après avoir traversé tous les dépôts inférieurs, vient se terminer au milieu d'elles, et il n'est pas rare de rencontrer, les unes au-dessus des autres, plusieurs nappes dont chacune correspond à un Filon particulier, auquel elle doit sans doute son origine ; le plus récent de ces Filons étant celui qui a traversé tous les dépôts successifs pour former le dernier.

Les Filons sont de deux natures différentes : de substances minérales ou de substances métalliques. Les dépôts basaltiques en forment de puissants, tantôt encaissés dans le terrain qui les recèle, tantôt s'élevant comme des murailles, ou représentant diverses buttes alignées sur leur direction ; tantôt enfin donnant lieu à des épanchements en forme de galettes, placés çà et là sur leur direction.

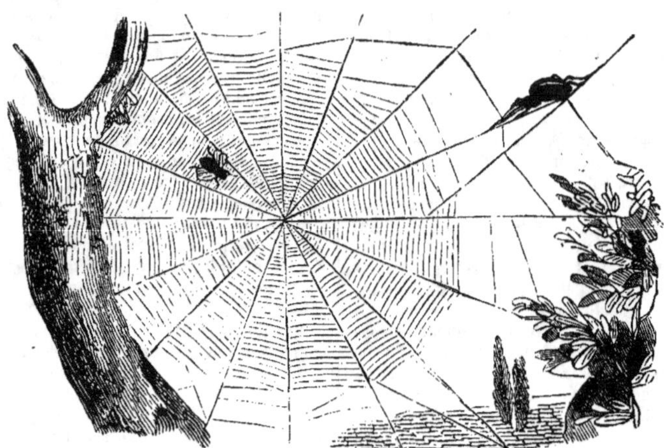

Fig. 544. — Fileuse (Araignée des jardins).

FILOU (*Epibulus*). Poisson singulier, seul de son genre, de l'ordre des Acanthoptérygiens, qui se fait remarquer par l'extensibilité de sa bouche ; tout le corps et la tête sont couverts de larges écailles ; la ligne latérale est interrompue, etc. — Le Filou est propre aux mers des Indes et de couleur rougeâtre. Il convertit subitement sa bouche en une espèce de tube, par un mouvement de bascule de ses maxillaires, et en faisant glisser en avant ses intermaxillaires. Il emploie cet artifice pour saisir au passage les petits poissons qui nagent à sa portée, artifice dont usent aussi les Sublets, les Zées, les Picarels, suivant le plus ou le moins de protractilité de leurs mâchoires.

FIROLE (*Pterotrachæa*). Genre de Mollusques

de l'ordre des Ptéropodes, animaux très allongés, gélatineux, transparents, souvent terminés en arrière par une queue plus ou moins longue et quelquefois pointue ; bouche située à l'extrémité d'une trompe et renfermant un appareil propre à la mastication ; tentacules nuls ou rudimentaires.

Les Firoles sont très communes dans les mers des tropiques, et ne sont pas rares dans la Méditerranée ; mais la transparence de leurs tissus empêche souvent de les voir. Manquant de coquille, elles s'altèrent très facilement, et il est rare de les rencontrer entières. Elles nagent avec facilité et en plaçant leurs pieds en haut. Leur tête prolongée leur donne quelque rapport avec certains poissons, particulièrement ceux du genre Syngnathe, ce qui avait fait dire à Lamarck que les Firoles établissaient le passage des Poissons aux Mollusques.

La **Firole couronnée**, la plus grande de toutes les espèces (16 à 18 cent. de long), se distingue par une longue trompe perpendiculaire, cylindrique, surtout par les éminences qui lui couvrent le front. Elle vit dans la Méditerranée. La F. hyaline, beaucoup plus petite, a également la tête allongée.

FISSIPARES. Etres qui se reproduisent par la scission de leur propre corps. — V. *Génération.*

FISSIPÈDES. Mammifères à pieds fourchus; animaux chez lesquels les deux doigts médians sont plus développés que les autres et emboîtés chacun dans un sabot qui représente la moitié du même organe chez un Solipède, sabot en rapport, par une surface plane et verticale, avec celui qui l'avoisine. Les Fissipèdes sont les *Cochons*, les *Antilopes*, les *Cerfs*, les *Girafes*, les *Moutons*, *Chèvres*, *Bœufs*, etc.

FISSIROSTRES. Famille de Passereaux, à bec court, large, fendu profondément. — V. *Passereaux.*

FISSURELLE (*Fissurella*). Genre de Mollusques gastéropodes scutibranches, oblongs allongés et bombés, munis d'une tête distincte et assez large, terminée en avant par une trompe courte et arrondie, à l'extrémité de la queue est la bouche; deux tentacules coniques, portant à leur base externe les yeux, qui sont très saillants; manteau grand, mince, ouvert en avant; pied très grand, ovale oblong. La Coquille est patelliforme, conique, sans trace de spire, à base oblongue, à sommet tronqué et muni d'une ouverture un peu allongée.

Les Fissurelles sont communes sur presque toutes les côtes, vivant à la surface des rochers et paraissant se donner fort peu de mouvement. Elles ont les mœurs des Patelles. On en trouve de fossiles dans les terrains tertiaires.

La **Fissurelle de Magellan** (*F. picta*) est une grande et belle Coquille, régulièrement conique, marquée à l'extrémité de rayons violets sur un fond bleu grisâtre, que l'on voit souvent dans les collections.

FISTULAIRE (*Fistularia*). Genre de Poissons acanthoptérygiens abdominaux, qui ont la tête allongée, la bouche en tube long, d'où leur nom vulgaire de *Bouche en flûte;* une seule dorsale; mâchoire inférieure armée de petites dents. — Ces poissons, chez lesquels sort d'entre les lobes de la caudale un filament quelquefois aussi long que tout le corps, habitent la mer des Antilles. Une seule espèce est connue: la *Fistularia tabacaria*, qui atteint un mètre de long et plus. Elle se nourrit de jeunes crustacés, de petits poissons, qu'el-

le peut pêcher au moyen de son museau très allongé, dans les fentes des rochers, sous les pierres, les fucus, les coraux.

FLABELLAIRE (*Flabellaria*). Genre de Zoophytes, que Linné confondait avec les vraies Corallines, à rameaux ordinairement trichotomes et composés d'articulations très distinctes et aplaties. — On en distingue une dizaine d'espèces, qui vivent dans les mers d'Europe et d'Amérique.

La **Flabellaire raquette** (*F. opuntia*) a la tige presque nulle, les rameaux dichotomes diffus; couleur verdâtre; longueur de 35 millim. — Elle vit dans la Méditerranée, son organisation la rapproche essentiellement des algues, et l'on peut dire que les Flabellaires vraies sont des Ulves composées, de même que l'on pourrait dire que les Fucus sont des Conferves également composées.

FLAMANT (*Phœnicopterus*). Genre d'Oiseaux de l'ordre des Echassiers, caractérisés comme suit : bec épais, robuste, plus haut que large, courbé brusquement, comme brisé vers le milieu, fléchi à sa pointe, dentelé sur les bords; cou très long et mince; jambes excessivement allongées; doigts antérieurs réunis par une membrane; pouce court, élevé; ailes médiocres, queue courte; longueur, 1 m. à 1 m. 50.

Les Flamants ont le plumage d'un rouge clair ou rose pâle. Ils se trouvent dans tous les pays chauds et tempérés, jamais dans le nord. Ils vivent en société, et se livrent à de longs voyages, car ils volent avec vigueur. Leur nourriture consiste en mollusques, vers, insectes, œufs de poissons qu'ils pêchent en appuyant sur la terre le dos de leur mandibule supérieure. Pour nicher, ils construisent au milieu des eaux, dans les marais, un nid de terre en forme de pain de sucre, sur lequel ils déposent leurs œufs, qu'ils couvent en s'y posant comme à cheval. On emploie leur plumage pour fourrure, et, en Egypte, on leur fait une chasse active. Les anciens faisaient assez grand cas de leur chair; car l'histoire rapporte que l'empereur Héliogabale entretenait des troupes de chasseurs chargés de lui fournir en abondance des Flamants, dont il ne mangeait guère que la langue, partie que sa nature à la fois charnue et graisseuse rend en effet très succulente.

Flamant rouge ou des anciens (*P. ruber, antiquorum*). C'est l'espèce la mieux connue : on lui a donné le nom vulgaire de *Flambant*, sans doute à cause de sa couleur. Cet échassier a tout le plumage d'un beau rose, sauf les ailes qui sont d'un rouge ardent, avec les rémiges noires, le bec jaune et noir au bout, les pieds bruns. Sa taille est de 1m 30 cent.

Le Flamant habite principalement les climats chauds de l'Afrique et de l'Asie, mais se retrouve néanmoins assez fréquemment dans le midi de l'Europe, en Sicile, en Sardaigne, en Calabre, ainsi que dans la France méridionale et l'Espagne. C'est à cet oiseau que se rapportent plus spécialement les considérations générales ci-dessus. « C'est un spectacle imposant, dit Le Maout, que celui d'une troupe de ces magnifiques oiseaux, quand ils arrivent en Europe pour y passer l'été. On les voit s'approcher en ordre régulier, figurant dans le ciel un triangle de feu. Arrivés au-dessus des plaines marécageuses qui sont le terme de leur migration, leur vol se ralentit; ils planent pendant quelques instants, puis ils tracent dans les airs une spirale conique et enfin abordent. Après cette descente majestueuse, la petite armée se range en bataille sur le rivage, la sentinelle est placée et la pêche commence. » Le Flamant niche sur les plages ou dans les marais baignés par la mer; le nid est assez élevé pour que la mer, dans ses plus hautes crues, ne puisse en atteindre le sommet. La femelle y dépose des œufs oblongs et blancs que, vu la longueur démesurée de ses jambes, elle couve en se plaçant comme à cheval dessus.

Nous passons sous silence les Phénicoptères (Flamants) propres à l'Amérique, à la Patagonie, etc., qui sont plus petits d'ailleurs.

Fig. 545. — Flamant.

FLÉCHIÈRE. — V. *Sagittaire*.

FLÉOLE (*Phleum*). Genre de Graminées herbacées, annuelles, à fleurs disposées en panicule resserrée en épi; épillets uniflores: glumes tronquées, acuminées, glumelle inférieure mutique, la supérieure à 2 carènes: style 2, stigmates plumeux. — La Fléole des prés (*P. pratense*, vulg. *Fléau*, est une herbe de 20 à 70 cent., très commune dans nos prairies, où les bêtes à cornes et les chevaux la recherchent. — La F. noueuse (*P. nodosum*) a les tiges à base renflée en bulbe, les épis plus courts, et se trouve sur les pelouses sèches.

FLÉTAN (*Hippoglossus*). Genre de Poissons malacoptérygiens subbrachiens, famille des Pleuronectes, très voisin des Plies, mais ayant une forme plus allongée: mâchoires et pharynx armés de dents aiguës; mandibule supérieure dépassant l'inférieure; yeux gros, situés à droite: nageoires disposées comme celles des Plies.

Le Flétan helbot est, parmi les nombreuses espèces du Nord, celle que l'on distingue particulièrement. Il est d'un brun plus ou moins noirâtre supérieurement et couvert d'écailles solidement attachées; il peut atteindre au-delà de 2 mètres de longueur, et un poids de près de 200 kilogrammes.

Ces poissons ont des habitudes qui ne diffèrent guère de celles des Plies et des Turbots. Ils sont très voraces, et se nourrissent de toutes sortes de matières, principalement de cribes, de gades, de petites raies, etc. Ils se réunissent souvent en compagnie de plusieurs dans le fond des eaux, où ils attendent les poissons qui ne peuvent leur résister. Fournissant un aliment aussi copieux qu'agréable, leur pêche est très suivie dans le Groënland, la Norwége. On les mange frais, mais le plus souvent on les sèche ou on les sale pour les conserver plus longtemps.

La Méditerranée possède quelques petites espèces, dont les unes ont les yeux à gauche.

FLEUR. Avant Linné, on n'appelait de ce nom, dans les plantes, que les corolles ou calices colorés, et c'est encore ainsi qu'on entend le mot dans le langage vulgaire. Linné, le premier, y attacha l'idée de génération, et pour lui ce fut le lit nuptial des plantes, le sanctuaire où sont renfermés les organes reproducteurs, où se célèbrent les mystères de la fécondation, où se cachent et se développent les germes qui doivent perpétuer les familles végétales.

Les plantes, en effet, possèdent des organes sexuels, qui, comme chez les animaux, ne se montrent que quand elles ont acquis leur entier développement. Mais elles offrent cela de particulier que, généralement, elles sont hermaphrodites, tandis que dans les espèces animales l'hermaphrodisme est l'exception. En effet, les Fleurs ont pour essence l'ovaire et les étamines, qu'elles protégent par leur *calice* et leur *corolle*, dont l'ensemble constitue le *périanthe*. « Quand la corolle est épanouie, le plus beau moment de l'existence est arrivé pour les végétaux. L'étamine croît et grandit avec fierté, puis elle s'incline mollement sur le pistil palpitant et l'inonde d'une poussière pleine de vie. Cette scène de jeunesse et de bonheur se peint à nos yeux de la manière la plus attrayante : la corolle s'orne de ses plus beaux atours, de douces émanations s'exhalent de son sein, parfument l'atmosphère et portent aux sens de tous les êtres qui les aspirent un nuage suave et impalpable. »

On distingue les Fleurs en *complètes* et en *incomplètes*, suivant qu'elles réunissent ou non les quatre parties principales qui les constituent dans leur plus haut degré de perfection, savoir le calice et la corolle (qui forment les *enveloppes florales*, les étamines (*androcie*, et le pistil (*gynécie*), qui sont ce que l'on nomme les *organes sexuels*.

Il y a ensuite à considérer en elles plusieurs parties accessoires, comme par exemple le *pédoncule*, le *réceptacle*, les *bractées*, l'*involucre*, la *spathe*, etc., qui font l'objet d'autant d'articles spéciaux auxquels nous renvoyons le lecteur.

On appelle *simple*, la fleur qui n'a que le nombre de pétales qu'elle doit avoir dans l'état naturel, par opposition au mot *double*, qui désigne la fleur dont la culture a augmenté le nombre des pétales aux dépens des étamines (Rosier cultivé). La fleur *composée* est celle qui résulte de plusieurs petites fleurs nommées fleurons, réunies sur un réceptacle commun (Camomille, Souci, etc.). On nomme *hermaphrodite*, la fleur qui réunit les étamines et le pistil ; *unisexuée*, celle qui ne porte que l'un ou l'autre genre d'organes sexuels ; *neutre* ou *stérile*, celle dont les étamines et le pistil, ou l'un des deux, manque par avortement. On désigne quelquefois par les expressions de *staminée* la fleur douée d'organes mâles, de *pistillée* celle pourvue d'organes femelles, d'où encore les dénominations de *fleurs mâles* et *fleurs femelles*.

Les Fleurs qui se montrent les unes mâles et les autres femelles, et que réunit un même végétal, sont dites *monoïques* ; quand les fleurs mâles et les fleurs femelles sont séparées et appartiennent à des individus distincts, elles portent le nom de *dioïques* ; les fleurs *polygames* sont les fleurs unisexuées et les hermaphrodites réunies, entremêlées.

Nue est la fleur qui n'a ni calice ni corolle ; *apétale*, celle qui n'a qu'un périanthe simple, une enveloppe florale unique ; *monandre*, celle qui n'a qu'une seule étamine ; *diandre*, *triandre*, celle qui présente deux, trois étamines, etc.

Les fleurs sont susceptibles de beaucoup d'autres considérations dont les plus importantes trouveront leur place naturelle aux mots *Préfloraison Inflorescence*, *Périanthe*.

Le mot *Fleur*, suivi d'un adjectif à signification plus ou moins juste ou ridicule, sert, dans le langage vulgaire, à désigner beaucoup de plantes : c'est ainsi qu'on nomme :

FLEUR D'AMOUR, le *Pied-d'Alouette* sauvage ;
FLEUR DES DAMES, l'*Anémone coquelourde* ;
FLEUR DE COUCOU, une espèce de *Narcisse* ;
FLEUR DE TOUS LES MOIS, le *Souci des jardins* ;
FLEUR DES VEUVES, une *Scabieuse* ;
FLEUR DE JALOUSIE, l'*Amarante tricolore* ;
FLEUR DE SOLEIL, l'*Héliotrope*, la *Maure*, la *Belle-de-jour*, etc.

FLEURON et DEMI-FLEURON. Pour la signification de ces mots, voir *Composées*.

FLORAISON. Ensemble des phénomènes qui accompagnent l'épanouissement des Fleurs ; époque la plus brillante de la vie végétale. — V. *Fleur*.

Cette époque arrive dans des temps très différents, selon les espèces, les genres, les climats. Dans les contrées tempérées, la Floraison n'a lieu généralement qu'une fois par an ; dans les pays chauds elle se répète ou même est perpétuelle. Le plus grand nombre de plantes herbacées fleurissent au retour du printemps, tandis que d'autres attendent deux, trois, cinq années avant de donner des fleurs ; il en est enfin qui ne fleurissent qu'à de très longs intervalles. Chaque mois de l'année voit éclore des fleurs ; chaque heure du jour, pour ainsi dire, les siennes : de là l'idée du *calendrier* et de l'*horloge de Flore*.

Calendrier de Flore.

Janvier.	— Violette.	*Juillet.*	— Verge d'or.
Février.	— Bois-Gentil.	*Août.*	— Scabieuse.
Mars.	— Primevère.	*Sept.*	— Cyclame d'Europe.
Avril.	— Pervenche.	*Octobre.*	— Astère.
Mai.	— Filipendule.	*Novembre.*	— Colchique.
Juin.	— Bluet.	*Décembre.*	— Ellébore.

Horloge de Flore.

Trois heures du matin. .	Salsifis des prés.
De 4 à 5 heures. . . .	Liondent.
Cinq heures.	Laiteron.
De 5 à 6 heures. . . .	Pissenlit.
Six heures.	Epervière.
De 6 à 7 heures. . . .	Laiteron des champs.
Sept heures.	Souci des jardins.
De 7 à 8 heures. . .	Ficoïde.
Huit heures.	Mouron des champs.
Neuf heures.	Souci des champs
De 9 à 10 heures. . .	Pissenlit. Chicorée.

De 10 à 11 heures. . . .	Ficoïde, les Labiées.
Onze heures.	Les Mauves.
Midi à 3 heures. . . .	Une foule de plantes.
Quatre heures. . . .	Belle-de-nuit dichotome.
Cinq heures.	Belle-de-nuit du Mexique.
Six heures.	Geranium.
Sept heures.	Galant de nuit.
Huit heures.	Ficoïde noctiflore.
Neuf heures.	Liseron linéaire.
Dix heures.	Siléné.
Onze heures.	Coctier des Antilles.

Comme complément de ce sujet plus curieux que positif, voir l'article *Sommeil des fleurs*.

FLOSCULEUSES. Plantes de la famille des Composées, dont les capitules sont formés uniquement de fleurons. Elles forment une tribu dans cette grande famille, qui a reçu aussi le nom de *Carduacées*. — V. ce mot.

FLOUVE (*Anthoxanthum*). Genre de Graminées, se composant d'un petit nombre d'espèces, dont la plus commune est la

FLOUVE ODORANTE. (*A. odoratum*). Herbe annuelle dont les tiges (chaumes) ont de 10 à 60 cent., et croissent en touffe ; ses feuilles sont planes, plus ou moins rudes ; ses fleurs en panicule oblongue, spiciforme, d'un vert jaunâtre ; épillets uniflores, glumes carénées ; 2 étamines, etc. — La Flouve est extrèmement commune dans les prairies, les pâturages, les lieux herbeux, et constitue un excellent fourrage. C'est à elle que le foin doit son odeur agréable.

FLUOR. Corps simple, dont on admet l'existence par pure analogie, car on n'est pas encore parvenu à l'isoler, et qui fait la base de l'acide fluorhydrique, lequel est gazeux, d'une odeur forte et suffocante, et qui, en se dissolvant dans l'eau, fait entendre le même bruit qu'un fer rouge qu'on plongerait dans ce liquide. L'acide fluorhydrique éteint les bougies allumées et tue les animaux. Il attaque le verre, propriété qu'on a mise à profit pour graver sur cette substance.

FLUSTRE (*Flustra*). Genre de Polypes bryozoaires, dont le polypier est mou et de consistance cornée, très souvent sous la forme de lames flexibles qui ont été prises quelquefois pour des Algues marines. — La FLUSTRE FOLIACÉE est l'espèce la plus commune sur nos côtes.

FLUTEAU — V. *Plantain d'eau*.

FOENE (*Fœnus*). Genre d'Hyménoptères pupivores, ainsi caractérisé : abdomen allongé en massue, trois fois plus long que le tronc ; tête paraissant portée comme sur un col ; antennes droites, filiformes, aussi longues que la tête et le corselet. • Leurs mœurs sont semblables à celles des Ichneumons. On les trouve quelquefois sur les fleurs, où ils relèvent leur abdomen ; la nuit ou quand le temps est couvert, on les trouve attachés aux tiges des plantes par leurs mandibules, et ils y demeurent suspendus presque perpendiculairement. — Le FOENE ÉJACULATEUR, des environs de Paris, est noir grisâtre, long de 14 millim., avec ailes diaphanes à nervures noires.

FOETUS. Le produit de la conception est appelé *germe* tant qu'il est amorphe, ensuite *embryon*, depuis le moment où il commence à avoir une forme déterminée jusqu'à celui où les diverses parties qui le composent ont acquis assez de développement pour être aisément distinguées à l'œil nu ; puis il prend le nom de *fœtus* à partir de cette époque, c'est-à-dire à dater du deuxième mois de la grossesse, et il le conserve pendant tout le temps qu'il demeure contenu dans la matrice. — V. *Grossesse*.

Voici les différentes phases de développement du fœtus humain.

A six semaines, l'œuf a 34 à 40 millim. de longueur, et contient un embryon de 18 à 23 millim., du poids d'environ 2 gr. 50 ; la tête forme la moitié du tronc quant à la masse ; les yeux, la bouche, les membres ne sont qu'indiqués d'une manière obscure, rudimentaire. — De deux mois à deux mois et demi, la tête forme encore plus d'un tiers de la longueur totale ; le cou n'est qu'un sillon et la face semble se continuer avec le thorax ; le cordon ombilical s'insère tout à fait à la partie inférieure de l'abdomen. — A trois mois, le Fœtus a plus de 80 millim. et pèse 60 à 90 gram. ; la tête forme le tiers du corps, les organes se dessinent extérieurement ; sous la peau, mince et transparente, commencent à se former les muscles ; le cordon ombilical s'insère très près du pubis ; le placenta est formé. — A quatre mois, le Fœtus a 80 à 180 millim. de longueur et pèse de 120 à 180 gram. ; le cordon ombilical s'insère un peu au-dessus du pubis. — A cinq mois, poids de 200 à 250 gram. ; la tête n'est plus que le quart de la longueur totale du corps ; la face a un aspect peu différent de celui qu'elle aura à terme ; peau moins transparente, couverte d'un léger duvet ; quelques cheveux argentins ; l'insertion du cordon s'éloigne de plus en plus du pubis. — A six mois, longueur de 24 à 27 cent. ; poids de 280 à 450 gram. ; la tête est proportionnellement moins volumineuse ; la moitié de la longueur du corps correspond à l'appendice sternal. — Au septième mois, 32 à 35 cent. de longueur ; poids de 1 kil. 5 à 2 kil. : les ongles sont déjà consistants, ils n'arrivent pas encore à l'extrémité des doigts, mais ils s'élargissent ; cheveux plus longs et moins blancs. — A huit mois, poids de 2 à 3 kil. 500 ; la peau, qui s'est épaissie et décolorée progressivement, est couverte de matière sébacée et de duvet ; les ongles arrivent à l'extrémité des doigts ; l'insertion du cordon ombilical n'est plus qu'à 2 ou 3 cent. au-dessous du point auquel correspond la moitié de la longueur totale du corps. — A neuf mois (à terme), le Fœtus a une longueur de

40 à 50 cent., et pèse de 3 kil. à 4 kil. 500 gr. Le cordon ombilical s'insère à peu près à moitié de la longueur totale du corps.

Nous n'avons rien dit des annexes du Fœtus, parce que cette étude fait partie de celle de l'*Œuf humain*.

La formation, le mode de développement des principaux organes, font aussi partie des études ovologiques. Disons seulement ici que le système nerveux céphalo-rachidien est le premier système organique de l'embryon : que les organes des sens sont en connexion intime de développement avec l'encéphale ; que le système osseux se développe de très bonne heure, aussitôt après que le nerveux a montré ses premiers rudiments, et qu'il commence par la colonne rachidienne, etc.

Quant aux fonctions du Fœtus, nous exposerons ailleurs leur mécanisme pendant les deux premiers mois de la vie embryonnaire ; après cette époque, elles s'exécutent, pour ce qui concerne la respiration et la circulation, de la manière indiquée aux articles dont ces fonctions font l'objet. — V. *Circulation* et *Respiration*.

FOIE. — V. *Sécrétions*.

FOIN. — V. *Fourrage*.

FOIROLLE. Nom vulgaire de la *Mercuriale*. — V. ce mot.

FOLIOLE. Petite feuille concourant à la composition d'une feuille composée. — V. *Feuilles*.

FOLLE-AVOINE. — V. *Avoine*.

FOLLICULE. Fruit uniloculaire s'ouvrant par une seule suture longitudinale, la suture *ventrale*, en une seule valve qui représente la feuille carpellaire étalée. Les graines sont attachées à un trophosperme sutural simple ou bipartible. Ex. : Pied - d'Alouette et plusieurs autres Renonculacées.

FONCTION. En physiologie, on donne le nom de Fonctions aux actes qui résultent de l'activité des organes, considérés soit dans les animaux, soit dans les végétaux. — Chez les Animaux, les Fonctions forment trois classes, se résument en trois phénomènes complexes et généraux : la *Nutrition*, la *Relation* et la *Génération*. — Dans les Plantes, les Fonctions de relation manquent, et il n'y a plus que celles de *Nutrition* et de *Reproduction*.—V. ces mots.

FONTINALE (*Fontinalis*). Genre de Mousses, ayant une tige très rameuse, longue de 40 cent., flottant à la surface des eaux pures et courantes, redressant ses rameaux florifères lors de la floraison, pour s'enfoncer de nouveau quand l'acte générateur est consommé.

La FONTINALE INCOMBUSTIBLE (*F. antipyretica*) est célèbre par la réputation qu'on lui a faite d'empêcher la communication du feu. Cette propriété est incontestable tant que la plante conserve sa couleur verte et sa grande humidité ; mais une fois noire et sèche, elle brûle très facilement. Les habitants du Nord, principalement les Lapons, entassent de grandes quantités de cette plante entre leurs cheminées et les parois voisines pour empêcher l'incendie. Toujours est-il que la Fontinale est un mauvais conducteur du calorique, et que quand on garnit de ses tiges les parois des glacières, la glace s'y conserve plus longtemps que lorsqu'on lui substitue la paille de seigle.

FORAMINIFÈRES. Animaux microscopiques, classés parmi les Mollusques céphalopodes, mais qui, d'après M. A. d'Orbigny, formeraient une classe intermédiaire entre les Échinodermes et les Polypes ; leur corps, petite masse vivante, de consistance gélatineuse, est entier et arrondi, ou bien divisé en segments enroulés en spirale ou pelotonnés autour d'un axe ; on n'y distingue pas d'une manière satisfaisante les organes de nutrition, ni ceux de génération. La coquille, qui est généralement libre et qui revêt extérieurement les segments, est d'une contexture et de formes très variables, parsemée de petits trous.

Les Foraminifères sont extrêmement abondants. Le sable de tout le littoral des mers est tellement rempli de ces Coquilles microscopiques et élégantes, qu'on peut dire qu'il en est souvent à moitié composé. — Ces mollusques jouent un rôle semblable à l'état fossile, où ils ne présentent plus que le test. Les terrains crétacés en montrent une immense quantité dans la craie blanche, depuis la Champagne jusqu'en Angleterre ; et l'on peut dire, sans exagération, que Paris est presque bâti avec des Foraminifères. Ils sont le plus souvent très petits ; mais il en est, telles que certaines Nummulites, qui ont souvent deux centimètres de diamètre.

M. A. d'Orbigny a partagé les Foraminifères, qui ont d'ailleurs exercé beaucoup la sagacité des naturalistes, en six ordres, dont l'étude ne doit point entrer dans cet ouvrage élémentaire.

FORÊTS SOUS-MARINES ET SOUTERRAINES. « S'il est clairement établi, dit M. Beudant, que, de nos jours, il s'est fait à la surface du globe des affaissements aussi bien que des soulèvements (V. *Tremblement de terre*), l'observation montre évidemment qu'il s'en est fait également à toutes les époques dans les dépôts divers qui constituent nos continents. On observe sur plusieurs points des côtes de France et d'Angleterre, à marée basse, des dépôts très étendus de végétaux semblables à ceux qui vivent dans nos climats, et que tout annonce être encore à la place où ils ont vécu, parce qu'on y voit des arbres debout et des racines fixées au sol. Ces dépôts reposent sur des matières terreuses jonchées de feuilles entassées les unes sur les autres, et sont recouverts par des argiles remplies de coquilles d'eau douce ; ils renferment des bouleaux, des noisetiers, des chênes, des sapins, des débris de diverses espèces de cerfs, etc. Or ces *Forêts sous-marines*, ainsi qu'on les a nommées, n'ont pu végéter que sur un sol découvert, et comme elles se trouvent aujourd'hui placées au-dessous des mers, et ne se montrent que dans les grandes marées, il faut bien que le terrain se soit affaissé depuis l'époque de la végétation actuelle. On a rencontré plusieurs tourbières les unes au-dessus des autres en creusant des puits artésiens en Hollande et à Venise, ce qui montre même plusieurs affaissements successifs. »

FORFICULE (*Forficula*). Genre d'Orthoptères de la famille des Coureurs, de forme allongée, dont la tête est ovoïde, épaisse : le corselet plus carré en avant et sur les côtés, rond postérieurement ; les élytres très courts ; les ailes plissées d'abord en éventail et ensuite repliées deux fois sur leur longueur ; l'abdomen, qui offre huit doubles segments apparents, imbriqués sur les flancs, est terminé par deux pinces concaves à leur partie interne et emboîtées dans une plaque crustacée.

Ces insectes vivent dans les endroits frais et humides ; ils attaquent les fruits, les fleurs, surtout les œillets, et causent beaucoup de mal dans les jardins. Un préjugé ridicule fait supposer qu'ils cherchent à s'introduire dans l'oreille, et de là dans la tête, ce qui est impossible. Ces animaux sont trop faibles d'ailleurs pour blesser. Après l'accouplement, pendant lequel les deux sexes sont placés bout à bout, la femelle fait sa ponte et couve ses œufs aussi bien que le ferait une poule ; elle ne les abandonne qu'à la dernière extrémité, cherchant toujours à les rassembler si on les lui disperse, et veillant sans cesse à la sûreté de sa progéniture, qui, d'après un fait mal interprété, rapporté par Degéer, serait peu reconnaissante de tant de soins.

Le FORFICULE-PERCE-OREILLE, que chacun connaît, est le type du genre. Il a au plus 14 articles aux antennes, et des ailes. — Le FORFICÉSILE a plus de 14 articles et des ailes. — Le CHÉLIDOURE n'a pas d'ailes. Ces deux derniers sont élevés au rang de sous-genres, comprenant plusieurs espèces.

FORMICAIRES. Tribu d'Insectes hyménoptères, famille des Porte-Aiguillons, dont les mœurs se personnifient en quelque sorte dans la *Fourmi*, et qui comprend, outre celle-ci, les genres *Polyergue, Odontomaque, Ponère, Myrmice*, etc.

FOSSILE (de *fodere*, fouiller). « Corps qui a été enfoui dans la terre à une époque indéterminée, qui y a été conservé, ou qui y a laissé des traces non équivoques de son existence. D'après cette définition, ce qu'on est convenu depuis longtemps d'appeler pétrifications, empreintes, moules, contre-empreintes, sont des modifications particulières que présentent les fossiles.

Les *pétrifications* sont, à proprement parler, des corps dans lesquels la matière organique a été remplacée par une substance minérale, telle que la silice ou le calcaire. On ne connaît de réellement pétrifiés que certains végétaux.

Les *empreintes* sont les traces qu'offre, sur une roche quelconque, la représentation en creux de la surface extérieure d'un corps organisé. On nomme *moule* l'empreinte intérieure d'un corps, par exemple, d'une coquille.

Lorsque le corps s'est dissous et qu'une matière quelconque s'est moulée dans le vide qu'a laissé le corps, le moule qui se forme et qui présente toujours l'extérieur de ce corps, est ce qu'on appelle *contre-empreinte*. »

La première remarque à laquelle donnent lieu les restes fossiles d'animaux et de végétaux, c'est qu'ils ne sont point semblables dans les différents dépôts, tels que les calcaires, les grès, les schistes, et que les êtres auxquels ils appartenaient n'ont point vécu à la même époque. De là l'idée de regarder les *Fossiles* comme les médailles qui servent à déterminer les époques géologiques, de même que, dans l'archéologie, les différents antiques servent à fixer des faits ou des dates historiques.

Première époque. — Les plus anciens dépôts calcaires (V. *Terrains*) renferment des Polypiers et des Crustacés, mais ces animaux, singuliers d'ailleurs, ne présentent plus d'analogues vivants au sein des mers. — V. *Trilobites.* — Leur race paraît cependant s'être propagée jusqu'au moment où se montrèrent d'autres Mollusques, comme les Arches, les Bucardes, etc., qui appartiennent à des genres encore vivants. — Quant aux végétaux de cette même époque, ils offrent de la ressemblance avec les Roseaux, les Fougères, les Palmiers.

Deuxième époque. — A une époque moins ancienne, lorsque la formation des roches granitiques, encore toute récente, annonce la fin du chaos, on trouve des fossiles un peu plus parfaits. Ce sont des tiges de Roseaux et de Graminées, des impressions de Fougères, etc., dont le nombre est prodigieux et la grandeur souvent extraordinaire. Ces végétaux sont presque tous monocotylédonés, paraissant aussi presque toujours d'origine aquatique, et c'est à eux que les houillers doivent leur existence. — Les animaux de cette seconde époque sont des Mollusques à coquille univalve, tels que Ammonites, Bélemnites ; des coquilles bivalves, comme Huîtres, Moules, Lingules, etc. Bientôt la formation animale semble se perfectionner, et l'on rencontre des Peignes, des Oursins, qui, d'abord peu nombreux, commencent à devenir assez communs avec la craie. On voit aussi apparaître les premiers Poissons, les premiers Reptiles et les premiers Oiseaux, tous animaux différents des genres connus de nos jours.

Troisième époque. — Ici se montrent de nombreux genres de Mollusques, de Poissons et de Mammifères marins dont les uns ont disparu et d'autres existent encore. Il y avait aussi des Mammifères terrestres; et la prodigieuse quantité d'ossements fossiles recueillis prouve que les animaux perdus voisins des Tapirs sont très nombreux, et que plusieurs réunissent les caractères de divers autres animaux, comme les Lophiodons.

Quatrième époque. — Les animaux de cette époque plus récente ne sont plus les mêmes que ceux des temps antérieurs qui semblent avoir été victimes de quelque éruption des eaux. Ce sont des Rhinocéros, des Éléphants, des Mastodontes, etc., dont quelques-uns étonnent par leur taille gigantesque.

En résumé, les Plantes et les Mollusques sont les plus anciens corps organisés dont on retrouve les traces. Les Poissons commencent la série des vertébrés; les Reptiles marins ont succédé aux premiers poissons; après les reptiles, dont les passages de nuances à d'autres nuances ont été extrêmement lents, puisque des Crocodiles conservés depuis 4,000 ans paraissent en tout semblables à ceux qui vivent actuellement dans le Nil, après ces animaux, disons-nous, ont paru les Mammifères marins. Des Oiseaux habitèrent les parties découvertes par les eaux avant les Mammifères herbivores, auxquels se sont joints ensuite les Carnassiers. Les Quadrumanes sont postérieurs à tous les fossiles : on ne trouve pas plus de débris de singes que d'ossements d'hommes.

« L'Homme ne parut sur la terre qu'après l'époque de ces grandes inondations qui accumulèrent tant d'animaux dans les terrains d'alluvion, dans les brèches et dans les cavernes. Ce n'est que dans les dépôts tourbeux qu'il a laissé des traces de son existence; il est tellement nouveau sur le globe, dont il s'est rendu le maître, que tout porte à le considérer, pour la date de sa naissance, comme le dernier chef-d'œuvre de la Création, selon l'esprit de la Genèse.

« Les végétaux et les diverses espèces d'animaux dont on retrouve les traces, prouvent de la manière la plus évidente cette grande vérité, si féconde en résultats philosophiques : que plus les couches de dépôts qui forment l'écorce de notre globe sont anciennes, plus les animaux qu'elles recèlent s'éloignent des genres et des espèces qui couvrent aujourd'hui sa surface, et que ce n'est que dans les dernières couches que l'on retrouve des espèces qui offrent plus ou moins d'analogie ou de ressemblance avec les êtres vivants. » — V. *Age*; *Animaux fossiles*, *Terrains*.

FOSSOYEUR. Nom vulgaire du *Nécrophore*. — V. ce mot.

FOU (*Sula*). Genre d'Oiseaux de l'ordre des Palmipèdes totipalmes, au corps massif et aux formes peu gracieuses, dont le plumage est blanc mêlé de brun, et qui ont le bord des deux mandibules dentelé en scie, ainsi que l'ongle du doigt median; gorge nue, peu susceptible d'extension; queue cunéiforme; ailes longues.

Les Fous, qui doivent ce nom à leur stupidité, se voient dans toutes les parties du globe, mais surtout dans les régions tropicales, volant continuellement au-dessus des vagues de la mer, et s'éloignant peu de la côte, à 20 lieues au plus, pour y retourner chaque soir. Ils font la chasse aux poissons, qu'ils enlèvent à la surface des eaux avec une dextérité extraordinaire. Quand ils sont repus, ils se posent sur la surface liquide et s'endorment profondément. Ces oiseaux nichent en bandes nombreuses sur les rochers et les falaises baignés par la mer, où leurs nids sont si rapprochés que les couveuses se touchent. La ponte est de un ou deux œufs seulement; on ignore la durée de l'incubation.

Nous avons parlé de la stupidité des Fous : Dampierre rapporte que, dans certaines îles inhabitées, il ne savait quels moyens employer pour les faire fuir et abandonner certains passages qu'ils obstruaient; ils se laissent, assure-t-il, assommer sous les coups de bâton plutôt que de se déterminer à céder le terrain.

Fig. 516. — Fou.

Le FOU BLANC OU DE BASSAN (*S. alba*), vulg. *Boubie*, est l'espèce la mieux connue. Il est blanc, avec les premières pennes et les pieds noirs, le bec verdâtre; sa longueur totale est de un mètre. Il est très commun à Bassan, petite île du golfe d'Edimbourg; on le voit aussi quelquefois sur nos côtes en hiver.

FOUDRE (*Fulgur*). Se dit de la matière électrique et enflammée qui, dans les temps d'orage, s'élance du sein des nuages avec une explosion plus ou moins forte. La lumière qu'elle répand porte le nom d'*Éclair*, et le bruit qu'elle occasionne s'appelle *Tonnerre*. — V. ces mots.

La Foudre est un phénomène facile à expliquer

lorsque l'on possède les premières notions sur *l'électricité*. — V. ce mot. — C'est à Franklin que l'on doit la découverte de la nature électrique de ce météore. Quand l'équilibre est parfait entre le fluide électrique du globe et celui de l'atmosphère, l'on n'aperçoit aucun phénomène électrique; mais si cet équilibre entre le nuage et le sol vient à être rompu, de deux choses l'une : ou bien l'équilibre se rétablit sans secousse, ce qui a lieu surtout lorsqu'il survient une chute de pluie qui rend l'air bon conducteur, ou bien il se rétablit par de violentes explosions, ce qui est favorisé par exemple par un air sec qui, tout en isolant les deux électricités, celle du nuage et celle du réservoir commun, ne peut empêcher qu'à un moment donné le fluide nuageux ne se décharge. C'est donc à la rentrée subite de ce fluide dans le sol, laquelle se fait en traçant une ligne de feu en zig-zag, qu'est due la Foudre, et l'on conçoit que si l'homme fait partie des conducteurs qui établissent la communication, la foudroyante décharge l'atteigne et le tue. Cependant il peut être foudroyé sans être tué, attendu que son corps étant un médiocre conducteur, la matière électrique peut glisser sur lui sans le pénétrer, surtout lorsque sa surface n'est pas humide ; la commotion peut être bornée à un ébranlement général plus ou moins fort, comme aussi l'on voit souvent la foudre fondre les métaux que nous portons, tels que pièces de monnaie, montre, etc., et ne nous faire d'autre mal.

La Foudre, en tombant, produit souvent de terribles et singuliers effets sur l'homme, les animaux et les choses. Quand elle tombe dans un appartement, il arrive presque toujours que des meubles ou des ustensiles sont déplacés ou renversés; on a vu souvent des pièces de métal arrachées de leurs scellements et transportées au loin; les arbres sont quelquefois fendus et brisés, mais ordinairement ils sont marqués, de la cime au pied, par un sillon de plusieurs centimètres de largeur et de profondeur : alors l'écorce et les fibres sont arrachées et lancées à une grande distance; au pied de l'arbre on voit souvent un trou par lequel les fluides électriques se sont répandus dans le sol. La Foudre carbonise les parties qu'elle frappe, y met souvent le feu et produit des incendies. Les coups redoublés de la Foudre sur les sommets des montagnes y laissent des traces de fusion très sensibles : on leur attribue la formation des tubes fulminaires —V. *Fulgurites*. — La Foudre frappe de préférence les objets élevés, comme des arbres ou des édifices : on doit donc, pendant les orages, redouter l'approche d'un arbre ou même d'un buisson, surtout au milieu des plaines.

« On garantit les édifices des atteintes de la Foudre par le moyen des *paratonnerres*. Ce sont des appareils composés d'une tige métallique pointue qui s'élève dans l'air, et d'un conducteur qui descend de l'extrémité inférieure de la tige jusqu'au sol. Ils agissent en soutirant l'électricité, et la faisant écouler dans le sol ou réservoir commun. Lorsqu'un nuage orageux passe au-dessus d'un *paratonnerre*, les électricités naturelles de la tige et du conducteur sont décomposées; celle de même dénomination que le fluide du nuage est repoussée dans le sol, celle de dénomination contraire est attirée au sommet de la tige, et là elle s'écoule dans l'air par l'extrémité de la pointe, et va neutraliser peu à peu celle qui est accumulée dans le nuage orageux ; les deux fluides n'éprouvant nul obstacle à leur circulation dans toute l'étendue de la conduite, ni à leur écoulement, l'un dans le sol et l'autre dans l'air, l'accumulation de l'électricité sur le paratonnerre est nulle, et par conséquent toute explosion impossible. »

L'invention du paratonnerre est due à Franklin. On vit les premiers à Paris en 1782. Les conditions nécessaires pour qu'un paratonnerre produise son effet sont : 1° que la pointe de la tige soit très aiguë; 2° que le conducteur communique parfaitement avec le sol, sans qu'il y ait aucune solution de continuité dans toute sa longueur. La longueur de la tige est de 9 mètres environ; elle se termine ordinairement par une aiguille en platine, dorée au bout. Le conducteur (corde métallique) se fixe par des pattes sur la couverture du toit et le long du mur; on le fait aboutir dans un trou rempli d'eau, après l'avoir mené par des tranchées creusées dans la terre et remplies de braise de boulanger. Un bon paratonnerre garantit des effets de la Foudre tout ce qui est autour de lui dans un cercle dont le rayon est à peu près double de la hauteur de la tige.

Fig. 517. — Fougère mâle.

(Les quatre figures détachées représentent, en allant de gauche à droite : un sore détaché, grossi; — une capsule entière; — la même, se rompant et laissant échapper les spores; — une foliole montrant les sores à la base des pinnules.)

FOUGÈRES. Famille de Plantes acotylédones acrogènes, généralement herbacées et vivaces, quelquefois à l'état d'arbres, ayant la tige horizontale et couchée, courte ou presque nulle, à rhizome souterrain ou rampant ; les feuilles ou frondes sont sessiles ou pétiolées, roulées en spirale avant leur entier développement; ensuite elles se montrent élégamment découpées, souvent divisées à l'infini en segments de formes variées, ressemblant à des rameaux. Les organes de reproduction consistent dans des sporules, contenues dans des thèques ou réceptacles diversement groupés, à la face inférieure des feuilles, en amas qu'on nomme sporanges ou spores (car le sens propre de ces diverses expressions n'est pas assez fixé).—V. *Acotylédones*. — Ces amas de corpuscules reproducteurs sont recouverts par une membrane (*indusium*), dont l'origine et le mode de déhiscence servent à caractériser les genres nombreux de cette vaste famille. Ce n'est que dans ces derniers temps qu'on a reconnu dans les Fougères l'existence d'organes mâles : quand une sporule germe, elle se développe en une petite expansion verte, à la face inférieure de laquelle se montrent les anthéridies.

Les Fougères sont très répandues : c'est dans les régions tropicales que croissent les plus grandes espèces. Nous en trouvons de plus petites et de spontanées dans nos bois, les lieux incultes de nos contrées. Plusieurs sont alimentaires pour l'homme et les animaux; leurs feuilles fournissent une excellente litière ; toutes donnent des cendres alcalines qui, pétries dans l'eau, blanchissent le linge et tiennent lieu de savon. Enfin certaines Fougères sont réputées vermifuges, d'autres sont employées pour fabriquer le verre.

Voici les genres principaux : *Aspidion*, *Doradille*, *Cétérac*, *Adianthe*, *Polypode*, *Osmonde*, *Polystique*, etc.

Fougère femelle. — V. *Aspidion*.
Fougère fleurie. — V. *Osmonde*.
Fougère male. — V. *Polystique*.
Fougère royale. — V. *Osmonde*.

FOUILLE-MERDE. Nom vulgaire du *Géotrupe*. —V. ce mot.

FOUINE (*Mustela martes*). Espèce du genre Marte, mammifère dont voici les caractères principaux : taille d'un jeune chat; corps allongé: tête plate et petite; museau long; dents et ongles

Fig. 548. — Fouine.

pointus; queue fort longue; toutes les parties supérieures du corps, la tête exceptée, sont d'un fauve brun ou bistre ; le museau est plus pâle, les pattes et la queue passent au brun; le haut de la poitrine et le dessous du cou offrent une large plaque d'un beau blanc, qui distingue la Fouine de la Marte.

La Fouine se cache dans les greniers étendus, dans les granges, les combles, au voisinage des basses-cours, dans lesquelles elle fait de grands ravages; elle se trouve aussi quelquefois dans les forêts, mais c'est par exception, tandis que c'est là la demeure ordinaire des Martes. La Fouine exhale une odeur musquée assez forte et désagréable; elle a les jambes souples, le saut léger, et son instinct est essentiellement carnassier. Pénétrant la nuit dans les poulaillers, elle dévore œufs et poules, mettant à mort beaucoup plus d'animaux qu'il n'en faut à ses besoins. Elle donne aussi la chasse aux rats et aux souris, faible service qu'elle nous rend en compensation des ravages qu'elle cause dans nos basses-cours. Est-il besoin de dire que l'homme lui fait une guerre active, non-seulement comme à une ennemie, mais encore dans le but de se procurer sa fourrure, qui n'est pas dédaignée, quoiqu'elle soit moins estimée que celle des autres Martes. La femelle met bas de 3 à 7 petits, selon son âge. Cet animal est susceptible de s'apprivoiser, d'écouter la voix de son maître et de chasser pour lui.

FOUISSEURS. Nom sous lequel on désigne un assez grand nombre de Mammifères qui ont l'habitude de fouir, c'est-à-dire de creuser la terre, afin d'y trouver un abri ou des aliments. Tels sont les *Echidnés*, les *Tatous*, les *Taupes*, etc.

On nomme aussi *Fouisseurs* certains Hyménoptères Porte-Aiguillons. — V. *Hyménoptères*.

FOULQUE (*Fulica*). Genre d'Echassiers, oiseaux aquatiques voisins des Poules d'eau, qui se trouvent sur tous les points du globe, recherchant les marais et les lacs et vivant retirés dans les roseaux des marécages, où ils établissent leur nid.

La Foulque macroule (*F. atra*), vulg. *Morelle*, est l'unique espèce d'Europe; tête et cou très noirs;

parties supérieures du corps d'un noir d'ardoise, les inférieures d'un cendré blanchâtre ; plaque blanche au front, un peu plus étendue chez les mâles que chez les femelles ; longueur totale, 40 à 45 cent. — On trouve cette espèce en France, jusqu'aux environs de Paris, dans les étangs de Ville-d'Avray, de Plessis-Piquet, des Suisses, etc. Elle pond de 8 à 14 œufs, d'un blanc varié de brun avec des points rougeâtres.

FOURMI (*Formica*). Genre d'insectes de l'ordre des Hyménoptères Porte-Aiguillons, famille des Hétérogynes, ayant pour caractères : tête triangulaire globuleuse, beaucoup plus développée dans les femelles et les neutres que dans les mâles, qui ont par contre les yeux plus développés ; antennes de 13 articles chez ceux-ci, de 12 chez les femelles ; lèvre supérieure large ; mandibules robustes, plus développées chez les neutres et les femelles que dans les mâles ; abdomen de forme ovale, tenant au thorax par un pédicule fort court, beaucoup plus allongé dans les mâles que dans l'autre sexe, renfermant à son extrémité, outre les organes génitaux, un aiguillon dans certaines espèces, dans d'autres des glandes qui sécrètent un acide particulier, appelé *formique*, et se terminant chez les mâles par une paire de pinces qui servent dans l'accouplement.

Les Fourmis vivent en sociétés nombreuses, composées, comme celles des Abeilles, de mâles, de femelles et de neutres. Les mâles sont constamment ailés, les femelles ne le sont que momentanément, les neutres ne le sont jamais. Ces dernières existent toujours, en tout temps et en fort grand nombre, tandis que les deux sexes ne se trouvent dans les fourmilières qu'au moment de l'accouplement et de la ponte. « Lorsque le mâle et la femelle sont éclos dans la fourmilière, les neutres les retiennent pendant quelque temps, jusqu'au moment qui leur paraît propre à l'acte qu'ils ont à remplir. Mais lorsque ce moment, qui paraît toujours coïncider avec la soirée d'un jour de chaleur, est arrivé, les neutres favorisent alors la sortie des insectes ailés, en sortant avec eux de la fourmilière : on les voit se répandre de tous côtés ; les mâles et les femelles montent sur les tiges des végétaux qui les environnent, et s'empressent de remplir le but pour lequel ils sont créés. Chez beaucoup l'accouplement s'opère dans l'air. Après cette opération, les mâles se dispersent et ne tardent pas à mourir ; les femelles redescendent à terre ; les unes vont fonder de nouvelles colonies, les autres sont arrêtées par les neutres et entraînées dans la fourmilière pour être le gage de la postérité future. La première chose que fait une femelle, c'est de se débarrasser de ses ailes ; à cet effet, elle passe et repasse ses pattes dessus, les soulève en sens contraire jusqu'à ce qu'elle les ait fait tomber. Les femelles que les neutres entraînent dans la fourmilière ont les ailes souvent arrachées par ces dernières, qui les gardent à vue ; elles ne jouissent de quel

que liberté que quand elles sont prêtes à mettre bas ; pendant tout ce temps, les neutres en ont le plus grand soin, leur portent de la nourriture, les accompagnent partout. Au moment de la ponte, une Fourmi se tient cramponnée sur l'abdomen de la femelle, prête à saisir les œufs et à les réunir en tas. Ces œufs sont comme de petits points blancs presque imperceptibles, réunis en masse, qui ont été longtemps méconnus. Les larves qui en sortent ont la forme de vers blancs apodes, plus étroits antérieurement ; elles sont nourries par les neutres et elles se filent une coque, du moins dans quelques espèces, au moment de se métamorphoser. Les nymphes, comme toutes celles du même ordre, sont simplement couvertes d'une pellicule ; la coque de soie, dans celles qui en font, est déchirée par les neutres au moment de la dernière métamorphose. »

La Fourmi s'engourdit pendant l'hiver et ne consomme pas, comme on l'a dit, les provisions amassées pendant l'été. Ce qu'elle porte dans son habitation, dans la belle saison, est destiné, soit à la nourriture des larves, qui brisent leur coquille 15 jours après la ponte, et que les ouvrières portent au sommet de la fourmilière pour les réchauffer aux premiers rayons du soleil, soit à la construction des appartements, travail admirable qu'Aimé Martin a décrit en ces termes :

« Non loin de là est une nation belliqueuse, une société de sages et de guerriers : les petits êtres qui la composent ont un langage tendre, varié, pathétique ; ils s'aiment, ils aiment leur patrie, ils travaillent, ils combattent pour elle. Leur prévoyance semble le fruit des réflexions les plus profondes, des combinaisons les plus ingénieuses. Entrez dans le sein de cette cité, vous y verrez un petit peuple tout noir, qui trace de longues galeries, forme des cellules, élève étage sur étage et palais sur palais. Arrêtez-vous un instant sur les bords de cette caverne creusée au pied d'un arbre, il va s'y passer des prodiges. Le petit peuple noir y amène des animaux d'une autre espèce, et les y laisse dans l'esclavage. Aussitôt les prisonniers s'attachent aux racines humectées des plantes, et y puisent un miel abondant que les maîtres de l'habitation se hâtent de recueillir. Ces maîtres sont des Fourmis, les insectes qui fabriquent le miel sont des Pucerons. Ainsi, les Fourmis ont des étables où elles renferment leur bétail ; elles trouvent dans les pucerons des espèces d'animaux domestiques : ce sont leurs vaches, leurs chèvres, leurs brebis ; et ces industrieuses villageoises passent les beaux jours du printemps au sein de leur métairie, occupées, comme les dieux d'Homère, à savourer l'ambroisie. »

Les Fourmis forment des peuplades conquérantes. Le voisinage de deux fourmilières ne manque guère d'amener des combats que se livrent les deux républiques rivales. « Deux armées de ces insectes semblent se donner rendez-vous à moitié chemin de leurs habitations respectives pour s'y

livrer bataille; chacune forme des masses de 2 ou
3 pieds carrés, qui se chargent en exhalant une
odeur particulière, qui est celle de l'acide formique, que se versent les guerriers dans les plaies
qu'ils se font les uns aux autres. Si la victoire ne
se décide pas dans la journée, chaque parti fait sa
retraite en ordre, emportant autant que possible
les blessés et laissant le sol jonché de morts.
L'aurore ramène les combattants sur le terrain, et
le carnage recommence avec plus de fureur. » Ces
soldats paraissent aussi magnanimes que courageux ; car on les voit quelquefois secourir les
blessés ennemis, et toujours montrer un certain
respect pour les morts.

Lorsque, pour une cause quelconque, les Fourmis ont à changer de domicile, celle à qui l'idée
est venue la première se met à la recherche d'un
endroit propice ; l'a-t-elle trouvé, elle revient sur
ses pas, tâche de faire comprendre à une de ses
compagnes ce qu'elle a découvert, la saisit, l'entraîne ; et quand elle en a reconnu les avantages,
elle revient avec sa conductrice chercher d'autres
Fourmis, jusqu'à ce que l'émigration soit toute
effectuée.

On a divisé les Fourmis, d'après leur genre de
travail, en celles qui travaillent le bois, celles
qui sont maçonnes, et celles qui font des monticules en chaume. Parmi les premières, nous citerons :

La Fourmi hercule, longue de 9 millim., noire,
avec les cuisses d'un rouge de sang, habite le
creux des arbres cariés et s'y pratique des galeries spacieuses, mais informes.

La Fourmi fuligineuse, beaucoup plus petite,
noire, habite dans l'intérieur des arbres et s'y
forme des habitations à étages séparés par des
planches minces et cloisonnées d'une façon merveilleuse.

Les espèces maçonnes sont : — La Fourmi noire
cendrée, longue de 6 millim., qui bâtit son nid
en terre, et dont la fourmilière offre des pilastres
robustes ; ce ne sont pas des galeries proprement
dites, mais de grands espaces vides. — La Fourmi
brune, plus petite que la précédente, ne travaille
que la nuit ou quand il tombe de la pluie, à son
nid qu'elle fait en terre, et qui se compose de
plusieurs étages superposés.

Parmi les Fourmis qui font des monticules en
chaume, nous citerons :

La Fourmi fauve, longue de 3 lignes, d'un
roux fauve, glabre, qui se construit un monticule
avec toutes sortes de matériaux qu'elle va chercher autour de sa demeure, monticule qui, n'offrant au premier coup d'œil qu'un amas de matériaux épars, renferme des cavités étagées, communiquant au dehors par des ouvertures gardées
par des sentinelles qui veillent à la sûreté générale.

FOURMILIER (*Myrmecophaga*). Genre de Mammifères de l'ordre des Édentés, famille des Myrmécophages, ainsi caractérisé : tête allongée en
une sorte de tube ou museau très mince, dont la
mâchoire inférieure est très grêle, sans branches
montantes ; absence de toute espèce de dents ;
oreilles petites et arrondies ; yeux également petits ; langue très longue, cylindrique et protractile ; corps allongé, couvert de poils ; queue très
longue, prenante ou en panache ; pieds épais,
pourvus d'ongles très robustes, dont le nombre
varie selon les espèces ; doigts réunis jusqu'à la
base des ongles.

Les Fourmiliers sont exclusivement propres au
Nouveau-Monde ; ils vivent solitaires dans les
contrées intertropicales de ce continent. Ils sont
de formes assez épaisses ; leurs allures sont très
lentes et leur intelligence très bornée. Ils se distinguent de tous les autres mammifères par leur
museau extrêmement long, formé par des maxillaires dont les proportions sur le squelette rappellent celles de certains oiseaux. Ces os, dépourvus de dents, ne compriment rien ; l'ouverture
de la bouche n'excède pas le quinzième de leur
longueur. La langue est très extensible, et l'animal la projette au loin, toute couverte d'une humeur visqueuse ; et quand il la plonge dans les
fourmilières, il la retire toute couverte d'insectes,
dont il fait sa principale nourriture. Les mains
sont aussi très remarquables : les phalanges sont
disposées de manière à ne pouvoir se fléchir
qu'en dessous, et y sont retenues à l'état de repos par de forts ligaments. La progression est
très lente chez ces animaux, dont la plus grande
vitesse ne surpasse pas celle d'un homme marchant à grands pas. — On distingue trois espèces, élevées au rang de sous-genres par certains
naturalistes.

Fourmilier tamanoir (*M. jubata*) ou *Grand
Fourmilier*. Tête très allongée, tubuleuse ; corps
comprimé, assez bas sur jambes, couvert de poils
longs et rudes, qui se développent sur la queue,
laquelle est longue et non prenante, en manière
de panache ou de crinière. Quatre ongles aux pieds
de devant, cinq à ceux de derrière. Une bande
oblique, noire et bordée de blanc, se voit de chaque côté, commençant sur le poitrail, passant sur
l'épaule et se dirigeant, en diminuant de largeur,
vers les lombes. Deux mamelles pectorales. Longueur totale, 2 m., dont la queue mesure la
moitié.

Le Fourmilier habite l'Amérique méridionale.
Il vit solitaire, offrant une démarche grave, une
allure fort différente de celle des autres animaux,
et aimant beaucoup à dormir. Il se tient constamment à terre, selon d'Azara ; suivant d'autres, il
nage et monte aux arbres. On assure qu'à l'aide
de ses griffes, il peut se défendre contre le Jaguar et le Couguar. Sa nourriture consiste en
fourmis. La ménagerie de Regent-Parck, en Angleterre, en a possédé deux individus vivants que
l'on nourrissait avec du pain trempé dans du lait,
mais qui ont montré qu'ils aimaient aussi le sang.
Cet animal a la vie très dure, et on ne peut le
tuer facilement. La femelle ne fait qu'un seul
petit, et le porte souvent sur son dos.

Tamandua (*M. tamandua*) ou *Fourmilier à longues oreilles*. Tête cylindrique, allongée, formant avec le cou un cône un peu recourbé en dessous; yeux très petits; corps allongé, cylindrique; queue prenante, sans poils longs et même nue dans le tiers de sa longueur, à partir de son extrémité; poils assez soyeux, sans sorte de crinière comme chez le Tamanoir, variant, pour la couleur, du gris sale au noir foncé; bande oblique d'une autre couleur sur chaque épaule. Longueur totale, 90 cent., queue comprise. — Le Tamandua habite la Guyane, le Paraguay et le Brésil; il vit de la même manière que le Tamanoir; mais il peut monter sur les arbres, et sa queue lui sert de moyen de préhension. Il se nourrit de fourmis; d'Azara pense qu'il y joint le miel des abeilles sauvages. Il répand une odeur de musc.

Didactyle (*M. didactyla*) ou *Fourmilier à deux doigts*. Museau moins allongé que dans les deux espèces précédentes; langue étroite et peu

allongée; corps ramassé; queue très longue, épaisse à la base, nue en dessous à l'extrémité et fortement prenante; poil très fin et doux; deux ongles seulement aux pieds de devant, accolés l'un à l'autre et arqués; quatre à ceux de derrière; quatre mamelles. Longueur, 43 cent., dont la queue mesure 25.

« Le Fourmilier didactyle se trouve dans la Guyane et le Brésil. Il se tient habituellement sur les arbres, qu'il ne quitte que très rarement, et où il attaque les nids de certains thermites, recherchant également les insectes sous les écorces mortes. Il se suspend aux branches à l'aide de sa queue prenante et de ses pattes, dont la partie nue est disposée de manière à saisir fortement. Sa démarche est lente et silencieuse. La femelle, assure-t-on, ne fait qu'un seul petit par portée, sur des feuilles ou dans un creux d'arbre; ce petit aime à s'accrocher sur le dos de sa mère, de la même manière que plusieurs espèces de Marsupiaux.

FOURMILIER (*Turdus*, de Gmelin). Genre de Passereaux dentirostres, qui vivent dans les forêts vierges de l'Amérique tropicale, au milieu des buissons, et se nourrissent de fourmis et autres insectes. Leur vol est peu soutenu, mais ils marchent et sautent avec agilité et nichent à terre. — Le F. roi (*T. rex*) est le type du genre:

sa taille est celle d'une caille; mais, étant assez haut monté, il ressemble au premier coup d'œil à un Échassier. Son plumage est gris bigarré; il niche à terre. Sa patrie est le Brésil et la Guyane.

— Le F. grand beffroi (*T. tinniens*) est brun en dessus, blanc en dessous, avec la poitrine tachée de noir, le bec noir en dessus, blanc en dessous. Il habite Cayenne; soir et matin, il fait entendre pendant une heure un cri qui ressemble au tintement d'une cloche.

FOURMILION (*Myrmileon*). Genre d'Insectes de l'ordre des Névroptères planipennes, qui ont le corps grêle et allongé, la tête grosse et transverse, les antennes en massue et beaucoup plus courtes que le corselet; les pattes courtes, robustes, très épineuses; les ailes grandes, les yeux gros et très saillants.

Les Fourmilions ressemblent au premier coup d'œil aux Agrions, mais leurs antennes et leurs palpes les en font bientôt distinguer. Ils volent dans les lieux secs et sablonneux des pays chauds, pendant les plus grandes ardeurs du soleil. Ils sont très carnassiers, et leur nom de *Fourmi-lion* leur vient de ce qu'ils sont pour les fourmis ce qu'est le lion pour les quadrupèdes. Les mâles sont plus petits que les femelles; leur abdomen est terminé par deux crochets qui servent à saisir la femelle dans l'accouplement. Ces insectes vivent peu à l'état parfait; les femelles font une ponte d'œufs oblongs, un peu courbes, peu nombreux, qu'elles déposent un à un dans des endroits sablonneux, laissant au soleil le soin de les faire éclore. Il en sort des larves dont l'industrie carnassière et les travaux leur ont mérité l'attention des naturalistes.

« Ces larves ont le ventre extrêmement gros comparativement au reste de leur corps, et les pattes si petites, qu'elles ne peuvent se mouvoir qu'avec lenteur et à reculons; et cependant leur organisation les oblige à se nourrir de proie vivante qu'il faut attraper soit à la course, soit par la ruse. Le premier moyen leur étant refusé, elles emploient le second; elles se creusent dans le sable un trou en forme d'entonnoir, dont les parois sont tellement unies qu'aucun insecte ne peut y passer sans rouler au fond de l'abîme. Cet ouvrage, tout pénible et embarrassant qu'il soit pour un animal peu agile, est assez promptement terminé, à moins qu'il ne rencontre quelque petite pierre trop lourde pour être rejetée au loin; il est alors obligé de se la placer sur le corps et de la maintenir en équilibre, en marchant à reculons sur les bords glissants de son entonnoir. Pour peu qu'il perde son aplomb, le fardeau roule au fond de l'entonnoir, et, nouveau Sysiphe, l'insecte est obligé de recommencer son travail à plusieurs reprises. Une fois son piége préparé, la larve s'établit au fond de son entonnoir, ne laissant à l'air que deux pinces aiguës, prêtes à saisir la première victime, que son mauvais destin amènera dans le cercle fatal. Malheur à la fourmi qui s'y trouve engagée! vainement cherchera-t-elle à se retenir à l'aide de ses pattes, pour ne pas tomber entre les griffes de son impitoyable ennemi, celui-ci fait pleuvoir sur elle avec sa tête une grêle de petits grains de sable, qui l'étourdissent et l'amènent infailliblement dans le fond. La larve la saisit, la suce en un instant et rejette sa dépouille au loin, de peur que, si elle restait près de son trou, elle ne fût pour d'autres un avertissement de se défier du piége. »

Lorsque la larve du Fourmilion a pris toute sa croissance, elle songe à sa métamorphose. Ce n'est pas chose facile pour elle que de former un vide sphérique au milieu d'une masse de sable mobile qui doit lui peser sur le corps pendant son travail et écraser les faibles liens de soie qu'elle lui oppose; elle y parvient cependant, en courbant son corps de manière que les cornes placées entre les pattes touchent presque l'origine de sa filière, et faisant agir cette partie flexible avec une grande vitesse, elle parvient à lier ensemble les grains de sable supérieurs, ce qui rend le reste facile. La coque terminée, l'insecte reste en repos quelque temps; la peau de son dos se fend, et la nymphe en sort. Elle se tient courbée en demi-cercle, et trois semaines après, sa peau se fend sur le corselet, et le Fourmilion dégage sa tête et ses pattes, s'ouvre un passage à l'aide de ses mandibules. A l'état parfait, il songe presque aussitôt à l'accouplement, pour périr bientôt après.

Le FOURMILION FORMICAIRE est l'espèce à laquelle se rapportent principalement les détails ci-dessus. Il est long de 3 à 4 cent., de couleur grise rayée de jaune, avec les ailes transparentes, nuancées de taches noires. — Il se trouve en France.

Le F. LIBELLULOIDE est une espèce plus méridionale, dont le corps est noir, avec des bariolages jaunes.

FOURNIER (*Furnarius*). Genre de Passereaux ténuirostres, petits, à bec aussi long que la tête, comprimé et terminé en pointe; ailes faibles, courtes; queue large; tarses forts, allongés et écussonnés. — Ces Oiseaux appartiennent à l'Amérique du Sud; leur plumage est roux brun, varié de blanc et de noir, sans éclat métallique. Ils se nourrissent d'insectes et de grains.

Le FOURNIER HORNERO (*F. rufus*) a le dessus de la tête d'un brun roux, le dessus du corps d'un roux plus foncé, la gorge blanche; sa taille est de 16 à 18 cent. — Cet Oiseau habite le Brésil et le Paraguay. Quoique d'une taille petite, il se construit un nid d'argile d'un mètre de circonférence, qu'il place sur les poteaux et jusque sur les fenêtres, et auquel il donne la forme d'un four, ce qui lui a valu le nom qu'il porte. Le mâle et la femelle travaillent de concert à la confection de ce nid, dont l'ouverture est située sur le côté, et l'intérieur divisé en deux compartiments par une cloison. La femelle y dépose sur une couche d'herbes 4 œufs blancs piquetés de roux. Après le départ des petits, il est abandonné; mais souvent les propriétaires reviennent en prendre possession pour y faire une seconde couvée; et s'ils le trouvent occupé par d'autres oiseaux, ils leur livrent combat et les chassent.

FOURRAGE. Les plantes qui fournissent la nourriture des bestiaux appartiennent à diverses familles, notamment aux Graminées, aux Légumineuses et aux Composées. Les Fourrages verts, tels que l'herbe fraîche, les céréales coupées en vert, les feuilles de millet vertes, etc., contiennent moins de principes nutritifs que le foin des prairies, soit naturelles, soit artificielles : aussi, donnés aux mêmes doses que ceux-ci, les Fourrages verts, employés exclusivement, amèneraient la diminution des forces des animaux. C'est dans le but de remédier à cet inconvénient, que des recherches ont été tentées pour établir la valeur comparative des différentes herbes. Voici le résultat de ces recherches. Le Fourrage type adopté par les agronomes étant représenté par 100 kilos de bon foin, on trouve que, pour le remplacer, il faut :

En Fourrage vert :

	kil.		kil.
Ajonc écrasé.	150	Seigle,	430
Gesse,	250	Froment,	430
Maïs,	275	Avoine,	350
Vesces,	370	Orge,	350
Pois,	380	Sainfoin,	360
Trèfle comm.,	425	Herbes des prés,	450
Sarrasin,	425	Luzerne.	450

En Foin :

	kil.		kil.
Trèfle,	90	Spergule,	90
Luzerne,	90	Millet,	100
Sainfoin,	90	Farouch,	180

En Paille :

	kil.		kil.
Trèfle,	120	Féverolles,	220
Lentille,	125	Avoine,	220
Vesce,	150	Orge,	250
Pois,	150	Froment,	280
Millet,	150	Seigle,	350
Maïs,	200	Sarrasin,	600

En Fanes et en Feuilles vertes :

	kil.		kil.
Colza,	475	Choux,	650
Rutabaga,	500	Pommes de terre,	700
Betteraves,	600		

En Feuilles sèches :

	kil.		kil.
Frêne,	150	Acacia,	110
Erable,	110	Peuplier,	125
Orme,	110	Tilleul,	125

En Racines et Tubercules :

	kil.		kil.
Pommes de terre,	220	Choux-raves,	310
Rutabaga,	240	Betteraves,	250
Carottes,	260	Raves,	550
Topinambours,	250		
Navets,	420		
Panais,	310		

FOYARD.— V. *Hêtre.*

FRAGON (*Ruscus*). Genre de Plantes de la famille des Asparagacées; petits arbustes toujours verts, quelquefois sarmenteux, à feuilles simples et alternes; à fleurs dioïques pour la plupart, formant de petites grappes ou naissant dans la face supérieure et dans le milieu des feuilles, à l'aisselle d'une petite bractée, et dont les organes sexuels sont disposés comme le montre l'espèce type, qui est le

Fig. 551. — Fragon Petit-Houx.

(1, fleur mâle; — 2, fleur femelle; — 3, ovaire.)

FRAGON-PETIT-HOUX (*R. aculeatus*). Petit arbuste de 50 à 90 cent., à tiges raides, flexibles, écailleuses à la base dans la jeunesse; feuilles toujours vertes, persistantes, entières, coriaces, sessiles, très aiguës; fleurs petites, solitaires, dioïques, d'un blanc verdâtre, naissant au milieu de la nervure de la face supérieure des feuilles : elles sont composées d'un calice pétaloïde à 6 divisions ovales, dont 3 plus petites, étroites et pointues; dans les mâles, godet au milieu, formé par les filets staminaux et muni de 6 anthères réunies sur son bord; dans les femelles pas d'anthères; ovaire, style et stigmate obtus, contenus dans le godet; baie globuleuse, rouge à la maturité.

Le Petit-Houx croît dans les bois, où ses fleurs se montrent en mars et avril, et ses fruits rouges qui ressortent agréablement sur le vert luisant du feuillage, en septembre. Ses usages ne sont pas indifférents. On l'emploie à tanner les cuirs; ses rameaux garnis de feuilles servent à faire des balais; on peut manger les jeunes pousses, dit-on, en guise d'asperge; les baies torréfiées se prennent en guise de café; enfin la racine, qui est formée d'une couche irrégulière hérissée de longues radicules, est réputée diurétique, apéritive, bonne contre les obstructions, la jaunisse et la chlorose.

FRAISIER (*Fragaria*). Genre de la famille des Rosacées, comprenant des plantes vivaces, à souche stolonifère, dont les stolons filiformes se séparent de la plante mère ; feuilles à 3 folioles dentées, la plupart radicales, stipulées. Fleurs blanches, disposées en cymes irrégulières, au sommet des tiges presque nues : calice à 5 divisions, muni d'un calicule 5-denté ; réceptacle ovoïde très développé, qui, charnu, succulent et caduc à la maturité, constitue la *Fraise*, dont la saveur et le parfum sont connus de tout le monde.

Le FRAISIER COMMUN (*F. vesca*) est la seule espèce du genre, mais qui, dans nos jardins, a donné lieu à grand nombre de variétés. Cette plante est si connue qu'elle n'a pas besoin d'être décrite, non plus que son réceptacle charnu et succulent, appelé improprement son fruit. — Le Fraisier croît naturellement dans les clairières des bois, sur les coteaux ombragés. On cultive en grand le *Fraisier de tous les mois*, variété dont le fruit mûrit jusqu'à la fin de l'automne, tandis que le Fraisier des bois ne porte des fruits que jusqu'à la fin de juin.

Les autres principales variétés sont : le *F. Ananas*, qui nous est venu d'Amérique, et dont le fruit est gros, sucré et parfumé. — le *F. du Chili*, qui produit la plus grosse Fraise, mais la moins savoureuse ; — le *F. Capron*, dont les sexes sont séparés par exception unique, et dont le fruit, rond, gros, à tissu serré, est peu estimé.

Les Fraisiers se multiplient par les coulants ou filets que la tige principale pousse autour d'elle. On les cultive en planches et en bordures : il faut les arroser dans les temps secs, les sarcler et supprimer les filets. Pour avoir de beaux fruits, il faut renouveler les plans tous les deux ou trois ans. — Les feuilles et les racines de ces plantes sont réputées astringentes et propres à combattre les maux de gorge, les diarrhées chroniques, etc.

FRAMBOISIER (*Rubus idæus*). Espèce cultivée du genre Ronce, dont les tiges, de 1 à 2 mètres, ont des rameaux arqués, à aiguillons faibles et droits ; les feuilles sont à 3 lobes, tomenteuses, argentées en dessous ; fleurs blanches, à pétales connivents ; fruit odorant, pubescent, rouge à la maturité. — Cette plante, assez commune dans les bois montueux, où elle fleurit en mai-juillet, se cultive dans les jardins et en plein champ pour ses fruits (*Framboises*) qui sont d'une saveur agréable et dont on fait des confitures, un sirop, etc.

FRANCHIPANIER ou FRANGIPANIER (*Plumeria*). Genre d'Arbres et Arbrisseaux de la famille des Apocynées, dont toutes les espèces ont de belles fleurs, d'une odeur agréable, mais qui contiennent une liqueur corrosive laiteuse, qui brûle ou tache tout ce qu'elle touche. Nous dirons, avec un auteur : « C'est la pompe, c'est le luxe étincelant des cours, c'est l'art que l'on y met à couvrir de roses les crimes les plus inouïs, la débauche la plus excessive. N'envions point le Franchipanier aux contrées équatoriales, et n'en parlons que pour remplir une lacune que ce genre laisserait dans la série végétale. »

Le nom latin de ce genre rappelle celui de Plumier, religieux minime, grand naturaliste, qui voyagea pour Louis XIV. — Les fleurs du F. BLANC servent à assaisonner les frangipanes, à cause de leur saveur âcre et poivrée. — On cultive en France le *F. jaune* et le *F. rouge*.

FRANCOLIN. Espèce du genre *Perdrix*. — V. ce mot.

FRAXINELLE (*Dictamnus albus*). Espèce du genre Dictamne, « plante du Midi de la France, dont les feuilles pennées ressemblent à celles du Frêne ; ses fleurs un peu irrégulières, de couleur blanche ou purpurine, forment une élégante grappe terminale, dont les rameaux sont chargés, ainsi que la fleur, de petites glandes pédicellées odorantes. — L'huile volatile qui s'exhale de ces glandes est tellement abondante, que si, à la fin d'une chaude journée d'été, on approche de l'inflorescence une bougie allumée, l'atmosphère hydrogénée qui l'enveloppe s'enflamme, sans endommager la plante. »

FRÉGATE (*Tachypetes*). Genre d'Oiseaux de l'ordre des Palmipèdes totipalmes, voisin des Cormorans, qui ont le bec long et crochu, le tour des yeux et la gorge nus, les tarses demi-emplumés, la taille ne dépassant pas celle d'une poule, mais les ailes démesurément longues, puisque leur envergure est de 4 à 5 mètres — V. la gravure à l'article *Palmipèdes*.

Ces Oiseaux maritimes des régions tropicales quittent peu les côtes ; mais leur vol est hardi et élevé ; ils remplacent les Milans sur la mer, car ils distinguent, de la hauteur à laquelle ils se sont élevés, le poisson qui se présente à la surface de l'eau, et ils ne montrent jamais plus d'activité à la chasse que dans les tempêtes, où les vagues déchaînées amènent à la surface des poulpes et des mollusques.

Fig. 533. — Frégate.

La Frégate commune (*T. aquila*) a le plumage noir, varié de blanc sur le cou. Son vol est extraordinairement puissant ; et contrairement à l'assertion de ceux qui prétendent qu'elle ne s'éloigne pas plus de 20 lieues de la côte, d'autres pensent qu'on la rencontre quelquefois à plus de 3 ou 4 cents lieues des terres. Tantôt elle plane, comme immobile dans les airs ; tantôt elle se précipite avec la rapidité du boulet et rase les flots. Elle pourchasse les Fous pour s'emparer de leur pêche ; elle ose même, dit-on, attaquer le Pélican, et lui fait dégorger le poisson qu'il a pris.

La Frégate ne saurait nager à cause de la longueur de ses ailes. Elle retourne au rivage lorsqu'elle est repue, et se perche sur quelque arbre voisin. La femelle pond 1 ou 2 œufs blancs pointillés ou lavés de rouge.

FRELON. Espèce du genre *Guêpe*. — V. ce mot.

FRÊNE (*Fraxinus*). Genre d'Arbres de la famille des Jasminacées, tribu des Liliacées, ordinairement très élevés, dont les feuilles sont imparipinnées, les fleurs verdâtres, polygames, peu apparentes, naissant avant les feuilles. — Ces arbres sont remarquables par le suc concret qu'ils fournissent, à des degrés divers, sous le nom de *manne*.

Frêne ordinaire (*F. excelsior*). Bel Arbre à feuilles de 9-12 folioles opposées, lancéolées, dentées, velues en dessous à la base de la nervure moyenne ; fleurs en panicules, très petites, munies de bractées et dépourvues de calice et de corolle : 2 étamines ; ovaire biloculaire ; pour fruit, samare comprimée, presque foliacée dans sa partie supérieure.

Le Frêne orne nos forêts, nos parcs et nos avenues, se contentant des terrains les plus maigres et les plus rocailleux. Il fleurit dès le mois d'avril, et fructifie en juillet. C'est sur cet arbre que l'on trouve ces compagnies de Cantharides qui dévorent jusqu'à sa dernière feuille, et qui répandent au loin une odeur qu'il ne serait pas prudent de respirer longtemps. Le bois de Frêne est dur, liant, très élastique, recherché des charrons et des tourneurs. Son écorce est fébrifuge, étant prise en poudre à dose suffisante ; selon Martin Solon, elle serait de plus émétique et purgative. On a singulièrement vanté la décoction des feuilles de Frêne dans le traitement de la goutte, du rhumatisme et de la syphilis.

Frêne fleuri (*F. ornus*). Il se distingue du précédent et des autres espèces, qui n'ont généralement pas de périanthe, par ses fleurs pourvues de calice et de corolle ; fleurs blanchâtres, d'une odeur douce, disposées en panicule. — Cette espèce est originaire des montagnes et s'élève au plus à 5 ou 6 mètres. Les oiseaux aiment à s'arrêter sous sa feuillée.

Frêne a feuilles rondes (*F. rotundifolia*). Cet arbre, très répandu en Italie, dans les Calabres, est de moyenne grandeur, et c'est lui qui fournit la manne en plus grande abondance, lorsqu'il est parvenu à l'âge de 7 à 8 ans.

La *manne* est un suc qui découle spontanément du Frêne, et dont on augmente l'exsudation en pratiquant sur l'écorce, au mois de juillet, des incisions de 27 millim. de longueur et de 14 de profondeur. Ce suc est assez abondant pour être reçu sur un lit de feuilles préparé au pied de l'arbre ; mais une partie se concrète sur celui-ci en gouttes ou stalactites. Cette manne est la plus blanche et la plus pure, on la nomme *manne en larmes* ; celle qui descend sur la terre est la *manne en sorte*, dont la partie la plus molle et la plus impure constitue la *manne grasse*. — La manne est un laxatif doux fréquemment employé pour purger les enfants, les personnes irritables, etc.

FREUX. Espèce du genre *Corbeau*. — V. ce mot.

FRIGANE. — V. *Phrygane*.

FRINGILLES ou **Fringillidés**. Famille de Passereaux conirostres, à doigts libres, très nombreuse en genres qui sont granivores et qui vivent sur tous les points du globe. — V. *Gros-Bec, Coliou, Bruant, Bouvreuil, Durbec, Bec-croisé*, etc.

FRIQUET. Espèce du genre *Gros-Bec.*

FRITILLAIRE (*Fritillaria*). Genre de Liliacées, à bulbe charnu, d'où s'élance une tige portant des feuilles verticillées, des fleurs grandes renversées, en forme de cornet (*fritillus*, cornet) ou de cloche, dont le périanthe a six divisions : 6 étamines, etc. — Plantes originaires d'Asie, cultivées dans les jardins.

La FRITILLAIRE MÉLÉAGRIDE (*F. meleagris*), appelée vulg. *Damier*, à cause de ses fleurs qui sont marquées de carreaux blancs ou jaunes, rouges ou pourpres, suivant la variété, et qui ont été comparées aussi au plumage de la Pintade, d'où le nom *meleagris*. Elle atteint 32 cent. de hauteur ; sa tige porte des feuilles linéaires, canaliculées, dressées et alternes, et une seule fleur campanulée et penchée, d'une teinte violette-claire. — Cette plante se plaît dans les prés humides et les pâturages des montagnes. On en cultive une variété à fleurs blanches et doubles.

La FRITILLAIRE IMPÉRIALE (*F. imperialis*), vulg. *Couronne impériale*, a les fleurs très grandes, d'un beau rouge safrané, disposées en une couronne surmontée d'une touffe de feuilles à la partie supérieure de la tige. — Cette espèce, la plus belle du genre, mais dont l'odeur est fétide, est originaire de la Perse, et maintenant cultivée partout. Son bulbe épais contient un suc qui est un véritable poison pour les animaux. Ainsi donc, comme l'a dit un auteur spirituel, cette princesse des fleurs cache sous ses beaux atours les plus mauvaises qualités.

FROID. Le Froid, comme la chaleur, n'est pas un être réel ; c'est un degré relatif de température, que nous désignons ainsi toutes les fois que notre corps abandonne du calorique (V. ce mot) à des corps dont la température est moindre que la nôtre. Toute température inférieure à une autre est du froid par rapport à celle-ci, et du chaud par rapport à une autre encore plus basse. Une circonstance presque journalière de la vie domestique réalise en quelque sorte cette proposition abstraite. En effet, nous disons en été que nos caves sont fraîches, et en hiver qu'elles sont chaudes, quoique la température y soit la même. Pourquoi ? Parce que notre corps est soumis à une température plus élevée l'été et plus basse l'hiver que celle de ces lieux souterrains. Si, en principe, chaleur et froid sont une seule et même chose, se manifestant à des degrés et dans des conditions très diverses, leurs effets sont très différents ; car le calorique écarte, vaporise les molécules des corps, tandis que le Froid les rapproche et les condense : de là les conclusions suivantes : la chaleur est le principe de dilatation, d'accroissement, de force centrifuge, de vie ; le Froid est le principe de cohésion, d'inertie, d'immobilité, de mort.

Bien que le Froid ne soit pas très convenable à la vie des animaux, il est prouvé que les peuples de la plus haute taille, de la plus belle carnation, du plus beau teint, de la plus grande force, sont ceux des pays que, dans notre climat tempéré, nous appelons froids, sans toutefois comprendre les régions qui s'avancent trop vers le Nord. L'observation démontre aussi l'influence non moins considérable des contrées équatoriales, en sens opposé, sur les races humaines, qui, si elles ont le privilége de se perpétuer sur presque tous les points du globe, montrent que ce n'est pas sans payer cette faculté par des modifications d'organisation plus ou moins profondes, auxquelles correspondent toujours des modifications morales et intellectuelles particulières. — V. *Homme.*

On comprend l'importance du Froid et du Chaud, étudié au point de vue spécial de leur influence sur les êtres animés, tant animaux que végétaux, et celle de la corrélation existant entre les formes et les propriétés des produits de la nature, comparées aux divers climats : ce sujet, encore neuf de travaux suivis et complets, demanderait à lui seul tout un volume.

FROMAGER (*Bombax*). Genre d'Arbres de la famille des Bombacées, laquelle est très voisine des Malvacées, remarquables par leur grande taille, la beauté de leurs fleurs, leur écorce épineuse, et par le duvet qui enveloppe, comme dans le Cotonnier, les semences renfermées dans leurs capsules. — Ces arbres appartiennent à l'Inde et se trouvent dans tout le luxe de leur végétation dans l'Amérique équinoxiale.

Le FROMAGER A 5 ÉTAMINES (*B. pentandrum*), originaire de Java, a de 10 à 26 mètres de hauteur. Les indigènes emploient le duvet de ses semences pour garnir des coussins, ne pouvant le filer à cause de son peu de longueur ; ces semences torréfiées seraient un bon aliment. Les feuilles fournissent, dit-on, une huile que les femmes emploient pour faire pousser et embellir les cheveux. — Les autres espèces de ce genre nous intéressent peu.

FROMENT (*Triticum*). Genre de Graminées, dont les nombreuses espèces sont les unes annuelles, les autres vivaces. Au nombre de ces dernières, nous citerons le *Froment jonciforme*, des sables de la Méditerranée ; le *F. maritime*, qui peuple les bords de la mer ; le *F. unilatéral*, aux tiges étalées, couchées ; le *F. rampant* ou *Chiendent*. — V. ce mot. — Quant aux espèces les plus précieuses, nous les avons signalées au mot *Blé.*

FRUCTIFICATION. Ensemble des phénomènes qui accompagnent la production du fruit, depuis la fécondation de l'ovaire jusqu'à sa maturité. ·· V. *Fruit.*

FRUGIVORES. Nom collectif de tous les animaux qui se nourrissent de substances végétales et principalement de fruits.

FRUIT. On donne ce nom au développement parfait de l'ovaire, après la fécondation de la fleur. Le Fruit se compose du péricarpe et de la graine.

Péricarpe. On désigne ainsi la partie du fruit qui renferme la semence ou graine. Il est constitué par les parois de l'ovaire, qui en déterminent aussi la forme générale, et se compose de trois parties : 1° l'*épicarpe*, membrane d'enveloppe externe, représentant l'épiderme de l'ovaire et même le calice lorsque celui-ci est adhérent ; 2° l'*endocarpe*, ou membrane interne, en contact avec la graine, ordinairement mince, quelquefois parcheminée (Pois), dans d'autres cas ligneuse et transformée en coque très dure ou noyau (Pêche, Prune) ; 3° le *mésocarpe*, ou partie intermédiaire, parenchymateuse, très mince dans la gousse (Pois), épaisse dans la Pêche, constituant la pulpe du Fruit. Toutefois, cette pulpe n'est pas toujours due au mésocarpe : ainsi elle est formée par le calice adhérent ou appliqué sur l'ovaire (Mûre, Ananas), ou par des écailles qui, en devenant charnues, recouvrent le véritable fruit qui reste sec (Genévrier), ou bien encore par le gynophore (Fraise), ou enfin par le réceptacle commun (Figue).

Le Fruit est dit *uniloculaire* ou *pluriloculaire*, selon qu'il présente une ou plusieurs cavités appelées *loges* ; et chaque loge est *monosperme*, *disperme* ou *polysperme*, suivant qu'elle contient une, deux ou plusieurs semences ou graines.

Les Fruits se divisent en quatre classes : 1° les *simples*, dus à un ovaire simple ou à un carpelle unique ; 2° les *multiples* ou *polycarpés*, résultant de la réunion de plusieurs carpelles rassemblés sur la même fleur ; 3° les *soudés* ou *syncarpés*, qui sont le produit de la soudure de plusieurs carpelles formant un péricarpe à plusieurs loges ; 4° les *composés* ou *synanthocarpés*, qui sont des assemblages de fruits appartenant primitivement à des fleurs distinctes les unes des autres.

Les Fruits sont aussi distingués en *secs* et en *charnus*, suivant la minceur ou l'épaisseur de l'endocarde ; en *déhiscents* et en *indéhiscents*, suivant qu'ils s'ouvrent spontanément pour laisser échapper les graines, ou qu'ils ne s'ouvrent que par leur destruction. — La *déhiscence* s'opère au moyen de pièces ou panneaux, appelés *valves*, dont le nombre varie comme celui des carpelles. Elle est dite *septicide*, lorsque les cloisons se dédoublent de façon à ce que chaque carpelle constitue une valve qui conserve la forme d'une coque (Colchique) ; *loculicide*, lorsqu'elle se fait au milieu des loges (Asphodèle jaune) ; *septifrage*, lorsque la cloison reste entière et libre (Éricinée) ; *denticide*, lorsqu'elle a lieu par une ouverture terminale due à l'écartement des dents de l'extrémité des carpelles (Lychnide) ; *poricide*, lorsque le péricarpe s'ouvre à sa partie supérieure par des trous irréguliers.

L'*indéhiscence* est propre aux fruits qui ne s'ouvrent pas, et parmi lesquels les uns sont *charnus* (Pomme, Melon), les autres *secs* (Blé, Orge).

Quant aux diverses sortes de fruits, nous renvoyons aux mots *Akène, Baie, Follicule, Capsule, Gousse, Drupe, Silique, Samare, Pyxide, Nuculaine, Péponide, Gland,* et aux mots Conifères, Graminées pour *Cône* et *Caryopse.*

Graine. Quoique faisant partie intégrante du Fruit, elle mérite, par son importance, de faire le sujet d'un article à part. — V. *Graine.*

FUCHSIE (*Fuchsia*). Genre d'Arbrisseaux exotiques de la famille des Œnanthéracées, dont les fleurs, à calice coloré, adhèrent à l'ovaire, et à tube un peu renflé, pendent en clochettes très élégantes de couleur écarlate. — On en compte environ 50 espèces, toutes de l'Amérique, la plupart cultivées dans nos serres tempérées. — La plus jolie et la plus répandue est la *Fuchsia coccinea*, remarquable par ses fleurs d'un beau rouge bordé de bleu violet.

FUCUS. — V. *Varech.*

FULGORE (*Fulgora*). Genre d'Hémiptères homoptères, ayant pour caractères : antennes insérées au-dessus des yeux ; ocelles au nombre de deux ; front prolongé en forme de museau, corselet nullement prolongé. — Ces insectes sont d'assez grande taille ; ils ont, à cause du prolongement de leur tête qui est grande, vésiculeuse, une figure singulière. Ils appartiennent à l'Amérique méridionale, et brillent par leurs vives couleurs, qui leur ont mérité leur nom.

La **Fulgore porte-lanterne** (*F. lanternaria*), longue de 7 à 8 cent., large de 10 à 12, est jaune verdâtre, mouchetée de noir et de blanc, avec un grand œil jaune entouré de noir et ayant une pupille de même couleur portant deux taches blanches. Sa tête a plus de deux cent. de long et est globuleuse, bossue en dessus. — Cet insecte, de Surinam, a la faculté de projeter pendant la nuit une lueur phosphorique très forte, qui serait niée toutefois par certains observateurs. — Il y a aussi la **Fulgore porte-chandelle**, de la Chine ; — la **F. européenne**, qui habite l'Italie, le midi de la France même, et qui n'est point phosphorescente.

FULGURITE. Nom donné par les anciens à tout endroit frappé de la Foudre (V. ce mot), mais spécialement aux traces de fusion dues au passage du feu céleste sur les roches ou les collines de sable. En tombant sur le sol, la Foudre y pénètre et s'y enfonce souvent en perçant des trous généralement assez petits. S'accompagnant d'un énorme dégagement de calorique, la décharge électrique opère une fusion le long de son parcours, de là l'explication de ces tubes siliceux, vitrifiés, que l'on trouve quelquefois dans les sables, où ils se ramifient à une profondeur de 1, 2, 4 à 10 mètres.

FULIGULE (*Fuligula*). Genre d'Oiseaux de l'ordre des Palmipèdes, très voisin des Canards, mais ayant les pieds plus à l'arrière du corps, le cou moins long et les ailes plus courtes, etc. Ils fréquentent en général les eaux salées et cherchent leur nourriture en plongeant.

La **Fuligule Morillon** (*F. cristata*) porte une huppe occipitale tombante. Elle est répandue en France, en hiver, nichant sur les bords des lacs et des mers. — La F. **miquelonnaise** (*F. glaciàlis*) a la taille plus grande, le bec très court. Elle habite le nord des Deux-Mondes et niche sur les bords de la mer Glaciale. — La F. **histrion** ou *Canard arlequin*, a le bec très petit, la tête et le cou d'un noir violet bleuâtre, avec une bande noire médiane et deux latérales d'un roux vif; voix sonore et vol facile.

FUMARIACÉES. Petite famille de Plantes dicotylédones polypétales hypogynes, herbacées, annuelles ou vivaces, à feuilles alternes, pétiolées, bi-tripinnatiséquées; fleurs irrégulières, disposées en grappes terminales ou opposées aux feuilles : 2 sépales caducs; 4 pétales inégaux, prolongés en éperon à la base; 6 étamines formant deux faisceaux; ovaire libre à 2 carpelles uni-loculaires; capsule indéhiscente monosperme. — Les genres de cette famille contiennent un suc amer : nous ne citerons que le *Corydale* et la *Fumeterre*, qui diffèrent principalement par le fruit, lequel est polysperme et déhiscent dans le premier, et monosperme indéhiscent dans la seconde. Pour nous, nous faisons du Corydale une espèce de *Fumeterre* — V. ce mot.

FUMETERRE (*Fumaria*). Genre de Fumariacées, comprenant des plantes annuelles, dont les tiges sont anguleuses, souvent grimpantes par

Fig. 554. — Fumeterre.

(A gauche, fleur détachée ; au-dessus d'elle, fleur dépouillée de ses pétales, montrant les sépales, les deux groupes d'étamines et le pistil.)

leurs pétioles tortiles; les fleurs sont purpurines ou blanches, à sommet, pourpre noirâtre; 4 pétales dont l'inférieur est canaliculé, les intérieurs cohérents au sommet présentant une aile membraneuse et des épaississements latéraux. — Les es-

pèces croissent en si grande abondance dans certains lieux, qu'enterrées par le labour, elles deviennent un engrais pour la terre, d'où le nom de *Fumeterre.*

Fumeterre officinale (*F. officinalis*). Tiges de 20 à 60 cent., rameuses, grêles, couchées; feuilles alternes, bi-tripinnatiséquées, à folioles obovales aiguës; fleurs nombreuses, purpurines, en grappes lâches : sépales ovales lancéolés, n'atteignant pas la moitié de la longueur de la corolle; fruit monosperme indéhiscent, plus large que long.

La Fumeterre est très commune dans les champs, les vignes, au bord des chemins, où on la voit fleurir depuis mai jusqu'en octobre. Elle jouit d'une amertume très prononcée, qui augmente encore par la dessiccation. On l'emploie fréquemment en médecine, comme dépurative, soit en infusion ou en décoction, soit en sirop, contre les dartres, les scrofules, les obstructions, etc.

Fumeterre bulbeuse (*F. bulbosa*). Cette espèce, qui fait partie du genre *Corydalis*, de de Candolle, se distingue de la précédente par sa souche bulbiforme, sa tige solitaire de 10 à 20 cent., ses feuilles 2 fois triséquées, ses fleurs à éperon arqué très long, et surtout par son fruit polysperme déhiscent. — Le Corydale fleurit au commencement du printemps, autre caractère différentiel. Ses propriétés sont beaucoup moins marquées que celle de la Fumeterre officinale.

Fumeterre jaune (*F. lutea*). Souche cespiteuse; tiges nombreuses de 10 à 30 cent.; fleurs jaunes à pétales très connivents, dont le supérieur à éperon court recourbé. — Fleurit tout l'été. Usages nuls.

FUMIER (*Fimus*). Mélange de paille et d'excréments d'animaux, qui, par sa décomposition, contribue au développement des plantes. C'est de tous les *engrais* (V. ce mot) le plus commun et le plus employé. On le recueille, on le met à l'abri de la pluie, on l'accroît de toutes les plantes inutiles, des excréments humains, enfin de toutes les substances végéto-animales qui se putréfient. « Le Fumier agit sur les plantes d'une manière qui varie avec l'état où il se trouve; s'il est nouveau et en masse, il agit par la chaleur; s'il est nouveau et divisé, par les sels auxquels il donne naissance en se décomposant, et par le mucilage qu'il cède aux plantes, s'il est tout à fait décomposé. Il agit encore mécaniquement s'il est nouveau : il soulève la terre, la rend plus perméable aux racines, et s'il est pourri, il conserve longtemps l'humidité si nécessaire à toute végétation. Il contient de plus des gaz, ou les éléments des gaz qui agissent sur les plantes de différentes manières. D'après cela, l'emploi des Fumiers doit varier et varie en effet, suivant la nature du terrain et l'espèce de culture. »

« La pratique la plus avantageuse pour fumer consiste, en général, à conduire le Fumier sur les terres à la sortie de l'étable, et à l'y laisser pendant 3 semaines, terme moyen, éprouver un certain degré de macération avant de l'enfouir. Quand on le garde chez soi, il convient, après l'avoir mis en tas, de le recouvrir de terre argileuse, ou marneuse, en ajoutant quelques poignées de plâtre pour mieux y fixer le carbonate d'ammoniaque qui tend à s'en dégager. »

Le Fumier, comme tout *engrais* (V. ce mot), agit principalement par l'azote dans le développement des plantes. M. Boussingault vient de se livrer tout dernièrement à des expériences qui démontrent l'influence de ce principe assimilable des engrais sur la production de la matière végétale. Nous croyons devoir les relater ici, puisqu'elles n'étaient pas encore publiées au moment où nous avons parlé des engrais.

Le 5 juillet, M. Boussingault prit trois pots de grès, les remplit de sable et de brique pilée soumis à la calcination ; puis il y sema deux graines d'*hélianthus*, dont il avait déterminé à l'avance le poids, ainsi que la proportion d'azote et de carbone. Le premier pot A ne contenait que ce sol improvisé ; au second pot B, M. Boussingault ajouta une petite quantité parfaitement pesée de phosphate de chaux et de nitrate de potasse. Le troisième pot C avait reçu la même quantité de phosphate, mais au nitrate on substitua son équivalent de carbonate de potasse. Ces précautions prises, les graines furent abandonnées à leur développement naturel, et le 30 septembre, alors que la végétation ne faisait plus aucun progrès, on put constater les faits suivants :

Le pot A contenait un *hélianthus* de 7 centimètres de hauteur, le poids de la plante sèche était à peine trois fois le poids de la semence ; l'azote de la récolte surpassait au plus de 2 milligrammes celui du grain ; la plante n'avait emprunté à l'atmosphère qu'une quantité tout à fait insensible de carbone, et la fleur, presque microscopique, était restée à cet état que M. Boussingault désigne sous le nom de *plante limite*, c'est-à-dire de plante qui parcourt à peine toutes les phases de la végétation.

L'*hélianthus* du pot B, qui contenait phosphate de chaux et nitrate de potasse, atteignait 70 centimètres de hauteur ; sa tige offrait 1 centimètre de hauteur ; sa corolle, tout à fait semblable à celle des soleils venus en pleine terre, mesurait 7 centimètres. Ici le poids de la récolte représentait 218 fois celui de la semence ; son azote surpassait de 3 centigrammes l'azote de la semence ; la quantité de carbone empruntée à l'atmosphère et assimilée était très considérable et équivalente à celle que renferment 180 centimètres cubes d'acide carbonique.

La différence était bien sensible entre ces deux premiers pots. Si nous passons au pot C, nous voyons les résultats se rapprocher de ceux du premier A. En effet, la hauteur n'est plus que de 9 centimètres ; le poids de la récolte est un très petit multiple du poids de la semence ; la quantité de carbone empruntée à l'air est presque insignifiante. La production végétale organique a donc été très

faible sous l'influence du phosphate de chaux et l'absence de l'azote de nitrate de potasse. Dans ce cas la plante n'a pu absorber que fort peu de carbone de l'air et ne lui a emprunté *aucune proportion d'azote*, ce que M. Boussingault voulait démontrer.

On voit clairement par ces expériences le rôle important que joue l'azote dans la composition du terrain de culture. D'un côté, une plante atrophiée ; de l'autre, une plante normale ; ici, une quantité considérable d'azote dans le végétal, tandis qu'on n'en trouve que des traces dans le second cas. L'azote est donc non-seulement — comme on le savait déjà — un élément nécessaire à la production végétale ; mais, de plus, c'est la terre seule, et non l'atmosphère, qui le dispense à la plante.

M. Boussingault, sans s'arrêter à ces premières expériences, en a institué une seconde série qui ne nous paraît pas satisfaire aussi complétement aux données du problème.

En effet, il remplit quatre pots de sable calciné, et à ce sol stérile il ajoute la même quantité de phosphate de chaux. Le sol du pot A n'a rien reçu en outre de ce sol, tandis qu'on a ajouté dans le pot B 4 gr. 39 ; dans le pot C, 2 gr. 72 ; et dans le sol du pot D, 4 gr. 1 de nitrite de soude. Deux graines d'*hélianthus* ont été aussi semées dans ces sols artificiels, et l'expérience a été arrêtée quand la végétation a paru tout à fait stationnaire.

Les diverses hauteurs de la plante étaient de 9, 11, 12 et 16 centimètres ; après avoir séché, pesé et analysé les diverses semences, on a trouvé pour résultat :

1° Que les rapports des poids de la semence étaient à celui de la plante, comme 1 : 4, 6 ; 1 : 8 ; 1 : 11 ; 1 : 31.

2° Que les quantités d'azote assimilé étaient 2, 6, 10, 25 milligr.

3° Que les quantités de carbone empruntées à l'air étaient représentées en centimètres cubes d'acide carbonique par les nombres 5, 11, 17, 41. On voit par ces chiffres qu'il est impossible de mieux démontrer l'influence des azotes assimilables. Mais nous ne pensons pas que cette végétation tout anormale puisse suffire à démontrer la non-intervention de l'azote de l'atmosphère.

FUNAIRE (*Funaria*). Genre de Mousses des contrées septentrionales, dont l'espèce la plus remarquable est la F. HYGROMÉTRIQUE, que l'on trouve communément en Europe sur les murs, les rochers et les fentes un peu humides, et dont les propriétés hygrométriques sont très marquées. Sa tige est garnie de feuilles ; sa capsule, grande, d'un brun rougeâtre, est supportée par un long pédicelle qui se tord sur lui-même pendant la dessiccation, et se déroule avec rapidité lorsqu'il s'humecte.

FURET (*Putorius furo*). Mammifère du genre Putois, qui n'en diffère que par son pelage jaunâtre, ses yeux roses, son corps plus mince et plus allongé. — Le Furet est originaire d'Afrique et, dit-on, ne se trouve en Europe que parce qu'il y a été apporté. Toutefois cet animal, à l'état sauvage, s'il peut vivre en Espagne, en Italie, succombe ordinairement au froid dans notre climat de France. On l'y élève pourtant en domesticité, pour utiliser son caractère féroce à la chasse des lapins, qu'il ne manque pas d'attaquer et de mordre avec fureur dès qu'il les voit. La femelle fait deux portées par an de 5 ou 6 petits chaque, qu'elle dévore souvent.

Pour élever ce petit animal, il faut le placer dans des tonneaux ou des cages, et ne le nourrir qu'avec du pain, du son, du lait, etc., sans lui donner

Fig. 555. — Furet.

de viande, afin de lui faire oublier autant que possible son goût pour le sang. Préalablement muselé, il est introduit dans les terriers, d'où il force les lapins à sortir et à se jeter dans les piéges préparés par les chasseurs.

FUSAIN (*Evonimus*). Genre de la famille des Rhamnacées, dont l'espèce la plus commune est le FUSAIN D'EUROPE (*E. europæus*), vulg. *Bonnet de prêtre*, à cause de la forme de ses fruits. C'est un arbrisseau plus ou moins élevé, rameux, à rameaux opposés, dont les feuilles sont oblongues, acuminées, finement dentées ; les fleurs petites, blanchâtres, disposées en cymes, munies à leur base de bractées subulées ; calice à 4-5 divisions étalées ; 4-5 pétales oblongs ; 4-5 étamines ; capsule à 3-5 lobes obtus, ressemblant à un bonnet carré de prêtre, rose à la maturité.

Le Fusain est commun dans les haies, les taillis, où il fleurit dans le mois de mai. Son bois est assez propre aux ouvrages de tours ; on en fait des fuseaux, des aiguilles à tricoter, même des lardoires ; les jeunes branches, réduites en charbon, font des crayons tendres pour le dessin ; ce charbon entre aussi dans la composition de la poudre à canon.

On nomme FUSAIN BATARD le *Célastre rampant*. — V. ce mot.

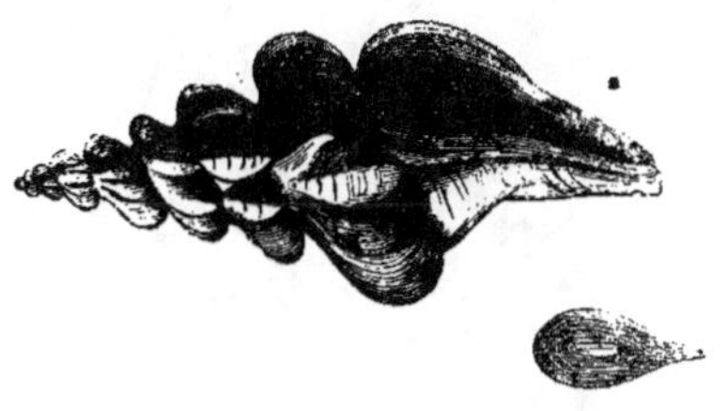

Fig. 556. — Fuseau.

FUSEAU (*Fusus*). Genre de Mollusques gastéropodes, de la famille des Buccinoïdes, qui renferme de jolies Coquilles univalves, de forme élégante, souvent ventrues au milieu, épaisses, à canal étroit et allongé, et à ouverture ovale. Leur couleur est le blanc ou le brun avec des lignes de diverses nuances; longueur de 30 à 120 cent. — Les Fuseaux se rencontrent sur nos côtes, mais les plus volumineux habitent les mers tropicales. L'animal est quelquefois d'un rouge vif. On a signalé de ces coquilles à l'état fossile dans les terrains tertiaires aux environs de Paris.

On compte au moins 300 espèces dans ce genre nombreux. Nous citerons, parmi elles, le FUSEAU VEINÉ (*F. lignarius*), coquille épaisse, ovale, formée de neuf tours de spire; l'animal est d'un rouge vif; — le F. PROVENÇAL (*F. provincialis*), coquille élancée, de 8 à 9 tours de spire, uniformément colorée en blanc sale que recouvre un épiderme verdâtre ou jaunâtre.

G

GADE. — V. *Morue*.

GADOÏDES. Famille de Poissons malacop-térygiens subrachiens, ayant pour caractères communs : corps médiocrement allongé, peu comprimé, couvert d'écailles molles et peu volumineuses ; tête sans écailles ; nageoires dorsales au nombre de deux ou trois ; les ventrales attachées sous la gorge et aiguisées en pointe (caractère distinctif) ; une ou deux derrière l'anus, une caudale distincte, toutes ces nageoires molles.

Les Gadoïdes sont de taille moyenne ou grande; ils ont l'estomac en forme de grand sac, l'intestin assez long, plusieurs cœcums, et une vessie aérienne grande. Ils vivent dans les mers froides ou tempérées ; une seule espèce remonte les fleuves. Ces poissons ont la chair blanche, légère, saine, et sont très recherchés pour les tables sans luxe. — Les genres principaux de cette famille sont : les *Gades*, les *Merlans*, les *Lottes*, les *Motelles*, les *Grenadiers*.

GAGÉE (*Gagea*). Nom d'un genre de Liliacées, à tige simple, munie au sommet de feuilles bractéales qui forment un involucre au-dessous des fleurs ; feuilles radicales linéaires ; fleurs jaunes, en corymbe terminal. — La GAGÉE DES CHAMPS (*G. arvensis*), dont la tige est pluriflore, le périanthe à divisions lancéolées aiguës, fleurit en mars et avril, dans les champs pierreux, les vignes, où elle est d'ailleurs assez rare. — Une autre espèce, très rare, est la *G. bohemica*, à tige uniflore et à divisions du périanthe obtuses ; elle se trouve dans les bruyères arides et parmi les rochers.

GAIAC (*Guajacum*). Genre d'Arbres exotiques, de la famille des Rutacées, dont l'espèce suivante, qui importe seule, résume les caractères.

Le GAIAC OFFICINAL (*G. officinalis*) est un arbre assez élevé, dont les rameaux sont comme articulés, recouverts d'un épiderme grisâtre et rugueux ; ses feuilles sont opposées, sessiles, ovales, entières et glabres. Les fleurs, groupées au nombre de 8 à 10 à l'aisselle des feuilles supérieures, sont pédonculées, de couleur bleue : calice à 5 divisions ; corolle de 5 pétales réguliers et étalés ; étamines 10, dressées ; ovaire pédicellé à 5 loges ; style simple. Le fruit est une capsule à 2-5 loges et autant d'angles.

Le Gaïac croît à la Jamaïque, à Saint-Domingue. Son bois est très résineux et d'une saveur âcre, d'ailleurs très compacte, jaunâtre dans ses couches externes et brun au centre. Il s'emploie en médecine comme sudorifique, râpé et en décoction concentrée, soit seul, soit mêlé avec d'autres bois ou racines sudorifiques, tels que la Squine, la Salsepareille, le Sassafras. La résine de cet ar-

bre a une odeur assez agréable qui rappelle celle du Benjoin, mais sa saveur est âcre et amère : pourtant on l'emploie aussi sous forme de pilules ou d'électuaire. On l'obtient soit des incisions pratiquées à l'écorce, soit en faisant macérer les copeaux dans l'alcool, qui la dissout.

GAILLET. — V. *Caille-lait*.

GAINIER (*Cercis*). Genre de Légumineuses papilionacées, ainsi nommé de la disposition des graines, dont l'embryon se trouve renfermé au centre d'un endosperme charnu comme dans une gaîne. — Deux espèces :

GAINIER D'EUROPE (*C. siliquastrum*), vulg. Ar-

bre de Judée. Arbre élevé, à tronc droit, couvert d'une écorce noirâtre et gercée, dont les branches s'étendent en forme de parasol; feuilles simples, entières, pétiolées, cordées à la base; fleurs roses, ramassées par fascicules le long des rameaux, souvent même sur le tronc, et paraissant avant les feuilles : 10 étamines libres ; gousse plane, bivalve, soyeuse, plurisperme.

Le Gaînier est un des beaux arbres de nos parcs et de nos bosquets, qu'il orne au printemps, quand il étale ses nombreux faisceaux de fleurs purpurines, et à la fin de l'été, par ses gousses rougeâtres longtemps persistantes, qui produisent un effet pittoresque des plus singuliers. On assaisonne quelquefois les salades avec ses fleurs encore en boutons et confites, dont la saveur est piquante.

Gaînier du Canada (*C. Canadensis*). Cette espèce, qu'en Amérique on nomme *Bouton rouge*, a beaucoup de ressemblance avec celle d'Europe.

GALAGO (*Galago*). Genre de Quadrumanes de la famille des Makis ou Lémuriens, comprenant de petits mammifères de la grandeur et de la orme de notre Écureuil, et dont les caractères sont les suivants : tête courte, arrondie ; museau effilé et terminé par un mufle dans lequel les narines sont percées ; oreilles membraneuses, contractiles, grandes et presque nues ; yeux grands et à fleur de tête ; membres postérieurs très grands par la longueur des tarses, qui est de trois fois celle des métatarses ; queue longue et touffue à l'extrémité.

Les Galagos habitent les forêts des régions les plus chaudes de l'Afrique. Ils sont doux, agiles comme des écureuils, frugivores et insectivores ; on les dit faciles à apprivoiser. Ces petits quadrumanes diffèrent peu des Makis : comme eux, ils ont 36 dents, mais leur museau est plus obtus ; leurs oreilles, très mobiles, s'ouvrent en cornet et se ramassent sur le trou auditif au gré de l'animal, dont l'ouïe est très délicate ; leurs mains, pourvues de pouce opposable, leur permettent de grimper très aisément. La femelle a trois paires de mamelles. C'est surtout la nuit que ces animaux, qui sommeillent le jour, se montrent dans toute leur vivacité. Adanson nous a appris que les nègres les recherchent pour se nourrir de leur chair ; ils les nomment *animaux de la gomme*, parce qu'ils montrent de l'appétit pour la gomme et les résines, bien qu'ils soient avant tout insectivores.

Le Galago du Sénégal (*G. senegalensis*), ou *G. d'Adanson*, a la taille un peu inférieure à celle du Ouistiti ; pelage gris ; oreilles presque aussi longues que la tête ; queue plus longue que le corps, terminée en pinceau et de couleur brunâtre. — Vif et pétulant, cet animal habite, au Sénégal, les forêts de Mimosas qui se rencontrent à l'extrémité du désert de Sahara.

Le Galago a queue touffue (*G. crassicaudatus*) a le plumage gris-roux, les oreilles d'un quart moins longues que la tête, la queue très touffue. La taille est celle d'un lapin. La région qu'il habite

est indéterminée. — Le G. de Demidoff est plus petit que les deux précédents, ainsi que le G. de Madagascar, qui a le museau plus court, les yeux plus grands et les pattes de derrière moins allongées.

GALANGA. Plante de la famille des Amomacées, dont on connaît deux espèces, le *grand* et le *petit Galanga*. — Elle croît aux Indes orientales : on en a beaucoup vanté les propriétés alimentaires et médicamenteuses, que le gingembre, la cannelle et le girofle ont fait oublier.

GALANTHE (*Galanthus*). Plante de la famille des Amaryllidacées, connue sous le nom vulgaire de G. d'hiver (*G. nivalis*) ou *Perce-neige*, présentant les caractères que voici : d'un bulbe ovoïde allongé naissent deux feuilles réunies à leur base dans une gaîne tronquée à son sommet, et du centre de ces feuilles dressées, allongées, linéaires, s'élance une hampe de 14 à 16 cent. de hauteur, terminée par une spathe linéaire qui ne renferme qu'une ou deux fleurs : périanthe blanc à 6 divisions, dont les internes, plus courtes de moitié, sont marquées à la face interne de lignes d'un vert jaunâtre ; 6 étamines insérées sur un disque épigyne.

Le Perce-neige croît dans les contrées montagneuses, en Auvergne, en Suisse, etc. ; on le trouve aussi dans les prairies, les clairières des bois, montrant sa fleur dès le mois de février ou mars. Seulement il n'est pas commun. — Une variété à fleurs doubles est cultivée dans les jardins.

GALATÉE (*Galatea*). Genre de Crustacés décapodes macroures, ayant les deux pieds postérieurs beaucoup plus petits que les autres, filiformes; les deux pieds antérieurs beaucoup plus grands que les autres, en forme de serres allongées; les antennes, latérales, longues, sétacées, sans écaille à leur base; le teste rugueux oblong, les yeux gros, la queue terminée par des feuillets natatoires connivents. Ces Crustacés ont beaucoup d'analogie avec les Ecrevisses et ressemblent davantage encore aux Porcellanes. Ce sont des animaux marins, dont les mœurs sont peu connues. Les deux espèces principales sont :

La Galatée striée, dont la couleur est d'un rouge plus ou moins brun (mers d'Europe et Méditerranée); — la G. porte-écailles, qui est d'un brun verdâtre (Méditerranée).

GALATHÉE (*Galathæa*). Genre de Mollusques acéphales, dont la seule espèce connue est la G. a rayons (*G. radiata*), qui nous vient des rivières de l'Inde et de Ceylan. Sa coquille est très grosse et très épaisse, recouverte d'un épiderme d'un beau vert, dont l'enlèvement découvre une surface d'un beau blanc de porcelaine, sur laquelle se détachent plusieurs rayons violets.

GALÉ (*Myrica*). Genre d'Arbustes de la famille

des Myricacées, à feuilles simples, alternes, couvertes de points jaunes résineux : à fleurs dioïques, en chatons oblongs, etc. — Ces plantes exhalent une odeur balsamique (d'où leur nom latin, dérivé du grec *muron*, parfum). Elles ont la propriété de purifier l'air des lieux marécageux, où elles aiment à vivre de préférence.

Le GALÉ ODORANT (*M. galé*), surnommé *Myrte bâtard*, *Piment royal*, est un sous-arbrisseau de 60 cent. à 1 mètre, très rameux, dont les feuilles sont oblongues atténuées en pétiole, presque entières, caduques, parsemées de points résineux. Fleurs jaunâtres, paraissant avant les feuilles, en chatons mâles cylindriques, et en chatons femelles ovoïdes.

Le Myrte bâtard appartient à l'Europe : il est la seule espèce du genre qu'on y rencontre, et qui perde son feuillage en hiver. On le trouve dans les lieux marécageux, où ses fleurs se montrent en avril et mai, et où il produit un bel effet. Toutes ses parties, les fruits surtout, qui sont lisses, à trois lobes, ont une odeur forte un peu aromatique. On en met des rameaux dans les armoires pour préserver le linge des insectes. Il faut respecter cet arbrisseau, car il assainit les lieux marécageux.

Le GALÉ A CIRE (*M. cerifera*), de la Caroline, produit des fruits qui donnent par l'ébullition une cire avec laquelle on fait des bougies odoriférantes.

GALÉGA (*Galega*). Nom d'un genre de Légumineuses, dont nous ne mentionnerons que deux espèces.

Le GALÉGA D'EUROPE (*G. officinalis*), vulg. *Rue de Chèvre*, est une plante vivace, à tige herbacée, glabre, à feuilles imparipinnées et à fleurs blan-

Fig. 95. — Galéga.

ches, rosées ou bleuâtres, disposées en grappes simples et axillaires, et dont les caractères botaniques sont à peu près ceux du Robinier; le fruit est un légume toruleux.— Les prés et les bois sont les endroits où croît le Galéga, que l'on a recommandé comme un remède puissant dans les fièvres graves et l'épilepsie, comme offrant une fécule bleue analogue à celle de l'indigo, et un fourrage pour les bestiaux.

Le GALÉGA A GRANDES FLEURS (*G. grandiflora*), du cap de Bonne-Espérance, est cultivé dans les jardins pour ses jolies fleurs bleuâtres ou purpurines. On le nomme *Faux indigo*, parce qu'il donne une teinture bleue.

GALÈNE. Nom sous lequel on désigne le Plomb sulfuré; substance métalloïde, gris de plomb, brillante, non ductile, facilement réductible en plomb métallique sur le charbon, qui appartient à tous les terrains, où elle forme des filons, des amas et des couches. — La France renferme peu de dépôts de Galène. C'est l'Angleterre qui en fournit le plus. Cette substance, réduite en poudre (*alquifoux*), sert à former le vernis des poteries grossières, à fabriquer les papiers métallifères dont on couvre les boîtes, les coffrets, etc.

GALÉODE. Arachnides trachéens : corps allongé, oblong, recouvert de poils longs, jaunâtres ou brunâtres, et divisé distinctement en tête, thorax et abdomen; la première paire de pattes, qui a beaucoup d'analogie avec les palpes, manque de crochets à l'extrémité. — Ces insectes sont propres aux pays chauds et sablonneux de l'Europe; on les trouve aussi en Amérique. Ils ne filent pas; ils aiment l'obscurité et courent avec une grande vitesse. Leur réputation d'être venimeux est sans fondement.

GALÉOPE (*Galeopsis*). Genre de Labiées composé de plantes annuelles à fleurs rouges, roses ou blanches, disposées en glomérules axillaires opposés : corolle bilabiée, à gorge dilatée, présentant de chaque côté un pli qui se termine en une saillie conique, etc. — Le *G. tetrahit* a une tige renflée succulente sous les nœuds, hérissée de poils presque piquants; la corolle rose ou blanche, etc. Il est assez commun dans les lieux frais, les haies, les fossés. — Le *G. ladanum* est moins élevé (2-3 décim. au lieu de 3-9); sa tige pubescente n'est pas renflée sous les nœuds, sa corolle est d'un rose purpurin. Il croît aux lieux pierreux, dans les champs en friche, etc. — Le *G. ochroleuca* est une espèce rare dont la corolle est d'un jaune pâle. Ces plantes sont sans usages.

GALÉOPITHÈQUE (*Galeopithecus*). Ce nom, qui signifie *Chat-Singe*, désigne un genre de Carnassiers de la tribu des Chéiroptères, qui, intermédiaires aux Lémuriens, dont ils ont la masse cérébrale, et aux Chauves-Souris, avec lesquelles ils ont de commun des expansions de la peau étendues entre les quatre membres, sont encore appelés quelquefois *Chats-volants*, *Chiens-volants*. Ces mammifères ont pour caractères génériques : tête conique, museau pointu; membres

d'égale longueur ; mains à 5 doigts munis d'ongles tranchants et acérés, sans pouce opposable ;
un repli de la peau, partant de la commissure des
lèvres, engage les membres jusqu'aux doigts et
toute la queue.

Les Galéopithèques habitent les îles des Indes
orientales ; ils vivent cachés dans les forêts, d'où
ils ne sortent que le soir pour chercher leur nourriture, qui consiste en fruits et insectes. Ils ont
un mode de progression analogue à celui des Chats,
et courent facilement. Ils se servent de leurs membres comme d'ailes, ou mieux, comme de parachute ; et si le vol leur est difficile, s'il est incomplet, embarrassé chez eux, on se demande ce que

Fig. 559. — Galéopithèque.

l'homme a pu espérer dans ses tentatives de fabrication d'ailes. Cette impossibilité du vol proprement dit constitue le caractère de séparation le
plus radical du Galéopithèque et de la Chauve-
Souris. Cet animal est au contraire essentiellement
grimpeur. Son poil est doux au toucher. Les organes extérieurs de la génération ont l'apparence
de ceux des Singes. La femelle est pourvue de
deux paires de mamelles placées sur la poitrine.
Elle ne fait, à chaque portée, qu'un seul petit,
qu'elle tient appliqué contre sa poitrine ou son
ventre, soutenu qu'il est par les membranes comme
s'il était placé dans un hamac.

Le GALÉOPITHÈQUE ROUX (*G. rufus*), l'espèce la
plus commune, a le pelage rouge cannelle, les
membres blancs à leur face interne. Il est très
commun dans la Péninsule et les îles Malaises. Il
se pend aux branches des arbres par les pieds ou
par les mains : et, grâce à sa large membrane-pa-
rachute, il exécute des sauts étonnants d'un arbre
à un autre. — Le G. VARIÉ (*G. variegatus*) a le
pelage d'un brun sombre, tacheté de blanc sur les
membres, avec des traits noirs. Il habite l'île de
Java. Certains auteurs le considèrent comme n'é-
tant que le précédent dans son jeune âge. — Le
G. DES PHILIPPINES est une espèce plus petite, aux
couleurs assez variables, au museau large et
obtus. Animal inoffensif.

GALÉOTE (*Calotes*). Genre de Sauriens, de la
famille des Iguaniens ; Lézards de taille médiocre,
à tête courte, pyramidale quadrangulaire, haute
en arrière, distincte du cou ; à museau mousse ;
bouche grande, langue épaisse ; yeux saillants :
pas de fanon sous le cou, mais seulement un pli
transversal de la peau ; écailles imbriquées sur
tout le corps, dont quelques-unes se relèvent en
épines saillantes autour de la nuque et le long du

rachis; queue ronde, longue et grêle; membres allongés: doigts longs et grêles, fort inégaux.

Les Galéotes sont propres au midi de l'Asie; leurs mœurs et leurs habitudes sont peu connues. On dit qu'ils se tiennent sur les arbres et poursuivent de branche en branche les insectes dont ils font leur nourriture. On dit aussi leurs œufs fusiformes, coriaces. Leur morsure, ainsi que celle des Sauriens, en général, ne saurait être redoutable.

Le GALÉOTE COMMUN est bleu clair verdâtre, avec des lignes transversales disposées en chevrons sur les parties supérieures. Taille, 35 millim. de longueur, dont les deux tiers environ pour la queue. Propre aux îles Philippines, à Ceylan et au continent indien.

GALÉRUQUE (*Galeruca*). Nom d'un genre de Coléoptères tétramères, famille des Cycliques, offrant pour caractères : antennes rapprochées à leur base, de même grosseur partout, composées d'articles en cône renversé, plus courtes que la moitié du corps; tête petite; corselet plus étroit que les élytres; pattes impropres au saut. — Ces insectes sont de taille moyenne, répandus partout, et d'espèces très nombreuses. Ils causent de grands dommages aux arbres.

La GALÉRUQUE DE L'ORME est jaunâtre en dessus, avec 3 points sur le corselet et une raie sur les élytres. Commune aux environs de Paris. — La G. DE LA TANAISIE est oblongue et d'un noir mat; élytres chargés de points sans symétrie. Moins commune que la précédente.

GALET. Nom donné aux cailloux des bords de la mer. — V. *Caillou*.

GALLE ou NOIX DE GALLE. On donne ce nom à des excroissances produites sur diverses parties des végétaux par les piqûres d'insectes qui déposent leurs œufs dans la plaie. Le plus grand nombre de Galles est dû au Cynips (V. ce mot), et celles qui méritent le plus d'attention à cause de leur usage croissent sur le Chêne.

On distingue trois espèces de Galles employées en médecine : 1° *Noix de galle du Levant*, qui se développe sur les feuilles de Chêne; celle de France se rencontre sur le Chêne vert (*Quercus ilex*); celle de Turquie sur le Chêne soyeux (*Q. infectoria*). — 2° *Galle du Rosier*, plus connue sous le nom de *Bédguar* ou *Bédégar*, excroissance spongieuse, qui doit cette particularité à des poils ou filaments flexueux formés de cellules végétales placées bout à bout, et qui est remplie intérieurement de cavités où sont logées les larves du Cynips. — 3° On trouve une espèce de *Galle* sur le Chardon hémorrhoïdal, et l'on prétendait anciennement qu'il suffisait de porter cette excroissance dans sa poche pour guérir les hémorrhoïdes ou pour s'en préserver. On connaît encore beaucoup d'autres productions de cette nature.

La *Galle noire*, ou *Galle verte d'Alep*, est brune ou verte à l'extérieur, hérissée d'éminences, compacte intérieurement et très pesante. Elle doit en partie ces propriétés au soin que l'on a de la récolter avant la sortie de l'insecte; car les Galles recueillies plus tard, et nommées *Galles blanches*, sont blanchâtres, légères et très peu astringentes: elles sont d'ailleurs percées d'un petit trou rond qui les fait reconnaître. La Galle de Chêne qu'on récolte en France est sphérique, polie, rougeâtre, et n'est pas plus estimée que la Galle blanche.

Le tissu des Galles qui environne les loges où se trouvent les larves, est blanc ou jaunâtre à l'état frais, ce qui est dû à des grains de fécule que contiennent abondamment ces cellules; ces grains se détruisent à mesure des métamorphoses de l'insecte et servent à sa nutrition. — V. *Chêne*. — La Galle est une substance très astringente; son infusion est un très bon réactif pour reconnaître la présence du fer dans toutes les dissolutions de ce métal.

GALLERIE (*Galleria*). Genre de Lépidoptères, de la tribu des Tinéites, famille des Nocturnes, papillons d'un gris obscur, qui, le jour, se cachent au voisinage et tout près des ruches, et la nuit y pénètrent pour y déposer leurs œufs et sucer le miel. Ce sont des insectes qui volent mal, mais qui marchent avec rapidité. Ils sont le désespoir des personnes qui s'adonnent à l'exploitation des abeilles.

En effet, ces Papillons s'introduisent de nuit dans les ruches les moins peuplées. Souvent les abeilles leur donnent la chasse, mais ils reviennent, pénètrent jusqu'aux rayons, où la femelle dépose ses œufs. De chacun de ceux-ci il sort, au bout de quelques jours, une larve blanche ou grise, presque rose, pourvue de 16 pattes, et qui a sur la tête et le premier anneau du corps une écaille jaunâtre qui la met hors d'atteinte de l'aiguillon des Mellifères. Parvenues à toute leur taille, ces larves ou chenilles, vulg. nommées *Teignes*, se construisent une sorte de fourreau de soie qu'elles allongent et dont elles font une sorte de *galerie*; celle-ci est élargie peu à peu et convertie en une coque proprement dite, dans laquelle l'animal se métamorphose en nymphe; puis à cette nymphe succède l'insecte parfait, le papillon, qui s'échappe furtivement de la ruche et y revient faire sa ponte.

Deux espèces méritent surtout notre attention : la GALLERIE DE LA CIRE (*G. cereana*), papillon d'un gris obscur, long de 10 millim., large de 7; et la GALLERIE DES RUCHES (*G. alvearia*), qui est 5 à 6 fois plus grosse. Le mâle se distingue par ses antennes mieux formées que celles de la femelle. Ces insectes se multiplient prodigieusement, depuis les premiers jours du printemps jusqu'à la fin de l'été. Leur présence dans la ruche en fait sortir les abeilles en masse, qui n'y rentrent que dans le cas où la reine s'y trouverait enfermée, et pour y périr misérablement toutes ensemble quelques jours après. Les vieux rayons se trouvent plus exposés aux ravages des Teignes que les nouveaux.

GALLINACÉS. Les Oiseaux qui font partie de cet ordre offrent une réunion de caractères généraux dont le Coq domestique présente le type. Voici les principaux de ces caractères : bec moins long que la tête, fort, bombé, muni à sa base d'une peau nue ou cire; narines recouvertes par une écaille cartilagineuse; ailes courtes, concaves, quelquefois aiguës; queue très variable. Les tarses, diversement emplumés, ne le sont communément que jusqu'au talon; ils sont médiocres, robustes, scutellés, terminés par trois doigts

Fig. 560 à 563. — Gallinacés.

(Tragopan. — Faisan de la Chine. — Coq. — Pintade.)

dirigés en avant, dentelés le long de leurs bords, réunis à leur base par une membrane courte; le pouce est élevé au-dessus de l'articulation des doigts, souvent à l'état rudimentaire ou nul; ongles convexes, recourbés, non rétractiles, ni acérés comme ceux des Rapaces.

Les Gallinacés sont, pour la plupart, de taille assez grande, lourds, épais; ils ont peu de puissance pour le vol, mais sont légers à la course; les espèces à ailes aiguës sont les seules douées d'un vol rapide. Ils se nourrissent de graines de préférence à toute autre substance; leur gésier est très musculeux, doué d'une puissance énergique que semblent augmenter encore les petites pierres que l'animal y introduit quelquefois. Ces oiseaux aiment à vivre en société, et s'apprivoisent facilement. Ils sont ordinairement polygames, c'est-à-dire que les mâles, moins nombreux que les femelles, fécondent plusieurs de celles-ci; qu'ils les protègent contre les attaques des animaux nuisibles, et surtout contre les entreprises amoureuses de leurs rivaux. Les femelles pondent un nombre plus ou moins considérable d'œufs, qu'elles couvent seules, sans que les mâles partagent jamais les soins de l'incubation. Leur nid n'est jamais construit avec art; c'est à terre, sur un peu d'herbes, que les œufs sont déposés, et couvés avec une persévérance et un courage admirables.

La grande fécondité des Gallinacés, encore augmentée par une abondante nourriture, est un des principaux avantages que nous procurent les espèces domestiques. Mais les Gallinacés de toute espèce semblent exposés plus que les autres oiseaux à de formidables ennemis, et avoir besoin de la protection spéciale de l'homme, qui, trop souvent, retourne son rôle, en volant les œufs, tuant les petits et tendant toutes sortes de piéges à ces faibles créatures. « L'habitude des armes à feu, hors en ce qui concerne le bon état du fusil de son patron, est peut-être le talent le moins utile à un bon garde-chasse. Le piége est la seule dont il doive faire usage. Une connaissance exacte des mœurs des animaux réellement préjudiciables aux objets confiés à ses soins lui suggérera les moyens les meilleurs, les plus efficaces de s'en défaire. Il saura alors que la disparition des œufs dans le nid du Faisan, quelque bien caché qu'il soit sous un dais de fougère, quelque bien défendu qu'il soit par un rempart de ronces, n'est l'ouvrage ni du pauvre geai, ni de la corneille vagabonde, ni de la pie errante, mais bien de l'hypocrite hérisson, le plus insatiable de tous les ovivores, quoi que puissent dire ses tendres défenseurs. Il saura alors que les œufs n'ont rien à redouter des faucons; il lira dans le livre de la nature, et comprendra, sans consulter les naturalistes, que le coucou n'est jamais métamorphosé en épervier; que la chouette, loin de commettre aucun dégât, est un excellent destructeur de souris; que l'épervier et la cresserelle, de mœurs tout opposées, ne doivent pas être traités de la même manière; il apprendra à distinguer l'innocent du coupable, à épargner l'un, à punir l'autre; il saura enfin que, en laissant vivre en paix des animaux inoffensifs et utiles, il servira utilement les intérêts de son maître, et deviendra un membre intelligent de la communauté. » (*Rev. brit.*, 1833.)

L'ordre des Gallinacés, qui se place entre les Passereaux et les Echassiers, se partage, d'après la méthode de Cuvier, en quatre familles, qui sont :

1° Les Colombidées (de *columba*, colombe), dont nous indiquerons les caractères généraux au mot *Pigeons*.

2° Les Phasianidés (de *phasianus*, faisan), qui ont la tête souvent garnie d'appendices charnus, ou surmontée d'un casque ou d'une aigrette; la queue très développée; trois doigts en avant réunis par une membrane courte; un quatrième derrière. Tels sont les *Faisans*, les *Dindons*, les *Paons*, les *Pintades*, les *Coqs*, etc.

3° Les Tétranidés (du genre *Tetras*) ont toujours la tête garnie de plumes, quelquefois les joues nues, la queue courte, la taille généralement plus petite. Ce sont les *Cailles*, les *Perdrix*, les *Tétras*, les *Gangas*, les *Francolins*, les *Gélinottes*, etc.

4° Les Cracidés (de *crax*, Hocco) se distinguent des autres Gallinacés par leurs doigts qui appuient tous sur le sol, leur tête emplumée et ordinairement huppée; leur bec garni à sa base d'une peau nue. On trouve dans cette famille les *Hoccos*, les *Marails*, etc.

GALLINULE. — V. *Poule d'eau.*

GALVANISME (du nom de Galvani, l'inventeur). Ce physicien ayant un jour suspendu à son balcon, par la moelle épinière, au moyen d'un crochet de cuivre, une grenouille récemment tuée et écorchée, observa des contractions musculaires à chaque contact exercé contre les barreaux de fer du balcon, et il attribua ces phénomènes à des courants organiques dont les métaux n'étaient que les conducteurs. Mais voyant que si l'on posait l'animal sur une plaque de fer, il ne se manifestait des mouvements convulsifs que lorsqu'on appliquait sur ce fer le crochet de cuivre, il lui fallut admettre que les métaux jouaient un rôle plus important, plus actif. Volta prouva en effet que le contact de métaux hétérogènes était la source d'une électricité dont l'influence se manifestait au moment de son passage à travers les organes animaux. En multipliant les éléments producteurs de l'électricité, ce physicien parvint à obtenir l'appareil qui porte le nom de *Pile de Volta.*

C'est en 1800 que la première pile fut construite. Volta plaçait l'un sur l'autre un disque de cuivre et un disque de zinc; sur cette réunion, appelée *couple, paire*, il plaçait une rondelle de drap imbibé d'un léger soluté salin; puis sur cette rondelle un nouveau couple; puis une nouvelle rondelle de drap, et par-dessus un nouveau couple, et ainsi de suite, de manière à faire une colonne (*Pile à colonne*), commençant en bas par une pièce de cuivre, et se terminant par une pièce de zinc. Si, les doigts étant mouillés, on touche d'une main l'extrémité inférieure de cette pile et de l'autre main l'extrémité supérieure, on éprouve une secousse semblable à celle que produit la décharge de la bouteille de Leyde; et si le contact des doigts est prolongé, il s'établit un courant et un frémissement électrique dans tous les membres; enfin, si on fait communiquer les extrémités de la pile, appelées *pôles*, par des fils métalliques; et si, entre ces fils, on place une substance, un corps quelconque, on a les effets les plus énergiques et les plus curieux. Nous venons de parler des pôles : le *pôle positif* est au zinc, le *pôle négatif* au cuivre. — V. *Électricité.*

La Pile à colonne, qui fut le premier essai, a donné naissance aux Piles à *couronne*, à *auges* et *de Wollaston*, qui sont construites avec les mêmes éléments et d'après les mêmes principes. Elles offrent toutes l'inconvénient d'un affaiblissement considérable de leur courant initial, à cause de la prompte oxydation des métaux. Aussi aujourd'hui n'emploie-t-on plus que les *Piles à courant constant* de Daniell, de Groves et surtout de Bunsen. La *Pile de Bunsen* se compose d'un bocal de verre contenant de l'acide sulfurique étendu; dans ce bocal plonge un cylindre de zinc; dans l'intérieur de celui-ci est un autre cylindre de terre poreuse fermé en bas et nommé diaphragme. Ce cylindre contient de l'acide nitrique, et un cylindre plein de charbon formé du mélange de 1 partie de houille grasse et de 2 de coke : le pôle positif est au charbon, le pôle négatif au zinc.

Quand une pile n'est pas assez forte pour produire l'effet qu'on désire, on réunit plusieurs piles ensemble, et on a alors ce qu'on appelle une *batterie électrique.* La plus forte batterie connue aujourd'hui est celle de l'Ecole polytechnique, qui compte plus de 600 paires de plaques, chacune de 84 cent. carrés de surface.

Le Galvanisme jouit au plus haut degré des propriétés de décomposition et de combustion. C'est avec la Pile à auges ou avec la Pile de Bunsen qu'on est parvenu à fondre, à liquéfier, à volatiliser certains métaux; que d'autres substances ont été retirées de leurs combinaisons les plus intimes, arrachées pour ainsi dire à la nature et introduites dans le domaine de la physique et de la chimie. L'électricité voltaïque constitue, comme l'électricité ordinaire, un excitateur par excellence des organes musculaires et probablement des sécrétions ; elle est souvent employée en thérapeutique contre les paralysies, les névralgies, etc. — En dirigeant un courant électrique dans la solution d'un métal où gît un objet donné, on fait déposer sur celui-ci une couche de ce métal : c'est ainsi que se pratiquent la dorure et l'argenture par le procédé Ruoltz, désigné sous le nom de *Galvanoplastie*. — La télégraphie électrique, la lumière électrique, une foule de phénomènes et de *tours* de physique sont dus au Galvanisme.

On nomme *Electricité par induction* celle qui se développe dans les circonstances suivantes : 1° lorsqu'on fait passer le courant électrique développé par une pile ou un appareil de Bunsen à travers un fil de cuivre d'une certaine longueur, isolé par un fil de soie qui le recouvre, et enroulé autour d'une bobine. Chaque fois qu'on interrompt ou qu'on rétablit le courant, il se développe dans les spires de cuivre un courant désigné par Faraday sous le nom de *courant d'induction*. On rend plus intense l'énergie de ces courants en plaçant au centre de la bobine une botte de fils de fer doux, qui, sous l'action de la Pile, deviennent aimants temporaires et nouvelle source d'induction pour les fils de cuivre. Tel est le principe des appareils *électro-magnétiques*, dont la description ne peut trouver place ici.

2° M. Page a produit des courants par induction dans des hélices placées autour des branches d'un aimant permanent en fer à cheval et fixé. Cette disposition étant adoptée, si on fait tourner rapidement une armature en fer doux devant les faces polaires de cet aimant, il se manifeste des changements dans l'intensité magnétique des différents points de l'aimant, d'où résultent des courants induits dans le fil conducteur. Tel est le principe des appareils *magnéto-électriques*, qui sont les meilleurs pour l'usage médical.

GAMBETTE. — V. *Chevalier Gambette*.

Fig. 561. — Ganga acuticaude.

GANGA (*Pterocles*). Genre d'Oiseaux de l'ordre des Gallinacés, paraissant former une famille intermédiaire aux Pigeons et aux vrais Gallinacés, ayant pour caractères : bec court, robuste, convexe ; yeux bordés d'un repli nu et lisse : ailes sur-aiguës ; tarses courts, poilus en devant, à pouce rudimentaire et doigts antérieurs courts et nus. — Les Gangas se trouvent quelquefois de passage dans l'Europe méridionale, mais sont sédentaires dans presque toute l'Afrique, où ils abondent. Ils volent haut et rapidement, comme les Pigeons, mais ne se perchent jamais. Ils se réunissent dans les solitudes africaines par compagnies de plusieurs centaines, bravant en commun les périls d'un voyage dangereux, ou jouissant ensemble de l'abondance. Ils ne se séparent qu'au moment des amours. — On en distingue plusieurs espèces, partagées en deux sous-genres : 1° les *Gangas proprement dits*, dont la queue est conique ; 2° les *Attagens*, dont les rectrices moyennes de la queue s'allongent en filets déliés (*G. acuticaude*).

Le GANGA UNIBANDE OU DES SABLES (*P. arenarius*), un peu plus gros que la Perdrix, se trouve communément depuis les steppes de la Russie méridionale jusque dans l'Afrique septentrionale, et apparaît annuellement dans les Pyrénées. Ces Gallinacés vivent, comme les Perdrix, par petites bandes composées du père, de la mère et des petits. Ils ont le vol élevé, mais ne se perchent jamais : menacés, ils se blottissent à terre et ne s'envolent, en poussant un cri, que lorsqu'ils sont vivement poursuivis. — Les Attagens habitent les régions tropicales de l'Europe méridionale, se tenant au milieu des buissons, des bruyères, près des sources.

GANGLIONS. — V. *Grand sympathique.*

GARANCE (*Rubia*). Ce genre de Végétaux appartient aux Rubiacées, et se compose de plantes vivaces à souche traçante, à tiges denticulées accrochantes; feuilles verticillées par 4-6 ; fleurs d'un blanc jaunâtre, disposées en cyme paniculée, dont les caractères botaniques spéciaux sont indiqués ci-après. — On connaît une vingtaine d'espèces de Garances qui recèlent dans leurs racines une matière colorante rouge.

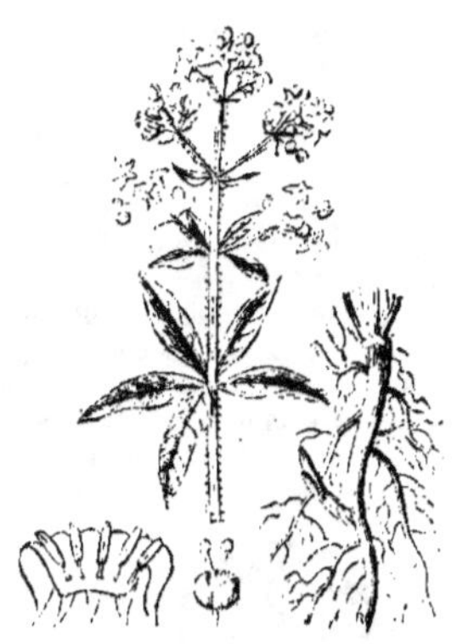

Fig. 565. — Garance.

GARANCE DES TEINTURIERS (*R. tinctorum*). C'est une plante vivace, à racine longue, pivotante ou rampante, rouge en dedans comme en dehors. Ses tiges sont rameuses, quadrangulaires, hautes d'un mètre environ, tombantes diffuses, rudes au toucher; feuilles circulairement insérées (verticillées) par 4-6, hérissées-épineuses, à réseau de nervures saillantes à la face inférieure. Les fleurs forment de petits bouquets jaunâtres terminaux; corolle rotacée, plane, à 5 divisions; 5 étamines s'y fixent; baies noires globuleuses, contenant une semence noirâtre ; souvent deux baies sont réunies ensemble, l'une d'elles avorte.

La Garance est indigène au midi de la France et de l'Europe, où elle se trouve dans les tas de pierres, sous les buissons, le long des murs et des haies, fleurissant en juin-juillet. Mais, vu son utilité, on la cultive en grand au nord comme au midi. En effet, sa racine forme à elle seule la base du *rouge d'Andrinople*, et sert en outre dans différentes autres teintures pour consolider la couleur. Cette racine contient deux matières colorantes, l'une rouge, l'autre jaune : la première est l'*alizarine*, principe particulier qui donne un beau rouge très solide, et, avec les différents mordants, toutes les nuances de violet, de brun, etc. La Garance fournit, en outre, un excellent fourrage; ses fanes sont autant recherchées du bétail que la Luzerne, dont elles n'ont pas l'inconvénient, particularité d'autant plus précieuse que la coupe de la plante sert merveilleusement à l'accroissement de la racine. Aussi la culture de la Garance donne-t-elle les plus forts produits; l'on estime qu'une bonne récolte peut fournir par hectare 40 quintaux métriques de racines sèches, valant 60 fr. l'un, et 60 quintaux métriques de fourrage à 4 fr. l'un, ce qui fait un produit total de 2.640 fr. par hectare.

La culture de cette plante précieuse paraît remonter à des temps très reculés. Elle exige une assez grande quantité d'engrais et un sol léger, perméable, frais, qui soit défoncé à 50 centim. de profondeur avant l'hiver, ce qui la rend assez coûteuse. On établit une Garancière, soit au moyen du semis de la graine sur place, soit par la transplantation de jeunes plants tirés d'une pépinière, ou seulement d'une racine provenant d'une ancienne garancière.

On connaît trois variétés de Garance : la *grande*, qui pousse des tiges de 100 à 150 cent., carrées, noueuses, ayant à chaque nœud 4 à 5 feuilles verticillées en forme d'étoiles ; la *moyenne*, dont les tiges sont moins fortes et les nœuds accompagnés de 6 feuilles; la *petite*, qui est sauvage et que l'on peut regarder comme l'espèce primitive; celle-ci croît et se multiplie d'elle-même sous les haies et buissons, le long des bois, etc. Elle abonde à Fontainebleau.

GARDÉNIE (*Gardenia*). Arbrisseaux exotiques de la famille des Rubiacées, à feuilles opposées ou ternées; fleurs blanches très odorantes : calice 5-denté, corolle infundibuliforme à limbe étalé. — La G. A GRANDES FLEURS (*G. florida*), ou *Jasmin du Cap*, atteint plus d'un mètre de haut; ses fleurs sont solitaires, à limbe de 3 cent. de large et divisé en 5 ou 6 lobes. Elle se cultive chez nous en serre chaude, où elle double facilement et ne donne jamais de fruit. — Les autres espèces sont nombreuses. Leur odeur est suave.

GARDON (*Luciscus idus*). Poisson du genre Cyprin, tenant le milieu entre la Carpe et la Brème, dont les nageoires sont rouges, la chair blanche, d'assez bon goût, garnie d'arêtes fourchues. On le nomme aussi *Rosse*. Son nom de *Gardon* lui vient, dit-on, de ce qu'il se garde plus longtemps vivant hors de l'eau que beaucoup d'autres poissons.

GAROU ou Sainbois. Plante du genre *Daphné*. — V. ce mot.

GARROT (*Clangula*). Cet Oiseau est une espèce de Canard pour les uns, pour d'autres un genre distinct, ne différant de la Fuligule que par son bec plus court que la tête et s'atténuant de la base à l'extrémité. — Le Garrot glaucion (*C. glaucion*), vulg. *Canard-Garrot*, a le plumage blanc, sauf la tête, le dos et la queue qui sont noirs. Il habite les régions septentrionales, et arrive dans nos contrées par troupes en hiver. Il niche sur les

Fig. 566. — Canard-Garrot.

bords des lacs et des mers. — Le Garrot religieuse (*C. albeola*) vit dans les forêts qui bordent les cours d'eau dans l'Amérique septentrionale.

GASTÉROPODES (du gr. *gaster*, ventre; *pous*, pied). Classe de Mollusques dont le caractère principal consiste en ce qu'ils se meuvent à l'aide d'un disque charnu, appelé pied, placé sous le ventre, ou à l'aide d'une nageoire formée par la même partie du corps. Ils ont une tête distincte du corps, portant deux ou quatre tentacules rétractiles. Le manteau, recouvrant une partie plus ou moins grande du corps, est uni inférieurement avec les bords du pied; sa portion antérieure est souvent épaissie, et constitue un collier.

La vie de relation, quoique très bornée, l'est infiniment moins pourtant que chez les Acéphales. Le pied est formé de plusieurs plans de fibres qui se croisent en sens divers et peuvent prendre toutes les formes possibles. Le système nerveux se compose de deux ganglions céphaliques, placés au voisinage de la bouche, unis entre eux, et donnant naissance à des filets nerveux pour les yeux, la bouche, les tentacules, etc.; l'œsophage est en outre entouré par deux autres ganglions plus volumineux, qui envoient dans les différents organes un grand nombre de branches nerveuses. Les yeux varient dans leur disposition : ils sont ordinairement plus ou moins rapprochés des tentacules, quelquefois même portés par un pédicule allongé, simulant un tentacule; rarement ils manquent. Les organes de l'audition consistent en une petite cavité sacciforme, située en arrière des yeux, et contenant dans son intérieur un certain nombre de petits corps cristallins. L'olfaction n'a pas d'organes spéciaux. Quant à la surface tactile, le corps est, chez les uns, sans test, sans coquille, nu en un mot (Limace); chez le plus grand nombre, il est logé dans une coquille univalve, enroulée en spirale (Hélice).

Voyons maintenant les appareils de la vie de nutrition. La bouche, variable selon les genres, est à une ou à deux lèvres, ou en forme de trompe quelquefois, etc. L'estomac est ordinairement beaucoup moins épais et moins charnu que chez

Fig. 567. — Gastéropode (Hélice).

les Céphalopodes; il peut être simple ou multiple, avec ou sans pièces calcaires intérieures. La respiration a pour organes des branchies, rarement des poumons ou un sac pulmonaire; les branchies sont tantôt nues et placées sur quelque partie extérieure du corps (Éolide), tantôt elles forment des lames sous le bord du manteau (Diphyllidie); tantôt enfin elles sont intérieures, et, dans ce cas, il existe des fentes ou des siphons pour y amener l'eau. La circulation se fait par un seul cœur aortique qui reçoit le sang de l'organe respiratoire et l'envoie à toutes les parties du corps; le sang veineux va directement aux organes de la respiration, sans passer par le cœur. — V. *Circulation*.

Les Gastéropodes sont différemment organisés sous le rapport de la vie de reproduction : les uns sont *unisexués*; les mâles ont un testicule assez volumineux, placé dans la partie du corps roulée en spirale, et une verge qui se rétracte à la volonté de l'animal; les femelles ont un sac ovarique, avec un oviducte venant se terminer à un orifice vulvaire rapproché du bord de la cavité pulmonaire. D'autres sont *androgynes*, c'est-à-dire réunissent les deux sortes d'organes, ce qui fait que deux individus, en s'accouplant doublement, se fécondent réciproquement. Il en est enfin

Fig. 568. — Gastéropode (Arion, espèce de Limace).

qui sont *hermaphrodites*, c'est-à-dire dont chaque individu se suffit à lui-même pour opérer la fécondation des œufs qu'il doit pondre.

Les Gastéropodes se divisent en neuf ordres, que M. Valenciennes a partagés en trois sections d'après la disposition des organes sexuels

1re Section. — *Sexes réunis; double accouplement.*

1° Pulmonés. Sac pulmonaire, dans l'intérieur duquel l'air pénètre par une ouverture dont la position varie; 4 ou 2 tentacules. Ceux de ces mollusques qui ont 4 tentacules sont tous terrestres, comme les *Limaces*, les *Vaginules*, les *Hélices*, etc.; ceux qui n'en ont que 2 sont ou aquatiques ou terrestres : *Onchidies*, *Lymnées*, *Scarabées*, etc.

2° Nudibranches. Ainsi que l'indique le nom, les branchies sont à nu sur quelque partie du corps ; pas de coquille; mollusques généralement marins, qui nagent en s'aidant de leurs tentacules et des bords de leur manteau. Ils se distinguent en *Cyclobranches*, c'est-à-dire ayant les branchies groupées en cercle autour de l'anus, comme les *Doris*, et en *Polybranches*, ou dont les branchies sont éparses sur le corps, comme : les *Tritonies*, les *Théthys*, les *Scyllées*, les *Éolides*, etc.

3° Inférobranches. Les branchies sont placées sur le bord du manteau ; d'ailleurs mêmes organisation et habitudes que chez les Nudibranches. Deux genres seulement dans cet ordre, les *Phyllidies* et les *Diphyllidies*.

4° Tectibranches. Les branchies, sous la forme de lames simples ou divisées, sont placées sur l'un des côtés du corps (*Berthelle*), ou sur le dos (*Aplysie*), ou sur l'arrière du corps (*Acère*), et recouvertes par un repli du manteau ; celui-ci contient une coquille imparfaitement recouvrante.

2e Section. — *Sexes séparés sur deux individus distincts.*

5° Pulmonés dioïques. Sac pulmonaire pour la respiration aérienne, comme chez les mollusques du premier ordre, dont ils diffèrent par leurs organes sexuels séparés. Deux genres seulement, ayant une coquille héliciforme recouvrante : *Cyclostome* et *Hélice*.

6° Hétéropodes. Leur pied consiste en une lame charnue, saillante, que l'on voit sur le dos ou sur une autre partie du corps, et qui porte en arrière une sorte de ventouse. Les branchies, en forme de plumes ou de panaches, sont placées sur la partie du corps opposée au pied. A la face inférieure, on voit une saillie arrondie dans laquelle se trouvent contenus les viscères importants, et que l'on nomme *nucleus*, d'où le nom de *Nucléobranches* donné à cet ordre par de Blainville. Ces Gastéropodes sont tous marins, plusieurs communs sur nos côtes. Leur substance est comme transparente, ce qui permet d'apercevoir leur structure intérieure. Tels sont les *Carinaires*, les *Atlantes*, les *Flèches*, etc.

7° L'ECTINIBRANCHES. Branchies sous forme de lames découpées en filaments et disposées comme les dents d'un peigne, renfermées dans une cavité du premier tour du tortillon, qui s'ouvre au-dessous du manteau. Cette ouverture s'allonge souvent en un canal ou siphon permettant à l'animal de respirer sans sortir de sa coquille. Ces Gastéropodes, à coquille de forme variable, ont 2 tentacules, des yeux pédonculés, la bouche ordinairement placée à l'extrémité d'une trompe, la langue très longue, armée de pointes dures capables d'user les corps les plus résistants. Cet ordre est le plus nombreux en genres, qui sont presque tous marins et dont Cuvier a formé trois familles :

a. Les *Trochoïdes* : pas de siphon; coquille sans échancrure ni canal siphonifère : *Ampullaires, Monodontes, Sabots, Toupies.*

b. Les *Capuloïdes* : coquille largement ouverte, dépourvue d'opercule, sans échancrure ni siphon ; *Calyptrées, Cabochons, Crépidules.*

c. Les *Buccinoïdes* : siphon par lequel l'eau pénètre dans la cavité branchiale : *Buccins, Cérithes, Ovules, Porcelaines.*

3° Division : *Hermaphrodites.*

8° SCUTIBRANCHES. Branchies pectinées, placées dans une cavité dorsale ; coquille large, très ouverte et en forme de bouclier recouvrant tout le corps; siphon pour amener l'eau aux branchies. Genres : *Émarginule, Fissurelle, Haliotide, Stomate*

9° CYCLOBRANCHES. Les branchies sont disposées en lames rayonnantes sous les rebords du manteau; le pied est extrêmement grand, échancré en avant, et offrant de chaque côté de petites lames branchiales ; la tête, petite et portant deux tentacules, est sans trompe et placée dans l'échancrure du pied. Cet ordre ne comprend que deux genres : les *Patelles* et les *Oscabrions.*

TABLEAU SYNOPTIQUE DES NEUF ORDRES.

Androgynes.	Sacs pulmonaires . . .	PULMONÉS.
	Branchies nues	NUDIBRANCHES.
	— — sous les bords du manteau . .	INFÉRIOBRANCHES.
	— dans une cavité recouverte par le manteau	TECTIBRANCHES.
Dioïques.	Sacs pulmonaires . . .	PULMONÉS.
	Branchies nues	HÉTÉROPODES.
	— dans une cavité du manteau	PECTINIBRANCHES.
Hermaphrodites.	Branchies en peigne dans une cavité du manteau	SCUTIBRANCHES.
	— en lames, sous le bord du manteau . .	CYCLOBRANCHES.

GASTROBRANCHE. Ce mot, qui veut dire branchies sous l'estomac, s'emploie pour désigner des Poissons chondroptérygiens, dont le corps est cylindrique, allongé, la peau dépourvue d'écailles et très visqueuse, et qui ressemblent beaucoup aux Lamproies, non-seulement par leur forme générale, mais encore par l'absence de nageoires ventrales et pectorales, par la conformation de la bouche, la présence d'un évent au-dessus de la tête et l'organisation de leurs branchies. Toutefois, les Gastrobranches diffèrent des Lamproies en ce que leurs ouvertures branchiales sont placées sous le ventre, au lieu de l'être sur les côtés et près de la tête, et que leurs lèvres sont garnies de barbillons.

Le GASTROBRANCHE AVEUGLE, ainsi appelé parce qu'on n'a pas encore pu reconnaître chez lui d'organe de la vision, est long de 33 cent.; il a le dos bleu, le ventre blanc, les côtés rougeâtres, et porte six barbillons; entre les 4 barbillons d'en haut on voit un évent qui communique avec l'intérieur de la bouche et que l'animal ferme à volonté. — Ce Chondroptérygien vit dans l'Océan, caché dans la vase. Il pénètre quelquefois dans le corps des grands Poissons, se glisse dans leurs intestins, en parcourt les divers replis, les déchire et les dévore de ses dents aiguës. Cette habitude l'avait fait considérer d'abord comme Entozoaire.

GATEAU. « On donne ce nom à une réunion d'alvéoles formées par les Hyménoptères vivant en société, qui font ces constructions soit pour loger leurs larves, soit pour déposer des provisions d'une liqueur sucrée qui est un miel plus ou moins pur. Ces Gâteaux affectent différentes formes ou plusieurs positions, selon les insectes auxquels ils appartiennent. Dans les Guêpes, les Gâteaux sont formés d'un seul rang de cellules horizontales dont l'ouverture est en bas; dans les Abeilles, les cellules sont appliquées dos à dos, les Gâteaux sont placés perpendiculairement et les cellules horizontalement; dans les Bourdons, les cellules n'offrent aucune régularité de position; cependant ils ont l'ouverture en haut, plus ou moins inclinée. » (*Dict. clas. d'hist. nat.*)

GATTILIER (*Vitex*). C'est un genre d'Arbrisseaux exotiques, de la famille des Verbénacées, dont une seule espèce croît dans le midi de l'Europe. C'est le

GATTILIER AGNEAU CHASTE (*V. Agnus castus*). Cet Arbrisseau atteint une hauteur de deux mètres. Sa tige, nue du bas, se couronne de branches flexibles, carrées, portant des feuilles assez ressemblantes à celles du Chanvre, et qui sont pétiolées, opposées, cotonneuses en dessous. Fleurs violettes ou purpurines, verticillées, en épis terminaux : calice cotonneux à 5 dents; corolle à 6 découpures inégales; étamines 4, didynames, saillantes, etc.

Le Gattilier a une odeur aromatique prononcée et une saveur amère et comme poivrée dans ses graines, qui ont reçu le surnom de *Poivre sauvage*. On se demande alors comment on a pu considérer ces graines comme anaphrodisiaques, la plante comme un symbole de chasteté, et quelle est l'origine de cette habitude des femmes d'Athènes, qui croyaient se rendre plus fortes dans la continence en préparant leur couche avec les feuilles de l'*Agnus castus*, lesquelles au contraire sont plutôt excitantes ?

GAUDE. — V. *Réséda*.

GAVIAL (*Garialis*). Genre de Reptiles de l'ordre des Sauriens, famille des Crocodiliens. — V. ce mot. — Ils offrent les caractères suivants : museau étroit et très allongé, ce qui les distingue des Crocodiles et des Caïmans ; dents de la mâchoire inférieure ne pénétrant nullement dans la supérieure ; protubérance charnue située à l'ouverture externe des narines, composée de deux bourses

Fig. 569. — Gavial.

de tissu très celluleux dont l'usage serait, suivant Geoffroy Saint-Hilaire, comme celui de deux grandes vessies osseuses placées dans les arrières-narines, de contenir une provision d'air nécessaire à la vie de l'animal pendant qu'il demeure sous l'eau, de refouler dans les voies respiratoires l'air qui serait expectoré, en établissant ainsi, pendant l'immersion, un mouvement de va-et-vient durant tant que cet air ne serait pas assez vicié pour exiger une nouvelle inspiration. Les pieds de derrière sont palmés jusqu'à l'extrémité des doigts, et dentelés sur leur bord externe.

Les Gavials sont propres aux régions chaudes de l'Asie baignées par le Gange. Leur organisation intérieure, leurs mœurs et leurs habitudes sont celles des autres Crocodiliens. Comme ceux-ci, ils sont redoutés dans les contrées qu'ils habitent. Toutefois il n'y a pas unanimité sur leur férocité : des voyageurs modernes assurent que les Gavials proprement dits (Crocodiles à museau allongé et étroit) n'attaquent jamais les hommes, et que les accidents rapportés par d'autres voyageurs doivent être attribués au Crocodile à deux arêtes (*C. biporcatus*), ce qui justifie la remarque d'Elion : que le Gange nourrit deux sortes de Crocodiles, les uns innocents (les Gavials), les autres cruels (les Crocodiles). Les Indiens, qui ont une sorte de culte pour ces dangereux reptiles, ne peuvent fournir à cet égard que des renseignements erronés. — Deux espèces connues :

Le **Grand Gavial** (*G. gangeticus*), qui atteint 5 à 6 mètres de long, et qui se nourrit de poissons ; — et le **Petit Gavial** (*G. tenuirostris*) ou *G. à petit museau*, qui n'atteint pas à beaucoup

près la taille du précédent, et dont la tête est proportionnellement plus étroite et le museau plus mince.

Les espèces fossiles seraient plus nombreuses ; du moins on est disposé à le croire d'après l'examen comparatif des restes nombreux qu'on rapporte aux Crocodiliens.

GAYAC. — V. *Gaïac*.

GAZELLE (*Gazella*). Les Antilopes se divisent en dix sous-genres, dont le premier est le Dorcas, auquel appartiennent la Gazelle, les Antilopes goitreuse et à bourse. Ce sous-genre a pour caractères : cornes à double courbure, soit de face, soit de profil, lyrées, de la longueur de la tête, implantées au-dessus des orbites ou à leur angle postérieur ; bandes longitudinales de couleurs foncées à la tête et aux flancs ; deux mamelles.

Gazelle dorcas (*Antilope dorcas*). Taille, élégance et légèreté du Chevreuil ; cou, dos, face externe des membres d'un fauve clair ; face interne de ceux-ci, ventre et fesse d'un beau blanc ; bande brune le long de chaque flanc ; bande blanchâtre autour de l'œil ; cornes noirâtres, assez grosses, marquées de 12 à 14 anneaux, existant dans les deux sexes.

Fig. 570. — Gazelle Dorcas.

La Gazelle vit en troupes nombreuses dans tout le nord de l'Afrique, dans la Haute-Egypte, l'Arabie et au centre de l'Asie. Ces ruminants portent à chaque aine une poche profonde remplie d'une matière fétide. La poésie trouve des comparaisons et des images flatteuses dans la beauté et la douceur des yeux de la Gazelle, dans la finesse de ses jambes, le gracieux de son allure, la légèreté de sa course. Mais, hélas ! cette faible et timide créature n'a que cela en partage : elle ne peut résister aux bêtes féroces, aux lions, aux panthères, qui en font leur proie ordinaire. Pourtant ces animaux, quand ils sont attaqués, cherchent à livrer combat en formant un cercle et présentant à l'ennemi leurs cornes de tous côtés. Si ce n'était que cela encore ; mais comme leur chair est d'un goût agréable, assez semblable à celui du chevreuil, l'homme leur fait la guerre. En Syrie, les riches trouvent un grand plaisir à chasser la Gazelle au faucon : l'oiseau de proie saisit le ruminant à la gorge et la lui déchire avec son bec et ses ongles.

La *Corinne* et le *Kevel* sont des variétés qui ne diffèrent de la Gazelle que par des cornes plus grêles dans la première, plus comprimées à leur base, et à anneaux plus nombreux dans la seconde.

ANTILOPE GOITREUSE (*A. gutturosa*), *Chèvre jaune des Chinois.* Cette espèce a le corps plus trapu et la taille plus grande que la précédente, la coloration du pelage et les cornes étant d'ailleurs à peu près semblables. Le mâle est pourvu d'un larynx très volumineux, qui fait saillie en dehors : outre les poches inguinales, qui sont assez grandes, il porte sous le ventre un sac au même endroit que le Musc, et dont le cérumen a l'odeur du Bouc. Absence de cornes chez la femelle. — Cet animal se rencontre dans la Mongolie, entre la Chine et le Thibet ; il habite les lieux arides et découverts, se nourrissant de végétaux doux. On dit qu'il a horreur des forêts et de l'eau.

ANTILOPE A BOURSE (*A. euchore*). Raie blanche à la partie postérieure du dos ; tête presque toute blanche, avec une ligne latérale noire ; queue grande, blanche et terminée par un flocon noir. —

Cette espèce vit en troupes très nombreuses dans les environs du cap de Bonne-Espérance, où les lions, les panthères et les hyènes en dévorent une grande quantité. Les poils de la raie du dos sont longs et logés dans un repli de la peau, que le panicule charnu développe en se contractant par l'effort du saut : de là sans doute son nom.

GAZON. Herbe menue, courte, serrée, qui tapisse le sol. Les Gazons sont composés de Graminées à feuilles fines, telles que Brizes, Conches, Fétuques ; dans les montagnes, on y remarque la Violette, le Serpolet, le Lotier, la Coronille, la Potentille, etc. — On obtient le Gazon soit par le semis, soit par le placage de mottes garnies de verdure. Il faut savoir assortir son semis, car tout Gazon semé d'une seule espèce de graine, quand même ce serait le *Gazon d'Olympe*, ou bien l'*Ivraie vivace* qui donne des rejetons latéraux si abondants, ne tarde pas à se détériorer et à laisser de grandes places vides. Il faut labourer le sol tous les 5 ou 6 ans ; il faut aussi, pour conserver longtemps le Gazon, ne point laisser grainer les plantes qui le constituent.

GAZON D'OLYMPE. — V. *Statice.*

Fig. 574. — Geai.

GEAI (*Garrulus*). Genre de Passereaux conirostres, voisin des Corbeaux, ayant pour caractères : bec assez fort, souvent échancré à sa pointe, et garni à sa base de plumes sétacées dirigées en avant ; narines ovalaires, tantôt découvertes, tantôt cachées par les plumes du front ; ailes médiocres, dont la 4e penne est la plus longue ; plumes de la tête s'érigeant en huppe.

Les Geais se tiennent dans les bois, réunis en famille pendant l'hiver, par couples en été ; quelques-uns émigrent dans la saison rigoureuse. Ils ont beaucoup de rapports avec les Pies : ils en ont la taille et les habitudes criardes et pétulantes, et sont omnivores comme elles. — Ces Oiseaux

ont été partagés en deux sections, comprenant ceux de l'Ancien-Monde et ceux du nouveau Continent, se distinguant par la longueur des tarses, plus grande chez ces derniers.

GEAI ORDINAIRE (*G. glandarius*). Nous n'avons pas besoin de décrire un oiseau aussi connu et aussi répandu dans presque toutes les parties de l'Europe que l'est le Geai. Il habite encore l'Afrique occidentale et quelques parties de l'Asie. On le trouve dans les bois et les buissons, où il vit de glands, de baies, de noisettes, etc., recherchant aussi les insectes et les vers.

Les Geais ont les sensations très vives et les mouvements brusques ; ils sont très colères et s'emportent parfois au point d'oublier leur propre conservation. Leur cri ordinaire est très désagréable ; ils ont, comme les Pies, de la disposition à contrefaire les oiseaux qu'ils entendent, à cacher les objets et à faire des provisions. Ils s'apprivoisent facilement et sont susceptibles d'éducation. La femelle pond 4 œufs d'un gris taché de verdâtre, dans un nid qu'elle construit à la fin d'avril sur les grands arbres de nos bois et de nos bordures. — Il existe des Geais blancs ou jaunâtres, espèces d'albinos à iris rouge. Levaillant a vu un Geai tout noir qui vivait en domesticité, et qui devait probablement cette couleur au chènevis dont il avait été nourri toute sa vie.

Geai imitateur (*G. infaustus*). Cette espèce, plus petite que la précédente, vit dans le nord de l'Europe, nichant sur les Pins et les Sapins, et pondant 5 œufs d'un gris bleuâtre avec des taches plus foncées.

Geai bleu (*G. cristatus*). C'est l'espèce principale du Nouveau-Monde. Il est d'un bleu pourpré clair sur le dos, avec les ailes et la queue bleues, rayées de noir et ocellées de blanc pur ; le ventre est gris pourpré, la huppe bleue. — Il appartient au Canada et à la Caroline.

GÉANT. Appliqué à l'Homme, ce mot rappelle une foule de fables engendrées par l'ignorance ou le manque de connaissances relatives aux fossiles. « Hérodote nous apprend que les grands ossements trouvés au mont Tégée passaient pour être les restes du fils d'Agamemnon, et qu'ils furent, sous ce nom, portés et reçus à Sparte. Ceux que l'on découvrit, au temps de Suétone (2ᵉ siècle de l'ère vulgaire), en l'île de Caprée, appartenaient de même à d'anciens héros. Et pour arriver à une époque plus récente, le fameux Théatobock, chef des Cimbres qui combattirent contre Marius, fut reconnu, en 1613, dans les débris d'un Éléphant trouvé en une sablonnière du département de l'Isère, quoique Riolan soutînt que ces os ne provenaient que d'un Éléphant ou d'un autre grand Mammifère voisin. On n'a pas oublié le Saurien, que le docte Scheuchzer déclarait être le squelette d'un homme de très haute taille, etc. »

GÉBIE (*Gebia*). Crustacé de la section des Homards, à carapace peu épaisse, flexible, garnie de très petits piquants, assez semblable, pour la forme, à celle de l'Écrevisse ; abdomen (queue) assez long, terminé par des lames natatoires entières, fort larges, presque triangulaires, ce qui distingue les Gébies des Thalassines, avec lesquelles elles ont la plus grande analogie. — Ces Crustacés, assez rares du reste, se rencontrent sur nos côtes, dans les endroits où la mer est habituellement calme, et se nourrissent de Néréides et d'Arénicoles. Ils sont nocturnes : le jour, ils se cachent dans des petits trous vaseux.

Nous ne citerons particulièrement aucune espèce.

GÉCARCIN (*Gecarcinus*). Genre de Crustacés de l'ordre des Décapodes brachyures, voisin des Crabes, dont il se distingue par la forme en cœur de la carapace. Corps épais, presque quadrilatère : carapace largement tronquée en arrière ; pieds-mâchoires extérieurs très écartés et laissant voir l'intérieur de la bouche ; yeux portés sur un pédicule court, logé dans des fossettes arrondies.

Les Gécarcins sont de l'Amérique méridionale. Leur nom (dérivé du grec *gê*, terre ; *karkinos*, Crabe) est synonyme de *Crabe de terre*, sous lequel on les désigne vulgairement, parce qu'ils se tiennent une partie de l'année dans les terres, sur les

Fig. 574. — Gécarcin (Crabe de terre).

montagnes voisines, où ils déposent leurs œufs et changent de test. Au dire de plusieurs observateurs, ils pratiquent des trous ou terriers dans le sable, et au temps de leur mue, ils ont soin de les boucher ; ils y restent cachés pendant six semaines, et lorsqu'ils en sortent, ils sont encore mous : on les appelle alors *Boursières*, et leur chair, qu'on mange à toutes les époques, est plus estimée.

Le **Gécarcin tourlourou** (*G. ruricola*) se trouve aux Antilles ; sa couleur générale est le rouge de sang foncé. Cette espèce est quelquefois dangereuse à manger, ce que l'on attribue au fruit du Mancenillier dont l'animal se nourrit. — Le G. bourreau (*G. carnifex*) habite l'île Saint-Thomas, où il est assez commun dans les cimetières. Couleur jaune rougeâtre. — Le G. fouisseur (*G. fossor*), d'un blanc jaunâtre, un peu verdâtre, se trouve à Cayenne.

GECKO. Nom qui désigne un grand nombre de Sauriens, formant une famille, les *Geckotiens*, dont les caractères sont : doigts élargis plus ou moins sur toute leur longueur, et garnis en dessous de lamelles transversales, imbriquées, entières ou divisées par un sillon médian longitudinal. Ils ont, comme les Lézards, un corps allongé, porté sur quatre pieds, terminé en arrière par une queue plus ou moins prolongée, et revêtu de téguments écailleux ; mais ils se distinguent nettement de leurs congénères par la disposition particulière de ces parties. Ainsi ils offrent : tête déprimée ; bouche largement fendue, langue charnue, large, aplatie ; dents nombreuses, petites, droites, très acérées, uniformes, absentes au palais ; yeux grands, saillants, à pupille verticale elliptique ; tronc trapu, déprimé, garni sur les côtes, dans quelques espèces, d'appendices membraneux qui leur servent à se soutenir en l'air pendant le saut ; queue ronde, généralement massive ; pieds médiocrement développés, doigts assez courts en général, presque égaux et naissant tous sur un même plan ; ongles courts et crochus, etc.

Les Geckos ne dépassent guère la taille de nos Lézards. Ils sont répandus dans les contrées chaudes des deux hémisphères ; ils se cachent dans les trous des maisons, sous les pierres, ou, plus sauvages, vivent sur les arbres, sautent de branche en branche assez lestement, et ils se nourrissent d'insectes qu'ils poursuivent la nuit. Ce sont des animaux timides et inoffensifs, qui doivent sans doute à leur aspect repoussant d'avoir inspiré partout le dégoût et l'horreur, et donné lieu aux récits les plus sombres de leurs prétendus méfaits. En effet, Bontius a dit que la morsure des Geckos est venimeuse au point de causer la mort en peu d'heures ; suivant d'autres voyageurs l'attouchement seul de leurs pieds empoisonnerait les aliments sur lesquels ils marchent ; leur urine serait délétère, et les Javanais empoisonneraient leurs flèches en les trempant dans leur sang.

Fig. 573. — Gecko des murailles.

Les Geckos, loin d'être lourds et lents, comme on l'avait prétendu, grimpent au contraire avec vitesse le long d'une poutre ; ils courent même à la renverse sur les solives d'un plafond, suspendus qu'ils sont par leurs ongles fins et acérés, ou par les lamelles de la face inférieure de leurs doigts, lesquelles font l'office de ventouses, en s'appliquant exactement à la surface des objets et faisant le vide au moyen des dilatations dont elles sont susceptibles. Leur nom est l'onomatopée du son qu'ils font entendre, bruit que l'on a comparé à celui que nous faisons avec notre langue pour stimuler un cheval. — Les Geckos se reproduisent au moyen d'œufs pisiformes, à coque calcaire blanche,

qu'ils déposent dans le sable et qu'ils abandonnent à l'incubation solaire.

Les Geckotiens forment plusieurs genres dont aujourd'hui, chose singulière, aucun ne porte le nom de Gecko.

PLATYDACTYLE (*Platydactylus*). Ce genre est caractérisé par : doigts dilatés en massue, garnis en dessous et en avant de lamelles en chevron, onguiculés chez les uns, non pourvus d'ongles chez d'autres. Parmi les espèces on trouve le GECKO DES MURAILLES ou *Turente*, d'un gris foncé et comme piqueté, le corps couvert de tubercules, long de 14 cent. — Il est assez commun en Provence, en Italie, en Grèce, en Égypte, redouté dans certains endroits, respecté dans d'autres. Il se tient d'ordinaire dans les vieux murs, mais aussi sur ceux des maisons habitées. Son instinct le pousse à faire la chasse aux insectes volants jusque sur les plafonds des habitations, semblant être une sorte de domestique ayant pour mission de purger les maisons d'araignées et de moustics. On croit que c'est le Gecko que Salomon a voulu désigner quand il a dit : « Je connais trois choses qui sont les plus petites de la terre, mais qui sont plus sages que les sages : les Lièvres qui dorment sur la terre, les Sauterelles qui voyagent en troupes sans confusion, et les Lézards qui habitent les palais des Rois. » — Le *Gecko d'Égypte* est une autre espèce un peu plus grande et qui a les mêmes habitudes. — Le *G. Homalocéphale* est particulièrement remarquable par ses pieds palmés, son corps bordé sur les côtés d'une membrane horizontale, etc.

HÉMIDACTYLES. Base de 4 ou 5 doigts de chaque patte élargie en un disque, du milieu duquel s'élèvent les deux dernières phalanges qui sont grêles ; bande longitudinale de grandes plaques sous la queue. — Les espèces sont surtout abondantes dans les îles de l'Océanie.

Citons pour mémoire les PTYODACTYLES (à doigts en éventail), les PHYLLODACTYLES (doigts en lames) et les SPHÉRIODACTYLES (doigts cylindriques), qui ne se voient pas en Europe.

GÉLASIME (*Gelasimus*). Genre de Crustacés décapodes brachyures, ayant beaucoup d'analogie avec les Ocypodes ; leur test est en forme de trapèze transversal et plus large au bord antérieur, dont le milieu est rabattu en manière de chaperon ; l'une des serres est beaucoup plus grande que l'autre, etc. — Les Gélasimes sont connus vulgairement sous le nom de *Crabes appelants*, parce qu'ils ont l'habitude singulière de tenir toujours élevée leur grosse pince en avant de leur corps, comme s'ils faisaient le geste d'usage pour inviter quelqu'un à s'approcher. Elles se tiennent non loin de la mer, dans les terrains humides, et plusieurs d'entre elles se creusent des terriers. Elles sont généralement carnivores. Les diverses espèces, telles que la G. MARACOANI, la G. APPELANTE, la G. COMBATTANTE, appartiennent à l'Amérique.

GELÉE. Action du froid (V. ce mot) sur l'eau libre ou combinée dans les corps. A zéro thermométrique, la Gelée commence, c'est-à-dire que l'eau se condense au point que sa surface se couvre d'abord d'aiguilles détachées, puis d'une sorte de pellicule très mince, qui acquiert insensiblement de l'épaisseur, jusqu'à comprendre toute la masse du liquide. Dans l'état de congélation, l'eau a un volume plus considérable que celui qu'elle a étant liquide, et ce volume est d'un quatorzième en plus. Il en résulte que l'eau qui remplit un vase à col étroit, comme une carafe, par exemple, rompt les parois de ce vase, devenu trop étroit, lorsque le liquide s'y congèle. Pareillement, la Gelée qui surprend l'eau dont une roche est pénétrée, est aussi une cause puissante de destruction et de fissures dans tous les sens, fissures qui font tout tomber en écailles, en grains ou en poussière lorsqu'arrive le dissolvant dégel.

C'est enfin cette dilatation de l'eau à une basse température qui explique la dégradation qu'éprouvent les pierres de taille renfermant de l'eau combinée avec leurs molécules.

Il ne gèle jamais sous les tropiques, mais l'intensité de la Gelée est très considérable à l'approche des pôles, centres des glaces éternelles.

On nomme *Gelée blanche*, dans notre climat, la vapeur d'eau atmosphérique qui, pendant la fraîcheur des nuits, se dépose comme une gaze légère sur les plantes refroidies par le rayonnement du calorique, et se transforme en aiguilles menues, très petites, qui nous paraissent blanches par l'effet de la réfraction. — V. *Eau*.

GÉLINOTTE (*Bonasa*). Genre d'Oiseaux de l'ordre des Gallinacés, détaché des Tétras ou mieux faisant partie de leur famille, les Tétraoninés (V. *Tétras*), ayant pour caractères distinctifs :

Fig. 574 et 575. — Gélinotte (mâle et femelle).

bec moins courbé et plus allongé ; queue arrondie, tarses emplumés seulement dans leur première moitié, nus dans le reste ; plumes du vertex formant une petite huppe chez le mâle.

Gélinotte Tétras (*Tetras bonasia*). Se reconnaît à un grand espace noir entouré d'une bande blanche qu'elle porte sous la gorge, à une tache rouge au-dessus des yeux, et au mélange de roux, de blanc et de noir qui recouvre toutes les autres parties du corps ; le mâle a la tête un peu huppée quand il le veut.

La **Gélinotte des bois** (*B. sylvestris*), espèce de *Ganga* (*Ganga cata*), est un oiseau de 35 à 36 cent. de longueur totale, dont le plumage est assez difficile à décrire, car il est mélangé de roux, de noir, de blanc, de rayé ; il pond 12 ou 13 œufs d'un roux clair marqué de points et de taches brunes. — Ces oiseaux habitent l'Europe, la Suisse, l'Allemagne ; se trouvent aussi sur les Pyrénées et dans les Vosges.

Les Gélinottes se plaisent dans l'épaisseur des grands bois montagneux de sapins, de mélèzes, de coudriers : d'où leur nom de *Poules des Coudriers*; c'est là qu'elles vivent, en é é, de baies de myrtille, de framboisiers et de ronces; en hiver, de bourgeons de sapin, de chatons de bouleau, de fruits de genévrier. Ces oiseaux marchent plus qu'ils ne volent; poursuivis, ils aiment mieux se cacher que de fuir. Leur chair est exquise. Ponte de 12 ou 13 œufs, d'un roux clair tacheté et ponctué de brun.

GÉNÉRATION. Fonction vitale ayant pour but la reproduction des êtres organisés et leur propagation à travers l'immensité des temps. Il est inutile de chercher à soulever le voile mystérieux dont la nature s'est enveloppée à l'endroit de ce grand phénomène, voile que les nombreuses théories, les doutes, les expériences des physiologistes, semblent avoir rendu plus épais encore. Toutefois on demeure convaincu que la force génératrice, émanée du Créateur, quoique s'exerçant sous des formes aussi nombreuses que variées, depuis l'être le plus simple jusqu'à l'être le plus parfait en organisation, est le constant effet de deux principes dont la tendance instinctive est de se chercher, de se précipiter l'un vers l'autre.

Si nous voulions procéder, dans l'étude de ce sujet important, du simple au composé, nous commencerions par le chapitre de la *Génération spontanée*, puis nous nous élèverions des Infusoires aux plantes Cryptogames, puis aux Phanérogames, enfin aux Animaux, jusqu'aux plus parfaits; mais nous devons sacrifier cet ordre, quoiqu'étant le plus logique, pour celui que nous avons suivi jusqu'ici; c'est à-dire que nous considérerons la Génération : 1° dans les Animaux, 2° dans les Végétaux, et qu'ensuite, dans un article spécial, nous parlerons de la *Génération spontanée*.

Génération considérée dans les animaux. — Ce phénomène, quoique sous l'empire d'une loi fondamentale simple et une, se présente sous des formes variées, multiples, selon les divers degrés de l'échelle zoologique, qui nous obligent à le considérer d'abord dans l'homme, puis dans les autres animaux. — Nous devons donc étudier successivement l'appareil génital, le mécanisme de la fonction, les phénomènes consécutifs. Il eût été mieux, peut-être, de passer sous silence ce sujet délicat; mais à la manière dont nous devons en faire l'exposition, nous croyons pouvoir être complet sans blesser aucun sentiment.

Appareil génital. Il diffère, comme chacun sait, dans l'homme et dans la femme ; cependant, dans les deux sexes, on peut le considérer comme représentant un appareil sécréteur, première remarque déduite d'un examen philosophique du sujet, et qui en démontre la simplicité sous des apparences complexes et mystérieuses.

L'*appareil génital mâle* ou de l'homme se compose, en effet, de *glandes* sécrétantes (testicules), de *conduits* pour le produit sécrété (conduits déférents), de *réservoirs* pour ce même produit (vésicules séminales), et d'un *canal excréteur* (urètre), absolument comme s'il s'agissait de toute autre sécrétion, de celle de l'urine, par exemple, où l'on trouve les reins, les uretères, la vessie et le canal de l'urètre.

Les *testicules* sont les deux glandes auxquelles la nature a confié l'élaboration du liquide fécondant appelé *sperme* (du gr. *sperma*, semence), liquide blanchâtre, visqueux, d'une odeur *sui generis*, contenant, comme condition indispensable de son pouvoir fécondateur, des *spermatozoaires*, animalcules particuliers qui ne s'y rencontrent qu'à la puberté et en disparaissent dans l'âge avancé. Ce sont deux corps ovoïdes glanduleux, composés d'une innombrable quantité de vaisseaux déliés, nommés *spermatophores*, qui se résument en un gros canal sinueux et multiple, l'*épididyme*, lequel se termine par le *canal déférent*. Ces glan-

des sont ordinairement placées au dehors, étant contenues et protégées par un repli de la peau (le *scrotum*), appelé vulgairement *bourses*. Elles sont comme suspendues par le *cordon*, qui se compose du *canal déférent*, de vaisseaux sanguins et de tissu cellulaire, le tout enveloppé d'une membrane fibro-séreuse. Le cordon pénètre dans la cavité abdominale par le canal inguinal; et, dès qu'il y est arrivé, le *canal déférent*, abandonnant les vaisseaux spermatiques, se dirige vers la partie inférieure de la vessie, à laquelle sont accolées les *vésicules séminales*, qui sont comme les réservoirs du sperme, et s'y abouche. De chaque vésicule séminale naît, en avant, un *canal éjaculateur*, qui s'ouvre dans le *canal de l'urètre*, lequel règne dans toute l'étendue du membre viril, appelé *verge* ou *pénis*. Le canal de l'urètre conduit aussi dans la vessie, et devient par conséquent tout à la fois canal excréteur de l'urine et du sperme, selon les circonstances : dans le premier cas, le pénis reste mou, pendant; dans le second cas, au contraire, son tissu, essentiellement spongieux et érectile, se gorge de sang, et toutes ses dimensions augmentent en même temps qu'il durcit, devient résistant sous l'influence du stimulus vénérien.

L'*appareil génital femelle*, ou de la femme, peut être considéré comme un système d'organes destiné à une sorte de fonction de sécrétion. En effet, il présente deux *corps glanduleux* (ovaires), deux *conduits* pour les produits de ces corps (trompes de Fallope), un *réservoir* (matrice), un *canal excréteur* (vagin).

Les *ovaires* sont deux petits corps cellulo-vasculaires de la grosseur d'une fève de marais, placés, un de chaque côté de la matrice, dans l'épaisseur de replis membraneux qui naissent des parties latérales de cet organe aux dépens du péritoine, et qu'on nomme *ligaments larges*. C'est dans ces corps (les ovaires) que sont logées les *vésicules ovariques* ou de *de Graaf*, lesquelles contiennent les *ovules* (V. ce mot) chez la fille pubère. — Les *trompes de Fallope* sont les conduits qui mettent les ovaires en communication avec la matrice; leur extrémité supérieure et externe est évasée, libre et flottante (*pavillon*); mais au moment de la conception, elle s'applique sur l'ovaire pour recevoir l'ovule qui s'en détache, et son extrémité inférieure ou utérine s'ouvre au fond de la matrice, pour y déposer ce même ovule. — La *matrice* ou *utérus* est un organe musculaire creux, en forme de poire comprimée d'avant en arrière et renversée, situé entre la vessie et le rectum. Sa grosse extrémité est donc tournée en haut, sa petite extrémité, qui est cylindrique et appelée *col de l'utérus*, est dirigée en bas. Ce col de la matrice ou utérin fait saillie d'une longueur de 2 à 3 cent. dans le vagin, qui l'embrasse dans sa partie supérieure, et tout à fait à son extrémité, il présente une ouverture sous forme d'une fente, appelée *museau de tanche*, à cause de la comparaison à laquelle elle a donné lieu, ouverture qui conduit dans l'intérieur de la matrice. — Le *vagin* est un canal membraneux, très extensible, étendu depuis la vulve jusqu'à la partie supérieure du col de l'utérus, destiné à recevoir l'organe mâle pour opérer la fécondation, et plus tard à livrer passage au produit de la conception, ainsi qu'à l'écoulement menstruel.

Mécanisme de la fonction. C'est un point de physiologie sur lequel nous croyons devoir garder le silence, car si on entend par là les rapports sexuels, le sujet est trop délicat à manier, trop inflammable ; s'il s'agit de la conception, tout est environné de mystères, et ce que nous avons dû en dire a été exposé au mot *Fécondation.*

Phénomènes consécutifs. — V. les mots *Gestation, Accouchement, Part.*

GÉNÉRATION COMPARÉE. — La génération présente des différences plus ou moins grandes, selon qu'on la considère dans les *Vertébrés* ou les *Invertébrés,* et selon les divers degrés de ces deux grandes séries. Dans les *Vertébrés* (Mammifères, Oiseaux, Reptiles, Poissons), elle s'accomplit par le concours des sexes ; les organes sexuels mâles et les organes sexuels femelles sont portés par des individus différents, mais la fécondation n'exige pas l'accouplement dans tous, ainsi que nous le verrons bientôt. — Chez les *Invertébrés,* la génération présente des modes très divers, depuis celle qui a lieu au moyen de l'accouplement et de véritables œufs, jusqu'à l'hermaphrodisme complet et les générations gemmipare et fiscipare.

Mammifères. En général, chez tous les Mammifères, les organes sexuels présentent une grande ressemblance, tant sous le rapport de leur disposition extérieure que sous celui de leur mode d'action. Voici pourtant quelques différences à signaler : chez tous ces animaux les testicules ne sont pas pendants au dehors ; dans l'Éléphant, le Phoque, les Cétacés, ils restent cachés dans l'abdomen. Le pénis présente aussi une forme, un volume et une longueur très variables : tantôt il est libre et pendant, tantôt il est contenu dans un *fourreau,* qui le retient appliqué contre les parois de l'abdomen ; d'autres fois, au contraire, il est porté en arrière vers l'anus, comme dans les Marsupiaux. Dans l'état de repos, cet organe rentre dans le fourreau, et assez souvent il s'y replie de différentes manières : dans le Chameau, par exemple, il est recourbé en arrière ; dans l'Éléphant, il se replie à son extrémité en forme de double *s* italique. Chez les Chiens et beaucoup d'autres Carnassiers, la verge contient un os dans son intérieur.

Les ovaires et les trompes de Fallope existent chez tous les Mammifères à peu près. La matrice est tantôt simple et indivise, comme dans les Bimanes, les Quadrumanes et plusieurs autres animaux ; tantôt elle est divisée, à son fond, en deux longues cornes, comme dans beaucoup de Carnassiers, de Ruminants (Vache, Chèvre, Brebis), comme dans la Jument, le Phoque, etc. Cet organe est complétement double chez les Rongeurs (Lapins, Souris, Rats, etc.), et chaque matrice vient

s'ouvrir, sous la forme d'une sorte d'intestin, dans la partie supérieure du vagin. Il est certains animaux anomaux, tels que les Kanguroos, les Phalangers, les Sarigues, qui ont la matrice double, triple et même quadruple. La femelle du Singe est soumise à la menstruation, comme la Femme ; cette fonction existe aussi chez certains Chéiroptères.

Il est un organe dont nous n'avons pas parlé en traitant du système sexuel de la femme : c'est le *clitoris,* petit corps formé d'un tissu érectile, doué d'une exquise sensibilité, et qui, placé à la commissure des petites lèvres, au-dessus de l'ouverture de l'urètre, lequel vient immédiatement au-dessus de l'entrée du vagin, est susceptible d'acquérir anormalement et par l'effet d'un vice de conformation, un développement tel, qu'il peut faire naître, à première vue, des doutes sur le sexe véritable de l'individu. — V. *Hermaphrodisme.* — Cet organe est situé, dans beaucoup de Mammifères, comme la Jument, l'Anesse, à la partie inférieure du vagin, par suite du mode de station de ces Quadrupèdes.

Oiseaux. Les mâles ont les testicules renfermés dans l'abdomen, et situés au voisinage des reins. Au lieu de pénis, ils ont une sorte de papille vasculaire et érectile ; les canaux spermatiques ou déférents, qui servent à l'excrétion du sperme, s'ouvrent à l'extrémité inférieure du tube digestif dans le cloaque. C'est par l'application de l'anus du mâle contre l'anus de la femelle que s'opère la fécondation. L'Autruche, le Canard, l'Oie, ont cependant un pénis rudimentaire, qui n'est pas toujours percé d'un canal central ; celui de l'Autruche présente un sillon profond et étroit qui règne dans toute sa longueur, et par lequel la matière séminale est introduite dans l'organe de la femelle. Dans l'état de repos, ce pénis est replié sur lui-même et rentré dans le cloaque, dont il bouche en grande partie l'ouverture extérieure ; à sa base s'ouvrent les deux canaux déférents de manière que la semence est naturellement portée dans le sillon dorsal. Chez le Canard et plusieurs autres Palmipèdes, le pénis est une sorte de cylindre creux.

Les Oiseaux femelles n'ont qu'un seul ovaire, placé entre les reins, au devant de la colonne vertébrale, ou mieux l'un des deux ovaires se développe si peu, qu'il ne semble en exister qu'un seul. A cet ovaire unique correspond un seul oviducte. On nomme *oviductes* les canaux qui, chez les Ovipares, sont les analogues des trompes chez les Mammifères, et que parcourent les œufs fécondés. L'oviducte, ouvert et évasé supérieurement en forme de pavillon, vient se terminer inférieurement dans le cloaque. Il n'y a donc ni matrice ni vagin chez les Oiseaux, non plus que chez les animaux qui ne sont pas vivipares, c'est-dire dont les petits ne sortent pas tout vivants de leur corps.

Reptiles. Quoique ovipares comme les Oiseaux, les Reptiles ont un pénis. Leurs testicules sont renfermés dans l'abdomen. Les Tortues ont une verge assez développée, marquée d'un sillon profond à sa face supérieure. Les Lézards et les Serpents en ont deux, souvent hérissées de pointes raides et épineuses; mais les Crapauds et les Grenouilles en sont dépourvus : cet organe est remplacé chez eux par une simple papille saillante, comme dans la plupart des Oiseaux.

Les Reptiles femelles ont deux ovaires très développés, et deux oviductes qui s'ouvrent séparément dans le cloaque; ils manquent de matrice et de vagin, comme les Oiseaux. Leurs œufs sont tantôt agglomérés (Grenouilles, Crapauds), tantôt placés à la file les uns des autres, comme les grains d'un chapelet.

Poissons. Dans cette classe de Vertébrés, les mâles sont pourvus de deux testicules qui ne sont autre chose que deux sacs membraneux allongés, occupant une grande partie de l'abdomen, et remplis d'une matière blanchâtre opaque, demi-consistante, à laquelle on a donné le nom de *laitance, laite.* Les canaux spermatiques s'ouvrent soit dans le cloaque, soit par une ouverture spéciale, dans le voisinage de l'anus. Il n'y a généralement pas d'accouplement, et les œufs sont fécondés après la ponte, excepté chez les Squales, les Scies, les Marteaux, où il y a intromission d'une verge.

Les Poissons femelles sont pourvus de deux ovaires assez semblables, pour la forme et la position, aux testicules des mâles : ce sont deux sacs allongés remplis de très petits œufs en nombre extrêmement considérable. Il y a deux oviductes, mais souvent ces conduits sont nuls, les sacs ovariens communiquant immédiatement avec le cloaque par un canal très court.

Invertébrés. Nous l'avons déjà dit en commençant, la Génération présente ici des modes très divers. Les testicules, souvent réduits à l'unité, ont tantôt l'apparence de glandes de formes variées, composées de vaisseaux, comme dans les *Mollusques;* tantôt ils se présentent sous l'aspect de vaisseaux allongés, flexueux, non réunis ensemble, comme dans les *Insectes,* les *Vers;* toutefois, il faut admettre des exceptions dans ces lois générales. Le pénis, qui disparaît dans les Oiseaux, les Poissons, etc., reparaît dans les Mollusques, ainsi que dans les Annélides et les Crustacés, tels que Vers, Sangsues, Limaces, Entozoaires, Ecrevisses, etc.

Les Individus femelles sont pourvus d'ovaires, dont la structure est très simple, et qui finissent par n'être plus qu'une réunion de tubes ou de vaisseaux ramifiés, offrant souvent des appendices en forme de cul-de-sac, ou bien enfin ne consistant qu'en un seul vaisseau flexueux.

Presque tous les Annélides articulés qui se reproduisent à l'aide d'œufs sont hermaphrodites (V. ce mot); beaucoup d'Helminthes et de Mollusques sont dans le même cas. Chez quelques Mollusques hermaphrodites (Limaçon, Limnées, etc.), il existe des organes de copulation, et l'accouplement est réciproque, c'est-à-dire que l'individu est à la fois mâle et femelle par rapport à un autre individu de la même espèce. Le pénis de l'un s'engage dans les organes femelles de l'autre, et l'organe femelle du premier reçoit le pénis du second.

Zoophytes. Ces êtres, placés sur les confins des deux règnes, se reproduisent par *génération gemmipare.* Dans les Acalèphes, les Spongiaires, les Infusoires, il se forme, sur un certain point du corps, quelquefois toujours au même endroit, une sorte de tubercule arrondi qui, d'abord plein, se creuse d'une cavité, puis se transforme peu à peu en un individu semblable à celui qui lui a donné naissance, s'en détache et se reproduit à son tour de la même manière. Quelques Annélides (Naïs, Syllis, etc.), se reproduisent aussi par génération gemmipare, c'est-à-dire qu'il se développe, à leur partie postérieure, un individu nouveau qui se sépare par étranglement et division. Quelquefois il se forme en même temps plusieurs bourgeonnements les uns sur les autres, et la séparation n'a lieu que quand cinq ou six individus se sont formés. Les Annélides qui présentent ce mode de division offrent cela de remarquable que l'individu chez lequel on l'observe manque d'organes de reproduction, tandis que les produits de la gemmiparité en sont pourvus : d'où il suit que ces produits sont destinés à pondre des œufs, et que de ces œufs naissent des individus non sexués.

On nomme *Génération fissipare* celle qui a lieu par une sorte de fractionnement du corps des individus, donnant lieu à l'existence d'autant d'individus complets de la même espèce qu'il y a eu de segments détachés. Ce mode de génération est naturel ou accidentel. La Génération *fissipare naturelle* s'observe principalement dans les Infusoires, quelques Hydres, etc.; elle commence par un étranglement ou constriction bientôt suivie de l'isolement des deux parties placées de chaque côté de l'étranglement, et la division s'opère dans des directions déterminées, toujours les mêmes chez le même animal. Plusieurs Zoophytes, pourvus d'organes sexuels et ovipares, tels que les Méduses, quelques Vers intestinaux, peuvent aussi, à certaines périodes de leur développement, se multiplier par scission; ou bien encore leurs œufs nagent quelque temps dans le liquide, puis se fixent à un corps étranger, se développent, se partagent en un certain nombre de parties renflées et séparées par des étranglements; au bout d'un temps plus ou moins long, chaque segment renflé devient libre et donne naissance à un nouvel être.

La Génération *fissipare accidentelle* est une *Régénération* de parties séparées du corps. Lorsqu'on coupe un Ver de terre en deux parties, la partie antérieure du corps donne naissance à un animal entier; il en est de même de la partie postérieure, qui toutefois se complète plus lentement. Chez beaucoup d'Entozoaires, les Hydres, les Actinies, il suffit généralement d'un fragment peu considérable du corps pour reproduire l'animal entier. Tremblay coupe une Hydre en petits morceaux dans toutes les directions : chaque fragment reproduit une Hydre complète. La force de régénération existe aussi chez des animaux d'un ordre un peu plus élevé : les Limaces peuvent reproduire leurs tentacules enlevés, les Céphalopodes leurs bras, les Salamandres leurs pattes, les Lézards leur queue.

GÉNÉRATION CONSIDÉRÉE DANS LES PLANTES. — Les végétaux les plus simples, ceux qui se trouvent aux confins des deux règnes, se reproduisent à la manière des Zoophytes, par Génération *fissipare*; ceux d'un ordre un peu plus élevé se reproduisent par Génération *gemmipare*, comme les Mousses, les Lichens. Les Cryptogames et les Phanérogames ont un mode de génération indiqué aux articles qu'ils intitulent, et au mot *Fécondation des plantes*.

GÉNÉRATION SPONTANÉE. Cette question partage encore les physiologistes, étant résolue par l'affirmative dans un camp, par la négative dans l'autre. Ceux qui l'admettent s'appuient sur les expériences de MM. Prévost et Dumas, qui ont observé dans des liquides dépouillés de l'existence de tout germe par une distillation répétée, des êtres formés de toutes pièces et spontanément. Séduits par des apparences trompeuses, divers philosophes ont donné à cette théorie une grande extension, voyant un principe de vie dans la terre, dans le limon des eaux et même dans la putréfaction des corps organisés. Mais les savantes recherches de Ridi, de Swammerdam, ont constaté que les animaux qui se développent dans la substance animale putréfiée sont le produit d'œufs précédemment déposés par des insectes.

Il est certain qu'il y a dans l'air une multitude innombrable de germes microscopiques ou de spores végétaux et animaux. Les poussières qui se déposent à la surface des corps sont capables, quand elles se trouvent dans des conditions convenables d'humidité et de température, de donner naissance à des mousses végétales ou *moisissures*, ou à des *infusoires*. Ce qui est certain encore, c'est que le développement de ceux-ci ne s'opère qu'à l'air libre et sous l'influence d'une certaine température. Lorsqu'on place la substance organique dans l'eau distillée, après avoir chauffé le tout à 100 degrés pour détruire tous les germes d'animalcules qu'elle pourrait contenir, et qu'on supprime le contact de l'air en bouchant le vase ou en l'étirant à la lampe, il ne se forme pas d'animalcules.

Ces expériences et celles de M. Schultz, qui n'a pas vu se former d'animalcules lorsqu'il permettait le contact d'un air qui n'arrivait dans l'appareil qu'après avoir traversé un flacon d'acide sulfurique, ces expériences sont d'un grand poids sans doute; mais ne peut-on objecter que l'ébullition a eu pour effet d'enlever à la substance organique le pouvoir de s'organiser spontanément plus tard; et d'ailleurs, qu'est-ce qui démontre que les spores, les germes supposés en si grand nombre dans l'air ne sont pas susceptibles de se produire spontanément eux-mêmes?

Les Vers intestinaux ne se développent jamais par génération spontanée dans le corps des animaux vivants; ceux qui se trouvent dans les cavités qui ont une issue au dehors, peuvent s'y introduire soit à l'état d'œuf, soit à l'état de développement plus ou moins avancé. « Quant à ceux qui existent dans l'intérieur même des organes, il est vraisemblable qu'ils y ont été portés par les voies de la circulation. Les fines membranes des vaisseaux d'un petit calibre ne constituent pas un obstacle infranchissable à ces animaux, lorsqu'ils n'ont encore que de petites dimensions. Les Entozoaires, trouvés dans l'intérieur du corps des fœtus encore contenus dans le sein maternel, ont pu s'y introduire au travers des minces parois des vaisseaux placentaires. » Ces lignes, tracées par les adversaires de la Génération spontanée, ont l'inconvénient de mettre à la place de celle-ci des vues hypothétiques dont rien ne démontre l'exactitude. Un auteur qui, tout en semblant vouloir éluder la question, montre une certaine passion à son endroit, dit quelque part : « Les moules des êtres qui peuplent aujourd'hui le globe se briseront un jour comme le furent ceux des êtres fossiles renfermés depuis des milliers de siècles dans les terrains de seconde formation, comme le furent auparavant ceux dont les dépouilles sont cachées sous les couches primitives. » *Et adhuc sub judice lis est.*

GENÊT (*Genista*). Genre de Plantes de la famille des Légumineuses, tribu des Papilionacées, comprenant des sous-arbrisseaux à feuilles uni foliolées, rarement trifoliolées; à fleurs disposées en grappes jaunes, rarement subsolitaires, terminales ou axillaires : calice à deux lèvres; stigmate oblique sur la face interne du style. Pour fruits, légume polysperme.

Le Genêt, dont nous indiquons ci-dessous les principales espèces, est une plante généralement utile en ce qu'il améliore, par ses débris naturels, les terres arides où il croît; il sert de litière, de combustible pour chauffer le four, de fourrage même, de matière tinctoriale; il fournit dans son écorce un fil susceptible d'une grande blancheur et qui peut remplacer le chanvre, etc.

GENÊT A BALAI (*G. scoparia*). Sous-arbrisseau de 1-2 mètres, très rameux, à rameaux effilés, dressés, glabres, anguleux par places; feuilles trifoliolées, pétiolées; fleurs en grandes grappes jaunes terminales, à style filiforme allongé, roulé en spirale pendant la floraison.

Cette plante croît aux lieux arides et incultes, dans les bruyères, et fleurit en avril-juin. C'est elle particulièrement qui offre les usages ci-dessus indiqués; on en extrait aussi des cendres riches en potasse, qui servent à la fabrication du verre de bouteille; on en fait des balais; on en couvre les chaumières, etc. Ses fleurs ont été employées en infusion dans l'hydropisie et l'albuminurie ; ses semences seraient éméto-cathartiques.

GENÊT DES TEINTURIERS (*G. tinctoria*), vul. *Genette, Genestrelle, Genestrole.* Sous-arbrisseau de 30 à 60 centim., à tiges rameuses, cylindriques, dressées, sillonnées, glabres ; feuilles à folioles planes, oblongues, lancéolées ; fleurs naissant à l'aisselle des feuilles, et formant des grappes terminales jaunes. — Cette plante est commune dans les bruyères, sur la lisière des bois, les coteaux incultes, où elle fleurit dans les mois de juin-août. On multiplie facilement cette espèce par semence ; les sommités fleuries sont quelquefois employées pour teindre les articles de peu de conséquence, et il est probable que la Génestrole servait aux anciens pour teindre leurs vêtements.

GENÊT D'ESPAGNE (*G. juncea*). Sous arbrisseau de 1 à 2 mètres, dont les rameaux contiennent une moelle abondante ; ses fleurs sont grandes, d'un jaune d'or, et d'une odeur suave. — On le cultive dans les jardins et les parcs, où il fleurit en mai-juillet. Cette espèce fournit une filasse propre à faire de la toile. Ses rameaux peuvent suppléer l'osier. Les abeilles recherchent encore plus ses fleurs que celles des autres espèces.

Le GENÊT VELU (*G. pilosa*), espèce assez rare, a la corolle pubescente, soyeuse, les gousses velues hérissées. — Une variété (*Genista hirsuta*) est velue hérissée dans toutes ses parties.

GENETTE (*Genetta*). Genre de Carnassiers digitigrades, voisins des Fouines et des Chats, ayant le museau fin, le corps allongé et bas sur jambes, le pelage moucheté, la queue annelée, les ongles à demi rétractiles. Ces animaux se séparent des Civettes en ce que, chez eux, les poches qui sécrètent la matière odorante sont réduites à de simples enfoncements, au lieu de former un double sac.

Les Genettes sont, par leurs habitudes et leurs allures, assez analogues aux Fouines, qu'elles surpassent en élégance, et aux Chats, qui ont le corps moins élancé. Elles se trouvent dans tout l'ancien continent, vivant de proie, de petits animaux,

Fig. 570. — Genette fossane.

quelquefois aussi d'œufs et d'insectes. Leur pelage est un article de pelleterie assez important.

La GENETTE COMMUNE (*G. vulgaris*), *Genette de France*, a le pelage gris, tacheté de petites plaques noires, rondes ou allongées, avec la queue annelée de noir. — Elle se trouve en France, en Espagne, en Italie, en Grèce ; vit dans les bois et les lieux arides. Cet animal a des habitudes nocturnes, d'ailleurs non parfaitement connues, de même qu'on ne sait préciser les contrées qu'il habite de préférence. Essentiellement carnivore, si l'occasion s'en présente, il s'introduit dans les basses-cours, les poulaillers, pour égorger la volaille.

La GENETTE FOSSANE (*G. fossa*), assez semblable à la précédente, mais d'une teinte légèrement roussâtre et un peu plus haute sur pattes, a pour patrie Madagascar. Ses mœurs sont semblables à celles de la Fouine ; elle mange de la viande et des fruits ; mais elle préfère ces derniers et particulièrement les bananes.

D'autres espèces appartiennent à l'Afrique, à l'Asie : nous les passons sous silence.

GENÉVRIER (*Juniperus*). Genre de Plantes de la famille des Conifères, tribu des Cupressinées, arbrisseaux et arbres dont les feuilles sont subulées, piquantes, verticillées par 3 ; fleurs dioïques, rarement monoïques : les chatons mâles petits, ovoïdes, composés d'écailles peltées qui portent à leur bord inférieur des anthères sessiles : chatons femelles composés de 3 écailles concaves ayant chacune un ovule à leur base. Le cône est bacciforme ; fruit formé de l'agrégation des écailles, soudées ensemble après l'acte fécondateur, et formant un involucre accru, charnu, renfermant un ou plusieurs petits noyaux osseux. Ce caractère d'écailles qui ne se séparent point différencie le Genévrier du Cyprès. — On en compte bien 25 espèces, qui aiment toutes les terrains arides et montagneux, les sables, les lieux pierreux et même les fentes des rochers.

Genévrier commun (*J. communis*). Arbrisseau très rameux diffus, formant buisson, dont la taille varie selon le climat, étant moindre dans le Nord que dans le Midi. Ses feuilles sont linéaires, subulées, raides et piquantes : ses fleurs paraissent en mai ; une baie bleue, ou d'un violet foncé leur succède ; elle contient 3 petits noyaux ; est couverte d'une sorte de poussière résineuse, étant dépassée par les feuilles, et restant deux ans à mûrir.

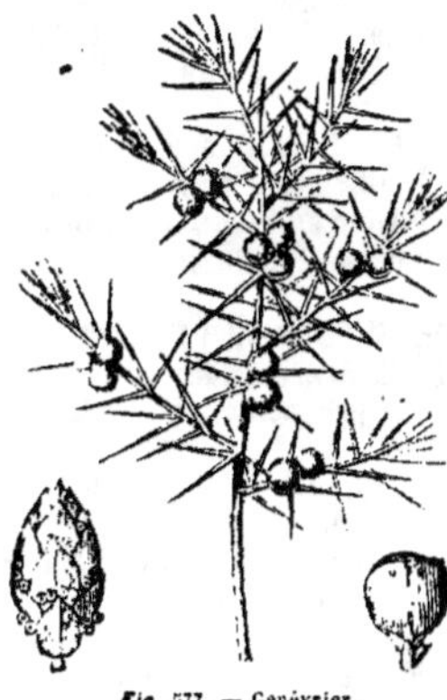

Fig. 577. — Genévrier.

Le Genévrier croît en Europe, depuis le cap Nord jusqu'aux bords de la Méditerranée : on le rencontre en Asie et en Afrique, dans les parties les plus septentrionales. En France, nous le trouvons dans les bruyères, les clairières des bois sablonneux, sur les coteaux incultes. Son tronc et ses branches sont couverts d'une écorce brunrougeâtre. Son bois fait de bons ouvrages de tour et de marqueterie. Comme arbrisseau-buisson, il fait de très belles haies. Il brûle et chauffe bien, et ses cendres sont diurétiques ; le bois, réduit en copeaux, passe pour sudorifique. Mais ce sont surtout les fruits qui offrent de l'importance au point de vue médical et de l'économie domestique. En infusion, les *baies de Genièvre* agissent comme tonique, stomachique, diurétique, selon les cas ; on en fait des fumigations sti-

mulantes, pour combattre l'atonie générale, un extrait ou *rob* ; distillées, elles donnent une huile essentielle, une espèce de bière usitée en Suède, une liqueur de table, etc.

Le *Genièvre*, nom sous lequel on désigne cette liqueur, ainsi que le fruit du Genévrier, se prépare en faisant infuser durant un mois, en lieu frais, 70 litres de baies, 3 à 4 poignées d'absinthe dans 90 litres d'eau. Après fermentation suffisante, on décante et on met en bouteilles. — Le *ratafia de Genièvre*, qui se fait en mettant infuser dans 8 litres d'eau-de-vie 500 gram. de baies, avec de la coriandre, de la cannelle, etc., et 2 kil. de sucre, est une bonne liqueur domestique qui facilite la digestion et convient après le repas. Dans les Vosges, on prépare beaucoup de ces liqueurs, qui demandent à vieillir.

Genévrier oxycèdre (*J. oxycedrus*), vulg. *Cade*, espèce commune dans les provinces méridionales de l'Europe, dont les fruits sont trois fois plus gros et roussâtres. — Son bois fournit par la distillation un liquide brunâtre, inflammable, d'une odeur résineuse, rappelant désagréablement celle du goudron, et qu'on nomme *Huile de Cade*, laquelle est employée dans la médecine vétérinaire, et même chez l'homme, en frictions sur le ventre, à titre de vermifuge.

Le **Genévrier de Virginie** (*J. virginia*), vulg. *Cèdre rouge*, est une espèce de l'Amérique du Nord, au port droit, dont les branches nombreuses s'étendent horizontalement jusque vers la cime, à flèche très élancée, et dont les baies sont à 1 seul osselet. — On le cultive en France ; on l'a planté dans le bois de Boulogne. Son bois est dur, incorruptible ; léger, se coupant avec facilité, il sert pour enfermer les crayons de plombagine.

Le **G. de Phénicie** s'est aussi habitué au climat de Paris ; arbrisseau dont la tige, couverte de feuilles ou d'écailles imbriquées les unes sur les autres, porte des rameaux nombreux disposés en pyramide, avec des feuilles très petites, opposées 3 à 3. Ses baies, roussâtres, contiennent 9 osselets.

Quant au **G. Sabine**, V. *Sabine*.

GENRE. — V. *Classification*.

GENTIANACÉES. Famille de Plantes dicotylédones monopétales, comprenant des herbes, rarement des arbrisseaux, dont les feuilles sont opposées, entières. Fleurs solitaires, ou axillaires, ou terminales, ou enfin réunies en épis simples : calice monosépale à 5 divisions ; corolle monopétale à 5 lobes (excepté dans deux espèces formant le genre *Exacum*) ; étamines en même nombre que les divisions de la corolle ; ovaire supère à 1 ou 2 loges polyspermes ; 1 style, 2 stigmates distincts ou soudés. Le fruit est une capsule à 1 loge bivalve, contenant un grand nombre de graines fort petites.

Cette famille, bien caractérisée par son port et ses feuilles opposées et d'un vert glauque, com-

prend, entre autres, les genres *Gentiane*, *Erythrée*, *Ményanthe*, *Villarsie*, etc.

GENTIANE (*Gentiana*). Ce nom, qui rappelle
Gentius, roi d'Illyrie, auquel on doit la connaissance des propriétés de cette plante, désigne un
genre de la famille des Gentianacées, végétaux herbacés, vivaces, rarement annuels, à feuilles opposées, rarement verticillées, entières ; fleurs jaunes
ou bleues, rarement lilas ou jaunes, diversement
disposées : calice tubuleux 4-10-fide; corolle infundibuliforme 4-5-fide ; étamines 4-5 à anthères
non contournées en spirale après l'émission du
pollen ; capsule uniloculaire polysperme. — Presque toutes ces plantes sont belles, beaucoup sont
recherchées pour l'ornement des jardins, mais
elles manquent de parfum; en compensation, elles
ont des propriétés médicales importantes.

Fig. 578. — Gentiane.

Gentiane jaune (*G. lutea*), vulg. *Grande Gentiane*. C'est le type du genre. Sa tige, haute d'un
mètre environ, est droite, simple, garnie de feuilles
ovales, grandes, plissées, à 5-7 nervures longitudinales, opposées-embrassantes. Ses fleurs
jaunes, grandes, nombreuses, disposées en faisceaux dans l'aisselle des feuilles supérieures :
calice 5-fide, fendu d'un côté ; corolle à 5 divisions
étalées en roue; 5 étamines.

La Gentiane est très commune dans les prairies
élevées du Midi, des Vosges et des Alpes. Elle
fleurit en juin-juillet. Sa racine, qui est longue,
perpendiculaire et jaunâtre, est douée d'une très
grande amertume, et considérée comme le tonique indigène le plus précieux. On l'a surnommée
la *Thériaque des paysans*. On la prescrit soit en
macération, ou décoction, soit en poudre, ou encore sous forme d'extrait, de vin, de sirop, etc.,
dans l'atonie générale, les affections scrofuleuses,
la chlorose, les fièvres intermittentes. Elle entre

dans l'*Elixir de Peyrilhe*, qui est un antiscrofuleux des plus réputés. Son principe actif est la
gentianine, substance volatile odorante et amère
de couleur jaunâtre, etc.

Gentiane croisette (*G. cruciata*), vulg. *Cru-
cianelle*, *Croisette*. Tiges de 20 à 25 cent.; feuilles
oblongues, lancéolées, atténuées à la base et con-
nées en une gaîne qui embrasse la tige; fleurs
bleues, verticillées, terminales, dont la corolle
est à 4 lobes ovales aigus. — Cette espèce, que
l'on voit presque partout sur les monts découverts, montrant ses fleurs en juin-septembre, est
d'une amertume insupportable.

Nous nous bornerons maintenant, pour les principales autres espèces, à une simple énumération :
la *G. pneumonanthe*, dont les fleurs sont très
grandes, d'un bleu d'azur, rapprochées en une
grappe terminale feuillée; — la *G. germanique*,
annuelle, rare du reste, dont la corolle, d'un bleu
lilas, est tubuleuse, campanulée et munie de
5 écailles à la gorge ; — la *G. verticillée*, aux
feuilles caulinaires verticillées par 3 ; — la *G.
filiforme*, très petite, annuelle ; — enfin, la *G.
pusilla*, dont on fait un genre à part (*Exacum*) à
cause de son calice 4-fide. Tiges presque filiformes, de 2 à 10 cent. ; calice 4-fide; 4 étamines. —
Ces diverses espèces ne s'emploient pas.

GENTIANELLE. Nom donné : 1° à une espèce
de Gentiane (*Gentiana viscosa*), originaire des
Canaries, et cultivée en France pour ornement des
jardins; 2° à une espèce du genre *Erythrée*.

GÉOGRAPHIE BOTANIQUE. Connaissance de
la patrie naturelle des végétaux et des lois d'après
lesquelles ils ont pris possession de la terre et des
eaux.

Plantes terrestres. — Selon toute probabilité, elles eurent pour premier séjour le sommet
des plus hautes montagnes, là où la matière inorganique, la première exondée et imprégnée par
l'atmosphère, reçut les germes de la première végétation. Ce furent d'abord des Ulves, des Lichens, puis des Mousses, des Hépatiques, puis
des Fougères, des Graminées et d'autres Monocotylédones, et enfin les Dicotylédones. Il est aisé
de constater qu'en parcourant les divers degrés
de la grande échelle qui va du Sud au Nord, les
progrès de la végétation grandissent depuis l'é-
quateur jusqu'aux extrémités des climats tempérés; de là ils déclinent sensiblement jusqu'au pôle.
Le climat glacial compte peu de genres et beaucoup d'espèces vivaces et rampantes; le climat
tempéré renferme toutes les plantes herbacées et
bisannuelles, toutes celles qui répondent le mieux
aux besoins de l'homme et des animaux, qui s'y
multiplient en effet le plus. Les climats chauds
offrent la plus grande masse de végétaux ligneux
et presque toutes les plantes aromatiques. Lorsque des climats lointains se ressemblent, on y
trouve des plantes des mêmes genres (non des
mêmes espèces) ; et si l'analogie est moins intime,

des plantes des mêmes familles seulement : c'est ainsi que les pentes des monts Himalaya sont ornées, comme celles des Alpes, d'Anémones, de Rhododendrons, de Saxifrages, etc.; que les Etats-Unis, les montagnes de l'Inde, contiennent beaucoup de Chênes différents des autres.

Chaque zône botanique peut se diviser en zônes secondaires, distinctes par une végétation particulière. La région méditerranéenne nous offre le passage de la végétation juxta-tropicale à celle de la région tempérée froide, à laquelle appartient Paris; quelques-unes des familles tropicales s'avancent jusque dans cette première région, mais n'y sont plus représentées que par un petit nombre d'espèces; de même que les genres plus particulièrement propres au Nord commencent à y apparaître.

L'étendue en hauteur offre, sous le rapport de la Géographie botanique, une certaine analogie avec l'étendue horizontale. Le voyageur qui gravit une haute montagne de nos climats, les Alpes par exemple, assiste à une suite de tableaux qui lui offrent la végétation des diverses régions. Il recueille d'abord les plantes de nos champs; il voit ensuite apparaître les plantes alpestres; et, après avoir côtoyé les Noyers, traversé des bois de Châtaigniers, il remarque que ceux-ci disparaissent à leur tour; les bois se composent alors de Hêtres, de Chênes; ensuite les bois sont formés presque exclusivement par les Arbres verts, qui s'arrêtent à des étages successifs; le Bouleau monte un peu plus haut, etc.

De toutes les plantes celles qui méritent le plus de fixer notre attention sont sans contredit les Graminées, les Légumineuses, les Palmiers, etc., toutes celles enfin qui offrent à l'homme une nourriture saine et abondante. Sous ce rapport il est curieux d'examiner les espèces propres à chacun des deux continents. En considérant d'une manière générale l'Ancien et le Nouveau-Monde, on voit que les espèces propres à notre nourriture étaient primitivement réparties d'une manière assez égale, en proportion des surfaces; mais un examen plus spécial fait voir qu'il y a de grandes diversités : l'Amérique méridionale, le midi et le centre de l'Asie, offraient une étonnante variété d'espèces utiles; l'Europe, le nord de l'Asie et de l'Amérique, l'Afrique et surtout la Nouvelle-Hollande, contrastaient par l'absence presque complète de plantes alimentaires de quelque importance. L'industrie humaine a comblé ces lacunes; elle a répandu fort loin vers le Nord les Céréales, le Maïs et la Pomme de terre; et entre les tropiques, le climat se trouvant plus favorable, les naturalisations ont été plus importantes et plus nombreuses encore.

Les Céréales, c'est-à-dire les Graminées sont originaires de l'Ancien-Monde, et ont eu vraisemblablement une patrie originelle assez étendue. L'Orge croît spontanément en Tartarie et en Sicile, deux pays assez éloignés : on présume aussi que les patries naturelles du Froment, du Seigle et de l'Avoine sont dans les environs de la Tartarie et de la Perse. L'Épeautre a été trouvé sauvage dans le nord de la Perse; le genre Triticum est d'ailleurs assez répandu dans toute l'Asie. La culture a poussé l'Orge le plus avant dans le Nord; le Seigle est répandu en Russie, en Allemagne, dans quelques parties de la France, mais il est rare dans les Iles britanniques, où le terrain n'est pas assez maigre; l'Avoine se cultive en Écosse, en Norwège, en Suède; le Froment ou Blé ordinaire se cultive dans les mêmes contrées, dans la Russie occidentale, en Amérique, où sa limite n'est pas connue : on sait le nombre immense de variétés qu'a produites une culture de plusieurs siècles. Le Riz a été cultivé de toute antiquité dans les régions méridionales de l'Afrique; sa culture serait répandue partout, à cause de sa fécule abondante, si la chaleur et l'humidité ne lui étaient pas indispensables. C'est peut-être la plante qui nourrit le plus grand nombre d'hommes et une de celles qui, pour une surface donnée de terrain, procurent la plus grande quantité de matière nutritive.

Le Dattier est originaire de l'Afrique septentrionale; on le cultive aussi sur toute la côte africaine de la mer Méditerranée; sur les bords du Nil et aux Canaries, quoiqu'il aime surtout la sécheresse et la chaleur. Le Bananier paraît originaire des portions méridionales du continent asiatique; il a été transporté, à une époque inconnue, dans l'archipel Indien et en Afrique; il s'est aussi répandu dans le Nouveau-Monde, même, dit-on, avant l'arrivée des Européens. Le Cocotier est originaire de l'Asie méridionale, et s'est répandu par la culture dans presque toutes les régions intertropicales de l'Ancien et du Nouveau-Monde.

Les espèces originaires du Nouveau-Monde sont : le Maïs, qui se cultive en Europe; le Quinoa, que remplacent peu à peu au Pérou nos céréales d'Europe; la Pomme de terre, qui appartient elle-même originairement au Pérou. Ce tubercule, introduit en Europe vers la fin du XVIe siècle par Raleigh, a contribué plus que toute autre cause à l'accroissement énorme de la population de cette contrée depuis cent ans. Le Manioc est originaire du Brésil; il se cultive en Amérique, en Afrique, au Congo et en Guinée; plante précieuse, qui, selon Rochefort, donne, dans un hectare, autant de nourriture que le Froment pour six.

Plantes aquatiques.— Elles sont de trois sortes : 1° celles d'eau douce, qui ont besoin seulement que leurs racines soient constamment noyées et que leurs tiges élevées au-dessus du niveau des eaux jouissent de l'air et de la lumière dans toute leur plénitude : tels sont les Plantaires, les Joncs, les Tussilages; tels sont encore les Nénuphars, les Lenticules, les Cornifles, qui flottent habituellement à la surface des eaux; tandis qu'il en est, comme la Valisnérie, les Charagnes, le Cresson, etc., qui se tiennent toujours au fond des lacs, des fleuves, des ruisseaux, hors le temps où s'opère la fécondation. 2° Les plantes maritimes sont, comme les plantes d'eau douce, implantées sur le sol terrestre, mais elles veulent être incessamment saturées d'eau salée : ce sont les Soudes, l'Ansérine soyeuse, les Ficoïdes, l'Astère bleue. 3° Les plantes marines sont habituellement immergées dans la profondeur des mers; elles y vivent, y croissent, y multiplient; elles y acquièrent, même à plus de 325 mètres de profondeur, des couleurs prononcées et un tissu dense. Il est peut-être une quatrième sorte de plantes aquatiques, celles que l'on voit au bord des eaux thermales, même les plus chaudes : telle serait la *Tremella thermalis* de Thore, que certains observateurs regardent comme une substance pseudo-organisée et à laquelle ils ont donné les noms de *Barégine*, *Plombiérine*, etc.

Quant à la distribution géographique des Hydrophytes (plantes d'eau), il y a pour elles, comme pour les végétaux terrestres, des localités où dominent des formes particulières, qui s'altèrent, se dégradent à mesure qu'on s'éloigne du point où elles se montrent dans toute leur beauté. Les Ulvacées filamenteuses bravent les plus grands froids et avoisinent les climats polaires. Les Laminaires couvrent les plages et les rochers des mers froides des deux continents; les Fucus approchent des climats tempérés, où l'on rencontre les Ulves planes ou fistuleuses, les Halyménies. En s'approchant des tropiques, on rencontre des Hydrophytes ligneuses et les prairies flottantes des Sargassées, des Turbinaires, des Amansies; enfin sous la ligne on aperçoit les superbes Floridées, surtout les Caulerpes, dont la couleur pourpre est relevée par le vert brillant de leurs tubercules capsulifères.

GÉOGRAPHIE ORGANIQUE. Connaissance de la distribution sur le globe du règne animal et du règne végétal. — V. *Géographie botanique* et *G. zoologique*.

GÉOGRAPHIE PHYSIQUE. Étude des phénomènes astronomiques, physiques et d'histoire naturelle, qui ont un rapport immédiat avec le globe terrestre.

GÉOGRAPHIE ZOOLOGIQUE. Ce sujet demanderait de grands développements pour être traité d'une manière complète. C'est un chapitre qu'on trouve d'ailleurs, par la manière dont il est exposé dans les divers auteurs, partout assez ressemblant à ses congénères, ce qui prouve que la compilation vient au secours de ceux qui l'écrivent. Pour nous qui voulons l'emprunter tout entier, nous n'avons que l'embarras du choix. Choisissons l'article intitulé : *Coup d'œil sur la distribution géographique des animaux*, que nous trouvons dans l'*Histoire naturelle* de M. Bouchardat.

« Les animaux sont soumis dans leur distribution à la surface du globe à un certain nombre de lois dont la recherche est l'objet de la *géographie zoologique*. On s'occupe, dans cette partie de la science, des stations, des habitations des animaux, de la prépondérance ou de l'existence exclusive de certaines espèces, de certains genres ou de certaines familles, dans telle ou telle région.

« *Régions zoologiques*. — Chaque animal est appelé par son organisation à se développer dans de certaines conditions que la nature lui destine; il ne peut vivre et se propager que dans les milieux et les localités où l'influence des circonstances extérieures favorise l'action de la vie. Ainsi il doit y avoir un rapport nécessaire entre les stations des animaux, c'est-à-dire les conditions spéciales des lieux où ils vivent, et l'espèce de séjour qui leur est destiné et imposé par la nature de leur organisation. On voit, en effet, beaucoup de genres confinés dans de *certaines régions* dont ils ne sortent jamais; ils paraissent appartenir exclusivement à certaines zones ou à une réunion particulière de conditions climatériques. Dans plusieurs familles, le nombre des espèces semble partir d'un lieu central et diminuer à mesure que l'on s'en éloigne, en sorte qu'il est possible d'assigner les limites qui circonscrivent leurs habitations. La plupart des races sont demeurées dans les environs de leur berceau, à l'exception de celles que l'homme a réduites en domesticité. Ce n'est que parmi les animaux qui possèdent des moyens de déplacement favorables, comme les oiseaux et les poissons, que l'on trouve quelques espèces auxquelles on peut donner le nom de *cosmopolites*. Si les espèces cosmopolites sont rares, il y a un grand nombre de genres, au contraire, qui ont des représentants sous toutes les zones, surtout parmi les Mollusques, les Poissons et les Oiseaux. Chez les Reptiles et les Mammifères, la patrie des espèces a généralement des limites assez resserrées, et il en est souvent de même de celle de familles entières. Ainsi notre Crapaud commun ne se trouve plus hors de l'Europe occidentale; les Civettes, les Roussettes, les Singes à callosités, sont exclusivement propres à l'ancien continent; les Quadrumanes à queue prenante, les Coatis, les Sarigues, les Oiseaux-Mouches, appartiennent, au contraire, à l'Amérique; les Monotrèmes à l'Australie, etc.

« *Influence des circonstances extérieures sur la distribution des animaux à la surface du globe.* — La première remarque qui nous frappe lorsque nous étudions la distribution géographique des animaux, est celle de la différence des milieux dans lesquels ils vivent. Les uns habitent les eaux salées; les autres ne peuvent vivre que dans les eaux douces; d'autres sont destinés à vivre sur la terre.

« *Influence de la lumière.* — Certains Infusoires observés par M. Morren ne peuvent remplir intégralement leurs fonctions que sous l'influence de la lumière; d'autres paraissent désirer une obscurité absolue, comme certains Reptiles et quelques Poissons, qui ne vivent que dans des grottes ou des lacs souterrains inaccessibles à la lumière.

« Influence de la température, de la végétation et de la configuration du sol. — La chaleur a une influence considérable sur la distribution des animaux à la surface du globe ; elle peut avoir une influence directe ou indirecte. Si nous la considérons sous ce dernier point de vue, nous pouvons facilement comprendre que la vie des animaux étant liée au développement des plantes, comme chaque pays a sa flore spéciale, de même, dans des limites déterminées, chaque latitude doit aussi avoir sa faune spéciale. Cela est vrai, même pour les espèces animales qui ne vivent que de proie, car les êtres dont ils se nourrissent ont toujours besoin d'une alimentation végétale spéciale pour se développer.

« Si nous considérons l'action directe de la chaleur sur les stations des animaux à la surface de la terre, nous voyons que là où commencent les glaces éternelles, s'arrête toute vie végétative, et par conséquent toute vie animale : quelques animaux cependant, doués d'une force de réaction vive, protégés d'ailleurs par des fourrures en harmonie avec leur milieu, peuvent dépasser ces limites, mais seulement pendant un temps déterminé, et ils périssent bientôt si les circonstances les tiennent trop longtemps exposés à une température trop rigoureuse. Aussi ne trouvons-nous que des espèces douées de moyens de locomotion très puissants et qui leur permettent de regagner rapidement des localités moins froides, aussitôt que le besoin s'en fait sentir. Quelques instants suffisent au Bouquetin pour descendre du haut des glaciers dans les prairies arrosées par la fonte des neiges. Plusieurs oiseaux des contrées boréales possèdent encore des moyens de transport plus rapides et presque instantanés.

« Relativement aux espèces terrestres, on peut dire d'une manière générale que les Mammifères et les Oiseaux, dont la température propre est à la fois la plus constante et la plus élevée, paraissent redouter une chaleur trop élevée beaucoup plus que les Reptiles ; et cette circonstance influe d'une manière marquée sur la station, peut-être même sur l'habitation, puisque le nombre de ces derniers s'accroît d'une manière remarquable en avançant vers les pays chauds. Certains Mammifères tombent, en été, dans un engourdissement qui rappelle le sommeil hyémal d'autres espèces, tandis qu'un très grand nombre de Reptiles semblent se plaire à s'exposer aux rayons d'un soleil brûlant, et même ne jouir que sous cette influence de toute l'étendue de leurs facultés animales, et principalement de la locomotion.

« Ramond n'a plus trouvé de Poissons dans les Pyrénées au-dessus d'une hauteur de 2,400 mètres. Suivant la remarque de M. de Humboldt, les Poissons disparaissent dans les Andes, à une hauteur de 2,700 mètres, à une élévation où la température moyenne est encore de + 9°,5, et où les lacs ne prennent jamais complètement. Cette disparition des Poissons à une grande élévation au-dessus de la mer peut dépendre d'une autre cause que de la température. On sait que l'eau dissout d'autant moins d'air que la pression est moins élevée ; or, à cette élévation elle est beaucoup diminuée ; et les Poissons ne trouvent plus assez d'air dans une eau coulant sur ces hautes montagnes.

« *L'influence de l'homme* sur la distribution géographique des animaux est très considérable. Il a cherché à multiplier les animaux qui lui étaient utiles. Ses efforts de ce côté ont porté principalement sur des espèces des genres *Bœuf, Mouton, Chèvre, Cochon, Chien* et *Cheval*, parmi les Mammifères ; sur quelques Gallinacés, *Faisan, Dindon, Pintade,* parmi les Oiseaux ; sur un très petit nombre de Poissons, *Carpe, Brochet, Tanche,* etc., et sur un nombre encore moindre d'Insectes, *Ver à soie, Cochenille.*

« Il est parvenu aussi à détruire ou reléguer dans les déserts les bêtes fauves qui lui disputaient l'empire de la terre. La tradition seule nous apprend qu'il existait autrefois des Lions en Europe, jusque dans la Macédoine. En Angleterre, les animaux domestiques sont, depuis longues années, à l'abri des attaques des Loups : en France, ce n'est plus guère que dans le voisinage des gorges de nos montagnes ou de quelques vastes forêts que cet animal est encore à redouter. Le Lynx, l'Ours, ne se rencontrent plus que dans quelques forêts des Pyrénées ou des Alpes ; le Sanglier, après avoir servi de tige à nos Cochons domestiques, devient chaque jour de plus en plus rare.

« La Baleine jadis habitait paisiblement nos côtes océaniques ; elle n'a trouvé de refuge contre le harpon que dans les glaces éternelles des pôles.

« Les Hollandais qui abordèrent aux îles de France et de Bourbon dans le XVIe et le XVIIe siècle, y trouvèrent en grande abondance un oiseau de la grosseur du Cygne, mais construit de manière à ne pouvoir ni voler, ni nager avec facilité ; la chair en était en outre très mauvaise. Ces îles se peuplèrent, et bientôt les Drontes disparurent si bien, qu'on n'en possède aujourd'hui qu'un bec et deux pattes.

« L'homme peut aussi malheureusement quelquefois contribuer à propager quelques espèces nuisibles, en détruisant les espèces qui leur faisaient la guerre. M. Quatrefages en rapporte deux exemples. « Il y a quelques années, le gouvernement autrichien, voulant mettre les environs de la ville de Vienne à l'abri de la voracité des Moineaux, ordonna que chaque paysan serait tenu de joindre deux têtes de ces oiseaux à ses contributions annuelles. L'exécution de cette mesure amena la destruction presque complète des Moineaux ; mais, en revanche, les arbres furent dévorés par les Chenilles. L'impôt fut aboli, et les Chenilles disparurent. Depuis dix ans, la portion de l'ancienne Normandie, connue sous le nom de Bocage, est ravagée par le *Ver blanc* ou larve des Hannetons, et la multiplication prodigieuse de cet ennemi de la subsistance de l'homme et des animaux domestiques a suivi le progrès d'une guerre acharnée faite aux Taupes dans tout le pays, à cause des dégâts, d'ailleurs peu étendus, qu'elles causent dans les prairies. »

« De ses pérégrinations lointaines l'homme a rapporté plusieurs espèces nuisibles, qui se sont ensuite multipliées partout, qui vivent à ses dépens, et dont, malgré tous ses efforts, il ne peut parvenir à se débarrasser. Les Souris pullulent dans la cale de nos vaisseaux et ont débarqué partout où nous avons essayé de jeter des colonies. Sur huit espèces appartenant à ce même genre, que possède le Brésil, cinq sont originaires du pays, deux sont venues d'Europe et une d'Asie. Le Rat noir, qui paraît être originaire de l'Amérique, a envahi l'Europe durant le moyen âge; il se trouve maintenant jusque dans les îles de l'Océanie. Il nous offre un remarquable exemple de la guerre que se déclarent certaines espèces congénères : il a poursuivi la souris qui n'a dû son salut qu'à sa petitesse. il s'est vu lui-même attaqué en Angleterre, en 1730, et en France, en 1750, par le *Surmulot*, que les navires de commerce avaient rapporté des Indes. Ce dernier, plus intrépide, a presque entièrement anéanti en France la race du Rat noir, que l'on ne trouve plus que dans les fermes écartées. Certains insectes ont été transportés dans les ballots, soit à l'état de larve, soit à l'état parfait, d'une région dans une autre, où ils se sont développés. Nous possédons ainsi plusieurs insectes américains, qui aujourd'hui font partie de la faune parisienne.

« M. Quatrefages rapporte deux exemples curieux de ces fâcheuses importations. « Le Taret, « autrefois inconnu dans nos mers, a été importé « chez nous de la zone torride. Il est le fléau des « constructions en bois sous-marines; il menace « journellement d'inondation les plaines de la Hollande, où il ronge les digues qui retiennent les « flots de la mer bien au-dessus du niveau des « terres cultivées. Un autre ennemi tout aussi terrible s'est acclimaté en France. Le Termite fatal « s'est multiplié à Rochefort d'une manière effrayante, et il y exerce ses ravages, d'autant « plus à craindre, que rien n'en indique les progrès. On sait, en effet, que la larve de ce névroptère chemine toujours à couvert, qu'elle « mine ainsi les planchers les plus solides, sans « que le moindre dommage extérieur puisse faire « soupçonner la présence de ce perfide ennemi, « jusqu'au moment où la charpente entièrement « creusée tombe tout à coup en poussière. »

« Tendance de la nature à représenter par des espèces distinctes les mêmes types organiques, dans les régions zoologiques éloignées, mais ayant entre elles certains points de ressemblance. — Plusieurs contrées, quoique placées dans les mêmes conditions climatériques, lorsqu'elles sont séparées par l'immensité des mers, présentent souvent des différences radicales sous le rapport de la nature des espèces animales qui leur sont propres; mais, par un admirable balancement, dans ces régions zoologiques éloignées, les mêmes types organiques sont représentés par des espèces ayant entre elles beaucoup d'analogie; lorsqu'on examine successivement l'ensemble des espèces qui habitent l'Asie ou l'Afrique et l'Amérique, on remarque, dans la faune du Nouveau-Monde, un caractère d'infériorité qui n'avait pas échappé à Buffon. Effectivement, il n'y existe pas de Mammifères aussi grands que dans l'ancien continent : on voit, il est vrai, dans l'Amérique septentrionale, beaucoup de Singes, mais parmi ces animaux il n'en est aucun qui soit l'égal de l'Orang ou du Chimpanzé; ce sont des Rongeurs et des Édentés qui y abondent le plus, c'est-à-dire de tous les Mammifères les moins intelligents, et par conséquent les moins élevés dans l'échelle zoologique. Enfin, c'est dans l'Amérique qu'on rencontre les Sarigues, animaux qui appartiennent à un type inférieur aux Mammifères ordinaires, et qui n'ont aucun représentant dans l'ancien continent. Buffon a remarqué aussi, le premier, que les animaux du midi de l'ancien monde et ceux de l'Amérique du Sud diffèrent toujours spécifiquement, et que ce n'est que dans le nord que les espèces sont communes à l'un et à l'autre continent.

« Les recherches de Buffon s'appliquaient particulièrement aux Mammifères ; mais plusieurs naturalistes, parmi lesquels nous devons citer Fabricius, Latreille, Kirley, M. Edwards, ont étendu ce genre d'observations à d'autres groupes et sont arrivés à des résultats analogues.

« Pour prouver cette tendance de la nature à représenter par des espèces distinctes les mêmes types organiques dans les régions zoologiques éloignées, mais isothermes et rapprochées sous le rapport climatérique, il suffit de voir que les Singes de l'Inde et de l'Afrique centrale sont représentés dans l'Amérique tropicale par d'autres Singes faciles à distinguer des premiers. Au Lion, au Tigre et à la Panthère de l'ancien continent correspondent, dans le Nouveau-Monde, le *Couguar*, le *Jaguar* et l'*Oncelot*. Les montagnes de l'Europe, de l'Asie et de l'Amérique septentrionale, nourrissent des Ours d'espèces distinctes, mais n'offrant entre eux que des différences légères. On trouve dans les Cordilières une espèce de Tapir plus petite que celui qu'on rencontre dans les Indes orientales. Le *Nandou* est dans l'Amérique le représentant fidèle de l'*Autruche* du vieux continent, mais ici encore l'infériorité est pour le Nouveau-Monde.

« Nous avons dit que le nombre des genres communs aux deux continents est assez considérable dans le nord, et qu'il va en diminuant vers l'équateur; que ce fait, du moins pour les Mammifères, se prononce de plus en plus à mesure qu'on approche davantage du sommet de l'échelle, de telle sorte que pas un seul genre de Singes de l'ancien continent ne se trouve dans le nouveau, et que les Chéiroptères n'offrent à cet égard qu'une seule exception, signalée par M. Isidore Geoffroy, pour le genre *Nyctinome*. On ne trouve de *Tarsiers* que dans les îles Moluques ; et Madagascar, quoique possédant généralement la faune de la côte d'Afrique, dont elle est voisine, ne renferme aucun des Singes proprement dits que l'on rencontre sur cette dernière, mais présente par compensation le groupe si remarquable des *Lémuriens*.

« *Modes de distribution géographique de quelques-uns des groupes précédemment étudiés et de quelques-uns des plus utiles à l'homme.* — Si on compare le sud de l'Afrique à la France, sous le rapport des animaux propres à chacune de ces contrées, le nombre des animaux semblables est très restreint. On trouve au cap de Bonne-Espérance un grand nombre d'animaux particuliers à cette station. On y remarque : l'*Hippopotame*, la *Girafe*, l'*Eléphant aux grandes oreilles*, le *Rhinocéros à deux cornes*, les *Zèbres*, les *Antilopes*, les *Buffles du Cap*, le *Cynocéphale*, le *Chimpanzé*, et enfin une multitude d'Oiseaux et d'Insectes tout à fait étrangers à l'Europe et particuliers à cette région zoologique.

« La grande île de Madagascar a ses animaux tout spéciaux. On n'y trouve plus de Singes, mais on y rencontre leurs représentants, les *Makis*; de petits carnassiers insectivores nommés *Tenrecs*, le *Caméléon à nez fourchu*, et plusieurs reptiles aussi curieux que spéciaux à cette grande île.

« Le grand continent de l'Amérique possède une faune toute particulière, elle a bien de l'analogie avec celle de l'ancien monde, mais les espèces sont presque toutes différentes. C'est là qu'on rencontre les *Singes à queue prenante*, les *Tatous*, les *Bisons*, les *Lamas*, de grands carnassiers se rapprochant, mais toujours avec des proportions moindres, des Lions et des Tigres de l'ancien continent. Les Oiseaux, les Reptiles et les Insectes particuliers à l'Amérique sont aussi nombreux et remarquables ; nous devons noter surtout le *Nandou* et le *Condor des Andes*, cet immense Vautour qui surpasse en force et en puissance tous ses congénères de l'ancien monde, et qui semble faire exception à cette loi de Buffon, qui veut que les espèces américaines soient moins puissantes que leurs congénères du vieux continent.

« L'empire des Grandes-Indes a aussi sa faune aussi riche que spéciale; on y trouve un *Eléphant* différent de son congénère l'africain, le *Tigre royal*, le *Rhinocéros*, l'*Orang-Outang*, et ces Oiseaux remarquables qui se sont acclimatés chez nous, le *Paon*, les *Faisans*.

« La Nouvelle-Hollande possède une faune toute différente et dont l'infériorité est extrêmement prononcée; les Quadrupèdes de grande taille y manquent complètement, mais on y trouve des animaux bizarres : les *Kanguroos*, les *Ornithorhynques*, les *Phalangers volants*, etc.

« Si on examine dans un même esprit le nombre infini des animaux qui peuplent l'immensité des mers, si on compare les côtes de l'Europe à celles de l'Amérique australe, à celles de l'océan Indien, on y rencontre une foule de Poissons, de Mollusques, de Crustacés et de Zoophytes particuliers à chacun de ces rivages, et qui constituent ainsi de véritables régions zoologiques aquatiques.

« Si nous considérons maintenant sous le point de vue de la zoologie géographique nos animaux domestiques les plus importants, nous voyons le *Cheval*, originaire des steppes de l'Asie centrale, étranger à l'Amérique lors de sa découverte, se trouver maintenant dans une telle abondance dans ce continent, que, dans plusieurs localités, ils forment des troupes innombrables d'animaux vivant en liberté ; et cependant il n'y a guère que trois siècles que les chevaux ont été introduits dans ce continent.

« Notre *Bœuf* est aussi originaire de l'ancien monde, mais il est tellement multiplié dans le nouveau, que, dans certaines localités, on le chasse dans le seul but de se procurer sa peau.

« Le *Renne*, cet animal si précieux dans les contrées septentrionales, se trouve à la fois dans le continent américain et dans l'ancien monde, dans les latitudes les plus élevées vers le pôle boréal.

« Le *Sanglier* a servi de type à nos Cochons domestiques; cette espèce devient chaque jour plus rare à l'état sauvage. La souche primitive du *Chien* comme celle du Cheval est anéantie; on ne trouve plus à l'état sauvage que des descendants des races domestiques.

« Nos animaux les plus utiles, tels que le Cheval, le Chien, le Bœuf, le Mouton, le Cochon, la Chèvre, s'accompagnent dans presque tous les climats; ils prospèrent également dans nos pays tempérés, sous les glaces des pôles et sous le ciel brûlant des tropiques; ils se transforment plus ou moins et donnent ainsi naissance à d'innombrables variétés, mais ils sont toujours nos utiles domestiques et nos plus précieux auxiliaires.

« Parmi nos oiseaux domestiques, le *Dindon*, le *Faisan*, le *Paon*, étaient naturels de l'Inde ; ils se sont acclimatés à merveille dans nos pays. Le *Canard* se trouve partout, depuis la Laponie jusqu'au cap de Bonne-Espérance, et en Amérique comme en Chine. Le Ver à soie est une belle et grande importation que l'Europe doit à l'Asie; la Cochenille, originaire de l'Amérique, a pu prospérer dans le sud de l'Europe ou dans le nord de l'Afrique. M. Simonnet l'a transportée en Algérie, et a obtenu des produits de très bonne qualité. »

GÉOLOGIE (du gr. *gé*, terre ; *logos*, discours). Science qui a pour objet l'étude du globe terrestre, celle de l'intérieur de la terre particulièrement, la disposition qu'y présentent les grandes masses minérales qui la composent. Elle s'occupe des différentes roches, de l'âge, de la forme, de la position des terrains constitués par ces roches, et fait l'histoire des révolutions que le globe a subies par l'effet des inondations, des tremblements de terre et des éruptions volcaniques.

La Géologie est une science qu'on ne peut apprendre qu'en la cultivant ; les excursions sont surtout indispensables ; et ce serait une erreur de croire qu'elles doivent être lointaines. Le plus petit canton peut offrir au Géologiste une foule d'observations intéressantes , qui, quoique ne paraissant pas rentrer d'abord dans les grandes questions de la science, n'en sont pas moins appelées peut-être à donner la solution de quelque problème intéressant. Toutefois, pour prendre une idée exacte de la configuration des roches anciennes et de la théorie des soulèvements, si habilement développée par M. Elie de Beaumont (V. *Epoques géologiques*), on ne peut se dispenser de parcourir les Alpes. — V. *Globe terrestre, Tremblements de terre, Volcans, Dépôts, Terrains. Roches, Epoques,* etc.

GÉOMÈTRE. Genre de Lépidoptères nocturnes, dont les Chenilles ont l'air de mesurer le terrain sur lequel elles marchent, ce qui les a fait appeler encore *Arpenteuses.* — Le Géomètre papillon a

Fig. 579. — Géomètre dentelé (Chenille).

es ailes d'un beau vert-pré, traversées par deux rangées de petites bandes blanchâtres qui parfois se réunissent et ne forment plus qu'une seule bande. — On le trouve dans presque tous les bois d'Europe.

GÉOPHILE (*Geophilus*). Genre d'Articulés de la classe des Myriapodes, famille des Scolopendres, ayant toujours plus de 40 paires de pattes, les anneaux de leur corps plus nombreux que chez les Scolopendres, les antennes de 14 articles, de longueur et de forme assez variables. — Ces animaux ont des représentants dans les deux continents ; mais on les trouve en plus grand nombre en Europe. Ils se tiennent dans les lieux humides, sous la terre, dans les feuilles pourries ou bien sous les décombres, etc. Ces insectes sont les plus grands Scolopendres de nos contrées : une espèce du climat de Paris a plus de 18 cent. de long. Ils sont inoffensifs, leur morsure est loin de causer la douleur de la piqûre de l'abeille. On prétend que quelques espèces s'introduisent quelquefois dans les narines et causent des accidents graves. D'autres jouissent de propriétés phosphorescentes. On n'a pas encore bien décrit l'accouplement , les œufs, les transformations de ces Myriapodes dont l'étude a été trop négligée.

Les espèces principales sont : le GÉOPHILE DE WALCKENAER, de grande taille et à antennes deux

fois plus longues que le corps, qui se trouve dans l'intérieur même de Paris , bien qu'il y soit rare ; — le G. SIMPLE, dont le dernier article des antennes est deux fois aussi gros que les autres, et qui se trouve communément à Meudon et sur les bords de la rivière de Bièvre. — Le G. FRUGIVORE ou *Scolopendre électrique*, de quelques auteurs, a les articles des antennes égaux entre eux, la taille de 4 à 5 cent. C'est cet insecte qui s'introduisit dans les narines d'une femme des environs de Metz, et qui, pendant plusieurs mois, lui causa des douleurs atroces, jusqu'au moment où il fut rendu par le nez (1830). — Le G. LONGICORNE est l'espèce la plus commune de toutes, et aussi la plus petite (3 à 4 cent,). Il a le corps jaunâtre, avec la tête et les antennes d'un roux ferrugineux.

GÉOPITHÈQUES. Singes qui, comme l'exprime leur nom, vivent à terre, du moins ordinairement. On les nomme plus communément *Sagouins*. — V. ce mot.

GÉOSAURE (du gr. *gê*, terre ; *sauros*, lézard). Cuvier a donné ce nom à un Saurien fossile que Semmering avait nommé *Lézard gigantesque*. Cet animal, disparu, avait de 4 à 5 mètres de long, et se placerait à côté des Crocodiles. Ses restes ont été trouvés dans les schistes à crevasses ferrugineuses des environs de Manheim , à 3 mètres et demi seulement de profondeur.

GÉOTRUPE. Ce nom, qui signifie : je perce la terre, s'applique à un genre de Coléoptères pentamères, famille des Lamellicornes, qui ont les antennes simplement feuilletées, à feuillets découverts, ovoïdes : chaperon en losange ; mandibules arquées, dentées, très comprimées ; mâchoires garnies de poils ; corps arrondi, très convexe ; corselet transversal ; pattes antérieures fort allongées, etc.

Ces insectes sont de taille moyenne ; ils habitent les endroits sablonneux et ont les mœurs des Scarabées. Ils sont très communs dans nos pays, et comme ils voltigent en bourdonnant autour des bouses de vaches, où ils déposent leurs œufs et où vivent leurs larves, on les nomme vulgairement *Fouille-merde*. Le nom de *Géotrupe* vient de ce que les larves se creusent sous les bouses des trous assez profonds où s'accomplissent leurs métamorphoses.

Le GÉOTRUPE STERCORAIRE est long de 18 millim., vert foncé en dessus, vert doré en dessous ; raies pointillées sur les élytres, avec les intervalles lisses. Souvent le dessus est noir-bleu, le dessous violet. — Cette espèce est extrèmement commune.

GÉRANIACÉES. Famille de Plantes dicotylédones polypétales hypogynes, comprenant des herbes et des sous-arbrisseaux, à tiges renflées aux nœuds , à feuilles opposées , stipulées. Fleurs grandes, pédonculées, axillaires ou terminales; calice à 5 sépales souvent inégaux et soudés à la base, parfois prolongé en éperon; corolle à 5 pétales égaux ou inégaux; 5 à 10 étamines, libres ou monadelphes par la base des filets; ovaire à 3-5 carpelles uniloculaires. Fruit composé de 5 coques. — Deux tribus :

Géraniées, qui ont cinq carpelles : *Géranion, Erodion, Pélargonion.*

Tropéolées, qui sont à trois carpelles : *Capucine.*

GÉRANION ou **Géranier** (*Geranium*). Genre type de la famille des Géraniacées, comprenant des plantes annuelles ou vivaces, à feuilles palmatiséquées; à fleurs purpurines, roses ou lilas, portées sur des pédoncules presque toujours biflores : 5 pétales égaux; 10 étamines fertiles; fruit à 5 coques monospermes. — Ce genre est très nombreux en espèces indigènes et exotiques.

Fig. 580. — Géranion.

(1 Calice, étamines et pistil; — 2. pétale; — 3. colonne péricarpique autour de laquelle étaient les cinq petites capsules que l'on voit détachées.)

Le **Géranion robertin** (*G. robertianum*), vulg. *Herbe à Robert, Bec de Grue, Herbe à l'esquinancie,* est annuelle, haute de 20 à 60 cent., velue, rougeâtre, munie de feuilles à 3-5 segments, et portant des fleurs d'un rouge incarnat, de médiocre grandeur. — Cette plante abonde partout, dans les haies, les buissons, sur les vieux murs, les décombres, etc., où elle fleurit tout l'été. Elle est très odorante; froissée entre les doigts, elle exhale une odeur forte, très désagréable. On l'a beaucoup vantée autrefois dans les hémorrhagies, l'esquinancie. On l'emploie encore quelquefois,

pilée et appliquée à l'extérieur, contre les inflammations érysipélateuses.

Le **Géranion sanguin** (*G. sanguineum*) est une espèce vivace, à souche épaisse, rameuse; feuilles presque palmatiséquées; fleurs purpurines, sur des pédoncules uniflores, avec pétales échancrés. — Il se plaît sur les terrains sablonneux, au bord des bois, mais il est assez rare. Il est propre à orner les jardins.

Nous ne ferons que mentionner le G. en large buisson, des prairies humides, qui, par la culture, produit trois variétés à fleurs bleuâtres, blanches et panachées; — le G. strié, à fleurs petites, blanchâtres striées de rose; — le G. Colombin, vulg. *Pied de Pigeon,* espèce annuelle, dont la corolle, aux pétales échancrés, est d'un bleu clair.

GERBILLE (*Gerbillus*). Genre de Mammifères de l'ordre des Rongeurs, voisin des Rats et des Gerboises, ayant pour caractères : taille petite; pattes de derrière plus longues que celles de devant, pourvues de 5 doigts; queue très allongée; yeux grands; oreilles développées : allures légères.

Les Gerbilles vivent en Afrique, en Asie et dans les contrées méridionales de l'Europe. Aucune espèce ne se rencontre en Amérique. Leur taille varie depuis celle du Rat noir jusqu'à celle du Mulot et du Rat nain; leur pelage est toujours plus ou moins fauve en dessous, quoiqu'elles ne sortent guère pendant le jour des terriers qu'elles se creusent, et où elles amassent quelques provisions. Quelques espèces répandent une odeur désagréable. Plusieurs recherchent les lieux où l'on cultive les céréales.

Les espèces sont nombreuses. La plus intéressante à connaître, à cause du remarquable instinct de prévoyance dont elle est douée, est la **Gerbille hérine** (*G. indicus*). — Cet animal, particulier à l'Inde, d'un gris fauve, mêlé de noir en dessus, blanc en dessous, se creuse, auprès des champs d'orge et de blé, de vastes magasins souterrains où il entasse force épis mûrs, qu'il garde pour la saison où la campagne se montre nue.

GERBOISE (*Dipus*). Genre de Mammifères de l'ordre des Rongeurs claviculés, voisin des Rats pour la forme et la taille, mais ayant, comme caractère le plus remarquable, les pattes de derrière extrêmement longues, ainsi que leur queue qui est touffue au bout. Tête élargie; yeux gros; oreilles amples; ongles propres à creuser le sol; pelage doux. — Quelques auteurs ne font qu'un seul groupe des *Gerboises,* des *Gerbilles* et des *Mériones,* sous le nom de *Dipopidés,* qui signifie animaux à deux pieds, parce qu'ils ont deux pieds bien plus développés que les autres, et qu'ils sont pour ainsi dire bipèdes.

Les Gerboises habitent les lieux déserts, tels que les steppes de la Russie méridionale ou de la Tartarie, le Sahara africain, lieux découverts et sablonneux. Elles sont herbivores et granivores ; elles portent la nourriture à leur bouche avec leurs pattes antérieures. Leurs habitudes sont nocturnes, ce qu'indiquent leurs gros yeux ; le jour elles se cachent dans les terriers qu'elles se creusent : et le soir, à l'approche de la nuit, elles en sortent pour parcourir le sol avec rapidité, sautant ou s'élançant comme des Sauterelles. C'est qu'en effet, leurs pattes de derrière sont tellement longues, qu'elles ne peuvent marcher, à moins qu'elles ne gravissent une montagne ; elles ne font que sauter ou se tenir debout comme des bipèdes. Leur queue, très longue et touffue au bout, forme en arrière du corps comme une sorte de balancier qui dirige l'animal lorsqu'il s'est élancé, et qui, susceptible de rigidité, lui fournit aussi un point d'appui au moment où le bond doit avoir lieu. Les ongles de devant sont propres à creuser le sol ; ceux de derrière reposent sur des espèces de lobes ou de coussinets qui donnent aux pieds une certaine ressemblance avec ceux des Ruminants. Ces animaux causent quelquefois des dégâts dans les terres cultivées.

On a divisé les Gerboises en trois groupes, d'après le nombre 3, 4 ou 5 de leurs doigts aux pieds de derrière.

Fig. 581. — Gerboise de Mauritanie.

Gerboise gerbo (*D. sagitta*). C'est la véritable *Gerboise* de Buffon. Elle n'a que 3 doigts ; sa taille est de 15 cent. de long, non compris la queue qui en a 20 ; pelage fauve clair en dessus, blanc en dessous. — Elle est commune en Algérie, dans la province d'Oran. C'est cette espèce que l'on voit le plus souvent dans les ménageries, renfermée dans une cage doublée de fer-blanc, à cause de la facilité avec laquelle elle ronge le bois.

Gerboise tétradactyle (*D. tetradactylus*). Elle a 4 doigts aux pieds de derrière, et est d'une taille inférieure à celle du Gerbo. — Elle a été découverte dans les déserts de la Libye.

Gerboise alactaga (*D. jaculus*). C'est la *Flèche*, de quelques auteurs. Cette espèce est pourvue de 5 doigts et a 30 cent. de long, queue comprise. — Elle appartient à la Russie méridionale et à l'Asie. — Voir la fig. 582.

GERFAUT. — V. *Faucon.*

GERMANDRÉE (*Teucrium*). Genre de Plantes de la famille des Labiées, herbacées ou sous-frutescentes, vivaces, rarement annuelles, à fleurs purpurines, roses, blanches ou jaunâtres, diversement disposées : calice tubuleux à 5 dents ; corolle caduque, à tube court et à lèvre supérieure bipartite ; lèvre inférieure à 3 lobes ; étamines 4, faisant saillie par la fente de la lèvre supérieure. — Ce genre renferme un grand nombre d'espèces, dont voici celles de notre climat qu'il nous importe le plus de connaître.

Germandrée petit-chêne (*T. chamædrys*). C'est une plante sous-frutescente dont les tiges, qui n'ont que 10 à 30 cent., sont couchées puis redressées, et portent des feuilles oblongues, crénelées, atténuées en un court pétiole, un peu coriaces, luisantes en dessus ; les fleurs sont roses ou purpurines, axillaires par 1-3, formant des grappes terminales feuillées. — V. la fig. 582.

Le Petit-Chêne se trouve communément dans les lieux pierreux, sur les coteaux arides et sablonneux, etc., où il montre ses fleurs en juillet-septembre. Il est plus amer qu'aromatique, et plus tonique que stimulant. C'est un excellent stomachique et un bon fébrifuge. Son usage, en tisane, est propre à relever l'appétit et les forces dans la convalescence de la fièvre typhoïde.

Germandrée scordium (*T. scordium*), vulg. *Germandrée aquatique*. Plante vivace, à tiges pubescentes herbacées, couchées radicantes, puis ascendantes, de 40 à 60 cent. de hauteur ; feuilles fortement dentées, sessiles ; fleurs purpurines ou violacées, à calice petit, etc. — Cette espèce croît aux lieux marécageux, aux bords des fossés et des étangs, fleurissant en juin-octobre. Amère et d'une odeur alliacée, elle est plus stimulante que l'espèce précédente. On peut l'employer comme carminatif, emménagogue, vermifuge. On l'a considérée comme *antiputréfiante*. Elle entre dans la composition du *diascordium*, qui lui doit son nom. — V. la fig. 583.

Fig. 582 — Gerboise Alactaga.

Germandrée des montagnes (*T. montanum*). Tiges très rameuses, pubescentes, ligneuses, couchées, de 10 cent. de long ; feuilles linéaires entières, velues en dessous ; fleurs d'un blanc jaunâtre, rapprochées en tête. — Espèce assez rare, non employée du reste.

Germandrée sauvage (*T. scorodonia*), vulg. *Sauge des bois*. Tiges dressées, herbacées, raides, pubescentes, hautes de 30 à 60 cent.; feuilles

Fig. 583. — Germandrée Petit-chêne.

ridées, pubescentes en dessous, dentées, opposées alternativement en croix ; fleurs jaunâtres, munies de bractées ; calice d'apparence bilabié par le grand développement de la lèvre supérieure.

La Sauge des bois est très abondante dans les pâturages, les clairières et les lisières des bois. Après avoir été vantée contre la syphilis et la rage, elle a été mise dans un oubli complet.

GERME. Rudiment d'un être organisé qui vient d'être engendré ; ébauche de tout organe que le temps ou la nutrition amènera au degré de perfection dont il est susceptible. — En zoologie, suivant Leibnitz, le premier individu créé aurait reçu tous les germes des individus à naître de lui, et ces germes se trouveraient ainsi emboîtés les uns dans les autres. Le croisement des espèces, le mélange des sangs et des races détruit l'hypothèse de la *préexistence des germes*. — En botanique, le mot *germe* s'applique particulièrement, aux bulbes, bulbilles, tubercules, bourgeons, turions ; mais il faut convenir qu'il n'est pas bien défini, et que les germes, en histoire naturelle, demanderaient à être distingués les uns des autres. — V *Ovule, Graine, Génération spontanée.*

GERMINATION. Série de phénomènes que présente une graine pour que son embryon se développe en un nouvel individu. — V. *Graine.* — La Germination est soumise à l'influence combinée de l'eau, de l'air, de la chaleur et de l'électricité. L'*eau* pénètre dans la substance de la graine, ramollit ses enveloppes, fait gonfler l'embryon ; elle dissout la dextrine et autres principes solubles qui se forment par la transformation de la fécule, et les fait pénétrer dans l'embryon. — L'*air* est nécessaire, car une graine enfoncée trop avant dans le sol ne germe pas : c'est l'oxygène qui agit principalement; il est absorbé, et, se combinant avec le carbone en excès du jeune végétal, il forme de l'acide carbonique qui est rejeté au dehors; par suite de cette absorption, la fécule de l'endosperme ou des cotylédons charnus, quand l'endosperme n'existe pas, passe à l'état de dextrine, puis de sucre. D'insoluble qu'elle était, cette fécule devient soluble, et est absorbée pour servir de première nourriture à l'embryon. — La graine pour germer a besoin d'une certaine quantité de *calorique*; mais il importe que la chaleur atmosphérique soit dans certaines limites, variables d'ailleurs suivant les végétaux, et qu'elle soit en même temps humide. — Le *fluide électrique* exerce une influence très marquée sur la Germination. Des graines de moutarde électrisées par Nollet germèrent avec une grande rapidité, tandis que les mêmes graines, placées dans les mêmes conditions, mais non soumises à l'action du fluide électrique, ne donnèrent pas, dans le même espace de temps, aucun signe de développement. — La *lumière* paraît aussi exercer une influence encore plus nécessaire, pourvu qu'elle ne soit pas accompagnée de chaleur ou d'ardeurs de soleil trop grandes, qui dessèchent la semence.

Fig. 181. — Germandrée aquatique.

En résumé la graine, germant, absorbe de l'oxygène, qui convertit la fécule en dextrine, puis celle-ci en sucre. Ce sucre, dissous par l'eau, fournit une grande partie des matériaux nutritifs nécessaires à l'embryon. La partie de ce corps qui se développe la première est la *radicule*; presque en même temps que celle-ci s'enfonce dans le sol, la *tigelle* s'allonge, écartant les cotylédons, qui tantôt s'élèvent à fleur de terre, tantôt y restent cachés; puis la *gemmule* s'élève au-dessus du sol, et l'embryon commence à former une *plantule*. La respiration s'établit alors dans les parties vertes qui se développent à l'air; il se forme une véritable combustion lente qui décompose la matière sucrée et exhale de l'acide carbonique. — V. *Respiration végétale*.

« La terre dans laquelle on place en général les graines pour déterminer leur germination n'est pas indispensable à leur développement, puisque tous les jours nous voyons des graines germer très bien et avec beaucoup de rapidité sur des éponges fines, du sable ou d'autres corps qu'on a soin d'imbiber d'eau. Mais, cependant, qu'on ne croie pas que la terre soit tout à fait inutile à la germination : la plante y puise, par sa racine, des substances qu'elle sait s'assimiler, après les avoir converties en éléments nutritifs. »

Pour que la Germination ait lieu, il faut que la graine contienne un embryon, tout naturellement, et qu'elle soit saine et récente. Cette dernière condition est susceptible de très grandes différences, selon les espèces végétales; les graines huileuses s'altèrent assez promptement, les farineuses, au contraire, peuvent conserver leur faculté germinatrice presque indéfiniment. M. Th. Desmoulins, de Bordeaux, est parvenu à faire germer des graines d'Héliotrope qui furent trouvées dans des tombeaux romains.

Ce qui précède est relatif à la Germination des embryons Dicotylédonés. Dans les Monocotylédones, la radicule se gonfle, s'allonge, se dégage de l'endosperme ou du tégument propre de la graine; mais bientôt elle se déchire un peu au-dessus de sa pointe, et de son intérieur sortent une ou plusieurs fibres radicales, d'abord renfermées dans une poche nommée *coléorhize*. A mesure que ces fibres s'allongent pour aller constituer la vraie racine, l'extrémité de la radicule se détruit, et l'axe de l'embryon se trouve ainsi tronqué à sa base. de là vient que dans les plantes monocotylédones, il n'y a jamais de souche pivotante, puisque la radicule qui forme le pivot se détruit dès les premiers temps de la Germination.

GERMON (*Orcynus*). Genre de Poissons acanthoptérygiens, de la famille des Scombéroïdes, assez semblables aux Thons, dont ils diffèrent par la longueur de leurs pectorales, qui égalent le tiers de la longueur du corps; par leur corselet formé d'écailles plus grandes et moins lisses que celles du corps. — Ce sont des poissons épais et lourds, qui présentent par leur figure et leurs mœurs des faits remarquables.

Le GERMON COMMUN (*O. alalonga*) est l'espèce principale. Ses nageoires sont étroites, arquées, très longues, en forme de faux; leur bord supérieur, lorsqu'elles se rapprochent du corps, est reçu dans un sillon presque aussi long qu'elles; on voit de chaque côté de la queue une carène longitudinale, qui contribue à la rapidité avec laquelle le poisson s'élance au milieu ou à la surface des eaux; il a le dos et les flancs d'un bleu noirâtre, qui pâlit sous le ventre. — Le Germon habite la Méditerranée, mais passe pour venir du grand Océan, vers le mois de juin, peu de temps après l'apparition du Thon. Il est très vorace : sa chair, non moins estimée que celle du Thon, est plus blanche étant cuite, se vend plus cher étant fraîche, se coupe par tranches et se sale comme elle. — Les Espagnols se livrent avec ardeur à la pêche de ce poisson, qui a lieu avec de grandes lignes amorcées d'anguilles. Ils en prennent dont le poids atteint 40 kilogrammes. — Il y a d'autres espèces, qui se rapprochent de plus en plus du Thon sous le rapport de la forme.

GÉROFLIER. — V. *Giroflier.*

GERRHONOTE (du gr. *gerrhôn*, boucher; *notos*, dos, à cause de ses écailles). « Genre de Sauriens, propres à l'Amérique : tête pyramidale, obtuse, terminée par un museau mousse ou arrondi ; dents coniques et nombreuses ; yeux garnis de paupières ; queue longue, grêle, ronde ; corps couvert d'écailles grandes et carrées. — Les Gerrhonotes vivent dans les bois ou sous les pierres. Leur couleur est grise, noire ou verdâtre. Ces animaux sont timides et inoffensifs, quoiqu'on leur applique vulgairement le nom de Scorpions.»

GERRHOSAURE. Genre de Sauriens voisins des Gerrhonotes, dont ils ne diffèrent guère que par la présence des cryptes muqueux qu'ils portent au bord interne des cuisses. — On les trouve au cap de Bonne-Espérance et à Madagascar. On en connaît deux espèces : le G. RAYÉ et le G. OCELLÉ, qui sont de la taille de nos Lézards piqués.

GERRIS. Hémiptères hétéropodes : insectes de forme très allongée, conique en dessous, méplate en dessus : tête triangulaire ; yeux saillants ; antennes filiformes ; les deux paires de pattes postérieures très éloignées de la première, qui est courte et ravisseuse, etc.

Les Gerris sont très nombreux, particulièrement sur les eaux tranquilles, où ils glissent sans se mouiller, grâce au duvet soyeux qui revêt leur abdomen, et par bonds en faisant mouvoir leurs 4 pattes postérieures, à la manière de rames qui, simultanément, donnent une secousse sans pénétrer dans l'onde. Ils vivent de mouches et de larves aquatiques qu'ils saisissent à la course. — Le GERRIS DES MARAIS, l'espèce la plus commune des environs de Paris, est long de 13 à 14 millim., brun noirâtre avec les pattes noires.

GÉSIER. Le dernier des trois estomacs des Oiseaux, celui où s'achève la digestion. — V. *Digestion comparée.*

GESNÉRIACÉES. Famille de Plantes exotiques, herbacées, rarement ligneuses, à tiges et à rameaux ordinairement tétragones. Feuilles opposées ou verticillées, simples, inéquilatérales. Fleurs complètes, en cyme, en grappe ou en épi; corolle tubuleuse, infundibuliforme, ou campanulée ou bilabiée ; anthères souvent cohérentes; ovaire à 2 carpelles; fruit bacciforme ou capsulaire. — Tous les genres de cette famille habitent le nouveau continent, surtout vers l'équateur.

GESNÉRIE (*Gesneria*). Genre type des Gesnériacées, comprenant des herbes de l'Amérique tropicale, à racines tubéreuses vivaces ; à feuilles opposées ou verticillées ; à fleurs disposées en thyrse, en cyme, en grappe ou en épi : la corolle offre, à la base de son tube, 5 gibbosités. — La G. DE GÉROLD est une espèce magnifique dont les fleurs, penchées dans le bas du corymbe, ont une corolle éclatante supérieurement, jaune ponctué de brun inférieurement. — Plusieurs espèces sont introduites dans nos jardins ou nos serres depuis trois siècles.

GESSE (*Lathyrus*). Genre de Légumineuses, composé d'herbes annuelles ou vivaces, ordinairement grimpantes, à feuilles paripinnées, dont le rachis se termine en vrille rameuse. Fleurs rouges bleuâtres, blanchâtres ou jaunes, généralement disposées en grappes : calice campanulé à 5 divisions, dont les 2 supérieures sont plus courtes ; étamines diadelphes ou monadelphes ; style plan, élargi au sommet. Le fruit est une gousse allongée, polysperme. — La plupart des Gesses habitent la région méditerranéenne ; on en trouve aussi en Sibérie, au Japon et en Amérique.

GESSE CULTIVÉE (*L. sativus*), vulg. *Pois carré, Lentille d'Espagne.* Plante annuelle, à tiges de 30 à 60 cent., glabres et ailées ; feuilles ayant un pétiole bordé, une seule paire de folioles lancéolées stipulées ; fleurs blanches, rougeâtres ou bleuâtres, dont les pédoncules sont uniflores. — Elle se cultive en plein champ, soit pour la graine, qui est anguleuse, et qu'on mange en grain ou en purée, soit comme fourrage excellent.

GESSE ODORANTE (*L. odoratus*), vulg. *Pois de senteur, Pois à fleur.* Espèce bisannuelle, à tiges hérissées, scabres ; folioles ovales-oblongues ; fleurs grandes et très odorantes, de couleur variable. — On la cultive comme une plante d'agrément.

GESSE CHICHE (*L. cicera*). Elle diffère de la Gesse cultivée par ses fleurs rouges et ses légumes sans rebord et seulement sillonnés. Cultivée en plein champ. — La G. DES PRÉS et la G. DES MARAIS sont utiles à l'économie agricole par leur fane et par leurs graines, que recherchent les bestiaux et la volaille. — La G. DES BOIS, aux fleurs roses longuement pédonculées, est assez commune dans les haies, les buissons, sur la lisière des bois.

GESTATION (de *gestare*, porter). Temps pendant lequel un animal femelle qui a conçu, conserve le nouvel être dans son corps, et le nourrit à ses propres dépens jusqu'à ce qu'il soit en état de venir au monde. La Gestation, chez la femme, porte le nom de *Grossesse.*—V. ce mot.

La signification du mot Gestation, envisagée dans toute sa généralité, doit comprendre tous les rapports intimes et plus ou moins prolongés, soit intérieurs, soit extérieurs, que l'être producteur et l'être produit établissent entre eux. De là la distinction de la Gestation en interne et en externe.

Gestation interne. Normalement, elle est *utérine* pour tous les Mammifères; de plus elle est simple, double, triple, etc., selon l'espèce animale. La Vache, la Jument, la Biche, les femelles du Chameau, de l'Éléphant, du Singe, de l'Anesse, etc., ne font qu'un petit à la fois; l'Ours, le Chevreuil, les Chauves-souris mettent bas deux petits; le Lièvre, le Castor, la Taupe, la Marmotte, le Cochon d'Inde, en font 3 ou 4; le Lion, le Tigre, le Léopard, en font 4 ou 5; le Chien, le Renard, le Loup, le Chat, la Belette, l'Écureuil, 6 ou 8; la Souris en fait jusqu'à 10; le Cochon et le Rat gris jusqu'à 15. Le nombre annuel des portées des Mammifères est principalement assujetti à la durée de la gestation. Les femelles qui portent peu de temps font en général plus de portées que celles dont la gestation a une plus grande durée. La Gestation a une durée très variable; elle est de 9 mois chez la Femme et la Vache, de 11 pour la Jument, de 5 pour la Brebis et la Chèvre; de 63 jours pour la Chienne, de 56 jours pour la Chatte, etc.

La Gestation n'est pas utérine chez les Oiseaux. Le produit de la génération parcourt les oviductes et sort des organes femelles à l'état d'œuf, d'où le nom d'*Ovipares,* donné à tous les animaux qui se reproduisent de cette même manière. Les Mammifères sont eux-mêmes ovipares, seulement chez eux l'œuf est en quelque sorte soumis à l'incubation dans l'intérieur de la matrice, et ne sort du corps de l'animal qu'après son développement complet et la rupture des membranes de l'*œuf.*—V. le mot *Œuf.*

Rien à dire de spécial touchant la Gestation chez les Reptiles, qui sont ovipares, si ce n'est que, chez quelques Serpents (Vipère, Couleuvre), l'incubation intérieure a souvent lieu d'une manière complète dans les oviductes, et que les petits, brisant les enveloppes de l'œuf, sont expulsés vivants au dehors.

On sait les différences énormes qui séparent les Ovipares, sous le rapport de la quantité d'œufs qu'ils portent. Les Poissons, par exemple, ont des poches très vastes (ovaires) remplies d'un nombre prodigieux d'œufs, qui sont expulsés avant la fécondation.

Gestation externe. Les rapports d'adhérence entre la mère et ses petits ne cessent pas toujours en même temps que la Gestation utérine. Dans beaucoup de cas le germe a encore besoin d'être protégé.

Dans quelques espèces de **Mammifères**, les petits, au moment de leur naissance, sont peu développés et ne peuvent faire usage de leurs membres. Ils s'attachent alors aux mamelles maternelles, placées dans une poche ou bourse que forme sous le ventre un repli de la peau, comme chez les Marsupiaux, où cette poche représente, en quelque sorte, une seconde matrice que l'animal n'abandonne que quand il veut marcher.

Chez certains Batraciens, il y a comme une gestation cutanée : les œufs sont fixés, après la ponte, sur le dos de la femelle; ils s'y forment comme autant de petites loges, où ils éclosent et où les petits passent leur première existence à l'état de têtard. La plupart des Crustacés conservent, pendant un certain temps, le produit de leur génération entre les fausses pattes de leur abdomen. Chez les Apodontes, les œufs passent dans les lames branchiales et y éclosent.

Gestation végétale. Les plantes phanérogames présentent une sorte de Gestation interne et ovarienne. Seulement l'ovaire contenant le germe d'un nouvel être (graine), se détache lui-même de l'individu, après qu'il a éprouvé des modifications telles, qu'il ne saurait servir à une nouvelle fécondation, modifications dont le terme est la maturité. Ainsi un fruit charnu, un Melon par exemple, représente l'œuf du végétal en entier, arrivé à maturité; il peut donc être comparé, jusqu'à un certain point, à une matrice contenant un produit conçu, et dont les parois sont devenues très épaisses, charnues, comme les parois de l'ovaire du Melon, qui sont devenues charnues, succulentes, et au centre desquelles se trouve aussi un produit de conception, qui est la graine.

GIBBIE (*Gibbium*). Genre de Coléoptères pentamères, insectes de très petite taille qui ont, au premier aspect, l'apparence de grosses Puces. — Le genre type est le *G. scotias,* qui est brun-rouge, avec les élytres transparents.

GIBBON (*Hylobates*). Genre de Singes de l'ancien Continent, de la tribu des Pithéciens, ainsi caractérisé : avant-bras et mains excessivement allongés; ongles des pouces aplatis; pelage très épais, laineux; fortes callosités aux fesses; pas de queue, ni d'abajoues; face obtuse, encadrée de larges favoris; oreilles moyennes et de forme presque humaine.

Les Gibbons appartiennent aux contrées orientales de l'Asie: ils vivent en troupes nombreuses dans l'Inde, à Sumatra, à Java, à Borneo. Ces singes se rapprochent des Orangs par l'absence de queue et d'abajoues, mais ils en diffèrent par les larges callosités des fesses, caractère important qui indique que ces quadrumanes se tiennent plus habituellement sur les arbres. Leur taille est aussi inférieure à celle des Orangs, et leurs bras sont si longs, qu'ils peuvent s'en servir à la marche sans quitter la station à peu près droite qui leur est familière.

Le Gibbon est d'un naturel doux, timide, soumis, qui ne se perd pas dans la vieillesse, comme dans beaucoup d'autres espèces. Il est omnivore comme l'Homme, mais il se nourrit de préférence de fruits, de racines, de tubercules bulbeux et de plusieurs végétaux. On peut l'élever en domesticité, et quoique son intelligence soit assez bornée et bien au-dessous de celle des Orangs, on en a cité plusieurs qui avaient reçu une éducation remarquable. Très criards, ils font continuellement entendre leur voix, surtout au lever et au coucher du soleil, en sautant d'une branche à l'autre, ou en marchant. Ils se suspendent par les bras, et après s'être balancés deux ou trois fois, ils prennent leur élan et s'élancent à de grandes distances. La femelle porte son petit cramponné autour de son corps, lorsqu'il est déjà un peu fort; elle le soutient avec son bras pendant son bas-âge.

Gibbon siamang (*H. syndactylus*). C'est l'espèce type du genre. Sa taille dépasse un mètre; il

585. — Gibbon agile.

a le pelage entièrement noir, doux, brillant et épais; la face noire, nue et des plus laides. Il porte au devant du cou une poche dilatable, nue et simulant un goitre pendant; cette cavité communique avec le larynx et sert à renforcer les sons de sa voix et de ses cris retentissants. Les doigts médian et indicateur des membres inférieurs sont réunis en partie au moyen d'une membrane.

Le Siamang habite Sumatra; il y est fort commun dans les forêts, où il vit en troupes conduites par un chef que les Malais croient invulnérable. Il est paresseux et dormeur dans la journée; mais il salue le soleil levant et le soleil couchant par des cris épouvantables. Ces animaux sont sans défense; ils sont facilement saisis d'effroi, et la fuite leur est difficile à cause de leurs longs bras et de leurs jambes trop faibles pour leur corps lourd. Ils n'ont guère d'intelligence que celle qui se rapporte à la défiance et à la vigilance. En esclavage s'ils deviennent doux et soumis, c'est plutôt par apathie que par affection ou intelligence. Leurs sens sont sans vivacité, ils prennent même les aliments avec indifférence et les mangent sans avidité. La femelle défend ses petits avec courage mais impuissance, et les entoure de soins. C'est un spectacle fort curieux, dit Duvaucel, que de la voir porter ses enfants à la rivière pour les débarbouiller, les laver, les essuyer et les sécher ensuite avec précaution.

Gibbon hoolock (*H. hoolock*). Pelage crépu, d'un noir brillant, avec une bande blanche au-dessus des sourcils; les poils qui recouvrent le dessus des doigts sont très longs, et ceux de l'avant-bras rebroussés. Les jeunes ont l'avant-bras proportionnellement beaucoup plus court que le bras, tandis que chez les adultes ces deux portions des membres sont d'égale longueur. Les canines sont très développées dans cette espèce, etc.

Ce Gibbon habite le royaume d'Assam et la chaîne des Gates, dans les Indes orientales, mais il est rare. Sa nourriture consiste en baies et en jeunes pousses, dont il suce le suc ; en captivité il mange de tout : les œufs , le café, le chocolat, lui sont fort agréables. Ses mouvements sont rapides ; il gravit avec prestesse le tronc des palmiers et disparaît rapidement à travers les arbres des forêts. Harlan a décrit un individu qui a fait preuve de douceur, d'affection pour son maître , et d'une véritable intelligence.

GIBBON AUX MAINS BLANCHES OU LAR (*H. lar*). C'est le *Grand Gibbon* de Buffon, l'*Homme lar* de Linné. Il est de couleur noirâtre, excepté à la face et aux extrémités, qui sont blanchâtres. — Le Lar habite le royaume de Siam. Dupleix en a possédé un individu qui lui a paru d'un naturel tranquille et de mœurs douces.

GIBBON AGILE OU VARIÉ (*H. variegatus, agilis*). Cette espèce, de l'île de Sumatra , est très rare ; car, dit Duvaucel , sur 5 ou 6 *Wouvous* (c'est le nom que ces Gibbons portent dans leur pays), on voit toujours cent Siamangs. Son agilité est extraordinaire ; il échappe comme un oiseau, et ne peut pour ainsi dire être atteint qu'au vol. En domesticité, cette faculté se perd. Il n'est guère plus intelligent que le Siamang.

Le GIBBON CENDRÉ (*H. leuciscus*) est l'espèce que l'on amène le plus fréquemment en Europe. Il est de Java, et son pelage est gris cendré.

GIBÈLE. Espèce de *Carpe*.

GIFOLE. Plante herbacée de la famille des Composées, connue vulgairement sous le nom de *Cotonnière, Herbe à coton*, haute de 10 à 30 centim. , rameuse presque dès la base, et dont les feuilles sont couvertes d'un duvet soyeux blanchâtre ; capitules ovoïdes-coniques ; involucre à 5 angles aigus très saillants, séparés par des sinus profonds, et dont les folioles se terminent par une pointe subulée. — La Gifole est très commune dans les champs, les lieux cultivés, les vignes, le bord des chemins et des fossés.

GIGARTINE. Genre d'Algues, à rameaux cylindriques, couverts de tubercules sphériques ou d'expansions foliacées, ayant de 10 à 80 cent. de hauteur ; couleur d'un rouge pourpre plus ou moins foncé. — On les trouve dans toutes les mers. L'espèce *G. helminthochorton* entre dans la composition de la Mousse de Corse.

GINGEMBRE (*Zingiber*). Genre de la famille des Amomacées, dont toutes les espèces appartiennent à l'Inde. — Le G. OFFICINAL (*Z. officinalis*) est la principale que l'on cultive actuellement aux Antilles. Racine tubéreuse ; tige feuillue, haute de 65 cent. environ ; fleurs en épi , sur une hampe longue, recouverte d'écailles engaînantes analogues à celles de la base des feuilles.

La racine de Gingembre, qui est tuberculeuse, rameuse, blanche à l'intérieur, est douée d'une odeur piquante et d'une saveur aromatique âcre. Cela n'empêche pas que les indigènes ne la mangent avec plaisir, coupée en rondelles et confite. On en fait un assez grand commerce, comme médicament stimulant, stomachique, emménagogue ou diurétique, selon la dose et la circonstance. On en retire une huile essentielle dont on fait usage pour plusieurs préparations pharmaceutiques.

GINKO. Grand et bel arbre de la Chine et du Japon, de la famille des Conifères, dont la tige pyramidale porte des feuilles alternes, ou fasciculées, bilobées, striées. Les fleurs naissent au sommet des rameaux : les mâles en chatons allongés pendants ; les femelles composées d'un calice et d'un ovaire adhérent. Le fruit est un drupe ovale, tuberculeux à sa surface, qui est d'un jaune pâle, de la grosseur d'une noix au plus.

Le Ginko ou Gingo (*G. biloba*) a été introduit en France vers 1758. Il y a reçu les noms vulgaires d'*Arbre aux 40 écus*, de *Noyer du Japon*, à cause du prix auquel on le vendait et de la ressemblance de son fruit avec la noix. Cet arbre est dioïque ; des pieds mâles ont existé longtemps en Europe avant qu'on eût des individus femelles : aussi la famille en fut-elle indéterminée jusqu'en 1814, époque à laquelle on découvrit un pied femelle près de Genève. Pourquoi, depuis, cet arbre ne s'est-il pas répandu davantage, puisqu'il réussit en pleine terre, qu'il produit un bon effet dans les massifs, les jardins, et que son amande est d'un goût agréable ?

GIN-SENG (*Panax*). Genre de Plantes exotiques de la famille des Araliacées, dont l'espèce la plus fameuse est le

GIN-SENG A CINQ FEUILLES (*G. panax*), ou *Panax* tout simplement. C'est une herbe de 30 à 60 cent. de haut, dont la tige, simple, droite , unie, grêle, porte 3 à 4 feuilles verticillées vers le sommet, des fleurs blanches, en ombelles simples ou composées, suivies de baies d'un beau rouge et de la grosseur d'une petite cerise.

Le Gin-Seng croît dans l'Inde, à la Chine et au Japon, où sa racine jouit d'un crédit immense comme tonique, corroborant, propre surtout à réparer les forces viriles épuisées par les excès. Précédée de cette réputation merveilleuse, quand elle fut apportée en Europe, en 1606, elle se vendit au-dessus du poids de l'or ; plus d'une famille se réduisit à l'aumône pour procurer à l'un de ses membres une vie exempte d'infirmités et deux et trois fois séculaire. Ce remède fut reçu par acclamation, surtout par les libertins ; mais ils furent bientôt trompés dans leurs espérances. Aujourd'hui cette fameuse racine est délaissée comme *impuissante*, sous quelque rapport qu'on la con-

sidère dans la matière médicale. Elle est tout simplement stimulante à la manière des aromatiques
en général.

GIRAFE (*Camelopardalis*). Genre de Mammifères de l'ordre des Ruminants, formant à lui seul
une petite famille, désignée sous le nom de *Ca-
mélo-pardaliens*, dont voici les caractères : corps
assez svelte ; train de devant beaucoup plus haut
que celui de derrière ; garrot très élevé, dos oblique ; cou très long : tête longue, ayant un tuber-

cule osseux au milieu du chanfrein, plus deux
chevilles osseuses sur les frontaux, revêtues de
peau velue ; pas de mufle, pas de larmiers ; yeux
grands, oreilles assez grandes, pointues : 4 mamelles. Les cornes existent dans les deux sexes.

La Girafe se distingue de tous les autres animaux par ses formes bizarres, sa démarche singulière, la hauteur colossale de sa taille et la douceur de son caractère. Aux traits ci-dessus, ajoutons que ses membres supérieurs sont beaucoup
plus longs que les postérieurs ; qu'il y a 2 doigts

586 et 587. — Girafe et adulte.

à chaque pied ; que le pelage est ras, blanchâtre,
parsemé de larges taches fauves chez les femelles
et les jeunes individus, plus foncées chez les mâles
et les vieux sujets ; queue assez grêle, peu longue
proportionnellement à la taille, terminée par une
touffe de gros poils ou crins noirs. Taille, 5 mètres 50 cent. de hauteur.

La Girafe habite les déserts de l'Afrique, où
elle vit en troupes de 5 ou 6 individus. Les premiers
voyageurs qui pénétrèrent dans ces contrées parlent de cet animal, qui fut montré pour la première fois au peuple d'Alexandrie par Ptolémée
Philadelphe ; J. César le fit paraître dans les
jeux du Cirque 45 ans avant J.-C.; pourtant il ne
parut dans l'Europe chrétienne qu'en 1822 pour la

première fois, et en France en 1827 (sujet offert
à Charles X par Ismaël-Pacha).

La Girafe se nourrit de feuilles et de jeunes
pousses d'une espèce d'acacia. Par sa conformation singulière elle semble exclusivement destinée
à brouter les hautes branches des grands arbres
qui croissent dans les terres fertiles et arrosées
dont le désert se trouve environné ; car rien n'é-
gale sa gaucherie lorsqu'elle veut prendre à terre,
étant obligée alors d'écarter les deux jambes de
devant. Dans les ménageries, on la nourrit avec
du blé, du maïs, des carottes et autres légumes
frais, du fourrage, etc. Ç'a été une erreur de croire
qu'elle ne buvait pas. Elle est d'un caractère doux,
inoffensif, et privée de toute espèce de défense

malgré sa grande taille et les ruades vigoureuses qu'elle lance. Elle ne peut opposer que la fuite aux lions et aux panthères, ses plus dangereux ennemis. Heureusement pour elle, la Girafe a la course rapide, et la vitesse de son allure est favorisée par son mode de progression, qui est l'*amble*; c'est-à-dire qu'au lieu de lever alternativement le pied droit d'un côté et le pied gauche de l'autre, elle lève presque en même temps les deux pieds du même côté, ce qui est d'ailleurs rendu inévitable par la brièveté du tronc d'une part et la longueur des jambes de l'autre.

Les mœurs de ces ruminants, à l'état sauvage, sont peu connues. On ignore s'ils sont monogames ou polygames; il est probable pourtant que les mâles possèdent plusieurs femelles à la fois, et l'on a quelque raison de croire que, comme les Cerfs, avec lesquels ils ont de nombreux rapports, ils se livrent de nombreux combats pour la possession des femelles. L'accouplement se fait au printemps; la gestation est de 433 à 444 jours, d'après les observations faites dans les ménageries. L'existence de cet animal est d'une durée inconnue, mais probablement assez longue. Les indigènes lui font la chasse pour manger sa chair, qu'on dit tendre et supérieure à celle du veau pour le goût.

On a trouvé des Girafes fossiles en Europe, et même en France, dans le Berry et le Gers.

GIRELLE (*Julis*). Nom d'un genre de Poissons acanthoptérygiens, séparé des Labres, dont il se distingue par la tête entièrement lisse et sans écailles, et par la ligne latérale fortement coudée vis-à-vis la fin de la nageoire caudale.—Ces poissons sont de petite taille et ornés de brillantes couleurs. Ils vivent par troupes et se plaisent parmi les rochers.

La GIRELLE COMMUNE (*Labrus julis*) est un petit poisson remarquable par sa belle couleur violette, relevée de chaque côté par une bande en zig-zag d'un bel orangé. Elle vit dans la Méditerranée et l'Océan. — Il y a aussi la G. ROUGE, la G. VERTE OU TURQUE, etc.

GIROFLÉE (*Cheiranthus*). Genre de la famille des Crucifères, de la tribu des Arabidées, dont voici les caractères : calice fermé, ayant deux sépales latéraux bossus à leur base en forme de sac; pétales à limbe ouvert, obovale, émarginé; étamines libres; style tantôt long, tantôt presque nul. —Ce genre a été tourmenté par les botanistes, qui l'ont réduit à 8 ou 10 espèces, dont nous n'indiquerons que deux.

La GIROFLÉE DES MURAILLES (*C. cheiri*) est une plante sous-frutescente à la base, vivace, dont la tige est rameuse, un peu pubescente en haut, et atteint 25 à 50 cent. Ses feuilles sont oblongues, lancéolées, entières, persistant souvent pendant l'hiver. Ses fleurs, d'un jaune rouillé, et d'une odeur suave, présentent : calice à 4 sépales, dont 2 latéraux gibbeux à la base; 4 pétales; stigmate bilobé.

Le fruit consiste en une silique linéaire. — La Giroflée est une des premières fleurs qui annoncent le printemps. Perfectionnée par la culture, elle a produit la *Giroflée brune*, la *G. pourpre*, la *G. bâton d'or*, dont les fleurs doubles et odorantes font l'ornement des parterres. — La *grande Giroflée* est une *Mathiole*. — V. ce mot.

La GIROFLÉE DES ALPES (*C. alpinus*) est une espèce particulière aux montagnes, fort belle du reste, dont les feuilles sont linéaires denticulées.

GIROFLIER ou GÉROFLIER (*Caryophyllus*). Arbrisseau de la famille des Myrtacées, toujours vert, orné d'une multitude innombrable de jolies fleurs roses, à calice infundibuliforme à 4 dents; 4 pétales sessiles; nombreuses étamines; ovaire infère. Pour fruit, drupe sec ovoïde, couronné par les divisions du calice, qui est persistant.

Le Giroflier appartient à l'Inde. Extrêmement aromatique dans toutes ses parties, ses fleurs le sont encore davantage, surtout avant leur épanouissement. Ce sont ces fleurs, recueillies avec soin et desséchées, qui constituent ce que nous nommons *clous de Girofle*, épice dont les Hollandais font un commerce considérable et qu'ils tirent des Moluques, où sa qualité est supérieure. Les clous de Girofle sont rarement mis en usage en médecine, malgré leur action fortement stimulante, ou peut-être à cause d'elle. Ils pourraient cependant être utiles dans beaucoup de cas. Toutefois ils entrent dans la composition de l'*Elixir de Garus*, du *Baume de Fioravanti*, du *Vinaigre des 4 voleurs*. On en extrait une huile volatile (*essence de Girofle*), qui, douée d'une odeur pénétrante, d'une saveur très âcre et brûlante, est employée comme parfum et pour cautériser les dents cariées.

GIROLLE, vulg. *Oreille de houx*. Champignon du genre Agaric (*Agaricus aquifolii*) d'un jaune clair, dont le chapeau, lisse et glabre, porte à sa face inférieure des feuillets blanchâtres; d'abord convexe, ce chapeau se creuse ensuite et semble ainsi s'être retourné : de là sans doute son nom (de *girare*, tourner).—Champignon comestible.

GISEMENT. Disposition d'un Minéral dans le sein de la terre. Cette disposition varie beaucoup, elle forme des bancs, des amas, des filons, des parties disséminées ou des montagnes. — Les *bancs* ou *couches* sont le mode de gisement qu'affectent le fer magnétique, le fer oxydé, le fer hydraté, le fer carbonaté, le plomb sulfuré, l'étain, le mercure, le zinc, le cobalt. — Les *amas* comprennent aussi les mêmes minerais.— La *dissémination* existe pour le fer oxydulé, le fer carburé, le fer arsenical, l'argent sulfuré, l'argent natif, le mercure sulfuré, le mercure natif, l'or natif, le platine, le cuivre sulfuré, etc. — Le fer oxydulé forme des amas assez considérables pour mériter le nom de *Montagnes*.

GIVRE ou GELÉE BLANCHE. Congélation de la

rosée qui se forme la nuit par une température de
1 à 2° cent., et s'offre sous forme de menues
aiguilles diaphanes, qui semblent blanches par
l'effet de la réfraction. — V. *Gelée, Eau, Rosée.*

Le Givre peut se former à une température de
4 à 5 degrés au-dessus de zéro. En effet, quand le
ciel est serein, dans une nuit calme et humide, il
arrive que, par le rayonnement du calorique, certains corps tombent à une température au-dessous
de zéro, bien que celle de l'atmosphère soit plus
élevée de 4 ou 5 degrés ; alors la vapeur d'eau
répandue dans les couches d'air moins froides,
venant à toucher ces corps, se condense d'abord
en eau, ce qui forme la rosée, et bientôt cette
humidité passe à l'état de gelée *(Gelée blanche)*.

GLACE. Eau devenue solide par l'abaissement de
la température au-dessous de zéro.—V. *Eau, Gelée.*
— L'eau congelée peut offrir un solide d'une résistance plus ou moins grande, selon l'intensité du
froid. Ainsi, pendant le rigoureux hiver de 1740 on
construisit, à Saint-Pétersbourg, suivant les règles
de la plus élégante architecture, un palais de glace
de 17 m. de longueur sur 5 m. de large et 7 de hauteur, sans que le poids des parties supérieures
et du comble, qui étaient aussi de glace, endom-
mageât la base de l'édifice : la Neva, rivière voisine, où la glace avait près d'un mètre d'épaisseur,
en avait fourni les matériaux. A mesure que l'on
tirait les blocs de glace de la rivière, on les tail-
lait et on les embellissait d'ornements ; puis, lorsqu'ils étaient posés, on les arrosait par une face
d'eaux colorées de diverses teintes, et qui, se congelant aussitôt, produisaient des effets merveilleux. Pour augmenter la merveille, on plaça au
devant du palais 6 canons de *glace*, faits sur le
tour, avec leurs affûts, leurs roues de la même
matière, et deux mortiers à bombe, dans les mêmes
proportions que ceux de fonte et également en
glace. Ces pièces de canon étaient du calibre de
celles qui chargent 1,500 grammes de poudre : on
y mit 125 grammes de poudre, après quoi l'on y
introduisit de l'étoupe et un boulet de fonte :
l'épreuve de ces canons fut faite en présence de
toute la cour, et le boulet perça, à 60 mètres de
distance, une planche de près de 6 centimètres
d'épaisseur. Les canons, dont l'épaisseur était au
plus de 12 centimètres, n'éclatèrent point.

Ce fait peut rendre croyable ce que rapporte
Olaüs Magnus, l'historien du Nord, des fortifica-
tions de glace dont il assure que les nations septentrionales savent faire usage au besoin. Un physicien d'Angleterre fit, en 1763, une autre expérience des plus curieuses. Il prit un morceau de
glace circulaire d'environ un mètre de diamètre,
et de 14 cent. d'épaisseur : il en forma une lentille qu'il exposa au soleil, et qui enflamma, à plus
de 2 mètres de distance, de la poudre à canon, du
papier, du linge et autres matières combustibles.

GLACIERS. On donne ce nom aux amas de neiges
et de grésil éternels, tels qu'on les rencontre sur
les très hautes montagnes, sur les mers polaires.
Outre ces Glaciers, qui sont à peu près invariables, il y en a d'autres, formés par les neiges qui
tombent en certains temps dans les vallées plus
basses, ou par les avalanches (V. ce mot), qui se
détachent des premiers. Les Glaciers accidentels
ont été souvent visités, parce qu'ils offrent les circonstances les plus remarquables. « La neige ag-
glutinée y forme des dépôts dont l'épaisseur est
quelquefois de 8 à 900 mètres, qui sont traversés
irrégulièrement par des crevasses profondes, et
percés de puits dans lesquels s'engouffrent de petits ruisseaux provenant de la fonte journalière de
la surface. Des glaçons taillés en pyramides aiguës,
en espèces de crêtes percées à jour et toutes prêtes
à s'écrouler, en hérissent de toutes parts la surface et arrêtent à chaque pas le voyageur attiré
par la curiosité : ce sont les plus grands comme
les plus effroyables spectacles de la nature. On a
quelquefois comparé ces Glaciers à une mer
agitée par la plus violente tempête, et qui tout à
coup se serait congelée pendant que ses lames
écumantes semblaient menacer la terre d'un bouleversement général. Quelquefois, cependant, la
surface est plus unie, et avec quelques précautions
on peut y voyager en toute sécurité. Dans nos
climats, c'est au milieu des Alpes qu'on peut voir
surtout les Glaciers, soit autour du mont Blanc,
où l'on remarque particulièrement le Glacier des
Bois ou *Mer de glace*, qui a cinq lieues de long
sur une de large : soit au Saint-Gothard, où l'on
trouve le Glacier du Rhône, qui est un des plus
remarquables, et d'où le fleuve sort déjà avec une
grande force d'une voûte immense et profonde de
glace.

« Il se trouve aussi de la glace dans certaines
cavernes qu'on nomme, à cause de cela, *Glacières
naturelles* ; elle y est produite par l'évaporation
rapide occasionnée par les courants d'air sur les
eaux qui suintent dans ces cavités, et dont une
partie dès lors se solidifie. Il se trouve de ces glacières naturelles dans les montagnes du Jura, et
principalement près de l'abbaye de Grâce-Dieu, à
six lieues à l'est de Besançon (Beudant). »

GLAND. Fruit indéhiscent, provenant constamment d'un ovaire infère, pluriloculaire et polysperme, dont le péricarpe présente toujours à son
sommet les dents excessivement petites du limbe
du calice, et est renfermé en partie, rarement en
totalité, dans un involucre nommé *cupule*, pouvant être *écailleux, foliacé* ou *péricardoïde*.

GLANDES. On donne ce nom, en anatomie, à
certains organes chargés de fournir certains liquides qui doivent servir à l'accomplissement d'autres
fonctions, ou être rejetés hors du corps. Ce sont
des organes généralement mollasses, lobuleux ou
parenchymateux et grenus, dont la fonction spéciale est la sécrétion d'un fluide, tel que la bile, la
salive, l'urine, le sperme, les larmes, le fluide pancréatique, le lait. Leur texture intime est peu

connue, mais on distingue facilement qu'ils sont composés d'un amas de follicules particuliers, versant tous leur liquide dans un canal commun (Malpighi), ou d'un amas de grains glanduleux résultant de la réunion des conduits excréteurs ramifiés et clos à leur origine, avec des vaisseaux et des nerfs (Béclard). Un canal naît de l'intérieur de chaque Glande et aboutit, soit dans un réservoir spécial, où le fluide attend sa destination suprême bile, urine, sperme), soit dans la cavité où ce fluide doit être versé (fluide pancréatique, salive). — V. *Sécrétions.*

Le vulgaire appelle improprement *Glandes* des engorgements avec dureté et tuméfaction plus ou moins marquées de ganglions lymphatiques, c'est-à-dire ces pelotonnements des vaisseaux lymphatiques qui existent sur le trajet même de ces vaisseaux, dans certaines régions surtout, comme les côtés du cou, les aisselles, les aines, etc.

Dans les végétaux, on nomme Glandes de « petits corps vésiculeux de forme très variées, mais le plus habituellement arrondis, ovales ou mamelonnés, sessiles ou pédiculés, qu'on observe sur les feuilles, les tiges, sur le calice de quelques plantes, et qui sont destinés à séparer certaines liqueurs de la masse générale des fluides. Ils paraissent composés d'un tissu cellulaire dont les mailles sont plus ou moins serrées, et où viennent se ramifier des vaisseaux très déliés. Les Glandes végétales ont de très grands rapports avec les Glandes des animaux. Elles font saillie sur l'Alaterne, la Casse, le Prunier, etc.; elles sont pour ainsi dire inhérentes à des familles entières, aux Labiées, aux Crucifères, aux Myrtacées, aux Hespéridées; et dans plusieurs d'entre elles, ces Glandes servent de terme caractéristique pour distinguer divers genres et beaucoup d'espèces. Toutes laissent échapper de leur sein un fluide quelconque, le plus souvent odorant, coloré, visqueux, parfois, au contraire, très ténu et de la nature des essences (huile essentielle). »

GLARÉOLE, Giarole de Buffon. Genre d'Oiseaux de l'ordre des Echassiers, dont l'assemblage hétérogène de caractères d'organisation et de mœurs a beaucoup embarrassé les classificateurs qui ont cru, pour se tirer d'embarras, devoir en faire une famille, les Glaréolinés. — Un seul genre, caractérisé ainsi : bec plus court que la tête, convexe, ailes très longues, dépassant la queue, sur-aiguës; queue fourchue et rectiligne; tarses allongés et minces; doigts grêles, le médian et l'externe unis par une petite membrane, le pouce ne touchant pas à terre, etc.

Ce genre renferme une dizaine d'espèces, toutes propres à l'ancien continent, dont une seule habite l'Europe.

C'est la GLARÉOLE A COLLIER ou *Perdrix de mer*, qui fréquente les bords des rivières et des lacs, les côtes de la mer, mais qui partout recherche les grèves, les rives sablonneuses, plutôt que celles de vase ou les marécages, ce qui éta-

blit quelque différence entre elle et le Pluvier. — Ces oiseaux se nourrissent d'insectes et de vers : ils ont le vol rapide, un peu semblable à celui des Hirondelles, pendant lequel ils remplissent l'air de leurs cris; ils courent très vite, comme les Pluviers, dans les steppes arides, agitant leur queue à la

588. — Glaréole à collier.

manière des Saxicoles, sans s'inquiéter des passants. Ils arrivent vers le milieu d'avril dans le midi de la France, et repartent dans les premiers jours d'août, voyageant par petites troupes de 15 à 20 individus. Une Glaréole est-elle blessée par un chasseur, ses compagnes viennent auprès d'elle en poussant de grands cris.

GLAUCIENNE. Nom vulgaire d'une espèce de Chélidoine (*Chelidonium glaucium*), encore appelée *Pavot cornu.* — V. *Chélidoine.*

GLAUCOPE (*Glaucopis*). Genre d'Oiseaux de l'ordre des Passereaux conirostres, comprenant quatre espèces, toutes de l'Inde, sans intérêt pour ainsi dire. — Le G. CENDRÉ ressemble beaucoup aux espèces de la famille des Corbeaux. Tout son plumage est d'un cendré sombre, tirant sur le noir. Il se trouve à la Nouvelle-Zélande, vivant dans les bois et paraissant se donner peu de mouvement. Son cri est une espèce de gloussement. Il se nourrit de fruits et d'insectes.

GLAYEUL. Nom que portent vulgairement plusieurs espèces du genre *Iris.* — V. ce mot.

GLÉCOME. Plante plus connue sous le nom de *Lierre terrestre.* — V. ce mot.

GLOBE TERRESTRE. — V. *Terre.*

GLOBULAIRE (*Globularia*). Genre de Plantes herbacées, vivaces ou frutescentes, de la famille des Globulariacées, à feuilles alternes; dont les fleurs petites, violettes, à calice et corolle tubulés, sont réunies plusieurs ensemble sur un réceptacle commun, garni de paillettes, en forme de tête globuleuse ayant un involucre à sa base.

GLOBULAIRE COMMUNE (*G. vulgaris*). Tiges de 10 à 40 cent., dressées, simples, portant des feuilles coriaces, dont les inférieures sont rapprochées en rosette et les caulinaires éparses, et terminées par un capitule subglobuleux de fleurs bleues : calice hérissé, à 5 divisions lancéolées

589. — Globulaire turbith.

linéaires ; corolle bilabiée, dont les lèvres sont à divisions linéaires, l'inférieure beaucoup plus longue que la supérieure : 4 étamines saillantes ; ovaire uniloculaire et uniovulé. — Cette plante se rencontre quelquefois sur les pelouses sèches, les coteaux calcaires, etc., mais elle n'est pas très commune. Usages nuls.

GLOBULAIRE TURBITH (*G. alypum*). Sous-arbrisseau qui atteint 1 mètre de haut, à tige très rameuse, glabre ; feuilles alternes, en spatule, d'un vert glauque ; fleurs en capitule arrondi solitaire, soutenu par un involucre de folioles imbriquées.

Cette espèce est plus grande que la précédente, et assez commune dans le midi de la France, aux lieux arides et pierreux. Elle est amère ; on emploie quelquefois ses feuilles sèches en décoction, comme tonique, purgatif, à la manière de la Rhubarbe. Les anciens, qui la croyaient très malfaisante, l'avaient appelée *Herba terribilis*.

GLOBULARIACÉES. Famille de Plantes dicotylédones, dont le genre type et unique est la *Globulaire*. — V. ce mot.

GLOMÉRIDE (*Glomeris*), que Cuvier avait désigné sous le nom d'*Armadille*. Genre d'Insectes de la classe des Myriapodes, famille des Chilognates, dont le corps est ovale-oblong, crustacé, susceptible de se rouler en boule, ayant sur chaque bord latéral une rangée de petites écailles de 11 ou 12 segments, dont le dernier plus grand et demi-circulaire. — Ce genre, au premier abord, a beaucoup d'analogie avec les Cloportes, mais le corps a 10 demi-anneaux, sans compter la tête et la queue, et une plaque demi-circulaire se remarque entre le premier segment et la tête, ce que n'offrent pas les Cloportes ; 16 paires de pattes ; antennes de 4 articulations, dont la dernière est en massue, etc.

On trouve ces insectes cachés sous les pierres. Ils se contractent en forme de boule quand on les inquiète.

590. — Glossophage.

GLOSSOPHAGE (*Glossophaga*). Genre de Mammifères de l'ordre des Carnassiers, tribu des Chéiroptères ou Chauves-souris, dont le principal caractère consiste dans leur langue déliée, longue, très extensible et garnie à sa surface d'un assez grand nombre de poils. Tête allongée ; membrane du dessus du nez moins grande que celle des Phyllostomes ; queue courte ou nulle ; membrane interfémorale médiocre ou même rudimentaire.

Les Glossophages sont des Chauves-souris insectivores, ayant à peu près 20 cent. d'envergure. Leur nom, qui signifie *Mange-langue*, fait allusion à la facilité d'extension dont jouit cet organe qu'ils font souvent sortir et rentrer avec précipitation. Leur patrie est l'Amérique du Sud. On prétend qu'ils ont l'habitude de sucer le sang de l'homme et des quadrupèdes, à la manière des Vampires.

Le Glossophage amplexicaude (*G. amplexicauda*), espèce type, a les ailes assez amples, la membrane interfémorale assez étendue, le museau peu allongé, la couleur brune. — Il est du Brésil. — Nous pouvons passer sous silence les autres espèces.

GLOUTON (*Gulo*). Genre de Carnassiers, tribu des Carnivores, famille des Plantigrades, ayant pour caractères : corps assez bas sur jambes, quelquefois très long ; taille médiocre ; tête forte, médiocrement allongée ; oreilles arrondies, très courtes ; pieds à 5 doigts bien séparés, armés d'ongles crochus non rétractiles ; queue velue, assez courte ; pelage long, abondant, d'un brun noirâtre.

Les Gloutons ont les plus grands rapports avec les Blaireaux par leur marche lourde et l'odeur fétide qu'ils répandent ; ils s'en distinguent par leur queue plus longue, leur corps un peu plus élevé, leurs ongles plus aigus. On peut aussi les considérer comme se rapprochant des Hyènes et des Chats à certains égards ; leur taille se rapproche de celle de l'Ocelot ou du Chien de berger ; leur système dentaire est presque analogue à celui des Martes ; leur pelage est marron foncé, avec le dos noir.

Ces animaux se trouvent dans le nord de l'Europe et de l'Asie, ainsi que dans les régions froides de l'Amérique septentrionale. Ils grimpent aux arbres et s'y tiennent blottis, en attendant le moment où ils pourront attaquer au passage les rennes ou les élans. Les Gloutons sont en effet très carnassiers, très féroces et non moins audacieux. Ils attaquent leur proie par le cou, lui saisissent la gorge et lui ouvrent les gros vaisseaux. « Le pauvre animal précipite en vain sa course ; en vain il se frotte contre les arbres et fait les plus grands efforts pour se délivrer ; l'ennemi, assis sur son cou ou sa croupe, continue à sucer son sang, à creuser sa plaie et à le dévorer en détail. » — La peau des Gloutons donne une fourrure assez chaude et d'un beau lustre : aussi, pour l'obtenir, fait-on une chasse active à ces carnivores.

301. — Glouton.

Tout ceci s'applique spécialement au Glouton du Nord (*G. arcticus*), qui est de la taille du Blaireau, et présente avec lui plusieurs points de ressemblance. Sa longueur totale, depuis le bout du museau jusqu'à l'origine de la queue, est de 65 cent. Sa hardiesse et sa voracité sont extrêmes. En captivité, cependant, s'il est abondamment pourvu de nourriture, il montre un naturel assez doux.

Le Glouton valverenne (*G. luscus*) est l'espèce propre au Nouveau-Monde : corps trapu ; pelage d'un marron assez clair, avec un disque noirâtre sur les parties supérieures du corps. — Il est bien connu au Canada à cause de ses déprédations, car il montre une grande adresse pour découvrir les amas de provisions formés par les Indiens, et il mange ou détruit toutes les matières animalisées qu'il peut ainsi découvrir.

GLUCIUM ou Glycinium. Métal obtenu de la *Glycine*, laquelle est un oxyde métallique découvert en 1798, par Vauquelin, dans l'émeraude et l'aigue-marine, et qui a la propriété de faire des sels sucrés avec les acides. Le Glucium est en poudre brune, avec des paillettes cristallines. Il s'oxyde à une haute température et se convertit en Glycine.

GLUTEN. Substance particulière propre aux graines des céréales, dont elle constitue la partie intérieure, mêlée intimement avec l'amidon, avec le sucre, l'albumine et le mucilage. Le Gluten est surtout abondant dans le froment, et c'est à ce corps que la pâte doit la propriété de lever. On l'extrait en faisant une pâte avec de la farine de blé, et la malaxant sous un filet d'eau, jusqu'à ce que celle-ci ne devienne plus laiteuse : on a pour résidu du Gluten pur, substance d'un blanc grisâtre, molle, collante, insipide, d'une odeur spermatique, très élastique et susceptible d'être étendue en une couche mince. Le Gluten est insoluble dans l'eau, les huiles et l'éther, mais en partie soluble dans l'alcool. On lui a donné encore les noms de *triticine*, *fibrine* ou *colle végétale*. — On a recommandé, dans le diabète, un pain ou biscuit fait de farine préalablement lavée pour en ôter une partie de l'amidon (*Pain de gluten*).

GNAPHALE (*Gnaphalium*). Genre de Composées corymbifères ; plantes herbacées, annuelles ou vivaces, tomenteuses blanchâtres, à capitules jaunes et disposés en corymbe, dont les usages sont nuls. — Le Gnaphale des forêts (*G. sylvaticum*) est une plante vivace de 20 à 60 cent., dressée; sa tige, simple, est feuillée jusqu'au sommet, et elle fleurit en juillet-septembre dans les bois, les bruyères.

Le Gnaphale dioïque (*G. dioicum*), vulg *Pied-de-Chat*, est une espèce aussi vivace, tomenteuse blanchâtre, qui n'a que 10 à 30 cent. de haut. Les fleurons sont blanchâtres ou roses, les uns mâles à fleurons tubuleux, les autres femelles à fleurons tubuleux capillaires embrassant étroitement un style bifide. — Le Pied-de-Chat croît aux lieux arides, mais est assez rare; il fleurit en mai-juin. Les capitules infusés donnent une tisane béchique, adoucissante.

Le G. immortelle (*G. margaritaceum*), fréquemment cultivé dans les jardins, se reconnaît à ses tiges simples, robustes, élevées ; à ses capitules très nombreux, en corymbes rameux; à son involucre d'un beau blanc, dont les folioles dépassent les aigrettes dans les capitules mâles.

GNEISS. Roche de texture feuilletée, composée des mêmes éléments que le granit, spécialement de mica en paillettes et de feldspath lamellaire ou grenu. Elle constitue dans la croûte solide du globe de puissantes assises qui paraissent avoir été consolidées les premières. Elle est extrêmement riche en minéraux cristallisés de toutes les espèces. Les Gneiss forment de vastes systèmes de terrains, qui renferment un grand nombre de filons, les uns métallifères, les autres d'origine ignée. Ils reposent ordinairement sur les granites, et alternent avec eux, appartenant aux roches les plus anciennes de l'écorce terrestre. En général, le sol occupé par les Gneiss est peu fertile.

GNIDIENNE (*Gnidia*). Genre de Plantes frutescentes, de la famille des Daphnacées, la plupart originaires du cap de Bonne-Espérance, remarquables par leur feuillage d'un vert gai et persistant, et par leurs fleurs qui répandent une odeur délicieuse. — On en connaît 12 à 15 espèces, toutes délicates, et dont quelques-unes sont cultivées dans nos serres.

GNOU (*Antilope gnu*). Espèce d'Antilope du sous-genre Bubale, dont les caractères sont ceux-ci : pelage brun; crinière redressée sur le cou, blanche à sa base, avec une barbe; un fanon avec crinière; mufle large, entouré d'un cercle de poils; queue garnie de longs poils blancs : cornes des-

cendant d'abord en devant et se redressant ensuite brusquement.

Le Gnou a la taille du Bœuf et quelque analogie avec le Cheval, sous le rapport de la forme. Il vit dans les montagnes, au nord du cap de Bonne-Espérance, en troupes nombreuses, montrant un caractère sauvage et se laissant difficilement approcher. Blessé, il se tourne contre le chasseur et le poursuit tant qu'il lui reste assez de force pour se soutenir. Au commencement de leur frayeur, ces animaux frappent du pied comme les chevaux rétifs et heurtent la tête contre les petites saillies de terrain ; mais bientôt ils prennent la fuite avec une rapidité extraordinaire, marchant sur une seule file conduite par un chef.

592. — Antilope-Gnou.

GOBE-MOUCHES (*Muscicapa*) ou Muscicapidés, noms par lesquels on désigne généralement tous les Passereaux dentirostres percheurs qui font leur principale nourriture de mouches ou d'insectes. Mais comme parmi ces oiseaux il en est qui, sous d'autres rapports, doivent être rapportés à des genres très différents, il en résulte une certaine confusion que nous n'essaierons pas de faire cesser. Toutefois les Muscicapidés forment quatre familles, les *Muscicapinés*, les *Pachycéphalinés*, les *Artaminés* et les *Dicrurinés*. La première renferme le genre Gobe-mouches proprement dit, dont voici les caractères génériques : bec moins long que la tête, trigone, courbé à sa pointe, garni à sa base de soies longues et raides, narines basales, couvertes en partie par quelques poils dirigés en avant; yeux grands, ailes allongées; queue échancrée; tarses assez grêles.

Les Gobe-mouches habitent l'Europe, l'Asie et l'Afrique. Ceux d'Europe, qui ne sont qu'en très petit nombre (4 espèces), comparativement à celles des autres parties, nous arrivent en avril et partent en septembre. Ils se tiennent communément dans les forêts ombragées, quelquefois dans les vergers épais. « Ils ont l'air triste, le naturel sauvage, peu animé et même assez stupide. Ils placent en général leur nid tout à découvert, soit sur les arbres, sur les buissons : aucun oiseau ne se cache aussi mal ; aucun n'a l'instinct si peu décidé. Ils travaillent leurs nids différemment : les uns le font entièrement de mousse, et les autres y mêlent de la laine. Ils emploient beaucoup de

593. — Gobe-mouche (Ada).

temps et de peine pour faire un mauvais ouvrage, et l'on voit quelquefois ce nid entrelacé de si grosses racines, qu'on n'imaginerait pas qu'un ouvrier aussi petit pût employer de tels matériaux.

Ils arrivent en France au printemps, mais les froids qui surviennent quelquefois vers le milieu de cette saison leur sont funestes. Tout degré de froid qui abat les insectes volants dont ils font leur unique

594 et 595. — Gobe-mouches (2 espèces).

nourriture, devient mortel pour eux : aussi abandonnent-ils nos contrées avant les premiers froids de l'automne, et n'en voit-on plus dès la fin de septembre.

« Le Gobe-mouches est, parmi nos oiseaux d'été, le moins bruyant et le plus familier; il niche sur un cep de vigne, sur un rosier qui monte en festons verdoyants le long de la façade d'une maison.

dans le creux d'un mur, à l'extrémité d'une poutre, et souvent derrière une porte par laquelle les gens du logis vont et viennent à chaque instant. » Il arrive souvent que l'on tue sans pitié ces pauvres petits oiseaux, parce qu'ils se nourrissent aussi de fruits. Sans doute ils voltigent quelquefois autour des cerisiers et des framboisiers, quand les framboises et les cerises sont mûres ; mais ce ne sont pas tant les fruits qui les attirent que les mouches et les autres insectes qui se montrent friands de ces fruits sucrés.

Gobe-mouches noir (*M. atricapilla*), vulg. *Bec-figue*, parce qu'en Provence on le rencontre fréquemment sur les figuiers. Oiseau noir et bleu : bec, pieds et iris noirs ; longueur totale, 14 cent. — Il habite, l'été, diverses contrées de l'Europe, de préférence les plus méridionales, nichant sur les arbres ou dans leurs cavités. La ponte est de 5 ou 6 œufs d'un bleu clair un peu verdâtre. Chez quelques espèces le plumage du mâle est différent de celui de la femelle.

Gobe-mouches gris (*M. grisala*). Gris cendré en dessus, gris blanc en dessous, avec rayures sur les côtés; longueur totale, 15 cent. environ. — Il se rencontre jusque dans le nord de la France; il n'a qu'un petit cri aigu d'une seule note, et niche dans les jardins, les bosquets, les buissons, à peu de distance du sol : 4 ou 5 œufs oblongs d'un blanc sale, azuré ou verdâtre, avec des taches rousses ou rougeâtres presque confondues au gros bout.

« Cet oiseau reparaît aux mêmes lieux avec une exactitude si constante, il s'acquitte avec tant de zèle et de succès du soin de détruire les insectes du voisinage, tels que les mouches et les cousins, qu'il est toujours le bienvenu. Perché sur un poteau, sur un pieu, sur le barreau supérieur d'une grille ou sur une branche écartée des autres, il se tient immobile jusqu'à ce qu'un insecte s'approche de lui en bourdonnant ; alors le chasseur fond sur lui ; il met fin en même temps à la vie et aux monotones refrains de cet étourdi ; puis il va reprendre son poste, et il continue ainsi tout le jour son rôle d'exterminateur. Il fait véritablement la guerre en tirailleur ; il se place en embuscade et tombe à l'improviste sur son ennemi isolé. »

Gobe-mouches à collier (*M. collaris*). Autre espèce d'Europe, dont le mâle, gris comme la femelle en hiver, devient, au temps des amours, noir au bec, à la tête, au dos, aux ailes, à la queue, avec une sorte de collier blanc sur le dessus du cou et d'autres taches blanches. — Assez répandue dans quelques localités de la France, elle se montre de passage dans d'autres; fait son nid dans les trous d'arbres et pond 5 ou 6 œufs d'un bleu verdâtre pâle sans taches.

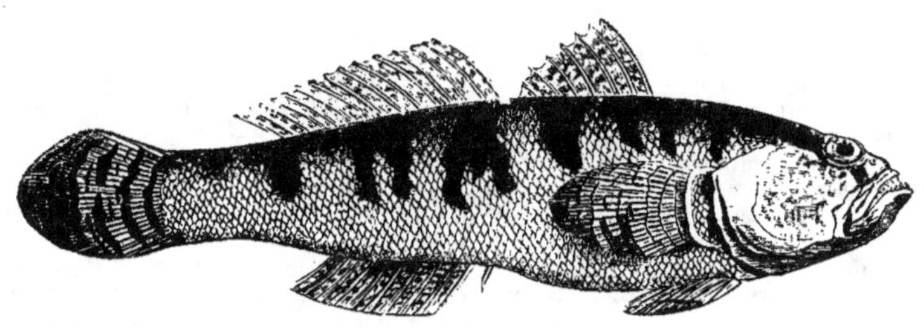

596. — Gobie bordée.

GOBIE (*Gobius*), vulg. *Boulereau*. Genre de Poissons acanthoptérygiens, de la famille des Gobioïdes, ayant le corps allongé, la tête médiocre, arrondie; les joues renflées, les yeux rapprochés, les dents en velours; deux dorsales, la postérieure assez longue; les ventrales sont réunies sur toute leur longueur, en sorte qu'elles forment un disque concave; taille généralement petite.

Ces poissons se tiennent dans les fonds argileux et y passent l'hiver dans des canaux qu'ils s'y creusent. Au printemps ils préparent dans les lieux riches en fucus un nid qu'ils recouvrent de racines; et ce fait, joint aux observations de M. Coste, relatives aux Épinoches, montrerait que la nidification des poissons n'est probablement pas aussi rare qu'on l'avait cru. Les pêcheurs nomment les Gobies *Goujons de mer*, *Boulereaux*. Ces poissons sont employés surtout en friture. — Les espèces sont très nombreuses.

Le **Gobie noir** ou **commun** (*G. niger*) n'atteint que 12 à 15 cent. ; il est brun noirâtre, et se trouve en grande abondance sur nos rivages de l'Océan.

Le **Gobie grand boulereau** (*G. capito*) est le plus grand de tous, car il atteint 35 cent. Olivâtre, marbré de noir avec des lignes de points noirâtres sur les nageoires. Océan et Méditerranée.

Le **Boulereau ensanglanté** (*G. cruentatus*), aussi grand que le précédent, est d'un bleu sale, sur lequel ressortent des marbrures et lignes rouges. Méditerranée. — Le **Gobie fluviatile** (*G. fluviatilis*), espèce propre aux eaux douces et qu'on n'a trouvée jusqu'ici que dans un lac du Piémont, est de très petite taille, noirâtre. — Parmi les espèces étrangères, citons le *G. à large tête*, le *G. lancette*, etc.

GOBIOIDES. Famille de **Poissons** acanthoptérygiens, qui ont en général le corps allongé, souvent comprimé, dans plusieurs cas couverts d'une peau muqueuse (Blennie), les uns à une dorsale unique, les autres (Gobioïdes proprement dits) à deux nageoires. — Ces Poissons sont généralement petits, doués de mouvements très vifs; ils vivent sur les plages rocheuses et se retirent sous les pierres à l'heure de la marée basse. Leur chair est blanche et de bon goût, mais ils sont peu recherchés à cause de leur taille exiguë. — Cette famille, un peu arbitrairement formée, comprend plus de 300 espèces, réparties dans 30 à 40 genres, lesquels se distinguent **selon qu'ils** ont les ventrales placées **en avant** ou en **arrière des pecto**rales.

GOELAND (*Larus*). Genre d'Oiseaux de l'ordre des Palmipèdes longipennes, famille des Laridés, dont voici les caractères : bec allongé, comprimé

597. — Goéland à manteau.

nu et fort, avec la mandibule supérieure arquée et crochue à son extrémité, l'inférieure plus courte et anguleuse en dessous; narines médianes, linéaires; pieds grêles, avec doigts antérieurs entièrement palmés; pouce libre, petit, élevé de terre. — Les Goelands ont à peu près la taille des Canards. Ils se nourrissent d'animaux morts et vivants, mais sont aussi lâches que voraces. Plusieurs espèces se trouvent sur les côtes d'Europe: parmi elles nous citerons :

Le GOELAND A MANTEAU NOIR (*L. marinus*), qui, tacheté de blanc et de gris dans sa jeunesse, devient tout blanc plus tard, avec le manteau noir; il a le bec jaune et les pieds d'un blanc violet. — Il passe en grandes bandes dans le nord de la France, sur les côtes de l'Océan, aux approches de l'hiver.

Le G. BURGMEISTER (*L. glaucus*) est l'espèce la plus grande; elle habite les contrées les plus septentrionales, et se nourrit, dit-on, des cadavres des Cétacés échoués sur le rivage. — Le G. A MANTEAU BLEU (*L. argentatus*), beaucoup plus petit, ne quitte pas les bords de la Méditerranée.

GOLIATH. Genre de Coléoptères pentamères, famille des Lamellicornes, présentant comme caractère : lèvre échancrée en gouttière pour donner passage aux lobes soyeux des mâchoires; sternum large; les mâles ont le chaperon refendu et dilaté en manière de cornes; les femelles l'ont simplement carré. — Ce sont les géants de la tribu des Scarabées, nommés Mélitophiles par Latreille.

Le GOLIATH BRILLANT a 5 cent. de long. Il appartient au Sénégal. — Le G. GÉANT est long de 7 à 8 cent. On l'a trouvé sur la côte de Guinée.

GOMME. Substance solide, incristallisable, incolore, insipide ou fade, sans odeur, inaltérable à l'air, qui épaissit l'eau en la rendant mucilagineuse, et qui est ensuite précipitée par l'alcool. Toutes les gommes se classent en trois séries, d'après les principes immédiats qu'elles renferment, et qui sont l'*arabine*, la *bassorine* et la *cérasine*.

L'Arabine constitue presque entièrement la *Gomme arabique*, laquelle est fournie par plusieurs plantes du genre Acacia, et dont on distingue deux sortes : la *rouge* et la *blanche*. Elle est très employée en médecine, soit en dissolution (8 à 30 pour 1000 d'eau) avec addition de sucre ou de miel; soit sous forme de sirop (sirop de gomme).

La Bassorine fait la base des *Gommes adragant* et de Bassora. La Gomme adragant ou adragante sort spontanément des tiges et rameaux de plusieurs plantes du genre *Astragale*. — V. ce mot. — Quant à la Gomme de Bassora, son origine n'est pas encore établie sans conteste.

La Cérasine se rencontre dans la *Gomme du*

Pays, que sécrètent pendant l'été plusieurs de nos arbres fruitiers à noyaux, de la famille des Rosacées, tels que le Cerisier, le Mérisier, le Prunier, l'Abricotier. Elle a beaucoup d'analogie avec l'Arabine.

GOMME AMMONIAQUE. — Gomme résine fournie par le genre *Dorème*. — V. ce mot.

GOMME KINO. — V. *Kino*.

GOMME-GUTTE. — V. *Guttifères*.

GOMME-RÉSINE. « Produit végétal qui participe de la nature des gommes et de celle des résines, et qui est un mélange de ces deux genres de substances. On obtient les Gommes-résines en pratiquant des incisions à certains végétaux, et faisant sécher au soleil les sucs qui découlent de leurs vaisseaux propres. Les Gommes-résines s'y trouvent toujours unies à un véhicule aqueux abondant. Elles diffèrent en cela des résines, qui sont dissoutes dans une huile essentielle. Elles ne sont qu'en partie solubles dans l'eau, et leur dissolution est opaque ou laiteuse, à cause de la résine qui n'y est que suspendue. Elles ne sont qu'imparfaitement solubles dans l'alcool pur, mais elles se dissolvent en entier dans l'alcool faible bouillant. — Les Gommes-résines fétides sont sédatives du système nerveux, et excitantes des membranes muqueuses : telles sont l'*Assa-fœtida*, le *Galbanum*, la *Gomme ammoniaque*, l'*Opoponax* et le *Sagapénum*. On range aussi au nombre des Gommes-résines le *Bdellium*, l'*Euphorbe*, la *Gomme-gutte*, la *Myrrhe*, l'*Oliban*, l'*Aloès*, la *Laque*, etc. »

GOMMIER. Nom donné vulgairement à tous les arbres qui produisent de la gomme et même des résines.

GONÉPLACE (*Gonoplax*). Genre de Crustacés décapodes brachiures, établi aux dépens des Ocypodes, ayant beaucoup d'analogie avec les Crabes et les Gécarcins, mais en différant essentiellement par la forme quadrilatère de leur test, la longueur du pédicule oculifère et des pinces. — Ces animaux sont tous marins : leurs mœurs sont inconnues, mais on présume qu'elles sont semblables à celles des Crabes.

Le G. A DEUX ÉPINES (*G. bispinosa*), dont les angles latéraux de la carapace sont avancés en forme de pointe, se trouve sur les côtes de France et d'Angleterre.

GORFOU (*Cataractes*). Genre de Palmipèdes des mers polaires, et dont l'espèce unique est le

G. SAUTEUR (V. la gravure au mot *Palmipèdes*), oiseau dont la taille est celle du Canard, qui habite toutes les mers antarctiques. Il s'élance hors de l'eau à 1 m. 50 ou 2 de hauteur : et, après avoir décrit un arc de cercle, il tombe sur sa proie.

GORGE-BLEUE (*Sylvia cyanecula*), vulg. *Fauvette bleue*. Espèce du sous-genre Rubiette, longue de 16 cent., dont la gorge et le milieu du cou sont bleus, avec une tache d'un blanc argenté au

598 et 599. — Gorge-Bleue (mâle et femelle).

centre ; l'aile porte une bande transversale ; les rectrices sont d'un roux vif, depuis leur insertion jusqu'au milieu de leur longueur. — Cette espèce, de France, niche dans les buissons, les trous d'arbres : pond 5 ou 6 œufs bleuâtres ou verdâtres.

GORGON (*Connochœtes gorgon*). Espèce du grand genre Antilope, voisine du Gnou, mais dont la taille est un peu plus forte. Le pelage est un peu zébré ; il a de longs poils non redressés au-dessous du cou. Animal de l'Afrique méridionale.

GORGONE (*Gorgonia*). Genre de Zoophytes, de l'ordre des Polypes flexibles, non entièrement pierreux, corticifères, variant beaucoup dans leurs formes : les uns représentent une tige simple, sans ramification aucune ; les autres offrent de nombreuses ramifications anastomosées ensemble. Les Gorgones sont de couleurs et de grandeur variables : elles habitent toutes les mers et se trouvent presque toujours à une profondeur considérable. Pendant longtemps on les a prises pour des plantes ; mais on a fini par voir que leurs polypes, qui ressemblent assez à ceux des Alcions, des Tubipores, sont de petits animaux qui ont le corps enfermé dans un sac membraneux, contractile ou non, attaché autour des tubercules, corps qui, après avoir tapissé les parois de la cellule, se prolonge dans la membrane intermédiaire, entre l'écorce et l'axe. Les organes de l'animal, dont on ignore encore la manière de vivre, sont libres dans le sac membraneux.

GORILLE (*Gorilla*). Genre de Singes de la tribu

des Pithéciens: suivant d'autres naturalistes, espèce du genre Chimpanzé, qu'elle rappelle en effet par les proportions du corps et des membres. Ses formes sont plus robustes, sa face plus allongée, ses oreilles moins grandes; ses doigts sont moins allongés, et leur peau n'est fendue, aux membres inférieurs, que jusqu'à la seconde phalange; poches gutturales aussi développées que celles des Orangs, etc.

Les Gorilles appartiennent à l'Afrique; ils vivent en troupes moins nombreuses que celles des Chimpanzés. Il y a parmi eux plus de femelles que de mâles. M. Savage, qui le premier a fait connaître ces Singes, prétend même qu'un seul mâle adulte existe pour chaque bande, et que quand les plus jeunes grandissent, ils se disputent le commandement, le plus fort tuant ou chassant les autres. Ces animaux sont redoutables par leur force et leur méchanceté; ils ne fuient jamais devant l'homme, comme le fait le Chimpanzé. « On a aussi rapporté à M. Savage que, lorsque le mâle est rencontré le premier, il pousse un hurlement terrible dont la forêt retentit au loin, et qui peut se rendre par *Kha-ah! Kha-ah!* prolongé et aigu. Ses énormes mâchoires s'ouvrent largement à cha-

600. — Gorille.

que expiration; sa lèvre inférieure pend sur le menton; la crête velue de ses sourcils et son cuir chevelu se contractent au-dessus de ses yeux, ce qui lui donne une physionomie d'une incroyable férocité. Les femelles et les jeunes disparaissent à ce premier bruit; alors il s'approche de son ennemi dans un état de fureur extrême, et en répétant avec rapidité ses cris terribles. Le chasseur attend son approche en tenant son fusil en joue; s'il n'est pas sûr de son coup, il laisse l'animal

empoigner le canon, et au moment où il le porte à la bouche (comme c'est son habitude), il fait feu; si le coup ne part pas, le canon du fusil est, dit-on, brisé entre les dents du Gorille, et cette rencontre devient fatale pour le malheureux chasseur. »

Le Muséum de Paris possède un Gorille auquel le préparateur a su donner l'apparence de la vie en lui conservant son effrayante physionomie.

GOUDRON. Produit de la combustion et de la distillation *per descensum*, des différentes parties des Pins et des Sapins, lorsqu'ils sont trop vieux pour donner de la térébenthine par incision. C'est une matière de consistance sirupeuse, d'une couleur noirâtre, d'une odeur empyreumatique et d'une saveur âcre. — V. *Pin*.

GOUET (*Arum*) Genre de Plantes de la famille des Aracées, dont les caractères suivent :

Gouet pied-de-veau (*A. maculatum*). Plante vivace, acaule, dont les feuilles, qui naissent sur la souche, sont longuement pétiolées, entières, hastées-sagittées, tantôt d'un vert uni, tantôt portant des taches noires, et qui se détruisent au temps de la maturité du fruit. La spathe, qui est d'un vert jaunâtre, ventrue, puis rétrécie au-dessus du renflement, s'ouvrant ensuite en cornet, disparaît aussi lors de la maturité. Les fleurs sont sessiles autour d'un spadice droit, dont la partie supérieure est renflée, nue, violette, et qui tombe aussi à la maturité ; elles se composent d'étamines éparses au-dessus du groupe des ovaires, qui sont libres, disposés sur plusieurs rangs en manière d'anneaux. (V. la grav. 106 au mot *Aracées*.) Les fruits consistent en des baies arrondies, d'un rouge vif, disposées en un épi serré.

601.—Gouet ou Pied-de-Veau.

Le Gouet est assez fréquent dans les bois et les lieux ombragés, dans les haies et les lisières un peu humides. Il est en fleur aux mois d'avril et mai, et présente ses fruits rouges agglomérés et dépouillés de tout ornement vers l'automne. C'est une plante d'une certaine âcreté, dont on a cependant employé la racine comme expectorante ou purgative, selon la dose, et les feuilles comme irritantes et vésicantes de la peau, étant appliquées fraîches sur cette membrane. La racine de Gouet est très riche en fécule; on pourrait utiliser celle-ci en temps de disette, après l'avoir débarrassée de son principe irritant par une décoction prolongée.

Le GOUET COMESTIBLE (*A. esculentum*) est une espèce de l'Asie orientale, de l'Égypte, dont les racines fort grasses font la base de la subsistance du peuple. — Le G. SAGITTÉ (*A. sagittatum*), vulg. *Chou caraïbe*, est aussi alimentaire.

GOUFFRE. Cavité souterraine qui s'étend à une grande profondeur dans le sein de la terre. Les antres, où certains fleuves se précipitent pour se perdre momentanément ou pour toujours, les cratères des volcans, les crevasses dues aux tremblements de terre, sont des Gouffres. — Les parages de la mer ou même des rivières, où les eaux se précipitent en tournoyant et font disparaître avec violence tous les objets qui s'y trouvent, résultent de l'action de plusieurs courants opposés qui se heurtent et tourbillonnent.

GOUJON (*Gobio*). Nom d'un genre de Malacoptérygiens abdominaux, très petits Poissons de la famille des Cyprinoïdes, différant cependant des Cyprins par la petitesse de leurs dorsale et anale, sans épine ni à l'une ni à l'autre, par l'existence de très petits barbillons.

Le GOUJON (*Cyprinus gobio*), espèce unique, est d'un bleu noirâtre sur le dos; il a des taches bleues sur la ligne latérale, la mâchoire supérieure un peu plus avancée que l'inférieure. — Ces petits poissons se trouvent dans toutes les eaux douces de l'Europe. Ils vivent de plantes, d'insectes aquatiques, de frai et de débris de corps organisés; sont fort avides de charognes qu'on jette à la rivière. Ils voyagent en troupes et multiplient beaucoup. On en fait une grande consommation, parce que leur chair est blanche et estimée. C'est un poisson excellent pour nourrir les brochets, les truites; mais l'eau stagnante des étangs ne lui convient point.

Le GOUJON DE MER est une espèce du genre *Gobie*.

GOUSSE. Fruit sec, bivalve, s'ouvrant à la fois par la suture ventrale et la suture dorsale, et dont les graines sont attachées à un seul trophosperme sutural. La Gousse ou Légume appartient à toute la famille des Légumineuses, dont elle forme le principal caractère (Pois, Fève, Acacia, etc.). Elle offre des variations. — V. *Fruit*.

GOÛT. — V. *Gustation*.

GRAINE. La Graine est formée par l'ovule, qui,

après la fécondation, contient un embryon, c'est-à-dire un corps organisé de manière à reproduire un nouvel individu. Elle est par conséquent l'analogue de l'*œuf* des animaux. Elle se compose de l'épisperme et de l'amande. — L'*épisperme*, ou tégument propre de la Graine, est la pellicule qui recouvre celle-ci extérieurement, pellicule formée de deux membranes très minces, tantôt adhérentes, tantôt distinctes comme dans le Ricin, et dont l'extérieur se nomme *testa* et l'intérieur *tegmen*. Cet épisperme offre en un point de sa surface une sorte de cicatrice ponctiforme ou allongée, nommée *hile*, par laquelle la Graine était attachée au *trophosperme* et recevait ses vaisseaux nourriciers. Il peut offrir des côtes, des arêtes, des plis, quelquefois des appendices en forme d'ailes membraneuses, comme dans les Bignoniacées, ou des houppes de poils blancs ou soyeux, comme dans les Asclépiadacées; il peut être glabre ou couvert de poils de nature très diverse.

L'*Amande* est toute la partie d'une graine mûre enveloppée par l'épisperme. L'amande, dans une graine fécondée, contient toujours un embryon; celui-ci constitue quelquefois l'amande à lui seul, comme dans le Haricot, la Courge; d'autres fois on trouve avec l'embryon, pour constituer l'amande, un corps distinct, qu'on appelle *endosperme*, comme dans le Ricin, le Blé, etc. On distinguera de suite l'*embryon*, en ce que c'est un corps composé qui, par la germination, se développe en un nouvel individu, tandis que l'*endosperme* est une masse de tissu utriculaire qui se détruit et se résorbe lors du développement de l'embryon.

L'embryon peut être considéré comme un végétal à sa première période de développement; il offre un axe et des organes latéraux : l'axe présente la *radicule* et la *tigelle*; les organes latéraux ou appendiculaires sont les *cotylédons*: un petit bourgeon, terminant la tigelle, se nomme *gemmule*. — L'embryon est dit *épispermique*, lorsque l'épisperme le recouvre immédiatement; *endospermique*, lorsqu'il est accompagné d'un endosperme : dans ce dernier cas, cet embryon peut offrir trois positions principales relativement à l'endosperme, suivant qu'il est *intraire* (Ricin), *extraire* (Maïs) ou *périphérique* (Belle-de-nuit). L'embryon peut être droit, courbé, roulé en spirale, etc.

L'ensemble des cotylédons forme le *corps cotylédonaire*, qui est simple ou double. Si on examine l'embryon du Blé, du Maïs, celui d'un Iris ou d'un Palmier, on voit que le corps cotylédonaire est simple, formé par un seul cotylédon ou par une feuille primordiale, placée latéralement : l'embryon dans ce cas est appelé *monocotylédoné*; si on prend un embryon de Haricot, de Pois, de Chêne, etc., on voit le corps cotylédonaire formé de deux cotylédons opposés, et l'embryon qui présente une semblable conformation est *dicotylédoné*. Ce caractère, tiré du nombre des cotylédons, partage tous les végétaux pourvus de fleurs proprement dites, en deux grands embranchements : 1° les Monocotylédonés ; 2° les Dicotylédonés. — V. ces mots.

Dans les Monocotylédones, la gemmule est renfermée dans une petite cavité vaginale de la base du cotylédon, ouverte par une petite fente longitudinale ; dans les Dicotylédones, cette gemmule est recouverte par les deux cotylédons appliqués l'un contre l'autre par leur face interne ; rarement les deux cotylédons se soudent ensemble pour former un corps unique, comme dans le Marronnier.

Les Graines peuvent offrir toutes les formes imaginables ; ces formes, et surtout leur position, relativement à l'axe du péricarpe, sont utiles à considérer, parce qu'elles fournissent d'excellents caractères dans la coordination des plantes. Mais cette étude ne peut être poussée aussi loin dans un ouvrage du genre de celui-ci ; elle serait d'ailleurs fort peu utile à notre but.

GRAISSE. On donne ce nom à tous les principes immédiats qui sont des corps neutres, acides ou salins, solubles dans l'éther et l'alcool, pas ou fort peu dans l'eau, qui tachent le papier, et qui brûlent avec une flamme volumineuse, en donnant du noir de fumée, sans ammoniaque ni autres produits azotés, ce qui les distingue des acides et des sels d'origine minérale et organique, ainsi que des corps neutres ou alcaloïdes animaux. Les corps gras sont au nombre de 20 à 25 ; ils ont généralement pour bases la *cholestérine*, l'*oléine*, la *stéarine*, la *séroline*, la *margarine*, etc., qui sont des principes immédiats constituants.

Les Graisses sont d'ailleurs formées de plusieurs substances animales exemptes d'azote, et très variables au point de vue de leur composition. —V. *Huiles*.— Leur couleur est blanche ou jaunâtre, leur odeur faible et leur saveur fade ; elles sont plus légères que l'eau. Elles peuvent être considérées, chez les animaux, d'abord comme des espèces de coussins destinés à garantir les organes, à entretenir leur température et à diminuer la susceptibilité nerveuse ; ensuite comme un réservoir alimentaire où la nature épuisée ou paresseuse trouve de quoi se réparer ou s'entretenir : ce dernier rôle devient manifeste surtout chez les animaux dormeurs, tels que les Loirs, les Marmottes, etc.

Les personnes étrangères à la médecine attribuent des propriétés particulières à certains corps gras, par exemple, aux *Graisses de blaireau, d'ours, de renard*, et même à la *Graisse humaine*; mais ces prétendues propriétés spéciales ne reposent que sur des préjugés. La bonne *Graisse de porc* bien récente, à laquelle on donne quelquefois le nom d'*axonge*, peut les remplacer toutes. Il est avantageux souvent d'employer, pour faire des onctions, une graisse qui ne soit pas susceptible de rancir. M. Deschamps a trouvé qu'en faisant digérer la Graisse de porc avec 1/50 de benjoin, on la garantissait de la rancidité.

« On distingue les Graisses en *saponifiables* et *non saponifiables*. Les premières sont décomposées par les bases fortes, spécialement les alcalis et l'oxyde de plomb : l'un de leurs principes constituants se sépare, mais en fixant 2 équivalents d'eau, et à la condition que l'eau nécessaire est fournie ; il constitue alors la *glycérine*, qui est un corps neutre ; l'autre principe, qui est un acide, se combine avec la base, et forme avec les alcalis des savons, avec l'oxyde de plomb des emplâtres. D'où il résulte que les Graisses saponifiables se comportent comme les sels formés d'un acide et d'une base. »

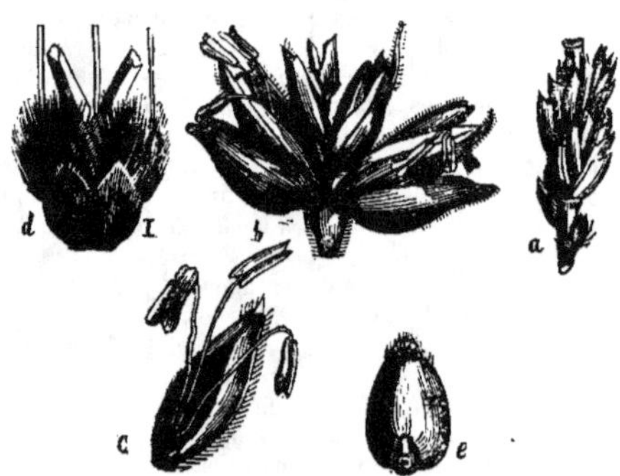

602. — Graminées — Blé.

(*a*, portion d'un épi ; — *b*, un épillet séparé ; — *c*, fleur vue par sa face interne : — *d*, les deux paléoles formant la glumelle — *e*, fruit sur lequel est mis à nu l'embryon.)

GRAMINÉES. Famille de Plantes monocotylédones, herbacées, annuelles ou vivaces, rarement ligneuses, dont les tiges sont des *chaumes* ordinairement simples, fistuleux, marqués de distance en distance de nœuds pleins, d'où naissent des feuilles alternes et distiques, munies d'une gaine longue, fendue et embrassante. Fleurs disposées en épis ou en panicules rameuses. Chaque fleur offre : 1° au centre, ovaire à deux styles plus ou moins soudés à leur base et terminés par 2 stigmates poilus; 2° ordinairement 3 étamines hypogynes, à filets grêles et capillaires et à anthères à 2 loges opposées; 3° deux petites écailles ou *paléoles* membraneuses ou charnues, placées du côté antérieur de la fleur, plus 2 paillettes ou écailles, l'une externe à nervures impaires, et quelquefois munie d'une *soie* ou *arête*; l'autre interne et supérieure, à nervures paires, et souvent bifide au sommet : ces deux écailles constituent la *glume*. Les fleurs des Graminées, le plus souvent hermaphrodites, sont solitaires ou réunies plusieurs ensemble sur un axe court, formant de petits assemblages qu'on nomme *épillets*, lesquels sont à 1, 2 ou plusieurs fleurs, et à la base desquels

603. — Graminée (Avoine).

on trouve deux écailles, l'une externe ou inférieure, l'autre interne ou supérieure, qui forment la *lépicène*. Ces épillets, sessiles autour de l'axe, forment l'*épi*, ou, portés sur de longs pédoncules grêles, ils constituent une panicule. Le fruit est une *caryopse*, c'est-à-dire un fruit indéhiscent dont le péricarpe très mince est intimement confondu avec la graine et ne peut en être distingué; cette caryopse est nue ou enveloppée dans les deux valves ou écailles de la glume qui persiste.

La famille des Graminées, l'une des mieux caractérisées, se compose d'un très grand nombre de genres, qui ont été groupés en treize tribus. Elle diffère des Cypéracées, dont elle est très rapprochée, par le chaume cylindrique jamais triangulaire, par les feuilles distiques à gaine fendue, et par la complication plus grande des fleurs. — Les genres principaux sont le *Froment*, l'*Avoine*, l'*Orge*, le *Riz*, le *Brome*, l'*Antoxanthe*, le *Poa*, etc.

GRAND SYMPATHIQUE ou SYSTÈME NERVEUX GANGLIONNAIRE (parce qu'il se compose d'une double série de ganglions nerveux); NERF TRISPLANCHNIQUE (parce qu'il se trouve renfermé dans les trois grandes cavités splanchniques). On nomm ainsi un ensemble de petits renflements nerveux (*Ganglions*), situés sur les parties latérales de la colonne vertébrale, au nombre de 3 à la région cervicale, de 12 à la région dorsale, de 5 à la région lombaire. Tous ces ganglions communiquent ensemble par 1 ou 2 filets nerveux qui se portent de l'un à l'autre, formant ainsi une espèce de chaîne qui, par son extrémité supérieure, envoie des filets de communication avec les nerfs du cerveau, et par son extrémité inférieure, se réunit à celle du côté opposé par un filet que l'on remarque sur le coccyx. De plus, chacun des ganglions *cervicaux*, *dorsaux*, *lombaires* et *sacrés*, fournit par sa partie postérieure un ou deux filets qui se réunissent aux nerfs sortant de la moelle épinière, et établissent ainsi une communication entre le Grand sympathique et presque tous les nerfs de la vie de relation.

Par leur partie antérieure, ces ganglions donnent naissance à un grand nombre de filets, qui, dans la région cervicale, descendent sur les artères du cou pour gagner le cœur; dans la région dorsale, les uns (ceux des 5 premiers ganglions) se dirigent vers la base des poumons, s'accolant aux vaisseaux qui pénètrent dans ces organes; les autres (ceux des 7 derniers ganglions) se dirigent de haut en bas et d'avant en arrière, s'accolant les uns aux autres pour former deux cordons appelés *grand* et *petit splanchnique*. Le grand splanchnique passe à travers les piliers du diaphragme, se porte au devant de l'artère aorte et se réunit à celui du côté opposé, au moment où cette artère fournit les vaisseaux qui se distribuent aux organes contenus dans la cavité abdominale.

De la réunion du grand splanchnique droit et du grand splanchnique gauche résulte le *ganglion semi lunaire*, espèce de croissant nerveux à convexité tournée en bas, duquel part un nombre considérable de rameaux nerveux qui, après un assez court trajet, s'anastomosent entre eux, présentent de nouveaux ganglions, et forment au devant de l'artère aorte un lacis inextricable; de ce lacis, auquel on donne le nom de *plexus solaire*, s'échappe un nombre infini de petits filets qui s'accolent aux artères fournies dans cette région par l'aorte, et constituent autour d'elles autant de plexus qui ont reçu les noms de *diaphragmatique*, *hépatique*, *splénique*, *coronaire stomachique*, *mésentérique*, *rénal*, etc.

« Les filets nerveux qui partent des ganglions lombaires, ou se rendent aux plexus précédents, ou accompagnent les artères iliaques; quelques-uns descendent dans le bassin, et, avec les nerfs fournis par les ganglions sacrés, forment dans cette cavité un plexus auquel on donne le nom de *plexus hypogastrique*. Ce dernier donne naissance à des rameaux très nombreux qui accompagnent les divisions de l'artère hypogastrique, et se distribuent avec elle au rectum, à la vessie, à l'utérus et à tous les organes contenus dans le bassin. »

Le Grand sympathique est le système nerveux de la *vie organique*, comme le système cérébro-spinal est celui de la *vie animale*. — V. *Encéphale*.

— Le premier se maintient presque aussi parfait dans les classes inférieures des animaux que dans les classes supérieures, tandis que le second va toujours se simplifiant, diminuant de développement jusqu'à disparaître complétement.

Dans les *Mammifères*, le Grand sympathique présente les mêmes dispositions que dans l'Homme. — Dans les *Oiseaux*, le cou étant plus long, les ganglions sont plus nombreux, et ils influencent les appareils de la vie organique, comme chez les mammifères. — Dans les *Reptiles* et les *Poissons*, le Grand sympathique, peu étudé d'ailleurs dans ces groupes, se présente sous forme de petits filets placés sur les côtés de la colonne vertébrale. — Dans les *Articulés* et les *classes inférieures*, il ne fait qu'un avec le système nerveux de la vie animale, ou plutôt il remplace celui-ci (V. *Encéphale*): sa division en deux cordons, ses renflements, la manière dont les filaments nerveux s'échappent de chacun de ces ganglions, et l'indépendance des uns et des autres, semblent justifier cette opinion.

GRANITE. « Les Granites sont des roches composées de trois substances, *mica*, *feldspath*, *quartz* (V. *Silicate*), réunies en parties à peu près égales et constituant un tout à structure granulaire. Quand ces substances sont réunies par feuillets entremêlés, la roche prend le nom de *Gneiss*. Quand il y a du quartz et du mica, la roche schisteuse prend le nom de *Schiste micacé*. Quand le quartz disparaît aussi, on donne souvent à la roche le nom de *Schiste argileux*, composé de petites lamelles empilées, et passant à l'argile schisteuse. Ces trois dernières roches résultent souvent de l'action des agents ignés sur les dépôts de sédiment, et sont à cause de cela nommées *roches métamorphiques*. Les Granites et les Gneiss sont les roches les plus abondantes des terrains de cristallisation. — On emploie le Granit pour les bornes, pour les bordages de trottoirs, dans les grandes villes où le transport peut s'effectuer facilement. Cette même roche, ainsi que les Siénites et les Porphyres de diverse sorte, a été employée, par les anciens, en colonnes, en baignoires, en urnes sépulcrales, en tables, en plaques, etc., que l'on voit encore dans les édifices modernes : c'est ce qu'on nomme assez improprement les *marbres durs.* »

Les Granites constituent souvent des montagnes à croupes arrondies, mais presque toujours terminées par des plateaux. La forme générale des montagnes granitiques tient principalement à la facilité avec laquelle la plupart des Granites se décomposent par l'action des différents agents atmosphériques. On conçoit donc qu'il soit très important de faire un choix très sévère parmi ces matériaux, que l'on destine aux constructions et qui exigent une grande solidité.

GRAPHITE ou **PLOMBAGINE**, vulg. *Mine de plomb*. Matière gris de plomb ou gris de fer, d'un éclat métallique, facile à couper avec un instrument tranchant, tachant les doigts et douée de la propriété traçante. On lui a donné le nom de *fer carburé*, mais ce n'est qu'accidentellement et dans des proportions très diverses qu'elle contient de l'oxyde de fer. On doit regarder le Graphite comme formé de la même matière que le diamant, mais dans un autre état d'agrégation moléculaire.

Le Graphite se trouve dans les terrains de cristallisation ou dans les dépôts de sédiment voisins. Il existe dans un grand nombre de lieux ; mais le plus beau gisement connu est celui de Borrodale, en Cumberland ; viennent ensuite les gîtes de Passau en Bavière. Cette matière s'emploie principalement pour la fabrication des crayons dits de mine de plomb. Les crayons fins sont fournis par les belles variétés d'Angleterre, qu'on divise en petites baguettes et qu'on enchâsse dans du bois. Les crayons moins bons sont composés avec du Graphite réduit en poudre et mêlé avec des matières propres à l'agglutination : les crayons les plus communs renferment des matières étrangères, souvent du sulfure d'antimoine. Après les crayons anglais fabriqués avec la mine pure, les meilleurs sont ceux de Passau. On emploie aussi le Graphite pour adoucir les frottements dans les rouages des machines. On le mêle à l'argile pour en faire des creusets très réfractaires qui servent particulièrement aux fondeurs en cuivre.

GRAPPE. — V. *Inflorescence.*

GRAPSE (*Grapsus*). Genre de Crustacés décapodes brachiures, formé aux dépens du genre Crabe, dont le corps est aplati, souvent orné de couleurs vives ; le test presque carré et presque plane ; les yeux gros, portés sur de courts pédoncules placés aux angles antérieurs ; antennes petites, sétacées ; pattes comprimées, lisses, striées en travers, avec pinces assez grosses, égales, etc.

Les Grapses se trouvent en Amérique, principalement aux Antilles, où ils sont connus sous le nom de *Crabes peints*. Ils sont très carnassiers. Ils ne nagent point, mais peuvent se soutenir au milieu de l'eau. Presque toujours ils se tiennent cachés sous les pierres et sous les morceaux de bois ; toutefois, ils gagnent le fond de la mer pendant la saison froide et ne reparaissent qu'au printemps.

L'espèce type est le GRAPSE PEINT (*G. pictus*), qui est d'un rouge de sang, rayé de jaune, et qui se trouve en Caroline, aux Antilles, à Cayenne. — Le G. MADRÉ (*G. varius*) abandonne plusieurs fois pendant le jour sa demeure aquatique pour se promener au soleil, et pendant la nuit il rôde pour rechercher les corps morts rejetés par les flots. Les femelles se tiennent sous les pierres jusqu'à l'éclosion de leurs œufs.

GRAPTE (*Grapta*). Genre de Lépidoptères diurnes, dont nous figurons l'espèce connue sous le nom de *Robert le Diable*. C'est un papillon remarquable en ce que le dessous des ailes inférieures présente, dans son milieu, un C ou un G blanc, caractère qui lui a fait donner encore le nom de *Gamma*. La chenille est épineuse, d'un brun rougeâtre, avec une bande blanche dorsale ;

601. — Grapte.

sa tête est presque en forme de cœur, surmontée de deux tubercules poilus, assez semblables à des oreilles de chat. Elle vit sur l'orme, le houblon, l'ortie piquante, le groseillier, le chèvrefeuille des buissons, le noisetier ; mais on ne la rencontre pas très fréquemment, quoique le papillon soit très commun au printemps et à l'automne.

GRATIOLE (*Gratiola*). Nom d'un genre de Scrophulariacées, ne comprenant qu'une seule espèce qui est :

605. — Gratiole.

La GRATIOLE OFFICINALE (*G. officinalis*), plante vivace à tiges de 30 à 45 cent., simples, glabres, rondes, noueuses, avec 2 sillons alternativement opposés entre chaque paire de feuilles, qui sont opposées, sessiles, semi-amplexicaules, ovales lancéolées, dentées, à 3 nervures longitudinales. Fleurs solitaires pédonculées à l'aisselle des feuilles, d'un blanc jaunâtre, ou purpurines à leur

limbe ; calice à 5 divisions linéaires, avec 2 bractées lancéolées à la base ; corolle tubuleuse assez
longue, quatrifide et comme à 2 lèvres, dont la
supérieure est relevée et échancrée, l'inférieure à
3 lobes arrondis, et barbue intérieurement ;
4 étamines, dont 2 fertiles au haut du tube ; ovaire
simple, style oblique ; capsule biloculaire polysperme.

La Gratiole croît aux lieux humides, sur le bord
des étangs, en France, en Allemagne, etc., et montre ses fleurs en juin-septembre. Quoique inodore,
elle est douée d'une saveur amère un peu nauséeuse. Toutes ses parties exercent une action
très énergique sur l'économie animale, provoquent
le vomissement, des selles abondantes, des coliques ; mais la dessiccation lui enlève une partie
de ses propriétés médicales. Cette plante est un
purgatif drastique violent, qui agit aussi, dans
d'autres cas, comme emménagogue, antigoutteux,
antidartreux, par une action particulière désignée
sous le nom d'altérante. Les habitants de la campagne en font usage pour se purger : de là son
nom d'*Herbe à pauvre homme*. Toutefois, c'est
un médicament abandonné des médecins, à cause
de sa dangereuse activité, et dont il faut défendre
surtout l'emploi aux gens inexpérimentés.

GRATTERON (*Galium aparine*). Espèce du
genre *Galium*, de la famille des Rubiacées, et dont
fait partie la Garance, la Croisette, le Caille-lait, etc. ;

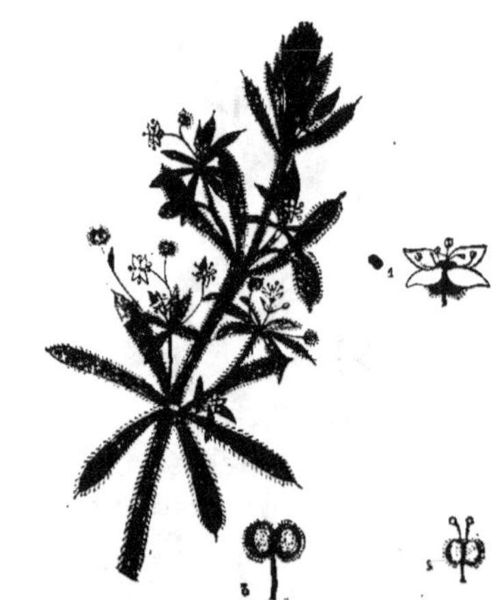

606. — Gratteron.

Sommité portant des fleurs et des fruits. 1, Fleur entière ; — 2, pistil ;
— 3, fruit didyme.)

plante annuelle, à tiges de 50 à 120 cent., faibles,
tombantes ou se tenant dans les buissons, rameuses
ou presque simples, noueuses, hérissées sur leurs
angles et le long des nervures des feuilles, d'aspérités crochues. Feuilles étroites, linéaires, pu-

bescentes en dessus, glabres en dessous, verticillées par 6-8 ; fleurs d'un blanc verdâtre, disposées
en cymes pauciflores axillaires : corolle beaucoup
plus étroite que le fruit mûr, qui est gros, hérissé
de poils crochus, porté sur des pédoncules qui
dépassent peu les feuilles.

Le Gratteron croît dans les haies, les buissons,
les lieux cultivés, où il est très commun, montrant ses fleurs en mai-août. Sa racine qui est
grêle, un peu quadrangulaire, renferme une matière colorante qui rougit l'eau par la macération.
Les tiges et les feuilles contiennent un suc aqueux
assez abondant. Dans l'état frais, elles offrent une
saveur d'abord légèrement amère, mais qui, bientôt après, devient âcre et prend à la gorge. On a
vanté les vertus médicales du Gratteron ; mais il
est facile de voir que toutes ses propriétés antihy-
dropiques, fondantes, antirachitiques, etc., ou
sont purement supposées, ou reposent sur des
faits tronqués, inexacts ou mal observés. La racine de cette rubiacée engraisse, dit-on, la volaille.
La couleur rouge qu'elle renferme peut être fixée
sur les étoffes par divers mordants, et la rend
ainsi recommandable dans l'art de la teinture. Les
semences sont quelquefois en usage pour faire
des têtes d'aiguilles dont les femmes se servent
dans la fabrication de la dentelle.

GRAVIER. Ce qui a été dit au mot *Caillou* est
applicable ici. Les débris qui se trouvent arrachés aux montagnes par les eaux courantes, sont
transportés plus ou moins loin selon leur volume
et les pentes : les plus gros blocs restent en arrière, les Graviers vont plus loin, puis le sable et
le limon sont souvent transportés à d'énormes
distances. Ces fragments de différents volumes
ont une même origine. Dans ce roulis de matières
diverses, ils se heurtent pendant leur transport,
se frottent les uns contre les autres et contre la
paroi solide du terrain, et, perdant ainsi successivement leurs arêtes et leurs angles, finissent
par être complétement arrondis. Les *Graviers* et
les *Sables*, qui ne sont que des cailloux fins, les
Limons qui résultent de l'usure générale et des
parties terreuses déblayées, sont toujours transportés au loin, soit immédiatement dans les lacs
ou les mers, soit dans les rivières, qui les déposent successivement sur leurs bords, et surtout
vers leurs embouchures que l'on voit alors s'en-
combrer de plus en plus.

GRAVITATION. Force qui pousse tous les corps
de la nature les uns vers les autres, et que Newton
a appelée aussi *Attraction*. Si nous éloignons
un corps de la surface de la terre, si nous l'éle-
vons en l'air soit en le lançant, soit en le soute-
nant du haut d'une tour par exemple, abandonné
à sa propre inertie, il descend en suivant une direction perpendiculaire, sous l'influence d'une
force dont la cause première est inconnue et à
laquelle on a donné le nom de *Gravité*.

Si nous lançons obliquement un corps en l'air,

comme une pierre, par exemple, la force de gravité est modifiée dans son effet définitif. Le mouvement ascendant imprimé à cette pierre est détruit au bout d'un certain temps par la résistance de l'air, et puis un second mouvement, descendant, s'en empare, et finit par la conduire à la surface terrestre, où elle est bientôt forcée au repos. Pendant tout ce temps, elle a continuellement dévié de son progrès rectiligne et a décrit une courbe concave vers le centre de la terre; et comme son mouvement n'a jamais été dirigé, dans aucune partie de sa course, vers le centre du globe, il est évident qu'elle continuerait à descendre obliquement sans l'atteindre jamais, si elle n'était point arrêtée par la surface de la terre; elle circulerait autour de ce même centre, comme fait la lune autour de notre globe, en retournant au point d'où elle est partie. Tous les phénomènes du mouvement des corps célestes, les mouvements des planètes autour du soleil, leur rotation sur elles-mêmes, les mouvements des satellites, ceux des comètes, sont uniquement produits par une impulsion initiale combinée avec l'attraction solaire, qui peut être considérée, par rapport à tous ces corps, comme l'analogue de l'attraction terrestre, par rapport à ses satellites, et même à notre pierre lancée prise pour exemple.

Les attractions d'une masse étant inversement proportionnelles aux carrés numériques des distances, il en résulte que si l'on diminue de moitié la distance d'un corps à l'autre, l'attraction du premier sur le second devient quadruple de ce qu'elle était. Par conséquent, la terre étant à une distance de 34 millions de lieues du soleil, et de 86 mille lieues de la lune, son action sur le premier de ces astres (car la terre réagit proportionnellement à sa masse) est 156,300 fois plus faible que sur le second.

Les mouvements des planètes, considérés relativement à la terre, sont très compliqués; mais, rapportés au soleil, ils deviennent d'une extrême simplicité. Ils sont tous soumis à trois grandes lois, dues à Képler. En voici les énoncés :

1° Les planètes se meuvent dans des courbes planes, et leurs rayons vecteurs, partant du centre du soleil, décrivent des aires proportionnelles au temps;

2° Les trajectoires ou orbites des planètes sont des ellipses dont le soleil occupe un des foyers;

3° Les carrés des temps des révolutions des planètes autour du soleil sont proportionnels aux cubes des grands axes de leurs orbites.

Newton a démontré, de plus, que : 1° de la première des lois de Képler, il résulte que la force qui maintient les planètes dans leurs orbites, les dirige vers le centre du soleil; 2° que la première et la seconde de ces mêmes lois donnent, pour conséquence nécessaire, que l'attraction solaire suit la raison inverse du carré des distances; 3° que la troisième loi, enfin, indique que toutes les planètes, à l'unité de distance, sont également attirées.

La Gravitation est la théorie générale de la *Gravité*, qui n'est autre chose que la résultante de tous les efforts que l'attraction exerce sur un corps de nature donnée. La grande loi que voici, établie par Newton: « Toutes les molécules de la matière s'attirent en raison directe de leur masse et en raison inverse du carré de leur distance, » s'applique aux grands corps sphériques, comme s'ils étaient de simples molécules par rapport au centre d'attraction du système planétaire, de même qu'elle s'applique aux molécules qui font partie intégrante d'un même corps. Dans ce dernier cas, la Gravité est la Pesanteur.

La *Pesanteur* est cette force qui sollicite les corps situés à la surface du globe à descendre sur cette surface, attirés par le centre de gravité : cette force décroît à mesure qu'on s'écarte de ce centre de gravité, et sous ce rapport elle est absolument de la même nature que la gravité. Mais en outre, la pesanteur décroît en s'approchant de l'équateur, parce que la révolution diurne de la Terre développe une force centrifuge qui est contraire à la gravité et doit en affaiblir l'intensité. « La pesanteur est la différence de ces deux forces, et l'expérience a prouvé que la première est le 289° de la seconde sous l'équateur; mais en s'avançant vers le pôle, comme le rayon du cercle décrit va en diminuant, on trouve que la force centrifuge décroît comme le carré du sinus de la latitude. Comme 289 est le carré de 17, et que cette force croît comme les carrés des vitesses; si la Terre tournait dix-sept fois plus vite, les corps cesseraient de peser sous l'équateur, parce que leur force centrifuge serait précisément égale et opposée à la gravité; et par une circulation plus rapide encore, les corps s'échapperaient de sa surface comme les pierres lancées par les volcans.

Un corps pesant tend donc vers le bas; il y tend en parcourant une perpendiculaire à la surface de la terre; mais s'il existe une montagne voisine, il est aussi attiré vers le centre de celle-ci par une force proportionnelle à la distance et au volume de cette montagne. Cette opinion de Newton a été confirmée par les observations sur la déviation du fil à plomb dans le voisinage des montagnes.

GRÈBE (*Podiceps*). Groupe d'Oiseaux de l'ordre des Palmipèdes, dont le corps est long, la tête arrondie, emplumée, le cou allongé; bec plus long que la tête, robuste, droit, présentant vers son milieu les narines, qui sont closes en partie par une membrane; yeux à fleur de tête; jambes courtes; doigts antérieurs réunis à leur base par une membrane; pouce isolé, ne portant à terre que par le bout; queue nulle; ailes moyennes; plumage lustré, satiné, très serré.

Les Grèbes sont des oiseaux plongeurs, qui vivent habituellement sur la mer, mais qui se rencontrent aussi dans les rivières, les eaux douces. Leur nourriture consiste en poissons, insectes, mollusques, vers, etc., qu'ils recherchent au milieu des eaux, ainsi qu'en plantes marines. Ils nagent avec aisance et plongent souvent. Ils volent aussi très bien, et opèrent des migrations très considérables. A terre, ils se tiennent presque droits et marchent avec difficulté. Ils nichent dans l'eau, leur nid est flottant et situé au milieu d'une touffe de roseaux ou de plantes aquatiques. — Dix à douze espèces appartiennent à ce genre, dont cinq habitent l'Europe.

Le Grèbe huppé (*P. cristatus*) est de la taille d'un Canard, brun-noir en dessus, blanc argenté en dessous, avec une bande blanche sur l'aile, une collerette de plumes rousses et noires, et une double huppe occipitale noire. — Cette espèce est répandue dans les deux continents : elle paraît en France deux fois par an, au printemps et en automne ; elle niche dans les marais, construit un nid flottant attaché aux joncs, et y dépose 3 ou 4 œufs oblongs, d'un blanc sale, verdâtre, dont le grand axe est de près de 5 cent.

Fig. 607 et 608. — Grèbe (jeune et adulte).

Le Grèbe cornu (*P. cornutus*) est semblable au précédent pour la forme, mais la collerette est noire et les huppes sont rousses, ainsi que le devant du cou ; taille, 35 cent. — Il habite le nord-est de l'Europe. — Le Grèbe a joues grises (*P. rubricollis*), long de 40 à 42 cent., a le devant du cou roux, mais sans collerette ; les huppes sont petites et noires, les joues grises. — Il se trouve dans les deux continents. — Le G. oreillard (*P. auritus*) a rarement plus de 32 cent. ; bec moins long que la tête, à base déprimée et à pointe un peu relevée en haut. — Il fréquente de préférence les eaux douces. Commun en Europe, surtout en France.

GRÊLE. « Lorsque durant l'hiver l'eau qui tombe de l'atmosphère est à l'état solide, on ne peut s'en étonner, puisque à cette époque une basse température présente une réunion de toutes les circonstances favorables à cette congélation ; mais que pendant la saison chaude, et surtout après des chaleurs étouffantes, une quantité énorme de glace se précipite à la surface de la terre, il est difficile d'en assigner la cause. » Volta a cherché à donner de ce météore une théorie qui fut d'accord avec l'ensemble des conditions dont il est accompagné. Or, suivant cet illustre physicien, la formation de la Grêle dépend d'une action mécanique dont l'électricité est le principal agent.

« L'évaporation d'un nuage, formé primitivement par une cause quelconque, détermine la congélation d'une portion des molécules aqueuses dont il est composé, et le constitue souvent dans un état électrique négatif. Les vapeurs élastiques résultant de cette évaporation rencontrent, en s'élevant, des couches froides, redeviennent nuage, mais nuage positif : c'est entre ces deux couches de nuages, plus ou moins distantes, qu'oscillent les premiers embryons de la Grêle, et qu'ils se revêtissent graduellement d'enveloppes de glace compacte et diaphane, jusqu'à l'instant où leur poids surmonte les forces électriques qui les avaient soutenues jusque-là. »

La théorie de Volta, dont nous ne donnons que le résumé sommaire, fut généralement adoptée, et pourtant elle ne satisfait pas complétement, puisque l'Académie mit la question au concours en 1834. Le concours ne fut point couronné, quoiqu'il fit naître des explications ingénieuses. Mais toute théorie sera insuffisante, qui n'expliquera pas : 1° le bruit qui précède l'apparition de la Grêle ; 2° la structure des grêlons divergents qui s'observent fréquemment ; 3° comment un noyau d'un millimètre détermine la congélation d'un volume d'eau de plusieurs centimètres de diamètre ; 4° par quel mécanisme les grêlons peuvent acquérir un poids de plusieurs hectogrammes ; 5° l'interposition de plusieurs couches de glace friable entre les couches de glace compacte ; 6° la cause déterminante de ces Grêles extraordinaires qui dévastent de longues étendues de pays, comme celle de 1788.

On cite, en effet, l'orage qui se manifesta le 13 juillet de cette année 1788, comme étant l'un des plus étendus et des plus dévastateurs qu'on ait jamais vus. Il commença au pied des Pyrénées, dans la matinée, traversa en peu d'heures toute l'étendue de la France, et se porta ensuite dans les Pays-Bas et la Hollande. Les grêlons, en général, étaient fort gros et de forme qui n'était pas toujours la même. Un bruissement et une obscurité extraordinaires précédèrent la chute de la Grêle, qui ravagea la France sur deux bandes parallèles dirigées du sud-ouest au nord-ouest, entre lesquelles il ne tomba que de la pluie, et qui produisit un dégât estimé à 25 millions. Heureusement, le fléau est le plus ordinairement circonscrit, et il n'est qu'un petit nombre de cantons à la fois qui soient soumis à ses désastres.

Dans nos contrées, il tombe de la Grêle à toutes les époques de l'année ; mais c'est particulièrement dans les mois de mai, juin, juillet et août, c'est-à-dire lorsque la température est le plus élevée, que l'on observe de violents orages accompagnés de Grêles volumineuses. Celles-ci sont moins fréquentes la nuit que le jour, mais c'est une erreur de croire qu'elles ne se manifestent jamais lorsque le soleil est au-dessous de l'horizon.

GRÉMIL (*Lithospermum*). Genre de la famille des Borraginacées, plantes herbacées, annuelles ou vivaces, velues ou pubescentes-rudes, dont les fleurs sont disposées en grappes feuillées : calice à 5 divisions linéaires ; corolle infundibuliforme, à gorge ouverte, limbe 5-fide, muni d'écailles très petites, etc.

Le Grémil officinal (*L. officinale*), vulg. *Herbe aux perles*, à cause du luisant de ses fruits, est une plante herbacée, de 40 à 60 cent., à tige droite couverte de feuilles lancéolées et velues, dont les nervures sont très saillantes ; à fleurs petites, blanchâtres, naissant à l'aisselle des feuilles supérieures ; fruits très durs et d'un beau gris de perle.

Le Grémil est très commun dans les lieux incultes et les chemins, montrant ses fleurs en mai-juillet. Ses fruits ont été recherchés comme diurétiques, ses feuilles comme succédané du thé ; mais un juste oubli a fait place à un engoûment que rien ne légitimait.

609. — Grémil (herbe aux perles.)

Le Grémil tinctorial (*L. tinctorium*), vulg. *Orcanette*, *Buglosse teinturière*, est une espèce qui ne s'élève pas au-delà de 45 cent. — On la trouve dans les endroits stériles et sablonneux de nos départements du Midi. Sa racine, longue, vivace, d'un rouge foncé, fournit à l'art du teinturier une belle couleur vermeille, mais peu solide, dont on se sert encore en Turquie et dans les îles de la Grèce. En France, cette couleur s'emprunte pour colorer certains médicaments et mets, etc. Les dames de l'antiquité lui devaient un fard au moins très innocent.

GRÉMILLE (*Acerina*). Poissons très voisins des Perches, mais de plus petite taille, dont les espèces, peu nombreuses, vivent dans les rivières de l'ancien continent. — La Grémille commune (*A. vulgaris*), que nous appelons *Perche goujonnière*, est moins haute et moins comprimée que la Perche : sa bouche n'est pas fendue jusque sous l'œil, ses lèvres sont charnues ; elle est remarquable par ses belles couleurs ; sa longueur est de 16 à 20 cent.

Toutes les rivières de la France nourrissent ce poisson, qui, l'hiver, se tient dans les profondeurs et ne se montre guère qu'au temps du frai. Il va volontiers en troupes, aime les fonds de sable, les torrents, les eaux tranquilles, c'est-à-dire toutes les eaux. C'est aux bouches des petites rivières que l'on en fait la meilleure pêche. Sa chair est légère et de très bon goût ; on la regarde comme un des aliments les plus sains que puisse fournir la classe des Poissons.

GRENADIER (*Punica granatum*). Arbrisseau qui, à l'état sauvage, forme un buisson touffu, épineux, à rameaux glabres, anguleux, couverts d'une écorce rougeâtre ; feuilles très lisses opposées lancéolées, très entières, vertes à leurs deux faces, courtement pétiolées. Fleurs presque sessiles, solitaires, quelquefois réunies 3-4 vers le sommet des rameaux, d'un rouge vif ; calice épais, coloré, à 5 ou 6 divisions ; autant de pétales ondulés et comme chiffonnés ; étamines nombreuses ; stigmate capité. Le fruit est une grosse baie sphérique, couronnée par les divisions du calice, et partagée en 8 ou 10 loges par des cloisons membraneuses, renfermant un grand nombre de semences anguleuses et entourées d'une substance aqueuse et charnue.

Le Grenadier est originaire de l'Afrique ; introduit en Italie par les Romains à l'époque des guerres de Carthage, d'où son nom de *Punica*, il s'est répandu dans le midi de l'Europe, puis au centre de la France, où il n'est plus qu'un arbrisseau rabougri et stérile, mais auquel la culture fait produire de très belles fleurs doubles ou semi-doubles. Cet arbrisseau a été considéré par la mythologie comme ayant une origine merveilleuse ; ses fleurs ornaient les habits sacerdotaux du grand-prêtre chez les Juifs, etc.

Les usages du Grenadier varient suivant la partie de la plante employée. La racine constitue, à l'état frais, un des meilleurs remèdes à opposer au ver solitaire ; l'écorce, appelée en pharmacie *malicorium*, est astringente, riche en tannin ; les fleurs (*balaustes*) sont également douées de propriétés astringentes prononcées, et employées en décoction dans les diarrhées et les flux chroniques ; le décocté a une couleur rouge qui noircit par le sulfate de fer. Mais c'est le fruit qui est surtout utile.

Il est de la grosseur d'une forte pomme, revêtu d'une écorce coriace, et rempli de semences pulpeuses d'un rouge très vif. Le suc contenu dans la pulpe qui entoure les graines est acidule, tem-

610. — Grenadier.

Rameau de fleur. — Calice coupé verticalement. — Fruit coupé longitudinalement. — Graine.)

pérant et rafraîchissant : on en fait une limonade agréable. Les confiseurs, les cuisiniers, l'associent au sucre et à divers aromates pour préparer des confitures, des mets, des glaces d'excellent goût.

En fait de variétés, il y a le *Grenadier nain*, et le *G. à fleurs blanches*, qui double difficilement, etc.

GRENAT. Substance minérale qui est un silicate d'alumine, tantôt combiné avec la chaux, tantôt avec l'oxyde de fer, d'autres fois avec la chaux et le fer, et enfin avec le fer et le manganèse ; de là des couleurs variables, qui sont le plus communément des teintes rouges plus ou moins foncées. Mais il y a aussi des Grenats jaunâtres ou verdâtres, vert émeraude, bruns et noirs, qui portent des dénominations différentes.

Les Grenats sont presque toujours cristallisés, et alors abondamment disséminés dans les diverses roches de cristallisation. Ils sont tous susceptibles de rayer le quartz, et fusibles au chalumeau. Ceux de diverses teintes rouges sont très recherchés par les bijoutiers ; ceux qui sont d'un rouge de feu ou violâtres, d'une belle teinte veloutée, sont désignés sous le nom de *Grenat styrien*, *Grenat oriental*; le nom de *Hyacinthe* a été donné à ceux d'un rouge tirant plus ou moins sur l'orangé. Toutes ces pierres sont souvent d'un prix assez élevé. On les taille ordinairement en cabochons ; quelquefois les lapidaires se bornent

à polir les faces des Grenats cristallisés (cristallisation dodécaèdre rhomboïdale).

GRENOUILLE (*Rana*). Genre de Reptiles de l'ordre des Batraciens anoures, type de la famille des Raniformes. Voici ses caractères génériques : tête plus allongée que dans les autres Anoures ; museau plus pointu ; langue grande, fourchue en arrière ; tympan et trompes d'Eustache distincts. Les Grenouilles se distinguent des Crapauds par leurs membres postérieurs qui dépassent d'un tiers au moins la longueur du tronc et de la tête, par leurs dents au maxillaire supérieur, leur peau presque lisse et le manque de parotides ; elles diffèrent des Rainettes par leurs doigts ronds, grêles et pointus à leur extrémité ; des Dactylèthres et des Pipas, par l'inégalité fort grande des doigts, dont les intervalles sont occupés, en outre, par des membranes extrêmement étendues comparativement à celles des autres Batraciens.

Les Grenouilles sont les plus aquatiques Batraciens anoures, ce que démontre *à priori* la disposition de leurs membres. On les trouve habituellement cependant sur la terre, dans les lieux humides, au milieu des prés, sur le bord des fontaines, dans lesquelles elles s'élancent dès qu'on approche d'elles. Elles nagent facilement au moyen de leurs pattes de derrière palmées ; pattes munies de muscles robustes, qui leur font exécuter à terre des sauts de près de deux mètres du point de départ. Ces animaux se nourrissent de larves, d'insectes aquatiques, de vers, de petits mollusques, etc., et choisissent toujours une proie vivante et en mouvement ; ils se mettent à l'affût pour la guetter, et dès qu'ils l'ont aperçue, ils fondent sur elle avec rapidité en tirant la langue pour l'attraper à l'aide du fluide visqueux qui enduit cet organe.

Les mâles font entendre un cri particulier très sonore, auquel on donne le nom de *coassement*, et qui se répète surtout dans les temps de pluie, dans les journées chaudes, le soir et le matin. Les femelles ne produisent qu'un grognement particulier ; un autre cri d'une nature spéciale a lieu dans la saison des amours. Ces sons sont produits par l'air qui vibre dans l'intérieur de deux poches vocales, situées sur les côtés du cou.

Quand l'automne arrive, les Grenouilles cessent de se livrer à leur voracité ordinaire ; elles ne mangent plus ; et lorsque le froid se fait sentir, elles s'en garantissent en s'enfonçant assez profondément dans la vase. Ainsi enfouies par troupes dans le même lieu, elles peuvent être gelées sans périr ; elles passent l'hiver dans cet état d'engourdissement profond, qui se dissipe aux premiers jours du printemps.

Les Grenouilles muent plusieurs fois dans l'année, mais à chaque mue elles ne perdent que leur épiderme, ou même que le mucus qui le recouvre. La durée de leur vie est assez longue ; toutefois il n'y a rien de certain à cet égard, et il paraît qu'elles ne peuvent se reproduire qu'au bout de trois ou quatre ans. Le moment de l'amour est annoncé, chez les mâles, par une verrue noire, papilleuse, qui croît aux pieds de devant, en même temps que le ventre se gonfle dans les deux sexes. L'accouplement n'a lieu qu'une fois par an, mais il dure quinze ou vingt jours, les deux individus nageant ainsi réunis. Cet acte se termine par la sortie du corps de la femelle d'œufs qui sont immédiatement arrosés par la liqueur prolifique du mâle. Ces œufs sont en chapelets, abandonnés à la surface des eaux, où ils sont détruits en grand nombre. Mais la nature a paré à cet inconvénient par leur énorme multiplicité, car on estime qu'une seule femelle peut en pondre jusqu'à 1,200. Ceux qui survivent aux périls qui les entourent, sont au bout de quelques jours d'incubation, plus ou moins, suivant la chaleur atmosphérique, brisés par le jeune animal qui s'y développe.—V. *Têtard*.

Les Grenouilles sont des animaux innocents, qui, cependant, inspirent une certaine répugnance à cause de leur ressemblance avec les crapauds.

611. — Grenouille.

Si elles détruisent vers, insectes, larves, frai de poissons, etc., elles deviennent elles-mêmes la proie des rats d'eau, des loutres, des gros poissons et des couleuvres. L'homme lui fait aussi la guerre pour manger sa chair, qui est blanche, délicate, gélatineuse, et qui fait surtout un bouillon pour les phthisiques, les hypocondriaques, etc. Les malins campagnards ont plus d'une fois vendu aux Parisiens des pattes de Crapauds pour celles de Grenouilles. — Les espèces de ce genre sont nombreuses. Nous ne citerons que les principales :

GRENOUILLE VERTE COMESTIBLE (*R. viridis esculenta*). Elle est d'un vert plus ou moins pâle ou foncé, parsemé de taches noires arrondies et plus ou moins nombreuses ; parties inférieures d'un blanc rosé ou jaunâtre; 12 à 15 cent. de longueur. — Elle est très répandue dans presque toute l'Europe, et se trouve aussi en Asie, dans le Japon, en Égypte, en Algérie.

GRENOUILLE ROUSSE OU MUETTE (*R. temporaria*). Un peu plus petite que la précédente; la face supérieure du corps d'une teinte rousse uniforme ou tachetée de noirâtre, variable d'ailleurs; constamment la région latérale de la tête est colorée en noir ou en brun foncé. — Non moins commune que la première; son coassement est presque aussi fort, malgré ce qu'on en a dit.

Ces deux espèces sont les seules européennes qu'on admette aujourd'hui. Les espèces américaines sont beaucoup plus nombreuses; les principales sont : la GRENOUILLE ALOSE, qui semble remplacer la nôtre sur le nouveau continent; — la G. MUGISSANTE, dont le coassement a été comparé au mugissement du taureau, etc.

GRÈS. Roche quartzeuse homogène, à texture essentiellement grenue, lâche ou serrée, dure, présentant des couleurs diverses. Quatre variétés : *lustré, blanc, rouge, bigarré*.

Les géologues donnent le nom de *formation du Grès rouge* aux dépôts de Grès qui recouvrent immédiatement le terrain houiller dans plusieurs parties de la France et de l'Allemagne, bien que souvent la couleur rouge n'y soit qu'accidentelle.

Les Grès sont très utiles comme pierres à bâtir, pour le pavage des routes, et pour aiguiser les instruments en acier; on en fait aussi des meules pour moudre les grains et pour les fontaines à filtrer l'eau. Il existe en France plusieurs carrières considérables de Grès, parmi lesquelles celles de Champagne, de Lorraine, de Fontainebleau, de Palaiseau, sont les plus renommées.

GRÉSIL. Phénomène météorologique, dont la formation a beaucoup de rapport avec celle de la *Neige.* C'est de l'eau congelée sous forme de petites aiguilles ou de grains de glace pressés et entrelacés. On ne connaît pas bien la cause physique de ce phénomène, qui se montre surtout à l'équinoxe du printemps, quand des vents violents font varier d'un instant à l'autre la température.

GRIFFE. En zoologie, espèce d'ongle allongé et aigu. — V. *Ongle.* — En botanique, 1° certaines racines tubéreuses ressemblant plus ou moins à des digitations (Anémone, Renoncule); 2° appendices au moyen desquels certaines plantes grimpantes se cramponnent aux corps environnants (Lierre, etc.).

GRIFFON (du gr. *grypsos*, crochu). Animal fabuleux, mi-parti mammifère et oiseau, ayant la tête, le bec et les serres de l'aigle et du vautour et le corps du lion; être imaginaire qui n'est sans doute qu'un symbole, exprimant l'union de qualités fort diverses, et qui paraît être originaire de la Perse.

Tout le monde connaît les Chiens *griffons*, avec leurs moustaches et leurs poils longs et hérissés sur la tête et sur le devant du corps. Ils sont, dit-on, originaires de la Grande-Bretagne.

On nomme encore *Griffon* le Vautour fauve et le Gypaète.

GRILLON (*Gryllus*). Genre d'Orthoptères de la famille des Sauteurs, caractérisés par leur tête très bombée et par leurs antennes dont le premier article est court et épais. Les mâles ont un cri bien

612. — Grillon domestique.

connu, qui leur a valu le nom de *Cricri;* ce cri est dû au frottement de leurs cuisses contre leurs élytres. — Deux espèces seulement, fort communes en Europe, méritent qu'on les mentionne.

Le **GRILLON DOMESTIQUE**, tout noir, est commun dans les maisons rustiques, où il se tient de préférence autour des foyers; son cri, bien connu,

est, suivant les pays, un présage funeste ou favorable. En France, on le regarde comme une preuve de paix domestique, et en Espagne, on lui voue même une sorte d'affection mise en pratique.

Le **GRILLON DES CHAMPS** est celui qu'on entend bruire dans les soirées d'été sur les pelouses sèches, et que les campagnards appellent *Cricri.* « Les enfants s'amusent à le chasser; pour cela, ils jettent dans leur trou une fourmi attachée par un cheveu; le Grillon ne manque pas de la poursuivre; il sort de sa retraite, et vient se livrer à son ennemi. Cette manière de les prendre était en usage dès l'antiquité. Il suffit même d'introduire dans le trou un brin d'herbe pour en faire sortir l'habitant; de là vient, dit Latreille, que l'on disait proverbialement : sot comme un grillon. »

GRIMM (*Antilope grimmia*). Sous-genre d'Antilope; espèce remarquable par sa gentillesse et l'élégance de ses formes; cornes droites, petites, presque parallèles et dirigées en arrière; taille de 30 cent.; pelage d'un fauve jaunâtre ou d'un brun foncé, gris le long du dos, sur la queue et les membres. — Le Grimm se trouve dans la Guinée et l'Afrique méridionale. Il s'apprivoise facilement, et est d'une excessive propreté.

GRIMPEREAU (*Certhia*). Genre de Passereaux ténuirostres, ainsi caractérisé : bec de la longueur de la tête, recourbé, effilé à son extrémité; narines

613. — Grimpereau.

basales: tarses nus, etc. — Une seule espèce, le **GRIMPEREAU FAMILIER** (*C. familiaris*), petit oiseau d'Europe et d'Asie, vulg. appelé, chez nous, *Grimpard, Grimpelet.* Il vit dans les bois et les vergers, ne cessant de voltiger d'arbre en arbre ou de grimper le long de leur tronc. Il est brun-gris, flammé de blanc, long de 14 cent. Il se nourrit de larves d'insectes, niche dans quelque trou d'arbre, où la femelle pond 5 ou 6 œufs d'un blanc cendré, parsemé de points d'une teinte foncée.

GRIMPEURS ou **ZYGODACTYLES.** Ordre d'Oiseaux caractérisé par une position des doigts telle, qu'ils ont la plus grande facilité à saisir, embrasser les branches et à grimper aux arbres. En effet, ils ont deux doigts dirigés en avant et deux en arrière, formant ainsi une sorte de pince ; quelquefois cependant un des doigts postérieurs vient à avorter, et il n'en reste que trois, comme dans le Pic tridactyle.

Les Grimpeurs sont des oiseaux de taille moyenne. La plupart sont remarquables par le brillant et la variété de leur plumage ; ils ont un air triste et grave ; beaucoup se rendent, par leurs habitudes singulières, dignes de toute l'attention du naturaliste. Leur nourriture consiste en fruits et en insectes, suivant que leur bec est plus ou moins robuste. Leur vol est médiocre, mais ils grimpent sur les plans verticaux ou inclinés avec

611. — Oiseau grimpeur (Barbu).

la plus grande facilité. — Les genres principaux de cet ordre assez vaste sont : les *Pics*, les *Jacamars*, les *Torcols*, les *Coucous*, les *Barbus*, les *Toucans*, les *Perroquets*, etc.

. **GRIOTTIER.** Espèce du genre *Cerisier*.

GRISON (*Galictis*). Genre de Carnassiers, voisin du Glouton, comparé par Blainville à la Marte et au Putois, ayant pour caractères : museau terminé par un mufle, sur les côtés duquel les narines sont ouvertes; oreilles petites, sans lobules ; pupilles rondes : pieds à 5 doigts, armés d'ongles

615. — Grison.

fouisseurs ; moustaches placées au-dessus de l'angle antérieur de l'œil : queue horizontalement portée; pelage composé de poils laineux gris-pâle et de poils soyeux noirs, longs, excepté à la tête et aux pattes; huit mamelles; la taille est celle de notre Furet.

Le Grison se trouve dans plusieurs régions de l'Amérique méridionale, et surtout au Paraguay, où il est assez commun. Très féroce et très sanguinaire, dans l'état sauvage, il tue et dévore tous les petits animaux qu'il rencontre, même sans être pressé par la faim. En captivité, il est assez doux et assez familier ; mais toutes les fois qu'il trouve l'occasion de se jeter sur quelque proie vivante, il la saisit avec avidité. Il en est de même du TAIRA, l'une des espèces du genre.

Le GRISON (*Galictis*, *Viverra vittata*) a une taille très allongée, le pelage plus foncé en dessous qu'en dessus du corps, avec une ligne d'un gris blanchâtre partant d'entre les yeux, passant sur les oreilles et venant se confondre avec le reste du pelage; longueur de la tête et du corps, 33 cent.; celle de la queue, 8 cent. — Cet animal habite l'Amérique méridionale et le Paraguay; il est de mœurs sanguinaires. Il est entièrement plantigrade; ses doigts sont réunis jusqu'à la dernière phalange par une membrane, et garnis d'ongles fouisseurs et de tubercules très forts.

Le TAIRA (*G. barbara*), plus petit que le précédent, a la taille de la Marte commune; tête et quelquefois cou d'une couleur grise; corps noir ou brun noirâtre, avec large tache d'un blanc jaunâtre couvrant le dessous du cou; museau allongé, un peu pointu; mâchoire inférieure un peu plus courte que la supérieure; queue longue, droite. — Le Taira a les formes générales de la Belette et de la Fouine, et les mœurs du Grison. Il habite la Guyane, le Brésil, se pratique un terrier dans les bois et répand une odeur très forte de musc. Il s'apprivoise aussi très facilement.

GRIVE (*Turdus*). Genre de Passereaux dentirostres, famille des Turdinés, pour quelques ornithologistes, section du genre Merle, caractérisé par le plumage grivelé. Toutes les Grives, dont on compte bien quarante espèces de l'Europe, d'Asie et de l'Amérique, ont l'intérieur du bec jaune, la partie supérieure du corps d'une couleur plus rembrunie, et la partie inférieure d'une couleur plus claire et grivelée; enfin, dans toutes ou presque toutes, la queue est à peu près le tiers de la longueur totale de l'oiseau. Les mâles et les femelles sont à peu près de même grosseur, et également sujets à changer de couleur d'une saison à l'autre.

Les Grives, comme il vient d'être dit, appartiennent aux deux continents. Les baies font le fond de leur nourriture, d'où la dénomination collective de *Baccivores*; elles mangent aussi des insectes, des vers, et c'est pour attraper ceux qui sortent de terre, après les pluies, qu'on les voit courir alors dans les champs et gratter la terre, surtout les Draines et les Litornes; aucune ne vit de grains. Un observateur anglais, M. St-John, a remarqué ce fait ignoré, que les Grives et les Merles vont briser les enveloppes des limaçons contre certaines pierres immobiles pour en retirer le mollusque. Les Grives sont des oiseaux tristes, mélancoliques, qui ne jouent guère ensemble, ni ne se battent, encore moins ne se plient à la domesticité. Ils ont un grand amour pour leur liberté, mais à cet instinct noble ils ne joignent pas les moyens de conserver leur indépendance ni même leur existence. Ils n'ont, pour se soustraire au plomb du chasseur et aux serres des rapaces, que leur vol oblique et tortueux: ont-ils gagné un arbre touffu, ils s'y tiennent immobiles de peur, et on ne les fait partir que difficilement. Le Draine fait exception, ainsi que nous le verrons.

« Il résulte des observations faites en différents pays que, lorsque les Grives paraissent en Europe, vers le commencement de l'automne, elles viennent des climats septentrionaux avec ces volées innombrables d'oiseaux de toute espèce qu'on voit, aux approches de l'hiver, traverser la mer Baltique et passer de la Laponie, de la Sibérie, de la Livonie en Pologne, en Prusse, et de là dans les pays plus méridionaux. L'abondance des Grives est telle alors sur la côte méridionale de la Baltique, que, selon le calcul de Klein, la seule ville de Dantzig en consomme chaque année 90 mille paires. » En France, c'est la Grive qui paraît la première vers la fin de septembre, ensuite la Mauvis, puis la Litorne avec la Draine. Cette dernière espèce est beaucoup moins nombreuse que les trois autres.

GRIVE COMMUNE OU MUSICIENNE (*T. musicus*). Cette espèce, généralement connue dans nos contrées, varie du blanc pur au brun tapiré de blanc. Elle vient en Europe aux vendanges, habite sur la lisière des bois, et se répand en troupes dans les prairies pour y chercher les insectes et les vers dont elle fait sa nourriture. Elle se montre aussi très friande de baies. Son chant est agréable et sonore. Elle niche sur les arbres peu élevés, notamment sur les pommiers; sa ponte est de 3 à 6 œufs d'un bleu verdâtre tacheté de brun. Il y en a qui séjournent toute l'année dans nos climats.— On en prend beaucoup aux lacets et aux gluaux.

616. — Grive draine.

GRIVE DRAINE (*T. viscivorus*), ou *Grande Grive*, dont la femelle se distingue du mâle par plus de roussâtre à sa partie inférieure. — Elle vient en France en automne, et s'en retourne au printemps; elle est sédentaire dans nos départements septentrionaux. D'après Levaillant, c'est un oiseau querelleur et hargneux, qui se bat continuellement avec ses semblables et attaque, poursuit les autres espèces qui s'approchent du lieu où il est fixé; mais, dans un danger commun, ils oublient leur haine particulière et se réunissent pour y faire face. La Draine aime beaucoup le fruit du Gui, et contribue, selon quelques auteurs, à propager cette plante parasite, dont elle répandrait au loin les graines que la digestion n'aurait point altérées.

Grive mauvis (*T. iliacus*). Elle est d'un brun roussâtre en dessus ; joues, côtés du cou, poitrine et parties latérales de l'abdomen blancs, parsemés de noir, le reste du ventre d'un blanc plus ou moins pur, les flancs d'un marron très vif ; tache blanchâtre au-dessus des yeux ; taille, 22 cent. La femelle se distingue par des couleurs moins vives, des teintes plus claires.

617 et 618. — Merle-Grive et Merle-Mauvis.

La Mauvis arrive en automne et se précipite par troupes nombreuses dans les vignes. Au printemps, on la trouve dans le Nord ; en novembre elle retourne dans le midi de l'Europe. Elle niche sur les Sorbiers, dont elle recherche les baies, et pond 6 œufs d'un bleu tirant sur le vert, marqué de taches noires.

Grive litorne (*T. pilaris*). Tête, nuque, bas du dos, extrémités des ailes d'un cendré bleuâtre, parfois varié de noir ; haut du dos et couvertures des ailes châtains ; gorge et poitrine rousses, avec taches lancéolées noires sur le milieu de chaque plume ; ventre blanc, queue noire, etc. ; taille, 27 cent. La femelle est en général d'une teinte plus obscure, avec la gorge blanche. — Cette espèce nous arrive en novembre ; elle recherche les bois qui avoisinent les prairies humides. Elle niche sur les hauts arbres, et pond de 4 à 6 œufs d'un vert marqué de taches de roux très fines.

Sont étrangères à l'Europe, mais s'y montrent accidentellement du côté de l'Est, la *Grive de Naumann*, la *G. dorée*, la *G. à gorge noire*, la *G. daulias*, la *G. blafarde*. — La *G. erratique* habite particulièrement l'Amérique, le Maryland,

la Virginie ; la *G. à collier blanc* habite l'Amérique du Sud.

GRIVET Espèce du genre *Guenon*. — V. ce mot.

GROS-BEC (*Loxia*, Linné ; *Coccothraustes*, Brisson). Genre de Passereaux conirostres, caractérisé par un bec très robuste, épais, bombé, pointu, exactement conique ; par des tarses courts et des ailes pointues.

Gros-bec commun (*C. vulgaris*). Bec très gros, jaunâtre ; taille grosse et ramassée ; queue courte ; il a le dos et une calotte de couleur brune, le reste du plumage grisâtre, la gorge et les rémiges noires, et une bande blanche sur l'aile ; longueur, 17 cent. — Cet oiseau vit dans les bois des montagnes, et se nourrit de toutes sortes de fruits à noyau. Il est solitaire, sauvage et silencieux ; niche dans les forêts et les vergers ; pond 3 à 5 œufs d'un blanc cendré ou d'un gris sombre, rayé et tacheté de bleuâtre et de brun, dans un nid grossièrement construit.

619 et 620. — Gros-Bec commun (mâle et femelle).

Gros-bec Verdier (*C. chloris*), vul. *Vertmontant*. Cet oiseau, de la grosseur d'un Moineau, a le dessus du corps verdâtre, le dessous jaunâtre et le bord externe de la queue jaune. Son bec est moins gros que celui de l'espèce précédente, et sa queue est plus longue et très fourchue. — Le Verdier se plaît dans les taillis, les jardins, les parcs ombragés ; son naturel est doux et familier. Il vit de graines, de baies et quelquefois d'insectes ; son ramage est sonore et ressemble un peu à celui du Pinson. Il supporte très bien la captivité, et s'ac-

coutume, comme le Canari, au manége de la ga-
lère. Son nid, construit avec assez d'art, reçoit
4 à 6 œufs, d'un blanc légèrement azuré, pointillé
de brun.

Le nom de *Gros-bec* s'applique vulgairement à
beaucoup d'oiseaux de genres différents, tels que
le *Serin*, la *Linotte*, le *Pinson*, le *Chardonneret*
(V. *Tarin*), etc.

GROSEILLIER (*Ribes*). Genre de Plantes de la
famille des Ribésiacées, comprenant des arbrisseaux rameux, touffus, non épineux ou pourvus
d'épines, à feuilles alternes ou fasciculées au sommet de rameaux latéraux très courts ; fleurs à calice verdâtre, à pétales jaunâtres (5, plus rarement 4). — On en connaît un grand nombre
d'espèces que l'on multiplie par rejetons ou par
éclats.

GROSEILLIER ROUGE (*R. rubrum*). Arbrisseau
dépourvu d'épines ; feuilles assez amples, cordées
à la base, à 3-5 lobes crénelés dentés, glabres
en dessus, un peu tomenteuses en dessous ; fleurs
d'un jaune verdâtre, tachées de brun en dedans,
disposées en grappes axillaires pendantes ; calice
glabre ; fruit rouge assez petit.

Le Groseillier est assez commun dans les haies,
les buissons, les bois un peu marécageux. On le
cultive en plein champ et dans les jardins ; il
fleurit en avril-mai, et fructifie en juin-août. Ses
fruits, connus sous le nom de *Groseilles*, ont une
saveur acide due aux acides malique et citrique.
Mangés en grappes bien mûres, ils sont agréables
et d'un effet salutaire, dans les inflammations
chroniques des voies gastriques et biliaires. On
en prépare des limonades, des gelées, des si-
rops, etc., qui sont utiles dans les mêmes cas.

Le *Groseillier blanc* est une variété à fruit
blanchâtre ou rosé, un peu moins acide.

GROSEILLIER NOIR (*R. nigrum*); *Cassis*. Arbrisseau non épineux, à feuilles amples, dont la
face inférieure est parsemée de glandes jaunes
aromatiques ; fleurs verdâtres, rougeâtres en dedans, en grappes pendantes pubescentes ; calice
pubescent glanduleux; fruit noir, glabre.

Originaire du nord de l'Europe, le Cassis est
cultivé dans tous les jardins, où il montre fleurs
et fruits mûrs aux mêmes époques que le Groseillier. Ces fruits sont doués d'un arôme très prononcé, qui leur est propre et qui paraît résider
dans l'enveloppe. On en prépare une excellente
liqueur de table. Les feuilles ont été conseillées,
en infusion, comme astringentes, toniques, dans
les diarrhées chroniques.

GROSEILLIER A MAQUEREAUX (*R. uva crispa*).
Arbrisseau très rameux, épineux, à feuilles petites, velues pubescentes, disposées en fascicules
terminaux ; fleurs portées 1-3 sur des pédoncules
courts ; calice rougeâtre, velu ; pétales poilus inférieurement ; fruit gros, glabre ou hérissé, souvent rougeâtre. — Cette espèce, dont on distingue
deux ou trois variétés à feuilles plus ou moins petites ou larges, croît aussi dans les haies, les

buissons, les lieux pierreux, mais est cultivée
en plein champ et dans les jardins.

Le GROSEILLIER DORÉ (*R. aureum*) est une espèce découverte, il y a 40 ou 50 ans, sur les bords
du Missouri, et que les horticulteurs cultivent
comme plante d'agrément. C'est un arbrisseau de
2 mètres, dont les fleurs, d'une belle couleur d'or,
se montrent au mois de mai. Les fruits sont noirâtres, bons à manger.

GROSSESSE. On désigne sous ce nom l'état
d'une Femme enceinte et le temps pendant lequel
le produit de la conception séjourne dans le sein
de la mère, jusqu'à l'époque de l'accouchement.
Pour le développement de ce produit, V. *Fœtus*;
pour le terme de la grossesse, V. *Accouchement*.

La Grossesse présente plusieurs manières d'être :
elle est *vraie*, toutes les fois qu'il existe un produit quelconque de conception ; *fausse*, quand ce
sont des états pathologiques qui en imposent pour
elle ; *fœtale*, quand le produit de la conception est
un fœtus ; *afœtale*, quand ce produit est une *môle*,
c'est-à-dire une masse charnue due aux restes
d'un germe anormalement développés ; *utérine*,
lorsque le produit de la conception se développe
dans la matrice ; *extra-utérine*, lorsque ce produit se développe, au contraire, dans l'ovaire,
l'abdomen, la trompe de Fallope ou l'épaisseur
même des parois utérines; de là les noms de grossesse *ovarienne*, *abdominale*, *tubaire* et *interstitielle*. Enfin, la Grossesse est *simple*, quand la
matrice ne contient qu'un seul fœtus ; *multiple*,
quand il y a deux fœtus ou plus ; *mixte*, lorsqu'en même temps qu'un fœtus il existe une môle ;
compliquée, quand il y a à la fois un fœtus et une
maladie de la matrice ou de ses annexes, ou une
grossesse extra-utérine.

Les premiers moments de la Grossesse appartenant aux modifications que présente l'œuf plutôt
que l'utérus, nous renvoyons au mot *Œuf*. Maintenant il nous reste à indiquer les changements
que provoque la Grossesse dans le volume et la
position de la matrice, ainsi que les phénomènes
nouveaux qu'elle détermine dans la santé générale
de la femme.

Dès que l'ovule est arrivé dans l'organe utérin
(V. *Fécondation*), cet organe commence à éprouver
comme une nouvelle vie : il se développe peu à
peu, ses parois s'épaississent, les vaisseaux qui les
parcourent augmentent de volume, et, vers la fin de
la Grossesse, il présente jusqu'à 35 cent. de diamètre transversal et de 20 à 25 pour l'antéro-postérieur. Le col (col de la matrice) ne change presque pas dans les deux ou trois premiers mois ;
mais, à partir du cinquième mois, il s'évase par le
haut, il diminue aussi de longueur, ce que le doigt
constate par le toucher vaginal. Ce raccourcisse-
ment s'accroît, et le col finit par s'effacer complètement, présentant en même temps des changements corrélatifs dans son ouverture (museau de
tanche), laquelle, de transversale et comme

linéaire, devient circulaire et s'évase en forme d'entonnoir renversé.

Durant les trois premiers mois de la Grossesse, la matrice, encore peu volumineuse, reste dans le petit bassin; et comme elle descend plutôt, à cause de l'augmentation de son poids, il en résulte qu'à cette période le ventre est aplati plutôt qu'augmenté, d'où le proverbe : *à ventre plat enfant il y a*. Mais bientôt la matrice se trouvant trop à l'étroit, s'élève, et à quatre mois, on peut la sentir au-dessus du pubis par le palper abdominal; à neuf mois, le fond de cet organe s'élève jusqu'à la région épigastrique, faisant saillie en avant à cause du plan résistant et à convexité antérieure de la colonne lombaire, d'une part, et de l'extensibilité des parois de l'abdomen, de l'autre.

La Grossesse cause des vomissements, de la dyspepsie, des palpitations, du tenesme vésical, de la constipation, de l'œdème et des varices aux membres inférieurs, etc., par cette raison que l'utérus gravide et énormément développé, gêne, comprime l'estomac, le cœur, la vessie, le rectum, les vaisseaux cruraux, etc. Elle cause aussi des troubles divers, tels que douleurs névralgiques, maux d'estomac, crampes, dispositions morales tristes, nausées, vertiges, toux, dépravation de l'appétit et des instincts, etc., par une action toute vitale et en mettant en jeu la sensibilité des centres nerveux (sympathies).

Les signes de la Grossesse se distinguent en rationnels et en sensibles. Les *signes rationnels* sont la suppression des règles, l'augmentation de volume de l'abdomen, avec saillie du nombril, le gonflement et la tension des seins, et les divers troubles énumérés ci-dessus. Aucun d'eux, pris isolément, n'a de valeur; mais réunis, ils donnent une somme de probabilités énorme et qui équivaut presque à la certitude en faveur de la gestation, bien qu'ils ne permettent pas d'affirmer qu'elle existe. — Les *signes sensibles* se tirent des mouvements du fœtus, du développement de l'utérus, du gonflement et du ramollissement du museau de tanche, du ballottement du fœtus et de la perception des pulsations fœtales, etc. Ces deux derniers signes sont seuls certains : car les mouvement sentis et attribués au fœtus peuvent dépendre de contractions développées dans les muscles droits de l'abdomen.

GROSSULARIÉES. — V. *Ribésiacées*.

GRUE (*Grus*). Genre d'Oiseaux de l'ordre des Échassiers, famille des Cultrirostres, formant avec l'Agami (V. ce mot), le Baléarique et la Demoiselle, volatiles d'ailleurs peu intéressants, un groupe connu sous le nom de Gruinés, distinct des Hérons, avec lesquels il a été confondu, et remarquable par une taille grande, un port noble et gracieux, et une habitude de longs voyages annuels.

Voici les caractères du genre Grue : bec plus long que la tête, en cône allongé, un peu fléchi : narines médianes, dans un sillon elliptique, percées de part en part; ailes longues; queue courte: tarses très longs, robustes, couverts de larges écailles: doigts assez courts, unis à la base, le pouce ne touchant pas à terre; ongles un peu larges, courts, obtus.

Les Grues sont des oiseaux voyageurs; elles vivent en sociétés ou par couples, et se tiennent de préférence dans les terrains humides ou marécageux, aux embouchures des fleuves et sur les bords de la mer. Elles se nourrissent d'herbes, d'insectes et de reptiles. Leurs voyages ont toujours lieu aux mêmes époques, et toujours du Nord au Midi et du Midi au Nord. Elles partent le soir et volent de nuit, tantôt à haute distance, tantôt assez près de terre, en poussant un cri de rappel que l'on entend de fort loin. Dans leur vol en commun, elles forment un triangle à pointe dirigée en avant contre le vent et formée d'un seul individu, qui supporte la plus grande fatigue et est le chef de la bande. Lorsqu'il est fatigué, ce chef de file passe en arrière et est immédiatement remplacé par l'individu qui est le plus capable de lui succéder.

621. — Grue cendrée.

« Tous les individus qui composent ainsi un même escadron montrent une obéissance aveugle à leur chef. Celui-ci fait entendre de temps en temps, comme pour rappeler ses compagnons, un cri de réclame auquel tous répondent aussitôt. Leur voix est forte et éclatante, et les inflexions différentes de leurs cris les font reconnaître très facilement à de longues distances pendant la nuit. De temps en temps la troupe descend à terre pour prendre du repos: on assure qu'alors l'une des Grues veille toujours la tête haute pour avertir ses compagnons par un cri d'alarme lorsqu'un danger les menace. »

A l'époque des amours, ces échassiers ne vivent que par couples et se montrent fort confiants; mais si l'on touche à leur progéniture, ils la défendent avec le plus grand courage, même contre l'homme. Ils nichent sous les buissons, parmi les herbes et les joncs, ou à terre, quelquefois, dit-on, sur les toits des maisons isolées. La ponte est de deux œufs très gros, olivâtres, ou bruns-verdâtres, ou cendrés. Le mâle partage avec la femelle le soin de l'incubation; il a également soin des petits, qui sont nourris dans le nid jusqu'à ce qu'ils puissent voler. — Huit espèces disséminées sur tout le globe. Voici les deux principales :

GRUE CENDRÉE *(G. cinerea)*. Elle est d'un gris sur toutes les parties du corps, avec la gorge, l'occiput et le devant du cou d'un gris noirâtre très foncé; sommet de la tête nu et rouge; bec rougeâtre à sa base, noir au milieu, couleur de corne à l'extrémité; longueur, 1 m. 25. — Cette espèce vit en Europe et recherche les plaines marécageuses. Les détails ci-dessus lui sont particulièrement applicables. Les sexes ne diffèrent point quant à la nature du plumage; mais les mâles ont une trachée qui forme plusieurs circonvolutions.

GRUE COURONNÉE OU OISEAU ROYAL (*G. balearica*). Bel oiseau au corps noir, aux ailes blanches, dont la joue est variée de deux plaques rouge et blanche; sa tête est surmontée d'une belle aigrette roussâtre, qui représente une sorte de couronne. — Cette Grue est d'Afrique, du Sénégal. On la voit souvent en domesticité en Europe, car elle est recherchée pour son élégance.

GRYPHÉE (*Gryphæa*). **Genre de Mollusques,** détaché des Huîtres, caractérisé par six valves, dont l'inférieure est grande et concave, tandis que la supérieure est petite et plane. — Les Gryphées sont très rares; mais à l'état fossile (*Gryphites*), ils sont très abondants dans le calcaire argileux qui avoisine les grès rouges et bigarrés.

GUACHARO (*Steatornis*). **Genre d'Oiseaux** de l'ordre des Passereaux fissirostres, voisin des Engoulevents, ayant pour caractères : bec très fendu, très large à sa base, pourvu de quelques poils raides, fort, solide, avec la mandibule supérieure courbée dès la racine, prismatique, terminée par un crochet aigu: ailes fort grandes, composées de 20 rémiges; queue arrondie, présentant 10 rectrices; tarses à peine aussi longs que le doigt médian; taille d'un pigeon; plumage roux marron obscur avec reflets mêlés de brun et de verdâtre, et tacheté de noir et de blanc.

Cet oiseau a été vu pour la première fois par de Humboldt, dans une caverne immense de la Colombie, où il habite en grand nombre; puis Lherminier l'a décrit plus exactement. On en voit un exemplaire dans les galeries du Muséum de Paris. Cet oiseau mesure 45 cent. de longueur et 1 mètre d'envergure. Il a, dit Humboldt, la grandeur de nos Poules, la gueule des Engoulevents,

le port des Vautours: son bec crochu est entouré de pinceaux de soie raide. Par la forme de son corps, le volume de sa voix extraordinairement aiguë, sa nourriture (il est granivore), sa prédilection pour les grottes et les rochers, il se rapproche plutôt du Choucas des Alpes. Il offre le premier exemple d'un oiseau nocturne parmi les Passereaux dentirostres, auxquels il doit appartenir. Dans les cavernes où ils nichent, ces oiseaux font un vacarme épouvantable, qui augmente encore lorsqu'on y pénètre avec des torches allumées pour s'y diriger. Les Indiens, ajoute de Humboldt, entrent dans la Cueva del Guacharo une fois par an, armés de perches, au moyen desquelles ils détruisent la majeure partie des nids. Les jeunes qui tombent à terre sont éventrés sur-le-champ: on leur trouve, attachée aux intestins et au péritoine, une grande quantité de graisse, et des plus pures et facile à conserver; mais ce genre d'industrie produit peu. Il paraît aussi que les graines retirées à demi digérées du canal intestinal passent, parmi les indigènes, pour un excellent médicament contre les fièvres intermittentes.

Le GUACHARO DE CARIPE (*S. caripensis*), ainsi nommé parce qu'on le trouve dans l'immense caverne de Caripe, souterrain si sombre et si profond, que les superstitieux indigènes n'osent y pénétrer au-delà de certaines limites. Cet oiseau est l'unique espèce du genre, et par conséquent fait seul l'objet des considérations ci-dessus.

GUANO. **Fiente d'oiseaux de mer** qui se trouve déposée en masses énormes dans des îles situées le long de la côte du Pérou. C'est une substance d'un jaune foncé, d'une odeur forte et ambrée, qui forme des couches de 16 à 20 mètres d'épaisseur dans nombre d'îlots déserts de la mer du Sud, où abordent seuls les Hérons, les Flamants, les Engoulevents, les Phénicoptères, etc. — Le Guano est un excellent engrais, dont l'exploitation, longtemps bornée au Pérou, est connue de l'Europe actuellement. La quantité qu'on a exportée en 1851 s'est élevée à 254,239 tonneaux, chargeant 396 navires. On commence à s'en servir en médecine, soit sous forme de bains, soit sous celle de lotions ou de pommade.

GUAZUMA. **Arbre** de 10 à 12 m., dont les branches, étalées, sont recouvertes, dans leur jeunesse, d'un duvet cotonneux qui porte des fleurs petites d'un blanc jaunâtre, disposées en grappes axillaires, et présentant les caractères propres à la famille des Bythnériacées; le fruit est arrondi, ligneux et gercé.

Le Guazuma appartient à l'île St-Domingue, où le dessin de son feuillage l'a fait nommer *Orme d'Amérique*. Il est agréable par son ombrage, son beau port, sa facile culture; utile par son bois, par son feuillage que les bestiaux recherchent, et par son fruit qui sert à préparer une boisson agréable, etc.

GUEDE. Le plus ancien nom donné au *Pastel.* — V. ce mot.

GUENON ou **Cercopithèque** (*Cercopithecus*). Genre de Singes de l'ancien continent, de la tribu des Cynopithéciens (V. *Singes*), dont les caractères génériques sont ainsi formulés : museau développé, sans être trop proéminent; nez peu saillant, narines très peu distantes ; lèvres minces, velues; abajoues très amples; favoris dirigés en arrière; corps un peu allongé, membres assez longs, surtout les postérieurs; mains assez allongées, surtout les antérieures; pouces bien développés; pelage soyeux; visage couleur de chair ou peint de couleurs claires; queue longue et presque toujours relevée en arc sur le dos: fesses calleuses; taille médiocre.

622. — Guenon.

Les Cercopithèques ou Guenons habitent l'Afrique et quelques îles à l'ouest de ce continent, on en trouve, mais en petit nombre, sur la côte occidentale d'Asie. Ils vivent en troupes nombreuses, cherchant leur nourriture près des habitations et des lieux cultivés, qu'ils dévastent en fort peu de temps. On assure qu'ils sont de la plus grande prudence, et qu'ils s'entourent de sentinelles pour faire ces excursions. Les larges abajoues dont ils sont pourvus leur permettent de faire d'amples provisions. Pendant le repos, ils se retirent dans les parties les plus silencieuses des forêts, et dorment assis sur des branches, la tête penchée sur la poitrine. Mais étant organisés pour grimper et sauter, il n'est point de position difficile qu'ils ne prennent, point de sauts périlleux qu'ils ne fassent, ce qui dépend de la faculté qu'ils ont de pouvoir saisir les corps à leur portée avec leurs quatre mains.

Ces Singes ne se font pas remarquer seulement par leur pétulance et leur agilité: l'intempérance de leurs désirs et la mobilité de leur caractère sont extrêmes: ils passent en quelques instants et pour le plus léger motif, de la gaîté, qui d'ailleurs est leur état le plus habituel, à la tristesse ou à la colère. Doux, dociles et assez éducables dans le jeune âge, ils deviennent méchants, intraitables en vieillissant, surtout les mâles, car les femelles conservent quelque douceur ou timidité. Quand ils vont à la maraude, les plus âgés, placés en tête ou en queue de la troupe, la conduisent et veillent à sa sûreté, et, s'il faut combattre, ils s'exposent les premiers aux coups; mais malheur à ceux qui les inquiètent, car aussitôt ils sont assaillis de projectiles de toute nature. Le saut paraît être leur allure naturelle; à terre, c'est par suite de sauts, et non de pas, qu'ils avancent pour peu qu'ils veuillent se hâter.

On pensait que les Guenons restaient stériles dans nos climats; cependant une femelle de l'espèce Grivet a produit trois fois à la Ménagerie du Muséum de Paris: l'on a remarqué qu'elle s'empressait de manger son délivre. Elle portait son petit de telle sorte qu'il eût la bouche devant le mamelon: mais dès qu'elle lui voyait assez de forces pour se soutenir lui-même en s'attachant à ses poils avec ses quatre mains, elle semblait ne plus s'occuper du fardeau. Le mâle était plus qu'indifférent à la mère et à l'enfant.

Guenon hocheur (*Cercopithecus nictitans*). Cette espèce, à face noir bleuâtre avec une large tache blanche sur le nez, les paupières supérieures couleur de chair, le pelage brun tiqueté de vert, etc., habite la Guinée, et doit son nom à l'habitude qu'elle a de remuer continuellement la tête.

Guenon blanc nez (*C. petaurista*) ou **Ascagne.** Ce Singe a les joues et le menton garnis de poils blancs, légers et touffus; les favoris de même couleur; le bout du nez blanc; le pelage doux, soyeux, verdâtre en dessus; la tête et les cuisses d'un vert assez pur. — Il a aussi pour patrie la Guinée et le Congo. Il est si preste qu'il semble voler plutôt que sauter. Avant de manger ce qu'on lui présente, il le roule entre ses mains comme fait un pâtissier d'un morceau de pâte. Il n'aime pas qu'on le raille d'une maladresse, mais s'il s'irrite, il est sans rancune. Il ne marche sur ses pattes de derrière que quand il veut reconnaître ou examiner quelque chose.

Guenon mone (*C. mona*). Elle a le pelage marron, avec le dessus des extrémités noir et deux taches blanchâtres sur chaque fesse ; les lèvres et le nez couleur de chair; de chaque côté des joues d'épais favoris jaune-paille encadrent la face, qui est bleuâtre. — La Mone habite la côte occidentale d'Afrique, la Guinée : elle se distingue des autres Cercopithèques sous plusieurs rapports : d'abord par ses couleurs, dont la variété ne se rencontre point dans les autres espèces, par l'élégance de ses formes et la grâce de ses mouvements, ensuite par la douceur dans le caractère, la finesse dans l'intelligence, le sérieux et le grave dans l'expression de la physionomie. F. Cu-

Fig. 623. — Guenon cercopithèque (Mone).

vier, qui a observé cet animal en domesticité, nous apprend qu'il est circonspect dans ses actions et persévérant dans ses désirs, sans jamais avoir recours à la violence.

Les autres espèces de ce genre de Singes sont assez nombreuses. Le *Malbrougk* a une plus grande taille : réunis en troupes, ces singes peuplent avec les oiseaux le ciel de verdure qui couvre les riches forêts de l'Asie méridionale ; il n'est pas d'animaux plus agiles et moins éducables. —Le *Callitriche* (non le Sagou, qui est aussi connu sous ce nom) a les plus grands rapports avec le Malbrougk. — Le *Grivet*, le *Mangabey*, etc., sont d'autres espèces qu'il est inutile d'énumérer.

GUÉPARD (*Felis jubata*). Carnivore digitigrade du grand genre Chat, ou plutôt genre distinct (*Guepardus*) de la tribu des Féliens. —V. *Chat.*— Les caractères spécifiques de ce genre sont les suivants : tête plus courte, plus petite et plus ronde que celle des Féliens ; jambes plus hautes ; doigts plus allongés que dans les vrais Féliens ; ongles faibles, usés, non rétractiles ; queue plus longue ; le système dentaire de ces animaux présente aussi des différences nombreuses avec celui des Chats. — L'espèce unique du genre est le

GUÉPARD (*Guepardus jubatus*). Sa taille est celle d'une Panthère ou d'un Mâtin ; son pelage est d'un beau fauve clair parsemé de petites taches noires, rondes et pleines en dessus ; d'un blanc pur en dessous, avec taches plus larges et plus lavées : poils des joues, du derrière de la tête et du cou plus longs que les autres, ce qui forme une espèce de petite crinière qui a fait donner à l'animal le nom de *Léopard à crinière*; une ligne noire s'étend en s'élargissant de l'angle interne de l'œil à la commissure de la lèvre supérieure ; corps allongé ; longueur, 1 m. 13, non compris la queue qui a 4 cent. ; hauteur, 65 cent.

Fig. 624. — Guépard.

Le Guépard habite l'Asie et l'Afrique ; on le trouve aux Indes orientales, à Sumatra, en Perse, au Sénégal et au cap de Bonne-Espérance. Il a une physionomie particulière qui peut servir seule à le distinguer des Chats. Il est beaucoup moins féroce que ceux-ci, quoique d'une extrême légèreté, et pouvant aisément atteindre le gibier qu'il poursuit. Mais il n'est pas armé de manière à pouvoir déchirer facilement sa proie avec ses ongles, et il ne peut non plus monter sur les arbres.

D'après ses habitudes, qui, sous quelques rapports, le rapprochent des Chiens, on a cherché à le dresser pour la chasse, et, selon les historiens persans, ce serait un de leurs premiers rois qui aurait employé cet animal à cet usage. M. Boitard a donné des détails sur ce sujet. « Les chasseurs sont ordinairement à cheval et portent le Guépard en croupe derrière eux : quelquefois ils en ont plusieurs, et alors ils les placent sur une petite charrette fort légère et faite exprès. Dans les deux cas, l'animal est enchaîné, et a sur les yeux un bandeau qui l'empêche de voir. Ils partent ainsi pour parcourir la campagne et tâcher de découvrir des Gazelles dans les vallées sauvages où elles aiment à venir paître. Aussitôt qu'ils en aperçoivent une, ils s'arrêtent, déchaînent le Guépard, et lui tournant la tête du côté du timide ruminant, après lui avoir ôté son bandeau, ils le lui montrent du doigt. Le Guépard descend, se glisse doucement derrière les buissons, rampe dans les hautes herbes, s'approche en louvoyant et sans bruit, toujours se masquant derrière les inégalités de terrain, les rochers et autres objets, s'arrêtant subitement et se couchant à plat ventre quand il craint d'être aperçu, puis reprenant sa marche lente et insidieuse. Enfin, lorsqu'il se croit assez près de sa victime, il calcule sa distance, et s'élance tout à coup, et en 5 ou 6 bonds prodigieux et d'une vitesse incroyable, il l'atteint, la saisit, l'étrangle et se met aussitôt à lui sucer le sang. Le chasseur arrive alors, lui parle avec amitié, lui jette un morceau de viande, le flatte, le caresse, lui remet le bandeau et le replace en croupe ou sur la charrette, tandis que les domestiques enlèvent la Gazelle. »

GUÊPE (*Vespa*). Genre d'Hyménoptères de la famille des Diploptères, tribu des Porte-aiguillons, offrant pour caractères : antennes terminées en massue insensible, de 13 articles dans les mâles, de 12 dans les femelles : corps moins velu que celui des Abeilles ; ailes doublées dans le repos ; abdomen ovoïde joignant immédiatement le corselet, qui est quadrilatère ; couleur noire ou brune, mélangée de jaune. Ces insectes sont armés d'un aiguillon qui verse dans les piqûres qu'il a faites un liquide irritant, mortel sans doute pour les autres insectes, comme aussi pour l'homme lorsqu'il est assailli par plusieurs Guêpes à la fois.

Les Guêpes vivent en sociétés, composées de mâles, de femelles et de neutres ou femelles avortées. Elles construisent, toujours à l'abri de l'air, en terre ou dans quelque creux d'arbre, un nid composé d'une matière cartonneuse que les femelles et les neutres préparent en coupant et mâchant le vieux bois : une première enveloppe garantit les rayons qui sont horizontaux, avec un seul rang de cellules à ouverture dirigée en bas. Ces cellules ne contiennent point de provisions : elles reçoivent les œufs, logent les larves et les nymphes. Les premiers œufs pondus ne sont toujours que des neutres. Les larves sont apodes, nourries par les neutres des sucs qu'elles élaborent des fruits, ou des insectes qu'elles dévorent. Les nymphes, au moment de leur transformation, se filent une coque pour boucher la cellule. Mais quand arrivent les froids de l'hiver, les neutres arrachent de ces cellules et tuent toutes les larves et nymphes qui s'y trouvent, puis elles périssent bientôt elles-mêmes avec les mâles. Il n'échappe à la mort que quelques femelles fécondées qui renouvellent la société au printemps suivant.

GUÊPE COMMUNE (*V. vulgaris*). Elle est noire, avec plusieurs taches jaunes sur la tête, le corselet et l'écusson ; longueur, 20 millim. — Elle fait son nid en terre ; il est formé de rayons horizontaux liés ensemble par des piliers, le tout enveloppé par plusieurs couches de papier ou carton, se recouvrant les unes les autres à la manière des tuiles d'un toit. Ce nid n'a qu'un seul trou pour ouverture, mais à la surface du sol il a souvent plusieurs issues. Ces insectes forment à la fin de l'automne des sociétés parfois très nombreuses qui font beaucoup de tort aux fruits.

625. — Guêpe.

GUÊPE FRELON (*V. crabro*). Cette espèce, longue de 28 millimètres, est la plus grande de notre pays, et sa piqûre est très redoutable. C'est dans les greniers, les trous de murailles ou les trous des arbres qu'elle place son nid, qui n'a guère qu'un ou deux rangs de cellules, et qui est attaché par un pédicule recouvert comme d'un parapluie. Les sociétés en sont nombreuses (150 à 200 individus.

GUÊPIER (*Merops*). Nom d'un genre de Passereaux syndactyles, ayant le corps assez effilé, la tête arrondie, le cou court, le bec épais à sa base, allongé, aigu et non denté; couleurs ordinairement très gracieuses. — Oiseaux qui se tiennent dans les régions les plus chaudes de l'ancien continent, et qui vivent d'abeilles et de guêpes, d'où leur nom de *Guêpiers*. Ils construisent leur nid dans des trous qu'ils pratiquent sur les bords escarpés des fleuves ou au sommet de petits coteaux.

GUÊPIER D'EUROPE. Cette espèce, plus connue sous le nom de *Merops apiaster*, est longue de 30 cent.; elle a le front d'un blanc nuancé de verdâtre, l'occiput, la nuque et le haut du dos marron, le reste du dos d'un roux jaunâtre; bec noir; gorge d'un jaune d'or. Les couleurs sont plus ternes chez la femelle. — Ce Guêpier est le seul du genre qui appartienne à l'Europe, dont il ha-

620. — Guêpier commun.

bite les contrées méridionales. On l'observe aussi en Afrique. Il recherche les insectes ailés et les poursuit au vol. Le trou dans lequel il niche a ordinairement une grande profondeur et une direction oblique. L'entrée en est large, et son intérieur, matelassé de mousse, reçoit de 4 à 8 œufs blancs.

GUI (*Viscum*). Genre de plantes parasites de la famille des Loranthacées, ayant pour caractères spécifiques : fleurs d'un jaune verdâtre, petites, sessiles, par 2-3 dans les bifurcations supérieures des rameaux, ordinairement dioïques, les mâles à calice 4-fide, sans corolle, avec 4 étamines dont les anthères sont sessiles; les femelles à calice très court soudé avec l'ovaire, et à corolle de 4 pétales charnus. Le fruit est une baie blanche monosperme, qui contient une matière gluante destinée peut-être à favoriser l'espèce en fixant la graine tombante sur l'arbre porteur. Les tiges sont ligneuses, hautes d'un à deux pieds, divisées en rameaux très nombreux étalés en tous sens; feuilles opposées, lancéolées, dures, épaisses, entières.

Le GUI BLANC (*V. album*), car c'est de cette espèce spécialement que nous parlons, croît sur les poiriers, les pommiers, les noyers, peupliers, tilleuls, etc., plus rarement sur les châtaigniers, les noisetiers et les chênes, jamais sur les figuiers. Ses fleurs se montrent au printemps. Les anciens

Gaulois ont fait de cette plante singulière l'objet d'un véritable culte : tous les ans les prêtres druides, revêtus d'une robe blanche et armés d'une serpe d'or, la recueillaient sur le chêne, et cette cérémonie religieuse était accompagnée du sacrifice de deux taureaux blancs. Ils lui ont aussi prêté les propriétés médicales les plus merveilleuses; mais de tout cela il n'est resté que le souvenir des pratiques superstitieuses qui n'ont pas encore entièrement disparu.

« Plusieurs contrées de la France, dit un auteur, conservent encore quelques coutumes des anciennes cérémonies dans lesquelles le Gui jouait le rôle principal. Ainsi, dans le département de la Dordogne, les habitants de la campagne se visitent mutuellement aux premiers jours de l'année nouvelle, en s'offrant le *Guiliangnaud*; les fermiers vont le porter à leurs propriétaires. A Château-Landon et les villages environnants, département de Seine-et-Marne, les enfants cueillent une baguette de Coudrier ou de Saule; ils en détachent l'écorce à moitié, et la recoquillent légèrement de manière à simuler un feuillage; ils vont ensuite de porte en porte faire hommage de cette baguette qu'ils nomme *Guilanée*, en chantant en chœur une vieille chanson portant aussi le même nom, et en échange des souhaits qu'ils débitent, on leur donne des présents. En d'autres cantons, à Angers plus particulièrement, la *Gui-l'an-neuf* était une quête que les jeunes gens de l'un et l'autre sexe firent, jusqu'en 1595, dans les églises au milieu des extravagances les plus bouffonnes et les plus ridicules ; puis, jusqu'en 1668 hors des églises. Elle fut supprimée au dix-huitième siècle, étant devenue la cause de honteux désordres. Aux environs de Chartres, département de l'Eure-et-Loir, l'ancienne métropole des Druides, on nomme encore *Aiguilubs* les présents que les parents et les amis se font au jour de l'an. Dans le département de Loir-et-Cher, les enfants, les ouvriers et les domestiques disent à la même époque à leurs parents, à leurs maîtres, aux personnes qu'ils servent : *Salus à l'an neuf, donnez-moi ma gui l'an neuf.* Je ne poursuivrai pas plus loin ces rapprochements, on les trouve tous réunis dans mon Dictionnaire de l'agriculture nationale, qui n'a rien de semblable aux publications données sous ce titre depuis quelque temps, puisqu'elles ont pour bases les ouvrages anglais et qu'elles ne sont nullement appropriées aux terres et aux habitudes des cultivateurs français.

Ces traditions ne doivent point empêcher le cultivateur de mettre tout en œuvre pour détruire le Gui partout où il l'aperçoit. Je lui citerai pour exemple les habitants des villages qui bordent la Loire depuis l'embouchure du Loiret ; ils apportent le plus grand soin à enlever le Gui dès qu'ils

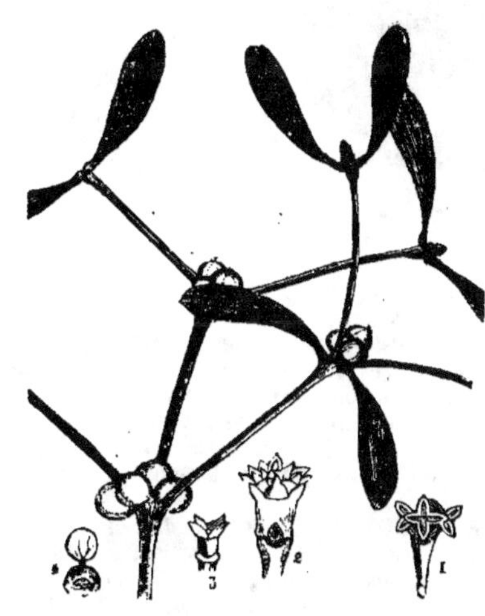

627. — Gui.

(1, bout de rameau portant 3 fleurs mâles sessiles ; — 2, autre rameau portant 3 fleurs femelles sessiles ; — 3, fleur femelle détachée, composée d'un ovaire couronné d'un calice 4 phylle, au centre duquel on distingue un stigmate immédiatement assis sur le sommet de l'ovaire ; — 4, graine mise à nu et dont une moitié du péricarpe est renversée.)

aperçoivent ses premières feuilles, et emploient à cet effet un instrument tranchant qu'ils promènent sur l'arbre sans l'endommager. »

Le Gui exerce une action tonique astringente sur l'économie ; on ne comprend pas ses propriétés antispasmodiques vantées par Colbatch et autres. Plusieurs oiseaux mangent ses baies, qui servent à préparer la glu.

GUIB (*Antilope scripta*). Espèce d'Antilope du sous-genre Addax, ayant le pelage fauve-marron, marqué de lignes sur les flancs, de taches de couleur blanche sur les cuisses ; front et chanfrein noirâtres, petit mufle ; pas de larmier ; cornes triangulaires, contournées par des arêtes en spirale dans le mâle seulement ; taille moyenne. — Cette espèce vit par troupes dans les plaines et les bois de la côte ouest de l'Afrique, et a été rapportée pour la première fois du Sénégal en Europe par Adanson.

Signalons ici une espèce voisine, dont nous avons omis l'histoire, le CONDOU (*Antilope strepsiceros*) ; son pelage est gris-brun, avec une crinière brune sur et sous le cou ; cornes longues ; taille du cerf commun, etc. — Ce ruminant habite la Cafrerie, où il vit par familles de 5 ou 6 individus, dans les prairies boisées, sur les bords des rivières. Il traverse les cours d'eau à la nage lorsqu'il est poursuivi. Il a la course rapide et le saut très agile. On l'apprivoise facilement.

GUILLEMOT (*Uria*). Genre d'Oiseaux de l'ordre des Palmipèdes, famille des Plongeurs, dont les caractères spécifiques sont : bec plus long ou plus court que la tête, droit, pointu, couvert de plumes veloutées à sa base ; ailes moyennes, étroites, aiguës ; queue courte ; tarses courts, grêles, réticulés ; ongles falciformes pointus. — Voir la gravure au mot *Palmipèdes*.

Les Guillemots habitent les mers septentrionales et ne s'approchent de nos côtes que l'hiver. Leur nourriture consiste en poissons, insectes et petits coquillages. Ils ne viennent à terre que pour la ponte, ou lorsque le mauvais temps les force à y chercher un abri. Ils marchent et volent même avec difficulté, n'arrivant au haut des rochers ou des lieux escarpés, où ils placent leur nid, qu'en sautillant pour ainsi dire de pointe en pointe et en voltigeant. — Ces oiseaux forment deux sections : la première a pour caractère le bec plus long que la tête, et comprend :

Le GUILLEMOT TROILE (V. *troïle*), *Guillemot* de Buffon, dont la longueur est de 40 à 45 cent., il a la tête, le bec, le cou, la gorge et le croupion noirs, le reste du corps blanc. Il est assez commun en hiver le long des côtes maritimes de Hollande et de France. — Le G. GRYLLE (*U. grylle*), quoique plus rare que le précédent, se rencontre encore sur nos côtes de l'Océan et de la Manche. — Le G. DE FRANCE, d'une taille plus grande, ne s'éloigne guère des parages les plus septentrionaux.

La deuxième section, qui a le bec plus court que la tête, ne renferme qu'une seule espèce, le PETIT GUILLEMOT (*U. minor*) qui, long de 43 cent., se reconnaît à son corps en partie noir, avec la poitrine et toutes les parties postérieures blanches. — Cet oiseau se trouve en Europe et en Amérique, mais il ne se voit qu'accidentellement sous notre latitude.

GUIMAUVE (*Althœa*). Genre de Plantes de la famille des Malvacées, annuelles ou vivaces, velues ou tomenteuses, à feuilles palmatilobées; à fleurs purpurines ou roses, striées, solitaires ou fasciculées et axillaires; calice à 5 divisions, muni

Fig. 628 et 629. — Guillemot (mâle et femelle).

d'un calicule à 6-9 folioles; fruit déprimé orbiculé, composé de carpelles nombreux, verticillés autour du prolongement de l'axe.

GUIMAUVE OFFICINALE (*A. officinalis*). Plante vivace; tiges de 6-12 décim., dressées, pubescentes; feuilles mollement tomenteuses blanchâtres; fleurs d'un rose pâle, fasciculées à l'aisselle des feuilles et rapprochées au sommet des tiges et rameaux : calice double, l'externe à 9 divisions étroites; 5 pétales subcordiformes ; étamines monadelphes, au milieu desquelles se trouve un pinceau de stigmates sétacés au haut du pistil qui est court (fig. 628 et 629). Dans la Mauve le calice est à 3 folioles libres.

La Guimauve est très commune dans les champs, les lieux un peu humides et bas, le long des ruisseaux ; elle fleurit en juin-août. On la cultive en grand pour les usages de la médecine; en effet, c'est une plante riche en mucilage, qui peut être considérée comme le type des émollients. Son emploi est populaire dans toutes les inflammations internes et externes. Les fleurs sont employées en infusion pour tisane; les racines pour lotions et lavements. On peut retirer des tiges une filasse susceptible d'être filée.

On cultive dans tous les jardins, l'ALCÉE-PASSE ROSE, vulg. *Rose trémière*, *Bâton de St-Jacques*, qui se distingue à ses tiges de 1-2 mètres, robustes, dressées, velues; à ses fleurs très amples rouges, jaunes ou blanches, quelquefois pourpres ou panachées, disposées en une grappe terminale. — La *Guimauve royale* (*hibiscus Syriacus*) est aussi cultivée dans les jardins, bosquets, etc.

GUIRA-PUNGA. Espèce d'Oiseau du genre Averano (*Casmarynchos*), lequel appartient aux Passereaux, avoisine les Cotingas, et offre pour caractères: bec faible très déprimé, mou et flexible à sa base, corné à la pointe; tarses plus longs que les doigts du milieu, etc. — Oiseaux de l'Amérique méridionale, qui, pendant la saison des amours, font retentir les forêts de cris sonores, imitant le bruit du marteau sur l'enclume ou le tintement d'une cloche.

L'espèce que nous représentons (fig. 630) est l'AVERANO GUIRA PUNGA, l'*Averano* de Buffon. Il a la tête rousse, les ailes noires et le reste du corps d'un gris blanchâtre. La gorge est nue et garnie d'un grand nombre de caroncules aplaties, d'une teinte bleuâtre et susceptibles de prendre du rouge lorsque l'oiseau est animé de quelque passion.

GUSTATION. Sens auquel l'animal doit la notion des saveurs, ou au moyen duquel il goûte. Étudions ce sens, d'abord dans l'espèce humaine, ensuite dans la série zoologique, sous le titre de *Gustation comparée*.

Fig. 630. — Guimauve.

(Sommité fleurie; — à droite, tube staminifère; — à gauche, pistil et racine.

GUSTATION CHEZ L'HOMME. Le sens du goût offre à considérer : l'appareil de la gustation; la saveur qui l'impressionne; le mécanisme de la fonction.

Appareil de la gustation. Cet appareil est assez simple; car on peut dire qu'il est représenté par la langue. Toutefois, d'autres surfaces peuvent transmettre les impressions gustatives, qui n'impressionnent pas, en outre, toutes les parties de la langue. Quoi qu'il en soit, on distingue dans l'organe spécial de la gustation la langue et le nerf sensible aux saveurs.

La *langue* est une sorte de muscle ovale allongé, épais, mobile dans la bouche, où il est libre en avant et sur les côtés, qui se fixe en arrière à l'os hyoïde, lequel est situé entre cet organe et le larynx, servant de point d'attache aux muscles de la région. La langue est un muscle multiple, pour mieux dire, car elle doit sa forme et ses mouvements qui s'opèrent dans tous les sens, au *muscle hyoglosse*, au muscle *génioglosse*, à l'*hyoglosse* et au *lingual*; ce dernier muscle constitue la partie centrale et propre de l'organe. La langue est recouverte d'une membrane muqueuse, pourvue de papilles nombreuses, de formes différentes à sa pointe et à sa base. Ces papilles sont fines, *filiformes* à la pointe, plus volumineuses et *coniques* sur le dos de l'organe; *caliciformes* en arrière, c'est-à-dire qu'elles sont constituées là par une papille disposée en forme de couronne, du

milieu de laquelle surgit une papille plus grosse.

Le nerf qui perçoit la sensation gustative est le *lingual*, branche du maxillaire inférieur (V. *nerfs*); ce nerf s'épanouit dans l'épaisseur de la langue en un grand nombre de filets tortueux, qui vont se terminer aux papilles linguales. Outre ces filaments nerveux, la langue reçoit le nerf *glossopharyngien*, qui préside, non plus à la sensibilité spéciale, mais à la sensibilité générale; l'*hypoglosse*, qui est chargé de communiquer le mouvement à l'organe; enfin des filets du *grand sympathique*, qui ont pour but de présider aux phénomènes de sécrétion et de nutrition.

Des Saveurs. Physiologiquement parlant, la saveur est une sensation qui résulte de l'action des corps sapides sur l'organe du goût; on dit que la saveur est une qualité inhérente à ces corps eux-mêmes. La sapidité des corps se lie à leur solubilité, et l'on peut dire que n'étant autre chose que leurs molécules à l'état de solution, le modificateur du sens en question est quelque chose de matériel, de chimique, bien différent de la lumière, du calorique, de l'électricité, qui sont aussi des modificateurs de la vue et du toucher. Quant à la division des saveurs, elle ne nous offre aucun intérêt.

Fig. 631. — Guimauve-Althée.

Mécanisme de la gustation. La substance sapide introduite dans la bouche, broyée préalablement par les dents si elle est solide, est porté sur la surface sensible de la langue, où son action est favorisée par l'intervention de la salive et de l'humeur folliculeuse qui lubrifie les parois buccales, et qui ont pour effet de dissoudre le principe même de la saveur et d'en imprégner toutes les surfaces papillaires. La langue est bien l'organe principal de la sensation, et c'est bien le nerf lingual qui la perçoit, puisque si l'on coupe ce nerf sur un animal, le goût est aboli presque entièrement; cependant il est certain que d'autres parties, telles que les glandes salivaires, les follicules muqueux, les dents, les joues et les lèvres, lui prêtent leur concours plus ou moins actif. Et remarquons que c'est surtout dans l'arrière-bouche que les impressions se font le plus sentir, condition favorable à l'entretien de la vie, puisqu'elle nous fait un plaisir d'avaler, tandis que si les jouissances du goût eussent été placées dans la bouche, nous aurions pu manger sans cesse en rejetant toujours ce que nous venions de manger. Non-seulement l'intégrité de la muqueuse buccale est nécessaire à la perfection du goût, mais encore celle de l'odorat, car nous savons tous que quand nous sommes pris de corysa, nous ne percevons que très imparfaitement les saveurs.

Fig. 632. — Guira Punga.

GUSTATION COMPARÉE. « Le sens du goût est beaucoup moins développé chez les animaux que chez l'homme. Ce n'est pas la gustation, mais l'odorat qui les guide dans le choix des aliments, car ce choix précède la préhension de l'aliment. L'incertitude qui existe encore sur le siége précis du sens du goût chez l'homme, est plus grande encore à mesure qu'on descend dans la série animale. Il est vraisemblable que la partie supérieure des voies digestives (pharynx), qui partage chez l'homme, avec la base de la langue, la propriété de transmettre les impressions du goût, préside seule à cette sensation chez la plupart des espèces animales où la langue fait défaut, ou bien chez ceux où cet organe, transformé en appareil de préhension, est corné ou armé d'appendices en forme de dents. »

Mammifères. La langue des Mammifères ressemble en général à celle de l'Homme: comme celui-ci le Chien a la langue couverte de papilles molles et nombreuses; mais les Carnassiers et les grands Ruminants qui présentent des papilles renfermées dans un étui corné ne doivent pas avoir le sens du goût très développé : les premiers, quand ils lèchent leur proie, tendent à en faire sortir le sang au moyen des rugosités de leur langue; les seconds ont plus de facilité à fixer leur langue sur la touffe d'herbe qu'ils veulent saisir. Il est des mammifères, tels que les Fourmiliers, les Echidnés, les Cétacés, etc., qui ont la langue à peu près dépourvue de papilles.

Oiseaux. Leur langue est généralement dure et demi-cartilagineuse, surtout du côté de la pointe; aussi chez eux le sens du goût est-il obtus : ils avalent leur nourriture sans la mâcher pour ainsi dire. Ceci s'applique principalement aux Granivores; quant aux Oiseaux de proie, qui vivent de chair, ils ont la langue plus charnue.

Reptiles. Quelques-uns ont une langue épaisse et charnue; mais elle est plus souvent mince, protractile, et constitue principalement un organe de préhension destiné à saisir les insectes. Ces animaux doivent avoir le goût un peu plus développé que les oiseaux.

Poissons. Leur langue est rudimentaire, à peine mobile, ou nulle, et l'on peut dire que chez eux le sens du goût est à son *minimum*.

Chez les *Invertébrés*, il n'y a plus rien qui ressemble à la langue : si la notion des saveurs existe, elle a son siège dans la bouche, les suçoirs ou les trompes.

GUTTIER (*Garcinia*). Genre de la famille des Guttifères : arbres à feuilles opposées, coriaces, brillantes, à fleurs terminales axillaires ; — cultivés aux Indes orientales, à Ceylan et dans plusieurs pays de l'Asie.

Fig. 133. — Guttier.

Sommité de rameau portant fleurs et fruit. — Les figures détachées sont : fruit coupé en travers, au-dessous la graine entière; en bas et à droite, la graine coupée circulairement pour faire voir l'amande.)

GUTTIER GOMMIER (*G. cambogia* ou *Cambogia gutta*, de Linné), ou simplement *Gutte*. Arbre fort élevé et très gros, dont le bois est blanc, l'écorce noirâtre en dehors, rouge en dessous; feuilles pétiolées, opposées, glabres, entières, d'un vert brun et luisantes; fleurs d'un blanc jaunâtre, terminales, à pédoncules très courts ; calice à 4 découpures concaves; corolle à 4 pétales concaves arrondis, étamines courtes et nombreuses; ovaire supère; baie globuleuse, de la grosseur d'une orange, marquée de 8 côtes.

Cet arbre croît dans les Indes orientales. Le suc gommo-résineux qui découle par incision des feuilles, des branches et du tronc, est connu sous le nom de *Gomme-gutte*. C'est une substance solide, friable, à cassure luisante, d'une couleur jaune, foncée à l'extérieur, rougeâtre intérieurement, formant avec l'eau une émulsion d'une magnifique couleur jaune, et dont le principal usage, en raison de cette propriété, est de servir à la peinture à l'eau. On distingue celle *en bâtons*, qui vient de Siam et de Cambodje, et celle *en gâteaux*, qui est en masses informes et moins pure. Ajoutons toutefois que la *vraie Gomme-gutte* n'est pas fournie par le *Garcinia* dont nous venons de faire l'histoire, comme on l'a cru pendant fort longtemps, mais par l'*Hebradendron cambogioïdes*, qui est un genre très voisin. — En médecine, la Gomme-gutte est un purgatif drastique que l'on administre à la dose de 5 à 10 cent., et qui entre dans les pilules hydragogues de Bontius et de beaucoup d'autres préparations officinales.

Le fruit du Guttier se mange. Cet arbre n'est cultivé dans aucun jardin botanique.

GUTTIFÈRES (de *gutta*, goutte, gomme découlant par gouttes). Famille de Plantes dicotylédones, renfermant des arbres ou des arbrisseaux élégants et originaires des pays chauds, qui fournissent un suc résineux analogue à la Gomme-gutte, lequel en découle au moyen d'incisions faites à leurs diverses parties. — Trois tribus : les CLUSIÉES, les GARCINIÉES et les CALOPHYLLÉES.

GYMNÈTRE (*Gymnetrus*). Genre de Poissons acanthoptérygiens, de la famille des Tænioïdes, caractérisé ainsi : corps allongé et comprimé ; nageoire dorsale régnant tout le long du dos, et dont les rayons antérieurs, en se prolongeant, forment une sorte d'aigrette sur la tête ; nageoire caudale s'élevant verticalement au-dessus de la queue, laquelle se termine en crochet; absence d'anale. — Les espèces, peu nombreuses, sont toutes très allongées, très aplaties par les côtés et d'une couleur argentée. Leur chair est muqueuse et se décompose promptement.

Le GYMNÈTRE FAULX (*G. falx*) est long de 45 cent., argenté, avec les nageoires rouges. On le trouve dans la Méditerranée. — Le G. ÉPÉE (*G. gladius*) atteint jusqu'à 2 m. 50 cent.; corps semé de mouchetures chatoyantes; ventrale réduite à un seul rayon. Quand on le saisit, ce poisson se rompt quelquefois par les efforts qu'il fait pour s'échapper. — Méditerranée.

GYMNOCORVE (*Gymnocorvus*). Genre très voisin des Corbeaux, ne reposant que sur une seule espèce, découverte à la Nouvelle-Guinée par Lesson, présentant la tête, le cou et le haut de la poitrine d'un blanc sale, le bec blanc, les tarses d'un blanc jaunâtre pâle. Longueur totale, 52 centimètres.

GYMNODONTES du gr. *gumnos*, nu; *gnathos*,

mâchoire). Famille de Poissons de l'ordre des Plectognathes, ayant pour caractères : mâchoires garnies d'une substance d'ivoire, au lieu de dents apparentes, laquelle substance est divisée intérieurement en lames dont l'ensemble présente comme un bec de perroquet, et qui, pour les parties principales, se compose de véritables dents réunies, se succédant à mesure qu'il y en a d'usées par l'effet de la trituration ; opercules petits , 5 rayons de chaque coté tous très cachés. — Ces poissons ont des formes très singulières. Ils vivent de crustacés et de matières végétales, telles que fucus. Leur chair est généralement muqueuse et peu estimée.

Cette famille comprend plusieurs genres, dont les principaux sont les *Diodons* et les *Tétrodons*, vulg. nommés *Orbes ou Boursoufflus*, parce qu'ils peuvent se gonfler comme des ballons en avalant de l'air et en remplissant de ce liquide leur estomac. Ainsi gonflés, ils culbutent : leur ventre alors prend le dessus, et ils flottent à la surface de l'eau sans pouvoir se diriger. Mais c'est pour eux un moyen de défense, parce que les épines qui garnissent leur peau se relèvent ainsi de toutes parts.

GYMNOTE (*Gymnotus*). Ce nom, qui se compose des deux mots grecs (*gumnos*, nu, et *notos*, dos),

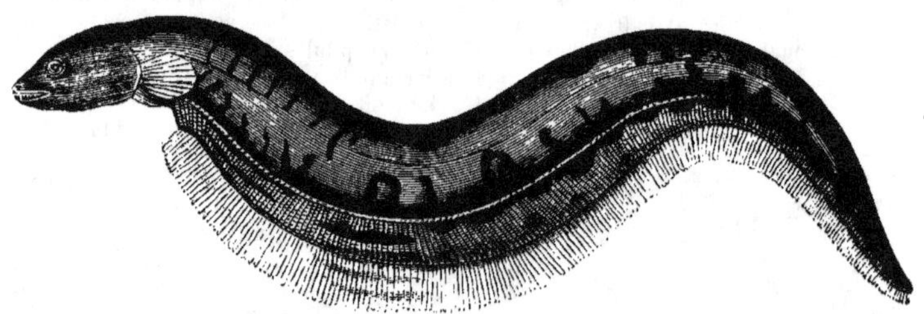

Fig. 631. — Gymnote électrique.

s'applique à un genre de Poissons malacoptérygiens apodes, formant une tribu à part, caractérisée par le manque de nageoire dorsale , et l'absence de nageoire au bout de la queue , sous laquelle s'étend l'anale.—Cuvier a ainsi subdivisé ce genre : *Gymnotes vraies, Carapes, Donzelles et Equilles.*

Les Gymnotes vraies ont le corps très allongé, cylindrique, serpentiforme, dépourvu d'écailles sensibles; l'ouverture des ouïes est en partie fermée par une membrane, qui ne laisse qu'un trou ou tuyau, ce qui abrite mieux les branchies et permet à ces poissons de demeurer quelque temps hors de l'eau sans périr. Leur estomac est en forme de sac court, très plissé en dedans; les intestins sont pliés plusieurs fois, avec cœcums nombreux, etc.—Ces poissons vivent dans les eaux douces de l'Amérique du Sud. Ils peuvent atteindre une grande taille. Il est une espèce célèbre, dont nous donnons le portrait et l'histoire :

GYMNOTE ÉLECTRIQUE (*G. electricus*), ou *Anguille électrique*, à cause de sa forme et de ses singulières particularités physiques. Corps très allongé, couvert, ainsi que la tête, de pores qui laissent suinter une matière visqueuse sur la peau ; museau arrondi, mâchoire inférieure un peu plus avancée que la supérieure , couleur générale noirâtre , relevée par quelques raies étroites et longitudinales d'une teinte plus foncée que le fond. Longueur jusqu'à 2 mètres.

La Gymnote est un poisson d'eau douce, propre au Nouveau-Monde; elle se meut assez vivement et par des ondulations successives de son corps, à la manière des serpents. Son mode de reproduction est peu connu : on sait seulement qu'elle est vivipare (éclosion des œufs dans le ventre de la femelle) et que le développement des individus est très lent.

La Gymnote, avons-nous dit, offre une singulière particularité physique : nous voulons parler de son action électrique et des commotions qu'elle produit. « L'organe producteur de ce singulier phénomène règne tout le long du dessous de la queue, dont il occupe près de la moitié de l'épaisseur; divisé en quatre faisceaux longitudinaux, deux grands en dessus, deux plus petits en dessous et contre la base de la nageoire anale; chaque faisceau est composé d'un grand nombre de lames membraneuses parallèles , très rapprochées entre elles, et à peu près horizontales , aboutissant d'une part à la peau, de l'autre au plan vertical moyen du poisson ; unies enfin l'une à l'autre par une infinité de petites lames verticales et dirigées transversalement. Les petits canaux prismatiques et transversaux, interceptés par ces deux ordres de lames, sont remplis d'une matière gélatineuse, et tout l'appareil reçoit proportionnellement beaucoup de nerfs. » La Gymnote est douée d'une puissance redoutable, qu'elle déploie soit pour étourdir, immoler sa proie, soit pour repousser ses ennemis ; elle frappe à grands coups de sa queue, et répand autour d'elle la mort ou la stupeur. Si on la touche avec une seule main, on n'éprouve qu'une commotion très faible ou nulle, mais la secousse est très prononcée lorsqu'on applique les deux mains sur le poisson et qu'elles sont séparées l'une de l'autre par une distance assez grande.

De Humboldt, racontant comment les indigènes se servent des chevaux pour prendre des Anguilles électriques, dit : « ..... La troupe de chevaux et de mulets arriva ; les Indiens en avaient fait une sorte de battue, et en les serrant de tous côtés, on les força d'entrer dans la mare. Les Indiens, munis de joncs très longs et de harpons, se **placent** autour du bassin : quelques-uns d'entre eux montent sur les arbres, dont les branches s'élèvent au-dessus de la surface de l'eau : tous empêchent, par leurs cris et la longueur de leur jonc, que les chevaux n'atteignent le rivage. Les Anguilles, étourdies du bruit des chevaux, se défendent par la décharge réitérée de leurs batteries électriques. Pendant longtemps elles ont l'air de remporter la victoire sur les chevaux et les mulets : partout on en vit de ces derniers qui, étourdis par la fréquence et la force des coups électriques, disparurent sous l'eau ; quelques chevaux se re-

levèrent, et malgré la vigilance active des Indiens, gagnèrent le rivage excédés de fatigue, et les membres engourdis par la force des commotions électriques : ils s'y étendirent par terre tout de leur long. »

Il paraît toutefois qu'il n'y a de redoutable que le premier assaut des Gymnotes, dont la puissance électrique s'épuise bientôt et demande, pour qu'elle puisse se renouveler, du repos et une nourriture abondante. Dans cette lutte, ces poissons, eux-mêmes épuisés de fatigue, fuient vers le rivage et se laissent prendre avec facilité. On a assuré qu'en les serrant très fortement sur le dos, on leur ôtait le libre exercice de leurs organes électriques. Cependant après leur mort, pendant un temps assez long, il est impossible de les toucher sans éprouver des secousses désagréables.

GYNANDRIE (du gr. *gyné*, femme ; *aner*, homme). Classe du système sexuel de Linné, comprenant les Végétaux dans lesquels les étamines et les pistils, soudés ensemble, ne forment qu'un seul et même corps. Tels sont les *Ophrys.* — V. *Classification végétale.*

GYPAÈTE (*Gypaetus*). Genre d'Oiseaux de

l'ordre des Rapaces, famille des Diurnes, intermédiaires aux Vautours et aux Faucons, et dont les caractères génériques sont : bec fort, long ; mandibule supérieure exhaussée vers la pointe, qui est courbée en crochet ; bouquet de poils formant barbe à la mandibule inférieure ; pieds courts : 4 doigts dont les 3 antérieurs réunis en avant par une courte membrane, celui du milieu

très long ; ongles faiblement crochus ; ailes longues, etc. — Une seule espèce.

GYPAÈTE BARBU (*G. barbatus*), vulg. *Vautour des Agneaux, Griffon.* — Ce Rapace, dont nous venons d'indiquer les caractères principaux, est célèbre par sa force et son audace. Sa taille est de 1 m. 40 à 1 m. 20. Il habite en Europe les grandes chaînes des montagnes ; on le voit aussi en Afrique. Ses habitudes sont celles des Aigles véritables ; il ne se nourrit que de proie vivante, attaquant avec une hardiesse étonnante chamois, bouquetins, jeunes cerfs, veaux, agneaux, et même, dit-on, les enfants, et lorsque la faim le presse, ne dédaignant point de se rabattre sur les charognes. C'est sur les rochers les plus écartés que les Gypaètes établissent leur nid, où la femelle pond deux œufs à surface rude, blancs et marqués de taches brunes. Les jeunes ont, pendant les deux premières années, la tête et le cou d'un brun noir, le dessous du corps gris, avec taches d'un blanc sale, manteau et ailes noirs.

On distingue plusieurs variétés, qui se rapporteraient, suivant quelques ornithologistes, à quatre espèces ou races. Tout au plus si elles en forment deux, qui seraient le *Gypaète barbu* et le *G. à pieds nus ;* cette dernière se distinguant par un bec plus court et plus renflé à la pointe.

GYPSE (du gr. *gypsos*, plâtre ; dérivé de *gé*, terre ; *epsô*, cuire). Sorte de roche dans laquelle domine le sulfate de chaux. Le Gypse pèse 2,30 . Il se laisse rayer par l'ongle, et déclive souvent en lames aussi minces que le mica. Il contient presque toujours une petite quantité de calcaire, qui lui donne une grande solidité dans les constructions, celui de Montmartre, par exemple. Cette roche est très répandue dans l'écorce terrestre, où elle se présente en couches, en amas, en filons, en veines et en cristaux isolés. On la rencontre dans presque tous les terrains neptuniens, et principalement dans les terrains, tertiaires triasiques ; elle est encore maintenant déposée par plusieurs sources, celles de terrains salifères, par exemple, comme les eaux salines de Lons-le-Saulnier, qui forment une incrustation cristalline de Gypse sur les épines à travers lesquelles on les fait passer, pour augmenter leur concentration.

Il y a un grand nombre de variétés de **Gypse**. La plus importante et la plus précieuse **pour** l'industrie est le *G. grossier*, dans lequel la chaux carbonatée est mélangée avec le sulfate, et qui est plus communément connu sous le nom de *Pierre à plâtre*. Lorsque le Gypse est compacte et grenu, il prend le nom d'*Albâtre gypseux*. Le plâtre, qui n'est que le Gypse calciné et devenu anhydre, s'emploie pour constructions, et en poudre comme engrais pour augmenter la pousse des plantes fourragères, sans qu'on sache précisément comment il agit pour produire ce résultat. Mélangé avec de la colle de peau, le plâtre forme une pâte

connue sous le nom de *Stuc*, composition susceptible de prendre le poli du marbre, et qui acquiert en séchant une grande dureté.

GYRIN (*Gyrinus*). Genre de Coléoptères pentamères de la famille des Carnassiers : antennes plus courtes que la tête, en massue ; les 4 pieds postérieurs courts, très comprimés, les antérieurs très allongés et repliés sur eux-mêmes ; corps ovale, un peu bombé, très luisant en dessus ; tête enfoncée jusqu'aux yeux dans le corselet, qui est court, transversal.

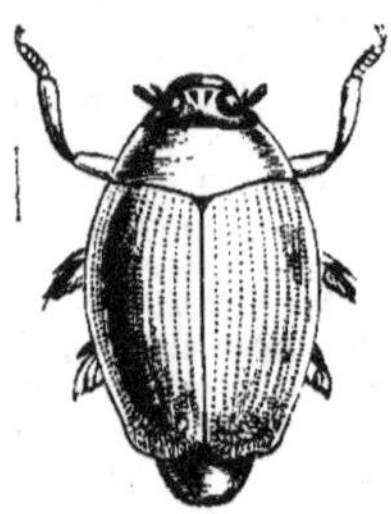

Fig. 6 6. — Gyrin (très grossi).

Les Gyrins se tiennent habituellement à la surface de l'eau, où ils font des tours et circuits continuels et avec une grande vivacité : de là leurs noms vulgaires de *Tourniquets, Puces aquatiques*. Le mot gyrin lui-même signifie tourner. Ces insectes paraissent sur l'eau comme un point lumineux à cause de leur corps très poli, et qui n'est jamais mouillé. Quand ils plongent, un globule d'air reste attaché à leur abdomen. Ils s'accouplent à la surface de l'eau, et quelquefois attachés sous l'eau aux plantes aquatiques. Les femelles pondent des œufs oblongs qu'elles attachent aux plantes submergées. La larve qui en sort est vermiculaire, munie de deux fortes mandibules ; parvenues à tout leur développement, elles sortent de l'eau et forment une petite coque presque semblable à du papier gris qu'elles collent le long des plantes ; l'insecte en sort et se rend de suite à l'eau.

Le GYRIN NAGEUR (*G. natator*) est très commun en France : il est long de 6 millim., vert bronzé en dessus, noir en dessous, et a les pattes fauves.

H

HÆMANTHE (*Hæmanthus*). Genre de Plantes bulbeuses, de la famille des Amaryllidacées, dont on compte une vingtaine d'espèces, la plupart fort belles ; leur nom, qui signifie en grec *fleur de sang*, provient de la couleur vive de la spathe, des fleurs et même souvent de la hampe. — Originaires du Cap, beaucoup sont cultivées dans nos jardins.

Les principales sont : l'H. ÉCARLATE, ou *Tulipe du Cap*, à bulbe gros, hampe parsemée de taches purpurines, périanthe d'un rouge écarlate le plus vif : feuilles ne paraissant qu'après la floraison : — l'H. POURPRE, espèce voisine ; — l'H. A FLEURS BLANCHES, etc.

HÆMATOXYLE. — V. *Campêche*.

HALEINE. Air qui sort des poumons pendant l'expiration. — V. *Respiration*. — C'est de l'air privé d'une partie de son oxygène, lequel a été remplacé par un volume égal d'acide carbonique, avec de la vapeur d'eau et tenant en dissolution des vapeurs organiques. Dans l'état de santé parfaite et quand la bouche est soignée, l'haleine est douce, presque inodore, sauf dans les circonstances que voici : les progrès de l'âge ; la putréfaction des résidus alimentaires interposés aux dents, laquelle rend acides la muqueuse buccale et son mucus ; l'abus des boissons alcooliques, des aliments fortement assaisonnés, etc. Lorsque la mauvaise odeur a sa cause dans la bouche ou les fosses nasales, on conçoit que l'air expiré, indépendamment de son odeur propre, s'en imprègne et l'entraîne au dehors, comme dans les cas de carie dentaire, d'ozène, etc. Mais l'haleine rappelle-t-elle les substances ingérées dans l'estomac, comme l'alcool, l'ail, etc., elle doit nécessairement sa puanteur à l'absorption de ces substances : dans ce cas, en effet, les principes odorants renfermés dans le tube digestif passent dans la circulation et se dirigent vers la plus large porte ouverte à leur excrétion, qui est la *transpiration pulmonaire*, attendu qu'ils ne peuvent rétrograder par l'ouverture cardiaque de l'estomac, qui est trop bien fermée pour cela, et qu'ils sont forcément absorbés dans le travail de la chymification.

L'haleine est naturellement, physiologiquement, plus ou moins douce, forte, fade ou désagréable, selon les personnes, ce qui est dû à l'état particulier de la substance organique entraînée par la vapeur d'eau : c'est pour cela que l'haleine de chaque animal porte en elle l'odeur spéciale qu'exhale la surface du corps.

HALÉSIE (*Halesia*). Genre d'Arbrisseaux de la famille des Styracinées, propres à l'Amérique, à feuilles simples, alternes, ou à fleurs axillaires blanches. Ces fleurs sont formées d'un calice à 4 dents, et d'une corolle campaniforme quadrilobée, avec 12-16 étamines. Le fruit est une noix ailée à 4 loges monospermes.

L'HALÉSIE A 4 AILES figure agréablement parmi les arbustes de nos bosquets. — L'H. A 2 AILES nous vient de la Pensylvanie ; ses feuilles sont plus ovales, et son fruit n'a que deux ailes.

HALICTE (*Halictus*). Genre d'Hyménoptères, de la famille des Mellifères, insectes de petite taille, dont les mâles sont de forme cylindrique très allongée, avec les antennes droites, légèrement recourbées à leur extrémité : les femelles ont la tête plus large, les antennes coudées vers le milieu, l'abdomen plus ovoïde, légèrement déprimé. — Plusieurs espèces, propres à notre pays : Walckenaër a fait une étude suivie des deux suivantes :

HALICTE MINEUR (*H. ecaphosas*). Insecte long de 14 millim. : le mâle est noir, avec un duvet fauve pâle : la femelle noire, avec un duvet grisâtre. — Il construit son nid dans les terrains sablonneux. Plusieurs s'associent pour ce travail énorme ; car une galerie oblique arrive, par un brusque détour, dans une excavation située à environ 10 centimètres de profondeur. Le même nid contient souvent plusieurs conduits, et, quoique réunies dans une espèce de communauté de logement, chaque femelle travaille isolément pour la postérité. Ce nid est composé de cellules en terre, ayant un peu la forme d'une cornue renversée : et, ne remplissant pas la grande excavation, il laisse entre sa voûte et lui un intervalle coupé par d'innombrables piliers dont l'ensemble présente un labyrinthe inextricable. Chaque cellule reçoit la pâtée ciromielleuse qui doit nourrir la larve, puis elle est bouchée. — Cette larve est apode, et se change en nymphe sans filer de coque.

HALICTE PERCEUR (*H. terebrator*). Cette espèce est beaucoup plus petite. Elle établit son nid, auquel plusieurs femelles travaillent, dans les allées de jardin et dans les endroits où la terre offre beaucoup de consistance. Leurs nids diffèrent de ceux des *Écaphoses* ; un même trou bien poli, bien lisse, sert de conduit à plusieurs habitations et, comme il est juste la mesure des insectes qui doivent y passer, on voit toujours ceux-ci sortir plusieurs de suite, et ne rentrer de même à la suite que quand tous sont sortis. Ce passage n'est qu'un vestibule commun qui mène à des habitations particulières.

HALIOTIDE (*Haliotis*), vulg. *Oreille de mer*. Genre de Mollusques de la classe des Gastéropo-des scutibranches, caractérisés par : corps ovalaire, très déprimé, pourvu d'un large pied doublement frangé; tête large et déprimée; manteau fort mince, fendu au côté gauche; coquille nacrée recouvrante, très déprimée, à spire très petite, à ouverture aussi grande qu'elle, dont les bords sont minces et tranchants, avec une série de trous parallèles au côté gauche, servant de passage aux deux lobes pointus du manteau qui forment une

Fig. 637. — Haliotide.

sorte de canal pour conduire l'eau dans la cavité branchiale située à gauche. — Ces animaux marins vivent attachés aux rochers, et y acquièrent parfois de grandes dimensions. Ils sont quelquefois en si grande abondance, que le commerce en fait charger des navires pour en répandre la nacre.

L'HALIOTIDE COMMUNE (*H. tuberculata*), vulg. *Oreille de mer*, a une coquille ovale, nacrée, déprimée, verdâtre ou jaunâtre, assez grande, présentant 5 trous, rarement 8. Elle n'est pas rare sur certaines parties de nos côtes.

L'HALIOTIDE MAGNIFIQUE (*H. pulcherrima*) est plus rare, petite, ovale, arrondie, très jolie, d'un jaune orangé, blanchâtre à son sommet. — Elle nous vient de la rade de Saint-Georges. Sa nacre présente les nuances les plus brillantes. — L'*H. géante* est l'espèce la plus grande de toutes; elle vient des côtes de la Nouvelle-Hollande.

HALYS. Punaise des bois. — V. *Punaise*.

HAMADRYAS (*Cynocephalus hamadryas*). Espèce de Singe du genre Cynocéphale, division des Babouins, présentant comme caractères spécifiques : face couleur de chair; crinière ou camail couvrant le dos, les flancs et les côtés de la tête ; pelage gris verdâtre ; mais les parties postérieures sont plus pâles que les antérieures, et les bras sont presque noirs; un sillon très marqué sépare en dessus les narines, qui, par là, ressemblent plus à celles du Babouin qu'à celles du Papion.

L'Hamadryas, encore connu sous le nom de Tartarin, et décrit par Buffon sous ceux de Lowando et de *Singe de Moco*, habite l'Abyssinie, le Sennar et l'Arabie. Il est d'un naturel très méchant. Cette espèce vit en petites troupes, carac-

Fig. 638. — Hamadryas.

tère qui paraît être commun à tous les Singes. Chez la femelle, paraît-il, la teinte verdâtre l'emporte sur la grise, et il y a là une exception à cette règle assez générale, que les femelles des Cynocéphales ne diffèrent point des mâles par la couleur.

HAMÉLIE (*Hamelia*). Genre de Rubiacées, arbrisseaux de l'Amérique tropicale, dont une partie est cultivée dans nos jardins. — La principale espèce est l'**H. A FEUILLES VELUES** (*H. pateus*), vulg. *Mort aux rats*, arbrisseau de 3 mètres de hauteur, dont les fleurs sont velues, rouges, en grappe, et donnent naissance à une baie noire.

HAMPE. Tige des plantes monocotylédones ; elle ne porte point de feuilles : exemples, les Jacinthes, la plupart des Liliacées, etc. — V. *Tige*.

HAMSTER (*Cricetus*). Genre de Rongeurs, type d'une famille peu nombreuse, les Cricétidées, très rapprochée des Rats ou Muriens, mais s'en éloignant par des abajoues extérieures assez développées. La tête est grosse, les yeux médiocres, les oreilles ovales ou rondes : membres assez courts, pieds de devant à 4 doigts, avec un tubercule à la place du pouce ; pieds de derrière à 5 doigts ; ongles assez forts ; pelage assez grossier.

Les Hamsters habitent l'Europe et l'Asie ; on en a signalé en Afrique et en Amérique, qui sont moins connus. Ce sont des Rongeurs fouisseurs, qui se creusent des terriers profonds et qui se nourrissent de racines et de graines dont ils font d'amples provisions dans leurs retraites, transportant ces substances au moyen des abajoues dont leur bouche est pourvue. L'estomac de ces animaux est partagé en deux poches, comme celui des Campagnols et de quelques autres Rongeurs ; mais ses parois intérieures sont garnies de plis

Fig. 639 — Hamster.

frangés, ce qui n'existe pas chez ces derniers.

HAMSTER COMMUN (*C. vulgaris*) , vulg. *Marmotte d'Allemagne*. Taille supérieure à celle du Rat ; pelage noir en dessous, roussâtre en dessus ; pieds blancs, flancs fauves ; 3 grandes taches d'un jaunâtre pâle sur les côtés de la partie antérieure du corps ; etc.

Le Hamster se rencontre en Alsace, en Allemagne, dans la Tartarie ; il recherche les terrains où croissent la réglisse et toutes les graines récoltées par l'homme, dont il fait d'amples provisions dans ses terriers. Ceux-ci sont composés de plusieurs cellules communiquant entre elles par des galeries, et en rapport avec l'extérieur par deux conduits, dont l'un, perpendiculaire, est destiné à servir d'entrée et de sortie, et l'autre, oblique, sert au rejet des déblais. Cet animal est d'une prévoyance extraordinaire ; quand il est dominé par la faim, il s'attaque aux proies vivantes, devient cruel, et n'épargne même pas, pour assouvir son appétit, ses propres petits. Chez lui les organes reproducteurs sont plus développés que chez les autres rongeurs. La femelle porte 4 semaines ; elle met bas de 6 à 12 petits, dont l'allaitement dure fort peu de temps ; elle reproduit 3 ou 4 fois par an, mais dès que le temps des amours est passé, elle s'éloigne du mâle et vit dans des habitations séparées, sans quoi sa progéniture pourrait être exposée à sa cruauté.

Les Hamsters sont d'une fécondité désespérante pour les cultivateurs, qui cherchent naturellement à les détruire par tous les moyens. Ils sont aidés dans cette guerre acharnée par les oiseaux de proie, les chats, les putois, les belettes, les chiens, etc., qui sont les ennemis naturels de ces rongeurs.

HAMSTER VOYAGEUR (*C. migratorius*). Cette espèce habite la Sibérie, près du Jaïk, et une partie de la Russie septentrionale. Sa manière de vivre est analogue à celle du précédent. Seulement, dans certaines années et sous l'influence de circonstances particulières, ces animaux font de nombreuses émigrations, à la manière de plusieurs espèces de Campagnols.

Les autres espèces du même genre sont : le *H. des sables*, animal méchant et peu sociable ; — le *H. songar* ; — le *H. anomal*, etc.

HANNETON (*Melolontha*). Genre de Coléoptères, de la tribu des Pentamères, famille des Lamellicornes, auquel on assigne pour caractères : antennes terminées en massue, de 7 feuillets dans les mâles, de 6 dans les femelles ; labre apparent ; mandibules et mâchoires cornées, ces dernières terminées par plusieurs dents disposées sur un même plan ; dernier article des palpes ovalaire ; corps ordinairement convexe, à corselet court ; abdomen terminé par une pointe dirigée en bas, au moins dans les mâles.

Nous ne nous étendrons pas davantage sur les caractères d'un insecte aussi connu que le Hanneton. Un mot seulement sur son anatomie. « Le canal alimentaire est robuste ; le ventricule chylifique est garni de franges formées par les vaisseaux hépatiques ; l'intestin grêle est suivi d'un colon ; les vaisseaux biliaires forment des replis multipliés, et quelques-uns sont frangés. L'armure copulatrice du mâle est très grosse, cornée et articulée à sa partie inférieure ; chaque testicule est formé par l'assemblage de six capsules spermatiques en forme de petite lentille attachée par un vaisseau placé à son milieu.

Les Hannetons commencent à paraître à la fin d'avril, et l'on sait le plaisir des enfants à attacher ces insectes par la patte à un bout de ficelle. Ils se tiennent pendant le jour accrochés aux feuilles des arbres et comme engourdis ; mais quand le soleil est descendu au-dessous de l'horizon et que la fraîcheur a reparu, on les voit s'animer et bourdonner de tous côtés. Ils volent avec si peu de précaution, qu'ils se choquent à chaque instant contre les obstacles qu'ils rencontrent ; aussi leur étourderie est-elle devenue proverbiale. La secousse qu'ils se sont donnée les fait presque toujours tomber à terre, alors il leur faut plus ou moins de temps pour se remettre, si toutefois ils ne sont pas couchés dos contre terre, position dont ils sortent difficilement.

Fig. 610. — Hanneton et sa larve.

Les Hannetons se donnent ce mouvement continuel pour chercher leur nourriture, ou plutôt encore pour obéir à l'instinct génésique. Les mâles poursuivent les femelles avec beaucoup d'ardeur, et celles-ci se prêtent facilement à leurs désirs. Dans l'accouplement, le mâle est placé sur le dos de la femelle, et ses organes génitaux sont accompagnés de pinces qui saisissent les organes de celle-ci avec beaucoup de force et s'en détachent difficilement. Le mâle ne survit guère à cet acte, qui dure 24 heures environ. La femelle fécondée se prépare à faire sa ponte : à l'aide de ses pattes antérieures, armées de pointes robustes, elle creuse en terre un trou de 15 à 16 cent. de profondeur, et y dépose les uns à côté des autres ses œufs, qui sont jaunâtres et de forme ovalaire ; puis elle périt elle-même un ou deux jours après.

« Les larves éclosent au bout d'un mois ou six semaines : elles sont oblongues, mais toujours courbées en deux et placées sur le côté ; le corps est arrondi, rugueux en dessus, méplat en dessous ; les derniers anneaux de l'abdomen sont beaucoup plus développés que les précédents, transparents, et laissent voir la masse des excréments contenus à l'intérieur ; la tête est fauve, méplate ; les mandibules sont très développées, arquées, tranchantes ; les autres organes buccaux sont bien visibles ; les pattes sont assez longues, mais peu propres à la locomotion directe. Ces larves, quand arrivent les froids, s'enfoncent en terre, où elles se pratiquent une loge pour y passer la mauvaise saison. En remontant à la surface de la terre, au commencement de chaque année, elles changent de peau ; lorsqu'elles sont parvenues à tout leur accroissement, c'est-à-dire vers la fin de la belle saison de la troisième année, elles s'enfoncent en terre à la profondeur d'un à deux pieds, et s'y forment une loge lisse qu'elles tapissent de leurs excréments et de quelques fils de soie, et opèrent leur dernière métamorphose. Elles passent tout l'hiver sous la forme d'une nymphe pareille à celle de tous les Coléoptères ; l'insecte parfait éclot aux premiers jours du printemps. En sortant de sa dernière dépouille, il est jaunâtre, mou ; il reste encore enterré, mais se rapproche de la surface, où il achève de consolider son enveloppe et de prendre la couleur qu'il doit toujours garder ; il sort enfin de terre, et, après quelques instants, prend son vol, et s'abat sur les arbres voisins. »

Les larves de Hannetons sont connues en France sous le nom de *Vers blancs*. Les dégâts qu'elles occasionnent sont pires que ceux de l'insecte parfait. Celui-ci ne dévore que les feuilles des arbres ; mais à la vérité ces animaux sont quelquefois si nombreux qu'ils dépouillent tout un bois en peu de temps. Le *Ver blanc* au contraire coupe les racines des plantes près du collet, et les fait périr. Le meilleur moyen de se délivrer de ces larves nuisibles, c'est de planter des rangs de fraisiers et de laitues, végétaux dont elles sont très friandes, et de les chercher chaque jour au pied des plantations qui commencent à se faner. On a aussi proposé plusieurs compositions chimiques, dont la meilleure paraît être l'*anti-ver blanc* de M. J. St-Hilaire. Les oiseaux domestiques, quelques oiseaux de nuit, les rats, les fouines, etc., détruisent encore une grande quantité de ces insectes.

Les principales espèces sont : le H. VULGAIRE (*M. vulgaris*), si commun dans nos pays, et qui y fait de si grands ravages ; — le H. FOULON (*M. fullo*), beaucoup plus gros, qui se trouve au bord de la mer, dans les dunes de sable, et qui ne cause pas de dommages à l'agriculture, — le H. DU MARRONNIER D'INDE (*M. hippocastani*), plus petit et moins fréquent que le Hanneton vulgaire.

HAPALIENS (du gr. *hapalos*, gracieux). Tribu de Singes propres à l'Amérique, et qui ont pour type le genre *Ouistiti*. — V. ce mot.

HARENG (*Clupea*). Genre de Poissons malacoptérygiens, de la famille des Clupes, dont le corps est comprimé, le ventre tranchant, la tête égale au 5e de la longueur totale, le sous-opercule arrondi, ce qui les distingue de la Sardine ; les maxillaires, la langue et les palatins sont garnis de dents très fines ; pas d'échancrure entre les deux intermaxillaires, ce qui les distingue de l'Alose ; la couleur et la taille sont connues de tout le monde.

Les Harengs habitent l'Océan boréal. Comme les Aloses et les Saumons, ils partent régulièrement du fond du Nord par bancs considérables ; mais ils ne remontent pas dans les fleuves, quoiqu'ils se tiennent volontiers à quelque distance de leurs embouchures. Ces poissons arrivent en automne sur les côtes occidentales de la France en légions innombrables, qui fraient en route. Des flottes entières s'occupent de leur pêche, qui entretient des milliers d'hommes.

HARENG COMMUN (*C. harengus*). Inutile de décrire un poisson aussi connu : vivant, il est d'un vert glauque sur le dos, blanc sur les côtés et le ventre ; mort, le vert du dos se change en bleu ; longueur de 30 cent. à peu près. — Le Hareng habite les mers du Nord, les baies du Groënland, de l'Islande, de la Laponie, etc., d'où il se met en route par bancs d'une prodigieuse étendue vers les côtes de l'Angleterre, de la France. La Méditerranée n'en possède point. Ces poissons ne se nourrissent pas seulement d'eau pure, comme le prétendent les pêcheurs, ils vivent de matières animales, de petits crustacés et poissons, et surtout de leur propre frai. Retirés de l'eau, ils meurent promptement. Leur fécondité est extraordinaire : les femelles, qui sont plus nombreuses que les mâles dans le rapport de 7 à 3, contiennent chacune jusqu'à 30 mille œufs. Au temps du frai, elles se rapprochent des côtes, se frottent brusquement sur le sol, si bien qu'à la marée basse, on peut y trouver une couche d'œufs de 2 à 4 cent. d'épaisseur, sur laquelle on aperçoit beaucoup d'écailles détachées du ventre. On ignore le nombre de jours que les œufs, fécondés par la laitance du mâle, mettent à éclore, mais au bout de peu de temps, habituellement vers la fin de janvier, les

bas-fonds sont remplis de jeunes *nonnats* qui ressemblent à de petites anguilles. Au mois d'avril les jeunes Harengs ont déjà 10 à 12 cent. de longueur, et commencent à s'éloigner de la côte. — On appelle Harengs *pleins* ceux qui n'ont pas encore frayé ; Harengs *gais*, sans doute parce qu'ils sont plus agiles, ceux qui ont frayé depuis longtemps et qui, par conséquent, n'ont plus ni œufs, ni laitance ; Harengs *boussards*, ceux qui sont en train de frayer.

Le Hareng est recherché comme aliment, surtout à cause de son abondance et de son bon marché ; sa pêche est l'une des industries européennes les plus lucratives et qui emploient le plus grand nombre d'hommes. Il se tient à des profondeurs très variables, selon les diverses phases de la lune. Souvent, en hiver, par une nuit calme, ses colonnes s'avancent à la surface de l'eau, qui, par un beau clair de lune, paraît tout en feu. Les pêcheurs disent qu'à certaines époques, où les Harengs fourmillent encore dans les baies, on entend tout à coup un bruit semblable à une détonation, bruit attribué à ces poissons donnant le signal du départ. La pêche se fait au moyen de filets de 1,000 à 1,200 mètres de long, dont les mailles sont d'une dimension convenable pour que le Hareng puisse s'y engager jusqu'aux ouïes, de manière qu'il ne puisse plus ni avancer ni reculer. On en prend aussi autant que le filet peut en porter sans se rompre. La pêche, dans la Manche, dure depuis la mi-octobre jusqu'à la fin de décembre.

Les Harengs *frais* sont seulement lavés et arrangés avec soin dans des paniers : il faut les manger dans la journée. —Les Harengs *salés* sont d'abord *caqués*, c'est-à-dire qu'on leur enlève, par une incision à la gorge, l'estomac et les intestins. Ensuite on les *braille*, ce qui se fait en les couvrant de sel et en les enfermant dans des barils. Enfin, au bout de 15 jours, on les retire, on les lave dans leur saumure, et on les *parque*, autrement dit on les range méthodiquement par couches dans des barils, pour les livrer au commerce. —Les Harengs *saurs* sont braillés sans être caqués, puis on les embroche par les joues dans des baguettes de saule ou de coudrier, et on les suspend, pour les *fumer*, dans des tuyaux de cheminée où arrive la fumée d'un feu doux entretenu avec du hêtre, du chêne ou de l'aune. C'est Buckalz, mort en 1447, qui a inventé l'art de saler les Harengs, art sans lequel la pêche serait sans but. L'empereur Charles-Quint, qui avait compris l'importance de cette industrie, honora la mémoire de Buckalz, en 1536, en mangeant un Hareng sur le tombeau que la reconnaissance publique avait fait élever au célèbre Hollandais, vers la fin du xve siècle.

HARICOT (*Phaseolus*). Genre de Plantes de la famille des Légumineuses, annuelles, à tiges ordinairement volubiles ; feuilles pinnées-trifoliées, à rachis canaliculé, avec stipules herbacés ; fleurs de couleur variable, munies de bractées calicinales, en grappes opposées aux feuilles, etc. — Ces plantes sont indigènes des régions intertropicales, et cultivées de temps immémorial en Europe pour l'utile et l'agréable.

Haricot commun (*P. vulgaris*). Tiges grimpantes volubiles; feuilles à folioles ovales trapéziformes, rudes; fleurs blanches, blanchâtres ou violacées; calice campanulé bilabié, la lèvre supérieure à 2 dents, l'inférieure à 3 divisions: corolle à étendard réfléchi en arrière, plus court que les ailes ou les égalant; carène contournée en spirale avec le style et les étamines; légume très allongé, comprimé, polysperme, etc.

Le Haricot se cultive dans les jardins et en plein champ, il fleurit en juin-octobre. Les graines, oblongues-subréniformes, un peu comprimées, et de couleur blanche, rouge, violette ou panachée, sont d'un usage journalier dans l'alimentation de l'homme. Elles font partie des approvisionnements de terre et de mer, et sont d'autant plus précieuses, qu'elles sont faciles à conserver et à faire transporter sans altération aucune.

Il est inutile de nous étendre davantage sur un légume aussi connu. Mentionnons seulement les autres espèces ou mieux les variétés. Ce sont le *H. de Soissons*, à graines blanches, très grosses, réniformes; le *H. Flageolet*, à graines blanches, assez petites, à peine réniformes; le *H. rouge*, dont les graines sont rouges, violettes ou panachées, de grosseur et de forme variables: le *Pois coco*, à graines subglobuleuses, assez grosses, jaunes, rouges ou panachées, que l'on cultive moins fréquemment; le *H. d'Espagne*, cultivé pour la beauté de ses fleurs ordinairement d'un rouge écarlate.

Le **Haricot nain** (*P. nanus*) est une espèce peu élevée, dont la tige n'est pas volubile, et dont les fleurs blanches, qui s'épanouissent de bonne heure, sont suivies de gousses longues bien garnies de semences d'un blanc pur et brillant.

On appelle *Haricots verts* les gousses du Haricot commun, assez tendres pour être mangées vertes avant le développement de la graine.

HARLE (*Mergus*). Nom qui s'applique à des Oiseaux de l'ordre des Palmipèdes lamellirostres, très voisin des Canards : bec droit, étroit, cylindrique, échancré sur les côtés en forme de scie; mandibule supérieure crochue et onguiculée à sa base; l'inférieure plus courte, droite et obtuse; yeux saillants; pieds courts et retirés sous l'abdomen; gésier moins volumineux que celui des Canards; intestins plus courts. — Ce sont des espèces aquatiques qui habitent les contrées septentrionales de l'ancien monde pendant le printemps, et qui retournent l'hiver dans les régions tempérées. Elles se nourrissent de poissons et d'autres animaux qu'elles vont quelquefois chercher au fond de l'eau, mettant à profit la faculté qu'elles ont d'accumuler dans leur trachée une grande quantité d'air, lequel peut les dispenser de respirer pendant quelque temps. Les Harles sont encore plus mauvais marcheurs que les Canards, mais leur vol, quoique peu élevé, est assez rapide et soutenu. On n'a pas pu parvenir encore à les élever en domesticité. On ne sait pas positivement dans quels lieux ils placent leurs nids : leur ponte est de 4 à 12 œufs. — Cinq espèces :

Le **Grand Harle** (*M. merganser*), de la grosseur du Canard sauvage, de passage régulier en hiver sur nos côtes et sur les lacs de l'intérieur. — Le H. **huppé** (*M. serrator*) vient aussi sur nos côtes. — Le H. **couronné** (*M. cucullatus*), des parties septentrionales de l'Amérique, d'où il s'égare très accidentellement vers nos régions : on en a tué deux individus en Europe, l'un en Angleterre, l'autre en France. — Le H. **piette** (*M. albellus*) est assez commun chez nous l'hiver. — Enfin, le H. **du Brésil** est particulier au Brésil.

HARMONIES ORGANIQUES. Il est aujourd'hui constaté que les diverses parties qui composent un animal sont toujours dans une coordination constante et nécessaire. Cette vérité importante a été on ne peut mieux démontrée par G. Cuvier. Voici le beau passage qui concerne le principe des harmonies organiques et de la subordination des caractères :

« Tout être organisé forme un ensemble, un système unique et clos, dont les parties se correspondent mutuellement, et concourent à la même action définitive par une réaction réciproque. Aucune de ces parties ne peut changer sans que les autres ne changent aussi, et par conséquent, chacune d'elles, prise séparément, indique et donne toutes les autres. — Ainsi, si les intestins d'un animal sont organisés de manière à ne digérer que de la chair, et de la chair récente, il faut aussi que ses mâchoires soient construites pour dévorer une proie; ses griffes, pour la saisir et la déchirer; ses dents, pour la couper et la diviser; le système entier de ses organes du mouvement pour la poursuivre et pour l'atteindre; ses organes des sens, pour l'apercevoir de loin; il faut même que la nature ait placé dans son cerveau l'instinct nécessaire pour savoir se cacher et tendre des pièges à ses victimes. Telles seront les conditions générales du régime carnivore; tout animal destiné pour ce régime les réunira infailliblement, car sa race n'aurait pu subsister sans elles. Mais, sans ces conditions générales, il en existe de particulières, relatives à la grandeur, à l'espèce, au séjour de la proie pour laquelle l'animal est disposé; et de chacune de ces conditions particulières résultent des modifications de détail dans les formes qui dérivent des conditions générales ; ainsi, non-seulement la classe, mais l'ordre, mais le genre et jusqu'à l'espèce, se trouvent exprimés dans la forme de chaque partie. — En effet, pour que la mâchoire puisse saisir; il lui faut une certaine forme de condyle, un certain rapport entre la position de la résistance et celle de la puissance avec le point d'appui, un

certain volume dans le muscle crotaphite (tempo·
ral) qui exige une certaine étendue dans la fosse
qui le reçoit, et une certaine convexité de l'arcade
zygomatique sous laquelle il passe ; cette arcade
zygomatique doit aussi avoir une certaine force
pour donner appui au muscle masséter. — Pour
que l'animal puisse emporter sa proie, il faut une
certaine vigueur dans les muscles qui soulèvent
sa tête, d'où résulte une forme déterminée dans
les vertèbres, où ces muscles ont leurs attaches, et
dans l'occiput, où ils s'insèrent. — Pour que les
dents puissent couper la chair, il faut qu'elles soient
tranchantes, et qu'elles le soient plus ou moins,
selon qu'elles auront plus ou moins exclusivement
de la chair à couper. Leur base devra être d'autant
plus solide, qu'elles auront plus d'os, et de plus gros
os à briser. Toutes ces circonstances influeront
aussi sur le développement de toutes les parties
qui servent à mouvoir la mâchoire. Pour que les
griffes puissent saisir cette proie, il faudra une
certaine mobilité dans les doigts, une certaine
force dans les ongles, d'où résulteront des formes
déterminées dans les phalanges, et des distribu-
tions nécessaires de muscles et de tendons ; il
faudra que l'avant-bras ait une certaine facilité à
se tourner, d'où résulteront encore des formes déterminées dans les os qui le composent. Mais les
os de l'avant-bras, s'articulant avec l'humérus,
ne peuvent changer de forme sans entraîner des
changements dans celui-ci. Les os de l'épaule de-
vront avoir un certain degré de fermeté dans les
animaux qui emploient leurs bras pour saisir, et
il en résultera encore pour eux des formes particulières. Le jeu de toutes ces parties exigera dans
tous leurs muscles de certaines proportions, et
les impressions de ces muscles ainsi proportion-
nés détermineront encore plus particulièrement
les formes de ces os.

« Il est aisé de voir que l'on peut tirer des conclusions semblables pour les extrémités postérieures, qui contribuent à la rapidité des mouvements généraux ; pour la composition du tronc et les
formes des vertèbres, qui influent sur la facilité, la
flexibilité de ces mouvements ; pour les formes des
os du nez, de l'orbite, de l'oreille, dont les rapports avec la perfection des sens, de l'odorat, de
la vue, de l'ouïe, sont évidents. En un mot, la
forme de la dent entraîne la forme du condyle ;
celle de l'omoplate, celle des ongles, tout comme
l'équation d'une courbe entraîne toutes ses propriétés ; et de même qu'en prenant chaque propriété séparément pour base d'une équation particulière, on retrouverait, et l'équation ordinaire,
et toutes les autres propriétés quelconques, de
même que l'ongle, l'omoplate, le condyle, le fémur, et tous les autres os pris chacun séparément, donnent la dent ou se donnent réciproquement ; et en commençant par chacun d'eux, celui
qui posséderait rationnellement les lois de l'économie organique pourrait refaire tout l'animal. »

Cuvier a prouvé implicitement la véracité de ce
qu'il énonçait, et a été ainsi sur les sciences naturelles tout l'éclat dont elles brillent aujour·
d'hui. Sa classification zoologique est admirable,
et sa loi de *corrélation des formes* est tellement
exacte, que par l'inspection d'un seul os, il a pu
reconnaître à quelle espèce d'individu cet os appartenait : ainsi, s'est trouvé résolu un problème de
la plus haute importance pour la géologie. —
V. *Fossiles*.

HARPALE (*Harpalus*). Genre de Coléoptères
pentamères, famille des Carnassiers, dont le corps
est ovalaire, plus étroit en devant ; taille petite ;
tête assez grande, avec les yeux petits, mais globuleux et saillants ; corselet en carré transversal,
ayant les 4 angles aigus ; élytres striés dans leur
longueur.

Les Harpales se tiennent à terre, sous les pierres. Quand on soulève celles-ci, on voit souvent
ces insectes rentrer précipitamment dans la terre,
les épines dont leurs jambes sont pourvues les aidant sans doute pour se creuser les retraites où

Fig. 641. — Harpale.

ils se réfugient. La plupart des espèces sont noires ou d'un brun noirâtre luisant. Les mâles sont
toujours un peu plus brillants que les femelles.
— Les larves, que l'on ne connaît pas d'une manière complète, se tiennent quelquefois aussi
dans les pierres, mais bien plus souvent dans la
terre.

Ce genre comprend plus de 450 espèces, qui
sont répandues dans toutes les parties du globe,
mais qui se rencontrent plus communément en
Europe et en Amérique. Nous indiquerons comme
type le HARPALE BRONZÉ (*H. æneus*), assez commun
aux environs de Paris. Sa longueur est de 9 millimètres.

HARPE (*Harpa*). Genre de Mollusques gastéropodes, famille des Buccénoïdes, remarquables
par la richesse de leurs couleurs et l'élégance de
leur forme. Ce sont des Coquilles univalves, ovales
ou bombées, munies de côtes longitudinales et
parallèles, avec une ouverture échancrée inférieurement — V. la *fig.* 642. — Elles se trouvent dans
les mers de l'Inde et du Grand-Océan. Leur forme
et les côtes parallèles dont elles sont ornées leur
ont fait donner le nom de *Harpe*. On trouve de

ces coquilles fossiles dans les terrains tertiaires des environs de Paris.

HARPIE (*Harpia*). Ce genre diffère des Aigles par la brièveté de ses ailes; le bec est d'une force considérable, ainsi que les serres ; tarses très gros, trapus, robustes, à moitié couverts de plumes, etc. — Ce genre ne repose que sur une seule espèce, qui est la

HARPIE OU GRANDE HARPIE D'AMÉRIQUE , encore appelée *Aigle harpie, Aigle destructeur.* C'est de tous les Rapaces celui dont la taille est le plus considérable, car il a 1 m. 05 cent. de long; aux caractères ci-dessus, il faut joindre celui résultant des plumes de la tête et de l'occiput, qui sont allongées, arrondies, et se hérissant en forme de huppe, à la volonté de l'oiseau.

Cet Aigle est exclusivement propre à l'Amérique du Sud, où il fait sa principale résidence dans les forêts situées sur le bord des fleuves. Sa force est extraordinaire et telle, selon Mauduyt, qu'il peut fendre le crâne d'un homme à coup de bec.

Ce qui est certain, c'est qu'attaqué et blessé par l'homme, il ne craint pas de se défendre en se ruant sur lui. On assure qu'il fait sa nourriture de l'aï, et qu'il enlève dans ses serres les jeunes quadrupèdes.

Voici ce que raconte M. d'Orbigny d'une Harpie que des Indiens, avec qui il voyageait, tirèrent et dépouillèrent de ses plumes. « Regardé comme mort, l'oiseau fut placé dans la pirogue, en face de nous ; et nous ne remarquâmes pas que, revenu de son étourdissement, il revivait peu à peu. Nous ne nous en aperçûmes que lorsque, furieux et voulant sans doute se venger, il s'élança violemment sur nous, ne pouvant, par bonheur, se servir avec avantage que d'une seule de ses serres ; pourtant il nous traversa l'avant-bras de part en part, entre le *cubitus* et le *radius*, des formidables ongles du point de la partie intacte, tandis que de l'autre il nous déchirait le reste du bras. En même temps il faisait des efforts, heureusement inutiles, pour nous percer de son bec, et malgré ses blessures, il fallut deux personnes pour lui faire lâcher prise. »

Fig. 642. — Harpe.

HÉDÉRACÉES (de *hedera*, lierre, genre type). Tribu de la famille des *Caprifoliacées.* — V. ce mot.

HÉLIANTHE (*Helianthus*). Genre de Plantes de la famille des Composées (1), annuelles ou vivaces, à feuilles opposées, ou les supérieures alternes ; fleurons tous jaunes, ceux de la circonférence rayonnants ; réceptacle plan; pour fruits akènes surmontés par 2-4 écailles caduques.

HÉLIANTHE ANNUEL (*H. annuus*), vulg. *Soleil, Tournesol des jardins.* Tige solitaire de 1-2 mètres, droite, très rude et robuste, à feuilles ovales cordées, fortement dentées. Capitules d'un très grand diamètre, penchés, à fleurons de la circonférence ligulés et femelles, ceux du centre tubuleux hermaphrodites, tous d'un beau jaune, sur un réceptacle épais, charnu, spongieux; graines extrêmement nombreuses.

Cette belle plante, dont le nom dérive de *helios*, soleil, *anthos*, fleur, est originaire du Pérou et du Mexique, d'où elle a été apportée en Espagne, puis en France vers le milieu du XVIᵉ siècle; elle est cultivée dans les jardins, les vignes, et autour des habitations, non-seulement comme ornement, mais aussi comme objet d'utilité. En effet, les feuilles, coupées pendant tout l'été, sont agréables aux animaux domestiques; les fleurs fournissent aux abeilles abondance de miel, et à la teinture un beau jaune fauve très solide; les graines sont employées à la nourriture des bestiaux et peuvent l'être à celle de l'homme. Dans la Colom-

(1) C'est par erreur qu'à la fam. des Cistacées l'Hélianthe se trouve indiqué comme genre. Lisez à la place *Héliantheme.*

bie, le peuple mange les pousses nouvelles et les sommités de la plante jeune encore.

Hélianthe tuberculeux (*H. tuberosus*), vulg. *Topinambour*. Souche donnant naissance à des tubercules charnus, volumineux, oblongs; tiges de 1-2 mètres, dressées, très rudes; capitules non penchés et de taille moyenne. — Cette espèce provient du Brésil selon les uns, des montagnes du Chili selon d'autres; mais, en tout cas, elle est parfaitement acclimatée en Europe, où elle fleurit en septembre-octobre.

Outre ses racines propres, qui sont rampantes et s'étendent beaucoup, le Topinambour a la propriété de donner des tiges souterraines, munies d'écailles et se terminant par des renflements charnus féculents, bons à manger; tubercules qui, bien que inférieurs à ceux de la Pomme de terre, méritent l'attention des cultivateurs, en ce qu'ils engraissent promptement les bestiaux. Les jeunes tiges et les feuilles sont encore une ressource comme fourrage.

L'**Hélianthe multiflore** ou *Soleil vivace* des horticulteurs, que nous devons à la Virginie, forme des buissons larges et fournis; il nous donne ses fleurs solitaires droites et terminales au mois d'août. C'est une plante d'ornement.

HÉLIANTHÈME (*Helianthemum*). Genre de la famille des Cistacées [1], plantes vivaces, sous-frutescentes ou ligneuses, à feuilles opposées, plus rarement éparses, entières, avec ou sans stipules; fleurs jaunes ou blanches diversement disposées : 5 sépales inégaux ou 3 égaux par avortement des deux extérieurs; 5 pétales hypogynes libres caducs; étamines hypogynes libres, en nombre indéfini; ovaire à trois carpelles; style filiforme; fruit capsulaire polysperme, etc. — Le nombre des espèces connues s'élève à plus de 120, dont les trois quarts appartiennent à l'Europe. Souvent ces plantes contiennent un suc résineux. On les a vantées autrefois comme vulnéraires, astringentes, etc.

Hélianthème commun (*H. vulgare*), vulg. *Herbe d'or*. Tiges sous-frutescentes de 10-40 cent., diffuses, étalées, rameuses, pubescentes; feuilles opposées, munies de stipules lancéolées plus longues que le pétiole; fleurs jaunes en grappes terminales courtes, munies de bractées. — Cette plante est commune sur les pelouses sèches, dans les lieux arides, les clairières des bois, où on la voit fleurir au milieu de l'été (juin-août). On la cultive aussi dans les jardins. Elle a joui d'une réputation contre les crachements de sang. Kramer assure que sa décoction contribue à la guérison de certaines phthisies, et que ses feuilles contiennent un suc balsamique visqueux très utile dans les maladies de poitrine.

Hélianthème a ombelles (*H. umbellatum*). Sous-arbrisseau de 32 cent., dont les fleurs blan-

ches, très fugaces, durent à peine quelques heures, formant une sorte d'ombelle terminale. — Cette espèce est assez rare généralement, mais elle abonde dans la forêt de Fontainebleau.

Nous avons, aux environs de Paris, une espèce annuelle, qui vit ordinairement au bord des bois, l'**H. taché** (*H. guttatum*), ainsi nommé de 5 taches violettes presque confondues à la base de chaque pétale. Sa tige herbacée, hérissée de poils, porte des fleurs d'un jaune peu foncé, disposées en une grappe lâche. etc.

Fig. 643. — Hélianthème.

HÉLICE (*Helix*). Genre de Mollusques de la classe des Gastéropodes pulmonés, dont l'espèce type est l'*Escargot* ou *Limaçon des vignes*. Mais ce genre, suivant les auteurs du dernier siècle, renfermait un si grand nombre d'espèces, que l'on a dû y établir un assez bon nombre de coupes. Sans adopter toutes ces divisions, beaucoup trop nombreuses, nous comprendrons dans le genre Hélice à peu près toutes les espèces qu'y avait placées Linné, et qui sont plus ou moins voisines des Colimaçons ou Escargots proprement dits, renvoyant à des articles particuliers pour les Bulimes, les Agathines, les Maillots, les Succinées, etc.

Voici les caractères du genre ainsi limité : animal gastéropode, de forme un peu variable; manteau formant à son bord libre une espèce d'anneau ou de collier épais, surtout en avant: pied ovale, placé au-dessous des viscères, lisse en dessous, bombé et granuleux, ou réticulé en dessus; anus sessile au bord de l'orifice pulmonaire; cavité respiratoire très grande, oblique; 4 tentacules, les supérieurs oculés à leur extrémité. La coquille, de forme assez variable, est ordinairement ventrue, parfois globuleuse, ou co-

---

noïde, ou planorboïde, mais jamais turriculée, c'est-à-dire en spirale élevée, comme celle des Agathines ou des Bulimes; la bouche de cette coquille est plus ou moins grande, très souvent rebordée. La taille varie extrêmement : certaines espèces ont le volume d'un œuf de poule, d'autres au contraire sont presque microscopiques.

Fig. 641. — Hélice.

Les Hélices vivent dans les bois, les jardins, les prairies; elles se cachent pendant la sécheresse et ne sortent que pendant les temps humides, surtout après les pluies d'orage. Quelques-unes cependant paraissent résister à la sécheresse, et se rencontrent sur les rochers les plus arides. Presque toutes se nourrissent de fruits et de feuilles de végétaux; il en est, comme l'H. Peson, qui sont carnivores. Ces mollusques passent l'hiver dans un état de somnolence, renforcés qu'ils sont dans leur coquille et protégés le plus souvent contre les agents nuisibles par un épiphragme, pièce muco-cornée, produit de sécrétion qui ferme, comme un opercule, l'ouverture de leur coquille.

Ces mollusques sont de véritables hermaphrodites, car chaque individu porte les deux sexes; mais ils s'accouplent, et chaque individu agit comme mâle en même temps qu'il reçoit comme femelle. Quelques jours avant de s'accoupler, dit de Blainville, les Limaçons cessent de manger et se recherchent. Les deux individus se redressent verticalement dans la moitié antérieure de leur corps, la pointe de la coquille étant en bas; l'orifice commun des organes de la reproduction est dans un état presque convulsif de dilatation et de contraction; les tentacules et la tête sont dans une agitation extraordinaire. Ces préliminaires durent quelquefois plusieurs jours, pendant lesquels les organes sexuels tendent à se déployer. Enfin le double accouplement a lieu et dure douze heures; il peut se répéter plusieurs fois. Les œufs sont habituellement arrondis et enveloppés d'une couche calcaire que l'on a reconnu être formée de petits cristaux de carbonate de chaux. L'Hélice va les déposer sous les feuilles, au pied des végétaux ou même sur les troncs des arbres. Les petits ne tardent pas à éclore; ils sortent avec leur coquille encore très fragile, mais peu à peu celle-ci se durcit; leur accroissement, qui est d'abord assez rapide, le

devient moins ensuite. Ces animaux vivent plusieurs années.

Hélice vigneronne (*H. pomatia*). L'une des plus grosses espèces européennes, de couleur fauve, roussâtre ou jaune sale, striée longitudinalement. — Ce mollusque a reçu le nom de *Vigneron*, parce qu'il se rencontre surtout dans les vignes. Il habite l'Europe septentrionale, très peu le Midi. C'est celui qu'on mange le plus fréquemment à Paris.

Hélice mélanostome (*H. melanostoma*), ou à **bouche noire**, vulg. *Terrassan*. Cette espèce est du midi de la France; elle ne se trouve qu'après les grandes pluies, aux pieds des amandiers principalement. Elle se mange comme la précédente.

Nous citerons encore l'H. naticoïde, qui ressemble à une Natice, ainsi que l'indique son nom, et qui se trouve également en Provence, en Italie, en Espagne. Aux premiers froids, elle s'enfonce dans la terre. C'est de toutes les Hélices celle dont la chair est la plus délicate. — L'H. planorbe, plane, à spire composée de 6 tours enroulés dans un même plan, est aussi plus abondante dans le Midi que dans le Nord. — L'H. peson, qui se tient dans les bois du Midi, se jette sur les autres colimaçons et les dévore. Nous devons nous arrêter là et passer sous silence plus de 80 autres espèces propres à notre pays.

Les Romains, d'après ce que nous dit Pline, faisaient une assez grande consommation des Hélices, et il paraît qu'ils les élevaient dans des endroits disposés exprès. On leur a attribué des propriétés médicales qui sont réellement insignifiantes.

HÉLICINE (*Helicina*). Mollusques gastéropodes pulmonés, comme les Hélices, mais se distinguant surtout en ce que leur pied présente, en arrière, à sa face supérieure, un opercule, c'est-à-dire une pierre calcaire ou cornée qui ferme l'ouverture de la coquille. L'animal est muni d'une tête à mufle bilabié; 2 tentacules filiformes, portant les yeux à leur base externe sur des tubercules. La coquille est globuleuse ou conoïde, très semblable à celle des Hélices ordinaires. — Ces Mollusques, tous terrestres, habitent les lieux humides principalement. On les trouve dans les latitudes les plus chaudes.

HÉLIOTROPE (*Heliotropium*). Ce nom, formé des mots grecs *hélios*, soleil, et *trépô*, tourner, a été donné par les anciens à plusieurs genres de Plantes, qui ont la propriété de tourner leurs fleurs du côté du soleil, et sur la détermination desquelles on a longtemps discuté.

Mais l'Héliotrope des modernes est un genre de la famille des Borraginacées, comprenant des plantes herbacées ou de petits arbustes, à feuilles simples et alternes, à fleurs petites, tournées d'un seul côté en épis recourbés à leur extrémité.

L'Héliotrope d'Europe (*H. europæum*), connu à la campagne sous la dénomination d'*Herbe aux verrues*, est une plante de 10 à 50 cent. , à tige dressée, rameuse presque dès la base ; feuilles pubescentes-rudes, ovales-oblongues, à long pétiole: fleurs sessiles , blanches ou d'un blanc lilas , en grappes nues terminales , roulées en spirale , à gorge glabre; calice 5-partit: corolle à limbe 5-fide , gorge nue ; étamines incluses; carpelles chagrinés, style grêle assez long.

L'Héliotrope est commun dans les champs sablonneux ou pierreux, les décombres, où il fleurit en juin-août. On lui a attribué longtemps des propriétés médicinales qui lui font défaut absolument; et si on lui a donné le surnom d'*Herbe aux verrues*, c'est à cause de ses graines qui, par leur forme et leur aspect, rappellent ces excroissances. On a trouvé en 1834, dans la Dordogne , des graines d'Héliotrope renfermées dans plusieurs tombeaux du xiie au xiiie siècle, qui, ayant été semées avec toutes les précautions convenables, ont produit la plante.

L'Héliotrope du Pérou (*H. peruvianum*) ne s'élève guère au-dessus de 30 à 55 cent.; rameaux ronds et velus, chargés de jolies feuilles ovales gaufrées, velues; fleurs d'un blanc lavé de bleu violâtre, formant au sommet des rameaux de jolis bouquets plats et arrondis qui exhalent une odeur suave.

Cette jolie plante , qui fut semée pour la première fois en France vers 1740 , ne peut passer l'hiver en pleine terre : il lui faut l'orangerie. Elle se fait remarquer surtout par l'odeur distinguée et rappelant celle de la vanille, que répandent ses fleurs qui ne sont pas sans grâce.

Une *variété à grandes fleurs* a été introduite dans les jardins vers 1810. Elle s'élève jusqu'à 2 mètres; ses fleurs, plus colorées et plus grandes, n'ont pas une odeur aussi délicieuse que celles de la précédente.

HELLEBORE. — V. *Ellébore*.

HELMINTHES (du gr. *helmins*, ver). Ce nom est assez souvent employé pour désigner les vers intestinaux. — V. *Entozoaires*.

HELMINTHIE. Genre de Composées, tribu des Chicoracées, dont deux espèces appartiennent à la Flore française.

Ce sont l'*Helminthia spinosa*, qui croît dans les Pyrénées , et l'*H. echioides* ou *Fausse vipérine*, parce qu'elle est hérissée de poils comme l'*Echium vulgare* (Vipérine), plante annuelle, haute de 60 cent.; à feuilles ovales-oblongues amplexicaules; fleurs jaunes, grandes, en corymbes. — Croît sur le bord des chemins et se trouve aux environs de Paris.

HÉLOPS (*Helops*). Genre de Coléoptères hétéromères, type de la famille des *Hélopiens*, qui sont des insectes à demi-nocturnes, se tenant le plus souvent sous les écorces des arbres et dans la mousse. Les Hélops ont le corps ovale-oblong ,

les antennes presque filiformes , un peu renflées vers le bout; ils ont la taille petite, la tête moins large que le corselet , des couleurs métalliques sombres.

Nous citerons, parmi les espèces, l'Hélops bleuâtre, long de 18 millim. , d'un bleu violet, avec les élytres profondément striés et pointillés ; — l'H. lanipède, moins long , d'un vert bronzé, ayant les élytres striés et terminés en pointe : le premier est du Midi, le second des environs de Paris. A l'état parfait ils se tiennent sous les écorces; à l'état de larve ils vivent dans les champignons ou le bois pourri.

HELVELLE (de *helvella* , petit chou). Genre de Champignons , demi-transparents, fragiles , stipités, colorés en gris, en orange, en noir, croissant sur le gazon ou sur les arbres morts. — L'H. mitre (*H. esculenta*) croît entre les pins, sur les montagnes : elle est comestible, ainsi que plusieurs autres espèces.

HÉMATOPOLE (du gr. *haïma*, sang; *potês*, buveur). Diptère tabanien , très voisin des Taons, mais en différant surtout par ses ailes qui dépassent de beaucoup l'abdomen. — Ces insectes sont très avides de sang, et ils incommodent beaucoup les bestiaux dans les prairies.

HÉMATOSE. — V. *Respiration*.

HÉMATOXYLE (du gr. *haïma*, sang : *xylon*, bois), ou Bois de campêche. Genre de Légumineuses de la tribu des Papilionacées , plus connu sous le nom de *Campêche*. — V. ce mot.

HÉMÉROBE (*Hemerobius*). Genre d'Insectes de l'ordre des Névroptères, tribu des Planipennes, nommés vulgairement *Demoiselles terrestres*, dont voici les caractères : corps mou , tête plus large que le corselet; protothorax assez long et plus étroit que la tête et les segments postérieurs; abdomen plus allongé que le reste du corps; ailes presque deux fois aussi longues que le corps et très transparentes; yeux globuleux, assez souvent de couleur d'or bruni.

Les Hémérobes sont de fort jolis petits insectes répandus le plus souvent dans nos jardins. Mais si leur vue séduit et nous porte à les saisir, ce qui est assez facile , vu qu'ils ont le vol lourd malgré leurs longues ailes, nos mains sont imprégnées d'une odeur nauséabonde et très persistante qu'ils y laissent. La ponte offre une singularité qui mérite d'être remarquée : la femelle, au moment de déposer un œuf, appuie sur une feuille l'extrémité de son abdomen et présente cet œuf enduit d'une matière très visqueuse, extensible et très résistante étant sèche: elle relève son abdomen sans lâcher l'œuf: la liqueur s'allonge, forme un filet délié , et quand celui-ci a acquis la longueur convenable , elle abandonne l'œuf à lui-même, et il reste balancé sur la tige qui le porte

L'app rence de ces œufs est telle qu'on les avait pris pour des cryptogames.

Les larves des Hémérobes sont renflées au milieu du corps et pointues à leurs extrémités. Elles vivent à l'air ou sous les feuilles et au milieu des pucerons dont elles font leur nourriture. Elles sont vives, très carnassières, ne s'épargnant pas entre elles. Il en est qui sont très habiles à se couvrir des dépouilles des pucerons qu'elles ont sucés. Réaumur en ayant mis une dans une boîte dont il râcla le papier intérieur avec un grattoir, il la vit se faire en peu de temps un vêtement léger, bouffant et très commode. Ces larves se construisent une coque au bout de 15 jours; elles se servent de leur filière pour s'entourer d'un réseau fabriqué avec une habileté surprenante. « On est étonné que le corps de la larve puisse tenir dans un si petit objet qui atteint à peine la grosseur d'un petit pois; mais l'insecte qui en sort avec ses grandes ailes, ses longues antennes et son corps même, est encore plus incompréhensible. »

L'Hémérobe perle (*H. perla*), l'espèce la plus commune, est un joli insecte d'un vert pâle, avec des yeux couleur d'or, qui fréquente nos jardins. Ses œufs ressemblent à de petites perles; il les dépose sur les feuilles des rosiers, des chèvrefeuilles et d'autres arbrisseaux, portés par un filament grêle en forme de tige.

HÉMÉROCALLE (*Hemerocallis*). Ce nom, qui signifie *beauté de jour*, a été donné par Linné à un genre de la famille des Liliacées, dont voici les caractères : périanthe infundibuliforme, limbe à divisions réfléchies au sommet, formant une sorte d'étui pour les aiguilles dorées des étamines; ovaire supère, stigmate trilobé; capsule triloculaire. — Les espèces sont nombreuses, les unes de l'Europe, les autres de la Chine et du Japon. Le commerce importe ces dernières pour l'ornement de nos jardins. Ces belles plantes ont le port du Lis; mais il y a cette différence que leurs fleurs même flétries restent fidèles à la tige, tandis que la fleur du Lis tombe au moment où elle perd son éclat.

Bornons-nous maintenant à citer : l'Hémérocalle du Japon, aux fleurs d'un blanc pur, disposées en grappes; — l'H. bleu, qui a les fleurs bleues et vient en pleine terre; — l'H. jaune, ou *Lis asphodèle, Lis jaune, Lis jonquille*, qui est originaire des montagnes du Piémont, et porte des fleurs liliformes d'un beau jaune; — l'H. fauve, plus grande que les précédentes et aux fleurs d'un rouge fauve, etc.

HÉMIGALE (*Hemigalus*). Genre de Mammifères de l'ordre des Carnassiers : museau effilé, fendu; oreilles droites; poils lisses, presque ras; ongles à demi rétractiles, etc. — L'unique espèce de ce genre est l'Hémigale zébré, dont les pieds semi-plantigrades le placent entre les Genettes et les Paradoxures. Cet animal, long de 90 cent.,

a le dos, les épaules, les hanches et la queue couverts de bandes alternativement blanches et brunes. Il habite l'Inde et se nourrit de fruits et d'insectes.

HÉMIONE (*Equus hemionus*). Espèce du genre Cheval. — V. ce mot. — En voici les caractères : crinière et ligne dorsale noires; queue terminée par une houppe noire; pelage isabelle en dessus, blanc aux parties inférieures et internes; taille intermédiaire entre le Cheval et l'Ane : 1 m. 65 cent. de longueur totale, sur laquelle la queue mesure 0,65 cent. — V. la *fig.* 645.

Les Hémiones habitent le pays de Cutch, au nord de Gazarate; ils y sont en grand nombre et vont par troupes de 20 à 30, quelquefois de 100 individus, dans les plaines découvertes où les plantes salées abondent et qu'ils recherchent. Ce solipède, qu'Aristote lui-même a distingué du Cheval, de l'Ane sauvage et du Mulet, a été pour la première fois bien décrit par Pallas. Il se rapproche du Cheval par ses parties antérieures, de l'Ane par les postérieures; ses oreilles tiennent le milieu entre les deux genres; mais ce qui ne se trouve pas chez ces derniers, ce sont ses narines à ouvertures simulant deux croissants, dont la convexité est tournée en dehors; on observe à la face externe des membres de longues barres transversales d'une teinte isabelle plus pâle. Dussumier assure qu'à Bombay on s'est servi des Hémiones comme chevaux de selle et de trait, et qu'on peut assez facilement les apprivoiser; cependant les Tartares ne les emploient pas, et ils ne leur font la chasse que pour en manger la chair, qui leur plaît beaucoup.

Au Muséum de Paris, il existe des Hémiones que l'on est parvenu à faire reproduire; mais tous les essais qui ont été faits jusqu'ici pour rendre cette espèce domestique ont été sans succès. Il serait bien à désirer pourtant qu'on parvînt à apprivoiser ce caractère indomptable, et à se servir de ce bel animal, qui pourrait nous rendre de très grands services.

HÉMIPTÈRES (du gr. *hemi*, demi; *pteron*, aile). Ordre de la classe des Insectes, caractérisé de la manière suivante : quatre ailes, dont les supérieures (1re paire) ne sont membraneuses que vers le bout, et constituent des demi-élytres, ou bien sont semblables aux inférieures, mais plus grandes et plus fortes (quelques espèces sont aptères); bouche disposée pour la succion, ne consistant pas en une simple trompe, comme dans les Diptères, mais ayant la forme d'un bec, dans l'intérieur duquel se trouvent des stylets aigus, propres à perforer les tissus animaux ou végétaux, dans lesquels l'animal doit puiser les liquides dont il se nourrit. Exemples : *Cigale, Cochenille, Punaise*, etc.

Les Hémiptères, comme les autres ordres de la même classe, seront étudiés sous le rapport de leur organisation générale, au mot *Insectes*, auquel nous renvoyons le lecteur. Nous ajouterons cependant au tableau quelques traits spéciaux et caractéristiques. La tête est en général petite par rapport à la masse du corps; les yeux sont saillants, placés aux angles supérieurs. Le corselet est ordinairement plus étroit en devant qu'en arrière, formant ainsi une espèce de triangle ou de tra-

Fig. 615. — Hémione.

pèze; l'écusson est tantôt très petit, tantôt très développé. L'abdomen n'offre rien de bien remarquable en général. Les antennes, dont le nombre des articles est assez limité (de 4 à 10 environ), offrent des formes très variées : en général placées sur la tête et apparentes, elles sont, dans d'autres cas, très petites, tout à fait cachées entre les bords inférieurs de la tête et du corselet. Il y a des élytres et des ailes; les élytres sont mi-coriaces et mi-membraneux : la partie coriace dans leur longueur pendant le repos. Les pattes, dont les antérieures sont souvent ravisseuses, ont toujours 3 articles aux tarses.

Arrivons maintenant aux organes de nutrition.

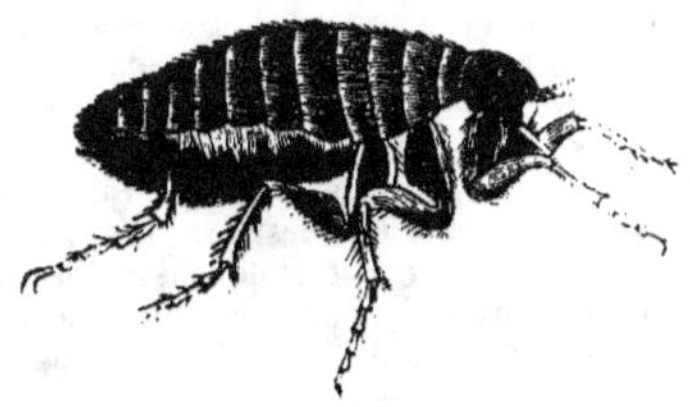

Fig. 616. — Hémiptère hétéroptère Puce

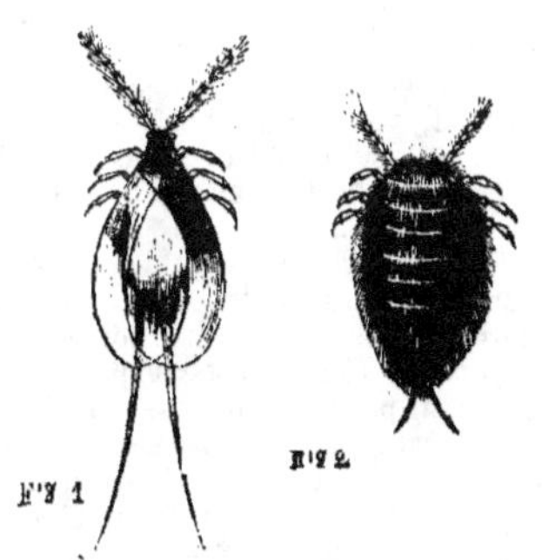

Fig. 617 et 618. — Hémiptère homoptère Cochenille ,

(1. Mâle, 2 Femelle.)

disparaît, dans certains genres, pour devenir membraneuse (Pucerons); c'est là aussi qu'on trouve les femelles aptères. Les ailes proprement dites, qui manquent quelquefois dans les espèces pourvues d'élytres, se replient sur elles-mêmes La bouche des Hémiptères est conformée pour percer la peau des animaux. Bien différente de celle des Coléoptères et des Orthoptères, elle se compose d'une sorte de gaîne ou étui cylindrique ou conique, replié angulairement en dessous, fendu supérieurement dans toute sa longueur, formé par la lèvre inférieure, contenant quatre soies raides et pointues, deux supérieures distinctes l'une de l'autre, deux inférieures soudées ensemble à leur base. Ces soies forment une sorte de suçoir rétractile et perforant. Cette organisation rappelle celle des organes manducateurs des autres insectes, seulement très modifiés : la pièce en forme de gouttière repliée est la lèvre inférieure; les 2 soies supérieures contenues dans la gaîne sont les mandibules, les deux inférieures soudées sont les mâchoires.

Le nom de *Suceurs* donné à ces insectes est très impropre, puisque en effet, n'ayant pas de respiration buccale, ils ne peuvent opérer une véritable succion. Le suc, arrivant de la plaie à l'extrémité du tube, remonte vers le canal œsophagien par les contractions successives de la lèvre ou le jeu alternatif des soies. Dans les espèces à rostre long, cet organe, ainsi qu'il a été dit, fait un coude à sa base, et se redresse en avant de la tête, lorsqu'il doit être mis en action. — L'appareil digestif, placé au-dessous du vaisseau dorsal et au-dessus du système nerveux, se compose d'un œsophage étroit, où viennent aboutir de nombreux vaisseaux salivaires, d'un jabot très dilaté et d'un ventricule chylifique diversement dilaté. Les vaisseaux biliaires viennent aboutir au canal digestif avant l'intestin. Les appareils respiratoire et circulatoire sont comme dans les Insectes en général.

Quant aux organes reproducteurs, voici ce qu'on observe. D'abord les sexes sont faciles à reconnaître : chez les mâles on distingue les conduits déférents, les vésicules séminales, le canal éjaculateur, le pénis et l'armure copulatrice. Dans les femelles, on voit deux ovaires, un oviducte, une g'a de sébifique et différentes pièces vulvaires. Les mâles, dans les Cigales, ont un organe stridulent, au moyen duquel ils font entendre une espèce de chant monotone destiné à appeler les femelles. Celles-ci, selon les genres, ou déposent leurs œufs à nu, ou les introduisent dans des trous qu'elles pratiquent au moyen de la tarière dont elles sont munies.

« Tous les Hémiptères subissent des métamorphoses comme tous les autres ordres; mais ces métamorphoses peuvent n'être considérées que comme de simples changements de peau, puisqu'elles n'altèrent pas leurs formes, et qu'ils ont en sortant de l'œuf celles qu'ils conserveront toujours; tout consiste dans le développement des ailes et l'appropriation à un service actif de différents organes qui, jusqu'à l'état d'insecte parfait, sont plus ou moins rudimentaires. »

Quel est le rôle des Hémiptères dans la nature ? Il est bien triste, il faut l'avouer, car ils causent de grands dégâts à l'agriculture. Les Tingris, les Pucerons attaquent les feuilles des arbres fruitiers; les Punaises sucent notre sang et nous infectent; les Cochenilles elles-mêmes s'en prennent à nos ar-

bres de serre; mais au moins elles nous dédommagent de leurs méfaits et même de ceux de leurs congénères par la matière tinctoriale qu'elles fournissent. — L'ordre des Hémiptères est divisé en deux tribus :

1° HÉTÉROPTÈRES (du gr. *hétéros*, différent: *ptéron*, aile). Ce sont les Hémiptères qui ont leurs élytres ou ailes supérieures coriaces dans leur moitié antérieure, et transparentes dans le reste de leur étendue. Cette tribu se divise en deux familles : 1° les *Géocorises*, dont les genres sont terrestres. Ex.: *Halys*, *Punaise*, *Réduves*, etc.; 2° les *Hydrogorises*, qui sont aquatiques, comme les *Nèpes*, les *Notonectes*, etc.

2° HOMOPTÈRES (de *homos*, semblable; *ptéron*, aile). Dans ce groupe sont rangés les Hémiptères dont les ailes supérieures ont la même consistance, et sont demi-membraneuses dans toute leur étendue. Tels sont les *Pucerons*, les *Cigales*, les *Cochenilles*, les *Fulgores*, etc.

HÉMIRAMPHE (*Hemiramphus*). Nom de Poissons qui ont été confondus avec les Ésoces par Linné, mais dont Cuvier a fait un genre à part, à cause de la longueur démesurée de leur mâchoire inférieure. Leur corps est allongé, revêtu en partie de grandes écailles rondes, avec une large bande longitudinale, couleur d'argent, de chaque côté. — Ces poissons appartiennent aux mers chaudes. Leur chair, quoique huileuse, passe pour très agréable au goût.

On distingue, comme espèces principales, le PETIT ESPADON (*H. gladius*) d'Amérique, qui n'a pas 32 cent. de long;—le LONG MUSEAU (*H. longirostris*) de l'Inde;—le MUSEAU COURT (*H. brevirostris*), dont la mâchoire inférieure est proportionnellement beaucoup plus courte que dans l'espèce précédente.

HÉMOPIDE ou **HÆMOPIS** (du gr. *aïma*, sang; *pinein*, boire). Genre d'Hirudinées ou Sangsues, dont une seule espèce, l'*H. sanguisorba*. Corps allongé, de 95 à 97 anneaux; ventouse orale bilabiée, peu concave; lèvre supérieure très avancée; 10 points oculaires sur une ligne elliptique; dos roussâtre ou olivâtre, avec ou sans rangées de petites taches noirâtres; ventre noir, ardoisé, plus foncé que le dos. — Cette Hirudinée habite les eaux douces de l'Europe méridionale et de l'Afrique nord. Nous la trouvons dans nos ruisseaux, s'attachant aux jambes des bestiaux, cherchant à s'introduire dans la bouche et les fosses nasales des animaux, où elle peut causer des accidents. On s'en débarrasse avec de l'eau salée ou vinaigrée, des boissons alcooliques, l'absinthe, etc.

HENNEH ou **HENNÉ** (*Lawsonia*). Arbustes de la famille des Lythracées, dont nous citerons deux espèces, de l'Orient : le H. CULTIVÉ, dit *Alcouana*, qui se trouve en Égypte, en Palestine et en Perse; — le H. ÉPINEUX, dont les fleurs, d'un jaune pâle, répandent une odeur de bouc très prononcée, et dont les feuilles b.uillies, puis séchées et pulvérisées, fournissent une belle couleur jaune, que les indigènes emploient à plusieurs usages. Les anciens Égyptiens en coloraient leurs momies.

HÉPATIQUE. Nom vulgaire d'une *Anémone* (V. ce mot) que l'on cultive dans les jardins.

HÉPATIQUES. Famille de Plantes cryptogames acrogènes, intermédiaires entre les Lichénacées et les Mousses, tantôt étendues en membranes vertes à nervure médiane, tantôt munies d'une tige distincte, simple ou ramifiée, portant des feuilles entières ou dentées. Organes reproducteurs de deux sortes : les mâles (anthéridies) sous forme de corps celluleux, libres, ou engagés dans la substance végétale, ou enfin réunis dans des réceptacles pédicellés: les femelles consistant en espèces de pistils réunis, en nombre variable, dans des involucres spéciaux, et qui se changent en capsules ou sporidies sessiles ou pédicellées; ces sporidies s'ouvrent de diverses manières, et laissent échapper les spores, qui sont accompagnés de filaments roulés en hélice et nommés *élatères.*—Cette famille se divise en quatre tribus. Ses principaux genres sont : *Jungermannie* et *Marchantie.*

HÉPIALE (du gr. *hépianos*, papillon de nuit). Genre de Lépidoptères nocturnes, ayant les antennes moniliformes, l'abdomen grêle, les ailes lancéolées, formant un toit très incliné dans le repos. Leurs chenilles vivent sous terre et se nourrissent de racines. — L'H. DU HOUBLON, qui a de 5 à 6 cent. d'envergure, le dessus des ailes d'un blanc d'argent bordé de rouge, est commun en Belgique et dans le nord de la France, où sa chenille occasionne parfois de grands dégâts dans les plantations de houblon. — L'H. VÉNUS du Cap doit son nom à sa beauté remarquable; ses ailes sont fauves, parsemées de taches d'argent.

HEPTANDRIE. Septième classe du système sexuel de Linné, comprenant les végétaux dont les fleurs présentent 7 étamines. V. — *Classification végétale.*

HERBE (*herba*). Nom donné à toute Plante non ligneuse qui perd sa tige et ses feuilles pendant l'hiver. Les herbes sont *annuelles, bisannuelles, trisannuelles* ou *vivaces*, selon qu'elles meurent au bout d'un an, ou que leurs racines se conservent pendant deux, trois ou plusieurs années.

Le mot *herbe* est devenu spécifique dans la nomenclature vulgaire, pour un nombre infini de plantes: c'est ainsi, pour citer quelques exemples, qu'on appelle : *herbe à coton*, le Gnaphale; *herbe à éternuer*, la Ptarmique; *H. à lait*, l'Euphorbe; *H. à la coupure*, la Millefeuille; *herbe à l'esquinancie*, l'Aspérule; *herbe à coton*, la Gifole, etc.

HERBE A LA OUATE. Nom vulgaire de l'Asclépiade de Syrie (*Asclepias syriaca*), famille des Asclépiadacées, dont les caractères botaniques ont été indiqués déjà au mot *Asclépiade.* Nous revenons sur ce genre utile et agréable, non-seulement pour utiliser une gravure omise (*fig.* 649) qui en rend assez bien la disposition des fleurs, mais encore pour compléter l'histoire de la plante en question. Les aigrettes des semences de cette Asclépiade tiennent de la soie et du coton: elles sont d'une finesse extrême, d'un éclat brillant, longues de 25 à 80 millim.; on s'en sert pour ouater les vêtements, garnir les matelas, les coussins, etc. La filasse extraite des tiges, traitée comme la chenevotte du chanvre, se convertit en fil plein de nerf, donnant des toiles très fines. Ses graines rendent une huile excellente.

Quoique indigène à la Syrie, à l'Égypte, à la Palestine, l'Herbe à la ouate ou Asclépiade vraie est assez robuste pour passer en pleine terre les hivers de nos pays. On la propage par drageons; on les coupe en automne, quand le suc laiteux répandu dans toutes les parties de la plante est séché, et au printemps avant que ce suc recommence à circuler dans les canaux inférieurs. La culture est facile.

HÉRISSON (*Erinaceus*). Genre de Mammifères, de l'ordre des Carnassiers, famille des Insectivores, dont le caractère le plus remarquable consiste dans les épines qui remplacent les poils à la région dorsale, le ventre restant normal. Ils ont les formes ramassées, les yeux petits, la queue très courte, cinq doigts armés d'ongles forts à tous les pieds, les narines placées sur les côtés du mufle.

Les Hérissons appartiennent aux contrées moyennes de l'ancien continent; ils se nourrissent de petits animaux, d'insectes, de larves, de limaçons, d'œufs et de fruits; se creusent au milieu des bois des trous dans lesquels ils se cachent, ou se réfugient dans des troncs d'arbres creux. Ces animaux sont nocturnes, deviennent très gras vers l'automne et passent l'hiver dans un sommeil léthargique. Poursuivis par leurs ennemis, ils n'ont d'autre moyen de défense qu'en se mettant en boule et *hérissant* leurs piquants.

« Le Renard, dit Buffon, sait beaucoup de choses, le Hérisson n'en sait qu'une grande, disaient proverbialement les anciens. Il sait se défendre sans combattre, et blesser sans attaquer : n'ayant que peu de forces, et nulle agilité pour fuir, il a reçu de la nature une armure épineuse, avec la facilité de se resserrer en boule, et de présenter de tous côtés des armes défensives, poignantes, et qui rebutent ses ennemis; plus ils le tourmentent, plus il se hérisse et se resserre. Il se défend encore par l'effet même de la peur; il lâche son urine, dont l'odeur et l'humidité, se répandant sur tout son corps, achèvent de les dégoûter. Aussi la plupart des chiens se contentent de l'aboyer, et ne se soucient pas de le saisir; cependant il y en a quelques-uns qui trouvent moyen, comme le renard, d'en venir à bout, en se piquant les pieds et se mettant la gueule en sang ; mais il ne craint ni la fouine, ni la marte, ni le putois, ni le furet, ni la belette, ni les oiseaux de proie. »

Hérisson commun (*E. europœus*). Museau e

Fig. 644. — Herbe à la ouate.

oreilles nus, d'un brun violet ; yeux petits et saillants ; épines variées de noir et de blanc ; 5 mamelles de chaque côté. — Cet animal, qu'on trouve dans toutes les contrées de l'Europe, excepté dans les pays les plus septentrionaux, choisit son terrier avec une rare sagacité, dans un endroit sec et élevé, regardant les quatre points cardinaux. Il s'y construit plusieurs cham-

Fig. 645. — Hérisson.

bres, et y passe la plus grande partie du jour à dormir. Au printemps il sort de son engourdissement pour obéir à l'instinct de reproduction. Le mâle, au moment du rut, répand une odeur désagréable, qui a quelque rapport avec celle de musc. L'accouplement se fait comme celui des autres Mammifères. La portée est de 3 à 7 petits, blancs, sur lesquels, à leur naissance, on ne dislingue encore que l'extrémité des épines. La chair du Hérisson est bonne à manger ; mais si on l'élève dans quelques jardins, c'est dans le but de lui faire détruire un certain nombre d'insectes chaque jour.

Le Hérisson a longues oreilles (*E. auritus*) est la seconde espèce, aux oreilles beaucoup plus longues, qui habite la Russie et se rencontre également en Egypte.

HERMAPHRODISME (du gr. *Hermès*, Mercure ; *Aphrodite*, Vénus). Se dit d'un individu qui réunit les deux sexes ou quelques-uns de leurs caractères : de là la distinction de l'Hermaphrodisme en normal ou *vrai*, *normal*, et en anormal ou *faux*, *anormal*.

L'*Hermaphrodisme normal* a lieu de deux manières : 1° par simple coïncidence des organes des deux sexes dans un même individu, comme cela se voit dans la grande majorité des Plantes, chez lesquelles les deux sexes sont tantôt réunis dans une seule et même fleur, tantôt contenus dans des fleurs différentes, mais portés par un même individu ; comme cela se voit encore dans quelques Entozoaires, Annélides et Mollusques. — 2° L'Hermaphrodisme normal a lieu par la réunion des deux organes génitaux, soit que ces organes aient seulement leurs orifices ouverts dans une cavité génitale commune, soit que l'oviducte et le canal déférent se réunissent en un seul conduit, ou enfin que l'un de ces canaux pénètre dans l'autre organe génital, car ces modifications se présentent dans les degrés inférieurs de l'échelle zoologique, jamais dans l'animal vertébré.

L'*Hermaphrodisme anormal*, au contraire, celui qui ne présente que certains caractères extérieurs trompeurs, n'est pas rare dans la série des Vertébrés, y compris même l'espèce humaine. J.-G. Saint-Hilaire en rapporte les différentes formes aux types suivants : 1° *H. avec excès*, dans lequel l'appareil sexuel reste essentiellement unique, mais offre dans quelques-unes de ses parties les caractères d'un appareil mâle, et dans quelques autres ceux d'un appareil femelle : 2° *H. sans excès*, dans lequel l'ensemble de l'appareil reproducteur est essentiellement mâle ou femelle, un petit nombre seulement de parties présentant les conditions sexuelles inverses ; ou bien l'appareil offre une telle association des caractères des deux sexes, que la détermination devient difficile et même impossible, et que cet appareil, dans presque toutes ses parties, n'est réellement ni mâle ni femelle, etc.

On doit reléguer au nombre des histoires fabuleuses tous les exemples cités d'Hermaphrodisme chez l'homme ; si dans la voix, la physionomie, les membres de ces individus mal conformés, on a remarqué le mélange des attributs des deux sexes, c'est que le vice de développement des parties génitales avait influé sur le reste de leur organisation, car c'est une loi, en physiologie, que la structure imparfaite d'un organe porte le trouble dans les systèmes qui correspondent sympathiquement avec lui, et même dans l'organisation tout entière. — Parmi les exemples qu'on a cités, nous en choisissons un seul.

« L'enfant d'un fermier de Bu (Eure-et-Loir) fut présenté au baptême, le 19 janvier 1792, comme fille, et reçut les noms de Marie-Marguerite. Blonde, fraîche, jolie, elle atteignit sa 20e année sans être réglée. A cette époque, elle fut demandée en mariage ; mais ses parents, qui avaient reconnu qu'elle n'était *pas faite comme toutes les autres filles*, la soumirent à l'examen de plusieurs médecins. Ceux-ci déclarèrent que Marie-Marguerite était un garçon. Cette déclaration, le jugement qui intervint pour lui restituer sa qualité d'homme, changèrent en peu de temps les habitudes et les goûts de cet individu. Revêtu des habits d'homme, il se montra bientôt aussi habile agriculteur, aussi gai compagnon, aussi courageux dans le danger que, sous les vêtements de femme, il s'était montré bonne ménagère, fille douce et modeste. »

Tout ceci n'explique pas les diverses conformations vicieuses qui donnent le change sur le véritable sexe : il faudrait pour cela des descriptions anatomiques et des dessins qui seraient déplacés dans cet ouvrage. Cependant qu'on se figure, chez l'homme, un pénis très peu développé, avec hypospadias, c'est-à-dire ouverture de l'urètre en dessous et près de la racine de cet organe, les testicules retenus dans l'abdomen, et le scrotum divisé perpendiculairement de manière à figurer les grandes lèvres, on aura dans cette disposition des organes toute l'apparence du système sexuel externe de la femme. Chez la femme, au contraire, si le clitoris est très développé, la vulve conformée de façon à être méconnaissable et à ressembler davantage aux parties masculines, on croira plutôt à l'existence de celles-ci. Ces vices de conformation n'ont pas passé inaperçus chez les anciens ; il existe à Rome des statues antiques qui prouvent que les Grecs les ont remarqués. La célèbre statue couchée que l'on voit au Musée du Louvre représente un prétendu Hermaphrodite.

HERMINE ou **Roselet** (*Mustela erminea*). Carnassier digitigrade du genre Putois ; sa forme est allongée comme celle de la Belette : longueur totale, 45 cent., dont la queue en mesure 19. Son pelage d'été est d'un brun marron pâle en dessus, blanc teinté de jaune clair en dessous (l'animal s'appelle alors *Roselet*) ; l'hiver le pelage est généralement blanc, excepté au bout de la queue, dont le flocon reste constamment noir ; en automne et au printemps, il est d'un blanc taché de plaques brun-marron, indiquant son passage au blanc pur ou au marron.

L'Hermine habite l'Europe tempérée ; elle y est plus rare que la Belette. C'est dans le Nord, en Russie, en Norwége, en Sibérie, en Laponie qu'elle est le plus commune ; on la rencontre aussi dans les parties les plus septentrionales des Etats-Unis d'Amérique. Elle est d'un caractère plus farouche que la Belette ; se cache dans les forêts les plus arides, et ne s'approche jamais des habitations des hommes ; et cependant elle s'élève très bien en domesticité, elle s'apprivoise même mieux que la Belette. Les écureuils, les rats, les œufs d'oiseaux des prairies humides font sa nourriture. Ce joli petit animal a une physionomie fine et gra-

Fig. 651. — Hermine.

cieuse ; il est agile et léger ; mais il exhale une très mauvaise odeur. Sa fourrure est des plus recherchées, surtout quand elle a ce blanc éclatant qu'elle perd plus ou moins en vieillissant pour prendre une teinte un peu jaunâtre : on s'en sert pour faire des manchons, des palatines, des manteaux de luxe, des garnitures de robes et de costumes de docteurs et de magistrats. On en relève le blanc par des mouchetures noires formées avec la queue de l'animal. Aussi l'Hermine, ainsi que la Zibeline, est-elle l'objet d'une chasse active, qui occupe un très grand nombre d'hommes dans le Nord, principalement dans l'empire russe. La plus belle fourrure de cet animal nous vient du nord de l'Asie.

HERNIAIRE (*Herniaria*). Genre de Plantes de la famille des Paronychiacées, qui renferme des herbes et des arbrisseaux à tiges rameuses et couchées, à feuilles simples et opposées, à fleurs petites, réunies en grappes nombreuses.

HERNIAIRE GLABRE (*H. glabra*), vulg. *Turquette, Herniole, Herbe aux mille graines, Herbe aux hernies*. C'est une petite plante entièrement étalée, à racines grêles, blanchâtres ; à feuilles petites, ovales-oblongues, entières, opposées dans leur jeunesse, puis alternes par la chute de celles qui se trouvaient du côté de chaque rameau fleuri ; fleurs petites, verdâtres, sessiles, ramassées par pelotons axillaires qui s'allongent ensuite en forme d'épis : calice 5-fide ; 5 petits pétales squamiformes, 5 étamines ; ovaire supère avec 2 ou 3 styles courts ; capsule indéhiscente petite, contenant une seule graine luisante.

L'Herniaire est abondante dans les lieux incultes et sablonneux, où elle forme des touffes vertes ou jaunes, chargées à l'époque de la fructification d'un très grand nombre de graines. Elle est

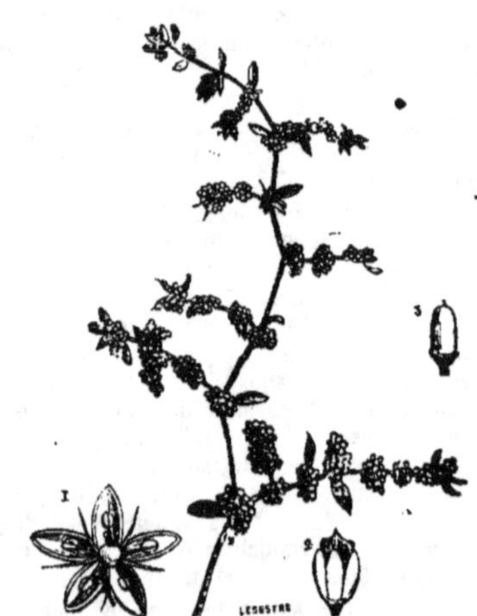

Fig. 652. — Herniaire.

(1, fleur entière, grossie ; — 2, fruit très grossi ; — 3, le même, dépouillé de son calice.)

absolument inodore et à peine douée d'une légère saveur herbacée. Et pourtant que de vertus médicamenteuses on lui a attribuées ! Elle a été vantée tour à tour contre l'hydropisie, les calculs de la vessie, la faiblesse de la vue, et surtout comme propre à réduire les hernies. Et qu'on ne croie pas que cette dernière propriété, qui a valu à la plante le nom qu'elle porte, ait été imaginée par l'ignorance : Fallope et Matthiole ont particulièrement préconisé, sous ce rapport, son suc exprimé à l'intérieur ainsi que l'herbe appliquée en cataplasme. La Herniaire est tombée dans le complet oubli qu'elle mérite ; mais il serait intéressant de connaître les causes de son ancienne célébrité.

HÉRON (*Ardea*). Genre type d'un groupe nombreux d'Oiseaux, de l'ordre des Échassiers, que les ornithologistes désignent sous le nom d'*Ardéidés*, groupe qui comprend les Ibis, les Cigognes, les Hérons, etc. Les Hérons proprement dits offrent pour caractères génériques : bec beaucoup plus long que la tête, droit, pointu, épais à la base, s'amincissant successivement jusqu'à la pointe qui est aiguë, et dont les bords droits sont coupants et finement dentés ; ailes très amples, concaves ; queue courte ; tarses généralement plus longs que le doigt médian, grêles, réticulés, garnis de scutelles en devant : jambes à moitié dénudées ; doigts allongés, l'interne libre à la base ; pouce muni d'un ongle robuste, portant en entier sur le sol ; le devant de l'œil dénudé.

Dans ce genre ont été rangés, comme formant

une section à part, caractérisée par un bec moins long, un peu moins droit, et par des tibias moins

Fig. 653. — Héron pourpré.

découverts, etc., les *Bihoreaux*, les *Butors*, les *Blongios* et les *Crabiers*.

Les diverses espèces de Hérons sont des Oiseaux demi-nocturnes, de passage périodique ou

Fig. 654. — Héron-Aigrette.

irrégulier, tristes et solitaires, vivant sur le bord des lacs et des marais, et se nourrissant de poissons, de vers, de coquillages, d'insectes et même de reptiles. Ils se tiennent dans une attitude droite, le cou recourbé sur la poitrine, la tête placée sur l'épaule et souvent en partie recouverte par les plumes : ils attendent ainsi leur proie et se précipitent sur elle aussitôt qu'elle paraît. Leur vie est presque constamment solitaire ; ils ne se réunissent que dans la saison des œufs et à l'époque de la migration.

Mais passons aux espèces, car ce que nous

avons à dire s'applique surtout au Héron commun.

Héron commun ou cendré (*A. major*), *Héron huppé*, de Buffon. Plumage d'un cendré bleuâtre; sommet de la tête et front blancs, avec huppe noire très flexible ornant l'occiput; partie antérieure du cou blanche, tachetée de noir; bec et iris jaunes; taille d'un mètre environ de l'extrémité du bec à celle de la queue; etc.

Cette espèce se rencontre en France, en Hollande, en Angleterre, en Norwége, en Sibérie, en Egypte, en Perse, au Malabar. Se tenant habituellement sur le bord des eaux, le Héron prend beaucoup de grenouilles qu'il avale tout entières, mais sa nourriture ordinaire est le poisson. Pour voler, il raidit ses jambes en arrière, renverse le cou sur le dos, le plie en trois parties, y compris la tête et le bec, de façon que d'en bas on ne voit point sa tête, mais seulement un bec qui paraît sortir de la poitrine. Il s'élève et se perd à la vue dans la région des nuages : il y a peu d'oiseaux qui s'élèvent aussi haut et qui, dans le même climat, fassent d'aussi grandes traversées.

« Le Héron, dit Buffon, nous représente l'image d'une vie de souffrance, d'anxiété, d'indigence : n'ayant que l'embuscade pour tout moyen d'industrie, il passe des heures, des jours entiers à la même place, immobile au point de laisser douter si c'est un être animé. Lorsqu'on l'observe avec une lunette (car il se laisse rarement approcher), il paraît comme endormi, posé sur une pierre, le corps presque droit et sur un seul pied, le cou replié le long de la poitrine et du ventre, la tête et le bec couchés entre les épaules, qui se haussent et excèdent de beaucoup la poitrine; et s'il change d'attitude, c'est pour en prendre encore une plus contrainte en se mettant en mouvement : il entre dans l'eau jusqu'au-dessus du genou, la tête entre les jambes, pour guetter au passage une grenouille, un poisson. Mais réduit à attendre que sa proie vienne s'offrir à lui, et n'ayant qu'un instant pour la saisir, il doit subir de longs jeûnes et quelquefois périr d'inanition; car il n'a pas l'instinct, lorsque l'eau est couverte de glace, d'aller chercher à vivre dans des climats plus tempérés; et c'est mal à propos que quelques naturalistes l'ont rangé parmi les oiseaux de passage qui reviennent au printemps dans les lieux qu'ils ont quittés l'hiver, puisque nous voyons ici des Hérons dans toutes les saisons, et même pendant les froids les plus rigoureux et les plus longs : forcés alors de quitter les marais et les rivières gelées, ils se tiennent sur les ruisseaux et près des sources chaudes; et c'est dans ce temps qu'ils sont le plus en mouvement, et où ils font d'assez grandes traversées pour changer de station, mais toujours dans la même contrée. Ils semblent donc se multiplier à mesure que le froid augmente, et ils paraissent supporter également et la faim et le froid; ils ne résistent et ne durent qu'à force de patience et de sobriété : mais ces froides vertus sont ordinairement accompagnées du dégoût de la vie.

Lorsqu'on prend un Héron, on peut le garder quinze jours sans lui voir chercher ni prendre aucune nourriture; il rejette même celle qu'on tente de lui faire avaler : sa mélancolie naturelle, augmentée sans doute par la captivité, l'emporte sur l'instinct de sa conservation, sentiment que la nature imprime le premier dans le cœur de tous les êtres animés; l'apathique Héron semble se consumer sans languir, il périt sans se plaindre et sans apparence de regret. »

Le Héron présente son bec comme un poignard à l'oiseau de proie qui fond sur lui; mais il a plus de confiance dans son vol élevé, et il cherche toujours à lui échapper en volant plus haut que lui; aussi la chasse du Héron était-elle autrefois, pour le plaisir des princes, le vol le plus brillant de la fauconnerie. Il niche sur les sommets des plus hauts arbres, pond 4 ou 5 œufs d'un vert pâle uniforme et de forme allongée. Les jeunes sont, dans le premier âge, assez longtemps couverts d'un poil follet épais.

Héron aigrette (*A. egretta*) ou *Grande Aigrette*.—V. fig. 654.—D'un blanc pur; la tête ornée d'une petite huppe; sur le dos, plumes d'une longueur de 30 cent., que l'animal relève vivement lorsqu'il éprouve quelque émotion, et qui tombent à l'automne pour repousser au printemps; longueur totale, 75 à 80 cent. — Cette espèce se rencontre dans l'est de l'Europe, en Asie, dans l'Amérique septentrionale, et niche sur les arbres et dans les roseaux; sa ponte est de 3 œufs d'un vert bleuâtre ou d'un bleu pâle.

Héron garzette (*A. garzetta*), vulg. *Petite Aigrette*. Cette espèce, de moitié moins grande que le Héron ordinaire, et dont les plumes effilées ne dépassent pas la queue, habite les confins de l'Asie et passe régulièrement dans le midi de la France. Elle niche dans les marais, et pond 3 à 5 œufs pointus aux deux bouts, d'un bleu verdâtre.

Héron crabier (*A. comata*), vulg. *Crabier de Mahon*. Cou moins long que dans les espèces précédentes : tarses courts, forts; cou et manteau roux, le reste du plumage blanc : 6 longues plumes pendantes à la nuque chez les adultes; 48 à 50 cent. de taille. —V. fig. 655.—Commun dans le midi de l'Europe, en Afrique, en Asie; peu farouche : niche sur les grands arbres et les roseaux, et pond de jolis petits œufs d'un vert clair.

Héron butor (*A. stellaris*). C'est le *Héron fauve* (fig. 656) : bec plus haut que large, les tarses courts, le plumage fauve doré, tacheté de noirâtre : les plumes du cou sont larges et écartées, ce qui fait paraître cette partie plus grosse. — Cet oiseau, assez commun en France, se tient ordinairement caché entre les roseaux, immobile et le bec levé en l'air. Son nom de *Butor* lui vient de son cri, qui est terrible. Attaqué, il se défend avec courage. Il niche dans les endroits marécageux : 3 ou 4 œufs d'un bleu pâle verdâtre.

Héron bihoreau (*A. nycticorax*). Le Bihoreau, qui forme un genre distinct pour quelques-uns, est blanc, à calotte et manteau noir verdâtre : de l'occiput partent 3 à 5 plumes effilées, qui descendent jusqu'au dos : taille , 60 centim. — Répandu dans le midi de l'Europe, cet oiseau niche parmi les joncs ou sur les saules, et pond 3 ou 4 œufs d'un bleu verdâtre pâle.

Fig. 655. — Héron-Crabier.

Héron blongios (*Ardea minuta*). C'est l'Ardéole (*Ardeola minuta*) de Ch. Bonaparte ; genre séparé des Hérons, et caractérisé par un bec mince, droit, et des jambes complétement emplumées ; tarses courts et doigts allongés et forts. V. la figure à l'art. *Echassiers*. — Cet oiseau n'est guère plus grand qu'un Rale ; on le rencontre fréquemment dans la Suisse et les contrées

Fig. 656. — Héron fauve ou Butor.

montagneuses de la France. Il a la singulière habitude, suivant M. Degland, lorsqu'il est posé sur une branche, de prendre une position telle, que son bec, son corps et ses pieds ne forment qu'une seule ligne perpendiculaire. Sa ponte est de 4 à 6 œufs, d'un blanc terne ou légèrement olivâtre.

HESPÉRIE (*Hesperia*). Nom d'un genre de Coléoptères diurnes, assez gros, ayant l'habitude de ne relever, dans le repos, que les ailes supérieures, ce qui fait paraître les ailes inférieures comme luxées, et ce qui a fait appeler ces insectes *Papillons estropiés*. Leurs chenilles vivent dans les feuilles qu'elles roulent, et font, pour leur métamorphose, une coque légère. — L'Hespérie silvaine, longue de 2 cent. et au corps noir, avec des poils fauves en dessus, les ailes d'un fauve blanc et vif, est commune dans les bois humides. — Il y a l'H. de la mauve, l'H. du chardon, l'H. damier, toutes des environs de Paris.

HÉTÉROGYNES. Famille d'Hyménoptères, section des Porte-aiguillons, distincte des autres familles de la même section, parce que dans les espèces solitaires les femelles sont aptères, et que

Fig. 657. — Hétérogyne.

dans les espèces vivant en société les neutres, ou femelles avortées, sont dans le même cas; ces deux sortes d'individus manquent en outre assez souvent d'yeux lisses. Cette famille contient deux tribus, les Mutillaires et les Formicaires.

HÉTÉROMÈRES. Tribu de *Coléoptères.* — V. ce mot.

HÉTÉROMYS (du gr. *hétéros*, différent: *mus*, rat). Mammifère de l'ordre des Rongeurs, très voisin de la famille des Rats, dont il a la taille; pelage brun marron en dessus, blanc en dessous; dos revêtu d'épines lancéolées, fines, entremêlées de poils fins; queue écailleuse, revêtue de quelques poils épars. — Cette espèce de Rat (*Mus anomalus*, de Thompson) habite l'île de la Trinité.

HÉTÉROPODES (*hétéros*, différent; *pous*, pied). Ordre de Mollusques de la classe des *Gastéropodes.* — V. ce mot. — Richard a dressé le tableau suivant des genres :

Corps nu ou à coquille intérieure.	branchies sessiles, — plusieurs natatoires		
	libres au tour d'un nucléus.	pédonculé	sans coquille. FLÈCHE.
			avec coquille. FIROLE. CARINAIRE.
	branchies sur la peau sans nucléus extérieur.		PHYLLYROE.
contenu dans une coquille roulée en spirale et carénée.			ATLANTE.

HÉTÉROPTÈRES. Tribu d'*Hémiptères.* — V. ce mot.

HÊTRE (*Fagus*). Genre de la famille des Cupulifères, arbres de grande taille, qui atteignent jusqu'à 20 mètres de hauteur, et se terminent souvent par une belle tête arrondie, composée d'un feuillage vert et luisant, finement denté sur les bords; fleurs mâles et fleurs femelles portées sur le même individu, mais les premières forment des chatons pendants, les secondes sont cachées

dans les aisselles des feuilles supérieures; fruits petits, osseux, bruns et luisants, appelés *faines*, enfermés deux à deux dans une espèce de calice.

Le Hêtre commun (*F. sylvatica*), vulg. *Fonteau. Foyard*, croit naturellement dans nos forêts, ainsi que dans celles de l'Amérique septentrionale. Son bois, assez employé en ébénisterie, est excellent à brûler et à faire du charbon; ses fruits sont recherchés par les cochons, les dindons et autre bétail; ils fournissent une huile qui acquiert en vieillissant un assez bon goût de noisette, et qui passe pour la meilleure après l'huile d'olive.

HÉVÉE. Euphorbiacée qui fournit du caoutchouc. — V. *Siphonie.*

HEXANDRIE (du gr. *hex*, six; *aner*, mâle), 6e classe des Végétaux dans le système de Linné, renfermant ceux dont les fleurs ont six étamines ou organes mâles. — V. *Classification végétale.*

HIBERNATION. Sorte de sommeil annuel auquel sont soumis certains animaux. Ce sommeil n'est point causé uniquement par le froid, comme on l'a cru longtemps: on l'observe aussi dans les grandes chaleurs, comme cela a lieu pour le *Tenrec*, de Madagascar, qui passe en léthargie les trois mois les plus chauds de l'année. L'animal qui doit hiberner ferme son terrier, se contracte, se tient pelotonné, immobile et les yeux fermés. Les fonctions les plus importantes de la vie sont suspendues, la respiration est lente et à peine perceptible. Le Hérisson, la Chauve-Souris, la Marmotte, l'Hamster, le Loir, le Campagnol, la Gerboise, la Taupe, le Porc-épic, l'Ours, le Blaireau, le Castor, l'Agouti, le Cochon d'Inde, le Lièvre, le Lapin (dans l'état de nature) chez les Mammifères; quelques espèces d'Hirondelles, chez les Oiseaux; le Limaçon des vignes, la Limnée chez les Mollusques, sont les plus connus des animaux hibernants.

HIBERNIE. Genre de Lépidoptères, de la famille des Nocturnes, qui se compose d'insectes dont les femelles sont aptères, et qui ne se montrent à l'état parfait qu'à la fin de l'automne ou même en plein hiver, ainsi que l'exprime leur nom. — L'espèce la plus connue est l'*H. defoliaria*, dont la chenille est, dans certaines années, un véritable fléau pour les arbres fruitiers.

HIBOU (*Otus*). Genre d'Oiseaux de l'ordre des Rapaces, sous-ordre des Nocturnes, rangés dans la même famille que les Ducs, les Scops, etc., et présentant les caractères que voici: bec court, caché dans les plumes du disque, sauf sa pointe, qui est recourbée dès la base; conque de l'oreille très marquée, fermée par un opercule membraneux; deux aigrettes; ailes longues, queue médiocre, tarses et doigts emplumés; ongles longs, arqués et aigus.

Les Hiboux voyagent et émigrent par petites

bandes; mais leur pupille énorme, donnant entrée à une grande quantité de rayons solaires à la fois, les empêche de supporter la lumière du jour. Ce n'est donc qu'entre le coucher du soleil et l'aurore qu'ils peuvent sortir de leur retraite pour aller à la recherche de leur nourriture, qui consiste en proies vivantes. Le jour, se cachant sous l'ombre d'un arbre touffu, et rendus apathiques, impuissants à nuire, à cause de la sensibilité extrême de leur rétine à la lumière, i's sont assaillis, hués, poursuivis par les mésanges, les rouges-gorges, les moineaux, etc. Ils nichent

Fig. 678. — Hibou Moyen Duc.

dans les trous des rochers, dans les creux d'arbres, les crevasses des vieilles masures. — Voici les principales espèces :

HIBOU COMMUN OU MOYEN DUC (*Otus vulgaris*). Tête et manteau variés de blanc, de roux et de brun ; poitrine et partie antérieure du cou roussâtres; queue ornée de 8 ou 9 bandes brunes; ventre maculé de brun: longueur totale, 40 centim.

Le Hibou, désigné souvent sous le nom de Chat-Huant dans les campagnes, est répandu dans toute l'Europe. Il passe toute l'année en France, dans les bois et les vieux bâtiments, se nourrissant d'insectes à élytres, de taupes, de mulots, de rats. Il niche dans les fentes de rochers, les trous d'arbres, dans les nids abandonnés. Sa ponte est de 4 ou 5 œufs entièrement blancs, presque sphériques. Le Moyen Duc produit des petits de très bonne heure; il n'est pas rare de trouver des jeunes à la fin de mars et en avril. On se sert de ce rapace pour attirer les oiseaux à la pipée.

On sait les opinions superstitieuses du vulgaire à l'endroit des Oiseaux nocturnes, de la Chouette et du Hibou notamment; leur aspect triste, leur cri lugubre, représenté par le mot *cloud*, répété fréquemment, les ont fait considérer comme des oiseaux de mauvais augure.

HIBOU BRACHIOTE (*O. brachyotus*). Cette espèce a la tête petite et deux petites aigrettes au milieu du front; le plumage est d'un jaune d'ocre en dessus, varié de taches brunes longitudinales; ailes plus longues que la queue, blanches en dessous, etc. — C'est le *Moyen Duc à huppes courtes* de quelques auteurs; il se trouve assez rarement en France,

Fig. 679. — Hibou du Cap.

où il n'est que de passage dans les mois d'octobre et de novembre, tandis qu'il est commun en Hollande et en Angleterre. Il niche à terre et se nourrit particulièrement de petits mammifères.

HIBOU ASCALAPHE. — V. *Duc*.

HIÈBLE. Espèce de genre *Sureau.* — V. ce mot.

HIPPE (*hippa*). Genre de Crustacés de l'ordre des Décapodes macroures : carapace ovalaire, un peu bombée et tronquée aux deux extrémités et non rebordée ; antennes intermédiaires divisées en deux filets avancés et un peu recourbés, les latérales beaucoup plus longues, recourbées, plumeuses au côté externe ; yeux portés sur un pédicule cylindrique situé entre les antennes ; pieds antérieurs terminés par un article ovale, comprimé, sans doigt mobile ; ceux des 2, 3 et 4 paires finissant par un article aplati, falciforme ou en croissant, ceux de la 5e paire très menus, filiformes et repliés. Abdomen comme échancré de chaque côté de sa base, et terminé par un article triangulaire, long et étroit, sur chaque côté duquel existe, près de la base, une lame natatoire, petite, ciliée sur les bords. et coudée ou arquée.

Fig. 660. — Hippe.

Les Hippes sont de mœurs encore peu connues. Ces Crustacés sont marins ; ils fuient constamment la lumière, et couvent sous les sables humides.—L'HIPPE ÉMÉRITE est considérée comme le type du genre. Sa longueur est de 6 à 7 cent. environ.

HIPPOBOSQUE (du gr. *hippos*, cheval ; *boskô*, paître) Genre de Diptères, de la famille des Pupipares ; insectes de petite taille, dont le corps est ovalaire, assez large, déprimé ; revêtu d'un derme de la consistance du cuir, à l'exception d'une grande partie de l'abdomen qui forme une espèce de sac membraneux, sans anneaux distincts, susceptible d'une grande dilatation dans une circonstance particulière ; tête unie intimement au corselet et portant 2 antennes courtes ; yeux grands, ovales ; ailes grandes, horizontales ; pattes courtes, robustes, munies de poils raides et courts, etc. Les Hippobosques portent différents noms vulgaires, tels que *Mouches à chien*, *Mouches bretonnes*, *Mouches d'Espagne*, *Mouches araignées*, d'après leurs habitudes ou leur forme. Ce sont des insectes qui sucent le sang des animaux et même de l'homme, mais dont heureusement la piqûre n'a rien de plus grave que celle de la puce. Ils attaquent particulièrement les chevaux aux endroits dégarnis de poils, y restant immobiles, le corps aplati et à l'abri des coups de queue par la dureté de leur derme ; s'ils sont obligés de prendre leur vol, ils s'écartent peu et reviennent presque aussitôt se poser à leur place.

Les femelles ont une organisation qui s'éloigne un peu de celle des autres insectes ; leurs ovaires diffèrent, et à l'extrémité se trouve une poche dilatable qui représente la matrice des animaux supérieurs. C'est dans cette poche que les œufs fécondés, au lieu d'être pondus, éclosent, et que les larves vivent. Celles-ci ne sont expulsées successivement qu'après avoir pris tout leur accroissement et s'être changées en nymphes sous la forme d'une coque presque aussi grosse que le ventre de la mère, lequel par conséquent est très dilatable. La nymphe ou coque est molle, d'un blanc de lait, avec l'un de ses bouts d'un noir d'ébène au moment de la sortie. Mais elle ne tarde pas à devenir entièrement noire, à durcir au point qu'elle résiste à une forte pression des doigts, et qu'elle ne laisse sortir l'insecte que par une espèce de porte qu'il peut ouvrir de dedans en dehors. On croit que l'Hippobosque femelle ne donne naissance qu'à une seule nymphe dans le cours de sa vie.

HIPPOBOSQUE DU CHEVAL (*H. equina*). Il est brun, long de 4 lignes : face, vertex, épaules, écusson, abdomen en dessous jaunâtres ; pattes fauves, crochets des tarses noirs. —Commun partout.

On décrit encore l'H. DU MOUTON, l'H. DE L'HIRONDELLE, etc.

HIPPOCAMPE (*Hippocampus*) ou CHEVAL MARIN, à cause de son encolure (de *hippos*, cheval ; *kamptô*, courber). Genre de Poissons, de l'ordre des Lophobranches, présentant un aspect particulier, surtout après leur mort, et tel, que le tronc et la tête se courbent par la dessiccation et prennent quelque ressemblance avec l'encolure d'un Cheval ; tronc comprimé latéralement et notablement plus élevé que la queue ; jointures des écailles relevées en arêtes, avec ongles saillants en épines ; queue dépourvue de nageoires (fig. 661).

Les Hippocampes sont de petite taille et se trouvent dans nos mers. L'espèce type est l'H. POINTILLÉ (*guttulatus*), qui atteint 33 centimètres.

HIPPOPOTAME (*Hippopotamus*). Nom (dérivé d'*hippos*, cheval, et *potamos*, fleuve) donné à un genre de Mammifères de l'ordre des Pachydermes fissipèdes, offrant les caractères suivants : corps très épais et très gros ; tête carrée, à museau très large au bout, sans mufle proprement dit; gueule très fendue ; yeux petits, oreilles en cornet, médiocres, placées assez bas; pieds courts, très épais , terminés par quatre doigts munis de petits sabots; queue courte; cuir très épais ; pas de poils, si ce n'est sur la queue , où il en existe quelques-uns rares et grossiers; deux mamelles ventrales.

L'Hippopotame offre des proportions vraiment difformes : des membres d'un diamètre considérable supportent la masse grossière du corps; le ventre touche presque à terre; des yeux ronds contrastent par leur excessive petitesse avec la grosseur démesurée de la tête; le cuir, lisse et épais , laisse à peine distinguer les articulations et l'espace occupé par le cou; l'animal tient du Cochon, mais est presque aussi gros que le Rhinocéros; sa couleur est d'un brun noir, un peu moins foncé sous le ventre.

Fig. 601. — Hippocampe.

Les Hippopotames vivent en Afrique , au Sénégal, au Cap de Bonne-Espérance, habitant le bord des rivières et séjournant le plus souvent dans l'eau; on les regarda longtemps comme propres au Nil, ainsi que le Crocodile; mais il n'y a jamais été très abondant. Maintenant les fleuves de Guinée, le Zaïre dans le Congo et les environs du Cap en sont remplis. Lourds et marchant fort mal sur la terre, ces pachydermes nagent au contraire et plongent avec une grande facilité : on dit qu'ils ont la faculté de marcher au fond des rivières , mais ce fait est douteux ; il est certain toutefois qu'ils peuvent rester longtemps sous l'eau sans venir respirer l'air extérieur. Leurs vastes narines se remplissent de liquide, qu'ils chassent avec force chaque fois qu'ils reparaissent à la surface de l'onde, ce qui signale leur présence aux chasseurs. Passant tout le jour dans

Fig. 602. — Hippopotame.

l'eau, ils en sortent la nuit pour aller paître sur le rivage, dont , pour leur sûreté, ils ne s'éloignent jamais. Ils se nourrissent de roseaux, de joncs, de jeunes rameaux d'arbres et de buissons aquatiques, jamais de matière animale, pas même de poissons. Trouvent-ils à leur portée des plantations de canne à sucre , de maïs, de riz, de millet, ils y font de grands dégâts. Leur cri a beaucoup d'analogie avec le hennissement du Cheval; il est beaucoup plus retentissant dans certaines circonstances. Si l'on vient à les blesser, ils s'irritent, et, se tournant avec fureur, se lancent contre les barques, les saisissent avec les dents, en enlèvent souvent les pièces, et quelquefois les submergent.

L'Hippopotame a l'instinct de l'eau; en naissant, il en trouve le chemin; il se tient entre deux eaux, ne montrant à la surface que les yeux, les oreilles et les narines; il voyage ainsi et dort même dans cette attitude, qui lui est d'autant plus facile qu'il a sous la peau beaucoup de graisse , substance plus légère que le liquide aqueux. Sa chair, quand elle est jeune, est très bonne à manger et très recherchée par les Abyssins, qui chassent l'animal en creusant, sur le chemin qu'il parcourt habituellement le soir en sortant de l'eau, une fosse large et profonde, masquée par un simple tapis de feuilles sèches ou de gazon soutenu par des baguettes, dans laquelle il tombe pour y être mis à mort à l'arrivée des chasseurs. Lors des amours, le mâle et la femelle sortent de l'eau et s'accouplent à la manière des chevaux. La gestation est de dix à onze mois; la portée n'est que d'un seul petit, qui suit sa mère dans la rivière, mais qui ne tète que hors de l'eau. La peau et les dents de l'Hippopotame sont des objets de commerce : l'ivoire des dents est d'une blancheur et d'une dureté presque minérales.

HIPPOPOTAME AMPHIBIE (*H. amphibius*). C'est l'espèce qui, pendant très longtemps, a été admise comme seule et unique. Sa longueur, mesurée en ligne droite depuis le bout du nez jusqu'à la queue, est de 3 m. 33 c. — Cet animal habite les grands fleuves et les principales rivières de l'Afrique, de l'Ethiopie et de l'Abyssinie. M. Duvernoy le distingue en *H. du Cap* et *H. du Sénégal*, dont les caractères différentiels sont peu marqués d'ailleurs. Le premier Hippopotame vivant a été amené à Paris, en 1853, par M. Delaporte.

HIPPOPOTAME TRÈS PETIT (*H. minor*). Sa taille ne dépasse pas celle du Sanglier; cette espèce est commune dans la rivière de Saint-Paul, sur la côte occidentale de l'Afrique; elle est plus difficile à

tuer, très irascible et dangereuse. Les nègres recherchent sa chair, dont le goût tient de celle du bœuf et du veau.

On compte au moins trois espèces d'Hippopotames fossiles parmi les ossements qui ont fait le sujet des plus importantes méditations de Cuvier.

HIPPURIDE (*Hippuris*) ou PESSE. Genre de Plantes aquatiques, dont la classification est incertaine, mais qui sont vivaces, glabres; à tiges aériennes simples; à feuilles verticillées; à fleurs sessiles à leurs aisselles : calice soudé avec l'ovaire, 1 étamine, etc.

L'HIPPURIDE COMMUNE (*H. vulgaris*), vulg. *Pesse d'eau*. l'unique espèce du genre, offre : rhizome spongieux, tiges de 20 à 60 cent., dressées, simples, portant des feuilles linéaires, verticillées par 8-12, diminuant de longueur à mesure que les verticilles se rapprochent du sommet de la tige. — Cette plante a, comme la Prêle, quelque ressemblance avec une queue de cheval (ce qu'exprime son nom tiré du grec). On la trouve dans les fossés aquatiques, les rivières et ruisseaux à courant peu rapide.

HIRONDE. Genre de Coquille, plus connu sous le nom d'AVICULE (*Avicula*), ayant quelque ressemblance avec une Hirondelle, beaucoup d'analogie avec les Marteaux, avec lesquels il a été

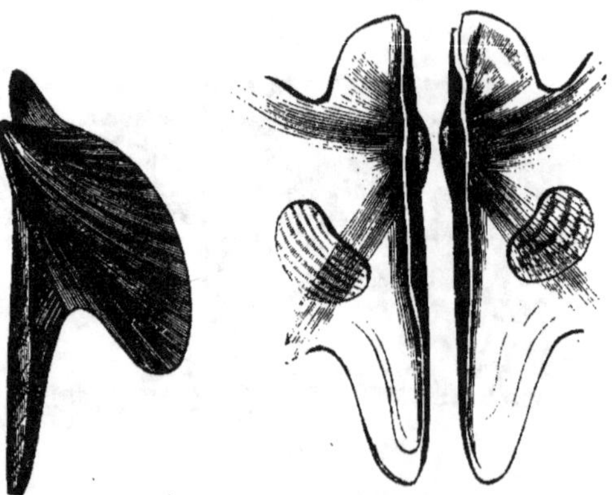

Fig. 603. — Hirunde.

longtemps confondu. Coquilles inéquivalves, inéquilatérales, fragiles, à base transversale, droite, ayant ses extrémités avancées et l'antérieure caudiforme; échancrure ou sinus à la valve gauche; charnière linéaire unidentée ; facette du ligament étroite, en canal pour le passage du byssus.

Les Avicules vivent un peu dans toutes les mers; elles sont presque toutes mutiques ou non écailleuses au dehors, à test généralement mince, fra-

gile et nacré en dedans. On en compte une vingtaine d'espèces seulement, dont la plus grande connue a 178 millim. de longueur. Ces Coquilles fournissent au commerce la nacre de perle.

HIRONDELLE (*Hirundo*). Genre d'Oiseaux de l'ordre des Passereaux fissirostres, connus de tout le monde. Leurs principaux caractères sont : bec court, large à la base, étroit et pointu à l'extrémité ; corps ovale ; ailes allongées ; queue le plus souvent fourchue : tarses grêles , le doigt externe ne dépassant pas la dernière phalange du médian. Ce genre diffère peu des Engoulevents, si ce n'est que ceux-ci sont plus gros, qu'ils ouvrent un plus large bec, où s'engouffrent et s'engluent en quelque sorte les insectes, etc.

Fig. 664 et 665. — Hirondelle de cheminée (mâle et femelle).

Les Hirondelles se rencontrent dans tous les pays du monde, mais passagèrement dans les contrées septentrionales. Elles habitent de préférence les lieux humides où elles trouvent une nourriture abondante. Or celle-ci consiste en insectes, dont ces oiseaux s'emparent dans leur course aérienne. Car, dit Buffon, « le vol est l'état naturel, je dirai presque l'état nécessaire de l'Hirondelle : elle

Fig. 666. — Hirondelle rousseline.

mange en volant, elle boit en volant, se baigne en volant, et quelquefois donne à manger aux petits en volant... Elle sent que l'air est son domaine, elle en parcourt toutes les dimensions et dans tous les sens, comme pour en jouir dans tous les détails, et le plaisir de cette jouissance se marque par de peti   cris de gaîté. Tantôt elle donne la

chasse aux insectes voltigeants , et suit avec une agilité souple leur trace oblique et tortueuse ; tantôt elle rase légèrement la surface de la terre , pour saisir ceux que la pluie ou la fraîcheur y rassemble ; tantôt elle échappe elle-même à l'impétuosité de l'oiseau de proie par la flexibilité preste de ses mouvements : toujours maîtresse de son vol dans sa plus grande vitesse, elle en change à tout instant la direction : elle semble décrire au milieu des airs un dédale mobile et fugitif, dont les routes se croisent, s'entrelacent, se fuient, se rapprochent, se heurtent, se roulent, montent, descendent , se perdent et reparaissent pour se croiser, se rebrouiller encore en mille manières, et dont le plan , trop compliqué pour être représenté aux yeux par l'art du dessin, peut à peine être indiqué à l'imagination par le pinceau de la parole. »

Les Hirondelles arrivent dans nos contrées dès les premiers jours d'avril : elles s'empressent de

Fig. 667 et 668. — Hirondelle de rochers (mâle et femelle).

prendre possession du nid qu'elles ont construit l'année précédente, et qu'il leur faut parfois disputer aux moineaux qui s'en sont emparés. Elles disparaissent aux approches des premiers froids , parce que les insectes leur manquent, et vont en Afrique. On a nié leurs migrations, pour *supposer* qu'elles passaient l'hiver au fond de l'eau ; et , chose étrange , cette opinion a été examinée et discutée par des hommes sérieux, par Linné lui-même. Toutefois plusieurs faits bien observés prouvent que ces oiseaux sont susceptibles d'hibernation, bien qu'ils n'hibernent pas ordinairement. Sous l'influence d'une cause qui nous est inconnue, ils peuvent quelquefois tomber en torpeur, d'autant mieux qu'ils sont dans un état de grande obésité au moment où ce phénomène se manifeste.

« Véritable amie de l'homme, l'Hirondelle semble ne se plaire que dans les lieux dont il fait sa demeure ; de son logis elle fait le sien , place dans l'angle de sa fenêtre, au milieu des villes , le nid où elle déposera sa tendre progéniture, ou bien cherche un refuge sous le toit paisible de la chaumière ; les unes semblent préférer le tumulte des villes, les autres les plaisirs plus tranquilles des champs ; et chaque année, campagnarde ou bourgeoise, franchissant des distances immenses, elles viennent revoir les lieux que l'intempérie des saisons les força de quitter ; elles reprennent le nid qu'elles construisirent sur le bord d'un fleuve, dans l'angle d'une fenêtre, dans la crevasse d'un mur ou sous le toit de chaume. » Elles sont susceptibles d'éducation, et s'habituent bien à la captivité ; mais leur naturel délicat réclame beaucoup de soins. D'après les observations faites sur des individus conservés en cage, l'Hirondelle de fenêtre et l'Hirondelle de cheminée mueraient , comme le Martinet, dans le mois de février, un mois ou un mois et demi avant d'arriver chez nous.

Les Hirondelles montrent un penchant extraordinaire à l'association. Lorsqu'une d'elles a besoin de secours, aux cris qu'elle jette, ses compagnes arrivent en foule et viennent aussitôt lui prêter leur appui. Le fait suivant, raconté par Dupont de Nemours, pourra donner une idée de la puissance de cet instinct.

« J'ai vu , dit-il, une Hirondelle qui s'était malheureusement et je ne sais comment pris la patte ans le nœud coulant d'une ficelle dont l'autre bout tenait à une gouttière du collège des Quatre-Nations. Sa force épuisée, elle pendait et criait au bout de la ficelle qu'elle relevait quelquefois en voulant s'envoler.

« Toutes les Hirondelles du vaste bassin entre le pont des Tuileries et le Pont-Neuf, et peut-être plus loin, s'étaient réunies au nombre de plusieurs milliers ; elles faisaient nuage, toutes poussant le cri d'alarme et de pitié. Après une longue hésitation et un conseil tumultueux, une d'entre elles inventa un moyen de délivrer leur compagne, le fit comprendre aux autres , et on commença l'exécution. On fit plus, toutes celles qui étaient à portée vinrent à leur tour, comme à une course de bague, donner en passant un coup de bec à la ficelle. Ces coups dirigés sur le même point se succédaient de seconde en seconde, et plus promptement encore... Une demi-heure de travail suffit pour couper la ficelle et mettre la captive en liberté. »

Les Hirondelles forment des unions indissolubles ; le couple ne se sépare qu'à la mort, et quand l'un des deux meurt, il est rare que l'autre ne le suive pas en peu de jours. « J'en avertis, dit Dupont de Nemours , les jeunes gens qui s'amusent quelquefois à leur tirer des coups de fusil, parce qu'elles sont difficiles à toucher. Mes amis , tirez des noix en l'air, cela est plus difficile encore, et respectez ces aimables oiseaux. Songez que chaque coup qui porte tue deux hirondelles , la dernière par un supplice affreux. » Le nid est composé à l'extérieur de glaise et garni à l'intérieur de substances plus molles ; dans nos contrées , ces oiseaux font annuellement deux ou trois pontes de 4 à 5 œufs.

Les espèces sont nombreuses ; et comme la disposition des couleurs varie , ainsi que le plumage du même individu aux différentes époques de sa vie, on ne doit procéder qu'avec beaucoup de prudence à la distinction des espèces. Aussi nous dispenserons-nous de les décrire.

L'Hirondelle de cheminée (*H. rustica*) est celle qui nous arrive la première ; elle a la queue plus longue que les ailes et profondément échancrée. C'est un modèle de fidélité conjugale et d'amour maternel. Vers la fin de l'été, le couple va chercher sa nourriture sur le bord des rivières ; puis, en septembre , plusieurs centaines de ces oiseaux se réunissent et quittent ensemble notre pays pour des climats plus propices.

L'Hirondelle de fenêtre (*H. urbica*), qui nous arrive 12 à 15 jours après la précédente , a la queue moins longue que les ailes et médiocrement échancrée. Elle est un peu moins familière que la précédente, mais non moins douée d'affection tendre et prolongée pour sa progéniture ; car Spallanzani a souvent vu fuir avec rapidité, à son approche, des petits que la sollicitude extrême de leurs parents retenait encore dans leur nid. Elles émigrent à la fin de septembre, mais elles ne s'assemblent pas au moment du départ. Un cordonnier de Bâle, en ayant pris une à sa fenêtre avant son départ, lui attacha un collier portant cette inscription :

> Hirondelle
> Si fidèle,
> Dis-moi, l'hiver, où vas-tu ?

Au printemps suivant, il reçut par le même courrier une réponse à sa demande :

> Dans Athènes ,
> Chez Antoine.
> Pourquoi t'en informes-tu ?

L'Hirondelle de rivage (*H. riparia*) fréquente les bords des rivières et niche dans les trous naturels des arbres ou dans les crevasses des rochers ; elle parcourt sans cesse la surface des eaux, faisant une guerre impitoyable aux insectes qui s'y trouvent.

L'Hirondelle de montagne ou de rocher (*H. rupestris*) habite le littoral de la Méditerranée et les hautes montagnes des Alpes et des Pyrénées. Son vol est moins rapide et plus élevé que celui des autres Hirondelles. Elle niche dans les fentes des rochers.

L'Hirondelle rufuline (*H. rufula*), vulg. *Rousseline*, a 17 à 18 cent. de longueur ; le dessus de la tête et le croupion sont roux ; les parties inférieures sont striées de brun ; la queue est très fourchue, unicolore, noire, ainsi que les ailes ; le bec et l'iris sont d'un brun foncé. — Elle habite le nord de l'Afrique, et se montre dans le sud de l'Europe ; ses mœurs sont celles de l'Hirondelle de cheminée.

L'H. SALANGANE sera étudiée au mot *Salangane.*

HIRONDELLE DE MER. — V. *Sterne.*

HIRUDINÉS ou **HIRUDINÉES** (de *hirudo*, sangsue). Famille d'Annélides, caractérisée par l'absence de pieds et de soies, une ventouse en avant du corps, l'autre à l'extrémité postérieure, la première quelquefois dentée, l'autre percée par

Fig. 669. — Hirudine (Sangsue)

l'anus. La lèvre supérieure de la bouche, placée au centre de la ventouse antérieure, est allongée, mobile ; l'intestin est rectiligne, à cœcums nombreux ; la respiration est cutanée, sans organes spéciaux ; la peau est molle et contractile. — Ces animaux sont hermaphrodites androgynes, et ovipares. On les rencontre dans les rivières, dans les marais, et même dans les eaux de la mer. — L'espèce type de cette famille est la *Sangsue.*

HISTOIRE NATURELLE. Science dont l'objet est l'étude des corps qui constituent la masse du globe, de ceux qui sont répandus à sa surface pour y vivre un temps donné et s'y reproduire, et qui se meuvent dans l'espace. Cette science comprend donc non-seulement l'ensemble des connaissances relatives aux corps organisés et aux corps inorganiques, mais encore, considérée dans l'acception la plus large du mot, elle embrasse accessoirement la physique, la chimie, la mécanique,

l'astronomie, etc. Mais l'usage a établi une ligne de démarcation entre l'Histoire naturelle proprement dite et ces diverses sciences, qui envisagent les mêmes objets sous des points de vue différents.

L'Histoire naturelle forme trois grands embranchements qu'on appelle *règnes ;* ce sont :

1° Le *Règne animal* ou la ZOOLOGIE ;

2° Le *Règne végétal* ou la BOTANIQUE ;

3° Le *Règne minéral* ou la MINÉRALOGIE.

Ces trois divisions primaires peuvent être considérées comme renfermant synthétiquement tous les mots dont cet ouvrage fait mention dans leur ordre successif ou de filiation.

Le premier ouvrage sérieux d'Histoire naturelle écrit par les anciens est dû à Aristote, l'auteur immortel de l'*Histoire des animaux*, 350 ans avant J.-C. Théophraste, Dioscoride, Pline, etc., et Conrard, Gesner, Aldrovande, Belon, au XVIe siècle, marchèrent, mais à de grandes distances, sur les traces du maître. Depuis cette époque, les travaux des Césalpin, des Bauhin, des Rondelet, des Linné, ceux de Buffon, de Daubenton, de Lacépède, de Lamarck, de Cuvier, des deux Geoffroy Saint-Hilaire, et de tant d'autres dont on trouvera les noms à l'article de chaque subdivision, ont fait de l'Histoire naturelle ce qu'elle est aujourd'hui, une des plus positives et des plus attrayantes de toutes les sciences.

HOAZIN (*Opisthocomus*). Ce mot latin, qui signifie *ayant la huppe en arrière*, et qui désigne un genre de Gallinacés voisin des Faisans, offre : bec épais, robuste, garni à sa base de soies divergentes ; orbites nus ; narines médianes ; doigts entièrement divisés ; belles touffes de plumes effilées en arrière de la nuque ; gorge blanche, cou mêlé de brun, dos et ailes d'un vert doré ; queue terminée par un large ruban blanc.

Le Hoazin ou *Faisan huppé*, seule espèce connue, habite Cayenne. Il vit sédentaire au bord des eaux, et se nourrit des fruits de l'*Arum arborescens ;* sa chair exhale une forte odeur de castoréum qui empêche de la manger.

HOBEREAU. — V. *Faucon.*

HOCCO (*Crax*). Genre d'Oiseaux de l'ordre des Gallinacés, ainsi caractérisé : bec fort, plus haut que large, à mandibule supérieure courbée et voûtée ; huppe composée de plumes longues, étroites, redressées et frisées au sommet ; tarses hauts, sans éperons ; quatre doigts, le postérieur très long, les 3 autres réunis à la base par une membrane ; ailes courtes, queue composée de 12 larges pennes.

Les Hoccos habitent le sud de l'Amérique, où ils représentent nos Dindons, qu'on ne rencontre que dans le nord. Ainsi que ceux-ci ils vivent par troupes ; ils sont de mœurs douces et sociales ; font leur nid sur les arbres et peuvent être facilement réduits en domesticité. Leur chair est blanche et d'un goût exquis. Peu défiants dans leur retraite , ils se laissent approcher et tirer par le chasseur sans se douter du danger. —On en connaît de plusieurs espèces.

Fig. 670. — Hocco alector.

Le Hocco NOIR (*C. alector*), dont la taille est celle du Dindon, est un oiseau commun au Mexique et au Brésil. On l'élève quelquefois dans nos basses-cours.

HOCHEQUEUE.—V. *Bergeronnette*.

HOLOCANTHE (*Holocanthus*). Espèce du genre Chétodon; poisson qui se distingue par la croissance rapide d'un aiguillon qui tient à l'angle du préopercule, dont, chez la plupart , les bords sont dentelés. Cet aiguillon se dirige en arrière dans l'état de repos: mais il s'écarte à volonté, et peut devenir alors une arme puissante à ajouter à celles que fournissent les aiguillons de la dorsale et de l'anale. — Les Holocanthes , dont on distingue plusieurs espèces ou variétés , habitent les mers des deux Indes; ils sont remarquables, non-seulement par leurs couleurs brillantes et variées, mais surtout par la délicatesse de leur chair.

Nous citerons l'HOLOCANTHE TRICOLORE (*H. tricolor*), appelée *Veuve coquette* à la Guadeloupe; son corps est marqué d'une grande tache tranchée de jaune vif sur un fond noir ; — l'H. COURONNÉ, qui a jusqu'à 35 cent. de longueur, et que les habitants de la Martinique appellent *Le Portugais* , à cause de ses couleurs jaune et bleu. —Le plus célèbre des Holocanthes est celui qu'on a surnommé *Empereur du Japon;* rien de plus singulier que son vêtement et ses couleurs, qui consistent en un bleu noirâtre général, marqué de 30 ou 32 raies longitudinales d'un jaune orangé, lesquelles se dirigent au bord de la dorsale en avant, en descendant un peu. La longueur de ce poisson est de 40 cent. environ. Mets très délicat.

HOLOCENTRE (*Holocentrum*). Genre de Poissons acanthoptérygiens , de la famille des Percoïdes, ayant le corps de forme ovale, légèrement comprimé , couvert de grandes écailles brillantes et dentées en scie ; deux dorsales ; dents en velours ; forte épine à l'angle du préopercule et à l'opercule dentelé.—Ce genre comprend des poissons de la plus grande beauté, propres aux parties chaudes des deux Océans. Aux Antilles on les appelle *Cardinaux* et *Écureuils*. Leurs espèces se ressemblent beaucoup, et se distinguent difficilement les unes des autres. Celle qui peut être considérée comme formant le type, est :

L'HOLOCENTRE A LONGUES NAGEOIRES (*H. longipenne*), dont la taille ne dépasse pas 36 centim. Son dos et ses flancs sont d'un beau rouge sur un fond d'argent , relevé de 7 ou 8 lignes dorées, etc. Rien n'est beau comme sa robe, délicat comme sa chair.

HOLOTHURIE (*Holothuria*). Genre de Zoophytes, de la classe des Échinodermes pédicellés, qui se reconnaissent à leur corps allongé ou cylindrique, coriace et ouvert à ses deux extrémités. L'une de ces extrémités est dilatée, comme tronquée , et présente la bouche à sa partie centrale; son contour est découpé en un grand nombre de tentacules courts et divisés. La peau est percée d'un grand nombre de petits trous pour le passage des pieds ou tentacules charnus.

Ces Zoophytes sont remarquables par la disposition de leur appareil respiratoire, composé de tubes membraneux ramifiés comme un arbre, et recevant l'eau dans son intérieur par l'intermédiaire d'un cloaque et de l'anus. Ils sont en partie pleins d'eau, en sorte que les viscères flottent dans ce liquide. Les organes de la génération sont rapprochés de la bouche.

Les Holothuries ayant deux orifices pour la digestion, doivent se placer avant les Oursins et les Astéries. Elles sont toutes marines, et se trouvent dans toutes les mers ; mais elles sont plus nombreuses dans celles des pays chauds, où leur taille est aussi plus considérable. Elles vivent sur les rochers ou sur le rivage, et se nourrissent d'animalcules qu'elles se procurent au moyen des appendices qui entourent leur bouche. Dans beaucoup de pays elles sont pêchées pour servir de nourriture à l'homme. — De Blainville a divisé les Holothuries en cinq groupes principaux, basés sur la nature des caractères et leur degré de perfection.

HOMARD (*Astacus marinus*), *Écrevisse de mer*. Genre de Crustacé décapode, de la famille des Macroures, détaché des *Écrevisses* (V. ce mot) auxquelles il ressemble par sa conformation intérieure, par la propriété qu'il a de reproduire les pattes qu'il perd accidentellement , par la faculté de changer de cuirasse , sa manière de respirer, etc. Il se distingue par une carapace unie, un rostre grêle, armé à chaque côté de 3 ou 4 épines; par ses branchies qui ressemblent à des bras, au nombre de plus de 20 de chaque côté; par des pattes extrêmement grosses, comprimées, ovalaires et inégales, que terminent des pinces d'une grande force. Il est brun verdâtre, avec les filets des antennes rougeâtres. Cuit, il devient d'un rouge vif.—On en trouve des espèces dans la Méditerranée et l'Océan.

Le Homard commun atteint 50 cent. de longueur, et se tient près des côtes, dans les lieux remplis de rochers, à une profondeur peu consi-

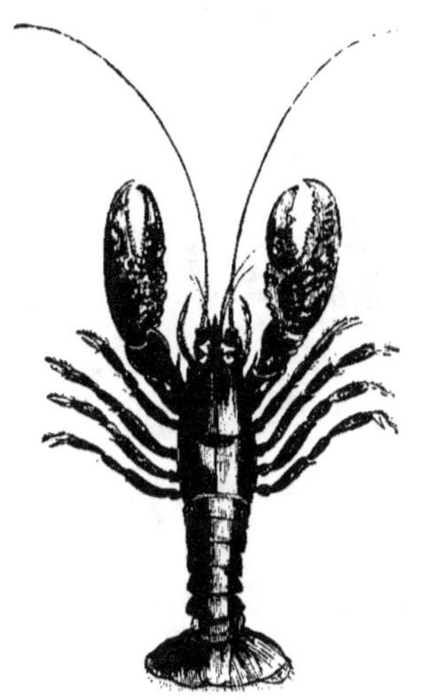

Fig. 671. — Homard.

dérable; sa chair est fort estimée, surtout dans le temps du frai, mais elle n'est pas de facile digestion.—Il ne faut pas confondre le Homard avec la Langouste ; les pattes de celle-ci sont beaucoup moins fortes, sans pinces, et les antennes sont plus grosses, plus longues et plus hérissées.

HOMME (*Homo*). Considéré sous le rapport de son organisation matérielle, l'Homme est pour les naturalistes un genre de Mammifères de l'ordre des Bimanes, le premier de tous les animaux par la perfection de ses organes. Linné fut le premier qui osa comprendre l'Homme dans un tableau systématique, où les animaux connus de son temps étaient passés successivement en revue, et rangés à la place qu'assignaient à chacun ses caractères physiques ; il classa notre espèce près des Singes, des Guenons, des Chauves-Souris même, s'appuyant sur ce fait que ces animaux ont de commun avec nous la disposition et le nombre des mamelles, le système dentaire, la liberté du membre qui caractérise le sexe masculin, le flux menstruel chez les femelles, la forme et les replis du canal intestinal, enfin le squelette, composé des mêmes pièces, etc.

« Les ressemblances physiques sont si nombreuses et si frappantes entre nous et les Singes sans queue, disent les partisans de cette manière de voir, à qui nous laissons encore la parole,

avant de les réfuter, que, pour n'y pas voir de trop proches parents dans l'ordre de la création, les naturalistes ont, jusqu'ici, été réduits à chercher leurs différences génériques dans les caractères les plus superficiels : ainsi, l'Homme est devenu pour eux le type, en même temps que l'être unique, dont se forme un ordre de Bimanes dans lequel toute sa noblesse se retranche. Les autres animaux que la nature dota de mains ont été supposés en avoir quatre, parce que leurs pieds se sont trouvés propres à un plus grand nombre d'usages que les autres : un avantage réel a été choisi pour un signe d'animalité. Tels sont les égarements dans lesquels tombent les meilleurs esprits, quand ils s'éloignent de la vérité par condescendance pour certaines erreurs qu'on n'ose attaquer ouvertement par les bases. Quatre mains ne seraient-elles pas les éléments de perfectibilité plus grands que deux ? Et lorsqu'on regarde comme si précieuse la disposition opposable des pouces, qui donne aux mains la facilité de saisir les plus petits objets, comment la même disposition aux pieds serait-elle un stigmate de dégradation ? c'est pourtant dans cette disposition toute en faveur des Orangs que consiste, pour les naturalistes, la seule différence systématique qui les sépare du genre Homme. Mais une telle considération ne doit être d'aucun poids, lorsqu'on examine que l'habitude de grimper sur les arbres, contractée dès la plus tendre jeunesse, peut, jusqu'à un certain point, rendre les pouces des pieds opposables chez nos pareils. »

M. Bory-St-Vincent, qui a écrit ces lignes, propose donc de rapprocher l'Homme et les créatures qui lui sont le plus semblables dans un même ordre, auquel il restitue le nom d'*Anthropomorphes*, nom qu'employa Linné, mais dont la signification doit être restreinte : aux animaux digités et munis d'ongles plats en tout ou en partie; à ceux dont la boîte cérébrale approche le plus de la forme sphérique; à ceux dont les dents sont de trois sortes, incisives, aplaties et tranchantes, canines en coin, molaires couronnées et tuberculeuses, et dont l'estomac est simple; aux animaux à mamelles pectorales, à pénis et testicules pendants extérieurement, à clavicules parfaites, à ceux dont les bras et les jambes sont articulés de manière à pouvoir exercer des mouvements de pronation et de supination plus ou moins complets; à ceux enfin dont le pied porte sur une plante.

Que l'Homme soit un Bimane ou un Quadrumane, peu importe. Ce qui fait essentiellement sa supériorité, c'est qu'il est seul doué de la raison, de la parole ; qu'il est libre, qu'il distingue le bien et le mal, et qu'il est éminemment perfectible. Mais si nous nous bornons à le considérer sous le rapport purement physique, nous voyons que s'il est une partie de son corps qui offre des traits différentiels bien caractéristiques, c'est sans contredit la tête, qui renferme les principaux sens, la vue, l'ouïe, l'odorat, le goût ainsi que l'organe instrument de la pensée, de l'intelligence, de l'entendement, en un mot de toutes les facultés cérébrales. — *Innervation*. — C'est par le rapport du volume du crâne au volume de la face que l'Homme se sépare de tous les animaux. Ce rapport peut être approximativement évalué par la mesure de *l'angle facial de Camper*, c'est-à-dire de l'angle compris entre un plan antérieur passant par le bord des incisives supérieures et par le point le plus saillant du front, et un plan inférieur passant par la base du crâne, au niveau des trous auditifs externes et du bord inférieur de l'ouverture antérieure des narines. Cet angle se rapproche d'autant plus de l'angle droit que le volume du crâne l'emporte davantage sur le volume de la face.

Fig. 672 à 675. — Angle facial

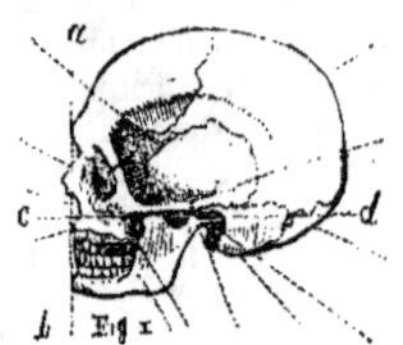

F. 1. — Race caucasique. Angle facial de 90 degrés.

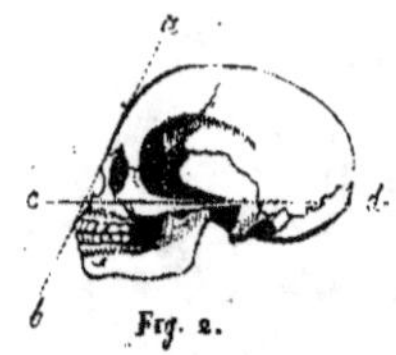

F. 2 — Race Éthiopienne. Angle facial de 75 degrés.

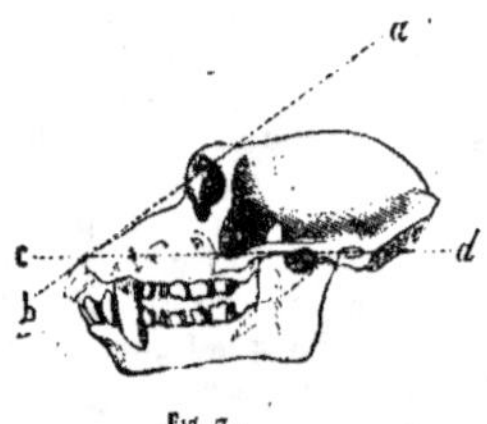

F. 3. — Tête de Macaque. Angle facial de 35 degrés.

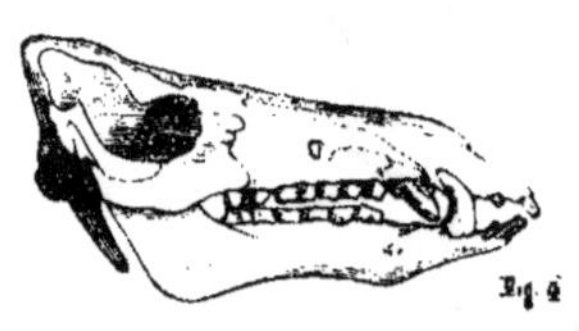

F. 4. — Tête de sanglier.

Ainsi, dans les têtes européennes, l'angle facial varie de 80 à 85°, quelquefois il va à 90 ; chez les Mongols il est de 75°, de 70 seulement chez les Nègres, et il varie de 65 à 30 dans les différentes espèces de Singes.

D'après le degré d'ouverture de l'angle facial, on est parvenu à apprécier les proportions respectives du crâne et de la face, et, jusqu'à un certain point, le degré d'intelligence des individus. Chez les animaux, cet angle est plus aigu que chez l'Homme. Ceux qui ont le museau le plus allongé sont, pour tout le monde, le type de la bêtise, comme les Bécasses, les Grues; ou celui de la férocité, comme le Loup, la Hyène : tandis qu'on attribue beaucoup d'intelligence aux animaux qui ont un front très prononcé, comme l'Éléphant, la Chouette, que les Grecs avaient donnée pour compagne à la déesse de la Sagesse.

Cependant, en raisonnant anatomiquement, on comprend que l'angle facial soit un moyen d'appréciation parfois peu fidèle, attendu que souvent, en raison de leur grand développement, les sinus frontaux gonflent tellement le crâne, qu'on ne peut juger à l'extérieur, surtout d'une manière sûre, de la capacité de cette boîte osseuse. Aussi,

pour obvier à cet inconvénient, Cuvier conseille-t-il de considérer le crâne et la face dans une coupe verticale et longitudinale de la tête, et de comparer les aires que ces deux parties peuvent offrir. Or, dans l'Européen, l'aire du crâne est à peu près quadruple de celle de la face, tandis que dans le Nègre, celle-ci augmente d'un cinquième.

C'est surtout dans les degrés de l'échelle inférieure aux Bimanes et aux Quadrumanes que l'angle facial montre que son ouverture plus ou moins grande n'est pas précisément en raison de la plus ou moins grande capacité du crâne, comme on l'a prétendu, mais bien en raison du plus ou moins de saillie des mâchoires, qui entraîne une apparente dépression proportionnelle du front. L'angle facial, en effet, n'est que de 11° chez le Cheval, cet animal si intelligent, tandis qu'il est de 25 à 26 chez le Mouton. Il est de 16 à 17 chez le Bœuf, de 26 à 30 chez le Chien, de 35 à 36 chez le Chat.

Il résulte néanmoins de l'observation de faits établis sur une large échelle, qu'il existe un rapport direct et constant entre le développement des facultés intellectuelles et celui du cerveau. Le docteur Parchappe, médecin en chef de l'asile des

Aliénés de la Seine-Inférieure, dans un mémoire intitulé : *Recherches sur l'encéphale*, nous apprend que le poids moyen de l'encéphale humain peut être évalué à 1 kilogr. 350 gram., tandis que celui d'un Orang adulte dont la taille était de 1 m. ne s'élevait qu'à 306 grammes.

Disons aussi que les organes des sens, à l'exception de l'odorat, ont chez l'Homme un haut degré de perfection ; que pour la longueur, la mobilité et l'indépendance des doigts, l'Homme réunit toutes les conditions du toucher par excellence (1). Enfin, si nous voulions parler du mode de réalisation de la vie propre à l'humanité, nous le verrions caractérisé par un grand nombre de faits communs à tous les Hommes, mais inconnus aux animaux ; malheureusement nous dépasserions de beaucoup les limites de cet article.

Les trois fonctions multiples et génériques qui caractérisent l'animalité se trouvent réunies dans toute leur perfection dans l'Homme. Ce sont :

1° La Nutrition, à laquelle se rapportent la *Digestion*, l'*Absorption*, la *Respiration*, la *Circulation*, les *Sécrétions*;

2° La Relation, qui comprend les sens de la *Vue*, de l'*Audition*, de l'*Olfaction*, de la *Gustation* et du *Toucher*, la *Phonation*, le *Mouvement* et l'*Innervation* ;

3° La Génération, où l'on trouve la *Conception*, la *Gestation*, l'*Accouchement*, la *Lactation*, etc. — V. ces mots.

Nous aurions encore à considérer l'Homme sous le rapport des différentes périodes de sa vie, sous celui de la durée de son existence, de la fécondité de la femme, du rapport des naissances et des décès, etc., si ces divers sujets ne trouvaient une meilleure place aux mots *Age*, *Vie*, *Mort*, etc.

La supériorité de la nature humaine sur celle des animaux se déduit de l'empire que nous exerçons sur les êtres créés. L'Homme seul jouit de la faculté de se tenir verticalement sur ses deux pieds ; seul il transmet ses idées par des signes et des sons articulés ; seul il peut habiter tous les climats ; en un mot, seul il étend sa puissance partout, domine l'univers et soumet tous les êtres à son obéissance ; l'Homme enfin s'élève à la connaissance d'un être infini, auteur de toutes choses. L'empire qu'il exerce sur les animaux est l'*empire de l'esprit sur la matière* : il *pense* et *sent qu'il pense*, et voilà pourquoi il est si supérieur aux êtres qui ne pensent point ou qui pensent sans conscience de leur faible activité intellectuelle. Son empire s'étend au-delà de la soumission et de l'obéissance, puisqu'il modifie dans leur nature les êtres qui l'entourent, au moyen des croi-

sements, de l'hygiène, de la culture, de la greffe des fécondations artificielles, et qu'il crée en quelque sorte des espèces nouvelles appropriées à ses besoins et à ses goûts. L'Homme, ont dit quelques philosophes, est plus mal partagé que les animaux sous le rapport de la force et de l'agilité ; mais qu'a-t-il besoin d'être plus léger qu'eux, puisqu'il les fait courir pour ses usages, qu'il sait demander à l'eau et aux vents des ailes qui le transportent dans tous les coins de l'univers, à l'électricité un moyen de transmettre sa pensée avec la rapidité de l'éclair ? Il peut laisser au Cheval, au Bœuf, au Chameau, à l'Eléphant, l'honneur de porter les lourds fardeaux dont il les charge pour ses besoins ; il ne se plaint pas non plus d'être né sans armes naturelles, puisqu'il sait s'en fabriquer d'aussi puissantes que celles dont il dispose, et que d'ailleurs, s'il a besoin de se défendre, il sait trouver des aides dans les animaux eux-mêmes.

L'Homme considéré, quant à ses formes, comme un simple animal, constitue un genre qui comprend plusieurs espèces, dont la détermination ou classification a beaucoup varié. Les espèces principales, et dont les caractères génériques paraissent invariables, ont reçu le nom de *Races*; les autres, celui de *Variétés*. Quoique l'espèce humaine, dit Cuvier, paraisse unique, puisque tous les individus peuvent se mêler indistinctement et produire des individus féconds, on y remarque certaines conformations héréditaires qui constituent les races ou variétés. Mais combien doit-on admettre de ces races ? Linné en a établi cinq : l'*Américaine brune*, l'*Européenne blanche*, l'*Asiatique jaune*, l'*Africaine noire*, la *Monstrueuse*.

Blumenbach en reconnaît cinq aussi : *Caucasique*, *Mongolique*, *Ethiopienne*, *Américaine*, *Malaise*.

Selon Cuvier, il n'y en a que trois éminemment distinctes : 1° la blanche ou *Caucasique*, 2° la jaune ou *Mongolique*, 3° la nègre ou *Ethiopienne*. — Bory Saint-Vincent en admet quinze, Maltebrun seize.

M. J. Geoffroy Saint-Hilaire divise le genre humain en onze races. En voici le tableau synoptique :

```
                      /blanche ou basanée.
Cheveux         bien saillant.\ Barbe abondante . . CAUCASIQUE.
lisses.  Nez    Peau . . . . /cuivrée. Barbe et poils
                              \ du corps rares. . . . ALLÉGHANIENNE.
                                         /cuivrée. . . AMÉRICAINE.
                             un peu\ basanée, la
                déprimé.     obliques,  taille très
                Yeux à axes  Peau . . / petite. . . HYPERBORÉENNE.
                                      \ jaunâtre. . . MALAISE.
                              très obliques. Peau
                              jaunâtre. . . . . . . MONGOLIQUE.
                très déprimé. Membres inférieurs
                                très grêles. . . . AUSTRALIENNE.
crépus. Nez     saillant. Peau bronzée. . . . . . . CAFRE.
                             /noire. Mem-\ assez bien
                très dépri-\ bres infé-\ développés ÉTHIOPIQUE.
                mé. Peau/ rieurs. . ./très grêles. MÉLANIENNE.
                             \ basanée. . . . . . . HOTTENTOTE.
```

Cette classification comme on le voit, a pour

---

(1) Ce fait est des plus importants. Dans la main des Singes, qui se rapprochent le plus de l'Homme, le pouce est plus court, et l'extenseur propre du petit doigt, de l'index, le court extenseur propre et le fléchisseur propre du pouce manquent : cet organe du Singe paraît donc plutôt destiné à saisir qu'à toucher.

base la trifurcation de Cuvier, qui est la plus simple des divisions admises :

1° *Race Caucasienne;*
2° *Race Mongolique;*
3° *Race Éthiopienne.*

La première a son centre principal en Europe et dans l'Asie-Mineure, l'Arabie, la Perse, l'Inde jusqu'au Gange, et l'Afrique, jusque et y compris le Sahara. — La deuxième comprend tout le reste de l'Asie, et a en quelque sorte son foyer sur le plateau de la grande Tartarie et du Thibet : elle paraît avoir peuplé originairement l'Amérique du Sud et celle du Nord. — Enfin, la dernière couvre la plus grande partie de l'Afrique et quelques îles de l'océan Pacifique, la Nouvelle-Guinée, la Nouvelle-Irlande, la Nouvelle-Bretagne, la terre des Papous, la Nouvelle-Hollande, etc.

RACE CAUCASIENNE OU BLANCHE. Ses caractères sont : cheveux lisses, forme ovale de la tête, nez droit, pommettes peu saillantes, bouche de moyenne grandeur, lèvres petites, traits de la physionomie ordinairement réguliers, peau plus ou moins *blanche*, pour employer l'expression vulgaire. C'est dans la race caucasique que l'angle facial est le plus développé : il est de 82 à 85 degrés : rarement il va à 90. La race caucasique (*japétique* de Bory-St-Vincent) produit les hommes doués au plus haut degré de l'esprit de sociabilité et de perfectibilité; les hommes du plus beau génie lui appartiennent. Si primitivement elle eut le po'y-

F.g. 676. — Arabe.

théisme pour religion, avec des notions sur l'immortalité de l'âme, elle fut la première à connaître et à pratiquer le christianisme. — Elle peut se diviser en quatre variétés principales ou familles :

1° *Race caucasique occidentale.* Bouche très petite, sourcil mince et arqué, noir; nez presque droit, figure parfaitement ovale; port majestueux, mais bientôt altéré par l'embonpoint; cheveux soyeux, noirs, luisants, merveilleusement bouclés. Les femmes sont surtout remarquables par la fraîcheur et l'éclatante blancheur de leur teint. Ce sont les filles de ces Mingréliens et de ces Circassiens des régions orientales de la mer Noire, qui deviennent communément l'ornement des harems musulmans. « C'est, dit Bory-St-Vincent, en se mêlant perpétuellement au sang de beautés si renommées dans l'Orient, que les Turcs et les Persans sont devenus des variétés magnifiques d'espèces moins bien traitées par la nature : car l'usage d'acheter un grand nombre d'esclaves attrayantes, pour s'en faire des épouses ou des concubines, existant de tout temps chez les peuples qui ont assez récemment embrassé le maho-métisme, le sang caucasique a pénétré jusqu'aux sources de l'Indus et chez diverses hordes de Boukharie, où les hommes s'étonnent eux-mêmes de ne plus être aussi hideux que leurs premiers pères. »

2° *Race pélasge méridionale.* Elle est non moins remarquable par la beauté de ses formes que la précédente. Originaires des monts de Thrace et d'Italie, le Danube et le Pô marquèrent longtemps les limites des Pélasges vers le Nord. Les têtes antiques des divinités du paganisme fournissent le type des traits qui durent caractériser originairement cette race, traits qu'ont altérés bien des croisements, mais qui se reconnaissent encore dans toute leur pureté chez beaucoup de Grecques et de Romaines de nos jours. On lui doit la première culture des céréales et de l'olivier, ainsi que la conquête du taureau dont elle a fait le bœuf.

3° *Race celtique occidentale.* Taille dont la moyenne est un peu plus haute que dans les deux races précédentes; cheveux châtains, foncés ou bruns, très fournis; nez non rectiligne, distingué du haut de la tête par une dépression plus ou moins marquée entre les yeux. Son berceau, séparé par les vallées du Rhône et du Rhin de celui des Pélasges, s'étendit dans les bassins de a Garonne, de la Loire et de la Seine, le long des rives occidentales de l'Europe, où cette race devint navigatrice pour pénétrer dans les îles Britanniques. « Les Celtes furent originairement anthropophages, et lorsqu'ils cessèrent de l'être, leurs druides perpétuèrent le souvenir de leurs primitifs et horribles festins, en immolant des victimes humaines sur les autels d'impitoyables dieux....

« Les Gaulois, par des croisements sans nombre, sont devenus les modernes Français, dont les Francs du moyen âge n'ont pas été la souche, comme ceux qui se disent les descendants en droite ligne de cette sorte de barbares ont la prétention de le faire accroire. Leur vivacité, leur inconstance, l'impétuosité de leur courage de cœur avec moins de courage d'esprit, une vanité souvent puérile, une incroyable mobilité d'idées, et cette légèreté que leur reproche sans cesse une pesante nation voisine, sont les traits qui restent aux Français du Celte primitif. Un penchant aux superstitions qui les entraîna trop souvent aux plus déplorables fureurs ; un goût exquis et sûr en matière d'arts; la presque totalité d'un langage nouveau et de leur législation, avec la gracieuse beauté de beaucoup de leurs femmes, leur viennent des Pélasges d'Italie et de Phocide. Cette raison qui, tempérant le tumulte de leur vagabonde imagination, les rendit aptes aux sciences de calcul en les préparant au joug salutaire des disciplines; mais des institutions féodales, de fausses idées de point d'honneur, l'usage des duels et le penchant à l'intempérance, sont des choses qu'ils doivent aux races germaines. Quelques nez aquilins, des teints basanés, de l'exaltation, les idées chevaleresques qu'ils rapportèrent des croisades, leur galanterie souvent excessive, surtout un certain laisser-aller vers la servilité, décorée du nom de fidélité envers celui qui les sait réduire, en même temps que de jactancieuses prétentions à des airs d'indépendance, sont leurs traits arabiques, mais encore exagérés, comme le prouve l'espèce de frénésie avec laquelle on a vu naguère Paris applaudir à cette pensée aussi fausse par le fond que par la manière dont elle est exprimée :

L'air de la servitude est mortel aux Français.

« Les Français vivent, et l'air de la servitude, qui ne les tua en aucun temps, leur paraît être, au contraire, un élément d'existence : il sera dans leur esprit de n'en pas convenir; mais le fait n'en demeurera pas moins matériellement démontré, depuis le ministère de Richelieu principalement. Quant au génie philosophique, qui brilla du plus vif éclat chez la race celtique, dans ces derniers siècles, les grands hommes de l'antiquité le lui ont légué ; on n'en trouve aucune trace chez elle avant l'époque où les écrits des Grecs et des Romains vinrent, dès le moyen âge, et surtout depuis ce qu'on appelle la renaissance des lettres, favoriser les plus heureux penchants. De tant d'héritages est résultée comme une race nouvelle, dont le caractère se forme de contrastes, les mœurs d'inconséquences, l'extérieur de traits variés qui ne présentent plus de physionomie propre; et l'on pourrait dire que les Celtes ont disparu du globe ou s'y sont effacés, si quelques Higlandais des îles écossaises, les Gallois de l'Angleterre, les Bas-Bretons de l'extrême Armorique, des insulaires de Belle-Ile, et les Basques des Pyrénées centrales, n'en offraient quelques rejetons moins méconnaissables, mais moins perfectionnés. »

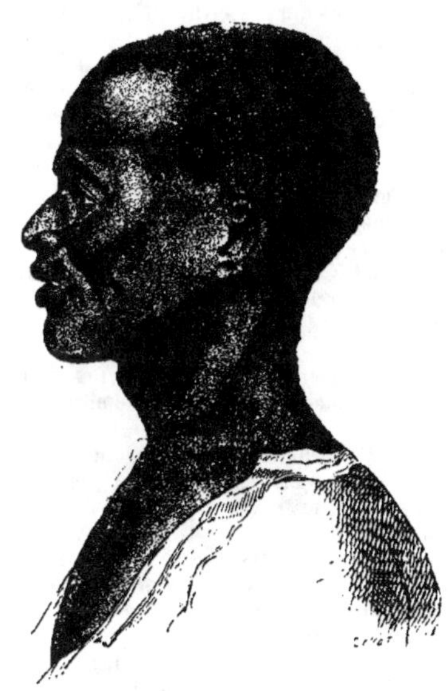

Fig. 677. — Afghan.

4° *Race germanique boréale.* Ici se trouvent les hommes dont la stature est la plus haute parmi les Européens. La plupart sont gros, d'un tempérament lymphatique, avec la face arrondie, les yeux communément bleus, le teint blanc, les cheveux blonds dorés ou jaunes, blanchissant fort tard. Les femmes sont remarquables par l'éclat de la carnation et l'ampleur des formes : leurs traits sont parfaitement représentés par les peintres de l'école flamande; elles sont rarement nubiles avant 16 ou 17 ans. — *Variété Toutone.* Les Teutons, sous le nom de Cimbres, occupèrent originairement la presqu'île de Jutland, pénétrèrent dans la Scandinavie, y devinrent ces Suénons appelés depuis Goths, et furent la souche des peuples qui habitent actuellement la Suède, la Norwège et le Danemark. —*Variété Slavone.*

Elle se compose d'hommes venus probablement des monts Krapacks. Les Sarmates, les Lithuaniens, les Russes, les Bohémiens et une foule d'autres peuples compris dans la famille slave de M. Balbi, en descendent.

RACE MONGOLIQUE OU JAUNE. Voici les caractères des peuples qui la composent : face large, carrée, aplatie; os de la pommette plus élevés et saillants, ce qui fait paraître les éminences de la tête moins prononcé s; nez enfoncé et comme écrasé à sa racine, gros et épaté à l'extrémité; narines très ouvertes sur les côtés; yeux placés obliquement et paraissant comme bridés par les paupières : couleur de la peau olivâtre ou basane; cheveux noirs, droits et longs. L'angle facial ne dépasse pas 76 à 82 degrés.

C'est cette race dont la civilisation est restée depuis longtemps stationnaire, et qui habite l'Asie septentrionale et orientale, le nord de l'Europe et le nord de l'Amérique. On admet qu'elle dérive de tribus nomades qui, du plateau central de l'Asie, se seraient répandues au Nord, à l'Occident et à l'Orient. — Elle offre trois rameaux principaux et plusieurs variétés.

1er *Rameau.* Il comprend une foule de hordes mongoles de la grande Tartarie, surtout au-delà de l'Irtisch, les Kalkas, les Kalmoucks, les Bourètes, etc., qui, sous les Gengiskhan, les Koublaï, les Tamerlan, fondèrent les plus vastes empires du monde.

2e *Rameau.* S'étendant vers les parties méridionales et orientales de l'Asie, il comprend les Chinois, les Coréens, les Japonais, les Cochinchinois, etc. Ces peuples ont les yeux obliquement placés, les oreilles élevées, la bouche grande, la peau jaune-paille, les cheveux et la barbe clairsemés, noirs, droits, etc.

3e *Rameau.* Espèce hyperboréenne, remarquable par sa petite taille, ses traits grossiers et rabougris, sa forme trapue, avec le visage fort large et court; yeux très écartés l'un de l'autre; nez écrasé; peu de barbe; cheveux petits, durs et noirs; les femmes sont hideuses. Tels sont les Lapons, les Esquimaux, les Groënlandais, peuples qui vivent principalement de pêche, la terre leur refusant presque tout.

RACE ÉTHIOPIENNE OU NOIRE. Ses traits sont tellement caractérisés qu'on reconnaît un Éthiopien au premier coup d'œil : boîte osseuse du crâne très étroite en avant, aplatie sur le vertex; pommettes saillantes, lèvres épaisses; nez large et épaté; dents incisives plantées obliquement; peau de couleur foncée, cheveux laineux. L'angle facial est de 61, 67, 70 à 75°.

Cette race, dont le type existe dans toute sa pureté chez les Nègres de la Sénégambie, de la Guinée, du Soudan et du Congo, s'est toujours laissé dominer par les deux autres. — Elle se divise en plusieurs rameaux : 1° *Rameau éthiopien* ou *nègre proprement dit,* qui, par son alliance avec les Européens, a fourni les Mulâtres, lesquels forment une portion assez notable de la population des colonies. — 2° *Rameau cafre,* habitant la partie orientale de l'Afrique; traits plus réguliers, plus beaux, et odeur moins forte que chez les Éthiopiens; peuplades belliqueuses, féroces, indomptables. — 3° *Rameau hottentot.* Il habite la pointe méridionale de l'Afrique, en dehors du tropique. Selon M. Bory St-Vincent, il fait le passage du genre Homme aux genres Orang et Gibbon : leur front est proéminent, le vertex aplati, les cheveux noirâtres, courts, laineux, yeux écartés l'un de l'autre, à demi fermés, lèvres épaisses, projetées en avant; nez écrasé et large; peu de barbe; couleur de la peau lavée de bistre et plus ou moins jaunâtre, jamais noire; figure généralement rabougrie (fig. 679). Les femmes sont encore plus hideuses que les hommes; leurs mamelles sont pendantes, et les petites lèvres fort allongées forment ce que l'on appelle le *tablier des hottentotes.* — 4° *Rameau papou,* propre aux îles nombreuses des Nouvelles-Hébrides, à la Nouvelle-Calcédoine, à la Nouvelle-Guinée, etc., et dont l'angle facial est de 69° au plus.

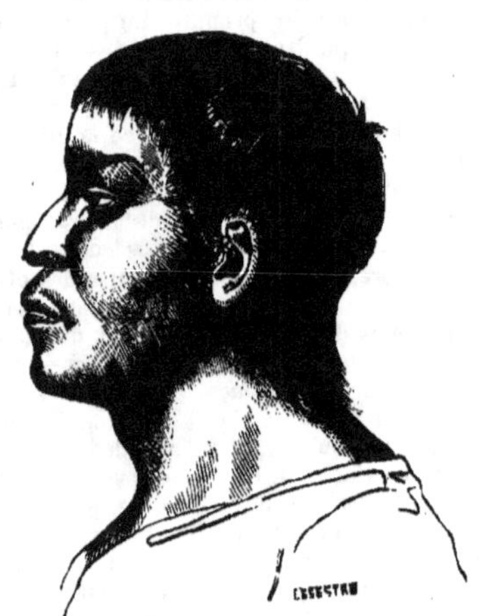

Fig. 678. — Indien des bords du Zipolo.

Les *Malais,* selon quelques auteurs, formeraient une race distincte, d'où descendraient les *Papous,* les êtres les plus indolents de la terre; puis, malgré leur éloignement, les *Lapons,* les Samoïèdes, les Astèques (fig. 684), et les *Kamtchadales,* toutes populations dont la grosseur de la tête contraste avec leur petite taille et le son criard de leur voix.

Lacépède pensait « que les nombreuses peuplades que les Européens trouvèrent sur tous les points du Nouveau-Monde au xve siècle, époque de la conquête, tiraient leur origine du nord-est de l'Asie, avec lequel les communications par mer ont été d'autant plus faciles à toutes les époques, que le détroit de Behring est fort court, et que le

Kamtschatka se rattache à l'Amérique russe à l'aide de l'espèce de chaîne formée par les îles Aleutiennes, qui sont disposées de manière à rendre les trajets très courts et à procurer des stations fréquentes et tutélaires. » Telle ne paraît pas être l'opinion de M. Bory de Saint-Vincent,

Fig. 679. — Boschiman (de la famille Hottentote).

ue notre rôle d'historien impartial nous fait un devoir de citer souvent : « On a, dit-il, beaucoup discuté pour savoir d'où et quand ces peuples avaient dû pénétrer dans les contrées où les Européens les trouvèrent; et ceux-là même qui voulurent reconnaître en eux des enfants d'Adam, les ont, en grande partie, exterminés malgré la parenté. On ne peut comparer à la barbarie avec laquelle on a vu les Européens, pendant trois siècles, traiter ces *prétendus* frères, que la cruauté avec laquelle, pour remplacer leur race noyée dans son propre sang, ils ont transporté sur une terre neuve de ses aborigènes, de malheureux nègres arrachés à la leur. »

Ceci nous conduit donc à la grande question de l'unité de l'espèce humaine. M. Flourens **admet** l'exclusivité de cette espèce, à son unité et à l'égalité de toutes les races humaines entre elles. — 1º *L'homme est unique dans son espèce*, dit-il, il n'a nulle espèce voisine, il n'a pas d'espèce con-

Fig. 680. — Patagon.

Fig. 681. — Aethopien.

sanguine; il est d'une nature propre et exclusive à toute autre, tandis que toutes les autres espèces animales ont des espèces voisines ou consanguines. — 2° *Il y a unité dans l'espèce humaine.* Toutes les diversités physiques, dit M. Flourens, sont des diversités de races et non des diversités d'espèces. Ceux qui nient l'unité de l'espèce humaine s'appuient principalement sur les différences que présentent le crâne et la couleur de la peau. Ces différences sont sans doute très saisissables, alors surtout que l'on se place aux deux extrêmes; mais y a-t-il là de quoi infirmer l'unité de l'espèce humaine? Évidemment non, l'Européen et le nègre, bien que dissemblables, ne présentent pas tant de différences que certaines races de chiens que personne cependant ne récuse être d'une même espèce.

Quant à la coloration de la peau, M. Flourens dit avoir fait des études très difficiles sur la peau humaine, qui l'ont amené aux faits suivants : La peau humaine se compose fondamentalement de trois membranes distinctes : 1° l'épiderme externe, 2° l'épiderme interne, 3° le derme; c'est entre l'épiderme interne et le derme que réside la matière colorante appelée *pigmentum*. Cette matière existe abondamment chez le nègre, tandis que, chez le blanc, on n'en découvre de traces qu'au microscope.

La peau du nègre est d'abord sans pigmentum et, d'un autre côté, celle du blanc peut l'acquérir. Le pigmentum se développe naturellement chez les Arabes, qui sont cependant de race caucasique; le climat, en basanant la peau, peut développer le pigmentum chez n'importe quelle race : c'est ce que Buffon a parfaitement compris en disant : « L'homme, blanc en Europe, noir en Afrique, rouge en Amérique, n'est que le même homme teint de la couleur du climat. »

L'auteur de l'article *Homme* du *Nouveau dictionnaire classique d'histoire naturelle* professe une opinion différente : « Les nombreuses races répandues sur la surface du globe, dit-il, diffèrent par leur constitution physique, mais surtout par la couleur de la peau et des cheveux. Les variétés de couleur dépendent-elles de l'influence des circonstances extérieures? Cette question a été longtemps controversée. Il est certain que les chaleurs brûlantes du soleil font éprouver à la peau des modifications assez notables, mais sans en changer le caractère essentiel; car elle revient à son état primitif, si on la soustrait à l'action des rayons solaires. Des familles nègres ont été transportées en Europe, des Européens l'ont été au Congo. Les effets de ces transmigrations ont pu être observés depuis plusieurs siècles, et jamais on n'a vu les premiers devenir blancs et les derniers prendre la couleur du Nègre. On peut considérer comme certain aujourd'hui que, lorsque les diverses races qui peuplent le globe restent à leur état de pureté, elles conservent toujours leur type originel. Nous en avons parmi nous un exemple assez remarquable dans le peuple juif, qui,

depuis tant de siècles, est comme étranger au milieu des nations, et dont la physionomie première n'est pas altérée. M. Desmoulins, dans son excellent ouvrage sur l'histoire des races, relate des faits qui tendent à prouver l'invariabilité de la couleur de la peau et des cheveux, quand les races sont restées sans mélanges. »

3° *Il y a égalité entre toutes les races humaines*, reprend M. Flourens, mais il s'agit ici d'une démonstration psychique. « Ce qui fait notre essence, dit cet auteur, c'est notre âme, qui est la même dans tous les êtres de l'espèce humaine; notre fond d'idées est le même, et cette identité proclame l'égalité entre toutes les races humaines; aucune race ne peut s'attribuer une suprématie sur une autre. » Ceci est bientôt dit; mais pourquoi voyons-nous presque partout le contraire? Certainement, l'Homme creuse un abîme entre lui et les autres animaux les plus parfaits par son sens moral, la conscience qu'il a de sa liberté, de sa perfectibilité et du rapport existant entre les effets et leurs causes, facultés qui sont de l'essence de l'âme (V. ce mot); mais quelles différences sous le rapport de l'intelligence et des instincts! Examiné de ce côté, l'Homme offre autant de différences dans ses diverses races que le chien, qui, dans toutes ses variétés, conservera, lui aussi, un même fond d'inclinations et d'instinct.

On a souvent parlé d'hommes fossiles; chaque pays en cite des exemples. C'est une erreur : il n'y a point d'*Anthropolithes* proprement dits, c'est-à-dire point d'ossements humains *pétrifiés*. « Les grès, les marbres récents, composés de grains arénacés, rapprochés, réunis en masses compactes par un ciment très ténu que certains auteurs ont appelé *suc lapidifique*, peuvent présenter des squelettes humains ou des fragments d'*Anthropoïdes*, mais ce ne sont point des corps fossiles. Les Anthropoïdes les mieux étudiés sont des squelettes englobés dans une pierre solide que l'on voit à la Grande-Terre, en l'île de la Guadeloupe; ceux enlevés, en 1784, à une couche de sable sous la nef d'une grande église encore existante à Toulouse; celui d'une jeune fille de Noisy-sur-École, découvert en 1794 au pied de la roche qui sépare ce village de celui de Vaudoué, dans la forêt de Fontainebleau : son corps, réduit à l'état de momie, encore revêtu de ses habillements et de ses souliers, fut aisément reconnu par les habitants pour être celui d'une fille du pays enlevée à sa famille depuis quelques années; l'on s'aperçut, en l'examinant avec soin, qu'elle avait péri sous le fer d'un vil assassin. »

S'il n'existe pas d'Anthropolithes (V. *Fossiles*), la surface de la terre et le bassin des mers se couvrent depuis plusieurs milliers d'années d'Anthropoïdes et de tous les débris de l'industrie humaine, fossiles caractéristiques de notre époque. Supposons, ce qui n'a rien d'impossible, qu'un soulèvement mette à découvert le bassin de la Méditerranée, on trouvera sur ce théâtre de tant de naufrages, de tant de combats, les types de toutes les races qui l'ont parcouru, et les archives de leur histoire et de leur industrie.

HOMME MARIN. On a donné ce nom au Lamantin et au Dugong, parce que ces Cétacés, à cause de leurs mamelles pectorales, de leurs nageoires ayant de la ressemblance avec la main de l'homme, de leur mufle entouré de poils, etc., ont pu, dans un temps, faire croire à l'existence de ces êtres fabuleux que l'on a nommés chez les anciens *Tritons* ou *Sirènes;* plus tard *Femmes de mer* et *Hommes marins.*

HOMOLE (*Homola*). Genre de Crustacés, de l'ordre des Décapodes brachiures, auxquels on assigne pour caractères : test rectangulaire, plus long que large, moins bombé que dans les Dromies, tronqué carrément et très épineux en avant, avec le milieu du front avancé en pointe; pédicules oculaires s'étendant latéralement en ligne droite jusqu'un peu au-delà des côtés du test, divisés en deux articles dont le premier est le plus long et le plus grêle; 4 antennes insérées sur une ligne transversale immédiatement au-dessus;

Fig. 682. — Homole.

serres longues, d'épaisseur moyenne; les autres pieds très longs et grêles; queue ovale recourbée. — Les Homoles habitent la Méditerranée, et séjournent dans les plus grandes profondeurs rocailleuses, ne s'approchant jamais de la côte. Leurs mœurs sont encore peu connues; mais bien que leurs pattes postérieures soient à peu près conformées comme celles des Dromies, ils ne doivent pas en partager l'indolence et la paresse.

Les deux seules espèces connues sont : l'Homole de Cuvier, dont la carapace est chargée de

tubercules épineux ou coniques et traversée de plusieurs impressions profondes. Risso prétend que ces animaux meurent peu de temps après leur sortie de la mer, et que leur chair est fort bonne à manger. On les pêche quelquefois à Toulon, sur un banc sous-marin à 12 lieues de la côte. — L'Homole barbu, ou le *Cancre jaune* ou *ondule* de Rondelet, se trouve, comme le précédent, dans les grandes profondeurs de la Méditerranée. D'après Risso, ils se réunissent sur de petits espaces graveleux, où on les pêche en juin et en juillet en jetant des filets serrés pendant le calme de la mer.

HOMOPTÈRES. Section de l'ordre des *Hémiptères.* — V. ce mot.

HOPLIE (*Hoplia*). Genre de Coléoptères pentamères, jolis petits insectes qu'Illiger a séparés des Hannetons, dont ils ont les mœurs, et qui sont particulièrement reconnaissables par les écailles métalliques dont leur corps est couvert. — Ils sont propres aux pays chauds. On en trouve dans le midi de la France. Les buissons au bord des ruisseaux sont quelquefois couverts d'une espèce bleuâtre, et paraissent alors garnis de pierreries.

HORLOGE DE LA MORT. Nom donné par l'ignorance et la superstition au petit bruit cadencé, analogue à celui d'une horloge, que font les *Vrillettes,* lorsque, dans la saison des amours, ces petits insectes s'appellent, en creusant dans le bois ces petits trous cylindriques d'où sort une poussière bleuâtre. — L'Araignée fait aussi un bruit analogue, ainsi que nous l'avons fait remarquer ailleurs.

HORTENSIA (d'*Hortense*, épouse de l'horloger Lepaute, à laquelle Commerson la dédia). Genre de la famille des Saxifragacées, tribu des Hydrangées, ayant pour caractères : calice grand, corolliforme, à 5 divisions ovales, onguiculées; corolle à 5 écailles colorées, concaves, très petites; 10 étamines caduques, ou bien 6 ou 8 par avortement; ovaire supère.

Hortensia rose (*H. rosea*) ou *Rose du Japon.* C'est la seule espèce connue. Sous-arbrisseau rameux, garni de feuilles semblables à celles de l'Obier; le sommet des rameaux florifères se divise en corymbes composés de 4, 5 et 6 pédoncules communs, verdâtres, qui se subdivisent en plusieurs autres pédoncules. Fleurs de deux sortes : les unes, stériles, couvrent toute la surface du corymbe; les autres, fertiles, intérieures, privées du calice corolliforme qui fait la beauté des autres : leur vrai calice est formé par le prolongement renflé du pédoncule, changeant du rouge au vert près des parties sexuelles; il est monophylle, charnu, ouvert à son sommet, rappelant par sa forme et en petit celle du fruit du rosier.

L'Hortensia est originaire du Japon, mais parfaitement acclimaté en Europe : il constitue

une des plus belles conquêtes que l'on ait faites
pour l'ornement des jardins. On en connaissait la
figure depuis longtemps, car les Chinois le reproduisent souvent dans leurs tableaux; mais il
n'est devenu commun en France que vers le commencement du siècle actuel. Les fleurs de ce bel
arbuste forment des boules d'abord vertes et plus
tard du plus beau rose; leur grosseur augmente
au fur et à mesure que les fleurs se développent,
et on les voit atteindre jusqu'à 24 cent. de diamètre. Ses étamines, d'un bleu céleste et peu apparentes, ne paraissent que vers le déclin de cette
belle fleur, qui se fonce avant de se faner, et qui,
dans sa dernière époque, est d'un blanc sale.

L'Hortensia se multiplie de boutures avec facilité, soit sur couches ou sous cloches; mais la
terre de bruyère lui est absolument nécessaire :
dans toute autre terre, l'Hortensia languit et
meurt. On obtient la variété bleue tendre en mêlant de l'ocre jaune à cette terre, ou tout simplement en y ajoutant quelques poignées de limaille
de fer. On recommande de changer la terre tous
les ans et de lui donner de fréquents arrosages en
été; cette plante demande à être rentrée en hiver,
mais n'exige pas même l'orangerie.

HOTTONIE (*Hottonia*). Genre de Plantes de la
famille des Primulacées, renfermant des herbes
aquatiques de l'Ancien et du Nouveau-Monde,
dont nous ne possédons en Europe qu'une seule
espèce.

L'Hottonie des marais (*H. palustris*), vulg.
Plumeau, *Plume d'eau*, *Millefeuille aquatique*, etc. Elle a une tige droite, fistuleuse, garnie
de feuilles découpées en dents de peigne, assez
semblables à celles de la Millefeuille; la partie de
la tige hors de l'eau est nue et porte 5 ou 6 verticilles de fleurs roses ou blanches. Elle est commune dans les lieux aquatiques et d'un effet très
agréable par le nombre et l'élégance de ses fleurs.
Aussi s'en sert-on pour orner les pièces d'eau
dans les jardins paysagers.

HOUBLON (*Humulus*). Genre de la famille des
Urticacées, renfermant des plantes dioïques, à
tiges grimpantes, herbacées, anguleuses, hérissées d'aspérités; à feuilles opposées, les supérieures souvent alternes, pétiolées, à 3 ou 5 lobes,
rudes au toucher et dentés en scie, accompagnées
de stipules bifides. Les fleurs femelles sont réunies en cône écailleux d'abord vert, puis passant
au jaune, composé de grandes folioles membraneuses, concaves à leur base, qui contiennent chacune un ovaire surmonté de deux tiges, et auquel
succède une semence arillée, roussâtre et comprimée. Les fleurs mâles, au contraire, placées sur
des individus séparés, sont petites, blanchâtres,
pédicellées, disposées en petites grappes paniculées, axillaires plus longues que les feuilles : elles
offrent un calice à 5 folioles concaves, obtuses;
point de corolle; 5 étamines courtes à anthères
oblongues.

Le Houblon commun (*H. lupulus*), dont nous
venons d'indiquer les caractères botaniques, croît
spontanément dans les haies, mais est cultivé en
grand dans le nord de la France, en Belgique, en
Angleterre, en Allemagne, pour ses cônes fructifères que l'on emploie à la fabrication de la bière.
On les fait bouillir dans le maout, et ils ralentis-
sent ainsi la fermentation de cette liqueur, ils
l'empêchent d'agir, et lui impriment une saveur
amère, franche et agréable.

Fig. 683. Houblon.

Les cônes et les sommités du Houblon exhalent
une odeur forte, un peu narcotique, et présentent
une saveur amère persistante. Ils exercent sur
notre économie une action tonique et diurétique,
qui en recommande l'emploi dans une foule de
cas, tels que atonie générale, affection scrofuleuse,
hydropisies, etc. — On mange les jeunes pousses
assaisonnées comme les aspérges; les tiges servent à faire des liens; elles fournissent aussi du
fil et des cordages usités dans le Nord. — La
plante réussit dans les terrains bas et humides :
on place une longue perche à chaque pied, afin
qu'il puisse grimper facilement et acquérir toute
sa hauteur.

La *lupuline* est une poudre que l'on obtient en
effeuillant les cônes et en les agitant sur un tamis
fin. Cette substance est regardée comme anaphro-
disiaque, c'est-à-dire comme propre à modérer
les élans de la concupiscence, à la dose de 1 à
4 gram.

HOUILLE, vulg. *Charbon de terre*. Substance charbonneuse qu'on trouve en masses immenses dans le sein de la terre, et qui est formée de carbone et de bitume, associés à une proportion variable de matières terreuses. M. Regnault a trouvé dans la Houille de Mons 0,84 de carbone, 0,05 d'hydrogène, 0,07 d'oxygène, avec un peu d'azote et 0,04 de cendres. Cette substance est noire, opaque, d'une structure fragmentaire, brillante, bitumineuse, susceptible de brûler facilement avec flamme et fumée noire, en se gonflant et se fondant de manière à ce que les morceaux se collent entre eux: et lorsqu'on arrête la combustion quand la Houille cesse de flamber, il reste un charbon dur, spongieux, léger, à éclat métallique, qu'on appelle *Coke*.

La Houille paraît être le produit de l'altération plus ou moins profonde de végétaux existant dans les premiers âges du monde, avant l'apparition de l'Homme, et qui ont été enfouis par l'effet de causes encore mal appréciées : les débris de plantes, tels que fougères, palmiers, roseaux, cryptogames divers, dont on trouve les empreintes à l'œil nu ou au microscope dans les grès et les schistes qui accompagnent ce produit, ne laissent aucun doute à cet égard; mais on est loin d'être d'accord sur le mode d'accumulation. L'enfouissement des végétaux a-t-il été dû, comme le pensent quelques géologues, à de grands radeaux de plantes transportés par les fleuves ou les courants maritimes, ou bien les dépôts houillers se sont-ils formés à la manière des tourbières (V. ce mot), ou enfin sont-ils le résultat des divers cataclysmes? L'idée de formation analogue à celle des tourbières présente le moins de difficultés à l'esprit, et cependant, suivant M. de Beaumont, qui a fait des calculs sur la quantité de carbone que produisent annuellement nos forêts, il ne pourrait guère se former sur l'étendue des dépôts charbonneux connus que 16 millim. de ce combustible en un siècle. « Mais tout porte à croire qu'à la température moyenne, à 21°, lorsque l'atmosphère était remplie de vapeurs, et avec les genres de plantes qui croissaient alors dans nos contrées, la végétation était infiniment plus vigoureuse qu'aujourd'hui; on est même conduit à penser qu'à l'époque de ces formations, où la terre n'était pas encore au degré de refroidissement qu'elle présente actuellement, il se dégageait de son sein beaucoup d'acide carbonique, et que la fixation du carbone par les plantes se faisait dès lors plus rapidement. Au reste, ce ne sont pas seulement les dépôts de Houille qui réclament un si grand espace de temps ; il en est de même pour tous les sédiments, et des dépôts calcaires uniquement formés de coquilles, qui acquièrent des épaisseurs bien plus considérables encore, ont certainement exigé bien des siècles pour arriver à ce point. »

Cette substance charbonneuse change de nature, selon qu'elle a séjourné plus ou moins longtemps au milieu des masses minérales : c'est ce qui en a fait distinguer plusieurs sortes : le *graphite*, situé le plus profondément, et qui n'est pas combustible; l'*anthracite*, qui ne brûle qu'autant qu'on la mêle avec de la bonne Houille; la *houille* proprement dite; le *lignite*, qui est du bois un peu moins altéré que le précédent et qui brûle également bien; la *tourbe*, qui est tellement peu altérée, qu'on y distingue encore facilement la nature des végétaux qui lui ont donné naissance.

La Houille présente un assez grand nombre de variétés, qui peuvent se réduire à trois : la *H. grasse*, la plus chargée de bitume et qui s'allume le plus aisément; la *H. sèche* ou *charbon de grille*, qui est plus lourde, plus compacte et moins combustible que la précédente; elle s'emploie de préférence pour le chauffage des appartements : la *H. compacte*, qui n'existe en grande quantité qu'en Angleterre, qui brûle avec une longue flamme blanche et brillante, et ne donne que fort peu de cendres. Les mines de Houille se trouvent dans les terrains dits de sédiment. L'Angleterre et l'Ecosse possèdent 1,570,000 hectares de terrain houiller, la Belgique 150,000, la France 280,000.

HOULETTE (*Pedum*). Genre de Mollusques bivalves, qui se rapprochent beaucoup des Peignes par leur organisation, et que Gmelin confondait probablement avec les Huitres, puisqu'il avait donné au genre le nom d'*Ostrea*. L'animal a été inconnu jusque dans ces derniers temps, où MM. Guoy et Gaimard l'ont décrit et représenté. La coquille était seule connue : cette coquille, recherchée à cause de sa rareté, est un peu ovale, à ligne dorsale droite, mince, demi-transparente, et de couleur blanche parsemée de quelques taches fauves. — Elle se trouve communément dans la mer Rouge, à une certaine profondeur, dans les massifs de Polypiers.

HOULQUE. — V. *Houque*.

HOUPPIFÈRE. Genre de Gallinacés, de la famille des Faisans, dont les coqs ont sur la tête une aigrette semblable à celle des Paons, au lieu de la crête qu'ils portent habituellement; les joues sont occupées par une membrane de couleur violette qui parait être le prolongement des narines, et qui entoure l'œil en se dirigeant vers l'occiput. Cette expansion membraneuse est beaucoup moins considérable chez les femelles, dont les plumes de la huppe sont entièrement barbues et d'un brun marron. Le mâle a des éperons, mais la femelle en manque. — On connaît une espèce indienne, le HOUPPIFÈRE IGNICOLORE, qui habite les îles de la Sonde.

HOUQUE ou **HOULQUE** (*Holcus*). Genre de la famille des Graminées, renfermant des espèces originaires de l'Inde et de l'Afrique, qui jouent un rôle important parmi les espèces alimentaires, et d'autres espèces indigènes à notre climat. Dans ce genre, les épillets sont disposés en une panicule rameuse et contiennent une seule fleur hermaphrodite, accompagnée d'une fleur supérieure mâle.

• La Houque songho, vulg. *grand Millet d'Inde*, *gros Millet*, est une espèce annuelle, d'un bel aspect, à tiges articulées, pleines de moelle, s'élevant à 2 m. ou 2 m. 50 cent., et garnies de feuilles semblables à celles du Maïs, simples, pointues, vertes, traversées par une forte nervure blanche; sa panicule est grosse et un peu serrée. Elle est composée de fleurs d'un blanc sale ou rousses, ramassées presque en épis, auxquelles succèdent des semences arrondies, assez grosses, blanches ou jaunâtres, brunes, noires ou pourpres, selon les variétés. Ces graines sont plus grosses que celles du Millet. — Le Sorgho réussit très bien dans le Midi. Les graines fournissent un aliment sain, agréable, de facile digestion pour l'homme. Ces graines, comme le pain chez nous, font la base de l'alimentation chez plusieurs peuples de l'Asie. On les donne aussi aux volatiles et aux bestiaux, ainsi que les feuilles de la plante qu'ils mangent avec avidité. » — Nous passons sous silence la H. bicolore, cultivée à Malte sous le nom de *Carambasse;* — la H. saccharine, dont les tiges épaisses simulent à s'y méprendre celles de la Canne à sucre, et contiennent une moelle abondante et sucrée; — et la H. molle.

Quant à nos espèces, ce sont : la Houlque laineuse (*H. lanatus*), graminée bisannuelle de 50 à 80 cent. de hauteur; ses nœuds sont velus, ses feuilles et gaînes mollement velues, pubescentes; panicule à rameaux étalés. Elle est assez commune dans les prairies, les pâturages, au bord des chemins. — Une autre espèce, la Houlque molle (*H. mollis*) se montre avec une souche longuement traçante, au lieu d'être cespiteuse, comme dans la première.

HOUX (*Ilex*). Genre type de la famille des Aquifoliacées, ayant pour caractères propres : calice petit, à 4, plus rarement 5-6 divisions; corolle rotacée, à 4, plus rarement 5-6 lobes; fruit charnu bacciforme, à 4 noyaux osseux monospermes.

Le Houx (*I. aquifolium*) est un arbrisseau très rameux, toujours vert, dont les feuilles sont alternes, luisantes, coriaces, ondulées, anguleuses et épineuses; dont les fleurs sont blanches et très peu apparentes, disposées en fascicules axillaires, suivies de baies de couleur rouge vif, persistant souvent l'hiver. — Cet arbrisseau croit naturellement dans les buissons, les forêts montagneuses, montrant ses fleurs en mai-juin et ses fruits en octobre. Il peut atteindre jusqu'à 8 et 10 mètres de haut. Son bois blanc a la maille très fine et se travaille parfaitement au tour. Il prend bien la couleur noire, et se polit si bien qu'il imite l'ébène à s'y méprendre.

Comme le Houx conserve son beau feuillage vert et ses jolis fruits rouges tout l'hiver, on le cultive comme arbuste d'agrément. Dernièrement on lui a reconnu quelques propriétés fébrifuges, et l'on a prescrit pour cet effet une infusion de ses feuilles. — La matière poisseuse connue sous le nom de *glu* se retire de l'écorce intérieure de ce végétal. On sait les usages qu'en font les oiseleurs; mais cette glu peut être aussi employée, en topique, comme émolliente et résolutive.

Fig. 681. — Houx.

Le Petit-Houx est une plante d'une autre famille, dont nous avons parlé au mot *Fragon*.

HUILE. Produit solide ou liquide retiré des végétaux ou des animaux, ayant la propriété de faire tache avec le papier et de le rendre transparent, comme le font d'ailleurs tous les corps gras. —V. *Graisse.*—Les huiles se distinguent improprement en *fixes* ou *grasses*, celles auxquelles s'applique la définition ci-dessus, et en huiles *volatiles* ou *essentielles*.

Huiles fixes. Corps liquides, visqueux, insolubles dans l'eau, solubles dans l'éther et les essences, inflammables et saponifiables, non volatiles, entrant en ébullition à une température voisine de 300 degrés, se décomposant alors et donnant naissance à divers gaz et à des acides gras. L'analyse élémentaire de ces substances y fait reconnaître des proportions variables d'hydrogène, de carbone et d'oxygène; et, comme on pouvait le prévoir d'après leur facile combustibilité, le carbone et l'hydrogène se trouvent dans toutes en grand excès par rapport à l'oxygène; l'azote ne figure pas au nombre de leurs éléments : c'est la même composition à peu près dans les Graisses. Toutefois les Huiles sont formées essentiellement d'oléine liquide et de margarine solide, dans des proportions variables, tandis que les corps gras du règne animal contiennent de la stéarine qui manque dans les corps gras du règne végétal. Ces principes immédiats, au surplus, ne paraissent pas identiques dans tous les produits, car les chimistes admettent plusieurs sortes d'oléine, de stéarine, de margarine, et distinguent pour ainsi dire autant de variétés dans ces principes qu'il y a de corps gras qui les fournissent.

C'est ordinairement dans les graines que se rencontrent les Huiles végétales. Quelques-unes existent pourtant dans le péricarpe des fruits : telles sont l'huile d'olive et l'huile de laurier ; plus rarement encore on en trouve dans d'autres organes, quoique certaines espèces végétales, le Souchet comestible par exemple, en contiennent dans leurs racines. Quelques Huiles, telle que celle de cacao, sont concrètes. Il en est qui à l'air, par l'effet de l'absorption de l'oxygène, perdent leur fluidité, jusqu'à ne plus tacher le papier, et se réduisent en une sorte de membrane transparente qui s'écaille facilement, d'où leur nom d'*huiles siccatives :* elles sont employées dans la préparation des couleurs à l'huile et des vernis : telles sont les Huiles de lin, de noix, de chènevis, d'œillette, etc.

Toutes les semences, même celles qui sont de la même espèce, ne fournissent pas la même quantité d'huile ; cela dépend probablement de la saison et du climat. Toutefois, on sait d'une manière générale que les noix en donnent jusqu'à la moitié de leur poids, la navette les deux cinquièmes, les graines de pavot les 47 centièmes, celles de chènevis un quart, celles de lin un cinquième, etc.

Les Huiles comme les Graisses, étant chauffées avec un alcali, se *saponifient*, c'est-à-dire que l'acide du corps gras (acide stéarique, margarique, oléique, etc.) se combine avec l'alcali et produit du *savon*, tandis que la *glycérine* du corps gras est mise en liberté.

Nous ne pousserons pas plus loin ces courtes considérations sur les Huiles fixes, dont le mode d'extraction et les différents usages ne sont guère du ressort de notre travail. Nous terminerons seulement par un renseignement utile et pratique.

« La grande tendance qu'ont les Huiles grasses à s'introduire dans l'argile, par le seul fait d'une affinité chimique entre ces corps, a été mise en usage pour enlever les taches récentes d'huile répandue sur du bois, des vêtements, des pierres, etc. Il suffit pour cela de recouvrir les taches avec une pâte ferme préparée avec de la terre de pipe, de l'eau ou de l'esprit de vin, et de faire sécher. L'huile est absorbée pendant la dessiccation. Les taches sur le papier s'enlèvent également en employant de l'argile sèche, pulvérisée et souvent renouvelée. Les taches anciennes résistent à tous ces procédés. »

Huiles volatiles ou essentielles, *Essences.* Substances organiques liquides, quelquefois solides, d'une odeur plus ou moins pénétrante, non miscibles à l'eau, solubles dans l'alcool et l'éther ; dissolvant les différents corps gras, la cire, les résines, ce qui les fait employer pour enlever les taches d'huile ou de graisse sur les tissus de soie ou de drap qu'on ne peut savonner. Les essences n'ont pas le toucher gras et onctueux, la saveur fade et douce des huiles grasses, elles ne donnent pas de savon comme elles ; leur saveur est au contraire âcre, irritante, caustique même ; elles sont susceptibles de s'enflammer à l'approche ou par le contact d'un corps en combustion. Elles contiennent beaucoup plus d'hydrogène que les huiles fixes, s'altèrent facilement à l'air et à la lumière ; elles doivent être conservées dans des flacons bien bouchés et dans un lieu frais et obscur.

Les Essences existent dans tous les organes des plantes, particulièrement dans les feuilles et les fleurs, d'où on les extrait par distillation ; plusieurs se produisent par la fermentation de certaines substances organiques, par l'action de l'oxygène sur certains composés, au lieu de préexister dans les corps où on les trouve : telle est celle d'amandes amères, par exemple.

HUITRE (*Ostrea*). Genre de Mollusques de la classe des Acéphales, tribu des Testacés, dont la forme généralement connue, est ovale, quelquefois ronde ou allongée, non symétrique ; coquille assez épaisse, nacrée dans son intérieur, plus ou moins grossièrement feuilletée ou lamelleuse à l'extérieur. L'animal a la tête ou partie munie de la bouche, correspondante aux crochets et au ligament qui réunit les valves ; sa partie postérieure,

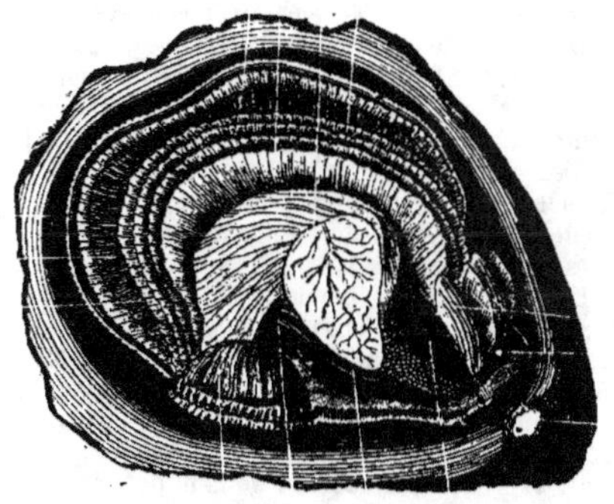

F.g. 683. — Huitre

plus large, correspond au bord libre des valves. Le manteau est fort ample et formé de deux lobes séparés l'un de l'autre dans toute leur circonférence, excepté au-dessus de la bouche, où il forme une sorte de capuchon qui la recouvre ; ce manteau, épaissi à ses bords, est pourvu de deux rangs de cils ou de tentacules très sensibles, musculaires et rétractiles : il est formé de deux feuillets, dans l'intérieur desquels se sécrète une matière jaune qui, d'après l'expérience la plus générale, ne serait autre chose que les œufs.

L'anatomie de l'Huître est assez simple. Vivant attachés aux corps sous-marins, ces animaux sont dépourvus d'organes locomoteurs ; ils adhèrent à leur coquille par un seul muscle assez puissant. Ils sont privés, du moins en apparence, de la vue, de l'ouïe et de l'odorat.

L'appareil de nutrition est mieux dessiné que celui de relation : la bouche est grande, simple, très dilatable, placée à la partie antérieure de la duplicature du manteau, en dedans de l'espèce de capuchon formé par la jonction des deux lobes, et garnie de deux paires de tentacules. La bouche conduit dans l'estomac, qui est une poche à parois très minces, placée dans l'épaisseur du foie, lequel est volumineux, de couleur brune, et qui présente une foule d'ouvertures pour donner issue à la bile sécrétée ; l'intestin se contourne plusieurs fois dans le foie, puis aboutit vers le milieu du dos, où il se termine par un orifice flottant et infundibuliforme. — Les branchies ou organes respiratoires se composent de quatre feuillets inégaux en longueur. — Quant à l'appareil de la circulation, il se compose d'un cœur pyriforme, placé entre le muscle adducteur dont nous avons parlé et les viscères, duquel part un gros tronc aortique qui se divise en trois branches, une pour la bouche et les tentacules, une pour le foie et les organes digestifs, la troisième enfin, pour toute la partie postérieure du corps.

Les organes reproducteurs sont peu connus. On sait seulement que les Huîtres sont hermaphrodites dans toute l'extension du mot, et qu'elles reproduisent leurs petits d'elles-mêmes, sans accouplement. Elles rejettent, au commencement du printemps, un frai qui ressemble assez à une goutte de suif, et dans lequel on distingue, à la loupe, une infinité de petites Huîtres toutes formées qui s'attachent aux rochers, aux pierres, à elles-mêmes ou à tout autre corps solide dispersé dans la mer.

Les Huîtres sont connues de la plus haute antiquité ; les plus anciens naturalistes en ont parlé. On sait que c'est aux Romains, qui les faisaient venir à grands frais des lieux où elles abondaient, que nous devons la première idée de les parquer. Les Athéniens se servaient de leurs coquilles pour exprimer leurs votes : de là le nom d'*ostracisme* (*ostrea*) appliqué à ce jugement populaire. Ces mollusques vivent ordinairement sur les côtes, à peu de profondeur, et dans une mer dont les eaux sont peu courantes. On les trouve aussi attachées aux rochers ou aux racines des arbres, de manière à rester immobiles toute leur vie. Ils se fixent encore les uns aux autres : de là ces masses plus ou moins considérables qu'on appelle *bancs d'Huîtres*, et qui peuvent pendant longtemps fournir à une consommation énorme. La mer prend soin d'apporter à ces animaux immobiles leur nourriture, qui consiste en frai de poissons, débris de toute espèce suspendus dans les eaux. La durée de leur vie est indéterminée : il faut toutefois trois ans à une Huître pour acquérir la taille de celles qui se vendent sur nos marchés.

Les Huîtres ont des ennemis dangereux : les plus redoutables ne sont pas les Crabes, qui en détruisent pourtant une grande quantité, qui savent même, dit-on, s'introduire dans l'intérieur de leurs coquilles ; c'est l'Homme, qui fait de leur pêche une branche d'industrie considérable, et de leur substance un aliment très léger, agréable et salubre. La digestibilité des Huîtres est telle, en effet, qu'on voit des amateurs en avaler des 25 et 50 douzaines sans en être incommodés le moins du monde.

Les Huîtres ont été distinguées par Deshaies en : *Huîtres proprement dites, H. gryphoïdes* et en *Gryphées*. — Ce n'est que des premières que nous nous occupons : on en reconnaît plusieurs espèces.

Huître commune (*O. edulis*). Coquille presque ronde, ondulée, imbriquée, dont une des valves est aplatie. — Elle se trouve sur les côtes d'Europe. Sa pêche, qui est défendue dans les mois de mai, juin, juillet et août, temps pendant lequel elle jette son frai, s'exécute à la *drague*, c'est-à-dire à l'aide d'une sorte de pelle en fer recourbée que l'on garnit d'une poche en cuir ou d'un filet, et que l'on attache à un bateau. Celui-ci, poussé par le vent, entraîne la drague qui, comme le ferait un râteau, amasse les Huîtres au milieu des eaux. On enlève ainsi jusqu'à 11 à 12 cents Huîtres à la fois. Elles ne sont bonnes à manger qu'après le *parcage*, c'est-à-dire après avoir séjourné pendant quelques jours dans un réservoir d'eau salée, de 3 à 4 pieds de profondeur, communiquant avec la mer à l'aide d'un conduit par lequel l'eau peut entrer et sortir. Les *Huîtres vertes* sont tout simplement des Huîtres ordinaires dont leur couleur particulière se développe sous l'influence de certaines conditions de lumière : elles ne verdissent qu'en parcage, et que dans les mois de mars, avril, septembre et octobre.

Il y a des Huîtres *allongées, étroites, ovales,* qui, pour la plupart, sont fossiles.

L'eau des Huîtres, composée d'une grande quantité de magnésium, de sulfate de magnésie, de sulfate de chaux et d'une proportion assez forte d'osmazome, passe pour rétablir la liberté des voies digestives, biliaires et urinaires. — Les *écailles*, composées en grande partie de carbonate calcaire, sont quelquefois employées en poudre comme un remède absorbant. On s'en sert aussi sur les côtes pour amender la terre.

HUITRIER (*Hœmatopus*). Genre d'Oiseaux de l'ordre des Echassiers, à bec robuste, droit, comprimé latéralement, occupé dans une grande partie de sa longueur par les fosses nasales ; tarses d'une longueur médiocre ; 3 doigts courts et calleux, dont l'interne est presque tout à fait libre. — Ces volatiles habitent les bords de la mer et se nourrissent de coquillages, notamment d'Huîtres que leur long bec leur donne la faculté d'ouvrir facilement.

L'**Huitrier d'Europe** (*H. ostralegus*), vulg.
Pie de mer, à cause de son plumage noir et blanc,
est un oiseau de la taille du Canard, dont le bec
et les pieds sont d'un rouge vif. Il vole et court
très vite, nage quelquefois avec facilité, suivant
toujours le flot qui lui apporte les vers et les mollusques dont il se nourrit. Il niche dans les prairies marécageuses; sa ponte est de 2 ou 3 œufs
assez gros, d'un roux sale ou jaune verdâtre, li-
néolés de brun foncé. Il émigre par troupes.

HULOTTE ou **Chat-huant** (*Syrnium*). Sous-
genre de Chouettes, oiseaux nocturnes dont le
disque qui entoure les yeux est presque complet,
le bec court, la tête dépourvue d'aigrettes, les
tarses moyens, les doigts emplumés, les ailes
obtuses.

Le **Chat-huant hulotte** (*S. aluco*) ou *Hulotte
Chouette des bois*, est l'espèce type du genre Chat-
huant. C'est un rapace un peu plus grand que le

Fig. 686. — Hulotte.

Hibou commun, dont il a toutes les mœurs. — Il
habite les grandes forêts de l'Europe, se nourrit
principalement d'écureuils, d'autres petits rongeurs et de chauves-souris. Il s'empare des nids
abandonnés de la buse, de la corneille et de la
pie, et y dépose 4 ou 5 œufs obtus et d'un blanc
pur.

On distingue la Hulotte du Chat-huant proprement dit : le cri de la première est plus sourd,
c'est un *hou, hou, hou*, qui ressemble à un hurlement lointain, tandis que celui du second est
un *hoho, hoho, hoho*, que l'oiseleur imite dans la
pipée pour attirer les petits oiseaux.

Le **Chat-huant nébuleux** (*S. nebulosum*), de
l'Amérique septentrionale, est un grand destructeur de poulets, souris, levrauts, lapins, gre-

nouilles, etc. Son cri est un *waah, waah*, qui pénètre dans les retraites les plus reculées. Il est
curieux par ses attitudes et son regard bizarre
et narquois. Le jour, si un écureuil s'approche
de lui, il prend la fuite devant ce timide animal
qu'il va manger tout à l'heure, aussitôt que le soleil
sera couché.

HUMANTIN (*Centrina*). Genre de Poissons
chondroptérygiens, de la famille des Squales, caractérisé par un aiguillon très dur et très fort à
chacune des 2 dorsales; queue très courte; dents
inférieures tranchantes placées sur 1 ou 2 rangs,
les supérieures grêles, pointues et sur plusieurs
rangées; dos élevé en carène, haut dans le milieu
et s'abaissant vers la queue et la tête. — Le **H.
vulgaire** ou *Goehon marin* est brun par-dessus
et blanchâtre en dessous. Sa peau, couverte de
tubercules gros, sert pour polir les corps durs.
Sa chair n'est pas comestible.

HUMEUR. En physiologie, toute substance
fluide circulant ou simplement contenue dans un
corps organisé, comme le sang, le chyle, la lymphe, la bile, etc. Les humeurs sont de plusieurs
sortes : les unes sont le *produit de la digestion*
(chyme et chyle); les autres sont *circulantes*
(lymphe, sang); il y a les humeurs *sécrétées*, qui
se divisent elles-mêmes en *exhalées* (sérosité,
synovie, graisse, etc.), en *folliculaires* ou sécrétées par des follicules (mucus, cérumen, humeur
sébacée de la peau, etc.), en *glandulaires* ou sécrétées par des glandes (larmes, salive, fluide pancréatique, bile, urine, sperme, lait).

Les Humeurs exhalées sont ou *récrémentitielles*,
c'est-à-dire rentrant en entier dans le torrent de la
circulation, comme les fluides albumineux des
membranes séreuses, la synovie, la graisse, la
moelle, les humeurs aqueuse et vitrée de l'œil, etc.;
ou *excrémentitielles*, c'est-à-dire destinées à être
rejetées : tels sont la transpiration insensible,
la sueur, les fluides muqueux des appareils respiratoire, digestif, urinaire et génital.

Les anciens avaient réduit à quatre toutes les
humeurs du corps humain, qui, suivant eux, in-
fluaient d'une manière notable sur la santé : c'é-
taient le sang, la pituite, la bile jaune et l'atrabile
ou bile noire. A la prédominance de chacune de
ces Humeurs, qu'ils nommaient *cardinales*, cor-
respondait un des âges, un des tempéraments, une
des saisons, un des climats. Toutes les maladies
étaient dues à l'altération, à l'excès ou au défaut
de quelqu'une de ces Humeurs, et toute la médecine consistait à les évacuer ou à rétablir l'équilibre entre elles. C'est ce système, appuyé de l'autorité de Gallien, qui, sous le nom d'*humorisme*,
a régné d'une manière exclusive pendant plusieurs
siècles.

Les produits fluides formés pendant les maladies et comme conséquence de leur manifestation,
tels que le pus, la sérosité de l'hydropisie, etc.,
sont appelés vulgairement *humeurs*.

HUMUS (mot latin qui signifie *terre*). Terre végétale, c'est-à-dire qui forme le sol fertile de toutes les contrées du globe, et dont se nourrissent les végétaux. L'Humus n'est que le résultat de la décomposition spontanée des matières animales et végétales. La décomposition des racines, des tiges et des feuilles de plantes en produit chaque année une si grande quantité, qu'il semblerait que la surface de la terre dût en être totalement couverte; mais, d'une part, il est entraîné par les eaux; de l'autre, absorbé par les racines des plantes, et il est ainsi rarement pur. Celui même qui provient de la décomposition des fumiers renferme de la chaux, de l'argile, de la silice; il se trouve mélangé, en proportions indéfinies, avec presque toutes les espèces de terres.

« Une propriété de l'Humus, qui influe beaucoup sur la germination et la croissance des plantes, c'est qu'il attire et retient mieux l'humidité que ne le fait toute autre espèce de terre. La chaux jouit de la faculté de le rendre soluble; mais il faut qu'elle soit administrée en petites doses, autrement elle le détruit complétement. On sait aussi qu'il absorbe une grande quantité d'oxygène, qu'il enlève même à l'eau. — L'expérience a prouvé que les plantes peu feuillées, mais chargées de grosses graines, épuisent les parties solubles de l'Humus d'un champ plus vite que ne le font celles qui donnent peu de graines, et sont revêtues d'un épais feuillage. Il résulte de ce fait que les feuilles puisent en grande partie dans l'air les matériaux dont elles se nourrissent, tandis que les fruits tirent de la terre ceux qu'ils s'assimilent. »

HUPPE (*Upupa*). Genre de Passereaux de la famille des Ténuirostres, caractérisé ainsi : bec plus long que la tête, légèrement arqué, trigone à sa base, grêle ensuite, avec narines basales, petites, ovalaires; huppe très prononcée, variant de disposition se on les espèces; ailes longues, arrondies; queue assez longue; tarses courts, scutellés; le doigt externe soudé au médian jusqu'à la première articulation; ongles peu recourbés, le postérieur presque droit comme celui des Alouettes.

Les Huppes sont des oiseaux d'Afrique. L'Égypte semble être leur patrie : les unes y sont sédentaires, les autres de passage. L'Europe en voit aussi passer dans la saison chaude. En Égypte elles se rassemblent, dit-on, par petites troupes; dans la plupart des autres pays elles vont seules ou par paires. Il y en a qui fréquentent les lieux habités, les cités; d'autres la campagne isolée. Elles se plaisent à terre et se posent rarement sur les arbres. Toutes se nourrissent d'insectes, de petits mollusques, de vers de terre, qu'elles prennent en fouillant la vase, les immondices. On a prétendu que la Huppe n'allait jamais aux fontaines pour y boire, et que par cette raison elle se prenait rarement aux piéges qu'on lui tend à l'abreuvoir; ceci mérite confirmation. Ces Oiseaux s'élèvent parfaitement en domesticité, et même sont susceptibles d'un très fort attachement pour les personnes qui les soignent. On nourrit les jeunes avec de la chair de pigeonneau, mais ils ne prennent pas bien la becquée parce qu'ils ne peuvent la diriger dans l'œsophage avec leur langue trop courte et dont la forme est en cœur. Ils sont obligés de jeter leur manger en l'air en tenant le bec ouvert pour le recevoir immédiatement dans le gosier. En liberté, dit Bechstein, on voit la Huppe continuellement occupée, dans les pâturages, à fouiller les bouses de vache pour y chercher les insectes favoris. Quelques personnes l'ont mise dans leurs greniers afin qu'elle les purge de

charançons, d'araignées, etc., ce qui a réussi. Elle n'est pas seulement belle de plumage, elle a des manières comiques, telle que celle qui consiste à toucher continuellement le plan sur lequel elle marche avec son bec, ce qui lui donne l'air de marcher avec un bâton. Elle dépose le plus souvent ses œufs dans des trous d'arbre, sans préparatif aucun, d'ordinaire. Elle n'enduit pas son nid de matières infectes, comme on l'a dit; mais il est vrai que ce nid est très sale, parce que, ayant quelquefois 12, 15 et jusqu'à 18 pieds de profondeur, les petits ne peuvent rejeter leur fiente au dehors, et restent longtemps dans leur ordure : de là le proverbe : sale *comme une Huppe*. La femelle pond de 2 à 7 œufs; le plus ordinairement 4 ou 5; il paraît que le père ne la seconde pas dans le soin de préparer la nourriture aux enfants.

Ces oiseaux ne vivent que trois ans, a dit Olina: mais il est probable que cette estimation ne regarde que la Huppe domestique, dont la vie se trouve abrégée faute d'une nourriture convenable. Ils étaient en honneur chez les Égyptiens, qui les ont souvent représentés dans leurs hiéroglyphes; dans d'autres pays, au contraire, leur passage était considéré comme un présage de calamité publique.

La **Huppe vulgaire**, vul. *Puput* (*U. epops*), a les plumes de la huppe rousses, terminées par une tache noire, au-dessous de laquelle existe le plus souvent une tache blanche; cette huppe est naturellement couchée en arrière, lorsque l'oiseau est exempt de toute agitation intérieure; mais étalée, elle semble un éventail ouvert. Les joues, le cou et la poitrine sont d'un roux vineux; le haut du cou d'un cendré roussâtre; dos blanc roussâtre au milieu; ailes noires, avec les couvertures rayées de blanc jaunâtre; queue noire, etc.; longueur totale, 30 cent. — Cet oiseau habite les différentes parties de l'Europe, en plus grand nombre dans le Midi que dans le Nord; assez commun l'été dans les Pyrénées; de passage régulier dans les départements septentrionaux.

HUPPE-COL. Espèce d'*Oiseau-Mouche*. — V. ce mot.

HURLEUR (*Stentor*). Au mot *Alouates* il a déjà été question de ce genre de Singes, dont nous en avons indiqué les caractères génériques. Ici nous ajouterons quelques particularités omises. Nous

Fig. 688. — Hurleur.

savons que ce qui distingue surtout ces quadrumanes, c'est leur voix retentissante; leurs cris redoublent, disent certains voyageurs, lorsqu'on veut les approcher, comme pour effrayer l'agresseur. On a dit encore que, réunis ensemble, ils se donnent le plaisir de prononcer des harangues attentivement écoutées par la troupe : ne doit-on pas penser plutôt qu'ils se délectent aux charmes de leur monotone musique? Les femelles, de même que celles des autres Singes américains, ne paraissent point sujettes à l'écoulement périodique; elles ne font qu'un seul petit, qu'elles portent sur leur dos. Mais, dans le péril, si on en croit certains observateurs, elles s'en débarrassent; d'autres voyageurs affirment au contraire qu'elles ont pour lui un attachement tel, que pour se le procurer il faut tuer la mère.

Les Hurleurs se tiennent habituellement sur les arbres. Ils sautent avec agilité d'une branche à l'autre, et se lancent sans crainte de haut en bas, bien certains qu'ils sont de ne pas tomber jusqu'à terre, et de s'accrocher où il leur plaira au moyen de leur queue à la fois longue, bien flexible et robuste. Ils se nourrissent de fruits et de feuilles, dans les forêts les plus rapprochées des fleuves et des marais du Paraguay et de la Guyane. Sont-ils monogames? Spix l'affirme, mais d'Aza prétend le contraire. En tout cas, un auteur raconte, pour l'avoir vu plusieurs fois avec admiration, que lorsqu'un d'entre eux est blessé, on voit les autres s'assembler autour de lui et mettre les doigts dans la plaie comme pour la sonder. Alors, si le sang coule en abondance, l'un tient la plaie fermée, pendant que les autres apportent des feuilles qu'ils mâchent et poussent adroitement dans l'ouverture pour arrêter l'hémorrhagie.

Le HURLEUR A QUEUE DORÉE (*S. chrysurus*), que nous figurons à la partie antérieure du corps, la tête, la barbe et les membres d'un marron foncé, avec quelques reflets violacés, surtout sur les bras; la partie postérieure du corps d'un fauve doré brillant, la queue marron foncé et d'un fauve doré brillant à son quart terminal.—Il habite l'Amérique méridionale, mais particulièrement la Colombie.

HYALE (*Hyalæa*). Genre de Mollusques de l'ordre des Ptéropodes, renfermant des animaux qui ont le corps enfoncé dans de petites coquilles en forme de cornets, et qui ont de plus des nageoires membraneuses en forme d'ailes sur les côtés du cou. Ces ailes sont peu séparées; entre elles se voit la bouche, fendue longitudinalement et munie de 2 lèvres qui viennent se perdre dans la partie latérale de chaque aile.

Les Hyales ont des branchies formées par un peigne composé de petites lames transversales, disposées de chaque côté, recevant l'eau par une ouverture antérieure du manteau. Les deux sexes sont réunis chez le même individu, mais on ne sait rien de positif sur leur mode de propagation. Ce sont des animaux tous marins, qui viennent rarement près du rivage. Ils sont plutôt nocturnes que diurnes. Ils nagent le ventre en l'air, en frappant l'onde avec leurs nageoires céphaliques, pour avancer. Lorsqu'on les inquiète, ils replient leurs rames membraneuses et disparaissent au fond des eaux. Les gros habitants de la mer avalent par milliers ces êtres inoffensifs, qui vivent ordinairement réunis en grand nombre.

HYDATIDES. Entozoaires vésiculeux qui se réunissent en grand nombre dans une poche qu'ils se forment aux dépens des parties vivantes. Dans les organes parenchymateux de l'homme on les nomme *Acéphalocystes* (V. ce mot); une autre espèce produit la *Ladrerie* des cochons, une autre le *Tournis* des moutons.

HYDRACHNE (*Hydrachna*). Genre d'Arachnides, de l'ordre des Trachéens, insectes dont le corps est ovale ou globuleux, la tête et le corselet se confondant avec le ventre; le nombre des yeux et les antennes les rapprochent des Tiques; mais l'insertion moins marquée de la tête et des pattes les en sépare.

Ces petites araignées sont communes en été dans les eaux tranquilles et stagnantes, courant rapidement sur l'onde avec leurs huit pattes qu'elles tiennent étendues et qu'elles meuvent continuellement. Elles se nourrissent d'animalcules et de petits insectes. Les plus grandes ont 7 millim. de long. Suivant Muller, les mâles, qui y sont ordinairement deux ou trois fois plus petits que les femelles, ont une queue qui manque à celles-ci. Leurs organes sexuels sont placés au bout de cette queue; tandis que ceux de la femelle consistent en une papille placée sous le ventre.

Le mois d'août est le temps de leurs amours. Au moment de leur réunion, ces insectes ont une attitude remarquable : le mâle nage dans sa situation ordinaire ; la femelle s'approche derrière, s'élève obliquement et fait en sorte que sa papille abdominale touche à l'ouverture du canal qui traverse la queue du mâle. Alors celui-ci l'entraine, et on la voit qui remue ses pattes postérieures, tandis que les antérieures restent droites et étendues. Après la fécondation, la femelle, présume-t-on, se cache dans le limon pour pondre ses œufs, qui sont rouges et agglomérés en masse; elle meurt peu de temps après. Il sort des œufs des larves qui ont six pattes, une trompe assez sin-

gulière, les pieds et le corps rougeâtres, et qui se changent en nymphes, lesquelles se déchirent plus tard en deux portions pour laisser sortir le nouvel animal, qui nage aussitôt avec vivacité et qui doit encore changer d'enveloppe avant son parfait développement.

L'H. GÉOGRAPHIQUE, d'une taille assez grande, est des environs de Paris; elle présente sur le dos 4 taches et 4 points rouges, marqués chacun d'un petit point noir dans leur centre ; yeux rouges et très petits; pattes courtes, noires.—Dès qu'on la touche, cette hydrachne feint d'être morte.

HYDRE (*Hydra*) ou *Polypes à bras, P. d'eau douce.* Genre de Zoophytes de l'ordre des Zoanthaires, sous-ordre des Sertulaires, animaux fort petits et d'une très grande simplicité, dont le corps est gélatineux, libre, contractile, n'ayant pour tout organe qu'une cavité stomacale ouverte par un seul orifice, et quelques tentacules plus ou moins grêles et longs, qui entourent la bouche et saisissent les corps environnants pour les besoins de l'aliment. Leur corps généralement n'a pas la grosseur d'un petit grain de blé, et les tentacules n'ont guère que deux ou trois fois sa longueur. Mais il est des espèces plus volumineuses chez lesquelles les tentacules grêles et allongés peuvent élever à plusieurs pouces la longueur totale. Ces êtres sont privés de tous les sens, le tact excepté; on n'y découvre aucun vestige de système nerveux, quoique leur sensibilité soit assez active; ils paraissent entièrement dépourvus d'organes sexuels ; mais sur la surface extérieure de leur corps se développent des espèces de petits bourgeons qui, en se détachant, reproduisent des individus parfaits ; de même aussi que chaque fragment du corps que l'on coupe reforme un animal complet.

Les Hydres d'eau douce se développent dans les étangs, les mares, les petits ruisseaux. Elles se nourrissent d'animaux infusoires et aussi de petits vers, de matières organiques diverses; l'action digestive de leur sac alimentaire est très puissante. Ce qu'il y a d'extraordinaire, c'est qu'on peut retourner l'animal comme un doigt de gant, de manière que sa surface extérieure devienne intérieure, et cette surface devenue estomac digère avec la même activité.

A cause de leur petite taille, les Hydres sont assez difficiles à trouver; mais comme elles s'appliquent ordinairement à la face inférieure des Lentilles d'eau (*Lemna*), on peut, en examinant avec attention ces herbes aquatiques, les trouver. « Un procédé plus facile consiste à placer les *Lemna* dans un vase de verre exposé au soleil par une petite portion de son étendue seulement; s'il existe des Hydres, elles ne tardent pas à se placer sous l'influence des rayons solaires et à s'y rendre de tous les points du vase. C'est à Tremblay que l'on doit de connaître les particularités ci-dessus de l'anatomie des Hydres. »

Les espèces les plus communes sont : l'HYDRE VERTE (*H. viridis*), qui est toute verte, a 8 ou 10 tentacules plus courts que le corps; — l'H. GRISE (*H. grisea*) à tentacules plus longs que le corps et au nombre de 9 : c'est celle que l'on trouve le plus communément (*Hydre commune*).

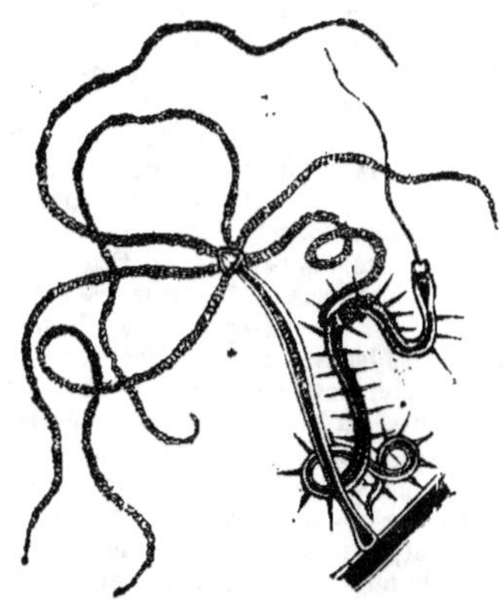

Fig. 689. — Hydre, s'emparant d'un Naïs.

HYDROCHARIDACÉES. Famille de Plantes monocotylédones, renfermant des herbes aquatiques, dont les fleurs, renfermées dans des spathes, sont en général dioïques; les fleurs mâles sont réunies plusieurs ensemble, tantôt sessiles, tantôt pédicellées; les fleurs femelles sont toujours sessiles, renfermées dans une spathe uniflore : calice à 6 divisions, dont 3 internes pétaloïdes ; de 4 à 13 étamines; ovaire infère ; 3 à 6 stigmates le plus souvent bifides. — Deux tribus.

Les VALISNÉRIÉES : ovaire à 1 ou à 3 loges, 3 stigmates : *Valisnérie*, etc.

Les STRATIOTÉES : ovaire plurioculaire, 6 stigmates : *Hydrocharide*, *Stratiote*, etc.

HYDROCHARIDE (*Hydrocharis*). Ce mot, qui signifiant en grec *qui aime l'eau*, désigne un genre de Plantes aquatiques, dont une seule espèce est indigène, l'*H. morsus ranæ*, vulg. *Morène*, *Mors de grenouille*. Ses feuilles ressemblent à celles du Nénuphar, mais sont plus petites ; ses fleurs, dioïques, sont blanches; les mâles à 9 étamines; les femelles à un ovaire surmonté de 3 styles. — Cette plante sert à décorer les pièces d'eau dans les jardins d'agrément.

HYDROCORISES (du grec *hudor*, eau; *koris*, punaise). Famille d'Hémiptères hétéroptères, comprenant des insectes appelés vulgairement *Punaises d'eau*, dont les genres principaux sont les *Nepès* et les *Notonectes*.

HYDROCOTYLE (de *hudor*, eau: *cotylé*, vase).

Genre de la famille des Ombellifères, plantes vivaces, radicantes, à feuilles suborbiculaires peltées, largement crénelées; fleurs blanches dont les pétales sont à sommet droit.

L'HYDROCOTYLE VULGAIRE, vulg. *Écuelle d'eau*, a une tige blanchâtre, grêle, stolonifère, de longueur très variable ; feuilles glabres, à long pétiole, naissant 1-2 au niveau des nœuds, suborbiculaires peltées, crénelées; fleurs très petites, disposées par verticilles de 4-6 fleurs. — Cette plante croît au bord des étangs et des marais, dans les prairies spongieuses , etc., fleurissant en juin-septembre. Ses feuilles, qui flottent à la surface des eaux stagnantes, sont âcres et nuisibles aux bestiaux.

HYDROGÈNE (du gr. *hudor*, eau ; *génos*. origine). Corps simple qu'on ne connaît encore qu'à l'état gazeux, découvert en 1781 par Cavendish, et qui est ainsi appelé parce que, en se combinant avec l'oxygène, il forme de l'eau. Gaz incolore, inodore et insipide, 14 fois plus léger que l'air atmosphérique, inflammable et brûlant avec une flamme bleuâtre faible ; il est impropre à la respiration , quoique non délétère, et il éteint les corps en combustion.

L'Hydrogène est très répandu dans la nature. Uni à l'oxygène, il constitue l'eau; uni au carbone et à l'oxygène, il constitue les matières végétales; uni à l'azote, au carbone et à l'oxygène, etc., il forme les matières animales : combiné avec l'azote, il constitue l'ammoniaque. On obtient ce gaz en versant de l'acide sulfurique étendu d'eau sur de la grenaille de zinc ou de fer : l'oxygène de l'eau se combine alors avec le métal, tandis que l'Hydrogène, mis à nu, se dégage à l'état de gaz.

On se procure de l'Hydrogène pour le faire servir à plusieurs usages. On l'emploie pour remplir les aérostats; en effet, comme il est beaucoup plus léger que l'air, ainsi qu'il a été dit, on conçoit que, étant enfermé dans une enveloppe mince, il soit capable d'enlever des poids assez considérables. Mêlé avec de l'oxygène, il produit par sa combustion la température la plus élevée qu'on connaisse. Les chimistes s'en servent souvent pour décomposer et réduire à l'état de métal un grand nombre d'oxydes.

Des expériences sur la couleur que différents sels communiquent à la flamme de l'Hydrogène ont été faites par M. Bibra : en voici le résultat. Les sels de potasse la colorent en violet faible ; les sels de soude, en jaune intense; les sels de baryte, en vert clair; les sels de strontiane, en rouge intense; les sels de chaux, en rose; les sels de bismuth et de mercure, en bleuâtre; les sels de cuivre, en vert ; les combinaisons d'arsenic et d'antimoine, en blanc. L'Hydrogène s'emploie particulièrement pour faire l'analyse de l'air, pour gonfler les aérostats, et pour produire une chaleur capable de fondre les substances les plus réfractaires.

HYDROMÈTRE. Genre d'Hémiptères hétéroptères, qui ne se compose que d'une seule espèce, l'H. DES ÉTANGS, dont la forme allongée lui a fait donner le nom d'*Aiguille* par Geoffroy ; tête aussi longue que le corselet, élargie un peu à son extrémité ; pattes très longues et grêles. — Ces insectes, communs partout, marchent positivement sur l'eau, et souvent avec assez de vitesse.

HYDROMYS (*Hydromys*). Genre de Mammifères de l'ordre des Rongeurs, voisins des Rats d'eau, dont ils ont à peu près les formes et même les habitudes ; les pieds de devant sont à 4 doigts libres, velus, avec des ongles petits, pointus, et le pouce rudimentaire ; pieds de derrière à 5 doigts assez longs, réunis jusqu'aux ongles par une membrane large, un peu velue ; queue longue, ronde, couverte de poils très courts, peu fournis, un peu plus longs et plus abondants à la base.

L'HYDROMYS A VENTRE JAUNE (*H. chrysogaster*) est l'espèce la plus connue. Il a à peu près la forme de notre Rat d'eau ; toutes ses parties supérieures et un peu latérales sont d'un brun roux, tandis que la gorge, les côtés de la tête et du cou, la poitrine, le ventre, etc., sont d'un jaune vif ; tour de la bouche blanchâtre ; moustaches noires ; queue d'un brun noirâtre, avec le bout blanc ; taille d'un petit lapin. — Cet animal appartient à l'Australie, où il fréquente les lieux aquatiques.

HYDROPHILE (du grec *hudor*, eau ; *phileô*, j'aime). Genre de Coléoptères de grande taille, à corps convexe, arqué, de forme régulièrement

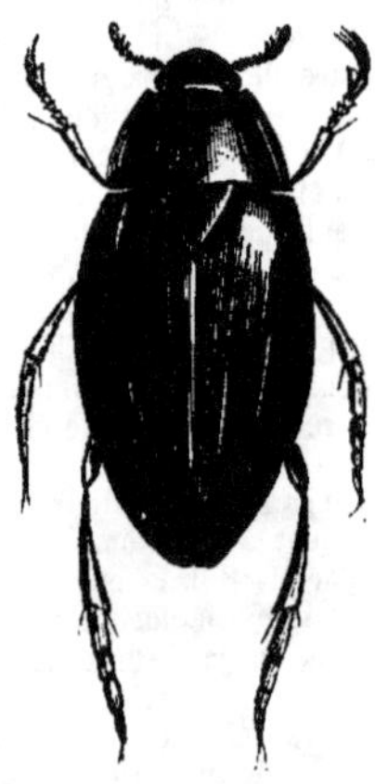

elliptique, dont les pattes intermédiaires et postérieures sont longues, robustes, aplaties, etc. — Ces insectes habitent les eaux stagnantes : au lieu

de faire jouer simultanément les pieds d'une même paire, ils les font mouvoir l'un après l'autre. Aussi se meuvent-ils moins rapidement que les Dytiques ; mais l'agilité de ces derniers ne leur est pas nécessaire, puisqu'ils sont, à l'état parfait, herbivores. Leur dernière forme arrive à la fin de l'été, et ils passent l'hiver au fond des mares, dans un état léthargique complet. Le printemps se manifestant, les femelles construisent une espèce de coque pour y mettre leurs œufs.

Le GRAND HYDROPHILE (*H. piceus*) est l'espèce principale ; elle n'est pas très rare aux environs de Paris. Sa larve, longue d'environ 8 centim., quand elle a acquis tout son développement, a sa tête d'un brun rouge, son corps d'un brun cendré, composé de 14 anneaux. Cette larve se nourrit principalement de mollusques fluviatiles qui se tiennent à la surface des eaux dormantes. Quand elle se trouve en danger, elle rend son corps flasque et mou, ou lance par l'anus une liqueur noirâtre qui trouble l'eau et la dérobe à la vue. La durée de sa vie est de deux mois environ, pendant lesquels elle change plusieurs fois de peau. Lorsque ces larves arrivent à l'époque de leur métamorphose, elles sortent de l'eau et entrent dans la terre, où elles se creusent, à l'aide de leurs mandibules et de leurs pattes, une cavité à peu près sphérique, très lisse à sa partie inférieure, et qui ne laisse apercevoir aucune issue. C'est là que se fait la transformation en nymphe. L'état de nymphe dure environ un mois ; et lorsque la dernière transformation doit avoir lieu, une longue enveloppe blanche se fend sur le dos de la nymphe, qui déjà est presque complétement en insecte parfait. L'Hydrophile se renverse sur le dos, et, à l'aide de ses pattes et du mouvement onduleux de ses anneaux, il parvient à se débarrasser entièrement de cette enveloppe. L'insecte parfait prend en 24 heures la couleur brune qui lui est propre, et cependant il reste une douzaine de jours dans la terre sans faire aucun mouvement, après quoi il force sa prison et s'en échappe.

HYÈNE (*Hyæna*). Genre de Mammifères de l'ordre des Carnassiers, tribu des Carnivores digitigrades, dont voici les caractères : tête large, cou fort, corps robuste, queue de médiocre longueur ; poils rudes, ceux du dos s'allongeant plus ou moins pour prendre l'apparence d'une crinière lâche et comme flottante ; les pieds ont 4 doigts, aussi bien ceux de devant que ceux de derrière, armés d'ongles non rétractiles ; les membres postérieurs sont toujours fléchis, semblant ainsi plus courts que les antérieurs, qui sont plus étendus ; langue garnie de papilles cornées.

Les Hyènes se rapprochent beaucoup des Chiens par leur taille et par la forme de leur tête ; mais elles en diffèrent par les aspérités de leur langue, par le nombre 4 de leurs doigts, leur espèce de crinière, la poche glanduleuse qu'elles ont au-dessous de l'anus, et surtout par la position oblique de leur corps. Leur organisation tient à la fois de celle des Civettes, des Chats, des Chiens, avec une dégradation évidente sous le rapport du système digital. Daubenton a comparé le squelette de ces animaux avec ceux de la Panthère et du Loup. Les muscles des membres démontrent qu'ils sont fouisseurs beaucoup plus que coureurs, particularité qui explique leur instinct pour déterrer les cadavres ; leur cerveau est assez petit ; les organes des sens sont comme chez le Chien. — Du côté de la nutrition, on voit que la formule dentaire est analogue à celle des Rats, mais les dents sont très épaisses et propres à briser les os aussi bien qu'à déchirer les chairs. — Les organes génitaux ressemblent beaucoup à ceux des Chiens, sauf que le pénis est dépourvu d'os. La poche sous-anale avait été considérée par les anciens comme une vulve, et avait fait considérer l'Hyène comme étant hermaphrodite : de là toutes les fables et les traditions superstitieuses dont l'histoire de cet animal est chargée.

Il n'y a d'Hyènes que dans l'Afrique et dans les parties méridionales de l'Asie ; mais il en a existé autrefois en Europe. Ce sont des animaux nocturnes et peu propres à la course, qui se réfugient dans des cavernes, des tanières qu'ils savent creuser eux-mêmes, et qui, la nuit, sortent de leur retraite pour aller à la recherche des cadavres et des restes infects abandonnés sur le sol ou enfouis dans le sein de la terre. Leur physionomie basse, leur regard terne, leur démarche oblique, leurs poils hérissés en crinière dans l'émotion, leurs cris qui sont tantôt comme pleureurs, tantôt comme simulant un rire sardonique, et surtout leur habitude de déterrer les corps morts placés à une profondeur insuffisante, habitude résultant de leur organisation spéciale et de l'impuissance où ils sont d'atteindre leur proie à la course, tout s'est réuni pour les représenter

Fig. 601. — Hyène rayée.

comme les plus dangereux, les plus féroces des carnassiers. Buffon lui-même a singulièrement noirci le tableau ; en réalité pourtant les Hyènes n'attaquent point les grands animaux, elles poursuivent même rarement ceux qui sont le moins

capables de leur résister ; elles n'ont ni l'agilité de la plupart des autres espèces du même ordre, ni leur goût pour la lutte, et leur prudence va jusqu'à la lâcheté. On peut les apprivoiser facilement, et elles deviennent parfois aussi dociles que des chiens.

Les Hyènes se distinguent en *vivantes* et en *fossiles*. Les premières sont toutes propres à l'ancien continent ; il n'en existe pas dans le nouveau, car l'animal auquel on a donné le nom d'*Hyène d'Amérique* est le Loup rouge, espèce du genre Chien. Les secondes se rapportent plutôt à l'Europe, quoiqu'on en ait signalé aussi des débris en Asie et en Amérique.

Hyène rayée (*H. vulgaris*). Pelage d'un gris jaunâtre, rayé transversalement de brun sur les flancs et sur les pattes ; crinière large à la région dorsale, un peu moins dans le reste de son étendue ; longueur du corps, depuis le bout du museau jusqu'à l'origine de la queue, environ 1 m. ; longueur de la queue, 48 cent. ; hauteur du train de devant aux épaules, 48 cent. — Cette espèce, la plus anciennement connue, et qui se trouve en Perse, en Egypte, en Barbarie, en Abyssinie, est celle qui a été l'objet de tant de contes ridicules, de tant d'opinions superstitieuses, et à laquelle doit être rapporté tout ce qu'on a dit de la férocité de cet animal. On est tombé dans l'exagération à cet égard ; mais il est vrai que ce n'est que bien difficilement que l'on parvient à adoucir les mœurs cruelles et farouches de l'Hyène rayée. Cependant on y est parvenu.

Hyène tachetée (*H. crocuta*). Pelage d'un jaune terne, parsemé de taches brunes, arrondies, en petit nombre ; oreilles arrondies et plus allongées ; crinière plus petite que chez la précédente ; taille et corpulence d'un grand Mâtin, avec la tête plus épaisse et moins allongée que celle de cet animal. — Cette espèce, qu'on a nommée *Hyène du Cap, Loup tigre, Hyène rousse*, habite le midi de l'Afrique, aux environs du cap de Bonne-Espérance. Elle paraît pouvoir s'apprivoiser plus aisément que l'Hyène rayée ; Barrow dit qu'on l'emploie pour la chasse, et qu'elle égale le Chien en fidélité et en intelligence. Les individus de cette espèce qu'a possédés le Muséum de Paris étaient de mœurs douces. L'un d'eux, au moment du débarquement à Lorient, en 1836, s'échappa et courut quelque temps dans les champs sans causer aucun dommage : il se laissa reprendre ensuite sans résistance.

Hyène brune (*H. brunea*). Pelage couvert en dessus de longs poils brun grisâtre, dessous du corps d'un blanc sale ; queue touffue, unicolore ; taille de l'Hyène rayée, dont elle est très voisine. — Sa patrie est le cap de Bonne-Espérance, où on lui a donné le nom de *Loup de rivage*. M. Geoffroy St-Hilaire, d'après ses remarques sur les variations de pelage présentées par les animaux aux différentes époques de leur vie, pense que les différences que présente l'Hyène brune, par rapport aux autres espèces, résultent de la persista nce chez elle de conditions existant d'une manière transitoire chez les autres.

« On rencontre à l'*état fossile*, principalement dans la caverne de Koilkdale, comté d'York, un grand nombre d'ossements qui paraissent appartenir à une espèce voisine de l'Hyène rayée, mais qui s'en distinguent par la forme de la crête sagittale, par une mâchoire plus longue, et par des proportions plus considérables. C'est à cette espèce que Cuvier a donné le nom d'*Hyæna fossilis.* »

HYLÉSINE (du gr. *hylè*, bois). Coléoptère redoutable par les dégâts considérables que font ses larves dans les bois à pins : d'où le nom de *Piniperde* qu'on lui a aussi donné. Il attaque de préférence les bois abattus ou morts, s'y creusant de profondes galeries. Son éclosion a lieu vers le mois de juillet.

HYMÉNOMYCÈTES (du gr. *hymen*, membrane; *mykès*, champignon). Tribu de la famille des *Champignons* (V. ce mot), comprenant tous ceux qui ont, à l'extérieur, une membrane fructifère dans laquelle sont placés les corpuscules reproducteurs.

HYMÉNOPTÈRES (du gr. *hymen*, membrane; *ptéron*, aile). Ordre de la classe des Insectes, dont voici les caractères essentiels : quatre ailes nues, membraneuses, transparentes, non réticulées comme une dentelle, mais simplement veinées ou divisées en un certain nombre de cellules assez grandes par des nervures cornées, et qui se croisent horizontalement sur le corps pendant le repos, les deux inférieures étant constamment plus petites que les supérieures; tête ordinairement très volumineuse; abdomen le plus souvent attaché au thorax par une partie rétrécie, portant à son extrémité, chez les femelles, une tarière ou un aiguillon. Exemple : l'Abeille.

Fig. 692 — Hyménoptère (Bourdon).

Les Hyménoptères établissent en quelque sorte le passage entre les insectes Masticateurs et les Suceurs. Leur appareil buccal se compose de mandibules, de mâchoires et de deux lèvres analogues à celles des Broyeurs; les mâchoires et la languette sont excessivement allongées, et les premières, de forme tubulaire, engainent longitudinalement les côtés de la languette, de façon que ces organes, réunis en faisceau, forment une trompe mobile à sa base, flexible dans toute son étendue, mais ne s'enroulant pas toutefois comme celle des Lépidoptères : disposition qui fait que les Hyménoptères peuvent également se nourrir de matières fluides, telles que les sucs des végétaux, et de matières solides qu'ils broient avec leurs mandibules. Nous ne dirons rien de plus relativement aux organes de digestion, sur lesquels on trouvera plus de détails au mot *Insectes*.

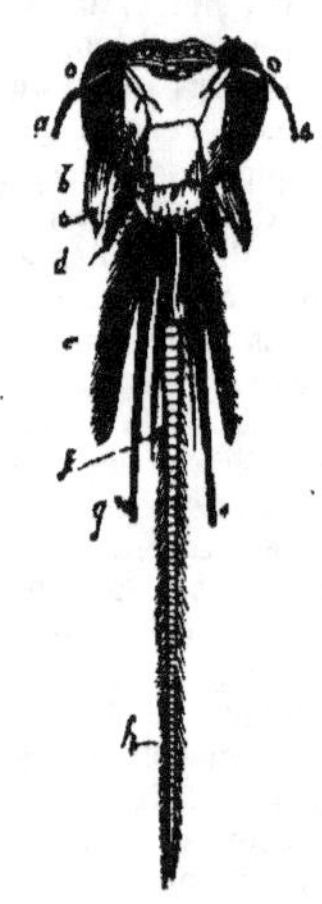

Fig. 693. — Organes manducateurs d'un Hyménoptère.

(*a*, antennes; — *o*, yeux à facettes; — *b*, mandibules; — *c*, labre (le trait qui devrait conduire le *c* à cette partie médiane, impaire et à convexité inférieure qui est le labre, manque);— *d*, palpes labiaux; — *e*, mâchoires; — *f*, lobes latéraux de la languette; — *h*, languette.)

Les organes de relation ne sont pas sans intérêt. Les antennes, très variables du reste, sont le plus souvent filiformes, sétacées, et formées d'un grand nombre d'articles. Outre les yeux composés, il existe trois petits yeux lisses. Les pattes, au nombre de trois paires, sont pourvues de cinq articles aux tarses, avec deux crochets, une épine vers le milieu des tibias de la première paire. Les ailes, croisées l'une sur l'autre dans le repos, sont unies, quand elles sont étendues, par une rangée de petits crochets fixés au bord antérieur des secondes, et accrochant le bord postérieur des premières; leur insertion est couverte par une petite pièce arrondie faisant partie des pièces latérales du thorax des insectes. Ces ailes, veinées diversement, ont servi de base, à Jurine, pour sa méthode de classification des Hyménoptères. L'abdomen, composé de 5 à 9 segments , est muni à son extrémité, soit d'une tarière, soit d'un aiguillon ; l'un et l'autre sont composés de 3 pièces principales : la tarière ou aiguillon proprement dit, et deux pièces qui l'enveloppent formant une gaîne; à la base des aiguillons sont des glandes vénéneuses qui se trouvent comprimées et font sortir leur liqueur par l'effet même de la sortie de l'aiguillon. Dans quelques espèces, les glandes seules existent , et l'insecte possède la faculté de les faire éjaculer au loin; du reste , il y a beaucoup de variétés d'organisation de ce côté.

L'appareil génital étant celui des Insectes en général, sauf modifications qui seront indiquées aux divers genres, nous nous bornerons aux généralités suivantes : Parmi les femelles d'Hyménoptères, il en est qui, au moyen de leur tarière, introduisent leurs œufs dans le bois (Porte-scies); d'autres les introduisent dans ou sur le corps de différentes larves (Pupivores); d'autres les déposent dans des cellules, où les neutres les prennent sous leur protection (Mellifères), etc.

« Tous ces insectes subissent une métamorphose complète. La larve, tantôt privée de pattes , ressemble à un ver; d'autres fois, pourvue de six pieds à crochets et souvent aussi de 12 à 16 pieds membraneux , ressemble davantage à des chenilles : dans l'un et l'autre cas, elle a une tête écailleuse, avec des mandibules , des mâchoires, et une lèvre à l'extrémité de laquelle est une filière pour le passage de la matière soyeuse dont sa coque doit être construite. Le régime de ces larves varie beaucoup. Plusieurs ne peuvent se passer de secours étrangers et sont élevées en commun par des individus stériles, réunis en société. La nymphe reste sans nourriture et dans un repos complet. Enfin , dans leur état parfait, les Hyménoptères vivent presque tous sur les fleurs et meurent au bout de la première année de leur existence. »

Cet ordre, l'un des plus intéressants des Insectes, à cause des différents genres d'industries, de ses espèces, de ses produits (miel, cire, noix de galle), forme deux sous-ordres bien distincts, suivant que les femelles portent une tarière ou un aiguillon, cè sont les *Térébrants* et les *Porte-aiguillons*. Chacun de ces ordres secondaires se subdivise en plusieurs familles, ainsi qu'il suit :

Les **Porte-scies** sont des Hyménoptères térébrants dont la tarière est en forme de scie, et l'abdomen attaché au thorax par toute sa largeur. Tels sont les *Tentrèdes* et les *Sirex*.

Les **Pupivores** (de *pupus*, petit; *vorare*, dévorer), ainsi nommé de ce que, dans la première période de leur existence, ils se nourrissent de petits animaux. Ces Hyménoptères térébrants ont la tarière en forme de canal composé de tubes rentrant les uns dans les autres; ou mieux ce canal est un simple oviducte, assez coriace cependant pour pouvoir percer des substances peu résistantes , telles que les corps des petits animaux dans lesquels la femelle dépose ses œufs. Les

genres principaux de cette tribu sont les *Ichneumons*, les *Cynips*, les *Chrysides*, etc.

Les **Hétérogynes** (du gr. *hétéros* , différent; *gynê*, femelle), du sous-ordre des Porte-aiguillons, renferment des genres dont les uns ont des femelles aptères et vivent solitaires, et dont les autres vivent en société et n'ont d'aptères que les individus neutres. Tels sont les *Mutillaires* et les *Fourmis*.

Les **Fouisseurs** ou *Guêpes-Ichneumons* sont tous ailés; leurs pieds sont souvent disposés pour fouir; l'étranglement de leur abdomen est parfois très long; ils vivent solitairement. Comme leurs larves sont apodes et presque immobiles, ce sont les femelles qui se chargent du soin de les nourrir. Tels sont les *Sphex*, les *Scolies*, les *Pompiles*.

Les **Diploptères** (du gr. *diploos*, double; *ptéron*, aile) sont les Hyménoptères porte-aiguillons dont tous les genres ont les ailes supérieures doublées dans leur longueur : cette famille comprend les *Guêpes*, les *Masarides*.

Les **Mellifères** (du mot latin *mel*, miel; *fero*, je porte) constituent la famille des Porte-aiguillons la plus nombreuse. Tous ces insectes produisent du miel ou une substance analogue. Ils ont les deux mâchoires très allongées , formant avec la lèvre une espèce de trompe dont l'animal se sert pour pomper le nectar qu'il trouve au fond des fleurs; les deux membres postérieurs sont disposés de manière à pouvoir recueillir le pollen des fleurs qui sert à leur nourriture et à celle de leurs larves. Tels sont les *Abeilles*, les *Bourdons*, qui vivent en société; les *Andrenètes*, qui vivent solitaires, etc.

HYPÉRICACÉES ou **Hypéricinées**. Famille de Plantes dicotylédones polypétales hypogynes, comprenant des plantes herbacées , des arbustes et même des arbres souvent résineux et parsemés de glandes transparentes, dont le Millepertuis (*Hypericum*) est le genre type, et qui ont pour caractères spécifiques de présenter, pour la plupart, dans l'épaisseur de leurs feuilles, qui sont toujours opposées , des glandes miliaires qui, vues entre l'œil et la lumière, semblent être autant de petits trous; enfin d'avoir des étamines très nombreuses, des styles distincts, etc. — V. *Millepertuis*.

HYPÉROODON (*Hyperoodon*). Genre de Mammifères de l'ordre des Cétacés, qui rentre dans la famille des Dauphins , caractérisé par : corps fusiforme; museau aplati, large , surmonté d'un front très élevé et de forme arrondie; nageoires petites. — Une seule espèce est connue, c'est

L'**Hypéroodon de Baussard**, qui habite les hautes mers du Nord. Il est d'un beau noir en dessus, blanchâtre en dessous. Longueur, 9 à 10 mètres. — Il se nourrit d'animaux marins qu'il rencontre, et particulièrement de céphalopodes. Ce cétacé vient parfois échouer sur les côtes de France et d'Angleterre. On cite particulièrement les deux individus échoués en France auprès de Caen, l'un en novembre 1840, l'autre dont le squelette fait actuellement partie de la collection du Muséum de Paris.

HYPOLAIS. Sous-genre de Fauvette, dont le bec est très large à la base, déprimé dans toute son étendue, avec bords mandibulaires droits; ailes subaiguës; queue égale; doigts grèles, etc. — Ce sont des oiseaux à plumage uniformément coloré, remuants, querelleurs, imitateurs du chant des autres oiseaux. Ils fréquentent les lisières des bois, les jardins, les vergers. Ils sont insectivores, et à la fin de l'été baccivores. Leur nid est fait avec art.

HYPOLITHE (du gr. *upo*, sous; *lithos*, pierre). Genre de Coléoptères ayant les plus grands rapports avec les Harpales, dont il ne diffère que par la forme des quatre tarses antérieurs des mâles. Ils sont tous de taille moyenne, souvent

Fig. 694. — Hypolithe.

même assez petits; leur corps est ponctué, de couleurs brunâtres sombres. — On en connaît une vingtaine d'espèces propres à l'Afrique et à l'Amérique méridionale. Celle que nous figurons est l'*H. saponarius*, qui est tellement commune au Sénégal, que les nègres s'en servent pour fabriquer une espèce de savon.

HYSOPE (*Hyssopus*). Genre de Labiées, dont l'espèce unique est l'HYSOPE OFFICINALE (*H. offi-*

cinalis). Plante sous-frutescente, vivace, à tiges très rameuses, ordinairement rapprochées en touffe; feuilles lancéolées, sessiles, glabres, souvent munies à leurs aisselles de fascicules, de feuilles plus petites. Fleurs d'un beau bleu, dis-

Fig. 695. — Hysope.
(Sommité fleurie; fleur détachée et pistil.)

posées en glomérules axillaires, qui forment épi d'un seul côté de la tige : calice tubuleux à 5 dents, violacé; corolle tubuleuse, bilabiée, à lèvre supérieure droite presque plane, l'inférieure étalée; étamines 4, saillantes, divergentes.

L'Hysope se trouve sur les murailles des vieux châteaux, dans les montagnes, les fissures de rocher, sur les coteaux arides. Elle fleurit en juillet-septembre. C'est une plante aromatique dont l'emploi, sous forme de tisane, est utile pour stimuler légèrement les organes respiratoires et faciliter l'expectoration. Les pharmaciens en préparent une eau distillée, une huile essentielle et un sirop. — Il n'est rien moins prouvé que notre Hysope soit la même que celle dont il est si souvent question dans l'Ecriture sainte, et que quelques auteurs pensent être une mousse qui croît sur les murs de Jérusalem.

HYSTRIX (de *thys*, porc; *thrix*, poil). Nom scientifique du genre *Porc-épic*. — V. ce mot.

I

IBÉRIDE (*Iberis*). Genre de Crucifères; plantes
annuelles ou bisannuelles, rarement vivaces, à
tiges sous-frutescentes, à feuilles sessiles, entières
ou dentées au sommet ; à fleurs blanches ou
rosées, etc.

L'IBÉRIDE AMÈRE (*I. amara*), type du genre, est
une plante annuelle de 10 à 30 cent. de haut, dont
les feuilles oblongues offrent de chaque côté, au-
dessous du sommet, 2-3 dents obtuses; fleurs
blanches, disposées en grappes courtes : calice
souvent coloré; pétales inégaux; silicules disposées en grappes spiciformes. — C'est dans les
moissons, aux bords des chemins, dans les champs
pierreux, que se trouve et fleurit tout l'été l'Ibéride.

On cultive dans les parterres l'I. OMBELLIFÈRE
(*I. ombellata*), appelée vulgairement *Thlaspic*,
Téraspic, dont la grappe raccourcie de fleurs
rose-lilas imite une ombelle; — on cultive également l'I. TOUJOURS VERTE, vulg. *Téraspic d'hiver*,
qui est une plante vivace, à fleurs blanches, employée pour former d'élégantes bordures. — Il est
d'autres espèces qui se trouvent seulement dans
nos contrées méridionales.

IBIS(*Ibis*).Genre d'Oiseaux de l'ordre des Échassiers, famille des Longirostres, dont les caractères
peuvent ainsi s'énoncer : bec très long, arqué,
sillonné dans toute son étendue ; narines basales,
petites, se prolongeant dans le sillon qui s'étend
de la base au bout du bec ; ailes longues, suraiguës; queue courte et rectiligne; tarses de
moyenne grandeur; doigts réunis par une membrane jusqu'à la première articulation, le pouce
appuyant presque entièrement à terre.

Ce genre est très voisin des Tantales et des
Courlis ; mais il diffère des premiers par le bec
moins fort, les jambes moins élevées ; et les seconds s'en séparent en ce qu'ils ont la tête et le
cou toujours couverts de plumes.

Les Ibis sont des oiseaux voyageurs qui cherchent
les lieux humides et marécageux, et qui parcourent toutes les parties chaudes des deux continents.
Ils vivent en société, par petites troupes de 6 à 8,
quelquefois plus; leurs mœurs et habitudes sont
généralement douces et paisibles. Ils se nourrissent habituellement d'herbe tendre, de vers, de
petits coquillages, d'insectes et de petits poissons.
Ils sont monomanes, et le couple ne se sépare
qu'à la mort. Les uns posent leur nid à terre,
d'autres sur les plus hauts arbres; la ponte est de
2 ou 3 œufs blanchâtres, dont l'incubation dure
30 jours environ.

IBIS SACRÉ (*I. religiosa*), ainsi appelé à cause
de la vénération dont il a été l'objet dans l'ancienne Égypte. Cet oiseau ressemble à la Cigogne,
mais est plus petit qu'elle, puisque sa grosseur
est celle d'une poule; en outre il a le cou et les
pieds plus petits en proportion; plumage ordinairement d'un blanc roussâtre, avec les grandes

Fig. 606. — Ibis sacré.

plumes du bout des ailes noires; tour de la tête
dégarni de plumes, mais revêtu d'une peau rouge
et ridée

L'Ibis sacré est commun en Égypte; le culte
dont il fut jadis honoré dans ce pays était dû,
pense-t-on, soit à ce qu'il faisait une guerre continuelle aux lézards, serpents, grenouilles, et
autres petits reptiles dont il se nourrit, soit plutôt parce que son retour annonçait l'abondance
avec le débordement du Nil. Il était consacré à
Isis. On conservait des Ibis dans les volières pour
les cérémonies du culte de cette déesse, et on les
embaumait après leur mort. On a retrouvé dans
les catacombes de Memphis et de Thèbes un grand
nombre de momies d'Ibis. Cet oiseau est aussi
représenté sur une foule de monuments égyptiens;
l'histoire nous rapporte les nombreuses allégories
dont on en fit le sujet, les merveilleuses vertus
dont on se plut à l'enrichir. C'est au point que

l'on croyait sa chair incorruptible ; que ses plumes, si elles touchaient les crocodiles, les frappaient de stupeur ou de mort; que le Basilic naissait d'un œuf d'Ibis, formé dans cet oiseau des venins de tous les serpents qu'il dévore, etc., etc. Mais les modernes Égyptiens n'ont point hérité de cette superstitieuse vénération, et ils chassent l'oiseau sacré au fusil et au filet pour le manger. A la vérité l'Ibis y est maintenant bien moins fréquent; il n'y reste que fort peu de temps. « Lorsqu'une troupe d'Ibis vient à s'abattre sur des terres nouvellement découvertes, on peut observer ces oiseaux, des heures entières, au même endroit, occupés sans cesse à fouiller la fange avec leur bec; ils se tiennent assez constamment pressés les uns contre les autres, et vont pas à pas. »

L'Ibis falcinelle (*I. falcinellus*) est l'espèce qu'on observe en Europe et que Buffon décrit sous le nom de *Courlis d'Italie.* Cet oiseau est d'un noir à reflets verts et violets supérieurement, et inférieurement d'un noir cendré ; absence de blanc dans son plumage. — Il partageait, avec le précédent, la vénération des Égyptiens, mais jouissait de moins de faveur, puisqu'on le trouve conservé à l'état de momie en moins grande quantité.

Il est beaucoup d'autres espèces, étrangères à l'Europe, dont nous devons passer l'histoire sous silence. Signalons cependant l'Ibis rouge du Brésil et de Cayenne, la plus belle espèce du genre.

ICHNEUMON ou **Rat de Pharaon** (*Mangusta Ichneumon*). Espèce du genre *Mangouste.* (V. ce mot). Mammifère digitigrade, dont la longueur, du museau à la queue, est de 50 c., la queue étant aussi longue que le corps; pelage d'un brun foncé, tiqueté de blanc sale; demi-palmure entre les doigts, ce qui indique quelques habitudes aquatiques; pattes courtes qui contribuent à une ressemblance avec les Martes et les Furets.

L'Ichneumon habite la Basse-Égypte; connu depuis la plus haute antiquité, il est devenu célèbre par le culte dont il a été l'objet. Tous les historiens et voyageurs s'en sont occupés; mais leurs relations ont singulièrement varié; Buffon lui-même l'a confondu avec la Mangouste. Cet animal, selon G. St-Hilaire, est craintif et défiant; son odorat, qui est d'une excessive finesse, vient en aide à sa vue pour s'assurer qu'il n'a nul danger à craindre. Il se nourrit de rats, de serpents, de poules, d'oiseaux et d'œufs qu'il recherche surtout avec avidité, n'ayant pas toutefois, comme on l'a cru, de prédilection pour ceux du crocodile. Il s'apprivoise facilement, et il devient doux, caressant pour son maître. En Égypte, on l'emploie généralement à nettoyer les maisons des rats et des souris, besogne dont il s'acquitte avec intelligence et adresse; mais si on cherche à lui enlever sa proie, il grogne et même mord.

L'Ichneumon montre une grande ardeur amoureuse à l'époque du rut, qui a lieu dans le mois de janvier. Quoiqu'il multiplie beaucoup, ses ravages dans les campagnes sont assez restreints, parce que le débordement du Nil l'oblige à fuir, et que les renards et les chacals, chassés par la même raison, lui font une guerre de destruction.

ICHNEUMON (*Ichneumon*). Genre d'Hyménoptères térébrants, de la famille des Pupivores, offrant pour caractères : tête transversale, non prolongée en forme de museau; abdomen allongé, presque également étroit aux deux bouts, aplati, avec la tarière découverte à sa base et nullement saillante. — Ces insectes, appelés vulgairement *Mouches vibrantes*, ont les ailes très veinées, le vol très rapide. Les femelles sont dans une agitation continuelle et sans cesse occupées à rechercher les chenilles dans le corps desquelles elles veulent déposer leurs œufs, en les perçant de leur

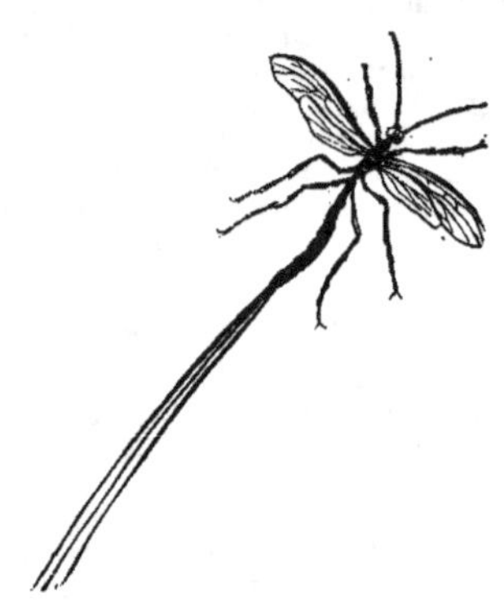

Fig. 697. — Ichneumon.

tarière, sans pour cela leur donner la mort. Les espèces à longue tarière introduisent celle-ci dans les fentes des arbres, espérant trouver des chrysalides.

Les larves des Ichneumons sont apodes, blanchâtres, ridées. Devant se développer dans le corps des insectes, elles ont l'instinct de ne se nourrir que de leur substance graisseuse externe, sans attaquer les organes nécessaires à la vie; puis elles se changent en nymphes, suivant un mode qui n'est pas le même pour toutes les espèces. On cite, comme un phénomène extraordinaire, une coque d'Ichneumon qui, étant suspendue à une feuille ou à une branche par un fil assez long, a la faculté de faire des sauts de 6 à 8 cent. de haut; ce fait est extraordinaire en ce qu'on ne peut guère s'expliquer, sinon pourquoi, du moins comment l'insecte qui y est renfermé peut imprimer ainsi à cette coque et à lui-même ce mouvement d'ascension.

Les espèces sont nombreuses. Nous nous contenterons de citer l'Ichneumon correcteur, —

l'I. **marcheur**, — l'I. **achevé**, tous des environs de Paris, longs de 16 millim. et noirs , etc. — Il y a de ces insectes dans tous les pays , et partout ils jouent le même rôle, venant au secours de l'agriculture en détruisant des milliers de chenilles qui, sans cela , causeraient de grands dégâts à la végétation. Nous devons ajouter toutefois que les Ichneumons ne constituent qu'un des genres assez nombreux qui ont les mêmes mœurs et dont se compose le groupe des *Ichneumonides* de Latreille.

ICHTHYOLOGIE (du gr. *ichthys*, poisson; *logos*, discours). Partie de la zoologie qui traite des *Poissons*. — V. ce mot.

ICHTHYOSAURE. (du gr. *ichthys*, poisson; *sauros*, lézard). Animal fossile des plus remarquables, en ce que, offrant des caractères empruntés à presque toutes les classes des animaux vertébrés, il semble former un chaînon qui lie les Reptiles d'une part aux Poissons, et de l'autre aux Cétacés. Quoiqu'il n'ait pas des rapports très naturels avec les Sauriens, c'est pourtant dans cet ordre qu'on a cru devoir le ranger. L'Ichthyosaure offre un museau de Dauphin , un crâne et un sternum de très grand Lézard, des pattes de Cétacé, mais au nombre de quatre, et des côtes de Poisson. Le nombre des vertèbres va jusqu'à 126; les côtes s'étendent depuis l'axis jusqu'aux deux premiers tiers de la queue; par conséquent il n'y a pas de cou; etc.

Ce Saurien fossile, dont nous n'indiquons que les dispositions osseuses les plus remarquables, pouvait acquérir une taille de dix mètres de long. C'était , ainsi que le Plésiosaure, un animal ma-

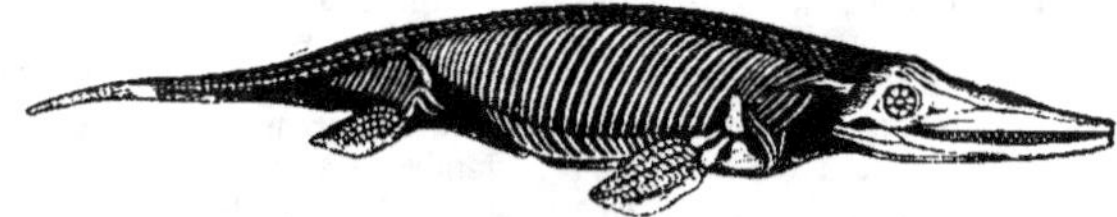

Fig. 698. — Ichthyosaure.

rin, dont les restes, enfouis dans l'oolithe, et principalement dans le lias , ont été découverts en Angleterre par E. Home, Labèche, etc., et puis en Allemagne. On en distingue actuellement une douzaine d'espèces.

IF (*Taxus*). Genre de la famille des Conifères, tribu des Taxinées, arbres à feuilles éparses, linéaires; à fleurs dioïques en chatons axillaires. Les chatons mâles , assez petits , subglobuleux, enveloppés inférieurement d'écailles imbriquées, se composent d'écailles qui portent à leur face inférieure 3-8 lobes d'anthères disposés circulairement; les chatons femelles sont petits, composés d'une écaille cupuliforme entourant un seul ovule dressé ouvert au sommet; cône subglobuleux composé de l'écaille cupuliforme accrue et charnue succulente, qui renferme la graine.

L'**If commun** (*T. baccata*) croît spontanément dans les montagnes sous-alpines ; mais il est fréquemment cultivé dans les parcs et les jardins publics, où il est souvent déformé par les tailles bizarres qu'on lui fait subir. C'est un arbre très rameux dès la base , peu élevé d'ailleurs , mais dont le tronc peut acquérir 10 à 15 m. de circonférence lorsque le terrain lui offre un fonds propice. On en cite plusieurs très volumineux en France, mais le plus gros connu existe à Fortingall , en Écosse : on lui donne trois mille ans d'existence.

Les anciens ont regardé l'If comme nuisible aux animaux , aux abeilles , à l'homme lui-même qui dort sous son ombrage; cette opinion est très exagérée. Ils l'ont considéré aussi comme l'emblème de l'immortalité et le symbole de la tristesse. Cet arbre vert ne donne point de résine. Son bois, d'un rouge-brun veiné de zones rouges plus foncées, est , après le buis, le plus pesant de l'Europe; il est susceptible d'un beau poli, incorruptible d'ailleurs , et il pourrait remplacer avantageusement, dans l'ébénisterie, les bois que l'on retire à grands frais de l'étranger.]

IGNAME (*Discorea*). Cette plante est la même que la *Dioscorée ailée* (*D. alata*) dont nous avons déjà parlé. — Il ne faut point la confondre avec une espèce de Gouet (*Arum colocasia*) que l'on appelle vulgairement Igname en Égypte.

L'Igname ou Dioscorée est une plante tuberculeuse que l'on cultive en Chine, où elle joue le rôle de la pomme de terre chez nous. M. de Montigny l'a introduite en France en 1850. La pomme de terre est inconnue en Chine. « Lorsque j'arrivai dans cette contrée, dit M. de Montigny, je vis que les populations indigènes se nourrissaient du saya au lieu de pommes de terre qu'elles ne connaissaient pas. Je voulus immédiatement juger des qualités de cette plante alimentaire, et je donnai l'ordre de m'en acheter au marché. Je lui trouvai une saveur très analogue à celle de la pomme de terre, et j'appris en outre qu'elle se cultivait et s'apprêtait pour la table de la même façon. Je fus dès lors convaincu que si la maladie des pommes de terre persistait en Europe, on pourrait remplacer ce tubercule par l'Igname. Dès 1848, j'envoyai en France des racines de cette plante. Du reste, j'avais tous les jours à ma table un plat de saya, et tous les Européens auxquels j'étais assez heureux pour offrir l'hospitalité, en mangeaient toujours avec autant de plaisir que moi. »

Les rhizomes d'Igname envoyés par M. de Montigny au Muséum d'histoire naturelle de Paris, donnèrent lieu à des expériences de culture faites sous la direction de M. le professeur Decaisne. Ces expériences ont parfaitement réussi, et M. Decaisne a fait connaître à l'Académie des sciences les résultats heureux obtenus sur la Dioscorée qu'il croit supérieur en qualité à la pomme de terre.

A l'analyse, l'Igname fournit à peu près les mêmes principes alimentaires que la pomme de terre, plus un élément azoté qui provient de la substance mucilagineuse dont nous avons parlé. M. Frémy, professeur de chimie au Muséum d'histoire naturelle, pense que cette racine pourrait servir à faire du pain. « L'Igname de la Chine, dit-il, coupée en petites rondelles et desséchée à l'étuve, donne un produit qui se laisse réduire en poudre et qui, traité par l'eau, forme une pâte rappelant, par sa plasticité, celle qui est produite par la farine de froment. »

Comme la pomme de terre, et même mieux qu'elle, l'Igname, pourvue d'un principe azoté comme le froment, pourrait être mélangée dans de grandes proportions avec la farine de blé pour faire le pain, ou une infinité d'autres préparations alimentaires.

La culture de l'Igname réussit dans les pays froids de la Chine. Elle pourrait donc se faire dans toutes les parties de la France, au nord comme au midi, sur les montagnes élevées comme dans les plaines et vallées; cette culture est absolument la même que celle de la pomme de terre.

IGNATIER (*Ignatia*). Genre de la famille des Loganiacées, très voisin du Vomiquier, se composant d'arbrisseaux des Indes orientales dont les fleurs ont l'odeur de Jasmin, et dont les semences, appelées *Fèves de St Ignace*, sont amères et vénéneuses, propriété qu'elles doivent à la strychnine qu'elles contiennent.

IGUANE (*Iguana*). Genre de Reptiles de l'ordre des Sauriens, famille des Iguaniens, ayant une grande ressemblance avec les Lacertiens, mais offrant les caractères génériques suivants : très

Fig. 699. — Iguane tuberculeux.

grand fanon mince sous le cou, simulant un énorme goitre; crête en scie régnant sur tout le dos et la queue; dents maxillaires à bords finement dentelés ; doigts longs et inégaux ; queue très longue, grêle, comprimée; un seul rang de pores sur les cuisses; taille assez grande.

Les Iguanes habitent le Brésil, Saint-Domingue, la Martinique. Ils semblent exclusivement herbivores, car il paraît qu'on n'a jamais trouvé que des feuilles et des fleurs dans l'estomac des individus qu'on a ouverts. Cependant voici ce qu'on lit dans le *Dictionnaire d'histoire naturelle* de Guérin Menneville : « Ces animaux dit-on, vivent, ou du moins chassent leur proie sur les arbres, et sautent de branche en branche pour saisir les jeunes oiseaux et surprendre leurs œufs dans l'intérieur des nids ; ils se repaissent également d'insectes et de petits mollusques, on dit même de fruits, de graines, de feuilles. » Ces Sauriens pondent des œufs blancs, elliptiques, à enveloppe calcaire, de la grosseur de ceux de nos pigeons, et ils les abandonnent à l'incubation solaire dans le sable ou les débris de feuilles mortes. Ces œufs sont assez recherchés, ainsi que l'animal lui-même, dont on mange la chair à la manière du poisson, dans certains pays.

IGUANE TUBERCULEUX (*I. tuberculata*), aussi appelé *I. ardoisé, I. bleuâtre*. C'est le type du genre; il a les côtés du cou semés de tubercules, une grande écaille circulaire sur le tympan ; en dessus il est d'un vert plus ou moins foncé, passant quelquefois au bleuâtre, avec les côtés présentant des raies en zigzags, brunes, bordées de jaune ; le dessous est d'un jaune verdâtre ; longueur totale, 75 cent. à 1 mètre.

Cette espèce est répandue surtout dans les régions chaudes de l'Amérique. Elle revêt différentes colorations avec autant de facilité parfois que les Caméléons, surtout lorsqu'elle est irritée.

L'IGUANE COMESTIBLE (*I. delicatissima*) ou *I. à col nu*, très voisin du précédent, se distingue par l'absence de tubercules à la région cervicale et de la plaque discoïdale située au-dessous du tympan ; le goître est aussi moins développé et la crête dorsale moins élevée. — On le trouve au Brésil, au Mexique et dans quelques Antilles. — Il est plusieurs autres espèces moins communes que nous passons sous silence.

ILICINÉES. Même famille de Plantes que les *Aquifoliacées*.

IMMORTELLE. Nom vulgaire de plusieurs Plantes de la famille des Composées, appartenant principalement au genre *Gnaphale*. — V. ce mot. — On nomme *Immortelle* le *Xeranthemum annuum*, très voisin ou plutôt variété du *Carthamus lanatus ; — Immortelle jaune*, l'*Helychrysum orientale*, qui se distingue du *Gnaphalium* par les fleurons tous hermaphrodites, ou ceux de la circonférence femelles disposés sur un seul rang ; — *Immortelle blanche* le *Gnaphalium margaritaceum*, qui est très fréquemment cultivé dans les jardins.

C'est la grande durée de leurs fleurs qui a valu à ces plantes le nom d'*Immortelles*. Les fleurs du Gnaphale, formées d'écailles imbriquées, inflexibles et sèches, de couleur jaune ou blanche, servent à tresser ces couronnes funéraires que l'on est dans l'usage de déposer sur les tombeaux.

IMPÉRATOIRE (*Imperatoria*). Genre de la famille des Ombellifères, comprenant des herbes à racines vivaces ; à fleurs petites, assez semblables à celles du Persil et de la Carotte ; pas d'involucre ; involucelles formés d'un petit nombre de folioles.

L'espèce type est l'IMPÉRATOIRE COMMUNE (*I. ostruthium*), vulg. *Benjoin français*, *Otrute*, plante à tiges dressées, glabres, fistuleuses, hautes de 30 centim. environ ; feuilles peu nombreuses, les radicales grandes, à long pétiole, divisées en 3 parties composées chacune de 3 folioles ovales, trilobées, dentées ; fleurs blanches, en ombelles assez grandes : 5 pétales réfléchis en dedans ; 5 étamines ; 2 styles, etc.

L'Impératoire croît dans les pâturages montagneux du midi de la France, où elle fleurit dans les mois de juillet et août. Son odeur aromatique, qui n'est pas très prononcée, réside surtout dans

sa racine et ses semences. Cette racine, qui est longue, grosse, tuberculeuse, d'une saveur chaude, est naturellement stimulante. Après avoir joui d'une immense réputation comme antihystérique, fébrifuge, emménagogue, elle est tombée, peutêtre injustement, dans l'oubli.

Fig. 100. — Impératoire.

(Sommité fleurie. — Fleur détachée. — Graine. — Racine)

INCRUSTATION (de *crusta*, croûte). Dépôt de sédiment calcaire formé par certaines eaux dans les canaux qu'elles traversent ou sur les corps qui y restent plongés. Les sources incrustantes sont assez nombreuses : on cite celles d'Arcueil, de Saint-Nectaire, de Saint-Allyre (Puy-de-Dôme), de la rivière de Vouzié, près Provins ; des bains de Saint-Philippe, en Toscane. La propriété dont jouissent ces eaux est devenue un objet d'exploitation. A la fontaine de Saint-Allyre, par exemple, on amène par des conduits l'eau dans une salle disposée pour cet usage ; on la fait tomber de plusieurs mètres de hauteur sur des fagots et des branches d'arbres, et l'on place sur le parquet de la chambre les objets destinés à être incrustés, tels qu'une fleur, un bouquet, un nid d'oiseaux, quelquefois de gros animaux empaillés. Au bout d'un certain temps, tous ces objets sont transformés en autant de sculptures, qui, bien que grossières, ne manquent pas de trouver des acquéreurs.

INCUBATION. Se dit et de l'action par laquelle certains ovipares couvent leurs œufs, et du temps pendant lequel les œufs de certains autres animaux sont soumis à une influence étrangère exerçant une température convenable pour le développement du germe et la naissance d'un nouvel individu. L'Incubation est donc *naturelle* ou *artificielle*. La première est propre à la plupart des Oiseaux, qui portent avec eux assez de chaleur pour cette transformation de l'œuf fécondé en un être organisé et vivant. Sa durée varie suivant les espèces : elle est de 32 jours pour la Dinde, de 20 à 24 jours pour la Poule, de 29 pour la Cane, 31 pour l'Oie, 28 pour le Pigeon, 45 à 48 pour le Serin, 42 pour l'Oiseau-mouche, etc. La femelle recouvre ses œufs de son corps, après les avoir déposés dans un nid propre à les abriter, et les y soumet pendant un temps nécessaire à une température suffisante. La constance avec laquelle elle s'acquitte de ce soin est vraiment admirable; quelquefois le mâle le partage avec elle ; mais le plus ordinairement il veille aux besoins de sa compagne et à la sûreté de sa progéniture. Quelques oiseaux des régions tropicales ont recours à l'Incubation artificielle du soleil; il en est de même de l'Autruche, qui abandonne ses œufs dans le sable.

L'Incubation est artificielle pour les Poissons, qui déposent leurs œufs dans l'eau et en confient l'éclosion aux feux du soleil ; elle l'est pour les Reptiles, les Serpents, les Couleuvres, les Tortues, les Insectes, qui confient aussi leurs œufs à la chaleur atmosphérique. Après les avoir déposés dans le sable, dans des creux d'arbres, sous des feuilles sèches, etc., les uns n'en prennent d'autre souci; d'autres, au contraire, veillent avec une sollicitude inquiète autour de l'endroit qui recèle le précieux dépôt. Quelques insectes couvent leurs œufs dans leur propre corps, où ils éclosent; il en est d'autres qui les déposent sur l'homme ou sur d'autres animaux, ou bien encore qui les font pénétrer sous la peau de ceux-ci, sous l'écorce des arbres, au moyen de la tarière ou de l'aiguillon dont ils sont pourvus.

D'après ce qui précède, il semble qu'il n'y a, chez les Mammifères, ni ponte ni incubation. C'est une double erreur : l'œuf ou les œufs, moins nombreux généralement, et d'une organisation particulière, quoique très analogue à celle des œufs d'oiseaux, se détachent de l'ovaire et sont soumis à une véritable incubation dans l'utérus. — V. *Œuf, Gestation.*

On peut, au moyen de fours, dits *Fours d'incubation* ou *Couveuses artificielles*, faire éclore des poulets, en suppléant par une chaleur artificielle à la chaleur naturelle de la poule. Ce procédé, depuis longtemps pratiqué en Egypte, s'est depuis quelques années répandu en France, notamment dans la Sarthe. C'est à l'aide d'un four de ce genre qu'on a réussi pour la première fois au Jardin des Plantes de Paris, le 14 septembre 1851, à faire éclore un œuf de tortue : l'Incubation avait duré deux mois.

INDICATEUR (*Indicator*). Sous-genre de Coucous, à bec conique, pointu et voûté, dont les mandibules forment ensemble une pince solide; narines placées très haut, recouvertes de plumes; tête et yeux petits, corps long et charnu; tarses courts et robustes; doigts au nombre de 4, dont 2 en avant, 2 en arrière; ailes amples et longues, etc.

Les Indicateurs appartiennent à l'Afrique; ils vivent dans les pays boisés, et sont extrêmement remuants, quoique d'un naturel peu farouche. Ce qu'il y a de plus remarquable dans ces oiseaux, c'est que leur peau est tellement épaisse qu'il est assez difficile de la percer d'une épingle, à moins qu'elle ne soit sèche. Sans cesse on les entend crier. Ils se nourrissent de miel, de cire, et par conséquent sont à la recherche des ruches, dont ils s'emparent. Les abeilles les attaquent bien et s'acharnent sur eux ; mais comme leur aiguillon ne peut traverser leur peau, elles s'en prennent, dit-on, à leurs yeux et parviennent souvent à les tuer. Le cadavre est rejeté au dehors; mais s'il y a obstacle à cela, il est comme embaumé et recouvert de propolis et de cire, de façon à ce que sa putréfaction ne puisse incommoder les travailleuses. On trouve quelquefois dans les ruches des souris et des mulots tués par les abeilles et ensevelis de cette manière.

L'Indicateur doit son nom à l'instinct qu'on lui prête de venir au devant du voyageur ou du chasseur, de l'appeler, de l'attirer par ses cris répétés et ses battements d'ailes, et de le conduire, parfois à de grandes distances, pour lui indiquer une ruche et l'engager à s'en emparer avec lui. Mauduyt et Levaillant montrent sur ce point une incrédulité d'ailleurs fort naturelle; pourtant le fait est attesté d'une manière positive par M. Jules Verreaux, qui, encore en contradiction avec Levaillant, soutient que cet oiseau, à l'imitation de notre Coucou, dépose ses œufs dans des nids étrangers, et ne niche pas dans des trous d'arbres.

INDIGOTIER (*Indigotifera*). Genre de la famille des Légumineuses, tribu des Papilionacées; plantes herbacées, frutescentes ou sous-frutescentes, qui croissent dans les parties tropicales des deux hémisphères, et dont on connaît au moins 60 espèces.

Les espèces cultivées en grand sont au nombre de 4 seulement. La première, par ordre d'importance, est l'INDIGOTIER FRANC (*I. tinctoria*), haut de 70 cent. au moins, originaire de l'Inde, mais cultivé à Madagascar, à Maurice, à Bourbon, à Saint-Domingue. Il peut vivre plus de 10 ans; mais dans l'Inde on le renouvelle tous les ans, parce que le plus bel indigo ne se retire que des feuilles des jeunes plantes. On y pratique annuellement trois coupes ou récoltes, dont la première fournit le produit le plus abondant.

Une autre espèce très importante est l'INDIGOTIER BATARD, dont la culture est aussi très répandue en Amérique, et dont les fleurs, d'une teinte rouge mêlée de vert, sont un peu plus petites que celles du précédent.

Parlons maintenant de l'*Indigo*. C'est une matière colorante que l'on retire des feuilles d'un certain nombre d'espèces d'Indigotiers, au moyen de leur fermentation dans l'eau, de la précipitation de cette matière par la chaux, de la décantation, du lavage et de la dessiccation. On obtient alors une substance sèche , d'un bleu foncé, qui prend un éclat cuivré quand on la frotte avec l'ongle. L'*Indigo de Guatimala* est le plus léger de tous et le plus estimé ; il a une belle couleur bleue violette. L'*I. de l'Inde* ou *du Bengale* est celui qui s'en approche le plus. L'*I. de la Louisiane* est plus compacte, plus foncé, et doit fournir beaucoup à la teinture. Celui de l'*Indigotier commun* est le moins beau, mais le plus abondant. — No-

701. — Indigotier.

tre *Pastel des teinturiers* (V. ce mot) fournit une matière colorante tout à fait identique avec les Indigos exotiques.

L'Indigo était connu des anciens : Dioscoride et Pline en font mention. Les Romains le tiraient de l'Inde ; mais ils l'employaient seulement comme couleur de peinture, parce qu'ils ne savaient pas le dissoudre. On attribue généralement aux Juifs l'introduction en Italie de l'art de teindre les étoffes par l'Indigo; ils exerçaient ce métier dès le moyen âge, dans le Levant , d'où il s'est répandu en Europe.

INFLORESCENCE. Mode d'arrangement des fleurs sur la plante, et des fleurs considérées les unes par rapport aux autres. Il n'est pas question ici de la *Préfloraison*, qui, comme nous le verrons ailleurs, est l'état particulier des parties composantes d'une fleur avant l'épanouissement.

Dans l'Inflorescence il faut considérer d'abord les supports des fleurs : ce sont le *pédoncule* et l'*axe primaire*, le premier appartenant à une fleur isolée, le second étant réellement le pédon-

cule commun d'où naissent tous les autres, qui sont *secondaires , tertiaires*, etc., selon l'ordre dans lequel ils se montrent.

Etudiées sous le rapport de l'Inflorescence, les fleurs sont : *pédonculées*, lorsqu'elles sont munies d'un pédoncule qui les supporte; *sessiles*, dans le cas contraire ; *solitaires*, si elles sont isolées ; *multiples*, quand le pédoncule se divise en rameaux nommés *pédicelles*, lesquels supportent chacun une fleur ; *divariquées*, lorsque le pédoncule forme un angle plus ou moins ouvert avec la partie qui lui donne naissance.

L'*Inflorescence pédonculée* donne naissance aux dispositions florales suivantes : 1º *Grappe*, axes secondaires naissant le long de l'axe primitif et se montrant à peu près égaux (Epine-vinette); — 2º *Corymbe*, axes secondaires inégaux , naissant à des hauteurs différentes sur l'axe primaire, mais les inférieurs élevant leurs fleurs à peu près au même niveau que les supérieurs (Tanaisie); — 3º *Ombelle simple*, axes secondaires à peu près égaux entre eux, ramassés sur un même plan et s'élevant à la même hauteur en divergeant comme les baguettes d'un parasol (Ombellifères); — 4º *Ombelle composée*, axes secondaires émettant chacun plusieurs axes tertiaires qui, disposés comme les axes secondaires de l'ombelle simple, donnent lieu à autant d'ombelles secondaires, appelées *ombellules*, qu'il y a d'axes secondaires ; — 5º *Sertule*, disposition à peu près semblable à l'ombelle simple (Ciguë); — 6º *Panicule*, axe primaire portant des axes secondaires ramifiés et d'autant plus courts qu'ils sont plus supérieurs; fleurs éparses sur des pédoncules plus ou moins divisés (Marronnier d'Inde);—6º *Thyrse*, panicule dont les rameaux de la partie moyenne sont les plus grands (Lilas).

L'*Inflorescence sessile* nous offre : 1º L'*Epi simple*, fleurs non pédonculées ou à peu près, disposées tout autour d'un axe primaire allongé; — 2º *Epi composé*, axe primaire allongé, donnant naissance à des axes secondaires courts qui, au lieu de fleurir, émettent chacun un petit épi, nommé *Epillet* (Froment); — 3º *Chaton*, assemblage de fleurs unisexuées et sessiles ou à peu près, sur un axe commun, sorte d'épi qui tombe tout d'une pièce après la fécondation (Noyer, fleurs mâles), tandis que le chaton de fleurs femelles persiste pour amener le fruit ; — 4º *Spadice*, assemblage de fleurs sessiles sur un pédoncule commun, entouré d'une spathe , sorte d'épi dont l'axe épais et charnu est recouvert de fleurs unisexuées et ordinairement privées d'enveloppes florales (Gouet) ; — *Cône*, sorte de chaton dans lequel les écailles ou bractées qui accompagnent les fleurs femelles sont plus grandes que ces fleurs, comme ligneuses et persistantes (Pin, Cyprès) ; — *Sycône*, fleurs unisexuées placées à la surface supérieure d'un réceptacle plan (Dorsténie) ou concave et clos (Figue), qui devient charnu et prend beaucoup de développement.

On nomme *Inflorescence terminale* ou *définie*

celle dans laquelle l'axe se termine par une fleur qui nécessairement en arrête et termine le développement. Elle imite les inflorescences indéfinies, en ce qu'elle se compose d'une suite de bifurcations superposées ; mais elle présente pour caractère spécial d'offrir au centre de chacune de ces bifurcations une fleur terminale.

C'est cette Inflorescence qu'on nomme *Cyme*, et dont le type nous est offert par la Petite Centaurée, qui offre un exemple de *Cyme dichotome*. Il y a la *Cyme corymbe* (Aubépine), la *Cyme - ombelle* (Grande Chélidoine), la *Cyme scorpioïde* (Myosotis), cette dernière représentant une grappe unilatérale et définie, résultant de l'avortement constant d'un des deux rameaux latéraux ; grappe roulée en crosse à son extrémité, et dont les fleurs n'occupent que le côté convexe et représentent les terminaisons des axes successifs.

Les fleurs sont, en outre, *solitaires, géminées, ternées, quaternées, verticillées*, selon qu'elles naissent solitaires, par deux, par trois, par quatre du même point, ou enfin quand, naissant de l'aisselle de feuilles verticillées, elles forment une sorte d'anneau autour de la tige. — V. *Fleurs*.

INFUSOIRES. Classe de Zoophytes comprenant des animaux microscopiques ou animalcules qui se développent dans les infusions végétales et animales, les eaux croupissantes, etc. On confond sous ce nom des êtres de natures très diverses, et qui, par plusieurs caractères, viennent se rattacher aux autres classes de Radiaires.

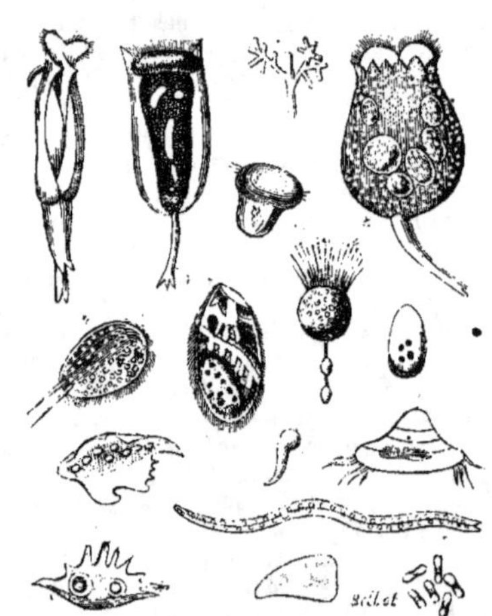

Fig. 702. — Infusoires.

En tout cas, l'organisation des Infusoires est extrêmement simple. « Quelques - uns semblent n'être en quelque sorte qu'un point animé ; d'autres fois ce sont des molécules allongées, comme les Vibrions. Ils paraissent dépourvus d'organes des sens, si ce n'est celui du toucher dont leur peau contractile est le siége ; cependant on voit ces molécules mouvantes nager dans l'eau souvent avec une grande rapidité, se rapprocher les unes des autres, se fuir ; quelques Animalcules sont pourvus d'organes appendiculaires, comme une queue, des cils, qui paraissent destinés aux mouvements. Un grand nombre semblent n'avoir d'organes spéciaux ni pour la digestion, ni pour la respiration et la circulation : du moins nos instruments ne nous ont pas encore mis à même de les apercevoir. Dans ces êtres, la nutrition paraît avoir son siége unique dans la peau ; mais dans d'autres animaux de cette classe, les organes de cette grande fonction sont déjà ébauchés, et c'est alors qu'on les voit se rapprocher des autres classes. » Mais les naturalistes micrographes sont loin d'être d'accord sur leur organisation, qui, pour les uns, serait d'une simplicité extrême, sans organes sexuels même ; pour d'autres, offrirait une ébauche de système nerveux, quelques rudiments de sens et d'organes de respiration, de circulation, ainsi qu'un appareil de reproduction. Généralement cependant les Infusoires paraissent caractérisés surtout par leur petit volume et la simplicité de leur corps symétrique de chaque côté d'un plan droit ou courbe, et par l'absence de tout organe sexuel.

Les Infusoires existent abondamment dans toutes les eaux douces croupissantes et même dans les eaux salées soumises aux mêmes conditions ; dans les liquides intestinaux ou autres séjournant quelque temps et s'altérant au sein du corps. Les eaux courantes n'en contiennent point, à moins qu'elles n'aient été abandonnées à elles-mêmes quelques jours sans mouvement et à une température au-dessus de 5 à 6 degrés.

C'est l'observation de ces êtres microscopiques qui a soulevé la question de *Génération spontanée*. — V. ce mot. — « Ils ne naissent point spontanément, par *génération spontanée*, comme on l'a avancé. Seulement la nutrition, et par suite tous les autres actes d'ordre organique ou vital, peuvent être suspendus ou très ralentis chez ces animaux et autres, comme chez les graines et les œufs de diverses espèces animales, si l'on vient à les placer dans un *milieu* autre que celui qui leur est naturel. Si ce changement de conditions est apporté d'une manière convenable, sans permettre la putréfaction ou la destruction des matières organiques, comme le fait la dessiccation opérée au-dessous de 70° centigr., la nutrition, et par suite les autres actes dont elle est la condition d'existence, recommenceront dès qu'on replacera l'être organisé dans un milieu convenable. C'est ce qui arrive naturellement aux Infusoires, lorsque se dessèchent les eaux où ils vivent ; d'une densité très faible, tellement petits qu'ils ne sont pas visibles à l'œil nu, ils sont emportés sous forme de poussière, et recommencent à se nourrir et à se multiplier à l'infini, lorsqu'ils tombent dans un milieu convenable. C'est faute de ces faits que, ne voyant pas d'Infusoires dans l'eau prise pour des expériences, et les voyant apparaître au bout de quelque temps, on a conclu à leur génération spontanée. Il faut des soins minutieux dans ces essais pour éviter toute poussière, et souvent les plus grandes précautions sont infructueuses. » (*Dict. de Nysten*, 10ᵉ édit.)

La classe des Infusoires se divise en deux sous-classes :

1º Les Systolides ou Rotateurs. Ils sont symétriques, ils ont des organes digestifs distincts, avec deux ouvertures, des sexes séparés, et ils se reproduisent au moyen d'œufs. — V. *Rotifères*.

2º Les Infusoires proprement dits sont asymétriques, leur organisation intérieure est plus simple, et ils se reproduisent par gemmes ou par section. C'est à ces animalcules que se rapporte tout ce que nous avons dit de l'organisation si simple des Infusoires. — Les principaux ordres sont les *Vibrions*, les *Amibes*, les *Protées*, les *Monades*, les *Vorticelles*, etc.

« Des organismes très petits, qu'on décore du nom d'*Infusoires fossiles*, entrent comme élément principal dans la formation du globe terrestre. »

INIA (*Inia*). Genre de Cétacés, voisin des Dauphins, au museau plus allongé, crâne déprimé, avec nageoires pectorales plus larges, la dorsale n'étant représentée que par une simple élévation de la peau; dents au nombre de 130 à 134.

L'Inia de Bolivie (*I. boliviensis*), seule espèce du genre, a le corps gros et court, le museau en forme de bec, très mince, prolongé, presque cylindrique, garni de quelques poils gros, crépus et rares; bouche très fendue; narines très obliques d'avant en arrière; couleur variable; longueur totale, 2 m. 04.

Ce Cétacé se rencontre dans toutes les rivières qui traversent les immenses plaines de la province de Moxas, et qui vont former plus loin un des bras du fleuve des Amazones. Il ne descend jamais à la mer. Il vient plus souvent que les dauphins et autres cétacés voisins respirer à la surface de l'eau; mais ses mouvements n'ont pas de vivacité comme ceux de ces derniers. L'Inia ne fait qu'un petit à la fois; la mère montre une sollicitude extrême pour son produit, qui paraît aussi lui être très attaché.

INNERVATION. Mode d'activité propre aux éléments nerveux; propriété en vertu de laquelle ces éléments, selon qu'ils appartiennent au système nerveux cérébro-spinal ou au système ganglionnaire, reçoivent les impressions du dehors et réagissent sur elles (vie de Relation), ou président aux actes cachés et involontaires des sécrétions, de la circulation, de la composition et décompositionedes tissus (vie de Nutrition).

L'*Agent nerveux*, cet agent inconnu dans son essence, a été comparé et même identifié au fluide électrique; mais il en diffère trop, surtout par sa vitesse de transmission, qui est infiniment moindre, pour qu'on maintienne cette assimilation. En effet, le courant nerveux, chez une grenouille, ne parcourt que 15 à 20 mètres par seconde, ce qui est une vitesse infiniment petite relativement à la rapidité de l'électricité et de la lumière.

Nous allons étudier : 1º les fonctions du système cérébro-spinal; 2º les fonctions du système ganglionnaire.

Fonctions du système nerveux cérébro-spinal. Cet article doit se diviser ainsi : 1º propriétés générales du système nerveux: 2º propriétés spéciales aux diverses parties du système.

Propriétés générales du système nerveux. Rappelons d'abord la disposition générale du système nerveux (V. *Encéphale*), ensuite faisons remarquer, en passant, que l'analyse microscopique fait voir la substance nerveuse composée d'éléments bien définis, auxquels on donne le nom de *tubes nerveux primitifs*, lesquels sont formés d'une enveloppe sans structure apparente, d'une substance intérieure demi-liquide ou *moelle nerveuse*, et d'une fibre molle, centrale, placée au centre de la moelle nerveuse. Ces tubes nerveux se remarquent surtout dans les nerfs; les centres nerveux en contiennent aussi qui composent les parties *blanches*, tandis que les parties *grises* contiennent en outre des éléments vésiculeux. Mais ces explications anatomo-microscopiques nous intéressent peu.

Hâtons-nous donc d'arriver aux propriétés générales du système nerveux cérébro-spinal, considérées particulièrement chez l'Homme, bien entendu. Ce sont : la sensibilité générale, la sensibilité spéciale ou sensoriale, la volition et la motricité. — La *sensibilité* est le mode d'Innervation caractérisé par ce fait que les tissus qui en jouissent, après avoir reçu une impression du dehors, la transmettent de ce point, par l'intermédiaire des nerfs, à un autre point où elle est perçue. Elle se subdivise en trois propriétés secondaires, qui sont : l'*impressionnabilité*, la *transmissibilité*, la *perceptibilité*; la mise en action de ces trois actes élémentaires, leur accomplissement, se nomment *sensation*.

La *sensibilité spéciale* diffère de la sensibilité générale ou tactile, en ce qu'elle n'est mise en jeu que par des agents excitateurs spéciaux, qui n'impressionnent que l'appareil sensitif qui leur est destiné. Ainsi la lumière n'excite que l'organe visuel; le son impressionne l'organe auditif; les odeurs, la muqueuse olfactive, etc.

La *volition* spontanée ou réfléchie, pensée, succède à l'accomplissement de l'acte de sensibilité; c'est un mode d'Innervation encore plus mystérieux que le premier, si c'est possible, sur lequel nous reviendrons bientôt.

Enfin la *motricité* ou *incitation motrice* est la faculté dont est doué le système nerveux central de faire exécuter des mouvements aux parties musculo-fibreuses, auxquelles aboutissent les nerfs spécialement destinés à transmettre la volonté motrice et même la motilité involontaire.

Les impressions sensitives et l'excitation motrice cheminent en sens inverse et par deux ordres d'éléments différents. En effet, le physiologiste anglais, Charles Bell, a établi sur des données expérimentales positives que les fibres nerveuses conductrices du sentiment et les fibres conductrices du mouvement sont groupées isolément dans le point où les nerfs se détachent de la moelle épinière, et qu'elles jouissent de propriétés bien distinctes. Ainsi les racines *antérieures* donnent des nerfs de mouvement, des nerfs qui communiquent l'incitation contractile; tandis que les racines *postérieures* président à la sensibilité. — V. *Nerfs*.

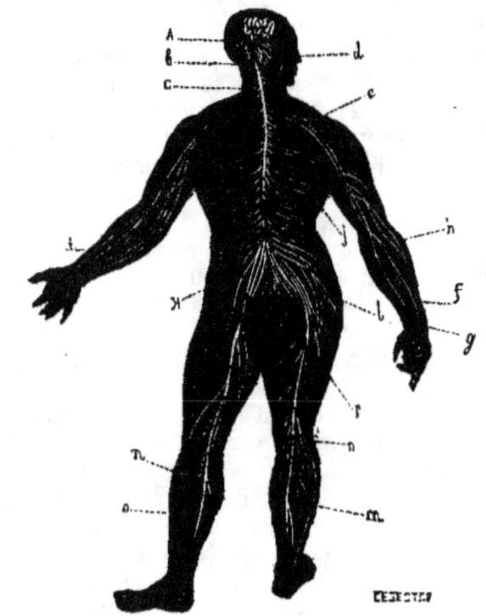

Fig. 703. — Innervation (système nerveux).

a, Cerveau; — *b*, cervelet, — *c*, moelle épinière, — *d*, nerf facial; *e*, plexus brachial formé par la réunion de plusieurs nerfs qui viennent de la moelle épinière; — *f*, nerf médian du bras; — *g*, nerf cubital; — *h*, nerf cutané interne du bras; --- *i*, nerfs radial et musculo-cutané du bras ; --- *j*, nerfs intercostaux ; --- *k*, plexus fémoral formé par plusieurs nerfs lombaires et donnant naissance au nerf crural; --- *l*, plexus sciatique, donnant naissance au nerf principal du membre, le nerf sciatique, lequel se divise ensuite pour former le nerf tibial (*m*), le nerf péronier externe (*n*), le nerf saphène externe (*o*); --- *p*, terminaison de la moelle, appelée queue de cheval.)

Propriétés des diverses parties du système nerveux. Ces parties sont nombreuses, mais elles peuvent être comprises dans trois divisions principales : 1° nerfs; 2° cordon encéphalo-rachidien; 3° masse cérébrale.

1°*Nerfs.* Ce mot fait le sujet d'un article dont le lecteur doit prendre connaissance avant d'aller plus loin. Nous renvoyons ensuite, pour les usages des nerfs *olfactif*, *optique*, *acoustique* et *lingual*, à l'histoire des *sens* auxquels président ces nerfs : là nous voyons que la sensation qui leur est propre étant éveillée, ils agissent comme conducteurs, à la manière des autres nerfs, et qu'ils reportent dans les points de l'encéphale où ils se terminent l'impression reçue à leur extrémité périphérique. En sorte que c'est dans l'encéphale lui-même que l'impression devient odeur, lumière, son ou goût; et lorsqu'un de ces nerfs est détruit sur un point quelconque de son trajet intra-crânien, la sensation disparaît.

Le *nerf moteur oculaire commun* donne le mouvement aux muscles droit supérieur, droit inférieur, droit interne, petit oblique de l'œil et releveur de la paupière supérieure ; sa destruction ou sa paralysie rend le globe de l'œil immobile, la pupille dilatée d'une manière permanente, la paupière supérieure tombante ; et comme le muscle droit externe n'est pas affecté, l'œil est attiré à lui, et il se produit un strabisme externe.

Le *nerf pathétique* est destiné au seul muscle grand oblique de l'œil.

Le *nerf trijumeau*, qui naît par deux racines, l'une motrice, l'autre sensitive, donne le mouvement à un groupe de muscles qui agissent pendant la mastication, mais il donne surtout la sensibilité à presque tous les téguments cutanés et muqueux de la tête. La section intra-crânienne du trijumeau non-seulement entraîne la perte de la sensibilité et du mouvement dans les parties qu'il anime, mais encore porte le trouble dans les fonctions des organes des sens et dans les sécrétions lacrymale et salivaire, parce qu'il envoie des filets à tous ces organes, soit directement, soit en se joignant aux ganglions céphaliques du système ganglionnaire.

Le *nerf moteur oculaire externe* imprime le mouvement au muscle droit externe de l'œil.

Le *nerf facial* anime les muscles des joues, des lèvres, des oreilles, du nez, du menton, des paupières, etc. C'est un nerf moteur; pourtant il jouit d'une sensibilité qui provient en très grande partie des filets sensitifs du trijumeau ou 5e paire, lesquels marchent accolés avec lui et confondus dans le même névrilemme. Toutefois la paralysie de la 5e paire n'est point accompagnée de perte de mouvement des parties molles de la face, et la paralysie du facial fait cesser ce mouvement, sans diminuer la sensibilité de ces parties.

Le *nerf glosso-pharyngien* donne des filets moteurs aux muscles où il se distribue, des filets de sensibilité aux muqueuses, et communique à la base de la langue la sensibilité gustative qui y est si marquée. Les animaux dont les glosso-pharyngiens sont coupés avalent sans répugnance et sans paraître s'en apercevoir les substances qu'ils repoussaient auparavant; toutefois le *nerf lingual* reste l'agent de la sensation sapide à la pointe et aux bords de la langue.

Le *nerf pneumogastrique* tient sous sa dépendance trois grandes fonctions : la respiration, la circulation et la digestion : c'est un nerf mixte, c'est-à-dire sensible et moteur. Sa section au cou entrave les phénomènes de la digestion œsophagienne, et suspend l'influence mécanique de l'estomac sur la digestion. Les pneumogastriques exercent une certaine influence sur les mouvements du cœur (leur section en augmente le nombre des battements), mais ils ne les commandent pas absolument, puisque ceux-ci persistent sous l'influence du grand sympathique, ainsi que nous le verrons bientôt. Lorsqu'on a coupé les deux pneumogastriques sur un animal, il survient un trouble immédiat de la respiration, et tous les signes de la suffocation apparaissent, phénomène dû à la paralysie des muscles de la glotte Les muscles du larynx reçoivent des filets moteurs et du pneumogastrique et du spinal : les filets du pneumogastrique ont pour effet de mettre le larynx dans les conditions de dilatation nécessaire à la respiration, tandis que les filets empruntés au nerf spinal, par les nerfs laryngés, sont en rapport avec les mouvements des muscles du larynx lorsque cet organe doit produire la phonation. La section des pneumogastriques amène la diminution des mouvements respiratoires ; les bronches se remplissent de mucosités, les vaisseaux sanguins des poumons se paralysent, et la mort ne tarde pas à survenir par engorgement et double pneumonie. Le pneumogastrique agit sur le foie par un *filet hépatique* qu'il lui envoie, c'est ce qui fait que la section des pneumogastriques suspend la sécrétion du sucre dans le foie; mais, chose singulière, si l'on excite le bout supérieur du nerf, le bout qui tient au bulbe, on peut voir cette sécrétion reparaître, phénomène qui ne peut s'expliquer autrement qu'en admettant que l'excitation est transmise au bulbe, lequel la reporte au foie par les branches du plexus hépatique du grand sympathique.

Le *nerf spinal*, dont l'origine, le trajet et les anastomoses sont assez singuliers, influe sur la déglutition et sur la phonation. Lorsqu'on le détruit, il survient de la gêne dans la déglutition; mais comme les muscles du pharynx reçoivent aussi des nerfs du pneumogastrique et du glosso-pharyngien, cette déglutition n'est point abolie. Le larynx est le siége de deux genres d'Innervation distincts : ses muscles sont un appareil vocal lorsque le nerf spinal les excite; ils sont un appareil respiratoire quand le pneumogastrique seul les influence.

Le *nerf hypoglosse* paraît être essentiellement moteur des muscles de la langue; si on le coupe, le mouvement est aboli dans l'organe, tandis que la sensibilité tactile et gustative persiste.

2° *Cordon encéphalo-rachidien*. Nous comprenons sous ce nom le bulbe ou moelle allongée, et la moelle épinière, celle-ci commençant au-dessous de l'entrecroisement des pyramides antérieures et finissant, chez l'homme, au niveau de la première vertèbre lombaire.

Le *bulbe rachidien* peut être considéré comme le foyer d'innervation des mouvements respiratoires, et comme le conducteur des impressions et de la volonté. Il y a dans le commencement de la moelle épinière (moelle allongée ou bulbe) un point très circonscrit dont la lésion tue instantanément les animaux. M. Flourens a précisé ce point, qui avait été entrevu par Legallois et même avant lui, et lui a donné le nom de *nœud vital*, parce que toutes les parties du système nerveux en dépendent, quant à l'exercice de leurs fonctions. L'induction et les observations pathologiques font croire que la partie antérieure du bulbe est destinée au mouvement, et sa partie postérieure à la sensibilité. Les effets du bulbe sont croisés, c'est-à-dire que la lésion d'un de ses côtés produit la paralysie dans le côté opposé du corps.

La *moelle épinière* a des fonctions plus complexes. Des recherches de M. Brown Séquard, il résulte positivement que de tous les usages qu'on lui a attribués, cet organe ne semble en avoir que pour servir de conducteur des ordres de la volonté et des impressions sensitives, ainsi que d'organe central pour les *actions réflexes*. On nomme ainsi le pouvoir qu'a la moelle épinière, seule ou garnie du bulbe et de la protubérance annulaire, et séparée des lobes cérébraux, de donner encore aux nerfs en communication avec elle le pouvoir de *renvoyer le mouvement* dans les parties excitées. Le pharynx, l'œsophage et l'estomac sont sous la dépendance du bulbe ou moelle allongée ; mais tout le reste du tube intestinal est influencé par la moelle épinière; toutefois celle-ci n'intervient en grande partie que par l'intermédiaire du grand sympathique. Ses lésions jettent en paralysie la tunique musculeuse intestinale, les sphincters de l'anus et de la vessie, le rectum, etc. Le cœur soutire son principe d'Innervation de tous les points de la moelle épinière par l'entremise du grand sympathique, ce qui fait que ses battements sont les derniers à s'affecter dans les altérations du cordon nerveux rachidien. Les mouvements respiratoires des muscles de la poitrine sont sous l'influence des 12 nerfs intercostaux, ainsi que sous celle du spinal et du phrénique; mais la source de l'Innervation régulatrice de la respiration se trouve, ainsi que nous l'avons dit déjà, au bulbe rachidien. Les faisceaux postérieurs de la moelle peuvent être considérés comme les portions de la moelle correspondantes aux filets de sensibilité, tandis que les faisceaux antérieurs correspondent surtout aux filets moteurs, ainsi que nous l'avons fait entrevoir déjà en commençant cet article.

3° *Masse cérébrale*. Suivons encore dans l'étude de l'Innervation les divisions de l'organe encéphalique.

La *protubérance annulaire* ou *pont de Varole*, qui fait suite par en haut au bulbe rachidien, est, comme celui-ci et comme la moelle épinière, un conducteur de sensibilité et de mouvement; comme eux, elle jouit du pouvoir réflexe ou excito-moteur, c'est-à-dire qu'elle peut réagir en vertu d'une force propre, à la suite d'impressions, en provoquant des mouvements.

Les *pédoncules cérébraux*, qui prolongent en avant la protubérance, contiennent les éléments moteurs et sensitifs qui unissent la moelle allongée aux hémisphères cérébraux. Lorsqu'on pratique la section de l'un des pédoncules cérébraux, l'animal exécute un mouvement giratoire ou de manège *du côté opposé* à celui de la lésion.

Les *tubercules quadrijumeaux* sont en rapport avec l'exercice de la vision; lorsqu'on les enlève, l'animal perd la vue.

Le *cervelet* a un rôle fort obscur encore. M. Flourens le considère comme l'organe coordinateur des mouvements; on sait que Gall y localisait l'instinct de reproduction, mais ici les expériences des uns contredisent celles des autres.

Les *hémisphères cérébraux*, c'est-à-dire le *cerveau proprement dit* est le siége de la sensibilité et du mouvement; la moelle épinière et la moelle allongée peuvent, après l'ablation des hémisphères, déterminer encore des mouvements involontaires ou *réflexes*, à la suite d'impressions diverses: par conséquent, il faut ajouter que les lobes cérébraux sont le siége de la sensibilité *perçue* et le point de départ du mouvement *volontaire*. Le cerveau est aussi le centre de perception pour les diverses sensations; mais on a cherché en vain à déterminer les centres de perception de chacune des sensations. L'action exercée sur les mouvements volontaires par le cerveau est *croisée*, autrement dit l'incitation qui descend de l'hémisphère droit, le long du bulbe et de la moelle épinière, pour se rendre aux nerfs, excite le mouvement dans les muscles de la partie gauche du corps, et réciproquement pour le côté opposé. Cet effet croisé dépend de l'entrecroisement des fibres nerveuses du mouvement dans la commissure blanche de la moelle, dans le bulbe et aussi dans toute l'étendue de la protubérance annulaire. Les hémisphères du cerveau sont le siége organique des facultés intellectuelles et des déterminations instinctives, lesquelles s'affaiblissent plus ou moins ou se pervertissent dans les maladies cérébrales. On peut dire d'une manière générale que l'intelligence est d'autant plus développée que les hémisphères sont plus volumineux. La forme du cerveau, le nombre et surtout la profondeur des circonvolutions sont des éléments au moins aussi importants que le poids. Il y a bien des faits qui viennent à l'encontre de ces estimations; pourtant il est certain qu'entre individus de même espèce, le développement plus ou moins considérable de la masse encéphalique marche généralement de pair avec le développement intellectuel. — V. *Phrénologie, Intelligence, Instinct.*

Fonctions du système ganglionnaire ou grand Sympathique. Le *grand Sympathique* (V. ce mot) offre, dans sa disposition générale, comme une chaîne ganglionnaire ou un cordon noueux, étendu de chaque côté de la colonne vertébrale, dans les cavités splanchniques, réuni en haut dans les profondeurs de la face, et en bas dans l'intérieur du bassin; c'est une double chaîne qui envoie de nombreux filets aux viscères, et que relient avec l'axe cérébro-spinal des filets d'union qui se détachent de l'une et de l'autre racines des nerfs crâniens et rachidiens, filets qui, par conséquent, rendent ce même grand sympathique sensitif et moteur, et établissent l'*unité* du système nerveux, unité que Bichat n'admettait pas, puisqu'il considérait les ganglions du grand sympathique comme autant de petits centres ou de petits cerveaux recevant les impressions obscures des organes nutritifs et réfléchissant vers eux le mouvement, sans l'intervention nécessaire de la moelle et du cerveau.

Les filets du grand sympathique sont des conducteurs d'impressions vers les centres nerveux, et des conducteurs d'excitation motrice vers les organes; seulement les résultats ne sont pas à beaucoup près aussi évidents ici que pour les nerfs rachidiens. Le pouvoir *réflexe* existe aussi pour le grand sympathique comme pour l'axe encéphalo-rachidien. Lorsque sur un animal décapité on vient à exciter le nerf grand sympathique, soit sur les ganglions, soit sur les filets, soit sur les viscères eux-mêmes, l'impression transportée à la moelle se réfléchit sous forme de mouvement dans les parties correspondantes à l'excitation, ou même, par irradiation, à des parties plus ou moins éloignées de celles où a porté l'excitation; il y a plus, l'excitation des parties animées par le grand sympathique peut se réfléchir par action réflexe sur des muscles de la vie animale. Le principe d'action du grand sympathique se puise dans la moelle épinière, puisque cette action persiste alors que le cerveau est enlevé; le grand sympathique n'a pas en lui-même et indépendamment de ses connexions avec l'axe cérébro-spinal, le pouvoir de conduire les impressions et de renvoyer le mouvement.

Sont sous la dépendance du système ganglionnaire ou grand sympathique, les mouvements de la pupille, les mouvements du cœur, la digestion, la circulation, les sécrétions, la nutrition. Les impressions du grand sympathique sont ordinairement *non senties*; mais elles se traduisent parfois sous forme de *douleur*, et mettent par conséquent en jeu les foyers supérieurs de la sensibilité, les hémisphères cérébraux.

Mais nous devons signaler les expériences de M. C. Bernard relatives à la section des nerfs ganglionnaires. Cette section amène, dans les parties où se distribuent ces filets nerveux, non une paralysie, mais au contraire une exagération de certaines fonctions, notamment de la calorification et des sécrétions : ce qui démontre que, dans les maladies avec augmentation de chaleur intense ou hypersécrétions, l'innervation du grand sympathique est plus ou moins entravée.

Telles sont les considérations générales que nous avions à présenter sur l'Innervation, envisagée spécialement chez l'Homme. Nous n'étudierons pas cette fonction dans la série animale, car si l'on veut bien se reporter à l'article *Encé-*

phale de ce Dictionnaire, il sera facile de comprendre les modifications qu'elle présente dans les divers degrés de l'échelle, à partir des Mammifères, chez lesquels l'Innervation diffère peu de ce qu'elle est dans l'espèce humaine, intelligence à part, bien entendu.

INSECTES. Cinquième classe de l'embranchement des Articulés; animaux invertébrés qui ont pour caractères génériques : un corps et des pieds articulés; des antennes; des mâchoires transversales; souvent des ailes; six pattes. On peut ajouter qu'ils sont privés d'un système vasculaire proprement dit; que leur respiration se fait par des trachées aérifères; qu'ils subissent presque toujours des métamorphoses dans le jeune âge, etc.

Le corps des Insectes est composé d'une tête, d'un thorax et d'un abdomen distincts; il se divise en un certain nombre d'anneaux placés bout à bout. — La *tête* n'est formée que d'un seul tronçon; elle porte les yeux et les antennes. — Le *thorax* occupe la partie moyenne du corps, et se compose de trois anneaux, nommés *prothorax*, *mésothorax* et *métathorax*, à l'arceau ventral de chacun desquels se fixe l'une des trois paires de pattes; il porte aussi les ailes. — L'*abdomen* est

Fig. 701. — Insecte (parties constituantes de la Sauterelle).

A. Tête. — B. Prothorax, anneau antérieur du thorax portant la première paire de pattes. — C. Mésothorax, second anneau du thorax, portant la première paire d'ailes et la 2ᵉ paire de pattes. — D. Métathorax, troisième anneau du thorax, portant la seconde paire d'ailes et la 3ᵉ paire de pattes — E. Abdomen. 1, antennes; — 2, yeux; — 3, 1ʳᵉ paire de pattes; — 5, 1ʳᵉ paire d'ailes;   6, 2ᵉ paire de pattes; — 7, 2ᵉ paire d'ailes; — 8, cuisse; — 9, jambe; — 10, tarse (3ᵉ paire de pattes).

composé d'un nombre plus considérable d'anneaux mobiles les uns sur les autres : souvent on en compte jusqu'à neuf. Ces anneaux ne portent jamais ni pattes ni ailes, mais ceux de l'extrémité sont souvent munis d'appendices dont la forme et

les usages varient beaucoup; on les nomme *dards, aiguillons, tarières* ou *crochets*, etc. — La taille des Insectes varie beaucoup depuis la plus grosse espèce, le *scarabæus Actéon*, par exemple, jusqu'aux espèces presque imperceptibles, celles qu'on ne peut étudier qu'à l'aide d'une forte loupe.

Examinons maintenant les appareils organiques des trois modes de la vie : relation, nutrition, génération.

Relation. — Les *antennes* naissent de la partie antérieure ou supérieure de la tête; elles se composent d'un nombre considérable de petits articles placés tout au bout, et affectent la forme de cornes grêles et flexibles. Leur conformation varie extrêmement, chez les mâles surtout : elles ressemblent à des plumes, à des scies, à des massues, etc.; leur longueur n'est pas moins variable. Elles constituent probablement des organes de tact et peut-être aussi d'audition.

Dans les Insectes parfaits, les *membres* sont au nombre de six. Chacun d'eux se compose de quatre parties : la *hanche*, la *cuisse*, la *jambe* et le *tarse*. Le tarse varie beaucoup : c'est d'après le nombre 3, 4 ou 5 de ses articles qu'on a partagé les Insectes en *Trimères*, *Tétramères* et *Pentamères*. Le développement et la forme des pattes sont en rapport avec le genre de vie de ces animaux : ces organes sont à peu près égaux entre eux chez les *Coureurs*; chez les *Sauteurs*, les membres postérieurs sont beaucoup plus longs et plus forts que les deux autres paires; les *Nageurs* ont les membres comprimés en rames et disposés de manière à ce que leurs mouvements s'exécutent d'avant en arrière.

Les *ailes* des Insectes sont des appendices lamelleux, composés d'une double membrane et soutenus à l'intérieur par des nervures plus solides; c'est toujours sur les deux derniers anneaux du thorax qu'elles naissent. En général, il en existe deux paires, jamais plus; quelquefois l'une ou l'autre de ces paires manque, et lorsque c'est la postérieure qui fait défaut, elle est d'ordinaire remplacée par deux petits filets mobiles terminés en massue, que l'on nomme *balanciers*. Il y a des Insectes *aptères* (privés d'ailes) durant les premières périodes de la vie (Mouches, Papillons, etc.); il en est enfin qui sont aptères à toutes les époques de leur vie (Poux, Puces, etc.). Quand il y a quatre ailes, tantôt elles sont toutes à peu près semblables entre elles, servant également au vol (Papillons, etc.); tantôt au contraire les deux supérieures sont dures, cornées, impropres au vol, mais servent seulement à recouvrir et protéger les inférieures pendant le repos, ce qui les a fait nommer *élytres* ou *étuis* (Hanneton, etc.); tantôt enfin les ailes supérieures participent des caractères des deux espèces et sont appelées *demi-étuis* (Punaise des bois, etc.).

Les Insectes paraissent pourvus de cinq *sens*, mais on n'est pas encore d'accord sur la localisation de quelques-uns d'entre eux. L'*œil* est de tous les organes des sens celui qui est le mieux développé. On distingue chez ces animaux des yeux *simples* et des yeux *composés*, tous nus et dépourvus de paupières. Les premiers (*stemmates*), dont le nombre varie beaucoup, se composent d'une cornée transparente, d'une choroïde, d'un nerf qui naît du ganglion céphalique, etc.; on en trouve communément trois qui sont placés sur le sommet de la tête et disposés en triangle. Les seconds, ordinairement très volumineux et formant quelquefois à eux seuls la plus grande partie de la tête, comme dans les Diptères, offrent, sur leur surface externe, qui est très convexe, une multitude de petites facettes planes et hexagonales, qui peuvent être considérées comme autant d'yeux présentant chacun l'organisation des premiers. Les larves n'ont ordinairement que des yeux simples; quelques insectes parfaits (Pou, Parasites) sont dans le même cas; certains Insectes réunissent les deux espèces, comme les Hémiptères, les Orthoptères, les Hyménoptères, les Lépidoptères, les Névroptères et les Diptères; mais les Coléoptères n'ont jamais d'yeux simples.

L'*odorat* est très développé chez un grand nombre d'Insectes, qui sont attirés souvent de très loin par l'odeur de certaines substances dont ils se nourrissent. Le siége de la sensation serait, suivant les uns, aux antennes qui reçoivent les filets les plus antérieurs du ganglion céphalique; suivant d'autres et M. Duméril, à l'entrée des trachées ou ouvertures stigmatiques de la respiration. — Il n'est pas douteux que les Insectes n'entendent, mais où est placé chez eux l'organe de l'*ouïe*? C'est ce qu'on n'a pu découvrir d'une manière positive. — Il est certain également que les Insectes goûtent en quelque sorte les matières avant de s'en nourrir; mais l'organe du *goût* réside-t-il à la partie supérieure de l'œsophage ou du pharynx, ou aux palpes dont sont armées les mâchoires et la lèvre inférieure? On n'est pas d'accord sur ce point. — Le *toucher* s'exerce au moyen des antennes chez les Insectes dont la peau est dure et cornée; mais ce sens a pour siége toute la surface de cette membrane lorsqu'elle est molle.

• De même que tous les autres animaux qui ne respirent pas au moyen de poumons, les Insectes sont dépourvus de véritable *voix*. Cependant un très grand nombre font entendre différents sons, comme une sorte de chant, de stridulation, de bourdonnement, etc. La plupart de ces sons, dit M. Duméril, peuvent être attribués à des attritions, à des frottements, à des vibrations rapides communiquées soit aux corps voisins, soit à certaines parois de leur corps conformées de manière à représenter des cordes ou des membranes. Les uns font mouvoir leur tête sur le corselet ou celui-ci sur les élytres; d'autres font vibrer ces mêmes étuis de corne, à l'aide des derniers anneaux de leur abdomen. Chez quelques-uns, la Cigale, par exemple, c'est une sorte de tambour ou d'écaille concave sous laquelle se meut rapidement un cylindre convexe garni de lignes sail-

lantes; enfin chez les Sauterelles, les Criquets mâles, ce sont les élytres mêmes qui résonnent en se croisant rapidement, ou lorsqu'elles sont frottées vivement par les jambes qui font alors sur ces tables sonores l'office de l'archet d'un instru-

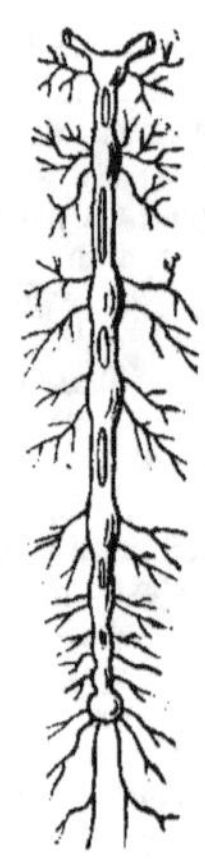

Fig. 705. — Système nerveux d'un Insecte.

ment à cordes. Le *bourdonnement* des Mouches et des Hyménoptères est dû à la vibration des ailes qui sont minces et raides. • (A. Richard.)

Pour terminer ce qui a trait à la vie de la relation des Insectes, et comme couronnement, parlons de leur *système nerveux*. « Il se compose principalement d'une double série de ganglions qui sont réunis entre eux par des cordons longitudinaux, le nombre de ces ganglions correspond à celui des anneaux; ils sont à peu près également espacés et s'étendent d'un bout du corps à l'autre, tandis que d'autres fois plusieurs d'entre eux sont rapprochés de manière à constituer une masse unique. Les ganglions céphaliques présentent un développement assez grand et donnent naissance aux nerfs des antennes, des yeux, etc. La première paire de ganglions post-œsophagiens fournit les nerfs de la bouche; les cordons qui unissent ces noyaux médullaires aux ganglions céphaliques embrassent l'œsophage; enfin le cerveau donne de chaque côté un nerf qui remonte sur l'estomac et qui, en s'unissant avec celui du côté opposé, constitue un nerf médian situé au-dessus du canal digestif et présentant sur son trajet deux ganglions. Les trois paires de ganglions situées à la suite de ceux placés immédiatement derrière l'œsophage appartiennent aux trois anneaux du thorax, et sont le point de départ des nerfs des pattes et des ailes; en général, elles sont très rapprochées entre elles et beaucoup plus grosses que les paires suivantes qui appartiennent à l'abdomen. » (Milne Edwards.)

Nutrition. — Commençons par les organes de la *manducation*. La *bouche* des Insectes est généralement composée d'une lèvre supérieure (*labre*), d'une lèvre inférieure (*lèvre* proprement dite ou *languette*); de deux paires de mâchoires latérales, l'une supérieure (*mandibule*), l'autre inférieure (*mâchoires*). Mais cette bouche offre une disposition très différente, selon que les Insectes sont broyeurs ou suceurs.

Fig. 706. — Organes manducateurs de la Blatte.

(*a*, Languette; — *b*, palpes labiaux; — *c*, mâchoires; — *d*, labre; — *e*, mandibules; — *f*, antennes; — *g*, ocelles).

La bouche dans les *Broyeurs*, c'est-à-dire dans les Insectes qui se nourrissent de substances solides, présente un développement remarquable dans ses diverses parties. Le *labre* est fixé horizontalement au bord supérieur de la tête, dont il représente le segment supérieur; les *mandibules* sont insérées sur les parties latérales et supérieures de la tête, au-dessous du labre et au second segment ou anneau céphalique, et sont formées chacune d'une seule pièce dure et cornée, qui est de forme et de grandeur très variables, et qui, dans certains cas, présente sur son côté interne de petites dentelures. Les *mâchoires* proprement dites sont placées au-dessous des mandibules, et naissent du troisième anneau céphalique; elles portent constamment chacune un appendice articulé, nommé *palpe maxillaire* ou *antennule*, parce qu'il représente ordinairement par sa forme articulée une très petite antenne; elles sont coudées, et offrent une articulation, tandis que les mandibules n'en ont pas, et convergent l'une vers l'autre par leur côté libre, qui se termine souvent par une portion plus membraneuse généralement garnie de poils. La *languette* ou lèvre inférieure ressemble en quelque sorte à une troisième paire de mâchoires, soudées par leur côté interne; elle porte deux palpes articulées ou *palpes labiales* qui sont insérées sur les parties antérieures et latérales de la languette. Telle est la structure de la bouche chez les Coléoptères, les Orthoptères et les Névroptères.

Dans les *Suceurs*, qui ne vivent que de matières liquides, la bouche présente presque toujours une espèce de trompe ou de suçoir rétractile et mobile que l'on a prise à tort pour une langue. Ce sont ces mâchoires ou le labre qui s'allongent de manière à constituer une espèce de trompe tubulaire, dans l'intérieur de laquelle on trouve souvent des filaments déliés, remplissant les fonctions de petites lancettes, et formés par les mandibules et les mâchoires modifiées au point d'être souvent à peine reconnaissables. Cette disposition se présente dans la Puce, les Cousins, les Mouches. — V. *Hémiptères.*

Les Abeilles, les Bourdons, etc., offrent un appareil buccal en quelque sorte intermédiaire aux deux états extrêmes : le labre et les mandibules ressemblent beaucoup à ceux des insectes Broyeurs, mais les mâchoires et la languette se sont excessivement allongées, et les premières prennent une forme tubulaire et engaînent longitudinalement les côtés de la languette : de façon que ces organes, réunis en faisceaux, constituent une trompe qui sert de conduit aux aliments liquides. — V. *Hyménoptères.* — Chez les Papillons, qui n'ont pas besoin d'instruments vulnérants pour puiser au

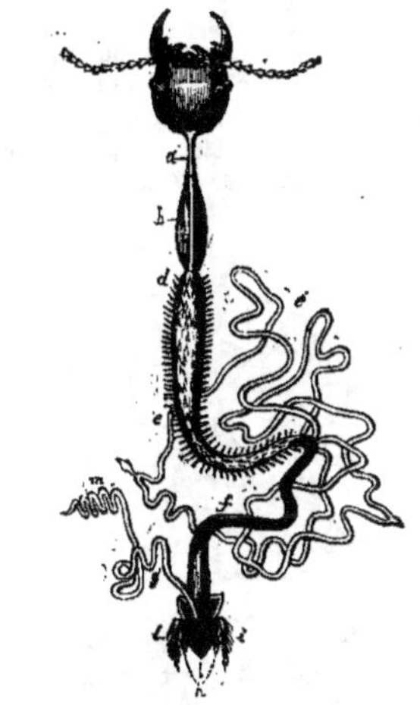

Fig. 707. — Organes digestifs d'un Insecte (Coléoptère).

(*a*, OEsophage; — *b*, premier estomac ou jabot; — *d*, deuxième estomac; — *f*, intestin, — *e*, vaisseaux biliaires remplaçant le foie; — *m*, vaisseaux spermatiques; — *g*, vaisseau déférent; — *h*, cloaque; — *i*, appendices copulateurs.)

fond des fleurs les substances liquides, il n'existe plus de stylets faisant fonction de lancettes, et la bouche est garnie d'une longue trompe roulée en spirale et composée de deux filets creusés en gouttière à leur partie interne, qui ne sont autre chose que les mâchoires excessivement allongées et modifiées dans leur forme. — V. *Lépidoptères.*

Le *tube digestif* des Insectes est droit et d'un diamètre presque uniforme chez les uns; le plus souvent au contraire il est flexueux, avec renfle-

ments et rétrécissements successifs. Ses différentes portions sont le *pharynx*, l'*œsophage*, un
premier estomac ou *jabot*, un second estomac ou
gésier, dont les parois sont musculaires et souvent armées de petites cornes propres à triturer
les aliments; un troisième estomac nommé *ventricule chylifique*, un *intestin grêle*, un *cœcum*
et un *rectum*. Le canal intestinal est court dans
les Insectes carnassiers, plus long dans les herbivores. Il reçoit deux fluides, la salive et la bile.
Ce dernier liquide se forme dans des tubes longs et
déliés, flottant dans l'abdomen, et qui débouchent
dans le ventricule chylifique par un de leurs bouts,
tandis que l'autre bout se fixe à l'intestin un peu
plus bas, ou reste libre.

L'*appareil circulatoire* est en apparence très
simple. Il semble ne consister qu'en un vaisseau
étendu le long de la paroi du dos, qui exécute
des mouvements de dilatation et de contraction
successifs, et qui ne paraît fournir aucune branche. Le liquide nourricier pénètre dans ce vaisseau dorsal par des ouvertures latérales garnies
de valvules.—V. *Circulation des Insectes.*—Mais
le mouvement du sang ne dépend pas uniquement
de cet organe, car on a découvert dans plusieurs
Insectes des valvules mobiles dont les battements
déterminent dans ce liquide des courants rapides,
et chose singulière, c'est dans les pattes que cet
appareil est logé. (Milne Edwards.)

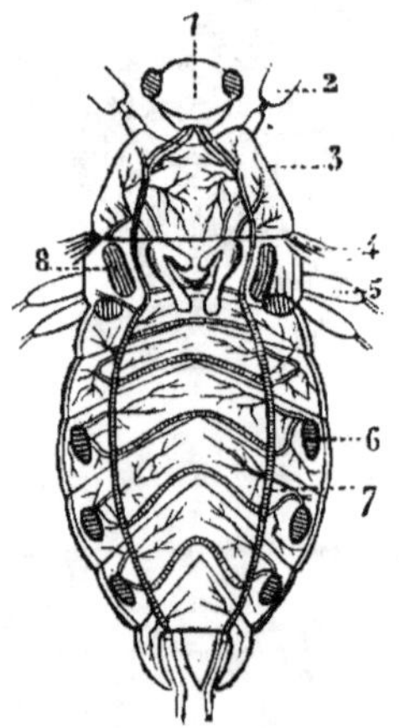

Fig. 703. — Organes de la respiration d'un Insecte.

(1, Tête ; — 2, base des pattes de la première paire; — 3, premier
anneau du thorax ; — 4, base des ailes ; — 5, base des pattes de
la 2ᵉ paire. — 6, stigmates. — 7, trachées. — 8, vésicules
aériennes.)

Les *organes de la respiration* consistent en des
cavités qui affectent la forme de *trachées*, c'est-à-
dire de vaisseaux qui communiquent avec l'extérieur par des ouvertures appelées *stigmates*, et

se ramifient dans la profondeur des divers organes,
si bien que le sang, au lieu de se mettre en contact avec l'air dans un point déterminé du corps,
comme chez les Mammifères, reçoit l'influence de
l'oxygène de l'atmosphère par le moyen des stigmates, qui ont la forme d'une petite boutonnière
munie quelquefois d'une valve mobile à la manière d'un battant de porte, et qui sont situés sur
les parties latérales et supérieures de chaque anneau, excepté aux deux derniers segments du thorax. Du reste, les trachées présentent une structure assez compliquée et résistante; de plus, ces
tubes aériens sont tantôt simples, tantôt coupés
par un certain nombre de grands renflements en
forme de vésicules molles, qui remplissent les
fonctions de réservoir à air et que l'on nomme
trachées vésiculeuses, lesquelles s'affaissent dès
qu'elles ne sont plus remplies d'air. Ajoutons
qu'outre l'appareil *trachéen*, commun à tous les
états des Insectes, de ceux même en petit nombre
qui vivent dans l'eau, les larves des Libellules
qui sont destinées à passer dans l'eau leurs métamorphoses, présentent un appareil *branchial*
qui, selon M. L. Dufour, serait placé dans le rectum.

Génération. — Les organes de la génération
sont toujours séparés sur deux individus distincts. Ils sont généralement placés dans l'abdomen et viennent aboutir à l'anus, véritable cloaque qui est à la fois l'ouverture des organes digestifs et générateurs. Les organes sexuels *mâles* se composent de deux testicules, de deux
vaisseaux préparateurs de la semence, et d'un canal éjaculateur, sans pénis proprement dit; mais
autour de ce canal sont des pièces de nature cornée, destinées à retenir le mâle fixé à sa femelle,
et qui constituent ce que l'on appelle l'*appareil
copulateur*. Du reste, on remarque une assez
grande variété d'organisation sexuelle chez les
Insectes. — Les organes *femelles* sont à peu près
conformés de même : ce sont des ovaires, sous
forme de vaisseaux flexueux venant aboutir à un
canal oviducte qui se termine par le vagin. A très
peu d'exceptions près, les Insectes sont tous ovipares. Très souvent les femelles sont pourvues
d'un aiguillon ou d'une tarière, à l'aide de laquelle
elles préparent la demeure qu'elles destinent à
leurs œufs, et dont elles se servent aussi pour
l'attaque et la défense.

Ajoutons que les individus des deux sexes diffèrent par plusieurs caractères autres que ceux
des organes de la génération. Les mâles sont généralement plus petits que les femelles; leurs antennes sont plus longues, mieux formées; leurs
couleurs plus vives, leurs mandibules plus fortes,
et ils portent sur la tête ou sur le corselet des appendices, des cornes, qui manquent tout à fait
dans les femelles. Celles-ci sont quelquefois aptères ou munies seulement d'ailes très courtes,
tandis que les mâles en ont de bien développées.

« En général, les Insectes passent par trois états
bien distincts, qu'on désigne sous les noms d'*état*

de larve, d'*état de nymphe* et d'*état parfait*; mais les changements qu'ils subissent ne sont pas également grands; tantôt ces changements rendent l'animal tout à fait méconnaissable, d'autres fois ils ne consistent guère que dans le développement des ailes, et l'on désigne ces degrés divers de ransformation sous les noms de *métamorphoses complètes* et de *demi-métamorphoses*. Les Insectes à métamorphoses complètes sont toujours plus ou moins vermiformes lorsqu'ils sortent de l'œuf et qu'ils sont à l'état de larve; leur corps est allongé, presque entièrement mou, et divisé en anneaux mobiles dont le nombre normal est de treize; tantôt ils sont complétement privés de pattes; d'autres fois ils sont pourvus d'un nombre variable de ces organes, mais dont la conformation ne rappelle en rien celle des mêmes parties chez l'animal. — V. *Larve, Nymphe*. — Les Insectes aptères, ou qui n'ont pas d'ailes, n'éprouvent pas de métamorphoses ou n'en subissent que d'incomplètes.

Un phénomène remarquable que présentent quelques Insectes, est la production de lumière. Sa cause n'est pas connue; on le remarque chez le Lampyre, certains Taupains, et il paraît que l'animal peut à volonté faire varier l'intensité de cette lueur phosphorique, qui se lie, pense-t-on, à l'action de l'oxygène sur une matière grasse que sécrètent les organes phosphorescents.

« Les Insectes, dit M. Milne Edwards, si remarquables par leur organisation, le sont encore davantage par leurs mœurs et par l'instinct admirable dont la nature a doué un grand nombre d'entre eux. Les ruses qu'ils emploient pour se procurer leur nourriture ou pour se soustraire à leurs ennemis, et l'industrie qu'ils déploient dans leurs travaux, étonnent tous ceux qui en sont témoins; et lorsqu'on les voit se réunir en sociétés nombreuses pour suppléer à leur faiblesse individuelle, s'aider entre eux, se partager les travaux nécessaires à la prospérité de la communauté, pourvoir à leurs besoins futurs, et souvent même régler leurs actions d'après les circonstances accidentelles où ils se trouvent, on reste confondu de trouver chez des êtres si petits, et en apparence si imparfaits, des instincts si variés et si puissants, et des combinaisons intellectuelles qui ressemblent tant à du raisonnement. »

Complétons ce sujet par un beau passage d'Aimé Martin : « Jetons les yeux sur ce que la nature a créé de plus faible, sur ces atomes animés, pour lesquels une fleur est un monde, et une goutte d'eau un océan. Les plus brillants tableaux vont nous frapper d'admiration. L'or, le saphir, le rubis, ont été prodigués à des insectes invisibles. Les uns marchent le front orné de panaches, sonnent la trompette, et semblent armés pour la guerre; d'autres portent des turbans enrichis de pierreries, leurs robes sont étincelantes d'azur et de pourpre. Ils ont de longues lunettes, comme pour découvrir leurs ennemis, et des boucliers pour s'en défendre. Il en est qui exhalent le parfum des fleurs, et sont créés pour le plaisir. On les voit avec des ailes de gaze, des casques d'argent, des épieux noirs comme le fer, effleurer les ondes, voltiger dans les prairies, s'élancer dans les airs. Ici on exerce tous les arts, toutes les industries; c'est un petit monde qui a ses tisserands, ses maçons, ses architectes. On y reconnaît les lois de l'équilibre et les formes savantes de la géométrie. Je vois parmi eux des voyageurs qui vont à la découverte, des pilotes qui, sans voile et sans boussole, voguent sur une goutte d'eau à la conquête d'un Nouveau-Monde. Quel est le sage qui les éclaire, le savant qui les instruit, le héros qui les guide et les asservit ? Quel est le Lycurgue qui a dicté des lois si parfaites ? Quel est l'Orphée qui leur enseigna les règles de l'harmonie ? Ont-ils des conquérants qui les égorgent, et qu'ils couvrent de gloire ? Se croient-ils les maîtres de l'univers, parce qu'ils rampent sur sa surface ? Contemplons ces petits ménages, ces royaumes, ces républiques, ces hordes semblables à celles des Arabes : une mite va occuper cette pensée qui calcule la grandeur des astres, émouvoir ce cœur que rien ne peut remplir, étonner cette admiration accoutumée aux prodiges. Voici un Insecte impur qui s'enveloppe d'un tissu de soie, et se repose sous une tente; celui-ci s'empare d'une bulle d'air, s'enfonce au fond des eaux, et se promène dans son palais aérien. Il en est un autre qui se forme, avec un coquillage, une grotte flottante, qu'il couronne d'une tige de verdure. Une araignée tend sous le feuillage des filets d'or, de pourpre et d'azur, dont les reflets sont semblables à ceux de l'arc-en-ciel. Mais quelle flamme brillante se répand tout à coup au milieu de cette multitude d'atomes animés ? Ces richesses sont effacées par de nouvelles richesses. Voici des Insectes à qui l'aurore semble avoir prodigué ses rayons les plus doux. Ce sont des flambeaux vivants qu'elle répand dans les prairies; voyez cette mouche qui luit d'une clarté semblable à celle de la lune, elle porte avec elle le phare qui doit la guider. Tandis qu'elle s'élance dans les airs, un ver rampe au-dessous d'elle; vous croyez qu'il va disparaître dans l'ombre; tout à coup il se revêt de lumière comme un habitant du ciel; il s'avance comme le fils des astres : tout s'illumine, et ces reflets éclatants, ces flammes célestes qui rayonnent autour de lui, éclairent les doux combats, les extases et les ravissements de l'amour. »

Quel rôle jouent les Insectes dans l'économie de la Nature ? Ce sujet comporterait à lui seul un volume; mais nous devons le passer sous silence, ou du moins le restreindre aux courtes remarques contenues dans l'article suivant.—Il y aurait bien aussi à dire quelque chose de la manière de se procurer les différentes espèces, de les préparer et de les envoyer en pays étrangers; mais c'est là le côté de l'Entomologie qui nous intéresse le moins, et encore une fois, nous ne pouvons tout embrasser.

Arrivons enfin à la classification des Insectes.

Comme ces animaux constituent la classe la plus nombreuse de tout le règne animal (le nombre des espèces s'élève à plus de 300 mille), il était important, pour en faciliter l'étude, d'y établir des divisions secondaires ou *ordres* basés sur des caractères aussi tranchés que possible. Or, ce sont les organes de locomotion aérienne et ceux de manducation qui offrent ces caractères. Une première division résulte de l'absence ou de la présence des ailes et de leur nombre. Ainsi les Insectes se divisent en :

1° APTÈRES, ceux qui sont privés d'ailes. Ordres : *Thysanoures, Parasites, Cystaptères* et *Suceurs.*

2° TÉTRAPTÈRES, qui ont quatre ailes. Ordres : *Coléoptères, Orthoptères, Hémiptères, Névroptères, Hyménoptères, Lépidoptères.*

3° DIPTÈRES, qui n'ont que deux ailes. Ordres : *Rhipiptères, Diptères.*

Nous renvoyons les lecteurs à chacun de ces mots, qui eux-mêmes, pour la plupart, donnent lieu à des subdivisions que nous ne pouvons indiquer ici; et nous exposons le tableau synoptique de la classification que A. Richard a adoptée.

I. — *Insectes aptères.*

Mâchoires distinctes. . .	Abdomen garni d'appendices. .	THYSANOURES.
	Abdomen sans appendices. . .	CYSTAPTÈRES.
Mâchoires non distinctes.	Membres égaux.	PARASITES.
	Membres postérieurs plus longs	SUCEURS.

II. — *Insectes tétraptères.*

Mâchoires et mandibules distinctes.	Ailes dissemblables.	Les inférieures pliées en travers.	COLÉOPTÈRES.
		Les inférieures pliées en long.	ORTHOPTÈRES.
	Les quatre ailes semblables. . . .	Egales entre elles.	NÉVROPTÈRES.
		Les inférieures plus petites. .	HYMÉNOPTÈRES.
Mâchoires et mandibules formant.		un suçoir. . . .	HÉMIPTÈRES.
		une trompe. . .	LÉPIDOPTÈRES.

III. — *Insectes diptères.*

Mâchoires en forme de suçoirs.	RHIPIPTÈRES.
Mâchoires remplacées par un suçoir.	DIPTÈRES.

Terminons en disant que généralement les Insectes se divisent en huit ordres, d'après des caractères distinctifs tirés de leurs ailes (*ptéron*), savoir : *Coléoptères, Orthoptères, Hémiptères, Névroptères, Hyménoptères, Lépidoptères, Rhipiptères* et *Diptères* ; il faut ajouter les *Anoplures* ou *Parasites* et les *Thysanoures.*

INSECTES UTILES ET NUISIBLES. S'il est beau de cultiver la science pour elle-même, cela ne paraît pas suffisant à notre époque, où l'on commence à exiger que toutes les branches de l'histoire naturelle paient tribut aux intérêts matériels des hommes. Les Insectes existent en nombre prodigieux; les espèces se comptent par centaines de mille, mais les individus par myriades. Pourquoi tant d'êtres sur le globe; pourquoi si peu de services rendus par eux en compensation de tant de dégâts qu'ils causent ? Cette accusation est grave, elle a quelque chose de fondé au premier aperçu, mais la réflexion vient bientôt modifier ce premier jugement. En effet, des groupes d'Insectes de plusieurs ordres n'ont pas d'autre destination que de protéger la multiplication des végétaux, en portant, à l'aide de leurs pattes munies de poils et de brosse, le pollen des fleurs mâles sur les ovaires des fleurs femelles placées quelquefois à de grandes distances. Il est des légions innombrables d'Insectes qui semblent avoir pour mission spéciale de faire disparaître les déjections des grands animaux, les matières animales en putréfaction, afin d'empêcher qu'elles n'infectent l'air; ces êtres sont destinés en même temps à replacer la matière organisée dans la circulation générale, en ne permettant pas qu'elle reste un instant inutile. Chaque Insecte considéré isolément n'exerce qu'une bien faible influence; mais lorsqu'ils pullulent par myriades, ils constituent unedes plus grandes forces de la nature, force qui pourrait même aller au-delà du but, si l'équilibre ne se rétablissait et par le parasitisme, et par l'action destructive des oiseaux, des reptiles, des poissons, des mammifères, et par celle enfin des Insectes eux-mêmes, car ces animaux s'entre-dévorent souvent.

A cet aperçu de l'utilité des Insectes dans l'économie de la nature, et partant des avantages indirects qu'ils procurent à l'Homme, nous joindrons les services que quelques-uns nous rendent immédiatement. Au premier rang des Insectes utiles il faut placer les Abeilles, les Vers à soie, les Cochenilles, les Cantharides, etc.; qui fournissent le miel, la cire, la soie, le carmiun, un médicament actif. Il est malheureusement vrai que leur nombre est excessivement restreint; mais aussi il y a trop d'indifférence pour les essais et les observations qui tendent à doter notre pays d'espèces susceptibles de nous enrichir de produits importants ailleurs. Considérons, d'un autre côté, qu'avant la civilisation, « quand les hommes cherchaient leur nourriture dans les bois, beaucoup d'Insectes, à l'état parfait et sous celui de larve, entraient dans son régime. Aujourd'hui encore des peuples sauvages, et notamment quelques tribus de la Nouvelle-Hollande, se procurent divers Insectes pour cet usage, comme le rapportent des voyageurs, et tout récemment le capitaine Grey, qui les a vus rechercher avec avidité un ver qu'ils nomment *bardé*, et qui n'est que la larve d'un capricorne. Les Romains, même dans leur civilisation si perfectionnée, mangeaient le *Cossus;* et ce ver, que les uns croient être la larve du Hanneton, d'autres celle du Cérambyx héros, mais qui ne doit pas être la dégoûtante et nauséabonde larve du papillon nocturne que les naturalistes ont nommé *Cossus ligniperda,* était recherché. » Dans les Antilles, les colons mangent

les larves du *Calandra palmarum* (Ver palmiste);
les Arabes de l'Algérie font des provisions de
Sauterelles en les salant. Les Nègres sont très
friands de Termites; les peuples de l'Inde recherchent les chrysalides de divers Bombyx. Le Pou,
ce dégoûtant parasite de l'homme à demi-sauvage
qui dédaigne les plus simples pratiques de la toilette primitive, passait au Mexique, avant la conquête, pour un mets délicieux; et il est encore
croqué, aussitôt qu'il est pris, par beaucoup de
Nègres et de Négrillons.

Sans doute nous aurions à signaler beaucoup
d'autres Insectes utiles à l'Homme; mais, rendons-
nous à l'évidence, le nombre de ceux qui nous
sont nuisibles est infiniment supérieur. Ces Insectes nous attaquent soit directement, soit en
détruisant nos moyens d'existence. Parmi les
premiers, nous signalerons certaines espèces de
Fourmis des pays chauds, qui assaillent et dévorent l'homme imprudemment endormi dans la
forêt, les Cousins, certaines Mouches, les Taons,
les Œstres, puis les Guêpes, Bourdons, Abeilles, etc., etc. Parmi les seconds, qui sont les
plus redoutables sans comparaison, les uns dévorent les matières animales que nous conservons
(Dermestes, certaines mouches à viande, Téné-
brions, etc.), ou attaquent nos animaux domestiques (Œstres, etc.); d'autres détruisent nos provisions de céréales conservées dans les greniers,
nos légumes secs, le riz, etc. (Calandres, Aluci-
tes, Teignes des blés, etc.).

La nature de cet ouvrage se refuse à ce que
nous poussions plus loin ce sujet, d'un immense
intérêt sans doute, mais qui exige de trop longs
développements auxquels il faudrait consacrer
tout un volume. Ajoutons seulement, pour terminer, que les efforts tentés pour détruire les Insectes nuisibles à l'agriculture paraissent être
enfin couronnés de succès; et qu'aux moyens déjà
mis en usage (V. *Alucite* et *Calandre*), il faut
ajouter l'Anesthésie. En effet, l'éther, la ben-
zine, le chloroforme, le sulfure de carbone, etc.,
possèdent la propriété de plonger les insectes en
léthargie; et M. Doyère, en suivant la voie ouverte par M. M. Edwards, est parvenu, non-seulement à faire périr ces animaux, mais encore à
détruire la vie dans leurs larves et dans les germes de leurs œufs, en soumettant les grains à
l'action stupéfiante et toxique de ces substances,
particulièrement du chloroforme et du sulfure de
carbone.

INSECTIVORE. Animal qui se nourrit principalement ou exclusivement d'insectes. On trouve
de ces animaux dans toutes les classes, sans ex-
cepter l'Homme. Mais par *Insectivores* on entend
plus particulièrement : 1° une famille ou tribu de
Carnassiers se faisant remarquer par leurs dents
et par les pointes aiguës qui surmontent leurs
molaires, comme les Taupes, les Hérissons, les
Musaraignes, les Desmans; 2° un ordre d'Oiseaux
qui présente le même genre de nourriture, comme

les Gobe-mouches, Becs-fins, Merles, Bergeronnettes, etc.

INSTINCT. On peut définir l'Instinct : le principe qui dirige les animaux dans leurs actes naturels. C'est un penchant intérieur qui les porte à
exécuter certains actes sans avoir la notion de
leur but, à employer des moyens toujours les
mêmes, sans jamais pouvoir en créer d'autres, ni
connaître le rapport entre ces moyens et le but.
Il ne faut pas confondre l'*Instinct* avec la raison
ou l'*Intelligence*. — V. ce mot. — La raison suppose jugement et choix ; l'Instinct au contraire est
une impulsion aveugle qui porte naturellement
l'animal à agir d'une manière déterminée. L'intelligence développée est le fruit de l'expérience, de
l'éducation, elle est l'ouvrage de l'Homme; l'Instinct est un don de la nature dont les effets peuvent quelquefois être modifiés par l'expérience et
le raisonnement, mais n'en dépendent jamais.
Chez les Animaux, l'Instinct supplée plus ou moins
complétement au manque d'intelligence; chez
l'Homme au contraire l'intelligence remplace presque entièrement l'Instinct. Si Descartes, Réaumur,
Buffon, etc., ont émis des opinions si opposées
sur les facultés intérieures des animaux, c'est que
la distinction fondamentale entre l'*Instinct* et
l'*intelligence* n'était pas encore faite. Ce n'est
pas à dire que les Animaux manquent complètement d'intelligence; nous verrons au contraire
qu'ils en possèdent plus ou moins. D'un autre
côté, l'Homme a aussi son Instinct, puisque nous
voyons l'enfant chercher le sein de sa mère sitôt
qu'il est né. Il faut donc reconnaître que l'Instinct
et l'intelligence existent simultanément, et dans
les proportions les plus diverses chez la plupart
des animaux. Cela étant, il ne reste plus qu'à poser, si c'est possible, la limite qui sépare l'intelligence de l'homme de celle des animaux. — V.
Intelligence des animaux.

En attendant, nous ferons remarquer que c'est
par Instinct que l'Abeille construit ses alvéoles ;
que le Castor bâtit ses digues; que la Sarigue
cache ses petits dans sa poche ventrale au moindre
danger; que l'Hirondelle construit son nid et le
retrouve après un an d'absence; que l'Araignée
tisse sa toile et tend ses filets; que le Fourmilion creuse un trou dans le sable mouvant pour y
faire tomber ses victimes; que les fourmis se
réunissent en société et amassent des provisions ; etc., etc. Mais, d'un autre côté, n'est-ce
pas *par intelligence* que le Chien obéit à son
maître, lui rend des services, le défend contre celui qui tenterait de l'attaquer; que le Lièvre apprend à battre la caisse, le Singe à danser au son
de la musique, l'Éléphant à ramasser des objets
pour les rapporter à son cornac, à déboucher une
bouteille, à compter au moyen de ses pieds; le
cheval à exécuter divers pas, à prendre différentes allures, etc., etc. ?

On pourrait écrire des volumes sur l'Instinct
des Animaux, et les Insectes ne seraient pas ceux

qui donneraient lieu aux développements les moins étendus et les moins intéressants ; mais pour une telle étude il faut passer en revue toutes les espèces de la série zoologique. Or, c'est précisément là ce que nous faisons dans ce Dictionnaire.

L'Homme, dans la plupart de ses déterminations, est mu par une impulsion dont le point de départ peut être ramené à des besoins organiques, mais qui quelquefois est la conséquence d'une force innée et plus ou moins irrésistible, force que les phrénologistes rattachent à un développement prééminent de telle ou telle partie cérébrale. — V. *Phrénologie.* — L'Homme présente donc, sous un autre rapport, de véritables *instincts*, mais qui sont le mobile d'actions que le jugement et la raison dirigent. — V. *Sentiments moraux et Passions.*

INTELLIGENCE. On nomme ainsi la faculté de connaître, ou cette puissance admirable qui porte les êtres organisés à concevoir une idée et à la combiner avec d'autres, d'où résultent des déterminations raisonnées et mûries par l'expérience. Cette faculté doit être étudiée dans l'Homme et dans les Animaux.

INTELLIGENCE HUMAINE, FACULTÉS INTELLECTUELLES. « Les organes des sens transmettent à l'encéphale les impressions du toucher, celles de la vue, de l'ouïe, de l'odorat et du goût ; mais la sensation n'est pas tout entière dans l'impression ni dans la transmission de l'impression. L'*attention* seule est capable de compléter la sensation, en la transformant en *perception.* La sensation perçue devient une *idée.* L'idée considérée dans sa simplicité suppose seulement une sensation perçue par un cerveau ; elle est commune aux animaux et à l'homme. Mais ce qui distingue essentiellement l'Homme de l'Animal, c'est que le dernier n'a que des idées *concrètes*, tandis que le premier est capable de se former des idées *abstraites,* en appliquant son attention, non-seulement à des sensations actuelles, mais encore à des sensations passées ; en un mot, parce qu'il *compare* et qu'il *juge.* »

« Pour l'Animal, qui n'a que des idées concrètes, il n'existe que des corps ou des individus, mais pas de genres ni d'espèces. L'Homme au contraire sépare *abstractivement* certains modes des corps, et acquiert les idées de forme, de couleur, de saveur, de température, etc., qui lui font distinguer les choses entre elles et lui dictent des différences. L'Homme va plus loin : il donne en quelque sorte un corps à ses abstractions, et les substantifs *vice, vertu, civilisation, force, sagesse, beauté,* etc., etc., sont des mots qui correspondent à des idées nettes qu'il a et que l'animal ne saurait avoir. L'Homme a fait plus encore, il a donné l'être à ce qui n'existe pas, il a créé le *néant,* l'*infini,* le *passé,* l'*avenir.* »

Les idées viennent-elles par les sens ; y en a-t-il d'innées ? Cette question est encore contro-

versée. « L'Homme a en lui le pouvoir de créer des idées abstraites, pouvoir que n'ont certainement pas les animaux. Qu'importe que ce soit l'*idée elle-même* ou le *pouvoir* qu'il a de les créer à l'aide des sensations qui préexistent en lui ? Il est toutefois assez naturel de penser que si toutes les sensations lui faisaient défaut, et avec elles tous les matériaux de la réflexion et du jugement, le pouvoir qu'il a d'abstraire resterait à l'état de force latente. On conçoit difficilement qu'alors il pût avoir même l'idée mathématique, l'idée qui s'éloigne le plus des modes matériels. Il n'est pas possible d'affirmer en effet qu'en l'absence du sens de la vue et de celui du toucher, l'Homme pût avoir la notion du nombre. » L'Homme, avons-nous dit, donne l'être à ce qui n'existe pas. Grâce à cette faculté sublime qu'on nomme *imagination,* il a le pouvoir de se représenter des images qui n'ont point existé, qui ne présenteront peut-être jamais rien de réel ; mais ce pouvoir créateur n'a pu se développer évidemment que par l'exercice des sens et de la mémoire, et il manque complétement chez l'animal.

« La comparaison entre une sensation présente et une sensation passée, ou entre deux sensations passées, c'est-à-dire la *réflexion,* suppose la *mémoire.* Chez l'Homme, elle peut s'appliquer aux idées de toute sorte et aussi aux sentiments. Qu'on envisage la mémoire comme une trace insensible déposée par la sensation à la surface ou dans la profondeur du cerveau, ou qu'on avoue son ignorance sur la condition matérielle à laquelle elle est liée, il n'en est pas moins vrai que la mémoire est une faculté essentiellement organique. Elle est commune aux animaux et à l'homme. Il est vrai que les premiers n'en tirent pas, comme lui, les fruits du jugement et de la raison ; mais il est incontestable qu'elle n'est pas étrangère aux déterminations qui n'ont pas leur source dans l'instinct... »

INTELLIGENCE DES ANIMAUX. Cette question a été vivement débattue par Descartes, Buffon, Réaumur, Condillac, G. Leroy. En effet, quels sont les arguments qu'on n'a pas fait valoir pour ou contre l'*âme des bêtes ?* — V. ce mot. — Entre les Cartésiens, qui soutinrent l'*automatisme* des animaux, et le P. Bonjeant, qui voyait tant d'esprit dans les bêtes qu'il croyait que c'étaient des diables qui le leur fournissaient, combien d'opinions et de systèmes philosophiques n'aurions-nous pas à signaler ? Buffon accordait tout aux animaux, à l'exception de la pensée, de la réflexion, de la mémoire. Ce grand écrivain n'est pas conséquent avec lui-même, lui qui décrit si bien les qualités du Chien, cet animal qui *consulte, interroge, supplie son maître, entend les ordres de sa volonté, se souvient* des bienfaits, *oublie* les mauvais traitements, etc. Buffon ne voyait en réalité que du *mécanisme* dans les facultés intérieures des bêtes ; mais Réaumur y apercevait de l'*Intelligence,* jusque chez les insectes. Des opinions si opposées ne tenaient, comme nous l'avons déjà dit, qu'à ce que la distinction entre l'*instinct* (V. ce mot) et l'*intelligence* des bêtes n'était pas encore établie. Condillac lui-même ne sut pas faire cette distinction importante, lui qui se montra si admirable de clarté et de précision tant qu'il ne s'occupa que des opérations intellectuelles. Si Condillac s'occupe de l'instinct, c'est pour le ramener à l'Intelligence par l'habitude. Nous avons vu que l'instinct n'est ni un *commencement de connaissance*, ni une *habitude*; car il précède toute habitude. G. Leroy confond, comme Condillac, l'Instinct avec l'Intelligence, en faisant dériver le premier de quelque circonstance d'organisation : tel serait l'instinct d'industrie, celui de sociabilité, de la crainte, etc.; mais cet auteur traite de l'Intelligence avec une rare profondeur d'observation, et conclut que les animaux réunissent, quoique à un degré très inférieur à nous, tous les caractères de l'intellect.

Descartes et Buffon n'accordaient pas assez aux facultés intérieures des animaux, Condillac et G. Leroy, au contraire, leur prêtaient trop. Mieux dirigé dans ses observations, Frédéric Cuvier a nettement distingué l'Instinct de l'Intelligence; il a cherché les limites qui séparent non-seulement l'Intelligence de l'homme de celle des animaux, mais encore celle des divers ordres entre eux. — Pour séparer l'instinct de l'Intelligence, il a porté ses observations sur le Castor. Ce rongeur a un instinct merveilleux que chacun connaît; on lui supposerait une Intelligence très élevée, si son industrie dépendait de l'intellect; mais elle en est indépendante. Pour le prouver, ce savant a pris des Castors très jeunes qu'il a élevés loin de leurs parents, et qui par conséquent n'en ont rien appris, ces Castors isolés, solitaires, élevés dans une cage, ont bâti, poussés par une force machinale et aveugle.

M. Flourens résume ainsi les idées de F. Cuvier, posant la limite qui sépare l'Intelligence de l'Homme de celle des animaux. « Les animaux reçoivent par leurs sens des impressions semblables à celles que nous recevons par les nôtres; ils conservent comme nous la trace de ces impressions; ces impressions conservées forment pour eux, comme pour nous, des associations nombreuses et variées; ils les combinent, ils en tirent des rapports, ils en déduisent des jugements; ils ont donc de l'Intelligence. Mais toute leur Intelligence se réduit là. Cette Intelligence qu'ils ont ne se considère pas elle-même, ne se voit pas, ne se connaît pas : ils n'ont pas la *réflexion*, cette faculté suprême qu'a l'esprit de l'Homme de se replier sur lui-même et d'étudier l'esprit. La *réflexion* ainsi définie est donc la limite qui sépare l'Intelligence de l'Homme de celle des Animaux. »

Quant aux limites à fixer entre l'Intelligence des diverses classes animales, F. Cuvier donne comme premier résultat de ses observations, que les Mammifères ont, après l'Homme, l'Intelligence la plus développée; que cette Intelligence est plus marquée dans les Quadrumanes, à la tête desquels se placent l'Orang-Outang et le Chimpanzé, que dans les Carnassiers; dans ces derniers, à la tête desquels il faut placer le Chien, que dans les Pachydermes, où nous voyons l'Éléphant et le Cheval; que l'Intelligence est plus prononcée dans les Pachydermes que dans les Ruminants; dans ces derniers que dans les Rongeurs, où pourtant figure le Castor, dont l'admirable industrie n'est que du pur instinct. « Ce fait de l'Intelligence graduée des Mammifères, que donne d'un côté l'observation directe, la physiologie et l'anatomie le confirment de l'autre, dit M. Flourens : la physiologie, en montrant la partie du cerveau, siège spécial de l'Intelligence dans les animaux; et l'anatomie, en montrant le développement graduel de cette partie, des Rongeurs aux Ruminants, et des Ruminants aux Pachydermes, aux Carnassiers et aux Quadrumanes. »

INTESTIN (d'*intestinus*, intérieur). Long conduit musculo-membraneux qui s'étend depuis l'estomac jusqu'à l'anus, en décrivant de nombreuses circonvolutions et présentant des parties plus spacieuses les unes que les autres. — V. *Digestion*.

INTESTINAUX. Deuxième classe des Zoophytes dans la classification de Cuvier. — V. *Entozoaires*.

INULE ou **AUNÉE**. — V. *Aunée*.

INVERTÉBRÉS (de *in*, négatif; *vertebra*, vertèbre). Nom donné par Lamarck aux animaux qui n'ont pas de colonne vertébrale, ni système nerveux cérébro-spinal, et qui sont réduits au système ganglionnaire. Les Invertébrés de Lamarck embrassent les trois embranchements des *Articulés*, des *Mollusques* et des *Rayonnés*. Cuvier n'a pas adopté cette dénomination d'*Invertébrés* dans sa classification.

INVOLUCELLE et **INVOLUCRE** (d'*involucrum*, enveloppe). L'*Involucre* est une réunion de bractées ou de feuilles rudimentaires, libres ou soudées ensemble, qui forment autour des fleurs ou dans leur voisinage une sorte d'enveloppe. L'Involucre se compose d'un grand nombre de folioles dans l'Artichaut, le Chardon, et tous les Composés. — V. ce mot. — Dans la plupart des Ombellifères, il existe un Involucre à la base des pédoncules primaires; il en existe de partiels (*Involucelles*) à la base des pédoncules secondaires. L'*Involucelle* est donc le petit involucre qui, dans les Ombellifères, forme la rangée de bractées la plus rapprochée des fleurs : c'est l'involucre des Ombellules, comme l'involucre proprement dit est celui de l'Ombelle.

On nomme *Calicule* l'involucre disposé régulièrement autour d'une seule fleur sur laquelle il est plus ou moins étroitement appliqué (Mauve); la *Cupule* est un involucre qui, après avoir recouvert une ou plusieurs fleurs, persiste et accompagne le fruit qu'il recouvre en partie ou en totalité (Chêne). — V. *Cupulifères*.

IODE (du gr. *iodès*, violet). **Corps simple, se présentant en paillettes d'un gris noir, brillantes, de l'aspect de la plombagine, d'une odeur faible rappelant celle du chlore, et d'une saveur âcre; sa densité est de 4, 946; il se volatilise à 175° R. et donne une vapeur de belle couleur violette; il tache en jaune les doigts, le papier et beaucoup d'autres matières organiques; il est peu soluble dans l'eau, mais assez soluble dans l'alcool qu'il colore en brun jaunâtre.**

L'Iode n'existe dans la nature qu'en combinaison avec d'autres corps, tels que le potassium, le sodium, le magnésium, dans les eaux de la mer et dans quelques sources minérales. Les plantes marines, les éponges, différentes espèces de fucus, donnent, par combustion, des cendres qui renferment ces combinaisons. On doit la découverte de ce corps simple à Courtois, salpétrier de Paris, qui le trouva dans les eaux mères des Varecs. Ce corps est presque universellement répandu, puisque M. Chatin a signalé sa présence dans plusieurs plantes terrestres, dans l'eau des rivières et même dans l'air atmosphérique.

On extrait l'Iode des cendres des plantes marines, en en séparant d'abord, par voie de cristallisation, la plus grande partie des autres sels, chauffant ensuite les eaux mères avec de l'acide sulfurique et du peroxyde de manganèse; l'Iode est alors séparé des combinaisons et réduit en vapeur que l'on condense dans un récipient. Gay-Lussac est le premier qui ait fait l'histoire complète de ce métal; le docteur Coindet, de Genève, en a fait les premières applications à la médecine; mais ce médecin sérieux, plus occupé de la vraie science que des soucis de la clientèle, est mort pauvre. L'Iode est un précieux médicament qu'on emploie sous diverses formes contre le goître et les scrofules. Il ne faut pas en abuser, car il agit profondément sur la nutrition, et l'amaigrissement général est, à ce qu'on dit, le premier indice de son action nuisible. L'Iode a la propriété de former un composé bleu avec l'amidon, et c'est ce qui le rend précieux pour découvrir les plus petites traces de ce principal végétal.

IPÉCACUANHA (mot qui veut dire *écorce* odorante). Ce nom a été appliqué aux racines de plusieurs plantes, toutes douées de propriétés émétiques, telles que le *Psycotria emetica*, le *Cephælis emetica* et le *Richardsonia brasiliensis*.

Le genre *Psycotria*, de la famille des **Rubiacées**, offre pour caractères botaniques: calice persistant à 5 petites dents; corolle longuement tubulée, à 5 lobes courts; 5 étamines, insérées sur le tube; 1 style, 1 stigmate bifide; baie couronnée par le calice. Nous représentons cet Ipécacuanha, qui pour les uns est le *gris*, pour d'autres le *brun*.

Cette plante croît dans les contrées méridionales de l'Amérique. Son odeur est faible, un peu nauséeuse; sa saveur amère, légèrement piquante. Mais ces qualités appartiennent exclusivement à l'*écorce* de la racine, car la partie ligneuse de celle-ci est d'un goût purement visqueux.

L'*Ipécacuanha* (écorce de la racine) exerce une action particulière sur l'estomac; son effet primitif est de produire des nausées et des vomissements, parfois de la diarrhée. Ses propriétés sont dues à un principe végétal appelé *émétine*. Son action vomitive est plus douce que celle de l'émétique. On l'emploie en poudre, ou sous forme de pastilles de sirop, de teinture. Les indications de son emploi ne peuvent être du ressort de cet ouvra ge

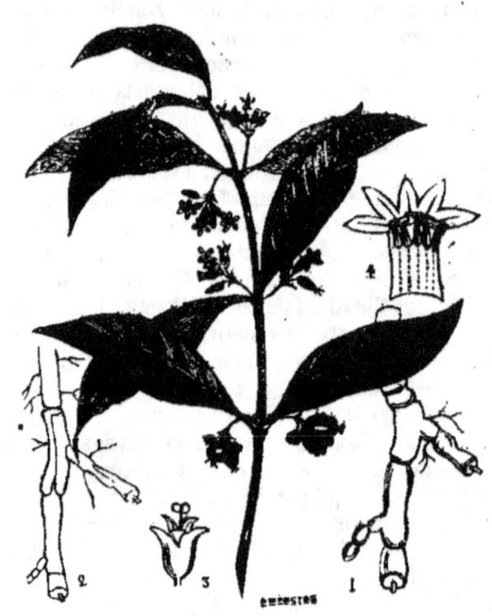

Fig. 709. — Ipécacuanha.

(1, Racine revêtue de son écorce; — 2, la même dépouillée; — 3, calice et pistil; — 4, corolle ouverte.)

L'**Ipécacuanha** officinal ou *gris*, *annelé*, est fourni par le *Cephælis emetica*, tandis que celui que nous venons de décrire est l'*I. strié*. Cette racine est longue de 7 à 10 cent., recourbée en divers sens, de la grosseur d'une plume à écrire, formée d'un ligneux blanc jaunâtre et d'une écorce épaisse, bouillonnée et disposée par anneaux. C'est l'Ipécacuanha qu'on doit délivrer dans les pharmacies. Cette racine se vendit secrètement jusqu'en 1686. Louis XIV en acheta le secret en 1690.

IPOMÉE (*Ipomœa*). Genre de **Plantes** de la famille des Convolvulacées, très voisin des Liserons, ainsi caractérisé: calice monosépale, à 5 divisions profondes; corolle monopétale régulière, infundibuliforme, à 5 divisions plissées au limbe; 5 étamines, saillantes; ovaire libre; style saillant à 2-3 stigmates ; capsule globuleuse en partie recouverte par le calice. — V. la fig. au mot *Liseron*.

Le genre Ipomée comprend un grand nombre d'espèces, toutes herbacées, dressées ou volubiles, à feuilles alternes, à fleurs pédonculées, souvent très grandes et brillantes de couleurs, dont plusieurs sont cultivées par nos jardiniers, comme les suivantes :

L'Ipomée quamoclit, vulg. *Fleur du cardinal*, est une plante annuelle, volubile, à feuilles pinnatifides et découpées en lobes linéaires ; à fleurs d'un rouge écarlate très vif. — Originaire de l'Inde, de l'Amérique méridionale.

L'Ipomée bonne nuit, belle espèce également annuelle et volubile; à feuilles entières, à fleurs rouges, etc. — De l'Amérique méridionale.

L'Ipomée de Malabar est la plus belle espèce de tout le genre; ses fleurs sont grandes, couleur de chair, avec le bord interne de chaque lobe du limbe coloré de l'incarnat le plus vif. — Cultivée en serre chaude.

IPS. Très petit Coléoptère-pentamère-clavicorne, dont les antennes sont disparates, la gauche étant tronquée, la droite cornue. — Ces insectes se trouvent sous les écorces des arbres, sur le bois, et même dans les habitations. Leurs larves sont inconnues.

IRIDACÉES. Famille de Plantes monocotylédones, offrant les caractères suivants : racine ou souche tubéreuse ; tige herbacée, portant des feuilles alternes planes, ensiformes. Fleurs souvent très grandes, enveloppées avant leur épanouissement d'une spathe membraneuse ; leur calice ou périanthe est coloré, tubuleux, à 6 divisions profondes disposées sur deux rangées et souvent inégales; étamines toujours au nombre de 3, libres ou monadelphes, à anthères extrorses ; ovaire à 3 loges multiovulées; style simple, à 3 stigmates bifides, ou découpés et en lames minces et pétaloïdes. Capsule à 3 loges, etc. — Cette famille, composée d'un grand nombre de genres, se divise en deux tribus :

1° Gladiolées : étamines libres; genres : *Iris*, *Ixie*, *Glayeul*, *Safran*, etc.

2° Galaxiées : étamines monadelphes; genres : *Galaxie*, *Tigridie*, *Vieusseuxie*, etc.

IRIDINE. Genre de Mollusques acéphales bivalves, assez semblables, pour la forme de leur coquille, aux Mulettes et surtout aux Anodontes. — Les Iridines vivent dans les eaux douces. On les a trouvées en Afrique.

IRIDIUM. Métal découvert par Descotils, en 1803; ainsi nommé à cause de la propriété dont il jouit de donner des dissolutions ayant toutes les couleurs de l'arc-en-ciel. Il est cassant, non volatil, et difficile à oxyder par l'action du feu seul.

IRIS (*Iris*). Ce mot latin, qui signifie arc-en-ciel, a été donné à un des plus beaux genres de la famille des Iridacées. Pour le caractériser, nous emprunterons le langage poétique d'un auteur : « Voyez s'élever sur l'ovaire ce calice d'abord tubuleux, s'épanouissant ensuite en un limbe diversement coloré, à 6 divisions profondes, et qui, oubliant en quelque sorte sa nature, le dispute à l'éclat des plus belles corolles ! Voyez les trois divisions extérieures s'élargir, et sur le milieu de leurs faces, se parer quelquefois comme d'une jolie moustache de poils glanduleux ! Voyez les trois divisions intérieures, le cédant aux autres en grandeur, mais non pas en beauté, se dresser quand leurs compagnes se réfléchissent, ou se réfléchir quand celles-ci se dressent ! Mais qu'aperçois-je au centre de cette fleur charmante? Du fond du tube, ne sont-ce pas trois pétales qui surgissent et se recourbent en voûte? J'en saisis un autre avec mes doigts par son bilobe : je le tire à moi pour l'examiner.... Soudain, ô surprise ! m'apparaît une étamine dorée qu'abritait ce prétendu pétale, qui n'est qu'un stigmate déguisé. Ici la femme protége le mari. Chaque étamine se dérobe ainsi aux regards profanes sous son stigmate respectif, auquel il faut faire une sorte de violence pour l'obliger à montrer le trésor qu'il couve; mais sitôt qu'on l'abandonne à lui-même, il s'abat de nouveau sur l'objet bien-aimé, et le mystère de la fécondation s'opère dans ce lit magnifique dont le réceptacle est la couche, et les divisions calicinales les rideaux. »

Fig. 710. — Iris des marais.

(1, Pistil et étamines; — 2, fruits, dont 1 ouvert.)

Les Iris sont des plantes vivaces, à souche le plus ordinairement tubéreuse et charnue; feuilles comprimées, ensiformes, engaînantes, quelquefois presque linéaires. La harpe, cylindrique ou comprimée, simple, parfois rameuse, porte une ou plusieurs fleurs généralement très grandes, violettes, jaunes ou blanches, accompagnées de spathes scarieuses qui sont probablement des feuilles avortées.

Les Iris sont répandues dans les diverses contrées de l'Europe et de l'Asie; on en trouve au cap de Bonne-Espérance; mais l'Amérique n'en produit que très peu. Les espèces sont au nombre de plus de quatre-vingts.

IRIS GERMANIQUE (*I. germanica*). Tige de 50-80 cent., rameuse, pluriflore; feuilles longues et très aiguës; fleurs bleuâtres veinées de violet, divisions du périanthe présentant en dedans une ligne barbue, etc.

Cet Iris, qu'on nomme vulgairement *Flambe*, *Flamme Glayeul*, croît naturellement sur les vieux murs, les toits de chaume, et se cultive dans les jardins. Il fleurit au printemps (avril-mai). Ses fleurs ont une odeur douce et agréable. Sa racine, grosse et charnue, contient un suc âcre et nauséeux qui la rend purgative et même émétique. Son seul usage est de servir à préparer des pois à cautère.

IRIS DES MARAIS (*I. pseudo-acorus*), vulg. *Glayeul des marais*. Tige rameuse pluriflore; fleurs grandes, d'un beau jaune; périanthe à divisions extérieures ne présentant pas de ligne de poils; spathe à bractées herbacées, lancéolées, aiguës. — Cette espèce croît aux bords des rivières, des étangs, des fossés aquatiques, et fleurit en été (juin-juillet). Sa racine jouit de propriétés aussi actives que celle de l'Iris germanique, et n'est pas davantage employée. — V. fig. 710.

IRIS FÉTIDE (*I. fœtidissima*), vulg. *Iris gigot*, *Glayeul puant*. Tige de 40-60 cent., anguleuse d'un côté; feuilles coriaces, lancéolées-linéaires assez larges, exhalant par le froissement une odeur peu agréable; fleurs bleuâtres veinées, plus petites que dans les espèces précédentes, sans ligne de poils au périanthe. — L'Iris fétide se trouve dans les bois montueux, dans les buissons des coteaux incultes, aux bords des chemins herbeux; mais elle est assez rare. — Sa racine a été employée comme antiscrofuleux et altérant. Inusitée aujourd'hui.

IRIS NAINE (*I. pumila*), vulg. *Petite flambe*. Petite espèce originaire de France, aux tiges courtes, de 3 à 6 cent., uniflores; aux feuilles longues de 8 à 10 cent., assez larges, glauques; fleur d'un bleu violet veiné, rarement blanche; périanthe extérieur muni en dedans d'une ligne de poils pétaloïdes, à sommet jaune. — Cette plante se voit assez souvent sur les vieux murs, les toits de chaume. On en fait de très jolies bordures, surtout lorsqu'on sait mêler les variétés jaune, purpurine, blanche, etc.

IRIS BULBEUX (*I. xiphium*). Tige droite, de 20 à 30 cent. de haut; feuilles radicales creusées en gouttière, glabres; fleurs terminales, enveloppées durant l'inflorescence d'une spathe à 2 valves,

grandes étant épanouies, de couleur bleue plus ou moins foncée, répandant une odeur suave. — Cette espèce, originaire d'Espagne, est parfaitement naturalisée dans nos jardins, où elle s'accommode volontiers de toute espèce de terre, pourvu qu'elle ne soit ni trop forte ni trop légère.

Fig. 711 — Iris Germanique.

(l'euille et racine détachées.)

IRIS DE FLORENCE. Ses fleurs sont constamment blanches, veinées de jaune et sessiles. Spontanée dans la Carniole, l'île de Rhodes, la Laconie, etc.; elle est cultivée dans nos jardins. Sa racine acquiert, en séchant, une excellente odeur de violette que les parfumeurs savent mettre à profit. On sait qu'elle sert à préparer des pois à cautère très recherchés pour la stimulation modérée qu'ils provoquent et leur odeur aromatique.

ISOPODES (du gr. *isos*, semblable; *pous*, pied). Ordre de la classe des Crustacés; les animaux qui le composent, et dont le type est le Cloporte, présentent un corps déprimé et non arqué; un abdomen (queue) assez court, composé ordinairement de 5 articles qui portent à leur face inférieure des appendices en forme de lames, mais non étroits et subulés comme dans les Amphipodes; sept paires de pattes à peu près égales et semblables, non renflées ni vésiculeuses à leur base. Les branchies sont extérieures, placées, sous forme de lames, sous les premiers anneaux de l'abdomen. Les femelles portent leurs œufs à la face inférieure de leur thorax, toujours formé de sept segments. — Les Crustacés isopodes vivent la plupart dans l'eau, un petit nombre sur la terre, mais dans une atmosphère humide : condition nécessaire à la souplesse de leurs brauchies. Ils ont été divisés en *Marcheurs, Nageurs* et *Sédentaires*. — V. *Crustacés, Cloporte*.

ISSE (*Issus*). Genre d'Hyménoptères homoptères, insectes de très petite taille, voisins des Fulgores ou Fulgorelles, dont ils partagent les habitudes.

L'**ISSE CUIRASSÉ** (*I. coleoptratus*) est long de 7 millim.; ses élytres sont gris-verdâtres, avec un point noirâtre vers le milieu. Des environs de Paris.

IULE (*Iulus*). Genre d'Articulés de la classe des Myriapodes, ayant pour caractères distinctifs des autres genres voisins que Linnée confondait sous la dénomination d'*Iule* : anneaux du corps cylindriques et très nombreux dans l'état adulte : pattes dont le nombre dépasse 31 paires, tandis que les Polydesmes et les Polyxènes ont beaucoup moins de pattes.

Les Iules semblent fuir la lumière; ils se retirent dans les lieux obscurs et humides. On les trouve dans les bois, sous la mousse qui recouvre le pied des arbres, sous les amas de feuilles mortes; ils sont encore assez communs dans le voisinage des eaux; il en est qui se retirent sous les pierres, etc. — Les espèces sont assez nombreuses.

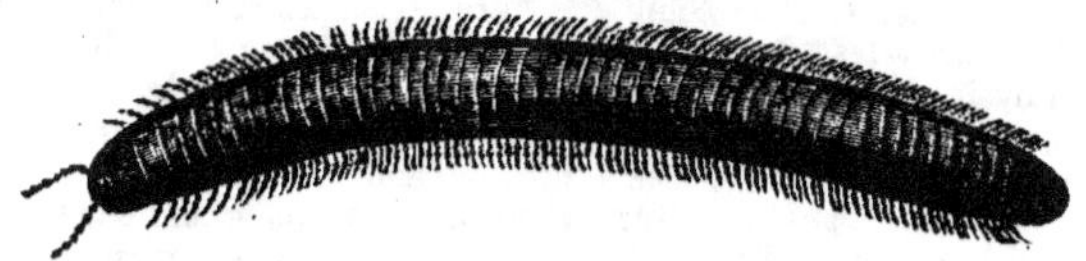

Fig. 712. — Iule.

En France vivent les suivantes : *Iulus sabulosus, terrestris* et *guttulatus*, qui sont de taille moyenne ou même petite. — L'*Iulus communis*, observé en Toscane par Savi, a environ 4 à 5 centim. de long. — L'*Iulus maximus*, de l'Amérique, est remarquable par sa taille.

Savi a étudié la respiration et la reproduction des Iules. Selon lui, les vrais stigmates ou ouvertures des trachées sont deux petits orifices placés sur la pièce sternale de chaque segment, communiquant intérieurement avec une double série de poches pneumatiques disposées en forme de chapelet tout le long du corps, et desquelles partent des branches trachéennes qui vont se répandre à l'intérieur. Savi pense aussi, contrairement à Degéer, qui croit que les petits n'ont d'abord que six pattes ou 3 paires, que l'Iule naît apode ou sans pieds; dix-huit jours après la naissance, le petit animal subit une première mue, et alors seulement il prend la forme des adultes, quoiqu'il n'ait encore alors que 22 segments et 26 paires de pattes. Après la mue suivante, le corps a 23 segments et 36 paires de pattes: à la troisième mue, Savi a compté 30 segments et 43 paires de pattes. Ces observations de Savi sont relatives à l'*Iulus communis*, qui, à l'âge adulte, présente : le mâle 59 segments, la femelle 64. C'est seulement deux ans après la naissance, à l'époque de l'une des mues, que les organes génitaux deviennent apparents.

IVRAIE (*Lolium*). Genre de Graminées, comprenant des plantes annuelles ou vivaces, dont les épillets, disposés en un épi lâche, ou espacés, sont comprimés, solitaires sur les dents de l'axe de l'épi qu'ils regardent par le dos des fleurs : 3 étamines, 2 stigmates sessiles, plumeux; une seule valve calicinale (glume) à chaque épillet, persistante, opposée à l'axe de l'épi; deux valves (glumelles) à chaque fleur.

Fig. 713 — Ivraie.

(1, Épillet composé d'une glume uniralvée et de sept fleurs — 2, fleur entière détachée d'un épillet; — 3, pistil ayant à sa base deux petits corps allongés.)

IVRAIE ENIVRANTE (*L. temulentum*), vulg. *Ivraie, Herbe d'ivrognes*, parce qu'elle cause une sorte d'ivresse; *Herbe à couteau*, parce que ses feuilles sont rudes et tranchantes. Plante annuelle, à tiges solitaires ou peu nombreuses, hautes de 50-90 cent., dressées, à feuilles glabres; fleurs en un long épi droit, comprimé, verdâtre; épillets alternes, sessiles, placés sur deux rangs opposés, contenant chacun de 5 à 9 fleurs, etc.

L'Ivraie est assez commune dans les moissons, les champs sablonneux, les terrains en friche. Cette graminée fournit un exemple remarquable de dérogation à la loi d'analogie des propriétés médicales des plantes de la même famille. Ses graines, loin de nourrir, agissent sur l'économie d'une manière toxique. Les anciens ont connu l'action délétère de l'Ivraie; ils lui attribuaient le pouvoir de rendre aveugle. Les expériences sur les animaux nourris avec du pain et de la bouillie de farine d'Ivraie ont confirmé les faits allégués d'hémorrhagie, de paralysie, de vertiges, convulsion, mort, produits par cette plante. Pourtant De Candolle remarque que cette farine, mêlée à celle du froment ou introduite dans la bière, donne rarement lieu à des accidents. Parmentier est parvenu à dépouiller les graines de l'Ivraie de leur âcreté en les séchant au four avant de les réduire en farine.

Ivraie vivace (*L. perenne*), vulg. *Fromental, Ray-grass, Gazon anglais*. Cette graminée est vivace, à tiges nombreuses, de 40-50 cent., accompagnées dès la seconde année d'un grand nombre de fascicules de feuilles stériles. Epillets de 3-10 fleurs. — Elle est extrêmement commune dans les prairies, les pâturages, aux bords des chemins. On la sème souvent en gazons. On la fauche avant la floraison pour obtenir un fourrage excellent. Si on la laisse porter graine, ses tiges deviennent si dures que les bestiaux n'y touchent point. Les Anglais la sèment avec le trèfle, pour prévenir, dit-on, le gonflement que celui-ci, pur et frais, détermine chez les ruminants.

IXIE (*Ixia*). Genre de la famille des Iridacées, qui renferme de jolies plantes bulbeuses, herbacées. Tige grêle; feuilles ensiformes ou linéaires; fleurs grandes, de couleur brillante, composées chacune d'un périanthe cratériforme à 6 lobes égaux, de 3 étamines et d'un ovaire trilobé; le fruit est une capsule ovoïde triloculaire.

Les Ixies, ainsi nommées, dit-on, parce que leur fleur ouverte rappelle la roue d'*Ixion*, croissent au cap de Bonne-Espérance. On les cultive dans nos jardins comme plantes d'ornement. On les élève ordinairement dans des pots remplis de terre de bruyère, et qu'on place dans une serre tempérée basse.

IXODE (*Ixodes*), vulg. *Tique*. Genre d'Arachnides de l'ordre des Trachéens, famille des Tiques, se présentant avec les caractères suivants : corps presque orbiculaire ou ovale, très plat quand l'insecte est à jeun, mais d'une grosseur démesurée quand il est repu, sans distinction d'anneaux, et n'ayant qu'une petite plaque écailleuse qui occupe son extrémité antérieure; huit pattes simplement ambulatoires, composées de six articles dont les deux derniers forment un tarse conique, terminé par une pelote et garni de deux crochets au bout, lesquels sont d'un grand secours à l'insecte pour se fixer sur les animaux qui se trouvent à sa portée.

Les Ixodes d'Europe habitent de préférence les genêts, mais on en trouve aussi sur d'autres plantes, s'y tenant dans une position verticale, accrochés avec deux de leurs pattes, et tenant les autres étendues et prêtes à se fixer sur l'animal qui vient s'arrêter dans leur voisinage. Alors ils quittent le rameau suspenseur, et enfoncent leurs crochets et leur suçoir dans la peau de la victime dont ils pompent le sang. Ce suçoir, placé entre les palpes et les autres parties de la bouche, est composé de trois lames cornées, très dures, coniques, dont les deux latérales sont plus petites et en recouvrement sur la troisième, qui est grande, large, remarquable surtout en ce qu'elle porte un grand nombre de dents en scie très fortes. C'est au moyen de ces dents que l'insecte s'attache fortement à la peau des animaux qu'il suce.

Les Ixodes sont encore peu connus sous le rapport physiologique. Le dessous de l'abdomen présente un petit espace circulaire et écailleux qui paraît indiquer les organes de la génération. « Degéer a trouvé sous le ventre de l'Ixode réduve un autre individu de la même espèce, mais tout noir et beaucoup plus petit, n'ayant que la grandeur d'une graine de navet; il embrassait le ventre de ces Ixodes avec ses pattes, et se tenait là renversé, dans un parfait repos, entre les pattes postérieures, et jamais ni plus haut ni plus bas. Sa tête se trouvait placée vis-à-vis l'endroit du ventre où se trouvent les organes de génération dans les femelles. Cet auteur a vu ce petit individu y enfoncer sa trompe, et il est présumable que c'est le mâle qui était accouplé avec les femelles. Les Ixodes pondent une énorme quantité d'œufs, et Chabrier prétend que ces œufs sortent par la bouche. Les Ixodes ont la vie très dure, et ils donnent même des signes d'existence longtemps après qu'on leur a retranché des parties qui semblent être essentielles à la vie. »

On distingue plusieurs espèces. Nous ne citerons que les suivantes : l'Ixode ricin (*I. ricinus*), *Tique des chiens* ou *Louvette*, qui se trouve dans les bois de toute l'Europe et s'attache aux chiens; — l'Ixode réticulé (*I. reticulatus*), le *Réduve* de quelques auteurs, qui s'attache aux bœufs, aux moutons et autres animaux domestiques; — l'Ixode nigue (*I. nigua*), de l'Amérique septentrionale, où ces Arachnides, qui pullulent sur les plantes, les buissons, les feuilles sèches, attaquent l'homme. Kalm dit avoir vu un cheval dont le dessous du ventre et d'autres parties du corps étaient si couverts de ces animaux qu'il en mourut dans de grandes douleurs.

J

JABIRU (*Mycteria*). Genre d'Oiseaux de l'ordre des Échassiers, ainsi caractérisé : « bec gros, légèrement recourbé vers le haut, médiocrement fendu, sans fosses ni sillons, renfermant une langue extrêmement courte ; narines percées près de la base ; jambes réticulées ; doigts antérieurs, surtout les externes, fortement palmés ; les mandibules légères et larges de leur bec produisent en frappant l'une contre l'autre un claquement, seul bruit que cet animal fasse entendre. »

Les Jabirus sont considérés par plusieurs ornithologistes comme des espèces du genre Cigogne, dont ils ne diffèrent que par leur bec retroussé. Ils appartiennent à l'Amérique méridionale, à la Guyane, où ils habitent constamment les terres inondées, qu'ils ne quittent que pour s'élever à une grande hauteur. Leur voracité est extrême ; ils ne se nourrissent que de poissons et de reptiles. Ces oiseaux nichent sur de grands arbres ; leur nid très spacieux et formé de longues branches, ne contient qu'un ou deux œufs ; il sert, dit-on, pour plusieurs couvées. Les petits sont nourris de poisson, et deviennent l'objet d'une grande sollicitude de la part de leurs parents.

Le **Jabiru d'Amérique** (*M. americana*), qui est l'espèce la plus commune, est un oiseau de très grande taille (2 m. de longueur totale), blanc, à tête et cou sans plumes, revêtu d'une peau noire, rouge vers le bas ; l'occiput seulement a quelques plumes blanches ; le bec et les pieds sont noirs. — Il vit au bord des étangs et des marais, où il poursuit les reptiles et les poissons.

JABOT. Espèce de poche membraneuse ou de renflement de l'œsophage que les oiseaux, surtout les Granivores, portent sous la gorge, et dans laquelle les aliments sont d'abord reçus et séjournent quelque temps avant de passer dans les autres parties. — V. *Digestion comparée.* — Le jabot est généralement d'autant plus développé que l'animal se nourrit de substance plus sèche et plus dure. Aussi cet organe si développé dans les Gallinacés, a fait considérer cet ordre comme correspondant à celui des Ruminants ; on a voulu trouver de l'analogie entre le jabot et les deux premières divisions de l'estomac de ces derniers, appelées l'une *panse,* l'autre *bonnet.*

JACAMAR (*Galbula*). Genre d'Oiseaux de l'ordre des Grimpeurs, que Linné plaçait parmi les Martins-Pêcheurs, offrant pour caractères : bec plus long que la tête, grêle, droit, à arète supé-

rieure vive ; tarses munis de quatre doigts, dont deux postérieurs et deux antérieurs ; queue étagée. — Toutes les espèces appartiennent principalement à l'Amérique méridionale et se nourrissent d'Insectes.

Le **Jacamar vert** (*G. viridis*) ou *J. commun*, a le plumage d'un riche vert doré très brillant, à reflets chatoyants ; l'abdomen et les tectrices sous-caudales sont roux ; bec noir ; tarses jaunes. Taille 20 cent. environ. — Cette espèce habite Cayenne, se tient de préférence dans les endroits humides, où se trouvent plus abondamment les insectes. Son chant est très agréable mais court ; son vol est rapide et peu soutenu. Son nid et ses œufs sont inconnus.

Nous nous bornons à une simple énumération nominative des autres espèces, telles que le *Jacamar à longue queue,* qui se plaît dans les lieux découverts et perche à la cime des arbres ; — le *J. vert à longue queue* ; — le *J. Jacamaciri* ; — le *J. tridactyle,* etc.

JACANA (*Parra*). Genre de l'ordre des Échassiers, oiseaux qui ont le bec médiocre, droit, comprimé latéralement, un peu renflé sur le bout, portant, dans quelques espèces, une membrane nue sur le bout, couchée et recouvrant une partie du front ; tarses longs, grêles, annelés ; doigts déliés, munis d'ongles aigus, fort longs, celui du pouce dépassant le doigt auquel il appartient.

Les Jacanas se trouvent en Asie, en Afrique, et dans l'Amérique méridionale. Ce sont des oiseaux criards et querelleurs, qui vivent sur le bord des eaux stagnantes. Ils marchent légèrement sur les feuilles flottantes des plantes aquatiques, pour y chercher les insectes dont ils se nourrissent. Ils nichent à terre au milieu d'herbes hautes ; la ponte est de 4 œufs verdâtres, tachetés de brun foncé. —Espèces assez nombreuses.

Le **Jacana commun** (*P. Jacana*) est noir, à manteau roux, avec les premières pennes vertes, le bec muni en dessus de barbillons charnus, les éperons très pointus. — Cet oiseau est commun dans toutes les régions de l'Amérique tropicale, vivant ordinairement par couple. Très sauvage, il ne se laisse que difficilement approcher ; son vol est rapide, peu élevé, annoncé au moment du départ par un cri aigu qui s'entend de fort loin. Sa taille est de 40 à 45 cent.

Citons pour mémoire le **Jacana a nuque blanche**, de Madagascar ; — le **J. a longue queue**, de Java ; — le **J. thegel**, du Chili, etc.

JACARANDA. Genre de Plantes de la famille des Bignoniacées.

JACÉE (*Centaurea jacea*). Plante du genre Centaurée, famille des Composées, vivace, haute de 30 à 80 cent., à tiges un peu anguleuses, à feuilles rudes sur les bords, oblongues lancéolées entières-dentées, les inférieures pétiolées, les supérieures sessiles; capitules solitaires terminaux; corolles blanches, plus souvent purpurines, etc. — La Jacée, vulg. appelée *Barbeau*, croît dans les prairies, les pâturages, etc.; ses feuilles donnent une belle couleur jaune. Elle offre quelques variétés. Toutes plantes sans intérêt.

On nomme vulgairement *Jacée du printemps*, la Violette; *Jacée des jardiniers*, la Lychnide; *Jacée des bois*, la Sarrette, etc.

JACINTHE (*Hyacinthus*). Genre de Liliacées; plantes herbacées qui naissent d'une racine en forme d'ognon; les feuilles, longues et presque linéaires, forment comme une gerbe qui sort de terre et du milieu de laquelle s'élève une hampe lisse, terminée par un joli panache de fleurs monopétales à limbe découpé en 6 parties frisées.

Les Jacinthes sont originaires de l'Orient. Chez nous on les cultive en pot dans une serre, ou dans l'eau dans nos appartements. Elles fleurissent en hiver. On en compte environ 15 espèces et plus de 2,000 variétés que l'on range en 3 classes : 1o celles à fleurs simples; 2° celles à fleurs doubles; 3o celles à fleurs pleines, dont les étamines et les pistils se sont transformés en pétales.

Les plus jolies espèces sont la *Jacinthe d'Orient* ou *des jardiniers*, dont la hampe se termine par un joli épi de jolies fleurs blanches ou bleues, qui réunit à la délicatesse des formes l'odeur la plus suave; la *J. des prés*, à fleurs bleues; la *J. des bois* ou *Scille*; la *J. penchée*, à fleurs roses; la *J. muguet*, à fleurs jaunes; la *J. à fleurs roulées*, à fleurs campanulées verdâtres, etc.

C'est du xviie au xviiie siècle que le goût des Jacinthes fit fureur. La Hollande et surtout Harlem en approvisionnent les marchés de l'Europe. On a vu des amateurs hollandais payer jusqu'à 3,000 fr. un seul ognon d'une variété nouvelle. Aujourd'hui l'engoûment est bien diminué. Néanmoins une Jacinthe dont les pétales externes et ceux du centre sont de deux couleurs différentes bien tranchées, dont la hampe est d'une bonne hauteur et courbée avec grâce, dont le nombre des fleurs est au moins de 12 (il va parfois jusqu'à 40), est une plante encore très recherchée.

JACO ou **Perroquet cendré** (*Psittacus erythacus*). Espèce du genre Perroquet, sous-genre Kakatoès, dont tout le plumage est d'un gris cendré plus ou moins clair, à l'exception de la queue qui est rouge, du ventre qui est blanchâtre, et de l'extrémité des rémiges qui est noirâtre.

Le Perroquet cendré vit en Afrique où il niche sur les arbres élevés. Les nègres connaissent sa douceur, sa docilité, son attachement pour son maître, et le prennent tout jeune dans son nid pour l'élever ou le vendre aux Européens, commerce qui leur rapporte beaucoup. Baccivore et granivore dans son pays natal, il devient omnivore en captivité; mais le pain trempé de lait cuit et les fruits sont les aliments qui lui conviennent le

Fig. 714 — Jaco (Perroquet).

mieux; le régime animal lui donne la goutte et une espèce d'appétit contre nature qui lui fait sucer, ronger et arracher ses plumes; le vin sucré qu'il aime beaucoup lui cause une ivresse pendant laquelle il témoigne sa satisfaction par un babil intarissable et des sauts grotesques.

« C'est principalement à cette espèce qu'il faut rapporter les merveilleux exemples qu'on cite de l'éducabilité des Perroquets et de leurs facultés mimiques. Le Jaco parle et siffle parfaitement, apprend à faire des gestes et des tours d'adresse, et se distingue surtout par son attachement et ses manières caressantes pour son bienfaiteur. Cette communauté de langage entre l'homme et l'oiseau rend la société de ce dernier récréative pour les personnes que les exigences de leur profession condamnent à la vie sédentaire. On sait fort bien que le Perroquet n'est que l'écho fidèle des sons articulés qu'il a entendus, et qu'il n'en connaît nullement la signification; mais un mot jeté au hasard, et formant un à-propos piquant ou même une disparate bizarre, suffit pour provoquer la gaîté de l'auditeur et le distraire de l'ennui de ses travaux. Willughby parle d'un Perroquet qui, lorsque quelqu'un lui disait : « Ris, Poll, ris, » éclatait de rire sur-le-champ, et, un moment après, s'écriait : « Quelle impertinence ! m'ordonner de rire ! » Un autre qui habitait un magasin de cristaux, ne manquait jamais, quand un commis brisait ou heurtait violemment quelque vase, de s'écrier d'un ton de mauvaise humeur : « Le maladroit ! il n'en fait jamais d'autres ! » Goldsmith raconte qu'un perroquet, appartenant au roi d'Angleterre Henri VII, et qui séjournait dans une chambre dont les fenêtres donnaient sur la Tamise, avait appris plusieurs phrases qu'il entendait répéter tous les jours aux bateliers et aux passagers. Un jour, en jouant sur sa perche, il se laissa choir dans l'eau: aussitôt il cria d'une voix forte : « Un bateau ! à moi un bateau ! vingt livres pour me sauver ! » Un batelier, qui passait par là, se précipita dans l'eau, croyant sauver un être humain; il ne retira que le perroquet, et il le porta au palais, en réclamant les 20 livres promises par l'oiseau : le roi paya. » La mémoire du Perroquet cendré est étonnante; Rodriginus parle d'un de ces oiseaux qu'un cardinal acheta cent écus d'or, parce qu'il récitait correctement le symbole des apôtres; et M. de la Borde dit en avoir vu un qui servait d'aumônier sur un vaisseau, récitant les prières aux matelots, et disant ensuite le rosaire.

JACOBÉE (*Senecio jacobæa*). Espèce du genre Sèneçon, vulgairement connue sous le nom d'*Herbe de St-Jacques*; plante vivace, haute d'un mètre environ, dont la tige dressée, rameuse à sa partie supérieure, porte des feuilles quelquefois rougeâtres en dessous ou légèrement pubescentes, pinnatifides, et se termine par un corymbe de capitules jaunes, assez gros. — La Jacobée est commune dans les prairies, les haies, aux bords des fossés et des chemins.

JACQUINIER (du nom du botaniste *Jacquin*). Genre de la famille des Myrsinacées ; arbres et arbrisseaux originaires de l'Amérique, dont on cultive en Europe, dans les serres, l'espèce nommée *J. aux fleurs orangées*, bel arbrisseau d'un mètre de haut, à fleurs d'un très beau jaune orangé, portées sur de longs pédoncules. Ces fleurs sont petites, en grappes, avec un calice à 4 lobes, une corolle monopétale à sa découpure, 5 étamines, etc. — Le *J. à bracelets* a deux mètres de haut. Les baies, d'un beau rouge, sont employées comme ornement par les Caraïbes, qui en font des bracelets, des colliers, etc.

JAGUAR (*Felis onca*). Carnivore digitigrade du genre Chat, dont voici les caractères physiques. Cet animal, la plus grande espèce de Chat,

Fig. 715. — Jaguar.

après le Lion et le Tigre, offre des proportions épaisses et lourdes : il a les poils courts, très serrés, soyeux; le fond du pelage jaunâtre, couvert de taches noires, ou fauves bordées de noir, les premières existant sur la tête, les membres, les parties inférieures et à la queue; les secondes se montrant sur le dos, le cou, les côtés, étant plus grandes et peu nombreuses, avec une forme et un aspect qui varient selon les régions du corps; quatre mamelles. —V. *Chat* et *Lion*.

Le Jaguar habite une grande partie de l'Amérique méridionale : mais nulle part il n'est plus commun et plus dangereux que dans le sud des pampas de Buénos-Ayres. « Il se plaît particulièrement dans les grandes forêts traversées par des fleuves, dont il ne s'éloigne pas plus que le Tigre, parce qu'il s'y occupe sans cesse à la chasse des loutres et des pacas. Il nage avec beaucoup de facilité, et va dormir pendant le jour sur les îlots, au milieu des touffes de joncs et de roseaux. Il pêche, dit-on, le poisson, qu'il enlève très adroitement avec sa patte. Il ne quitte sa retraite que la nuit, s'embusque dans les buissons, attend sa proie, s'élance sur son dos en poussant un grand cri, lui pose une patte sur la tête, de l'autre lui relève le menton, et lui brise ainsi le crâne sans avoir besoin d'y mettre la dent. Il est d'une force si extraordinaire, qu'il traîne aisément dans un bois un cheval ou un bœuf qu'il vient d'immoler. Il attaque les plus grands Caïmans, et s'il est saisi par eux, il a l'intelligence de leur crever les yeux pour leur faire lâcher prise. En plaine, le Jaguar fuit presque toujours devant l'homme, et ne fait volte-face que lorsqu'il rencontre un buisson ou des hautes herbes, dans lesquelles il puisse se cacher. Quoique grand, il grimpe sur les arbres

avec autant d'agilité que le Chat sauvage , et fait
aux singes une guerre cruelle. La nuit rien n'é-
gale son audace, et, sur six hommes dévorés par
les Jaguars, à la connaissance de d'Azara , deux
furent enlevés devant un grand feu de bivouac. »
(Boitard.)

Le Jaguar est féroce et incapable d'être appri-
voisé; il n'est pourtant pas cruel sans nécessité,
il ne tue que ce qui est nécessaire à sa consommation ; car souvent il arrive que, trouvant deux
bœufs ou deux chevaux attachés ensemble, il n'en
prive qu'un seul de la vie. Comme il a l'haleine
fétide, pour qu'on ne le sente pas, dit-on, quand il
attend sa proie, il a l'instinct de se tenir toujours
de l'autre côté du vent. On prétend qu'il vit en société avec sa femelle, ce qui ferait exception parmi
les animaux de son genre. On lui fait une chasse
active , parce que sa fourrure, très recherchée,
constitue une branche importante de commerce
entre l'Amérique et l'Europe.

JAIS. — V. *Jayet.*

JALAP (*Convolvulus jalapa*). Espèce du genre
Liseron, plante dont les racines sont épaisses,
allongées, compactes, blanches à l'extérieur, noirâtres en dedans, remplies d'un suc laiteux; tiges
très longues, grimpantes, garnies de feuilles alternes , pétiolées , de formes différentes ; fleurs

Fig. 716. — Jalap.

(1, Tube ouvert d'une corolle, afin de faire voir le pistil et l'insertion des cinq étamines; — 2, fruit entier ; — 3, le même
coupé horizontalement ; — 4, graine chevelue.)

solitaires , alternes , axillaires pédonculées : corolle assez grande, d'un jaune pâle, en forme d'entonnoir, etc.— V. *Liseron.*

Le Jalap croît au Mexique; c'est surtout comme
plante médicinale qu'il est connu. Sa racine, qui
est la partie employée, a passé pendant très longtemps pour être celle d'une Belle-de-nuit (*Mira-
bilis jalapa*); mais il fut reconnu par Ray, Linné,
qu'elle provenait d'une espèce de Liseron. Le Jalap est un médicament puissamment purgatif, qui,
à trop forte dose, peut déterminer des superpur-
gations et des accidents inflammatoires. On a remarqué ses bons effets dans l'hydropisie du bas-
ventre, lorsque la fièvre manque; on le donne ordinairement en poudre (1 à 2 grammes pour un
adulte). Cette racine contient une résine qu'il est
préférable d'employer comme étant toujours identique ; la dose en est de 20 à 40 centigr.

JANTHINE (*Janthina*). Genre de Mollusques
de l'ordre des Gastéropodes, voisin des Limnées ;
animaux à respiration branchiale , pourvus d'une
tête très grosse, prolongée en une sorte de mufle
à l'extrémité duquel se trouve la bouche, qui est
munie de deux lèvres verticales armées d'aiguillons recourbés en dedans; deux tentacules assez
gros et longs, comme bifurqués près de leur racine, et formant des pédoncules secondaires plus
courts, qui, suivant quelques auteurs, porteraient
les yeux; mais ceux-ci manquent, selon M. Quoy;
manteau largement ouvert; coquille ventrue, globuleuse ou conoïde, très mince , à spire basse,
extrêmement fragile et toujours teinte d'un beau
bleu violacé.

Les Janthines sont des Gastéropodes marins qui
vivent ordinairement loin des côtes; elles se montrent en troupes innombrables dans certains endroits qu'elles semblent affectionner. Elles nagent
avec aisance , grâce à une vésicule singulière,
remplie d'air et attachée à un disque charnu placé
en arrière de la tête, le pied étant dirigé en haut
à la surface de l'eau et la coquille en bas; ce qui
n'empêche pas que le vent ne les pousse souvent
sur les côtes. On en rencontre en effet beaucoup
sur les rivages de la Méditerranée. Comme elles
ne se montrent pas dans toutes les saisons, on
suppose qu'elles se débarrassent de leur vésicule
aérienne et s'enfoncent dans l'eau. On croit aussi
qu'il y a chez ces mollusques des individus mâles
et des individus femelles.

Les Janthines sont pourvues d'une glande située
derrière les branchies, qui sécrète une liqueur
d'un très beau violet, que l'on a cru être la pourpre des anciens. Pline a décrit, en effet , deux
sortes de coquilles au livre IX de son *Histoire
naturelle*, comme fournissant cette pourpre si
célèbre : l'une est nommée par lui *Buccinium* ,
et l'autre *Murex*. Ce qu'il dit de la première ne
laisse guère douter que ce ne soit de la Janthine
qu'il parle. C'est dans la Méditerranée, dit Lesson, que vit ce mollusque. Il est jeté parfois sur
les côtes de Narbonne par les vents violents, de
manière à joncher les grèves. Or, à Narbonne
existaient, du temps des Romains, des ateliers de
teinture en pourpre très célèbres.

La Janthine prolongée (*J. prolongata*) est, des dix à douze espèces décrites, celle qui est le mieux connue et que l'on peut se procurer le plus facilement à l'état de vie. Sa hauteur est de 3 cent. environ, son diamètre de 2 1 2. Coquille ventrue, très dilatée, à 3 tours de spire, d'un beau bleu violacé, très fragile, etc.

JAQUIER. — V. *Artocarpe.*

JARDINIERE. Nom vulgaire de la Courtilière et de plusieurs autres insectes qui attaquent les racines potagères.

JASEUR (*Bombycilla*). Genre de Passereaux dentirostres, très voisin des Cotingas, ayant le bec court, triangulaire à sa base; les narines basales et cachées par des plumes; les tarses courts, les ailes médiocres, la queue arrondie. — Ces oiseaux habitent le nord des deux continents, et leurs mœurs sont peu connues.

Fig. 717. — Jaseur.

Le Jaseur de Bohême (*B. garrula*), ou *Grand Jaseur*, est un peu plus grand qu'un Moineau; le plumage offre une agréable distribution de teintes grises et veineuses; la gorge est noire; la queue noire, bordée de jaune, et l'aile noire variée de blanc; la tête est ornée d'un toupet de plumes un peu plus allongées que les autres, etc. — Le Jaseur habite pendant l'été le nord de l'Europe. Il émigre régulièrement dans les contrées orientales, mais ne paraît qu'accidentellement dans nos régions tempérées. Il voyage toujours en grandes troupes. Cet oiseau est très silencieux, malgré le nom qu'il porte; il ne fait entendre qu'un cri faible *zi, zi, zi*; il mange de tout. Il est stupide et facile à prendre; sa chair est, dit-on, d'un goût exquis. Il niche dans les fentes de rochers, et pond 4 à 6 œufs oblongs, d'un blanc sale, pointillé et tacheté de noir.

Les deux autres espèces sont : le J. du cèdre (*B. cedrorum*), qui habite la Caroline et la Louisiane, et le J. phénicoptère (*B. phenicoptera*), qui se trouve au Japon.

JASMIN (*Jasminum*). Genre type de la famille des Jasminacées, comprenant de jolis sous-arbrisseaux et arbustes toujours verts, d'un aspect agréable, se couvrant de fleurs blanches, parfois jaunes ou roses, qui se succèdent pendant longtemps et dont le parfum est très agréable. Calice à 5, 7 et 8 divisions ou dents très courtes; corolle infundibuliforme à tube grêle et allongé, dont le limbe est à 5, 7, 9 lobes planes, tordus en spirale durant l'inflorescence; 2 étamines sessiles renfermées dans le tube; ovaire supère, globuleux; fruit (baie) à deux loges monospermes, renfermant deux semences dont l'une avorte très souvent.

Le Jasmin commun (*J. officinale*) se reconnaît à ses tiges sarmenteuses, à ses feuilles imparipinnées opposées, et à ses fleurs blanches très odorantes. — On le cultive dans les jardins. Très employé dans la parfumerie.

Le Jasmin jaune (*J. fruticans*) se distingue à ses feuilles alternes, trifoliées ou unifoliées, à ses fleurs jaunes. — Il croît dans les bois, les haies des coteaux secs et rocailleux du midi de la France; mais il se naturalise aisément dans tous les parcs et bosquets où on le plante.

Il est beaucoup d'autres espèces étrangères à l'Europe que nous passons sous silence. — Il faut savoir aussi que le vulgaire donne le nom de *Jasmin* à plusieurs plantes de genres différents, comme le Quamoclite, le Lilas, etc.

JASMINACÉES. Famille de Plantes dicotylédones monopétales, se composant d'arbustes, d'arbrisseaux ou parfois d'arbres très grands, à feuilles opposées, rarement alternes, simples ou composées; à fleurs hermaphrodites, excepté dans le genre Frêne : calice monopétale; corolle monopétale, tubuleuse, régulière, manquant quelquefois; elle est à 4 ou 5 lobes. Ovaire supère à 2 loges biovulées; style simple, stigmate bilobé. Le fruit est tantôt une capsule à 1 ou 2 loges, tantôt il est charnu ou renferme un noyau osseux. — Deux tribus :

Lilacées : fruit sec : *Lilas, Frêne*, etc.

Oléinées : fruit charnu : *Jasmin, Troëne*, etc.

JAYET, vulg. *Jais.* Variété de Lignite, d'un noir luisant, compacte, à cassure conchoïde, à fragments aigus, pesant 1,26, et assez dure pour être travaillée au tour et polie. Le *Jais* est une matière fossile d'origine végétale, d'un aspect de poix ou de résine : c'est un intermédiaire entre le bois fossile et la houille. Il brûle sans couler et sans se boursoufler, avec une odeur âcre, parfois aromatique; son électricité n'est d'ordinaire que peu appréciable. — Le Jayet ne se trouve qu'en lits interrompus dans les bancs de lignite piciforme. Il en existe beaucoup en France, en Espagne, en Allemagne. On en fait différents objets d'ornement, comme des pendants d'oreilles, des colliers, des ajustements de deuil, des croix, des chapelets, etc.

Le *Jais artificiel* est une espèce d'émail ou de verre noirci et soufflé qui sert aux mêmes usages que le Jais naturel. Depuis quelques années, ce produit a pris le dessus; les imitations faites avec ce verre sont beaucoup moins chères et plus dures que le Jais naturel; mais aussi elles ont moins d'éclat.

JEAN-LE-BLANC. Espèce de Rapace du genre *Circaète*. — V. ce mot.

JÉROSE -HYGROMÉTRIQUE (*Anastatica jerochuntica*). Petite plante annuelle de la famille des Crucifères, qui croît dans les lieux sablonneux de l'Arabie, de l'Egypte et de la Syrie; sa tige, haute de 8 à 10 centim., se ramifie dès la base, et porte des fleurs sessiles, blanches, qui deviennent des silicules arrondies. « A la maturité de ces fruits, les feuilles tombent, les rameaux s'endurcissent, se dessèchent, se courbent en dedans, et se contractent en un peloton arrondi; les vents d'automne déracinent bientôt la plante, et l'emportent jusqu'à la mer. C'est là qu'on la recueille pour l'apporter en Europe, où on la vend fort cher, à cause de ses propriétés hygrométriques, qui produisent un phénomène fort curieux : si l'on plonge dans l'eau l'extrémité de sa racine, ou si même on la place dans une atmosphère humide, ses silicules s'ouvrent, ses rameaux s'étendent, puis ils se resserrent de nouveau, à mesure qu'ils se dessèchent. Cette particularité, jointe à l'origine de la plante, a donné lieu à des superstitions populaires : dans beaucoup de pays on croit qu'elle n'est pas un végétal entier, mais bien l'extrémité des rameaux d'un arbrisseau sur lequel la Vierge étendait les langes de l'Enfant-Jésus. De là le nom populaire de *Rose de Jéricho*. On croit encore que cette rose merveilleuse s'épanouit tous les ans au jour et à l'heure de la naissance du Christ. Les jeunes femmes qui vont devenir mères pour la première fois, et celles qu'ont épuisées des couches nombreuses, la mettent tremper dans l'eau dès que commencent les douleurs de l'enfantement; et la plante étant placée près de leur lit, elles prennent patience en la voyant s'ouvrir peu à peu, fermement convaincues que son épanouissement sera le signal de leur délivrance. »

JOHNIUS ou **JOHNIN.** Genre de Poissons de la famille des Sécondes, ne se distinguant guère des Scorbs que par leur deuxième épine dorsale plus faible et plus courte que les rayons mous qui la suivent. — Ils appartiennent au Sénégal, à l'Amérique, et surtout aux mers et aux eaux douces des Indes. La chair en est blanche, légère,

et, quoique de peu de goût, elle est d'une grande ressource pour les habitants.

JONC (*Juncus*). Genre de Plantes de la famille des Joncacées, le plus ordinairement vivaces, à souche traçante; feuilles canaliculées ou cylindriques, glabres, offrant quelquefois de distance en distance des renflements en forme de nœuds, quelquefois toutes radicales et alors souvent réduites à des écailles engaînantes. Fleurs solitaires ou glomérulées, souvent disposées en cymes, ou en corymbes soit terminaux, soit d'apparence latéraux en raison d'une feuille florale qui continue la direction de la tige, etc. — Ce genre comprend un très grand nombre d'espèces et de variétés, dont nous ne mentionnerons que les suivantes :

JONC COMMUN (*J. communis*). Souche à rhizomes obliques ou horizontaux traçants, donnant naissance à un grand nombre de tiges très rapprochées, hautes de 50 à 80 cent., nues et sans articulations, munies à la base d'écailles engaînantes, cylindriques, finement striées, se cassant facilement, contenant une moelle ordinairement non interrompue; fleurs en cyme très rameuse, à rameaux grêles, diffus ou rapprochés en glomérule, constituées comme il est dit à la famille. — Le Jonc commun est très commun dans les fossés, les lieux humides ou marécageux, au bord des eaux.

JONC DES JARDINIERS (*J. glaucus*). Souche à rhizomes obliques ou horizontaux, traçants, donnant naissance à un grand nombre de tiges rapprochées, nues, cylindriques, striées, munies à la base d'écailles engaînantes, se tordant sans se casser, à moelle interrompue; cyme noirâtre rameuse, à rameaux grêles; périanthe à divisions très aiguës. — Cette espèce est commune aux lieux humides et marécageux, etc. Elle sert à attacher la vigne, les espaliers, etc.

Le *Jonc épars* (*J. diffusus*) sert à faire des paniers, des cordes, des nattes. — Le *Jonc conglomeré* (*J. conglomeratus*) sert pour litière; avec la moelle que contient sa tige, on fait dans quelques pays des mèches pour lampes et veilleuses.

On donne vulgairement le nom de JONC à des plantes de genres et de familles totalement différents. Ainsi on appelle :

JONC CARRÉ, un Souchet à tige quadrangulaire;

JONC DES CHAISIERS, une espèce de Scirpe (*S. lacustris*);

JONC A COTON, les Linaigrettes;

JONC ÉPINEUX, l'Ajonc;

JONC D'ESPAGNE, une espèce de Genêt;

JONC FLEURI, le Butome;

JONC DES INDES, le Rotang;

JONC ODORANT, l'Acore vrai;

JONC DE LA PASSION, la Massette, etc. — V. *Luzule*.

JONCACÉES. Famille de Plantes monocotylédones, herbacées, vivaces, rarement annuelles, ayant leur tige ou chaume cylindrique, nu ou feuillé, simple : feuilles engaînantes à leur base avec une gaine tantôt entière, tantôt fendue dans toute sa longueur. Les fleurs sont hermaphrodites, disposées en panicule ou cyme, renfermées avant leur épanouissement dans la gaine de la dernière feuille qui leur forme une sorte de spathe : 6 sépales glumacés, sur deux rangs; 6 ou 3 étamines insérées à la base des sépales internes : quand il n'y en a que 3, elles correspondent aux sépales extérieures. Ovaire à 1-3 loges; style simple à 3 stigmates. Capsule à 1 ou 3 loges incomplètes, contenant 3 ou plusieurs graines et s'ouvrant en 3 valves. — La famille des Joncacées diffère des Cypéracées par ses fleurs formées de 6 sépales et de 6 étamines. Elle a pour genres : *Jonc, Luzule*, etc.

JONQUILLE. Espèce du genre *Narcisse*. — V. ce mot.

JOUBARBE (*Sempervivum*). Plante de la famille des Crassulacées, seule de son genre en Europe, offrant les caractères suivants : racines allongées traçantes, peu ramifiées, dont le collet est garni

Fig. 718. — Joubarbe.

(1, Feuilles radicales; — 2, fleur entière de grandeur naturelle ; — 3, étamine; — 4, fruit multiple; — 5, capsule isolée.)

de feuilles persistantes, serrées les unes contre les autres. Ces feuilles sont sessiles, imbriquées, tendres, charnues, ovales, aiguës, glabres, souvent rougeâtres vers le sommet. De leur centre s'élève une tige droite, velue, longue de 40 à 60 cent., garnie de feuilles éparses, se divisant à son sommet en rameaux étalés. Fleurs roses-purpurines, disposées en épis, la plupart tournées du même côté, placées sur les rameaux et formant

une sorte de corymbe : calice à 12 ou 15 folioles aiguës; autant de pétales lancéolés; 24 à 30 étamines; 12 à 15 carpelles, avec styles simples courbés en dehors.

La Joubarbe se trouve en Europe, sur les toits, les vieux murs et les collines pierreuses. Les fleurs purpurines de ces plantes forment comme un parterre des plus agréables qui adoucit le tableau toujours affligeant de la vétusté et de la destruction. Elles exhalent une odeur à peine sensible. Les feuilles de la *Joubarbe des toits*, comme on l'appelle, ont une saveur fraîche, aigrelette et légèrement astringente : elles sont réputées diurétiques et antiscorbutiques, mais peu employées. On les applique à l'extérieur pour combattre les brûlures, les inflammations superficielles, la migraine, les fissures et gerçures. Leur suc, mélangé avec de l'eau et du miel, donne un bon collutoire. Dans certaines contrées, cette plante est honorée d'une sorte de respect religieux : les crédules habitants des campagnes lui accordent la puissance de prévenir les enchantements et les maléfices des prétendus sorciers. Elle porte les noms vulgaires d'*Artichaut sauvage, Jombarde*, etc.

Plusieurs espèces du genre Orpin (*Sedum*) sont appelées improprement *Joubarbe*. — V. *Orpin, Vermiculaire*.

JOUES-CUIRASSÉES. Famille de Poissons acanthoptérygiens, se rapprochant beaucoup de celle des Percoïdes par l'ensemble de la conformation; mais l'aspect singulier de leur tête, diversement hérissée et cuirassée, leur donne une physionomie propre, dont le caractère commun le plus saillant consiste en ce que les sous-opercules ou au moins l'un d'eux, plus ou moins étendus sur la joue, s'articulent en arrière avec le préopercule. Le corps est allongé, conique, assez rapproché pour la forme de celui des Vives et des Mulles; la tête est diversement armée d'épines ou de plaques tranchantes qui leur donnent une physionomie désagréable, hideuse, et qui leur a valu les surnoms de *Crapauds, Diables, Scorpions, Chauves-souris de mer*. Leurs nageoires pectorales sont tellement développées qu'elles ressemblent, dans certaines espèces, telles que les Dactyloptères, à de véritables ailes, dont elles font jusqu'à un certain point l'office.

« Les habitudes des Joues-cuirassées sont encore peu connues; on sait toutefois qu'ils habitent alternativement les profondeurs de la mer et le voisinage de ses côtes dans presque toutes les parties du globe. Ils sillonnent les flots en troupes innombrables ; ils se tiennent souvent cachés dans les fentes des rochers, soit au milieu des sables ou parmi les plantes marines, sans cesse occupés à guetter une proie d'autant plus difficile à prendre, que, redoutant ses ennemis, elle s'en tient plus éloignée. On observe que quand on les prend, la plupart d'entre eux font entendre un bruit plus ou moins fort qui a fait donner au groupe principal de la famille le nom de Grondin. On leur fait la pêche lorsqu'ils se trouvent près des rivages, et leur chair, quoique peu délicate, est assez recherchée. »

<pre>
                                        (tête parallélipipède   (TRIGLE.
                     (à deux na-   ((DACTYLOPTÈRE.
          (Pas de   (geoires dor-   (tête ronde ou dé-
          (rayons   (sales. . . .   (primée. . . . . . .   CHABOT.
          (épineux
          (libres en ((tête comprimée. . .   (SCORPÈNE.
Joues-   (avant   (à une seule   ((SÉBASTES, etc.
cuirassées(de la na- (nageoire   (tête grosse mons-
          (geoire   (dorsale. . .   (trueuse. . . . . .   PELOR.
          (dorsale.
          ((Corps couvert de grandes   (LÉPISACANTHE.
          (Épines li-(écailles imbriquées ; 8 rayons(HOPLOSTHÈTE.
          (bres au lieu(aux ouïes. . . . . (
          (de première(Corps garni de plaques le
          (dorsale. . .(long de la partie de la ligne(ÉPINOCHE.
                       (latérale ; 3 rayons aux ouïes.(GASTRÉE.
</pre>

JUBARTE. Espèce du genre *Baléinoptère.* — V. ce mot.

JUGLANDÉES (de *juglans*, noyer, genre type). Famille de Plantes dicotylédones apétales unisexuées, se composant de grands arbres à feuilles alternes, composées, pinnées, sans stipules. Fleurs monoïques, précoces : les mâles disposées en chatons, à périanthe simple et à étamines nombreuses ; les femelles solitaires ou agglomérées en petit nombre à l'extrémité des rameaux : ovaire adhérent au calice, à 2 stigmates. Le fruit est un drupe peu charnu dont le placentaire épais donne naissance à 4 lames qui forment des cloisons incomplètes ; cotylédons bilobès. — Un seul genre, le *Noyer.*

JUJUBIER (*Ziziphus*). Genre de la famille des Rhamnacées, composé d'arbustes, d'arbrisseaux, parfois même d'arbres, et différant du Nerprun, dont il a été détaché, par un calice étalé à 5 divisions pointues, par 5 étamines insérées, de même que les pétales, sur un disque globuleux ; par 2 styles courts, et un fruit ovoïde contenant sous un brou charnu un noyau à 2 loges, etc.

Le JUJUBIER COMMUN (*Z. sativa*) est un arbre ou un arbrisseau, selon la latitude où il croît, à écorce rude, gercée, brune ; tige un peu tortueuse ; branches nombreuses, lisses, fléchies en zig-zag, munies à leur insertion de deux aiguillons ; feuilles alternes oblongues, dentelées, luisantes, marquées de trois nervures ; fleurs très petites, presque blanches, axillaires, courtement pédonculées, solitaires ou par 2-3.

Le Jujubier est originaire des contrées orientales de l'Asie. Pline rapporte qu'il fut apporté en Italie sous le consulat de Sextus Papirius. Il s'est répandu dans tout le Midi où il réussit très bien. Il végète lentement et pousse tard. Son fruit, qui se nomme *jujube*, est un drupe d'abord vert, puis jaune, enfin rouge, de la forme et de la grosseur d'une olive, dont la pulpe est blanchâtre, aigrelette, vineuse, ferme, sucrée, très nourrissante, et qui a la double propriété de rafraîchir, de calmer la soif et d'être tempérante.

Le Jujube ne mûrit bien que sur les côtes de la Méditerranée. Il constitue, avec les dattes, les figues et les raisins secs, les *fruits béchiques* si employés en médecine sous forme de décoction. La *pâte de jujube*, que chacun connaît et se procure lorsqu'il est enrhumé, est une préparation qui ne contient pas de décoction de jujubes, et qui n'est qu'une pâte faite avec la gomme arabique, le sirop de sucre, l'eau de fleurs d'oranger et l'eau pure.

Le JUJUBIER DES LOTOPHAGES (*Z. lotus*) est une espèce fort célèbre des plaines arides et incultes de l'Afrique méditerranéenne ; arbuste dont le fruit fournissait aux indigènes une liqueur qui ne se conservait pas au-delà d'une décade, au dire de Polybe. Selon la Fable, le goût de ce fruit était si délicieux que les étrangers, après en avoir goûté, oubliaient leur patrie.

JULIENNE (*Hesperis*). Genre de Crucifères herbacées, à fleurs lilas ou blanches, dont les stigmates sont à deux lobes lamelleux, dressés-connivents ; silique linéaire, allongée, subcylindrique, etc. — L'espèce qui fait surtout l'objet des soins des horticulteurs est la JULIENNE DES DAMES OU DES JARDINS (*H. matronalis*), vulg. *Damas, Cassolette*, plante vivace, velue ou pubescente, à tiges de 40 à 80 cent., dressées, simples ou rameuses en haut ; feuilles radicales oblongues, caulinaires, ovales-lancéolées, acuminées. Fleurs d'une odeur suave, à 4 sépales dressés, dont deux se font remarquer par une petite bosse à leur base, etc.

La Julienne croît spontanément dans les bois, les buissons et sur les montagnes de l'est de l'Europe. Elle est, depuis des siècles, cultivée dans les jardins, où elle a produit de nombreuses variétés simples, demi-doubles ou doubles, rougeâtres, violettes ou d'une blancheur éclatante. Ses graines sont oléagineuses ; on retire de sept litres de ces semences un litre d'une huile qui n'est pas à dédaigner en économie rurale.

La J. ALLIAIRE, qui est un genre à part, a été mentionnée déjà. — V. *Alliaire.*

On a élevé au rang d'espèce la J. MARITIME, dite aussi *Giroflée de Mahon*, parce qu'elle a été rapportée des environs du port Mahon : c'est une plante à fleurs purpurines que l'on cultive en bordure.

La *Julienne jaune* est un surnom donné à la *Barbarée.* — V. ce mot.

JUMAR ou JUMART. Nom donné par les anciens naturalistes à un animal qu'on supposait engendré soit d'un taureau et d'une ânesse ou d'une jument, soit d'un cheval ou d'un âne et d'une vache. L'existence d'un pareil Mulet n'est nullement constatée.

JUMENT. Femelle du *Cheval.* — V. ce mot.

JUNGERMANIE (*Jungermania*). Genre de Cryptogames de la famille des Hépatiques, ayant pour

caractères : une capsule ronde ou allongée, renfermée dans un calice membraneux, et supportée
par un pédicelle d'une longueur variable ; des séminules (*elater*) nombreuses et entremêlées de
filaments spiriformes élastiques, qui prennent naissance tantôt du fond de la capsule, tantôt de toute
la paroi interne des valves, et tantôt du sommet
de ces valves; ces filaments ont pour usage de faciliter la dispersion des séminules. On distingue
plusieurs sous-genres.

Les vraies Jungermanies sont caractérisées par
un calice membraneux et tubuleux, plissé à son
orifice, et elles renferment un très grand nombre
d'espèces, qu'on a partagées en deux grandes divisions : dans la première ont été placées les espèces à fronde simple, plus ou moins lobée, pal-
mée, étendue sur le sol et dépourvue de folioles
distinctes; telle est la *J. epiphylla.*

La seconde division comprend toutes les espèces à tige simple ou rameuse, rampante ou redressée, couverte de petites feuilles distiques de
forme très variable.

La *J. epiphylla* offre une fronde arrondie ou
allongée, lobée ou un peu rameuse, à bords sinueux; les pédicelles partent du sommet de la
fronde et portent la capsule au sommet. — Cette
espèce serpente sur le sol de tous les bois humides de l'Europe.

La *J. asplenoides* a les tiges allongées, un
peu rameuses, touffues ou droites ; des frondules
pellucides, un peu imbriquées, obliques, ovales,
arrondies ou dentées; des pédicelles terminaux et
longs de 2 à 3 cent. au plus.—Cette espèce croît
dans les bois humides ; elle rampe sur le sol
parmi les autres herbes.

JUSQUIAME (*Hyosciamus*). Genre de Plantes
de la famille des Solanacées, comprenant une
quinzaine d'espèces annuelles, bisannuelles ou
vivaces, dont une seule nous intéresse.

La Jusquiame noire (*H. niger*) offre une tige
robuste, dressée, rameuse, haute de 30 à 80 centim., couverte de longs poils glanduleux; des
feuilles molles, pubescentes, à lobes inégaux
triangulaires, lancéolés : les radicales pétiolées,
les caulinaires sessiles, semi-amplexicaules.
Fleurs disposées en longs épis feuillés, toutes
tournées du même côté : corolle d'un jaune très
pâle à son limbe, traversée par des veines purpurines, réticulées, d'un pourpre noirâtre à l'orifice du tube.

La Jusquiame est une plante d'un vert sombre
qui croît aux bords des chemins, dans les décombres, les champs en friche, et qui fleurit en mai-
juillet. Son feuillage d'un vert pâle et livide,
couvert d'un duvet visqueux, la couleur triste de
ses fleurs, l'odeur repoussante qui s'exhale de
toutes ses parties, semblent indiquer d'avance ses
propriétés malfaisantes, vénéneuses pour l'homme
surtout. Elle agit comme poison narcotico-âcre
violent. A petites doses, elle remplace souvent
l'opium, dont elle ne partage pas l'inconvénient

de suspendre les évacuations alvines. On l'administre à l'intérieur sous forme d'extrait, à l'extérieur sous celle de décoction. L'huile de Jusquiame est un bon topique calmant.

« La Jusquiame sert exclusivement de nourriture à une espèce de punaise très puante (*Cimex
hyossianis*); les chèvres et les vaches la broutent

sans inconvénient, les cochons l'aiment beaucoup:
elle est très recherchée par les brebis; et certains maquignons, au rapport de Murray, la mè-
lent quelquefois à l'avoine des chevaux pour les
engraisser. Toutefois cette solanée tue la plupart
des insectes ; sa seule présence, dit-on, fait fuir
les rats; elle est dangereuse pour les cerfs; elle
est funeste aux oies, à tous les gallinacés, à
beaucoup d'oiseaux, et mortelle pour les poissons. »

JUSSIÉE (du nom de B. de Jussieu). Genre de
la famille des Onagrariées; plantes herbacées,
très voisines des Onagres, dont elles se distinguent
par les folioles du calice, qui demeurent persistantes au sommet du calice; 8 à 10 étamines;
ovaire infère, allongé, à style simple, etc. — Ces
plantes vivent dans les marais; plusieurs espèces
sont remarquables par leur taille et la beauté des
couleurs de leurs fleurs.

Michaud a trouvé la Jussiée a grandes fleurs,
qui est l'une des plus belles espèces du genre,
dans les marécages de la Caroline.—La J. du Pérou ne lui cède pas en beauté : ses fleurs sont
également jaunes.

JUSTICIE (*Justicia*), encore connue sous le
nom de *Carmantine*. Très beau genre de la famille des Acanthacées; sous-arbrisseaux et plantes
herbacées de l'Asie tropicale, à feuilles opposées,
et dont les fleurs, aux couleurs variées et très vi-

ves, sont accompagnées chacune de 2 à 3 bractées.

Nous possédons depuis longtemps la JUSTICIE
EN ARBRE, vulg. *Noyer des Indes*, fort belle espèce, qui doit être rentrée dans l'orangerie, pendant l'hiver, dans notre climat. — Les autres espèces sont nombreuses, et il n'est pas de notre
objet de les passer en revue.

K

KABASSOU. — V. *Tatou.*

KÆMPFÉRIE. — V. *Zédoaire.*

KAKATOÈS ou CACATOÈS (*Cacatua*), vulg. *Cacatoi.* Genre d'Oiseaux de l'ordre des Grimpeurs, famille des Perroquets, ayant pour caractères : bec généralement large, plus ou moins épais ou comprimé, à arête très arquée ou brusquée jusqu'à la pointe, qui est crochue et aiguë ; tête fréquemment ornée d'une huppe de plumes plus ou moins larges ou effilées, érectile : ailes assez longues et pointues; queue variable, le plus souvent courte et carrée ; tarses courts, robustes et recouverts d'écailles.

Fig. 720 et 721. — Kakatoès (mâle et femelle.)

■ Les Kakatoès vivent dans les îles Moluques et à la Nouvelle-Hollande. Ce sont des oiseaux remarquables par la beauté de leur plumage, qui est assez généralement de couleur blanche ; la belle huppe qui surmonte leur tête leur donne une physionomie fort agréable. Ils sont les plus dociles de la famille, et fréquentent de préférence les terrains humides. » Leur cri est rauque, bruyant, et exprime généralement le nom qu'on leur a donné. Ils s'abattent quelquefois, au nombre de 6 à 8 cents, sur un seul champ; mais ils détruisent encore plus qu'ils ne consomment. Ils n'ont pas la démarche lourde des autres Perroquets; ils sont agiles et marchent en trottant par petits sauts.

KAKATOÈS A HUPPE BLANCHE (*C. cristata*). Espèce des Moluques, au plumage blanc, teint de jaune sous les ailes et la queue ; à la huppe d'un blanc pur, et longue ; taille de 48 à 50 centim. — Ce Perroquet est connu en Europe; il est très éducable, mais apprend difficilement à parler. Il a beaucoup d'intelligence, et montre, dans tous ses mouvements, une douceur et une grâce qui ajoutent encore à sa beauté.

KAKATOÈS A HUPPE JAUNE CITRON (*C. sulphurea*). Il est de moitié plus petit que le précédent; la huppe et les joues sont d'un jaune citron, avec une tache de même couleur sous les yeux. Il vient des mêmes contrées, et n'est pas moins élégant, intelligent, obéissant, éducable que le Kakatoès à plumes blanches.

Citons encore le K. A HUPPE ROUGE, qui est un peu plus gros que celui à huppe blanche, et qui imite à merveille le cri des animaux; — le K. DES PHILIPPINES, espèce très belle qui ne parle pas et qui se montre jalouse des autres Perroquets; — le K. NOIR, de la Nouvelle-Galles du Sud, etc.

KAMICHI (*Palamedea*). Genre d'Oiseaux de l'ordre des Échassiers. Bec plus court que la tête, recourbé à la pointe, à mandibule inférieure plus courte, obtuse; ailes très amples, obtuses, munies à l'épaule de deux forts éperons ; tarses courts, très gros, garnis d'écailles en losanges et terminés par des doigts très longs; ongles longs et pointus ; queue courte, presque rectiligne.

Les Kamichis sont des oiseaux demi-aquatiques de l'Amérique méridionale, dont la forme rappelle assez bien celle du Dindon, et la grosseur celle d'un Coq ou d'une Oie. Ils habitent les cantons marécageux, inondés, quoiqu'ils ne soient pas nageurs; ils se nourrissent principalement d'herbes et de graines aquatiques, et, selon Buffon, de reptiles. « Ce n'est point en se promenant dans nos campagnes cultivées, dit le grand écrivain que nous venons de nommer, ni même en parcourant toutes les terres du domaine de l'homme, que l'on peut connaître les grands effets des variétés de la nature, c'est en se transportant des sables brû-

lants de la torride aux glacières des pôles ; c'est
en descendant du sommet des montagnes au fond
des mers ; c'est en comparant les déserts avec les
déserts que nous la jugerons mieux et l'admire-
rons davantage. En effet, sous le point de vue de
ses sublimes contrastes et de ses majestueuses
oppositions, elle paraît plus grande en se montrant telle qu'elle est. Nous avons ci-devant peint
les déserts arides de l'Arabie pétrée, ces solitudes
nues où l'homme n'a jamais respiré sous l'ombrage, où la terre sans verdure n'offre aucune substance aux animaux, aux oiseaux, aux insectes,

où tout paraît mort, parce que rien ne peut naître,
et que l'élément nécessaire au développement des
germes de tout être vivant ou végétant, loin d'arroser la terre par des ruisseaux d'eau vive, ou de
la pénétrer par des pluies fécondes, ne peut même
l'humecter d'une simple rosée. Opposons ce tableau de sécheresse absolue dans une terre trop
ancienne à celui des vastes plaines de fange des
savanes noyées du nouveau continent, nous y verrons par excès ce que l'autre n'offrait que par
défaut : des fleuves d'une largeur immense, tels
que l'Amazone, la Plata, l'Orénoque, roulant à
grands flots leurs vagues écumantes, et se débor-
dant en toute liberté, semblent menacer la terre
d'un envahissement et faire effort pour l'occuper
tout entière. Des eaux stagnantes et répandues
près et loin de leur cours couvrent le limon vaseux qu'elles ont déposé ; et ces vastes marécages, exhalant leurs vapeurs en brouillards fétides,
communiqueraient à l'air l'infection de la terre,
si bientôt elles ne retombaient en pluies précipitées par les orages, ou dispersées par les vents ;
et ces plages, alternativement sèches et noyées,

où la terre et l'eau semblent se disputer des pos-
sessions illimitées, et ces broussailles de mangles
jetées sur les confins indécis de ces deux éléments, ne sont peuplées que d'animaux immondes,
qui pullulent dans ces repaires, cloaques de la
nature, où tout retrace l'image des déjections
monstrueuses de l'antique limon. Des serpents
énormes tracent de larges sillons sur cette terre
bourbeuse ; les crocodiles, les crapauds, les lézards, et mille autres reptiles à larges pattes en
pétrissent la fange ; des millions d'insectes, enflés
par la chaleur humide, en soulèvent la vase ; et
tout ce peuple impur rampant sur le limon ou
bourdonnant dans l'air qu'il obscurcit encore,
toute cette vermine dont fourmille la terre attire
de nombreuses cohortes d'oiseaux ravisseurs dont
les cris confus, multipliés et mêlés aux coasse-
ments des reptiles, en troublant le silence de ces
affreux déserts, semblent ajouter la crainte à l'horreur pour en écarter l'homme et en interdire l'entrée aux autres êtres sensibles.

« Au milieu de ces sons discordants d'oiseaux
criards et de reptiles coassants s'élève par intervalles une grande voix qui leur en impose à tous,
et dont les eaux retentissent au loin : c'est la voix
du Kamichi, grand oiseau noir très remarquable
par la force de son cri et par celle de ses armes ;
il porte sur chaque aile deux puissants éperons,
et sur la tête une corne pointue de trois ou quatre
pouces de longueur sur deux ou trois lignes de
diamètre à sa base ; cette corne, implantée sur le
haut du front, s'élève droit, et finit en une pointe
aiguë un peu courbée en avant, et vers sa base
elle est revêtue d'un fourreau semblable au tuyau
d'une plume...

« Avec cet appareil d'armes très offensives, et
qui le rendraient formidable au combat, le Kamichi n'attaque point les autres oiseaux, et ne fait
la guerre qu'aux reptiles : il a même les mœurs
douces et le naturel profondément sensible ; car
le mâle et la femelle se tiennent toujours ensemble : fidèles jusqu'à la mort, l'amour qui les unit
semble survivre à la perte que l'un ou l'autre fait
de sa moitié ; celui qui reste erre sans cesse en
gémissant, et se consume près des lieux où il a
perdu ce qu'il aime. »

KAMICHI CORNU (*P. cornuta*). Taille qui dépasse
celle d'une Oie ; plumage noirâtre, avec une tache
rousse à l'épaule ; il porte sur la tête un appendice corné, espèce de tige droite, mince et mobile, longue de 7 centim. environ ; et aux ailes,
une paire d'éperons enchâssés dans une espèce
de fourreau, considérés comme des apophyses des
os métacarpiens. — Cet oiseau, nommé *Camou-
che* à la Guyane, y est assez rare, et ne se trouve
que dans certains cantons voisins de la mer, où
il fait entendre de très loin sa voix éclatante.

KAMICHI FIDÈLE (*P. chavaria*). Taille d'un gros
Coq ; plumage plombé et noirâtre, collier noir,
tache blanche au fouet de l'aile, etc. ; pas de corne
sur la tête, mais par compensation, huppe de plumes rangées en cercle sur la nuque. — Cet Oi-

seau, nommé vulgairement *Chaïa*, et dont on a fait un genre distinct sous le nom de *Chavaria*, offre cela de singulier que son tissu cellulaire sous-cutané peut se gonfler d'air, de façon qu'il craque sous la pression des doigts. Il est susceptible de s'apprivoiser ; domestique, il s'attache à la basse-cour et aux oiseaux qui l'habitent et qu'il prend sous sa garde. Les habitants de Carthagène laissent avec confiance leurs troupeaux de volaille sous la protection du Chaïa.

KANGUROO (*Macropus*). Genre de Mammifères de l'ordre des Marsupiaux, qui se distinguent principalement par leur museau allongé, leurs grandes oreilles, et surtout par l'énorme dispro-portion que l'on remarque entre la longueur de leurs membres, dont les antérieurs sont très courts, terminés par 5 doigts armés d'ongles longs, et les postérieurs très longs et robustes, sans pouce, avec les deux doigts internes très petits et réunis jusqu'à la base de leurs ongles, l'annulaire étant très fort et le plus grand ; queue longue, extrêmement forte, non prenante, servant à la locomotion ; poils laineux et soyeux, abondants. Ces animaux ont dans leur port général et dans leur allure quelque chose qui rappelle la physionomie des Lapins, mais ils ressemblent plutôt encore aux Gerboises ; leur corps est beaucoup plus gros vers la région inférieure que vers la supérieure ; leur système dentaire manque de canines. Ils sont gé-

Fig. 733. — Kanguroo.

néralement de taille moyenne, mais quelques espèces sont très grandes et ont plus de deux mètres de longueur, depuis le bout du museau jusqu'à l'extrémité de la queue.

Les Kanguroos vivent dans la Nouvelle-Hollande et dans les îles voisines (Van-Diémen). Leurs mœurs sont assez douces ; ils se nourrissent principalement des substances végétales. La plupart vivent en troupes, composées de 10 à 15 individus, et conduites, dit-on, par les vieux mâles. Ils ont deux sortes de progression, le saut et la marche : celle-ci est rampante et gênée ; les quatre pattes sur le sol ; ils enlèvent leur partie postérieure en se servant de leur queue, appuyée sur la terre, comme d'un ressort, et, ramenant les jambes de derrière près de celles de devant, ils portent celles-ci en avant : continuant cet exercice, ils avancent avec assez de vitesse. Dans d'autres cas, ils font des sauts énormes, en se servant aussi de leur queue comme d'un ressort puissant. Cette queue leur sert en outre d'arme offensive et défensive. Lorsqu'ils se battent, ils en font encore usage ; elle porte le poids du corps pendant que chaque adversaire essaie de frapper son ennemi avec les ongles puissants qui arment ses pieds de derrière, les membres supérieurs étant le plus souvent fixés sur les épaules de l'adversaire. Pendant l'époque du rut, les mâles se livrent fréquemment des combats de cette sorte, et dans nos ménageries on voit quelquefois ces animaux frapper et même terrasser leur gardien à l'aide du même procédé.

Les femelles font ordinairement un ou deux petits, rarement trois ou quatre, qui naissent presque à l'état de fœtus et sont placés dans leur poche ventrale. Plusieurs fois on a vu les Kanguroos se reproduire dans nos ménageries, où on les nourrit de matières végétales, quoiqu'ils ne refusent pas la viande. La chair de ces animaux est un excellent manger, et leur peau fournit une fourrure recherchée des habitants des pays où on les rencontre. Aussi les chasse-t-on avec ardeur.

On divise les Kanguroos en trois sous-genres : 1° *Kanguroos* proprement dits : molaires $\frac{4-4}{4-4}$; queue entièrement velue.

2° *Halmature* : molaires $\frac{5-5}{5-5}$; queue en partie dénudée.

3° *Hétérope*: molaires $\frac{4-4}{4-4}$; jambes médiocrement longues ; ongles petits, courts, obtus.

KANGUROO GÉANT (*M. giganteus*). Espèce du premier sous-genre ; couleur gris cendré en dessus, blanchâtre en dessous ; corps long de 120 cent.; queue 70. — Cet animal vit à la Nouvelle-Galles ; il est doux et susceptible de devenir familier. On lui fait une chasse active, qui n'est pas sans danger pour les chiens, auxquels il oppose deux armes puissantes , sa queue et le gros ongle de ses pieds.

KANGUROO LAINEUX (*M. laniger*). Corps long de 140 cent., queue de 115 : pelage court, serré, laineux, doux au toucher ; formes grêles, etc. — Nous aurions à citer beaucoup d'autres espèces, telles que le *K. d'Aroé*, des Moluques et de la Nouvelle-Guinée ; le *K. de Bernett*, l'espèce la plus commune dans nos ménageries.

KANGUROO A BANDES (*M. fasciatus*). Espèce du 2° sous-genre, au pelage d'un gris roussâtre, avec la moitié inférieure du corps rayée transversalement, en dessus, de roux et de noir ; taille petite. — Il vit dans l'île Bernier et les îles voisines.

L'**HÉTÉROPE** est de taille moyenne. Il vit dans les montagnes du sud - ouest de Sydney, et marche plutôt qu'il ne saute.

KAOLIN. « On donne ce nom et aussi ceux d'*Argile à porcelaine*, d'*Argile délitée*, à une matière terreuse, très tendre, tachante, ordinairement blanche , quelquefois jaunâtre ou grisâtre, infusible au chalumeau, etc., et qui provient évidemment de la décomposition des diverses espèces de feldspath. Dans cette décomposition, dit M. Berthier, non-seulement de la potasse est enlevée, mais encore il y a de la silice qui s'échappe ; de là la quantité prédominante de l'alumine dans le Kaolin. Le Kaolin est composé de silice , d'alumine, de potasse, de magnésie, de chaux, d'oxyde de fer et d'eau. — Les terrains les plus riches en Kaolin sont ceux de Saint-Yrieix, de Scheeberg, de Meissen , de St-Tropez , de Mende et de Normandie. »

KERMÈS ANIMAL (*Coccus ilicis*). Insecte du genre Cochenille, qui vit sur les feuilles du *Quercus coccifera*, dans le midi de la France, en Espagne, en Italie, dans le Levant. Le mâle a deux ailes , la femelle n'en a pas. C'est celle-ci qui s'attache aux feuilles de l'arbre ; elle y vit, y est fécondée et y meurt ; il ne reste plus alors qu'une coque rougeâtre, remplie d'un suc de même couleur et d'œufs, et que l'on nomme vulgairement *Graine d'écarlate*.

Le Kermès animal a été employé en médecine ; mais le plus grand usage qu'on en fasse, c'est pour remplacer la cochenille dans l'art de la teinture.

KÉRODON (*Kerodon*). Genre de Mammifères de l'ordre des Rongeurs, créé par Fr. Cuvier pour une seule espèce qui ne diffère du Cochon d'Inde que par quelques légères modifications des systèmes dentaire et de la locomotion.

Cette espèce est le K. MOCO, dont voici les caractères génériques : la tête fait un tout avec le corps par suite d'un cou peu visible : elle est conique, très allongée ; oreilles à peu près hémisphériques, et présentant en haut une légère échancrure ; longues moustaches, dirigées en arrière ; jambes hautes ; 4 doigts antérieurs ; 3 postérieurs ; queue non visible.

Le Kérodon a le pelage doux et abondant, d'un gris piqueté de noir et de fauve en dessus, blanc en dessous , roux sur les flancs. Il provient du Brésil et des rives du Rio-San-Francisco. Sa taille dépasse un peu celle du Cochon d'Inde.

KETMIE (*Hibiscus*). Genre de Malvacées, à calice double, l'extérieur polyphylle, l'intérieur monosépale à 5 divisions ; corolle de 5 pétales ; étamines réunies en un long tube central ; 5 pistils, se transformant en une capsule à 5 loges qui s'ouvre en 5 valves septifrages. — Toutes les espèces, qui sont très nombreuses, sont originaires des contrées chaudes. De Candolle les divise en onze sections. Voici les espèces principales :

La **KETMIE DE SYRIE** (*Hibiscus syriacus*), arbrisseau garni de feuilles obovales à 3 lobes dentés, dont les fleurs sont simples ou doubles, semblables à celles de la Rose trémière et diversement colorées. — Cultivée dans tous les jardins ; on en fait quelquefois des palissades, des murs de verdure élevés ; l'horticulteur est parvenu à doubler les fleurs, à panacher les feuilles, etc.

La **KETMIE ROSE DE LA CHINE** est une espèce plus gracieuse et plus délicate, qui craint nos froids. Dans l'Inde, les femmes préparent avec ses pétales une couleur noire foncée, avec laquelle elles se teignent les sourcils et les cheveux.

La **K. AMBRETTE** ou *Abelmosch* est une autre espèce exotique dont il a été parlé déjà. — V. *Ambrette*. — La **K. ROSE DE CHINE** est connue pour ses belles fleurs.

La plus intéressante de toutes est la **KETMIE GOMBAUT** ou **COMESTIBLE** (*H. esculentus*), espèce annuelle et herbacée, à tiges velues , portant des feuilles cordiformes à 5 lobes ; fleurs axillaires et solitaires colorées de jaune et de pourpre, remplacées par des capsules pyramidales terminées en pointes un peu recourbées, sillonnées longitudinalement, etc. — Elle produit beaucoup de graines semblables à nos vesces , et que l'on mange dans toute l'Amérique méridionale. Les Créoles en préparent un potage stomachique.

KHAMSIN. Vent très malfaisant qui souffle en Égypte vers l'équinoxe de printemps. Selon certains voyageurs, ses effets sont pernicieux : « Le danger, dit Volney, est surtout au moment des rafales ; alors la vitesse accroît la chaleur au point de tuer subitement avec des circonstances singulières : pour éviter les terribles effets du vent empoisonné du désert, il suffit quelquefois de porter un mouchoir aux narines , ou d'enfoncer le nez dans un trou de sable, comme font les chameaux. »

Lacroix, en parlant des déserts de l'Afrique, termine ainsi sa description : « Enfin, pour combler les désastres de cette affreuse solitude, où les ossements des hommes et des animaux qui ont succombé dans une route périlleuse avertissent les voyageurs du sort qui les attend, le Khamsin, vent brûlant, dessèche en peu de minutes la végétation et suffoque les êtres animés qu'il rencontre sur son passage. Ceux-ci échappent quelquefois au souffle empoisonné de ce terrible météore en appuyant leur bouche contre le sol. »

Mais Burschardt affirme que tout ceci est très exagéré. Le Khamsin ne tue ni les hommes ni les animaux; mais on peut lui imputer deux choses : d'exercer une telle action sur les outres, qu'il dessèche toutes les provisions d'eau, et d'élever dans l'air une grande quantité de sable et de poussière jaunâtre.

KINA. — V. *Quinquina.*

KINKAJOU (*Cercoleptes*). Genre de Carnassiers, tribu des Carnivores plantigrades ; corps svelte, tête arrondie, museau peu prolongé; pieds à 5 doigts armés d'ongles robustes, crochus ;

queue longue et prenante, poilue partout; pelage laineux; langue douce et extensible, etc.

Ce genre est un des plus curieux de la classe des Mammifères, en ce qu'il présente des caractères communs aux Quadrumanes, aux Lémuriens, aux Chéiroptères et aux Carnivores, circonstance fort embarrassante pour les classificateurs, qui le placent les uns entre les Coatis et les Blaireaux, d'autres auprès des Ours, etc. Toutefois le squelette du Kinkajou diffère de celui de ces derniers, pour se rapprocher de la forme plus allongée de celui des Martes. Il a 64 vertèbres en totalité, dont 14 dorsales, avec autant de côtes, 30 coccygiennes (queue), etc. Sa tête est globuleuse, ses yeux grands, ses narines ouvertes sur les côtés du mufle. —Animal de l'Amérique, plutôt omnivore que réellement carnassier.

Le KINKAJOU POTTO (*C. caudivolvulus*), espèce de type et unique, a une longueur de 50 cent. celle de la queue étant égale au moins; son pelage est d'un roux vif en dessous et à la face interne des quatre jambes, d'un roux brun en dessus et à la face externe des membres.—Il se trouve principalement dans les contrées méridionales de l'Amérique. Animal nocturne, il passe la plus grande partie du jour

Fig. 724. — Kinkajou Potto.

roulé en boule et endormi. Sa démarche est lente, mais il grimpe avec une extrême facilité, et se met à l'affût sur les branches des arbres, la queue étendue horizontalement, roulée en volute et prenante à son extrémité. Il atteint avec une grande dextérité les petits mammifères et les oiseaux dont il fait sa proie. On dit qu'il s'apprivoise facilement, et qu'il devient même alors caressant; il est d'ailleurs très vif dans ses mouvements et a presque toute l'allure d'un Singe. Il mange à la manière de l'Écureuil. Son cri diffère selon l'impression qu'il ressent.

KINO. Suc desséché qui paraît provenir de divers végétaux, notamment d'une espèce de Ptérocarpe légumineux des bords de la Gambie. Ce suc gommeux (*Gomme Kino*) nous est apporté en mas-

ses sèches, cassantes, d'un brun foncé et opaques; sa poudre est d'un rouge foncé, sa saveur astringente. C'est une substance assez employée en médecine.

KIVI-KIVI ou **KIWI** (*Apteryx*). Nous avons déjà parlé de cet Oiseau au mot *Apteryx*. Nous compléterons ici l'article, et même le rectifierons en disant qu'il est gros, non pas comme une poule, mais comme une Oie. M. Dareste a trouvé dans les deux cerveaux d'Aptéryx que possède le Muséum de Paris, les lobes optiques rudimentaires, tandis que dans toutes les autres espèces d'oiseaux ces parties sont très développées. Cette particularité semble expliquer, par une loi d'harmonie, la petitesse des yeux et leur organisation moins parfaite. Cet oiseau vit presque toujours par paires; son cri pendant la nuit ressemble à un fort coup de sifflet, et c'est en imitant ce cri que les naturels parviennent à l'attirer. Il construit un nid grossier qui ne contient qu'un seul œuf gros comme ce-

Fig. 728. — Kiwi.

lui d'un Canard. Ses plumes sont dures sans barbules, semblables à celles des Casoars. Les naturels emploient sa peau comme ornement.

KOALA (*Lipurus*). Ce nom, ainsi que celui de *Phascolarctos*, qui signifie en grec *Ours à poche*, désigne un genre de Mammifères de l'ordre des Marsupiaux, famille des Phalangistes, qui ont : tête assez forte; corps trapu, ayant de l'analogie avec celui de l'Ours; pieds pentadactyles, les doigts des extrémités antérieures partagés en deux groupes; absence de queue, seul caractère qui distingue essentiellement le Koala des Phalangers.

Une seule espèce appartient à ce genre : elle a la taille d'un Chien médiocre, le poil long, grossier, d'un brun chocolat. — Cet animal, de la Nouvelle-Hollande, a le port et la démarche d'un petit Ours ; il grimpe aux arbres avec facilité et se creuse des terriers. Sa femelle porte longtemps son petit sur le dos.

KOLPODE (*Kolpoda*). Genre d'Infusoires, voisin des Protées, ayant le corps membraneux, transparent, ovale, aplati, en général atténué en avant et très contractile. Ces animalcules vivent dans les infusions et dans les eaux marécageuses.

KONCHIOSAURE ou **CONCHIOSAURE** (du gr. *coghion*, petite coquille; *sauros*, lézard). Animal fossile, dont les restes peu nombreux et déformés font présumer qu'il appartient aux Crocodiliens. La forme particulière des dents, que l'on a comparées à des clous, a fait donner à la seule espèce reconnue le surnom de *K. clavatus*.

KOUSSO ou **KOUSSOTIER** (*Brayera anthelmintica*). Arbre dioïque de la famille des Rosacées, dont le tronc, à écorce lisse et blanche comme celle de nos platanes, offre, vers le haut, des anneaux d'où sortent des filaments semblables à ceux que l'on trouve au sommet de certains palmiers, et se divise en plusieurs branches dont les rameaux sont velus et veloutés au toucher. Feuilles à folioles nombreuses opposées, lancéolées, dentelées, longues de 5 à 6 centim. et d'un vert foncé, sortant en paquets à l'extrémité terminale des branches à fleurs. Lorsque celles-ci doivent apparaître, à l'attache d'une des feuilles qui sortent du bout d'une branche à anneaux, se manifeste une gousse qui grossit, s'entr'ouvre, et fait voir une petite grappe compacte comme une grappe de raisin avant sa floraison, se développant en une inflorescence pendante et visqueuse. Ces fleurs ont une double corolle : une grande et une petite. La grande est d'un blanc jaunâtre ; la petite (fleur femelle) est d'un rouge pourpré. Il y a 2 pistils et 10 étamines jaunes.

Le Kousso, que Kunth a désigné sous le nom de *Brayera*, du nom du médecin français Brayer, qui, le premier, l'a fait connaître, croît sur les montagnes de l'Abyssinie, et affectionne surtout le royaume du Choa (Afrique orientale). C'est un arbre toujours vert, qui présente à peu près l'aspect du Noyer ordinaire, et qui compose quelquefois des forêts magnifiques. Il produit des grappes de fleurs de plus d'un mètre, de diverses couleurs, vertes, rouges, pourprées, jaunes fauves, lesquelles pendent par centaines aux branches d'un seul arbre. Sur ces fleurs, qui se montrent en décembre et janvier, viennent butiner continuellement les abeilles. Le bois s'emploie à la fabrication des meubles et des fûts de fusils.

Les fleurs du Koussotier sont renommées en Abyssinie pour l'exposition du ver solitaire. M. Rochet-d'Héricourt en a rapporté de ses voyages dans ces contrées lointaines, qui ont été expérimentées en France et reconnues très utiles, spécifiques. « Elles ont eu un plein succès, dit le rapport de la Commission (Académie des sciences, séance du 18 mai 1846), et il en résulte que la poudre de la fleur, administrée convenablement et

Fig. 736. — Koussotier.

(Branche à fleurs avec son panicule; — deux fleurs détachées et grossies.)

à dose suffisante, est plus facile à prendre et à supporter, moins dangereuse et surtout plus efficace que tous les autres moyens pour l'expulsion du ténia. Ses effets ont été obtenus dans l'espace de quelques heures, après lesquelles les malades ont pu reprendre leur alimentation et leurs occupations ordinaires. »

Mais s'il existe actuellement dans le commerce une très grande quantité de Kousso, il importe de dire que les variétés et les provenances ne sont pas les mêmes, et que là est la cause des insuccès qui ont été accusés. Le Kousso du Choa paraît seul posséder au plus haut degré les propriétés téniafuges, et c'est M. Philippe, pharmacien à Paris, rue Saint-Martin, 125, qui seul en a le dépôt, comme acquéreur de tout ce que M. Rochet d'Héricourt a apporté de ce précieux remède de l'Abyssinie. Nous pouvons augmenter le nombre des témoignages favorables, en disant que toutes les fois que nous avons conseillé le *Kousso-Philippe* pour expulser le ver solitaire, nous n'avons eu qu'à nous louer de ses propriétés réellement puissantes et presque infaillibles.

KRAKEN. On a nommé ainsi un animal probablement fabuleux et que l'on rapporte au genre Poulpe, dans la classe des Mollusques céphalopodes. A l'article POULPE de ce Dictionnaire il sera question du Kraken, sur les dimensions duquel plusieurs naturalistes ont rapporté de si étranges exagérations. Denys de Montfort a principalement cherché à démontrer l'existence du mollusque dont il s'agit, et, s'aidant des descriptions plus ou moins bien imaginées qu'il en a trouvées dans les auteurs, il a été jusqu'à publier une figure du Kraken. Il le représente au moment où, venant de saisir avec ses longs bras un vaisseau à trois mâts, il se dispose sans doute à en dévorer une bonne partie.

KURTE (*Kurtus*). « Les Kurtes sont presque des Pépriles, dont ils diffèrent surtout parce que leur dorsale est moins étendue en longueur, et que leurs ventrales sont bien développées; leur anale est longue; leurs écailles sont si fines qu'on ne les aperçoit guère que lorsque la peau se dessèche; il n'y en a point aux nageoires; leur bassin a une petite épine entre les ventrales, et il y a de petites lames tranchantes au devant de la dorsale, dont la base a une épine couchée en avant. Leur squelette offre une grande singularité, en ce que les côtes sont dilatées, convexes, et forment des anneaux qui se touchent entre eux et qui renferment ainsi un espace conique et vide, se prolongeant sous la queue, dans les anneaux inférieurs des vertèbres, en un tube long et mince qui renferme la vessie natatoire.

Bloch dit que le nom de Kurte dérive du mot grec *curtos*, bossu, et qu'il justifie cette étymologie, parce que les espèces de ce genre portent sur la nuque une corne cartilagineuse.

Le KURTE CORNU (*Kurtus cornutus*), est un poisson très remarquable par une petite corne cartilagineuse et courbée qui s'élève au devant de la dorsale. Il est long de 10 centimètres environ; frais, il est presque transparent et excellent à manger.

Le KURTE INDIEN (*Kurtus indicus*), n'est considéré que comme la femelle de l'espèce précédente.

L

LABBE (*Lestris*). Genre d'Oiseaux palmipèdes, famille des Longipennes, appartenant au groupe des Laridés (*Larus*, de Linné), vulg. *Mouettes* : bec robuste, recouvert d'une membrane dans la plus grande partie de son étendue; mandibule supérieure convexe, crochue, armée d'un onglet qui paraît surajouté; pieds grêles, ongles crochus et grands; queue inégale, pointue au centre.

Les Labbes habitent les mers septentrionales, et ne paraissent qu'accidentellement sur nos côtes après les tempêtes. Ils vivent de cétacés morts, de mollusques, de poissons, de jeunes oiseaux et de petits mammifères. Ils font une guerre acharnée aux autres Laridés pour les contraindre à lâcher leur proie. — Le L. CATARACTE, long de 40 centim., et dont le plumage est brun, fuligineux, avec un miroir blanc sur l'aile, habite les glaces polaires et niche dans les bruyères. « Ces oiseaux ont dans la démarche et la physionomie quelque chose de l'aigle : j'en ai nourri, dit Degland, qui avalaient des chats nouveau-nés vivants, et mangeaient non-seulement des poissons, des insectes, mais aussi du pain et du blé. » — Les auteurs en décrivent 3 ou 4 autres espèces.

LABELLE. Division interne et inférieure du calice dans les *Orchidées*. — V. ce mot.

LABIATIFLORES. Nom donné par de Candolle à quelques genres de Synanthérées de l'Amérique méridionale, qui se distinguent par l'irrégularité de leur corolle, manifestement labiée et ayant la lèvre extérieure plus large que l'interne.

LABIÉES. Famille de Plantes dicotylédones monopétales supérovariées; herbes ou parfois arbustes à tige carrée, à feuilles simples et opposées, et à fleurs groupées aux aisselles des feuilles par fascicules qui forment par leur réunion des épis ou des grappes rameuses. Chaque fleur est ainsi constituée : calice monosépale, tubuleux, à 5 dents inégales; corolle monopétale, tubuleuse et irrégulière, formant par sa division comme deux lèvres, l'une supérieure et l'autre inférieure, celle-ci étant beaucoup plus souvent que l'autre très courte et même nulle. Étamines 4, didynames, les deux plus courtes avortant quelquefois. Ovaire quadrilobé, déprimé à son centre, d'où naît un style simple à stigmate bifide ; cet ovaire est appliqué sur un disque hypogyne ; il offre 4 loges contenant chacune un ovule dressé. Le fruit se composé de 4 akènes contenus dans le calice persistant, etc.

Les Labiées forment une des familles les plus naturelles du règne végétal : sa tige carrée, ses

Fig. 727. — Labiée.

[Les figures détachées représentent, à droite et supérieurement, une fleur (calice et corolle) ; en bas, l'ovaire et le style. A gauche, une corolle ouverte et dont on a enlevé les lèvres pour mieux faire voir les étamines.)

feuilles opposées, sa corolle bilabiée, sont les caractères qui doivent faire reconnaître à première vue les plantes qui lui appartiennent. On en divise les genres nombreux en deux sections, suivant qu'ils ont 2 étamines ou 4 didynames :

1º Deux étamines : *Sauge, Romarin, Monarde.*

2º Quatre étamines didynames : *Bétoine, Thym, Ballote, Marrube, Mélisse, Menthe,* etc.

LABRE (*Labrus*). Genre de Poissons acanthoptérygiens, de la famille des Labroïdes, ayant une forme ovale, régulière; des lèvres épaisses, comme doubles à la mâchoire supérieure, parce que la peau des sous-orbitaires et des os du nez dépasse les bords de ces pièces osseuses et se prolonge en un lambeau qui va au devant du museau lorsque la bouche est fermée; dents coniques, assez fortes ; rayons épineux de la dorsale plus nombreux que les autres.

Les Labres abondent dans la Méditerranée et l'Océan, fréquentant les côtes rocheuses. Ils n'atteignent jamais une grande taille, mais ils sont parés des couleurs les plus belles, qui se perdent bientôt, lorsque les individus sont hors de l'eau. Leur nourriture consiste en petits coquillages, oursins et crustacés, dont ils brisent facilement l'enveloppe calcaire. Au printemps, époque du frai, les Labres se réfugient au milieu des fucus et des algues marines pour y déposer leurs œufs. La chair de ces poissons est blanche, ferme et agréable à manger.

Les espèces les plus connues sont : la VIEILLE COMMUNE ou *Perroquet de mer*, dont la taille varie de 35 à 50 cent., et offre les variétés appelées vulgairement *Vieille rouge, V. jaune, V. verte, Perroquet de mer*. Ce dernier semble exclusivement propre à l'Océan.

Le LABRE VARIÉ, espèce type, est commun à l'Océan et à la Méditerranée; son corps est plus allongé que celui de la Vieille; tête et moitié antérieure du dos verdâtres, avec 5 raies longitudinales bleues ou violettes; réseau bleu ou violet à mailles plus ou moins larges sur les joues.

Le LABRE TOURD semble exclusivement propre à la Méditerranée; il est plus svelte que la Vieille, de couleur variable, au dos toujours verdâtre, avec une large bande argentée allant de l'œil à la caudale.

LABROIDES. Famille de Poissons acanthoptérygiens, dont le Labre constitue le genre type. Cette grande division comprend des poissons dont voici les caractères génériques : corps oblong, écailleux ; une seule nageoire dorsale, soutenue en avant par des épines garnies chacune le plus habituellement d'un lambeau membraneux ; lèvres charnues, proéminentes, plissées; dents généralement plus fortes que dans les autres Acanthoptérygiens. Les Labroïdes sont de taille moyenne, et ornés le plus souvent des plus vives couleurs ; leur canal intestinal est sans cœcum, leur vessie natatoire est forte. Ce groupe comprend une vingtaine de genres, ainsi séparés :

1° Dents maxillaires fortes, en pavé ou en pointes assez aiguës; ligne latérale non interrompue : *Labres, Girelles*, etc.

2° Dents maxillaires fortes, en pavé ou en pointes assez aiguës ; ligne latérale interrompue : *Rason*, etc.

3° Dents maxillaires et pharyngiennes en cardes ou en velours; ligne latérale non interrompue, mais finissant sous la dorsale: *Chromis*, etc.

4° Dents réunies en lames osseuses avec les mâchoires : *Scare, Odax*, etc.

LABYRINTHIFORMES. Famille de Poissons, qui doit ce nom à la structure particulière des organes respiratoires. « Les os de la tête qui avoisinent les branchies sont divisés en petits feuillets diversement contournés sur eux-mêmes, et forment des cellules plus ou moins étendues qui communiquent avec les branchies.

« Cette conformation des organes de la respiration a une influence des plus curieuses sur les habitudes de ces poissons. Lorsqu'ils sont dans l'eau, leurs cavités labyrinthiques se remplissent de liquide, qui y demeure en réserve tant que l'animal n'en a pas besoin ; mais lorsque celui-ci se trouve hors de son élément, soit par accident, soit par l'effet de sa volonté, l'eau sort du réservoir où elle est retenue, et, suivant les vaisseaux qui communiquent avec les branchies, va porter à ces organes le principe indispensable à l'exercice de leurs fonctions. Cette particularité intéressante permet à ces poissons de se rendre à terre, et d'y ramper à une distance assez grande des ruisseaux et des étangs où ils font leur séjour ordinaire : circonstance singulière qui n'a pas été ignorée des anciens, et qui fait croire aux habitants de l'Inde, où ils se trouvent principalement, que ces poissons tombent du ciel, parce que, ne voulant pas croire que des animaux essentiellement aquatiques puissent se transporter si loin de leur élément, ils aiment mieux les regarder comme tombés miraculeusement du ciel. »

A cette famille, qui ne renferme qu'un petit nombre d'espèces, se rapportent les genres *Anabas, Polyacanthe, Osphronème, Macropode*, etc.

LACERTIENS. Famille des Reptiles de l'ordre des Sauriens, dont le type est le Lézard.—V. *Sauriens* et *Lézard*.

LAGET (*Lagetta*). Genre de Daphnacées, composé d'arbres et d'arbrisseaux à feuilles entières, à fleurs terminales en épis ou en grappes, hermaphrodites ou dioïques, présentant un calice coloré quadrifide; 8 étamines et un ovaire uniloculaire; fruit (drupe) à 4 ou 3 coques.

Ces plantes croissent dans l'Amérique tropicale. Le LAGET DENTELLE (*L. lintearia*), espèce type, nommé vulgairement *Bois dentelle*, est un arbrisseau de 4 à 6 mètres, à bois jaunâtre, et dont les couches corticales, détachées les unes des autres, forment un réseau blanc, analogue à de la dentelle: on en fait des nattes, des vêtements, des fichus, des manchettes.

LAGOMYS. (du gr. *lagos*, lièvre; *mus*, rat). Genre de Rongeurs, voisin des Lièvres, dont il diffère par des membres plus courts et plus épais, des oreilles courtes, larges, arrondies et à grande ouverture, et par quelques modifications dans le système dentaire. Ces animaux ont les yeux moyens, 5 doigts aux pieds de devant, 4 à ceux de derrière, qui ne sont pas plus longs que les antérieurs ; queue nulle.

Les Lagomys habitent la Sibérie et se plaisent dans les lieux rocailleux, parmi les rochers. Ils vivent à la manière des Lièvres ou plutôt des Lapins, car ils se creusent des terriers : quelques espèces ont l'habitude de rassembler pendant l'été des provisions d'herbe ou de foin pour l'hiver. On connaît cinq espèces de ce genre; des espèces fossiles ont été signalées dans l'île de Corse et en Auvergne.

LAGOMYS PIKA (*L. alpinus*). Pelage d'un roux

jaunâtre, avec quelques poils longs, noirs; oreilles
rondes et noires ; queue remplacée par un tubercule coccygien qui ne paraît que quand l'animal
est assis ; taille, 26 centim. — Cette espèce, type
du genre, habite les Alpes sibériennes; elle présente dans son apparence extérieure quelque similitude avec le Cochon d'Inde. Elle vit tantôt seule,
tantôt en sociétés peu nombreuses. Ce rongeur
établit sa demeure au milieu des forêts sombres
et un peu humides ; il sort de sa retraite pendant
la nuit ou pendant les jours sombres pour paître
et faire ses provisions. Celles-ci forment des tas
souvent très élevés, qui sont facilement découverts
par les chasseurs et ordinairement perdus pour les
animaux qui les ont élevés. On dit qu'une galerie
souterraine conduit de la demeure de ceux-ci à
leurs amas de provisions, et que c'est par ce chemin qu'ils vont prendre de la nourriture l'hiver,
lorsque le sol est couvert de neige. Le Pika a pour
ennemis naturels les martes et les zibelines, sans
compter la larve d'une espèce d'œstre qui se loge
sous sa peau, et surtout l'homme qui fait sa nourriture de sa chair et lui enlève ses provisions.

Les autres espèces sont : le L. SULGAN, le seul
animal de ce genre que l'on connaisse en Europe :
Il est varié de brun et de gris ; ses oreilles, très
courtes, sont bordées de blanc; — le L. OGOTON,
de la Tartarie ; — le L. HYPERBORÉEN, qui n'a
que 13 cent. de long, et qui habite non loin du
détroit de Behring; etc.

LAGOPÈDE (*Lagopus*). Genre de Gallinacés ,
de la famille des Tétras , se distinguant de ceux-
ci par un bec très court, du tiers de la longueur de
la tête, garni de plumes dans la moitié de sa longueur; tarses et doigts entièrement emplumés, ce qui
leur donne quelque similitude avec ceux du Lièvre,
d'où le nom (de *lagos*, lièvre; *pous*, pied); ongles
larges, obtus, creusés en gouttière en dessous;
queue carrée.

Les Lagopèdes sont des oiseaux de montagnes
que l'on trouve surtout dans le nord des deux
continents, où ils vivent par troupes plus ou moins
considérables, et se nourrissent de baies ainsi que
de jeunes pousses. Leur plumage varie chaque
année d'une manière très régulière : gris ou
nuancé de jaune et de brun en été, il devient tout
à fait blanc en hiver. — V. *Tétras.*— Ils nichent
à terre.

Le LAGOPÈDE PTARMIGAN (*L. mutus*), vulg. *Perdrix de neige* ou *des Pyrénées*, dont le plumage
d'été est fauve, vermiculé de noir, habite les Alpes
et les Pyrénées, d'où il est apporté en assez grand
nombre sur les marchés. Il a 37 à 38 cent. de
long. Sa ponte est de 12 à 15 œufs oblongs teints
de jaune rougeâtre et tachetés de noir , qui sont
déposés dans les endroits où il existe beaucoup
de mousse, ou sous les buissons rampants.

Le LAGOPÈDE BLANC (*L. albus*), ou *Tétras des
Saules*, est d'un rougeâtre marron sur la tête, le
cou, le dos, en été, tandis que la poitrine, l'abdomen, les pennes des ailes sont de couleur blanche:

en hiver tout le plumage est d'un rouge blanc;
taille 42 cent. — Cet oiseau habite le nord de l'Europe et de l'Amérique ; il se nourrit de semences
de bouleau et de saule nain , de baies , de jeunes
pousses végétales. Il pond 10 ou 12 œufs d'un
blanc terne ou de couleur rougeâtre clair, variés
d'un grand nombre de petites taches et de marbrures marron.

Le LAGOPÈDE ROUGE (*L. scoticus*), vulg. *Tétras
rouge*, *Grous*, est roux, vermiculé de roussâtre et
de noir. Il habite la Grande-Bretagne , l'Écosse
principalement. Il pond 6 à 10 œufs d'un fauve
rougeâtre avec taches irrégulières brunes.

LAICHE (*Carex*). Genre de Plantes de la famille des Cypéracées , vivaces , très souvent traçantes, à tiges cylindriques ou triangulaires, munies de feuilles longues et engaînantes, dures, aux
bords très finement dentés coupants. Les fleurs
sont en épis cylindriques, dressés, étalés ou pendants , axillaires ou terminaux , épis qui tantôt
portent les deux espèces de fleurs , tantôt n'en
montrent qu'une seule espèce ; les fleurs mâles
ont 2-3 étamines, appuyées contre l'aisselle d'une
écaille ; les femelles présentent 1 ovaire à style
indivis 2-3 stigmaté, enveloppé par le bas d'une
écaille urcéolée. Le fruit est une substance tuni-
quée sans poils.

Fig. 738. — Laiche des sables.

(1, fleur mâle ; — 2, fleur femelle.)

Ce genre *Carex* comprend un nombre considérable d'espèces qui se plaisent dans les terrains
marécageux, sur le bord des eaux courantes ou
stagnantes , quelques-unes dans les lieux secs,
sablonneux. Ces plantes , par leurs racines traçantes et fibreuses , fixent les sables , empêchent
l'éboulement des terres placées aux bords des
eaux courantes , exhaussent le sol des marais et

contribuent par leur décomposition lente à former des lits de tourbe. Dans les prairies basses où le fourrage est bon, il faut les arracher. On ne peut s'en servir que pour augmenter la masse des litières et des fumiers. Vertes, les bestiaux les mangent sans répugnance; mais le cheval les repousse et elles sont nuisibles aux moutons. Les grandes espèces servent à faire des nattes et des paillassons.

La plus importante est la LAICHE SABLINE (*C. arenaria*), qui non-seulement est celle qui arrête la marche dévastatrice des sables, mais encore offre dans ses racines, dont la saveur est aromatique, un assez bon sudorifique, connu vulgairement sous le nom de *Salsepareille d'Allemagne*.

Nous mentionnerons la LAICHE PRÉCOCE (*C. curvula*), qui procure un fourrage vert à l'époque où les autres herbages commencent à poindre; — la L. EN GAZON (*C. cæspitosa*), qui est d'un vert gai tirant sur le glauque, et très aimée des vaches; — la L. DES MARAIS (*C. paludosa*); la L. LIMONEUSE, etc.

LAIT. — V. *Sécrétion laiteuse.*

LAIT VÉGÉTAL. On donne le nom de *lait*, par analogie, à la liqueur blanche ou jaune et émulsive que contiennent un grand nombre de plantes, telles que les Papavéracées, les Apocynées, la plupart des Euphorbiacées, quelques Urticées, etc. Ces laits végétaux sont dus généralement à des résines, à du caoutchouc ou à des gommes résines tenues en émulsion dans un sérum. La plupart sont doués de propriétés vénéneuses; quelques-uns cependant peuvent servir d'aliment, comme celui du *Tabernæmontana edulis.*

LAITERON (*Sonchus*). Genre de la famille des Composées, comprenant des plantes annuelles, bisannuelles ou vivaces, à tiges très fistuleuses, glabres ou poilues en haut, contenant un suc laiteux abondant; fleurs jaunes; têtes disposées en un corymbe terminal irrégulier : involucre à folioles nombreuses, inégales; réceptacle nu; akènes comprimés, à aigrette de soies très fines, etc.

Les Laiterons croissent rapidement, surtout dans les terrains un peu humides et profonds. Ils constituent une excellente nourriture pour la plupart des bestiaux, principalement pour les bêtes à cornes, les lapins, les pourceaux. On peut aussi les manger cuits, ou crus, en salade. Ils passent pour diurétiques et rafraîchissants. Ces dernières réflexions s'appliquent principalement au LAITERON COMMUN (*S. oleraceus*) et au L. DES CHAMPS (*S. arvensis*), tous deux à fleurs jaunes, plus grandes chez le dernier.

LAITUE (*Lactuca*). Genre de Plantes de la famille des Composées, tribu des Chicoracées, dont les feuilles inférieures sont roncinées pinnatifides,

les supérieures souvent entières, sagittées à la base, ordinairement chargées d'aiguillons sur les bords et la nervure moyenne. Fleurs en capitules disposés en corymbe irrégulier ou en panicule : fleurons jaunes; involucre oblong cylindrique, à folioles nombreuses; réceptacle nu; akènes comprimés, alternés en un bec allongé, capillaire, avec aigrette de soies capillaires disposées sur un seul rang.

LAITUE CULTIVÉE (*L. sativa*). Espèce annuelle, à tige dressée, glauque, glabre, simple, paniculée du haut; feuilles inférieures ovales, arrondies, amplexicaules, ondulées, presque entières; les supérieures sessiles, cordiformes, denticulées; fleurs en capitules dressés, petits, d'un jaune pâle; akènes présentant sur chaque face 5 stries égales glabres.

La Laitue est une plante bisannuelle que l'on cultive dans les jardins potagers, et qui fleurit en juin-septembre. Elle fournit un nombre considérable de variétés que l'on divise en :

1° *Laitues romaines* : feuilles imbriquées avant la floraison, oblongues, carénées, concaves, peu ondulées.

2° *Laitues pommées* : feuilles imbriquées avant la floraison, suborbiculaires, très concaves, plus ou moins ondulées.

3° *Laitues frisées* : feuilles ordinairement étalées en rosette avant la floraison, profondément pinnatipartites-sinuées, fortement ondulées, crispées.

La Laitue est presque inodore, d'une saveur aqueuse et un peu amère. A la maturité, presque toutes ses parties contiennent un suc lactiforme de nature résineuse, âcre et amer: Cette plante

Fig 720. — Laitue vireuse.

est rafraîchissante, tempérante et relâchante, étant employée en décoction. Elle a donc été recommandée dans les irritations d'entrailles, les ardeurs d'urine, la nymphomanie. Suétone rapporte qu'à Rome on éleva une statue à Antonius

Musa, pour avoir guéri Auguste de l'hypocondrie en lui faisant manger de la Laitue. Cette chicoracée jouit aussi d'une propriété narcotique légère : on en retire, par des incisions faites aux tiges, le *Lactucarium*, suc destiné, selon M. Aubergier, à remplacer l'opium. Les pharmaciens préparent en outre un extrait de Laitue qu'ils nomment *Thridace*, et qu'on emploie comme calmant ; une eau distillée qui sert de véhicule pour potions anodines, etc.

Laitue vireuse (*L. virosa*). Plante bisannuelle, à tige grosse, rameuse, chargée d'aiguillons, plus haute que la précédente et dont les capitules sont un peu plus gros. Elle contient un suc lactescent très abondant, doué de propriétés hypnotiques plus actives que la *Thridace* et le *Lactucarium*, mais dont on fait fort peu usage.

LAMA (*Auchenia*). Genre de Ruminants, de la famille des Camélinés ou Chameaux, mais se dis-

Fig. 730. — Alpaca (espèce de Lama).

tinguant de ceux-ci par l'absence de bosse et par ses doigts complétement séparés ; museau peu renflé, sans mufle ; lèvre supérieure fendue ; pas de larmiers ; yeux gros ; oreilles grandes, pointues ; callosités à la poitrine et aux genoux seulement ; queue courte.

Les Lamas appartiennent au Nouveau-Monde ; leur connaissance date de la découverte de ce continent, où les conquérants du Pérou les virent à l'état de domesticité chez les peuples gouvernés par les Incas, et où l'on peut dire qu'ils représentent les Chameaux de l'Ancien-Monde. Leur taille est moindre que celle des Caméliens, leurs formes sont plus sveltes. On a cru pendant longtemps que leur panse était dépourvue de ce *réservoir* si remarquable qu'offre celle des Chameaux :

mais la présence de cette poche stomacale a été démontrée par Duvernoy. — Voici ce que dit Buffon de ces ruminants :

« Le Pérou est le pays natal, la vraie patrie des Lamas : on les conduit à la vérité dans d'autres provinces, comme à la Nouvelle-Espagne, mais c'est plutôt pour la curiosité que pour l'utilité ; au lieu que dans toute l'étendue du Pérou, depuis Potosi jusqu'à Caracas, ces animaux sont en très grand nombre : ils sont aussi de la plus grande nécessité ; ils font seuls toute la richesse des Indiens, et contribuent beaucoup à celle des Espagnols. Leur chair est bonne à manger, leur poil est une laine fine d'un excellent usage, et pendant toute leur vie ils servent constamment à transporter toutes les denrées du pays ; leur charge ordinaire est de cent cinquante livres, et les plus forts en portent jusqu'à deux cent cinquante; ils font des voyages assez longs dans des pays impraticables pour tous les autres animaux; ils marchent assez lentement, et ne font que quatre ou cinq lieues par jour; leur démarche est grave et ferme, leur pas assuré; ils descendent des ravines précipitées, et surmontent des rochers escarpés où les hommes même ne peuvent les accompagner; ordinairement ils marchent quatre ou cinq jours de suite, après quoi ils veulent du repos, et prennent d'eux-mêmes un séjour de vingt-quatre ou trente heures avant de se remettre en marche. On les occupe beaucoup au transport des riches matières que l'on tire des mines du Potosi : Bolivar dit que de son temps on employait à ce travail trois cent mille de ces animaux.

« Leur accroissement est assez prompt, et leur vie n'est pas bien longue; ils sont en pleine vigueur depuis trois ans jusqu'à douze, et ils commencent ensuite à dépérir, en sorte qu'à quinze ils sont entièrement usés : leur naturel paraît être modelé sur celui des Américains; ils sont doux et flegmatiques, et font tout avec poids et mesure : lorsqu'ils voyagent et qu'ils veulent s'arrêter pour quelques instants, ils plient les genoux avec la plus grande précaution, et baissent le corps en proportion, afin d'empêcher leur charge de tomber ou de se déranger; et, dès qu'ils entendent le coup de sifflet de leur conducteur, ils se relèvent avec les mêmes précautions et se remettent en marche : ils broutent chemin faisant, et partout où ils trouvent de l'herbe; mais jamais ils ne mangent la nuit, quand même ils auraient jeûné pendant le jour; ils emploient ce temps à ruminer : ils dorment appuyés sur la poitrine, les pieds repliés sous le ventre, et ruminent aussi dans cette situation. Lorsqu'on les excède de travail et qu'ils succombent une fois sous le faix, il n'y a nul moyen de les faire relever, on les frappe inutilement... ils s'obstinent à demeurer au lieu même où ils sont tombés, et si l'on continue de les maltraiter, ils se désespèrent et se tuent, en battant la terre à droite et à gauche avec leur tête. Ils ne se défendent ni des pieds ni des dents, et n'ont pour ainsi dire d'autres armes que celles de l'indignation; ils crachent à la face de ceux qui les insultent, et l'on prétend que cette salive qu'ils lancent dans la colère est âcre et mordicante, au point de faire lever des ampoules sur la peau.

« Ces animaux si utiles, et même si nécessaires dans le pays qu'ils habitent, ne coûtent ni entretien ni nourriture; comme ils ont le pied fourchu, il n'est pas nécessaire de les ferrer; la laine épaisse dont ils sont couverts dispense de les bâter; ils n'ont besoin ni de grain, ni d'avoine, ni de foin; l'herbe verte qu'ils broutent eux-mêmes leur suffit; et ils n'en prennent qu'en petite quantité : ils sont encore plus sobres sur la boisson; ils s'abreuvent de leur salive, qui, dans cet animal, est plus abondante que dans aucun autre.

« Les Pacos ou Vigognes sont aux Lamas une espèce succursale, à peu près comme l'Ane l'est au Cheval; ils sont plus petits et moins propres au service, mais plus utiles par leurs dépouilles; la longue et fine laine dont ils sont couverts est une marchandise de luxe aussi chère, aussi précieuse que la soie : on en fait de très beaux gants, de très bons bas, d'excellentes couvertures, et des tapis d'un très grand prix. »

La question d'acclimatation des Lamas a beaucoup occupé les naturalistes et les agriculteurs. Dès 1765, Buffon disait : « J'imagine que ces animaux seraient une excellente acquisition pour l'Europe et produiraient plus de bien réel que tout le métal du Nouveau-Monde. » Des essais ont été tentés, en effet, à plusieurs reprises; et, bien que jusqu'ici aucun succès complet n'ait été obtenu, il serait fâcheux qu'on en désespérât, et qu'on renonçât à de nouvelles tentatives, qui aboutiraient probablement, si on savait mieux choisir les localités où ces ruminants pourraient se propager : telles que les Pyrénées, les Alpes, les Vosges, le Jura, l'Auvergne, l'Algérie surtout. Espérons que la Société impériale zoologique d'acclimatation parviendra à résoudre l'important problème posé depuis longtemps par l'économie domestique.

Les Lamas ne sont pas, dans les contrées où ils vivent, tondus dans des saisons régulières, et cette tonte n'est pas faite avec beaucoup de soin; car la laine est jetée pêle-mêle, sans séparation des couleurs et des qualités. Ces animaux sont conduits auparavant dans les vallées les plus rapprochées des villes, afin de leur faire porter eux-mêmes leurs toisons sur les points les plus favorables au chargement.

Lama proprement dit (*A. glama*). Pelage laineux, grossier, brun varié de taches blanches ou d'un brun uniforme; dos arqué; une tache elliptique d'un brun uniforme placée en dedans du jarret; tête et jambes un peu fournis de poils; queue pendante. — Cette espèce est le *Lama de Buffon*, le *Lama domestique*, seule bête employée par les Péruviens lors de la découverte de l'Amérique, et qui n'y existait déjà plus à l'état sauvage. Sa taille est généralement celle d'un petit cheval. La femelle porte dix mois en Amérique; la gestation semble un peu plus longue en Europe. Cette femelle a 4 mamelles; elle n'a qu'un petit, rarement deux; à 3 ans elle est propre à la reproduction.

Cette espèce de Lama est celle que l'on a cherché à introduire en France : elle peut produire avec la Vigogne un métis nommé *Alpa-Vigogne*. Elle sert encore à porter des fardeaux dans les sentiers escarpés des Cordillères, où la sûreté de son pied la rend propre à cet usage, malgré l'introduction des chevaux dans l'Amérique du Nord.

Lama Alpaca (*A. paco*). Cette espèce, dont il a été question déjà dans ce dictionnaire au mot *Alpaca*, a été souvent confondue avec la précédente. Elle a une laine beaucoup plus fine et plus longue qu'elle, qui réunit à un grand degré toutes les qualités nécessaires pour entrer dans la confection des étoffes. On a introduit de cette laine dans nos fabriques des environs de Lille, mais l'Angleterre en emploie de grandes quantités.

Fig. 731. — Lama (figure très réduite).

Vigogne (*A. Vicugna*). « La Vigogne ressemble beaucoup au Lama ; mais elle est plus petite, et ses formes générales sont plus sveltes et plus élégantes ; sa tête plus courte, avec de grands yeux noirs qui lui donnent un air d'intelligence et de vivacité remarquable ; la plus grande partie du corps est d'un brun légèrement vineux, et le reste de couleur isabelle ; la gorge est jaunâtre ; la poitrine, le dessous du ventre et le dedans des cuisses sont blancs ; il y a des manchettes de longs poils jaune fauve sur les membres antérieurs.

« Cet animal paraît être bien moins sociable que le Lama ; mais cependant habitué comme lui à vivre en troupes, ayant les mêmes habitudes, il est bien certain qu'avec quelques efforts on parviendrait à le rendre également domestique. C'est ce qui a déjà eu lieu dans quelques points de l'Amérique ; mais le plus habituellement on le chasse comme bête fauve. Les Américains, pour s'emparer des peaux de cet animal précieux, qui fait l'objet d'un commerce considérable, le poursuivent jusque sur les sommets les plus escarpés des Andes, où il s'est réfugié, et le nombre en diminue de jour en jour. »

LAMANTIN (*Manatus*). Genre de Mammifères de l'ordre des Cétacés herbivores, caractérisé de la manière suivante : tête non distincte du corps ; yeux très petits, placés entre le museau et les trous auditifs qui sont à peine apparents ; partie postérieure du corps très grosse, déprimée et ar-

Fig. 732. — Lamantin.

rondie au bout, sans nageoire caudale proprement dite ; vestiges d'ongles sur les bords des nageoires pectorales ; faisceau d'énormes poils dirigés en dessus de la lèvre et formant de chaque côté des sortes de défenses cornées. Peau nue, très épaisse, rugueuse.

Les Lamantins, pensent généralement les naturalistes, sont les animaux qui, dans l'antiquité, ont reçu les noms de *Tritons*, de *Sirènes*, d'*Hommes marins*. Leur corps, qui dépasse souvent 6 m., est oblong, terminé par une nageoire bifurquée, mais simple, et ovale allongée : membres antérieurs sous forme de nageoires aplaties, membraneuses, composées de 5 doigts peu distincts ; pas de membres postérieurs : pas d'évents ; deux mamelles pectorales. Ces animaux habitent les mers des pays chauds, près des côtes, et par troupes plus ou moins nombreuses ; suivant l'opinion générale, ils vivent d'herbes aquatiques qu'ils paissent en rampant sur le rivage. Mais, d'après les récits de voyageurs véridiques, ils ne sortiraient jamais de l'eau, et mangeraient aussi des poissons et des mollusques. Disons toutefois que leur système dentaire indique des habitudes herbivores. De mœurs douces, ils ne sont pas dépourvus de toute intelligence.

Lamantin d'Amérique (*M. americanus*). C'est l'espèce qui a été le plus anciennement signalée par Oviedo, et dont Clusius donna le premier une figure : c'est aussi la plus intéressante et celle qui atteint la plus grande taille (6 mètres). Elle présente 7 vertèbres cervicales, caractère ordinaire des Mammifères , 16 dorsales , 5 lombaires et 24 coccygiennes. — Ce Lamantin se trouve à l'embouchure de l'Orénoque , de la rivière des Amazones et de toutes les grandes rivières de l'Amérique méridionale ; il est assez commun à la Guyane. Il vit également dans l'eau salée et dans l'eau douce; il aime à remonter à plusieurs lieues les grands fleuves américains.

Les Lamantins ont le caractère doux, affectueux, sociable, confiant; ils peuvent, dit-on, s'apprivoiser. Lorsqu'ils n'ont pas été chassés par les hommes, ils se laissent approcher, toucher même sans crainte; leur intelligence semble aussi très développée. Ils vivent en familles , et ces familles se réunissent pour former des troupes quelquefois immenses. Le mâle ne quitte jamais sa femelle; il l'aide , la défend chevaleresquement ; et si elle meurt, il reste auprès de son cadavre jusqu'à la dernière extrémité. Les petits ont la même tendresse pour leur mère, qui, pour les allaiter, les prend avec une de ses nageoires et les presse sur sa poitrine. Toutefois, elle n'a habituellement qu'un seul petit par portée. Quant à la manière dont se fait l'accouplement et à la durée de la gestation, on ne sait rien de positif. Ces animaux se secourent mutuellement dans le danger. On leur fait la chasse au harpon ; mais, selon le récit de quelques Indiens, il n'est pas toujours sans danger de les attaquer pendant qu'ils sont réunis en troupes , car ils se précipitent sur le canot pour le faire submerger.

Lamantin du Sénégal (*M. senegalensis*). C'est l'espèce africaine. Sa taille est plus petite que celle du précédent. — Il se trouve à l'embouchure du Sénégal et sur toute la côte occidentale de l'Afrique , depuis ce fleuve jusqu'à la Guinée méridionale. Il remonte le cours des eaux douces à une grande distance de la mer. Ses mœurs sont d'ailleurs peu connues. Selon Dapper , il pousserait des cris effrayants lorsqu'il serait blessé, et sa chair, très grasse et fort bonne, ressemblerait à celle du cochon.

Le Lamantin a large museau serait une seconde espèce d'Amérique , qui habiterait le golfe du Mexique et la mer des Antilles. Fondée sur quelques particularités des os de la tête, cette espèce serait douteuse.

On a trouvé des débris de *L. fossiles* en Allemagne et dans plusieurs points de la France , notamment à Longjumeau, près Paris. — Le *L. des Indes* n'est autre que le Dugong.

LAMBRUSQUE. Nom donné dans le Midi à la Vigne devenue sauvage qui croît dans les buissons et les bois. Cette vigne s'attache aux arbres voisins et atteint à la plus grande hauteur ; les ceps et ses longues pousses sont si flexibles et tenaces qu'ils tiennent lieu de cordes et de liens. Ses grains et ses racines servent pour le tannage des cuirs. Les Bec-figues sont très friands de ses fruits.

LAMELLICORNES (de *lamella*, lamelle; *cornu*, corne). Nom d'une famille de Coléoptères pentamères, dont les 3 derniers articles des antennes sont développés en forme de petites lames. — V. *Coléoptères*.

LAMELLIROSTRES (de *lamella* , lamelle; *rostrum*, bec). Famille d'Oiseaux de l'ordre des Palmipèdes, dont le bec est épais et garni de lames disposées sur ses bords en forme de petites dents. — V. *Palmipèdes*.

Il y a aussi parmi les *Échassiers* une famille désignée sous le nom de *Lamellirostres*.

LAMIE (*Lamia*). Genre de Poissons de la famille des Squales , ne différant des Requins que par leur museau pyramidal , au bas duquel sont les narines, et parce que les trous des branchies sont tous en avant des pectorales. — L'espèce la plus commune est le Squale nez, qui a presque la taille du Requin, s'en distinguant toutefois par une carène saillante placée de chaque côté de la queue, et par les lobes presque égaux de sa caudale.

LAMIE. Genre de Coléoptères pentamères longicornes, ne renfermant qu'une seule espèce d'Europe, le *L. textor*, qui est noir, et dont la larve vit dans les racines du saule et de l'osier.

LAMIER (*Lamium*). Genre de la famille des Labiées; plantes annuelles ou vivaces, à tiges ordinairement succulentes; à fleurs rouges, purpurines ou blanches , disposées en glomérules axillaires opposées : calice tubuleux, nervuré, à 5 dents; corolle ascendante, bilabiée, dépassant de beaucoup le calice, à lèvre supérieure concave, l'inférieure obscurément 3-lobée; étamines 4, parallèles sous la lèvre inférieure, ne se rejetant pas en dehors après la fécondation, les 2 inférieures plus longues; akènes trigones à angles aigus.

Lamier pourpre (*L. purpureum*), vulg. *Ortie rouge*. Plante annuelle , à tiges ascendantes diffuses, de 10 à 40 cent., presque glabres; feuilles opposées, dentées, ovales-obtuses, les inférieures pétiolées et ordinairement beaucoup plus petites que les supérieures, qui sont rapprochées, rougeâtres, à court pétiole : calice pubescent; corolle purpurine assez petite, présentant intérieurement un anneau de poils vers sa base. — Cette espèce est très commune aux lieux cultivés, aux bords des chemins , dans les terrains remués , les vignes. Elle fleurit toute la belle saison, depuis mars jusqu'en octobre.

Lamier blanc (*L. album*), vulg. *Ortie blanche*. Plante bisannuelle, à tiges de 30 à 60 cent., couchées, puis redressées, pubescentes ; feuilles acuminées, cordées à la base, dentées, un peu ridées; glomérules au nombre de 4-10; corolle

assez grande, blanche , avec anneau de poils intérieurs au niveau d'un rétrécissement, mais se dilatant au-dessus ; les lèvres un peu jaunâtres en
dedans.

L'Ortie blanche est douée, ainsi que les autres
espèces du même genre, d'une odeur peu agréable et d'une saveur quelque peu amère. Elle n'est
pas moins fréquente que l'espèce précédente; mais
elle a été beaucoup plus expérimentée en thérapeutique. On a cru lui reconnaître des propriétés
astringentes et toniques qu'elle ne possède pas à
un degré assez marqué pour qu'on s'en occupe
davantage. Elle commence à fleurir un peu plus
tard que l'Ortie rouge. Les abeilles butinent avec
une sorte de sensualité sur ses fleurs. Les bestiaux
la mangent sans la rechercher.

Nous passerons sous silence le Lamier embrassant (*L. amplexicaule)*, dont les feuilles supérieures sont semi-amplexicaules, le tube de la corolle petit et sans anneau de poils, etc.; — le Lamier tacheté (*L. maculatum*), dont la corolle
purpurine, assez grande, est munie d'un anneau de
poils horizontal , et qui est assez rare, du moins
aux environs de Paris.

LAMINAIRE (*Laminaria*). Les Laminaires forment un genre de la famille des Algues, tribu des
Fucacées. Ce sont des plantes marines , à racine
fibreuse très fortes donnant naissance à des tiges
très solides , terminées par une fronde ou lame
longue et large , épaisse, festonnée sur les bords,
de couleur rougeâtre ou olivâtre. La plupart des
espèces, qui sont assez nombreuses, renferment un
principe sucré qui apparaît après la dessiccation
sous forme d'efflorescence farineuse blanchâtre :
c'est ce qu'on remarque surtout dans la Laminaire
saccharine, vulg. *Baudrier de Neptune.*

LAMPOURDE (*Xanthium*). Genre de Plantes
herbacées, annuelles ou vivaces, à tiges rameuses,
quelquefois épineuses, à feuilles alternes, plus ou
moins profondément incisées. Leur famille est
celle des Composées, tribu des Carduacées; mais
des auteurs ont cru devoir créer pour elles celle
des *Ambrosiacées*. Quoi qu'il en soit, voici leurs
caractères : capitules ne contenant des fleurons que
d'un même sexe; capitules mâles à involucre multiflore, entouré d'un seul rang de folioles libres :
corolle à 5 lobes courts; 5 étamines à filets monadelphes et anthères libres; capitules femelles à
folioles imbriquées et soudées en une enveloppe
capsulaire biflore, sorte de sac épineux biloc-
laire, enveloppant l'ovaire, à 2 cornes perforées;
corolle nulle ; deux akènes surmontés chacun de
2 styles sortant 2 à 2 par les trous des cornes
correspondantes.

La Lampourde (*X. strumarium*), vulg. *Glouteron, Herbe aux écrouelles , petite Bardane*,
est une plante annuelle de 40 à 80 cent. de hauteur, dressée , robuste , anguleuse rameuse, dépourvue d'épines; feuilles blanchâtres en dessous,
pétiolées, inférieures trilobées. Capitules rapprochés en épis courts axillaires, les supérieurs mâles,
les inférieurs femelles.—La Lampourde croît aux
bords des chemins , des fossés , dans les lieux
inondés l'hiver, etc.; mais elle n'est pas commune.

La Lampourde épineuse (*X. spinosum*), vulg.
Glouteron épineux, est moins grande; ses feuilles
présentent, vers leur insertion, deux longues épines
tripartites d'un jaune d'or.

LAMPROIE (*Petromyzon*). Genre de Poissons
de l'ordre des Chondroptérygiens à branchies
fixes, famille des Cyclostomes ou Suceurs, ayant

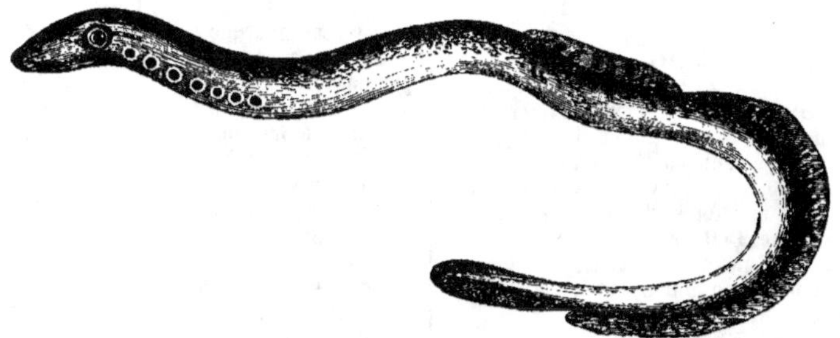

Fig. 713. — Grande Lamproie.

une forme allongée, anguilliforme; une longueur
de 35 cent. à 1 m.; sept ouvertures branchiales de
chaque côté du corps; la peau est relevée au-dessus et au-dessous de la queue en une crête longitudinale qui tient lieu de nageoire, mais où les
rayons ne s'aperçoivent que comme des fibres à
peine sensibles; la langue a deux rangées longitudinales de petites dents , et se porte en avant et
en arrière comme un piston : ce qui sert à l'animal à opérer la succion ; il y a une dorsale en
avant du point où se trouve l'anus , et une autre
en arrière; cette dernière s'unissant à la caudale.

L'eau parvient de la bouche aux branchies par un canal membraneux particulier situé sous l'œsophage et percé de trous latéraux.

Les Lamproies habitent la mer et les eaux douces. Elles remontent les fleuves : on les pêche à l'embouchure de la Loire et de la Garonne. Elles sont très voraces et recherchent toute sorte de matière animale, principalement des vers, des petits poissons. Elles attaquent par la succion les plus gros poissons ; c'est encore par la succion qu'elles ont l'habitude de se fixer aux pierres et aux autres corps solides, auxquels elles s'arrêtent souvent. Toutefois la Lamproie paraît nager facilement en faisant onduler son corps successivement d'un côté et d'un autre. Sa vie est très dure, et elle se guérit facilement des plus graves blessures. Elle a de nombreux ennemis parmi les animaux aquatiques. L'homme la recherche pour sa chair, qui est meilleure lorsque le poisson s'élève dans les rivières. — Voici les trois espèces principales :

La GRANDE LAMPROIE (*P. marinus*), longue de 65 cent. à 1 m., se trouve dans l'Océan et la Méditerranée, d'où elle remonte au printemps dans les embouchures des fleuves. Sa pêche est très suivie et souvent très abondante.

La LAMPROIE DE RIVIÈRE (*P. fluviatilis*), vulg. *Septeuil* ou *Sept-Œil*, n'a que 35 à 50 cent.; elle se trouve dans un grand nombre de fleuves et de rivières d'Europe. C'est cette espèce qui paraît de temps à autre sur les marchés de Paris, et que l'on prend principalement dans la Loire. Elle conserve la vie longtemps hors de l'eau.

La PETITE LAMPROIE (*P. Planeri*), vulg. *Sucet*, est longue de 25 à 30 cent. ; ses deux dorsales sont continues ou réunies; elle s'attache aux branchies des poissons pour les sucer. Elle vit très longtemps hors de l'eau; elle sert d'appât pour la pêche des harengs.

LAMPSANE (*Lapsana*). Genre d'Herbes de la famille des Composées, tribu des Chicoracées : plantes annuelles, rameuses, à feuilles inférieures lyrées, les supérieures dentées; à capitules jaunes disposés en une panicule lâche. — La L. COMMUNE atteint de 20 à 80 cent. ; l'involucre est à 8-10 folioles disposées sur un seul rang ; akènes dépourvus d'aigrette. Cette plante est extrêmement commune dans les lieux cultivés, les terrains remués, où elle fleurit au milieu de l'été. Elle porte vulgairement le nom d'*Herbe aux mamelles*, à cause de la propriété que les nourrices lui reconnaissent pour guérir les gerçures et les douleurs inflammatoires des organes lactifères.

LAMPYRE (*Lampyris*). Genre de Coléoptères pentamères, de la tribu des Serricornes, remarquables surtout par leur propriété lumineuse qui leur a fait donner le nom de *Vers luisants*. Ils ont la tête cachée sous un rebord du corselet; les yeux très développés chez les mâles; le corps allongé, mou ; les antennes très rapprochées à leur insertion; les élytres mous, recouvrant un abdomen encore plus mou, mais à segments très marqués.

Les Vers luisants sont des insectes nocturnes qui se font remarquer le soir auprès des buissons et des fossés, etc. Les femelles sont souvent aptères ; mais dans les pays chauds les deux sexes sont ailés. A l'état de larve, ces animaux sont carnassiers, et vivent principalement de limaçons. Ils répandent une lueur phosphorescente d'un blanc verdâtre, dont l'organe réside dans les derniers segments de l'abdomen ; cette lumière paraît, disparaît, se modifie au gré de l'insecte.

Le LAMPYRE LUMINEUX (*L. noctiluca*) est commun aux environs de Paris, pendant les mois de juin, juillet et août. C'est presque toujours la femelle que l'on aperçoit briller la nuit au milieu de l'herbe et des buissons. Le mâle, connu dans le Midi sous le nom de *Capelan* ou *Caplan*, est bien plus rare et se tient d'ordinaire dans les troncs d'arbres. Les larves ressemblent beaucoup aux femelles, et jouissent comme elles de la propriété phosphorescente, mais à un degré moindre. Elles s'en distinguent par leurs tarses, qui sont toujours privés de crochets.

LANÇON. Petit Poisson de mer. — V. *Equille*.

LANGOUSTE (*Palinurus*). Genre de Crustacés de l'ordre des Décapodes macroures, très voisins des Homards et des Ecrevisses, mais s'en distinguant par leurs antennes excessivement longues, hérissées de piquants; par l'absence de pinces ; par leurs yeux grands, situés à l'extrémité antérieure du thorax, et dont les pédicules sont insérés aux extrémités latérales d'un support commun fixe et transversal. Carapace demi-cylindrique, hérissée de pointes, surtout en avant, marquée, comme celle des Ecrevisses, d'un sillon transversal et arqué en arrière. Pattes médiocrement longues, assez fortes, et se terminant toutes par un doigt simple, court, aigu, hérissé en dessous; pas de pinces; pattes antérieures plus courtes que les quatre suivantes. Les femelles se distinguent des mâles en ce qu'elles ont aux quatre anneaux du milieu de la queue deux filets membraneux ovales, auxquels les œufs s'attachent après la ponte; elles ont aussi, vers la base du doigt de la dernière paire, une sorte d'ergot qui manque dans les mâles.

Les Langoustes se tiennent dans les profondeurs de la mer pendant l'hiver; mais elles se rapprochent du rivage, surtout des endroits rocailleux durant l'été. Elles vivent de poissons et de divers animaux marins ; et si elles parviennent à se soustraire à la pêche, elles atteignent une grosseur considérable. Généralement leur longueur est de 30 cent. environ. Selon Risso, les mâles vont à la recherche des femelles en mai, en août. Dans l'accouplement les deux individus sont face à face, et ils se pressent si fortement qu'on a de la peine à les séparer. Les femelles portent leurs œufs, disposés dans l'intérieur de leur corps en deux masses allongées, de la grosseur d'un tuyau de plume et d'un très beau rouge. Ces œufs se dirigent en divergeant vers deux ouvertures situées, une de chaque côté, vers la base des pattes intermédiaires; ils sont très petits en sortant du corps

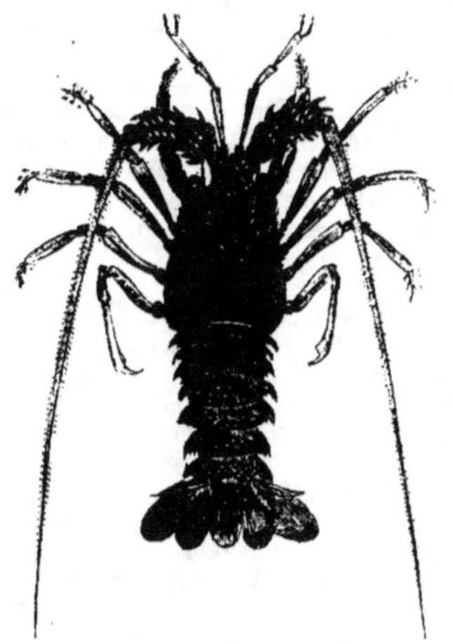

Fig. 731. — Langouste.

de la mère; mais ils croissent peu à peu pendant trois semaines environ qu'ils restent attachés aux feuillets du dessous de la queue. Ce temps écoulé, ils se détachent tous ensemble de leur enveloppe, et on les trouve souvent fixés contre des rochers ou errants. Ce n'est que quinze jours après qu'ils éclosent.

Ces Crustacés sont sujets, comme les Ecrevisses, à des mues qu'Aristote avait déjà observées. Comme on en fait une grande consommation sur nos tables, on les pêche à la nasse. La chair de la femelle, surtout avant la ponte, est plus estimée que celle du mâle. Les Langoustes meurent plus vite hors de l'eau que les Homards : aussi prend-on la précaution de les faire cuire au bord de la mer même avant de les expédier dans l'intérieur.

La LANGOUSTE COMMUNE (*P. vulgaris*) est l'espèce de nos côtes océaniques et méditerranéennes à laquelle s'applique particulièrement tous les renseignements ci-dessus. Elle peut peser, lorsqu'elle est chargée de ses œufs, 6 à 7 kilogr. — Les autres espèces ne sont pas européennes.

LANGRAYEN (*Ocypterus*), ou PIES-GRIÈCHES HIRONDELLES. Genre d'Oiseaux de l'ordre des Passereaux dentirostres, qui ont : le bec conique, arrondi, sans arête, à peine arqué vers le bout, à pointe très fine et échancrée de chaque côté; ailes suraiguës, au moins aussi longues que la queue; tarses courts, écussonnés.

Les Langrayens habitent les côtes et les îles de la mer des Indes. Comme les Hirondelles, ils ont le vol rapide et font la chasse aux insectes; ils ont, d'un autre côté, le courage des Pies-grièches; on les a vus attaquer des oiseaux beaucoup plus forts qu'eux. On en connaît six espèces, dont deux ont été décrites par Buffon. La principale est

Le LANGRAYEN A VENTRE BLANC (*O. leucogaster*), qui a le dessus du corps cendré ainsi que la tête, le dessous blanc, le bec bleuâtre, etc. — Cet oiseau habite l'île de Luçon et la Nouvelle-Calédonie. Il est l'ennemi du Corbeau, et quoique beaucoup plus petit, il le provoque et le harcèle jusqu'à ce qu'il lui ait fait prendre la fuite. On ne connaît rien sur sa reproduction, non plus que sur celle des autres espèces, que nous passerons sous silence par conséquent.

LANGUE. C'est l'organe de la *Gustation*. — V ce mot. — Cette partie n'est pas sans importance au point de vue de sa conformation et de sa structure, considérées comme caractères de classification : et l'on sait que les genres Ptéroglosse, Glossophage et Microglosse reçoivent leur nom d'une particularité de leur langue.

La Langue des Mammifères est à peu près conformée comme celle de l'Homme; elle présente les mêmes papilles, mais leur nombre et leur structure sont différents. — La Langue des Oiseaux est soutenue par un ou deux os qui en traversent l'axe; elle est généralement très peu épaisse et rudimentaire, excepté chez les Perroquets, où elle est plus volumineuse et se rapproche de celle des Mammifères; mais ce volume tient à du tissu cellulaire graisseux plutôt qu'à des parties musculaires, tissu qui a donné à la Langue du Flamant une réputation de si grande délicatesse, que l'empereur Héliogabale entretenait des troupes spécialement chargées de lui procurer des Langues de cet oiseau. Les papilles linguales des Oiseaux sont très diverses selon les espèces; la pointe de cet organe est plus ou moins courte, arrondie, cartilagineuse, quelquefois fendue, divisée en petites soies, etc. — Les Reptiles présentent autant de variations que les oiseaux dans la conformation de leur Langue. Le Crocodile passait, chez les anciens, pour manquer de cet organe, lequel, en effet, n'étant pas visible sur l'animal vivant, est comme immobile sur le plancher de la bouche, et qui quelquefois est attaquée par des insectes suceurs qui s'y attachent pour sucer le sang du reptile, insectes qu'un petit oiseau, désigné par Hérodote sous le nom de *Trochilus*, dévore en s'introduisant dans la gueule du Crocodile. La Langue est charnue et mobile dans les Stellions et les Iguanes; elle est très extensible et se termine par deux longues pointes flexibles chez les Lézards; le Caméléon l'a cylindrique. — Dans certains Poissons il n'y a pas de Langue; dans le plus grand nombre elle ne consiste qu'en une simple saillie à la partie inférieure de la bouche ; chez d'autres elle est armée de dents. — Les Mollusques présentent cette particularité, que les Acéphales manquent de Langue, que les Gastéropodes ont une Langue cartilagineuse à mouvements très bornés. — Les Insectes présentent de grandes variétés relatives aux organes du goût : la Langue chez eux est une languette, ou une trompe, etc. — Les Vers sont dépourvus de cet organe.

LANGUE. En botanique, ce mot, suivi d'un nom d'animal, sert à désigner des plantes dont certaines parties et spécialement les feuilles rappellent la forme de l'organe de même dénomination considéré chez l'animal désigné. C'est ainsi qu'on appelle vulgairement

LANGUE-D'AGNEAU, le *Plantago media* ;
LANGUE-DE-BŒUF, la Buglosse officinale ;
LANGUE-DE-CERF, la Scolopendre ;
LANGUE-DE-CHAT, la Belline ;
LANGUE-DE-CHIEN, la Cynoglosse ;
LANGUE-DE-SERPENT, l'Ophioglosse, etc.

LANIER. Espèce de *Faucon*. — V. ce mot.

LAPIN (*Lepus cuniculus*). Rongeur du genre Lièvre, différant de ce dernier par sa taille moindre, ses oreilles un peu moins longues, sans teinte noire au bout, et parce qu'il se creuse des terriers. — Ce Mammifère est originaire du nord de l'Afrique ; mais il habite aujourd'hui tous nos bois, où il vit en société et où il se nourrit de thym, de serpolet, d'écorces d'arbres, faisant quelquefois de grands ravages dans les champs et les vignes. Sa vie est de 8 à 9 ans. La femelle, appelée *hase*, est d'une fécondité extraordinaire, surtout celle du Lapin domestique, ainsi que nous le dirons plus loin. Le pelage de cet animal, ordinairement gris-jaunâtre, blanc en dessous, prend, dans l'état domestique, des couleurs très diverses. Le poil s'emploie surtout en chapellerie pour la fabrication du feutre ; la peau fournit une colle excellente. La chair du Lapin est défendue aux Juifs ; sa qualité varie suivant l'état sauvage ou privé de l'animal.

Buffon et Daubenton distinguaient trois races parmi les Lapins, savoir : le Clapier, le Riche et l'Angora ; mais les divisions, en pareille matière, sont toujours plus ingénieuses que conformes à la nature. Nous commencerons la revue des différentes espèces par celle qui vit à l'état sauvage.

LAPIN DE GARENNE (*L. cuniculus*). Plus petit et assez différent par la couleur, qui est généralement gris tiqueté, avec un peu de roux en arrière de la tête, et le dessous du corps blanchâtre ; queue plus petite, oreilles plus courtes, noires à leur pointe ; pieds plus velus. — Notre Lapin sauvage se rencontre dans presque toute l'Europe centrale et dans les contrées qui avoisinent l'Atlantique. Il vit par petites sociétés, et non isolé-

Fig. 735. — Lapin.

ment comme le Lièvre ; il préfère les lieux élevés et rocailleux, les sols calcaires, les landes, différant encore du Lièvre par l'instinct des terriers et par l'état de faiblesse dans lequel naissent ses petits.

LAPIN RICHE (*L. domesticus argentus*). Espèce de Lapin domestique, en partie gris argenté et couleur d'ardoise, avec des poils longs et fermes ; il vit de toutes sortes de légumes et d'herbes ; mais les plantes lactescentes le font mourir.

LAPIN D'ANGORA (*L. domesticus angorensis*). Ainsi nommé parce qu'il est originaire, dit-on, de la ville d'Anatolie dont il porte le nom. Le pelage, beaucoup plus long que celui des autres espèces, est ondoyant et en partie frisé comme de la laine ; dans le temps de la mue, les poils se pelotonnent, et ces pelotons, qui pendent quelquefois jusqu'à terre, sont comme feutrés.

Lapin clapier ou domestique (*L. domesticus vulgaris*). Nous avons indiqué les caractères qui distinguent le Lapin sauvage du domestique. L'origine de ce dernier, quoi qu'on en dise, n'est pas connue d'une manière positive ; rien dans les écrits des Grecs et des Romains ne prouve que ces peuples connussent le Lapin clapier, quoiqu'il ne soit guère permis de douter que le Lapin sauvage n'ait été répandu en Italie et dans la Grèce au temps où fleurirent ces Etats. Il n'est pas démontré non plus que le Lapin sauvage d'Europe provienne de Lapins africains qui auraient été répandus sur notre sol par les anciens.

Quoi qu'il en soit, les Lapins domestiques, élevés sous des clapiers ou des tonneaux et nourris de légumes ou de choux, deviennent plus gras et plus forts ; mais leur chair est fade et n'a pas le fumet du Lapin sauvage. Leur fécondité est prodigieuse : la femelle porte 30 jours et peut produire par année de 60 à 100 *Lapereaux*. Il résulte de là que l'éducation de ces animaux peut devenir une ressource importante, non pas seulement à cause de la nourriture qu'ils fournissent à l'homme, mais encore parce que le poil et la peau sont utilement employés, comme nous l'avons déjà dit. Voici un aperçu de ce que peut produire cette exploitation :

Vingt-quatre femelles peuvent fournir, à cinq portées par an de six petits chacune, menées à bien, pour parler au positif et sans exagération, 720 Lapins, à 1 fr. 25 l'un, 900

Loyer du local et entretien du loyer,	100
Soins, dont partie sont déduits pour la valeur considérable des fumiers,	100
Loyer d'un terrain de 20 ares, que l'on cultive en orge, vesces, betteraves, etc.,	50
Cinq cents kilogr. tourteaux de lin ou sésame, à 10 cent.,	50
Pépins de raisin, semences diverses,	50
Faux frais,	50

(total 400)

Reste donc quitte bénéfice, fr. 500

Ce résultat est loin d'être aussi brillant que celui promis par M. Despouys, lequel n'a pas craint de garantir 20,000 francs par an à ceux qui se consacreraient à l'éducation des Lapins ; mais il est plus sûr.

LAQUE ou Gomme laque. Substance résineuse, fragile, transparente, d'un rouge jaunâtre, inodore, d'une saveur faiblement amère et astringente, qui exsude de plusieurs arbres des Indes orientales, particulièrement du *Ficus religiosa*, du *Ficus indica* et du *Croton lacciferum*, à la suite de piqûres qu'y fait la femelle d'un insecte nommé *Coccus lacca*. — On en connaît dans le commerce cinq espèces : Laque *en bâtons*, L. *en grains*, L. *en écailles*, *Lac-laque*, *Lac-dye*. Cette substance a été employée en médecine comme tonique et astringente, sous forme de teinture alcoolique. Elle entre dans quelques opiats dentifrices.

On donne aussi le nom de *Laques* à des combinaisons de matières colorantes et d'oxydes ou de sous-sels métalliques qui sont usitées pour la peinture et la teinture.

LARIDÉS. Famille d'Oiseaux palmipèdes que l'on désigne encore sous le nom de *Mouettes*. — V. ce mot.

LARRE (*Larra*). Genre d'Hyménoptères de la famille des Fouisseurs, insectes de forme plutôt ramassée qu'allongée, à tête large, transverse ; antennes à peine plus longues que la tête ; abdomen conique, guère plus long que le thorax ; pattes courtes, etc. — On trouve ces Hyménoptères soit dans le sable où ils creusent pour placer leurs œufs, soit sur les fleurs, surtout celles de carottes. Les femelles piquent très vivement.

La **Larre ichneumoniforme**, qui est d'un noir terne, avec les deux premiers segments abdominaux rouges, se trouve dans la partie méridionale de la France.

LARVES (de *larva*, masque). Premier état des Insectes, ou état dans lequel ils se trouvent après leur sortie de l'œuf, époque à laquelle leur forme est pour ainsi dire déguisée ou masquée sous celle de ver. Les Larves sont en effet désignées quelquefois, dans les auteurs anciens, sous le nom de *Vers*. L'état de Larves est celui où les insectes prennent leur accroissement, et sous lequel ils subissent un nombre variable de mues. Les Larves des Lépidoptères portent spécialement le nom de Chenilles. — V. *Insectes*. — Certaines Larves vivent en parasites sur les animaux ou dans l'intérieur de leur corps ; les Œstres nous en fournissent un exemple remarquable.

LARYNX. Organe principal de la voix. — V. *Phonation*.

LATANIER (*Latania*). Genre de Palmiers, originaire de Madagascar et des îles de la Sonde. Le tronc est simple, cylindrique, droit et assez élevé ; il est couronné d'un cône de 15 à 20 feuilles disposées en faisceaux, pétiolées, palmées ou demi-ailées : d'abord elles se montrent plissées comme un éventail ; elles s'ouvrent ensuite, s'étendent en rond ; et, au moyen de longues pointes qui les terminent, elles figurent à peu près un soleil rayonnant. « Sous leur ombre tutélaire se rassemblent les perruches bruyantes, les loris au plumage vermeil et les mille escadrons légers aux reflets métalliques et d'insectes lumineux. » Les fleurs naissent sur les digitations d'un régime rameux ; elles sont jaunes, sessiles, enchâssées dans les écailles des chatons et très caduques. Il leur succède un drupe recouvert d'une écorce mince, sous laquelle se cachent 3 noyaux mono-spermes.

LATRODECTE (*Latrodectus*). Genre d'Arachnides pulmonés, de la famille des Fileuses, très voisin des Théridions, mais qui en diffère par ses mâchoires dilatées à leur base, par ses yeux qui sont placés sur deux lignes longitudinales assez éloignées l'une de l'autre, par ses mandibules allongées, et sa lèvre courte et élargie à la base. Yeux au nombre de 8, presque égaux entre eux; pattes longues et fortes, la première paire étant la plus longue. — Ces Araignées filent, dans des sillons et sous des pierres, des nœuds et des filets où les insectes qui passent peuvent se trouver arrêtés.

Le LATRODECTE MALMIGNATTE, type du genre, a été étudié par M. Thiébaut à l'île d'Elbe. Il est d'un noir luisant clair, coupé par trois rangs de taches d'un rouge de sang; corps couvert de poils, fixé au corselet, qui est très petit, par un pédicule court; abdomen rond, renflé à sa partie supérieure et masqué de quatre taches très noires.

Cette Araignée tend sa toile à terre en rase campagne et se jette avec une vitesse prodigieuse sur sa proie. Elle fuit la compagnie de ses semblables. Sa morsure est très dangereuse, mortelle même pour l'homme. Elle s'accouple vers la fin de l'été, et elle enveloppe ses œufs, au nombre de 2 à 4 cents, dans une coque de soie blanche, serrée et peu tenace.

LAURACÉES. Famille de Plantes dicotylédones apétales, composée d'arbres et d'arbrisseaux à feuilles alternes, rarement opposées, très souvent coriaces, persistantes; à fleurs quelquefois unisexuées, disposées en panicules ou en cymes, et dont voici la constitution : calice monosépale à 4 ou 6 divisions profondes; étamines au nombre de 4, 8 ou 12, insérées à la base du calice et disposées sur deux rangs; anthères du premier rang extrorses; celles du deuxième rang introrses; les filets internes présentent à leur base deux appendices pédicellés, qui paraissent être des étamines avortées; les anthères s'ouvrent au moyen de 2 valves qui s'enlèvent de la base au sommet, ainsi que cela se présente pour trois étamines dans la figure 2 de la gravure 736. Ovaire libre, uniloculaire; stigmate simple. Fruit charnu ou drupacé, accompagné par le calice, ou par sa base qui forme une sorte de cupule. — Le type de cette famille est le Laurier, dont l'histoire suit.

LAURÉOLE. Espèce du genre *Daphné*. — V. ce mot.

LAURIER (*Laurus*). Genre de Lauracées, caractérisé par un calice à 4, 5 ou 6 divisions; point de corolle; 6 à 12 étamines, disposées sur deux rangs, ainsi qu'il vient d'être dit. Feuilles toujours vertes, dures, glabres, alternes, lancéolées; fleurs dioïques, petites, d'un blanc jaunâtre, disposées en petites ombelles axillaires, etc.

Le Laurier est un arbre qui croît dans la Grèce, le Levant, la Barbarie, l'Espagne et l'Italie, et qui paraît s'être neutralisé dans les départements méridionaux de la France. Presque toutes ses parties exhalent une odeur fragrante et balsamique suave; les feuilles et les fruits ont une saveur chaude, aromatique et un peu amère; ils fournissent une huile volatile très odorante et âcre. Ce sont des toniques et excitants qui relèvent les forces digestives et celles des autres appareils; mais ils ont été préconisés contre tant de maladies qu'on doute de leurs propriétés maintenant. On ne se sert plus guère du Laurier que comme condiment dans la préparation des sauces.

Fig. 736 — Laurier.

(1, Fleurs femelles; — 2, fleur mâle, dont trois étamines présentent leurs anthères ayant leurs opercules ouverts de bas en haut; — 3, fleur pistillée ou femelle isolée.)

« Le Laurier, par la beauté de son port, par sa verdure perpétuelle et ses émanations balsamiques, a paru digne aux anciens Grecs d'être consacré au dieu de la poésie et des arts : on l'avait également destiné à ceindre le front des vainqueurs. Au rapport de Pline, on le plantait autour du palais des Césars et des pontifes; il avait aussi la réputation de garantir de la foudre les têtes couronnées de ses rameaux, et l'empereur Tibère, dans les temps d'orage, y cherchait un abri contre les effets du tonnerre. Nos superstitieux ancêtres lui attribuaient encore la vertu de garantir les blés de la nielle, et ils se servaient de ses branches comme d'instruments de divination. Les rameaux de cet arbre vénéré étaient employés aux cérémonies religieuses. Il était consacré à Apollon en mémoire de l'amour de ce dieu

pour Daphné. La couronne de Laurier est devenue un des attributs d'Esculape, fils d'Apollon et
dieu de la Médecine. Symbole de la victoire, elle
était la récompense des vainqueurs aux jeux olym-
piques de la Grèce. Dans le moyen âge, elle a
servi dans nos universités à couronner les poètes,
les artistes et les savants distingués par de grands
succès. Celle qui ceignit longtemps, dans nos écoles
de médecine, la tête des jeunes docteurs, devait être
faite avec les rameaux de cet arbre garnis de leurs
fruits, *baccæ laurei*, ainsi que l'indiquent les titres
de bachelier, baccalauréat, qu'on est étonné de voir
revivre parmi nous au xixe siècle. Mais le Laurier ne fut pas seulement destiné à consacrer les
découvertes des sciences, les progrès des arts, et
à récompenser le talent et le génie; d'avides usur-
pateurs, de sanguinaires conquérants, osèrent en
ceindre leur front criminel; et les nations, trem-
blantes et avilies sous le joug odieux du despo-
tisme, prostituèrent à des mains souillées de ra-
pines et dégouttantes de sang humain, un prix qui
n'était dû qu'au dévoûment pour la patrie, et au
noble et paisible triomphe des sciences utiles et
des arts consolateurs. »

Le genre Laurier se compose de plusieurs espèces, dont on forme deux sections. La première,
à feuilles persistantes, qui comprend : le *Laurier
d'Apollon* ou *noble* (*L. nobilis*), celui auquel s'applique spécialement tout ce qui vient d'être dit;
— le *L. rouge*, qui se cultive chez nous dans
l'orangerie; — le *L. des Indes*, qui, naturalisé en
Portugal, atteint jusqu'à 12 et 14 mètres; — le
Cannellier, le *Camphrier* et l'*Avocatier*.

La seconde section comprend les genres à feuilles
caduques, qui sont : le *Sassafras* (V. ce mot), et
le *L. benjoin*, espèce mal dénommée, car le Benjoin
est fourni par un Styrax. Ce Laurier est assez
rustique et passe l'hiver sous le climat de Paris.

LAURIER - CERISE (*Prunus lauro - cerasus*).
Arbrisseau du genre Cerisier, famille des Rosacées, tribu des Amygdalinées, à feuilles toujours
vertes, oblongues et luisantes ; fleurs blanches,
en grappes axillaires, d'une odeur douce ; ses
fruits sont des drupes ovoïdes de la forme des
guignes, mais plus petites.

Le Laurier-Cerise, encore appelé *Laurier à
lait*, parce que l'on se sert de ses feuilles, qui
répandent une odeur d'amande, pour communiquer cette odeur au lait et aux crèmes, est originaire de l'Asie-Mineure. Il fut importé en France,
où il s'est acclimaté, en 1576. La prudence com-
mande de ne pas employer ses feuilles pour aro-
matiser le laitage, parce qu'elles contiennent de l'a-
cide hydrocyanique, et que cette substance, très
vénéneuse, a causé plus d'une fois des accidents
graves. On en prépare une eau distillée, qui elle-
même doit être administrée avec circonspection.

LAURIER-ROSE (*Nerium*). Genre de la famille des Apocynées, voisin des Pervenches ; arbrisseau caractérisé par ses feuilles verticillées

par 3, lancéolées, à nervures secondaires parallèles ; par ses fleurs roses ou blanches, en corymbes terminaux ; par ses étamines à connectif
prolongé en un long appendice barbu contourné
en spirale, et par ses graines munies d'une aigrette soyeuse.

Le **LAURIER-ROSE** (*N. oleander*) est originaire
du Levant et de la Barbarie. Il pousse spontanément sur le bord des eaux en Italie, en Espagne
et dans le midi de la France ; on le cultive aujourd'hui dans tous nos jardins, se multipliant de
drageons et de boutures. Cet arbrisseau contient un
suc âcre, caustique et laiteux, qui est un poison pour
l'homme et pour tous les animaux. On s'est pourtant servi, en médecine, de l'extrait des feuilles et
de l'écorce dans le traitement de la gale.

LAURIER - TIN. Espèce du genre *Viorne*.

LAURINÉES. — V. *Lauracées*.

LAVANDE (*Lavandula*). Genre de la famille des
Labiées, ayant pour caractères : calice tubuleux-
ovoïde, à 5 dents et 13-15 côtes ; corolle à tube
saillant, bilabiée à lèvre supérieure bilobée, l'inférieure trilobée; étamines 4, incluses, etc.

Fig. 737. — Lavande.

(Tige coupée en deux ; — à gauche, corolle ouverte du côté de
la lèvre inférieure dont le lobe moyen est divisé en deux parties égales : on voit les 4 étamines; — à droite, pistil.)

LAVANDE COMMUNE OU VRAIE (*L. vera*), Plante
vivace, sous-frutescente, à tiges rapprochées en
touffe, ayant les rameaux florifères nus au-dessous des fleurs ; feuilles oblongues linéaires, ou
linéaires à bords roulés en dessous, les plus
jeunes blanches tomenteuses. Fleurs bleues, en
glomérules 3-5-flores, disposées en épis grêles interrompus à la base, munis de bractées suborbiculaires, etc.

La Lavande croit sur les collines du midi de la
France, très rarement sur les rochers des envi-

rons de Paris; mais elle est très cultivée dans les jardins. Elle exhale une odeur aromatique pro-noncée, fragrante, suave, et sa saveur est chaude et amère. Cette plante méritait, à cause de ces propriétés, de fixer l'attention de ceux qui s'occu-pent de guérir les maladies, et en effet les méde-cins qui l'ont expérimentée l'ont trouvée tonique, antispasmodique, stomachique, antiventeuse, etc., et l'ont préconisée contre les vertiges, l'apoplexie, l'aphonie, l'épilepsie, etc. C'est un stimulant qui peut trouver son emploi lorsque l'estomac est sans irritation et que la constitution est plutôt débile que riche de réaction vitale. On la fait entrer dans plusieurs compositions pharmaceutiques et de parfumerie.

Les abeilles recherchent la Lavande; elles y re-cueillent un miel très doux qui conserve l'odeur de la plante. Cette odeur se conserve longtemps encore après la dessiccation ; aussi s'en sert-on pour masquer les émanations désagréables dans les lieux d'aisance, pour éloigner les mites, etc.

Lavande spic (*L. spica*), par corruption *Aspic*, dans la Provence; ses feuilles sont moins étroites; ses bractées linéaires.—Cette espèce, qui abonde sur les lieux secs, arides et élevés de nos contrées méridionales, a une odeur et une saveur plus pro-noncées que la précédente. Ses sommités fleuries fournissent une huile essentielle, connue vulgai-rement sous le nom d'*huile d'Aspic*, très em-ployée en frictions contre la vermine et les mites, et aussi dans l'industrie. On la fabrique en grand dans les départements du midi de la France, mais elle est souvent sophistiquée dans le commerce.

Lavande st.echas (*L. stœchas*). Cette espèce, appelée *Dentelée;* diffère de l'espèce commune par ses feuilles nombreuses dentelées, blanchâ-tres, à bords roulés, et par ses fleurs plus grandes, d'un violet foncé; ses tiges sont aussi un peu dif-formes, très rameuses ; ses épis denses, courts, carrés. — Elle croît également dans le Midi, et montre ses fleurs depuis le mois de mai jusqu'à la fin de septembre.

Très souvent les herboristes confondent en-semble le *Gnaphale citrin (Gnaphalium stœ-chas)* et la *Lavande dentelée;* ces deux plantes n'ont aucun rapport de famille ni de propriétés. La première en effet est inodore, insignifiante, tandis que la seconde « est héroïque, dit un au-teur, dans les embarras de l'organe de respira-tion et dans l'oppression, et que l'huile essentielle obtenue de ses épis de fleurs est très puissante contre la paralysie, les affections hypocondria-ques, l'épilepsie et les vertiges. »

LAVANDIÈRE (*Motacilla*). Genre d'Oiseaux de l'ordre des Passereaux dentirostres, famille des

Fig. 738-739 — Lavandière grise (mâle et femelle).

Bergeronnettes, dont elles forment tout simple-ment une espèce, montrant en effet les mêmes ca-ractères, sauf que l'ongle du pouce est arqué, et n'est pas plus long que ce doigt. Taille : 19 cent.

Ce genre renferme dix espèces, répandues, comme les Bergeronnettes, en Europe, en Asie et en Afrique. « Ces oiseaux courent légèrement à petits pas très prestes sur la grève des rivages; ils entrent même, au moyen de leurs longues jambes, à la profondeur de quelques lignes dans l'eau de la lame affaiblie, qui vient s'épandre sur la rive basse en un léger réseau : mais plus souvent on les voit voltiger sur les écluses des moulins et se poser sur les pierres; ils y viennent pour ainsi dire battre la lessive avec les laveuses, tournant tout le jour alentour de ces femmes, s'en appro-chant familièrement, recueillant les miettes que parfois elles leur jettent, et semblent imiter, des battements de leur queue, celui qu'elles font pour battre leur linge, habitude qui fait donner à ces oiseaux le nom de *Lavandières.* »

Ces oiseaux prennent leur manger avec une vi-tesse extraordinaire, ramassant les vermisseaux à terre, chassant et attrapant les mouches en l'air; leur vol est ondoyant, et se fait par élans et par bonds; ils font entendre fréquemment, et surtout en volant, un petit cri vif et redoublé comme *gut-gutt,* auquel répondent ceux qui sont à terre. Les

Lavandières sont de retour dans nos provinces à la fin de mars, quand elles n'y sont pas sédentaires. Elles muent au printemps ; et à l'époque des amours, les mâles ont des couleurs plus brillantes que les femelles. C'est en automne qu'on les voit en plus en grand nombre; alors elles redoublent de gaîté folâtre, multiplient leurs jeux, se balancent en l'air, se poursuivent, s'entr'appellent. Le soir on les voit s'abattre sur les saules et dans les oseraies, au bord des canaux et des rivières, non sans faire entendre un ramage bruyant et confus. Dans les matinées claires d'octobre, on les entend passer en l'air, quelquefois fort haut. se réclamant et s'appelant sans cesse; elles partent alors, car elles nous quittent aux approches de l'hiver pour des climats plus doux.

La Lavandière fait son nid à terre, sous quelques racines ou sous le gazon, mais plus souvent au bord des eaux, sous une rive creuse et sous les piles de bois élevées le long des rivières ; elle pond 4 ou 5 œufs et ne fait qu'une nichée. Le père et la mère prennent grand soin de leur progéniture; ils la défendent avec courage. Lorsque les petits sont en état de voler, ils les conduisent encore et les

Fig. 710-711. — Lavandière jaune (mâle et femelle).

nourrissent pendant un mois environ. Ni les Lavandières ni les Bergeronnettes ne peuvent s'habituer à vivre en cage, et pourtant les unes et les autres ont un égal penchant à se rapprocher de l'homme.

La Lavandière grise (*M. alba*) a le bec plus grêle que celui des Fauvettes ; les ailes sont longues, les tarses allongés et minces, la queue très longue, sans cesse balancée de haut en bas, d'où le nom de *Hoche-queue* donné à l'oiseau. Plumage cendré en dessus, blanc en dessous; gorge, poitrine et calotte noires. — C'est l'espèce la plus commune en France, où elle est même sédentaire.

Lavandière jaune (*M. boarula*). Plumage cendré en dessus; croupe jaune olivâtre; gorge et devant du cou noirs, poitrine et parties inférieures d'un jaune éclatant, etc. — Cet oiseau est moins commun que le précédent ; il habite surtout le nord de l'Europe, qu'il quitte l'hiver, mais il est sédentaire dans le midi de la France.

LAVARET. Genre de Poissons malacoptérygiens de la famille des Saumons, ayant à peu près la même organisation que les Truites, dont ils diffèrent par une bouche très peu fendue, des écailles beaucoup plus grandes et une dorsale moins longue qu'elle n'est haute en avant.

Voici les espèces principales : le HOUTIN, des mers du Nord, remarquable par une proéminence molle qu'il porte au bout du museau; — la GRANDE MARÈNE, que le Grand Frédéric a fait transporter du lac Bourget dans les lacs de la Poméranie, et dont la chair constitue un mets délicat; — le LAVARET, espèce indigène des lacs de Bourget, de Constance, du Rhin, etc.

LAVE. On entend communément par ce mot la matière en fusion qui sort des volcans et forme comme des ruisseaux enflammés ; mais on doit étendre le sens de cette expression à la matière lapidifique rejetée, à l'état de fusion ignée, par les volcans à cratère anciens et modernes. — V. *Volcan.*

La composition minéralogique des laves se trouve être à peu près la même pour tous les volcans: les principales substances qui les forment sont le trachite, l'obsidienne, le basalte, la pierre ponce, la pouzzolane, etc. L'écoulement se fait le plus souvent sur des pentes plus ou moins inclinées, et les laves forment à leurs surfaces de véritables courants plus ou moins longs. Après sa sortie du sein de la terre, la matière en fusion se refroidit à l'extérieur, se solidifie, en se ridant et se gerçant de toutes les manières ; toutefois le refroidissement n'est complet dans toute l'épaisseur de la lave qu'au bout d'un temps quelquefois très considérable. Les formes des courants varient suivant les pentes, suivant le nombre des couches superposées et le plus ou moins de facilité de leur refroidissement, etc.

On trouve des laves non-seulement au Vésuve, à l'Etna et dans tous les pays qui contiennent des volcans brûlants, mais aussi en Auvergne, dans le Vivarais, en Écosse, dans le nord de l'Italie, en Espagne, en Allemagne, en Hongrie, etc., lieux où l'on n'a pas observé d'éruptions depuis les temps historiques, mais qui évidemment ont eu autrefois leurs volcans. En France, l'Auvergne, le Velay, les Cévennes, le Languedoc, etc., nous offrent une masse énorme de produits volcaniques, tels que pierres noires ou grises, rembrunies, pesantes, compactes ou poreuses, attirables à l'aimant, scories, cendres volcaniques. On utilise les laves pour la construction : la pierre de Volvic, employée en France pour les trottoirs, est une lave; la pouzzolane de St-Paul à Rome est une lave pulvérulente.

« A toutes les époques, les géologues ont fait des hypothèses pour rendre compte de la formation des laves dans l'intérieur de la terre. On avait d'abord cru, et cela est même imprimé dans plusieurs ouvrages récents, que la lave résultait tout simplement de la fusion des roches formant les parois des cavités volcaniques par des actions calorifiques qui se développaient accidentellement dans ces cavités, résultant de combinaisons chimiques, de courants électriques, etc. Mais depuis la publication du beau travail de M. Cordier sur la chaleur intérieure de notre globe, dans lequel il a été démontré que la croûte solide, d'une assez petite épaisseur, devait envelopper une immense masse liquide, douée d'une haute température, tout le monde s'est accordé à fixer dans cette masse la source des laves; et cela d'autant mieux qu'elles ont sensiblement la même composition chimique dans tous les *volcans*. »

LÉDON (*Ledum*). Genre de la famille des Éricacées, tribu des Éricinées, comprenant deux espèces indigènes aux régions boréales. Ce sont de fort jolis sous-arbrisseaux qui exhalent une odeur agréable. — Le L. A FEUILLES ÉTROITES (*L. palustre*) est rameux et diffus, couvert d'un duvet roussâtre; ses fleurs blanches forment une ombelle terminale, épanouie au printemps; ses feuilles, velues et couleur de rouille en dessous, remplacent quelquefois le houblon dans la fabrication de la bière. — Le L. A LARGES FEUILLES (*L. latifolium*), vulg. *Thé du Labrador*, forme un large buisson arrondi, régulier, couvert de fleurs blanches au printemps. Il est originaire de la baie d'Hudson, du Labrador, du Groënland, où ses feuilles se recueillent avec soin pour servir en infusion théiforme contre les dartres et rhumatismes chroniques. On accuse cette infusion d'exciter une faim dévorante.

LÉGUME. En botanique, ce mot ne s'applique proprement qu'au fruit des *Légumineuses*.

LÉGUMINEUSES. Famille de Plantes polypétales périgynes, comprenant des herbes, des arbustes ou des arbrisseaux, des arbres de grande dimension, dont les feuilles sont alternes, simples, plus souvent composées ou décomposées, ayant à leur base deux stipules persistantes. Fleurs en général hermaphrodites à inflorescence très variée : calice tubuleux à 5 dents inégales, ou à 5 divisions profondes et inégales; on trouve en dehors du calice une ou plusieurs bractées, quelquefois un involucre caliciforme. Corolle de 5 pétales inégaux, dont un supérieur, plus grand, enveloppant les autres en quelque sorte, appelé *étendard*; deux latéraux, nommés *ailes*; deux inférieurs plus ou moins soudés ensemble, formant la *carène* : corolle qu'on nomme *papilionacée*, et qui manque quelquefois; d'autres fois la corolle présente 5 pétales à peu près égaux. Etamines généralement au nombre de 10, quelquefois plus nombreuses; filets ordinairement diadelphes, ou entièrement libres, péri ou hypogynes. Ovaire stipité à sa base, allongé, inéquilatéral, à une seule loge uni ou pluri-ovulée; style un peu latéral, souvent recourbé; stigmate simple. Le fruit est une gousse qui présente des variations infinies; graines généralement dépourvues d'endrosperme.

La famille des Légumineuses est l'une des plus nombreuses et des plus naturelles du règne. Voici les divisions qu'y a établies de Candolle.

Fig. 742. — Légumineuse.

(Les trois figures détachées représentent : Une fleur entière; une autre dont il ne reste que le calice et les étamines diadelphes, après l'enlèvement des pétales; enfin le pistil.)

PAPILIONACÉES (1er sous-ordre) : corolle irrégulière, papilionacée; étamines périgynes; il se subdivise en six tribus : 1° *Sophorées*, étamines libres; 2° *Lotées*, étamines soudées; 3° *Hédysarées*, gousse articulée, étamines soudées; 4° *Vi-*

ciées, gousse polysperme, cotylédon a'terne : 5° *Phaséolées*, cotylédon opposé.

Swartziées (2° sous-ordre) : corolle nulle ou composée d'un à 2 pétales ; étamines hypogynes. Une seule tribu, les *Swartziées*.

Mimosées (3e sous-ordre) : calice tubuleux ; corolle régulière, quelquefois monopétale; étamines hypogynes. Une seule tribu, les *Mimosées*.

Cœsalpiniées (4e sous-ordre) · pétales imbriqués; étamines périgynes. Trois tribus : *Geoffroylées, Cassiées, Détariées*.

LEMMING. Cette dénomination, lorsqu'elle est placée à la suite du mot *Campagnol*, désigne un groupe de Rongeurs décorés de ce dernier nom, lesquels se distinguent par leurs oreilles externes presque nulles, leur queue plus courte que le tiers du corps. Ce groupe ne comprend qu'un petit nombre d'espèces, au nombre desquelles se placent le *Campagnol économe*, et le *C. faure* qui se trouve en France et en Belgique, mais est excessivement rare ; le *C. de Savi*, qui se trouve en Toscane, en Lombardie et probablement dans toute l'Italie. Le prince Ch. Bonaparte, dont nous apprenons la mort regrettable et prématurée au moment où nous traçons ces lignes, assure qu'on en tua onze mille dans une seule ferme des Etats romains en une saison. Sa nourriture consiste en céréales, et, dans la campagne de Pise, il semble, d'après M. Savi, montrer une grande préférence pour les fèves, dont il remplit son magasin quand il en trouve l'occasion.

Mais les Lemmings proprement dits (*Lemmus*) constituent un genre d'Arvicolites distinct (V. *Campagnol*), ayant les oreilles très courtes et arrondies, les yeux très petits; les pattes de devant tantôt à 5 doigts, tantôt à 4 doigts seulement, propres à fouir; les pieds de derrière à 5 doigts; la queue très courte, velue.

Les Lemmings sont donc très voisins des Campagnols ; ils n'en diffèrent guère que par la brièveté de leur queue. Ce sont des animaux sociaux, fouisseurs, voyageurs, qui habitent les parties septentrionales et orientales de l'ancien continent, tant en Europe qu'en Amérique.

Lemming ordinaire (*L. norwegicus*). Sa tète et son corps mesurent 16 millim., sa queue 25 ; son pelage varie dans ses couleurs. Il habite la Norwége et la Laponie. Il est remarquable sous le rapport de ses migrations. « L'époque à laquelle ces petits animaux, dit F. Cuvier, se réunissent pour se mettre en voyage n'a rien de fixe. Ils paraissent à l'improviste : tout à coup la terre en est couverte et dévastée. Ils marchent en colonnes, suivent une ligne constamment droite, et aucun obstacle ne les arrête: ils traversent les fleuves, gravissent les hauteurs les plus escarpées, et laissent partout après eux la famine et la désolation. Il semble que, non contents d'avoir dépouillé la surface de la terre, ils la creusent encore pour détruire les germes qui pourraient la repeupler; ils font des terriers pour manger les racines des plantes dont ils ont déjà détruit les tiges. Heureusement leurs ravages se bornent aux campagnes : ils évitent les habitations, ou plutôt ils ne pénètrent point dans les maisons, et tout ce qui y est renfermé est hors de leur atteinte. Ils se défendent avec courage contre leurs ennemis, s'attachent, en les mordant, aux bâtons qui les frappent; jettent, dans leur fureur, un cri semblable à l'aboiement d'un petit chien, et ne dérangent leur marche qu'après avoir fait tous les efforts possibles pour surmonter l'obstacle qu'ils rencontrent : alors ils se débandent et se cachent jusqu'à ce que le danger soit passé dans les trous, dans les broussailles et sous les pierres des lieux voisins. Mais une chose très remarquable, c'est que ces animaux disparaissent aussi subitement qu'ils se sont montrés ; et, lorsque ce n'est pas par une cause qui les détruit complétement, ils infectent l'air et causent des maladies. Ces animaux, comme on le présume, sont très féconds. Nous ignorons les circonstances de la gestation: mais on dit que leurs petits ne retardent point leur marche, parce qu'ils les emportent avec eux. Les Lemmings servent de nourriture à tous les animaux carnassiers qui habitent les régions septentrionales de l'Europe, mais particulièrement aux renards et aux animaux de la famille des martes ; ils ne sont d'aucune utilité pour nos besoins. »

Le Lemming a queue velue est une espèce très commune en Sibérie, sur les bords du fleuve Irtis-Aboud. Elle se creuse des souterrains et voyage comme la plupart de celles du même genre.

LÉMURIENS. Famille de Quadrumanes, dont le Maki (*Lemur*) forme le genre type. Ces Quadrumanes sont encore nommés *Singes à museau de renard*, à cause de la ressemblance de certains caractères avec ces animaux. Ils ont le museau allongé, les narines terminales et sinueuses, un pouce bien développé et opposable aux quatre mains, l'indicateur des mains postérieures terminé par une phalangette filiforme, armée d'une griffe étroite et relevée; membres postérieurs plus longs que les antérieurs; la queue, lorsqu'elle existe, est non prenante.

Les Lémuriens habitent presque toute la grande île de Madagascar; leur intelligence est loin d'être aussi remarquable que celle des Singes. Les genres sont : les *Indris*, les *Avahis*, les *Propithèques*, les *Makis*, les *Chéirogales*, les *Nycticèbes*, les *Soris*, les *Microcèbes*, les *Galagos*.

LENTICULE (*Lemna*). Genre de la famille des Naïadacées, tribu des Lemnacées, plantes très petites, nageant à la surface des eaux stagnantes, dépourvues de feuilles ; tige à articulations (frondes) déprimées, qui simulent des feuilles sortant latéralement l'une de l'autre. Les fleurs naissent dans une fente que présente le bord des frondes; elles sont monoïques, deux mâles et une femelle dans une même spathe : les premières réduites à

1 seule étamine, la seconde à 1 ovaire; capsule uniloculaire polysperme.

La Lenticule (*L. minor*), vulg. *Lentille d'eau, Cannilée,* flotte à la surface des eaux, où elle ressemble en quelque sorte à de petites feuilles lenticulaires dépourvues de tiges et de pétiole, tantôt isolées, tantôt groupées. Ces feuilles ou mieux ces frondes sont renflées à leur face inférieure, qui est séparée de la supérieure par un rebord mince et saillant, de chaque côté duquel on voit une fissure par laquelle doit sortir une autre fronde ou des fleurs. Les jeunes frondes, qui se développent à l'automne, descendent au fond de l'eau après la mort de la plante mère; elles remontent à la surface de l'eau au printemps suivant pour y parcourir les autres périodes de leur végétation.

LENTILLE (*Ervum*). Il a été parlé de cette plante, sous le rapport botanique, au mot *Ers*. Nous en avons dit aussi quelque chose comme lé-gume; mais nous ajouterons quelques considérations d'économie domestique.

On connaît deux variétés de Lentille, la *grosse* et la *petite :* la première est d'une couleur jaunâtre et plus grande dans toutes ses parties; elle aime les sables quartzeux ou volcaniques. La seconde ou *L. rouge, Lentillon,* plus petite de moitié, plus bombée et plus délicate, demande des terres légères; mais elle épuise beaucoup le sol.

La Lentille est une ressource précieuse lorsque les céréales manquent. Elle fournit une nourriture substantielle, de digestion facile, de saveur agréable; on la mange cuite en grain ou en purée, jamais en vert. Le vulgaire lui attribue la propriété d'augmenter le lait des nourrices. Elle a l'inconvénient d'être attaquée par plusieurs insectes qui éclosent dans la partie farineuse et s'en nourrissent. On peut séparer les bons grains de ceux qui sont attaqués par ces insectes en les faisant tremper tous dans l'eau et rejetant ceux qui surnagent.

Fig. 743. — Léonure (plante entière).

LÉONURE (*Leonurus*) ou Agripaume. Genre de Plantes de la famille des Labiées, qui ne se compose que d'une seule espèce.

L'Agripaume cardiaque (*L. cardiaca*), vulg. *Cardiaque,* est une plante herbacée et vivace, dont la tige est dressée, ferme, striée, presque carrée, atteignant de 60 à 80 cent.; elle porte des feuilles opposées pétiolées, larges palmées, les inférieures lobées, les supérieures étroites, presque entières ; fleurs roses ponctuées de pourpre, en glomérules axillaires formant des épis lâches, feuillés : calice campanulé à. 5 dents inégales ; corolle bilabiée à tube court dépassant peu le calice ; lèvre supérieure droite, arrondie en cuiller, velue laineuse ; l'inférieure étalée 3-lobée ; étamines 4, saillantes , dont les deux inférieures sont plus longues ; 4 akènes oblongs-trigones, nus.

Fig. 744. — Agripaume (sommité fleurie).
(Corolle ouverte et étamines. — Calice et pistil.)

L'Agripaume est assez commun aux bords des chemins, dans les haies , les buissons, les villages ; il fleurit en juin- septembre. Douée d'une odeur aromatique, d'ailleurs peu forte et peu agréable, d'une saveur amère , tirant sur l'âcre, cette labiée exerce sur l'économie l'action excitante commune à toutes les espèces de la même famille. Les anciens lui attribuaient des vertus cordiales, d'où le nom de *Cardiaque.*

LÉOPARD (*Felis leopardus*). Espèce du genre Chat : pelage bien fourni, d'un jaune clair sur le dos , plus pâle sur les flancs , blanc au ventre ; taches toutes très prononcées, séparées les unes des autres par le fond jaune-clair du pelage ; taches du flanc composées de **3** ou **4** taches noires, qui forment un cercle imparfait autour d'une tache jaune plus foncée que le pelage ; autres taches pleines et rondes d'un noir profond ; longueur totale **2** m., sur lesquels la queue occupe 80 cent. Hauteur d'environ 66 cent.

Les caractères spécifiques du Léopard tirés du pelage ne sont pas aisés à décrire : aussi n'avons-nous qu'effleuré ce sujet , pour ajouter tout de suite, comme excuse, que Buffon, ayant sous les yeux trois grands Chats tachetés , donna à l'un , qui était un Jaguar, le nom de Panthère, au second celui d'Once, et au troisième celui de Léo-

pard, bien que ce fussent trois Panthères. Le Léopard se distingue donc difficilement de la Panthère : la queue du premier n'a , suivant Temming, que **22** vertèbres, tandis que celle de la seconde en aurait **28.** Les jeunes individus de l'animal dont nous parlons ont souvent été pris pour des espèces distinctes. Mais le jeune Léopard est aisé à reconnaître de la jeune Panthère : la longueur de la queue, en proportion de celle du corps, doit surtout servir à lever les doutes.

Quoi qu'il en soit, le Léopard habite l'Afrique; le Sénégal et la Guinée sont les parties où on le rencontre le plus fréquemment. Avec tous les caractères des Chats, et particulièrement de la Panthère, il doit en avoir les mœurs : aussi bien, pour

Fig. 745. — Léopard.

ne pas nous répéter plus loin, n'en dirons-nous pas davantage sur ce point. Les nègres, quoiqu'ils craignent beaucoup cet animal féroce, lui font une guerre active pour s'emparer de sa fourrure qui est très belle, et de ses dents, avec lesquelles les négresses se font des colliers.

LÉPIDIER (*Lepidium*). Genre de Crucifères dont les nombreuses espèces comprennent le *Cresson alénois*, le *Cresson des décombres*, la grande et la petite *Passerage*. — V. ce dernier mot.

LÉPIDOPTÈRES (du gr. *lepis, lepidos,* écaille ; *ptéron*, aile), ou **PAPILLONS**. Ordre de la classe des Insectes, présentant les caractères suivants : quatre ailes longues, veinées, recouvertes d'une poussière farineuse et diversement nuancée, laquelle, vue au microscope, paraît composée de petites *écailles* colorées ; trompe assez longue, roulée en spirale pour sucer le suc des fleurs ; tête petite ; thorax bombé ; abdomen sans tarière ni aiguillon ; pattes assez longues, avec 5 articles aux tarses , etc.

Les Lépidoptères sont des insectes à métamorphose complète, c'est-à-dire qu'ils passent par les trois états de *Chenille,* de *Chrysalide* et d'Insecte parfait ou *Papillon.* C'est donc de ce troisième état du même animal que nous allons faire l'histoire.

Le corps du Papillon se compose de la tête, du thorax et de l'abdomen. La tête est arrondie, plus longue que large, plus étroite que le thorax , variable du reste selon les familles ; les entomologistes désignent la partie antérieure du front sous le nom de *chaperon* : la tête est le siège des yeux, des stemmates, des antennes, des palpes et de la spiritrompe, ainsi que nous le verrons successivement. — Le thorax ou corselet est formé de trois segments entièrement unis : le prothorax, le mésothorax et le métathorax ; il porte quatre ailes et six pattes. — L'abdomen est presque cylindrique ou en ovale allongé, se composant de 7 anneaux, et offrant à son extrémité une ouverture en forme de fente longitudinale qui donne issue aux organes reproducteurs et au canal intestinal.

La locomotion chez les Papillons a pour organes quatre ailes attachées à la partie latérale et supérieure du thorax ; quelques femelles pourtant n'en ont que deux par avortement. Chacune de ces ailes, considérée à part, consiste en deux lames membraneuses intimement unies, soutenues par des nervures diversement disposées selon les genres, et recouvertes d'une poussière farineuse, laquelle s'enlève par le toucher, poussière qui est un assemblage de très petites écailles microscopiques, reflétant les diverses couleurs de ces voiles. Les ailes supérieures, toujours plus grandes que les inférieures, se rapprochent de la forme triangulaire ; les inférieures, de la forme arrondie ou ovalaire. Les pattes sont composées, comme celles des autres insectes, de cinq parties (hanche, trochanter, cuisse, jambe et tarse) ; le tarse a 5 cinq articles distincts, non compris les crochets terminaux. — Les yeux, composés d'innombrables petites facettes, sont grands, bordés de poils, et varient de couleur. Les stemmates ou ocelles (yeux lisses) son situés sur le vertex, ordinairement cachés par les écailles. — Nous n'avons rien à dire relativement à l'ouïe et à l'odorat, quoique ce dernier sens particulièrement soit d'une excessive finesse au temps des amours surtout, comme nous le dirons bientôt. — Quant au tact, les antennes, qui y président pour leur part, sont assez allongées et composées d'un assez grand nombre d'articles ; elles sont grêles et terminées en massue, ou en fuseau, ou sont sétacées. — Le système nerveux a été plus étudié dans la chenille que dans l'insecte parfait.

Du côté des organes de nutrition, voici les remarques à faire : La bouche offre une grande dissemblance, soit avec les insectes broyeurs, soit avec les suceurs ; au premier coup d'œil on n'aperçoit qu'un corps roulé en spirale sur lui-même, et placé entre deux autres pièces relevées. Ce corps est la *spiritrompe*, qui est droite dans l'action, se montrant alors composée de deux pièces tubulées, qui, en se réunissant, forment entre elles un troisième tube, par lequel le suc des fleurs est introduit dans l'œsophage. A la base de ces tubes on remarque deux petits appendices en forme de palpes ; les mandibules se retrouvent au-dessus de leur insertion, sous la forme de deux très petits corps velus ; le labre se voit aussi, mais ces organes sont à peine visibles et bien confor-

més. L'intestin est assez court : il se compose d'un jabot, d'un estomac dilaté, d'un intestin grêle assez long et d'un cloaque, auprès duquel s'insère un cœcum. — Pour les fonctions respiratoires et de circulation, nous renvoyons au mot *Insectes*, afin d'éviter des répétitions. — Quant aux fonctions de reproduction, voici ce qu'on sait. Les mâles et les femelles offrent souvent de grandes différences sous le rapport de la grandeur, de la forme et de la couleur des ailes : les femelles sont plus fortes. Les mâles les recherchent avec ardeur ; chez quelques Nocturnes, ils savent les découvrir de très loin au moyen d'un sens qui ne peut être que l'odorat. L'accouplement est assez long ; souvent les conjoints volent accouplés, la femelle entraînant le mâle. L'on voit parfois le mâle d'une espèce accouplé avec la femelle d'une autre, mais toujours très voisine, et il en résulte des mulets incapables de se reproduire. Les œufs, de forme en général sphéroïdale, sont quelquefois abandonnés par tas ; ils se fixent au moyen de la matière visqueuse dont ils sont revêtus, et ces tas affectent souvent une certaine symétrie. Après la ponte, femelles et mâles ne tardent pas à périr.

Les larves des Lépidoptères portent le nom de *Chenilles*, et celles-ci se métamorphosent en *Chrysalides*. — V. ces mots. — «Quand arrive le moment de l'éclosion, elle s'opère tout simplement pour les espèces qui ont leurs nymphes ou chrysalides à l'air libre ; mais chez les espèces enfermées dans une coque, ou la chenille a laissé un endroit lâche à cet effet, ou le papillon dégorge une liqueur qui amollit le tissu et lui permet de forcer le passage. Quelques instants après leur sortie de la nymphe, les Papillons rejettent par l'anus une liqueur renfermée dans leur abdomen, qui est une espèce de *méconium* ; cette liqueur, d'un rouge vif chez certaines espèces souvent très multipliées, a donné lieu aux assertions de *pluies de sang* quand elle se remarquait en grande quantité sur les murailles. »

Les Lépidoptères sont répandus dans toutes les régions du globe ; mais c'est dans les pays chauds et humides qu'on les trouve en plus grande abondance ; c'est aussi ces régions qu'habitent de préférence les espèces les plus belles par leur coloration et celles qui volent pendant le jour (les *Diurnes*), tandis que nos pays tempérés produisent surtout les espèces qui volent le soir, le matin et la nuit (les *Crépusculaires* et les *Nocturnes*). Ces Insectes, à l'état parfait, se nourrissent constamment de matières végétales. Cependant ce n'est qu'à l'état de larves (Chenilles) qu'ils sont redoutables, les uns aux arbres, d'autres aux plantes potagères, ceux-ci aux lainages, ceux-là aux fourrures, etc. Heureusement que le Bombyx du mûrier (ver à soie) nous dédommage des dégâts occasionnés par tous les autres.

L'ordre des Lépidoptères, ordre extrêmement vaste, se divise en trois grandes familles : *Diurnes, Crépusculaires* et *Nocturnes*, dont il nous reste à exposer les caractères.

Diurnes, (*Diurna*, Latr.) — Antennes en forme de massue, c'est-à-dire plus ou moins renflées à l'extrémité : corps généralement peu velu, petit relativement aux ailes, et présentant un rétrécissement notable entre le corselet et l'abdomen : les quatre ailes d'égale consistance, non retenues ensemble par un frein, et se relevant perpendiculairement l'une contre l'autre dans l'état de repos, à quelques exceptions près. Vol diurne. Chenilles à seize pattes, se métamorphosant à l'air libre, sans se renfermer dans une coque, excepté dans quelques groupes peu nombreux, où elles s'enveloppent dans un léger réseau. — Genres : *Papillon, Parnassien, Thaïs, Piéride, Coliade, Vanesse, Nymphale, Satyre, Polyommate, Hespérie*, etc.

Fig. 746. — Lépidoptère nocturne.

Crépusculaires (*Crepuscularia*, Latr.) — Antennes plus ou moins renflées au milieu ou avant l'extrémité, et, indépendamment de cela, tantôt prismatiques, tantôt cylindriques, et tantôt pectinées ou dentées ; corps généralement très gros relativement au volume des ailes, et ne présentant jamais d'étranglement entre le corselet et l'abdomen; les six pattes propres à la marche ; les jambes postérieures armées de deux paires d'ergots; ailes étroites, en toit horizontal, ou légèrement incliné dans le repos : les supérieures recouvrant alors les inférieures, qui sont habituellement très courtes, et retenues par un frein aux premières, dans les mâles seulement. Vol crépusculaire ou nocturne dans un très grand nombre d'espèces, diurne dans quelques-unes. Chenilles à seize pattes, glabres, demi-velues ou pubescentes : les métamorphoses ont lieu dans la terre ou à sa surface, sous quelque abri, sous forme de coque,

tantôt dans l'intérieur des tiges, tantôt sous une coque grossière. Chrysalides mutiques, généralement conico-cylindriques. — Genres : *Sphinx, Sésie, Zygène*, etc.

Nocturnes (*Nocturna*, Latr.) — Antennes en forme de soie, c'est-à-dire dont la tige diminue de grosseur de la base à la pointe, abstraction faite des dents, barbes, poils ou cils dont elles peuvent être garnies; corps tantôt grand, tantôt petit relativement aux ailes, mais ne présentant jamais d'étranglement entre le corselet et l'abdomen; les quatre ailes d'égale consistance, quand les supérieures ne servent pas de couverture aux inférieures ; celles-ci plus unies et moins solides dans le cas contraire; les unes et les autres retenues ensemble par un frein dans les mâles seulement, et jamais relevées perpendiculairement dans le repos, mais tantôt horizontales, tantôt en toit plus ou moins incliné, tantôt enfin en fourreau enveloppant le corps. Vol nocturne. Chenilles ayant de dix à seize pattes : glabres, plus ou moins velues, jamais épineuses, du moins dans l'âge adulte : se métamorphosant, soit sous terre, soit dans l'intérieur des tiges ou des racines dont elles se nourrissent, soit dans des coques de soie pure ou mêlée d'autres matières. Chrysalides n'étant jamais suspendues dans l'air, à peu d'exceptions près; mutiques, quelques-unes garnies de poils. — Genres : *Phalène, Cossus, Saturnie, Bombyx, Psyché, Écaille, Noctuelle, Tordeuse, Pyrale, Gallérie, Teigne*, etc.

LÉPIDOSIRÈNE. Genre de Reptiles, de l'ordre des Batraciens urodèles, découvert en 1837, dans l'Amérique du Sud, et qui paraît établir le passage des Amphibiens aux Poissons.

Le *Lépidosirène paradoxa*, décrit par Natterer, est un animal anguilliforme de 3 à 35 cent. de longueur, noir avec des taches blanches, ayant les 4 membres sous forme de moignons rudimentaires; 4 arcs branchiaux articulés de chaque côté de la tête; bouche petite, lèvres molles; langue adhérente et molle ; 2 dents plates et soudées à chaque côté des mâchoires. Son corps est tout couvert d'écailles fines et arrondies; sa crête dorsale est en forme de nageoire; il a deux poumons vésiculeux très longs, faisant suite à la trachée artère, et un organe vésiculeux analogue à la vessie natatoire des poissons.

Cet animal singulier présente donc un mélange bizarre de caractères, dont les uns appartiennent à la classe des Poissons, tels que les branchies soutenues par des arcs branchiaux, la ligne longitudinale de chaque côté, une vessie natatoire à l'état rudimentaire, et dont presque tous les autres, surtout la présence des poumons, indiquent sa place parmi les Reptiles. Cependant plusieurs anatomistes éminents, M. Owan entre autres, ont placé le Lépidosirène dans la classe des Poissons.

LÉPISME (*Lepisma*). Genre d'Insectes aptères, de l'ordre des Thysanoures, ayant le corps en ellipse allongée, aplati, et terminé par 3 filets de la même longueur, insérés sur la même ligne, et ne servant point à sauter ; des bouquets de poils se remarquent aux parties latérales de cet abdomen; les yeux sont très petits , écartés ; les antennes généralement longues et sétacées; les pattes comprimées ; les palpes longues et très développées.

Les Lépismes sont de petits animaux sans métamorphoses externes, qui ont été appelés vulgairement *Poissons d'argent*, en raison de la manière dont ils se glissent en marchant et des couleurs brillantes argentées de quelques espèces. Ces insectes se cachent habituellement dans les boiseries , les fentes des châssis qu'on n'ouvre que rarement, ou sous les planches humides; d'autres se tiennent sous les pierres et sous les écorces des arbres. Ils courent très vite, et il est très difficile de les saisir sans enlever les écailles dont leur corps est revêtu. Ils paraissent fuir la lumière , et ce n'est que la nuit qu'on les voit errer çà et là. La mollesse de leurs organes masticateurs semble indiquer qu'ils ne se nourrissent que de matières molles, et non pas de corps durs, de sucre par exemple, comme l'ont dit les anciens naturalistes.

Le Lépisme du sucre (*L. saccharina*), espèce type , est d'un blanc entièrement argenté, long de 9 à 10 millim. Très commun dans les maisons, il se trouve le plus souvent dans les lieux humides et renfermés. Il se nourrit de substances végétales , de sucre , disent les entomologistes. Suivant Latreille , cette espèce serait originaire d'Amérique.

Mentionnons le L. doré, propre à l'Espagne , au midi de la France, etc. Il vit en sociétés assez nombreuses sous les pierres; L. Dufour dit l'avoir rencontré en compagnie de fourmis , avec lesquelles il paraît vivre d'intelligence.

LÉPISOSTÉE (*Lepisoseus*). Genre de Poissons malacoptérygiens, de la famille des Clupes, remarquable par un museau très prolongé, par la mâchoire inférieure qui égale la supérieure en longueur, et surtout par des écailles d'une dureté pierreuse. — Ces poissons habitent les lacs et les rivières de l'Amérique méridionale ; ils ont reçu de la nature les armes défensives les plus sûres. Comme ils ont de grands rapports d'instinct vorace avec le Brochet , et qu'ils sont protégés par des écailles très dures et des téguments invulnérables, ils exerceraient les plus grands ravages parmi les autres habitants des eaux, s'ils étaient aussi bien servis par leur agilité. Et puis, leur voracité leur est pernicieuse, en ce qu'elle les livre à l'hameçon que leur tendent les pêcheurs, pour vendre ou manger leur chair, qui est délicate et recherchée.

La Spatule est un poisson de 60 cent. de long, dont l'extrémité du museau est plus large que le reste des mâchoires.

LEPTE (*Leptus*). Genre d'Arachnides trachéens; insectes excessivement petits, dont le corps est ovale, renflé, à peau souple, tendue et luisante. — Ces Arachnides sont parasites.

Le Lepte du faucheur vit sur l'animal dont il indique le nom ; il s'y fixe à l'aide d'un suçoir.

Le Lepte automnal, de couleur rouge, connu dans les campagnes sous le nom de *Rouget* , grimpe et s'insinue sous la peau , à la racine des poils, causant de vives démangeaisons. Très commun dans la Charente-Inférieure , à l'époque des vendanges, selon Quoy, il y serait connu sous le nom de *Vandangeron*.

LEPTOPHIDE (du gr. *leptos*, grêle ; *ophis*, serpent). Genre d'Ophidiens, voisin des Couleuvres, s'en distinguant toutefois par une forme très allongée et si grêle qu'on a donné à ces animaux , dans les contrées qu'ils habitent , les noms de *Lien, Fouet de cocher*. — Les Leptophides habitent les régions chaudes des deux hémisphères. Ils fréquentent les bois , s'enlaçant sur les branches les plus élevées et y poursuivant leur proie, qui consiste en insectes et en petits oiseaux dont ils dévorent parfois aussi les œufs. Leurs mœurs et habitudes sont au reste à peu près celles des Couleuvres; ils sont aussi innocents qu'elles, et l'on voit même quelquefois les enfants jouer avec eux comme avec une lanière de fouet.

LEPTURE (*Leptura*). Genre de Coléoptères longicornes, qui ont pour caractères principaux : tête brusquement rétrécie en arrière ; yeux gros, en manière de col; antennes dont la longueur est à peu près semblable à celle du corps, et qui sont insérées au bas des yeux, écartées entre elles ; corselet sous tubercules latéraux.

Les Leptures sont assez petites, de forme allongée et élégante : elles se trouvent dans presque toutes les parties du monde, surtout en Europe , se tenant habituellement sur les fleurs et prenant une nourriture végétale. Leurs larves vivent dans le bois en décomposition. — La Lepture tomenteuse (*L. tomentosa*), qui est noire, avec un duvet jaunâtre sur le corselet, et dont les élytres sont d'un fauve foncé à extrémité noire, n'est pas rare aux environs de Paris. Les autres espèces sont assez nombreuses.

LERNÉE (*Lernœa*). Genre d'Articulés, de l'ordre des Pœcilopodes , famille des Lernéides; crustacés parasites d'une organisation très simple. Ils ont, dans le jeune âge, tous les caractères des vrais Crustacés, se rapprochant des Cyclopes pour la forme , et ayant aussi un œil frontal et des rames natatoires. Ils éprouvent plusieurs mues sous cette forme , puis ils se fixent en général sur quelque poisson et y demeurent attachés en parasites ; mais ils se déforment encore et peuvent arriver à tous les degrés de la bizarrerie. Leur corps est tantôt très allongé, tantôt large , ovale et aplati, tantôt enfin divisé dans sa longueur par un étranglement.

Les Lernées habitent presque toutes les mers;

elles sont surtout communes dans notre hémisphère. C'est la femelle qui se fixe en parasite sur quelque partie externe des poissons, particulièrement autour des yeux, où elle trouve une nourriture plus facile; le mâle s'attache à son abdomen : alors leurs membres s'atrophient, disparaissent même, et des formes bizarres se montrent; le mâle, toutefois, s'éloigne moins que la femelle de sa conformation primitive et normale.

LERNÉIDES. Famille de Crustacés, dont le genre type est constitué par la Lernée. — V. ce mot. — Ces animaux étaient autrefois rangés parmi les Vers intestinaux; mais Desmarest a montré quels étaient leurs rapports naturels avec les Crustacés. — Cette famille se partage en trois divisions, d'après la manière dont ces animaux s'attachent à leur proie. — Ce sont :

Les Lernéopodes, qui se fixent par deux appendices en forme de bras, réunis à leur extrémité libre et terminés par un appendice ou bouton corné médian;

Les Lernéocériens, qui se fixent par toute la tête; après que la bouche a pénétré sous la peau, il se développe de chaque côté des prolongements cornés de forme variée qui les maintiennent fortement attachés à l'animal.

Les Chondrocanthes sont fixés par leurs pattes-mâchoires, qui sont armées de crochets très forts.

LÉROT. — V. *Loir.*

LETHRE (*Lethrus*). Genre de Coléoptères pentamères, famille des Lamellicornes, ayant le corps très court, arrondi et très bombé; la tête forte et profondément enfoncée dans le corselet, etc. — Le L. céphalote, long de 20 millim. environ, et qui est propre à la Russie occidentale et à la Hongrie, vit par couples dans des trous qu'il creuse dans le sable. On dit qu'il cause beaucoup de dégâts dans les endroits cultivés. Il monte facilement aux plantes et en descend à reculons. Au printemps les mâles se livrent souvent de violents combats, pendant lesquels la femelle ferme l'entrée du trou et pousse le mâle par derrière.

LEUCOSIE (*Leucosia*). Genre de Crustacés de l'ordre des Décapodes, famille des Brachiures, à test rond, bombé, comme globuleux; yeux petits, à pédicules courts, presque immobiles dans leurs fossettes; antennes très courtes; serres longues et cylindriques; les autres pieds courts, souvent grêles; queue composée de 4 ou 5 tablettes, celle de la femelle grande, presque orbiculaire.

Ces Crustacés résident dans les moyennes profondeurs de la mer, dans les écueils des rochers, où ils vivent solitaires et cachés. Leur démarche est lente; ils ne courent guère que dans le danger. — La Leucosie craniolaire (*L. craniolaris*) est l'espèce type. Sa carapace est lisse en dessus, déprimée de chaque côté en avant, avec bords antérieurs crénelés. Elle se trouve sur la côte de Malabar.

Aux dépens de l'ancien genre Leucosie ont été formés les genres *Ebalie, Nursie, Philyre, Perséphone, Myre, Ilie, Arcanie, Iphie* et *Ixie.*

LÉVRIER (pour Lièvrier, de *lièvre*). Espèce du genre Chien (*Canis graius*), remarquable par son

Fig. 717. — Lévrier.

corps long et étroit, sa taille élancée, sa queue longue et grêle, ses jambes fines et ses oreilles à demi tombantes et dirigées en arrière. — Ces Chiens sont originaires des pays chauds ou tempérés, mais seulement de l'ancien continent. Ils ont la course excessivement rapide, ce qui les a fait employer pour chasser le lièvre. Ils ont peu de nez, mais en revanche leurs yeux sont parfaits et ils chassent à vue.

On distingue les Lévriers à la différence de

leur taille. Les plus grands sont forts, vigoureux, hardis et courageux : tels sont les Lévriers dits d'Ecosse. Les plus petits, communément appelés *Levrettes*, quel que soit leur sexe, sont des Chiens d'appartement qui n'ont que peu d'intelligence. Ils sont faibles et frileux. Leur pelage est ordinairement gris de souris ou jaune mêlé de blanc ; on en trouve quelques-uns de noirs.— Le *Lévrier de Grèce* est l'espèce à poils ras dont nous parlons particulièrement.

LÉZARD (*Lacerta*). Genre de Reptiles de l'ordre des Sauriens , famille des Lacertiens , dont voici les caractères : corps assez petit, très effilé ;

queue longue, élastique, conique ; pattes courtes, grêles, terminées chacune par cinq doigts légèrement comprimés ; cou présentant un collier squameux en dessous ; langue à base engaînante ; deux rangs de dents au palais.

« Ainsi défini, le genre Lézard ne comprend plus ni les monstrueux Crocodiles, ni les Algyres, ni les Tachydromes , dont il est voisin ; mais il embrasse ces nombreux et élégants quadrupèdes qui, par l'état et la variété de leurs couleurs , la grâce de leurs formes, la vivacité de leurs mouvements, leur parfaite innocuité, les nombreux services qu'ils rendent à l'agriculture en détruisant des milliers d'insectes nuisibles , et surtout

Fig. 718. — Lézard.

par le soin avec lequel certains d'entre eux recherchent les lieux habités par l'espèce humaine pour en faire leur demeure, ont de tout temps attiré l'attention et excité l'intérêt des observateurs. »

Les Lézards sont presque tous propres à l'Europe ; quelques espèces habitent aussi l'Asie et l'Afrique. Ce sont des reptiles doux et timides ; pourtant ils cherchent à mordre quand on les saisit ; mais leur morsure n'a rien de venimeux. Leur taille, leur force et leur courage semblent en rapport direct avec la chaleur atmosphérique ; toutefois l'excessive chaleur les engourdit tout comme le froid. Ils se nourrissent de proie vivante, d'insectes, de mouches, de lombrics, de petits mollusques , d'œufs d'oiseaux quelquefois ; mais ils sont sobres, mangent rarement parce qu'ils digèrent difficilement. Ils vivent isolés, et se réfugient dans des creux de rocher, des crevasses de vieux murs qu'ils ont toujours soin de choisir exposés au soleil ; souvent ils se creusent un terrier dans la terre ou dans le sable. Ces animaux familiers ne sortent de leur demeure que pour se réchauffer aux ardeurs du soleil : ils s'y étalent pour ainsi dire, dardant leur petite langue noire et fourchue, que le vulgaire prend pour un aiguillon dangereux. Ils peuvent être apprivoisés. Un préjugé veut que le Lézard soit l'ami de l'homme,

qu'il l'avertisse de l'approche des serpents . c'est possible ; mais l'homme , en récompense de ses avertissements, lui donne souvent la mort, comme pour se venger d'avoir éprouvé un mouvement d'effroi à la vue inattendue du faible reptile.

Très ardents en amour , les Lézards mâles se livrent, au printemps, des combats acharnés pour la possession des femelles. Les seuls caractères zoologiques des sexes se trouvent dans la forme de la queue, à son origine, qui, chez le mâle, est aplatie , large , sillonnée longitudinalement par une espèce de gouttière , tandis que dans la femelle elle est arrondie et étroite ; en outre , les couleurs des mâles sont plus brillantes que celles des femelles. Celles-ci pondent de 7 à 9 œufs , qu'elles placent le plus souvent dans un trou particulier à chacune d'elles ; parfois néanmoins quelques-unes les déposent dans un nid commun. L'éclosion de ces œufs est confiée à la chaleur atmosphérique. Quelques Lézards sont vivipares , c'est-à-dire que les petits sortent de l'œuf très peu de temps après la ponte. La vie de ces animaux est considérable. L'accroissement du corps se fait lentement ; celui de la queue, lorsqu'elle a été rompue (et l'on sait que rien n'est facile comme cette rupture, qui laisse le fragment mobile et sensible aux piqûres après sa séparation de l'animal), marche avec une grande rapidité.

Le genre Lézard, bien qu'il ait été très restreint depuis Linné, comprend encore une vingtaine d'espèces ainsi partagées : 1° Espèces à écailles dorsales, grandes, rhomboïdales, distinctement entuilées : *Lézard de Morée*, etc. — 2° Espèces à écailles dorsales étroites, obliques, en dos d'âne, non imbriquées : *Lézard vert*. — 3° Espèces à écailles dorsales distinctement granuleuses, paupière inférieure squameuse : *Lézard gris*, *L. ocellé*. — 4° Espèces à écailles dorsales distinctement granuleuses; paupière inférieure transparente ou percillée : *une seule espèce*, imparfaitement connue.

LÉZARD VERT (*L. viridis*). Il est d'une teinte vive et brillante qui approche de la couleur vert perroquet, surtout dans les vieux individus. Cette espèce est la plus grande de toutes celles qui vivent en Europe; elle atteint parfois 48 cent. de long. — Ce Lézard est commun aux environs de Toulon, dans le midi de la France; on en rencontre quelquefois de petits individus aux environs de Paris. Il n'attaque jamais, mais il se défend quand on cherche à le saisir, et mord alors avec tant de force qu'il se laisse plutôt couper que de lâcher prise.

Le LÉZARD GRIS OU COMMUN (*L. muralis*), *L. des murailles*, est si commun et si connu de tout le monde qu'il est inutile de le décrire. On sait qu'il

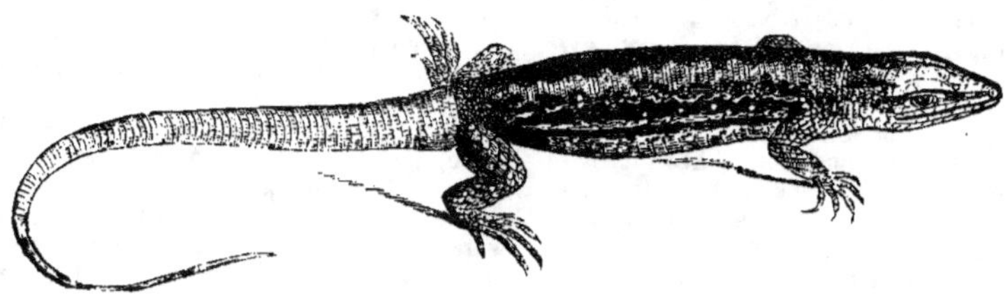

Fig. 749. — Lézard des murailles.

se loge dans les trous, dans les crevasses des murs; il s'en écarte peu et se trouve toujours prêt à y rentrer au plus petit danger. Ce petit animal est doux, familier, facile à apprivoiser. On assure qu'il n'est pas insensible à la mélodie de la musique; placé sur un piano, il semble en écouter les sons avec plaisir.

Le LÉZARD OCELLÉ (*L. ocellata*) est, en dessus, d'un brun vert varié, tacheté, réticulé ou ocellé de noir; en dessous, blanchâtre, glacé de vert, avec taches bleuâtres sur les flancs; longueur totale 40 à 43 cent., sur lesquels la queue en mesure 26. — Ce magnifique Lézard se rencontre dans les bois; il est surtout répandu dans le midi de la France et dans le nord de l'Afrique; on le prend assez fréquemment dans la forêt de Fontainebleau. On le dit très courageux : l'on raconte même qu'il livre combat aux serpents, aux lèvres desquels il s'attache avec tant de violence que l'ophidien n'a d'autre moyen de s'en débarrasser qu'en l'écrasant contre la terre. On l'a vu aussi se cramponner au museau des chiens et même regarder l'homme d'un air menaçant. Sa morsure, quoique non venimeuse, est à craindre à cause de l'acharnement avec lequel il la fait.

Les Lézards verts et gris servent de nourriture à l'homme dans certaines contrées.

LIANE (de *lien*). Nom général donné, dans les colonies françaises de l'Amérique et de l'Inde, à tous les végétaux sarmenteux dont les rameaux choisissent d'autres végétaux pour supports, grimpent le long de leurs tiges (comme chez nous le Lierre, la Clématite, le Liseron, la Ronce), les *enlacent* et les enveloppent d'une verdure épaisse qui souvent les étouffe. Les Lianes se développent avec une vigueur extraordinaire et acquièrent souvent des proportions gigantesques; elles couvrent quelquefois, en s'étendant de proche en proche, des parties considérables de forêts, et finissent par les confondre en une seule masse de feuillage. Il y a des Lianes parmi les herbes, parmi les arbustes et les arbrisseaux. Ces plantes appartiennent aux genres les plus divers, genres dont chacun a son nom particulier. Nous citerons seulement celles qui sont vulgairement désignées sous le nom de Lianes. On nomme *Liane à l'ail*, la Bignone alliacée; *L. à laine*, l'Omphale diandre; *L. avancure*, une espèce de haricot; *L. à batate*, *L. à bauduit*, plusieurs espèces de Liserons; *L. de bœuf*, l'Acacia scandens; *L. bondieu*, l'Abrus; *L. brûlante*, une Aroïde; *L. coupante* une espèce de roseau; *L. à sang*, le Millepertuis; *L. à serpent*, diverses Aristoloches, etc.

LIAS. Nom emprunté aux mineurs anglais pour désigner un système de roches calcaires, argileuses et quartzeuses, qui se présente assez fréquemment dans l'écorce du globe, et qui forme la base ou l'étage inférieur des terrains jurassiques, —V. *Terrain*.—La partie inférieure de cette formation est ordinairement composée de sables, surtout d'un gris quartzeux, blanchâtre ou jaunâtre, nommés *Grès du Lias*; les parties supérieures se composent en outre de calcaires argentifères, de marnes aurifères, d'argile, de lumachelle. Le Lias est très riche en débris organiques fossiles; on y trouve des végétaux, des zoophytes, des mollusques, etc. C'est dans cette couche qu'on a découvert les restes fossiles d'*Ichthyosaures*, de *Plésiosaures*, de *Ptérodactyles* — V. ces mots. — Parmi les Coquilles, le *Gryphæa arcuata* se trouve en si grande abondance dans cet étage, qu'il en est véritablement pétri. Aux environs d'Avalon (Yonne), on charge les routes avec cette coquille et les nombreuses Ammonites qui les accompagnent.

LIBELLULE (*Libellula*) ou *Demoiselle*. Genre d'Insectes de l'ordre des Névroptères, tribu des Subulicornes, appelé ainsi de *libellus*, petit livre, à cause des ailes qui sont ouvertes et étendues comme les feuillets d'un livre, parce que ces insectes, élégants de forme et de couleurs, rappellent la grâce des jeunes filles.—Les Libellules, comme genre et comme famille, offrent les caractères suivants : corps très long, moins pourtant que celui des Agrions, mais plus gros; abdomen ressemblant à un petit tuyau cylindrique formé de différentes parties presque d'égale grandeur; tête très volumineuse, front très bombé; antennes courtes, terminées par une soie; ocelles placés au côté d'un tubercule transversal; mandibules très développées et fortes; quatre ailes presque égales, finement réticulées, dont les antérieures ont une nervure en triangle allongé renversé.

Les Libellules, à l'état parfait, présentent donc les caractères susdits, et les mœurs des Agrions. On les voit pendant tout l'été dans les environs des eaux; elles volent avec une grande rapidité, rasant la plupart du temps la surface liquide et planant par intervalles. Ces jolies Demoiselles sont éminemment carnassières; elles s'emparent avidement des petits insectes qu'elles poursuivent au vol. Leur corps et surtout leurs ailes présentent les plus brillantes couleurs. Elles subissent les trois métamorphoses.

Le mâle poursuit la femelle avec rapidité; il la saisit au-dessus du col avec les appendices situés à l'extrémité de son abdomen, et les deux insectes se trouvent et volent sur une seule ligne. Le mâle entraîne la femelle partout avec lui, jusqu'à ce qu'elle ait cédé à ses désirs. Alors, celle-ci replie son abdomen au-dessous de son thorax et le fait remonter jusqu'à la base de celui du mâle, qui courbe le sien en dessous pour rendre possible l'accouplement.

Les femelles pondent, dans l'eau, des œufs d'où sortent de petites larves carnassières, pourvues de longues pattes hérissées de soie, et qui se traînent dans la vase ou le sable du bord des étangs ou des rivières. Ces larves possèdent à l'extrémité de l'abdomen une ouverture susceptible de s'ouvrir et de fermer alternativement, et dont elles se servent pour faire entrer dans leur corps une

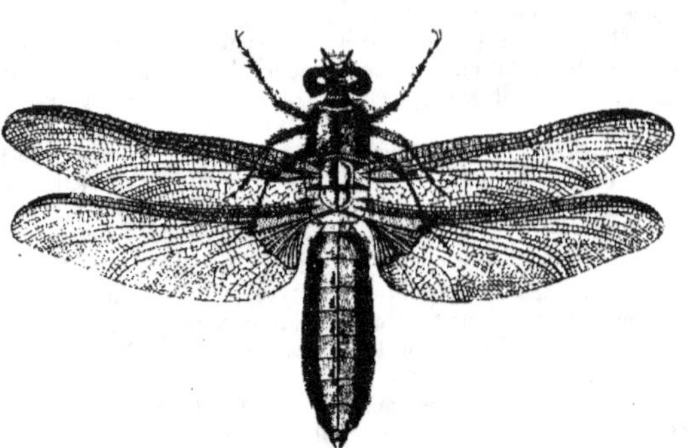

Fig 750. — Libellule déprimée.

certaine quantité d'eau qu'elles rejettent ensuite avec force pour accélérer leurs mouvements et atteindre plus facilement leurs victimes. Elles mettent souvent un an entier à prendre tout leur accroissement, changeant plusieurs fois de peau. A l'état de nymphes, elles ont la forme d'un insecte grisâtre avec des moignons d'ailes attachés au corselet. Elles se fixent aux feuilles des plantes aquatiques et y attendent leur dernière métamorphose.

Les espèces les plus connues sont : la **Libellule commune** (*L. vulgata*), dont l'abdomen est presque cylindrique, le corps fauve foncé, les ailes diaphanes, la taille de 18 lignes, etc.; — la L. **déprimée** (*L. depressa*), vulg. *Éléonore*, que nous figurons, au corps plat et pointu postérieurement, variant beaucoup d'ailleurs; — la **Grande Libellule** ou *Julie*, la plus grande espèce connue en France, dont les ailes ont jusqu'à 8 cent. d'une extrémité à l'autre, et dont le corps présente le volume d'un tuyau de plume ; — la L. A 4 TACHES ou *Française*,—la L. BRONZÉE ou *Aminthe;*—la L. VIERGE, qui est un *Agrion*.—V. ce mot.

LICHEN. Genre de Plantes cryptogames, type de la famille des Lichénacées; végétaux singuliers, qui n'ont ni racines, ni tiges, ni fleurs, ni feuilles, et qui se présentent le plus souvent, comme les dartres dont on leur a donné le nom grec, sous la forme de pellicules, adhérant aux écorces des arbres et aux rochers par de petites fibrilles dont leur face inférieure est souvent hérissée. Parfois ce n'est qu'une poussière brune, grise ou noire, qui s'étend sur toute la surface d'un monument ou d'un rocher : la couleur sombre des vieux édifices de Paris est due à un Lichen microscopique. D'autres fois les Lichens présentent des couleurs assez vives : il y en a de jaune citron, ponctué de noir, de couleur orange ; d'autres, d'un beau rouge écarlate, ont l'odeur de la violette. Un grand nombre s'élèvent de quelques centim. au-dessus de leur point d'attache, et présentent alors des rameaux déliés ou finement découpés.

Les Lichens croissent également sur la terre, sur les rochers, sur les arbres, sur les pierres les plus dures, pourvu qu'ils soient abrités du soleil et entretenus par l'humidité; aussi se trouvent-ils en beaucoup plus grande quantité dans les contrées septentrionales et sur les hautes montagnes couvertes de brouillards. Si ces végétaux indiquent un sol stérile, ils servent à le fertiliser par leur décomposition, qui lui fournit l'*humus* dont il a besoin.

On compte plus de 1,500 espèces de Lichens. La plus connue est le LICHEN D'ISLANDE (*Cetraria islandica*). D'une consistance ferme et coriace et d'une couleur olivâtre, cette espèce croît par touffes sur la terre, dans les prairies des montagnes, aux lieux arides et montueux, étant surtout très abondante en Hollande et dans les régions septentrionales de l'Europe. Le Lichen d'Islande rend de grands services. Réduit en poudre, il produit une farine alimentaire abondante, dont les habitants de l'Islande préparent des potages, des bouillies, etc. Mêlée avec la farine de blé, elle fait du bon pain, dont la saveur est légèrement amère. Cette plante est recommandée dans les affections de poitrine, les catarrhes chroniques, la phthisie pulmonaire : on l'administre sous diverses formes, en tisane, en gelée, en pastilles, etc. Enfin, le Lichen engraisse les porcs, nourrit les chevaux, les bœufs ; on l'emploie aussi en teinture pour teindre la laine en jaune.—Mentionnons le LICHEN DES RENNES (*Cenomya rangiferina*) qui est très abondant dans les climats glacés du Nord, où les Rennes en font presque leur seule nourriture.

LICHÉNACÉES. Famille de Plantes acotylédones ou cryptogames, qui se présentent sous la forme d'expansions membraneuses foliacées ou crustacées, simples ou ramifiées, ou sous celle de tiges planes ou cylindriques. Cette tige, qui porte le nom de *thalle*, représente tous les organes de la végétation. Les organes reproducteurs sont contenus dans des réceptacles (*apothécions*) de formes variées. Dans les apothécions sont les cellules allongées (*thèques*), qui contiennent dans leur intérieur les séminules (*spores*).

Les Lichens, ainsi qu'il a été dit plus haut, sont des plantes parasites, vivaces, de nuances très variées et souvent vives, très rarement vertes, qui ne vivent jamais dans l'eau, mais sur les tiges des arbres, sur les rochers, les murs, la terre. Ils se distinguent des Champignons par leur consistance crustacée, par la présence d'une fronde ou thalle sur laquelle se montrent les conceptacles, par leurs spores jamais nues, toujours contenues dans des thèques, enfin par la propriété qu'ils ont de se reproduire aussi au moyen d'utricules (*gonidies*) distinctes des spores et répandues dans tous les points de la fronde. — On a divisé les nombreux genres en quatre tribus, basées principalement sur la disposition des apothécions.

LICORNE (*Monoceros*). « Animal qui, selon les écrivains anciens, se rapproche de l'Ane et du Cheval, et dont la tête, de couleur de pourpre, est surmontée d'une seule corne, longue et aiguë, rouge à sa partie supérieure, blanche inférieurement et noire au milieu. D'après les traditions, la Licorne aurait le corps blanc, les yeux bleus; elle serait remarquable par sa force, son agilité et sa fierté. On prétendait qu'on ne pouvait la prendre vivante autrement qu'en plaçant auprès de son gîte une jeune fille vierge. Cet animal habiterait l'Afrique, l'Arabie et l'Inde. Quelques voyageurs ont affirmé avoir vu des Licornes; cependant, l'existence de ce quadrupède est niée par les savants, qui pensent que les anciens ont pris pour des Licornes, tantôt l'*Urus* (Bœuf sauvage), tantôt le Rhinocéros, lequel n'a en effet qu'une seule corne, tantôt enfin l'Antilope oryx, espèce qui habite les pays où l'on place la Licorne, et dans laquelle quelques individus paraissent n'avoir aussi qu'une corne. »

LIÉGE (de *levis*, léger). Ecorce très épaisse et fongueuse d'une espèce de Chêne vert (*Quercus suber*).—V. *Chêne*.

LIERRE (*Hedera*). Genre de Plantes de la famille des Caprifoliacées, tribu des Hédéracées, arbrisseaux en général grimpants, à feuilles alternes, entières ou lobées; fleurs petites, blanchâtres, disposées en cime ou en panicule : calice adhérent, à 5 dents très courtes; corolle à 5 pétales lancéolés, égaux, étalés; 5 étamines dressées; ovaire semi-infère à 5 loges, fruit globuleux, charnu, pyriforme, couronné des dents du calice. — On compte environ huit espèces, dont une seule est indigène,

C'est le LIERRE GRIMPANT ou d'EUROPE (*H. helix*), arbrisseau sarmenteux qui s'élève sur les vieux arbres, sur les vieilles murailles; il s'y accroche au moyen de radicules courtes et serrées, qui naissent de tous les points de sa tige et de ses rameaux, lesquels sont appliqués immédiatement à ces corps étrangers. Inutile de décrire un végétal aussi connu, surtout après avoir indiqué les caractères du genre dont il est le type. Chacun connaît ses feuilles glabres, luisantes et toujours vertes; ses fleurs petites, verdâtres, disposées en cimes ou ombelles simples.

Ce ne sont pas des racines que le Lierre enfonce dans l'écorce des arbres qu'il enlace, mais de simples griffes ou pattes accrochantes. Il se nourrit donc par le sol, et au moyen de racines qui sont en terre; il ne fait d'ailleurs d'autre mal aux ar-

Fig. 751. — Lierre.

(1, fruit dont on a enlevé une partie de la pulpe, afin de mettre à découvert les cinq osselets; — 2, fruit entier; — 3, fleur entière.)

bres que celui résultant d'une gêne dans leur développement. C'est un arbre à la fois poétique et médical. Les anciens tressaient avec ses feuilles des couronnes à Bacchus, aux Faunes et aux Satyres; ils le considéraient encore, et nous aussi comme eux, comme le symbole de l'attachement et de l'amitié : « éternellement il sera l'emblème de l'épouse faible et timide, enlaçant fortement son époux dans ses bras; il donnera aux ruines le vernis d'antiquité si précieux aux archéologues. » Le bois, malgré la lenteur de sa croissance, est spongieux et léger : on en fabriquait des coupes dans l'antiquité. On accordait aux feuilles de cette plante, à cause de leur fraîcheur et de leur action légèrement stimulante, de grandes vertus dans le pansement des vésicatoires et cautères; mais les papiers préparés pour ces usages les ont détrônées.

LIERRE TERRESTRE (*Glechoma hederacea*), vulg. *Gléchome, Herbe de Saint-Jean*, etc. Cette plante, de la famille des Labiées, et type du genre Gléchome, est vivace, à tige grêle, un peu carrée, rude et velue, rampante et radicante à la base, redressée à sa partie supérieure; feuilles oppo-

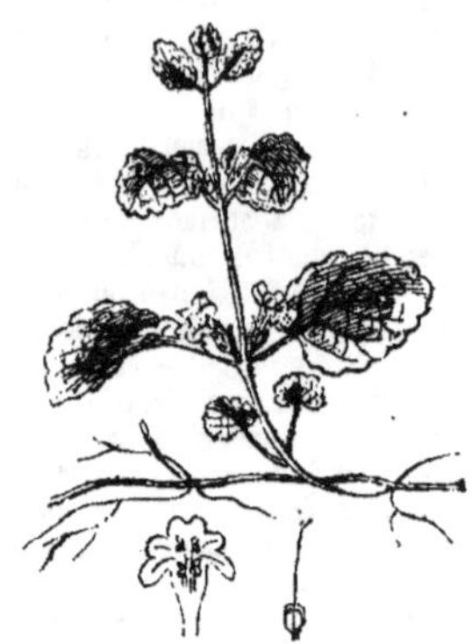

Fig. 752. — Lierre terrestre.

(Plante entière. — Corolle fendue longitudinalement en partageant le lobe moyen de la lèvre inférieure en deux moitiés égales. — Pistil.)

sées pétiolées, à base du pétiole velue, arrondies, cordiformes, crénelées; fleurs bleuâtres ou roses, en glomérules axillaires : calice tubuleux à 5 dents; corolle plus longue, bilabiée; 4 étamines didynames placées sous la lèvre supérieure, etc.

Le Lierre terrestre est très répandu dans les bois humides, les lieux ombragés, les haies, les buissons; il fleurit en mars-mai. Cette plante répand une odeur aromatique, et sa saveur est légèrement acerbe. On la considère comme stimulante et expectorante, utile dans les catarrhes pulmonaires chroniques, l'asthme humide. A une époque plus reculée, on lui a reconnu des propriétés lithontriptiques et fébrifuges dont elle est dépourvue.

LIÈVRE (*Lepus*). Genre de Rongeurs, type d'une famille connue sous le nom de Léporidés, qui comprend les *Lièvres*, les *Lapins* et les *Lagomys*. Ce genre est ainsi caractérisé : tête assez grosse, museau épais, recouvert de poils; lèvre supérieure très fendue; l'intérieur de la bouche est garni de poils; oreilles très grandes; yeux grands, saillants; membres antérieurs plus courts que les postérieurs; 5 doigts aux premiers, 4 aux seconds; ongles médiocres, peu arqués; queue courte, velue, relevée; tous les doigts serrés les uns contre les autres, et le dessous des pieds velus. Le système dentaire est caractéristique.

Les Lièvres se rencontrent partout, dans l'ancien et dans le nouveau continent. Ce sont des animaux doux et timides, que le plus petit bruit effraie et dont la nourriture est exclusivement végétale. Le sens de l'ouïe, qui est très développé chez eux, suppléc à la disposition défavorable de leurs yeux. Soit qu'ils marchent, soit qu'ils courent, leur mode de progression est le saut, ce qui tient à la longueur des pattes de derrière relativement à celles de devant. A l'époque des amours, les mâles se livrent parfois des combats acharnés. Les femelles sont très fécondes. Ces rongeurs dévasteraient bientôt nos bois et nos cultures, n'étaient les nombreuses causes de destruction qui les environnent. — On distingue bien une trentaine d'espèces.

Lièvre commun (*Lepus timidus*). Oreilles d'un dixième plus longues que la tête; queue de la longueur de la cuisse; pelage composé d'un duvet traversé par de longs poils, seuls apparents au dehors, d'un gris plus ou moins fauve ou roux selon les localités; dessous de la mâchoire inférieure et ventre blancs; bout des oreilles noir; longueur totale, 62 cent., dont la queue en mesure 12.

Les Lièvres proprement dits sont abondants

Fig. 753. — Lièvre.

dans toute l'Europe; on les rencontre dans l'Asie-Mineure et dans la Syrie; ils étendent leur habitat plus au nord que le Lapin. Ces rongeurs ne se creusent pas de terriers comme le font les Lapins; ils vivent sur le sol, dans les plaines ou les pays de montagnes, s'abritant dans un sillon ou entre quelques mottes de terre, mais abandonnant facilement leur gîte pour un autre situé à peu de distance. L'été, c'est dans les bruyères, les vignes, sous les arbustes qu'ils se reposent; l'hiver, au contraire, ils recherchent les lieux exposés au midi, découverts et à l'abri des vents. Ils quittent leur retraite au coucher du soleil et y reviennent une ou deux fois avant son lever. On les voit au clair de la lune jouer ensemble, sauter et courir les uns après les autres; mais au moindre bruit ils fuient chacun d'un côté différent. Ils passent la nuit à chercher leur nourriture, qui se compose d'herbes, de racines, de feuilles, de fruits et de grains. En domesticité, on les nourrit avec de la laitue, des choux et autres légumes.

Les Lièvres multiplient beaucoup; c'est la nuit que les deux sexes se rapprochent; leurs amours ont lieu depuis le mois de décembre jusqu'au mois de mars; à cette époque les mâles traversent des terrains immenses, et rôdent de tous côtés; c'est ce qui fait que ce gibier est très abondant dans certains pays. Quand le chasseur voit un Lièvre filer, il peut être sûr que c'est un mâle voyageur. Les femelles sont plus sédentaires : elles ne quittent guère les parages où elles trouvent nourriture suffisante. La gestation est de 30 à 40 jours; chaque portée ne se compose ordinairement que de 3 ou 4 petits, mis bas en rase campagne, sous une touffe d'herbes, dans un buisson, à côté d'une pierre, etc. L'allaitement est de 20 jours environ; après ce temps, les *Levrauts* (ils ont souvent une étoile blanche au front) se séparent et vivent isolément, mais à des distances peu éloignées les uns des autres. La femelle (*Hase*) est très lascive et d'une grande fécondité; on croit qu'elle reçoit le mâle (*Bouquin*) même pendant la gestation. Comme elle a la matrice double, lorsque la fécondation n'a porté que sur une des deux cornes, elle peut redevenir en chaleur, recevoir encore le mâle, et donner lieu à une superfétation. — V. ce mot. — La grosseur de son clitoris a fait croire autrefois qu'elle était hermaphrodite.

Le Lièvre ne vit que 7 ou 8 ans; il prend presque tout son accroissement en un an. Il est doux, taciturne, timide, peu intelligent, quoiqu'il emploie plus d'un genre de ruses pour échapper à la poursuite des chiens. Il dort beaucoup; il dort les yeux ouverts, dit-on; mais si c'est ainsi qu'on le voit lorsqu'on le surprend dans cette attitude, ce n'est pas un motif de croire que son sommeil a lieu sans l'abaissement des paupières. Il marche sans faire de bruit; sa course est rapide, et plus facile en montant qu'en descendant, vu que ses jambes de devant sont plus courtes que celles de derrière. Le mâle se distingue de la femelle par son derrière tout blanc, sa tête plus arrondie, ses oreilles plus courtes, ainsi que sa queue qui est aussi plus blanche. Les Lièvres de montagnes sont en général plus bruns sur le cou que ceux de plaines; ceux-ci sont presque rouges. Il y en a de tout blancs, qui sont des albinos.

Nous ne parlerons pas de la chasse au Lièvre, cela nous conduirait trop loin. Citons seulement ce passage de Buffon : « Lorsqu'il y a de la fraîcheur dans l'air par un soleil brillant, et que le Lièvre vient de se gîter après avoir couru, la vapeur de son corps forme une petite fumée que les chasseurs aperçoivent de fort loin, surtout si leurs yeux sont exercés à cette espèce d'observation : j'en ai vu qui, conduits par cet indice, partaient d'une demi-lieue pour aller tuer le Lièvre au gîte. Il se laisse ordinairement approcher de fort près, surtout si l'on ne fait pas semblant de le regarder, et si, au lieu d'aller directement à lui, on tourne obliquement pour l'approcher. Il craint les chiens plus que les hommes, et lorsqu'il sent ou qu'il entend un chien, il part de plus loin : quoiqu'il coure plus vite que les chiens, comme il ne fait pas une route droite, qu'il tourne et retourne autour de l'endroit où il a été lancé, les levriers qui le chassent à vue plutôt qu'à l'odorat, lui coupent le chemin, le saisissent et le tuent. »

La chair du Lièvre est noire, un peu excitante; elle était interdite au peuple juif; la loi du prophète la défend également aux Mahométans. Chez nous c'est un mets recherché, comme il l'était chez les Grecs et les Romains. Les Lièvres qui vivent sur les plaines montagneuses riches en thym, serpolet et autres herbes aromatiques, sont de meilleur goût que ceux qui habitent les plaines basses et marécageuses.

Lièvre variable (*L. variabilis*). Tête moins grosse, oreilles plus courtes, jambes moins longues que celles du Lièvre ordinaire ; yeux plus rapprochés du nez; queue plus courte; pelage semblable à celui du Lièvre commun en été, entièrement blanc en hiver ; queue blanche toute l'année; longueur de la tête et du corps, 80 centimètres.

Cette espèce habite la plupart des contrées septentrionales de l'Europe, de l'Asie, de l'Amérique; on la trouve principalement en Norwége, en Laponie, au Groënland, sur les montagnes de l'Écosse, en Livonie, en Russie et en Sibérie. D'un brun grisâtre en été, cet animal devient blanc pendant l'hiver; mais, dans ces changements périodiques, la coloration offre une foule de variations, qui probablement ont fait considérer comme des espèces distinctes des individus d'une même espèce.

Lièvre d'Égypte (*L. ægyptius*). Cette espèce, de la taille d'un Lapin, mais dont les oreilles sont proportionnellement plus longues que chez le Lièvre ordinaire, a été découverte par E. G. St-Hilaire. Ce Lièvre est devenu le sujet de nombreuses effigies, et il a trouvé place parmi les hiéroglyphes. — Le *Lièvre du Cap* doit être rapproché de cette espèce.

Lièvre tolai (*L. tolai*). Dans cette espèce, d'Asie, le pelage, d'un gris mêlé de brun fauve, ne devient pas blanc en hiver, mais plus clair seulement ; les oreilles sont un peu plus longues que la tête dans les mâles, plus courtes dans les femelles, bordées de noir au bout ; taille intermédiaire entre celles du Lièvre et du Lapin.

Ce Lièvre habite la Sibérie, la Mongolie, la Tartarie, et se trouve jusqu'au Thibet. Par l'ensemble de ses caractères il établit le passage des Lièvres aux Lapins.

Viennent ensuite, comme faisant partie du groupe des Lièvres, le Lapin et le Lagomys, dont il a été parlé précédemment.

LIÈVRE DE MER. Ce nom a été donné par les anciens à un genre de Mollusques gastéropodes, auquel les modernes ont appliqué celui d'*Aplysie*. — V. ce mot. — Bien que nous ayons déjà exposé les principaux traits de l'histoire de ces singuliers animaux, nous croyons devoir y revenir, puisque d'ailleurs nous pouvons en donner la figure aujourd'hui, et que plusieurs détails intéressants, qui ont été omis, nous paraissent dignes d'être connus.

Voici les caractères que leur assigne M. Rang : « corps charnu, oblong, allongé ou arrondi, bombé en dessus, plat et généralement élargi en dessous, conjoint avec le pied et ne formant qu'un tout avec lui, jamais divisé et ne se renfermant point dans une coquille ; tête distincte, bouche fendue en long; manteau étendu sur tout le corps, muni sur la partie supérieure d'une fente longitudinale formant quelquefois, par la dilatation de ses bords, deux lobes latéraux plus ou moins distincts, propres à la natation, et qui se croisent sur la cavité branchiale, située à la partie moyenne du corps, protégée, le plus souvent, par une membrane operculaire renfermant quelquefois une lame testacée, et toujours par les bords du manteau; branchies en forme de panache flottant dans cette cavité et parfois même en dehors ; tentacules au nombre de quatre; yeux situés à la base et en avant des tentacules postérieurs ; anus placé en arrière des branchies ; organes de la génération séparés sur le même individu, mais liés par un canal extérieur, la vulve en avant des branchies, le pénis près du tentacule droit antérieur. Ces animaux ont été l'objet de bien des fables. Cuvier, dans un mémoire plein de recherches curieuses, publié sur ce sujet dans les Annales du Muséum, rapporte ainsi qu'il suit les histoires qui ont été faites sur l'espèce type du genre (*Aplysia depilans*) :

« Les pêcheurs paraissent avoir eu de tout temps la manie, qu'ils conservent même de nos jours, d'attribuer des qualités malfaisantes aux animaux marins qui ne servent point à la nourriture de l'homme. On sait que les livres des naturalistes ne sont encore que trop remplis des rapports de ces hommes ignorants, sur les orties de mer, sur les étoiles et sur d'autres productions semblables, quoique l'observation en ait depuis longtemps démontré la fausseté. Ces contes se multiplient et augmentent en merveilleux lorsque la figure, la couleur ou l'odeur de l'animal ont quelque chose d'extraordinaire ou de rebutant, comme il arrive dans le Lièvre marin; aussi trouvons-nous une longue liste de propriétés pernicieuses et étonnantes de cet animal : non-seulement sa chair et l'eau dans laquelle on la fait infuser sont venimeuses, et font mourir au bout d'un nombre de jours parfaitement égal à celui qu'a vécu l'individu dont on a mangé, ou pris l'infusion, mais sa vue seule peut empoisonner. Une femme qui aurait voulu cacher sa grossesse, ne peut résister à l'aspect d'un Lièvre marin femelle; des nausées et des vomissements subits la tra-

Fig. 754. — Lièvre de mer (Aplysie).

hissent; et elle ne tarde pas à avorter, à moins qu'elle ne place dans sa manche un Lièvre marin mâle, desséché et salé; car c'est aussi là une des idées superstitieuses répandues de tout temps parmi le peuple, que chaque espèce malfaisante porte en elle-même le remède propre aux maux qu'elle cause. Il y a dans cette application-ci un embarras particulier : c'est que tous les individus des Lièvres marins réunissent les deux sexes. Si les Lièvres marins d'Italie sont si funestes à l'homme, c'est tout le contraire pour ceux de la mer des Indes : c'est l'homme qui est funeste à ceux-ci; et il ne peut les prendre vivants, parce que son seul contact les fait périr.

« On devine aisément que c'est Pline qui m'a fourni cette longue série de propriétés, et l'on est tenté de les rejeter toutes sur la seule considération d'une origine si suspecte. J'avoue que j'y suis très porté aussi, d'après mes propres recherches, quoique le témoignage unanime des anciens semble confirmer celui de Pline.

« Il paraît cependant qu'en Italie, ce pays où l'art des empoisonnements a été pratiqué et raffiné si anciennement, on faisait entrer le Lièvre marin dans quelques-uns des breuvages si usités dans les temps de corruption. Locuste l'employait, dit-on, pour Néron, et Domitien fut accusé d'en avoir donné à son frère.

« Les médecins traitent au long les symptômes produits par le poison du Lièvre marin : la peau devenait livide, le corps s'enflait, l'urine se supprimait d'abord, et sortait ensuite, tantôt pourpre, tantôt bleue, et souvent sanguinolente ; enfin le malade périssait avec des coliques et des vomissements affreux.

« Les remèdes que l'on a proposés contre ce poison sont presque innombrables. Il ne paraît pas qu'on ait été guidé dans leur choix par des principes bien constants, car des substances de vertus toutes contraires sont proposées avec une égale confiance. Tels sont la mauve, le lait de femme, celui d'ânesse et de jument, le sucre de cèdre, les os d'iâne, le raisin, l'alisma et le cyclamen.

« Mais parmi tant de faits annoncés par les anciens, touchant les propriétés du Lièvre marin, on ne trouve, comme il est très ordinaire, presque rien sur sa forme et sur son organisation. Aristote, qui était bien fait pour porter la lumière sur un objet si curieux , n'en parle pas du tout. Pline le compare à une pâte informe qui n'a du lièvre terrestre que la couleur ; Dioscoride, à un petit bamar ; Ælien, à un limaçon dont on aurait enlevé la coquille ; et cette dernière comparaison est la seule qui commence à nous mettre sur la voie. Comment les auteurs auraient-ils examiné de près un tel animal ? Outre que son air et son odeur devaient inspirer de la répugnance, on se rendait suspect seulement en le recherchant. Lorsqu'Apulée fut accusé de magie et d'empoisonnement, on rapporta, comme principale preuve , qu'il avait engagé, à prix d'argent, des pêcheurs à lui procurer un Lièvre marin. »

Toutes les Aplysies sont herbivores et carnivores; leurs mouvements sont très lents , et elles se tiennent tapies sous des pierres ou dans des trous de rochers ; le seul fait remarquable en elles, est le pouvoir qui leur est donné de répandre, à l'approche d'un ennemi, une certaine quantité de liqueur nauséabonde et rougeâtre qui obscurcit un assez grand espace d'eau et leur permet de fuir sans être vues. S'il faut en croire Cuvier , ces Mollusques pullulent d'une manière si prodigieuse, que la mer, à certaines époques de l'année, en fourmille.

L'espèce type du genre est très commune sur les côtes de la Méditerranée et même de l'Océan, à La Rochelle, etc. C'est l'APLYSIE DÉPILANTE , *Aplysia depilans*, de Linné, ainsi nommée parce que ce grand naturaliste croyait que la liqueur qu'elle lance fait tomber le poil des parties du corps qu'elle touche. C'est la même que l'*Aplysia fasciata* que Poiret a trouvée sur les côtes de Barbarie. Sa couleur est d'un noir plus ou moins bleuâtre avec les bords d'une belle couleur rouge. Dans les individus pris à La Rochelle , ces bords sont noirâtres, brunâtres, etc.

LIGNITE (de *lignum* , bois). Substance charbonneuse , luisante , à cassure résinoïde, provenant de la destruction d'arbres et d'autres matières végétales , et qu'on rencontre, en masses noires ou brunes ayant l'aspect du bois (*bois fossile*), dans certains terrains plus nouveaux que ceux où existe la houille. On rencontre souvent des fragments qui ont conservé la forme des végétaux dont ils proviennent : on y reconnaît des branches et même des troncs d'arbres , avec leur organisation végétale bien marquée. Dans presque tous les gisements, le Lignite se trouve accompagné de coquilles d'eau douce, ce qui annonce leur origine lacustre ou fluviatile.

Les Lignites sont généralement employés comme combustibles dans toutes les contrées où ils existent en assez grande masse pour être exploités. Ce combustible a souvent une grande analogie avec la houille , mais on ne peut pas l'employer à forger le fer. Il est d'ailleurs de qualités très différentes. La plupart des espèces brûlent facilement avec flamme, fumée noire, odeur bitumineuse souvent fétide , et sans se boursoufler sensiblement. Après la combustion, il reste un charbon analogue à la braise de boulanger , conservant ordinairement la forme des fragments. Par la distillation, les Lignites donnent de l'eau chargée d'acide acétique , et du goudron différent de celui qui provient des houilles, en ce qu'il ne contient pas de naphtaline. Il existe donc des différences assez notables entre les Lignites et les Houilles , qui pourraient souvent être confondues par leurs caractères extérieurs. Quelques-uns sont confondus aussi avec l'Anthracite; le Jayet ou Jais n'est autre chose qu'un Lignite dur et compacte. Plusieurs autres variétés terreuses sont employées en agriculture pour l'amendement des terres : on les nomme *cendres noires*. — On exploite le Lignite en France dans beaucoup de localités, notamment aux environs de Laon et de Soissons, à la Tour-du-Pin, dans divers points des Bouches-du-Rhône, des Basses-Alpes, etc.

Le Lignite, avons-nous dit, est de formation plus récente que la houille (V. ce mot); mais l'Anthracite et le Diamant, qui sont composés de carbone pur, ont précédé celle-ci, qui a précédé la houille sèche (*Stipite*), qui a précédé le Lignite, qui a précédé le bois pétrifié et agatisé, ce qui ressort de l'examen des divers dépôts, appelés primaires, secondaires ou tertiaires , selon l'époque de formation où on trouve leurs gisements. La cause principale qui a déterminé les changements que les débris végétaux ont éprouvés pour passer à l'état de graphite , de houille, d'anthracite, etc. , est très probablement la chaleur intérieure du globe, qui a aussi modifié toutes les couches anciennes , et ces débris sont devenus plus abondants à mesure que la végétation augmentait. Or, cette végétation a été d'une vigueur extraordinaire à la troisième époque; une atmosphère plus chargée d'acide carbonique que celle d'aujourd'hui aidait probablement à son développement , car des végétaux analogues à nos lycopodes et à nos mousses rampantes y atteignaient 2 à 3 cents pieds de longueur.

LILAS (*Syringa*). Genre de la famille des Jasminacées , caractérisé par : calice turbiné , à 5 dents ; corolle tubuleuse , hypocratériforme, dont le limbe est à 4 divisions un peu concaves , avec étamines incluses, etc.

Le LILAS COMMUN (*S. vulgaris*), que chacun connaît, est originaire de la Perse; il a été apporté de Constantinople en Europe par de Busbecq, en 1562. C'est un joli arbrisseau au feuillage frais, élégant, aux panicules fleuries des plus suaves et des plus agréables à la vue, mais, hélas ! qui durent trop peu de temps. Cet arbrisseau n'est point délicat sur la nature du terrain, et ne redoute nullement les froids.

Le Lilas est doué dans toutes ses parties d'une forte amertume : aucun animal herbivore ni insecte, si ce n'est quelquefois la cantharide, ne touche à ses feuilles. On a essayé l'extrait préparé de ses jeunes pousses contre la fièvre intermittente, qu'il a paru dans certains cas faire disparaître. Le bois est dur, susceptible d'un joli poli, mais il est sujet à se fendre.

Le **Lilas de Perse** (*S. persica*), qui a été introduit en Europe cent ans après le premier, est moins élevé; ses rameaux sont grêles, étalés sans ordre ; ses feuilles deux fois plus petites, lancéolées; ses fleurs d'un pourpre clair, formant des panicules pyramidales opposées.—La culture de ces deux espèces a produit plusieurs variétés, telles que le *L. à fleurs blanches*, le *L. de Marly*, arbrisseau plus petit, aux fleurs très belles, le *L. Varin*, dont les feuilles sont plus petites, mais les tyrses magnifiques.

LILIACÉES (de *lilium*, lis). Famille de Plantes monocotylédones, à racine bulbifère ou fibreuse, comprenant aussi quelquefois des arbrisseaux et même des arbres. La tige ou hampe est en général nue ; les feuilles sont le plus souvent radicales, planes ou cylindriques. Les fleurs sont tantôt solitaires et terminales, tantôt en épis ou en grappes ; parfois une spathe les enveloppe avant leur épanouissement : calice pétaloïde coloré, quelquefois tubuleux, à 6 divisions au limbe, dont 3 intérieures et 3 extérieures; 6 étamines, insérées à la base des sépales lorsqu'ils sont distincts, au haut du tube quand ces sépales sont réunis en tube; ovaire triloculaire, libre, à style simple ou nul. Le fruit est une capsule à 3 loges s'ouvrant en trois valves. — Les genres de cette famille sont fort nombreux et d'ailleurs remarquables par l'éclat et la grandeur de leurs fleurs. On les a classés en 4 tribus :

Tulipacées. Racine bulbifère ; sépales distincts ou à peine soudés par leur base : *Lis, Fritillaire, Tulipe*, etc.

Hémérocallidées. Racine fibreuse ; sépales soudés en tube : *Hémérocalle, Tubéreuse,* etc.

Scillées. Racine bulbifère : sépales distincts ou soudés ; épisperme noir : *Ail, Scille, Jacinthe.*

Aloinées. Plantes généralement grosses et charnues, quelquefois arborescentes ; sépales ordinairement soudés en tube : *Aloès.*

LIMACE (*Limax*). Genre de Mollusques céphalés, de la classe des Gastéropodes pulmonés et nus, ayant pour caractères : corps ovale allongé, mou, plan en dessous, convexe en dessus; tête munie de deux paires de tentacules; une sorte d'écusson charnu et renfermant presque toujours une petite lame de matière testacée existe à la partie antérieure et supérieure du corps, portant le nom de bouclier; yeux placés à l'extrémité de la plus longue paire de tentacules, etc. (V. la fig. 568, page 105.)

La Limace, dont chacun connaît la forme générale, offre plusieurs autres particularités d'organisation dont voici les principales. Sa contractilité est très grande; elle se retire sous son bouclier quand on la touche ; sa peau est chagrinée, rugueuse, épaisse, visqueuse; sa locomotion est analogue à celle de l'Hélice, c'est la couche musculo-cutanée du pied qui agit pour l'opérer. La bouche, placée en avant et au-dessous de la tête, présente deux lèvres comme cornées ; de chaque côté de la cavité buccale vient s'ouvrir le canal excréteur des glandes salivaires; l'œsophage, d'abord fort étroit, se renfle bientôt pour constituer l'estomac; l'intestin, après plusieurs circonvolutions à travers les lobes du foie, se porte en avant et à droite, pour se terminer sur le côté du corps, tout près de l'orifice pulmonaire. Et en effet, au côté droit de l'animal on aperçoit trois trous qui servent l'un à la défécation, l'autre à la respiration, le troisième à la reproduction. Le foie est grand, divisé en deux lobes ; les canaux biliaires s'ouvrent dans la partie postérieure de l'estomac. Le poumon, dont nous venons d'indiquer l'ouverture, est une sorte de réseau dans lequel se rendent et d'où partent de nombreuses vésicules. Le cœur se trouve placé presque sur le milieu de la cavité du poumon, au dessus du bouclier; la disposition du système artériel et veineux est analogue à celui des Hélices.

Le système générateur des Limaces a donné lieu à beaucoup de travaux, qui n'ont pas encore complétement élucidé la question, puisqu'il reste encore à déterminer d'une manière positive quel est l'organe mâle et quel est l'organe femelle dans l'appareil double de ces animaux. On concevra donc que nous ne poursuivions pas ce sujet; nous nous contenterons seulement de dire que la Limace est hermaphrodite, avec accouplement et fécondation réciproques, et d'une très grande fécondité. C'est au mois de mai qu'a lieu l'accouplement, qui ne se fait pas de la même manière dans toutes les espèces, à ce qu'il paraît. Peu de temps après, la ponte s'opère, et les œufs sont déposés par petites masses ou par chapelets dans un lieu froid, humide, obscur, soit dans la terre, soit dans de la mousse.

Les Limaces habitent toutes les régions de l'Europe et de l'Amérique septentrionale. Ce sont des animaux voraces qui vivent de jeunes végétaux, de fruits, de champignons, de papier, de bois pourri, qui s'attaquent aussi quelquefois à des matières animales en putréfaction, au fromage, etc. Elles paraissent moins redouter le froid que les Hélices ; surprises par l'hiver, elles s'enfoncent dans la terre, dans les fentes des vieux murs humides, dans les troncs creux et pourris des arbres, où elles se contractent, ne forment plus qu'une boule et restent engourdies jusqu'au retour du printemps. Les Limaces se tiennent cachées l'été, pour ne sortir que le soir et le matin surtout: un temps humide, une petite pluie, des brouillards, sont autant de causes qui les engagent à quitter leur retraite pendant la journée.

Leurs espèces sont nombreuses. De Blainville les divise en deux sections : 1° celles qui ont l'extrémité du corps terminé par un sinus aveugle : *Arion* ; 2° celles qui ont l'extrémité postérieure du corps carénée et sans sinus aveugle : *Limace*. Les espèces sont : la L. CENDRÉE (*L. cinerus*), d'un gris blanchâtre, avec lignes noires interrompues, commune dans les bois sous les écorces d'arbres pourris ; — la L. DES CAVES (*L. flavus*), de couleur roussâtre ; — la L. AGRESTE (*L. agrestis*), petite et toute grise, se trouvant dans les champs, les jardins, rejetant une abondante viscosité, etc.

LIMAÇON. Nom vulgaire des espèces du genre *Hélice.* — V. ce mot.

LIMANDE. Poisson malacoptérygien du genre Pleuronecte, division des Plies, plat et mince, ressemblant à la Sole, mais étant moins long et ayant la tête plus pointue. La Limande est bonne à manger, mais moins délicate que la Sole : il faut la choisir très fraîche.

LIME (*Lima*). Mollusque acéphale, voisin des Huîtres, et dont la forme se rapproche de celle des Peignes. On en trouve dans toutes les mers ; les espèces fossiles sont encore plus nombreuses.

LIME-BOIS. Insecte coléoptère pentamère, dont la larve vit dans le bois et le perce en tous sens. — V. *Lymexylon.*

LIMNADIE (*Limnadia*). Crustacé branchiopode pourvu d'un test en forme de coquille bivalve, comme une moule, qui renferme le corps, lequel est divisé en 19 ou 20 segments peu apparents, avec autant de paires de pattes égales, bifides au bout ; tête distincte du test ; 4 antennes, les 2 extérieures fort grandes ; 2 yeux. Les pattes ne peuvent servir à la marche ; affectant la forme de lances foliacées, elles constituent en même temps des organes de natation et de respiration. Le mode de génération de ces animaux est peu connu ; toutefois ils ne sont pas hermaphrodites. — La *Limnadia hermanni* se trouve à Fontainebleau, dans les petites mares.

LIMNÉE (du grec *limnè*, étang). Genre de Mollusques gastéropodes, semblables aux Limaçons par la forme de leurs corps ; ils ont 2 tentacules aplatis, triangulaires ; se trouvent dans les eaux douces de toutes les parties du monde, vivant à la surface de ces eaux et nageant le pied en haut et la coquille en bas ; dans cette position ils cherchent à saisir les débris végétaux et les infusoires dont ils se nourrissent. Ces petits animaux se tiennent quelquefois sur le rivage, rampent sur les plantes aquatiques ; mais ils ne tardent pas à périr s'ils restent longtemps privés d'humidité, car ils n'ont pas, comme les Hélices, la facilité de fermer leur coquille au moyen d'un épiphragme. Les Limnées sont bilobées ; l'individu porte les deux sexes, mais cet hermaphrodisme est insuf-

lisant, et de plus l'accouplement présente une particularité que Geoffroy a bien décrite. Voici ce qu'il dit : « Les Buccins (c'est le nom qu'il donne aux Limnées) sont hermaphrodites comme les Limaçons, mais leur accouplement ne s'exécute pas de même ; lorsqu'ils ne sont que deux, un seul fait l'office de mâle et l'autre celui de femelle, ce qui vient de la position de leurs parties qui rend le double accouplement impossible ; mais s'il en survient un troisième, alors il saisit celui des deux qui fait avec le premier office de mâle, s'accouple avec lui et fait le même office, en sorte que celui du milieu exerce l'action de mâle et de femelle, mais avec deux Buccins différents. Quelquefois on voit dans les ruisseaux des bandes considérables ainsi accouplées, dont tous font l'office de mâle et de femelle avec deux de leurs voisins, tandis que les deux derniers, qui sont aux deux extrémités de ce chapelet, n'ayant qu'un seul contact, n'agissent que comme mâle ou comme femelle seulement. »

On peut ranger ces animaux, d'après la disposition de leur manteau, en deux sous-genres : dans le premier, le manteau, étendu, recouvre la convexité de la coquille : il comprend : le L. GLUTINEUX, qui représente une sorte de mucosité lorsque le manteau recouvre la coquille, qui est d'ailleurs diaphane, jaunâtre, ventrue, à ouverture ample, avec 3 tours de spire. Dans le second sous-genre, le manteau n'a pas d'expansion qui recouvre la coquille : on y trouve plusieurs espèces, notamment le L. AURICULAIRE ou *Buccin ventru* (Geoffroy), qui est très commun aux environs de Paris.

LIMNORIE (*Limnoria*). Genre de Crustacés isopodes, dont une seule espèce connue :
La LIMNORIE TÉRÉBRANTE (*L. terebrans*) est un petit animal dont le corps est cylindrico-linéaire, les antennes insérées sur la même ligne. La femelle est d'un tiers plus grosse que le mâle, dont la longeur est de 4 millim. Elle est reconnaissable aussi à la poche dans laquelle sont ses œufs. Ce petit crustacé se trouve dans diverses parties de l'océan Britannique. Il perce le bois des vaisseaux avec une promptitude alarmante.

LIMONIER. — V. *Citronnier.*

LIMONITE. Substance brune ou jaune, qui est un hydrate de fer renfermant 80 pour 100 de peroxyde, et par conséquent 55 de métal. Cette substance se montre sous plusieurs formes différentes, et appartient tout entière aux terrains de sédiment, où elle forme des amas considérables qui commencent à paraître dans les parties les plus anciennes, au voisinage des terrains de cristallisation, pour s'étendre ensuite jusque dans les dépôts les plus modernes, où elle constitue la *mine de marais.* C'est un minerai précieux, qui, surtout à l'état d'oolithe, alimente la plupart des usines de la France. On remarque en général que

les couches intercalées dans les calcaires produisent des fers plus cassants que les dépôts formés
dans les cavernes et les fentes du terrain ou à la
superficie du sol tertiaire. On attribue cette différence à la présence des phosphates provenant des
débris organiques que renferment les premières,
et qui fournissent du phosphore pendant le traitement. Lorsqu'il reste plus d'un cinquième de
cette substance dans le fer, ce métal n'est plus
propre à aucun usage.

Il est des variétés terreuses qui sont exploitées
pour la peinture : telles sont la terre d'Italie, la
terre d'ombre, la terre de Sienne, l'ocre, etc.

LIMOSELLE (*Limosella*). Genre de la famille
des Primulacées, dont une seule espèce mérite
d'être mentionnée.

La **LIMOSELLE AQUATIQUE** (*L. aquatica*) est une
plante vivace de 30 à 80 cent., à feuilles toutes
radicales, entières, longuement pétiolées ; à fleurs
très petites, blanchâtres ou rosées, portées sur des
pédicelles axillaires que dépassent de beaucoup
les feuilles : calice 5-fide ; corolle campanulée-
rotacée, à limbe 5-fide ; étamines 4, etc. — La
Limoselle est aquatique ; se développant sous
l'eau, elle ne fleurit que dans les endroits desséchés, en juin-septembre.

LIMULE (*Limulus*). Genre de Crustacés de
l'ordre des Pœcilopodes, famille des Xiphosures.
Le corps est divisé en deux parties : la première,
recouverte par un bouclier testacé demi-circu-

Fig. 755. — Limule.

laire, porte les yeux, les antennes et six paires de
pieds qui entourent la bouche et qui servent en
même temps à la marche et à la mastication ; la
seconde portion du corps, recouverte par un autre bouclier presque triangulaire, porte en des-

sous cinq paires de pattes natatoires, dont la face
postérieure est garnie de branchies, et elle se termine par une longue queue styliforme.

Ces singuliers animaux habitent l'océan Indien
et les côtes d'Amérique : on les connaît sous le
nom vulgaire de *Crabes des Moluques*. Leur taille
est assez grande : il en est qui atteignent 70 cent.
de longueur. Partout on le recherche comme aliment ; on compare leur chair à celle des meilleurs
crustacés. Mais ils ne se laissent pas prendre
sans chercher à se venger. Leur queue est garnie
de chaque côté de dents aiguës et pénétrantes,
qui font des blessures douloureuses ; et comme
ils peuvent la diriger à peu près à leur gré, il est
presque impossible de les saisir sans se laisser
atteindre. Leurs piqûres sont assez difficiles à
guérir, pour qu'on les regarde comme empoisonnées ; et c'est dans cette persuasion que les sauvages adaptent la queue de ces crustacés à la
pointe de leurs flèches, dans le dessein de faire
plus de mal à leurs ennemis.

LIN (*Linum*). Genre de Plantes, type de la famille des Linacées, et caractérisé, pour une partie
de ses espèces nombreuses (50 au moins), par :
calice persistant, à 2 folioles ; 5 pétales onguiculés ; 5 étamines un peu soudées à leur base ; 5 écailles en forme de filaments stériles, alternes avec
les étamines ; 5 styles. Capsule globuleuse à 5 valves rapprochées et dont les bords rentrants forment autant de loges qui paraissent être doubles.

Le **LIN CULTIVÉ** (*L. usitatissimum*). Plante herbacée de 40 à 70 cent., à tige simple, droite, grêle,
cylindrique glabre ; feuilles sessiles éparses, étroites, entières, dressées, linéaires lancéolées ; fleurs
assez grandes, axillaires en haut de la plante, ou
solitaires et terminales, d'un bleu clair, et dont
les caractères viennent d'être indiqués (fig. 756).

Le Lin croît naturellement dans les champs,
mais on le cultive en grand dans plusieurs provinces de la France, principalement dans le nord.
Ses fleurs se montrent en juin ou juillet ; elles durent très peu ; mais que de richesses renfermées
dans les tiges défleuries ! Le Lin est célèbre, dès
l'antiquité la plus reculée, dans les arts et l'économie domestique. C'est surtout par les fibres que
l'on retire de son écorce qu'il est précieux, fibres qui,
transformées et torturées de mille manières par
l'industrie de l'homme, servent, sous mille formes
variées, à nos besoins et à nos plaisirs. Dépouillé
de sa gomme par le rouissage, le tissu cortical du
Lin sert à faire du fil, des toiles fines, des cordes,
qui, étant usées, passent à la fabrication du papier.

Dans certaines contrées de l'Asie, le peuple se
nourrit quelquefois des semences de Lin, qu'il fait
cuire après les avoir écrasées et mêlées avec le
miel. Dans les temps de famine on s'en est servi
en Hollande comme aliment, mais elles constituent
une nourriture fade, visqueuse, très difficile à digérer. Leur huile sert pour l'éclairage, pour la
fabrication de l'encre d'imprimerie et de plusieurs
vernis, etc.

Mais c'est en médecine qu'on fait le plus grand usage de la *graine de Lin* : on l'emploie soit en décoction pour tisane, fomentations émollientes ; soit réduite en poudre (*farine de lin*) pour cataplasmes. L'huile de ces semences est aussi usitée, dans l'art de guérir, pour la fabrication des sondes, bougies et canules, improprement dites de gomme élastique.

Les cultivateurs distinguent : le *Lin froid* ou *Grand lin*, qui produit une filasse d'une finesse extrême ; le *Lin chaud* ou *Tétard*, qui ne devient jamais aussi grand ; le *Lin moyen*, qui est la va-

Fig. 786. — Lin.

(1, racine ; — 2, fruit, accompagné du calice ; — 3, un pétale détaché ; — 4, pistil et étamines.)

riété la plus répandue. Il y a plusieurs autres espèces disséminées sur le sol de l'Europe, dont nous ne pouvons faire mention.

Lin vivace (*L. perenne*). Cette espèce, venue de Sibérie, dit-on, et qui est élevée, porte des feuilles nombreuses et pointues, des fleurs grandes et d'un très beau bleu ; elle donne aussi une très bonne toile de longue durée, quoique sa filasse soit moins fine. Sous le rapport de l'ornement, cette plante figure avec grâce parmi les plus remarquables et les plus recherchées.

Le Lin cathartique (*L. catharticum*) ou *Lin purgatif* est une plante de 15-25 cent., annuelle, à tige grêle, glabre, 2-3 fois divisée au sommet ; à feuilles opposées, ovales, glabres ; fleurs petites, blanches à long pédicelle. — Cette espèce, assez commune dans les prés secs, au bord des chemins humides, dans les clairières des bois, n'a pas d'odeur, mais est douée d'une saveur amère, nauséeuse. C'est un purgatif doux et assez sûr, qui n'est que rarement employé en France.

LINACÉES (de lin, genre type). Famille de Plantes dicotylédones polypétales, hypogynes, comprenant des herbes annuelles ou vivaces, quelquefois des arbustes ; feuilles simples, sans stipules, le plus ordinairement alternes. Fleurs pédicellées ; calice persistant à 5 sépales ; corolle de 5 pétales imbriqués et tordus, caducs ; 10 étamines monadelphes par la base, dont 5 fertiles et alternes, à anthères introrses. Ovaire à 4 ou 5 loges, souvent partagées en deux par une cloison incomplète, de sorte qu'il paraît à 8 ou 10 loges ; autant de styles que de loges ; stigmates simples. Le fruit est une capsule accompagnée du calice, s'ouvrant en 5 ou 10 valves ayant 4 ou 5 loges dispermes, avec 5 cloisons incomplètes et pariétales. — Genres : *Lin, Radiole*.

LINAIGRETTE (*Eriophorum*). Genre de la famille des Cypéracées ; plantes vivaces, à rhizomes traçants ; tiges feuillées, les feuilles supérieures réduites quelquefois à leur gaîne. Fleurs en épis, épillets solitaires, ressemblant à des houppes soyeuses à la maturité. — Ce genre comprend plusieurs espèces. — La Linaigrette proprement dite (*L. angustifolium*) a une tige de 40 à 60 cent., feuillée surtout à la base ; feuilles canaliculées-carénées, légèrement scabres ; 1-3 bractées foliacées ; épillets à écailles ovales acuminées, sur des pédoncules lisses, glabres ; akène muni à la base de soies capillaires.

Cette plante est assez commune dans les lieux marécageux et tourbeux, où elle fleurit en mai-juin. On emploie, en Laponie, les longues soies qui entourent les graines pour faire des tissus : c'est ce qui lui a valu son nom, dérivé de *Lin*.

LINAIRE (*Linaria*). Genre de la famille des Scrophulariacées, plantes annuelles ou vivaces, à feuilles ordinairement alternes ; à fleurs jaunes, bleues ou purpurines : calice 5-partit ; corolle à tube renflé, prolongé à la base en éperon, et dont le limbe est en gueule ; lèvre supérieure bifide à lobes réfléchis en dehors ; lèvre inférieure 3-lobée à lobe moyen présentant un palais saillant qui forme la gorge ; étamines 4, incluses ; capsule ovoïde ou subglobuleuse, polysperme, etc. — Parmi les espèces, assez nombreuses, nous mentionnerons la *Linaire* proprement dite, la *Cymbalaire* et la *Velvote*.

Linaire (*L. vulgaris*). C'est l'*Antirrhinum linaria* de Linné. Plante vivace, glabre, dont les tiges, dressées, hautes de 20 à 60 cent., sont munies de feuilles éparses, rapprochées, lancéolées linéaires, à nervure moyenne seule très distincte ; fleurs imbriquées en grappes spiciformes compactes ; corolle grande, d'un jaune pâle, à palais d'un jaune safrané, à éperon très long, etc.

La Linaire est commune aux bords des chemins, dans les champs sablonneux ou pierreux, sur la berge des rivières, fleurissant en juillet-septembre. On la cultive dans les jardins. Cette plante, d'une odeur qui tend à la fétidité, quoique peu prononcée , est d'une saveur un peu amère et acerbe à l'état frais ; elle a été très employée autrefois dans plusieurs affections. Mais ses propriétés insignifiantes justifient l'oubli dans lequel elle est tombée.

Cymbalaire (*L. cymbalaria*). Cette espèce a des tiges nombreuses, couchées-pendantes très rameuses; des feuilles à pétiole beaucoup plus long que le limbe, épaisses, à 5-7 lobes obtus ; fleurs d'un rose bleuâtre, à palais jaune; pédicelles filiformes : calice à divisions lancéolées ; éperon court et arqué. — La Cymbalaire se trouve sur les vieux murs humides, fleurit tout l'été.

Fig. 757. — Linaire.

La **Velvote** (*L. spuria*), vulg. *Linaire bâtarde* , est une plante annuelle poilue, à tiges nombreuses , couchées , diffuses , flexueuses ; feuilles alternes à pétiole court, oblongues ou suborbiculaires; fleurs à pédicelles très poilus, jaunes et à lèvre supérieure d'un violet foncé en dedans; éperon légèrement arqué. — Elle croît aux lieux cultivés, dans les champs en friche , et fleurit en juillet-octobre.

LINGULE (*Lingula*). Mollusque acéphale bivalve, compris par Lamarck dans la classe des Branchiopodes. L'animal est ovale-allongé, enveloppé d'un manteau ouvert dans toute sa moitié antérieure, et il porte des branchies pectinées à sa face interne. Sa bouche est en forme d'appendice tentaculaire cilié, roulé en spirale dans son intérieur, et pouvant être porté au dehors; la coquille est mince, équivalve , équilatérale , épidermée, verdâtre, prenant la forme du corps de l'animal et étant analogue à celle du bec d'un canard.

La **Lingule anatine** (*L. anatina*) est commune dans les mers des Moluques et des Philippines. Elle vit près de la surface des eaux, fixée aux rochers ou sur le sable, dans lequel elle s'enfonce lorsqu'elle est à découvert. Sa chair est recherchée comme aliment par les indigènes.

LINOTTE (*Fringilla, Linota*). Genre de Passereaux hémisyndactyles , de la famille des Conirostres, appartenant, selon les ornithologistes , au groupe des Fringillidés, lequel comprend les genres suivants : *Moineau, Pinson, Niverolle, Verdier, Chardonneret, Serin, Gros - bec, Bruant, Bouvreuil*, etc.

La Linotte, ainsi appelée parce qu'elle aime les graines de lin, a le bec court, droit, à pointe peu aiguë, à bords un peu rentrants, ceux de la mandibule inférieure formant vers la base un angle mousse; les ailes atteignent à peine le milieu de la queue, qui est très échancrée; tarses courts , légèrement emplumés au-dessous de l'articulation, etc. — « Il est peu d'oiseaux aussi communs, mais il en est peut-être encore moins qui réunissent autant de qualités : ramage agréable, couleurs distinguées , naturel docile et susceptible d'attachement, tout lui a été donné, tout ce qui peut attirer l'attention de l'homme et contribuer à ses plaisirs. Il était difficile que cet oiseau conservât sa liberté; mais il était encore plus difficile que, au sein de la servitude où nous l'avons réduit, il conservât ses avantages naturels dans toute leur pureté. En effet, la belle couleur rouge dont la nature a décoré sa tête et sa poitrine, et qui, dans l'état de liberté, brille d'un éclat durable, s'efface par degrés et s'éteint bientôt dans nos cages et nos volières. Il en reste à peine quelques vestiges obscurs après la première mue. »

La **Linotte ordinaire** (*F. cannabina*), vulg. nommée *Gros-bec-Linotte, Friant*, est l'espèce à laquelle s'applique plus particulièrement ce qui vient d'être dit. Elle habite presque toutes les contrées de l'Europe, niche dans les vignes, les taillis, les buissons. Son chant est agréable, brillant et flûté, et son ramage peut se perfectionner par l'éducation. La captivité, qui altère tant son plumage , est favorable au développement de sa voix. De tous les oiseaux de chambre, la Linotte est celui qui, par la douceur et le flûté de ses sons, rend les airs qu'on lui enseigne de la manière la plus nette et la plus agréable. Toutefois les femelles ne chantent et n'apprennent pas à chanter : les jeunes mâles pris au nid sont seuls susceptibles d'éducation. Le mâle ne partage pas les travaux du nid ni les soins de l'incubation, mais il nourrit soigneusement sa femelle en lui dégorgeant de la pâture, et il cherche à l'égayer par un continuel ramage. La ponte est de 4 à 6 œufs oblongs, d'un blanc azuré, pointillé et linéolé de brun. On nourrit les petits en cage avec du gruau d'avoine et de la navette broyée dans du lait ou de l'eau sucrée. Pour les instruire, on les siffle le soir à la lueur de la lumière, ayant attention de bien articuler les mots qu'on veut leur faire dire. « Quelquefois, pour les mettre en train, on les prend sur le doigt ; on leur présente un miroir, où ils se voient ou croient voir un au-

Fig. 758 et 759. — Linotte (n âle femelle).

tre oiseau de leur espèce ; bientôt ils croient l'entendre, et cette illusion produit une sorte d'émulation, des chants plus animés et des progrès réels. On a cru remarquer qu'ils chantaient plus dans une petite cage que dans une grande. »

La Linotte montagnarde (*T. flavirostris*), vulg. *Linot des oiseleurs*, *Gros-bec à gorge rousse*, habite le nord de l'Europe, et se montre de passage régulier dans le nord de la France, où on la rencontre ordinairement par couple. Son caractère est indolent et très doux ; son chant est strident et monotone. Ses œufs sont oblongs, bleuâtres, pointillés de brun.

La Linotte venturon (*F. citrinella*), vulg. *Gros-bec venturon*, habite les contrées méridionales de l'Europe, fréquentant l'hiver les plateaux des collines, et se retirant l'été dans les régions moyennes des montagnes boisées. — Cet oiseau est doux et peu farouche ; il se nourrit des graines de plantes alpestres, et surtout en hiver de celle de la lavande commune. Il niche dans les arbres verts ; pond 4 ou 5 œufs oblongs d'un blanc azuré, avec des taches brunes.

Il est des espèces étrangères dont nous ne parlerons pas : telles que la *L. des champs*, de la Martinique, la *L. verdâtre*, du Brésil, etc.

LINYPHIE (*Linyphia*). Genre d'Arachnides pulmonés, famille des Fileuses, qui ont des mâchoires carrées et droites, 4 yeux au milieu de la tête, formant un trapèze, et 4 autres yeux groupés par paires. — Ces Araignées vivent sur les buissons, les genévriers, les pins, sur les fenêtres et les coins des murailles ; elles construisent une toile horizontale, à tissu serré, au milieu de la-

quelle elles se fixent dans une position renversée. Un insecte se trouve-t-il engagé dans ce filet, l'Araignée accourt, le perce avec ses mandibules à travers la toile à laquelle elle fait une déchirure pour le faire passer et le sucer.

Les Linyphies sont les seules Aranéides dont les mâles soient respectés par les femelles lors de l'accouplement, et qui habitent avec elles sur la même toile. Ces mâles sont très différents d'elles : leurs pattes sont beaucoup plus grêles et plus allongées, leur abdomen beaucoup plus long ; leurs palpes sont terminées par un gros bouton qui se sépare en deux quand on le presse, et présente deux pièces en manière de valves, du milieu desquelles on voit sortir d'autres pièces. Les deux sexes, au moment de l'accouplement, sont dans une position renversée, le ventre de l'un vis-à-vis le thorax de l'autre : ils entrelacent leurs palpes, et le mâle introduit le bouton de l'extrémité de ces palpes dans l'ouverture sexuelle de la femelle ; il le retire pour l'y replacer, en répétant plusieurs fois cette manœuvre que De-géer a crue être l'accouplement véritable, tandis que ce n'est autre chose qu'une préparation à l'acte, une manière d'exciter la femelle. A l'époque de la ponte, le ventre de celle-ci grossit beaucoup ; le cocon dans lequel elle met ses œufs est composé d'une soie lâche, qu'elle place auprès de sa toile. Les œufs sont d'un rouge tirant sur le jaune, non agglutinés entre eux.

Ces observations ont été faites par Degéer sur la Linyphie triangulaire, espèce commune aux environs de Paris, qui a l'abdomen ovale, court ou presque globuleux, avec une bande brune marquée de petites taches blanches découpées sur le bout le long du milieu du dos ; sa longueur est de 6 à 7 millim. ; elle fait son nid dans les bois.

LION (*Felis leo*). Cet animal appartient au sous-genre Chat, occupant le premier rang parmi les espèces comprises par les naturalistes sous la dénomination générale de Féliens. Au mot *Chat*, nous en avons indiqué les principaux caractères. Toutefois nous en avons omis aussi qu'il est bon de rappeler ici avant de passer outre.

Les Chats ne sont pas faits, comme les Chiens, pour ronger de la chair, ni même pour la mâcher, et à plus forte raison pour ronger des os : ils sont disposés pour la déchirer et l'avaler sans presque la mâcher. Les incisives sont très petites, les canines très développées ou véritables crochets ; les molaires sont dentelées et tranchantes comme une scie, et, la mâchoire inférieure étant plus étroite que la supérieure, elles se correspondent par leurs faces à la manière de ciseaux. Dans le Lion, les incisives sont en même nombre que dans les autres espèces de Chats, et même que dans tous les Carnassiers. Les canines sont au nombre de deux à chaque mâchoire, celles d'en bas croisant d'une manière très serrée celles d'en haut. La supérieure diffère de l'inférieure en ce qu'elle est un peu plus comprimée, plus lon-

gue, plus arquée, et cette dernière étant plus en
crochet. Les molaires sont au nombre de 4 de
chaque côté à la mâchoire supérieure, de 3 seulement à l'inférieure. Chez le Lion, l'âge apporte
des changements considérables dans le système
dentaire.

L'appareil digestif, dans le genre Chat, est proportionnellement court et étroit, ce qui correspond avec l'instinct éminemment carnassier :
aussi le ventre est-il maigre, arqué en sens inverse de celui des herbivores. La langue est hérissée de papilles cornées très dures, déchirantes
en quelque sorte ; les glandes salivaires sont petites, ce qui explique la grande soif dont ces animaux sont tourmentés. Leur urine se putréfie vite
et répand une odeur infecte qu'ils sont portés à
cacher. La voix, dans les grandes espèces, est
un bruit très fort, qui se change, dans les petites,
en ce que l'on appelle le miaulement : le Lion rugit
d'une voix creuse, le Jaguar aboie, le Chat ordinaire miaule, la Panthère pousse comme un bruit
de scie. Tous font entendre, pour exprimer leur
satisfaction, un bruit particulier qu'on appelle
ronron. Leur vue est excellente et s'exerce aussi
bien la nuit que le jour: leur odorat est très délicat; mais c'est surtout le sens de l'ouïe qui a
le plus de finesse : c'est par l'ouïe principalement
que les Chats se dirigent. Ces animaux peuvent
tomber de très haut sans se blesser, et l'explication de ce fait se trouve dans la disposition à la
flexion des membres, surtout des postérieurs, et
dans l'existence de pelotes très prononcées, gar-
nissant le dessous de leurs pattes. La proéminence de ces pelotes flexibles et élastiques contribue à ce que les ongles ne touchent pas le sol

et ne s'émoussent pas, chose d'ailleurs impossible, grâce à la faculté qu'ont les Chats de les retirer dans une sorte d'étui. La rétractilité puissante de ces ongles très pointus rend ces animaux
très propres à grimper. Ils sont doués d'une vigueur prodigieuse et pourvus des armes les plus
puissantes ; ils attaquent pourtant rarement les
autres animaux à force ouverte ; la ruse et l'astuce
sont l'âme de toutes leurs actions. Rassasiés, ils
se retirent au centre du domaine qu'ils ont choisi
pour leur empire et attendent dans un profond

sommeil qu'un nouveau besoin les presse d'en
sortir. Celui de l'amour les stimule comme celui
de la nourriture, mais il n'adoucit point leur férocité. Le mâle et la femelle s'appellent par des
cris aigus, s'approchent avec défiance, assouvis-
sent leur ardeur en se menaçant, et se séparent
remplis d'effroi. Les Chats mâles sont les plus
cruels ennemis de leur progéniture. Telles sont
les mœurs du Lion, du Tigre, de la Panthère,
comme du Chat domestique. — Ce sujet n'est
qu'effleuré; mais en le poussant plus loin, nous
nous exposerions à des répétitions nombreuses
et dépasserions les limites de cet article. — Revenons au Lion.

Caractères spécifiques du Lion. Corps musculeux; membres forts; tête grosse; dos, flancs,
train de derrière, jambes de devant et tête couverts de poils courts et serrés d'un brun fauve ;
poitrine, partie antérieure du ventre, épaules,
cou, devant de la tête et bout de la queue revêtus
de longs poils mélangés de noir et de fauve ;
queue floconneuse au bout; pupilles rondes. —
La Lionne diffère du Lion par l'absence de crinière, par des proportions plus allongées, une
tête plus petite, etc. — La mesure des Lions de
moyenne taille, depuis le bout du museau jusqu'à
l'origine de la queue, est de 1,80; celle de la
queue de 0,80, et la hauteur au train de derrière,
aussi bien qu'à celui de devant, est de 0,83.

Nous ne pouvons mieux faire que d'emprunter
la description du Lion à Buffon, et celle de la
Lionne à Lacépède : ce sont deux portraits tou-
chés de main de maître; toutefois il faut prémunir
l'exacte expression de la vérité contre la magie du
langage de Buffon, qui donne à l'animal dont nous
parlons une réputation de générosité, de noblesse,
d'élévation, qui résulte de circonstances mal appréciées de ses actions, et qu'on refuse généralement aux Chats.

« Dans les pays chauds, les animaux terrestres
sont plus grands et plus forts que dans les pays
froids ou tempérés ; ils sont aussi plus hardis,
plus féroces; toutes leurs qualités naturelles semblent tenir de l'ardeur du climat. Le Lion, né sous
le soleil brûlant de l'Afrique ou des Indes, est le
plus fort, le plus fier, le plus terrible de tous :
nos loups, nos autres animaux carnassiers, loin
d'être ses rivaux, seraient à peine dignes d'être
ses pourvoyeurs. Les Lions d'Amérique, s'ils méritent ce nom, sont, comme le climat, infiniment
plus doux que ceux de l'Afrique; et ce qui prouve
évidemment que l'excès de leur férocité vient de
l'excès de la chaleur, c'est que dans le même
pays ceux qui habitent les hautes montagnes où
l'air est plus tempéré, sont d'un naturel différent
de ceux qui demeurent dans les plaines, où la
chaleur est extrême. Les Lions du mont Atlas,
dont la cime est quelquefois couverte de neige,
n'ont ni la hardiesse, ni la force, ni la férocité
des Lions du Biledulgerid ou du Zaara, dont les
plaines sont couvertes de sables brûlants. C'est
surtout dans ces déserts ardents que se trouvent

ces Lions terribles qui sont l'effroi des voyageurs et le fléau des provinces voisines ; heureusement l'espèce n'en est pas très nombreuse ; il paraît même qu'elle diminue tous les jours ; car, de l'aveu de ceux qui ont parcouru cette partie de l'Afrique, il ne s'y trouve pas actuellement autant de lions, à beaucoup près, qu'il y en avait autrefois. Les Romains, dit M. Shaw, tiraient de la Libye, pour l'usage des spectacles, cinquante fois plus de lions qu'on ne pourrait y en trouver aujourd'hui. On a remarqué de même qu'en Turquie, en Perse, et dans l'Inde, les Lions sont maintenant beaucoup moins communs qu'ils ne l'étaient anciennement ; et comme ce puissant et courageux animal fait sa proie de tous les autres animaux, et n'est lui-même la proie d'aucun, on ne peut attribuer la diminution de quantité dans son espèce qu'à l'augmentation du nombre dans celle de l'homme ; car il faut avouer que la force de ce roi des animaux ne tient pas contre l'adresse d'un Hottentot ou d'un nègre, qui souvent osent l'attaquer tête à tête avec des armes assez légères. Le Lion n'ayant d'autres ennemis que l'homme, et son espèce se trouvant aujourd'hui réduite à la cinquantième, ou, si l'on veut, à la dixième partie de ce qu'elle était autrefois, il en résulte que l'espèce humaine, au lieu d'avoir souffert une diminution considérable depuis le temps des Romains (comme bien des gens le prétendent), s'est au contraire augmentée, étendue, et plus nombreusement répandue., même dans les contrées, comme la Libye, où la puissance de l'homme paraît avoir été plus grande dans ce temps, qui était à peu près le siècle de Carthage, qu'elle ne l'est dans le siècle présent de Tunis et d'Alger.

« L'industrie de l'homme augmente avec le nombre ; celle des animaux reste toujours la même : toutes les espèces nuisibles, comme celle du Lion, paraissent être reléguées et réduites à un petit nombre, non-seulement parce que l'homme est partout devenu plus nombreux, mais aussi parce qu'il est devenu plus habile, et qu'il a su fabriquer des armes terribles auxquelles rien ne peut résister ; heureux s'il n'eût jamais combiné le fer et le feu que pour la destruction des lions et des tigres !

« Cette supériorité de nombre et d'industrie dans l'homme, qui brise la force du Lion, en énerve aussi le courage ; cette qualité, quoique naturelle, s'exhale ou se tempère dans l'animal suivant l'usage heureux ou malheureux qu'il a fait de sa force. Dans les vastes déserts du Zaara, dans ceux qui semblent séparer deux races d'hommes très différentes, les nègres et les Maures, entre le Sénégal et les extrémités de la Mauritanie, dans les terres inhabitées qui sont au-dessus du pays des Hottentots, et en général dans toutes les parties méridionales de l'Afrique et de l'Asie, où l'homme a dédaigné d'habiter, les Lions sont encore en assez grand nombre, et sont tels que la nature les produit : accoutumés à mesurer leurs forces avec tous les animaux qu'ils rencontrent, l'habitude

de vaincre les rend intrépides et terribles ; ne connaissant pas la puissance de l'homme, ils n'en ont nulle crainte ; n'ayant pas éprouvé la force de ses armes, ils semblent les braver ; les blessures les irritent, mais sans les effrayer ; ils ne sont pas même déconcertés à l'aspect du grand nombre ; un seul de ces Lions du désert attaque souvent une caravane entière, et lorsque après un combat opiniâtre et violent il se sent affaibli, au lieu de fuir il continue de se battre en retraite, en faisant toujours face et sans jamais tourner le dos. Les Lions au contraire qui habitent aux environs des villes et des bourgades de l'Inde et de la Barbarie, ayant connu l'homme et la force de ses armes, ont perdu leur courage au point d'obéir à sa voix menaçante, de n'oser l'attaquer, de ne se jeter que sur le menu bétail, et enfin de s'enfuir en se laissant poursuivre par des femmes ou par des enfants, qui leur font, à coups de bâton, quitter prise et lâcher indignement leur proie.

« Ce changement, cet adoucissement dans le naturel du Lion, indique assez qu'il est susceptible des impressions qu'on lui donne, et qu'il doit avoir assez de docilité pour s'apprivoiser jusqu'à un certain point, et pour recevoir une espèce d'éducation ; aussi l'histoire nous parle de Lions attelés à des chars de triomphe, de Lions conduits à la guerre ou menés à la chasse, et qui, fidèles à leur maître, ne déployaient leur force et leur courage que contre ses ennemis. Ce qu'il y a de très sûr, c'est que le Lion, pris jeune et élevé parmi les animaux domestiques, s'accoutume aisément à vivre, et même à jouer innocemment avec eux ; qu'il est doux pour ses maîtres, et même caressant, surtout dans le premier âge ; et que si sa férocité naturelle reparaît quelquefois, il la tourne rarement contre ceux qui lui ont fait du bien. Comme ses mouvements sont très impétueux et ses appétits fort véhéments, on ne doit pas présumer que les impressions de l'éducation puissent toujours les balancer ; aussi y aurait-il quelque danger à lui laisser souffrir trop longtemps la faim, ou à le contrarier en le tourmentant hors de propos ; non-seulement il s'irrite des mauvais traitements, mais il en garde le souvenir, et paraît en méditer la vengeance, comme il conserve aussi la mémoire et la reconnaissance des bienfaits. Je pourrais citer ici un grand nombre de faits particuliers, dans lesquels j'avoue que j'ai trouvé quelque exagération, mais qui, cependant, sont assez fondés pour prouver au moins, par leur réunion, que sa colère est noble, son courage magnanime, son naturel sensible. On l'a vu souvent dédaigner de petits ennemis, mépriser leurs insultes, et leur pardonner des libertés offensantes ; on l'a vu, réduit en captivité, s'ennuyer sans s'aigrir, prendre au contraire des habitudes douces, obéir à son maître, flatter la main qui le nourrit, donner quelquefois la vie à ceux qu'on avait dévoués à la mort en les lui jetant pour proie, et comme s'il se fût attaché par cet acte généreux, leur continuer ensuite la même protection, vivre tranquillement avec eux, leur faire part de sa subsistance ; se la laisser même quelquefois enlever tout entière, et souffrir plutôt la faim que de perdre le fruit de son premier bienfait.

« On pourrait dire aussi que le Lion n'est pas cruel, puisqu'il ne l'est que par nécessité, qu'il ne détruit qu'autant qu'il consomme, et que dès qu'il est repu il est en pleine paix, tandis que le tigre, le loup et tant d'autres animaux d'espèce inférieure, tels que le renard, la fouine, le putois, le furet, etc., donnent la mort pour le seul plaisir de la donner, et que dans leurs massacres nombreux, ils semblent plutôt vouloir assouvir leur rage que leur faim.

« L'extérieur du Lion ne dément point ses grandes qualités intérieures ; il a la figure imposante, le regard assuré, la démarche fière, la voix terrible ; sa taille n'est point excessive comme celle de l'éléphant ou du rhinocéros ; elle n'est ni lourde comme celle de l'hippopotame ou du bœuf, ni trop ramassée comme celle de l'hyène ou de l'ours, ni trop allongée ni déformée par des inégalités comme celle du chameau ; mais elle est au contraire si bien prise et si bien proportionnée, que le corps du Lion paraît être le modèle de la force jointe à l'agilité ; aussi solide que nerveux, n'étant chargé ni de chair ni de graisse, et ne contenant rien de surabondant, il est tout nerf et muscle. Cette grande force musculaire se marque au dehors par les sauts et les bonds prodigieux que le Lion fait aisément ; par le mouvement brusque de sa queue, qui est assez forte pour terrasser un homme ; par la facilité avec laquelle il fait mouvoir la peau de sa face, et surtout celle de son front, ce qui ajoute beaucoup à sa physionomie, ou plutôt à l'expression de la fureur ; et enfin, par la faculté qu'il a de remuer sa crinière, laquelle non-seulement se hérisse, mais se meut et s'agite en tous sens lorsqu'il est en colère.

« Le Lion, lorsqu'il a faim, attaque de face tous les animaux qui se présentent ; mais comme il est très redouté, et que tous cherchent à éviter sa rencontre, il est souvent obligé de se cacher et de les attendre au passage ; il se tapit sur le ventre dans un endroit fourré, d'où il s'élance avec tant de force, qu'il les saisit souvent du premier bond : dans les déserts et les forêts, sa nourriture la plus ordinaire sont les gazelles et les singes, quoiqu'il ne prenne ceux-ci que lorsqu'ils sont à terre, car il ne grimpe pas sur les arbres comme le tigre ou le puma : il mange beaucoup à la fois, et se remplit pour deux ou trois jours ; il a les dents si fortes, qu'il brise aisément les os, et il les avale avec la chair....

« Le rugissement du Lion est si fort, que quand il se fait entendre, par échos, la nuit dans les déserts, il ressemble au bruit du tonnerre : ce rugissement est sa voix ordinaire ; car quand il est en colère, il a un cri, qui est court et réitéré subitement ; au lieu que le rugissement est un cri prolongé, une espèce de grondement d'un ton grave, mêlé d'un frémissement plus aigu ; il rugit cinq ou six fois par jour, et plus souvent lorsqu'il doit tomber de la pluie. Le cri qu'il fait lorsqu'il est en colère est encore plus terrible que le rugissement : alors il se bat les flancs de sa queue, il en bat la terre, il agite sa crinière, fait mouvoir la peau de sa face, remue ses gros sourcils, montre des dents menaçantes, et tire une langue armée de pointes si dures, qu'elle suffit seule pour écorcher la peau et entamer la chair sans le secours des dents ni des ongles, qui sont après les dents ses armes les plus cruelles. Il est beaucoup plus fort par la tête, les mâchoires et les jambes de devant, que par les parties postérieures du corps ; il voit la nuit comme les chats ; il ne dort pas longtemps et s'éveille aisément ; mais c'est mal à propos que l'on a prétendu qu'il dormait les yeux ouverts.

« La démarche ordinaire du Lion est fière, grave et lente, quoique toujours oblique ; sa course ne se fait pas par des mouvements égaux, mais par sauts et par bonds, et ses mouvements sont si brusques, qu'il ne peut s'arrêter à l'instant, et qu'il passe presque toujours son but : lorsqu'il saute sur sa proie, il fait un bond de douze ou quinze pieds, tombe dessus, la saisit avec les pattes de devant, la déchire avec ses ongles, et ensuite la dévore avec ses dents. Tant qu'il est jeune et qu'il a de la légèreté, il vit du produit de sa chasse, et quitte rarement ses déserts et ses forêts, où il trouve assez d'animaux sauvages pour subsister aisément ; mais lorsqu'il devient vieux, pesant, et moins propre à l'exercice de la chasse, il s'approche des lieux fréquentés, et devient plus dangereux pour l'homme et pour les animaux domestiques ; seulement on a remarqué que, lorsqu'il voit des hommes et des animaux ensemble, c'est toujours sur les animaux qu'il se jette, et jamais sur les hommes, à moins qu'ils ne le frappent ; car alors il reconnaît à merveille celui qui vient de l'offenser, et il quitte sa proie pour se venger. On prétend qu'il préfère la chair du chameau à celle de tous les autres animaux ; il aime aussi beaucoup celle des jeunes éléphants ; ils ne peuvent lui résister lorsque leurs défenses n'ont pas encore poussé, et il en vient aisément à bout, à moins que la mère n'arrive à leur secours. L'éléphant, le rhinocéros, le tigre et l'hippopotame, sont les seuls animaux qui puissent résister au Lion.

« Quelque terrible que soit cet animal, on ne laisse pas de lui donner la chasse avec des chiens de grande taille et bien appuyés par des hommes à cheval ; on le déloge, on le fait retirer ; mais il faut que les chiens et même les chevaux soient aguerris auparavant, car presque tous les animaux frémissent et s'enfuient à la seule odeur du Lion. Sa peau, quoique d'un tissu ferme et serré, ne résiste point à la balle, ni même au javelot ; néanmoins, on ne le tue presque jamais d'un seul coup ; on le prend souvent par adresse, comme nous prenons les loups, en le faisant tomber dans une fosse profonde qu'on recouvre avec des matières légères , au-dessus desquelles on attache un animal vivant. Le Lion devient doux dès qu'il est pris, et si l'on profite des premiers moments de sa surprise ou de sa honte, on peut l'attacher, le museler, et le conduire où l'on veut.

« Dans ces animaux, toutes les passions, même les plus douces, sont excessives , et l'amour maternel est extrême. La Lionne, naturellement moins forte, moins courageuse et plus tranquille que le Lion, devient terrible dès qu'elle a des petits; elle se montre alors avec encore plus de hardiesse que le Lion , elle ne connaît point le danger , elle se jette indifféremment sur les hommes et sur les animaux qu'elle rencontre, elle les met à mort, se charge ensuite de sa proie, la porte et la partage à ses lionceaux , auxquels elle apprend de bonne heure à sucer le sang et à déchirer la chair. D'ordinaire elle met bas dans des lieux très écar-tés et de difficile accès, et lorsqu'elle craint d'être découverte, elle cache ses traces en retournant plusieurs fois sur ses pas , ou bien les efface avec sa queue; quelquefois même, lorsque l'inquiétude est grande, elle transporte ailleurs ses petits , et quand on veut les lui enlever, elle devient furieuse, et les défend jusqu'à la dernière extrémité. »

Lacépède la dépeint ainsi : « Le Lion, dit-il, a dans sa physionomie un mélange de noblesse, de gravité et d'audace qui décèle , pour ainsi dire, la supériorité de ses armes et l'énergie de ses muscles ; la Lionne a la grâce et la légèreté; sa tête n'est point ornée de ces poils longs et touffus qui entourent la face du Lion et se répandent sur son cou en flocons ondulés; elle a moins de parure; mais douée des attributs distinctifs de son sexe , elle montre plus d'agrément dans ses attitudes, plus de souplesse dans ses mouvements.

Fig. 761. — Lion.

Plus petite que le Lion, elle ne touche la terre que par les extrémités de ses doigts; ses jambes élastiques et agiles paraissent en quelque sorte quatre ressorts toujours prêts à se débander pour la repousser loin du sol et la lancer à de grandes distances; elle saute, bondit, s'élance comme le mâle, franchit comme lui des espaces de 12 à 15 pieds; sa vivacité est même plus grande , sa sensibilité plus ardente, son désir plus véhément, son repos plus court, son départ plus brusque, son élan plus impétueux. Elle offre aussi cette couleur uniforme et sans tache, dont la nuance rousse ou fauve suffirait pour faire reconnaître le Lion au milieu des autres carnassiers, et pour le séparer même du Couguar, ou prétendu Lion d'Amérique. »

Autrefois le Lion était répandu dans toutes les parties de l'Europe; l'Asie, qui maintenant n'en possède qu'un petit nombre, en a été peuplée : ces animaux figuraient par centaines dans les jeux du cirque , dans les triomphes. Le préteur Sylla en fit descendre 100 dans le cirque; Pompée, 315 mâles; César, 400. Les Lions disparaissent de tous les endroits que l'homme explore ou habite; on n'en trouve plus maintenant qu'en Afrique , et ce n'est qu'avec peine qu'on parvient à s'en procurer. Ces animaux se nourrissent ordinairement de gazelles. Leur courage a été trop exalté; souvent au contraire ils montrent de la poltronnerie : les bergers leur font peur et les mettent en fuite; de même qu'en fait de magnanimité et de grandeur, ils ne dédaignent pas d'attaquer de faibles animaux, tels que des oies et autres volailles. Mais les contradictions des voyageurs et des naturalistes, au sujet du Lion, prouvent que les mœurs de cet animal varient suivant les climats, les lieux qu'il habite , et suivant qu'il est ou non attaqué ou pressé par la faim. Sa chasse est dangereuse, pleine de péripéties : nous regrettons de ne pouvoir, à cause de sa longueur, donner la description qu'en a faite Delegorgue.

La vie du Lion peut se prolonger jusqu'à 40 ans; mais , en captivité , il vit beaucoup moins. La Lionne porte 108 jours, et met bas 3 ou 4 petits qu'elle allaite pendant six mois avec les plus grands soins.

Les Lions offrent plusieurs espèces ou variétés du genre; on distingue : le LION DE BARBARIE, que nous voyons le plus habituellement dans nos ménageries, surtout depuis que nous possédons l'Algérie; — le Lion du Sénégal, dont le pelage est moins brun, jaunâtre, la crinière peu épaisse; — Le Lion de Perse, variété de petite taille au pelage isabelle très pâle, avec crinière touffue mélangée de poils de différentes teintes; — le Lion du Cap, dont deux sous-variétés : le *L. jaune*, qui serait peu dangereux, se contentant des immondices et de quelques déprédations dans les basses-cours et les chenils; le *L. brun*, le plus féroce et le plus redouté de tous, devenu fort rare.

LIONDENT (*Leontodon*). Genre de Composées, de la tribu des Chicoracées, caractérisé ainsi : involucre à folioles nombreuses, inégales, imbriquées sur plusieurs rangs ; réceptacle nu ; akènes aigrettés, à soies plumeuses persistantes.

Ce sont des plantes vivaces, velues ou glabres, à feuilles radicales dentées, pinnatifides ; à fleurons jaunes sur des capitules solitaires à l'extrémité de pédoncules radicaux.

Le Liondent hispide (*L. hispidum*) présente des pédicules radicaux de 20 à 50 cent., portant un seul capitule pubescent hérissé ; des feuilles toutes radicales, velues, sinuées pinnatifides ; aigrette à soies disposées sur deux rangs, les extérieures plus courtes, seulement denticulées. — Cette plante croît dans les pâturages, aux lieux incultes, sur les coteaux calcaires, etc., et fleurit en juin-septembre. Elle offre plusieurs variétés.

Le Liondent automnal (*L. autumnalis*), qui est commun dans les prairies humides, aux bords des fossés et des eaux, a des tiges de 20 à 70 cent., dressées, presque nues, rameuses et portant plusieurs capitules; les soies de l'aigrette sont sur un seul rang. Cette espèce fleurit en juillet-octobre.

LIS (*Lilium*). Genre type de la famille des Liliacées, présentant les caractères suivants : plantes à bulbe écailleux, à feuilles éparses ou presque verticillées ; fleurs très grandes, dressées ou penchées : périanthe campanulé infundibuliforme, à divisions étalées au sommet ou enroulées en dehors, présentant en dedans un sillon nectarifère; style filiforme, droit ou un peu arqué.

Lis blanc (*L. album*). Chef de la famille, cette belle plante a une tige droite, simple, cylindrique, longue de 80 cent. à 1 mètre, garnie de feuilles éparses, sessiles, oblongues, lisses ; ses fleurs, remarquables par leur grandeur, leur éclat et leur blancheur, sont pédonculées, disposées en grappe lâche et terminale : corolle ample, à 6 pétales ou 6 divisions profondes, creusées chacune par un sillon longitudinal; 6 étamines; anthères oblongues et versatiles; ovaire supère, oblong, à 6 cannelures ; style simple à stigmate trilobé. Le fruit est une capsule trigone à 6 sillons, oblongue, trivalve.

Le Lis est originaire de l'Orient : on le croit aussi spontané en Europe. Il se trouve maintenant dans tous les jardins, dont il est un des plus beaux ornements. Ses fleurs, qui sont dans tout leur éclat dans les mois de juin et juillet, exhalent une odeur exquise, mais fragrante, étourdissante, et qu'il n'est pas sans inconvénient de respirer pendant la nuit dans une pièce où l'air n'est pas renouvelé. Leurs émanations portent sur le système nerveux, et il n'est pas sans exemple qu'elles aient produit la syncope, la mort même. Cette plante superbe a inspiré les poètes; elle joue un rôle dans la fable, qui la fait naître du lait de Junon, et qui nous la montre offerte au bel Alexis par les nymphes. Nos rois la faisaient figurer sur leurs étendards, et l'on sait la devise qu'avait choisie saint Louis : une Marguerite et des Lis, par allusion au nom de la reine, sa femme, et aux armes de France.

Fig. 702. — Lis.

(1, partie inférieure de la tige ; — 2, pistil et étamines.)

Le Lis n'était pas seulement poétique, il était aussi médical. Sous ce rapport, sa réputation a été grande : on a prôné l'eau distillée de ses fleurs contre les affections de poitrine; ses anthères comme emménagogues et propres à favoriser l'accouchement. Mais toutes ses prétendues vertus sont tombées dans l'oubli; on n'emploie guère maintenant que les bulbes, et à l'extérieur, sous forme de cataplasme pour favoriser la résolution, ou la suppuration dans les inflammations locales, les furoncles, les petits abcès, etc.

Le Lis bulbifère (*L. bulbiferum*) a les feuilles éparses, linéaires-lancéolées, présentant ordinairement des bulbilles à leur aisselle; ses fleurs sont dressées, d'un jaune rougeâtre ponctué de noir.— Cette espèce croît sur les montagnes élevées de la France et de l'Italie.

Le Lis jaune (*L. croceum*) est une espèce voisine de la précédente. — Beaucoup d'autres variétés pourraient encore être signalées ; mais notre cadre s'y refuse, ainsi qu'à l'énumération de toutes les différentes plantes auxquelles on a donné le nom de *Lis*, en le faisant suivre d'une épithète ; comme dans ces mots : *Lis d'étang* (le Nénuphar), *Lis orangé* (l'Hémérocale), *Lis des mais* (l'Iris), etc., etc.

LISERON (*Convolvulus*). Genre de plantes de la famille des Convolvulacées, toutes herbacées ou frutescentes, dont la racine offre quelquefois des tubercules charnus de formes variées ; la tige est souvent volubile et sarmenteuse ; et voici ses caractères botaniques : calice à 5 divisions profondes, persistant ; corolle campanulée ou infundibuliforme, à limbe plissé ; ovaire à 1, 2 ou 3 loges, surmonté d'un style terminé par un stigmate bilobé. Capsule globuleuse, mince, de 1 à 4 loges.

Les Liserons sont pour la plupart de jolies plantes d'ornement ; en outre, l'on trouve dans leurs racines un principe laiteux, amer et résineux, qui est plus ou moins purgatif. Les espèces sont extrêmement nombreuses. Choisy, de Genève, y a établi les groupes suivants :

1° *Loges de l'ovaire uniovulées* : BATATAS, comprenant les espèces à étamines incluses ; capsule à 4 ou seulement 3 loges : *Liseron faux Jalap, L. d'Orizaba*, etc.

2° *Loges de l'ovaire biovulées* : IPOMÆA, espèces à étamines incluses, et capsule à 2 loges : *Liseron turbith*. — EXOGONIUM, étamines saillantes, capsule à 2 loges dispermes : *Liseron officinal*. — CONVOLVULUS, étamines incluses, capsule à 2 loges dispermes, stigmate divisé en deux lobes allongés au lieu d'être arrondis : *Liseron scammonée*.

Nous allons faire l'histoire de deux Liserons indigènes, celui des champs et celui des haies, renvoyant, pour les autres espèces qui méritent d'être décrites, aux mots *Jalap, Patate, Scammonée, Turbith*.

LISERON DES CHAMPS (*C. arvensis*). Souche longuement traçante, grêle, rameuse ; tiges de 20 à 80 cent., grêles, couchées ou volubiles ; feuilles pétiolées, hastées, à oreillettes ordinairement dressées sur la feuille ; fleurs portées sur des pédoncules axillaires uniflores, munis de 2 bractées très petites : corolle blanche ou rosée, présentant en dehors 5 bandes longitudinales plus foncées ; capsule subglobuleuse terminée en pointe.

Le Liseron est extrêmement commun dans les champs en friche, les terrains cultivés, aux bords des chemins, fleurissant durant toute la belle saison. Il est recherché par tous les bestiaux, mais il fait souvent le désespoir des jardiniers et des cultivateurs, parce qu'il étouffe les semis.

N'oublions pas de signaler comme variétés : le *Liseron tricolore* ou *Belle-de-jour*, qui se distingue à sa racine annuelle, à ses tiges non volubiles, à ses feuilles oblongues-obovales, et à sa corolle bleue dans sa partie supérieure et jaune à la gorge. — Le *Volubilis*, espèce d'*Ipo-*

mæa fréquemment cultivée pour couvrir les palissades et les tonnelles : racine annuelle ; tiges volubiles ; feuilles cordées ; fleurs réunies 2-3 au sommet des pédoncules ; corolle bleue, rose ou blanche.

LISERON DES HAIES (*C. sepium*), vulg. *Clochette*. Cette espèce, à souche longuement traçante, et à tiges grêles, volubiles, atteignant souvent plusieurs mètres de longueur, a des fleurs campanu-

Fig. 763. — Liseron et Ipomæa (1 Liseron ; — 2 Ipomæa).

lées assez grandes d'un beau blanc — Elle fleurit en juin-octobre dans les haies, les buissons, au bord des eaux. Les chèvres, les moutons, les chevaux se nourrissent de ses feuilles ; les cochons, de ses racines.

LITHIUM. Métal qui fait la base de la *Lithine*, laquelle est un oxyde alcalin, blanc, très caustique, sans odeur, qui verdit fortement le sirop de violette, et, exposé à l'air, en attire l'eau et l'acide carbonique ; le platine en est fortement attaqué. Ce corps a été découvert, en 1818, par Arfwedson dans quelques minéraux de la Suède. Il a été séparé de la lithine par Davy, au moyen de la pile.

LITHOBIE (du gr. *lithos*, pierre ; *bios*, vie). Genre d'Articulés, de la classe des Myriapodes, famille des Chilopodes, très voisin des Scolopendres, dont il diffère par ses pieds au nombre d quinze paires seulement, par ses antennes ayant beaucoup plus d'articles (de 30 à 40), lesquels décroissent du premier au dernier.

Ces animaux se trouvent sous les pierres, dans les endroits obscurs des jardins, ainsi que dans les bois, sous les mousses et les feuilles mortes. L. Dufour les a étudiés anatomiquement : il a remarqué que leurs yeux sont granuleux et distribués en deux groupes; leur bouche a la même composition que celle des Scolopendres ; le tube digestif est tout à fait droit, presque sans dilatation stomacale. Les organes respiratoires sont trachéens; ceux de la génération sont situés à la partie postérieure du corps : le pénis est placé sous la face dorsale du dernier segment du corps; l'ovaire consiste en un seul sac allongé; la vulve se montre armée, de chaque côté, d'une pièce crochue qui joue un rôle dans l'acte de la copulation.

Le Lithobie fourchu, l'espèce la plus connue du genre, et que Linné appelait *Scolopendra forficata*, est d'un roux ferrugineux ; ses antennes sont longues, velues, de 40 articles pour le moins; longueur totale, 2 à 3 cent. au plus. Les segments de son corps, sauf le 4e et le 5e, sont alternativement plus grands et plus petits. — Ce Myriapode se trouve dans toute l'Europe ; on l'a signalé en France, en Italie, en Allemagne, en Angleterre, etc.

LITHODE. Genre de Crustacés décapodes, créé par Latreille aux dépens des Crabes, dont il diffère par la carapace triangulaire, très épineuse, renflée en arrière de chaque côté par le développement des régions branchiales; yeux gros, rapprochés et portés sur de courts pédoncules ; antennes saillantes; serres plus courtes que les pieds suivants, etc. — L'espèce qui sert de type à ce genre est le Lithode arctique, crabe épineux, dont le test a 10 cent. de longueur et 8 de largeur; les pattes de sa 3e paire mesurent 18 cent. Il se trouve dans les mers du nord de l'Europe.

LITHODOME (du gr. *lithos*, pierre et du lat. *domus*, demeure). Cuvier a donné ce nom à un groupe de Mollusques acéphales bivalves, confondus avant lui avec les Moules. La coquille est mince, épidermée, oblongue, très allongée, non bâillante, à charnière sans dents; l'animal est très allongé, épais, ayant le manteau prolongé et frangé en arrière, etc.

Les Lithodomes appartiennent à la famille des Mytilacés ou Moules, et ne comprennent que des animaux marins que l'on trouve dans plusieurs parties du globe, soit vivants, soit fossiles. Les espèces vivantes se rencontrent dans la Méditerranée. « Ces animaux, que l'on nomme aussi *Lithophages* (V. ce mot), ont un byssus comme les moules, mais dans le jeune âge seulement, et ils se servent de cet appendice pour se soutenir aux rochers et aux autres corps sous-marins. Quand les Lithodomes ont acquis un plus grand développement, ils percent les rochers et s'y forment des cavités dans lesquelles ils se retirent; le byssus, devenant inutile, cesse alors de se produire; mais comme les Lithodomes continuent à croître en volume, ils ne peuvent plus sortir par les ouvertures qui leur ont donné entrée et qu'ils ont eux-mêmes pratiquées, et ils continuent à vivre dans les rochers : c'est alors que leur nom (maison ou demeure de pierre) leur convient parfaitement. »

LITHOPHAGES. (de *lithos*, pierre ; *phago*, manger). Nom donné à certains Coquillages qui s'introduisent dans les rochers et s'y creusent des demeures : tels sont les *Lithodomes*, les *Saxicaves*, les *Pétricoles*, les *Vénérupes*, les *Patelles*, etc.—Les naturalistes ont vainement cherché jusqu'ici l'explication de ces curieux phénomènes. Les uns ont cru la trouver dans un mouvement de rotation longtemps répété de la coquille contre la roche; mais c'était là une pure supposition qui ne pouvait résister aux objections qu'elle soulevait. D'autres, d'après Fleuriau de Bellevue, admettent que l'animal use le rocher au moyen d'une liqueur corrosive spéciale qu'il sécrète ; quant à trouver l'organe sécréteur de ce liquide, on n'a pu y parvenir; Bellevue le croyait placé dans le pied, mais plusieurs Lithophages, comme les Modioles ont cette partie rudimentaire; d'ailleurs de Blainville a constaté que l'humeur que sécrète le pied des Patelles, qui vivent dans la pierre calcaire de la Manche, n'est nullement acide. Ce savant a donc été conduit à regarder comme possible que la corrosion de la pierre dépende d'une simple macération, d'un simple ramollissement, dû à la sécrétion continuelle de cette humeur ; mais si cet effet se produit sur le calcaire, comment l'admettre pour les roches plus dures ?

LIVÈCHE (*Ligusticum*). Genre de Plantes de la famille des Ombellifères, dont voici les caractères : ombelles et ombellules formées de plusieurs rayons; involucre et involucelles à folioles variables en nombre; calice à 5 dents imperceptibles ; corolle à 5 pétales entiers, roulés en dedans au sommet.—Ce genre, mal déterminé, renferme plusieurs espèces qui, autrefois, n'en faisaient pas partie. Une seule nous intéresse; c'est :

La Livèche commune (*L. levisticum*), vulg. *Ache des montagnes, Angélique à feuilles d'Ache*. Plante herbacée, s'élevant à la hauteur de 2 mètres, à tiges dressées, creuses, glabres, peu rameuses; à feuilles grandes, deux fois ailées; folioles incisées et à grandes dents; fleurs jaunâtres, en ombelles terminales; 2 étamines et 2 styles.

La Livèche habite les montagnes du midi de la France, et fleurit dans le mois de juin. On la cultive dans les jardins. Elle a beaucoup d'analogie avec l'Ache et le Céleri, surtout par son odeur et sa saveur. On emploie en médecine sa racine et ses feuilles : la première, qui est grosse, branchue, comme stimulant, carminatif; les secondes, comme emménagogue. Toutefois ses propriétés médicinales jouissent de peu de faveur.

LIVIE (*Livia*). Genre d'Hémiptères homoptères, dont une seule espèce est indiquée, la LIVIE DES JONCS (*L. juncorum*). Elle est longue de 2 millim. et demi, ayant la tête carrée et avancée, le 1er segment du corselet très distinct, deux ocelles, etc. Tout son corps est rougeâtre, avec une tarière noire dans les femelles; pattes grosses, courtes et blanchâtres.—C'est un insecte essentiellement auteur; il dépose ses œufs dans les fleurs du Jonc articulé, et y cause des extravasations de séve qui ressemblent à de fausses galles, et dans l'intérieur desquelles il vit à l'état de larve.

LIXE (*Lixus*). Genre de Coléoptères tétramères, de la tribu des Charançons, ayant le corps allongé en fuseau, toujours couvert d'écailles farineuses grisâtres, les élytres divergents entre eux à leur extrémité, dépassant un peu l'abdomen; tarses munis de crochets très grands et très forts; antennes insérées presque sur le milieu de la longueur de la trompe, etc. — Ces insectes se trouvent habituellement sur les fleurs des Composées, quelquefois aussi au bord des chemins. Ils marchent avec lenteur, et ont la faculté de voler. Ce genre est fort nombreux en espèces.

Le LIXE PARAPLECTIQUE (*L. paraplecticus*) en est la plus intéressante. Linné l'a ainsi nommé parce qu'il pensait que les chevaux, en mangeant la larve avec la plante dans l'intérieur de laquelle il se nourrit, gagnaient la maladie appelée paraplégie. Cette larve vit dans la partie submergée des grosses tiges du phellandre aquatique; elle s'y tient solitairement et toujours la tête en haut. Dans son entier développement, elle se montre d'un blanc de lait, avec la tête brune. La nymphe, qui lui succède au mois de juillet, se tient dans la même position, la tête en haut. Au moment de la transformation en insecte parfait, cette nymphe s'élève au-dessus du niveau de l'eau, et fait à la tige une ouverture ovale qui lui sert de passage plus tard. Cet insecte se trouve aux environs de Paris. — Il en est de même du LIXE FILIFORME, qui est commun sur la bardane.

LOBÉLIE (*Lobelia*). Genre de Plantes de la famille des Campanulacées, tribu des Lobéliacées, consacré par Linné au botaniste Lobel. En voici les caractères : fleurs disposées en grappe spiciforme terminale, ou solitaires terminales, ou latérales : calice à 5 découpures un peu inégales; corolle irrégulière monopétale, le tube fendu longitudinalement en dessus, le limbe à 2 lèvres, et à 5 lobes, dont 2 supérieurs, 3 inférieurs plus grands; 5 étamines, à anthères réunies en cylindre; ovaire infère; 1 style, stigmate souvent hispide et bilobé. Capsule ovale, à 2 ou 3 loges, s'ouvrant au sommet. — Ce genre est très nombreux en espèces, qui toutes renferment un suc propre, laiteux, âcre, caustique et même véné-

neux. Elles sont répandues dans toutes les contrées du globe, mais cependant l'Europe n'en compte que quatre.

La LOBÉLIE SYPHILITIQUE (*L. syphilitica*), vulg. *Cardinale bleue*, s'élève à la hauteur d'un mètre au plus; sa tige droite, herbacée, un peu anguleuse et à peine rameuse, porte des feuilles alternes, sessiles, ovales-lancéolées, un peu rudes, dentées, longues de 3 à 4 cent. Ses fleurs, d'un beau bleu, sont disposées en grappe terminale : calice hispide anguleux à découpures lancéolées aiguës; corolle assez grande, un peu hé-

Fig. 764. — Lobélie.

(1, pistil et étamines ; — 2, pistil isolé; — 3, fruit entouré du calice ; — 4, coupe horizontale du même.)

rissée sur ses angles extérieurs, munie de deux bosses à la base de la lèvre inférieure; capsule à 2 loges polyspermes.

La Lobélie nous a été apportée de l'Amérique septentrionale; mais depuis longtemps on la cultive en Europe. Douée d'une odeur vireuse et d'une saveur âcre, nauséuse, elle semble annoncer des propriétés médicales très énergiques, et cependant elle est très peu usitée parmi nous. A l'état frais, toutes ses parties sont lactescentes ce suc agit comme diaphorétique, purgatif ou vomitif, selon la dose. La racine produit le même effet. Les sauvages du Canada emploient depuis très longtemps cette racine dans le traitement de la maladie vénérienne. Sa réputation antisyphilitique a été aussi très grande en Europe; mais de tout le bruit qu'elle a fait il ne reste que l'étonnement de voir combien la crédulité est facile à tromper et à se tromper elle-même sur de simples assertions ou fausses ou hasardées. Cette plante est irritante; ses effets, qui doivent toujours être surveillés, varient d'ailleurs selon les doses, et sont imprévus quant à leur effet sur l'économie.

La Lobélie brulante (*L. urens*) est une espèce indigène qui croît dans les bois, les bruyères humides, les prairies tourbeuses, mais qui est assez rare. Ses fleurs sont d'un bleu clair, disposées en une longue grappe terminale, brièvement pédicellées, munies de bractées linéaires atteignant le sommet des divisions du calice. — Elle fleurit dans les mois de juillet-août. Ses propriétés sont analogues à celle de l'espèce précédente.

N'oublions pas la Lobélie cardinale (*L. cardinalis*), belle espèce aux tiges simples, aux feuilles ovales molles, un peu velues, aux grandes fleurs écarlates disposées en grappe terminale. — Elle provient de la Virginie et se plaît chez nous en pleine terre, où elle s'épanouit de juillet à novembre.

LOCHE ou Cobite (*Cobitis*). Genre de Poissons malacoptérygiens abdominaux, de la famille des Cyprinoïdes, présentant : corps allongé, revêtu de petites écailles et enduit de mucosités ; bouche petite et sans dents, entourée de barbillons dont le nombre varie de 4 à 10 ; fente des ouïes réduite à une petite ouverture verticale ; ventrale très en arrière ; anale unique, sans aucun rayon solide. — Ce genre est très nombreux en espèces ; on en a décrit 50 environ, dont 3 seulement européennes, et toutes les autres indiennes. Voici les premières :

Loche franche (*C. barbatula*). Poisson nuagé et pointillé de brun, sur un fond jaunâtre ; six barbillons ; longueur, 12 à 15 cent. — Commune dans nos rivières, et de bon goût.

Loche d'étang (*C. fossilis*). Elle a, sur un fond gris, des raies longitudinales brunes et jaunes ; dix barbillons ; longueur, 25 à 33 cent. Elle se tient dans la vase des étangs, où elle subsiste longtemps, même après qu'ils sont gelés ou desséchés. Quand le temps est orageux, elle vient à la surface de l'eau, l'agite et la trouble ; mais quand l'air est froid, elle se retire dans la vase. Sa chair est molle et sent la vase.

Loche de rivière (*C. tænia*). Cette espèce a le corps comprimé, orangé, marqué de séries de taches noires ; 6 barbillons ; aiguillon fourchu et mobile, formé par le sous-orbitaire en avant de l'œil ; taille moindre que celle des deux précédentes. Ce petit poisson se tient dans les rivières, entre les pierres ; il est peu recherché.

LOCOMOTION. Nous entendons par cette expression non-seulement le pouvoir qu'ont les animaux de se transporter d'un lieu dans un autre, mais encore la faculté qu'ils ont de produire tout mouvement volontaire quelconque.

La Locomotion s'exécute au moyen d'organes que l'on distingue en passifs et en actifs : les premiers sont les *os*, les seconds les *muscles*. L'importance de cette fonction caractéristique de la vie animale ou de relation, les développements

qu'elle nécessite nous obligent à scinder son histoire, en renvoyant le lecteur aux mots *Squelette*, *Muscles* et *Mouvements*.

LOCUSTAIRES (de *locusta*, sauterelle). Famille d'Orthoptères, tribu des Saceurs, insectes à palpes internes et à mâchoires très larges ; à antennes sétacées, ayant une tarière comprimée chez les femelles, un organe musical situé à la base des élytres dans les mâles. — Le genre type est le *Locuste*.

LOCUSTE. — V. *Sauterelle*.

LOCUSTELLE (*Locustella*). Sous-genre de Fauvette, dont le bec est droit, épais à sa base, comprimé dans toute son étendue, échancré à la pointe de la mandibule supérieure ; narines oblongues, ailes subobtuses, queue cunéiforme ; tarses épais ; doigts minces et longs, etc. — Ces oiseaux ont le plumage taché longitudinalement dans quelques-unes de ses parties. Ils fréquentent les marécages, mais on les rencontre souvent dans les pâturages, les landes et sur les coteaux éloignés de l'eau. Ils marchent, ne sautent point, et grimpent rarement ; leur vol est lourd.

La Locustelle a le vol lourd ; elle a un chant strident ; elle vit d'insectes et de vers, et niche près du sol. Elle est tellement grasse en automne que, quand elle a un peu volé, on peut la prendre à la main.

LODOICÉE (*Lodoicea*), vulg. *Cocotier de mer*, *C. des Maldives* ou *des Séchelles* Genre de Palmiers, créé en 1768 par Commerson ; il renferme des arbres de 15 à 30 mètres, dont le tronc, mince relativement, est droit, fibreux, marqué d'espace en espace, dans toute sa longueur, par la cicatrice des feuilles, qui se détachent à mesure qu'il croît, étant couronné par une touffe de grandes feuilles, longues d'environ 3, 4 et quelquefois même 7 mètres sur 2 ou 3 de large. Les fleurs sont dioïques, les mâles venant sur des pieds différents de ceux qui produisent les fleurs femelles ; toutes sortent de spathes formées de plusieurs feuilles oblongues aiguës. Le fruit consiste en une baie ovale d'environ 50 cent. de long, renfermant 3 ou 4 noyaux d'une extrême dureté.

Le Lodoïcée est originaire des îles Séchelles, et a été importé à l'île de France. « Quand les individus des deux sexes sont voisins l'un de l'autre, le pollen arrive successivement sur chaque fleur femelle ; mais lorsqu'ils sont à une certaine distance, c'est le matin et le soir que, profitant de la brise qui souffle, le nuage doré se porte vers le pied femelle et consomme le mystère de la reproduction. » Chaque arbre porte environ 20 à 30 gros fruits, longtemps connus sous le nom de *Cocos de mer*, pesant chacun de 10 à 12 kilogr. et ne mûrissant qu'au bout de deux ans.

Les feuilles sont employées à couvrir et à entourer les cases ; les dames indigènes tissent avec leurs fibres des chapeaux aussi beaux que ceux de paille d'Italie ; le duvet qui leur est attaché tient lieu de ouate, pour garnir les matelas. Les cocos servent à faire des vases de diverses formes. Le fruit renferme, avant sa parfaite maturité, une substance gélatineuse, blanche, ferme, très bonne à manger, mais qui s'aigrit bientôt. On lui a attribué des propriétés tellement aphrodisiaques, qu'on a vu un empereur d'Allemagne, épuisé de débauche, qui, pour plaire à une de ses maîtresses, offrit pour s'en procurer jusqu'à quatre mille florins (80,000 fr.).

LOGANIACÉES. Famille de Plantes dicotylédones, toutes exotiques, à feuilles entières, opposées stipulées, parfois soudées et en forme de gaine. Fleurs solitaires ou en grappe : calice libre, de 4-5 lobes contournés ou valvaires ; étamines 4-5, quelquefois plus ou moins ; ovaire libre ; style à stigmate simple. — Les genres de cette famille, qui diffère des Rubiacées par son ovaire libre, ont assez peu d'analogie entre eux. Les principaux sont : la *Spiegelia*, le *Strychnos*, *Logania*, etc

LOIR (*Myoxus*). Genre de Mammifères de l'ordre des Rongeurs claviculés, famille des Muridés ou Rats, ainsi caractérisé : tête plus allongée que celle des Rats ; corps assez allongé ; yeux gris et saillants ; oreilles assez grandes, arrondies moustaches longues ; membres de devant un peu plus courts que ceux de derrière, à 4 doigts ; les postérieurs à 5 doigts ; queue longue, généralement touffue.

Les Loirs rappellent un peu l'aspect général des Ecureuils et des Rats ; ils ont la taille petite, le pelage soyeux, d'un brun clair, les formes sveltes, etc. Ils habitent en général les forêts et vivent sur les arbres, d'où ils descendent rarement, tandis qu'ils grimpent avec une extrême facilité. Leur nourriture consiste en faines, châtaignes, noisettes, et même œufs et jeunes oiseaux dans l'occasion. Ce sont des animaux nocturnes, qui passent leur journée dans leur retraite. Remplis d'agilité dans la belle saison, et sautillant d'arbre en arbre, l'hiver ils tombent dans l'engourdissement et le sommeil. Vers le mois de novembre on les voit s'appesantir ; ils recherchent alors les cavités des rochers et des vieux troncs, y entassant quelques provisions de bouche en cas de réveil, y forment une molle litière, puis s'y couchent en se roulant le plus possible en boule. Le froid excessif les réveille quand il ne les fait pas périr ; mais ils ne tardent pas à retomber en léthargie jusqu'au printemps. Ce sommeil des Loirs est une sorte d'état de mort, où toute sensation est éteinte, où la circulation s'affaiblit et la température tombe bien au-dessous

Fig. 763. — Loir.

de celle de la vie active ; enfin la respiration est souvent interrompue durant d'assez longs intervalles. Si on trouve ces rongeurs, on peut alors les prendre sans qu'ils remuent ; mais veut-on qu'ils reprennent leurs mouvements, il faut les soumettre à une chaleur douce et graduée. Pris jeunes, ils s'apprivoisent parfaitement, et l'on remarque qu'après le sommeil, leur besoin le plus impérieux est celui de manger.

À l'état sauvage, les Loirs sont très courageux ; ils défendent leur vie jusqu'à la dernière extrémité ; cela ne les empêche pas d'être dévorés le plus souvent par les Chats sauvages et les Martes. Les sexes se recherchent vers la fin du printemps, et les femelles mettent bas pendant l'été : chaque portée est de 4 ou 5 petits qui croissent très vite et qui peuvent se reproduire dès l'année suivante.

On connaît 8 à 10 espèces de Loirs, répandues dans les contrées tempérées de l'Europe, de l'Asie et de l'Afrique. Les espèces européennes sont le *Loir proprement*, le *Lérot* et le *Muscardin*.

Loir (*M. glis*). Pelage gris brun cendré en dessus, blanchâtre en dessous, avec du brun autour de l'œil ; queue bien fournie de longs poils ; taille d'un petit rat. — Il se distingue des autres espèces par ses oreilles courtes, sa queue longue et très touffue. Il vit dans les forêts et y passe l'hiver en léthargie, dans un nid artistement préparé. Il se trouve en Espagne, dans le midi de la France, en Italie, en Grèce, etc. La durée de sa vie paraît être de 5 ou 6 ans. Sa chair est bonne à manger et est recherchée dans quelques contrées de l'Italie. Au temps de Lucullus, les Romains élevaient des Loirs et les engraissaient pour leur table.

Lérot (*M. nitela*). Pelage d'un gris fauve en dessus, blanchâtre en dessous ; queue longue, touffue seulement au bout, noire avec l'extrémité blanche ; taille inférieure à celle du Loir ; oreilles plus longues, ayant une petite tache d'un blanc jaunâtre en avant de leur bord antérieur.

« Le Loir, dit Buffon, demeure dans les forêts, et semble fuir nos habitations ; le Lérot, au contraire, habite nos jardins, et se trouve quelquefois dans nos maisons ; l'espèce en est aussi plus nombreuse, plus généralement répandue, et il y a peu de jardins qui n'en soient infestés. Ils se nichent dans les trous des murailles ; ils courent sur les arbres en espalier, choisissent les meilleurs fruits et les entament tous dans le temps qu'ils commencent à mûrir ; ils semblent aimer les pêches de préférence, et si l'on veut en conserver il faut avoir grand soin de détruire les Lérots ; ils grimpent aussi sur les poiriers, les abricotiers, les pruniers ; et si les fruits doux leur manquent, ils mangent des amandes, des noisettes, des noix et même des graines légumineuses ; ils en transportent en grande quantité dans leurs retraites qu'ils pratiquent en terre, surtout dans les jardins éloignés, car dans les anciens vergers on les trouve souvent dans de vieux arbres creux ; ils se font un lit d'herbes, de mousses, de feuilles. Le froid les engourdit, et la chaleur les ravive ; on en trouve quelquefois huit ou dix dans le même lieu, tous engourdis, tous resserrés en boule au milieu de leurs provisions de noix et de noisettes... » Cette espèce se trouve dans tous les climats tempérés de l'Europe. Sa chair n'est pas mangeable comme celle du Loir.

Muscardin (*M. avellanarus*). Pelage d'un fauve clair en dessus, presque blanchâtre en dessous ; queue de la longueur du corps, aplatie horizontalement ; taille plus petite que celle des deux espèces précédentes ; les oreilles sont plus courtes, la tête est plus large, les yeux plus grands. — Ce joli petit animal se trouve, en Europe, de-

puis l'Espagne et l'Italie, jusqu'en Suède, ainsi qu'en Angleterre. Il fait son nid à peu près comme l'Ecureuil, mais plus près du sol ; il lui donne une forme ronde, avec une ouverture conique par en haut. Chaque portée est de 3 ou 4 petits, qui abandonnent leur berceau dès qu'ils sont un peu forts pour chercher à gîter dans le creux ou sous le tronc des vieux arbres, où ils font provisions et s'engourdissent. La chair de cet animal est désagréable au goût.

LOMBRIC (*Lombricus*), vulg. *Ver de terre*. Genre d'Annélides abranches, famille des Sétigères, ayant pour caractères : corps long, cylindrique, composé de 120 anneaux et plus, mou, couleur de chair, avec des reflets métalliques ; pieds remplacés par de petites soies non rétractiles, disposées par paires sur les côtés de chaque anneau, l'une supérieure, l'autre inférieure, de manière à former de chaque côté de l'animal quatre soies longitudinales.

Ces animaux sont très simples. Leur bouche est terminale, rétractile, sans aucun tentacule ; l'anus est placé longitudinalement à la partie postérieure ; entre ces deux ouvertures il y a un œsophage un peu renflé et un véritable gésier assez développé, qui s'étendent presque en ligne droite de l'une à l'autre. Un petit canal qui s'étend en serpentant au-dessous du tube digestif remplace le foie. — Un vaisseau très long et large, occupant la partie dorsale de l'animal, tient lieu de cœur et envoie, par un mouvement de systole, le fluide sanguin dans toutes les artères qu'il fournit à tous les organes ; ces artères sont suivies de veines qui se réunissent en un autre gros vaisseau placé le long de l'abdomen ; et les deux gros troncs communiquent entre eux par cinq branches. — La respiration se fait à la surface cutanée ou, selon certains naturalistes, au moyen de petits feuillets qui communiquent avec les pores dorsaux, lesquels sont disposés deux à deux sur chaque anneau, et ont encore pour fonction de sécréter la liqueur qui recouvre ordinairement l'animal. — Les Lombrics sont hermaphrodites. Leurs organes sexuels aboutissent à un renflement situé à peu près au tiers antérieur du corps, et se composent de petits corps disposés sur deux rangs au-dessus du canal intestinal ; mais l'anatomie est encore peu avancée sur ce point. Deux individus concourent à la fécondation ; l'union est si intime, qu'il est à peu près impossible de les séparer autrement que par lambeaux.

Les Lombrics vivent dans les lieux humides, les terres argileuses et marneuses et dans les fumiers, dont ils savent extraire quelques matières nutritives. Ils s'enfoncent en terre à l'approche de l'hiver, et c'est leur lèvre supérieure, qui dépasse de beaucoup l'inférieure, qui leur sert à creuser les trous par lesquels ils s'enfoncent en terre. Ils n'en sortent qu'au retour des beaux jours ; mais s'ils sont exposés à l'ardeur du soleil, ils se dessèchent promptement et ne tardent pas à périr. Ajoutons que le Ver de terre se pratique une galerie à deux issues : il entre par l'une et sort par l'autre ; la première lui sert aussi à rejeter les matières qu'il a avalées en creusant le sol peu résistant où il se réfugie. Ces animaux ne nous sont d'aucune utilité, si ce n'est qu'ils servent d'appât pour la pêche. Les poissons en sont en effet très friands ; la taupe, plusieurs mammifères, les oiseaux, beaucoup de mollusques en font leur nourriture. La médecine les a autrefois employés.

Signalons particulièrement : le LOMBRIC COMMUN (*L. vulgaris*), que chacun connait, dont la couleur est rougeâtre, et la longueur, très variable, selon l'âge sans doute, est de 5 à 30 cent. ; — le LOMBRIC VARIÉ (*L. variegatus*), dont la couleur est plus foncée, parfois brune variée de taches de même teinte, mais plus foncée. Cette espèce se trouve dans les marécages, au milieu des bois et sur le bord des rivières.

LOMBRIC. On donne vulgairement ce nom au Ver intestinal lombricoïde. — V. *Ascaride*.

LONGICORNES. Famille de Coléoptères, de la tribu des Tétramères. — V. *Coléoptères*.

LONGIPENNES. Nom donné à tous les oiseaux de mer de l'ordre des Palmipèdes, auxquels les longues plumes de leurs ailes donnent un vol très étendu, tels que les Pétrels, les Goélands, les Mouettes, les Hirondelles de mer, les Albatros.

LONGIROSTRES. Famille d'Oiseaux de l'ordre des *Échassiers*. — V. ce mot.

LOPHIODON. Genre de Pachydermes fossiles établi par Cuvier. C'étaient des animaux ayant des rapports sensibles avec les Tapirs, les Rhinocéros et même avec l'Hippopotame. Leurs molaires offrent des crêtes transversales, caractère spécial qu'exprime leur nom. On en a trouvé des ossements, en France, dans les terrains tertiaires moyens et supérieurs.

LOPHOBRANCHES (du gr. *lophos*, crête, aigrette; *brankia*, branchies). Ordre de la classe des Poissons osseux, caractérisé spécialement par ceci : qu'au lieu d'être pectinées comme dans les autres ordres de la même classe des Osseux, leurs branchies forment de petites houppes rondes disposées par paires le long des arcs branchiaux. Ils se reconnaissent encore à leur forme bizarre et à leur corps couvert de plaques osseuses et anguleuses. Ce sont des poissons de petite taille en général, dont le corps est dur et presque dépourvu de chair. Leurs branchies sont enfermées sous un grand opercule attaché par une membrane qui ne laisse qu'un petit trou pour la sortie de l'eau, et qui ne montre dans son épaisseur que quelques vestiges de rayons. Leur bouche est si étroite qu'elle ne peut admettre que des corps de très petit volume, et surtout des insectes et des vers marins.

L'ordre des Lophobranches ne comprend qu'une seule famille, et cette famille ne renferme que quatre genres : les *Syngnathes*, les *Hippocampes*, les *Solénostomes* et les *Pégases*.

LOPHOPHORE (du gr. *lophos*, aigrette; *phoros*, porteur). Cuvier a donné ce nom à un genre de Gallinacés que Vieillot appelait *Monaul* : bec long, fort, très recourbé, large à sa base, à bords saillants, à mandibule supérieure large, tranchante à son extrémité, et dépassant l'inférieure; narines basales; tarses courts, éperonnés; queue droite, horizontale, arrondie au bout.

Les Lophophores habitent l'Inde. Ils ont la taille et les mœurs des Paons et des Faisans. — L'espèce type est le L. RESPLENDISSANT (*L. refulgens*) ou *Impey*, bel oiseau dont la tête porte une aigrette élégante formée de 17 à 18 plumes d'un beau vert doré. Les longues plumes du cou ont l'éclat de l'or et de l'émeraude, celles du dos et des ailes ont la couleur de la pourpre mélangée avec le vert doré; d'où le nom d'*Oiseau d'or*, que lui donnent les Indiens. Le dessous du corps est noir, avec reflets verdâtres. La femelle se distingue du mâle par une taille moindre, par des couleurs plus pâles et plus brunes; elle a une raie blanche derrière l'œil, et des tarses armés d'un tubercule mousse au lieu d'ergot. — L'Impey habite la partie septentrionale de l'Inde et du Bengale. Il n'a pu être transporté en Europe.

LOPHYRE (*Lophyrus*). Ce nom est celui d'une espèce de Colombidée, connue sous celui de *Pigeon Goura* ; cet oiseau forme un petit genre appartenant aux Moluques.

LOPHYRE, tel est aussi le nom d'un genre d'Hyménoptères térébrants, dont les larves vivent en grande quantité sur les pins et en dévorent les feuilles. Ces larves, qui ont 16 fausses pattes diminuant de longueur, se filent à nu une coque ovalaire, petite, qu'elles attachent aux feuilles de l'arbre où elles ont vécu. L'insecte parfait est long de 3 à 4 lignes : le mâle est tout noir, la femelle livide. Peu commun aux environs de Paris.

M. Dumeril a donné le nom de LOPHYRE à un genre de Sauriens qu'il a établi aux dépens des Agames, caractérisé par un dos garni d'une tête sans rayons osseux et couvert d'écailles semblables et égales, et par une queue comprimée. — Mœurs peu connues. — Des îles d'Amboine et de Ceylan.

LORANTHACÉES. Famille de Plantes dicotylédones polypétales, pour la plupart parasites, à tige ligneuse et ramifiée ; à feuilles opposées, persistantes ; à fleurs tantôt solitaires, tantôt en épis, en grappes ou en panicules, quelquefois dioïques; calice adhérent à l'ovaire infère, accompagné extérieurement de 2 bractées ou d'un second calice cupuliforme enveloppant quelquefois entièrement le véritable calice; corolle de 4 à 8 pétales, à estivation valvaire, parfois soudés et représentant une corolle monopétale; étamines en même nombre que les pétales, opposées, sessiles ou à filaments; ovaire à une seule loge; fruit charnu, à 1 seule graine.

Cette famille diffère des Caprifoliacées par sa corolle polypétale, ses étamines opposées aux pétales, son ovaire uniloculaire et monosperme. Le genre type est le *Loranthe;* on y trouve aussi le *Gui.*

LORANTHE (du gr. *lôron*, lanière; *anthos*, fleur). Genre de Plantes parasites, vivaces et ligneuses, de la famille des Loranthacées. On en connaît 71 espèces, toutes exotiques, à l'exception d'une seule, le LORANTHE D'EUROPE, qui croît sur les châtaigniers, les pommiers, et dont le fruit est une baie jaunâtre, à pulpe gluante, au milieu de laquelle se trouve la graine.

LORI (*Lorius*). Sous-genre de Perroquets, ayant le bec aussi haut que large à la base, très arqué, à pointe aiguë et prolongée; ailes médiocres et pointues; queue ordinaire, annelée et arrondie à son extrémité; tarses courts, réticulés; doigts longs, ongles crochus et aigus. — Oiseaux dont le plumage est plus ou moins rouge, au regard vif, à la voix perçante; en général délicats et sujets à des spasmes convulsifs qui les font périr en peu de temps. On en connaît cinq espèces, des Moluques, de Bornéo et de la Nouvelle-Guinée.

Fig. 766. — Lori grand Lori.

Le LORI GRAND LORI a la tête, le cou, le dos, les scapulaires, toutes les couvertures des ailes, le croupion et le ventre d'un rouge cramoisi; le dessus de la queue est aussi cramoisi dans les deux tiers de sa longueur, tandis que le bas est d'un beau jaune d'or, ainsi que le dessous : la

poitrine et les flancs sont couverts d'un plastron violet; bec, pieds et ongles noirs.—Ce bel oiseau habite les Moluques. Il est prompt et agile dans ses mouvements; on le transporte difficilement à cause de sa disposition aux spasmes.

LORIOT (*Oriolus*). Genre de Passereaux, de la famille des Dentirostres, ayant pour caractères :

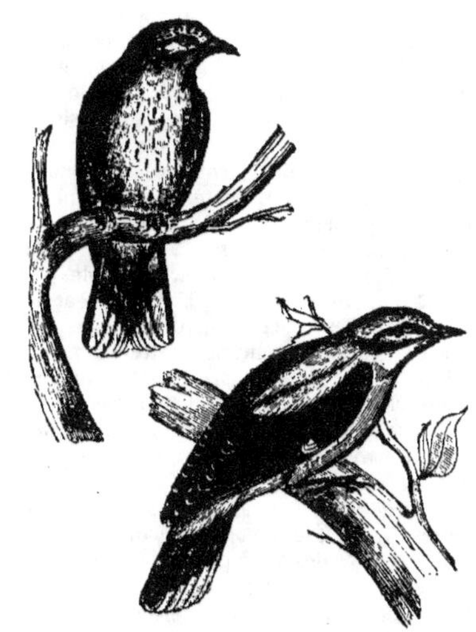

Fig. 767 et 768. — Loriot (mâle et femelle).

bec triangulaire, comprimé à la pointe; narines nues, ovales, percées dans une membrane; tarses courts, fortement écussonnés; ailes allongées; queue échancrée. — Ce genre a difficilement trouvé sa place propre : c'est avec les Merles qu'on l'a confondu le plus souvent; mais les Loriots ont un bec plus fort, des tarses plus courts et des ailes plus développées; ils ont en outre le doigt extérieur réuni à celui du milieu dans toute la longueur de la première phalange, ce qui leur donne une plante de pied aplatie, qui n'est pas la même chez les Merles. Leurs mœurs diffèrent aussi : ils ne se plaisent que sur les grands arbres et ne se posent que rarement à terre; ils ont une prédilection marquée pour les fruits, tandis que les Merles recherchent toujours les insectes.

LORIOT JAUNE OU D'EUROPE (*O. galbula*), vulg. *Loriot, Compère Loriot,* seule espèce d'Europe, d'un beau jaune, avec les ailes, la queue et une tache entre l'œil et le bec noirs, le bout de la queue jaune; dans sa jeunesse il a (comme la femelle pendant toute sa vie) le jaune remplacé par de l'olivâtre et le noir par du brun.

Les Loriots sont répandus dans les contrées chaudes de l'ancien continent, sans être fixés nulle part.

Leur passage, chez nous, a lieu au mois d'avril, quand ils reviennent d'Afrique, et à la fin d'août quand ils y retournent passer l'hiver. Ils se plaisent sur le bord des eaux, dans les lieux frais, et vivent d'insectes, de larves, de chenilles ; ils affectionnent aussi beaucoup les cerises et les figues, qui donnent à leur chair un goût fin et délicat. Dès leur arrivée, ils s'apparient et travaillent à leur nid. Ils le placent sur de grands arbres, l'attachent à la bifurcation de deux petites branches, enlacent autour des deux rameaux qui forment cette bifurcation de longs brins de paille, de chanvre ou de laine, dont les uns, allant droit d'un rameau à un autre, forment le bord du nid par devant, et les autres, pénétrant dans son tissu en passant par-dessous et venant se fixer à la branche opposée, donnent de la solidité à cette construction admirable, dont l'intérieur est tapissé d'une couche de mousse, de toiles d'araignées, de soies de chenilles, de plumes. La femelle pond 4 ou 5 œufs allongés, blanchâtres, semés de petites taches d'un brun noirâtre. L'attachement de ces oiseaux pour leurs petits est tel qu'ils les défendent avec intrépidité, même contre l'homme, dit-on. Gueneau de Montbelliard rapporte qu'une mère, enlevée avec son nid, est morte en cage avec ses œufs, sans les abandonner. Il est difficile d'ailleurs de conserver un Loriot en cage plus de 3 ou 4 mois.

Les espèces étrangères à l'Europe sont assez nombreuses : ce sont le *L. coulavau*, de la Chine; —le *L. de paradis*, des Moluques;—le *L. d'or*, du Sud de l'Afrique;—le *L. rieur*, de l'Inde, etc., etc. Le cadre de cet ouvrage ne nous permet que cette courte énumération.

LORIS (*Loris*). Genre de Quadrumanes, de la division des Makis, famille des Lémuriens, qui ressemblent aux Makis par leurs formes générales, mais dont les proportions sont plus grêles. Ils ont la tête plus arrondie, les yeux grands, les narines ouvertes sur les deux côtés d'un mufle glanduleux et relevé ; la queue nulle ; cinq doigts aux pieds; pouce opposable dans les quatre mains; 36 dents; 2 mamelles à 2 tétines chacune, ce qui fait croire qu'il y en a quatre.

Les Loris sont de petite taille, et leur corps n'est guère plus fort que celui d'un Ouistiti. Ce sont des animaux à habitudes nocturnes, et qui se font remarquer par la lenteur singulière de leur démarche, d'où le nom de *Paresseux* qu'on leur a donné; mais cette épithète ne doit pas les faire confondre avec les *Bradypes*, qui sont des mammifères d'un tout autre genre et qui portent aussi la même dénomination. Les Loris sont doux, inoffensifs, et presque entièrement dépourvus d'initiative, quoiqu'ils aient cependant quelque intelligence. La femelle présente une particularité remarquable du côté des organes génitaux; le clitoris est très allongé, velu à son extrémité, et perforé dans toute sa longueur par le canal de l'urètre, comme l'est le pénis. Cette disposition ne

se remarque chez aucun autre animal connu.

Loris grêle (*L. gracilis*). C'est le Loris proprement dit de Buffon. Animal roussâtre, ayant une bande blanche sur le front et sur le nez; sa taille est à peu près celle de l'Écureuil commun; son poil est doux, fin et d'une apparence laineuse. — Ce lémurien se trouve dans la presqu'île de Pondichéry et à l'île de Ceylan. Son corps et ses membres sont grêles, et pourtant ses mouvements sont d'une lenteur exagérée. Soit qu'il marche sur un sol résistant ou qu'il grimpe, l'écartement qu'il donne à ses pattes, l'angle que font la jambe sur la cuisse ou l'avant-bras sur le bras, et enfin son apparence comme paralytique rappellent notablement les allures du Caméléon. Nocturne, il ne sort que le soir ou la nuit pour aller à la recherche des œufs, des insectes et des fruits dont il fait sa nourriture; le jour, il dort.

Loris paresseux (*L. tardigradus*). Cette espèce est un peu plus grosse et plus robuste; son pelage est roux en dessus, avec une ligne dorsale brune; une bande blanche remonte des côtés de son nez et s'étend jusqu'au front; le dessus de son corps est grisâtre.—Ce Loris habite Java, Sumatra, Bornéo, peut-être aussi le Bengale.

LOTIER (*Lotus*). Genre de la famille des Légumineuses, plantes vivaces, herbacées, à feuilles trifoliées, munies de stipules libres, foliacées; fleurs jaunes, à étendard veiné coloré, souvent rougeâtre, disposées en glomérules terminaux, munies à leur base de bractées trifoliées. — Le **Lotier corniculé** a des tiges étalées ou ascendantes diffuses, atteignant de 20 à 60 centim.; fleurs en glomérules 2-6 flores : calice à 5 divisions lancéolées; carène coudée à sa partie moyenne; légume terminé par le style persistant presque droit.—Cette plante est très commune sur les pelouses sèches ou humides, dans les prairies, les champs aux bords des chemins, etc., où elle fleurit en mai-août. On distingue des variétés à tiges *très grêles*, *velues-hérissées*, etc.

Le **Grand Lotier** atteint 80 cent.; ses tiges sont fistuleuses ascendantes, et portent des glomérules de 8-12 fleurs. — On le trouve dans les fossés, les bois humides, aux bords des mares bourbeuses, fleurissent en juin-septembre.

LOTTE (*Lota*). Genre de Poissons malacoptérygiens, formé des Gades, joignant à deux nageoires dorsales et à une anale des barbillons plus ou moins nombreux. — L'espèce la plus connue est la **Lingue** ou **Morue longue**, dont la taille est de 1 m. à 1 m. 50, et qui est aussi abondante que la Morue ou Gabiau dans les mers septentrionales. Ce poisson se conserve aussi facilement, et fait un article de pêche presque aussi important que la Morue. — La **Lotte commune ou de rivière**, dont la longueur est de 35 à 70 cent., est jaune, marbrée de brun, avec un seul barbillon au menton. Assez répandue dans l'Océan, elle est le seul Gadoïde qui remonte dans nos rivières d'Europe.

LOTOS ou **Lotus**. Les anciens désignaient sous ce nom trois sortes de plantes :

1° Des espèces de *Nénuphars*, herbes aquatiques qui croissaient dans le Nil et le Gange; plusieurs monuments égyptiens et indiens portent l'image du Lotus aquatique, qui était aussi un des attributs du soleil, parce que sa fleur se montre sur l'eau au lever du soleil et disparaît avec lui.

2° Diverses *Légumineuses*, telles que le *Lotier*. — V. ce mot.

3° Une espèce de *Jujubier* (*Ziziphus lotus*), dont il a été parlé. — On a cru aussi reconnaître le Lotus des anciens dans le Plaqueminier, le Laurier rose, le Santal rouge, etc.

LOUP (*Lupus*). Mammifère du genre Chien, considéré par plusieurs naturalistes comme un genre à part dans l'ordre des Carnassiers digitigrades. Il diffère du Chien proprement dit par son museau allongé, ses oreilles toujours droites, son pelage plus touffu, ses proportions souvent plus fortes et sa taille plus grande ; la queue est droite et pendante, tandis qu'elle est oblique chez les Chiens; la couleur des membres est fauve, avec une raie noirâtre à ceux de devant; et ce caractère, qui d'ailleurs ne se trouve point chez tous les Loups, dont le pelage varie en raison de la température des contrées qu'ils habitent, se remarque aussi plus ou moins prononcé chez le Chacal (fig. 770).

« Le Loup est l'un de ces animaux dont l'appétit pour la chair est le plus véhément; et quoique avec ce goût, il ait reçu de la nature les moyens de le satisfaire, qu'elle lui ait donné des armes, de la ruse, de l'agilité, de la force, tout ce qui est nécessaire, en un mot, pour trouver, attaquer, vaincre, saisir et dévorer sa proie, cependant il meurt souvent de faim, parce que l'homme, lui ayant déclaré la guerre, l'ayant même proscrit en mettant sa tête à prix, le force à fuir, à demeurer dans les bois, où il ne trouve que quelques animaux sauvages qui lui échappent par la vitesse de leur course, et qu'il ne peut surprendre que par hasard ou par patience, en les attendant longtemps, et souvent en vain, dans les endroits où ils doivent passer. Il est naturellement grossier et poltron, mais il devient ingénieux par besoin, et hardi par nécessité; pressé par la famine, il brave le danger, vient attaquer les animaux qui sont sous la garde de l'homme, ceux surtout qu'il peut emporter aisément, comme les agneaux, les petits chiens, les chevreaux; et lorsque cette maraude lui réussit, il revient souvent à la charge, jusqu'à ce qu'ayant été blessé ou chassé, et maltraité par les hommes et les chiens, il se recèle pendant le jour dans son fort, et n'en sort que la nuit, parcourt la campagne, rôde au-

Fig. 769. — Loup.

tour des habitations, ravit les animaux abandonnés, vient attaquer les bergeries, gratte et creuse la terre sous les portes, entre furieux, met tout à mort avant de choisir et d'emporter sa proie. Lorsque ces courses ne lui produisent rien, il retourne au fond des bois, se met en quête, cherche, suit à la piste, chasse, poursuit les animaux sauvages, dans l'espérance qu'un autre Loup pourra les arrêter, les saisir dans la fuite, et qu'ils en partageront la dépouille. Enfin, lorsque le besoin est extrême, il s'expose à tout, attaque les femmes et les enfants, se jette même quelquefois sur les hommes, devient furieux par ces excès, qui finissent ordinairement par la rage et la mort.

« Le Loup, tant à l'extérieur qu'à l'intérieur, ressemble si fort au Chien, qu'il paraît être modelé sur la même forme; cependant il n'offre tout au plus que le revers de l'empreinte, et ne présente les mêmes caractères que sous une face entièrement opposée : si la forme est semblable, ce qui en résulte est bien contraire; le naturel est si différent, que non-seulement ils sont incompatibles, mais antipathiques par nature, ennemis par instinct. Un jeune chien frissonne au premier aspect du Loup; il fuit à l'odeur seule, qui, quoique nouvelle, inconnue, lui répugne si fort, qu'il vient en tremblant se ranger entre les jambes de son maître : un mâtin qui connaît ses forces se hérisse, s'indigne, l'attaque avec courage, tâche de le mettre en fuite, et fait tous ses efforts pour se délivrer d'une présence qui lui est odieuse; jamais ils ne se rencontrent sans se fuir ou sans combattre, et combattre à outrance jusqu'à ce que mort s'ensuive. Si le Loup est le plus fort, il dé-

Fig. 770. — Loup-Chacal.

chire, il dévore sa proie; le Chien, au contraire, plus généreux, se contente de la victoire, et ne trouve pas que *le corps d'un ennemi mort sente bon*, il l'abandonne pour servir de pâture aux corbeaux, et même aux autres Loups; car ils s'entre-dévorent, et lorsqu'un Loup est blessé, les autres le suivent au sang, et s'attroupent pour l'achever.

« Le Chien, même sauvage, n'est pas d'un naturel farouche ; il s'apprivoise aisément, s'attache, et demeure fidèle à son maître. Le Loup pris jeune se prive, mais ne s'attache point, la nature est plus forte que l'éducation ; il reprend avec l'âge son caractère féroce, et retourne, dès qu'il le peut, à son état sauvage. Les Chiens, même les plus grossiers, cherchent la compagnie des autres animaux; ils sont naturellement portés à les suivre, à les accompagner, et c'est par instinct seul, et non par éducation, qu'ils savent conduire et garder les troupeaux. Le Loup est au contraire l'ennemi de toute société, il ne fait pas même compagnie à ceux de son espèce : lorsqu'on les voit plusieurs ensemble, ce n'est point une société de paix, c'est un attroupement de guerre, qui se fait à grand bruit avec des hurlements affreux, et qui dénote un projet d'attaquer quelque gros animal, comme un cerf, un bœuf, ou de se défaire de quelque redoutable mâtin. Dès que leur expédition militaire est consommée, ils se séparent et retournent en silence à leur solitude.

« Le Loup a beaucoup de force, surtout dans les parties antérieures du corps, dans les muscles du cou et de la mâchoire. Il porte avec sa gueule un mouton, sans le laisser toucher à terre, et court en même temps plus vite que les bergers, en sorte qu'il n'y a que les Chiens qui puissent l'atteindre et lui faire lâcher prise. Il mord cruellement, et toujours avec d'autant plus d'acharnement, qu'on lui résiste moins; car il prend des précautions avec les animaux qui peuvent se défendre. Il craint pour lui, et ne se bat que par nécessité, et jamais par un mouvement de courage : lorsqu'on le tire et que la balle lui casse quelque membre, il crie; et cependant lorsqu'on l'achève à coups de bâton, il ne se plaint pas comme le Chien; il est plus dur, moins sensible, plus robuste : il marche, court, rôde des jours entiers et des nuits; il est infatigable, et c'est peut-être de tous les animaux le plus difficile à forcer à la course. Le Chien est doux et courageux; le Loup, quoique féroce, est timide. Lorsqu'il tombe dans un piége, il est si fort et si longtemps épouvanté, qu'on peut ou le tuer sans qu'il se défende, ou le prendre vivant sans qu'il résiste; on peut lui mettre un collier, l'enchaîner, le museler, le conduire ensuite partout où l'on veut, sans qu'il ose donner le moindre signe de colère, ou même de mécontentement. Le Loup a les sens très bons, l'œil, l'oreille, et surtout l'odorat; il sent souvent de plus loin qu'il ne voit; l'odeur du carnage l'attire de plus d'une lieue; il sent aussi de loin les animaux vivants, il les chasse même assez longtemps en les suivant aux portées. Lorsqu'il veut sortir du bois, jamais il ne manque de prendre le vent ; il s'arrête sur la lisière, évente de tous côtés, et reçoit ainsi les émanations des corps morts ou vivants que le vent lui apporte de loin. Il préfère la chair vivante à la chair morte, et cependant il dévore les voiries les plus infectes. Il aime la chair humaine, et peut-être, s'il était le plus fort, n'en mangerait-il pas d'autre. On a vu des Loups suivre les armées, arriver en nombre à des champs de bataille, où l'on n'avait enterré que négligemment les corps, les découvrir, les dévorer avec une insatiable avidité ; et ces mêmes Loups, accoutumés à la chair humaine, se jeter ensuite sur les hommes, attaquer le berger plutôt que le troupeau, dévorer des femmes, emporter des enfants, etc. On appelle ces mauvais Loups, *Loups-garous*, c'est-à-dire Loups dont il faut se garer. Désagréable en tout, la mine basse, l'aspect sauvage, la voix effrayante, l'odeur insupportable, le naturel pervers, les mœurs féroces, le Loup est odieux, nuisible de son vivant, inutile après sa mort. »

Buffon a exagéré quelques points de l'histoire du Loup, comme, par exemple, les différences qui le séparent du Chien, sa poltronnerie, etc. Les Loups ont plus de courage que ne leur en a accordé l'illustre naturaliste ; ils sont entre eux plus sociables qu'il ne l'a dit, et ils peuvent se familiariser plus qu'on ne l'a prétendu. « Le Loup pris jeune, dit F. Cuvier, s'apprivoise aisément ; il s'attache à celui qui le soigne, au point de le reconnaître après plus d'une année d'absence. » Aucun animal d'ailleurs n'a un caractère absolument intraitable ; tous, ainsi que l'Homme, aiment le bien et fuient le mal ; si nous leur faisons du bien, ils s'attachent à nous autant qu'il est en eux de s'attacher ; dans le cas contraire, ils nous fuient. Or, partout où existe le Loup, l'Homme lui fait la guerre ; ce n'est qu'avec peine qu'il peut trouver sa nourriture : de là cette férocité qu'on lui reproche, et sa timidité en présence de celui dont il a appris à redouter la puissance.

Loup ordinaire (*L. canis*). Les considérations ci-dessus s'appliquent particulièrement à cette espèce, qui existe dans toute l'Europe, excepté dans les îles Britanniques, où elle a été détruite. Ce Loup habite aussi le nord de l'Asie, de l'Amérique, et il est à croire qu'il a pénétré de l'ancien dans le nouveau continent par les glaces du Kamtchatka.

Quoi qu'on en ait dit, cet animal n'est qu'une simple variété ou race dans l'espèce du Chien domestique, puisqu'il s'accouple avec ce même Chien, et que les métis qui résultent de cet accouplement sont féconds. Il est vrai que si les caractères physiques rapprochent le Loup et le Chien, il existe de grandes différences dans les habitudes et dans l'existence de ces deux animaux, sur lesquelles nous ne reviendrons pas. Dans tous les temps, le Loup a été le fléau des étables et la terreur des bergers. Sa constitution est des plus vigoureuses ; il peut faire 40 lieues dans une seule nuit, et passer plusieurs jours sans manger. Circonspect et même poltron quand il est repu, affamé, il oublie sa défiance naturelle et devient aussi audacieux qu'intrépide, sans cependant renoncer à la ruse, et l'on prétend qu'il pousse celle-ci jusqu'à faire des gambades, simuler les allures gaies des jeunes Chiens pour attirer ceux-ci à ses jeux et les dévorer ensuite. Poussé par la faim, le Loup montre souvent un courage qui va jusqu'à la témérité. — Outre le Loup ordinaire, les naturalistes distinguent un assez grand nombre d'autres espèces.

Le **Loup noir** habite principalement la Russie et le nord de l'Europe. — Le **Loup odorant**, un peu plus grand que le loup commun, et exhalant une odeur forte, habite les plaines du Missouri, où il est un sujet de terreur pour les indigènes. — Le **Loup des prairies** se trouve dans les mêmes contrées que le Loup odorant, mais il passe pour être moins carnassier. — Le **Loup rouge**, qui n'est pas rare dans les Pampas de la Plata, a le pelage d'un roux cannelle, avec une courte crinière noire. Sa force ne répond pas à sa férocité. — Le **Culpeu** habite le Chili et les îles Malouines. Il est un peu plus grand que le Chacal. Il paraîtrait appartenir aux Renards, d'après ses mœurs. — Le **Koupara** ou *Chien crabier* n'est probablement qu'une variété du Chien domestique redevenu sauvage. Il s'apprivoise assez facilement en effet et est peu sauvage. — Le **Corsac** ou *Chien du Bengale*, que Buffon a décrit à tort sous le nom d'*Isatis*, est d'une taille très petite qui ne dépasse pas celle d'un Chat. Il habite les déserts de la Tartarie et se retrouve dans l'Inde. Cet animal était très commun à Paris sous le règne de Charles IX, parce qu'il était alors de mode chez les dames de la cour d'en avoir au lieu de petits Chiens. On le désignait sous le nom d'*Adire*, et on le faisait venir à grands frais de l'Asie. — Le **Kenlie** ou *Tenlie*, remarquable par une plaque triangulaire d'un gris noirâtre ondé de blanc, qu'il porte sur les épaules, se trouve au cap de Bonne-Espérance.

LOUP-CERVIER. Nom donné au Lynx, parce qu'il est considéré comme l'ennemi du Cerf. — V. *Lynx.*

LOUP - GAROU. Prétendu sorcier courant la campagne sous la forme du Loup, et causant de grandes déprédations. Cette supposition superstitieuse est très ancienne, et on en trouve encore des traces dans quelques campagnes. Au xve siècle, sous l'empereur Sigismond, une réunion de célèbres théologiens proclama la réalité des Loups-Garous, et les tribunaux ont condamné au feu ceux qui étaient accusés de ce genre de sorcellerie.

LOUTRE (*Lutra*). Genre de Carnassiers de la tribu des Carnivores digitigrades, dont l'organisation indique des habitudes essentiellement aquatiques. Corps allongé, épais, bas sur pattes ; tête aplatie, large ; oreilles courtes et arrondies ; museau terminé par un mufle dans lequel sont percées les narines ; langue légèrement papilleuse ; doigts allongés, armés d'ongles crochus non rétractiles, réunis par une membrane qui les transforme en des espèces de rames propres à la natation ; queue moins longue que le corps, assez forte ; pelage doux, composé d'un duvet excessivement fin et de longues soies brillantes.

Les Loutres ont de grands rapports avec les Martes, les Moufettes, sous le rapport des dents surtout ; aussi les avait-on classées parmi les Mustéliens. Les classificateurs modernes en ont fait un groupe à part, à cause des caractères si tranchés d'une vie aquatique, tels que l'allongement du corps, l'aplatissement de la tête et la palmature des pattes. Ces animaux sont très répandus dans les eaux douces : ils progressent dans cet élément avec une grande vitesse, plongent très facilement et exécutent les mouvements du poisson le plus agile ; sur le sol, au contraire, ils ne marchent que difficilement et semblent ne faire que s'y traîner. La Loutre se nourrit presque exclusivement de poissons, dont elle détruit un grand nombre ; elle mange aussi des crustacés, des vers, quelquefois même des plantes aquatiques. Sa demeure consiste simplement en un trou qu'elle trouve tout fait dans un rocher, dans un tronc d'arbre ou sur le bord de la rivière ; la mère y place de petites bûchettes et des feuilles pour y déposer ses petits, qui la quittent au bout d'environ deux mois.

Cet animal semble d'un naturel sauvage, intraitable, peu apte à être gardé en domesticité. Il paraît cependant que des Loutres ont été apprivoisées et dressées par leur maître à pêcher le poisson pour lui. Buffon n'a pu réussir à en apprivoiser aucune ; aussi semble-t-il croire avec peine à leur intelligence, qui, pour d'autres personnes, égalerait celle du Chien. On ajoute,

chose remarquable, que la Loutre qui a été élevée dans les maisons montre pour l'eau une véritable aversion ; mais il faudrait reprendre ces essais pour avoir sur ce point quelque chose de positif.

Pendant longtemps on n'a admis que trois espèces : la *Loutre d'Europe*, la *L. d'Amérique* et la *L. marine*, faciles à caractériser ; mais le nombre en a été très augmenté par les envois du cap de Bonne-Espérance, des diverses parties de l'Inde et des deux Amériques. Toutes les espèces ont à peu près le même pelage, c'est-à-dire qu'elles sont d'un brun plus ou moins foncé en dessus ; d'un brun plus clair en dessous et surtout à la gorge, qui est même blanche quelquefois. Leur fourrure est assez grossière, mais leur feutre a été employé dans la chapellerie.

Loutre d'Europe (*L. vulgaris*). Cette espèce, la mieux connue de toutes, a une longueur de 70 cent. depuis le bout du museau jusqu'à l'origine de la queue ; celle-ci est longue de 30 à 35 cent. — Elle est répandue en Europe, quoique peu commune en France. Elle vit au bord des étangs, des rivières, des ruisseaux, ainsi qu'il a été dit plus haut. Elle entre en rut en hiver et met bas 3 ou 4 petits au mois de mars.

La Loutre d'Amérique (*L. brasiliensis*) ou *Saricovienne*, est un peu plus grande que notre Loutre d'Europe ; elle n'a pas de véritable mufle, et ses narines sont nues sur leurs contours. — Elle habite le Brésil. On manque de détails sur ses mœurs.

La Loutre de mer (*L. marina*), *L. du Kamtchatka*, de Buffon, longue d'un mètre, non compris la queue qui a 35 cent., habite le Kamtchatka et la partie la plus septentrionale de l'Amérique, se tenant le plus souvent sur le bord de la mer. Elle vit par couple ; la femelle ne met bas qu'un seul petit. Sa fourrure est très recherchée.

LUCANE (*Lucanus*), vulg. *Cerf-Volant*. Genre de Coléoptères de la tribu des Pentamères, fa-

Fig. 771. — Loutre.

mille des Lamellicornes, offrant pour caractères propres : antennes de 10 articles, dont le premier est aussi long à lui seul que les autres ; point de labre ; palpes labiales de 3 articles, languette terminée par 2 lobes étroits, soyeux ; palpes maxillaires de 4 articles dont le second très grand.

Les Lucanes sont des insectes d'une grande taille ; leur nom (de *lucana*, bœuf) provient de ce qu'on les a comparés à ce mammifère à cause de leurs cornes et de leur grosseur. « Dans les mâles, la tête, destinée à porter des mandibules très développées, acquiert un développement énorme ;

elle devient beaucoup plus large que le corselet, quadrangulaire, transverse, limitée par des cornes plus ou moins élevées ; les mandibules égalent presque en longueur la tête et le corselet ; elles

sont plus ou moins arquées et dentelées intérieurement, selon les espèces ; le corselet est carré, et l'abdomen, presque de même longueur que lui, ovalaire ; les tibias sont dentelés sur le côté, les

Fig. 772. — Lucane cerf-volant

tarses sont au moins aussi longs que les tibias : le 5e article, y compris ses crochets robustes, est à lui seul aussi long que les quatre autres. »

Les Lucanes, à l'état parfait, se nourrissent de la séve extravasée des arbres. Ils cherchent bientôt à s'accoupler, et on les voit alors marcher sur les troncs d'arbres ou voler, le soir, avec lenteur et le corps presque vertical. A l'état de larves, ils vivent dans le vieux bois, dans les racines des arbres. Ces larves se construisent une espèce de coque de sciure de bois pour se changer en nymphes, état dont elles ne sortent qu'insectes parfaits.

Lucane cerf-volant (*L. cervus*). Tête quadrangulaire ; mandibules arquées intérieurement, terminées par deux dents écartées de cette extrémité ; longueur du corps, 5 cent. La femelle a les mandibules plus courtes et la tête petite. — Ce coléoptère, qui se trouve dans toute l'Europe, est noir, avec les mandibules et les élytres marron. A l'état de larve et quand il est multiplié, il peut être dangereux pour les arbres fruitiers.

Les autres espèces n'appartiennent pas à l'Europe. Nous citerons seulement le Lucane alcès (*L. alces*), de l'Asie, qui est long de 7 cent. environ sans les mandibules.

LUMIÈRE. Corps insaisissable, qui, mis en mouvement, rend visibles les objets qu'il rencontre. Deux hypothèses ont été émises sur la nature de la Lumière : dans la première, dite des *ondulations*, et attribuée à Descartes, Euler, Huygens, la Lumière dépend d'un mouvement vibratoire communiqué par les corps lumineux à un fluide subtil répandu dans l'espace (éther), lequel agit sur l'œil à la manière des ondulations de l'air, dues à l'action des corps vibrants sur le tympan. Dans la seconde, dite de l'*émission*, la Lumière est considérée comme un fluide subtil qui émane de certains corps et qui se meut en ligne droite et dans tous les sens avec une étonnante rapidité. Cette dernière théorie, due à Newton, paraît plus simple et naturelle, et cependant, comme elle ne permet pas d'expliquer un grand nombre de faits connus, elle est presque généralement abandonnée aujourd'hui.

Le soleil et les étoiles répandent de la Lumière autour d'eux : ce sont des corps *lumineux* par eux-mêmes, ainsi que la flamme et les autres corps en état d'ignition. On appelle corps *éclairés* ceux qui ne font que réfléchir la Lumière qu'ils reçoivent des corps lumineux.

La Lumière du soleil nous arrive en 8 minutes, 13 secondes, ce qui fait une vitesse de 318, 288 kilomètres. La lumière pénètre à travers tous les gaz, à travers la plupart des liquides et plusieurs corps solides; les corps qui laissent ainsi passer la lumière s'appellent *transparents*, ou, dans certains cas, *translucides*, par opposition aux corps *opaques* qui la retiennent et l'empêchent de parvenir à notre œil. Mais en traversant les corps transparents, la Lumière est réfractée, c'est-à-dire rapprochée de la perpendiculaire, en raison de la densité et de la combustibilité de ces corps; en frappant les corps opaques qui l'arrêtent, elle est réfléchie sous un angle égal à celui d'incidence. Elle est réfléchie en totalité par les surfaces blanches, et absorbée par les noires.

La Lumière se décompose à travers un prisme transparent, en sept rayons colorés qui sont : *rouge, orangé, jaune, vert, bleu, indigo* et *violet*. Elle influe puissamment sur la vie des corps organisés et sur la composition d'une multitude de corps organiques et inorganiques, parce qu'elle a, comme toute condition physique extérieure, une influence sur les phénomènes de composition et de décomposition chimiques, que l'on attribue, par hypothèse, à des *rayons chimiques* de la Lumière. Cette influence est plus ou moins forte, selon chaque substance exposée aux rayons rouges, jaunes ou bleus. Il en est de même de l'élévation de température causée par la Lumière (*rayons calorifiques*); mais ici l'intensité de la chaleur va en croissant régulièrement du violet au rouge, un peu au-delà duquel elle acquiert son *summum* d'élévation.

La Lumière la plus éclatante que nous puissions produire est celle de l'électricité. Elle est due à une série d'étincelles jaillissant du point où un courant électrique passe entre deux corps conducteurs, séparés par un très petit intervalle. L'éclat est encore plus vif, lorsque le courant passe entre deux pointes de charbon. On fait usage depuis quelques années de la *Lumière électrique* pour produire la nuit de vifs effets d'éclairage, comme signaux, feux d'artifice, etc. Les Français l'ont employée au siége de Rome en 1850.

Il est une foule de phénomènes dont l'explication résulte de l'étude de la Lumière ou rentre dans les lois de l'Optique.—V. *Arc-en-ciel, Mirage, Ombre, Polarisation.*

LUNAIRE (*Lunaria*). Genre de Crucifères, dont le calice est à 2 sépales bossus à la base, l'ovaire pédicellé, le style court à stigmate échancré, et surtout la silicule grande, plane, arrondie ou elliptique, entière, chaque loge renfermant 2 à 4 graines à bord membraneux.

La Lunaire vivace (*L. rediviva*) est une plante à racine vivace; à feuilles très grandes, opposées vers le bas, alternes le plus souvent vers le haut, ovales, cordiformes et dentées en scie; fleurs grandes, d'un rose clair ou pourpre, marquées de veines plus foncées, disposées en panicules terminales sur de longs pédoncules. — Cette espèce croît dans les montagnes un peu élevées de l'Europe; les fleurs exhalent une odeur délicieuse; les siliques sont atténuées aux deux extrémités.

La Lunaire bisannuelle (*L. biennis*) est reconnaissable au contraire à ses silicules elliptiques et obtuses aux deux extrémités. Ses fleurs sont inodores, de couleur violette, blanches dans une variété. — Cette espèce, vulg. nommée *Grande Lunaire, Herbe aux écus, Monnaie du pape, Médaille, Bulbonax,* est indigène des contrées montueuses et boisées de la Suède, de l'Allemagne, de la Suisse, etc., et se trouve dans quelques-uns de nos jardins. La chute des valves laisse voir les cloisons, dont l'éclat argentin a fait donner à la plante les noms de *Satinée, Passe-satin, Satin-blanc.*

LUNE. Satellite qui accompagne la Terre; corps opaque, qui n'est lumineux que par la réflexion des rayons du soleil, ce qui est cause que nous ne pouvons en apercevoir que la partie éclairée par cet astre, et que dans sa révolution nous la voyons sous divers aspects ou *phases.* La Lune est 49 fois plus petite que la Terre. Elle en est éloignée de 85,000 lieues (340,000 kilom.). Elle paraît être de forme irrégulière, ellipsoïde; on y observe des vallons, des montagnes et des volcans ayant l'apparence de taches sur le disque lunaire. La question de savoir si elle est habitée a longtemps exercé la curiosité sagace des savants; mais comme elle n'a point d'atmosphère, puisqu'on n'observe ni nuages ni rien qui mette obstacle à la lumière, on la suppose inhabitable.

La Lune décrit autour du Soleil un orbite elliptique dans une durée de 27 jours 7 h. 43' 11", 5; elle emploie le même temps à faire une révolution sur elle-même, tout en présentant toujours la même face à la terre. Le plan de l'orbite lunaire est incliné sur l'écliptique, c'est-à-dire sur la courbe elliptique que le soleil paraît décrire en une année et que la terre décrit réellement dans cet espace de temps; il est incliné, disons-nous, de 5° 4' 48". Cet angle, qu'on nomme l'*inclinaison de l'orbe lunaire*, est sujet à de petites variations en plus et en moins. On donne le nom de *nœuds* aux deux points où l'orbite de la lune coupe le plan de l'écliptique. Les éclipses ne peuvent avoir lieu que lorsque la Lune se trouve dans ces nœuds, ou du moins très près, aux époques où elle est pleine ou nouvelle. — V. *Éclipse.*

On dit que la Lune est *nouvelle* ou en *conjonction*, lorsqu'elle se trouve placée entre le Soleil et la Terre, de manière qu'elle nous présente sa face non éclairée ou obscure ; à ce moment nous ne pouvons la voir. Mais en avançant, elle montre progressivement la partie qu'éclaire le Soleil : elle présente d'abord la forme d'un *croissant*, parvenue au quart de sa révolution, elle présente celle d'un demi-cercle, et se trouve dans son *premier quartier*. Lorsqu'elle a accompli la moitié de sa course, elle paraît ronde ; elle est alors *pleine* ou en *opposition*. Elle décroît ensuite peu à peu, et atteint de nouveau la forme d'un demi-cercle, c'est le *dernier quartier* ; puis elle se place de nouveau entre le Soleil et la Terre ou en conjonction. Mais comme la Terre, pendant ce temps, s'est avancée aussi dans son orbite, cette révolution d'une Lune à une autre nouvelle Lune exige plus de temps que sa révolution sidérale : elle demande 29 jours 12 h. 44' 2", 8 : c'est ce qu'on appelle *révolution synodique* de la Lune, *mois lunaire* ou *lunaison*. Réciproquement, la Terre devrait offrir à un observateur placé sur la Lune des phases analogues à celles que nous observons sur celle-ci. Sur la Lune on a *pleine terre* quand nous avons *nouvelle lune* ; *nouvelle terre*, quand nous avons *pleine lune*.

Nous avons dit que l'hémisphère de la Lune qui regarde la Terre ne change pas ; cette observation avait fait penser aux anciens que la Lune n'avait pas de mouvement de rotation ; les modernes y ont vu la preuve du contraire, en comparant le mouvement de la planète à un homme qui ferait le tour d'un arbre sans cesser de le regarder. On explique ce phénomène en disant que l'attraction de la terre ayant allongé le globe lunaire, celui-ci, composé de deux hémisphères dont l'un est plus lourd que l'autre, retombe toujours du côté de la terre par son excès de poids. Dans sa rotation sur elle-même, la Lune présente de petits mouvements apparents qui déterminent certains changements dans la situation de son globe : on les nomme *librations*.

La surface de la Lune est parsemée de montagnes d'une grande hauteur, à en juger par les ombres qu'elles projettent ; elle présente d'énormes cavités, semblables aux bassins de nos mers. On y remarque comme des points brillants, qui ne sont pas, comme on l'a cru, des étincelles de volcans, mais qui résultent de pics élevés éclairés par le soleil. Tout prouve qu'il n'y a pas d'atmosphère sensible autour de la Lune. S'il en est ainsi, il ne peut y avoir de liquides à sa surface, car ces liquides, non comprimés par l'atmosphère, seraient bientôt réduits en vapeurs. De là la difficulté de concevoir des phénomènes de météorologie et de végétation analogues à ceux que nous observons sur notre globe. La Lune ne saurait donc être habitée par des êtres animés semblables à ceux qui peuplent la terre.

La lumière de la pleine Lune est 300 mille fois plus faible que celle du soleil ; rassemblée au foyer des plus grands miroirs, elle ne produit point d'effet sensible sur le thermomètre. Entre la nouvelle Lune et son premier quartier, on aperçoit souvent la partie du disque lunaire qui n'est point éclairée par le soleil. Cette faible clarté, qu'on nomme *lumière cendrée*, est produite par la lumière du soleil que l'hémisphère éclairé de la terre envoie sur la Lune, laquelle étant réfléchie de nouveau par celle-ci, revient jusqu'à notre œil.

C'est à l'attraction de la Lune combinée avec celle du Soleil que sont dues les marées. Longtemps la superstition a accordé à cet astre une immense influence sur le temps, la végétation, la santé, etc. Ces préjugés ont été abandonnés pour la plupart. Toutefois, il est admis que la présence de la Lune sur l'horizon et l'action de sa lumière doivent produire certains effets, et qu'elle peut influer, par l'attraction qu'elle exerce, sur les variations de l'atmosphère ; mais ces effets n'ont pu jusqu'ici être bien appréciés.

Les cultivateurs appellent *Lune rousse* la Lune qui, commençant en avril, devient pleine soit à la fin du mois, soit dans le courant de mai. Suivant eux, elle *roussit* ou gèle les jeunes feuilles et les bourgeons exposés à sa lumière, ou bien elle devient la cause d'un abaissement de température qui produit de grands dommages. Cet effet s'explique sans l'intervention de la Lune, par le rapide rayonnement qui refroidit et gèle les végétaux par un ciel serein, lorsque la Lune est brillante.

LUNETIÈRE (dimin. de *lune*). Genre de Crucifères, renfermant des plantes annuelles ou vivaces, dont les fruits sont remarquables par leur forme singulière, ressemblant en quelque sorte à une paire de lunettes. — On en compte environ 30 espèces qui habitent plus particulièrement l'Europe méridionale, le nord de l'Afrique ou le levant.

LUPÉE (*Lupa*). Genre de Crustacés décapodes, établi aux dépens des Portunes, remarquable par l'aplatissement et la grande étendue transversale de la carapace, dont les bords latéro-antérieurs forment un segment de cercle très régulier, armé de 9 dents spiniformes. Les pattes de la 1re paire sont très grandes, celles de la 5e très fortes et servent de rames puissantes. — Ces Crustacés sont essentiellement pélagiens. On les rencontre souvent au milieu de l'Océan, nageant avec une extrême facilité.

On en distingue les espèces en *convexes*, *nageuses* et *marcheuses*.

LUPIN (*Lupinus*). Genre de Plantes de la famille des Légumineuses, à racines fibreuses rameuses, à tiges droites cylindriques, un peu velues, s'élevant à 40-70 centim. ; à fleurs grandes, blanches, bleues, roses ou jaunes, disposées en épis terminaux, et suivies de gousses comprimées, allongées, renfermant des semences dures, orbiculaires. — Ce genre comprend 24 espèces connues, dont quelques-unes indigènes à l'Europe, annuelles, les autres étant vivaces. De toutes les semences, celles du Lupin sont les plus utiles à la terre, sont celles qui fournissent le meilleur engrais et dont la culture consomme le moins de journées.

Lupin blanc (*L. albus*). Du collet de sa racine fibreuse sort une tige qui monte rapidement à 1 mètre environ, et qui se divise en un grand nombre de petits rameaux velus ; les feuilles sont digitées, composées de 5 à 7 folioles épaisses, entières, velues en dessus et sur les bords. Ces feuilles tapissent si exactement le terrain, qu'elles privent d'air et de lumière les plantes étrangères à l'assolement qui croissent autour d'elles, et les font périr. Fleurs blanches, alternes, en grappe droite terminale ; calice velu, à lèvre supérieure entière, l'inférieure à 3 lobes ; gousses épaisses, jaunâtres, larges, velues, longues de 5 à 7 centim., contenant 5 à 6 semences blanchâtres, comprimées, orbiculaires.

Le Lupin se cultive dans quelques départements, non-seulement en qualité de plante alimentaire pour l'homme et les bestiaux, mais encore comme engrais et comme plante d'ornement. Il paraît emprunter à l'atmosphère tous les matériaux qui le font végéter, ce qui explique sa prospé-

Fig. 773. — Lupin.

(1, Fleur entière ; — 3, pistil et étamines ; — 2, fruit dont on a enlevé une portion de l'une des valves, afin de faire voir la situation des graines.)

périté sur les sols maigres. Il fleurit jusqu'à trois fois et laisse encore après la récolte le temps nécessaire pour préparer la terre qu'il occupait aux semailles d'automne. Cette légumineuse se cultive donc soit pour sa graine, soit pour sa fane qu'on enterre afin d'engraisser le sol. Fraîche, elle offre un excellent fourrage pour les bœufs, les vaches

et les moutons. Autrefois les graines du Lupin constituaient le mets favori des philosophes grecs, des gastronomes célèbres ; elles ne contiennent ni amidon ni substance saccharine, mais une matière qui ressemble beaucoup au gluten, ce qui explique ses propriétés alimentaires. Les tiges brûlées donnent le meilleur charbon que l'on puisse employer à la fabrication de la poudre à canon ; le miel recueilli par les Abeilles sur ses fleurs contracte une légère amertume.

Cette plante est toujours dirigée vers le soleil, lors même que cet astre est voilé par les nuages ; en outre, tous les soirs, lorsque le soleil est à l'horizon, ses folioles se plient en longueur, se réfléchissent sur leur pétiole et s'inclinent vers la terre. — Des Lupins de plusieurs espèces et de couleurs diverses ornent les parterres.

LUZERNE (*Medicago*). Genre de Légumineuses, très voisin du Trèfle ; plantes herbacées, annuelles ou vivaces, dont les feuilles sont pinnées-trifoliées ; avec stipules soudées au pétiole ; fleurs jaunes ou violacées, disposées en grappes ou en capitules multiflores axillaires : calice campanulé à 5 divisions ; corolle caduque à étendard dépassant les ailes et la carène ; légume réniforme, falciforme ou contourné en une spirale à plusieurs tours, souvent épineux sur le bord externe.

Luzerne cultivée (*M. sativa*). Souche épaisse, à racine très longue ; tiges de 40-90 cent., ascendantes, pubescentes ; fleurs bleuâtres ou violettes, parfois mêlées de jaune, disposées en grappes multiflores ; légume polysperme, allongé, décrivant 2-3 tours de spire. — Cette plante, souvent subspontanée aux bords des chemins, dans les champs en friche, est cultivée en prairies artificielles, et fleurit en juin-juillet. Elle jouit au plus haut degré de l'avantage d'améliorer le sol, sur lequel on la tient de 8 à 10 années de suite ; et en outre elle fournit jusqu'à sept coupes d'un fourrage excellent aimé de tous les bestiaux. On recommande de ne la faucher qu'en pleine floraison, par un beau temps et le plus près de terre possible ; de la laisser bien sécher au soleil, sans lui donner le temps de se dépouiller d'une partie de ses feuilles qui constituent la meilleure nourriture pour les bestiaux, et de ne l'entasser au grenier que lorsqu'elle est bien sèche, afin d'éviter les inconvénients d'une fermentation qui peut, comme cela s'est vu, allumer un incendie général. La culture de la Luzerne mérite toute l'attention des agronomes, qui doivent se renseigner à cet égard dans les ouvrages spéciaux.

La **Luzerne lupuline** (*M. lupulina*), vulg. *Minette dorée, Trèfle jaune*, est une espèce plus petite, dont les fleurs sont jaunes, très petites et à très court pédicelle, et dont le légume est monosperme, réniforme, courbé au sommet. — Elle est très commune aux lieux stériles, pierreux, dans les prairies, les pâturages, où elle fleurit tout l'été et se montre toujours en feuilles, en fleurs et en graines. Ses tiges rampantes et très rameuses fournissent un bon fourrage ; la graine est d'une belle couleur jaune ; mêlée dans les gazons, elle tapisse le sol d'une verdure agréable, et produit un bel effet par ses fleurs ramassées en petites boules dorées.

LUZULE (*Luzula*). Genre de Joncacées, comprenant des plantes vivaces, à souche cespiteuse ou traçante ; à feuilles planes, ordinairement poilues, la plupart radicales ; fleurs solitaires ou glomérulées, disposées en cymes ou en corymbes terminaux ; capsule uniloculaire, contenant trois graines, s'ouvrant en 3 valves qui ne portent pas de cloison. — Ces plantes, autrefois confondues avec les Joncs, en diffèrent par les feuilles qui sont planes, ordinairement velues, par le fruit et par l'habitation : on les trouve en général sur les pelouses sèches, qu'elles ornent par leur port assez gracieux. Elles sont à peu près sans usages.

LYCÈNE (*Lycæna*). Genre de Lépidoptères diurnes, détaché des Polymmates, de taille assez petite, présentant pour caractères : antennes longues, droites, en massue ; palpes grêles ; tête presque aussi large que le corselet ; yeux nus ; ailes inférieures entières, arrondies, et ayant près de l'angle un petit filet en forme de queue. — Ses Chenilles, qui sont en forme de bouclier très convexe, vivent dans l'intérieur des gousses ou siliques des Légumineuses aux dépens de la graine. Les espèces sont très nombreuses.

Le LYCÈNE STRIÉ (*L. bætica*) porte aux ailes inférieures, près de l'angle anal, deux points noirs à iris d'un vert métallique, immédiatement surmontés d'une large lunule fauve, et à ces points correspondent deux petites taches noires oculaires ; il a de 5 à 17 lignes d'envergure. — Ce Papillon habite les parcs, les grands jardins et pa-

Fig. 774. — Lycène strié.

rait vers la mi-août. La femelle pond dans les fleurs du baguenaudier et ne confie qu'un œuf à chacune d'elles. La Chenille, qui est verte avec le dos jaspé de rouge, se nourrit de la graine contenue dans la cosse ou silique ; et lorsqu'elle l'a entièrement dévorée, elle va se loger dans une autre gousse. A défaut de baguenaudier, elle mange des pois verts. La Chrysalide est jaunâtre, avec 5 rangées de points noirâtres sur le dos.

Le LYCÈNE ARGUS (*L. Argus*), ainsi nommé parce qu'il présente sur ses ailes la figure d'un grand nombre d'yeux, paraît à la fin de juin dans les clai-

rières des bois secs remplis de bruyères. Sa Chenille est pubescente, d'un vert brunâtre, avec des lignes ferrugineuses dont une le long du dos, les autres transverses et bordées de blanc. Cette chenille, dont la tête et les pattes sont écailleuses et noires, vit sur le mélilot, le genêt à balai, le sainfoin et autres légumineuses. On la trouve dans le courant de mai.

Le LYCÈNE ADONIS (*L. Adonis*) se trouve dans les prés et les clairières des bois. Il paraît pour

Fig. 775. — Lycène Adonis.

la première fois en mai, pour la seconde en juillet. Chenille pubescente verte ou d'un bleu clair, avec une ligne dorsale plus foncée. Elle vit sur les trèfles et sur le genêt herbacé dont elle ne mange que la fleur.

LYCHNIDE (*Lychnis*). Genre de Plantes de la famille des Dianthacées, tribu des Silénées, annuelles ou vivaces, à tiges glabres ou velues ; à feuilles oblongues lancéolées, et à fleurs disposées en cymes ou en panicules. Calice tubuleux à 5 dents, sans calicule ; corolle à 5 pétales longuement onguiculés ; étamines 10, styles 5 ; capsule s'ouvrant au sommet par 5 valves entières. — Ce genre comprend une trentaine d'espèces presque toutes indigènes à l'Europe, parmi lesquelles sont comprises celles du genre *Agrostemme*.

Une des plus belles, la LYCHNIDE A GRANDES FLEURS (*L. coronata*), nous est venue de la Chine en 1774, et est très répandue. Elle atteint un mètre de hauteur ; ses fleurs sont grandes, terminales, à pétales de couleur écarlate et laciniés à leur sommet. A la base de chaque pétale existent deux appendices redressés, d'un rouge un peu différent, dont la réunion forme une sorte de couronne, d'où le nom de *coronata*. — Vient ensuite la L. BRILLANTE (*L. fulgens*), qui est vivace, pubescente à la tige, et dont les fleurs forment une cime terminale d'un rouge vif, ayant les 10 appendices des pétales disposés en cercle régulier. — Citons la L. DE CHALCÉDOINE, vulg. *Croix de Jérusalem*, qui est fréquemment cultivée dans les parterres, et qui se reconnaît à ses fleurs fasciculées, à ses pétales écarlates bilobés, à sa capsule longuement stipitée et à ses feuilles lancéolées, cordées, amplexicaules. — COQUELOURDE, tel est le nom vulgaire de la *L. coronaria*, qui se distingue à ses tiges et à ses feuilles tomenteuses blanchâtres, à ses longs pédoncules uniflores, à son calice ovoïde, à côtes saillantes, etc. — La

L. Githago est cette plante qu'on nomme vulgairement *Nielle*. — V. ce mot. — La *L. flos cuculli* est cette autre espèce nommée *Fleur de coucou*, *Amourette*, qui croît dans les prés humides, les lieux marécageux. Ses pétales sont profondément divisés en 4 lanières inégales, munis d'écailles au-dessus de l'onglet. — La *L. visqueuse* offre, outre la viscosité de ses tiges, des pétales à limbe entier. Elle est assez rare : on en cultive quelquefois une variété à fleurs doubles.

LYCIET (*Lycium*). Genre de la famille des Solanées, comprenant un assez bon nombre d'espèces, dont une seule nous intéresse.

Le Lyciet d'Europe (*L. europæum*) est un arbrisseau épineux de 1 à 2 mètres, très rameux et formant buisson touffu ; ses feuilles sont alternes, quelquefois fasciculées, entières; fleurs d'un violet pâle ou d'un rouge violet, veinées : calice court, urcéolé, à 5 dents, appliqué sur la face; corolle infundibuliforme à tube étroit, à limbe ouvert 5-fide; étamines 5, saillantes; baie biloculaire, oblongue, rouge ou d'un jaune rougeâtre. — Cette plante est commune dans les haies, les villages, aux bords des chemins, et fleurit en juin-septembre. Elle est souvent plantée dans les parcs. Dans le Midi, elle sert à former des haies vives.

LYCOPERDON (du gr. *lykos*, loup ; *perdô*, péter), vulg. *Vesse-de-loup*, parce qu'à la moindre pression son enveloppe éclate et laisse échapper un nuage de poussière. Genre de Champignons, type de la famille des Lycoperdacées, dont voici les caractères : péridium globuleux ou turbiné, charnu d'abord, puis pulvérulent, s'ouvrant à son sommet quand il est mûr et renfermant une poussière abondante, verte ou brunâtre, entremêlée de filaments. — Le L. géant ou *Borista* est la plus grosse espèce de nos pays. Il est globuleux, sans pédicule, d'un blanc pâle. On se sert en Italie du Lycoperdon en guise d'amadou contre les hémorrhagies.

LYCOPODE (*Lycopodium*). Genre type de la famille des Lycopodiacées, renfermant des plantes à tiges rampantes et étalées sur le sol, ou élevées et perpendiculaires à sa surface. Ces tiges sont ramifiées et très souvent dichotomes. Les feuilles sont petites, éparses et très rapprochées les unes des autres ; d'autres fois elles forment des séries longitudinales. Les organes reproducteurs sont de deux sortes : les uns, plus nombreux, existent à l'aisselle des feuilles supérieures : ce sont des espèces de capsules globuleuses, ovoïdes ou réniformes, s'ouvrant par une fente transversale et contenant une très grande quantité de granules extrêmement fins, souvent agglutinés par 4 : on a nommé ces capsules *anthéridies*, parce qu'on croit qu'elles représentent les organes mâles; les autres, moins nombreux, placés au-dessous des précédents, sont également des capsules sessiles : on les appelle *ovophoridies ;* elles sont ovoïdes

ou réniformes, s'ouvrant en 2 ou 4 valves, et contiennent 2 à 4 spores globuleuses.

Les Lycopodes se trouvent dans les lieux ombragés et frais des bois. L'espèce la plus commune est le L. en massue (*L. clavatum*), vulg. *Soufre végétal, Mousse terrestre, Pied-de-loup*. Son pollen est d'un jaune de soufre, pulvérulent, subtil et susceptible de s'enflammer subitement quand on le jette sur un corps en ignition; il brûle en outre sans aucune odeur, ce qui fait qu'on l'emploie au théâtre toutes les fois qu'on veut simuler des éclairs, et pour fabriquer des tor-

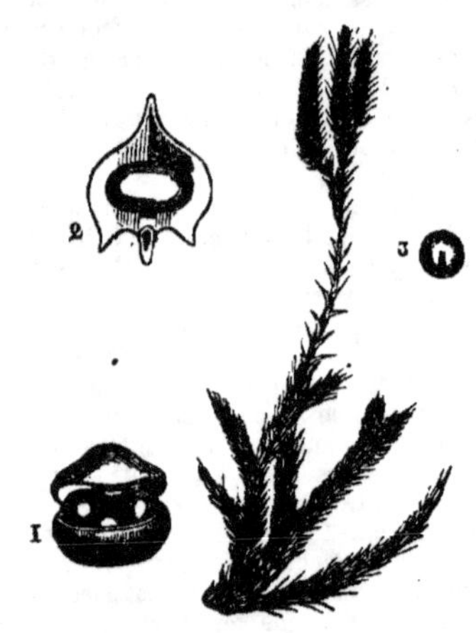

Fig. 776. — Lycopode.

(La figure représente le Lycopode en massue. — Les autres sont:
2, écaille du *Selaginella imbricata*, portant à sa face interne
une capsule ou anthéridie; — 1, ovophoridie s'ouvrant; —
3, une spore, objets très grossis.)

ches ardentes. Cette poudre, appelée par les nourrices *poudre de vieux bois*, est employée comme absorbant pour saupoudrer les surfaces cutanées qui sont le siège de rougeurs humides, de gerçures, etc., surtout chez les nouveau-nés. Les pharmaciens s'en servent aussi pour enrouler leurs pilules.

LYCOPODIACÉES. Petite famille de Végétaux inembryonés, dont le *Lycopode* constitue le genre type. Ses caractères viennent d'être exposés. Ajoutons seulement que cette famille tient le milieu entre les Fougères et les Mousses : se distinguant des premières par ses tiges garnies de feuilles très rapprochées et par la position axillaire de leurs capsules; des secondes, par la forme des conceptacles qui sont de simples capsules sessiles placées à l'aisselle des feuilles, et n'ayant rien qui rappelle la forme et la structure des urnes ou organes caractéristiques des Mousses.

LYCOPSIDE (*Lycopsis*). Genre de Borraginacé·s, ressemblant aux Buglosses, mais en différant par la courbure du tube de la corolle. Plantes herbacées, annuelles ou vivaces, hérissées de poils, et qui portent des fleurs violettes disposées en grappes. — Le L. DES CHAMPS (*L. arvensis*) fleurit pendant toute la belle saison, dans les lieux incultes, au bord des chemins.

LYCORIS (*Lycoris*). Genre d'Annélides, de la famille des Néréides, établi par Savigny, qui lui assigne pour caractères : antennes extérieures plus grosses que les mitoyennes; 1ʳᵉ et 2ᵉ paires de pieds converties en 4 paires de cirrhes tentaculaires; des branchies distinctes des cirrhes.

Les Lycoris, auxquelles Linné avait donné le nom de *Néréis*, sont des annélides à corps étroit, cylindrique, très allongé, presque linéaire, atténué postérieurement, comme tronqué en avant, et divisé en un grand nombre de segments. Elles sont très communes sur toutes nos côtes : on les rencontre fréquemment sur les huîtres, et, à marée basse, sous les pierres.

LYCOSE (*Lycosa*). Genre de l'ordre des Aranéides, établi par Walkenaer, et comprenant un grand nombre d'espèces, au nombre desquelles est la *Lycosa tarentula*, plus connue sous le nom vulgaire de *Tarentule*. — V. ce mot.

Les Lycoses ont 8 yeux, disposés en un quadrilatère allongé; les extérieurs ne sont pas portés sur une éminence particulière. Ces Araignées sont très voraces; elles se tiennent communément à terre et logent dans des trous qu'elles tapissent de fils de soie. Elles courent très vite; se nourrissent de petits insectes. Postées près de leur demeure, elles y guettent leur proie, sur laquelle elles s'élancent avec une grande rapidité. Les Lycoses portent leurs œufs dans un cocon attaché à l'anus, soignent leurs petits et les portent sur leur dos.

LYGÉE (*Lygens*). Fabricius avait créé sous ce nom un genre d'Insectes de l'ordre des Hémiptères, caractérisé par une tête courte, n'étant pas ordinairement rétrécie en forme de cou; par des antennes toujours libres, longues et assez épaisses, par un écusson, petit, etc. Bec assez court, pattes simples et propres à la course. — Les Lygées sont phytophages et se rencontrent sur les plantes, sur lesquelles les femelles déposent leurs œufs en paquets. On connaît un grand nombre d'espèces, propres à l'Europe et à la plupart des régions du globe. — La LYGÉE ÉQUESTRE, type du genre, est commune aux environs de Paris.

LYMEXYLON. Genre de Coléoptères pentamères, de la famille de Serricornes; insectes mous, de forme très allongée et d'égale grosseur partout, dont la tête globuleuse est portée sur une espèce de col, et occupée en grande partie par les yeux. L'abdomen, dans les femelles, dépasse de beaucoup les élytres, et ses derniers anneaux peuvent former une tarière par leur allongement. Les pattes sont minces.

On n'en connaît qu'une seule espèce, le LYMEXYLON NAVAL, qui a une couleur fauve, la tête noire, avec le bord de l'extrémité des élytres enfumé. Cet insecte est rare aux environs de Paris ; mais on le trouve communément dans les forêts du Nord. Les larves vivent dans les bois de chêne; elles sont allongées, menues; leur multiplication dans les chantiers de la marine a souvent occasionné de grands dégâts.

LYMPHE. Liquide contenu dans les vaisseaux lymphatiques (V. *Absorption*), clair, transparent, très coulant, d'un blanc jaunâtre, pâle ou tirant sur le verdâtre, d'une saveur franchement salée. La Lymphe ressemble beaucoup à la sérosité du sang; comme ce dernier, lorsqu'elle est abandonnée à elle-même hors de ses vaisseaux, elle se sépare en deux parties, l'une séreuse, fluide, l'autre solide dont la composition présente beaucoup d'analogie avec le caillot du sang. Elle est le produit des matériaux que l'absorption interstitielle reprend à tous moments dans chaque organe, pour accomplir l'un des phénomènes de la nutrition moléculaire; elle provient aussi de l'absorption de la vapeur qu'exhale la surface libre des membranes séreuses, de la résorption d'une portion de nos humeurs excrémentitielles, et enfin d'une portion de la sérosité du sang.

Contenue et circulant dans les vaisseaux lymphatiques, dont la connaissance date du milieu du XVIIᵉ siècle, elle se dirige, pour les membres inférieurs, des pieds vers le bassin, puis vers un tronc commun (*réservoir de Péquet*), et de là dans le *canal thoracique*, qui reçoit aussi le chyle que lui apportent les vaisseaux chylifères; puis le canal thoracique va s'ouvrir dans la veine sous-clavière gauche et y verse la lymphe et le chyle. La Lymphe de la tête et des membres supérieurs arrive par mille vaisseaux dans la *grande veine lymphatique*, qui s'abouche dans la veine sous-clavière droite : et c'est ainsi que toute la Lymphe du corps se mêle au sang veineux, et passe bientôt à travers les poumons, où elle subit les modifications de l'hématose — V. *Absorption* et *Respiration*.—On comprend facilement qu'un obstacle au cours de la Lymphe doive accumuler cette humeur dans ses canaux, la faire transsuder à travers leurs parois et produire des infiltrations séreuses et des hydropisies. Ces hydropisies, qu'on nomme passives, dépendent souvent aussi des obstacles que les maladies du cœur ou des veines mettent à la progression de la Lymphe. — La prédominance de la Lymphe dans l'économie constitue le tempérament lymphatique, que l'on rencontre généralement chez les femmes, les enfants et un certain nombre d'adultes à fibre pâle et molle.

LYNX (*Lynx*). Espèce du genre Chat, l'un des

3 sous-genres que nous avons reconnus dans la tribu des Féliens.—V. *Chat.*—Cette espèce est caractérisée par des oreilles armées de poils verticaux, par une queue généralement courte, une fourrure longue et touffue. On a divisé les Lynx en trois groupes : 1° *Lynx proprement dits* : queue courte, pinceaux de poils aux oreilles bien marqués, pelage épais et long. — 2° *Lynx* ou *Chats bottés* : queue allongée, petits pinceaux aux oreilles, pelage court.—3° *Caracals* : queue assez allongée, pelage assez ras.

Fig. 777. — Tête de Lynx, vue de face.

Lynx d'Europe (*Felis lynx*), vulg. *Loup-cervier.* Corps gros, assez élevé sur les jambes; celles-ci très fortes ; tête grosse; pinceau de longs poils aux oreilles pointues ; pelage d'une couleur fauve, mêlée de blanc, de gris, de brun et de noir ; poils des oreilles blancs en dedans; queue noire à l'extrémité. Longueur de la tête et du corps variant entre 75 à 90 centim.; celle de la queue n'atteignant pas 11 cent.

Fig. 778. — Lynx.

« Le Lynx, dit Buffon, dont les anciens ont dit que la vue était assez perçante pour pénétrer les corps opaques, dont l'urine avait la merveilleuse propriété de devenir une pierre précieuse, est un animal fabuleux, aussi bien que toutes les propriétés qu'on lui attribue. Notre Lynx ne voit point à travers les murailles, mais il est vrai qu'il a les yeux brillants, le regard doux, l'air agréable et gai ; son urine ne fait pas de pierres précieuses, mais seulement il la recouvre de terre, comme font les chats, auxquels il ressemble beaucoup, et dont il a les mœurs et même la propreté. Il n'a

rien du Loup qu'une espèce de hurlement qui, se faisant entendre de loin, a dû tromper les chasseurs et faire croire qu'ils entendaient un loup. Cela seul a peut-être suffi pour lui faire donner le nom de *Loup*, auquel, pour le distinguer du vrai Loup, ils auront ajouté l'épithète de *Cervier*, parce qu'il attaque les cerfs, ou plutôt parce que sa peau est variée de taches à peu près comme celle des jeunes cerfs, lorsqu'ils ont la livrée. Le Lynx est moins gros que le Loup, et plus bas sur ses jambes ; il est communément de la grandeur d'un Renard : il diffère de la Panthère et de l'Once par les caractères suivants : il a le poil plus long, les taches moins vives et mal terminées, les oreilles bien plus grandes, et surmontées à leur extrémité d'un pinceau de poils noirs ; la queue beaucoup plus courte et noire à l'extrémité, le tour des yeux blanc, et l'air de la face plus agréable et moins féroce. La robe du mâle est mieux marquée que celle de la femelle : il ne court pas de suite comme le Loup, il marche et saute comme le Chat : il vit de chasse, et poursuit son gibier jusqu'à la cime des arbres ; les chats sauvages, les martes, les hermines, les écureuils ne peuvent lui échapper ; il saisit aussi les oiseaux ; il attend les cerfs, les chevreuils, les lièvres au passage, et s'élance dessus ; il les prend à la gorge, et lorsqu'il s'est rendu maître de sa victime, il lui suce le sang et lui ouvre la tête pour manger la cervelle, après quoi souvent il l'abandonne pour en chercher une autre : rarement il retourne à sa première proie, et c'est ce qui a fait dire que, de tous les animaux, le Lynx était celui qui avait le moins de mémoire. Son poil change de couleur suivant les climats et la saison, ses fourrures d'hiver sont plus belles, meilleures et plus fournies que celles de l'été; sa chair, comme celle de tous les animaux de proie, n'est pas bonne à manger. »

Le Lynx se trouve dans toutes les parties septentrionales de l'ancien monde et dans les forêts du Caucase et de l'Asie. Il est très rare en France; cependant on le rencontre encore quelquefois dans les Pyrénées et dans les Alpes. On en a possédé de temps en temps dans nos ménageries, et l'animal vit assez longtemps. Pris jeune, il s'apprivoise assez bien et devient même caressant. Comme le Chat, il est d'une excessive propreté, et passe beaucoup de temps à lisser son pelage.

Les autres espèces de *Lynx proprement dits* sont : le Carde, vulg. *Loup-cervier des fourreurs*, qui habite les contrées les plus chaudes de l'Europe ; — le Lynx de Moscovie, vulg. *Chelason, Chulon*, longtemps confondu avec le Lynx ordinaire, mais dont la taille et la force sont plus grandes, et qui se trouve dans le nord de l'Asie ; — le Manoul, animal nocturne des steppes déserts et rocheux situés entre la Sibérie et la Chine, qui ne sort que la nuit du trou de rocher où il dort pendant le jour, pour faire la chasse aux lapins, aux petits mammifères, aux oiseaux, etc., sans compter le *L. du Canada*, le *L. bai*, le *L.*

doré, le *L. Pageros*, etc., qui sont de l'Amérique septentrionale.

Les *Lynx bottés* sont : le LYNX BOTTÉ, qui habite l'Afrique et les parties méridionales de l'Asie, et qui, quoique petit (longueur de 32 cent. sans la queue), est assez hardi, dit-on, pour se jeter sur l'homme s'il se trouve pressé par la faim ; — le CHAUS ou *Lynx des marais*, de l'Abyssinie et de la Nubie, est un excellent nageur, particularité très remarquable parmi les Féliens ; — le LYNX DORÉ est une espèce dont on ignore la nature et qui est peu connue.

Les *Caracals* sont : le L. CARACAL, de la Nubie, de l'Abyssinie, de l'Asie, etc., dont trois variétés bien caractérisées : le *C. d'Alger*, le *C. de Nubie* et le *C. du Bengale*. — Le Caracal paraît être le Lynx des anciens : les Grecs l'avaient consacré à Bacchus, et ils le représentaient souvent attelé au char de ce dieu du paganisme. Pline en raconte, suivant sa coutume, les choses les plus merveilleuses. Il a les mœurs du Lynx ordinaire; il s'apprivoise comme lui sans perdre le goût pour la liberté. On peut le dresser à la chasse : aux Indes, on s'en sert pour prendre les lièvres, les lapins et même les grands oiseaux.

LYRIOCÉPHALE (*Lyriocephalus*). « Reptiles sauriens formant, d'après le Règne animal, un sous-genre de la famille des Iguaniens : plus remarquable encore par sa forme étrange que par ses couleurs, assez belles cependant, ce singulier animal, qui a tous les caractères généraux des Lophyres, s'en distingue par la présence d'un tympan placé, comme celui des Caméléons, au-dessous de la peau et des muscles; il est en outre remarquable par une crête dorsale très bien marquée, et par sa queue forte, comprimée et carénée.

« Le *Lyriocephalus margaritaceus*, Merr., *Lacertz scutata*. L., seule espèce jusqu'à présent bien connue, se recommande par sa coloration ; supérieurement, elle est d'un bleu violacé plus ou moins vif; un jaune orangé, dont la teinte varie également pour les différentes parties du corps, la colore en dessous; mais ce qui rend surtout cette espèce remarquable, c'est l'énorme développement des crêtes sourcilières, qui exagèrent de beaucoup ce qu'on connaît chez le Lophyre à casque fourchu. Dans le *Lyriocephalus margaritaceus*, ces crêtes, qui se dirigent vers l'extrémité du museau qui termine une protubérance écailleuse, prennent, en se recourbant au-dessus des yeux, la forme d'une lyre : de là le nom qu'on a donné à ce reptile. Son corps est couvert d'écailles de grandeur inégale ; les petites, en plus grand nombre, sont entremêlées d'autres d'une grandeur plus considérable. Sur la queue, qui est carénée, ces écailles sont imbriquées.

Cette espèce singulière, dont les mœurs sont encore peu connues, se trouve dans différentes contrées de l'Inde, particulièrement au Bengale.

LYSIMAQUE (*Lysimachia*). Genre de la famille des Primulacées, plantes vivaces, à souche traçante ; feuilles ordinairement opposées, entières ; fleurs jaunes, solitaires, axillaires ou disposées en panicules : calice 5-partit; corolle presque rotacée, à limbe 5-partit ; étamines 5, insérées à la gorge de la corolle, dépassant longuement le tube; capsule quinquévalve. — Trois espèces principales, auxquelles on attribuait autrefois des propriétés astringentes et vulnéraires.

Fig. 779. — Lysimaque (Nummulaire).

La LYSIMAQUE COMMUNE (*L. vulgaris*), vulg. *Chasse-bosse*, *Corneille*, a une tige dressée, rameuse, très pubescente, haute d'un mètre au plus; des feuilles ovales aiguës, opposées, parfois verticillées par 3-4, pubescentes en dessous ; fleurs disposées en panicules rameuses terminales jaunes; filets staminaux soudés dans leur tiers inférieur. — Cette plante croît au bord des eaux, dans les lieux marécageux des bois, où elle fleurit en juin-août.

La L. NUMMULAIRE (*L. nummularia*), vulg. *Herbe aux écus*, *Monnayère*, présente des tiges de 10 à 50 cent., couchées, radicantes à la base, grêles, simples ou peu rameuses, glabres; des feuilles ovales-orbiculaires, opposées ; des fleurs axillaires solitaires, opposées : calice à divisions ovales aiguës, cordées à la base ; 5 pétales; 5 étamines courtes, à filets soudés à la base seulement. — La Nummulaire fleurit en juin-août. On la trouve dans les prairies humides, aux bords des fossés et des mares des bois. Quoique sans propriétés, elle a été jadis vantée dans une foule de maladies, contre les flux particulièrement.

La L. DES BOIS (*L. nemorum*), qui se trouve aux endroits humides des bois montueux, où elle est d'ailleurs rare, offre des tiges courbées puis redressées, grêles et glabres ; des feuilles ovales aiguës, opposées ; des fleurs petites, axillaires, solitaires, dont les filets d'étamines sont libres. — Plusieurs Lysimaques sont cultivées comme plantes d'ornement.

LYSIDICE (*Lysidice*). Genre de Néréides, de la famille des Eunices , dont le corps est généralement grêle , linéaire , cylindrique et divisé en un grand nombre de segments : la tête est plus large que longue , très petite , mais jamais cachée sous le premier segment du corps, comme cela existe dans l'Arénicole ; les antennes sont courtes et moins longues que la tête ; il n'y en a jamais plus de trois. Le premier segment du corps est plus grand que les suivants , mais ne porte pas de cirrhes tentaculaires ; les pieds manquent aux deux premiers anneaux , et sur le dernier ils sont remplacés par deux filets stylaires. Pas de branchies.

La **Lysidice valentine** (*L. valentina*) a le corps grêle, long de 5 centim., formé de 99 segments ; les couleurs qu'elle présente ont les reflets de la nacre. — Elle habite les côtes de la Méditerranée.

La **Lysidice olympienne** (*L. olympia*) a le corps long d'un centim. et demi, et composé de 55 segments, sans compter une douzaine de petits anneaux qui forment au bout du corps une queue conique, ciliée de deux rangs imperceptibles , et terminée par deux filets courts.—Cette espèce, de nos côtes occidentales, se trouve sur les coquilles d'huîtres.

LYSTRE (*Lystra*). Genre d'Hémiptères , de la section des Homoptères, caractérisé, depuis M. Guérin Menneville , par : antennes ayant leur second article ovalaire plus long que large, très granuleux; 2 yeux lisses placés un peu en avant et au-dessous des yeux, entre eux et les antennes; labre grand; bec long, de 3 articles; élytres moins larges que les ailes , beaucoup plus longs que larges, ayant une coloration différente; pattes allongées, épineuses, propres au saut, etc. — C'est assez sur ces Insectes qui sont tous propres à l'Amérique.

MACAQUE (*Macacus*). Genre de Singes, du groupe des Catarrhiniens ou Singes de l'ancien continent, qui, par leurs caractères et leurs mœurs, prennent place entre les Guenons et les Cynocéphales. Ils diffèrent des Guenons par la forme de leur museau, qui est plus gros et plus prolongé; des Cynocéphales, par ce même museau qui est plus court. Ils ont des lèvres minces, des abajoues assez développées, un corps trapu et épais, le cou court, la tête grosse, les membres robustes, cinq doigts à chaque main, les fesses très calleuses, la queue quelquefois nulle, d'autres fois assez longue. Sous le rapport de leurs habitudes, les uns se rapprochent des Cynocéphales par la douceur de leur caractère ; quelques autres, beaucoup plus méchants, plus indociles et surtout plus lascifs, pourraient être comparés aux Guenons; il en est enfin qui ont un naturel qui leur est propre.

Fig 780. — Tête de Macaque.

Les Macaques habitent les forêts de l'Asie méridionale et de l'archipel indien, où ils vivent en troupes plus ou moins nombreuses. Ces Singes ont généralement beaucoup d'adresse et de sagacité; plusieurs d'entre eux sont susceptibles de beaucoup d'éducation, comme par exemple le Magot. Mais dociles et éducables pendant le jeune âge, ils deviennent intraitables et méchants en vieillissant; les femelles conservent cependant un peu de la douceur et de la docilité du jeune âge. Celles-ci, pendant le rut, présentent une turgescence du tissu érectile qui environne les parties sexuelles. Au Muséum de Paris, on a réussi plusieurs fois, en rapprochant les deux sexes, qui s'accouplent à la manière des autres quadrupèdes, à obtenir de jeunes individus qui naissent au bout de sept mois de gestation environ. Le petit s'attache avec ses quatre mains aux poils de la poitrine et du ventre de sa mère, tenant le mamelon dans sa bouche. La mère paraît peu gênée de ce fardeau.

Le genre Macaque se divise en trois sous-genres, ainsi nommés et caractérisés :

1° *Macaques* : museau allongé ; queue longue; analogie de ressemblance avec les Guenons;

2° *Maimons* : museau plus allongé; formes plus lourdes et plus trapues; queue courte.

3° *Magots* : face couleur de chair livide ; pas de queue; pelage d'un gris jaune.

Macaque commun (*M. cynomolgus*). Pelage olivâtre, tiqueté de noir; dessous du corps et face interne des membres couverts de poils blancs peu abondants; formes lourdes et trapues ; museau court, obtus ; nez plat; forte crête s'avançant au-dessus des sourcils. — Ce Singe habite Sumatra et Java. Il se tient à quatre pattes ou assis sur les callosités de ses fesses ; il dort couché sur le côté et reployé sur lui-même, la tête entre les jambes, ou assis, la tête appuyée sur la poitrine. La femelle est plus petite que le mâle. Ces Singes vont souvent par troupes; ils se rassemblent surtout pour voler des fruits et des légumes.

Macaque Mangabey (*M. æthiops*). Pelage gris ardoisé; bandeau blanc sur le front et descendant sur les côtés du cou; face noire ; favoris épais et gris. — Cette espèce appartient à la côte de Guinée et à l'Abyssinie.

Macaque toque (*M. radiatus*). Museau mince et étroit ; pelage d'un gris verdâtre en dessus, blanc en dessous; queue noirâtre en dessus.—Espèce de l'Inde et du Malabar, dont les habitudes sont les mêmes que celles des Guenons. Le pénis du mâle offre une particularité d'organisation : le gland, au lieu d'être pyriforme, comme dans les autres espèces, offre trois lobes.

Macaque Bonnet chinois (*M. sinicus*). Pelage roux brillant en dessus, blanc en dessous; face couleur de chair, avec la lèvre inférieure bordée de noir ; poils du sommet de la tête disposés en rayons.—Le Bengale est la patrie de ce Singe, qui a les mêmes habitudes que le Toque.

MACAQUE MAIMON (*M. nemestrinus*). Pelage fauve verdâtre ou roussâtre, avec le sommet de la tête noir; joues et parties inférieures d'un blanc roussâtre; queue très courte. — Cette espèce habite Java et Sumatra. On lui a donné le nom de *Singe à queue de cochon*; sa grosseur est celle d'un chien de moyenne taille. Caractère docile dans la jeunesse, intraitable dans un âge avancé.

MACAQUE RHÉSUS (*M. erythræus*). Vert-gris roussâtre en dessus, blanc en dessous; cuisses jaunes à leur partie externe. — Le Rhésus habite les Indes. Buffon l'a décrit sous le nom de *Singe à queue courte*. Mœurs des véritables Macaques.

MACAQUE OUANDOUROU. Espèce des Indes orien-

tales, à pelage noir, avec l'abdomen et la poitrine blancs. Il a été désigné sous les noms de *Singe à crinière*, à cause des longs poils qui entourent sa tête, et de *Singe à queue de lion*, parce que sa queue est terminée par une longue mèche de poils.

Nous passons sous silence les autres Maimons, et renvoyons le lecteur au mot *Magot*.

MACAREUX (*Fratercula* , *Mormon*). Genre d'Oiseaux de l'ordre des Palmipèdes, très voisin des Guillemots et des Pingouins, entre lesquels on peut le placer. Bec plus court que la tête, plus haut que long, extrêmement comprimé, arqué, à arête surmontant le niveau du crâne, sillonné de haut en bas, échancré à sa pointe, garni à sa base d'une peau plissée et calleuse; les ongles sont crochus; la queue est arrondie.—Les Macareux ont les mœurs et le régime des Guillemots. Ils sont extrêmement mal partagés du côté des ailes, et ils marchent aussi mal qu'ils volent difficilement. Mais ils nagent et plongent avec une rare facilité. Ils ne viennent à terre que pour se reposer, chercher un abri contre le gros temps et pour faire leur ponte. Ils changent de climat suivant les saisons; tenant difficilement la mer lorsqu'elle n'est pas calme, ils périssent assez souvent dans ces voyages, et presque toujours en grand nombre, parce qu'ils se réunissent en troupes très considérables. Ils se plaisent surtout sur les mers glacées du cercle arctique, où on les voit confondus avec les Pingouins et les Guillemots, tous oiseaux aquatiques qui sont une précieuse ressource pour les pauvres habitants des îles septentrionales de notre hémisphère, à végétation nulle ou presque nulle.

Le MACAREUX COMMUN (*F. arctica*), vulg. *Moine, Perroquet du Nord*, a la tête d'un Pigeon; les parties supérieures et le collier sont noirs, les parties inférieures blanches; la commissure du bec présente une petite rosace orange.

Cet oiseau fréquente les côtes de la Bretagne et de la Normandie; son cri est grave et fort, son vol assez facile. Vers la moitié de mai, il pond un seul œuf blanc un peu grisâtre, souvent très sale et couvert d'un enduit roussâtre, qu'il dépose dans un trou de rocher ou un terrier de lapin. Les Moines nichent les uns près des autres. Vers le milieu de juillet, ils quittent la terre pour retourner à la mer qu'ils n'abandonnent plus.

Le MACAREUX DU KAMTSCHATKA (*F. cirrhata*), du nord de l'océan Pacifique, est entièrement noir, avec les côtés de la tête et du cou blancs et une bande jaunâtre se dirigeant des sourcils vers la nuque. — Cet oiseau est plus gros que le Moine, dont il a les mœurs et le régime.

MACHE (*Valerianella olitoria*), vulg. *Doucette, Boursette*. Espèce du genre Valérianelle, de la famille des Valérianacées; petite plante herbacée, annuelle, que chacun connaît. Les fleurs, disposées en glomérules, ont le calice à 5 dents à peine visibles, inégales; la corolle à tube non prolongé en éperon; 3 étamines; le fruit est plus large que long, comprimé. — On trouve la Mâche dans les lieux cultivés, les champs, les vignes, où elle est très commune ; elle fleurit en avril-juin. Sa culture est très simple : il suffit de répandre la graine à la volée et de l'enterrer avec le râteau; un léger sarclage donné à propos facilite sa croissance. Si on laisse quelques pieds monter en graine, la plante se propage ensuite d'elle-même, car la graine s'échappe des capsules mûres au moindre souffle du vent.

MACHILE(*Machilis*). Genre d'Insectes de l'ordre des Thysanoures , confondu d'abord avec les

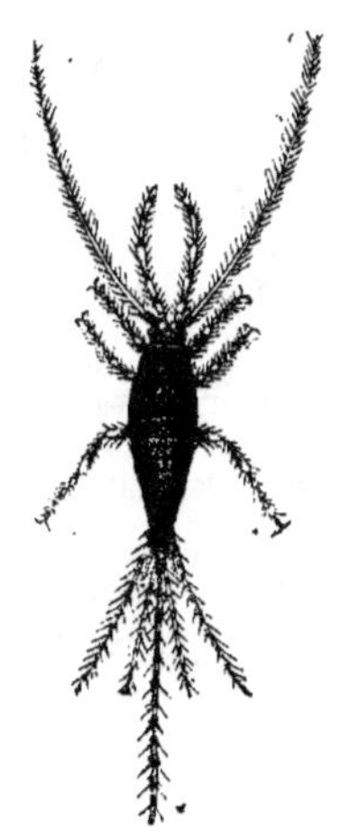

Fig. 782 — Machile.

Lépismes , dont il se distingue par la forme du corps qui est court, conique; tête petite, enfoncée dans le prothorax, qui est beaucoup plus petit que les segments suivants; yeux très composés, occupant la plus grande partie de la tête ; trois filets situés à l'extrémité de l'abdomen, propres au saut. « Les parties de la bouche rangent bien cet animal parmi les Insectes; comme eux il a un labre, deux mandibules , deux mâchoires palpigères et une lèvre inférieure également palpigère ; comme eux aussi il n'offre qu'une paire de pattes aux trois segments qui forment son thorax, mais là se bornent ses points de ressemblance avec un insecte, car toutes les autres particularités de son organisation, l'absence de stigmates, la présence de sacs branchiaux , de fausses pattes abdominales, etc., le rangent évidemment parmi les Crustacés. »

Les Machiles se trouvent habituellement dans les bois, au pied des arbres. Ils sautent avec facilité , grâce à leurs filets terminaux, susceptib'es de se plier sous l'abdomen et de se débander comme un ressort.

MACIS. Arille de la muscade, formant une espèce de capsule qui entoure complétement l'amande à sa base. C'est la substance la plus aromatique de tout le fruit du *Muscadier*. — V. ce mot.

MACRE (*Trapa*). Genre de la famille des Holoragées, qui comprend des plantes aquatiques, herbacées, annuelles ou vivaces , submergées ou nageantes, à feuilles verticillées , pinnatiséquées; à fleurs peu apparentes, souvent incomplètes ; calice 4-partit presque nul; corolle à 4 pétales; fruit sec presque ligneux , etc.

La Macre (*T. natans*), vulg. *Cornuelle, Châtaigne d'eau*, a la tige submergée simple, les feuilles nageantes pubescentes en dessous, glabres en dessus; fleurs blanchâtres ; calice persistant à 4 divisions ; corolle de 4 pétales plissés chiffonnés; étamines 4 ; ovaire soudé avec le calice inférieurement. Le fruit est ligneux, offrant 4 épines résultant du développement des divisions du calice; il tombe aussitôt qu'il est mûr, et gagne le fond de l'eau.

La Cornuelle flotte abondamment dans les mares et les viviers des départements des Landes, de la Seine-Inférieure , de la Charente, etc. Son amande est fort saine. On la vend sur les marchés dans les contrées où elle vient, et on en fait une grande consommation. Les anciens connaissaient la plante et le fruit. Les Chinois la cultivent avec soin : ils mangent ces fruits comme nous, comme s'il s'agissait de noisettes: ils les réduisent en farine et en préparent une très bonne bouillie, etc.

MACREUSE. Espèce ou sous-genre de Canard, qui se distingue par le bec, large dans toute son étendue, ayant la mandibule supérieure renflée ou gibbeuse vers la base, au devant du front. — « Les Macreuses habitent les deux continents, et se tiennent de préférence dans les parties les plus septentrionales, d'où elles descendent en hiver sur nos côtes maritimes. Alors la mer en est presque couverte : elles voltigent de place en place, se montrent sur l'eau, et disparaissent à chaque instant. Leur nourriture consiste en moules et autres coquillages bivalves. Elles ne volent jamais ailleurs qu'au-dessus de la mer, et ne font même que voleter: elles marchent lentement, sans grâce, et perdent facilement l'équilibre ; mais dans l'eau elles sont infatigables, et courent sur les vagues avec autant d'agilité que les Pétrels. Leur chair a un goût de poisson assez désagréable. Les pêcheurs leur font pourtant la guerre ; ils tendent horizontalement des filets fort lâches au-dessus des bancs de coquillages que la mer laisse presque à découvert pendant le reflux ; les Macreuses qui suivent le flot à mesure qu'il se retire, s'empêtrent dans le filet en cherchant leur nourriture. Si quelques-unes, plus défiantes, s'en écartent et passent au-dessous , elles s'élancent comme les autres dans les mailles flottantes : ainsi prises, elles se noient toutes, et les pêcheurs vont, après le reflux, les détacher du filet. — Cet Oiseau niche dans les marécages, et pond 9 œufs d'un blanc grisâtre. »

La Macreuse commune (*Anas nigra*) est longue de 48 cent.; son plumage est tout noir, grisâtre dans la jeunesse; l'aile ne porte point de miroir. — Les détails qui précèdent lui sont particulièrement applicables.

On sait que la chair de la Macreuse est autorisée en carême. « Lorsqu'on cherche ce qui a pu faire tolérer l'usage d'une viande dans un temps où les lois de l'Eglise condamnent toutes les autres, on trouve que cela tient à une erreur des plus bizarres. Depuis le xiiie et même avant, jusqu'au xvie siècle, on s'est beaucoup occupé de l'origine des Macreuses. On voyait ces oiseaux apparaître spontanément en nombre considérable, et on ne pouvait jamais découvrir le lieu de leur reproduction : dès lors les esprits étaient naturellement portés à faire des conjectures. Les uns pensaient qu'elles naissaient du fruit d'un arbre sur la nature duquel on n'était pas bien d'accord; d'autres voulaient que ce fût du bois de sapin pourri et flottant dans la mer, des champignons ou mousses marines, d'un coquillage, enfin des diverses matières végétales qui s'attachent aux débris des navires; une troisième opinion, depuis longtemps émise par Aristote pour d'autres animaux, était que ces oiseaux s'engendraient de pourriture.

« C'est à de pareilles idées qu'il faut rattacher la coutume de manger des Macreuses aux jours maigres. La croyance générale étant qu'elles ne naissaient pas par accouplement, ni d'un œuf, mais plutôt des végétaux, les conciles en permirent l'usage. Le pape Innocent III fut le premier qui s'éleva contre; mais on n'en tint compte, et lorsque plus tard on sut, par Gérard Veer, qui venait de faire une troisième navigation vers le Nord, que ces oiseaux avaient la même origine que tous les autres, et qu'ils nichaient dans des contrées que Gérard Veer croyait être le Groënland, alors on chercha d'autres raisons pour motiver une autorisation que les rapports du voyageur détruisaient. On dit que les plumes des Macreuses étaient d'une nature bien différente de celle des autres oiseaux, que leur sang était froid, qu'il ne se condensait point quand on le répandait, et que leur graisse, comme celle des poissons, avait la propriété de ne jamais se figer. Dès qu'on eut inventé l'analogie qui existait entre ces derniers et les Macreuses, et qu'on l'eut fait goûter, ce qui avait été fait par les conciles persista. Voilà d'où vient que nous mangeons ces oiseaux en carême. »

La Macreuse a large bec (*Anas perspicillata*) habite l'Amérique septentrionale, et émigre, selon la saison, de la Caroline à la baie d'Hudson. Son plumage est noir, avec la nuque blanche; le bec est fauve, rouge au bout, etc. — La ponte est de 4 à 6 œufs blancs.

MACRODACTYLES. Nom donné : 1° à une famille d'*Echassiers*; 2° à une tribu de *Coléoptères* clavicornes, dont le caractère le plus apparent consiste dans les tarses allongés et robustes.

MACROGLOSSE (*Macroglossus*). Sous-genre de Chauve-souris, dont l'espèce type et unique est la *Roussette*. — V. ce mot.

MACROGLOSSE (*Macroglossa*). Genre de Papillons de la famille des Sphinx, ayant des antennes droites, très minces à leur base; le thorax ovale, peu bombé, très velu; les ailes courtes et entières; abdomen déprimé en dessous, aussi large dans le bas que dans le haut, et terminé en queue de pigeon, avec des faisceaux de poils latéraux.

Ce genre est peu nombreux. Citons le *M. stellarum*, dont la chenille est cylindrique, ridée transversalement, diminuant de grosseur de la partie anale à la tête, le plus souvent d'un vert tendre, avec 8 rangées transversales de petits points blancs, granuleux et très rapprochés, qui la rendent rugueuse ou chagrinée, et 4 raies longitudinales dont 2 sous-dorsales d'un blanc pur et 2 latérales jaunâtres.

Le Macroglosse dont nous parlons se trouve toute l'année à l'état parfait. Sa chenille vit sur les différentes espèces de caille-lait, principalement sur le *Callium mollugo*. — Le *M. bombyliformis* est une autre espèce dont la chenille vit sur les différentes espèces de scabieuses.

Fig. 783. — Macroglosse.

MACROGNATE. Poisson à museau singulièrement allongé, et terminé par une pointe cartilagineuse qui dépasse de beaucoup la mâchoire inférieure; corps allongé, dépourvu de nageoires ventrales. — Ce poisson, appelé *Aral* à Pondichéry, où il habite les rivières et les étangs d'eau douce, s'enfonce dans le sable pour y chercher les vers dont il se nourrit.

MACRONYQUE (*Macronychus*). Genre de Coléoptères, de la famille des Hydrophiles, dont le *M. quadrituberculanus* est l'espèce qui a été le mieux étudiée dans ses caractères physiques et ses mœurs. Les courants les plus rapides des rivières et des ruisseaux sont le séjour de prédilection de cet insecte, quoiqu'il soit inhabile à nager. Il s'attache au moyen de ses pattes, admirablement conformées pour cet usage , à tous les corps flottants sur l'eau, se plaît sur l'écorce sébacée et soulevée des branches mortes, et semble en cela partager quelques habitudes des Xylophages. Privés d'eau ou d'humidité, les Macronyques ne vivent pas au-delà de 2 ou 3 heures. « La pubescence qui recouvre leur corps paraît servir

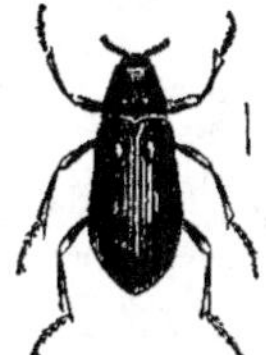

Fig. 784. — Macronyque.

à retenir une certaine quantité d'air autour de leur corps, et est peut-être destinée à permettre à l'insecte de monter à la surface et de redescendre au fond de l'eau : dans le premier cas , la bulle d'air observée par M. Coutarini deviendrait plus grosse, et elle diminuerait au contraire dans le second. On peut expliquer ainsi comment ces insectes peuvent respirer sous l'eau. » Nous avons dit ailleurs comment on suppose que d'autres Coléoptères aquatiques, tels que l'*Æpe de Robin*, etc., peuvent exercer cette même fonction en emportant avec eux une assez grande quantité d'air, soit au-dessous de leurs ailes, soit au moyen de poils assez longs dont leur corps est revêtu. Souvent ces Coléoptères se réunissent en grand nombre et se groupent d'une manière si intime à l'aide des crochets de leurs tarses, qu'on ne peut leur faire lâcher prise sans briser quelqu'une de leurs pattes. Il en est de même lorsqu'un de ces insectes est mort fixé à quelque fragment de bois ; il faut désarticuler ses crochets pour parvenir à l'en séparer.

MACROPE (*Macropus*). Genre de Coléoptères longicornes, qu'Illiger a nommé *Acrocine*, et dont nous avons déjà parlé sous cette dénomination. Quelques détails de plus sur ce bel insecte ne seront pas considérés comme superflus.

Les Macropes , dont le corps est aplati et dont les antennes sont très longues et composées d'articles menus, se distinguent essentiellement par leur corselet présentant, de chaque côté, un tubercule mobile, terminé en pointe ou par une épine.

Le Macrope longimane (*M. longimanus*), vulg. *Arlequin de Cayenne*, est l'espèce type. Sa taille varie depuis 3 centim. jusqu'à 6 et 7 : tout son corps est d'un beau noir velouté , agréablement varié de gris et de rouge vermillon. Les antennes

sont beaucoup plus longues que le corps, surtout chez les mâles.

Il est deux autres espèces plus petites et moins ornées de vives couleurs : l'une vient du Brésil , l'autre de Cayenne.

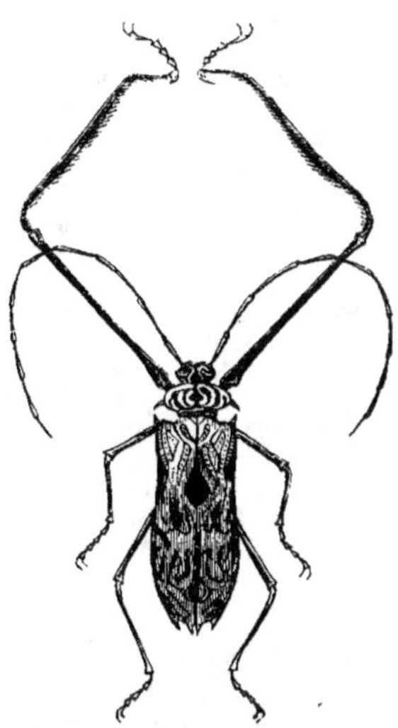

Fig. 783. — Macrope (Acrocine).

MACROPHTHALMOS (du gr. *macros* , long, *ophthalmos* , œil). Genre de Crustacés de l'ordre des Décapodes, famille des Brachiures, ayant pour caractères : carapace en forme de quadrilatère, plus large que longue, à granulations assez saillantes, et dont les bords latéro-antérieurs sont épineux ; pédoncules oculaires très allongés , légèrement courbés, couronnés par des yeux de grande taille ; première paire de pattes peu allongée et terminée par une main en pince dont les doigts sont robustes, courbés à leur côté interne. Ces doigts sont bien plus grêles chez les femelles, qui ont aussi l'abdomen plus élargi.

Les espèces de ce genre, qui sont au nombre de 12 environ, se rencontrent principalement dans les mers des Indes. Toutefois, une d'entre elles provient de l'île de France. On en connaît deux à l'état fossile.

MACROPODE (*Macropodus*). Genre de Poissons acanthoptérygiens, dont l'espèce type est le M. vert doré , originaire des eaux douces de l'Inde et de la Chine. Il atteint dix centim. de longueur. « Ce poisson, dit Lacépède , est magnifique dans ses mouvements légers et dans ses évolutions variées. Aussi n'est-il pas surprenant que les Chinois, qui cultivent les beaux poissons comme les belles fleurs, et qui aiment, pour ainsi dire , à faire de leurs pièces d'eau, éclairées par un soleil brillant, autant de parterres vivants, mobiles et émaillés de toutes les nuances de l'iris, se plaisent à le nourrir, à le multiplier et à multiplier aussi son image par une peinture fidèle. »

MACROSCÉLIDE (du gr. *macros*, grand; *skilos*, cuisse). Genre de Carnassiers, tribu des Insectivores, remarquable par le museau allongé, en forme de petite trompe, assez semblable à celle des Desmans, mais plus arrondie, et par les jambes postérieures qui sont beaucoup plus longues que les antérieures. Ils ont les oreilles grandes, les yeux médiocres, les mains et pieds plantigrades, tous à 5 doigts onguiculés; la queue allongée, etc.

Les Macroscélides représentent, parmi les Insectivores, les Gerboises, qui appartiennent à l'ordre des Rongeurs, et, si l'on veut, les Kanguroos, qui sont du groupe des Didelphes. Mais ils diffèrent des Rongeurs par leur système dentaire, des Didelphes par la nature de leurs organes génitaux. Ce sont des animaux de petite taille, à pelage doux, assez long, qui appartiennent à l'Afrique et, pour la plupart, aux environs du cap de Bonne-Espérance.

Ils ne marchent que difficilement sur leurs quatre pattes, tandis qu'ils font des sauts successifs, et courent avec agilité au moyen de leurs membres de derrière. Ils se nourrissent particulièrement d'insectes et d'autres petits animaux; ils mangent aussi des graines. Leurs sens paraissent très développés : l'odorat est singulièrement favorisé par

Fig. 786. — Macroscélide de Rozet.

'étendue de la trompe; l'ouïe et la vue sont assez parfaites. On croit qu'ils se construisent des sortes de terriers où ils se réfugient.

Macroscélide type (*M. typus*). Dessus du corps revêtu de poils d'un gris noirâtre dans la plus

grande partie de leur longueur, puis noir, et enfin fauve à la pointe; dessous du corps avec des poils noirs à la racine, blancs à la pointe; longueur de la tête et du corps, 15 centim.; celle de la queue, 10 cent. — Cet animal habite le cap de Bonne-Espérance.

Macroscélide de Rozet (*M. Rozeti*). Pelage d'un gris de souris, plus fauve en dessus qu'en dessous; longueur de 16 cent., non compris la queue qui en a 12. — Cette espèce habite la Barbarie et se trouve aussi dans les environs de Bone et d'Oran, se tenant dans les crevasses de grandes roches détachées. Elle ne creuse pas de trous profonds, mais prépare une espèce de lit dans les broussailles les plus épaisses du palmier nain pour ses petits. Ses mœurs sont très douces, et l'on peut facilement le tenir en captivité. On le nourrit avec des graines de plusieurs sortes, mais il préfère à tout autre aliment des Insectes.

MACROURES. Sous-ordre de Crustacés, de la classe des *Décapodes.* — V. ce mot.

MACTRE (*Mactra*). Genre de Mollusques acéphales testacés, de la famille des Cardiacés ou Mactracés (V. *Acéphales*), caractérisé de la ma-

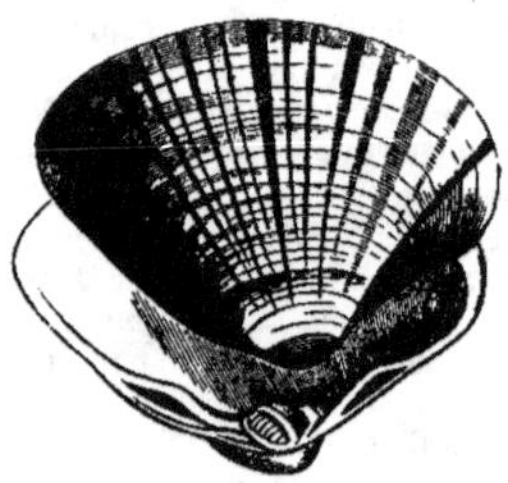

Fig. 787. — Mactre lisor.

nière suivante : animal très voisin des Vénus; coquille transverse, inéquilatérale, un peu bâillante sur les côtés, à crochets protubérants; une dent cardinale comprimée, pliée en gouttière sur chaque valve, et auprès une dent en saillie; deux dents latérales rapprochées de la charnière, comprimées, intrantes.

Les Mactres, qui sont nombreuses en espèces, se trouvent dans toutes les mers, vivant enfoncées dans le sable à une petite distance du rivage. Elles sont généralement trigones, d'un blanc fauve ou d'un blanc pur, lisses, ou ridées, ou sillonnées transversalement. Les principales espèces sont : la **Mactre géante**, des mers de l'Amérique méridionale; — la **M. lisor**, commune dans toute la Manche, l'Océan et la Méditerranée; — la **M. solide**, coquille assez petite, très commune dans la Manche.

On en connaît aussi quelques espèces à l'état

fossile, qui se trouvent dans les couches postérieures à la craie.

MADRÉPORE (*Madrepora*). Genre de Polypiers pierreux, subdendroïdes, rameux, à surface garnie de tous côtés de cellules saillantes à interstices poreux. Leurs cellules sont éparses, distinctes, cylindracées, tubuleuses, saillantes, à étoiles presque nulles, à lames très étroites.

C'est dans les régions intertropicales que se trouvent les Madrépores; leur nombre y est si considérable qu'ils forment des récifs qui rendent la plupart de ces mers dangereuses pour la navigation. Ils y constituent en effet des couches entières de pierres calcaires, et servent de base à un grand nombre de petites îles. Une sorte de gelée animale recouvre la partie calcaire. Cette matière organisée envoie antérieurement des expansions membraneuses qui lient ces êtres les uns aux autres, et qui recouvrent d'une pellicule très mince leur surface. C'est sur cette masse que chacun des Polypiers étend, pendant le calme, les tentacules qu'il porte, et qui forment ainsi autant d'espèces de flocons dont le nombre considérable et les couleurs expliquent la méprise que l'on a commise en les considérant, après un simple aperçu, comme de véritables plantes. On ignore leur mode d'accroissement et de reproduction. C'est Imperani, naturaliste italien, qui a reconnu le premier que ces Polypiers appartenaient au règne animal.

Le **Madrépore palme** (*M. palmata*), connu vulgairement sous le nom de *Char de Neptune*, est fort remarquable par la taille à laquelle il atteint. Ses expansions sont presque palmées, larges, enroulées à la base, profondément divisées, etc. —Il se trouve dans les mers d'Amérique. Une humeur visqueuse, comme du blanc d'œuf, couvre toute la surface de ce Madrépore, et en constitue l'animal, qui ne laisse aucune trace de son existence dès qu'on retire le Polypier de l'eau. — On en compte plusieurs autres espèces.

MAGNÉSITE. C'est vulgairement l'*Écume de mer*, substance hydro-silicatée, assez tendre, dure au toucher, donnant de l'eau par la calcination, attaquable par les acides, composée de silice, de magnésie, d'alumine et d'eau, etc. On la trouve en rognons ou en masses informes, compactes, mêlées avec des portions de silex, des argiles verdâtres, etc., dans le Piémont, l'île de Négrepont, aux environs de Madrid, de Montpellier, de St-Ouen, de Montmartre, etc. — Avec les variétés de Magnésites homogènes, blanches ou jaunâtres qui nous viennent de l'Asie-Mineure, on fabrique des *pipes* dites d'*écume de mer*, qui sont très recherchées des amateurs.

MAGNÉSIUM. Métal qui fait la base de la magnésie. Pour se le procurer, on prend le chlorure de Magnésium, qu'on retire de beaucoup d'eaux minérales en dissolvant du carbonate de magné-

sie dans de l'acide chlorhydrique, et on décompose ce chlorure par le courant galvanique lorsqu'il est liquéfié par la chaleur. Le *Magnésium* est blanc d'argent, cristallisé, lamelleux; sa densité égale celle du calcium; on peut le limer, le scier, l'aplatir par le choc du marteau. L'air sec est sans action sur lui, mais il se ternit à l'air humide et se couvre d'une couche de Magnésie.

La *Magnésie* est en effet l'*oxyde de magnésium*, encore dite *Magnésie calcinée*, substance légèrement alcaline, blanche, pulvérulente, peu sapide, à peine soluble dans l'eau, qui se trouve abondamment dans la nature à l'état de combinaison avec les acides ou quelques oxydes métalliques, notamment à l'état de carbonate dans la dolomie, de silicate dans l'écume de mer, de sulfate et de chlorure dans les eaux minérales et dans l'eau de mer, et qu'on obtient en grand en calcinant le carbonate de Magnésie du commerce jusqu'à ce qu'il ne fasse plus effervescence avec l'acide chlorhydrique. On l'emploie en médecine comme absorbant, pour dissiper les aigreurs de l'estomac, combattre l'empoisonnement par les acides.

La Magnésie forme avec les acides des sels dont le carbonate et le sulfate sont les plus importants. — Le *Carbonate de magnésie* ou *Magnésie carbonatée*, se présente sous trois formes: le *Carbonate neutre*, le *bi-carbonate*, qui fait partie de la composition de plusieurs eaux minérales, et le *C. basique* ou *sous-carbonate*, connu aussi sous le nom de *Magnésie blanche*. Ce dernier constitue un sel blanc, extrêmement léger, sans saveur, fréquemment employé en pharmacie pour la préparation de la Magnésie calcinée, et qui entre dans la plupart des poudres et pastilles dites absorbantes.

MAGNÉTISME (du gr. *magnés*, pierre d'aimant). Agent auquel l'*Aimant* (V. ce mot) doit la propriété d'attirer le fer. Cette propriété que le fer, le nikel et le cobalt sont susceptibles de manifester, fut attribuée à une cause spéciale jusqu'au moment où les découvertes d'Œrsted vinrent la faire rentrer dans la catégorie des phénomènes électriques. Bien que la vertu magnétique soit une dans son essence, on peut distinguer, par rapport à ses manifestations, le *Magnétisme de l'aimant*, et celui de la terre ou *Magnétisme terrestre*.

Le M. terrestre est la cause des phénomènes d'*inclinaison*, de *déclinaison*, de *variation* que l'on observe dans l'*aiguille aimantée*, laquelle consiste, comme on sait, dans une lame d'acier pointue par les deux bouts, mobile sur un pivot, et rendue magnétique par influence. Or, abandonnée à elle-même, l'aiguille aimantée se tourne de manière que ses deux extrémités ou *pôles* se dirigent vers les pôles magnétiques de la terre, c'est-à-dire que l'un des pôles est invariablement tourné à peu près vers le Nord, et l'autre pôle à peu près vers le Midi. Le premier a reçu, pour cette raison, le nom de *pôle nord*; l'autre est appelé *pôle sud*. Dans les boussoles, la portion de l'aiguille qui regarde le nord est ordinairement colorée en bleu pour qu'on la reconnaisse facilement. Comme les magnétismes ou pôles contraires se regardent, tandis que les semblables se repoussent, il en résulte que le pôle nord de l'aiguille aimantée doit être de nature contraire à la partie boréale de la terre considérée comme aimant. Dans le même lieu, les aiguilles aimantées prennent des directions sensiblement parallèles; mais, sur des points de la terre qui sont éloignés de quelques degrés en longitude ou en latitude, ce parallélisme n'existe plus, et l'on voit l'aiguille dévier plus ou moins à l'Est ou à l'Ouest du méridien; on nomme *déclinaison* cette déviation. En outre, l'aiguille aimantée ne conserve pas partout la position horizontale, mais elle incline plus ou moins vers le centre de la terre, formant un angle avec l'horizon, nommé *inclinaison*. Enfin les tremblements de terre, les éruptions volcaniques, les aurores boréales, dérangent aussi l'aiguille aimantée de sa position. Pour expliquer ces phénomènes, nous le répétons, on considère la terre comme un gros aimant qui agit sur l'aiguille et dont les pôles seraient situés non loin des pôles géographiques, sans toutefois coïncider avec eux. L'intensité de la force qui détermine l'inclinaison et la déclinaison magnétiques varie avec la distance aux pôles magnétiques. Pour la mesurer, on opère comme pour la pesanteur : on dévie une aiguille magnétique de sa direction, et l'on estime la rapidité de ses oscillations par le nombre d'oscillations qu'elle fait en un temps donné; cette aiguille, transportée dans différents lieux, donne (en supposant que son magnétisme soit toujours resté le même) le rapport qui existe entre l'intensité de la force magnétique dans ces différentes localités.

MAGNÉTISME ANIMAL. « On a appelé ainsi certains phénomènes insolites auxquels on a cru trouver quelque analogie avec ceux qui caractérisent l'aimant. Ces phénomènes ont, à tort, été attribués à un agent inconnu et mystérieux, qui émanerait à volonté d'un individu pour passer en un autre et établir entre eux une influence réciproque, une série de rapports inexplicables. Cet agent agirait à des distances considérables, aussi vite que la pensée, et sans être arrêté par aucun obstacle. Sa puissance serait telle qu'il opérerait des guérisons, produirait des facultés nouvelles, etc. Les seuls faits réels sont que, chez certains individus, après les mouvements des mains à distance devant les yeux et la face (mouvements appelés des *passes* par les adeptes du prétendu fluide, qu'on nomme *Magnétiseurs*), il peut se produire des effets très variables. L'un, sans éprouver le besoin du sommeil, accuse des sensations générales de chaud, plus rarement de roid; il s'établit aux mains, aux aisselles, à la figure, une transpiration abondante; le pouls devient plus fréquent, la respiration plus active, les douleurs nerveuses s'engourdissent et se calment, les paupières semblent légèrement pesantes, les membres comme enchaînés par la paresse. L'autre a des convulsions et des tremblements; un autre s'endort d'un sommeil profond et comparable au sommeil naturel : les autres tombent dans une sorte de somnolence douce, accompagnée de rêves, d'hallucinations qu'ils rectifient à leur réveil. Dans cette situation du corps et de l'esprit, il leur arrive souvent de percevoir vaguement ce qui se passe autour d'eux. »

« Le Magnétisme, comme art de faire dormir, existe chez les Toucoulaures; comme art de soulager les malades, par des passes magnétiques, sans arriver au somnambulisme, il est connu des Marabouts de toutes les nations du Sénégal. Quand un Toucoulaure veut endormir un sujet, il ne lui fait aucune passe, mais il lui pose ses deux pouces derrière les oreilles, et lui tient ainsi la tête pendant quelque temps en le regardant fixement; on voit aussitôt ses paupières s'appesantir et se fermer : il dort. Ce sommeil soulage beaucoup certains malades, mais il paraît qu'il n'arrive pas au degré de somnambulisme. Les Toucoulaures n'essaient jamais d'interroger la personne qu'ils magnétisent; ils la laissent dormir en paix, et la réveillent quand ils jugent à propos, en lui donnant, soit un soufflet, soit un coup de poing. Mais qu'un Marabout soit appelé auprès d'un malade, toutes ses prescriptions se bornent ou à des racines infusées dans l'eau, ou à des *Grisgris*; dans certains cas, ils ordonnent tout à la fois les mêmes racines et les grisgris, en y joignant aussi des passes magnétiques. Ils font ces passes avec les deux mains, en récitant des passages du Koran et jetant quelque peu de leur salive sur la partie malade. »

MAGNOLIACÉES. Famille de Plantes dicotylédones hypogynes, composée d'arbres et d'arbrisseaux élégants, ornés de belles feuilles alternes; fleurs souvent très grandes, à 3-6 sépales caducs, à 3-20 pétales pluri-verticillés, à étamines fort nombreuses et libres, plurisériées sur le réceptacle qui porte les pétales; carpelles nombreux, uniloculaires et à style à peine distinct, réunis circulairement ou disposés en capitules. — Les genres sont tous exotiques; le principal est le *Magnolier.*

MAGNOLIER (*Magnolia*, du nom du botaniste François Magnol). Genre d'arbres, d'arbrisseaux, remarquables par un port élégant et majestueux, par des corolles solitaires à pétales tantôt pendants, tantôt redressés, exhalant une odeur très suave; par de grandes feuilles luisantes du plus joli vert, caduques ou persistantes, etc. On connaît 12 espèces, toutes originaires de l'Amérique septentrionale et de l'Asie orientale, et dont plusieurs sont naturalisées dans nos jardins. Dans leur pays, ces arbres atteignent à une hauteur considérable. Leur bois est aromatique;

dans une seule espèce il est dur et propre à l'ébénisterie, etc.

Fig. 788. — Magnolier de Thompson.

Le **Magnolier a grandes fleurs** (*M. grandiflora*), originaire de la Caroline du Sud, acquiert la grandeur du Noyer; son tronc est droit; sa tête est régulière, d'un vert luisant, et offre durant l'été un aspect magnifique, lorsque de larges corolles du blanc le plus pur, relevées par la colonne dorée de leurs nombreuses étamines, se montrent à l'extrémité de chaque rameau.

Le Magnolier de Thompson est un bel arbre pyramidal de 7 mètres, qui a ses feuilles grandes et ses fleurs larges de 12 à 13 centim.

Le **Magnolier a ombelle** (*M. umbellata*), vulg. *Arbre à parasol*, espèce ainsi nommée d'après la disposition des grandes feuilles qui l'ornent et qui sont étalées et ramassées par 5-6 à l'extrémité supérieure des rameaux; cet arbre a été importé en France en 1732. Son bois est tendre et spongieux.

MAGOT (*Macacus magus*). Singe du genre Macaque, qui se distingue par son museau allongé dans l'âge adulte ; par sa face teinte d'une couleur de chair livide, sa peau bleuâtre à certaines régions, rosée ou couleur de chair à d'autres, et par l'absence complète de queue ; son pelage est soyeux, gris, lavé de jaune doré sur les parties supérieures, blanchâtre sur la poitrine; taille d'un Chien ordinaire.

Le Magot est le Singe le plus anciennement connu et aussi le plus commun de ceux qu'on amène en Europe. On le trouve dans le nord de l'Afrique, en Égypte, en Barbarie surtout; on a vu des individus s'acclimater sur le rocher de Gibraltar. Cet animal vit sur les rochers, en effet, dans les endroits solitaires; il marche toujours à quatre pattes. Jeune, il est remarquable par son

Fig. 789. — Magot.

intelligence et sa vivacité; en vieillissant, il devient taciturne et méchant. De tout temps il a attiré l'attention des voyageurs; et comme il est assez commun, on l'a souvent amené dans les divers États de l'Europe. Le Magot se voit très souvent en effet dans les ménageries ambulantes.

MAIA (*Maia*). Genre de Crustacés, de l'ordre des Décapodes, famille des Brachiures, ainsi caractérisé : carapace un quart plus longue que large et assez fortement rétrécie en avant, ayant la face supérieure hérissée d'une infinité de tubercules ou d'épines, et le bord latéro-antérieur armé de fortes épines ; les pattes de la première paire ne sont guère plus grosses que les autres; elles sont assez grêles, à peu près cylindriques,

Fig. 790. — Crabe-Maïa.

et terminées par une pince dont les doigts, presque styliformes, ne sont ni creusés en cuiller ni dilatés vers le bout, et n'ont pas de dentelures.

Les Maïas habitent l'Océan et les côtes de la Méditerranée, se plaisant dans les lieux pierreux et vaseux. Sont-ils menacés, ils se blottissent contre un rocher, et attendent que le danger soit passé ou qu'il les atteigne, dans une immobilité parfaite ; mais ils se dérobent à la recherche de leurs ennemis par l'aspect rocailleux et la couleur de leur test ; leurs pinces sont leurs seuls moyens de défense. « Suivant Risso, lorsque les Maïas sont prêts à changer de peau, ils se retirent dans les moyennes profondeurs, se cachent sous les ulves, les algues ou les fucus, et restent plusieurs jours dans un état de torpeur; c'est ordinairement après cette espèce de métamorphose que le mâle court à la recherche de la femelle pour s'accoupler. Plusieurs espèces portent au-delà de 6 à 10 mille œufs; d'autres n'en font qu'un très petit nombre et ne fraient qu'une fois dans l'année. Aussitôt que la femelle veut se débarrasser de ses œufs, elle choisit les endroits tapissés de plantes marines et les dépose parmi les végétaux. »

Ces Crustacés sont aussi connus sous les noms d'*Araignées de mer*, d'*Esquinades*. On mange les grandes espèces dans les provinces méridionales. Les anciens les regardaient comme doués de raison. La Diane d'Éphèse en porte un suspendu à son cou comme emblème de la sagesse.

MAIGRE (*Sciæna*). Espèce du grand genre Sciène, ou plutôt genre de la famille des Sciénoïdes; poissons qui se distinguent, d'une manière générale, par leur tête bombée, soutenue par des os caverneux. — V. *Sciène*.

Le **MAIGRE** d'EUROPE (*S. aquila*) ressemble assez au Bar par sa forme générale; son museau est un peu bombé, à lèvres peu charnues; les écailles du corps sont grandes, un peu obliques: les nageoires sont rouges ou d'un brun rougeâtre; taille ordinaire d'un mètre et plus. — Le Maigre était très commun au moyen âge. A Rome il portait le nom d'*Umbrina* ; sa chair y était très recherchée. On le pêche parfois à Dieppe, et les pêcheurs le nomment *Aigle*. Il semble suivre ou précéder les grandes bandes de poissons qui émigrent, tels que les Harengs.

MAILLOT (*Pupa*). Genre de petits Mollusques terrestres, très voisins des Hélices; animal petit, lisse ou réticulé à sa surface, dépourvu de cuirasse, présentant 4 tentacules, dont deux supérieurs plus longs et oculés à leur sommet; coquille cylindracée, pupiforme (*Pupa*), épaisse et assez solide, à ouverture irrégulière, dentée ou plissée chez les adultes. — Ces gastéropodes respirent, comme les Hélices, par des poumons, et sont aussi quelquefois hermaphrodites. Ils vivent dans les lieux secs ou ombragés, sous les pierres, sous le gazon et au pied des arbres. On en a décrit au moins 80 espèces, dont 21 se trouvent en France. — Le **MAILLOT** BORDÉ (*P. marginata*) a la coquille grosse comme un grain de chènevis, d'un brun pâle; il se trouve dans beaucoup de localités.

MAIMON. Espèce de Singe du genre *Macaque*. — V. ce mot.

MAIN. — V. *Membres.*

MAIS (*Zea*). Genre de la famille des Graminées, à tiges cylindriques vers le bas, comprimées en haut, herbacées, remplies d'une substance mielleuse; à feuilles alternes, sessiles, longues, pointues, rudes et ciliées sur les bords, ayant plusieurs nervures longitudinales; fleurs unisexuées : les mâles disposées en panicule longue, partagée quelquefois en 25 à 30 épillets penchés; les fleurs femelles, qui sont au-dessous, ayant leurs styles semblables à des filaments allongés et se terminant en houppe soyeuse diversement colorée. Les fleurs du Maïs sont unisexuées par avortement : la glume ou balle de l'épillet femelle renferme, comme celle de l'épillet mâle, deux fleurettes bivalves; la fleurette intérieure embrasse un ovaire fertile, 3 rudiments

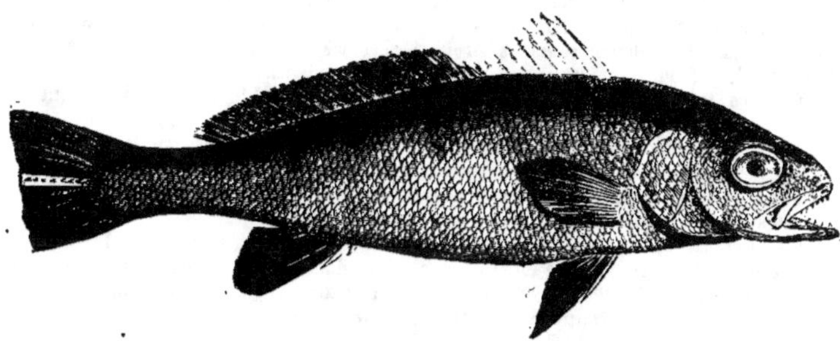

Fig. 791. — Maigre d'Europe.

d'étamines et rarement 2 écailles; l'extérieure est ordinairement neutre, mais on y trouve quelquefois 2 écailles, 3 rudiments d'étamines, plus rarement un rudiment d'ovaire. L'épillet femelle ne diffère donc essentiellement de l'épillet mâle que par l'avortement plus ou moins complet des organes masculins; cet avortement n'est jamais poussé aussi loin dans l'épillet femelle que l'avortement des organes femelles dans l'épillet mâle.

Le **MAIS CULTIVÉ**, vulg. *Blé de Turquie*, la seule espèce qui nous intéresse, est une plante forte et vigoureuse, dont la tige s'élève jusqu'à sept à huit pieds et même davantage, qui se termine par un beau panache de fleurs mâles, et qui porte deux, trois et même quatre gros épis ornés d'une barbe soyeuse du plus beau vert, dont chaque brin est un pistil qui va s'attacher à chacun des grains qui doivent former ces beaux épis dorés sur lesquels on a compté jusqu'à sept cents grains de la grosseur d'un pois.

« Le Maïs est originaire de l'Amérique; il n'est pas étonnant que l'on se soit empressé de le cultiver aussitôt qu'il fut importé sur notre ancien continent : aussi était-il déjà bien connu sous le règne de Henri II et faisait-il partie des récoltes du seizième siècle. Aujourd'hui le Maïs est cultivé en grande quantité dans tous les pays où il peut mûrir. Le Piémont, une partie de l'Italie, tout le midi de la France, l'Espagne, la Turquie, l'Algérie, la Perse, la Chine et beaucoup d'autres contrées placent le Maïs à la tête de leurs substances alimentaires.

« Le maïs est une des plantes les plus épuisantes que l'on puisse introduire dans les assolements : aussi ne doit-elle reparaître que de loin en loin, et ne jamais ni succéder ni précéder le froment, qui est une plante de la même famille, très épuisante aussi.

« On connaît plusieurs variétés dans la couleur, la forme, la grandeur des grains et des épis.

« Le plus commun a le grain jaune, rond et enfoncé d'un quart environ dans l'axe de l'épi qui a près d'un pouce de diamètre.—Une seconde variété a le grain de même forme et de même grosseur; mais il est demi-transparent et d'un blanc de paille clair.—Le *Maïs d'Alger*, nouvellement introduit en France, se fait remarquer par la grosseur et la longueur de ses épis, dont l'axe est d'un quart moins gros que le précédent : mais on le reconnaît surtout à la forme tout à fait plate de ses grains blancs qui présentent tous un pli sur leur face extérieure; ils sont excessivement serrés les uns contre les autres; ce qui n'empêche pas qu'ils mûrissent très bien, que leur farine soit très blanche et qu'ils n'arrivent en pleine maturité beaucoup plus tôt que les autres variétés.

« Vient ensuite le *quarantin*, dont l'épi et le grain sont beaucoup plus petits que dans le Maïs ordinaire; il mûrit en moins de temps, ce qui permet de le semer plus tard et par conséquent un peu plus au nord qu'on ne peut le faire pour le Maïs ordinaire; son grain est d'un beau jaune, quelquefois rouge sombre , mais plus rarement que dans le Maïs ordinaire.

« Enfin , une autre espèce plus petite encore que le quarantin se nomme *Maïs poulet* , parce qu'elle convient parfaitement à leur nourriture et qu'elle les engraisse parfaitement On peut semer ces deux dernières espèces plus épaisses que les trois premières. »

MAKI (*Lemur*). Genre de Quadrumanes, de la famille des Lémuriens , très voisins des Singes, dont ils diffèrent par leur système dentaire à 36 dents. Ils ont les formes généralement sveltes; la tête longue, triangulaire , à museau effilé, et qui a été souvent comparée à celle des Renards; oreilles courtes et velues ; narines terminales et sinueuses ; membres très longs , surtout ceux de derrière ; pouces opposables; queue plus longue que le corps; pelage en général laineux, très touffu et abondant.

Les Makis habitent Madagascar; ce sont des animaux nocturnes ou crépusculaires, qui vivent sur les arbres et se tiennent en troupes plus ou moins nombreuses. Leur nourriture consiste en fruits et insectes. Ils s'apprivoisent facilement et s'accoutument très bien à la captivité. Naturellement très frileux, ils recherchent, même en été, les rayons du soleil. Pour dormir , ils se placent dans des lieux d'un accès difficile ; quand ils sont accouplés par paires, ils se rapprochent ventre contre ventre , s'enlacent dans leurs bras et leur queue, et dirigent leur tête de façon que chacun d'eux peut apercevoir ce qui se passe derrière le dos de l'autre.

Le **Maki varié** (*L. macaco*) est l'espèce type du genre, qui a été réduit. Sa taille est celle d'un gros

Chat ; son pelage est laineux, très fourni et varié de grandes taches blanches et noires ; les poils des joues sont fort longs. La femelle a beaucoup moins de blanc que le mâle, et elle a son dos noir , à l'exception d'une bande blanche placée transversalement à son milieu.

MALACHITE. Pierre formée de carbonate vert de cuivre, c'est-à-dire de 18 à 20 parties d'acide carbonique , de 71 à 72 de deutoxyde de cuivre et de 8 à 10 d'eau. C'est une substance d'un beau vert, d'un éclat vitreux et soyeux , d'une dureté de 2,5 et d'une densité égale à 4,01. Elle peut recevoir un beau poli, et elle présente, quand elle n'est point caverneuse, une texture fibreuse d'un vert pré, riche , offrant des cercles concentriques et des rubans finement veinés. Les cristaux bien déterminés sont fort rares; ils dérivent d'un prisme rhomboïdal oblique.

On distingue trois variétés de Malachite : la *M. pulvérulente*, la *M. soyeuse* et la *M. concrétionnée*. Cette dernière est la plus rare et la plus précieuse.

La Malachite se trouve dans les monts Ourals et dans d'autres montagnes de la Sibérie ; cette pierre est encore commune en Chine, où abondent les mines en cuivre; la Hongrie, la Bohème , la Saxe en possèdent d'une qualité moins belle. En Russie, la Malachite est assez commune pour qu'on puisse l'employer au placage des cheminées et des meubles riches. Chez nous on s'en sert pour fabriquer divers ornements, figurines , bijoux.

MALACOPTÉRYGIENS (du gr. *malakos*, mou; *ptéryx*, nageoire). Ordre de Poissons osseux , dont le caractère essentiel consiste en ce que les rayons qui soutiennent les nageoires sont mous

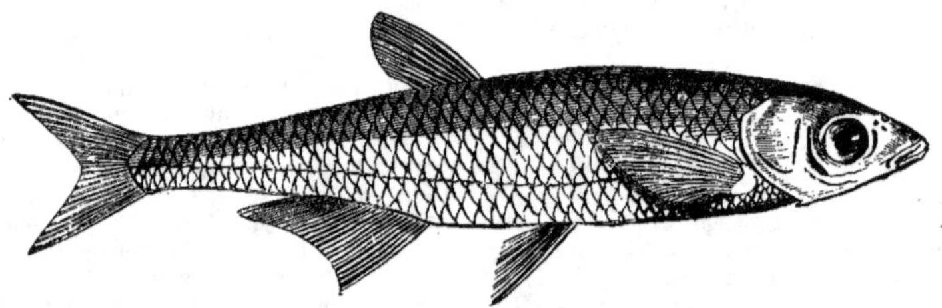

Fig. 792. — Malacoptérygien (Able).

et cartilagineux, par opposition aux Acanthoptérygiens, dont les rayons sont raides, osseux, piquants. — Cet ordre se partage en trois sous-ordres :

1° Les **Abdominaux**, qui ont les nageoires ventrales placées à la partie postérieure de l'abdomen; ils comprennent cinq familles : les *Cyprinoïdes*, les *Ésoces*, les *Siluroïdes* , les *Salmonides* et les *Clupes*.

2° Les **Subrachiens** , dont les nageoires dorsales sont à rayons mous, et les abdominales sont suspendues sous les pectorales. Trois familles : les *Gadoïdes*, les *Pleuronectes* et les *Discoboles*.

3° Les **Apodes**, poissons qui n'ont pas de nageoires ventrales; ils se rapprochent plus ou moins de la forme de notre Anguille , qui est le type des *Anguilliformes*.

MALACOZOAIRES (du gr. *malakos*, mou; *zoon*, animal). Nom donné par quelques zoologistes aux Mollusques. — V. ce mot.

MALEPTURE. Ce nom (qui veut dire *queue molle*) s'applique à des Poissons de la famille des Ésoces qui n'ont point de nageoire rayonnée sur le dos, mais sont pourvus seulement d'une nageoire sur la queue ; ils manquent tout à fait d'épines aux pectorales, dont les rayons sont entièrement mous : le corps et la tête sont recouverts d'une peau lisse; les dents sont en velours.

Le MALEPTURE ÉLECTRIQUE est la seule espèce de ce genre. C'est un poisson du Nil et du Sénégal, d'un brun grisâtre, long de 40 cent. environ, que les Arabes nomment *Raasch* ou *Tonnerre*, à cause de l'engourdissement dont il frappe les animaux qui s'avancent tout près de lui, par la propriété électrique que développe sa queue à peu près comme chez les Gymnotes.

MALCOMIE (*Malcomia*). Genre de Crucifères, très voisin des *Chéirantus* et des *Hespéris*, ou plutôt confondu avec eux, comprenant des plantes indigènes du bassin de la Méditerranée. — La M. MARITIME est bien connue : c'est une Julienne pour Lamarck, une Giroflée pour Linné. On la désigne vulgairement sous le nom de *Giroflée de Mahon*. Ses fleurs, assez petites, sont d'un rose violacé. On la cultive en bordures dans les jardins.

MALOPE. Genre de Malvacées, plantes annuelles des bords de la Méditerranée, propres à orner des plates-bandes par ses grandes touffes couvertes de fleurs pareilles à celles des Mauves, d'un joli rose foncé.

MALVACÉES. Famille de Plantes dicotylédones, polypétales, hypogynes, comprenant des herbes, des arbustes et même des arbres, à feuilles al-

Fig. 793. — Malvacée (grande Mauve).

(1, corolle et tube des étamines, ouverts; — 2, calice caliculé, ovaire et pistil; — 3, fruit composé de 10 capsules; — 4, capsule isolée.)

ternes, stipulées ; à fleurs axillaires diversement groupées : le calice, souvent accompagné d'un calicule, est monosépale à 3 ou 5 divisions, rapprochées en forme de valves avant l'épanouissement ; corolle à 5 pétales, contournés en spirale avant leur déroulement, souvent réunis à leur base; étamines généralement très nombreuses, à filets réunis (monadelphes); pistil composé de plusieurs carpelles, tantôt verticillés et soudés entre eux, tantôt réunis en une sorte de capitule; styles distincts ou plus ou moins soudés, à stigmate simple. Le fruit présente les mêmes modifications que les carpelles, c'est-à-dire que ceux-ci sont tantôt réunis circulairement autour d'un axe matériel, tantôt groupés en tête ou formant par leur soudure une capsule pluriloculaire, etc.

Autrefois plus étendue qu'aujourd'hui, cette famille a été partagée en quatre tribus :

MALOPÉES. Calice caliculé ; fruits nombreux, uniloculaires monospermes , réunis en capitules : *Malope*, etc.

MALVÉES. Calice caliculé ; carpelles libres ou soudés en une capsule pluriloculaire : *Althée*, *Mauve*, etc.

HIBISCÉES. Calice caliculé; 3 à 5 carpelles polyspermes , réunis en une capsule pluriloculaire : *Ketmie*, etc.

SIDÉES. Calice sans calicule ; carpelles soudés en une capsule à plusieurs loges.

MAMILLAIRE (*mamillaria*). Genre de la famille des Cactacées, ainsi nommé à cause des tubercules ou mamelons coniques, disposés en spirales, qui couvrent la tige et qui sont terminés par une

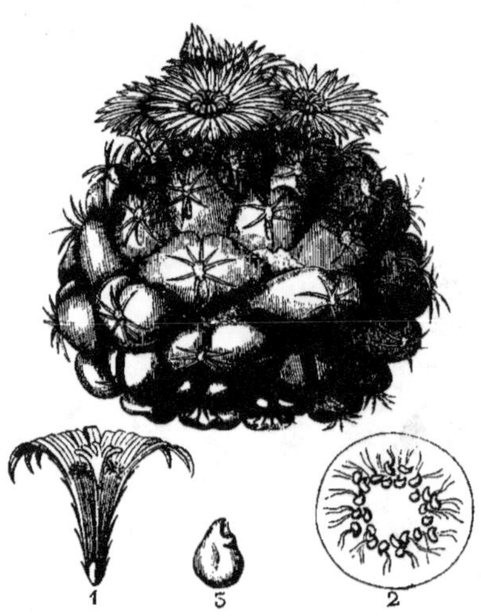

Fig. 791. — Mamillaire.

(1, fleur coupée perpendiculairement par le milieu ; — 2, fruit coupé horizontalement ; — 3, graine .

touffe de soie ou d'épines. C'est entre les mamelons supérieurs que naissent les fleurs, lesquelles entourent la tige comme une ceinture, et durent plusieurs jours. — L'espèce que nous représentons est le *M. dent d'éléphant*, ainsi nommé à cause la forme de ses mamelons.

Réparons ici un oubli que nous avons fait, au genre Cactier, en ne mentionnant pas les plantes suivantes : — Les **MÉLOCACTES** ont une tige subglobuleuse, cannelée en long, et surmontée d'un pompon terminal laineux formé de mamelons très serrés, à l'aisselle desquels naissent des fleurs tubuleuses, petites, éphémères. — Les **ÉCHINOCAC-**

TES offrent, comme les Mélocactes, des côtes longitudinales séparées par des sillons droits, mais la tige n'est pas terminée par un pompon laineux; les côtes portent, sur toute la longueur de leur arête, des mamelons cotonneux, blanchâtres, d'où naissent des épines noirâtres, courtes et divergentes, et qui portent des fleurs tubuleuses, grandes, durant plusieurs jours. L'espèce représentée est l'*E. à dents de peigne*. — Les **CIERGES** ne sont pas rabougris comme les genres précédents ; leur tige est continue, anguleuse; les fleurs sont tubuleuses, les écailles calicinales sont dispersées sur toute la surface de l'ovaire. Le *C. du Pérou* est la plus belle espèce du genre. — Les **ÉPYPHILLES** ont des tiges fortement comprimées, à articles tronqués, parcourus par une nervure médiane; leur corolle est tubuleuse. — Les **RAQUETTES** ont leurs articles ovales oblongs , sans nervure médiane; la corolle n'est point tuberculeuse , elle s'étale en roue au-dessus de l'ovaire.

MAMMALOGIE. Branche de la Zoologie qui traite de l'histoire naturelle des *Mammifères*.

MAMMIFÈRES (de *mamma* , mamelle; *fero*, je porte). Nom donné à la première classe des Vertébrés , classe qui comprend tous les animaux pourvus de mamelles et qui nourrissent leurs petits de leur lait. « Les Mammifères , dit Cuvier , doivent être placés à la tête du règne animal, nonseulement parce que c'est la classe à laquelle nous appartenons nous-mêmes , mais encore parce que c'est celle de toutes qui jouit des facultés les plus multipliées, des sensations les plus délicates, des mouvements les plus variés , et où l'ensemble de toutes les propriétés paraît combiné pour produire une intelligence plus parfaite , plus féconde en ressources , moins esclave de l'instinct et plus susceptible de perfectionnement. »

Les caractères qui distinguent les Mammifères des autres Vertébrés (V. ce mot), sont ceux-ci : les femelles donnent le jour à des petits vivants , qui se nourrissent du lait que fournissent leurs mamelles ; ces animaux ont un diaphragme musculaire séparant la poitrine de l'abdomen, un cerveau proportionnellement plus volumineux que dans les autres créatures, avec un corps calleux; tous ont sept vertèbres cervicales , à l'exception d'une espèce qui en a neuf. Ils sont couverts de poils, sauf les Cétacés; ils ont des membres terminés par des pieds ou des mains, qui sont au nombre de quatre , mais quelquefois de deux seulement. Le plus grand nombre se terminent par une queue. Ils sont tous à l'extérieur parfaitement symétriques.

Nous n'entrerons pas ici dans les détails de l'organisation et des fonctions des Mammifères, parce qu'elles sont presque semblables à celles de l'homme, qui sont exposées dans des articles spéciaux (V. *Relation*, *Nutrition* et *Génération*), avec l'indication des modifications principales qu'elles présentent dans la série zoologique.

Une charpente osseuse soutient l'édifice ; les membres sont toujours formés de quatre portions, articulées les unes avec les autres : l'épaule, le bras, l'avant-bras et la main, pour les antérieurs, qui ne manquent jamais ; le bassin, la cuisse, la jambe et le pied, pour les postérieurs, quand ils existent. — V. *Ostéologie.* — Mais les extrémités subissent déjà des modifications importantes, selon l'usage qu'en doit faire l'animal ; elles sont des mains chez plusieurs, des pattes chez d'autres, des ailes chez quelques-uns, et quelquefois des nageoires. Les muscles sont formés d'une fibre élastique, irritable, qui est la même chez tous.

Le cœur varie peu, quant à la forme, et son ventricule gauche est toujours le plus gros. — La respiration est essentiellement simple : elle s'opère par l'introduction de l'air dans les poumons au moyen d'une trachée-artère ; tous les Mammifères sont assez promptement asphyxiés, quand un accident quelconque vient à interrompre la respiration.

Les dents des Mammifères ont été distinguées particulièrement en trois classes : les incisives, les canines et les molaires (V. *Dents*) ; mais ces trois sortes de dents n'existent pas dans toutes les espèces ; les Fourmiliers et les Pangolins n'en ont aucune ; le Narval n'a que deux canines. Les molaires manquent rarement ; elles se rapportent, eu égard à leur forme, à quatre types principaux : larges et plates, chez les Herbivores, qui broient ; tranchantes chez les Carnassiers, qui déchirent ; hérissées de pointes coniques chez les Insectivores, enfin coniques chez les Cétacés, qui se bornent à saisir leur nourriture, sans la mâcher ni la déchirer. Les dents fournissent les meilleurs caractères pour classer les Mammifères ; l'inspection d'une seule d'entre elles suffit pour faire connaître à quel animal elle a appartenu et quelle était la taille de cet animal. Les modifications du système dentaire indiquent constamment celles du tube digestif.

Puisque les mamelles constituent le caractère essentiel de cette classe d'Animaux, nous devons dire quelques mots de leur disposition, de leur forme et de leur nombre ; mais ce sujet nous entraînerait trop loin. Pourtant la position de ces organes doit être indiquée : les mamelles sont *pectorales* dans l'Espèce humaine, et chez le Singe, la Chauve-Souris, les Édentés tardigrades, l'Éléphant, le Lamantin, etc. ; elles sont *inguinales* chez les Solipèdes et les Ruminants ; *abdominales*, chez la plupart des autres Mammifères. — V. *Sécrétion laiteuse.*

Les Mammifères se divisent en neuf ordres. Les organes qui fournissent les meilleurs caractères pour cette division sont : en première ligne, les doigts ou l'extrémité des membres et les organes de la manducation. Mais d'abord trois coupes primitives sont établies : ainsi on appelle *onguiculés* les animaux qui ont les doigts mobiles et garnis d'ongles ou de griffes ; 2º *ongulés*, ceux dont les doigts sont développés en sabots, et 3º *animaux à nageoires*, ceux dont les doigts sont réunis intimement et forment de véritables nageoires, analogues à celles des Poissons.

Voici comment se distribuent les neuf ordres : 1º *Doigts ongulés* : BIMANES, QUADRUMANES, CARNASSIERS, MARSUPIAUX, RONGEURS et ÉDENTÉS.

2º *Doigts ongulés* : PACHYDERMES et RUMINANTS.

3º *Doigts réunis en nageoires* : CÉTACÉS.

Avant de renvoyer le lecteur à chacun de ces mots, nous croyons utile de donner une idée générale des caractères de ces neuf ordres au moyen du tableau suivant :

Division des Mammifères en neuf ordres.

TABLEAU DE LA DIVISION DES MAMMIFÈRES EN NEUF ORDRES.

Divisions			ORDRES.	TRIBUS.	FAMILLES.
I. ONGUICULÉS. Doigts séparés, mobiles, terminés par des ongles distincts.	3 sortes de dents.	Pouce opposable ou main — aux extrémités antérieures.	1. BIMANES.		
		Pouce opposable ou main — aux extrémités antérieures et postérieures.	2. QUADRUMANES.		
		Pouce non opposable. — Pas de poche sous l'abdomen.	3. CARNASSIERS.	Cheiroptères. Insectivores. Carnivores.	AMPHIBIES. DIGITIGRADES. PLANTIGRADES
	2 sortes de dents ou pas de dents.	Une poche sous l'abdomen.	4. MARSUPIAUX.		
		Deux canines très grandes et très tranchantes à chaque mâchoire.	5. RONGEURS.		
		Pas d'incisives.	6. ÉDENTÉS.		
II. ONGULÉS. Doigts soudés, enveloppés dans un sabot.	Estomac simple.		7. PACHYDERMES.	Solipèdes. Fissipèdes.	À TROMPE. SANS TROMPE.
	Estomac multiple.		8. RUMINANTS.	à cornes. sans cornes.	
III. ICHTHYOIDES. Pas d'ongles, extrémités disposées en nageoires.			9. CÉTACÉS.	Herbivores. Carnivores.	

MAMMIFÈRES FOSSILES. Les Fossiles (V. ce mot) trouvent des représentants très nombreux et divers parmi les animaux de l'ordre des Mammifères. Des genres perdus sans analogues aujourd'hui, des espèces disparues qui font partie de genres encore existants, des espèces qui se rapportent à des Mammifères actuellement vivants, ont été trouvés dans les différents étages des terrains tertiaires, et ont fourni, pour la détermination de ces terrains, d'importants renseignements. En effet, dit Cuvier, sans les Fossiles on n'aurait peut-être jamais songé qu'il y ait eu dans la formation du globe des époques successives et une série d'opérations différentes. Eux seuls donnent la certitude que le globe n'a pas toujours eu la même enveloppe, par la certitude où l'on est qu'ils ont dû vivre à la surface avant d'être ainsi ensevelis dans la profondeur.

Les Fossiles Mammifères ne se trouvent pas dans les plus anciennes couches fossilifères : ici ce sont des Poissons, des Reptiles; puis l'apparition des Mammifères ne vient qu'après, mais à une époque qui a été déterminée différemment par les auteurs. Cuvier pense que ces animaux n'ont commencé qu'après la formation de l'argile plastique, pendant la période tertiaire. « Ce n'est même, dit-il, que dans le calcaire grossier qui repose sur les argiles que j'ai commencé à trouver des os de Mammifères : encore appartiennent-ils tous à des Mammifères marins, à des Dauphins inconnus, à des Lamantins et à des Morses.

« Ce n'est que dans les couches qui ont succédé au tertiaire grossier ou tout au plus dans celles qui auraient pu se former en même temps que lui, mais dans les lacs d'eau douce, que la classe des Mammifères commence à se montrer dans une certaine abondance.

« Je regarde comme ayant appartenu au même âge et comme ayant vécu ensemble, mais peut-être sur des points différents, les animaux dont les ossements sont ensevelis dans des molasses et des couches anciennes de gravier du midi de la France; dans des gypses mêlés de calcaire, tels que ceux des environs de Paris et d'Aix, et dans les bancs marneux d'eau douce, recouverts de bancs marins de l'Alsace, de l'Orléanais et du Berry.

« Cette population animale porte un caractère très remarquable dans l'abondance et la variété de certains genres de Pachydermes, qui manquent entièrement parmi les quadrupèdes de nos jours et dont les caractères se rapprochent plus ou moins des Tapirs, des Rhinocéros et des Chameaux.

« Ces genres, dont la découverte m'est entièrement due, sont les *Palæotherium*, les *Lophidion*, les *Anoplotherium*, les *Anthracotherium*, les *Chæropotames* et les *Adapis*. » Oss. fos., t. i.

On ne peut douter que cette population, que l'on pourrait appeler, comme le dit Cuvier « une population de moyen âge, une première grande production de Mammifères, n'ait été entièrement dé-

truite ; et, en effet, partout où l'on en découvre les débris, il y a au-dessus de grands dépôts de formation marine ; en sorte que la mer a envahi les pays que ces races habitaient et s'est reposée sur eux pendant un temps assez long.

« Mais la mer, qui avait recouvert ces terrains et détruit leurs animaux, laissa de grands dépôts qui forment encore aujourd'hui à peu de profondeur la base de nos grandes plaines ; ensuite elle se retira de nouveau et livra d'immenses surfaces à une population nouvelle, à celle dont les débris remplissent les couches sablonneuses et limoneuses de tous les pays connus.

« C'est à ce dépôt paisible que je crois devoir rapporter quelques Cétacés fort semblables à ceux de nos jours : un Dauphin voisin de notre Epaulard et une Baleine très semblable à nos Rorquals, déterrés l'un et l'autre en Lombardie, par M. Cortesi; une grande tête de Baleine trouvée dans l'enceinte même de Paris et décrite par Lamanon et par Daubenton, et un genre entièrement nouveau que j'ai découvert et nommé *Xiphius*, et qui se compose déjà de trois espèces. Il se rapproche des Cachalots et des Hyperoodons. »

« D'autres Mammifères, dit M. Gervais, dont les débris appartiennent à nos couches meubles et superficielles, et qui se rapportent aussi à des espèces et même à des genres perdus, ont vécu sur les terrains dont nous venons de parler; on ne trouve plus parmi eux les Anoplothérium, les Lophidions et tant d'autres qui sont caractéristiques de la période à laquelle les Palæotherium ont donné leur nom (période Palæothérienne); ce sont des Mastodontes, animaux dont le genre a été détruit, des Éléphants congénères de ceux qui vivent aujourd'hui en Afrique et en Asie, mais spécifiquement différents. Des Rhinocéros se rapportant à plusieurs espèces; des Hippopotames, des Cerfs et des Carnassiers, dont la taille surpassait certainement celle des plus grands Lions, vivaient aussi avec eux, ainsi que les Dinotherium, ou bêtes terribles, dont on vient de découvrir à Epseilhem, auprès de Darmstadt, une tête qui a près de deux mètres de longueur ; tous ces animaux sont des terrains superficiels de l'Europe, et ont en partie été connus avant les autres fossiles.

« Dans différentes localités se rencontrent souvent, mêlés à ceux des animaux de cette époque, des os de Mammifères qui ne paraissent pas différer de ceux que l'on connaît aujourd'hui; ceux-ci ont été déposés plus récemment et se trouvent dans des cavernes où ils se sont sans doute réfugiés, et où ils seront morts au milieu des os de quadrupèdes perdus ; ou bien ils sont enfouis dans des terrains de formation récente et qui appartiennent à la période actuelle. C'est à l'époque de la fossilisation de ces derniers animaux que beaucoup de géologues rapportent de prétendus *Anthropolithes* ou *hommes fossiles*, que l'on rencontre parfois dans diverses parties de l'Europe, et dont un bel exemplaire a aussi été observé à la Guadeloupe. Sœmmering et G. Cuvier ont surtout soutenu la thèse, qualifiée parfois de géologie biblique, que l'homme (auquel il faut joindre les Singes) n'a pas apparu en même temps que cette foule nombreuse de Mammifères. M. Marcel de Serres, M. Schmerling, Boué et plusièurs autres, défendent l'opinion opposée. « D'abord, dit M. Boué (*Guide du géologue voyageur*, t. ii, p. 241), qui a résumé la question avec impartialité et savoir, l'association de l'homme aux Singes est malheureuse, en ce qu'on n'a pas encore cité d'ossements de ces derniers, même dans les alluvions récentes de la zone équatoriale, tandis qu'on en a retiré des squelettes humains; mais, en accordant même ce point, je m'appuierai toujours sur les os et les crânes trouvés en Saxe, dans le pays de Bade et en Autriche, dans *lehm*, dépôt argileux déposé lors de l'époque alluviale ancienne. En effet, la forme de ces têtes paraît étrangère à celle des crânes des races blanches pour se rapprocher des formes de certains crânes des races du sud de l'Amérique,

« Ensuite j'ajoute foi, sauf restriction, au mélange de cès restes humains au milieu d'ossements d'animaux éteints, soit dans ces cavités, soit dans des cavernes. J'ai déjà reconnu qu'il peut y avoir eu çà et là des remaniements de ces dépôts, de manière que des ossements de différentes races humaines, comme des os d'animaux vivants encore, auront pu se mêler avec les couches supérieures des dépôts ossifiés anciens; des cavernes ont pu être habitées à plusieurs reprises, elles ont pu servir de sépulture; mais quand je vois en Belgique M. Schmerling mettre le plus grand soin dans l'examen des cavernes, et trouver non-seulement des têtes rappelant les formes africaines, mais même des poteries grossières, je me sens involontairement poussé à me demander s'il n'est pas dans la nature des choses que les hommes aient commencé par des espèces analogues aux nègres et aux hommes habitant entre les tropiques.

« Enfin si je trouve une grande probabilité à l'existence de l'homme lors de l'époque alluviale ancienne, je n'en veux pas pourtant décider la question, et surtout je me garderai de rejeter les diverses explications ingénieuses ou archéologiques par lesquelles on a rendu compte des détails palæontologiques des cavernes de la France méridionale. Des figurines et des monnaies romaines, des poteries celtiques, etc., tout cela ne peut se trouver dans nos alluvions anciennes. »

MAMMOUTH. Espèce du genre Éléphant qu'on ne trouve qu'à l'état fossile. « Les molaires sont marquées de nombreux sillons, ordinairement très serrés et moins festonnés que dans aucun autre; sa tête est plus allongée, son front excavé, et ses dents incisives, qui sont fort longues, sortent d'alvéoles prolongées en une espèce de tube. » Ses dépouilles fossiles sont si nombreuses que les Chinois et les Tartares croient qu'il vit dans la terre; et en effet l'ivoire fossile a été un objet de commerce très recherché dès la plus haute antiquité.

MANAKIN (*Pipra*). Genre de Passereaux dentirostres, à bec court, profondément ouvert, déprimé, trigone à sa base; narines basales, triangulaires; ailes médiocres; tarses écussonnés, grêles, allongés, etc. — Ces oiseaux, très voisins des Calyptomènes et des Rupicoles, habitent l'Améri-

Fig. 793. — Manakin tête d'or.

que méridionale; les plus grands égalent à peine la taille du Moineau. Leur plumage est vivement coloré; ils demeurent constamment dans les forêts profondes, et, se perchent sur les branches moyennes des arbres. Leur vol est rapide, mais court et peu élevé. Ils se réunissent par petites bandes le matin pour chercher leur nourriture, qui consiste en insectes et en petits fruits.

Les principales espèces sont le **Manakin** *cassenoisette*, de la Guyane, qui doit son nom de *cassenoisette* à son cri qui imite le bruit de cet instrument; — le **M.** tijé ou *Grand Manakin*, espèce du Brésil, et le **M. militaire**, aussi du Brésil.

MANCENILLLIER (*Hippomane*). Arbre des Antilles, de la famille des Euphorbiacées, ayant le port, le feuillage et l'aspect de notre Pommier; sur des épis droits et terminaux sont placées les fleurs, qui sont petites, d'un pourpre foncé, unisexuelles, les mâles et les femelles vivant séparément sur le même pied. Le fruit est charnu, pyriforme, contenant une grosse noix ligneuse et un suc laiteux.

Le Mancenillier jouit d'une triste célébrité. Ses émanations causent de vifs picotements à la peau; son suc est, dit-on, très vénéneux : si l'on en goûte, on est pris d'une chaleur brûlante à la gorge, qui s'étend à l'estomac et cause la mort. Les Sauvages trempent leurs flèches dans ce suc âcre et caustique pour les empoisonner; et qui s'endort à l'ombre de cet arbre se réveille avec des cuissons exanthémateuses aux parties découvertes. Tels étaient les faits articulés par les voyageurs, quand le botaniste Jacquin alla faire l'expérience lui-même et déclara n'avoir éprouvé aucun accident, quoiqu'il se fût soumis durant plusieurs heures de suite aux diverses circonstances reconnues les plus funestes. Toutefois ceci ne peut résoudre la question, car on sait combien, suivant les circonstances particulières, les idiosyncrasies, etc., les modificateurs de l'économie animale varient leurs effets.

Fig. 796. — Mancenillier.

MANCHOT (parce qu'il n'a que des moignons d'ailes). Genre d'Oiseaux palmipèdes, très voisin des Pingouins, offrant pour caractères : bec robuste ou grêle, convexe en dessus, dilaté et renflé à la base de la mandibule inférieure; ailes tout à fait impropres au vol, réduites à de simples moignons aplatis en forme de nageoires, et n'ayant plus que des vestiges de plumes, d'apparence squameuse; tarses excessivement portés en arrière, très gros, très courts, fort élargis; quatre doigts, les 3 antérieurs réunis par une membrane entière, et un pouce petit, collé à la partie inférieure du bord. — V. la fig. à l'art. *Palmipèdes*.

Les Manchots se rencontrent dans toutes les mers australes et les terres qui y sont éparses. Ils sont comme les Pingouins, essentiellement aquatiques, restant près de huit mois de l'année dans la mer, errant à l'aventure et souvent fort loin des côtes. Ils nagent avec une vitesse prodigieuse, quoique tout leur corps soit submergé, sauf la tête qui paraît seule à la surface; ils peuvent plonger à de très grandes profondeurs et rester très longtemps sous l'eau. Sur la terre, au contraire, ces oiseaux se traînent plutôt qu'ils ne marchent, et se livrent sans défense à leurs ennemis. Leur cri ressemble, à s'y méprendre, au braiement de l'âne. Leur chair est une grande ressource pour les habitants des pays

où ils vivent. Ils viennent à terre en septembre et octobre pour creuser leur nid dans les dunes et y pondre un ou deux œufs. — Ces palmipèdes se divisent en :

Manchots proprement dits (*Aptenodytes*), où l'on trouve le *Grand Manchot*, espèce type, qui est d'un blanc ardoisé en dessus, blanc satiné en dessous, avec un masque noir entouré d'une cravate jaune doré.

Sphénisques (*Spheniscus*), comprenant le *S. du Cap*, qui est noir-brun en dessus, blanc aux parties inférieures, offrant une bande blanche au milieu du bec.

MANDRAGORE (*Mandragore*). Plante de la famille des Solanacées, voisine ou même congénère de la Belladone ; herbe sans tige qui pousse du collet de sa racine de grandes et larges feuilles ondulées d'un vert brunâtre ; les fleurs naissent au sommet de petites hampes, entre les feuilles : elles sont nombreuses, d'un blanc purpurin, grandes, à 5 sépales, 5 pétales et 5 étamines; le fruit est une baie globuleuse molle, un peu plus grosse qu'une cerise, d'abord verte, puis jaunâtre.

La Mandragore croît dans le midi de l'Europe, au bord des chemins, aux lieux ombragés. L'odeur de ses feuilles est désagréable et rappelle celle de la Pomme-Épineuse; l'odeur des fruits est infecte. La racine, qui est fibreuse, fort épaisse et le plus souvent divisée en 2, 3 ou 4 branches, exhale une odeur forte et repoussante; elle possède des propriétés narcotiques et purgatives très prononcées, ainsi que toutes les autres parties de la plante, qui, à dose un peu élevée, produisent un véritable empoisonnement. Cette solanée est d'un usage médical nul de nos jours : cependant elle entre encore dans la préparation du baume tranquille et dans celle de l'onguent populeum.

« Parlerons-nous maintenant des absurdes fables inspirées par la forme de la racine de Mandragore, qui, souvent fourchue et garnie de villosités, offre une ressemblance grossière avec la partie inférieure du corps humain ? Oserons-nous dire qu'à l'aide d'un couteau ou de tout autre moyen facile, on lui simulait un sexe, et qu'alors, mettant à profit son nom sonore, son aspect devenu plus que singulier, et ses propriétés virulentes, on lui attribuait les effets les plus merveilleux ! Jamais, grâce à la *Mandragore mâle*, la couronne de France n'eût risqué de tomber en quenouille; jamais, grâce à la *Mandragore femelle*, les filles d'Éve n'eussent éprouvé les effets de la malédiction céleste qui les a condamnées à enfanter dans la douleur. Il n'appartient qu'à l'histoire des sottises humaines d'enregistrer les vertus de la Mandragore; Machiavel a daigné intituler de son nom une des productions de son immortelle plume; c'est un honneur qu'elle ne méritait pas. »

L'histoire rapporte qu'Annibal mit à profit l'action vénéneuse de la Mandragore pour détruire ses ennemis. Étant envoyé contre les Africains révoltés, il se retira après un léger combat, laissant en arrière des tonneaux de vin dans lesquels il avait fait infuser des racines de Mandragore; les barbares ayant bu, sans défiance, cette liqueur

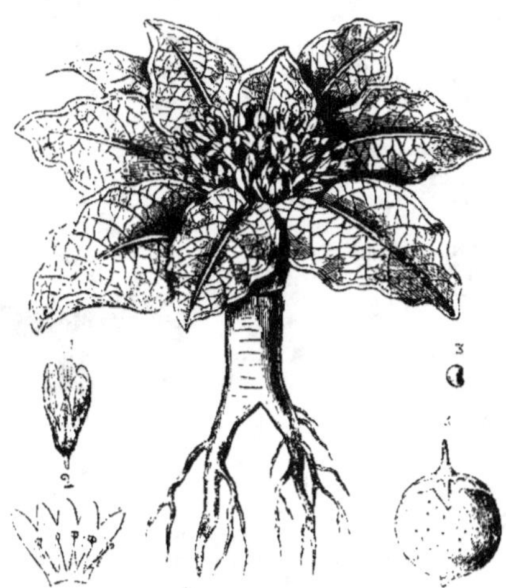

Fig. 797. — Mandragore.

(1, fleur séparée; — 2, fleur ouverte; — 3, graines; — 4, fruit entier.)

perfide, tombèrent dans un état d'ivresse et de stupeur qui permit de les détruire presque sans combat.

MANDRILL (*Cynocephalus mormon*). Espèce de Singe du genre Cynocéphale, à museau très proéminent; parties latérales du nez bordées d'une

Fig. 798. — Tête de Mandrill.

masse de tissu érectile formant des sillons de couleur.bleue; nez rouge vif; pelage gris-brun verdâtre en dessus; barbe et collerette jaune-citron; queue rudimentaire. Dans le jeune âge le corps est plus trapu, la face est noire, la tête large et courte; dans les vieux individus, les poils de la tête se relèvent quelquefois de manière à former une sorte d'aigrette.

Les Mandrills habitent la Guinée; ils ont le caractère féroce et brutal des autres Cynocéphales, quoiqu'ils soient assez doux et confiants dans leur jeunesse. Les mâles adultes offrent une belle variété de couleur; les femelles, qui restent constamment plus petites, ne se colorent pas d'une manière aussi vive, et leur nez ne devient jamais entièrement rouge; mais à l'époque du rut, c'est-à-dire chaque mois, leur vulve s'entoure d'une protubérance monstrueuse qui résulte d'une grande accumulation de sang dans ces parties, et qui a généralement une forme sphérique. Cette protubérance disparaît petit à petit, pour reparaître 25 à 30 jours plus tard. — Au mot *Singe*, on trouvera quelques détails intéressants sur l'instinct génésique de ces animaux en général.

MANGABEY. Singe du genre *Macaque*. — V. ce mot.

MANGANÈSE. Métal découvert par Scheele et Gahn en 1774, d'un blanc brillant, pesant 6,85, d'une cassure raboteuse très dure, très fragile, ne se fondant qu'à 160° du pyromètre de Wedgwood. On ne l'obtient que sous forme de grenaille, en traitant par le charbon et au feu le plus violent l'un de ses oxydes.

Le Manganèse se combine en cinq proportions avec l'oxygène, et forme un protoxyde vert, un deutoxyde qui est rouge, un peroxyde noir et deux acides qu'on ne peut obtenir isolés, et qui forment, avec les alcalis, des combinaisons remarquables par la propriété qu'elles ont de changer de couleur sous l'influence de légers changements de composition, ce qui leur a fait donner le nom de *caméléon minéral*.

L'oxyde noir de Manganèse existe en abondance dans les départements des Vosges et de la Moselle, soit en masses amorphes, soit sous forme d'aiguilles brillantes; il est friable, insipide, inodore, insoluble dans l'eau. On en fait usage pour la préparation du chlore et des chlorures, et l'extraction de l'oxygène. Il est employé dans les arts pour blanchir le verre à vitre et le cristal, et pour la fabrication des émaux. On lui attribue la propriété de préserver de toute altération l'eau à laquelle on le mêle dans la proportion de 3/500.

MANGOUSTE (*Herpestes*). Genre de Carnassiers digitigrades, voisin des Civettes et des Martes, présentant les caractères suivants : corps allongé, basses jambes; museau pointu; yeux assez grands;

Fig. 799. — Mangouste Ichneumon.

oreilles courtes et arrondies; pieds courts, à 5 doigts à demi palmés; queue grosse à la base, longue et pointue; poche volumineuse, simple, située à la partie inférieure du ventre, et dans la profondeur de laquelle est l'anus; mamelles ventrales et pectorales; poils courts sur la tête et les pattes, longs sur le reste du corps.

Les Mangoustes habitent les contrées chaudes de l'ancien continent; elles vivent de racines, mais leur nourriture consiste principalement en petites proies vivantes et en œufs. Du reste, leurs mœurs sont très analogues à celles des Martes. Elles ont un penchant déterminé pour la chasse aux reptiles, et c'est probablement pour cela que les Egyptiens les avaient mises au nombre de leurs

Fig. 800. — Mangouste-Mongos à bandes.

dieux. Il paraît que chez ce peuple on en trouvait jadis d'apprivoisées, et qui vivaient dans les maisons à la manière de nos chats domestiques. — On a divisé les espèces, qui sont au nombre de 15, en deux sous-genres : les *Mangoustes proprement dites* et les *Mongos*.

La **Mangouste ordinaire** (*H. Pharaonis*), ou *Rat de Pharaon*, est l'*Ichneumon* dont il a été parlé (voyez), et que nous figurons ici.

La **Mangouste a bandes** (*H. fasciatus*), qui fait partie des Mongos, a le pelage brun, le dos et les flancs recouverts de longs poils blanchâtres, terminés de roux et marqués dans leur milieu d'un large anneau brun bien tranché; taille de la Fouine, longueur du corps, 25 à 27 centim.; celle de la queue, 20. — Cette espèce est la *Mangouste de l'Inde*, de Buffon. Les indigènes du pays qu'elle habite la regardent comme une ennemie

acharnée des Ophidiens, et ils prétendent que,
lorsqu'elle a été mordue par quelque serpent venimeux, elle sait se guérir en mangeant la racine
de l'*Ophioriza mongos*.

MANGUE (*Crossarchus*). Carnassier digitigrade, très voisin des Mangoustes, mais ayant le
museau plus grand, les formes plus ramassées.
D'après Fr. Cuvier, l'anus est situé à la partie inférieure de la poche anale, qui se ferme par une
sorte de sphincter, et qui sécrète une matière
onctueuse très puante dont l'animal se débarrasse
en se frottant contre les corps durs qu'il rencontre. — Ce genre ne se compose que d'une
seule espèce, la MANGUE (*C. obscurus*), dont le
pelage est brun uniforme, avec une teinte un peu
plus pâle sur la tête, et dont la longueur est de
32 cent. pour la tête et le corps, de 18 pour la
queue.

MANGUIER (*Mangifera*). Genre d'arbres de la
famille des Térébinthacées, indigènes des Indes
orientales. — Le M. DOMESTIQUE (*M. indica*) est
l'espèce la plus connue : arbre de 10 à 12 mètres,
cultivé aujourd'hui aux Antilles, à Cayenne, à
l'île de France. Son fruit, la *Mangue*, gros comme
un abricot ou une poire, de forme oblongue, comprimé sur les côtés, renflé vers le pédoncule, a
un goût savoureux. Sa pulpe est couleur carotte;
on en doit manger avec modération, parce qu'elle
cause des éruptions à la peau.

MANIHOT et MANIOC. — V. *Médicinier*.

MANNE. Nom donné à des exsudations de plusieurs végétaux, notamment au suc qui découle
de quelques Frênes, et particulièrement du *Fraxinus rotundifolia*. — V. *Frêne*. — La vraie Manne
est celle produite par cet arbre; mais beaucoup
de végétaux fournissent des exsudations analogues : tels sont, entre autres, le *Mélèze* (Manne
de Briançon), le *Cistus ladaniferus* (Ladanum),
le *Salix*, etc.
D'après la Bible, la *manne* des Israélites était
une substance analogue à la gomme, friable, très
douce, susceptible d'être pétrie en gâteaux.

MANTE (*Mantis*). Genre d'Insectes, de l'ordre
des Orthoptères, tribu des Coureurs, dont voici
les caractères : corps très allongé; tête triangulaire et verticale, nue et sans corne frontale; yeux
très saillants; prothorax très long; les deux jambes antérieures sont beaucoup plus longues que
les autres; antennes simples et séparées; élytres
et ailes couchées horizontalement sur le corps.
« Les Mantes sont des insectes méridionaux;
les premières que l'on trouve dans notre pays se
rencontrent sur le littoral de la Méditerranée, dans
la ci-devant Provence et le Languedoc; elles se
tiennent principalement au soleil, où elles saisissent avec vivacité les insectes dont elles font leur
nourriture; elles sont très voraces, et l'on a vu

les petits, sortant à peine de l'œuf, lever déjà leurs
pattes antérieures, et s'attaquer avec acharnement; les deux sexes ne s'épargnent pas quand
ils se rencontrent, mais les femelles, plus robustes
que les mâles, triomphent presque toujours. Poiret, qui a observé ces insectes en captivité, cite
de leur voracité un exemple surprenant : il avait
mis dans un vase un mâle et une femelle pour
examiner leur accouplement; les avances du mâle
lui furent funestes; la femelle lui saisit la tête de
ses pattes redoutables et la lui coupa; cet accident chez tout autre animal aurait dû, pour le
moins, ralentir son ardeur; ici il n'en fut rien; le
mâle n'en fut pas moins empressé, la femelle mieux
disposée reçut ses caresses et ensuite le dévora;
mais le but de la nature était accompli. »

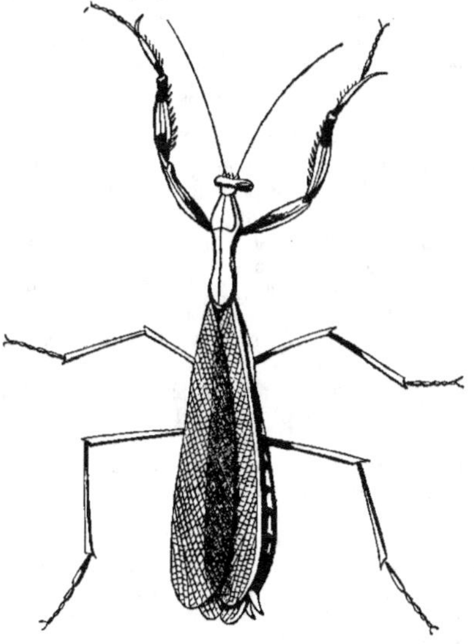

Fig. 801. — Mante religieuse.

Ce genre a été divisé en deux sous-genres : *Em-
puse* et *Mante*.
Les EMPUSES ont en général les formes plus
grêles que les Mantes; les fémurs antérieurs sont
aussi dans des proportions bien plus allongées;
elles sont d'ailleurs moins communes. — L'*Em-
puse appauvrie* est longue de cinq centimètres,
d'un brun pâle, avec trois bandes plus foncées
en travers des fémurs et des tibias antérieurs;
ailes vertes à nervures longitudinales, brunes à
l'extrémité.
MANTE RELIGIEUSE (*M. religiosa*), vulg. *Prie-
Dieu*, parce qu'on la voit souvent debout sur ses
pattes de derrière, et joignant les pattes de devant dans l'attitude de la prière. Son nom vient

du grec *mantis*, devin, parce que ces insectes, semblant deviner notre pensée, ont l'habitude d'étendre leurs pattes antérieures comme s'ils indiquaient quelque chose. La Mante est d'un vert glabre, avec hanches marquées à la base d'une grande tache noire, oculée de blanc; les ailes inférieures sont diaphanes et n'ont que le bord antérieur et l'extrémité blancs. C'est l'espèce la plus commune dans nos contrées du Midi.

MANUCAUDE. Espèce de *Paradisier*. — V. ce mot.

MAQUEREAU (*Scomber scombrus*). Poisson du genre Scombre, ou mieux genre de la famille des Scombéroïdes : corps rond, allongé en forme de fuseau, sans écailles ou du moins n'en ayant que d'imperceptibles; son dos est d'un beau bleu métallique, changeant en vert irisé et rayé de noir; dessus de la tête bleu tacheté de noir; le reste du corps d'un blanc argenté ou nacré.

« On dit que les poissons de cette espèce passent l'hiver dans la mer Glaciale; vers le printemps ils côtoient l'Islande, l'Ecosse et l'Irlande, se jettent dans l'océan Atlantique, où une colonne, en passant le long du Portugal, entre dans la Méditerranée, tandis que l'autre entre dans la Manche et paraît en mai sur les côtes de France et d'Angleterre. Elle passe de là, en juin, devant celles de la Hollande, tandis qu'ils se tiennent dans les profondeurs des eaux suivant quelques auteurs, d'où ils sortent pendant la belle saison. La quantité de ces poissons est prodigieuse, à en juger par les animaux qui les détruisent pour s'en nourrir, et par les pêches qu'il s'en fait. Dans la Méditerranée les Maquereaux séjournent toute l'année, et la femelle pond ses œufs au commencement de l'été. La chair de cette sorte de poisson est estimée et se conserve pour former une des grandes ressources de Paris. On la mange préparée avec des groseilles assez acides et nommées à cause de cela Groseilles à Maquereaux. Les mâles sont polygames. Les couleurs qui les parent sont remarquables par leur vivacité. »

MARABOU (*Ciconia argala*). Espèce du genre Cigogne, dont elle forme le type d'une division. Voici son portrait : cou nu, bec plus gros que celui des Cigognes proprement dites; tête et cou parsemés de poils sur une peau rouge et calleuse; une longue membrane conique, couverte d'un léger duvet, pend au milieu du cou; parties supérieures cendrées; les plumes qui les garnissent sont raides et dures; parties inférieures blanches, à plumes longues. Le mâle porte une fraise composée de plumes assez longues pour s'étendre au-dessus de la tête en forme de capuchon, lorsque étant en repos son cou est reployé sur sa poitrine. Les plumes des côtés du croupion sont plus ou moins longues, soyeuses, d'un blanc de neige, à barbes découpées et frisées : elles forment les panaches légers nommés *marabous*.

Le Marabou, appelé encore *Argala*, *Cigogne à sacs*, se trouve dans l'Afrique et dans l'Inde, où on le réduit en domesticité afin de lui ôter, à mesure qu'elles poussent, ses plumes si précieuses pour le commerce, et si recherchées pour orner les chapeaux, les toques et les coiffures des femmes : leur blancheur, leur légèreté et leur volume en font le prix. Il y a aussi des Marabous noirs, mais ils sont peu estimés. — A Calcutta, le gouvernement a pris ces oiseaux sous sa protection, et une amende est infligée à celui qui en tue un.

Fig. 802. — Marabou.

MARAIS. Terrain plus ou moins étendu, dont la surface est habituellement couverte d'eau stagnante, et dont le sol est formé par un limon composé d'argile et de débris plus ou moins altérés de végétaux. Des pluies abondantes, les débordements des fleuves et des rivières sur une terre à fond imperméable, sont le plus souvent la cause de la formation des *Marais d'eau douce*, que le défaut d'écoulement des eaux entretient. Les Marais sont plus nombreux dans les pays septentrionaux que dans les autres, parce que les eaux peu échauffées par les rayons du soleil se vaporisent lentement, ce qui fait que les pluies les alimentent avant qu'ils soient mis à sec.

Les principales plantes qui croissent dans les endroits marécageux sont les conferves, les scirpes, les joncs, les carex, les roseaux, les ombellifères, les nénuphars, les lisimaques, les salicaires. Leurs racines s'entrelacent, le détritus de celles qui pourrissent forme un réseau que viennent occuper d'autres plantes et qui s'élève graduellement. Bientôt les nouvelles plantes trouvent l'aliment qui leur est nécessaire; sans atteindre la profondeur des premières, et celles-ci venant à disparaître, ce terrain se détache par l'action des vents ou des eaux, et forme ces îles flottantes que l'on remarque dans la plupart des Marais. Les animaux qui vivent dans les Marais diffèrent avec la latitude : dans le Nord on y remarque des oiseaux à long bec; dans les contrées méridionales, des sangliers, des buffles, des cerfs s'y rencontrent; presque partout ils sont remplis de grenouilles, de salamandres, de crapauds, etc.

Les effluves qui se dégagent des débris putréfiés contenus dans les Marais rendent très insalubre le voisinage de ces lieux, et y développent ordinairement des fièvres intermittentes, souvent des fièvres pernicieuses; la fièvre jaune paraît due à des miasmes engendrés par l'action de la chaleur sur les Marais maritimes; la peste dépend des émanations qui suivent le débordement du Nil, jointes à l'incurie des populations. Toutes ces maladies pourront disparaître lorsqu'on parviendra à faire cesser leurs causes connues.

On nomme *Marais salants* ou *Salins* une étendue de terrains plats, très voisins de la plage, que viennent inonder les eaux de la mer et que l'on a disposés de manière à pouvoir y retenir les eaux et recueillir par évaporation le sel marin qu'elles contiennent.

MARANTE (*Maranta*). Genre de Plantes de la famille des Amomacées, tribu des Cannées, caractérisé par : calice double, l'extérieur à 3 divisions, l'intérieur tubuleux à 6 divisions inégales, disposées comme en deux lèvres; étamine fertile simple; stigmate concave à 3 angles; capsule à une seule loge.

Marante de l'Inde (*M. indica*). Tige de 1 m. 30 c. à 1 m. 60 c., divisée en branches persistantes, et à racine tubéreuse, allongée, fusiforme, couverte d'écailles; feuilles alternes, pétiolées et engaînantes à leur base, ovales aiguës, ordinairement géminées au sommet des branches; capsule ovoïde monosperme.

Cette plante est originaire de l'Inde, d'où elle a été transportée et naturalisée en Amérique. On la cultive à la Jamaïque pour en extraire la fécule. Cette fécule, connue sous le nom d'*arrow-root*, est fournie par la racine; son extraction se fait de la même manière que celle de la fécule de pomme de terre : elle est moins blanche que cette dernière, mais ses grains sont plus fins, plus nacrés et plus doux au toucher. Cette substance est analeptique et nourrissante.

Marante Galanga. Nous avons dit un mot de cette espèce à l'article *Galanga*.

MARBRE (*Marmor*). Pierre calcaire très dure, susceptible d'un beau poli et d'être employée comme ornement dans les arts. Le Marbre est de la chaux carbonatée, soit pure (Marbre blanc), soit mélangée de substances étrangères généralement métalliques, qui se sont infiltrées primitivement entre ses molécules (Marbres colorés). —

Les Marbres *blancs* sont ceux de Carrare, de Gênes, de Molina, de Paros, des Hautes-Alpes, etc. — Les Marbres colorés, qui sont d'autant plus estimés qu'ils ont des couleurs plus vives, sont le *jaune*, de Sienne et de Vérone; le *vert*, de Florence, de Pergame et de Suse; le *gris*, de Tolède; le *noir*, de la Manche et de la Biscaye; le *violet*, de la Catalogne; le *rouge*, de Séville: le *rose veiné*, de Santiago; l'*incarnat*, de Narbonne; le *grand* et le *petit deuil*, noirs avec des éclats blancs, de l'Ariége, de l'Aube et des Basses-Pyrénées; le *jaspé*, de la Mayenne, etc.

Les *Marbres antiques*, ainsi nommés parce qu'on ne les trouve plus que dans les ruines, et que les carrières d'où on les tirait sont perdues pour nous, ces marbres, disons-nous, sont remarquables par leur beauté. On peut citer parmi eux le *M. blanc* de Paros; le *rouge* d'Egypte, le *noir*, le *jaune*, le *vert* antiques, etc., etc. — Les *Marbres modernes* sont ceux que nous venons de désigner pour la plupart, et que l'on exploite aujourd'hui.

Le *Marbre statuaire* est un beau marbre blanc dont les sculpteurs se servent pour faire des statues. Chez les anciens on estimait surtout celui de Paros, puis ceux de Pentélique, de Naxos, Ténédos, Lesbos, Chio, etc. Chez les modernes, le plus beau Marbre statuaire est le Marbre de Carrare en Toscane : il est d'un blanc pur; sa cassure est brillante, grenue et a l'aspect du sucre, ce qui le distingue du Marbre de Paros, dont la cassure offre de petites lames cristallines. — On fait beaucoup de dessus de meubles avec le *Marbre de Sainte-Anne*, des environs de Mons.

MARCHANTIE (*Marchantia*). Genre de Plantes cryptogames, de la famille des Hépaticées ou Hépatiques, intermédiaires par leur port entre les Lichens et les Mousses. Elles se composent d'une expansion verte, étalée, diversement lobée, adhérente par sa face inférieure sur la terre ou sur les pierres humides au moyen de radicelles nombreuses, et donnant naissance par la supérieure aux conceptacles des organes reproducteurs mâles et femelles. Les anthéridies sont comme enchâssées à la face inférieure d'une sorte de disque que supporte un pédicelle; les sporidies sont situées dans une cavité placée au-dessous d'une sorte de petite corbeille saillante qui constitue le conceptacle.

La **Marchantie polymorphe** (*M. polymorpha*) se montre sous l'apparence de croûtes ou expansions vertes, plates, membraneuses, étalées et lobées, offrant à sa surface supérieure des ponctuations légèrement saillantes, et à l'inférieure des radicelles très menues. Les conceptacles mâles sont sous forme d'ombrelle pédicellée; les femelles sont sessiles, en forme de coupe. — Cette hépatique est très commune dans les cours humides et ombragées, sur la margelle intérieure des puits et au bord des ruisseaux des bois. Les anciens la considéraient comme propre à dissoudre les engorgements du foie, d'où le nom de sa famille.

MARÉE. Mouvement périodique et journalier qui élève et abaisse alternativement le niveau de la mer par rapport à ses côtes. Elle dure environ 12 heures et demie, 6 heures à monter (*flux, Marée montante*), autant à descendre (*reflux, Marée descendante*). Après être parvenues à leur plus grande hauteur, les eaux restent quelques instants en repos (*Marée haute* ou *pleine mer*); peu à peu elles commencent à descendre, et lorsqu'elles sont arrivées à leur plus grande dépression, elles restent un instant en repos (*Marée basse*). Le phénomène des Marées dépend de l'attraction combinée que le soleil et la lune exercent sur la masse des eaux marines. Chaque oscillation, nous le répétons, est de plus de 12 heures : en effet, si la Marée a lieu aujourd'hui à midi, demain elle arrivera à midi 50 minutes environ, après demain à 1 heure 40 m., etc. Ainsi, le terme moyen de la durée de deux oscillations est d'un jour 50 minutes : or, c'est aussi le temps moyen qui s'écoule entre le passage de la lune au méridien d'un lieu et son retour à ce même méridien; et ce qui prouve encore l'influence lunaire sur le phénomène, c'est que la période d'élévation et d'abaissement des eaux de la mer présente des avances et des retards qui correspondent exactement à ceux que l'on observe dans le mouvement de la lune. L'intumescence de la mer est plus considérable à l'époque des syzygies, c'est-à-dire vers le temps de la nouvelle et de la pleine lune, de même qu'elle est moindre à l'époque du premier et du dernier quartier. Le soleil exerce une force d'attraction qui se manifeste surtout dans la zone torride, lors de son passage au méridien; mais la lune, à raison de sa proximité de la terre, exerce une action trois fois plus grande; aussi l'époque des Marées est-elle subordonnée, dans les différents lieux, au passage de cet astre par le méridien. Mais comme l'influence attractive ne se transmet pas instantanément, ce n'est réellement que quelque temps après ce passage que les eaux atteignent leur plus grande hauteur. « Plusieurs causes peuvent faire avancer ou retarder l'heure de la haute mer : telles sont les distances plus ou moins considérables du soleil et de la lune à la terre, la position respective des deux astres et leur déclinaison. En combinant l'influence respective de ces divers éléments, on peut découvrir, au moyen du calcul, ce qu'il faut ajouter ou retrancher à l'heure du passage de la lune au méridien, pour avoir l'heure de la haute mer. La nécessité de cette correction est évidente; car les flux et reflux étant produits par l'action réunie des deux astres qui tendent à soulever inégalement la surface des eaux au-dessus desquelles ils passent, l'endroit le plus élevé de la mer ne répond ni à l'un ni à l'autre de ces deux centres d'action, mais à un point intermédiaire, qui est toujours plus voisin de la lune, parce qu'elle agit avec plus de force : en sorte qu'à mesure qu'elle s'éloigne du soleil, ce point culminant des eaux éprouve un déplacement correspondant, qui fait avancer ou retarder l'heure de la Marée. »

La *Connaissance des temps* et l'*Annuaire du Bureau des longitudes* donnent chaque année des tables indiquant pour chaque port l'instant de la pleine mer, etc.

MARGUERITE. Nom vulgaire appliqué à divers genres d'espèces de Composées. Ainsi l'on appelle :

MARGUERITE (petite), la *Pâquerette*.

MARGUERITE (reine), l'*Astère*.

MARGUERITE DES PRÉS ou GRANDE MARGUERITE, le *Chrysanthème des prés*.

MARGUERITE DORÉE. Nom vulgaire d'une Composée du genre Chrysanthème (V. ce mot), commune dans les moissons, les champs, les terrains en friche. Sa tige s'élève à 30-60 cent., est simple ou rameuse, munie de feuilles inégalement dentées, élargies trilides au sommet, les supérieures étant semi-anplexicaules. Capitules d'un assez grand diamètre, solitaires à l'extrémité de la tige et des anneaux; fleurons tous jaunes. — Plante annuelle, qui fleurit en juin-août.

MARGUERITE (GRANDE). Cette plante, que nous figurons, est le *Pyrethrum leucanthemum,* ou *Chrysanthemum* de Linné. Elle offre des tiges de 10-80 cent., dressées, simples ou divisées, glabres ou pubescentes-velues, portant des feuilles crénelées, dentées ou incisées; les capitules sont

Fig. 803. — Grande-Marguerite.

d'un assez grand diamètre, solitaires au sommet de la tige et des rameaux : involucre à folioles entourées d'une bordure étroite, scarieuse; réceptacle convexe; fleurons de la circonférence ligulés (demi-fleurons), blancs; fleurons du centre tubuleux, jaunes, très petits.

La Grande Marguerite est une radiée extrêmement commune dans les prairies, les pâturages, les lieux herbeux, où elle fleurit en mai-août.

MARGUERITE (Reine). Plante du genre *Pyrèthre* pour les uns, du genre *Chrysanthème* pour d'autres, enfin du genre *Aster* pour plusieurs, pour Linné en particulier, qui lui a donné le nom de *Aster chinensis*. Elle offre les caractères suivants : plante annuelle ; tige hispide, à rameaux portant un seul capitule ; feuilles ovales, pétiolées, profondément dentées à dents inégales ; les caulinaires sessiles. Les capitules sont très amples, à fleurons de couleurs très variées, soit discolores, ceux de la circonférence ligulés, dépassant longuement ceux du centre, soit concolores, tous tubuleux, très développés par l'effet de la culture. — Cette plante est en effet cultivée dans tous les parterres.

MARGUERITE (Petite). Nom vulgaire du genre *Bellis* de Linné, de la famille des Composées. Cette plante (*B. perennis*), encore connue sous le nom de *Pâquerette*, ne dépasse pas 5-20 cent. ; elle est vivace, à feuilles crénelées disposées en rosettes presque radicales ; à capitules solitaires à l'extrémité de pédoncules nus, axillaires, presque radicaux ; fleurons ligulés blancs ou rosés ; fleurons tubuleux jaunes.

La Petite Marguerite émaille les pelouses, les prairies, les pâturages, les bords des chemins depuis mars jusqu'en novembre. — Une espèce marine (*B. exigua*), qui n'a que 3-4 cent., est très velue, offre des capitules très petits, et habite les lieux très arides.

MARINGOUINS. Nom donné aux *Cousins* dans diverses contrées de l'Amérique, et surtout aux Antilles : ces insectes incommodes y sont plus gros et plus malfaisants que chez nous.

MARJOLAINE. Plante du genre *Origan*. — V. ce mot.

MARMOTTE (*Arctomys*). Genre de Mammifères de l'ordre des Rongeurs, qui se rapproche des Rats et des Ecureuils par certains rapports, mais différant de ces derniers par la pesanteur des formes. Corps épais et trapus ; tête large, plate en dessus ; yeux grands, oreilles courtes, arrondies ; pattes robustes : 4 doigts avec rudiment de pouce à celles de devant, 5 doigts à celles de derrière ; ongles robustes et crochus ; queue assez courte, velue ; épaisse et grossière fourrure. Le système dentaire distingue encore ce genre : incisives $\frac{2}{2}$; molaires $\frac{10}{8}$; canines $\frac{0}{0}$; les incisives sont très fortes.

Les Marmottes diffèrent peu des autres Rongeurs par leurs yeux latéraux, leur mufle peu étendu et compris entre les deux narines, leur lèvre supérieure fendue ; mais ils s'en séparent par leurs membres excessivement courts, surtout les postérieurs, les antérieurs affectant une direction en dedans qui se trouve en harmonie avec leurs habitudes de fouiller la terre ; par leurs formes lourdes, leur queue médiocre et peu remarquable, etc. Cinq mamelles : 3 ventrales et 2 pectorales. — Le genre Marmotte comprenait un grand nombre d'espèces, propres à l'ancien comme au nouveau continent ; mais tel qu'il est restreint aujourd'hui, il ne renferme plus que 6 ou 7 espèces, particulières aux hautes montagnes de l'Europe et à quelques provinces de l'Amérique septentrionale.

Fig. 804. — Marmotte.

Marmotte grise ou des Alpes (*A. marmotta*). Pelage gris jaunâtre, dessus de la tête noirâtre ; bout de la queue noir ; tour du museau d'un blanc grisâtre ; pieds blanchâtres ; yeux assez grands ; oreilles très courtes ; moustaches très fortes, etc. Longueur totale de la tête et du corps, 34 cent.

« La Marmotte vulgaire habite les Alpes et les Pyrénées, et se creuse des terriers très profonds au-dessus de la région des mélèzes ; elle en sort en été pour brouter l'herbe et faucher le foin dont elle fait provision pour l'hiver. Mais, au moindre danger, l'individu qui est de garde pousse un cri perçant qui donne l'alarme et qui fait cacher toutes les Marmottes du canton dans leur terrier : aussi les chasseurs même les plus adroits ont-ils beaucoup de peine à les tirer, et, quand ils les touchent partout ailleurs qu'à la tête, elles conservent presque toujours assez de force pour aller mourir sous terre.

« C'est en hiver que les montagnards se procurent les Marmottes vivantes, car ils ont remarqué leur demeure pendant l'été. C'est à peu près à coup sûr qu'ils commencent la fouille qui doit les conduire à la chambre où ces animaux se sont rassemblés pour s'endormir dans le foin qu'ils ont amassé : en effet, après avoir pioché pendant un ou plusieurs jours, et avoir remué plusieurs charretées de terre et de pierre, on arrive enfin au gîte et l'on trouve quelquefois six à huit Marmottes endormies que l'on emporte dans des sacs jusqu'à la maison, où la chaleur finit par les réveiller ; alors on les élève, on les nourrit, on les engraisse, soit pour les manger ou pour les faire voyager, car les petits ramoneurs qui descendent des Alpes de la Savoie sont dans l'usage d'en apporter à Paris, et de les faire voir par curiosité.

« La chair de la Marmotte est assez bonne quand elle n'est pas trop grasse, et l'on peut en manger sans le moindre dégoût, car elle n'a aucun goût particulier, et l'animal se nourrissant toujours de racines et de végétaux n'a rien de répugnant. La Marmotte s'apprivoise facilement, s'habitue à la maison et aux individus qui l'habitent, sort dans les cours et dans les jardins, et rentre d'elle-même dans les chambres où on les élève; elle n'a d'autre inconvénient que de ronger tous les objets de bois qu'on laisse à sa portée. La peau des Marmottes sert à garnir les gants et les bonnets fourrés des habitants des montagnes. »

Nous ajouterons les lignes suivantes empruntées à Buffon : « La Marmotte, prise jeune, s'apprivoise plus qu'aucun autre animal sauvage et presque autant que nos animaux domestiques ; elle apprend aisément à saisir un bâton, à gesticuler, à danser, à obéir en tout à la voix de son maître ; elle est, comme le Chat, antipathique avec le Chien ; lorsqu'elle commence à être familière dans la maison et qu'elle se croit appuyée par son maître, elle attaque et mord en sa présence les chiens les plus redoutables... Les Marmottes mangent de tout ce qu'on leur donne, de la viande, du pain, des fruits, des racines, des herbes potagères, des choux, des hannetons, des sauterelles, etc. ; mais elles sont plus avides de lait et de beurre que de tout autre aliment. Quoique moins enclines que le Chat à dérober, elles cherchent à entrer dans les endroits où l'on renferme le lait, et elles le boivent en grande quantité en *marmottant*, c'est-à-dire en faisant comme le Chat une espèce de murmure de contentement. Au reste, le lait est la seule liqueur qui leur plaise ; elles ne boivent que très rarement de l'eau et refusent le vin... La Marmotte a la voix et le murmure d'un petit chien lorsqu'elle joue ou qu'on la caresse ; mais lorsqu'on l'irrite ou qu'on l'effraie, elle fait entendre un sifflet si perçant et si aigu, qu'il blesse le tympan... Ces animaux ne produisent qu'une fois l'an ; les portées ordinaires ne sont que de 3 ou 4 petits ; leur accroissement est prompt, et la durée de leur vie n'est que de 9 ou 10 ans : aussi l'espèce n'en est ni nombreuse ni bien répandue. » Chez les mâles, les testicules ne sont point renfermés dans un scrotum particulier, et le gland est, à ce qu'il paraît, simplement conique et peu allongé.

Marmotte bobac (*A. bobac*) ou *Marmotte de Pologne*. Cette espèce, aussi d'Europe, a le pelage gris noirâtre en dessus, grisâtre aux membres, avec le dessous du corps d'une couleur plus pâle et la queue roussâtre ; d'une taille un peu plus grande que la précédente. — Ses habitudes sont les mêmes que celles de la Marmotte commune ; mais comme elle vit dans des pays beaucoup plus froids, elle ne creuse son habitation que sur le penchant des collines peu élevées, à l'exposition au Midi.

MARNE. Mélange en proportions variables d'argile, de calcaire ou de craie et même de quartz. Les Marnes se distinguent en : *M. argileuse* ou *terre forte*, qui est douce et grasse au toucher ; *M. calcaire* ou *terre blanche*, qui peut s'émietter à l'air et à la gelée, et *M. siliceuse*, toujours friable et s'écrasant sous les doigts. La Marne est extrêmement commune : elle se trouve dans les différentes couches de la terre et forme des lits plus ou moins épais. Les départements qui en contiennent le plus sont ceux du Nord, du Pas-de-Calais, de la Somme, de l'Aisne, de l'Oise, etc., etc.

On se sert de la Marne pour amender le sol, ce qu'on appelle *marner* ; mais il faut avoir grand soin d'approprier l'espèce et la qualité de la Marne à la nature du sol : il ne faudrait pas, par exemple, jeter de la Marne argileuse sur un terrain qui aurait cette nature, ou de la Marne calcaire sur un terrain de craie sec et aride, ni de la Marne siliceuse sur un sol sablonneux et léger. La Marne argileuse sert aussi pour la poterie et la verrerie. La Marne blanche a été employée en médecine comme astringente. — Il est une variété de Marne, dite *M. à foulon*, très soluble dans l'eau, très savonneuse, et qui est employée pour l'apprêt des draperies.

MARRONNIER (*Æsculus*) ou **Hippocastane.** Genre type de la famille des Æsculacées, laquelle a été créée exprès pour cet arbre, qui avait été placé d'abord dans le groupe des Érables ou Acéracées, dont il diffère par ses fleurs hermaphrodites, par son style simple et la forme de son fruit qui, dans les Érables, est une samare à deux ailes et à deux loges.

Marronnier d'Inde (*Æ. hippocastanum*). Arbre majestueux à écorce fendillée et brunâtre ; à feuilles opposées, 7-foliolées, longuement pétiolées ; fleurs blanches, marquées d'une tache rouge, formant une grappe dressée qui termine chaque ramification : calice tubuleux à 5 lobes obtus et ciliés ; corolle à pétales inégaux, onguiculés à leur base, qui est dressée, tandis que leur lame est étalée, un peu onduleuse ; 7 étamines plus longues que la corolle, déclinées ; ovaire couvert de petites pointes qui deviennent des piquants lorsque le fruit grossit. Ce fruit est une capsule coriace, globuleuse, hérissée de piquants, contenant de 4 à 4 grains qui sont les *marrons*.

Ce bel arbre, originaire de l'Asie et qui a paru pour la première fois en Europe vers 1576, fait depuis longtemps déjà l'ornement de nos jardins et de nos promenades. Il épanouit ses fleurs suaves et disposées en grappes ou en thyrses, au commencement de mai, et mûrit ses fruits en septembre. Le Marronnier est moins utile qu'agréable : son écorce est pourtant amère et astringente, quelquefois employée comme tonique et fébrifuge. Ses graines (*Marrons*), quoique contenant une grande quantité d'amidon, ne peuvent servir à la nourriture de l'homme, à cause du principe amer qu'elles renferment ; mais les chevaux, les chèvres, les vaches, les bœufs et les moutons en sont très friands. Parmentier, MM. Flandin et Belloc ont indiqué des procédés pour débarrasser les marrons de leur amertume, mais ces moyens ne sont pas encore tombés dans le domaine de la pratique usuelle. On n'emploie guère le marron d'Inde qu'à composer une colle pour les relieurs, une pâte pour blanchir les mains, et des cendres alcalines pour le lessivage du linge.

Fig. 805. — Marrube.

MARRUBE (*Marrubium*). Genre de Labiées; plantes vivaces à odeur pénétrante ; à fleurs pe-

tites, blanches, disposées en glomérules axillaires opposés très serrés.

Le Marrube blanc (*M. vulgare*) s'élève à 40 80 centim. ; sa tige est rameuse dès la base, blanche-tomenteuse, à rameaux dressés ; les feuilles sont opposées, pétiolées, ridées en réseau, blanches-tomenteuses en dessous, les supérieures dépassant longuement les glomérules; calice velu-laineux à 10-12 dents subulées et recourbées en crochet; corolle bilabiée à lèvre supérieure bifide, à lèvre inférieure étalée, 3-lobée; anneau de poils au niveau de l'insertion des étamines, qui sont incluses, les 2 inférieures un peu plus longues que les 2 supérieures.

Le Marrube est extrêmement commun dans les décombres, aux lieux incultes, aux bords des chemins, dans les villages. Ses fleurs se montrent en juin-octobre. C'est un stimulant très actif; son odeur forte et musquée et sa saveur amère l'ont de tout temps indiqué à l'empirisme. Cette plante convient surtout dans les catarrhes pulmonaires chroniques, l'asthme humide, en infusion de ses sommités ou de ses feuilles.

Le Marrube noir n'appartient pas au même genre. C'est une espèce du genre *Ballote*.

MARSOUIN (*Phocæna*). Cétacé, sous-genre Dauphin, ayant pour caractères distinctifs : museau court, bombé, non terminé par un bec; dents nombreuses, irrégulièrement placées sur chaque mâchoire; une seule nageoire dorsale.

Le Marsouin commun (*Phocæna, Delphinus communis*) a le corps allongé, le museau court,

Fig. 806. — Marsouin.

arrondi ; dents comprimées latéralement, tranchantes ; nageoire dorsale triangulaire, située à peu près au milieu du corps; couleur, noir à reflets violacés ou verdâtres en dessus, blanc en dessous; le bourrelet qui tient lieu de lèvre est couleur de chair. Longueur totale, 1 m. 60 à 1 m. 80.

Ce cétacé est le plus commun de ceux qui peuplent les mers d'Europe. Les peuples du Nord le connaissent sous le nom de *Cochon de mer*. Le Marsouin aime à se tenir à l'embouchure des rivières, dont il remonte quelquefois le cours jusqu'à une très grande distance de la mer ; il n'est pas rare d'en voir dans la Loire à Nantes, dans la Garonne à Bordeaux et dans la Seine à Rouen ; on en a même vu remonter la Seine jusqu'à Paris. Ces animaux ne sont pas aussi vifs que les Dauphins.

L'ÉPAULARD (*D. grampus*) est une espèce de Marsouin au corps fusiforme , beaucoup plus allongé en arrière qu'en avant; noir en dessus , blanc en dessous ; à tête arrondie, museau tronqué; à nageoire dorsale haute de plus de 1 m. 30, recourbée en arrière , terminée en pointe ; pectorales élargies , arrondies à leur extrémité. Longueur totale, 5 m. 30.—Ce Dauphin se trouve dans les mers d'Europe.

MARSUPIAUX (de *Marsupium* , bourse) ou DIDELPHIENS (du gr. *dis*, double; *delphus* , matrice). Ordre de la classe des Mammifères, offrant pour caractères propres : la présence d'une poche

Fig. 807. — Sarigue.

sous l'abdomen, formée par deux replis de la peau que soutiennent deux os partant du pubis (*os marsupiaux*), et dans le fond de laquelle sont les mamelles et sont disposés les petits dans un état presque rudimentaire. Nous allons revenir sur ce sujet capital dans l'histoire de ces animaux.

Les Marsupiaux, quant au reste de leur organisation, ne diffèrent pas des autres Mammifères, quoique leur système dentaire et leurs organes digestifs puissent en faire tantôt des Carnassiers, tantôt des Rongeurs, tantôt des Édentés. Un mot sur leur physiologie.

Du côté des fonctions de relation , on trouve leurs sens assez perfectionnés généralement ,

comme chez les Carnassiers ; la conque auditive externe ne manque jamais ; l'œil semble modifié dans le plus grand nombre des cas , pour s'exercer à une lumière peu intense; la pupille est dilatée et verticale. L'odorat est très développé ; les narines sont toujours percées dans un petit mufle qui, dans les Piramèles , s'allonge assez. Le toucher réside principalement dans ce mufle , dans le pied et parfois dans la queue qui est courte ou longue, forte, grêle, lâche ou prenante, selon les espèces. Quelquefois les pieds postérieurs présentent un pouce opposable aux autres doigts, qui sont libres le plus ordinairement. Tout le corps est couvert de poils constamment laineux ou soyeux; la queue , les pattes et le mufle sont les seules parties qui puissent en manquer. Dans certaines espèces, il y a des expansions de la peau des flancs semblables à celles des Écureuils volants , et de toutes ces modifications il résulte cinq modes de progression, ceux de marcher, de fouir, de grimper, de voltiger, de sauter et de nager.

La nutrition n'offre presque rien de particulier. Les dents sont au moins de deux sortes: incisives et molaires; il y a aussi des canines dans certains cas : de sorte que , parmi les Marsupiaux , il y a des Insectivores (Sarigues , Piramèles, Dasyures); des Carnivores (Thylacines); des Rongeurs ou Frugivores (Phalanges, Kanguroos, etc.).

« Les organes sexuels présentent quelques particularités remarquables dans l'ordre des Marsupiaux. Tantôt la matrice est partagée en deux loges par une cloison longitudinale, dans les femelles qui n'ont pas encore conçu : cette cloison disparaît après la conception. Tantôt il y a deux matrices bien distinctes. De chacune d'elles partent deux tubes , avec lesquels elle communique directement sans que son ouverture inférieure offre de rétrécissement ou de col. Ces tubes sont deux vagins qui viennent aboutir inférieurement à un canal unique, nommé par M. Geoffroy Saint-Hilaire canal *uréthro-sexuel*, et qui est l'analogue de celui qui existe dans la plupart des oiseaux. Aussi la verge, placée en arrière du scrotum, est-elle bifurquée, de sorte que dans l'accouplement chacune de ces deux parties s'introduit dans l'un des deux vagins.

« La structure de l'utérus simple ou double et surtout son manque de rétrécissement ou de col expliquent la parturition prématurée des Marsupiaux. Dès que l'œuf est descendu dans l'utérus, rien ne s'opposant à ce qu'il en sorte, il descend par les vagins et se trouve porté au dehors avant d'avoir pu se greffer dans un des points de sa surface interne. La femelle alors peut facilement, soit par la position qu'elle prend dans cette circonstance (on a remarqué en effet qu'elle se tient fréquemment sur le dos à cette époque) , soit à l'aide de ses pattes , faire entrer ce fœtus à peine ébauché dans sa poche abdominale. »

En sortant de l'utérus, les petits , qui sont si peu développés à leur naissance qu'ils offrent à peine le développement des fœtus de certains animaux quelques jours après la conception, se fixent aux tétines et y restent attachés et suspendus jusqu'à ce que leurs différents organes aient acquis leur complet développement. Ainsi la poche abdominale fait ici l'office d'une seconde matrice.

Les Marsupiaux existent principalement dans l'Amérique du Sud, dans les îles de l'Archipel des Indes, à la Nouvelle-Hollande. On n'en a point encore trouvé en Afrique. Les uns sont frugivores ou herbivores, d'autres sont insectivores, il en est enfin qui ont des appétits carnassiers. Leur taille varie dans des limites assez étendues, depuis 16 centim. (Sarigue nain), jusqu'à 3 mètres (Kanguroo géant).

Cuvier a partagé les Marsupiaux en six groupes ou familles, savoir :

1° Les DIDELPHIENS : longues canines et petites incisives à chaque mâchoire ; arrière - molaires hérissées de pointes; en général système dentaire des carnassiers insectivores. Genres : *Sarigue, Dasyure, Piramèle.*

2° Les PHALANGISTES : 2 longues incisives, larges et tranchantes à la mâchoire inférieure, et 6 plus petites à la supérieure ; canines supérieures longues, les inférieures excessivement courtes; pouce très long, sans ongle, les deux doigts qui suivent unis jusqu'à la dernière phalange. Un seul genre : *Phalanger.*

3° Les POTOROOS : ils diffèrent des Phalangers en ce qu'ils n'ont pas de canines inférieures ni de pouces postérieurs. Un seul genre : *Potoroos.*

4° KANGUROOS : caractères des précédents ; pas de canines : *Kanguroo.*

5° KOALAS : deux longues incisives sans canines à la mâchoire inférieure; 2 longues incisives, quelques petites sur les côtés, et 2 petites canines à la mâchoire supérieure ; pas de queue; doigts de devant partagés en deux groupes pour saisir; pouce au pied de derrière très grand. Une seule espèce : *Koala.*

6° PHASCOLOMES : 2 grandes incisives et pas de canines à chaque mâchoire ; ce sont de véritables rongeurs. V. *Phascolome.*

MARTE ou MARTRE (*Mustela*). Genre de Carnassiers digitigrades, ayant pour caractères généraux : 6 incisives à chaque mâchoire; à l'infé-

Fig 308. — Marte.

rieure la seconde dent de chaque côté rentrant en dedans de la bouche; 2 canines ; des molaires tranchantes, etc. Corps allongé vermiforme; pieds courts, à 5 doigts armés d'ongles crochus et acérés, et réunis par une membrane dans une grande partie de leur longueur; pelage fort doux au toucher, composé de poils duveteux, courts, et d'autres plus longs, très minces à leur point d'attache à la peau, ce qui leur permet de se diriger dans divers sens ; queue médiocrement longue, garnie de poils longs et soyeux.

Les Martes constituent un grand genre qui comprend les Putois, les Zorilles et les Martes proprement dites. Ces animaux répandent une odeur infecte, qui provient d'une matière particulière sécrétée par des petites glandes situées au pourtour de l'anus. Les diverses espèces habitent l'Europe, l'Asie septentrionale, l'Amérique, l'Afrique, Madagascar, la Polynésie. Ces animaux sont dans la classe des Mammifères ce que les Faucons sont dans la classe des Oiseaux. L'on peut dire même qu'ils exagèrent encore les caractères de ces derniers. L'instinct de la destruction est si grand dans ces animaux, ils sont tellement sanguinaires, qu'ils ne se contentent souvent pas d'une seule proie, quoiqu'elle pût suffire à leur appétit; mais ils font autant de victimes qu'il est en leur pouvoir d'en faire. Le parallèle entre les Faucons et les Martes est d'autant plus naturel, que les uns et les autres, quoiqu'en général d'une petite taille, ont un courage et une hardiesse qui fort heureusement ne sont pas en harmonie avec la force. Les Martes attaquent quelquefois des animaux sept à huit fois plus grands qu'elles : l'on a vu, et nous avons vu nous-mêmes, des Furets s'acharner contre des renards au point de les forcer à prendre la fuite. Personne n'ignore aussi que la Belette, quoique petite, dompte et finit par égorger nos lapins domestiques et nos dindons. Quoique leur naturel soit essentiellement carnassier, les Martes sont cependant susceptibles d'être apprivoisées. Lorsqu'on les prend jeunes, on peut adoucir leur caractère, mais jamais au point de faire que la soif du sang ne s'éveille en elles lorsqu'on leur présente une proie vivante. Leur vivacité est très grande ; elles courent, sautent, furètent partout, s'introduisent dans les plus petits trous. Leur marche est silencieuse, et leur position ordinaire consiste à relever leur dos en arc. Comme beaucoup d'autres Carnassiers, elles n'attendent pas leur proie, mais au contraire elles mettent la plus grande activité à la chercher ; la destruction qu'elles font des œufs et des petits oiseaux est très grande.

Les fourrures des espèces de ce genre composent la base du commerce de pelleteries, et quelques-unes produisent des revenus très considérables à plusieurs contrées du Nord, et notamment à la Russie.

Le premier sous-genre, le PUTOIS, comprend le *Putois* proprement dit, la *Marte de Sibérie*, le *Furet*, la *Belette*, l'*Hermine*, etc. — V. *Putois*.

Le deuxième sous-genre, ZORILLE, ne se compose que d'une espèce : le *Putois du Cap*. — V. *Zorille*.

Le troisième sous-genre, MARTE, nous offre la *Marte commune*, la *Zibeline*, la *Fouine*, etc., dont l'histoire suit.

MARTE COMMUNE (*M. Martes*). Elle a environ 50 cent. de long ; tout son pelage est d'un brun luisant, avec une tache jaune sous la gorge, ce qui la distingue de la Fouine, chez laquelle cette partie est blanche. Si ces deux animaux sont difficiles à distinguer l'un de l'autre, leurs mœurs sont assez dissemblables. La Marte vit dans les montagnes, au fond des bois et le plus loin qu'elle peut de l'homme, qui lui fait la guerre pour sa fourrure ; la Fouine, au contraire, se tient autour de nos habitations, pour dévaster nos basses-cours, et souvent elle niche dans nos greniers à foin. La Marte, dit Buffon, ne se cache point dans les rochers, mais court les bois et grimpe sur les arbres ; elle vit de chasse et détruit une prodigieuse quantité d'oiseaux, d'écureuils, de mulots, de lézards, etc. Comme le Putois, elle est très friande de miel. La femelle porte 2 ou 3 petits qu'elle met bas dans le trou d'un vieil arbre, ou même dans le nid d'un écureuil qu'elle chasse ou dont elle fait sa proie. Sa fourrure est très estimée.

FOUINE. — V. ce mot.

ZIBELINE (*M. Zibellina*). Elle a, à peu de chose près, la taille du Putois et les couleurs de la Marte ; le dessous de ses pieds est entièrement garni de poils, caractère distinctif de cette espèce. — Les Zibelines habitent les bords des fleuves, les lieux ombragés et les bois les plus épais et les plus sombres, dans les contrées les plus septentrionales, telles que la Sibérie, les monts Altaï, le Kamtchatka. Elles fuient la lumière le plus qu'elles peuvent et vivent dans des trous en terre ou dans le creux des arbres et des rochers, dont elles ne sortent que rarement lorsqu'il tombe de la pluie ou de la neige. L'hiver elles se nourrissent d'écureuils, de martes, d'hermines et surtout de lièvres ; mais dans la belle saison elles préfèrent les fruits à la chair. La femelle entre en rut en janvier ; les mâles se battent entre eux avec fureur pour sa possession.

La Zibeline est renommée dans le commerce de la pelleterie, pour son pelage qui est très recherché non-seulement en Europe, mais encore en Chine, et dans tout l'Orient. Cette fourrure de luxe fait l'objet d'un grand commerce pour les Russes, qui tirent une si grande quantité de pelleterie de leur désert de Sibérie ; mais, dit M. Bory Saint-Vincent, c'est souvent en s'exposant au danger de périr de froid, que les chasseurs y vont chercher des peaux destinées à rendre plus chauds les somptueux vêtements de nos grandes cités.

MARTEAU (*Zygœna*). Poisson du genre Squale, ou plutôt genre distinct de la famille des Séla-ciens, ayant beaucoup de rapports avec les Requins par leurs mœurs et leur conformation, mais s'en distinguant par une conformation singulière de la tête qui s'étend de chaque côté, de manière à représenter un marteau dont le corps serait le manche. Cette tête est aplatie horizontalement, tronquée en avant : les yeux sont aux extrémités des branches et les narines à leur bord antérieur. —Deux ou trois espèces seulement composent ce genre, qui est plus rare dans la Méditerranée que dans l'Océan.

Le MARTEAU COMMUN (*Z. malleus*), vulg. *Maillet*, a le corps étroit, grisâtre, la tête très large, très étendue sur les côtés, noirâtre, légèrement festonnée ; sa longueur est d'environ 3 mètres. On prend ce poisson dans les mois de juillet, août et septembre. Sa chair est peu estimée.

Le PANTOUFLIER est une espèce que l'on confond très souvent avec le Marteau ; il en diffère seulement par sa tête, qui est plus large à proportion que longue, échancrée au milieu et accompagnée de trois festons. Il parvient à une grandeur moins considérable, et sa chair est moins désagréable au goût.

MARTEAU (*Malleus*). Genre de Mollusques bivalves, formé aux dépens des Auricules, dont la coquille est irrégulière, à valves inégales, et offre l'apparence d'un marteau par suite de l'expansion latérale de ses oreilles et du prolongement de son corps. — Ce genre se trouve dans les mers de l'Inde et de l'Australie.

MARTIN (*Pastor*). Genre d'Oiseaux, de l'ordre des Passereaux dentirostres, et du groupe des Sturninés, lequel comprend aussi les Porte-lambeaux, les Étourneaux, etc. Ce genre est ainsi caractérisé : bec plus ou moins long, comprimé, très peu arqué, à mandibule supérieure légèrement échancrée à la pointe, à angles membraneux ; narines latérales, ovoïdes, recouvertes par une membrane en partie emplumée; tarses allongés, assez robustes; ailes longues, pointues.

Les Martins sont tous propres à l'ancien continent. Ce sont des oiseaux voyageurs qui émigrent tous les ans. Ils vivent en sociétés nombreuses, fréquentent les prairies et les pâturages, surtout le voisinage des eaux. Ils se mêlent volontiers à d'autres bandes d'oiseaux, principalement aux bandes d'Étourneaux dont ils partagent l'habitude de se percher sur le dos des troupeaux. Leur vol est vif et saccadé ; ils ne s'élèvent pas haut dans

Fig. 809 — Tête de Martin-Roselin.

l'air, mais rasent assez fréquemment la terre, en passant avec la vitesse d'un trait. Ils ne fuient pas trop la présence de l'homme ; ils sont peu timides et s'approchent avec confiance des lieux habités. On peut les conserver en captivité. Ces volatiles détruisent un très grand nombre d'insectes : ils recherchent surtout les sauterelles.

Les Martins vivent par couples l'été ; le mâle et la femelle sont alors constamment près l'un de l'autre. En d'autres temps ces oiseaux se réunissent en troupes et forment des volées très serrées. Dans la Russie méridionale, dit M. Nordman, ils sont un vrai bienfait de la Providence, en y pourchassant continuellement, dans les grandes herbes des steppes, les sauterelles qui y pullulent, s'en échappent parfois par grands vols et dévorent les moissons partout où elles s'abattent.

Martin-Roselin (*P. roseus*). Cette espèce, type du genre, a la tête, le cou, les pennes des ailes

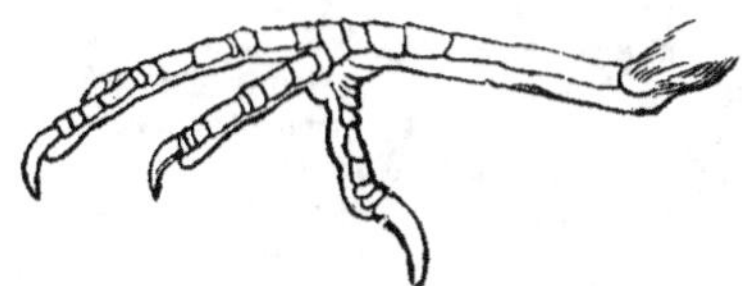

Fig. 810. — Patte de Martin-Roselin.

et de la queue noirs avec des reflets verts et pourpres ; poitrine, ventre, dos, croupion et petites couvertures des ailes roses ; pieds jaunâtres ; longueur totale, 225 millimètres. — Cet oiseau habite l'Asie et l'Afrique; il est accidentellement de

passage dans l'Europe méridionale, et visite régulièrement la France, surtout les contrées situées au midi.

Martin-brame (*Pastor pagodarum*). Il a tout le dessus du corps gris et toutes les parties inférieures d'un jaune roussâtre, avec un trait blanc sur chaque plume. Les plumes qui forment la huppe sont noires à reflets violets; les rémiges et le bec sont noirs ; les pieds jaunes. Sa taille est celle de l'Etourneau. Cette espèce offre de nombreuses variétés.

On la trouve au Malabar et au Coromandel, où, selon Latham, elle porte le nom de *Povie* ou *Powe*. Les Européens lui ont donné celui de *Brame* parce qu'on le voit toujours sur les tours des pagodes. On l'élève à cause de son chant.

Martin-goulin (*Gracula calva*). *Goulin* ou *Gulin* est le nom que porte cet oiseau aux Philippines. Son plumage et sa taille sont sujets à varier, au point qu'on trouve rarement deux individus qui se ressemblent parfaitement, néanmoins la couleur grise est celle qui domine toujours. Il est très familier et fait sa principale nourriture des fruits du Cotonnier.

MARTIN-CHASSEUR. Nom d'un sous-genre de *Martins-pêcheurs*.

MARTIN-PÊCHEUR (*Alcedo*). Genre d'Oiseaux de l'ordre des Passereaux syndactyles, type de la famille des Alcédinés, lesquels ont le bec très long, droit, effilé, anguleux ou tétragone, pointu, à mandibules égales, avec *une arête déprimée sur la mandibule supérieure* ; corps gros et massif; queue courte, cunéiforme; pattes terminées par 4 doigts, rarement par 3; habitudes riveraines. Tels sont les caractères généraux des *Céryles*, des *Alcyones*, et des *Martins-pêcheurs*.

« Les Martins-pêcheurs, dit Buffon, semblent échappés de ces climats où le soleil verse, avec les flots d'une lumière plus pure, les trésors des plus riches couleurs. Ce sont les plus beaux oiseaux de nos climats, et il n'y en a aucun, en Europe, qu'on puisse leur comparer pour la netteté, la richesse et l'éclat des couleurs; elles ont les nuances de l'arc-en-ciel, le brillant de l'émail, le lustre de la soie. » Buffon ajoute : « Il n'y a peut-être point d'Oiseau qui ait les mouvements aussi prompts et le vol aussi rapide : il part comme un trait d'arbalète ; s'il laisse tomber un poisson de la branche où il s'est perché, souvent il reprend sa proie avant qu'elle ait touché à terre. Comme il ne se pose guère que sur des branches sèches, on a dit qu'il faisait sécher le bois sur lequel il s'arrête.

« La raison de la prédilection exclusive du Martin-pêcheur pour les branches sèches est facile à comprendre. Comme ces branches sont toujours celles qui dépassent plus ou moins les bords des cours d'eau qu'il fréquente, il a besoin, pour voir ce qui se passe près de la surface de l'eau, qu'il domine, que rien en fait de feuillage ne vienne s'interposer entre son œil et la proie qu'il convoite. De plus, l'immobilité étant la condition du succès dans cette chasse d'adresse et de patience tout à la fois, la mobilité continuelle des feuilles, au plus léger contact de l'air ou à la moindre secousse, s'il choisissait les branches qui en sont pourvues, effraierait le poisson si peureux et si clairvoyant, et mettrait notre Oiseau dans la presque impossibilité de subvenir à ses besoins.

« A défaut de branches avancées sur l'eau, le Martin-pêcheur se pose sur quelque pierre du rivage ou même du gravier, mais, au moment qu'il aperçoit un petit poisson, il fait un bond de 12 ou 15 pieds, et se laisse tomber à plomb de cette hauteur. Souvent aussi on le voit s'arrêter dans son vol rapide, demeurer immobile et se soutenir

Fig. 841. — Martin-pêcheur.

au même lieu pendant plusieurs secondes : c'est son manége d'hiver, lorsque les eaux troubles ou les glaces épaisses le forcent de quitter les rivières, et le réduisent aux petits ruisseaux d'eau vive. » Il va sans dire que ces oiseaux faibles et mal armés souffrent de la faim lorsque toutes les eaux sont glacées. Il en périt alors beaucoup, soit d'abstinence, soit des risques qu'ils courent à travers les glaces, car on en voit qui, pressés par le besoin, s'engagent dans les glaçons qui sont entr'ouverts, plongent même dans ces circonstances si périlleuses. Leur cri, assez aigu, peut être imité en prononçant ces syllabes : *Ki, Ki, Kivi, Ki* : ils le font entendre en volant ou en se précipitant sur leur proie, et lorsque le mâle poursuit la femelle.

Ces oiseaux s'apparient dès le mois de mars, ils font leur ponte sur les rives, dans les trous creusés le long des berges par les rats, les écrevisses ou les hirondelles de rivage. La femelle dépose ses œufs, qui sont au nombre de 6 à 9, à nu sur la poussière tombée de la circonférence du trou.

MARTIN-PÊCHEUR VULGAIRE (*A. ispida*). Les détails ci-dessus, qui peuvent s'appliquer d'une manière générale à la famille des Alcédinés, concernent particulièrement cette espèce, qui a les parties supérieures d'un vert bleuâtre, avec le dos, le croupion, les sus-caudales d'un bleu d'azur, et de petites taches de cette couleur sur la tête, le cou et les ailes; gorge et devant du cou d'un blanc plus ou moins pur; poitrine, abdomen et sous-caudales d'un roux de rouille moins foncé en arrière; bande rousse sur les parties latérales de la tête, passant en dessus des yeux, etc.

Cet oiseau paraît habiter toute l'Europe, à l'exception des régions froides. On le trouve aussi en Afrique et en Asie. En France on le nomme quelquefois *Martinet-pêcheur*. Il ne nous quitte pas toujours pendant l'hiver. Il y a peu de nations qui n'aient attribué à son cadavre des propriétés merveilleuses; il repoussait la foudre, communiquait les grâces, donnait la paix à la maison, le calme à la mer, rendait la pêche abondante sur toutes les eaux, préservait les draps et les étoffes des teignes, d'où ses surnoms de *Drapier*, *Garde-boutique* ; enfin sa chair était incorruptible. Il ne reste de ces croyances que leur ridicule. Tout porte à croire que l'*Alcyon* décrit par Aristote n'était autre que notre Martin-pêcheur.

Il est un assez grand nombre d'espèces étrangères que nous passerons sous silence. Citons cependant le *M.-pêcheur huppé*, au plumage rouge et gris noirâtre, qui existe en Asie et en Afrique; le *M.-pêcheur à collier*, qui est peut-être l'Alcyon des anciens.

Les MARTINS-CHASSEURS (*Dacelo*) ne diffèrent des Martins-pêcheurs que par leurs habitudes; ils font dans les forêts ce que ceux-ci font sur le bord des rivières : vivant d'insectes, de lombrics et de larves, ils attendent patiemment, juchés sur une branche, qu'un insecte, une larve ou un ver passent à portée d'être saisis. Leur bec est triangulaire, à mandibule supérieure échancrée et inclinée vers le bout. Ils pondent dans des creux d'arbres 4 ou 5 œufs d'un blanc bleuâtre. — Le *Martin-pêcheur géant*, espèce principale dont la taille est celle d'un Choucas, appartient à la Nouvelle-Guinée. Il vit solitaire; son vol est vif mais court; son cri ressemble à un éclat de rire. — Viennent ensuite le *M.-chasseur trapu*, bleu d'azur, avec une calotte vert doré, des rémiges noires et l'abdomen roux; — le *M.-chasseur à tête grise*, long de 25 centim., à la tête et au cou bruns; — le *M.-chasseur à coiffe brune*, d'un brun enfumé, etc.

Les ALCYONES (*Alcyone*) ne diffèrent des Martins-pêcheurs que par l'absence complète du doigt interne : ils n'ont que 3 doigts par conséquent : 2 antérieurs presque soudés ensemble, l'autre postérieur. — La conformation de leur pied les a fait confondre avec les *Ceyx*, beaux oiseaux de Pondichéry et de Ceylan, riches de couleurs.

MARTINET (*Cypselus*). Genre de Passereaux fissirostres, si voisin des Hirondelles qu'il a fait partie du groupe des Hirundinées. Mais de grandes différences séparent ces oiseaux sous le rapport de la conformation, des habitudes et du naturel. En effet, les Martinets ont les pieds courts, munis de 4 doigts tournés en avant; ils arrivent plus tard et partent plus tôt; ils ne construisent point de nid; ils sont plus défiants, plus sauvages, d'un instinct plus borné.

Les Martinets comprennent aussi les genres *Tachernis, Dendrochélidon, Acanthylis* et *Salangane*, ce dernier faisant le sujet d'un article à part.

Les Martinets sont de tous les oiseaux de passage ceux qui, dans notre pays, arrivent les derniers et s'en vont les premiers. Ils ont le vol des plus rapides (120 mètres par seconde). Mais ils volent par nécessité, car d'eux-mêmes, dit Gueneau de Montbeillard, ils ne se posent jamais à terre, et lorsqu'ils y tombent par quelque acci-

Fig. 812 et 813. — Martinet.

dent, ils ne se relèvent que très difficilement dans un terrain plat. C'est une suite de leur conformation : en effet, ils ont le tarse fort court, et lorsqu'ils sont posés, ce tarse porte à terre jusqu'au talon, de sorte qu'ils sont à peu près couchés sur le ventre, et que, dans cette situation, la longueur de leurs ailes devient pour eux un embarras. Aussi ces oiseaux n'ont-ils que deux manières d'être : le mouvement violent, ou le repos absolu; le seul état intermédiaire qu'ils connaissent, c'est de s'accrocher aux murailles, aux rochers ou aux troncs d'arbres, près de leur trou, dans lequel ils entrent quelquefois de plein vol et avec une extrême vitesse, après avoir passé et repassé devant plus de cent fois. En général, dit Mauduyt, quand les Martinets sont accrochés pour se reposer, ils se tiennent fermes à la faveur de leurs doigts, qui sont en quelque sorte des serres ou des griffes, et, pour prendre leur vol, ils n'ont qu'à se laisser tomber ou se jeter dans le vide de l'air, en étendant leurs ailes.

Les Martinets paraissent fuir également le froid et la grande chaleur, et sont continuellement à la recherche des climats tempérés. Chez nous même, à l'heure où la température est le plus élevée, ils demeurent blottis dans leur trou. Dans les villes ils habitent les points les plus culminants des tours, des clochers, de châteaux, etc.; dans les campagnes, ils fréquentent ordinairement les grands rochers et les vieux castels en ruines. — L'Europe en possède deux espèces.

Le **Martinet noir** (*C. apus*) ou *Martinet de murailles* est très commun en France; il se trouve dans toute l'Europe. Son plumage est d'un brun noir de suie, à reflets verdâtres, avec la gorge d'un blanc cendré; bec et iris brun foncé; taille, 22 centim. environ. — Cet oiseau est connu de tout le monde, mais il porte un nom très différent selon les pays. C'est la dernière des Hirondelles qui nous arrive et la dernière qui nous quitte. Il revient, dit-on, annuellement au même gîte, dont il chasse les moineaux qui s'en emparent quelquefois. Il y fait entendre comme deux voix. Spallanzani, qui a vu le mâle couvrir la femelle, dit que pendant cet acte ces oiseaux jettent de petits cris dont l'expression est toute différente des cris plus allongés, plus forts, qu'ils poussent quelquefois dans le nid et qui s'entendent au loin pendant le silence de la nuit. La femelle ne fait qu'une ponte de 2 à 4 œufs blancs, de forme très allongée, et l'on assure qu'elle seule est chargée de l'incubation. Les petits naissent nus et presque sans voix; nourris d'insectes par les père et mère, ils sont très gras lorsqu'ils quittent le nid au bout d'un mois.

Le vol des Martinets est extrèmement rapide et puissant, ce qui coïncide, comme effet, avec la brièveté des clavicules et la grandeur extraordinaire du sternum. Aucun oiseau ne donne à son vol une durée aussi grande. Vers la fin de juin, dit M. Gerbes, après qu'ils ont bien tourné, selon leur coutume, autour d'un clocher ou d'un autre édifice, on les voit s'élever à des hauteurs plus qu'ordinaires, et toujours en poussant des cris aigus. Divisés par petites bandes de 15 à 20, ils disparaissent alors totalement. Ce fait arrive régulièrement chaque soir, 20 minutes environ après le coucher du soleil, et ce n'est que le lendemain, lorsque cet astre commence à reparaître à l'horizon, qu'on voit les Martinets redescendre du haut des airs, non plus par bandes, mais dispersés çà et là. Spallanzani a dit qu'après l'éducation des jeunes, les Martinets vivent « au sein des airs sans jamais se reposer sur aucun appui. » Ils ont la vue excessivement perçante; car, selon le même observateur, ils aperçoivent distinctement, malgré la rapidité de leur vol, un objet de 5 lignes de diamètre à la distance de 300 pieds.

Le Martinet a ventre blanc (*C. melba*) a les parties supérieures d'un gris brun uniforme; les parties inférieures d'un blanc pur; une large bande de même couleur que le dos ceint la poitrine et s'étend sur les flancs et les sous-caudales; taille, 25 cent. environ.

Il habite les Alpes du Dauphiné, de la Suisse, de la Savoie, les Pyrénées, et se montre accidentellement en Lorraine et en Angleterre. Ces oiseaux volent par troupes plus ou moins nombreuses, circulant sans cesse en poussant des cris retentissants. Ils quittent quelquefois les grandes hauteurs pour s'abaisser sur les torrents dans les mauvais temps. « Une de leurs singulières habitudes est aussi celle qu'ils ont de se suspendre les uns aux autres et de former ainsi une sorte de chaîne oscillante et animée. » Ils font deux pontes par an; leurs œufs, au nombre de 3 ou 4, sont allongés et d'un blanc pur sans taches. — Les petits, comme ceux de l'espèce précédente, sont, au moment où ils quittent le nid, très gras et bons à manger.

MARTRE. — V. *Marte.*

MASSETTE (*Typha*). Genre type de la famille des Typhacées; plantes croissant dans les eaux; espèce de roseau, à haute tige environnée inférieurement de feuilles larges et rubanées, termi-née par une sorte de *masse* cylindrique et noire, dont le duvet s'échappe quelquefois léger et soyeux. Ce cylindre ou chaton est formé des fleurs assemblées autour d'un axe commun, les mâles occupant le sommet de la tige, les femelles placées au-dessous immédiatement ou à quelque intervalle. Le chaton mâle se compose d'étamines agglomérées dont les filets, munis à leur base de quelques poils, se terminent par une ou plusieurs anthères allongées et à deux loges. Les fleurs femelles, également serrées les unes contre les autres et portées sur un pédoncule garni de soies nombreuses, se composent d'un ovaire fusiforme, marqué d'un sillon longitudinal, et aminci à ses deux extrémités dont l'une porte un stigmate concave et à bord inégal. La graine qu'il produit renferme un périsperme farineux au centre duquel est l'embryon. La partie mâle du chaton tombe et disparaît après la fécondation.

La Massette a larges feuilles (*C. latifolia*), *Quenouille, Canne de jonc,* s'élève à 1-2 mètres; sa tige est simple, raide, très droite; feuilles très longues, dressées, coriaces, linéaires, assez larges, planes, lisses; épi mâle et épi femelle contigus ou à peine espacés. — On la trouve dans les étangs, les marais, les fossés profonds. On l'utilise pour nattes, etc., dans les pays marécageux et pauvres; car les bestiaux ne la mangent pas, non plus que l'espèce suivante.

La Massette a feuilles étroites (*T. angustifolia*), beaucoup moins robuste, a des feuilles très longues, dressées, linéaires, étroites, l'épi mâle et l'épi femelle distants. — Elle est aussi un peu plus commune.

MASTODONTE (du gr. *mastos*, mamelon; *odous, odontos,* dent). Nom donné par Cuvier à un genre de Mammifères aujourd'hui perdus, qui se distinguaient par des dents molaires tuberculeuses ou *mamelonnées.* Ces fossiles, par leur structure, étaient pour la plupart fort voisins des Eléphants, et, comme eux, doivent être rangés dans l'ordre des Pachydermes, tribu des Proboscidiens. Outre le caractère de leurs molaires, ils manquaient de canines, et leurs incisives supérieures se dirigeaient en bas et sortaient de la bouche à la manière des défenses d'éléphant. — Les débris de ces animaux se rencontrent surtout dans les terrains d'alluvion. On en a trouvé des restes nombreux en France, dans le Gers. En 1850, quatre-vingts os de Mastodonte ont été découverts dans les lagunes de la Nouvelle-Grenade, près des frontières du Venezuela. — V. *Animaux fossiles.* — Comme la forme tuberculeuse des dents des Mastodontes donne à ces parties quelque analogie avec les dents de l'Homme, on conçoit jusqu'à un certain point qu'on ait pu supposer ou faire croire qu'elles provenaient de géants.

Ce genre comprend plusieurs espèces, dont voici les deux principales:

Mastodonte de l'Ohio (*Mastodon giganteum*). Sa hauteur était de 3 mètres environ; ses mol res, qui ont leurs tubercules en forme de pyramides quadrangulaires, au nombre de 6, 8 ou 10 et disposées par paires, ont quelquefois un poids de 5 kilogr.; leur structure semble indiquer que l'animal se nourrissait à la manière des Hippopotames et des Sangliers, en cherchant de préférence des racines.

Le Mastodonte-géant paraît avoir disparu à une époque relativement peu reculée; on n'a réellement trouvé jusqu'ici ses débris d'une manière positive que dans l'Amérique du Nord; ceux trouvés en Europe n'ont qu'une analogie plus ou moins grande avec eux. Plusieurs tribus d'Indiens de cette contrée croient encore à l'existence de ces animaux dont ils rencontrent souvent les ossements dans le sein de la terre.

Mastodonte a dents étroites (*M. angustidens*). On en découvre des restes en France, dans diverses parties de l'Europe, ainsi qu'en Amérique et en Asie. C'est sans doute à ce Mastodonte qu'appartenaient les ossements fossiles découverts, en 1612, dans le Dauphiné, et qui furent attribués à un géant, à Teutobochus, roi des Cimbres, défait par Marius, 150 ans avant J.-C. On impute à Mazuyier, chirurgien de Beaurepaire, et à un notaire de la même ville, d'avoir conçu l'idée de trouver dans ces restes les os d'un Homme géant; et la curiosité publique fut tellement excitée par leur récit, fondé sur ce que ces fossiles, disaient-ils, avaient été trouvés dans un tombeau, avec des médailles et une inscription portant, gravés sur une pierre dure, les mots *Teutobochus rex*, que le roi Louis XIII les fit apporter à Paris pour être soumis au contrôle de la science. Mais les savants se partagèrent en deux camps, représentés par Habicot, giganthomane, et par Riolan, antigiganthomane. Bref, Mazuyier quitta Paris après de vives et longues discussions, en remettant à Langon, son ami, les fameux ossements, qui furent trouvés, plus de cent après, à Bordeaux, sans savoir comment ils y ont été transportés. Cuvier et de Blainville ont donné sur ces restes fossiles des détails plus précis et empreints du cachet de la science moderne. Ces ossements sont maintenant au Muséum de Paris.

MATIÈRE. Tout ce qui produit ou peut produire sur nos organes un certain ensemble de sensations déterminées. La quantité de Matière contenue dans un corps est en raison directe de la densité de ce corps : elle est égale au produit de sa densité par son volume. Les propriétés essentielles de la Matière, disent les physiciens, sont l'impénétrabilité, l'étendue, la divisibilité, l'inertie, la pesanteur; elle offre en outre à nos sens la couleur, le son, l'odeur, la saveur, la chaleur, le mouvement; de plus, on y découvre l'élasticité, l'électricité, le magnétisme, etc.

Les philosophes et les métaphysiciens opposent *Matière* à *esprit*, et distinguent ces deux choses. Toutefois, il est, ou plutôt il fut un système philosophique qui n'admettait d'autre existence que la *Matière*, et niait par conséquent celle des esprits, celle de l'âme et de Dieu. Pour eux la pensée n'est qu'un attribut de nos organes ou un principe matériel correspondant à leur action; et la Matière paraît douée de forces suffisantes pour expliquer l'intelligence. Les opérations intellectuelles dériveraient de quatre modes d'action des éléments matériels : 1º d'une force inhérente à la Matière, capable de les organiser et de les produire sous certaines conditions; 2º d'un arrangement des tissus et de certains mouvements des fibres d'où naissent le sentiment et la pensée; 3º d'une propriété essentielle des organes qui contient virtuellement la pensée; 4º il s'agirait encore de rechercher dans les actes de nos facultés intellectuelles et morales des analogies avec la sensibilité organique, et d'y trouver la raison de nos facultés et de leurs opérations. Le matérialisme a été professé, dans l'antiquité, par l'école épicurienne (Leucippe, Démocrite, Épicure, Lucrèce); dans les temps modernes, par Hobbes, Lamettrie, d'Holbach, Diderot; de nos jours par Cabanis, Broussais, et par l'école physiologique. Mais, combattu à toutes les époques par les philosophes du caractère le plus élevé, par Platon et son école, par Cicéron, par Descartes, Bossuet, Clarke, etc., le matérialisme est suffisamment réfuté par les preuves qui établissent la distinction de l'âme et du corps et l'existence de Dieu. — V. *Ame*, *Homme*.

Ajoutons cependant ce passage de l'Encyclopédie moderne, où respire une sage réserve : « Il ne faut pas dire que les sens prouvent qu'il n'y a que de la Matière, car c'est seulement affirmer qu'ils ne nous font connaître que ce qu'ils peuvent nous faire apercevoir. Encore moins faut-il refuser toute certitude au témoignage des sens, car c'est encore ce que nous avons de plus certain, ou, si l'on veut, de moins incertain Ce qui importe, c'est de ne point opposer les faits physiques et physiologiques aux aperçus psychologiques, parce que ce sont des notions diamétralement opposées, et dont les unes sont toutes relatives aux sens, tandis que les autres sont sans aucun rapport avec eux. Ce qui n'importe pas moins, c'est de ne point attribuer aux résultats psychologiques un caractère d'évidence absolue, qu'ils ne sauraient avoir, puisqu'ils ne s'obtiennent que dans le champ des possibilités : d'heureuses ou de funestes conséquences ne peuvent imprimer aucun caractère de vérité ou d'erreur; car, en bonne logique, la question d'intérêt disparaît quand celle de certitude se présente. »

La Matière se distingue en *brute* ou *inorganique*, et en *organisée* ou *vivante*. Nous avons déjà indiqué les caractères fondamentaux qui légitiment cette division. — V. *Corps*.

La Matière organisée comprend toutes les substances vivantes ou ayant vécu, formées par union moléculaire ou dissolution réciproque de principes immédiats. On nomme *principes immédiats* les derniers corps solides, liquides ou gazeux auxquels on puisse, par la seule analyse anatomique, c'est-à-dire leur décomposition chimique, mais par coagulation et cristallisations successives, ramener la substance organisée, savoir, les diverses humeurs et les éléments anatomiques. Les uns appartiennent aux végétaux, les autres aux animaux. Ce sont des corps généralement très complexes, gazeux, liquides ou solides, qui constituent la substance du corps ou Matière organisée proprement dite, en raison de leur réunion et de leur dissolution réciproque et complexe les uns à l'aide des autres.

Les principes immédiats se divisent en trois classes, dont on trouve quelques espèces simultanément dans toute parcelle de substance organisée : 1° principes cristallisables ou volatils, sans décomposition, d'origine minérale : oxygène, acide carbonique, eau, silice, carbonates, phos·phates, sulfates, chlorures, etc. — 2° Principes cristallisables ou volatils sans décomposition, se formant dans l'organisme même, et en sortant directement ou indirectement comme corps excrémentitiels : acides lactique, urique, citrique, tartrique et leurs sels, etc. ; alcaloïdes, graisses, huiles et résines; sucre, etc. — 3° Principes non cristallisables, coagulables quand ils sont naturellement liquides ou solides, dont les espèces se forment dans l'organisme même à l'aide de matériaux pour lesquels ceux de la première classe servent de véhicule, et qui, se décomposant dans le lieu même où ils se sont formés, deviennent les matériaux de production des principes de la deuxième classe ; ce sont des principes sans analogues avec ceux du règne animal, et qui constituent la partie principale du corps des êtres organisés, d'où le nom de *substances organiques* qui leur est spécialement réservé : cellulose, amidon; fibrine, albumine, caséine, albumine végétale, dextrine, gomme, mucilage, pectine, etc. ; hématosine, chlorophylle, etc.

Une matière provient d'un être qui a vécu, ou, en d'autres termes, est organisée lorsque, par l'analyse, nous y découvrons des principes nombreux, unis molécule à molécule, appartenant à ces trois classes. Nous ne pouvons pas faire de Matière organisée susceptible de vivre. C'est toujours d'un être qui vit ou a vécu qu'elle tire son origine ; et cet être, en remontant la série des temps, on ne sait pas d'où il vient, quels sont le mode, la cause, les conditions de sa formation première. La substance organisée des végétaux se distingue de celle des animaux par la prédominance des substances organiques *non azotées* sur celles qui sont *azotées*, et par l'existence de certaines espèces spéciales de principes cristallisables d'origine organique (2ᵉ classe).

MATIÈRE VERTE. Matière qui se produit dans la nature entière, partout où la lumière agit sur l'eau : c'est une espèce de végétation, un premier degré d'organisation; on la rencontre surtout dans l'eau des puits, des fontaines, des rivières, dans l'eau de mer, etc., sur les parois des vases, sur les pierres et autres corps inondés sur lesquels elle produit cette teinte verte agréable à l'œil.

MATRICAIRE (*Matricaria*). Genre de la famille des Composées, tribu des Corymbifères, comprenant des plantes annuelles à feuilles bi-tripinnatiséquées, segments linéaires allongés; réceptacle conique hémisphérique, nu ; demi-fleurons de la circonférence blancs, fleurons du centre jaunes ; fleurs très odorantes.

MATRICAIRE (*M. parthenium*). Plante bisannuelle, à tiges dressées, rameuses, cannelées, atteignant 30 à 60 cent. de hauteur; feuilles alternes, pétiolées, larges, pinnatiséquées; incisées, dentées; capitules nombreux, formant un corymbe : fleurons du centre hermaphrodites jaunes à 5 dents;

Fig. 844. — Matricaire.

demi-fleurons femelles, à 3 dents, etc. — La Matricaire croît dans les champs, au milieu des décombres, et fleurit en juin-août. Elle est douée d'une odeur aromatique forte, peu agréable, et d'une saveur amère, un peu piquante, analogue à celle de la Camomille et de la Tanaisie, mais plus prononcée. Elle exerce une action très marquée sur l'économie; c'est un stimulant, un tonique, un stomachique, un emménagogue, un antispasmodique selon les cas; mais il est bien entendu que pour obtenir l'un ou l'autre de ces effets, il faut savoir l'administrer à propos et dans des cas que le médecin seul peut déterminer.

Cette plante double par la culture dans les jardins : alors ses fleurons sont tous ligulés et blancs.

MATRICAIRE-CAMOMILLE (*M. chamomilla*). C'est la *Camomille ordinaire*, qu'il ne faut pas confondre avec le genre Camomille (*Anthamis*), quoiqu'elle en diffère très peu. Cette plante est annuelle, de 20 à 60 cent. de hauteur ; sa tige est dressée, très rameuse en haut, glabre, munie de feuilles dont les segments sont plus larges que ceux de la Camomille romaine ; capitules nombreux : au centre fleurons jaunes, hermaphrodites ;

Fig. 815. — Matricaire-camomille .
(Fleuron et demi-fleuron détachés très grossis.)

à la circonférence demi-fleurons (fl. ligulés), blancs, femelles, fertiles.

On trouve la Matricaire - camomille dans les moissons, les lieux pierreux , aux bords des chemins, sur la berge des rivières ; elle fleurit en mai-juillet. Ses propriétés et usage sont ceux de l'espèce précédente et de la Camomille romaine.

MATTHIOLE (*Matthiola*). Genre de Crucifères, détaché des Giroflées, dédié à Matthiole , commentateur de Dioscoride. Il diffère des Giroflées par des stigmates connivents et des graines entourées d'un rebord membraneux. — La M. BLANCHATRE (*M. nicana*) , vulg. *Violier* ou *Giroflée des jardins*, est une plante bisannuelle, dont les feuilles sont obtuses, allongées , diversement découpées, plus ou moins soyeuses ou blanchâtres: les fleurs, d'une odeur suave, sont blanches, roses, incarnat, rouges, violettes, etc., selon les variétés. — La M. ANNUELLE (*M. annua*), vulg. *Quarantaine* , fournit une trentaine de variétés , la plupart à feuilles doubles.

MAUBÈCHE (*Tringa grisea*). Espèce d'Échassiers, comprise parmi les Bécasseaux, ou, suivant d'autres auteurs, genre à part. « On a fait de cette Maubèche , comme aussi de presque toutes ses congénères , trois espèces distinctes en la décrivant sous les divers états qu'offre son plumage. En hiver elle a le dessus du corps cendré, et le

Fig. 816-817. — Maubèche (mâle et femelle).

dessous bleu; son cou et sa poitrine sont tachetés de noirâtre. En été, lorsqu'elle a revêtu sa robe d'amour, elle est depuis le sommet de la tête jusqu'au bas du dos , d'un brun noirâtre bordé de brun marron clair; les plumes qui revêtent le bas du dos et le croupion sont d'un gris-brun entouré d'un gris de souris, et marquées à leur extrémité d'une petite bande transversale d'un brun noirâtre, tout le devant et le dessous du corps, à partir du front, les joues comprises, sont d'un fort beau marron clair , etc.—Ces oiseaux, dont la taille est à peu près celle de la Bécassine , ne se voient guère que sur les bords de la mer. Ils sont de passage périodique chez nous, au printemps et à l'automne, époques où on en trouve quelquefois sur le marché de Paris. Ils se nourrissent d'insectes. On suppose qu'ils nichent tout à fait dans le Nord.

MAUVE (*Malva*). Genre type de la famille des Malvacées ; plantes bisannuelles ou vivaces, à feuilles palmatilobées ou palmatiséquées ; fleurs roses ou purpurines, striées : calice à 5 divisions, muni d'un calicule à 3 folioles libres, presque

Fig. 818. — Mauve.

(1, corolle et tube des étamines, ouverts ; — 2, calice caliculé, ovaire et pistil ; — 3, fruit composé de 10 capsules ; — 4, capsule isolée.)

égales, tandis que dans la Guimauve (*althæa*) il y en a 6-9 soudés dans leur tiers inférieur. Fruit déprimé orbiculaire , à carpelles nombreux, monospermes, verticillés autour du prolongement de l'axe, se séparant à la maturité. — On en compte plusieurs espèces, toutes à propriétés émollientes, ce qui leur a valu leur nom , dérivé du grec *ma· lassó*, amollir.

GRANDE MAUVE ou MAUVE SAUVAGE (*M. syl· vestris*). Tiges de 30-80 centim. , rameuses, velues ; feuilles crénelées-dentées, les inférieures à 5-7 lobes obtus peu profonds , les supérieures à 3-5 plus profonds et aigus. Fleurs disposées en fascicules axillaires; pédicelles fructifères dressés; corolle purpurine veinée, 3 fois plus longue que le calice; carpelles glabres fortement réticulés.

La Mauve est extrêmement commune en Europe dans les terrains incultes , le long des chemins, au milieu des décombres, etc. Elle montre ses fleurs pendant toute la belle saison. Elle est inodore, d'une saveur fade, herbacée , mucilagineuse. Elle contient en effet une grande quantité de mucilage qui en fait une plante émolliente des plus utiles. Sa racine , qui est épaisse, simple, blanchâtre et profondément enfoncée dans la terre, est employée en décoction pour faire des applications émollientes, des gargarismes,des injections et des lavements adoucissants , à la manière de celle de la Guimauve. Ses fleurs sont extrêmement utiles pour préparer des tisanes émollientes et pectorales ; les feuilles peuvent remplacer la farine de lin , étant appliquées cuites sur les parties enflammées : elles lui sont préférables dans les cas d'irritation de la peau, de dartres vives, etc.

« La Mauve était plus estimée des anciens par ses qualités nutritives que par ses propriétés médicales. Les Égyptiens , les Grecs , les Romains, en faisaient un grand usage comme aliment. Pythagore la considérait comme une nourriture très salutaire et propre à favoriser l'exercice de la pensée et la pratique de la vertu. Les feuilles de Mauve , préparées de différentes manières, sont encore, dit-on, servies sur les tables des Chinois dans quelques contrées. »

PETITE MAUVE ou MAUVE A FEUILLES RONDES (*M. rotundifolia*). Cette espèce est un peu plus petite, à tiges couchées; à feuilles moins grandes, arrondies, moins sensiblement lobées; fleurs fort petites, d'un blanc un peu rougeâtre; corolle 2 fois plus longue que le calice ; pédicelles fructifères penchés. — La Petite Mauve est beaucoup plus commune que la grande. Elle habite les mêmes lieux, fleurit à la même époque et jouit des mêmes propriétés.

La MAUVE ALCÉE (*M. alcea*) est plus grande ; elle atteint un mètre. Ses fleurs sont solitaires à l'aisselle des feuilles , au lieu d'être fasciculées comme dans les espèces précédentes; fleurs roses passant au lilas; corolle 4 fois plus longue que le calice.—L'Alcée est assez commune sur la lisière des bois , dans les haies , les buissons , aux endroits arides.

Nommons , pour mémoire, la *M. musquée*, la *M. frisée*, la *M. ombellée* , la *M. écarlate* , etc. —Les Mauves, en général, fournissent une filasse propre à fabriquer des cordes solides. On peut employer la filasse de la *M. frisée* à des usages plus délicats.

MAUVIETTE. Nom vulgaire de l'*Alouette*.

MAUVIS. Espèce du genre *Merle*.

MÉDICINIER (*Jatropha*). Genre de Plantes de la famille des Euphorbiacées, toutes lactescentes, ayant pour caractères botaniques : fleurs monoïques; calice coloré à 5 divisions profondes, quelquefois accompagné d'un calice extérieur 5-partit; les mâles ont 10 étamines, à filets soudés par leur base; les femelles offrent un ovaire à 3 loges uniovulées, et 3 styles bifides; pour fruit, capsule tricoque.

Médicinier manioc (*J. manihot*), vulg. *Manioc, Tapioka*. Arbuste à racine très grosse, charnue, tubéreuse, blanche; tige dressée, haute de 2 à 3 mètres, noueuse, garnie dans sa partie supérieure de feuilles alternes longuement pétiolées, profondément digitées en 3, 5 ou 7 lobes ovales, lancéolés, très aigus, un peu onduleux sur les bords, d'une couleur vert foncé à leur face supérieure, blanchâtres inférieurement. Fleurs en grappes, à l'aisselle des feuilles supérieures, composées de fleurs mâles et de fleurs femelles.

Le Médicinier ou Manioc croît dans les contrées chaudes du Nouveau-Monde ; on le cultive en Amérique depuis le détroit de Magellan jusque dans les Florides, et ce pour se procurer sa racine avec plus d'abondance, car elle est presque uniquement formée d'amidon, auquel se joint un suc blanc et laiteux d'une âcreté extrême et qui est un poison des plus dangereux. Mais ce suc étant fort volatil, on parvient facilement à en priver les racines, qui deviennent alors un aliment aussi salubre qu'abondant, et que l'on désigne dans les Antilles sous le nom de *Pain de cassave*. En Amérique, et spécialement au Brésil, on fait usage de la farine de Manioc (*Mandiocca*) comme aliment dans toutes les provinces et dans toutes les classes de la société. On la débarrasse complétement de son principe vénéneux en la torréfiant légèrement dans de grandes marmites de fer où ou l'agite continuellement.

L'eau dans laquelle on a lavé la farine de cassave laisse déposer dans le fond des vases une assez grande quantité d'une poudre blanche : C'est de l'amidon très pur. On le recueille, on le fait sécher, et cette poudre est le *Tapioka*, qui est une fécule très blanche et très douce. On l'emploie comme le Sagou, l'Arrow-root, à faire des gelées et des potages, en la faisant cuire dans du lait, de l'eau aromatisée ou du bouillon.

Le M. Curcas (*J. Curcas*) est un arbrisseau également originaire de l'Amérique méridionale. Ses graines sont connues dans les officines sous les noms de *Pignons d'Inde* ou *Noix des Barbades*. Elles sont violemment purgatives, mais aujourd'hui inusitées. Quelques auteurs ont confondu à tort avec les pignons d'Inde les graines de tilly (*Croton tiglium*) dont on extrait l'huile de tiglium. Ces deux végétaux sont de la même famille, mais tout à fait différents.

MÉDUSAIRES. Nom donné par Lamarck à une classe de Zoophytes ou Radiaires, animaux marins d'une consistance molle comme de la gelée, transparents, à formes très irrégulières et élégantes, présentant des couleurs à la fois tendres, variées et brillantes. Corps en ombelle, circulaire, convexe en dessus; la bouche, placée à la surface inférieure, est simple ou multiple, sessile ou portée sur un pédicule central duquel se détachent des appendices appelés *bras*; la circon-

férence de l'ombelle est tantôt entière, tantôt divisée en filets plus ou moins longs qui ont reçu le nom de *tentacules*. Il a été question déjà de ces êtres anciens au mot *Acalèphes*.

Les Médusaires se trouvent dans toutes les mers et sous toutes les latitudes ; ils se tiennent habituellement au large. Leurs espèces sont nombreuses ; quelques-unes atteignent une grandeur de plus d'un mètre. Cependant leur organisation est peu connue, ce qui est dû à leur état gélatineux, et à ce que, à peine retirés de l'eau, ils se changent en un liquide transparent. Si l'on cherche alors à analyser ces animaux, on voit qu'ils sont constitués par une enveloppe membraneuse et un tissu celluleux rempli d'eau.

Fig. 819. — Méduse.

Les Médusaires nagent avec grâce, en contractant et dilatant alternativement leur ombelle. La plupart répandent une lueur phosphorescente dans l'obscurité; plusieurs produisent sur la main qui les touche une douleur brûlante et pongitive, occasionnée sans doute par une sécrétion particulière ; aussi avaient-ils reçu des anciens le nom vulgaire d'*Orties de mer*. — V. *Acalèphes*.

MÉDUSE. Nom générique donné aux animaux de la classe des Médusaires, qui sont orbiculaires, gélatineux, transparents, lisses, plus ou moins convexes en dessus, aplatis ou concaves en dessous, avec ou sans appendice en saillie, munie d'une bouche simple ou multiple.—Ces Radiaires se nourrissent de toutes sortes d'animaux marins; mais il paraît qu'aucun animal n'en fait sa proie. Ils flottent à la surface de la mer, et les vagues les jettent souvent sur nos côtes, ou quelques-uns, par leur volume, leur transparence, leur consistance tremblante, attirent l'attention des voyageurs et sont un objet de dégoût. La plupart, durant leur vie, sont nuancés des plus belles teintes de rose ou de bleu.

MÉGACÉPHALE (du gr. *mégas*, grand ; *Képhalè*, tête). Genre de Coléoptères pentamères, de la famille des Carnassiers, très voisin des Cicendèles : corps bombé; tête forte et ronde. — On en connaît plus de 25 espèces, propres à l'Amérique, à l'Afrique et à l'Asie. Ce sont des insectes nocturnes, revêtus de couleurs métalliques brillantes. L'espèce type est le *M. à quatre taches*, long de 2 centim.; d'un vert doré.

MÉGACHILE (*Megachile*). Genre d'Hyménoptères porte-aiguillons, de la famille des Mellifères, tribu des Apiaires, ayant la tête forte, épaisse; les yeux ovalaires; les mandibules triangulaires, finement dentées intérieurement; les antennes courtes, insérées au milieu de la face; le corselet arrondi et bombé, etc. Le corps de ces insectes est velu généralement, mais offrant presque toujours des espaces glabres. L'abdomen est entièrement garni de brosse en dessous, et se relève avec facilité, ce qui donne à l'animal le moyen de piquer quand on le saisit par le dos. L'abdomen des mâles est recourbé en dessous. — Toutes les espèces sont solitaires. On les divise en deux groupes : les *Maçonnes* et les *Coupeuses de feuilles*.

Mégachile maçonne (*M. muraria*). Cette espèce est commune aux environs de Paris. « La femelle, pour construire son nid, choisit au soleil un angle de bâtiment ou l'abri qu'offrent les moulures d'une corniche ; elle y forme un tas de terre trempée dans lequel elle construit une cellule bien lisse qu'elle remplit d'une espèce de pâtée, et où elle dépose un œuf; une nouvelle cellule s'établit à côté de la première, et ainsi de suite jusqu'au nombre d'une quinzaine; le nid terminé ressemble assez à une poignée de mortier de terre assez épais que l'on aurait jeté à la muraille et qui y serait demeuré attaché; les soins que cette femelle prend de sa postérité ne suffisent pas toujours pour la garantir ; car souvent elle périt par les œufs que les Clairons et les Leucopsis y ont introduits avant que la cellule soit entièrement close. L'insecte, quand sa dernière métamorphose est accomplie, perce avec ses mâchoires les murs de sa cellule pour pouvoir en sortir. »

M. centunculaire. « Cette espèce est commune aux environs de Paris; mais le mâle n'en est pourtant pas bien connu. Elle fait son nid en terre; à cet effet, elle creuse dans les endroits un peu compactes et à l'abri de l'humidité un petit conduit cylindrique; mais comme la surface raboteuse de la terre pourrait blesser la larve, et que la porosité du terrain pourrait absorber l'humidité de la pâtée qui doit y être déposée, et par suite la durcir au point de la rendre impropre à la nourriture de la larve, elle songe à garnir la cellule qu'elle a creusée de quelques objets qui lui donnent les qualités qui lui manquent encore, et pour cela elle choisit des feuilles; suivez-la des yeux, vous allez la voir se poser sur un rosier ou sur une ronce; elle se place au-dessous de la feuille, attaque le bord avec ses dents, en gagnant la nervure centrale, de là revient au bord en coupant toujours avec ses pattes, et revient presque au point d'où elle est partie; elle a donc enlevé une pièce ronde que vous croiriez avoir été coupée à l'emporte-pièce, et aussi lestement qu'on pourrait le faire avec les meilleurs ciseaux ; toutes les pièces n'ont pas la même forme; selon qu'il est nécessaire, l'insecte sait varier ses coupes, ne prend à propos qu'un demi-cercle ou un croissant ; quand son lit est terminé, elle le remplit de pâtée, débouche son œuf et rebouche le trou, abandonnant le reste aux soins de la nature. »

MÉGADERME (*Megaderma*). Genre de Chéiroptères de la famille des Vespertilions, très remarquable en ce que les espèces ont au-dessus

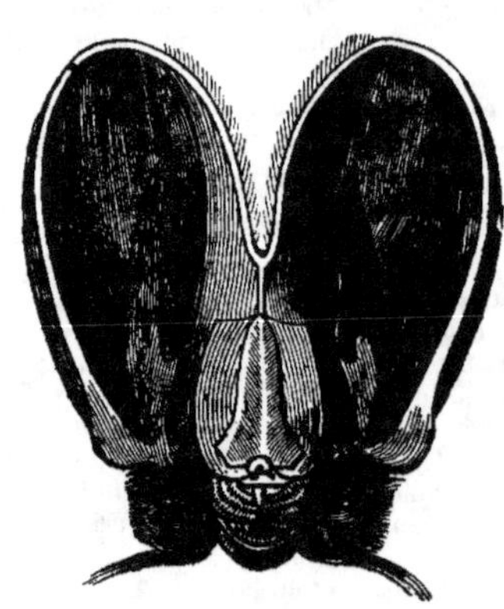

Fig. 830. — Tête de Mégaderme (femelle).

des narines un singulier développement de la peau; oreilles très grandes, réunies sur le devant de la tête ; oreillon interne très développé ; ailes très développées; membrane interfémorale coupée carrément; queue non apparente à l'extérieur.

Ces Chéiroptères sont en général assez gros ; ils font le passage des Phyllostomes aux Rhinolophes, sous le rapport du développement des membranes nasales ; mais ils s'en éloignent par leurs lèvres velues et sans tubercules, et par leur langue courte et sans papilles. Ils ne se trouvent qu'en Afrique et aux Indes. Leurs habitudes sont à peu près inconnues.

Parmi les espèces, citons le **M.** lyre (*M. lyra*) dont le corps a 5 cent. de longueur et chaque aile 20 centim. ; — le **M.** feuille (*M. frons*), remarquable par la grandeur de sa membrane nasale, et qui est du Sénégal.

MÉGALOSAURE (*Megalosaurus*). Saurien fossile, intermédiaire aux Lacertiens et aux Crocodiliens, très voisin du Géosaure, et dont les os ont été découverts en Angleterre, non loin d'Oxford, dans la couche placée au-dessus du lias, laquelle contient les Ichthyosaures. Cuvier pense que ce reptile disparu devait être un animal marin, grand comme une petite Baleine et très vorace.

MÉGATHÈRE (*Megathorium*). Mammifère fossile de très grande taille, dont on trouve les restes dans les couches superficielles du terrain alluvionnaire de l'Amérique du Sud. Ce massif animal, qui était de l'ordre des Edentés, pouvait avoir la taille des Eléphants. Il paraît intermédiaire aux Tatous et aux Fourmiliers, en même temps qu'il a quelques traits qui rappellent l'organisation des Bradypes, dans sa tête surtout. Au Paraguay, on en a recueilli des débris assez nombreux pour composer quatre squelettes plus ou moins complets. Les naturalistes ont discuté sur la place que doit occuper le *Megathorium* dans la série des Mammifères.

MÉLALEUQUE (*Melaleuca*). Genre de la famille des Myrtacées, renfermant des arbres et des arbrisseaux originaires de l'Australie, mais qu'on trouve aussi dans l'Inde. Tiges très rameuses ; feuilles velues, rudes au toucher, d'un joli vert, opposées ou verticillées, etc. — Les espèces les plus connues sont : le M. A FEUILLES DE MILLEPERTUIS (*M. hypericifolia*), aux fleurs d'un rouge vif, disposées en épis ; — le M. A FEUILLES DE BRUYÈRES ; — le M. ARMILLAIRE avec les graines duquel on fait des bracelets, des colliers ; — le M. A BOIS BLANC (*M. leucodendron*) fournit l'*huile de cajeput*, qui a une belle couleur verte, une odeur forte et aromatique.

MÉLAMPYRE (*Melampyrum*). Genre de Plantes de la famille des Scrophulariées, annuelles, à feuilles opposées, les caulinaires entières, les florales incisées pinnatifides à la base. Fleurs jaunes ou roses, opposées, disposées en épis terminaux feuillés : calice tubuleux 4-fide ; corolle bilabiée et presque en gueule, lèvre supérieure en casque, lèvre inférieure plane 3-dentée ; étamines 4, cachées sous le casque ; capsule à 2 valves, etc.

MÉLAMPYRE DES CHAMPS (*M. arvense*), vulg. *Blé-de-vache, Rougerole*. Cette plante a de 30 à 60 centim. de hauteur ; sa tige est raide, dressée, très pubescente, rameuse ; feuilles lancéolées linéaires, rudes, les florales d'un beau rouge, dressées, rapprochées ; fleurs en épis multiflores : calice pubescent, à divisions terminées par une longue pointe sétacée rouge, dépassant la capsule ; la corolle est grande, ouverte, purpurine, à lèvre inférieure tachée de jaune.

Le Mélampyre est commun dans les moissons, les champs en friche, les prairies artificielles, où il fleurit en juin-août. Le lait et le beurre de l'animal qui a mangé de cette plante sont d'une excellente qualité : de là vient son nom vulgaire de *Blé de vache*. Les campagnards l'appellent encore *Rougeole*, à cause des bractées rouges qui accompagnent ses corolles également rouges, mais nuancées de jaune. Ses graines, mêlées au froment et au seigle, impriment au pain une couleur violet-noir et une qualité inférieure, presque nuisible.

Le MÉLAMPYRE DES PRÉS (*M. pratense*) est moins élevé ; ses feuilles florales sont vertes, et les divisions de son calice sont 2 fois plus courtes que le tube de la corolle, plus courtes aussi que la capsule. — Cette espèce est assez commune dans les bois, les taillis montueux.

Le M. A CRÊTES (*M. cristatum*), qui croît dans les clairières des bois sablonneux, se distingue à ses épis quadrangulaires très compactes, à ses feuilles florales recourbées, pliées en dessus ; les fleurs sont d'un blanc jaunâtre souvent mêlé de rouge, à palais jaune.

MÉLANDRIE (*Melandrium*). Genre de Plantes de la famille des Dianthacées, vivaces, à tiges velues, un peu glanduleuses supérieurement ; à feuilles ovales, oblongues ou lancéolées ; à fleurs dioïques, disposées en cyme dichotome : calice tubuleux renflé, à 5 dents ; corolle à 5 pétales longuement onguiculés, munis d'écailles au-dessus de l'onglet ; étamines 10, styles 5 ; capsule s'ouvrant au sommet par 10 valves.

MÉLANDRIE DIOIQUE (*M. dioicum*), vulg. *Compagnon blanc*. Tiges de 30-80 centim., ascendantes, rameuses supérieurement, velues ; feuilles pubescentes ; fleurs blanches, un peu penchées, en cyme lâche : calice à peine renflé dans les mâles, devenant ovoïde dans les fleurs femelles ; pétales bifides ; capsule ovoïde à dents dressées. — Cette plante est extrêmement commune aux lieux cultivés, aux bords des chemins, dans les champs en friche, etc. Elle fleurit tout l'été.

MÉLANDRIE DES BOIS (*M. sylvestre*), vulg. *Compagnon rouge*. Cette espèce a les fleurs roses ou purpurines, et les dents de la capsule desséchées et roulées en dehors. — Elle se trouve dans les buissons ombragés, les bois humides, mais elle est rare. Elle fleurit en juin-août.

MÉLANIE (*Melania*). Genre de Mollusques gastéropodes, remarquables par leur coquille noire, turriculée, dont l'ouverture est entière, ovale ou oblongue, évasée à la base, avec une columelle lisse, arquée en dedans, et un opercule corné. — Les Mélanies habitent les eaux douces des pays chauds. On en compte un grand nombre d'espèces, vivantes ou fossiles, dont le type est la MÉLANIE TIARE, commune à Madagascar et dans l'île de France. Elle est ainsi nommée parce que ses tours de spire sont couronnés par une sorte de rampe.

MÉLASOME (*Melasoma*). Ce nom est celui d'une

famille de Coléoptères de la section des Hétéromères, qui ont pour caractères : tête enfoncée
jusqu'aux yeux dans le corselet, et dont les ailes
manquent très souvent, les élytres étant alors
ronds et embrassant sur les côtés une partie de
l'abdomen. Latreille divise cette famille en 3 tribus : les *Piméliaires*, les *Blapsides* et les *Téné-
brionites*.

MÉLECTE (*Melecta*). Genre d'Hyménoptères
mellifères, dont le corps est entièrement noir,
velu, avec des points blancs disposés sur les deux
côtés de l'abdomen. Les Crocises offrent la même
apparence, mais sont bien moins velues et ont
le mésothorax prolongé en pointe; quant aux
Épéoles et aux Nomades, autres genres qui en
sont voisins, leur couleur et leur forme habi-
tuelles s'en écartent à la première vue. Les Mélectes ont l'abdomen court, conique; les pattes
postérieures sont impropres à recevoir le pollen
des fleurs.

« Cette organisation dénote que ces insectes doivent vivre en parasites et déposer leurs œufs dans
le nid d'autres Apiaires qui ont cru approvision-
ner leurs petits et se sont épuisés pour nourrir
ces insectes. On voit continuellement les Mélectes
voler le long des murs, des terrains coupés à
pic ou des vieux bois, partout enfin où elles espè-
rent trouver des nids en train d'être approvision-
nés et où elles puissent opérer leur ponte. » —
La MÉLECTE PONCTUÉE est commune aux environs
de Paris.

MÉLÈZE (*Larix*). Genre d'Arbres résineux, de
la famille des Conifères ; à feuilles minces, étroites, d'un vert gai et léger, disposées en petites
rosettes le long des rameaux; à fleurs monoïques,
les chatons mâles sessiles, oblongs, solitaires,
munis d'écailles amincies au sommet; fleurs des
chatons femelles colorées, un peu lâches, partagées dans leur longueur par une ligne verte qui
se prolonge en pointe au-delà du sommet. — Ce
genre, d'abord réuni au Pin, puis au Sapin, diffère de ces deux derniers par ses cônes latéraux
et non terminaux, et par ses feuilles caduques se
renouvelant au printemps. Il se distingue en particulier : des Pins, par ses chatons mâles, simples
et non réunis en grappes, par les écailles de ses
cônes femelles minces et non épaisses au sommet;
des Sapins, par la longue pointe que présentent
les écailles de ses fleurs femelles.

MÉLÈZE ORDINAIRE (*L. europæa*). Grand arbre
dont le tronc droit et cylindrique peut atteindre
de 20 à 25 mètres d'élévation. Ses feuilles sortent
par faisceaux de bourgeons écailleux et globuleux;
elles sont linéaires; pointues, assez molles, et
tombent de bonne heure, caractère qui ne s'observe parmi les Conifères que dans ce seul genre.
Chatons mâles globuleux, simples, composés d'un
très grand nombre d'étamines biloculaires, que
l'on peut considérer comme autant de fleurs mâles;
chatons femelles ovoïdes, entourés de jeunes

feuilles, composés d'écailles imbriquées d'un
rouge pourpre, offrant une longue pointe; cônes
latéraux, etc.

Le Mélèze croît dans les parties élevées des Alpes, auprès des glaciers. On le cultive dans les
jardins d'ornement. Son bois est rouge et compacte, veiné. Quoique léger, il est extrêmement
durable, et, en raison de cette propriété, employé
avec avantage à la construction des édifices. L'é-
corce des jeunes branches est astringente, et l'on
s'en sert pour le tannage des cuirs dans certaines
parties des Alpes.

Le Mélèze fournit trois produits que nous devons indiquer. C'est d'abord la *Térébenthine de
Venise* ou *de Briançon*, qui suinte de l'écorce, à
laquelle on pratique des trous avec une tarière ou
des entailles, et qui, bien pure, est liquide, d'une
odeur forte et peu agréable, d'une saveur amère,
âcre et très chaude. — La *Manne de Briançon*
est une matière blanchâtre, d'une saveur fade et
sucrée, qui exsude des feuilles et surtout des jeunes rameaux de ce même arbre, pendant les jours
secs et chauds de l'été. Elle constitue de petits
grains blanchâtres que l'on recueille et qu'on
réunit en masse; cette manne est purgative, mais
fort peu employée. — Enfin le Mélèze donne la
Gomme d'Orenbourg, qui vient des forêts de l'Ou-
ral. Elle est assez analogue à la gomme arabique,
et sert aux habitants de colle et d'aliment.

MÉLIA (*Melia*). Genre de la famille des Méliacées, qui ne compte que quatre espèces, dont la
principale est le

MÉLIA AZÉDARACH OU BIPENNÉ (*M. azedarach*).
Originaire de la Perse, de la Syrie, cet arbre atteint de 6 à 9 mètres dans sa patrie et dans l'Inde;
mais dans nos jardins, où on le nomme vulgairement *Faux-Sicomore*, *Arbre-Saint*, il est réduit
à l'état d'arbuste, ainsi qu'en Italie, en Espagne,
où il est parfaitement naturalisé. Tronc droit, divisé dans le haut en branches irrégulières qui,
dès le printemps, se garnissent de feuilles alternes, ailées, à folioles ovales, oblongues, dentées,
aiguës, d'un très beau vert. Fleurs disposées en
grappes droites axillaires : calice très petit, monophylle, à 5 divisions; 5 pétales, oblongs d'un
rouge clair ou rose; 10 étamines soudées en un
tube cylindrique à 10 dents et de la longueur des
pétales environ. Fruits consistant en petits drupes
jaunâtres, de la grosseur d'un grain de raisin ordinaire, et qui persistent sur les rameaux jusqu'au
printemps suivant.

L'Azédarach est d'un port élégant; il se distingue par la beauté, la durée et le parfum suave de
ses bouquets qui rappellent ceux du Lilas. Toutes
ses parties sont amères, purgatives, vermifuges;
à haute dose elles causent des vertiges, des nausées, des vomissements, la diarrhée, les convulsions et la mort. Ses fruits se mangent; mais leur
amertume indique qu'il faut s'en défier. Les oiseaux
en sont peu friands; les pourceaux au contraire
les recherchent. En Perse on s'en sert, comme

médicament externe, contre la gale et la teigne. On fait des chapelets avec ses noyaux.

Le Mélia toujours vert (*M. sempervirens*), vulg. *Margousier*, est un petit arbrisseau de l'Inde

Fig. 821. — Mélia Azédarach.

(Sommité fleurie; — fleur détachée avec ses 5 pétales et ses étamines soudées en tube; — pistil entouré du calice; — fruit entier; — le même, coupé horizontalement.)

qui, en France, demeure bas et reste délicat. Ses fleurs sont nombreuses et grandes, plus colorées et plus odorantes que celles de l'Azédarach; elles durent six mois.

MÉLIACÉES. Famille de Plantes exotiques, dicotylédones polypétales hypogynes, dont le genre type, décrit ci-dessus, indique suffisamment les caractères, et qui a été divisée en deux tribus : les *Méliées* et les *Trichiliées*.

MÉLIANTHE (*Melianthus*). Genre d'Arbrisseaux exotiques, détaché de la famille des Rutacées pour former celle des Mélianthées, qui doit son nom (du grec *méli*, miel; *anthos*, fleur) à la glande du calice d'où s'écoule une liqueur mielleuse noirâtre fort abondante.

Le M. pyramidal (*M. major*), vulg. *Pimprenelle d'Afrique*, a des fleurs d'un rouge foncé, petites, irrégulières, en grappes. — On le cultive dans nos serres, mais sa patrie est le cap de Bonne-Espérance.

MÉLILOT (*Melilotus*). Genre de Plantes de la famille des Légumineuses, tribu des Papilionacées; plantes bisannuelles, à racine épaisse, pivotante; à feuilles pinnées, trifoliées, avec stipules soudées inférieurement au pétiole; à fleurs jaunes, rarement blanches, disposées en grappes spiciformes effilées.

Mélilot officinal (*M. officinalis*). Plante de 40 à 60 centim. de hauteur; tiges droites, herbacées, rameuses, glabres; feuilles alternes, trifoliées, dentées, 2-stipulées à la base du pétiole. Fleurs jaunes à étendard ne dépassant pas les ailes, en petites grappes unilatérales; 10 étamines diadelphes; ovaire à 2 ovules; légume poilu.

Le Mélilot est assez commun dans les buissons herbeux, les prairies, les bords des fossés, la lisière des bois, où il fleurit presque tout l'été. L'odeur qu'il exhale est suave et analogue à celle du miel, pour certaines personnes, désagréable pour d'autres : elle augmente encore après la dessiccation. « C'est une de ces plantes, avons-nous dit ailleurs, dont les anciens se sont plu à exagérer les vertus : pour eux, en effet, elle était émolliente, béchique, résolutive, carminative, anodine; ils l'employaient en tisane contre la colique, les vents, la dyssenterie, la dysurie, l'inflammation des viscères du bas-ventre; ils l'associaient souvent à la camomille, soit pour l'intérieur, soit pour l'extérieur, en fomentations contre la colique venteuse, etc.

Fig. 822. — Mélilot.

(Sommité fleurie; — fleur entière détachée; — la même, dépourvue de ses pétales et montrant le calice et les étamines; — pistil.)

Le Mélilot des champs (*M. arvensis*) est une espèce plus petite, à tiges étalées, à ovaire 6-8 ovulé, au légume glabre, moins commune, et qui croît dans les lieux arides, les moissons, aux bords des chemins.

Le Mélilot bleu (*M. cærulea*), vulg. *Trèfle musqué*, se distingue par ses fleurs d'un beau bleu, réunies en tête, et par son odeur aromatique durable. — On le cultive dans les jardins.

Mentionnons le M. blanc, ou de Sibérie, qui forme des touffes beaucoup plus grosses que le Mélilot officinal, et qui est très propre à la nourriture des bestiaux. C'est à tort qu'on ne le cultive pas en grand comme la Luzerne.

MÉLISSE (*Melissa*). Genre de la famille des Labiées , plantes odorantes , à feuilles simples , opposées ; à fleurs axillaires , portées sur des pédoncules rameux , et disposées en grappes au sommet de la tige : calice campanulé , à 2 lèvres, la supérieure à 3 dents, l'inférieure à 2 ; corolle bilabiée , lèvre inférieure à divisions inégales : 4 étamines didynames; ovaire à 4 lobes , style à stigmate bifide. — On compte au moins 15 espèces, soit en Europe, soit en Amérique : elles ne diffèrent des Thyms que par leur calice ou à l'intérieur, et des Origans par leurs fleurs qui ne sont ni réunies en tête ni accompagnées de bractées.

F.g. 823. — Mélisse.

(Sommité fleurie ; — fleur détachée; — la même, ouverte et rognée pour montrer les étamines; — ovaire et pistil.)

Mélisse officinale (*M. officinalis*). Plante vivace, à tiges dressées, rameuses, carrées et cassantes, atteignant 60 à 80 centim. ; feuilles opposées, pétiolées, ovales, pointues, dentées, un peu pubescentes, plus pâles en dessous qu'en dessus. Fleurs blanches ou jaunâtres, glomérulées, axillaires, regardant toutes du même côté, munies de bractées : calice à 2 lèvres, la supérieure tronquée ; corolle à tube grêle, lèvre supérieure bifide, l'inférieure trifide ; 4 étamines, dont deux plus courtes (didynames), etc.

La Mélisse est commune dans nos provinces méridionales, aux lieux incultes, le long des haies, sur le bord des bois ; on la trouve aussi aux environs de Paris, et on la cultive dans la plupart des jardins. Elle est très odorante ; l'arôme de ses feuilles est très agréable et rappelle celui du citron : de là le surnom de *Citronnelle* donné à la plante , qui a aussi une saveur aromatique, chaude et amère ; ces propriétés dépendent de l'huile volatile à odeur citrine que la Mélisse fournit par distillation, et d'une certaine quantité de résine et de camphre qu'elle contient, comme la plupart des Labiées.

La Mélisse agit sur l'économie comme excitant, nervin, cordial , stomachique. Les Arabes furent les premiers à la signaler comme propre à fortifier les nerfs, à exciter la gaîté, à activer l'action cérébrale et à relever les forces abattues. Son action pouvant se porter, selon les circonstances et l'idiosyncrasie des sujets, sur le cerveau, les reins, l'utérus, la peau, etc., on l'a tour à tour considérée comme céphalique, diurétique, emménagogue, sudorifique, etc. : ce qui prouve qu'il n'existe pas de médicament à action constante, et ce qui devrait bien faire réfléchir les gens du monde, qui croient que la thérapeutique a ses cases comme les pharmacies leurs bocaux étiquetés, renfermant chacun une substance à propriétés spéciales pour des cas de maladie déterminés. L'usage le plus fréquent de cette Labiée est pour ranimer le principe vital dans les défaillances, les syncopes, l'apoplexie nerveuse; on la donne en infusion ou en alcoolat composé (*Eau des Carmes*). « Il est au moins sans inconvénient, disent MM. Trousseau et Pidoux, de prescrire l'infusion de Mélisse ou quelques gouttes d'Eau des Carmes dans un verre d'eau sucrée contre les divers accidents cérébraux ou hypocondriaques..... Nous croyons aussi, par analogie , pouvoir en recommander l'usage aux vieillards dont les facultés intellectuelles vacillent et s'affaissent comme les membres, comme toutes les fonctions qui dépendent de l'encéphale. » Cependant, comme le plus souvent ces phénomènes se rattachent à quelque lésion matérielle du système nerveux, et que , dans ce cas, les nervins sont plutôt nuisibles qu'utiles, il en résulte que la Mélisse ne devrait réellement être administrée que sur l'avis préalable du médecin.

Mélisse calament (*M. calamintha*). Cette espèce est pubescente, à feuilles ovales, cordiformes à la base ; à fleurs purpurines ou blanchâtres, tachetées de violet, disposées en grappes paniculées. — Elle croît dans les lieux secs et montueux du midi de la France. Son odeur a de l'analogie avec celle de la Menthe , rappelant aussi celle du Camphre.

Mélisse bâtarde (*M. melissophyllum*) ou *Mélisse des bois*. Belle plante à grandes fleurs blanches tachetées de pourpre, ayant un calice plus large que le tube de sa corolle ; la lèvre supérieure de celle-ci est droite et entière, l'inférieure composée de 3 lobes égaux. — Son odeur est moins agréable que celle des véritables **Mélisses**.

MELLIFÈRES. Famille d'Hyménoptères porteaiguillons, ayant les deux mâchoires très allongées, et formant avec la lèvre une espèce de trompe dont l'insecte se sert pour pomper le nectar qu'il trouve au fond des fleurs ; les deux membres postérieurs sont disposés de manière à pouvoir recueillir le pollen des fleurs qui sert à leur nourriture et à celle de leurs larves.

Cette famille se compose des Abeilles, des Bourdons et des genres nombreux formés du démembrement de ces deux grands genres. Ces Insectes comprennent trois sortes d'individus : les *mâles*, les *femelles* et les *neutres*. Ils sont remarquables par leur instinct de sociabilité. Ils déposent dans les trous où leurs œufs sont enfouis des insectes ou des chenilles qui doivent servir à l'alimentation des larves au moment où elles éclosent.

Fig. 824. — Mellifère (Abeille).

MÉLOÉ (*Meloe*). Genre de Coléoptères hétéromères, famille des Trachélides, tribu des Cantharides ou Vésicants, se faisant remarquer par les caractères suivants : corps aptère, très gros, surtout dans la partie abdominale, de couleur noire, bleue, cuivrée ; tête méplate, triangulaire, verticale ; yeux situés près des angles de la bouche ; élytres courts, ne se joignant que pendant une partie de leur longueur, écartés à leur extrémité et ne recouvrant que partiellement l'abdomen ; ailes manquant toujours.

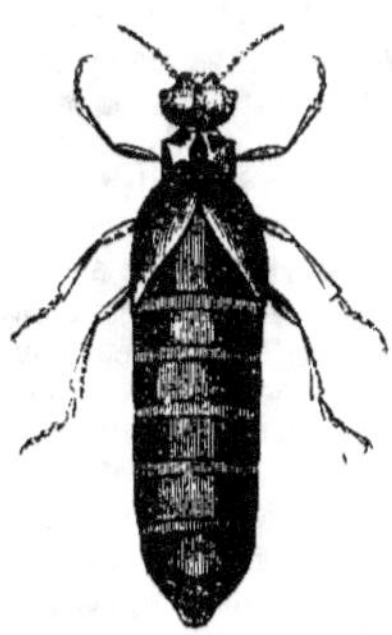

Fig. 825. — Méloé.

Les Méloés se trouvent au soleil, soit à terre dans les endroits arides, ou montés sur les plantes basses dont ils font leur nourriture. Leur démarche est lente, leurs mouvements sont sans vivacité. Ils mangent prodigieusement ; ils se nourrissent de l'herbe des prairies, et rendent fréquemment des excréments abondants, liquides, de couleur verdâtre. Il a été question de tout temps de ces insectes que, suivant Latreille, Pline aurait appelés *Buprestes*, et auxquels il a attribué la propriété de faire périr les bœufs qui en mangeaient en paissant. C'est qu'en effet le Méloé est un animal vésicant assez rapproché de la Cantharide sous ce rapport. Dans le danger, il laisse suinter par des pores, situés aux articulations des genoux, une liqueur gluante plus ou moins odorante,

qui, par son analogie de consistance avec le miel, a valu à l'insecte le nom de Méloé (de *méli*, miel).

Les femelles ont l'abdomen excessivement développé ; aussi pondent-elles une quantité énorme d'œufs, qu'elles déposent en paquet dans un trou pratiqué en terre. Les larves de ces Coléoptères vivent en parasites sur certaines espèces de Mellifères, principalement sur le genre *Anthophora*.

Le MÉLOÉ PROSCARABÉE (*M. proscarabeus*) a la tête très large en arrière, le corselet étroit en devant, un peu dilaté dans son milieu, se rétrécissant ensuite, etc. — Il est d'un bleu violet.

Citons ensuite le MÉLOÉ DE MAI (*M. maialis*), que l'on trouve en été aux environs de Paris, et que nous figurons.

MELON (*Cucumis melo*). Espèce du genre Cucumère ou Concombre, famille des Cucurbitacées ; plante à tige herbacée, charnue, cylindrique, couchée sur la terre ou s'élevant sur des corps environnants au moyen de vrilles, et couverte de poils très rudes ; feuilles alternes, pétiolées, grandes, presque cordiformes, à 5 lobes inégaux ; fleurs jaunes, monoïques, les mâles rassemblées par 4-5 aux aisselles des feuilles, à calice et corolle subcampanulés, renfermant 5 étamines triadelphes ; fleurs femelles à ovaire infère, adhérant au calice, couvert de poils nombreux ; style trifide au sommet, etc. Le fruit est très gros, globuleux, relevé de côtes rugueuses, offrant souvent une vaste cavité accidentelle.

Le Melon a pour patrie les contrées occidentales de l'Asie. Sa saveur délicieuse et le parfum de la chair fondante de son fruit l'ont depuis longtemps fait introduire dans nos jardins potagers, où sa culture demande de grands soins et des connaissances qu'il faut puiser dans les ouvrages d'horticulture.

Le Melon (nous ne parlons plus que du fruit) était connu des Grecs et des Romains. Ces derniers avaient déjà remarqué qu'il abandonne son pédoncule lorsqu'il atteint toute sa grosseur ; en effet, les fissures que l'on voit alors autour de la queue sont encore aujourd'hui le meilleur indice pour distinguer la maturité de ce fruit. Il paraît n'avoir été connu en France qu'au xvie siècle, et il aurait été apporté d'Italie à la suite des guerres de Charles VIII. Quoi qu'il en soit, sa chair est rafraîchissante, exquise, mais elle ne convient qu'aux estomacs robustes, aux tempéraments bilieux. Les graines contiennent du mucilage et une huile fixe : on en peut faire des émulsions adoucissantes.

On compte plus de soixante variétés de Melon, dont on peut former cinq groupes principaux : les MELONS PROPREMENT DITS (*M. maraîcher, sucrin de Tours, M. de Honfleur*, etc.] ; les M. CANTALOUPS (*C. orange, C. fin hâtif, C. noir des Carmes*, etc., tous à côtes saillantes et rugueuses) ; les M. A CHAIR VERTE, les M. A CHAIR BLANCHE, enfin les M. D'EAU. — Pour ces derniers, V. *Pastèque.*

MÉLONGÈNE. Espèce du genre *Morelle*. — V. ce mot.

MÉLOPHAGE (*Melophagus*). Genre de Diptères pupipares, insectes coriaces comme les Hypobosques, mais en différant par l'absence d'ailes et par la tête dégagée du corselet. — Le M. DES MOUTONS (*M. ovis*) s'attache aux moutons et vit dans leur toison. Il est une espèce qui vit sur les chevreuils et qui forme un genre distinct.

MEMBRACIDES. Tribu d'Insectes de l'ordre des Hémiptères, caractérisée d'une manière générale par la tête, qui est perpendiculaire, et par le prolongement du prothorax au-dessus de l'abdomen; ils sont de petite taille, de couleur assez sombre, et remarquables par la bizarrerie et la variété des formes de leur corps.

Leur distribution géographique est très irrégulière : l'Europe n'en possède que 3 espèces, l'Asie, l'Afrique et l'Australie en possèdent un petit nombre, mais l'Amérique méridionale en nourrit beaucoup plus que toutes les autres parties du monde réunies. Les Membracides vivent de matières végétales, sautent avec la plus grande facilité. Leurs mœurs sont peu connues; toutefois on a observé que les fourmis viennent sucer la liqueur sécrétée par les larves de ces insectes, et que même elles savent les forcer à leur offrir par le tube anal leur sécrétion saccharine.

On indique comme type le *Membracis fusca*, qui se trouve à Cayenne.

MEMBRES. Appendices plus ou moins longs et apparents, toujours mobiles, qui sont disposés par paires sur les parties latérales du tronc, et qui servent à l'exercice des grands mouvements. Chez les Mammifères, chez l'Homme en particulier, les Membres sont au nombre de quatre : deux supérieurs ou thoraciques, formés chacun du bras, de l'avant-bras et de la main; et deux inférieurs ou abdominaux, divisés chacun en cuisse, jambe et pied.

Membre supérieur. Le *bras*, pour les anatomistes, s'étend depuis l'épaule jusqu'au coude; il n'a qu'un seul os, l'*humérus*, et quatre muscles propres (caraco-brachial, biceps et triceps brachial et brachial antérieur); mais un grand nombre de muscles du thorax, de la partie postérieure du tronc, de l'épaule et de l'avant-bras, viennent s'attacher aux tubérosités supérieures ou inférieures de l'humérus ou à la coulisse bicipitale. Le bras reçoit une artère principale et six nerfs importants; une aponévrose commune sert d'enveloppe générale à ces parties. — L'*avant-bras* est compris entre le bras et la main; il compte deux os (le radius, qui est le plus externe, et le cubitus) et 20 muscles, dont 5 dans la région antibrachiale antérieure et superficielle, 3 dans la couche profonde de cette même région, 4 dans la région postérieure et superficielle, 4 dans la même région profonde, et 4 dans la région radiale; de

plus, des nerfs et des vaisseaux, enfin une aponévrose commune d'enveloppe. — La *main* se compose du *carpe* ou *poignet*, qui comprend 8 os, la plupart très petits et placés sur deux rangées; du *métacarpe*, partie située entre le carpe et les doigts, composée de 5 os parallèles; des *doigts*, c'est-à-dire des 5 prolongements qui divisent l'extrémité de la main, et qui sont formés chacun de 3 os appelés *phalanges*, excepté le pouce qui n'en a que deux. La main est très riche en muscles, vaisseaux et nerfs; sa face concave se nomme *paume de la main*, elle présente deux éminences musculaires, l'une externe (*éminence thénar*), située à la base du pouce, l'autre interne (*E. hypothénar*).

Membre inférieur. La *cuisse* s'étend depuis le bassin jusqu'au genou; un seul os forme sa partie solide, le *fémur*. On y compte 21 muscles : 3 dans la région fessière, 6 dans la région pelvi-trochantérienne, 3 dans la région crurale antérieure, 3 dans la crurale postérieure, 5 dans la crurale interne, 1 dans l'externe. — La *jambe*, comprise entre le genou et le pied, possède deux os : le *tibia*, qui est le plus fort, et le *péroné*, qui est plus grêle et placé au côté externe, séparés l'un de l'autre par un intervalle qu'occupe un ligament osseux; les muscles sont au nombre de 12. — Le *pied* est toute la partie inférieure du Membre pelvien qui pose sur le sol et supporte le corps; il comprend le *tarse*, qui est composé de 7 os, enclavés les uns dans les autres; le *métatarse*, composé de 5 os allongés et disposés parallèlement, et des *orteils*, qui sont au pied ce que les doigts sont à la main.

En anatomie vétérinaire, on nomme *pied antérieur*, chez le Cheval et les Mammifères domestiques, toute la portion inférieure du Membre antérieur, depuis et y compris le genou, jusqu'à son extrémité; et l'on appelle *pied postérieur* toute la partie inférieure du Membre postérieur, à partir du jarret. Le *pied antérieur* comprend, par conséquent, de haut en bas : 1° le *genou*, formé de 6 petits os courts appelés *os carpiens*, parce qu'ils répondent au carpe de l'homme; 2° le *canon*, qui répond au métacarpe; 3° la *région digitée*, qui se partage elle-même en trois parties, le *pâturon* ou premier phalangien, la *couronne* ou second phalangien, et le *pied proprement dit*. — Le *pied postérieur* se subdivise de même en trois régions : le *jarret*, qui répond au tarse de l'homme; le *canon*, qui représente le métatarse; et la *région digitée*, qui comprend, comme au membre antérieur, le *pâturon*, la *couronne* et le *pied*.

Dans la courte description des Membres qui précède, nous n'avons parlé ni de l'*épaule*, ni de la *hanche*, sujets qui seront indiqués en parlant du *squelette*. Faisons remarquer seulement ici la grande analogie qui existe entre le Membre supérieur et le Membre inférieur : en effet, même forme cylindroïde, même division en trois sections principales; l'un et l'autre ont pour base, pour point d'attache deux os, le *scapulum* et la *clavicule* au thorax ; l'*ilium* et le *pubis* au bassin ; les deux Membres s'articulent à leurs extrémités supérieures par une énarthrose orbiculaire ; les os plats, les os longs et les os courts se retrouvent dans les régions correspondantes de l'épaule et de la hanche, du bras, de l'avant-bras, de la main, de la cuisse, de la jambe et du pied ; même disposition des muscles, des artères, des nerfs, des gaines aponévrotiques.

Mais chez l'Homme le Membre supérieur se distingue essentiellement du postérieur sous le rapport fonctionnel : le premier est destiné à la préhension et à tous les mouvements qui ont pour but normal la conservation de l'individu et les relations ; le second, au contraire, sert principalement à la station et à la locomotion. En descendant la série des Mammifères, on rencontre souvent un pareil usage du Membre supérieur, quoique à un degré moins parfait, comme chez les Singes, les Ecureuils, etc.

Les Membres n'ont qu'une importance secondaire au point de vue de la classification. En effet, les Cétacés, qui sont des Mammifères, non-seulement ne présentent pas de Membres proprement dits, mais encore les nageoires ne les remplacent chez eux qu'à la poitrine, et rien ne tient lieu, en apparence du moins, de Membres inférieurs ; pourtant, un examen très attentif fait reconnaître dans leur squelette les vestiges d'un bassin, et une organisation du Membre thoracique plus avancée que chez les Poissons.

Chez les Oiseaux, les Membres supérieurs sont représentés par les ailes, dont la forme et l'étendue sont très variables. — Les Membres reparaissent mieux conformés et plus semblables à eux-mêmes chez les Reptiles, qui les ont au nombre de quatre, mais plus ou moins complets ou à l'état rudimentaire. — Les Poissons ont presque tous, dans la diversité de leurs rames natatoires, des nageoires pectorales et des ventrales qui représentent les Membres thoraciques et abdominaux des animaux supérieurs. — Tous les Articulés offrent 3, 4 ou 5 paires de Membres, quelquefois un bien plus grand nombre, comme dans les Myriapodes. — Les Mollusques et les Rayonnés n'offrent point de véritables Membres : ils sont pourvus de quelques appendices connus sous le nom de tentacules, qui, à la vérité, peuvent correspondre au Membre supérieur en tant que considérés comme organes de tact et de préhension.

MENDOLE (*Mœna*). Genre de Poissons acanthoptérygiens, famille des Ménides, ayant des dents en velours ras sur une bande étroite et longitudinale du vomer ; mâchoires ayant des dents très fines ; corps oblong, comprimé, un peu semblable à celui du Hareng ; couleurs brillantes. — Ces Poissons sont exclusivement propres à la Méditerranée ; ils vivent près des côtes ; leur nourriture consiste en petits poissons et mollusques nus qu'ils trouvent dans les herbes.

La M. COMMUNE a 20 cent. de long ; elle est d'une couleur plombée sur le dos, argentée sous le ventre, avec une tache noire sur le flanc vis-à-vis de la dernière épine dorsale. Sa fécondité est remarquable ; il est des endroits où on en prend de grandes quantités à la fois ; mais la chair de ces poissons est souvent coriace et insipide.

MÉNIDES. Famille de Poissons osseux, ayant avec les Spares une assez grande ressemblance par la forme externe, mais en différant surtout par la protactilité de leur museau. — La *Mendole* en constitue le genre type.

MÉNISPERMACÉES. Famille de Plantes dicotylédones, exotiques, comprenant des arbustes sarmenteux et grimpants, dont les feuilles alternes sont simples ; les fleurs petites, unisexuées et le plus souvent dioïques : calice à plusieurs sépales rangés par 3 sur plusieurs rangs ; même disposition pour la corolle, qui manque quelquefois ; étamines en même nombre que les pétales ou en nombre double ou triple, monadelphes ou libres ; carpelles souvent en plus grand nombre, libres ou soudés, à une seule loge ; petits drupes monospermes. — Genre type *Ménisperme*.

MÉNISPERME (*Menispermum*). Arbrisseau à tige grimpante, vivace ; à fleurs dioïques très petites, disposées en longues grappes, auxquelles succèdent des espèces de drupes plus gros qu'un pois, globuleux ou ovoïdes. — Cet arbuste est originaire des Indes orientales, du Malabar, etc. Ses fruits sont répandus dans le commerce sous le nom de *Coque-du-Levant* (V. ce mot) ; ils agissent comme les poisons narcotico-âcres, et ne sont pas employés en médecine. Dans l'Inde, et chez nous, même, on s'en sert comme d'un appât stupéfiant pour la pêche.

MENSTRUATION. Évacuation sanguine périodique dont le retour a régulièrement lieu chaque mois, sauf quelques exceptions, chez les femmes qui ne sont ni enceintes ni nourrices, depuis l'âge de 12 à 15 ans (*puberté*), jusqu'à celui de 45 à 50 (*âge de retour*). Toutefois, l'époque de la première menstruation et celle à laquelle cesse cet écoulement varient selon les climats, les constitutions, le genre de vie, etc. Nous ne décrirons pas les phénomènes de cette fonction, ni les rapports de sympathie qu'elle entretient avec les divers systèmes organiques. Dans nos climats, les femmes ont ordinairement leurs *menstrues* ou *règles* pendant 3 à 6 jours, et la quantité de sang qu'elles perdent peut être évaluée de 120 à 240 grammes. Celles qui ont beaucoup d'embonpoint, qui mènent une vie active, ont en général des menstrues peu abondantes. Une diminution progressive dans la quantité du sang évacué et l'irrégularité des périodes menstruelles précèdent leur cessation définitive, époque que l'on a appelée *temps critique*, parce qu'elle est en effet, pour beaucoup de femmes, une époque orageuse. Les anciens nourrissaient une foule de préjugés à l'endroit de la prétendue influence du sang menstruel; il est inutile de rappeler ces contes de bonne femme. Toutefois, il est certain que la veille ou l'avant-veille du jour où les règles vont se manifester, le mucus exsudé par la surface interne de l'appareil sexuel contracte une odeur *sui generis*; et à l'époque du rut, les organes génitaux des Mammifères femelles produisent des émanations qui correspondent à ce que nous venons de signaler chez la Femme.

Les causes de la Menstruation sont la maturation des ovules, qui entraîne une congestion de l'ovaire et de tout l'appareil génital interne et même externe. Cette congestion est suivie de l'écoulement de sang, et ce liquide provient de la matrice par rupture des capillaires superficiels de la muqueuse utérine, comme dans tous les écoulements qui ont leur siége aux membranes muqueuses. Ce n'est qu'au moment où cesse le flux menstruel que les vésicules de Graaf (*ovules* ou *œufs*) sont expulsées. — V. *Fécondation*.

La Menstruation n'est pas une fonction exclusivement départie à la Femme. Il est beaucoup d'espèces de *Singes* dont les femelles sont soumises à une espèce de flux menstruel; certaines Chauves-souris présentent aussi une apparence de fonction menstruelle.

MENTHE (*Mentha*). Genre de la famille des Labiées, comprenant des plantes vivaces, très aromatiques, à racine longuement traçante, à tiges souvent radicantes; à fleurs petites, roses, plus rarement blanches, disposées en glomérules (verticillées) multiflores, axillaires, opposés, espacés ou rapprochés en épis ou en têtes terminales. Calice tubuleux à 5 dents, à gorge nue en général ; corolle à tube inclus, à 4 lobes; étamines 4, presque égales, divergentes; akènes lisses. — Les espèces et les variétés sont diversement classées les unes par rapport aux autres suivant les auteurs.

Les Menthes ont une odeur aromatique forte, une saveur poivrée et camphrée, suivie d'une sensation de frais à la bouche. Elles contiennent une huile essentielle abondante. On peut les employer comme toniques, stimulantes, emménagogues, carminatives, vermifuges, etc., selon les cas.

MENTHE SAUVAGE (*M. sylvestris*), vulg. *Baume*, Plante laineuse-tomenteuse, de 40-60 centim. de hauteur; tiges dressées, raides ; feuilles sessiles, ovales-obtuses, laineuses, crénelées, épaisses et fortement ridées en réseau ; glomérules nombreux, à l'aisselle de bractées ovales très petites, disposés en épis cylindriques compactes allongés, souvent interrompus à la base ; fleurs blanches ou rosées. — Cette plante est très commune dans les fossés, les lieux humides, aux bords des chemins, où on la voit fleurir en juillet-septembre. Elle est douée des propriétés indiquées plus haut, mais à un moindre degré que la Menthe poivrée.

MENTHE POIVRÉE (*M. piperita*). C'est une variété de la *Mentha pyramidalis*, laquelle est velue ou glabre; feuilles pétiolées, ovales oblongues ou ovales lancéolées, dentées ; glomérules axillaires, avec bractées lancéolées, disposés en épis oblongs cylindriques, ordinairement interrompus à la base ; corolle d'un beau rose, etc.

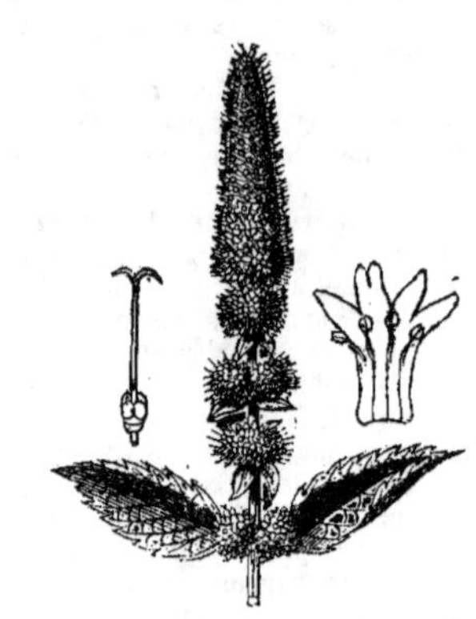

Fig. 826. — Menthe poivrée.

La Menthe poivrée est une plante glabre ou ne présentant que quelques poils sur les tiges et les nervures des feuilles, qui sont oblongues lancéolées; ses fleurs sont violacées ou rougeâtres, etc. — C'est l'espèce dont on parle le plus, parce que, d'une part, elle est fréquemment cultivée dans les jardins, et que, d'un autre côté, ses propriétés l'ont rendue célèbre pour ainsi dire.

La Menthe poivrée est originaire de la Grande-Bretagne, elle est commune chez nous; elle fleurit en juillet-septembre. Ses fleurs, ses feuilles, toutes ses parties sont douées d'une odeur aromatique pénétrante. Nous avons signalé ses propriétés principales en parlant du genre; sa saveur poivrée et camphrée et son odeur aromatique sont plus prononcées que dans les autres espèces. Son infusion est excellente dans la période algide des fièvres intermittentes, du choléra, et dans certaines dyspepsies par atonie, lorsqu'il est indiqué de stimuler l'économie, de réveiller l'appétit. On prétend que son usage diminue la sécrétion laiteuse. On prépare avec l'*essence de Menthe* des pastilles et des tablettes propres à favoriser la digestion.

MENTHE VERTE (*M. viridis*), vulg. *Baume vert*. Espèce glabre et nullement cotonneuse; ses feuilles sont glabres aussi, vertes des deux côtés, à odeur aromatique très pénétrante, qui le cède pourtant à la Menthe poivrée.

La M. A FEUILLES RONDES (*M. rotundifolia*), ou *Baume sauvage*, est cotonneuse, à feuilles ridées ou gaufrées, d'un vert blanchâtre en dessous. — La M. CRÉPUE (*M. crispa*) est une variété de la Menthe verte. — La M. ÉLÉGANTE (*M. gentilis*), offre une tige raide, rougeâtre, glabre ou à peu près.

Menthe aquatique (*M. aquatica*). Cette espèce est velue, hérissée ou presque glabre ; elle atteint 30 à 80 cent. ; ses feuilles sont pétiolées, ovales aiguës, dentées; ses glomérules, peu nombreux, sont rapprochés en têtes globuleuses terminales ; les corolles sont d'un beau rose. — On la trouve en fleur en juin-septembre dans les fossés, les lieux humides et marécageux.

Menthe Pouliot (*M. pulegium*), vulg. *Pouliot*.

Plante pubescente, haute de 20 à 50 cent.; feuilles brièvement pétiolées, petites , ovales , dentées, diminuant insensiblement de grandeur dans la partie supérieure; glomérules nombreux, tous espacés; fleurs roses , rarement blanches. — Cette espèce est commune aux bords des étangs, dans les lieux humides, marécageux et herbeux.

Il faut être prévenu de ceci, que les diverses espèces du genre *Mentha* présentent de nombreuses variations.

Fig. 827 et 828. — Ménure-Lyre (mâle et femelle).

MÉNURE (*Menura*). Genre d'Oiseaux, placé d'abord parmi les Gallinacés , mais aujourd'hui classé dans l'ordre des Passereaux, immédiatement après les Merles. Bec plus haut que large à sa base, droit, incliné à sa pointe qui est échancrée; narines percées vers le milieu du bec, ovales, grandes, couvertes d'une membrane: pieds grêles: ailes courtes, ovales; queue à pennes très larges,

de différentes formes et au nombre de seize.

Le **Ménure lyre ou superbe** (*M. superba*) est la seule espèce connue de ce genre. Son plumage est généralement d'un brun grisâtre, mais les plumes de sa queue sont très remarquables : elles sont de trois sortes dans le mâle. Il en est douze, très longues, à tige mince, qui ont leurs barbes effilées et très écartées; deux médianes, garnies d'un côté seulement de barbes serrées , sont étroites, et se recourbent en arc chacune de son côté; enfin deux externes, dont la figure est celle d'un S, ont leurs barbes extérieures très courtes, tandis que les barbes intérieures, grandes et serrées, forment un large ruban alternativement rayé de bandes brunes et rousses : la queue de la femelle ne présente rien de cette disposition particulière.

La Lyre, comme on l'appelle communément, est un oiseau de la Nouvelle-Hollande, de la Nouvelle-Galles du Sud, dont la taille est celle d'une Poule domestique. Elle aime les cantons rocailleux et retirés , principalement dans les montagnes ; elle sort le soir et le matin, et reste tranquille pendant le jour sur les arbres où elle est perchée. « Très méfiants , les Ménures quittent les grands bois où ils nichent dès que les premiers rayons de l'aurore commencent à paraître, et vont en des lieux moins touffus chercher leur nourriture; le mâle est généralement suivi de plusieurs femelles, et, en cela, ils ont quelque affinité avec les Gallinacés ; ils courent plus vite qu'ils ne volent, et il est difficile de les suivre, même avec les meilleurs chiens; ce n'est que lorsqu'ils sont poursuivis de trop près qu'ils s'envolent pour se réfugier d'abord sur les branches les plus basses, et c'est en sautant de l'une sur l'autre qu'ils atteignent le sommet et se réfugient dans l'endroit le plus touffu, où ils restent cachés jusqu'à ce qu'ils ne voient plus de danger à se montrer.

« Le Ménure est un oiseau chanteur, doué de la faculté d'imiter le chant des autres volatiles , à tel point que ces derniers, trompés par ce ramage d'emprunt, viennent se percher auprès de lui. Les femelles , pendant ce temps , cherchent les larves dans les détritus qui jonchent le sol en grattant la terre, sans jamais s'écarter du mâle, dont elles semblent rechercher la protection. A l'époque de la ponte, on ne rencontre les Ménures que par paire. » M. J. Verreaux, à qui nous devons ces renseignements , dit n'avoir jamais pu découvrir leur nid.

« Le MÉNURE d'ALBERT (*M. Alberti*, de Goud) est une espèce nouvellement découverte à la Nouvelle-Hollande ; elle diffère de la précédente par l'absence de barres brunes sur les rémiges en lyre, qui sont en outre plus courtes que les filets. — Cet Oiseau est très timide , et quand il fuit , il dresse sa queue. Il s'élève sur les arbres en sautant à dix pieds de hauteur, jusqu'à ce qu'il soit arrivé à la cime, où il trouve une colonne d'air suffisante pour le vol. »

MÉNYANTHE (*Menianthes*). Genre de la famille des Gentianacées, ne comprenant qu'une seule espèce , qui est le

MÉNYANTHE TRÈFLE-D'EAU (*M. Trifoliata*). C'est une plante vivace, aquatique, à rhizome épais, traçant , muni d'écailles membraneuses engainantes; les feuilles naissent au sommet du rhizome ou de ses ramifications; elles sont trifoliées,

à long pétiole dilaté à la base. Fleurs réunies en grappes spiciformes , dont le pédoncule est long de 20 à 40 cent. , et naît à l'aisselle des écailles supérieures : calice 5-partit; corolle infundibuliforme à 5 divisions étalées, barbues à la face interne; étamines 5, à style filiforme. Pour fruit, capsule uniloculaire polysperme.

Fig. 829. — Ményanthe Trèfle-d'eau.

(1, étamines à filets poilus en haut ; — 2, pistil; — 3, fruit ; — 4, le même, coupé en travers ; — 5, graine.)

Le Trèfle-d'eau est assez commun dans les marais tourbeux , les lieux marécageux, les prairies spongieuses , etc. Il fleurit au printemps (avril-mai). Cette plante a joui d'une certaine réputation en médecine; ses feuilles sont d'une très grande amertume , qui les a fait employer comme toniques, antiscrofuleuses, antiscorbutiques ; on a préconisé encore ce médicament dans la goutte, les dartres. Toutefois, comme son action est assez prononcée, il faut ne pas trop en élever la dose , qui est de 15 à 25 gram. pour 1 kilogr. d'eau (décoction). La racine contient un peu de fécule, ce qui fait que, dans le Nord, les pauvres nécessiteux la mangent.

MER. On donne ce nom à l'universalité des eaux amères et salées répandues à la surface du globe terrestre , et dont elles occupent la plus grande partie de la surface. La surface totale du globe étant évaluée à 5,100,000 myriamètres carrés ; on a calculé qu'il y en a 3,700,000 qui sont recouverts par les Mers, lesquelles sont d'ailleurs réparties d'une manière fort inégale. Néanmoins les eaux de la Mer forment une masse bien peu considérable , comparée à la masse totale de la planète , attendu que leur profondeur ne peut excéder 8,000 mètres , d'après Laplace , qui a démontré que cette profondeur moyenne ne peut être qu'une fraction de la différence qui existe entre les deux axes de la terre. Dans les lieux où l'on a jeté la sonde , le fond a été trouvé à une profondeur de 600 ou 800 mètres , mais la sonde ne produit pas toujours des données exactes , surtout dans les grandes profondeurs, parce qu'elle peut être entraînée dans une direction oblique par des courants sous-marins , ou parce que la corde qui la retient peut avoir déplacé une quantité d'eau égale à son poids, et flotter comme le ferait une éprouvette, sans aller jusqu'au fond.

La profondeur de la Mer varie beaucoup le long des côtes ; mais, suivant l'observation des marins les plus expérimentés, elle est proportionnée à l'élévation de ces côtes; ainsi plus celles-ci sont hautes et escarpées plus les eaux qui les baignent sont profondes. La sonde nous apprend , par exemple, que le fond de la Mer participe de la nature des côtes voisines; qu'il est ou vaseux, ou sablonneux, ou graveleux, ou pierreux, ou rocailleux , souvent mêlé de débris de coquilles. Dans le grand Océan, il est fréquemment formé par des coraux , dont les animalcules augmentent constamment la masse, et de telle sorte que le nombre de ces écueils tend constamment à s'accroître.
. L'eau de Mer dont on examine une petite quantité dans un vase transparent, paraît limpide comme l'eau ordinaire ; mais observée par un temps serein dans les endroits où elle a une grande profondeur, elle se montre d'un bleu azuré plus ou moins intense , couleur qui varie du reste suivant les différents parages, les gros temps, la présence de bancs d'animaux microscopiques ou de poissons , etc. Dans son état de tranquillité et de pureté parfaite, l'eau de la Mer est traversée par la lumière jusqu'à de grandes profondeurs ; on suppose même que la lumière pénètre jusqu'au fond, puisque des êtres organisés y vivent. Une de ses propriétés remarquables est la phosphorescence , attribuée généralement à la présence d'un grand nombre d'animaux différents qui vivent dans son sein, aux produits de la décomposition des substances animales et végétales qu'elle renferme, enfin à des phénomènes électriques et météoriques qui ont lieu à sa surface.

Les eaux de la Mer ont une saveur salée amère, et une odeur nauséabonde; leurs propriétés amères et nauséabondes n'existent qu'à la surface, à 500 pieds elles sont simplement salées. L'amertume est due aux sels à base de magnésie; la salure dépend du chlorure de sodium (sel marin) On n'a que des hypothèses vagues sur l'origine de la salure de la Mer, On a dit, pour l'expliquer , que les eaux qui couvraient primitivement le globe terrestre ont, en se retirant, entraîné avec elle les substances les plus solubles qui constituent précisément les sels auxquels elle doit sa saveur spéciale. L'eau de la Mer est d'une pesanteur spécifique d'autant plus marquée que sa

salure est plus grande. D'après les expériences de Gay-Lussac , la pesanteur spécifique de l'eau de la Mer, et par conséquent sa salure, décroît de l'équateur aux pôles.

La température de l'Océan diminue aussi de l'équateur aux régions polaires; dans les environs des îles et des continents , au-dessus des bancs de sable, cette température est également plus basse. Dans le voisinage des pôles, l'eau de la Mer gèle , et présente de vastes espaces où les glaces fixes arrêtent la marche des navires. Il paraît que sous les champs de glace la Mer n'est pas prise jusqu'au fond ; dans les endroits où on a pu la mesurer, on a reconnu que la couche de glace avait au plus 7 à 8 mètres d'épaisseur.

La Mer est soumise à plusieurs sortes de mouvements : 1° un courant général d'occident en orient, se faisant particulièrement sentir entre les tropiques, outre un mouvement des pôles vers les régions tempérées , et des courants particuliers qu'on observe dans différentes Mers ; 2° mouvement de flux et de reflux, dont il a été parlé au mot *Marée ;* 3° mouvements propres à l'Océan, à la surface duquel les vents font naître les ondes, les flots, les vagues, qui s'élèvent quelquefois jusqu'à 180 à 200 pieds. La connaissance des courants est essentielle pour le navigateur, mais les mouvements irréguliers et accidentels ne peuvent être l'objet d'une étude précise.

C'est du niveau de la Mer que l'on calcule les hauteurs de la terre; mais dans quelques parages ce niveau est plus élevé que dans d'autres, par suite de causes locales, puisque la Mer, de même que tous les liquides , doit prendre à sa surface une horizontalité parfaite. Ce niveau n'a pas varié, quoi qu'on en ait dit; ce qui a pu donner le change à cet égard, c'est l'affaissement et le soulèvement des terres, et le bouleversement dont elles sont susceptibles.

MERCURE. Corps simple métallique, qui se maintient liquide jusqu'à 40° au-dessous de 0, et qui a été rangé autrefois au nombre des demi-métaux à cause de cette fluidité. Il est d'un blanc éclatant, fluide, insipide, inodore, et d'une pesanteur spécifique de 13,598. Il existe dans la nature sous quatre états différents : 1° à l'état natif, en globules brillants, disséminés dans l'intérieur des différentes substances chisteuses, argileuses, etc.; 2° amalgamé avec l'argent; 3° combiné avec le soufre; 4° à l'état de chlorure. On l'extrait de son sulfure par divers procédés, à Almaden en Espagne, à Idria dans le Frioul, dans la haute Hongrie, le Palatinat et le duché des Deux-Ponts. Mais le Mercure qu'on trouve dans le commerce est quelquefois allié à d'autres métaux ; et, pour l'avoir pur, il convient de le retirer du sulfure artificiel par l'intermède du fer (2 part. de sulfure et 1 p. de limaille).

Le Mercure s'oxyde par son exposition à l'air, à l'aide de l'agitation et de la chaleur, et par l'action des acides ; il se dissout dans l'acide azotique :

forme avec l'acide sulfurique un sel insoluble à l'état neutre ; se combine avec un grand nombre de métaux, et donne alors des alliages appelés *amalgames;* il forme avec le soufre le cinabre et l'éthiops minéral , et avec le chlore le sublimé corrosif et le calomel.

Le Mercure est journellement employé dans les expériences de physique, dans les laboratoires de chimie, dans les opérations métallurgiques relatives à l'extraction des minéraux précieux, dans l'étamage des glaces , en s'unissant aux feuilles d'étain qu'il fixe à leur surface , etc. , et dans le traitement d'un grand nombre de maladies. Ses composés les plus employés en thérapeutique sont le proto-chlorure (calomel) et le deuto-chlorure (sublimé corrosif).

Le Mercure, qui exige un froid de 40° pour se solidifier , se dilate et se contracte par les plus légères différences de température, et permet par cette raison d'être employé à la construction des thermomètres.

MERCURIALE (de *Mercure*, parce que , dit Pline, on doit à ce dieu la découverte des propriétés de cette plante). Genre de la famille des Euphorbiacées, offrant pour caractères : fleurs dioïques , quelquefois monoïques , les mâles en longues grappes, les femelles axillaires par 2-5 : calice à 3 sépales soudés à la base; 8-12 étamines; ovaire à 2 styles courts; capsule hispide à 2 coques subglobuleuses monospermes ; rarement le nombre 3 remplace le 2 dans ces caractères.

Fig. 830-1831. — Mercuriale.

(Pied mâle et pied femelle; — les figures détachées représentent, en allant de gauche à droite: une fleur mâle avec ses étamines; une fleur p stillée, avec les 3 sépales enveloppant l'ovaire; enfin un fruit à 2 coques.)

La **Mercuriale annuelle** (*Mercurialis annua*) vulg. *Foirolle* , *Foirande* , est une plante annuelle à racine pivotante; à tige de 20 à 60 cent., dressée, anguleuse, rameuse, à rameaux opposés dressés ; feuilles pétiolées, ovales lancéolées , lâchement dentées; fleurs dioïques, les femelles presque sessiles, verdâtres ; capsule hispide. — Cette herbe est excessivement commune dans les jardins, les villages, les lieux cultivés où elle fleurit en juin-octobre. Elle contient un suc aqueux réputé émollient et laxatif; le *miel-mercurial*, si souvent prescrit en lavement , est préparé avec cette plante. Dans quelques cantons de l'Allemagne on la mange en guise d'épinards , quoique cependant les bestiaux la dédaignent , probablement à cause de son odeur suspecte. Les anciens croyaient que le pied mâle de la Mercuriale, mangé par une femme, lui faisait produire un garçon, et que le pied femelle donnait une fille.

La **Mercuriale vivace** (*M. perennis*) est en effet vivace, à très long rhizome ; à tiges de 20-40 cent., simples ; à fleurs femelles longuement pédonculées, etc. — Cette espèce, bien moins commune que la précédente , croît dans les bois, les taillis, les lieux ombragés, et fleurit en mars-mai. Elle est généralement suspecte ; on croit qu'elle cause de la diarrhée opiniâtre , des convulsions , des vomissements. On dit que les chèvres la mangent et que les moutons la refusent. On en a extrait un suc qui teint en bleu , mais on n'a pu encore le fixer. Ces deux plantes bleuissent plus ou moins par la dessiccation.

MÉRINOS (mot espagnol qui signifie d'*outre-mer*, parce que les premiers moutons de ce genre étaient le produit de Béliers venus d'Afrique et croisés avec des Brebis espagnoles). Race de Moutons caractérisée ainsi : front large, corps ample, jambes courtes, cornes épaisses, larges, contournées en spirale et d'une grande étendue; laine très fine, abondante, douce au toucher , pleine de suint , tassée, un peu frisée, très élastique, d'un blanc sale.

On fait remonter l'origine de cette race , en Espagne, au xive siècle; mais elle ne fut bien connue en France qu'au xviiie siècle. Les premiers Mérinos nous furent amenés en 1786, sur la proposition de M. d'Angivilliers, surintendant des bâtiments de Louis XVI : ils furent installés dans la célèbre bergerie de Rambouillet. Toutefois, ce ne fut que lentement, et grâce surtout aux efforts de M. de Lasteyrie, qu'ils furent convenablement appréciés. Outre leur mérite propre, qui consiste dans leur laine si fine et abondante, les Mérinos ont servi à améliorer nos races; mêlés aux races indigènes, ces animaux d'élite donnent plus de finesse, de tassement et de poids aux toisons.

MÉRIONE (*Meriones*). Genre de Rongeurs, de la famille des Muridés ou Rats , ne comprenant qu'une seule espèce.

La **Mérione du Canada** (*M. canadensis*) n'est pas supérieure à la Souris par ses dimensions, mais elle a les pattes plus longues et le corps plus élancé. C'est un animal agile, excepté quand il fait froid; alors il se roule en boule et s'engourdit. Il habite les prairies aussi bien que les lieux boisés.

MERISIER. Espèce du genre *Cerisier*. — V. ce mot.

MERLAN (*Gadus*). Genre de Poissons, de la famille des Gadoïdes, formé aux dépens du genre Morue, dont il diffère par le corps et surtout la tête plus allongés, et par le manque de barbillons à la mâchoire inférieure. Il ne comprend que peu d'espèces.

Le MERLAN COMMUN (*G. Merlandus*) est long d'environ 33 cent.: sa mâchoire supérieure dépasse l'inférieure en longueur; son dos est d'un gris roussâtre pâle et son ventre argenté; ses écailles sont très petites, minces et molles. — Ce

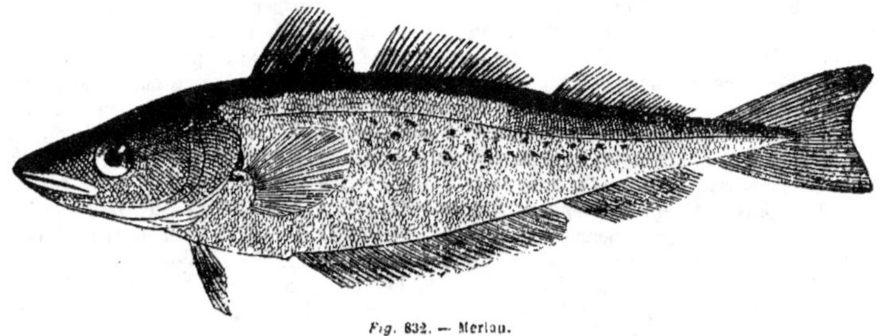

Fig. 832. — Merlan.

poisson n'est pas rare dans la Manche; on le pêche abondamment sur les côtes de l'Océan, car il s'approche constamment des rivages. Sa chair est molle, légère, tendre, agréable au goût, surtout au temps où il fraie. On le prend avec des filets et à la ligne. Plusieurs observateurs ont cru qu'il y avait des Merlans hermaphrodites; mais cette opinion n'a point été adoptée.

Le MERLAN NOIR ou CHARBONNIER (*G. carbonarius*), vulg. *Colin*, devient du double plus grand que le Merlan commun, d'un brun foncé, à mâchoire supérieure plus courte que l'inférieure. Sa chair est coriace; on la sale et on la sèche comme la Morue.

Le M. JAUNE (*G. pollachius*) ou *Lieu*, de la taille du précédent, est recherché pour sa chair. Il tire son nom d'un jaune ordinairement foncé qui règne sur toute la partie supérieure, et dont on voit des taches sur les flancs.

MERLE (*Turdus*). Genre d'Oiseaux de l'ordre des Passereaux dentirostres, qui, pour Linné, comprenait aussi les Grives et les Moqueurs, lesquels forment actuellement, avec les Merles, trois genres distincts composant la petite famille des Turdinés. — Les Merles ont le bec de la longueur de la tête, convexe, assez élevé, fort, comprimé; les narines latérales, ovalaires, bordées par les plumes du front; la queue ample, arrondie; les tarses grêles et scutellés.

Les Merles s'éloignent des Grives non-seulement par la couleur du plumage et par la différente livrée du mâle et de la femelle, mais encore par leur cri et quelques-unes de leurs habitudes. Ils ne voyagent ni ne vont en troupes comme les Grives, et néanmoins, quoique plus sauvages entre eux, ils le sont moins à l'égard de l'homme; car ils ne se tiennent pas si loin des lieux habités, et

nous pouvons les apprivoiser. Ayant la vue perçante, ils découvrent le chasseur de fort loin et se laissent difficilement approcher; mais ils sont plus inquiets que rusés, plus peureux que dé-

Fig. 833-834. — Merle (mâle et femelle).

fiants. Renfermés avec des oiseaux plus faibles qu'eux, ils les tourmentent continuellement. — Les espèces sont au nombre de trois en Europe et de 35 environ dans le reste du globe.

MERLE COMMUN (*T. merula*) ou *Merle noir*.

Tête, cou, corps, ailes et queue d'un noir profond; bec et bord libre des paupières jaunes; pieds et iris d'un brun noir; longueur totale, 264 millim. Les mâles se parent d'un beau noir, et les femelles restent uniformément brunes, avec le bec non entièrement jaune.

Le Merle se trouve non-seulement en Europe, mais aussi en Asie. Il fréquente les bosquets et les endroits ombragés, particulièrement dans le voisinage des lieux humides, des ruisseaux, des sources chaudes. Il recherche aussi les endroits très touffus des bois, ceux qui lui offrent le plus de verdure. Les considérations qui viennent d'être exposées plus haut lui sont particulièrement applicables. Il a pour chant une sorte de sifflement court qu'il répète souvent, surtout le soir et le matin : il siffle depuis le commencement du printemps jusqu'à l'automne, et recommence son chant à la fin de l'hiver, parce qu'il entre en amour de bonne heure. Les Merles sauvages se nourrissent de toutes sortes de baies, de fruits et d'insectes; ceux que l'on tient en cage mangent aussi de la viande cuite ou hachée, du pain, etc.; on prétend que les pépins de pommes de grenades sont un poison pour eux comme pour les Grives. Ils aiment beaucoup à se baigner, et il ne faut pas leur épargner l'eau dans les volières.

Ces Oiseaux ne changent point de contrée pendant l'hiver, mais ils choisissent dans les parages qu'ils habitent l'asile qui leur convient le mieux, lequel est le fourré des bois, surtout les forêts peuplées d'arbres toujours verts, tels que pins, sapins, picéas, genévriers, cyprès, parce qu'ils leur fournissent abri et nourriture. Il est pourtant constaté que le Merle voyage, et qu'il nous quitte quelquefois pendant l'hiver. Il fait son nid dans les buissons ou sur des arbres de hauteur médiocre; il le construit à peu près comme celui de la Grive, excepté qu'il le matelasse en dedans. La femelle fait plus d'une ponte dans l'année : la première est de 4 à 6 œufs verdâtres, bleuâtres ou d'un gris sombre, avec des taches d'un roux de rouille, bleuâtres ou olivâtres et cendrées, quelquefois peu apparentes et presque confondues.

Le Merle offre des variétés albines assez fréquentes, ce que ne sait pas le vulgaire, lorsqu'il dit, comme marque d'incrédulité : Si vous faites cela, je vous donne un *Merle blanc*. Les galeries du Muséum de l'aris en possèdent deux, une incomplète, présentant de larges taches noires et blanches, et l'autre toute blanche.

Merle a plastron (*T. torquatus*). Tout son plumage est noirâtre, avec du gris sur le bord de chaque plume. Entre la gorge et la poitrine du mâle seulement, on voit une large plaque blanche disposée en demi-cercle; dans la femelle, cette plaque est d'un blanc terne mêlé de roux; dans les deux sexes le bec et les pieds sont noirâtres. — Cette espèce est un peu plus grande que la précédente. Elle habite les contrées boisées de l'Europe, et se complaît surtout sur les plus hautes montagnes. Elle est de passage dans le nord de la France en novembre et en avril. Ce Merle place son nid très près de terre. La femelle pond de 4 à 6 œufs verdâtres ou bleuâtres, avec des taches d'un cendré foncé, d'un brun noirâtre ou d'un roux de rouille. — On cite des variétés de Merles toutes blanches, et d'autres tapirées de blanc.

Merle bleu ou M. solitaire (*T. solitarius*). Plumage d'un bleu plus ou moins foncé, avec les ailes noires; bec et pieds noirs. La femelle est brun cendré. — Ce Merle habite le midi de la France, où il arrive au printemps pour repartir en automne. Il vit isolé. Son chant est harmonieux; pendant l'incubation, le mâle charme sa compagne des airs qu'il siffle, surtout le soir au coucher du soleil. François Ier prenait plaisir, dit-on, à entendre le ramage du Merle solitaire. Les habitudes singulières de cet oiseau et la beauté de sa voix, dit Buffon, ont inspiré au peuple une sorte de vénération pour lui.

Le Merle de roche (*T. sexatilis*) est encore une espèce du midi de l'Europe, dont le dos est noir, un peu tacheté de blanc, et le dessous du corps roussâtre, etc.

Le Merle polyglotte, de l'Amérique, est le *Moqueur*. — V. ce mot.

MÉSANGE (*Parus*). Genre de Passereaux conirostres, type d'une famille, les Paridés, qui comprend aussi les Remiz et les Moustaches, lesquels se distinguent les uns des autres par une légère différence dans la conformation du bec. Les Paridés s'éloignent des autres Passereaux par leurs caractères et leurs mœurs. Ils sont vifs, pétulants, continuellement en action, voltigeant sans cesse d'arbre en arbre, dans les bois, les vergers, les marais, visitant toutes les branches, s'y suspendant dans tous les sens, et souvent la tête en bas, sans lâcher prise. Ils déchirent les bourgeons et les graines au lieu de les broyer, mangent les insectes et même quelquefois les petits oiseaux qu'ils trouvent malades ou embarrassés dans les piéges, et auxquels ils percent le crâne pour en dévorer la cervelle. Leur courage égale leur voracité : ils ne craignent pas d'attaquer des oiseaux plus gros qu'eux. Les uns sont sédentaires, les autres émigrent à l'automne; hors le temps des amours ils vivent en petites troupes.

Les *Mésanges proprement dites (Parus)* ont le bec épais, pointu, à bords mandibulaires droits ou presque droits; la queue est égale ou étagée; elles sont en général parées d'agréables couleurs. — Ces oiseaux forment un genre dont la plus grande partie est européenne, le reste étant de l'Afrique et de l'Asie.

Les Mésanges sont en général peu méfiantes, curieuses, hardies et sans défense; aussi deviennent-elles facilement la proie de l'oiseleur et celle du hobereau, de l'émerillon, des pies-grièches, outre que le lérot, le loir et les souris détruisent souvent leurs pontes. L'été elles se nourrissent de toutes sortes d'insectes, soit à l'état de larves, soit à l'état parfait, tandis que l'hiver elles se re-

jettent sur les graines sèches, dont elles attaquent
l'enveloppe ligneuse avec adresse. En cage on les
nourrit avec du chènevis, de la faine et plusieurs
autres graines ; elles mangent aussi de la mie de
pain ; mais on a remarqué que, sans rien perdre
de leurs habitudes et de leur activité naturelle,
elles ne soutiennent pas longtemps la captivité.

Les Mésanges aiment en général la société de
leurs semblables ; rarement on en rencontre une
seule ; cependant on prétend qu'il règne moins
d'attachement entre elles que de défiance, et
qu'elles se craignent mutuellement. C'est une supposition qu'on a faite en les voyant éparpillées çà
et là sur le même arbre pour mieux chasser les
insectes. Ce qu'il y a de certain, c'est qu'elles
sympathisent parfaitement entre elles pour harceler
de leurs cris perçants et redoublés la chouette
égarée au milieu du jour.

Fig. 835-836. — Mésange Charbonnière (mâle et femelle).

Mésange charbonnière (*P. major*). La plus
grande des espèces d'Europe ; sa taille est de
16 centim. ; plumage olivâtre en dessus, jaune en
dessous, avec la tête noire et un triangle blanc
à chaque joue. — Cet oiseau est commun dans
les taillis, dans nos jardins, où il est facile d'observer ses allures agiles. Quoique féroce, il aime
la société de ses semblables ; mais il ne faut pas
le mettre en cage avec d'autres oiseaux, car il finit
par les tuer ; surtout lorsqu'il a goûté de la cervelle de l'un d'eux. La Charbonnière niche dans
un trou d'arbre, quelquefois aussi dans un trou
de mur ou même dans un nid abandonné d'écureuil, de corbeau ou de pie. La ponte est de 8 à
10 œufs blanchâtres, parsemés de gros et petits
points, mêlés de traits rouge foncé, particulièrement au gros bout, où ils forment une couronne.

La Petite charbonnière (*P. ater*) ne diffère de
la Grande que par sa taille plus petite et parce
qu'elle a du gris sur le manteau et du blanc sous
le ventre. Elle habite de préférence les grands
bois de sapins. Leurs bandes nombreuses s'associent ordinairement à celles des Roitelets.

Mésange noire. C'est la Petite Charbonnière dont
il vient d'être parlé, ou bien une espèce du Cap
(*P. niger*), à plumage généralement noir, avec un
peu de blanc sur les rectrices.

Mésange bleue (*P. cœruleus*). Jolie petite espèce qui a une calotte azurée bordée de blanc sur
l'occiput, avec le reste de la tête noir et blanc ; le
dessus du corps cendré olivâtre, le dessous jaune
citron. — C'est de toutes les Mésanges la plus
nombreuse et la plus querelleuse. Son étourderie, sa vivacité ou sa curiosité sont cause qu'elle
donne dans tous les pièges, même les plus grossiers. Elle se blottit pendant les plus grands froids
dans des trous d'arbres, où elle amasse des graines
de toutes sortes.

La **Mésange huppée** (*P. cristatus*), qui tire
son nom de la huppe élégante, variée de blanc et
de noir dont sa tête est surmontée, a les joues, le
front et le dessous du corps blancs ; la gorge et
le tour de la joue noirs, avec le dos olivâtre ; les
pieds bleus, etc. — Cette espèce se rencontre dans
les bois de genévriers, les forêts de pins et de
sapins.

Fig. 837. — Mésange huppée.

La **M. nonnette** (*P. palustris*) habite les petits bois voisins des marais.

La **Mésange a longue queue** (*P. caudatus*)
est presque aussi grande que la Charbonnière ;
son plumage est noir en dessus du corps, blanc
en dessous, ainsi qu'à la tête ; mais la femelle
a un large sourcil noir qui se prolonge sur la
nuque et va se réunir au trait du milieu du dos ;
la queue est plus longue que le corps et très
étagée. — Cette espèce est commune en France.
Elle niche dans les taillis, contre le pied des
grands arbres ; son nid est ovoïde, verticalement
placé sur l'enfourchure des branches d'un épais
buisson, et muni d'une double ouverture, afin que

la longue queue de l'oiseau n'y soit point froissée; la ponte est de 10 à 15 œufs d'un blanc d'abord rose, puis plombé, quelquefois pointillé de brun.

Fig. 838-839. — Mésange à longue queue (mâle et femelle).

Mésange Moustache (*P. biarmicus*). Cette espèce forme un genre distinct pour certains ornithologistes. Son plumage est fauve ; le mâle a la tête cendrée, avec deux bandes d'un noir de velours situées de chaque côté du cou, à partir de la base du bec.—La Moustache est un joli oiseau de la taille de la Charbonnière; elle habite les marais et les buissons aquatiques, se nourrissant d'insectes et de graines de roseaux. Son chant est plein de douceur et de gaîté. La ponte est de 6 à 8 œufs d'un blanc légèrement rosé, tacheté et strié de rouge.

Mésange Rémiz (*P. pendulinus*). Autre genre, formé aux dépens des véritables Mésanges. — La *Rémiz penduline* a le plumage cendré, les ailes et la queue brunes, les joues noires et le cou blanc. — Elle est de passage en Provence. Elle suspend son nid, dont la forme est celle d'une bourse, à l'extrémité d'une branche flexible et pendante au-dessus de l'eau ; l'ouverture est pratiquée sur le côté qui fait face à l'eau ; 4 à 6 œufs oblongs, d'un blanc d'ivoire, sans taches.

MÉSENTÈRE (du gr. *mésos*, qui est au milieu, et *enteron*, intestin). On comprend sous ce nom plusieurs replis du péritoine qui maintiennent les diverses portions du conduit intestinal dans leur situation respective, en laissant cependant à chacune une mobilité plus ou moins grande, replis formés chacun de deux lames, dans l'intervalle desquelles la portion correspondante de l'intestin, des vaisseaux lymphatiques et sanguins, des nerfs et de nombreux ganglions se trouvent compris. Un seul de ces replis appartient à tout l'intestin grêle : c'est le *Mésentère proprement dit*, fixé en arrière, par son bord étroit, à la colonne vertébrale, et en avant, par son grand bord, à toute l'étendue de l'intestin grêle (fig. 840).

Cette figure représente le Mésentère, étalé de manière à faire voir les vaisseaux lymphatiques ou chylifères qui le traversent pour se rendre au canal thoracique qu'ils constituent en partie. Nous avons parlé des Chylifères au mot *Absorption*, et du Mésentère au mot *Digestion ;* mais si nous avons figuré le canal thoracique au premier de ces articles, nous n'avons représenté ni le repli mésentérique des intestins, ni les vaisseaux chylifères, auxquels il sert de plan et de soutien pour les conduire de l'intestin grêle, où ils prennent naissance, au canal thoracique qui les résume tous. — V. *Absorption*.

Les vaisseaux lymphatiques existent chez les Mammifères, les Oiseaux, les Reptiles et les Poissons; mais le Mésentère se simplifie, disparaît au fur et à mesure que la direction du tube intestinal devient moins tortueuse et plus directe. Les lymphatiques sont plus volumineux chez les Reptiles et les Poissons que dans les Mammifères et les Oiseaux; mais ils manquent en général de ganglions, et les valvules y sont moins nombreuses. Les Invertébrés n'ont ni vaisseaux chylifères, ni vaisseaux lymphatiques ; pas de Mésentère bien entendu. Quand il y a des veines et des artères, comme chez les Mollusques, les premières charrient les matériaux de la nutrition; dans les Arachnides, les Crustacés, les Insectes, les Annélides, dont le système circulatoire est moins complet, le produit de la digestion traverse les tuniques de l'intestin et se rend de là, par imbibition et endosmose, dans les canaux circulatoires.

Dans les Rayonnés, le produit liquide de la digestion, après avoir traversé les parois du tube digestif, ne rencontre point de véritables vaisseaux; il se répand en conséquence, de proche en proche, dans l'épaisseur des organes : les produits de la digestion, qui constituent le sang chez ces animaux, traversent donc les parois de la cavité digestive et pénètrent directement dans la trame des tissus. Quelle différence entre ces degrés infimes de l'échelle zoologique et le plus élevé, où l'on trouve le système des lymphatiques et des chylifères parfaitement déterminé dans sa structure, sa disposition, ses fonctions, conduisant le produit de la digestion (chyle), non pas directement aux organes, mais aux poumons d'abord, en le mêlant avec le sang veineux qui se rend aussi aux organes chargés de les revivifier au moyen de la respiration. — Ces considérations sont ici presque un hors-d'œuvre; mais nous avons voulu, à l'occasion d'une réparation d'oubli (cette figure devait être placée au mot Digestion), compléter l'article *Absorption comparée*, sur lequel nous avions trop rapidement glissé.

MESSAGER. — V. *Serpentaire.*

MÉTAMORPHOSE. Changement de forme ou de structure qui survient pendant la vie des Insectes et des Reptiles batraciens, depuis le moment où ils sortent de l'œuf jusqu'à celui où ils sont aptes à reproduire leur espèce. On distingue les *Métamorphoses incomplètes*, dans lesquelles

certains insectes (Cloportes, Forficules, Blattes, Sauterelles, Grillons, etc.) n'éprouvent que des mutations partielles; et les *M. complètes*, dans lesquelles les insectes naissent d'un œuf, et passent de l'état de *Larve*, *Ver* ou *Chenille* à l'état parfait : ce qui s'accomplit de plusieurs façons, mais ordinairement en passant par l'état de *Chrysalide*. — Les Crustacés et les Batraciens ont aussi leurs Métamorphoses. — V. *Têtard.*

Les anciens ont connu le phénomène dont il est question. En effet Ovide dit dans ses *Métamor-*

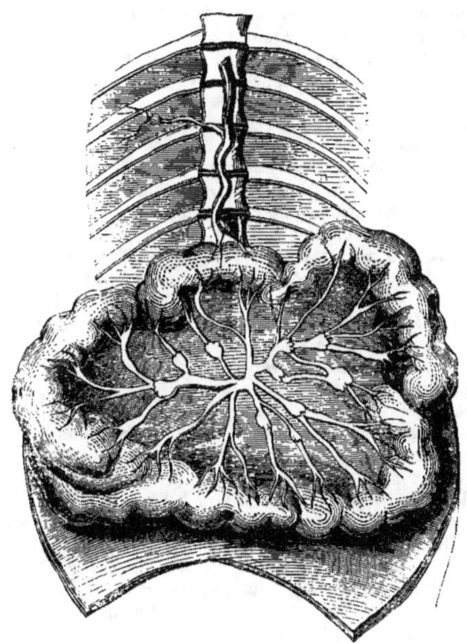

Fig. 840. — Mésentère (cours du chyle).

phoses : « Et ces chenilles des champs qui ont coutume de tisser les feuilles des arbres avec leurs fils blancs (chose qui n'a pas échappé à l'observation du laboureur) changent ensuite leur forme primitive contre celle du papillon, emblème de la mort. »

Ovide ajoute dans un autre endroit: « Il se trouve dans le limon une semence qui produit des grenouilles vertes; à leur naissance ces grenouilles n'ont pas de jambes ; bientôt après il leur en pousse qui les rendent propres à nager; et pour qu'elles puissent avec les mêmes jambes faire de grands sauts, la nature leur a fait celles de derrière beaucoup plus longues que celles de devant. »

Le phénomène de la Métamorphose a été diversement envisagé par les naturalistes philosophes. D'abord pour quelques-uns, pour Virey en parti-

culier, tout se métamorphose dans la nature : « les animaux qui sortent de l'œuf ou de l'utérus sous la forme qu'ils conservent toute leur vie, subissent une *métamorphose par métastase;* l'animal, dit-il, est encore sans dents, et ses viscères ne peuvent digérer d'autre nourriture que le lait maternel, on peut donc le considérer comme à l'état de *larve*. L'époque de la dentition est le passage intermédiaire de l'état de larve à celui que l'on nomme *nymphe* parmi les insectes; la puberté c'est l'*état parfait*... Qui voudrait, continue Virey, se borner, au printemps, à l'examen des premières pousses des plantes, à leurs cotylédons, à leurs feuilles radicales et caulinaires, sans attendre la floraison, ne verrait que des végétaux *larvés* et déguisés. » C'est ce qui s'appelle vraiment forcer les analogies.

M. Bory St-Vincent a écrit le passage suivant (*Dict. clas. d'hist. nat.*), que nous croyons devoir livrer, dans toute sa hardiesse philosophique, aux réflexions du lecteur.

« Deux états de repos, l'un temporaire et plein d'avenir, l'autre éternel et sans espérances, marquent les deux extrémités de la carrière animale. Cependant une exception semble avoir lieu dans les insectes à Métamorphose complète, notamment chez les Lépidoptères, où la chenille consommatrice est si différente du papillon producteur, que la démonstration journalière de sa transformation est nécessaire pour constater l'identité ; ici néanmoins l'exception confirme la règle. Au sortir de l'œuf, la chenille est devenue tout ce qu'elle pouvait être, il ne lui manque rien d'un animal parfaitement complet ; mais le développement des diverses parties qui la composent s'est opéré selon un tel équilibre, que celles de ces parties qui eussent dû se trouver, par leur prépondérance, aptes à la reproduction, sont demeurées confondues parallèlement avec les autres sans atteindre à leur but culminant. La nature cependant ne condamnera point la chenille à laisser une place vacante dans son sein maternel; mais telle est l'inflexibilité des lois qui la rendent féconde, qu'on ne la verra pas non plus, au moyen d'une sorte de *miracle* ou de *transsubstantiation* brusque, porter dans la chenille l'organe générateur, qui s'y trouvait demeuré impuissant, vers le degré de prépondérance qu'il est de sa nature d'atteindre. Elle ne procède point comme ces magiciens qui changeaient des baguettes en serpents, et qui faisaient des grenouilles sans têtards préalables; mais, sagement circonspecte, elle rentre dans sa marche habituelle par un retour sur elle-même, et la chrysalide, équivalente au tombeau, par rapport à la chenille dont elle termine l'existence marquée, devient comme un nouvel œuf par rapport à l'insecte parfait, qui s'y revêt de cette brillante parure nuptiale avec laquelle on le voit apparaître au jour de la résurrection. Et cette chrysalide, en son sépulcre intermédiaire, qui n'est point la vie, mais qui n'est point la mort, peut être indifféremment considérée comme un trait d'union, ou comme un temps d'arrêt entre deux modes très distincts d'existence chez un même animal. »

L'entomologiste Lacordaire a écrit quelque part ceci : « Une chenille peut donc être regardée comme un œuf doué de la faculté locomotrice, renfermant à l'état d'embryon le papillon qui, après une certaine époque, s'assimile les substances animales dont il est entouré, développe insensiblement les organes et brise enfin l'enveloppe dans laquelle il était contenu. Cette explication dépouille le phénomène de la Métamorphose de tout ce qu'il pouvait avoir de miraculeux, mais ne le laisse pas moins une opération très compliquée et difficile à comprendre. Il y a de quoi confondre notre raison dans cette pensée qu'une chenille, d'abord à peine de la grosseur d'un fil, renferme ses propres téguments en nombre triple et même octuple, de plus le fourreau d'une chrysalide et un papillon complet, le tout replié l'un dans l'autre; avec un appareil de vaisseaux pour respirer et digérer, des nerfs pour la sensation, des muscles pour se mouvoir, et que ces divers organes exécuteront leurs évolutions successives au moyen de quelques feuilles introduites dans son estomac : encore moins pouvons-nous comprendre comment ce dernier organe peut digérer à une certaine époque des feuilles, et à une autre seulement du miel; comment le fluide soyeux sécrété par la chenille disparaît dans le papillon; en un mot, comment des organes essentiels à une certaine période de l'existence d'un insecte, sont rejetés à une autre et avec eux tout le système auquel ils appartenaient. »

Toutes les opinions qui ont été émises en faveur des métamorphoses de plantes en animaux et d'animaux en plantes, et même d'espèces végétales ou animales en d'autres espèces du même règne ne sont que des rêveries.

MÉTÉORE, Météorologie (du gr. *meteoros,* élevé en l'air). Phénomène extraordinaire qui apparaît dans le ciel. On distingue les *Météores ignés* (Aérolithes, Étoiles filantes, Feux follets, Tonnerre, etc.); les *M. lumineux* (Arc-en-ciel, Aurore boréale, Mirage, etc.); les *M. aqueux* (Brouillards, Givre, Grêle, Gelée, Neige, Rosée, Pluie, etc.); les *M. aériens* (Vents et Trombes). —Nous renvoyons le lecteur à ces divers mots.

La Météorologie est la science qui a pour objet l'étude des phénomènes qui ont lieu dans l'atmosphère. De toutes les sciences physiques, c'est celle qui laisse le plus à désirer.

MÉTHODE (du gr. *methodos,* perquisition). En histoire naturelle ce mot a deux acceptions; il signifie : 1° collection des principes sur lesquels le naturaliste s'appuie pour former sa *classification* (V. ce mot) ; 2° simple arrangement systématique des êtres créés.

Établissons donc ici la différence rigoureuse qui existe entre les mots *Méthode* et *Système*.

Une *Méthode* est une classification dans laquelle les êtres sont rangés d'après l'ensemble et leurs caractères essentiels : elle repose sur la comparaison et la subordination philosophique des caractères, suivant le degré variable de leur importance.

Un *Système* (du gr. *systema*, assemblage) est un ordre artificiel fondé sur un petit nombre de caractères : la condition qui en fait le mérite est le choix heureux des parties.

La Méthode se propose un but impossible à atteindre, quel que soit le génie de l'homme : celui de reproduire l'image fidèle que Dieu lui-même s'est tracée en créant la nature; les *Systèmes*, qui n'ont jamais la prétention que les méthodes affectent, ont pour résultat, pour but unique, de faire connaître avec rapidité, le *nom* des espèces adoptées dans les classifications; mais ils ne peuvent prétendre conserver intacts les rapports naturels qui unissent entre elles les espèces. — V. *Classification*.

MEULIÈRE. Pierre meulière. « Pierre siliceuse, blanche, grisâtre, jaunâtre ou brune, qu'on emploie soit en forme de moellons, dans les bâtiments, pour les fondations, les contre-forts, les murs de terrasse, les fosses d'aisance, les égouts, soit, quand elle est de grande dimension, à la formation des meules de moulin. La meilleure meulière pour bâtir est celle qui est brune, légère, perforée d'une multitude de trous et d'anfractuosités; elle charge peu les murs et se lie très bien au mortier.

La Pierre meulière se trouve par bancs interrompus, au milieu des sables et de l'argile. Il en existe de belles carrières dans les départements de Seine-et-Oise, de Seine-et-Marne, et de la Marne, notamment à la Ferté-sous-Jouarre, à Montmirail et à Meaux Les laves poreuses d'Andernach, près de Cologne, celles de Volvic et d'Agde sont aussi de très bonnes pierres meulières. »

MEUNIER. Nom donné à plusieurs animaux, à cause de leur couleur blanche : à une espèce d'Able (*Cyprinus dobula*); au Corbeau mantelé; au mâle des Hannetons, à cause des poils blanchâtres qui couvrent ses élytres; au Ver blanc de la farine, etc.

MÉZÉRÉON (*Daphne mezereon*). Arbrisseau du genre Daphné, dont il a été fait mention déjà, connu vulgairement sous les noms de *Bois-gentil*, *Garou*, *Lauréole femelle*. Ses tiges sont droites, rameuses, hautes d'un mètre au plus, revêtues d'une écorce brune. Ses feuilles, qui ne paraissent qu'après les fleurs, sont alternes, sessiles, ovales-lancéolées, d'un vert pâle ou jaunâtre, très entières, glabres, rétrécies à leur base. Fleurs sessiles, latérales, réunies 3-4 ensemble par petits paquets épars le long des rameaux, d'un rouge agréable, quelquefois blanches : calice pétaloïde et coloré, tenant lieu de corolle, offrant un tube et 4 lobes ovales au limbe; étamines courtes, insérées sur le tube; ovaire oblong, à style très court, capité. Baies globuleuses, du volume d'un grain de groseille, d'un rouge vif à l'époque de leur maturité.

Le Mézéréon fleurit vers la fin de février, presque au milieu des neiges, sur les montagnes boisées de l'Europe. Toutes ses parties sont inodores, mais leur saveur est âcre et brûlante, et quand on les mâche elles produisent un sentiment de chaleur intolérable dans toute l'étendue de la bouche et du pharynx. La racine, l'écorce et les fruits de cet élégant arbrisseau sont employés en médecine. L'écorce, appliquée sur la peau, y détermine de la douleur, de la rougeur et le sou-

lèvement de l'épiderme, à la manière du Garou. A l'intérieur son action est redoutable; on en a cependant obtenu des avantages, à faibles doses, comme purgatif drastique ou comme altérant, dans la syphilis ancienne, les dartres, le rhumatisme chronique, etc.

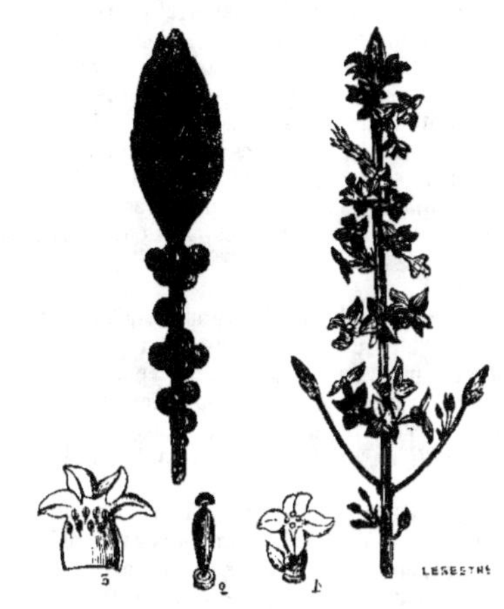

Fig. 841. — Mézéréon.

(1, Fleur détachée; — 2, pistil; — 3, corolle ouverte)

Les baies sont encore plus funestes à l'homme, quoiqu'elles servent d'aliment aux oiseaux qui, pour la plupart, les dévorent avec avidité. Linné rapporte que six de ces baies ont suffi pour donner la mort à un loup. Il faut donc se donner de garde d'employer un tel médicament, qui n'a que des avantages très contestables, en compensation de ses propriétés très vénéneuses. Ces fruits auraient-ils été particulièrement mis en usage parmi les médecins de la célèbre école de Gnide? C'est ce que semblent indiquer les noms de *grana gnidia*, *cocci gnidii*, sous lesquels on les désigne dans les boutiques.

MICA (de *micare*, briller). On donne ce nom à des matières minérales susceptibles de se diviser en feuillets élastiques aussi minces qu'on peut le désirer, et dont les surfaces sont toujours très brillantes. Tous semblables par leurs caractères extérieurs, les Micas diffèrent par leur composition chimique : ce sont des silicates alumineux à base de potasse ou d'oxyde de fer, avec une quantité très variable de magnésie; leurs teintes varient du brun au vert, au noirâtre, au blanc d'argent, au rose et au jaune d'or. Parmi les Micas, les uns sont à un axe de double réfraction, les autres à deux, ce qui indique des systèmes différents de cristallisation.

On les trouve dans tous les terrains, principalement dans les sables, les grés, le granit. On distingue le *Mica lamelliforme*, qui est pulvérulent, en petites paillettes brillantes, ressemblant à de la poudre d'or : c'est ce qu'on débite sous ce nom chez les papetiers. Les sables mêmes des derniers dépôts en sont remplis dans certains points et pour ainsi dire formés. — Le *Mica foliacé* est en grandes feuilles transparentes ressemblant à du verre à vitres; on s'en sert en effet pour garnir les châssis, les lanternes, pour le vitrage des vaisseaux de guerre, vu qu'il résiste à la commotion des batteries. C'est principalement en Russie, où on trouve les plus grandes lames, qu'on s'en sert comme de vitre. Il se fait une grande exploitation de cette substance en Sibérie. On en trouve en France dans les environs de Tulle et de Saint-Yrieix.

MICIPPE (*Micippa*). Genre de Crustacés décapodes, établi aux dépens des Maïas, dont il se distingue par la position des antennes hors de l'orbite et par le peu de développement des serres. — Les espèces de ce genre, la *M. à crête*, la la *M. Phyllire*, appartiennent à l'océan Indien.

MICOCOULIER (*Celtis*). Genre de Plantes amentacées, offrant pour caractères essentiels des fleurs hermaphrodites et des fleurs mâles sur le même individu, tantôt séparées, tantôt réunies sur les mêmes branches. — Toutes les espèces sont exotiques, excepté une.

Le MICOCOULIER AUSTRAL (*C. australis*), vulg. *Bois de Perpignan*, arbre de 13 à 16 mètres, formant une cime touffue ; à feuilles ovales, lancéolées, obliques à la base, dentées en scie; fleurs très petites, verdâtres, éparses sur des pédoncules souvent très simples : les mâles, à 6 étamines, sont placées à la base des rameaux ; les hermaphrodites en dessus, dans les aisselles des feuilles; fruit ayant la forme d'une petite cerise, de couleur noirâtre.

Le Micocoulier habite nos contrées du Midi. C'est un arbre utile à plus d'un titre. D'abord il offre un bel ombrage non sujet à changer ni à être dévoré par les insectes, et qui subsiste un des derniers dans la mauvaise saison. Son bois, dur, serré, pesant, noirâtre, sans aubier, est le plus incorruptible après le buis, l'ébène, le gaïac, et est recherché des charrons, pour sa grande souplesse unie à sa ténacité, des menuisiers, des luthiers et des tonneliers, pour cercles de cuves, etc. Les oiseaux sont friands de ses fruits qui sont sucrés et agréables au goût. A Aix, en Provence, on voyait naguère, s'il n'y est encore, un Micocoulier sous lequel, dit-on, le bon roi René rendait ses arrêts; on lui donne plus de 500 ans.

MIEL (en latin *mel*). Substance végétale muco-so-sucrée que les Abeilles préparent en introduisant dans leur estomac le suc visqueux et sucré qu'elles recueillent dans les nectaires et sur les feuilles de certaines plantes, et qu'elles dégorgent ensuite dans les alvéoles de leurs gâteaux. On a cru pendant longtemps que les Abeilles trouvaient le Miel tout formé dans le nectaire des fleurs; mais l'on s'est assuré qu'elles ne ramassent que les éléments du Miel sur les plantes, et que ces éléments subissent une élaboration particulière dans leur estomac.

La nature des végétaux dont les Abeilles extraient le suc exerce une influence très marquée sur la qualité et les propriétés du Miel : c'est ainsi que les Abeilles qui butinent sur les plantes aromatiques de la famille des labiées produisent d'excellents Miels, tandis que celles qui se nourrissent sur les fleurs de bruyères et de sarrasin ne donnent que des Miels peu agréables, comme ceux de Bretagne. La jusquiame, l'aconit et autres plantes vénéneuses fournissent des Miels qui causent des vertiges et même le délire à ceux qui en mangent.

Le Miel est un mélange de sucre semblable au sucre de raisin, et de sucre incristallisable analogue à la mélasse. — Pour extraire le Miel de la cire qui le contient, on enlève les petites lames de cire qui forment les alvéoles et l'on expose les *gâteaux* sur des claies à une douce chaleur : le *Miel vierge* ou *Miel blanc*, le plus pur, s'écoule alors naturellement. On brise ensuite les gâteaux, on les fait égoutter de nouveau, et à l'aide d'une chaleur plus forte, on obtient le Miel jaune. Enfin le résidu exprimé plus ou moins fortement, puis écumé et décanté, donne le *Miel commun*, qui est d'un rouge brunâtre et fort impur. On peut profiter de la disposition des Abeilles à placer le plus beau Miel dans la partie supérieure des ruches, pour se procurer une récolte facile et que l'on peut faire en tout temps. Le procédé consiste à faire plusieurs trous dans la partie supérieure des ruches plates et à y superposer des bocaux en verre : ces bocaux se remplissent toujours les premiers, et l'on est sûr d'y trouver du Miel de première qualité. On doit seulement avoir soin de recouvrir les bocaux d'une chemise quelconque, propre à les maintenir dans l'obscurité.

Les Miels du mont Hymette (Attique), du mont Hybla (Sicile) et du mont Ida (Crète), étaient les plus estimés chez les anciens. Ceux du Gâtinais, de Narbonne, en France, et ceux de Mahon et de Cuba, à l'étranger, sont les plus réputés de nos jours. Le Miel est employé en médecine comme adoucissant et comme laxatif. Délayé dans 5 fois son poids d'eau, il donne, par la fermentation, l'*hydromel vineux*, boisson stimulante qui remplace le vin et la bière en Pologne, en Russie, et généralement dans les pays qui ne fournissent pas de vin. Nous avons parlé de la *Cire*. C'est un produit sécrété par les Abeilles, et qui se forme dans 8 petites poches situées entre les anneaux des femelles : les mâles et les reines n'en produisent pas. On a cru pendant longtemps que le pollen des fleurs était la matière qui permettait aux Abeilles de fabriquer la cire : des expériences positives ont détruit cette erreur. Des Abeilles prisonnières, auxquelles on n'a donné que du sucre pour toute nourriture, ont continué de donner de la cire, tandis que les mêmes Abeilles qui ne faisaient usage que de pollen ont cessé tout à coup d'en produire.

MIGRATION DES ANIMAUX. M. X. Marmier a traduit de l'anglais l'article suivant, que, malgré son étendue, nous reproduirons en entier, à cause de l'intérêt qu'il présente.

« Aux yeux de l'observateur superficiel, les animaux semblent stationnaires comme les plantes. Il est vrai que les animaux domestiques sont à peu près ce qu'ils ont toujours été, mais les autres sont sans cesse en mouvement. Nous ne connaissons pas leurs anciennes Migrations. L'histoire, qui ne nous révèle pas les premiers voyages de l'homme, ne peut rien nous enseigner sur les êtres d'un ordre inférieur. On peut supposer cependant que les animaux domestiques proviennent du grand centre de la vie terrestre, c'est-à-dire de l'Inde. Ce qui donne de la consistance à cette hypothèse, c'est que les tribus primitives se séparèrent au temps où les hommes ne vivaient encore que de la vie de bergers. La science philologique sert à démontrer ce fait : car, dans les différents idiomes, tous les termes qui se rapportent à la vie pastorale ont entre eux une étroite analogie, tandis que, sur d'autres points, il est beaucoup plus difficile de reconnaître leur parenté. Les animaux aussi ont une certaine connexion avec les lieux d'où ils sont issus, avec les animaux de même race qui errent dans leur fierté et dans leur beauté sauvage sur les plateaux de l'Asie.

« Les animaux, de même que les plantes, voyagent à l'aide de certains agents que la nature a mis à leur disposition. Les grands cours d'eau, le Gange, le Congo, le fleuve des Amazones, l'Orénoque, le Mississipi charrient à la mer des îles peuplées d'êtres vivants. On rencontre souvent en mer, à des milliers de milles de toute plage, des masses de fucus flottant à la surface de l'eau et servant de points de halte à de petits coquillages qui ne pourraient nager très loin. Dans les parages des Moluques et des Philippines, les navigateurs voient souvent, après un typhon, des amas de bois flottant pareils à des îles. Les flots de l'Océan se chargent aussi de troncs d'arbres remplis à l'intérieur de larves d'insectes, d'œufs de mollusques et de poissons. Quelquefois des lézards, des oiseaux voyagent sur ces arbres de zone en zone, et un jour, à l'île de Saint-Vincent, on a trouvé un énorme boa enlacé à un tronc de cèdre que les flots avaient enlevé aux forêts du Brésil. Plus d'une fois, le grand courant de l'Atlantique a jeté sur la côte des Açores des cadavres appartenant à une race inconnue. Un fait de cette nature, en affermissant Colomb dans sa croyance, a été l'une des causes de la découverte du Nouveau-Monde.

« En même temps que les eaux accomplissent cette fonction, des courants d'air emportent au loin des myriades de graines de plantes et une quantité innombrable d'œufs d'insectes et d'infusoires. Pour démontrer ce phénomène, qui avait été contesté, un professeur allemand, M. Unger, plaça plusieurs feuilles de verre bien nettoyées entre les vitres d'une double fenêtre. Six mois après, il examina avec le microscope la poussière qui était tombée sur ces feuilles par d'imperceptibles crevasses ; il y découvrit les pollens de huit plantes distinctes, les semences de onze variétés de champignons, les œufs de quatre infusoires et plusieurs infusoires vivants.

« Mais des animaux d'une plus grande dimension changent aussi de place par des moyens semblables. On a vu fréquemment des souris, des insectes, des poissons, des reptiles emportés au loin par des coups de vent et des tourbillons. Il y a quelques années, on vit tomber dans une campagne de France une vraie pluie de poissons, et, depuis le temps de Moïse, les pluies de grenouilles ont plus d'une fois surpris les regards en différents lieux.

« Ce qui est plus remarquable encore, ce sont les voyages spontanés, aventureux de ces petits animalcules qui se balancent dans les airs sur un fil d'argent. En automne, on peut voir ces légers aéronautes déroulant le fil qui doit les soutenir, et s'y suspendant comme un matelot à un cordage. Avec ce merveilleux ballon, ils s'avancent très loin, car, à la distance de 300 milles du rivage, Darwin le naturaliste en a vu tomber des centaines sur son navire. On a fait, sur la nature de ces êtres mystérieux, différentes hypothèses. On a pensé que comme ils apparaissaient surtout après une abondante rosée, leur fil se trouvait mêlé à cette rosée, et s'en échappait par une brusque évaporation. D'autres naturalistes ont découvert que ces petits voyageurs mettaient en pratique les lois de l'électricité ; que leur fil, étant d'une électricité négative, est naturellement repoussé par l'atmosphère inférieure, et attiré par les couches d'air plus élevées. Ni l'une ni l'autre de ces suppositions n'est démontrée.

« De toutes les causes de Migrations irrégulières et subites des animaux, la plus fréquente et la plus puissante c'est la faim. L'âne sauvage des steppes de l'Asie quitte en été les déserts de la Grande-Tartarie pour s'en aller paître au nord et à l'est du lac Aral. Quelquefois ces quadrupèdes émigrent par milliers au nord de l'Inde et jusqu'en Perse. Le lièvre de Sibérie et le rat de Norwége, le renne, le bœuf musqué, quittent les régions arctiques, pressés par la faim, et se dirigent vers le Sud. Les Migrations des lemmings de la Laponie sont plus régulières. Par suite de la rareté des aliments ou de l'accroissement de leur population, tous les dix ou douze ans il se forme deux bandes de lemmings, dont l'une se dirige à l'est et l'autre à l'ouest. C'est un fléau pour les champs qu'ils traversent, car ils rongent les plantes, dévastent les jardins et les moissons. Ils s'en vont devant eux en droite ligne , se jetant à la nage dans les rivières, gravissant les montagnes, passant hardiment dans les villages et les villes. Un grand nombre périssent dans le trajet. Ceux qui leur survivent poursuivent leur marche vers l'orient qui est le terme de leur voyage et de leur vie. D'autres bandes se dirigent vers la Suède et se noient dans le golfe de Bothnie.

« Les animaux plus petits, les mollusques, les infusoires , voyagent en légions innombrables. Leur masse est telle qu'en plus d'un endroit elle change, comme on le sait, sur un vaste espace la couleur des eaux.

« Ce qu'il y a de plus curieux dans la vie des insectes, c'est leur Migration. Ils arrivent par essaims on ne sait d'où dans des contrées où l'on ne les avait jamais vus, et continuent leur course sans que rien les arrête. Ils voltigent, sautillent, ou rampent. Les chenilles mêmes tentent de traverser les eaux. Ceux qui nous dégoûtent le plus sont ceux qui font les efforts les plus persistants pour se répandre de tous côtés. Il en est de ces insectes odieux qu'on ne connaissait pas en Europe au xie siècle et qui y sont à présent très largement établis.

« Le ver à soie au contraire résiste à toutes les tentatives que l'on fait pour le fixer en certains districts. Il ne peut s'éloigner des climats où grandit son mûrier. Originaire d'Asie, il donnait ses cocons à la Chine bien longtemps avant qu'on se doutât de son existence en d'autres contrées. Au vie siècle, un moine apporta des œufs de cet insecte à Constantinople; de là naquit en Grèce une nouvelle industrie. Quand le roi Roger conquit la Sicile, il y transplanta le ver à soie. De la Sicile, on l'a conduit en des pays plus septentrionaux.

« L'abeille affectionne particulièrement les régions de l'ouest. On ne la trouve plus au-delà des monts Ourals et l'on a vainement essayé de la propager en Sibérie, notamment dans le district de Tobolsk. Inconnue en Amérique jusque vers la fin du xviie siècle, dès qu'elle y fut arrivée, elle s'y installa et s'y multiplia rapidement. Les Indiens l'appelaient la *mouche anglaise* et la regardaient avec horreur, car elle leur indiquait l'approche de l'homme blanc. Maintenant encore elle est un des indices de la marche des colons vers l'ouest. D'abord on entend dans les forêts désertes le bourdonnement de l'abeille, puis le son de la hache du bûcheron , puis bientôt le dialecte allemand.

« Les fourmis ont aussi leurs Migrations. Quoique aux yeux de celui qui ne sait pas comprendre leurs mouvements , elles semblent s'égarer au hasard, il est certain pourtant qu'elles ne s'égarent pas plus que les étoiles du ciel. Les fourmis noires, dont les habitants de l'Inde orientale apprécient les services, voyagent en cohortes si serrées que le sol en est couvert comme d'un voile noir. Elles dévorent la verdure des champs et des forêts, puis elles entrent hardiment dans les habitations, pénètrent dans les cuisines, descendent à la cave, montent au grenier, explorent les fissures des murailles , et après leur expédition , il n'y a plus à l'endroit qu'elles ont visité ni insecte, ni rat, ni souris.

« Bien différentes sont les Migrations de la redoutable sauterelle, cet ancien symbole des conquérants. Elles s'abattent sur la terre comme des nuages amassés par la colère du ciel. Leur sol natal est près des déserts du lointain orient. Elles déposent leurs œufs dans le sable. Couvés à la chaleur du soleil, leurs petits se lèvent avant d'avoir des ailes; mais bientôt ils prennent leur essor à la première brise qui les favorise, et volent en tourbillons si compacts, que l'air en est obscurci, et qu'on entend au loin la vibration de leurs ailes. Elles s'en vont de l'est à l'ouest, traversent les mers, pénètrent jusque dans l'intérieur de l'Afrique. On les a même vues en Allemagne et en Écosse. Du sol le plus florissant elles font une lande désolée, car elles en détruisent infailliblement toute la végétation. De leurs irruptions résulte quelquefois une famine , et à l'endroit où elles périssent , leurs myriades de corps empoisonnent l'air et engendrent la peste. Les Juifs connaissaient ce fléau ; les livres saints en ont fait une image terrible.

« Dans un élément plus favorable à la locomotion , les animaux aquatiques sont sans cesse en mouvement. Les oiseaux les plus agiles, l'aigle et l'hirondelle , ne voyagent pas si aisément que le requin ou le hareng, qui, dans leur fluide natal, ne trouvent aucun obstacle. Les oiseaux , dans une longue traversée , sont souvent obligés de s'arrêter, et parfois ils se posent sur les mâts des navires. Les poissons au contraire semblent n'éprouver aucune fatigue. Des requins ont suivi de rapides bâtiments pendant toute la durée d'un voyage attendant leur proie et jouant dans les flots.

» Nous avons déjà parlé des Migrations régulières de diverses espèces de poissons. C'est pour plusieurs contrées une grâce providentielle. La chasse au phoque est la principale ressource des Groënlandais. La pêche de la morue assure la subsistance des Islandais. La pêche du hareng occupe chaque année en Europe trois mille bâtiments pontés, sans compter une quantité d'embarcations, et alimente des millions d'hommes.

« D'autres poissons présentent dans leur vie nomade de singulières particularités. Ainsi, en hiver, les maquereaux plongent leur tête et la partie antérieure de leur corps dans la vase, et restent ainsi jusqu'au printemps où ils se relèvent et se mettent en marche pour aller déposer leurs œufs dans des eaux plus propices.

« L'anguille est le plus étrange de tous ces animaux errants. Elle accomplit parfois une partie de son trajet par terre. En été , quand les marais où elle gît se dessèchent, elle en sort résolûment, se glisse la nuit à travers les herbes touffues , et va chercher un autre lac. Elle est très avide de certaines plantes, notamment des bourgeons de pois. Quelquefois sa gourmandise l'entraine à des excursions où elle tombe dans les piéges de l'homme. D'autres poissons voyagent aussi par bandes toute la nuit. La perche de Tranquebar saute sur le rivage, attirée par un coquillage qui se trouve sur un petit palmier. A l'aide d'un suc visqueux, elle se colle à l'écorce de cet arbuste : à l'aide de sa queue flexible, elle opère peu à peu son ascension, et un moment arrive où l'on peut voir le poisson et le coquillage posés à la cime d'un arbre.

« Très sédentaires au contraire sont les êtres amphibies. L'alerte lézard, le crapaud, le serpent, le crocodile, en un mot toute cette classe d'animaux que l'homme ne peut voir sans une impression d'horreur ou de dégoût, ne s'écartent guère des lieux où ils ont été engendrés. Le crabe violet des Indes occidentales et de l'Amérique du Sud est le seul de ces animaux qui entreprenne de longs trajets. Il se tient une partie de l'année loin de la mer, tapi dans des cavernes. Au mois d'avril ou de mai, quand la chaleur du soleil pénètre dans sa rude et froide enveloppe, il sort de sa retraite, et par centaines, par milliers, toutes les tribus de crabes se mettent en marche comme une armée rangée en ordre de bataille. D'abord viennent les mâles robustes, puis les femelles serrées en colonnes sur un espace de soixante toises et quelquefois d'une demi-lieue. Pendant le jour, l'ardeur de la température les oblige à se réfugier à l'ombre ; mais le soir ils rentrent en campagne, et le bruit de leurs carapaces, résonnant comme la grêle, réveille les habitants du district qu'ils traversent. Instinctivement ils s'acheminent par la route la plus courte vers l'Océan, et rien ne les en détourne. S'ils rencontrent une maison, ils entrent tranquillement par la fenêtre et sortent de l'autre côté ; si l'homme essaie de les arrêter, ils se mettent sur la défensive et étendent leurs larges pinces, en les ouvrant et les fermant bruyamment. Ce n'est que lorsqu'ils sont très effrayés qu'ils rompent leurs rangs et fuient de tous côtés. Puis bientôt ils se rejoignent et poursuivent leur voyage. Et ce pénible et aventureux voyage, il en est très peu qui aient la force de l'accomplir jusqu'à son dernier terme. La plupart périssent en chemin.

« De même que l'élément liquide soutient l'agile poisson, de même l'air soutient les ailes de l'oiseau. Il n'y a qu'un très petit nombre d'oiseaux qui restent constamment dans la même contrée. La plupart, avec leurs merveilleux moyens de locomotion, vont à de longues distances chercher un refuge méridional contre la rigueur des climats du nord. Quelques-uns sont d'une nature essentiellement cosmopolite. Le corbeau existe non-seulement dans toute l'Europe, mais sur les bords de la mer Noire et de la mer Caspienne. Il agite ses sombres ailes sous le ciel de l'Inde, sur les toits de Calcutta, sur les côtes du Japon, sur les plaines des Etats-Unis, et pénètre dans les contrées arctiques jusqu'à l'île Melville.

« En général cependant les oiseaux ont une patrie déterminée. qu'ils abandonnent à des époques fixes pour trouver un nouvel aliment ou une température plus favorable à leur reproduction. Avec l'instinct dont la Providence les a doués, ils ne se laissent jamais abuser par un accident météorologique. Ils savent le temps où ils doivent partir et celui où ils doivent revenir. Cet instinct de Migration, on le remarque même chez les oiseaux qui sont tenus en cage, qui ne souffrent point du manque de nourriture ni du changement des saisons. Ceux qui sont éclos dans l'intérieur d'une maison, qui ne se sont jamais associés à l'essor de leurs frères, ne peuvent entendre le chant de ceux qui partent sans éprouver une sorte de malaise ; si on leur donnait la liberté ils se mettraient en voyage avec la troupe nomade. Ces délicates petites bêtes, soutenues par la main de celui qui n'oublie pas le *passereau*, supportent la neige, la pluie, les orages et surmontent des obstacles qui devraient arrêter les oiseaux les plus vigoureux et les plus résolus. En un temps déterminé ils accomplissent leur trajet ; en dépit du froid et du vent, ils reviennent à leur station pour récréer et réjouir le cœur de l'homme. Chaque espèce d'oiseaux a non-seulement ses époques fixes de Migration, mais aussi sa façon particulière de traverser l'espace. Les uns voyagent isolément, d'autres par groupes, d'autres par milliers La plupart voyagent le jour. Les oies sauvages se rangent en une longue colonne, les hirondelles en une large ligne et les cygnes forment une espèce de triangle. Les oiseaux qui n'ont que de petites ailes suivent pourtant leur énergique impulsion, traversent des mers et des continents, mais souvent tombent dans les rivières et s'efforcent de continuer leur route à la nage. L'un des plus curieux modes de locomotion est celui des cailles. Lorsqu'elles veulent quitter l'Europe pour se rendre en Afrique, elles attendent patiemment un fort vent de nord-ouest. Lorsqu'il souffle, elles agitent une de leurs ailes, relèvent l'autre, et se faisant ainsi de la première une sorte de rame, de la seconde une voile, elles franchissent la Méditerranée. Souvent la fatigue les oblige à se reposer sur les mâts des navires ; lorsqu'elles traversent la Méditerranée, elles font aussi des haltes régulières à Malte et aux îles Lipari : dans les mers du Nord elles s'arrêtent à Helgoland et à Nordensée ; les habitants de ces différents lieux comptent sur leur capture de cailles comme les Juifs de l'ancien temps. On raconte qu'autrefois, lorsqu'un prédicateur en faisant son sermon apercevait du haut de sa chaire une troupe de ces oiseaux désirés, il terminait aussitôt son allocution par ces paroles : « *Amen*, mes chers frères, voici les cailles. »

« Remarquable aussi est la Migration des cigognes qui, en été, nichent au nord de l'Europe sur les pauvres maisons de paysans, et en hiver stationnent sur les pyramides et lès mosquées. Les grues et les hérons se retirent aussi vers les régions méridionales. Lorsqu'ils prennent leur vol, on entend au loin le bruit de leurs ailes , et ils s'élèvent si haut dans les airs que l'œil peut à peine les distinguer; ils ne voyagent pas en silence comme les autres oiseaux, mais en poussant des cris perpétuels, surtout la nuit, pour rallier ceux d'entre eux qui pourraient s'égarer.

« Les pigeons de l'Amérique du Nord apparaissent en troupes innombrables ; personne ne sait d'où ils viennent, et on les trouve à travers tout le continent, depuis la baie d'Hudson jusqu'au golfe du Mexique, et depuis l'Atlantique jusqu'à l'océan Pacifique. Au temps de la couvée, ils se réunissent par millions pour chercher un gîte confortable et obscurcissent le ciel comme un nuage épais. On sait que les pigeons ont une faculté merveilleuse pour retrouver le lieu où ils sont nés. On a pris de ces oiseaux, qui n'avaient jamais été qu'à une courte distance de leur demeure ; on les emportait sur des chemins de fer à plusieurs centaines de lieues, puis on les lâchait. Alors on les voyait tournoyer quelque temps en cercle , puis tout à coup se diriger en droite ligne avec une prodigieuse agilité vers leur nid. La rotondité de la terre ne leur permet pas cependant de le voir, et nul autre sens ne peut en cette occasion les aider : pourtant ils ne manquent jamais d'atteindre l'endroit où on les a pris.

« Ainsi les oiseaux s'en vont de contrée en contrée, ceux-ci planant dans les airs, regardant sans s'y arrêter les grandes villes, dédaignant les vallées fertiles, se dirigeant en toute hâte vers le gîte qu'ils vont chercher; d'autres, comme l'hirondelle, réjouissant à la fois l'Europe et l'Afrique. Les rossignols se rendent en famille du nord au sud, mais au printemps les femelles partent quelques semaines plus tôt et reviennent seules d'Égypte et de Syrie dans les contrées septentrionales. Dans la race des pinsons, les femelles seules émigrent, les mâles sont condamnés au veuvage tout l'hiver.

« Les mammifères ne sont point d'une nature mobile comme les oiseaux et les poissons ; en général ils ne s'écartent pas de certaines localités ; cependant il en est qui , pressés par la faim ou tourmentés par des oiseaux de proie, s'en vont aussi chercher d'autres pâturages. Puis il en est que l'homme a conduits dans ses pérégrinations et propagés de contrée en contrée. Tels sont notamment les chevaux sauvages de l'Amérique du Sud, qui errent parfois à de longues distances. Les ânes sauvages vont aussi par centaines , l'hiver, de la zone des tropiques sous le climat plus chaud de l'Afrique méridionale. Les gazelles , les antilopes émigrent de la même manière , et les lourds éléphants errent en troupes nombreuses dans les plaines immenses. Le buffle des prairies de l'Amérique émigre régulièrement du nord au sud et de la plaine à la montagne. Les sources d'eau salée sont pour lui un point d'attraction, mais ses mouvements sont surtout déterminés par l'état des pâturages. Dès que le feu a été mis à une prairie et qu'un tendre gazon sort de terre après cet incendie, on peut être sûr d'y voir apparaître de nombreux troupeaux de buffles. Comment découvrent-ils que leur nourriture est préparée ? C'est ce que nous ne saurions dire; probablement que des traînards de la bande ont vu cette nouvelle verdure, et par quelque moyen mystérieux communiquent l'heureuse nouvelle à leurs frères affamés. Les singes souffrant de la faim, ou poursuivis par leurs ennemis, vont aussi d'une contrée à l'autre : on suppose même qu'ils ont traversé , par un tunnel, le détroit de Gibraltar.

« Les animaux que nous désignons par le nom d'animaux domestiques n'ont voyagé que par la volonté de l'homme. Le cheval, qui provient des steppes de l'Asie centrale, et qu'on n'avait jamais vu en Amérique avant l'arrivée des Espagnols , se trouve à présent dans toute l'étendue du nouveau continent, depuis la baie d'Hudson jusqu'au cap Horn. C'est aussi par l'action de l'homme que les chèvres se sont répandues sur les montagnes rocailleuses, les brebis sur les collines et les vaches dans les prairies. Mais , en même temps, l'homme a aussi introduit avec lui, sans le vouloir, des animaux malfaisants dans les pays qu'il explorait. Le rat, qu'on ne connaissait point autrefois dans le Nouveau-Monde , y a été porté dans les flancs des navires. A présent, il est plus commun en Amérique qu'en Europe.

«Les animaux domestiques sont encore un présent que l'Est a fait à l'Ouest, un présent non moins précieux que celui des céréales. La vie matérielle de l'homme est en quelque sorte liée aux ressources que lui offrent le cheval, le bœuf, le mouton. La Plata subsiste presque entièrement du produit de ses bestiaux , et les progrès de l'Australie datent du jour où elle a eu des troupeaux de moutons.

« Maintenant, que dire des Migrations de l'homme? Son histoire est plus obscure que celle des animaux qu'il emploie à son service ; son Éden est vraiment défendu par un ange armé d'une épée flamboyante. On ignore le lieu où fut son berceau, et la première phase de sa vie est couverte d'un voile impénétrable. La révélation seule projette dans cette obscurité un rayon de lumière.

« C'est surtout en démontrant les rapports de l'homme avec les animaux et les plantes, qu'on croit pouvoir reconnaître le lieu où fut sa première demeure, et démontrer l'unité de sa race. Comme les animaux qui sont ses compagnons proviennent tous des plateaux de l'Asie centrale, l'homme aussi doit être né là, mais à une époque où, à la place de ces hauteurs à présent sèches et stériles , s'étendait une belle , riche vallée. Les géologues sont portés à croire que ces montagnes se sont exhaussées peu à peu par une mystérieuse révolution, et qu'alors les races humaines se sont dispersées dans les plaines voisines.

« A quelle époque cet événement s'est-il accompli ? Nous ne pouvons le dire. Mais c'est bien au delà des temps indiqués par de vagues traditions, car les races les plus anciennes dont les fables, les mythes , les chants, les idiomes se rattachent à l'Orient, ont trouvé les régions où elles venaient s'établir occupées déjà par d'autres races.

« Ainsi, quand les Celtes, ces antiques habitants du vieux continent, arrivèrent de l'Orient, ils se rencontrèrent en Europe avec d'autres peuplades dont le langage grossier, les mœurs brutales, et les superstitions, attestaient une plus longue absence du berceau de la famille humaine. Les Celtes mêmes, ces premiers émigrants de l'Asie, avaient déjà perdu la foi de leurs aïeux, et déjà étaient tombés dans la barbarie.

« Mais si de là on en vient à vouloir rechercher l'origine des indigènes de l'Amérique, c'est une tâche bien plus confuse encore, c'est un problème où l'on n'a pas même pour se guider les lueurs de la révélation et les indices de la tradition. Que d'hypothèses n'a-t-on pas faites à cet égard, depuis la plus absurde jusqu'à la plus spécieuse ? Des pauvres *peaux rouges* on a fait tantôt des Juifs proscrits, tantôt des Chinois exilés, et l'on a cru reconnaître les éléments de leur idiome tour à tour dans le sanscrit, dans le celte et le gaélique. Leurs légendes parlent vaguement d'une race primitive établie dans les fertiles plaines de l'Orient, et subjuguée par une race plus intelligente et plus vigoureuse qui venait du Nord. Le fait est qu'on reconnaît la différence de ces deux races par l'étude de leurs crânes. Mais on ne sait d'où venait la première, ni à quelle tribu appartenait la seconde. Comme la formation géologique du continent américain est plus ancienne que celle de l'Europe, on a supposé qu'il avait été occupé à une époque antérieure à l'histoire chrétienne par des peuplades qui auraient trouvé au nord-ouest un passage pour se rendre d'Asie en Amérique. Mais comment ces races n'auraient-elles pas amené avec elles quelques-uns de ces animaux domestiques qui composaient autrefois toute la richesse des peuples pasteurs ? Que si, par quelque accident, elles avaient été obligées de se priver de cette ressource, comment, par suite de leurs primitives coutumes, n'auraient-elles pas essayé d'apprivoiser le buffle, la vigogne et l'alpaga, ainsi que le firent les Européens quand ils s'établirent en Amérique ?

En dehors de cette énigme inexplicable, il reste un fait qui nous semble clairement démontré par les mythes, les traditions et la révélation, c'est que toutes les Migrations des hommes, des plantes et des animaux viennent de l'Orient. L'histoire même commence par l'apparition des races de l'Est. Au sud de l'Europe, on voit venir les Pélasges, puis les Étrusques et les Hellènes. Des plateaux des monts Waldaï descendent les Istonnes, les Finnois chassés vers l'ouest par les innombrables Teutons qui, plus tard, iront se jeter sur la Scandinavie, l'Allemagne et la France. Le même phénomène se renouvelle sans cesse. Des contrées de l'Est débordent de nouvelles nations qui renversent des empires déjà organisés, jusqu'à ce que Colomb ouvre le Nouveau-Monde à ces races asiatiques.

« Ce mouvement de l'est à l'ouest se poursuit sans repos et sans trêve. C'est une des grandes lois de la nature. L'homme suit le cours du soleil; l'Orient est son berceau, l'Occident son but. »

MILAN (*Milvus*). Genre d'Oiseaux de l'ordre des Rapaces, de la famille des Faucons, avec lesquels il a beaucoup de rapport, sauf que ses armes sont moins parfaites. Bec assez fort, élevé, comprimé latéralement, à arête vive; narines ouvertes sur la marge de la cire; ailes très longues et très étroites; queue longue; tarses courts, plus ou moins forts, réticulés chez les uns, écussonnés chez les autres; 4 doigts, dont 3 antérieurs et un, le pouce, dirigé en arrière, faibles et terminés par des ongles grêles et pointus.

Fig. 812. — Milan.

Les Milans sont au nombre de six espèces, réparties en Europe, en Asie, en Afrique et en Océanie. Ils se nourrissent de mammifères, de petits oiseaux, de menus reptiles, parfois même de poissons, et enfin, au besoin, de charognes. Ils ne passent pas pour les plus braves et les plus intrépides des Rapaces, mais ils sont assurément, après les Cathartes, les plus hardis et les plus effrontés voleurs. Les voyageurs en citent mille exemples : ainsi le docteur Petit vit un jour, au Caire, un Milan enlever brusquement des mains d'une femme arabe un morceau de pain couvert de fromage, au moment où elle le portait à la bouche; un autre enleva, sous le nez de son chien, qui les gardait et qui s'élança en aboyant après lui, les débris d'un mouton que l'on venait de tuer.

« Les Milans et les Buses, dit le plus éloquent interprète de la nature, oiseaux ignobles, immondes et lâches, doivent suivre les Vautours, auxquels ils ressemblent par le naturel et les mœurs : ceux-ci, malgré leur peu de générosité, tiennent, par leur grandeur et leur force, l'un des premiers rangs parmi les oiseaux. Les Milans et les Buses, qui n'ont pas ce même avantage et qui leur sont inférieurs en grandeur, y suppléent et les surpassent par le nombre; partout ils sont beaucoup plus communs, plus incommodes que les Vautours; ils fréquentent plus souvent et de plus près les lieux habités; ils font leur nid dans des endroits plus accessibles; ils restent rarement dans les déserts; ils préfèrent les plaines et les collines fertiles aux montagnes stériles; comme toute proie leur est bonne, que toute nourriture leur convient, et que plus la terre produit de végétaux, plus elle est en même temps peuplée d'insectes, de reptiles, d'oiseaux et de petits animaux, ils établissent ordinairement leur domicile au pied des montagnes, dans les terres les plus vivantes, les plus abondantes en gibier, en volaille, en poisson; sans être courageux, ils ne sont pas timides; ils ont une sorte de stupidité féroce qui leur donne l'air de l'audace tranquille, et semble leur ôter la connaissance du danger; on les approche, on les tue bien plus aisément que les Aigles ou les Vautours; détenus en captivité, ils sont encore moins susceptibles d'éducation; de tout temps on les a proscrits, rayés de la liste des oiseaux nobles et rejetés de l'école de la fauconnerie; de tout temps on a comparé l'homme grossièrement impudent au Milan, et la femme tristement bête à la Buse. » Mais plus loin, parlant de l'énorme développement des ailes du Milan : « Il semble, dit-il, que le vol soit son état naturel, sa situation favorite; l'on ne peut s'empêcher d'admirer la manière dont il l'exécute; ses ailes longues et étroites paraissent immobiles; c'est la queue qui semble diriger toutes ses évolutions, et elle agit sans cesse; il s'élève sans effort; il s'abaisse comme s'il glissait sur un plan incliné; il semble plutôt nager que voler; il précipite sa course, il la ralentit, s'arrête et reste comme suspendu ou fixé à la même place pendant des heures entières, sans qu'on puisse s'apercevoir d'aucun mouvement dans ses ailes. »

MILAN ROYAL (*M. regalis* ou *Falco milvus*, L.). Parties supérieures d'un brun roux; plumes bordées d'une couleur plus claire; parties inférieures d'un roux de rouille, varié de bandes longitudinales brunes; queue très fourchue. La femelle est d'un brun plus foncé en dessus, avec l'extrémité des plumes plus claire; cou et tête plus blancs.

Le Milan Royal se trouve en France et dans plusieurs parties de l'Europe; c'est de tous les rapaces le plus poltron : les princes prenaient plaisir à le voir chasser par l'épervier, et c'est de là que lui vient l'épithète impropre de *royal*. Il attaque les petits mammifères, les reptiles faibles, les poulets, mais il fuit devant la poule défendant ses petits; des corbeaux l'insultent et lui arrachent sa proie sans qu'il pense à se défendre. Sa lâcheté le force souvent à se rejeter sur les chairs mortes.

MILAN NOIR OU PARASITE (*M. ater*). Cet oiseau de proie est rare en France, mais assez commun dans le midi de l'Europe et en Afrique. On dit qu'il préfère le poisson à toute autre nourriture. Il a dans le caractère plus de hardiesse que notre Milan.

MILANDRE (*Galeus*). Genre de Poissons, de la tribu des Squales, ayant à peu près en tout la forme des Requins, mais en différant par leurs évents. — Le MILANDRE (*S. galeus*) est long de 1 m. 50 à 2 m., et reconnaissable à son museau allongé, aplati, et à ses dents dentelées seulement à leur côté extérieur. Il fréquente nos côtes méditerranéennes. Ce poisson est peut-être plus vorace encore que le Requin; Pline assure que son audace et sa voracité sont telles, qu'il oublie le soin de sa sûreté et s'élance jusque sur la côte pour se jeter sur les hommes qui n'ont pas encore quitté le rivage. Il attaque et immole les plongeurs qu'il surprend occupés à la recherche du corail et des éponges.

MILLEFEUILLE (*Achillæa millefolium*). Espèce du genre Achillée — V. ce mot. — Nous en donnons ici une seconde figure, où l'on voit, très grossis, un fleuron et un demi-fleuron détachés. Tout le monde connaît cette plante vivace, à tiges assez simples, légèrement pubescentes, tenaces et résistantes dans la main qui les arrache; son feuillage est multifide, délié, menu; ses fleurs d'un blanc sale, parfois rosé, disposées en corymbes serrés. — On sait aussi combien a été grande, et l'est encore, sa réputation cicatrisante.

Fig. 843. — Millefeuille.

La MILLEFEUILLE DORÉE (*A. aurea*) est une espèce originaire du Levant, cultivée, dont les tiges, de 40 cent. environ, portent des feuilles découpées et cotonneuses, et des fleurs grandes et d'un jaune doré.

On nomme vulgairement *Genipi* plusieurs Achillées des montagnes qui entrent dans la composition du vulnéraire de Suisse.

MILLEPERTUIS (*Hypericum*). Genre de Plantes de la famille des Hypéricacées, vivaces, herbacées, souvent sous-frutescentes à la base, glabres, rarement velues; racine pivotante; feuilles à nervures souvent transparentes, ordinairement ponctuées de glandes transparentes; fleurs disposées en panicules ou en corymbes : calice à 5 sépales libres ou soudés; pétales 5, ordinairement bordés de glandes noires, dépassant longuement le calice; étamines très nombreuses; styles 3; capsule à 3 loges; rarement il y a 5 styles et 5 loges. — Les espèces sont très nombreuses.

MILLEPERTUIS ÉLÉGANT (*H. pulchrum*). Tiges de 30 à 80 cent., dressées, simples ou rameuses, glabres; feuilles ovales, amplexicaules, ordinairement coriaces, à points transparents nombreux, surtout vers les bords, à nervure moyenne seule saillante; fleurs en cymes latérales disposées en une panicule étroite; sépales obovales suborbiculaires, bordés de glandes sessiles. — Cette plante, qui présente une coloration rougeâtre dans toutes ses parties, est commune dans les taillis, les bruyères, les lieux arides, sur la lisière des bois. De juin à septembre on peut la voir en fleur.

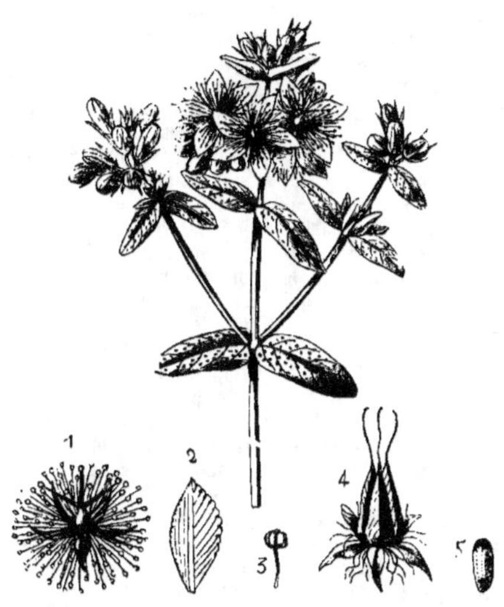

Fig. 841. — Millepertuis.

(1, Fleur avec son pistil, ses très nombreuses étamines et son calice, sans corolle; — 2, pétale détaché; — 3, étamine détachée et grossie; — 4, fruit; — 5, graine.)

MILLEPERTUIS PERFORÉ (*H. perforatum*). Tiges de 30 à 80 cent., dressées, rameuses, glabres, offrant 2 lignes peu saillantes; feuilles oblongues, à points transparents nombreux, à nervures transparentes peu ramifiées; fleurs disposées en panicules terminales très multiflores; sépales lancéolés aigus. — Cette espèce, que nous figurons, est encore plus commune que la précédente aux lieux secs, arides, aux bords des chemins, dans les bois, etc. Les fleurs se montrent en juin août.

Le Millepertuis était autrefois très usité en médecine; il passait pour astringent, emménagogue, vermifuge, et surtout pour vulnéraire. Il est aujourd'hui à peu près sans usages.

MILLÉPORES (c'est-à-dire à *mille trous*). Genre de Polypiers pierreux, dont la surface est creusée d'une multitude de pores. C'est une espèce de Lithophystes prenant la forme de buissons, d'arbres, d'étoiles. On les a longtemps confondus, sous le nom de Madrépores, avec tous les polypiers pierreux. Aujourd'hui on réserve le nom de *Millépores* à ceux de ces polypiers qui s'offrent sous l'aspect de pores très fins, non lamelleux, disséminés sur une surface lisse.

Parmi les espèces on remarque la **MILLÉPORE CORNE D'ÉLAN**, ainsi nommée à cause de la forme de ses ramifications.

MILLET ou **MIL** (*Milium*). Nom donné à plusieurs Graminées qu'il importe de distinguer, mais désignant spécialement le Panis (*panicum*). Ce nom exprime la fécondité, la multiplicité des graines des végétaux qui le portent.

Le **Millet paniculé** (*P. miliaceum*). Originaire des Indes orientales, est cultivé en Europe de temps immémorial. Dans diverses localités ses graines servent à la nourriture des habitants. On en distingue des variétés à grains noirs, à grains blancs, à grains jaune-doré, etc. Cette plante souffre du froid et aime la chaleur. Elle résiste parfaitement à la plus grande sécheresse. Elle demande une terre légère, bien ameublie. L'usage du Millet est très répandu dans les Landes ; on lui attribue l'état maladif de la population. — La paille est préférable à celle du blé pour la nourriture des bestiaux.

Le **Millet d'Italie** (*P. italicum*), vulg. *Millet des oiseaux*, diffère du précédent en ce que sa panicule est moins lâche ; les épillets sont tellement rapprochés de l'axe, qu'ils semblent ne former qu'un seul épi. Son grain, plus petit, plus ovoïde, est aussi plus abondant ; son enveloppe corticale est plus épaisse et plus dure, sa farine moins savoureuse.

MILOUIN (*Fuligula*). Sous-genre de Canard, renfermant plusieurs espèces de Palmipèdes caractérisés par un bec large, plat et uni, et par un renflement qui termine la trachée et forme à gauche une sorte de capsule. — Le **M. commun**, le **Morillon** et le **Millouinan** sont trois espèces qui habitent le nord de l'Europe.

MIMEUSE. — V. *Sensitive*.

MIMOSÉES. Tribu de la famille des Légumineuses, dont le genre type est l'*Acacia*.

MINERAI. Nom donné par les mineurs aux substances minérales telles qu'on les extrait du sein de la terre, et qui sont susceptibles *d'être exploitées en grand*. Il ne suffit donc pas qu'une pierre ou une terre contiennent quelques centièmes de fer, de cuivre ou d'argent pour être un minerai ; il faut, pour qu'elle mérite ce nom, qu'on puisse l'en tirer avec avantage et en grand. Telle substance aussi qui fournit à l'analyse du chimiste quelques centièmes de métal, n'est point toujours exploitable avec bénéfices pour les usines ; la différence entre le travail du laboratoire et celui d'une fonderie est si grande, qu'on aurait le plus grand tort d'établir des calculs sur les résultats d'une analyse chimique. Que l'on se méfie surtout, dit M. C.-P. Brard, des minerais très compliqués et qui renferment, d'après l'analyse, cinq ou six métaux plus ou moins précieux ; ce sont de vrais piéges : mieux vaudrait cent fois un minerai de fer bien pur et d'une richesse de 45 pour 100 de fonte. Nous conseillerons aussi, indépendamment de l'analyse par la voie humide, de s'attacher aux essais par la voie sèche, c'est-à-dire au moyen du feu et des creusets ; ces moyens se rapprochent déjà plus du traitement en grand, et sont, sous ce rapport, bien préférables aux analyses.

MINÉRAL. Corps inorganique (pierre, sel, terre, métal, etc.) qui se trouve dans le sein de la terre. L'ensemble des minéraux constitue le *règne minéral*, qu'une distance immense sépare des autres règnes de la nature. En effet, les minéraux sont privés de ces organes qui servent aux animaux et aux végétaux à remplir les différentes fonctions qui leur sont dévolues ; ils sont dépourvus de toute espèce d'activité, et, par cela même, soustraits à la loi commune qui assujettit tous les corps organisés à la mort.

« Les corps que renferme le règne minéral, dit le professeur Salacroux, entièrement soumis aux lois de la physique générale, n'ont en eux-mêmes aucune force intérieure pour résister à ces lois ; rien ne peut les soustraire à l'action de la pesanteur, de la lumière, de la chaleur, etc. Tandis que les animaux et les végétaux peuvent, en vertu de leur activité propre, s'éloigner du centre de la terre, malgré la force qui y attire tous les corps terrestres, les *Minéraux* gravitent toujours vers ce point avec d'autant plus de force, que leur densité est plus considérable. Exposés à l'action de la chaleur, celle-ci les pénètre et s'accumule dans leur intérieur en quantité indéfinie ; les corps organisés, au contraire, par le seul fait de leur organisation, repoussent l'excès de ce fluide comme celui du froid, et se maintiennent dans une température à peu près constante, au milieu des glaces du pôle et sous le ciel brûlant de la zone torride. Ils doivent cette faculté à leur activité organique, qui se manifeste avec d'autant plus d'énergie, que l'existence du corps vivant se trouve plus compromise. Ainsi, par exemple, quand notre corps est exposé à un froid trop intense, la circulation s'accélère, les battements du cœur se font sentir avec plus de force et de vitesse, la respiration devient plus fréquente, en un mot il se développe en nous une plus grande quantité de chaleur. Dans le cas contraire, quand c'est la chaleur qui est trop intense, des sueurs abondantes qui s'exhalent de notre corps empêchent son accumulation dans nos organes, et maintiennent ainsi l'équilibre indispensable à l'exercice des fonctions vitales. Les Minéraux n'offrent rien de semblable ; ils se laissent pénétrer indifféremment par le froid et par la chaleur, sans pouvoir modérer les effets de l'un ou de l'autre, parce qu'ils sont dépourvus de ces appareils organiques, qui, dans les corps vivants, sont chargés de veiller à la conservation de l'être. »

Deux parties bien distinctes constituent le règne minéral : la première étudie individuellement les corps qui composent le globe : c'est la *Minéralogie* ; la seconde s'occupe de la conformation générale de notre planète et des différentes couches dont elle est formée : c'est la *Géologie*. Pour parvenir à la connaissance des Minéraux, on a recours à leurs *propriétés physiques*, à leur *constitution chimique*, enfin à leurs *caractères optiques*.

1° *Propriétés physiques.* La plus importante

de ces propriétés est la forme ; viennent ensuite la *densité*, la *ductilité*, la *ténacité* et la *fusibilité*.

La *forme* des Minéraux n'a plus la même importance que celle des corps organisés : leur structure d'ailleurs et leur configuration peuvent être influencées par plusieurs circonstances étrangères. Mais quand aucune cause ne vient troubler l'attraction moléculaire des corps bruts, quand ils passent de l'état liquide à l'état solide, ils peuvent alors cristalliser, c'est-à-dire prendre une structure et une forme régulière appelées *cristal*. — V. *Cristallographie*.

2° *Propriétés chimiques des Minéraux.* « Les principaux agents chimiques dont on fait usage en minéralogie sont le *feu* et plusieurs *réactifs* solides ou liquides, dont les plus généralement employés sont l'acide nitrique ou l'eau-forte, l'acide sulfurique ou huile de vitriol, l'ammoniaque ou alcali volatil, la potasse, la soude, etc.

1° Au moyen du *feu*, on connaît si un Minéral est fusible, s'il est susceptible d'être réduit en vapeur, et à quel degré de chaleur il peut être fondu ou volatilisé.

2° Les acides nitrique et sulfurique attaquent certains corps et n'ont aucune prise sur d'autres. Avec le premier, par exemple, on reconnaît très bien l'or, parce qu'il est le seul des métaux de sa couleur qui ne soit pas altéré par son action. De même, l'acide sulfurique nous fera distinguer la *pierre à plâtre* de la *pierre à chaux*, parce que, lorsqu'il touche cette dernière, il produit à sa surface une espèce d'effervescence ou de bouillonnement, tandis qu'il n'a point d'action sur la première.

« C'est surtout dans l'étude des Minéraux composés de plusieurs sortes de substances que les réactifs sont utiles ; ils s'unissent avec l'une d'elles et séparent la seconde. C'est ainsi qu'en mettant du mercure en contact avec du sulfure d'argent (composé de soufre et d'argent), celui-ci se sépare du corps avec lequel il est combiné, pour s'unir au mercure. Il suffit ensuite de chauffer l'*amalgame* (composé d'argent et de mercure) pour que ce dernier s'évapore, et que l'autre reste seul dans le vase où on l'a fait chauffer. Un autre agent qu'on emploie souvent pour reconnaître les corps inorganiques, c'est l'*eau distillée*; les uns, en effet, y sont solubles ou s'y fondent, le *sel commun*, par exemple ; les autres, au contraire, y sont insolubles, comme le *carbonate de chaux* ou *pierre à chaux*, et ils se *précipitent* au fond du vase qui contient le liquide, sous la forme d'un dépôt de couleur variable.

« Il arrive quelquefois qu'un corps qui n'est pas soluble dans l'eau pure, s'y dissout très bien quand on y a ajouté une certaine quantité d'acide ou d'alcali, tandis que d'autres ne se dissolvent ni dans l'eau simple, ni dans l'eau acidulée ou alcaline. »

3° *Caractères optiques.* Les Minéraux sont à *réfraction simple* ou *double*. On donne le nom de *réfraction* à cette propriété des corps transparents de dévier les rayons lumineux qui les traversent. Voici la loi de cette déviation :

« Lorsqu'un rayon lumineux passe obliquement d'un milieu dans un autre de densité différente, il éprouve, à partir de son point d'immersion, une déviation plus ou moins grande, qui varie suivant la nature du milieu. S'il passe de l'air dans un corps solide ou liquide, le rayon se rapproche de la perpendiculaire élevée au point d'immersion; si, au contraire, le milieu est moins dense, il s'en écarte.

« Cette propriété de réfraction simple est propre à tous les Minéraux appartenant au système cubique, et se rencontre dans un grand nombre d'autres corps ; elle sert à faire distinguer plusieurs substances minérales quand elles sont exemptes de tout mélange qui pourrait dévier la marche des rayons. Voici, en effet, l'indice de réfraction des substances principales :

Diamant,	2.430	Saphir blanc,	1,768
Soufre,	2 115	Feldspath,	1,704
Zircon,	1,950	Sel commun,	1,557
Grenat,	1,815	Borax,	1,475
Rubis spinelle,	1,812	Alun,	1,457
Saphir bleu,	1,794	Fluorure de calcium,	1,436
Rubis oriental,	1,779		

« *Réfraction double*. Plusieurs corps, qui appartiennent aux autres systèmes cristallins que le cubique, jouissent de la propriété remarquable de diviser en deux faisceaux le rayon lumineux. Un corps placé derrière une semblable substance se voit double : on dit alors que cette substance jouit de la double réfraction. On peut observer cette belle propriété dans le spath d'Islande, dans le soufre, le cristal de roche, etc. Tantôt cette propriété se fait voir à travers deux faces parallèles d'un cristal, comme dans le spath calcaire ; tantôt entre des faces non parallèles, comme dans le cristal de roche.

« La réfraction double peut être utilement invoquée pour reconnaître plusieurs substances transparentes. Jamais on ne confondra, par exemple, le verre et le cristal de roche (quartz hyalin), le rubis spinelle et le rubis oriental, le grenat et le zircon, etc., parce que les premiers corps de chaque exemple donnent la réfraction simple, et les seconds, la réfraction double. Les premiers sont donc des corps non cristallisés (le verre), ou qui appartiennent au système cubique (le spinelle et le grenat); les seconds sont au contraire des corps cristallisés qui appartiennent à l'un des autres systèmes. » (Bouchardat, *Cours des sciences physiques*.)

Nous ne parlons nullement des autres propriétés des Minéraux, car chacun comprend ce qu'on entend par *dureté*, *transparence*, *son*, *couleur*, *odeur*, etc.

Classification des Minéraux.

Nous ferons remarquer tout d'abord que le nombre des espèces minérales connues étant peu considérable relativement à celles des corps organisés, on n'a pas eu besoin d'établir, en minéralogie, autant de divisions et de subdivisions que dans le règne organique. Parmi les nombreuses classifications proposées, les unes se fondent sur les *caractères extérieurs* des Minéraux : ce sont les plus anciennes ; et la plus célèbre en ce genre est celle de Werner, qui divise les corps bruts en 4 classes : 1° *terreux*; 2° *salins*; 3° *inflammables* ; 4° *métalliques*.

Les autres classifications se basent sur les caractères chimiques : telles sont, au dernier siècle, celles de Cronstedt, Bergmann, Kirwan, et de nos jours d'Hauy, Ampère, Berzélius, Beudant, etc.

Hauy divise les substances minérales en 4 classes : 1° *acides libres*; 2° *métaux hétéropsides* (1); 3° *métaux autopsides*, 4° *substances combustibles non métalliques*. Appendice, *substances phytogènes*. M. Ampère, suivi en cela par M. Beudant, divise les corps inorganiques en 3 grandes classes, qui sont : les *Gazolytes*, les *Leucolytes* et les *Chroïcolytes*.

Mais la classification chimique sera toujours la seule pratique, celle qui fournira les moyens de comparaison les plus saisissables. Pour classer chimiquement les Minéraux, on a pris deux bases opposées : l'élément *électro-positif* et l'élément *électro-négatif*. La première a été suivie par Hauy en 1822, et tous les minéralogistes l'ont imité; mais les découvertes de Mitscherlich sur l'*isomorphisme* ont rendu nécessaires des changements complets dans la classification, et maintenant, à l'exemple de M. Beudant, tous les minéralogistes prennent pour point de départ de leur classification le principe *électro-négatif*. Toutefois on regrettera toujours, dans les applications de la minéralogie, la classification d'après l'élément *électro-positif*, où chaque métal formait une famille embrassant toutes ses combinaisons. Aujourd'hui il répugne à plus d'un minéralogiste de chercher les composés de fer, de cuivre, d'argent, etc., dans plusieurs familles où les a dispersés la nouvelle classification.

MINÉRALISATEUR. On donne le nom de corps minéralisateur aux substances qui, par leur combinaison avec les matières métalliques, changent beaucoup leurs caractères extérieurs. L'oxygène, les acides, le soufre, l'arsenic, etc., sont les corps minéralisateurs les plus ordinaires : leur présence indique en quelque sorte la nature des métaux qui font la base de la mine.

MINÉRALISATION. Opération par laquelle la nature combine avec les métaux divers principes appelés minéralisateurs. Ces modifications, ces changements survenus dans les substances minérales après leur dépôt dans les filons ou même dans les différentes couches des terrains qui composent l'écorce du globe, paraissent avoir pour cause l'électricité qui se développe par la présence de trois éléments ou de trois corps métalliques, et qui occasionne des réactions chimiques qui modifient la nature des corps.

MINÉRALOGIE (du français *minéral*, et de *logos*, discours). Science qui s'occupe de la description et de la classification des corps inorganiques. « Elle étudie ces corps tels qu'on les trouve dans la nature, considère en eux les caractères par lesquels ils frappent nos sens, leur composition chimique, les circonstances de leur gisement, le rôle qu'ils jouent dans la constitution du globe, leurs propriétés, leurs usages. » — V. *Minéral*.

MIRAGE (de *miroir*). Phénomène d'optique qui consiste à offrir aux yeux comme une vaste mer dans laquelle on voit l'image renversée des villages, des arbres, etc. Il est dû à l'échauffement ou à la raréfaction inégale des couches de l'air, et, par suite, à la réfraction inégale des rayons du soleil, parce que toutes les fois qu'un rayon rencontre très obliquement la surface d'un milieu moins réfringent que celui dans lequel il se meut, il est obligé de replonger dans son premier élément, en suivant une direction qui, en définitive, lui imprime un mouvement tout à fait semblable à celui qui résulterait d'une réflexion opérée à la commune surface des deux milieux. Ainsi, supposé, ce qui arrive dans certaines localités, par suite de certaines circonstances météorologiques, que la couche d'air qui est le plus rapprochée du globe ait une densité inférieure à la densité des couches qui reposent immédiatement sur elle (et celle-ci ne s'étend qu'à une très petite hauteur); supposé ensuite un observateur placé dans la couche d'air dont la densité est plus grande et constante : s'il regarde un objet peu élevé au-dessus de l'horizon, les rayons qui lui parviennent à travers la couche d'air de densité uniforme le lui feront apercevoir dans sa position naturelle, tandis que la lumière dirigée obliquement vers la surface de la terre passera des couches supérieures, qui sont plus denses, dans les inférieures qui le sont moins, et sera dès lors obligée de se replier de bas en haut, en telle sorte qu'elle pénétrera dans l'œil absolument comme si elle provenait d'un objet au-dessous du premier, et placé en sens inverse.

Le Mirage s'observe surtout dans les plaines sablonneuses de l'Egypte. Tous les objets saillants paraissent comme s'ils étaient au milieu d'un lac immense; l'aspect du ciel vient compléter cette illusion, car on le voit aussi comme on le verrait par réflexion sur la surface d'une eau tranquille; à mesure qu'on avance on découvre le sol et la terre brûlante au lieu même où l'on croyait voir le ciel ou quelque autre objet. Ce phénomène a été

---

(1) Hauy comprenait sous le nom d'*Hétéropsides* les métaux qui ne se présentent jamais sous la forme commune et avec l'éclat particulier des métaux proprement dis ou *autopsides*.

souvent observé pendant l'expédition de l'armée française en Égypte ; et même que de fois nos soldats épuisés de fatigue et de soif éprouvèrent l'espoir constamment déçu d'arriver à un gî e où ils devaient trouver à réparer leurs forces, ou à un réservoir d'eau naturelle où ils espéraient se désaltérer !

« Sur mer le Mirage fait paraître des rochers et des bancs cachés sous l'eau, comme s'ils étaient élevés au-dessus de sa surface : ainsi les marins suédois ont longtemps cherché une prétendue île magique qui se montrait de temps en temps entre les îles d'Aland et les côtes d'Upland. D'autres fois les Anglais ont vu avec effroi la côte de Calais se rapprocher en apparence des rivages de la Grande-Bretagne. Les vaisseaux se présentent quelquefois comme s'ils étaient renversés ou comme s'ils naviguaient dans les nuages. Le phénomène de la Fata-Morgana dans le golfe de Naples, le spectre du mont Brocken dans le Hartz, certaines apparitions qu'on croyait miraculeuses ont aussi été attribués au Mirage. »

MISOCAMPE (*Misocampe*). Genre d'Hyménoptères térébrants et pupivores, à corps court, renflé, orné le plus souvent de couleurs très brillantes ; tête verticale ; corselet tronqué antérieurement ; abdomen ovale et conique, pourvu à son extrémité, chez les femelles, d'une tarière filiforme composée de 3 pièces, dont celle du milieu est la tarière proprement dite ; ailes presque sans nervures. — Ces Insectes pondent leurs œufs dans les galles, les chenilles, les chrysalides, selon les espèces.

Réaumur a observé l'accouplement de l'un de ces Hyménoptères. « Le mâle se place d'abord sur le milieu du corps de la femelle, de manière que les deux têtes sont tournées du même côté ; mais il y a encore loin de celle du mâle à celle de la femelle, parce que celle-ci surpasse beaucoup l'autre en grandeur. Dès que le mâle s'est posé il marche en avant jusqu'à ce que sa tête excède celle de sa compagne. Alors il incline tellement la tête du côté de celle de la femelle qu'il semble lui donner un baiser. Cette caresse, qui ne dure qu'un instant, une fois faite, il va promptement à reculons, jusqu'à ce que son derrière se trouve par-delà celui de la femelle ; il le courbe et le fait passer sous l'extrémité du ventre de celle-ci ; là il le tient fixé un moment, puis il commence son manége. Réaumur l'a vu renouveler 'par le même jusqu'à vingt fois : le mâle ne s'est retiré que pour céder forcément la place à un individu du même sexe plus frais. L'organe de la génération est renfermé entre deux pièces qui forment chacune une demi-gouttière. On peut le faire paraître en pressant le ventre de l'insecte. »

On connaît plusieurs espèces de Misocampes ; la plus commune et la plus belle est le **M. du Bédéguar** (*M. bedeguaris*), qui se trouve dans toute l'Europe, et vit sous la forme de larve et de nym-

phe dans les galles chevelues du Rosier sauvage, appelé *Bédéguar*.

MITE. Nom vulgaire de plusieurs Insectes aptères, très petits, compris aujourd'hui dans le genre Acarus.

MITRE (*Mitra*). Genre de Mollusques, créé par Lamarck, pour des coquilles confondues par Linné avec les Volutes, dont elles se distinguent par leur forme turriculée, leur sommet pointu, des plis columellaires dont la saillie s'efface d'arrière en avant et de haut en bas, et par l'existence d'un drap marin. Ce genre a pour caractères : coquille turriculée ou subfusiforme, à tours larges, aplatis, à spire élevée, pointue ; ouverture petite et triangulaire ; bord columellaire mince et muni de plusieurs plis parallèles entre eux, qui diminuent de grandeur de haut en bas ; bord droit tranchant et presque dentelé.

Fig. 815. — Mitre épiscopale.

Les Mitres sont communes dans les mers du Sud. Les animaux de ces coquilles sont d'une extrême timidité ; ils restent toujours dans la même position au milieu de la fange, qui dérobe à la vue leurs brillantes couleurs ; leur apathie est telle qu'il faut plusieurs heures, quelquefois même tout un jour, selon l'espèce, pour qu'on voie remuer leurs pieds et avancer leur siphon. — On en connaît plus de cent espèces vivantes, et à peu près autant à l'état fossile.

MITRE ÉPISCOPALE (*M. episcopalis*). Coquille longue de 14 à 16 cent., à 4 plis au bord columellaire, et dont les couleurs sont vives. L'animal a le pied long et étroit, la tête petite, deux tentacules très courts, mais une trompe énorme, qui est quelquefois double en longueur de la coquille. Il perfore avec sa trompe les coquilles des autres mollusques et se nourrit de leur chair.

On distingue encore la *M. papale*, la *M. pontificale*, etc., des mers des Moluques.

MOCHOK (*Mochokus*). Petit Poisson de la famille des Silures, ayant la dorsale antérieure rayonnée, accompagnée d'une seconde dorsale rayonnée aussi, mais courte. — Le M. DU NIL (*M. niloticus*) a la tête aplatie, en dessous; la bouche ornée de 4 barbillons à la lèvre inférieure et de 2 à la supérieure; le corps complétement dépourvu d'écailles, diminuant rapidement de largeur jusqu'à la caudale. — Il habite le bord des eaux, se tenant le ventre appliqué contre terre. La piqûre des épines de ses dorsales passe pour très dangereuse parmi les Arabes de l'Egypte, qui ne le pêchent jamais; ce poisson est plutôt pour eux un objet d'exécration. Sa patrie est Thèbes, où on le nomme *Mouchchouèché*, qui veut dire ne t'y pique pas.

MOCOCO. Quadrumane du genre Maki (*Lemur catta*), qu'il ne faut pas confondre avec le Macoco ou Vari, qui est du même genre et aussi de Madagascar. En effet, le Mococo a le pelage d'un cendré roussâtre en dessus et sur les membres, avec les parties inférieures blanches; sa queue est annelée de noir; le Macoco au contraire est varié de grandes taches blanches et noires sur le corps, et a les poils des joues fort longs; sa queue n'est point annelée.

« Le Mococo, dit Buffon, est un joli animal, d'une physionomie fine, d'une figure élégante et svelte, d'un beau poil toujours propre et lustré; il est remarquable par la grandeur de ses yeux, par la hauteur de ses jambes de derrière, qui sont beaucoup plus longues que celles de devant, et par sa belle et grande queue, qui est toujours relevée, toujours en mouvement, et sur laquelle on compte jusqu'à trente anneaux alternativement noirs et blancs, tous bien distincts et bien séparés les uns des autres : il a des mœurs douces, et quoiqu'il ressemble en beaucoup de choses au singe, il n'en a ni la malice ni le naturel. Dans son état de liberté il vit en société, et on le trouve à Madagascar par troupes de trente ou quarante; dans celui de captivité, il n'est incommode que par le mouvement prodigieux qu'il se donne; c'est pour cela qu'on le tient ordinairement à la chaîne, car, quoique très vif et très éveillé, il n'est ni méchant ni sauvage; il s'apprivoise assez pour qu'on puisse le laisser aller et venir sans craindre qu'il s'enfuie; sa démarche est oblique comme celle de tous les animaux qui ont quatre mains au lieu de quatre pieds; il saute de meilleure grâce et plus légèrement qu'il ne marche; il est assez silencieux, et ne fait entendre sa voix que par un cri court et aigu, qu'il laisse pour ainsi dire échapper lorsqu'on le surprend ou qu'on l'irrite. Il dort assis, le museau incliné et appuyé sur sa

poitrine : il n'a pas le corps plus gros qu'un chat, mais il l'a plus long, et il paraît plus grand, parce qu'il est plus élevé sur ses jambes; son poil, quoique très doux au toucher, n'est pas couché, et se tient assez fermement droit... »

MODIOLE (*Modiola*). Genre de Mollusques, établi par Lamarck aux dépens des Moules de Linné, ainsi caractérisé : coquille subtransverse, équivalve, régulière, à côté antérieur très court; charnière sans dents, latérale, linéaire; ligament cardinal presque intérieur, reçu dans une gouttière marginale. Animal semblable à celui des Moules.

Les Modioles appartiennent à toutes les mers; les espèces, dont on ne connaît encore qu'un petit nombre, sont les unes fossiles, les autres vivantes. On les partage en deux groupes selon qu'elles sont libres, non cylindriques, ou cylindriques, lithophages.

Dans le premier, nous citerons la MODIOLE TULIPE (*M. tulipa*), probablement celle que Linné a désignée sous le nom de *Mytilus modiolus*, une des plus communes dans les collections.

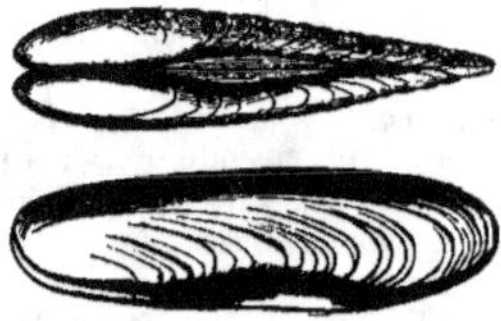

Fig. 846. — Modiole lithophage.

La MODIOLE LITHOPHAGE, du second groupe, et que nous figurons, est connue vulgairement sous le nom de *Datte de mer*, en raison de sa forme et de sa ressemblance avec le fruit qu'elle rappelle. Elle est remarquable par les stries transverses qui sillonnent sa surface extérieure, laquelle est d'un brun jaunâtre; son intérieur est nacré. Elle peut atteindre jusqu'à 10 à 12 cent. de longueur. — La Méditerranée et l'Océan européen en nourrissent beaucoup; dans quelques parages de la Méditerranée on en fait une pêche assidue et destructive, en cassant les rochers avec de gros marteaux, parce que sa chair est délicate et d'un goût exquis.

MOHA. Espèce de Millet, que l'on cultive comme plante à fourrage et qui croît vite. Tous les bestiaux le mangent avec plaisir. Les oiseaux de basse-cour aiment beaucoup sa graine. Légèrement concassée, cette graine peut remplacer le riz dans la cuisine. Les Charançons sont très avides de sa substance farineuse.

MOINE. Nom donné vulgairement à certains

Singes , Phoques, Marsouins, Canards, Oiseaux de proie, etc., en raison de leur couleur extérieure mi-partie noire et blanche.

MOINEAU (*Fringilla*). Genre de Passereaux , de la famille des Conirostres, type du groupe des Fringillidés, lequel a pour caractères : bec court, conique, épais, quelquefois croisé, d'autres fois bombé, à bords mandibulaires droits ou rentrants ; pieds médiocres ou courts ; tarses non écussonnés ; ailes moyennes.

Le genre Moineau est caractérisé par un bec court, de grosseur moyenne, à bords peu ou point rentrants. Degland y a établi des divisions, sous les noms de *Moineau, Pinson, Chardonneret, Linotte, Sizerin.* — V. ces mots.

Les *Moineaux proprement dits* sont connus par leur hardiesse, leur familiarité et leur voracité. On sait combien ils consomment de grains dans nos moissons ; en échange ils sont utiles par la quantité de chenilles qu'ils détruisent. Ils marchent en sautant, font leurs nids dans les tours. Ils vivent l'hiver en société, et quand ils se réunissent le soir sur l'arbre où ils doivent passer la nuit, ils y font entendre un ramage fort importun avant de se livrer au repos. — On en connaît plusieurs espèces, tant européennes qu'exotiques ; deux seulement nous intéressent.

Fig. 847-848-849. — Moineau domestique. — Moineau des montagnes (mâle et femelle).

MOINEAU DOMESTIQUE (*F. domestica*), vulg. *Moineau, Pierrot.* Il est brun , tacheté de noirâtre en dessus, gris en dessous, avec une bande blanchâtre sur l'aile, la calotte du mâle rousse sur les côtés, et sa gorge noire ; formes lourdes, mouvements sans grâce.

Le Moineau habite depuis les provinces méri-

dionales de la France jusque dans les régions du cercle polaire , il pullule dans tous les lieux de l'ancien continent où l'homme cultive les céréales. Il consomme une quantité considérable de blé et détruit beaucoup de jeunes fruits. Plein d'audace et de sécurité dans nos villes, il est défiant et rusé dans les campagnes , et sait longtemps éluder les poursuites du chasseur. Il fait grossièrement son nid dans les trous de murailles, sous les briques des toits, dans les pots qu'on lui offre, ou bien sur les grands arbres, mais alors il le construit avec beaucoup d'art ; la femelle fait par an trois et quelquefois quatre pontes de 5 à 8 œufs d'un cendré blanchâtre, tachetés de brun. A ces causes de multiplication il faut ajouter une grande longévité, car on cite un Moineau qui mourut en captivité à l'âge de 24 ans.

« Très jeunes, les Moineaux s'élèvent aisément en cage, s'accoutument sans peine à la captivité, ont assez de docilité pour obéir à la voix, pour recevoir leur manger de la main qui l'offre, pour se laisser prendre, toucher, caresser, enfin pour amuser ; mais capricieux et acariâtres, ils ne sont pas toujours bien disposés à recevoir les caresses qu'on veut leur faire, et leur bec est pour ceux qui les offensent une arme redoutable ; dans l'état de liberté, ils s'en servent même avec avantage contre des oiseaux plus forts qu'eux. »

MOINEAU-FRIQUET (*F. montana*), vulg. *Moineau des bois, Moinequin.* Taille plus petite que celle du M. domestique ; dessus de la tête rouge bai ; tache noire sur l'oreille ; deux bandes transversales , étroites et blanches sur l'aile.

Le Friquet est répandu dans toute l'Europe ; il se tient plus éloigné des habitations que l'espèce précédente, et cependant il est moins défiant et donne plus facilement dans les piéges qu'on lui tend. Le nom qu'il porte vient de l'habitude qu'il a, quand il est perché, d'être toujours en mouvement, de frétiller, de remuer sans cesse la queue. Il se tient à la campagne , fréquente le bord des chemins et des ruisseaux ombragés de saules, se pose sur les arbres et les plantes basses, et se rencontre parfois dans les bois. L'hiver cette espèce se réunit par troupes qui font des excursions quelquefois assez lointaines ; ou bien elle se mêle aux Moineaux domestiques, aux Pinsons, aux Bruants, et cherche avec eux sa nourriture. Le Friquet niche dans les trous et sur les branches des arbres, quelquefois dans les nids des Hirondelles ; ses œufs sont d'un gris ou d'un brun clair, strié de brun violet.

MOISISSURE (*Mucor*). Espèce de végétation , appartenant au genre *Mucor* de Linné, qui se développe à la surface des substances animales et végétales lorsqu'elles sont humides et en état de fermentation, surtout quand elles entrent en putréfaction. Ce sont de petits champignons microscopiques sous forme de filaments rampants , entre-croisés et rameux, formant une espèce de réseau, et donnant naissance à d'autres filaments simples, droits, terminés par une petite vésicule sphérique, remplie d'un grand nombre de sporules libres qu'elle laisse échapper au dehors.

MOLE (*Orthagoriscus*) ou **Poisson lune**. Genre de Poissons de l'ordre des Plectognates, ayant les mâchoires indivises comme celles des Diodons, mais le corps comprimé et sans épines, non susceptible de s'enfler; la queue est très courte, la dorsale et l'anale s'unissant à la caudale. Ces poissons sont remarquables par leur grande taille et par leur queue qui est si haute et si courte verticalement, qu'ils ont l'air de poissons dont on aurait coupé la partie supérieure, ce qui leur donne une figure des plus extraordinaires et suffit pour les distinguer de tous les autres.—Quoiqu'ils manquent de vessie natatoire, ils ont néanmoins la faculté de faire entendre une espèce de cri ou de sifflement dont on ignore complétement la cause. Leur chair est sèche et insipide.

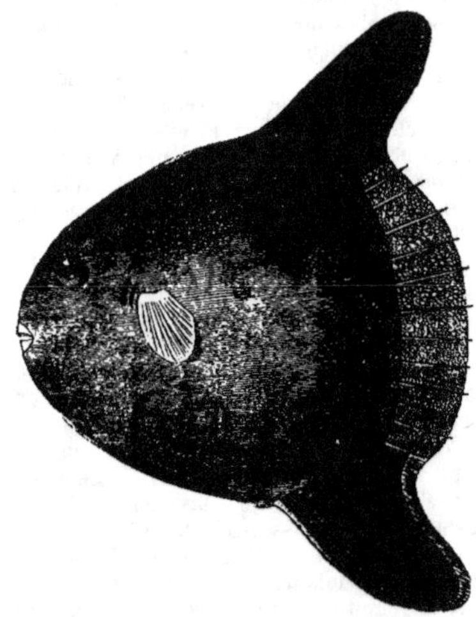

Fig. 850. — Mole.

La **Mole de la Méditerranée** (*O. mola*) est, des trois espèces, la plus remarquable. Ce Poisson atteint souvent une assez grande taille et pèse jusqu'à 150 kilogr. Corps comprimé, et arrondi dans le tour vertical : on l'a comparé à un disque, d'où lui viennent les noms vulgaires de *Soleil*, *Lune*.

« En effet, son corps, d'une belle couleur argentée, brille, dans l'obscurité, d'un éclat phosphorique, de sorte que, lorsqu'il nage pendant la nuit à la surface de l'eau, ce qui lui arrive ordinairement, on le prendrait, en le voyant de loin, pour l'image de la lune réfléchie dans le miroir des eaux, et ce n'est pas sans surprise que des marins ont cru, en apercevant le Mole ainsi flottant, voir la clarté de cet astre dans les flots. Malgré sa grandeur et sa force, le poisson-Lune n'est pas redoutable; il a la bouche trop petite pour pouvoir attaquer avec avantage de grands habitants des mers; aussi sa principale nourriture consiste t-elle en petits poissons, mollusques, vers et fucus; du reste, s'il n'attaque pas, il est rarement attaqué; il n'y a guère que les Squales et quelques Cétacés qui lui fassent la guerre; quant à l'homme, il le laisse tranquille, parce que sa chair grasse et visqueuse n'est pas bonne à manger. Ce poisson, d'ailleurs, répand une odeur désagréable, que sa chair conserve même assez souvent après avoir été préparée. On en retire par la cuisson une huile dont on ne fait aucun usage alimentaire. On dit cependant que son foie est passable et qu'on peut également en retirer de l'huile, aussi bien que d'une épaisse couche de matière gélatineuse qui se trouve sous sa peau. »

MOLÈNE (*Verbascum*). Genre de Plantes de la famille des Scrophulariacées, dont quelques auteurs ont fait la famille des Verbascées, intermédiaire entre les Solanées et les Scrophulariées; plantes bisannuelles, rarement vivaces, ordinairement tomenteuses ou laineuses, contenant un suc aqueux, inodore, souvent mucilagineux. Feuilles alternes, crénelées ou sinuées, à limbe souvent décurrent sur la tige; fleurs fasciculées, disposées en panicules, jaunes, plus rarement blanches : calice 5-partit; corolle à tube court, à limbe 5 partit à divisions inégales; étamines 5, à filets arqués, les deux inférieurs plus longs, etc.

Molène bouillon-blanc (*V. thapsus*), vulg. *Bouillon-blanc*. Cette plante atteint de 50 cent. à 2 mètres. Sa tige est très robuste, dressée, presque simple, tomenteuse laineuse. Feuilles épaisses, tomenteuses sur les deux faces, oblongues très amples, les caulinaires à limbe décurrent sur la tige; fleurs jaunes, disposées en une grappe spiciforme terminale, simple : corolle presque plane : les 3 étamines supérieures à filets barbus, les 2 inférieures plus longues et glabres; ovaire supère, style à stigmate obtus. Le fruit est une capsule bivalve à loges polyspermes.

Le Bouillon-blanc est bien commun dans les terrains en friche, les champs sablonneux ou rocailleux, aux bords des chemins. C'est depuis le mois de juillet jusqu'en septembre qu'on voit son bel et long épi jaune. Ses propriétés sont assez faibles : l'odeur des feuilles fraîches a quelque chose de narcotique; leur saveur est herbacée, avec une légère amertume. Les médecins négligent cette plante; mais il est bon néanmoins que l'on sache que ses feuilles et ses fleurs, employées en vapeur, en fomentations ou en cataplasmes, sont émollientes et calmantes. « La décoction des feuilles, dit un auteur, est admirable en lavement dans les ténesmes et la dyssenterie; l'infusion des fleurs est le meilleur adoucissant des irritations de la membrane muqueuse intestinale. »

La Molène répugne aux bestiaux; ses graines jetées dans un vivier narcotisent le poisson, qui se laisse prendre à la main. Cette plante, selon Hochheimer, chasse des greniers les rats et souris qui dévorent le blé.

Fig. 851. — Molène Bouillon-blanc.

La Molène noire (*V. nigrum*) est plus belle que le Bouillon blanc ; ses feuilles ne sont pas décurrentes, et toutes ses étamines sont poilues. Assez rare. — Les Abeilles recherchent plus avidement le suc de ses fleurs que celui des autres espèces.

La M. lychnite (*V. lychnitis*) ou *Petit Bouillon-blanc* est plus commune que la précédente, moins grande aussi, et le tomentum de ses feuilles ne se détache pas en flocons ; feuilles non décurrentes, les caudales non amplexicaules. — On regarde la fleur et surtout la racine comme anti-ictérique.

La Blattaire (*V. blattaria*) chasse, dit-on, les insectes qui détruisent les étoffes, les livres, la farine, tels que blattes, mites, teignes, etc. ; mais cette propriété est contestée ; d'aucuns pensent au contraire que cette plante favorise la multiplication de ces insectes.

MOLLUSCOIDES. — V. *Mollusques* et *Tuniciers.*

MOLLUSQUES ou **Malacozoaires.** Troisième embranchement des animaux (V. *Animal*), dans lequel sont compris un nombre considérable d'êtres dont le corps est *mou*, c'est-à-dire qui n'ont pas, comme les Vertébrés, de système cérébro-spinal ni de squelette intérieur ; auxquels on ne distingue pas d'anneaux ni de ganglions réunis en une longue chaîne médiane à la face ventrale du corps, comme cela se présente dans les Articulés, et enfin qui diffèrent des Rayonnés par la disposition paire de leurs organes de relation et par cette particularité que la bouche et l'anus sont plus ou moins rapprochés l'un de l'autre. — Les Mollusques ont été divisés, dans ces derniers temps, en deux sous-embranchements : les *Mollusques proprement dits*, dont l'histoire suit, et les *Molluscoïdes*, dont il sera question au mot *Tuniciers.*

Les Mollusques, nous le répétons, sont des animaux mous, mucilagineux, non symétriques, dépourvus de squelette intérieur ou extérieur, mais enveloppés d'une peau musculaire, appelée *manteau*, à la surface de laquelle se développe une *coquille* composée d'une ou plusieurs pièces ou valves, ce qui leur a fait donner le nom commun de *Coquillages*. Le manteau et la coquille présentent un nombre infini de variations. Souvent le manteau est presque entièrement libre, et constitue deux grands voiles qui cachent tout le reste de l'animal ; ou bien ces deux lames se réunissent de manière à former un tube, mais d'autres fois il ne consiste qu'en une espèce de disque dorsal dont les bords seuls sont libres ou entourent plus exactement le corps sous la forme d'un sac.

« En général, cette peau molle est protégée par une espèce de cuirasse pierreuse nommée *coquille*. C'est un tissu qui a quelque analogie avec celui de l'épiderme qui constitue cette enveloppe. Les follicules, logés d'ordinaire dans les bords du manteau, déposent à sa surface une matière semi-cornée mêlée à une proportion plus ou moins forte de carbonate calcaire qui se moule sur les parties sous-jacentes, et se solidifie. La lame ainsi formée s'épaissit et s'accroît par le dépôt successif de matières nouvelles. Sa superficie n'est pas pierreuse, mais ressemble à une espèce d'épiderme et porte le nom de *drap marin*. Quelquefois elle conserve une consistance cornée dans toute son épaisseur ; en général, cependant, la proportion de carbonate de chaux qu'elle renferme augmente rapidement et lui donne une dureté pierreuse. Souvent sa surface interne est même plus dense que le reste, et présente une structure particulière qui la rend vitreuse ou chatoyante et nacrée. Quelquefois la coquille reste toujours renfermée dans l'épaisseur de la peau des Mollusques ; mais, en général, elle est extérieure, et dépasse même les bords du manteau, de façon à fournir à l'animal un abri parfait. On donne communément le nom de *Mollusques nus* à ceux qui sont dépourvus de coquilles ou qui n'ont qu'une coquille intérieure, et le nom de *conchifères* à ceux dont la coquille est visible au dehors.

« Les couleurs les plus variées et les plus agréablement disposées ornent les coquilles, et varient souvent avec l'âge. Presque toujours elles sont tout à fait superficielles et semblent dépendre d'une sorte de teinture opérée par la peau de l'animal, qui est peint d'une manière correspondante à celle de son enveloppe. La matière colorante paraît être déposée sur la coquille au moment de sa formation ; aussi est-elle d'autant plus vive que cette dernière est plus jeune. C'est le bord du manteau qui la produit. En effet, si une coquille vient à être cassée et que l'animal parvienne à réparer cet accident, la partie nouvellement formée est toujours blanche lorsqu'elle n'a pas été en contact avec le bord du manteau ; et si elle correspond à ce bord, on la voit prendre la couleur que celui-ci présente dans le point qu'elle touche. Ainsi, lorsque ce bord est tacheté, il en résulte, sur le bord de la coquille, des taches correspondantes : et, à mesure que celui-ci s'allonge, ces taches se confondent avec celles précédemment formées, et produisent des lignes perpendiculaires aux stries d'accroissement, ou bien ne se joignent pas à celles-ci et restent isolées, suivant que le manteau demeure immobile et conserve avec le pourtour de la coquille les mêmes rapports, ou bien que, par les mouvements de l'animal, il change souvent de position. Quelquefois la sécrétion de la matière colorante varie aussi avec l'âge, et des circonstances accidentelles peuvent également la modifier. La lumière, par exemple, exerce sur ce phénomène une influence très remarquable, et non-seulement les coquilles les plus exposées à l'action de cet agent physique sont d'ordinaire les plus vivement colorées, mais lorsqu'un Mollusque vit fixé sur un rocher ou en partie caché sous une éponge ou quelque autre corps opaque, la portion de la coquille ainsi placée dans l'obscurité est toujours plus pâle et plus terne que celle exposée au contact des rayons solaires. » (M. Edwards.)

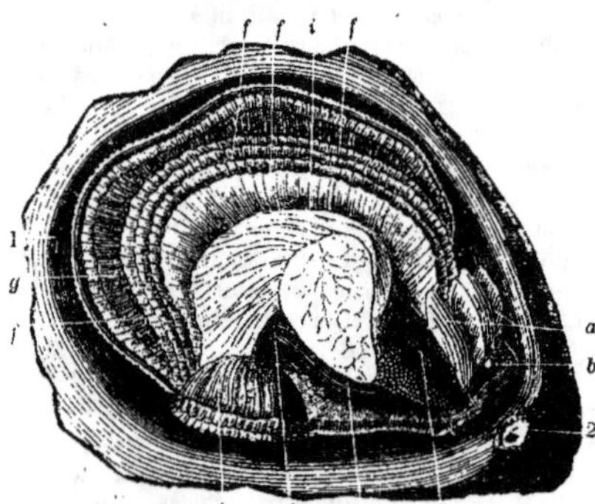

Fig. 852. — Mollusque (huître).

4, coquille. — 2, charnière des valves. — *a*, palpes labiales masquant la bouche qui se trouve en *b* — *c*, intestin. — *d*, anus. — *e*, foie. — *f f f f*, les quatre feuillets branchiaux. — *g*, l'un des bords du manteau adhèrent à la coquille. — *h*, l'autre lobe reployé en dessus pour découvrir les autres organes. — *i*, muscle adducteur parcouru par un vaisseau.

Jetons un coup d'œil sur la physiologie des Mollusques, sur leurs fonctions de relation, de nutrition et de génération.

Fonctions de relation. Les Mollusques n'ont pas de membres ; mais dans un assez grand nombre on voit à la partie inférieure du corps une sorte de disque charnu ou de *plateau* sur lequel l'animal appuie lorsqu'il rampe à la surface du sol (Hélices) ; chez d'autres la tête est environnée de longs appendices charnus, nommés *tentacules*, qui leur servent tout à la fois d'organes de locomotion, de tact et de préhension, comme dans les Calmars. — Les organes des sens sont la plupart du temps réduits au toucher et au goût ; souvent il existe des yeux, dont la structure varie, quelquefois un appareil de l'ouïe. — Le système nerveux se compose toujours de plusieurs ganglions, disposés sans symétrie (*fig.* 853, *a*, *b*, *c*, *d*) et réunis entre eux par des filets de communication ; le supérieur représente en quelque sorte le cerveau, mais le principal ou la série la plus serrée entoure l'œsophage.

Fig. 853. — Système nerveux d'un Mollusque.

Fonctions de nutrition. L'appareil digestif des Mollusques est très développé ; une bouche en suçoir s'ouvre immédiatement dans l'estomac, ou bien en est séparée par un court œsophage ; les intestins sont contournés sur eux-mêmes sans jamais être retenus par un mésentère (V. ce mot), et s'ouvrent au dehors par un pertuis anal placé dans un point du corps qui varie, mais qui est placé quelquefois très près de la bouche. — L'appareil circulatoire est assez compliqué : un cœur, formé d'un ventricule et d'une ou deux oreillettes, se trouve sur le trajet du sang artériel, qui est incolore ou légèrement bleuâtre, et envoie ce liquide dans toutes les parties du corps, d'où il revient à l'organe de la respiration par des canaux veineux plus ou moins incomplets. — Quant à cet organe respiratoire, tantôt il a la forme de poumons ou sacs pulmonaires, tantôt celle de branchies, suivant que l'animal vit dans l'air ou dans l'eau, et dans ces deux cas il présente des modifications trop grandes pour qu'il se prête à des considérations générales.

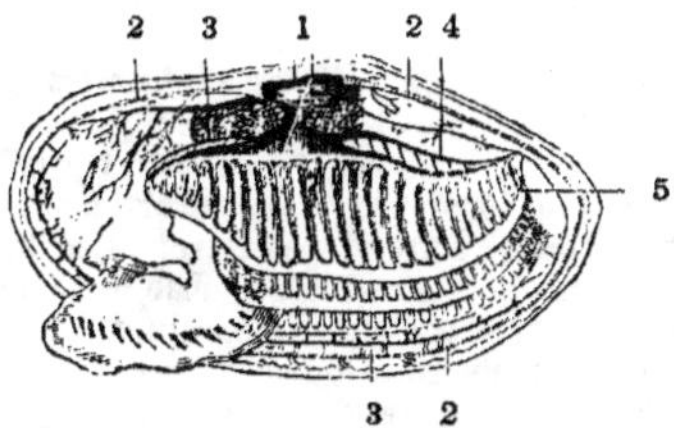

Fig. 854. — Circulation d'un mollusque.

(4. ventricule artériel, poussant le sang dans 2 2 2, le système artériel. — 3 3 3, système veineux. — 4, sinus veineux d'où naissent les vaisseaux qui portent le sang aux branchies. — 6, oreillette recevant des branchies le sang artériel, et le versant dans 1, le ventricule.)

Fonctions de reproduction. Les Mollusques naissent d'œufs et ne se multiplient jamais par bourgeons, comme cela a lieu pour la plupart des Molluscoïdes : ces œufs éclosent tantôt au dehors, tantôt dans l'intérieur des oviductes. Les Mollusques sont hermaphrodites, mais souvent l'un des deux organes est difficile à découvrir. Tantôt le même individu se suffit à lui-même, c'est-à-dire que ses œufs sont fécondés en traversant l'ovi-ducte; tantôt le concours de deux individus est nécessaire, bien que chacun d'eux porte les deux sexes : dans ce cas il y a double accouplement, chaque individu introduisant son organe mâle dans l'oviducte de l'autre, en même temps qu'il reçoit celui de cet autre individu dans son propre oviducte.

Les Mollusques se partagent en deux grandes divisions, selon que la tête est distincte (*Céphalés*) ou non distincte (*Acéphales*). D'après la disposition des organes du mouvement, on les divise en cinq ordres, auxquels nous renverrons le lecteur après les avoir mentionnés .

1° Céphalopodes. Tête distincte, offrant de longs appendices charnus non articulés en forme de bras, ou des tentacules qui leur servent à s'accrocher aux corps voisins : *Argonautes, Calmars, Seiches,* etc.

2° Ptéropodes. Tête distincte; pas de tentacules, mais simples appendices membraneux en forme de lames ou de nageoires sur leurs parties latérales : *Clios, Hyales,* etc.

3° Gastéropodes. Tête distincte; sorte de disque charnu sur lequel s'appuie le corps pendant qu'il rampe : *Bulimes, Hélices, Limaces,* etc.

4° Acéphales. Pas de tête distincte du reste du corps; ils sont nus ou conchyfères; coquilles à 2 valves : *Huîtres, Moules,* etc.

5° Brachiopodes. Mollusques acéphales pourvus de tentacules mobiles et charnus : *Lingules* et *Orbicules.*

TABLEAU SYNOPTIQUE DES ORDRES DE MOLLUSQUES

MOLLUSQUES				ORDRES
A TÊTE	distincte, à tentacules	très longs, entourant la tête, servant de pieds		1. Céphalopodes.
		courts ou nuls	nageant à l'aide de membranes latérales.	2. Ptéropodes.
			se traînant sur un disque ventral . . .	3. Gastéropodes.
	non distincte	sans tentacules. . . . . , .		4. Acéphales.
		à tentacules charnus, non articulés		5. Brachiopodes.

Fig. 855. — Molosse.

MOLOSSE (*Molossus*). Genre de Carnassiers chéiroptères, de la famille des Vespertilions ou Chauves-souris; ils n'ont ordinairement que deux incisives à chaque mâchoire; leurs oreilles sont très grandes; leur physionomie a quelque chose de hideux, et leur queue, plus longue que la membrane inter-fémorale, est à moitié comprise par celle-ci. Taille un peu supérieure à nos Chauves-souris.

Les diverses espèces de Molosses habitent les régions chaudes et tempérées; elles sont communes aux deux continents, mais une seule a été constatée en Europe. Ces animaux volent avec rapidité et marchent plus facilement que nos Vespertilions. Leur régime est essentiellement insectivore.

Le M. DE CESTONI est l'espèce européenne : il s'observe en Italie; M. Savi l'a décrit sous le nom générique de *Dinops*.

MOLYBDÈNE (du gr. *molybdaina*, masse de plomb, à cause de son aspect). Corps simple, métallique, d'un blanc mat, susceptible de poli, d'une densité de 8,6. On le trouve dans la nature en combinaison avec le soufre, ainsi qu'avec le plomb et l'oxygène. On l'obtient peu à l'état d'isolement, en calcinant fortement un mélange d'acide molybdique et de charbon dans un creuset brasqué. Schéele obtint le premier, en 1778, l'acide molybdique par la calcination du Molybdène sulfuré, et peu après Hielm parvint à isoler le métal de cet acide. Le Molybdène est sans usages.

MOMORDIQUE (*Momordica*). Genre de la famille des Cucurbitacées, ainsi nommé de la forme rongée et comme mordue de ses semences. Les fleurs mâles ont : calice campanulé à 5 divisions, corolle à 5 divisions également profondes; étamines 5, disposées en 3 faisceaux; les fleurs femelles présentent un calice ovoïde, adhérent; un ovaire infère à 3 loges. Baie charnue ou sèche, s'ouvrant en 3 valves élastiques.

Les espèces, sauf l'*Ecballion* (V. ce mot), sont exotiques. On voit quelquefois dans les jardins la MOMORDIQUE BALSAMINE, espèce annuelle, originaire de l'Inde et dont le fruit a été autrefois célèbre comme une *Pomme de merveille*. Ses fleurs sont jaunes, suivies de péponides du volume d'une prune, d'abord vertes, puis d'un jaune orangé qui souvent passe au rouge vif. Ces fruits, à leur maturité, s'ouvrent en trois valves et lancent au loin leurs semences.

MOMOT (*Prionites*). Genre de Passereaux longirostres, à bec long, robuste, convexe, dont les bords sont profondément crénelés; tarses minces, écussonnés; doigts faibles et grêles, corps épais; formes lourdes. — Ce sont des Oiseaux de l'Amérique tropicale, qui habitent l'intérieur des forêts et dont le vol est difficile et peu soutenu. Ils sont défiants, carnivores; ils vivent de petits mammifères et d'insectes, quelquefois de substances végétales. Ils nichent dans des trous creusés par des Tatous ou autres mammifères, qu'ils garnissent d'herbes sèches avant d'y déposer leurs œufs.

Le M. HOUTOU, du Brésil et de la Guyane, est de la grosseur d'une Pie. — Le M. TUTU habite aussi le Brésil.

MONADES (*Monas*). Genre d'Infusoires, êtres infiniment petits, excessivement simples, translucides, sans apparence d'organes, fourmillant dans les infusions et les liquides corrompus à un degré de température un peu élevé. « Ces atomes vivants, que l'on a regardés comme des animaux réduits à leur plus simple composition, comme la première modification de la matière passant à l'existence animale, et dans lesquels il n'y a pas trace d'organes, pas même un rudiment de canal intestinal, ont été placés par les philosophes naturalistes, suivant qu'ils adoptaient l'ordre de gradation ou de dégradation de l'organisation, tantôt au commencement, tantôt à la fin de la série animale. Mais, dit de Blainville, comme il est difficile d'en faire de véritables animaux, du moins dans la définition généralement admise, et seulement en accordant qu'ils exécutent des mouvements volontaires, indépendants des circonstances extérieures, ce qui n'est peut-être pas absolument certain, plusieurs personnes ont été conduites à penser que ce n'était réellement, pour ainsi dire, que des molécules organiques, dont l'assemblage, suivant des lois déterminées, contribuait indifféremment à la formation d'un animal ou d'un végétal. »

« On pense que les Monades se nourrissent par absorption immédiate de molécules toutes préparées d'avance et existantes dans le milieu qu'elles habitent, et qu'elles se produisent par scission ou déchirure spontanée. Leur mobilité est prodigieuse; on dirait que la plupart roulent les unes sur les autres. Quoique les différences qui singularisent les espèces soient difficiles à préciser, cependant on est parvenu à connaître exactement plusieurs d'entre elles. »

MONADELPHIE. — V. *Classification végétale.*

MONANDRIE. — V. *Classification végétale.*

MONARDE (*Monarda*). Le botaniste Monardin décrivit le premier cette Plante, qui forme un genre de la famille des Labiées, renfermant une quinzaine d'espèces herbacées, appartenant à l'Amérique septentrionale. — La M. DIDYME (*M. purpurea*), vulg. *Thé d'Oswego* ou *de Pensylvanie*, parce que l'infusion de ses feuilles aromatiques remplace dans le pays celle du thé, a des racines vivaces, des tiges robustes, hautes de 70 cent., et des fleurs longues, d'un rouge vif. — La M. FISTULEUSE (*M. fistulosa*) est plus haute et ses fleurs sont plus pâles que celles de la précédente : on l'emploie contre la fièvre intermittente.

MONITOR (*Monitor*). Nom donné à des Sauriens, de la famille des Lacertiens, qui passent pour prévenir l'homme, par leur sifflement, de l'approche des Crocodiles, leurs ennemis mortels. — V. *Sauvegarde* et *Varan*.

MONOCOTYLÉDON et MONOCOTYLÉDONES. La graine qui n'a qu'un embryon est dite monocotylédone (V. *Graine*), et l'on appelle *Monocotylédonées* ou *Monocotylédones* les plantes qui naissent avec un seul cotylédon. Ces plantes constituent le second des trois embranchements du règne végétal.

Les Monocotylédones commencent la série des plantes phanérogames, c'est-à-dire pourvues de véritables fleurs ayant des organes mâles et femelles bien développés et propres à la reproduction; plantes qui se propagent au moyen de vrais embryons. La structure de l'embryon forme le caractère essentiel de cet embranchement : ses deux extrémités sont simples et sans division apparente, tandis que le contraire existe dans les Dicotylédones (V. ce mot). En outre, la tige, les feuilles, les fleurs, etc., présentent dans les Monocotylédones des caractères autres que dans les deux autres embranchements : la tige, quand elle est ligneuse, est généralement simple (V. *Tige*), et les feuilles naissent toutes de son sommet. Celles-ci offrent des nervures presque simples, rapprochées, parallèles entre elles, tantôt transversales, tantôt obliques, tantôt parallèles à la côte ou nervure moyenne; elles sont généralement entières. Les fleurs se composent d'un périanthe formé de 6 sépales, dont 3 externes et 3 internes; de 3 ou 6 étamines (rarement plus ou moins), de 3 carpelles, plus rarement de 6, etc.

Les Monocotylédonés se partagent en deux groupes, suivant que leurs graines manquent d'endosperme (*Graines exendospermées*) ou qu'elles en sont pourvues (*Graines endospermées*). — V. *Classification végétale*.

Fig. 856. — Monitor Sauvegarde.

MONODELPHES (du gr. *monos*, seul; *delphys*, matrice). Mammifères qui n'ont, par opposition aux Didelphes, qu'une seule matrice, et chez lesquels le fœtus prend son entier développement dans cet organe, ce qui est le plus ordinaire.

MONOECIE. Classe de Végétaux, dans le système linnéen, à fleurs unisexuées portées sur le même individu, c'est-à-dire à fleurs mâles et à fleurs femelles séparées sur le même pied. — V. *Classification végétale*.

MONOGAME, MONOGAMÉ (du gr. *monos*, seul; *gamos*, noce). Se dit, en botanique, des plantes dont les fleurs, quoique rapprochées les unes des autres, sont de même sexe, distinctes, et n'ont pas d'enveloppe florale commune. — V. *Fleur*.

MONOIQUES. Linné a nommé ainsi les Végétaux à fleurs unisexuées, réunies sur un seul individu; ce que signifie aussi le terme *Monœcie*. — V. *Fleur*.

MONOPÉTALE ou **GAMOPÉTALE.** Corolle formée d'une seule pièce. — V. *Fleur*.

MONOPHYLLE. Adjectif qui désigne tout organe foliacé, unique dans son limbe, quelque soit d'ailleurs le nombre de ses divisions, pourvu que celles-ci ne pénètrent pas jusqu'à sa base.

MONOSÉPALE. Calice formé d'une seule pièce plus ou moins fendue, mais non jusqu'à sa base. — V. *Fleur*.

MONOSPERME. — V. *Fruit, Graine*.

MONOTRÊMES (du gr. *monos*, seul ; *trêma*, trou). Famille des Mammifères, de l'ordre des Édentés, qui tiennent des Oiseaux et des Reptiles sous le rapport de l'espèce de cloaque qu'ils présentent. De Blainville leur donne le nom d'*Ornithodelphes*. — V. *Édentés*.

MONOTROPE (*Monotropa*). Genre de Plantes parasites, vivaces, décolorées, blanchâtres, dont les feuilles sont réduites à des écailles éparses sur la tige. — Le *M. hypopitys*, vulg. *Suce-pin*, assez commun dans les bois, aux environs de Paris, offre une tige de 10 à 30 cent., ordinairement pubescente, à poils glanduleux, dressée, munie d'écailles entières, apprimées; les fleurs sont en grappes.

Nuttal a proposé d'établir, pour le genre *Mono-*

tropa, une petite famille qui a beaucoup de rapports avec les Pyrolacées, et dont les espèces croissent sur les racines des arbres comme les Onobranches, dont elles offrent le port.

MONSTRE, Monstruosité. On nomme ainsi tout être qui s'écarte en tout ou en partie de la structure ou de la conformation naturelle à son espèce ou à son sexe. Pour le vulgaire un *monstre* est un être dont l'aspect étonne et presque toujours offense les regards ; pour le naturaliste ou le physiologiste, c'est un corps organisé, animal ou végétal, qui présente une conformation insolite dans la totalité de ses parties ou seulement dans quelques-unes d'entre elles. Les Monstres ne sont plus considérés comme l'expression de la colère céleste, ou comme des jeux ou des écarts inexplicables de la nature : ils n'offrent plus à l'esprit du philosophe que des désordres dans la position ou la structure des organes, dont les causes sont toutes naturelles et susceptibles d'être indiquées.

Ces causes, toutefois, sont encore très obscures. A une époque où l'on admettait la doctrine de l'emboîtement des germes, on crut à la préexistence de germes monstrueux, et à des causes mécaniques agissant sur des germes primitivement réguliers, de manière à les obliger à se confondre ensemble, à les empêcher de se développer. Une opinion qui est encore très accréditée, est celle qui atttibue les Monstruosités à l'influence exercée sur le fœtus par l'imagination de la mère; mais non-seulement les Monstruosités ne ressemblent pas aux objets dont la mère dit que son imagination a été obsédée, il est remarquable en outre que ce n'est qu'après l'événement que les femmes parlent du rapport de l'objet qui les a frappées avec l'enfant, et jamais aucune Monstruosité n'a été prédite d'après la connaissance de cet objet. Aujourd'hui les physiologistes, prenant le fœtus dans la matrice sans s'inquiéter comment il y est arrivé, attribuent les Monstruosités à des altérations accidentelles qu'il éprouve à une époque quelconque de la vie intra-utérine. Seulement les uns croient à des causes mécaniques, les autres à des causes morbifiques. Les premières ne jouent pas le rôle principal et habituel ; car si les percussions, les secousses, etc., amenaient aussi facilement qu'on l'a dit les altérations ou unions des germes, on ne verrait pas les mammifères qui donnent habituellement plusieurs petits à chaque portée, les

Fig. 857. — Monstres (Ailodynie).

mettre bas sans qu'il y ait presque jamais trouble dans le développement des produits. Les causes morbifiques sont les plus importantes : elles consistent, a-t-on dit, en brides étendues du placenta au fœtus, en une aberration de la force plastique, en un arrêt de développement d'une artère, d'un viscère, etc. ; mais tout en les admettant comme les plus probables et les plus conformes aux lois de la nature, nous devons convenir que, si peu spécifiées encore, elles sont encore le point le plus obscur de la *Tératologie*.

Quoi qu'il en soit, dans le désordre manifesté

par les Monstruosités, on ne voit jamais la confusion portée à un tel point qu'il ne soit plus possible d'apercevoir encore un certain ordre dans l'aberration, et jamais le type monstrueux ne s'écarte assez du type régulier pour faire sortir entièrement l'individu de la série des êtres naturels à laquelle il appartient ; jamais non plus un organe n'éprouve d'altérations assez fortes pour devenir totalement méconnaissable. Les irrégularités n'atteignent guère que les formes, et, quoique extrêmes, souvent, elles ne vont jamais jusqu'à changer et intervertir les relations naturelles des parties. Aussi bien, puisqu'un Monstre est, rigoureusement parlant, une production organisée dans laquelle la conformation, l'arrangement ou le nombre de quelques-unes de ses parties ne suit pas la règle ordinaire, il s'ensuit que les plus légères anomalies, celles qu'on appelle communément du nom de variétés, rentrent dans la classe des Monstruosités, ce qui paraît choquant au premier coup d'œil, et qu'il n'est guère possible d'établir des limites bien marquées entre ces variétés et les Monstruosités, puisqu'elles se confondent ensemble par des gradations insensibles.

On distingue ordinairement les Monstres par défaut, qui sont privés d'un ou de plusieurs organes ou de diverses parties du corps, tels que les *acéphales* ou sans tête, les *monopses* ou pourvus d'un seul œil, etc. ; — les *Monstres par excès*, comprenant les fœtus qui ont des organes plus nombreux qu'à l'ordinaire ; — les *Monstres doubles*, individus accolés l'un à l'autre d'une façon plus ou moins complète. Parmi les Monstres de ce genre, on cite surtout les deux frères Siamois, Chang-Eng, nés en 1811, réunis entre eux depuis le ventre jusqu'à la poitrine, et les deux sœurs *Ritta-Cristina*, nées en Sardaigne.

M. Is. Geoffroy-St-Hilaire, à qui l'on doit le travail le plus complet sur les *Anomalies de l'organisation chez l'homme et les animaux*, distingue les Monstruosités, qui sont des anomalies très graves, toujours apparentes au dehors et plus ou moins nuisibles à l'individu qui les présente, 1° des *hermaphrodismes*, déviations congénitales et complexes du type spécifique, presque toujours apparentes à l'extérieur, consistant dans la présence simultanée des deux sexes ou de quelques-uns de leurs caractères, et ayant cela de particulier, que l'influence générale qu'elles exercent sur l'organisme ne devient manifeste qu'à l'époque de la puberté ; 2° des *hétérotaxies*, déviations congénitales et complexes, qui ne sont jamais apparentes à l'extérieur et qui ne mettent obstacle à l'accomplissement d'aucune fonction ; 3° des *hémitéries*, déviations ordinairement congénitales, mais toujours simples et peu graves au point de vue anatomique, et que l'on désigne, dans le langage physiologique, sous le nom de *vices de conformation*.

MONT et MONTAGNE. Élévation de terrain considérable, d'une hauteur d'au moins 3 à 400 mètres ; au-dessous, on l'appelle *colline*, *monticule*, *éminence*, *butte*. — *Mont* se dit de préférence d'une montagne isolée, telle que le Mont-Blanc ; *Montagne*, d'un ensemble, d'une suite ou d'une chaîne de grandes élévations. Dans toute Montagne on distingue la *base*, le *pied*, les *flancs*, qui prennent le nom d'escarpements quand ils sont presque verticaux ; la *cime*, dite aussi *faîte* ou *crête*, et qui prend les noms de *plateau*, si elle se termine par une vaste surface plate ; d'*aiguille*, *pic*, etc., si elle est pointue ; de *dôme*, si le sommet est arrondi. Une réunion de Montagnes s'étendant en longueur forme une *chaîne* ; plusieurs chaînes réunies, un *groupe* ; plusieurs groupes, un *système*. Les flancs d'une chaîne se nomment *versants* ; la ligne de partage des eaux, *ligne de faîts* ; l'espace creux que laissent entre elles plusieurs Montagnes parallèles forme les *vallées*.

Une Montagne s'élève presque toujours en pente douce depuis son pied jusqu'à une certaine hauteur, ce qui tient souvent à l'accumulation de ses débris, qui ont formé des talus plus ou moins inclinés. Plus haut les flancs deviennent plus rapides, tantôt unis, tantôt déchiquetés de toutes les manières, souvent abrupts ou taillés en gradins. Vers le sommet se présentent encore quelquefois successivement de nouvelles pentes, des escarpements à pic, des cimes enfin de toute espèce. Les variations que présentent ces différentes parties donnent aux Montagnes des configurations diverses.

Les Géologues ne sont pas d'accord sur la formation des Montagnes : deux grands systèmes sont en présence, celui des *Vulcaniens*, qui les font naître de soulèvements produits par les feux souterrains, et celui des *Neptuniens*, qui les expliquent par l'affaissement des eaux terrestres. Suivant l'opinion la plus généralement adoptée, les Montagnes primitives seraient le résultat de soulèvements, et la face de la terre aurait été ultérieurement modifiée par le mouvement des eaux. M. Elie de Beaumont a réuni en corps de doctrine tous les renseignements que l'on possède sur les chaînes de Montagnes ; il a formé de ces chaînes un certain nombre de systèmes et il a même pu déterminer l'époque de la formation des divers systèmes. — V. *Soulèvement*.

Parmi les chaînes les plus remarquables, on cite : en Europe, les Alpes, les Pyrénées, les Apennins, les Karpathes, les Balkans ; en Asie, le Caucase, le Taurus, l'Himalaya, les Monts Altaï ; en Afrique, l'Atlas ; en Amérique, les Andes, les Cordillères, etc. Les plus hautes Montagnes sont les pics de l'Himalaya qui ont de 7 à 8 mille 500 mètres ; viennent ensuite celles de l'Amérique du Sud. En Europe, le Mont-Blanc, qui est le plus haut soulèvement, a 4,810 mètres de hauteur ; le Mont-d'Or n'a que 1,886 ; le Puy-de-Dôme, 1,465 ; le Ballon des Vosges, 1,429 ; le Vésuve, 1,198, etc.

On mesure la hauteur des Montagnes, soit par la longueur de leur ombre, soit au moyen de la dépression du mercure dans le baromètre, soit enfin à l'aide d'opérations trigonométriques. Cette hauteur, quelque considérable qu'elle nous paraisse, comparée au volume du globe, est relativement très minime, et l'on peut dire que toutes les saillies et les dépressions qui existent à la surface de la Terre ne sont que comme des rides de son écorce.

MOQUEUR (*Turdus polyglottus*) ou MERLE POLYGLOTTE. Espèce du Genre Merle, section des Grives, appartenant à l'Amérique septentrionale. Il a tout le dessus du corps d'un gris brunâtre; une grande tache blanche, oblique, sur les tectrices alaires; les parties inférieures blanchâtres, tachetées de blanc; bec, pieds et rectrices noirâtres.

Le Moqueur se trouve à la Caroline, à la Jamaïque, à la Nouvelle-Espagne, etc., fréquentant les bois et se nourrissant de baies, de fruits et d'insectes. Il doit son nom de *Moqueur* au singulier talent qu'il a de contrefaire toute sorte de cri et de ramage. « Bien loin de rendre ridicule

Fig. 858. — Moqueur.

les chants étrangers qu'il répète, dit Buffon, il paraît ne les imiter que pour les embellir; on croirait qu'en s'appropriant ainsi tous les sons qui frappent ses oreilles, il ne cherche qu'à enrichir et perfectionner son propre chant, et qu'à exercer de toutes les manières son infatigable gosier : aussi, les sauvages lui ont-ils donné le nom de *Cencontlatolli*, qui veut dire quatre cents langues, et les savants celui de *Polyglotte*, qui signifie à peu près la même chose. »

Les Américains considèrent le Moqueur comme le premier parmi les oiseaux chanteurs : ils le mettent au-dessus du Rossignol. « Il ne débute pas comme lui, dit Audubon, par de longs et mélancoliques soupirs, il attaque franchement son thème musical, qu'il module ensuite, qu'il gradue, qu'il varie avec un art incroyable, ayant soin de faire entrer dans la composition de son

œuvre l'imitation des plus doux bruits dont la nature lui a fourni le modèle, le murmure des feuilles, le roulement lointain de la cataracte, le gazouillement du ruisseau voisin. »

Le Polyglotte est familier; il s'approche des lieux habités par l'homme et semble comprendre que son ramage l'amuse. Il construit son nid sur l'oranger, le figuier, le poirier, à la jonction de deux rameaux, où il dépose 5 œufs d'un vert léger tacheté de brun. Pendant l'incubation le mâle va chercher des insectes et les apporte à sa femelle, qui le remercie par un petit cri plein de tendresse. Les planteurs respectent ces aimables oiseaux et défendent à leurs enfants de les inquiéter. Le Moqueur a pour ennemis les chats domestiques, les serpents, le faucon; mais il se défend toujours avec énergie. On dit sa chair de fort bon goût. On l'élève très difficilement en cage.

MORDELLES (*Mordella*). Genre de Coléoptères hétéromères, famille des Trachélides, au corps allongé, étroit, arqué, terminé par une longue tarière acuminée. — On en compte plus de cent espèces, de petite taille en général, toutes très vives et très agiles. Elles se trouvent sur les fleurs; lorsqu'on les prend, elles glissent entre les doigts, et si elles parviennent à s'en dégager, elles prennent leur vol avec une promptitude étonnante.

MORÉE (*Moræa*). Genre de la famille des Iridacées, dont les espèces diffèrent peu des véritables Iris, si ce n'est que les trois divisions intérieures de leur périanthe sont petites et non conniventes, leurs étamines libres, et leurs stigmates pétaloïdes bifides et inclinés. — Plantes exotiques et originaires des contrées chaudes du globe.

Nous cultivons en France, dans nos jardins, plusieurs espèces, telles que la M. FAUSSE IRIS, qui a les feuilles disposées en éventail et les fleurs en petit nombre, sans odeur, de couleur blanche mélangée de jaune et de bleu; — la M. A GAINE, à feuilles aussi en éventail, la supérieure embrassant la tige dans toute sa longueur; — l'IRIS TIGRÉE des jardiniers, dont les fleurs sont d'un jaune safran maculé de rouge; — la M. A GRANDES FLEURS ou *Iris plumeuse*, aux fleurs blanches teintées de bleu avec une tache jaune et une raie barbue.

MORELLE (*Solanum*). Le genre *Solanum*, type de la famille des Solanacées, comprend des plantes annuelles ou vivaces, herbacées ou ligneuses, dont les feuilles sont dentées, sinuées ou pinnatiséquées; les fleurs sont blanches ou violettes, réunies en corymbes ou en cymes, sur des pédoncules extra-axillaires ou terminaux : calice 5-lobé; corolle rotacée, à limbe plissé 5-fide, rarement 4-6-10-fide; étamines 5, à filets très courts, anthères saillantes, conniventes; baie biloculaire. — Les espèces du genre sont nombreuses; nous en comptons quelques-unes en Europe, les autres sont indigènes aux contrées équatoriales.

Morelle noire (*S. nigrum*), vulg. *Morelle.* Plante annuelle, haute de 40 à 60 centim.; tige anguleuse, glabre, souvent rameuse dès la base; feuilles pétiolées, ovales-aiguës, lâchement dentées; fleurs petites, en fausses ombelles simples pauciflores, blanches; baies globuleuses, de nuances diverses, de la grosseur d'un grain de cassis, portées sur des pédicelles réfléchis.

Fig. 859. — Morelle.

(1, fruits mûrs; — 2, calice et pistil; — 3, corolle ouverte, étamines; — 4, étamine grossie, à loges perforées au sommet et laissant échapper le pollen).

La Morelle croît au milieu des décombres, dans les villages, aux bords des chemins, où elle est très commune. Elle montre ses fleurs en juin-octobre. Elle exhale une saveur légèrement fétide, comme narcotique, et offre une odeur fade et herbacée. Elle passe pour douée de propriétés calmantes, hypnotiques et sédatives, mais on ne l'administre guère qu'à l'extérieur, soit en cataplasme ou en fomentations, sur les dartres vives, les inflammations cutanées, soit encore en injections. On a cependant donné son extrait à l'intérieur, en ayant soin d'agir avec prudence, car cette substance est délétère. Plusieurs auteurs rapportent des cas d'accidents graves occasionnés par les baies de Morelle; toutefois on a exagéré ces cas, ou bien il faut que la plante offre des vertus très différentes selon certaines conditions d'âge, d'exposition, etc., puisque dans quelques contrées de la France, on mange ses jeunes pousses en salade ou en marinade.

Il existe plusieurs variétés dont quelques auteurs ont fait autant d'espèces, les unes à feuilles pubescentes, les autres à fruits jaunâtres.

Morelle aubergine ou Melongène (*S. melongena*), vulg. *Pondeuse, Plante à œufs.* C'est plutôt une variété qu'une espèce distincte. Mais elle est remarquable par son fruit blanc, allongé, affectant la forme d'un œuf de poule assez bien dessinée. — Spontanée en Asie, en Afrique, on la cultive quelquefois dans nos jardins. On mange ses fruits dans nos régions méridionales.

Morelle cerisette (*S. pseudo-capsicum*), vulg. *Cerisier d'amour.* Petit arbuste rameux, dont les fleurs blanches, disposées en petites ombelles, donnent naissance à des baies jaunes ou rouges, de la grosseur d'une petite cerise. — Cultivée.

Trois autres espèces importantes sont étudiées aux mots *Douce-amère*, *Pomme de terre*, *Tomate*.

Fig. 860. — Morelle-Aubergine.

MORGELINE (*Asine*). Nom scientifique du *Mouron.* — V. ce mot.

MORILLE (*Morchella*). Genre de Champignons hyménomycètes, charnus, sans volva, dont le chapeau, plus ou moins globuleux, est recouvert supérieurement de larges alvéoles formées par l'*hymenium*, ayant les bords membraneux et persistants.

La **Morille commune** (*M. esculenta*) est très commune, au printemps et en été, dans les endroits découverts des bois calcaires, surtout dans les places où l'on a brûlé du charbon. Son pédicule est creux, lisse, de couleur blanche; son chapeau est presque globuleux, alvéolé, grisâtre.— On fait une très grande consommation de ces Champignons, dont l'odeur et la saveur sont agréables et qui constituent la truffe de la petite propriété. Pour en prolonger l'emploi, on les fait sécher en les suspendant, sous la forme de chapelets, dans l'intérieur des cheminées. Le volume des Morilles communes varie depuis celui d'une noisette jusqu'à celui d'une grosse orange.

On n'est point encore parvenu à faire pousser les Morilles à volonté; mais on est à peu près certain d'en trouver tous les ans à la même place ou à peu de distance du lieu où l'on en a rencontré une première fois.

MORMOLYCE (*Mormolyce*). Genre de Coléoptères pentamères, remarquable surtout par l'élargissement des élytres, dont le bord antérieur se dilate dans toute sa longueur, et se prolonge même au-delà de l'extrémité, de manière à donner à celle-ci l'aspect d'une échancrure.—La place que doit occuper ce genre dans la série des Carabiques n'est pas déterminée d'une manière certaine. On ne connaît qu'une seule espèce, de Java.

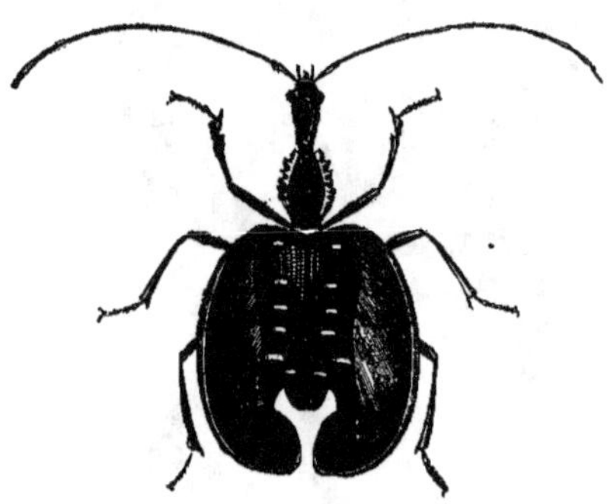

Fig. 861.— Mormolyce.

Le Mormolyce a été signalé à l'attention des naturalistes en 1825. Il a le corps d'un brun foncé, luisant, les côtés de l'abdomen plus pâles et d'un jaune roux. Ce coléoptère est resté assez rare et très recherché pendant quelques années; mais aujourd'hui il est plus répandu dans les collections.

MORMYRE (*Mormyrus*). Genre de Poissons malacoptèrygiens, de la famille des Ésoces, caractérisé par : corps comprimé, oblong, écailleux; queue mince à la base, renflée vers la nageoire; tête couverte d'une peau nue et épaisse qui enveloppe les opercules et les rayons des ouïes, et ne laisse pour leur ouverture qu'une fente verticale; bouche petite, à ouverture disposée à peu près comme celle des Fourmiliers; dents menues aux mâchoires, longue bande de dents en velours sur la langue et sous le vomer.

La forme générale de ces poissons rappelle celle des Cyprins; leur estomac est un sac arrondi, suivi de deux cœcums et d'un intestin long et grêle; la vessie natatoire est longue, ample et simple; leur taille est grande. Les espèces, assez nombreuses, appartiennent presque toutes au Nil et au Sénégal. Elles sont comestibles pour la plupart.

Le **Mormyre oxyrhynque** (*M. oxyrhyncus*) est facile à distinguer de tous les autres par la forme très singulière de sa tête, terminée en avant par un museau cylindrique mince et très allongé, et une bouche extrêmement petite, dont deux mâchoires sont d'égale longueur. Corps couvert de petites écailles disposées régulièrement en quinconce; tête nue, couverte d'un épiderme très fin: dorsale longue; couleur grisâtre avec le dos plus foncé, et le ventre plus clair; taille de 30 à 40 centimètres.

Ce poisson était l'objet de la vénération universelle dans l'ancienne Égypte; il avait donné son nom à une ville (la ville d'Oxyrhynque); et dans cette ville on lui avait consacré un temple. Le lieutenant de vaisseau de Joannis s'est occupé de cet animal, que la vénération d'un grand peuple a rendu célèbre, et en a donné le portrait dans le Magasin de Zoologie. L'individu que j'ai dessiné, dit-il, avait fait le voyage où l'entraînaient tous les ans ses amours; et l'on reconnaissait qu'il était de retour dans ses parages habituels par les écorchures qu'on remarque sur sa joue et son flanc, écorchures dues à ce qu'il côtoie le rivage pour éviter le courant rapide. Les pêcheurs ne croient pas payer trop cher la prise du Mormyre par de longues nuits de fatigue.

Le **Mormyre hersé** (*M. denderæ*) a le museau obtus, la dorsale courte et les lèvres épaisses; sa taille ne dépasse pas 20 à 22 centim.

MORPHE ou **Morphon** (*Morpho*). Genre de Lépidoptères, de la famille des Diurnes, qui se distinguent à leurs antennes presque aussi longues que le corps, filiformes et grossissant graduellement un peu à leur extrémité; le dernier article de leurs palpes est court, le second deux fois plus long; corps robuste; trompe longue; ailes très développées, souvent ornées en dessus de couleurs très brillantes, brunes en dessous avec des œils d'une autre couleur. — Les espèces du genre, parmi lesquelles nous nommerons le *M. Adonis*, le *M. Andromaque*, le *M. Ménélas*, sont du Nouveau-Monde.

Plusieurs auteurs réunissent aux Morphes les *Pavonies*. — V. ce mot.

MORSE (*Trichechus*). Genre de Carnivores, de la famille des Amphibies, dans la classification de Cuvier. Linné le plaçait dans son genre Lamantin, à côté des Dugongs et des Stellères; mais il ressemble beaucoup plus aux Phoques, dont il se distingue toutefois d'une manière frappante par deux énormes défenses qui naissent de la mâchoire supérieure à la place des canines, se dirigeant vers le bas et ayant quelquefois près de 60 à 70 cent. de longueur. Les membres, très courts et disposés comme chez les Phoques, sont terminés par 5 doigts réunis en forme de nageoire par une membrane épaisse, et armés d'ongles assez robustes; le corps, allongé, conique, et généralement semblable à celui des autres amphibies, est terminé par une queue très courte; tête arrondie, n'offrant aucune trace d'oreille externe.

L'espèce la plus commune, ou mieux la seule espèce qui soit bien connue est le

Morse du nord (*T. rosmarus)*, vulg. *Cheval marin*, *Vache marine*. Il acquiert quelquefois jusqu'à 6 et 7 mètres de longueur, et surpasse en grosseur les plus forts Taureaux. Les deux canines dont la mâchoire supérieure est armée lui ont valu quelquefois le nom d'*Éléphant de mer*. Tout son corps est couvert d'un poil ras et brunâtre. Cet animal vit dans les mers polaires; on le trouve presque toujours au milieu des Phoques, passant une partie de sa vie à l'eau et l'autre à terre, mais il ne quitte jamais les mers du Nord. Il s'y nourrit, comme les Phoques, de substances végétales et animales, quoique son

Fig 86². — Morse.

système dentaire ne paraisse pas mieux disposé pour broyer les unes que les autres, ses dents agissant perpendiculairement à la manière du pilon sur son mortier. Ses mœurs ne sont pas d'ailleurs parfaitement connues.

Cependant les Morses ont été extrêmement nombreux : ils le sont moins parce que depuis longtemps on leur fait la chasse et on en détruit un grand nombre pour le profit qu'on retire de leurs dents et de leur graisse ; car l'huile en est presque aussi estimée que celle de la Baleine. Au rapport de Gmelin, les Anglais en tuèrent, en 1705 et 1706, à l'île de Merry, 7 à 8 cents en six heures; en 1708, 900 en sept heures. « Quand ils sont blessés, ces animaux deviennent furieux, frappent de côté et d'autre avec leurs dents ; ils brisent les armes ou les font tomber des mains de ceux qui les attaquent, et à la fin, enragés de colère, ils mettent leur tête entre leurs pattes et se laissent ainsi rouler dans l'eau. Quand ils sont en grand nombre, ils deviennent si audacieux, que, pour se secourir les uns les autres, ils entourent les chaloupes, cherchant à les percer avec leurs dents, ou à les renverser en frappant contre le bord. »

Les Morses ne s'accouplent pas comme les autres quadrupèdes : la femelle reçoit le mâle couchée sur son dos ; l'accouplement a lieu en juin, et le terme de la gestation arrive à peu près vers le commencement du printemps. La femelle se retire à terre ou sur un glaçon pour mettre bas, et elle y retourne toutes les fois qu'elle a besoin de se reposer ou d'allaiter son petit, qui, quoique jeune, la suit pourtant à l'eau. Il paraît que le mâle demeure constamment attaché à la même femelle.

« La peau des Morses, dure et épaisse, devient, lorsqu'elle est tannée, un excellent cuir. Les Russes l'emploient beaucoup pour les soupentes de voitures; en France même on en a fait et on en fait encore un pareil usage. »

MORT. Terme de la vie; cessation définitive de toutes les fonctions de l'être organisé. La mort, dit Virey, n'existe que « dans le système des corps organisés ; elle n'est que le repos apparent de la matière vivante, qui doit passer dans de nouvelles combinaisons. Ce que nous appelons *Mort*, n'est autre chose, pour la nature, qu'une différente manière de vivre que nous ne pouvons pas apercevoir; c'est une vie inactive, cachée et intérieure, qui n'existe plus dans un ensemble individuel, mais dans les molécules mêmes des créatures organisées. C'est cette vie latente qui répare, par la nutrition, la vitalité active des corps organisés; c'est ainsi que la mort sert à la vie, car il faut nécessairement détruire pour se réparer, et il serait impossible de se nourrir sans les corps organisés. Dans le système de la nature, la Mort devient donc le soutien, le fondement de la vie. L'animal dévore l'animal et la plante pour s'alimenter; la plante vit des débris des plantes et des animaux : ainsi s'établit un cercle immense de vie et de mort, une métempsycose de la matière organisée, qui passe successivement d'une forme à une autre, parce que le mouvement est de l'essence de la vie, et que son inquiète activité porte successivement sur tous les êtres soumis à son empire.

« Il est d'ailleurs évident que les créatures organisées, se reproduisant toujours, auraient bientôt encombré l'univers si elles ne périssaient point, et elles ne pourraient pas s'alimenter si elles ne détruisaient pas d'autres êtres organisés, puisque nous avons vu que tout aliment tire d'elles son origine. La Mort, dont on se plaint à tort, est donc un état nécessaire, puisque les êtres ne subsistent qu'aux dépens les uns des autres, et, pour ainsi dire, par de continuels forfaits et des meurtres sans fin. Tous ces animaux que nous appelons féroces et carnassiers, ne le sont que par la nécessité de vivre; nous sommes tout aussi féroces qu'eux, puisque nous dévorons l'agneau paisible et doux, nous massacrons le bœuf pour prix de ses services et de son utilité, nous immolons même les espèces tranquilles des campagnes pour en faire notre proie. Notre déprédation s'étend aussi sur le règne végétal, etc. »

La Mort, considérée chez l'homme, est dite *naturelle* lorsqu'elle a lieu à la suite d'une maladie spontanée, ou par l'effet des progrès de l'âge et de la dureté, de la rigidité croissantes des tissus ; *violente*, lorsqu'elle est l'effet d'une secousse, d'une destruction subites. La Mort arrive par la cessation de l'action du cerveau, des poumons ou du cœur; mais son point de départ peut être dans le trouble profond de tout autre organe. Si elle vient par le cerveau, l'action nerveuse manque à la respiration et à la circulation, qui s'altèrent ; si c'est par les poumons, l'hématose se trouble, le sang s'appauvrit de ses propriétés vitales, et ne stimule plus suffisamment ni le cerveau ni les autres organes ; si c'est par le cœur enfin, la circulation se trouble profondément, le cerveau et les poumons reçoivent trop ou trop peu de sang, qui perd en même temps de ses qualités, d'où il résulte que ces trois viscères, qui forment le trépied de la vie, sont presque forcément complices de la cessation de la vie. Lorsque la cause de la Mort se trouve primitivement dans un organe éloigné de ce trépied vital, c'est en réagissant sur celui-

ci, soit par le sang rendu impur ou mélangé à une matière toxique puisée au dehors ou au dedans, soit par le jeu des sympathies qui, établissant le consensus de toutes les fonctions, les pervertit toutes, les anéantit les unes par les autres. Ce qu'on appelle *agonie* est précisément l'expression des troubles graves de la circulation, de la respiration et de l'innervation qui précèdent la cessation de la vie.

La cessation apparente de l'action du cerveau et la suspension des mouvements respiratoires peuvent se rencontrer parfois, sans que la vie ait nécessairement cessé, ou tout au moins sans qu'il soit possible de la rappeler. La cessation *complète* des mouvements du cœur, constatée non sur le trajet des artères, mais directement par l'auscultation précordiale, pourrait être regardée aussi comme un signe à peu près constant de mort, si l'on ne concevait la possibilité de mouvements fibrillaires du cœur, trop faibles pour être perçus à l'oreille, au travers des parois pectorales, et coexistant chez l'individu avec le pouvoir d'être rappelé à la vie. C'est dans ces cas que peut se montrer la Mort *apparente*, dont les animaux qui restent plongés dans le sommeil l'hiver offrent des exemples. Le signe de la Mort par excellence, le seul signe même est la putréfaction.

La Mort naturelle, que la décrépitude amène à sa suite, est l'exception pour l'homme ; les passions et la guerre sont les fléaux qui l'entraînent au tombeau avant l'époque fixée par la nature. Combien d'autres causes de mort accidentelle ne nous environnent-elles pas ! la peste succède à la guerre, la famine à l'épidémie; la lèpre disparaît, le choléra se montre; la petite-vérole s'éteint, d'autres disent est refoulée, emprisonnée à l'intérieur par la vaccine, mais les phthisies, les cancers, les fièvres de mauvaise nature, les cachexies, font explosion; le raffinement du bien-être matériel engendre les affections nerveuses, les apoplexies, etc.; il semble véritablement que la nature, ne voulant rien céder de ses droits, se rie de notre science et de nos perfectionnements en semant sur nos pas des écueils nouveaux pires que ceux que nous écartons.

Dans toutes les productions animées, la vie est proportionnée à l'accroissement, à la faculté assimilatrice des aliments ; plus l'accroissement ou l'assimilation sera rapide, plus l'obstruction et la Mort qu'elle amène à sa suite seront promptes. Il en est de l'organisation animale comme de tout autre mécanisme, plus il fonctionne dans un temps donné, plus il s'use et est exposé aux accidents violents. L'intempérance dans le boire et le manger et dans l'exercice des fonctions génératrices, telles sont les deux principales causes de Mort. « La multiplication de cet acte (génération), dit Virey, diminue d'autant plus la quantité de nos facultés vitales, que nous communiquons davantage de ces dernières. On ne peut reproduire la vie sans en donner une portion de la sienne propre. La vie est un levain qui fermente et s'assoupit de lui-même, mais dont l'activité diminue par sa division. Plus les animaux et les végétaux engendrent, plus ils meurent promptement. Les insectes périssent souvent dans le coït même. »

Les corps organisés sont dans un état fluide ou du moins de grande mollesse, à leur naissance : alors la vie y est très active, quoique non perfectionnée, car la perfection de sa manifestation suit les progrès de celle des organes. Mais les tissus vont en s'épaississant, leurs aréoles se remplissent peu à peu de matières solides, inorganiques, qui chassent les humeurs, et, dans cette substitution moléculaire il arrive un moment où la vie n'est plus possible, parce que les lois de la matière brute prédominent sur celles de la matière organisée. Chez les animaux, les organes les plus extérieurs sont les premiers qui meurent ou s'usent, et les viscères internes, le cœur, les poumons, les intestins sont les derniers mourants. Chez les végétaux, la Mort au contraire commence par le centre, et l'on remarque des saules dont le cœur est tout pourri, qui ne vivent plus que par l'écorce. Il suit de cette remarque que les organes nutritifs eux-mêmes sont les plus vivaces, car comme ils sont placés intérieurement chez les animaux, et extérieurement ou sous l'écorce chez les plantes, l'animal meurt d'abord par le dehors et le végétal par le dedans.

Terminons cet article par un morceau de haute et saine philosophie :

« Tout change dans la nature, dit Buffon, tout s'altère, tout périt ; le corps de l'homme n'est pas plutôt arrivé à son point de perfection qu'il commence à déchoir : le dépérissement est d'abord insensible, il se passe même plusieurs années avant que nous nous apercevions d'un changement considérable ; cependant nous devrions sentir le poids de nos années mieux que les autres ne peuvent en compter le nombre ; et comme ils ne se trompent pas sur notre âge en le jugeant par les changements extérieurs, nous devrions nous tromper encore moins sur l'effet intérieur qui les produit, si nous nous observions mieux, si nous nous flattions moins, et si, dans tout, les autres ne nous jugeaient pas toujours beaucoup mieux que nous ne nous jugeons nous-mêmes.

« Lorsque le corps a acquis toute son étendue en hauteur et en largeur par le développement entier de toutes ses parties, il augmente en épaisseur. Le commencement de cette augmentation est le premier point de son dépérissement, car cette extension n'est pas une continuation de développement ou d'accroissement intérieur de chaque partie par lesquels le corps continuerait de prendre plus d'étendue dans toutes ses parties organiques, et par conséquent plus de force et d'activité ; mais c'est une simple addition de matière surabondante qui enfle le volume du corps et le charge d'un poids inutile. Cette matière est la graisse, qui survient ordinairement à trente-cinq ou quarante ans ; et à mesure qu'elle augmente, le corps a moins de légèreté et de liberté dans ses mouvements ; ses membres s'appesantissent, il n'acquiert de l'étendue qu'en perdant de la force et de l'activité.

« D'ailleurs, les os et les autres parties solides du corps, ayant pris toute leur extension en longueur et en grosseur, continuent d'augmenter en solidité ; les sucs nourriciers qui y arrivent, et qui étaient auparavant employés à augmenter le volume par le développement, ne servent plus qu'à l'augmentation de la masse en se fixant dans l'intérieur de ces parties : les membranes deviennent cartilagineuses, les cartilages deviennent osseux, les os deviennent plus solides, toutes les fibres plus dures, la peau se dessèche, les rides se forment peu à peu, les cheveux blanchissent, les dents tombent, le visage se déforme, le corps se courbe, etc. Les premières nuances de cet état se font apercevoir avant quarante ans ; elles augmentent par degrés assez lents jusqu'à soixante, par degrés plus rapides jusqu'à soixante-dix ; la caducité commence à cet âge de soixante-dix ans, elle va toujours en augmentant ; la décrépitude suit, et la mort termine ordinairement avant l'âge de quatre-vingt-dix ou cent ans la vieillesse et la vie.

« Pourquoi donc craindre la mort, si l'on a assez bien vécu pour n'en pas craindre les suites ? Pourquoi redouter cet instant, puisqu'il est préparé par une infinité d'autres instants du même ordre, puisque la mort est aussi naturelle que la vie, et que l'une et l'autre nous arrivent de la même façon sans que nous le sentions, sans que nous puissions nous en apercevoir ? Qu'on interroge les médecins et les ministres de l'Église, accoutumés à observer les actions des mourants et à recueillir leurs derniers sentiments, ils conviendront qu'à l'exception d'un très petit nombre de maladies aiguës, où l'agitation causée par des mouvements convulsifs semble indiquer les souffrances du malade, dans toutes les autres on meurt tranquillement, doucement et sans douleurs : et même ces terribles agonies effraient plus les spectateurs qu'elles ne tourmentent le malade ; car combien n'en a-t-on pas vus qui, après avoir été à cette dernière extrémité, n'avaient aucun souvenir de ce qui s'était passé, non plus que de ce qu'ils avaient senti ? Ils avaient réellement cessé d'être pour eux pendant ce temps, puisqu'ils sont obligés de rayer du nombre de leurs jours tous ceux qu'ils ont passés dans cet état, duquel il ne leur reste aucune idée.

« La plupart des hommes meurent donc sans le savoir ; et, dans le petit nombre de ceux qui conservent de la connaissance jusqu'au dernier soupir, il ne s'en trouve peut-être pas un qui ne conserve en même temps de l'espérance, et qui ne se flatte d'un retour vers la vie : la nature a pour le bonheur de l'homme, rendu ce sentiment plus fort que la raison. Un malade dont le mal est incurable, qui peut juger son état par des exemples fréque nts et familiers, qui en est averti par les mouvements inquiets de sa famille, par les larmes de ses amis, par la contenance ou l'abandon des médecins, n'en est pas plus convaincu qu'il touche à sa dernière heure : l'intérêt est si grand, qu'on ne s'en rapporte qu'à soi; on n'en croit pas les jugements des autres, on les regarde comme des alarmes peu fondées : tant qu'on se sent et qu'on pense, on ne réfléchit, on ne raisonne que pour soi, et tout est mort que l'espérance vit encore.

« Jetez les yeux sur un malade qui vous aura dit cent fois qu'il se sent attaqué à mort, qu'il voit bien qu'il ne peut pas en revenir, qu'il est prêt à expirer; examinez ce qui se passe sur son visage lorsque, par zèle ou par indiscrétion, quelqu'un vient lui annoncer que sa fin est prochaine en effet, vous le verrez changer comme celui d'un homme auquel on annonce une nouvelle imprévue. Ce malade ne croit donc pas ce qu'il dit lui-même, tant il est vrai qu'il n'est nullement convaincu qu'il doit mourir ; il a seulement quelque doute, quelque inquiétude sur son état, mais il craint toujours beaucoup moins qu'il n'espère; et, si l'on ne réveillait pas ses frayeurs par ces tristes soins et cet appareil lugubre qui devancent la mort, il ne la verrait point arriver.

« La Mort n'est donc pas une chose aussi terrible que nous nous l'imaginons; nous la jugeons mal de loin; c'est un spectre qui nous épouvante à une certaine distance, et qui disparaît lorsqu'on vient à en approcher de près ; nous n'en avons donc que des notions fausses ; nous la regardons non-seulement comme le plus grand malheur, mais encore comme un mal accompagné de la plus vive douleur et des plus pénibles angoisses; nous avons même cherché à grossir dans notre imagination ces funestes images, et à augmenter nos craintes en raisonnant sur la nature de la douleur. Elle doit être extrême, a-t-on dit, lorsque l'âme se sépare du corps; elle peut aussi être de très longue durée, puisque, le temps n'ayant d'autre mesure que la succession de nos idées, un instant de douleur très vive, pendant lequel ces idées se succèdent avec une rapidité proportionnée à la violence du mal, peut nous paraître plus long qu'un siècle pendant lequel elles coulent lentement et relativement aux sentiments tranquilles qui nous affectent ordinairement. Quel abus de la philosophie dans ce raisonnement ! il ne mériterait pas d'être relevé, s'il était sans conséquence ; mais il influe sur le malheur du genre humain; il rend l'aspect de la mort mille fois plus affreux qu'il ne peut être ; et n'y eût-il qu'un très petit nombre de gens trompés par l'apparence spécieuse de ces idées, il serait toujours utile de les détruire et d'en faire voir la fausseté.

« Lorsque l'âme vient à s'unir à notre corps, avons-nous un plaisir excessif, une joie vive et prompte qui nous transporte et nous ravisse? Non, cette union se fait sans que nous nous en apercevions, la désunion doit s'en faire de même sans exciter aucun sentiment; quelle raison a-t-on pour croire que la séparation de l'âme et du corps ne puisse se faire sans une douleur extrême ? quelle cause peut produire cette douleur, ou l'occasionner ? La fera-t-on résider dans l'âme ou dans le corps ? La douleur de l'âme ne peut être produite que par la pensée, celle du corps est toujours proportionnée à sa force et à sa faiblesse ; dans l'instant de la Mort naturelle le corps est plus faible que jamais, il ne peut donc éprouver qu'une très petite douleur, si même il en éprouve aucune.

« Maintenant supposons une Mort violente : un homme, par exemple, dont la tête est emportée par un boulet de canon, souffre-t-il plus d'un instant ? a-t-il, dans l'intervalle de cet instant, une succession d'idées assez rapide pour que cette douleur lui paraisse durer une heure, un jour, un siècle ?

« Une douleur très vive, pour peu qu'elle dure, conduit à l'évanouissement ou à la mort; nos organes, n'ayant qu'un certain degré de force, ne peuvent résister que pendant un certain temps à un certain degré de douleur; si elle devient excessive, elle cesse, parce qu'elle est plus forte que le corps, qui, ne pouvant la supporter, peut encore moins la transmettre à l'âme, avec laquelle il ne peut correspondre que quand les organes agissent; ici l'action des organes cesse, le sentiment intérieur qu'ils communiquent à l'âme doit donc cesser aussi.

« Ce que je viens de dire est peut-être plus que suffisant pour prouver que l'instant de la Mort n'est point accompagné d'une douleur extrême ni de longue durée : mais pour rassurer les gens les moins courageux, nous ajouterons encore un mot. Une douleur excessive ne permet aucune réflexion; cependant on a vu souvent des signes de réflexion dans le moment même d'une Mort violente. Lorsque Charles XII reçut le coup qui termina dans un instant ses exploits et sa vie, il porta la main sur son épée ; cette douleur mortelle n'était donc pas excessive, puisqu'elle n'excluait pas la réflexion; il se sentit attaqué, il réfléchit qu'il fallait se défendre ; il ne souffrit donc qu'autant que l'on souffre par un coup ordinaire; on ne peut pas dire que cette action ne fut que le résultat d'un mouvement mécanique; car nous avons prouvé, à l'article des passions, que leurs mouvements, même les plus prompts, dépendent toujours de la réflexion, et ne sont que des effets d'une volonté habituelle de l'âme.

« Je ne me suis un peu étendu sur ce sujet que pour tâcher de détruire un préjugé si contraire au bonheur de l'homme : j'ai vu des victimes de ce préjugé, des personnes que la frayeur de la Mort a fait mourir en effet, des femmes surtout que la crainte de la douleur anéantissait ; ces terribles alarmes semblent même n'être faites que pour des personnes élevées et devenues par leur éducation plus sensibles que les autres, car le commun des hommes, surtout ceux de la campagne, voient la Mort sans effroi.

» La vraie philosophie est de voir les choses telles qu'elles sont; le sentiment intérieur serait toujours d'accord avec cette philosophie, s'il n'était perverti par les illusions de notre imagination, et par l'habitude malheureuse que nous avons prise de nous forger des fantômes de douleur et de plaisir : il n'y a rien de terrible ni rien de charmant que de loin, mais pour s'en assurer il faut avoir le courage ou la sagesse de voir l'un et l'autre de près. »

MORUE ou **GADE** (*Gadus*). Genre de Poissons malacoptérygiens subbrachiens , de la famille des Gadoïdes, dont nous avons exposé les caractères.

Ce genre est ainsi caractérisé : 3 nageoires dorsales , 2 nageoires anales ; caudale petite et coupée carrément ou faiblement échancrée ; pectorales médiocres ; ventrales jugulaires ; museau gros , obtus; corps couvert de petites écailles adhérentes , etc. — Ces poissons vivent ordinairement en troupes très nombreuses dans les parties septentrionales du grand Océan et sur les côtes de l'Amérique du Nord. On en connaît un assez grand nombre d'espèces..

MORUE PROPREMENT DITE OU CABELIAU (*G. morrhua*). Elle atteint une longueur de 65 centim. à un mètre ; couleur verdâtre mêlée de jaune sur le dos, passant par degrés au blanc argenté sur

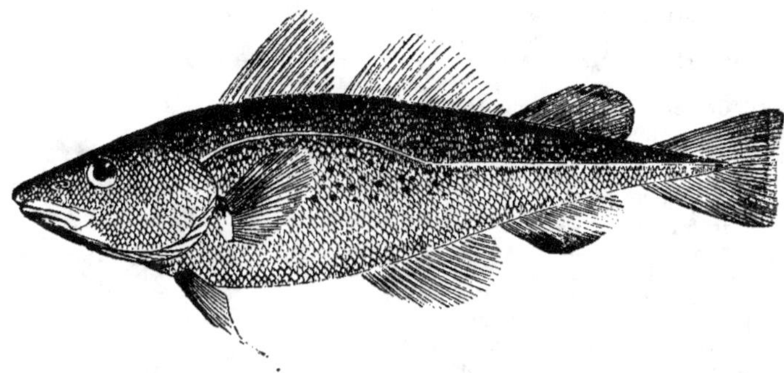

Fig. 863. — **Morue.**

les parties inférieures, le vert étant parsemé de points jaunes ; nageoires supérieures verdâtres, les inférieures blanchâtres.

La Morue est un poisson tout à fait marin ; elle se tient dans les grandes profondeurs de l'Océan et n'approche des rivages que pour y frayer. Nous venons d'indiquer les contrées septentrionales comme étant celles qu'elles habitent. Sa voracité est extraordinaire , elle avale tout ce qui remue autour d'elle. Son estomac est très volumineux, et ses sucs digestifs sont si puissants, qu'en moins de six heures elle digère petits poissons , crabes , mollusques , etc. On prétend qu'elle rejette facilement les corps qui l'incommodent. Le temps du frai entraîne les Morues vers le rivage au mois de février ; c'est principalement sur les rives et les bancs couverts de crabes , de moules , qu'elles se rassemblent ; elles déposent souvent leurs œufs sur les fonds rudes au milieu des rochers. La fécondité de ces poissons est prodigieuse ; on estime à 9 millions le nombre d'œufs contenus dans un ovaire appartenant à un individu long d'un mètre. Et cependant, malgré cette multiplication étonnante , la destruction fait du vide dans leurs phalanges, si bien que la pêche, sans les mesures restrictives que les gouvernements lui imposent, diminuerait considérablement l'espèce. On estime à 5 ou 6 mille le nombre des

navires de toutes les nations qui se livrent tous les ans à la pêche de la Morue , et qui portent ensuite dans le monde entier 36 millions de ces poissons préparés et conservés de différentes manières.

On pêche la Morue soit en février, soit en mai, avec de longues lignes d'une forme particulière. Elle est si vorace qu'elle se laisse prendre aux plus grossiers appâts, tels qu'un morceau de drap rouge par exemple. Après avoir pris ces poissons, on les sale, ou bien on les fait sécher. Dans le premier cas on les éventre et on leur ôte le foie ou les œufs, après avoir coupé la tête et la langue, que l'on met à part : ils portent alors le nom de *Morues vertes*. On appelle *Morues blanches* celles qui ont été salées, mais séchées promptement, et sur lesquelles le sel a laissé une sorte de croûte blanchâtre. Pour les sécher plus promptement, on les expose au soleil et ensuite à la fumée : ces dernières prennent le nom de *Morues sèches* ou *parées*.

La Morue est l'objet d'un commerce très considérable , parce que , lorsqu'elle est salée ou séchée, elle se conserve longtemps sans altération, et peut se transporter sur tous les points du globe. Sa chair n'est pas la seule partie dont on fasse usage : sa langue, fraîche et même salée, est un morceau délicat ; on en mange le foie, et de cet organe on tire une huile (*Huile de foie de Morue*) qu'on emploie en médecine contre les scrofules, les maladies de poitrine, le rachitisme. Sa vessie natatoire fournit une colle qui ne le cède en rien à celle de l'Esturgeon; on conserve ses œufs pour la table.

Parmi les autres espèces on remarque : la Morue églefin (*G. eglefinus*), plus allongée, marquée d'une ligne latérale noire et d'une tache noirâtre sur chaque flanc : elle est commune sur les côtes de la Bretagne; sa chair est moins estimée que celle du Cabéliau. — La Petite Morue ou Dorsch (*G. callarias*) abonde dans la Baltique, sur les côtes de Norwège et de l'Islande. — Le Capelan ou Officier (*C. minutus*) est bon à manger frais ; mais on s'en sert surtout comme d'appât pour la pêche de la grande Morue.

MOSAURE. Genre de Saurien perdu, très voisin des Monitors, et intermédiaire aux Sauvegardes et aux véritables Lézards, quoiqu'il leur soit bien supérieur en dimensions. Cuvier a décrit ce reptile, et ce qu'il dit à ce sujet mérite d'être cité : « Sans doute, dit-il, il paraîtra étrange à quelques naturalistes de voir un animal surpasser autant en dimensions les genres dont il se rapproche le plus dans l'ordre naturel, et d'en trouver les débris avec des productions marines, tandis qu'aucun Saurien ne paraît aujourd'hui vivre dans l'eau salée ; mais ces singularités sont bien peu considérables en comparaison de tant d'autres que nous offrent les nombreux monuments de l'histoire naturelle du monde ancien. Nous avons déjà vu un Tapir de la taille de l'Éléphant ; le Mégalonyx nous offre un Paresseux de celle du Rhinocéros; qu'y a-t-il d'étonnant de trouver dans l'animal de Maëstricht un Lézard grand comme un Crocodile ? Bientôt, d'ailleurs, nous allons voir plusieurs autres Lézards aussi grands et même davantage. Mais ce qui est surtout important à remarquer, c'est cette admirable constance des lois zoologiques qui ne se dément dans aucune classe, dans aucune famille. Je n'avais examiné ni les vertèbres, ni les membres, quand je me suis occupé des dents et des mâchoires , et une seule dent m'a, pour ainsi dire, tout annoncé. Une fois le genre déterminé par elle, tout le reste du squelette est pour ainsi dire venu s'arranger de soi-même , sans peine de ma part comme sans hésitation. Je ne peux trop insister sur ces lois générales , bases et principes des méthodes qui , dans cette science comme dans toutes les autres, ont un intérêt bien supérieur à celui de toutes les découvertes particulières , quelque piquantes qu'elles soient. »

MOTRICITÉ. Mode de l'*Innervation* (V. ce mot) d'où résulte que certaines parties du système encéphalo-rachidien ont la propriété de déterminer la contraction des tissus musculaires (V. *Muscles*) par l'intermédiaire des nerfs moteurs. — V. *Nerfs*. — La Motricité se manifeste dans trois conditions bien tranchées : 1° elle succède à la pensée que détermine la perception d'une impression transmise par les nerfs de sensibilité, ou aux pensées suscitées par le souvenir de ces impressions; 2° elle succède à une détermination prise d'après des pensées suscitées par des besoins de viscères et transmis par le grand sympathique ; 3° elle succède à une impression transmise à l'aide des nerfs spinaux ou ganglionnaires, sans qu'il y ait perception ni détermination volontaire, et dans ce cas les mouvements, appelés *réflexes*, se produisent malgré l'apoplexie cérébrale , la compression et la lésion des nerfs : ce qui est différent pour les deux premiers. — V. *Mouvement*.

MOTTEUX. Oiseaux du genre *Traquet*. — V. ce mot.

Fig. 861-865. — Motteux Cul-blanc (mâle et femelle).

MOUCHE (*Musca*). Genre de Diptères, de la famille des Notacanthes, offrant pour caractères : palpes presque filiformes; antennes de la longueur de la face, de 3 articles, dont le troisième , beaucoup plus long que les deux premiers, est en forme de palette ; soie plumeuse ; ailes écartées dans le repos; cuillerons grands; balanciers très petits.

Les insectes qui font partie de la tribu des Muscides, dont la Mouche est l'espèce type , vivent les uns à l'état de larve dans les cadavres, les autres dans les excréments, d'autres enfin dans les fumiers. Arrivées à leur dernier degré d'accroissement, ces larves, qui sont particulièrement connues sous le nom d'*Asticots*, se retirent en terre ou sous quelque pierre ou abri sec, pour opérer leur métamorphose. Les Mouches naissent à l'état parfait, et ne grandissent plus une fois nées.

Mouche domestique (*M. domestica*). C'est la *Mouche d'appartement*, que chacun connaît. Elle a les antennes noires, les yeux bruns, la face couverte d'un duvet soyeux argenté, le corselet cendré avec 4 raies longitudinales noirâtres ; l'abdomen cendré en dessus, avec des taches oblongues noirâtres, le dessous est jaunâtre.

« La Mouche commune se trouve partout. « Elle vit à l'état de larve dans le fumier chaud ; elle se jette sur tous les aliments que l'on sert sur nos tables, attaque surtout les substances sucrées, comme miel et confitures, mais se pose souvent sur l'homme pour pomper les résultats de la transpiration. Son importunité est passée en proverbe; son accouplement offre une particularité remarquable : les mâles, très ardents, poursuivent vivement les femelles, mais ne peuvent les contraindre à satisfaire à leurs désirs ; il faut que la femelle y soit absolument consentante, puisqu'il faut que ce soit elle qui introduise un long oviducte formé des derniers segments de son abdomen et rentré dans le ventre pendant le repos, entre deux pinces écailleuses qui distinguent les mâles; les sexes volent plus ou moins longtemps accouplés. »

Fig. 866. — Mouche (Anthrax).

Mouche vomissante (*M. vomituria*) ou *M. bleue de la viande*. Plus longue que la précédente, tout son corps est couvert de grands poils noirs raides, son abdomen est bleu métallique. — On la trouve dans toute l'Europe. « On l'entend pendant l'été bourdonner dans nos appartements, cherchant à se poser sur les viandes pour y déposer ses œufs, qui éclosent promptement et les font immédiatement gâter ; elle dégorge, quand on la saisit, une liqueur brune infecte, ce qui lui a fait donner le nom qu'elle porte ;

dans les champs, cette espèce dépose ses œufs sur les cadavres, quelquefois aussi, trompée par l'odeur cadavéreuse des fleurs d'une espèce de Gouet, elle leur confie ses œufs. »

Mouche césar (*M. cæsar*). Corps épais, d'un beau vert métallique; cuillerons blancs. — Cette espèce dépose ses œufs dans les charognes.

Parmi les autres espèces on remarque : la *M. vivipare*, qui pond ses larves toutes vivantes; — la *M. des bœufs*, qui se jette sur les narines et les plaies des bestiaux ; — la *M. bourreau*, qui tourmente beaucoup le bétail ; — la *M. des latrines*; — la *M. anthrax*, au vol très rapide, etc.

MOUCHEROLLE (*Muscipeta*). Genre de Passereaux dentirostres, très voisins des Gobe-Mouches, dont ils ont les mœurs. Ce sont des Oiseaux insectivores, de très petite taille, à bec déprimé, pointu à son extrémité ; à ailes obtuses ; plumage ordinairement orné des plus vives couleurs.—Les espèces les plus connues sont :

Le **Moucherolle couronné** (*Todus regius*) vulg. *Roi des Gobe-mouches*, que distingue, comme l'indique son nom, la belle huppe d'un rouge bai terminée de noir qui couronne son front; sa poitrine est blanche, tachetée de brun ; sa gorge est jaunâtre, et ses ailes d'un brun foncé; sa taille ne dépasse pas 20 centim. — Cet oiseau habite l'Amérique méridionale.

Le **Moucherolle des déserts** est plus petit, moins brillant, et habite l'Afrique. — Le **M. a cou jaune** se trouve en Chine.

MOUCHERONS. Nom vulgaire donné à tous les petits Diptères qui n'ont que deux ailes transparentes et particulièrement aux *Cousins*. — V. ce mot. — Bien que ressemblant à nos Mouches, les Moucherons ne sont pas de jeunes Mouches comme on le croit vulgairement et comme leur nom le fait entendre : les Mouches, ainsi que tous les insectes, naissent à l'état parfait.

MOUCHET (*Accentor modularis*). Espèce de Passereau du genre Accenteur, petit oiseau du groupe considérable connu sous le nom de Fauvettes, appelé vulgairement, en effet, *Fauvette d'hiver, Traîne-buisson*.—Seul, avec le Rougegorge, il nous reste pendant la triste saison, manifestant sa présence par son *trit, trit, trit, trit*, vivement répété. Aux approches de la saison chaude, il se retire dans les forêts et y place son nid dans les endroits les plus épais. Puis il quitte les bois en automne pour fréquenter les vergers et les jardins. — V. la *fig.* 867-68.

MOUETTE (*Larus*). Le genre *Larus* de Linné comprenait les Goélands et les Mouettes, oiseaux de l'ordre des Palmipèdes. Mais on en a formé deux genres distincts, celui dont nous parlons ne différant du premier que par le bec grêle et la taille plus petite.—Toutes les espèces vivent avec les Pingouins et les Guillemots, dans les cavernes du littoral de l'Océan. C'est là que se fait entendre leur babil étourdissant, interrompu tout à coup par un silence général, puis repris avec une nouvelle énergie.

Les Mouettes sont des oiseaux lâches, criards et voraces : « J'ai souvent donné à mes Mouettes, dit le père Baillon, cité par Buffon, des buses, des corbeaux, des rats nouveau-nés, des lapins et autres ani-

Fig. 867-868. — Mouchet accenteur (mâle et femelle).

maux, ainsi que diverses espèces d'oiseaux morts, ils ont été dévorés avec autant d'avidité que les poissons. » Elles se disputent leur proie : lorsque l'une d'elles sort de l'eau avec un poisson ou tout autre aliment au bec, la première qui l'aperçoit fond dessus pour le lui prendre, et pour l'abandonner elle-même à une plus hardie ou plus forte. Répandues partout, elles se rencontrent en plus grande abondance là où le poisson abonde. Le plus grand nombre préfère, pour nicher, les déserts des deux zones polaires ; mais, comme beaucoup d'oiseaux de rivage, elles ne construisent point de

Fig. 869. — Mouette à ailes noires.

nid : un creux de rocher, un trou dans le sable leur suffit. Sur le gazon court et serré qui tapisse le sommet des falaises, les pères et les mères conduisent leurs petits et les rangent en files nombreuses.

La chair de la Mouette est dure, coriace, de très mauvais goût. Mais si cet oiseau n'est d'aucune utilité à l'homme comme nourriture, il lui rend de grands services en purgeant les rivages des mers de tous les cadavres petits et gros même, de toutes les matières en putréfaction qui, en infectant l'air, pourraient lui être nuisibles.

MOUETTE CENDRÉE (*L. canus*), vulg. *Mauve*, *Pigeon de mer*. Son plumage est d'un beau blanc, à manteau cendré clair ; premières rémiges noires avec des taches blanchâtres à l'extrémité ; bec et pieds de couleur plombée ; longueur de 42 à 45 centim. — Cet oiseau vit principalement des coquilles que le flot emporte sur les grèves ; sa ponte est de 3 œufs d'un b'anc jaunâtre, irrégulièrement tacheté de cendré et de noirâtre. La Mauve s'habitue facilement à la vie domestique, pourvu qu'on lui donne beaucoup d'eau.

MOUETTE RIEUSE (*L. ridibundus*). C'est la Petite Mouette cendrée de Buffon ; l'épithète de *rieuse* qu'elle a reçue lui vient de ce qu'on a cru distinguer dans son cri quelque chose d'analogue à un éclat de rire. — Elle est assez répandue même dans l'intérieur des terres ; souvent elle s'établit sur nos rivières, sur nos étangs, et y niche même quelquefois. Elle pond 5 ou 6 œufs verdâtres, mouchetés de noir et très allongés.

MOUETTE A TROIS DOIGTS *(L. tridactylus)*. Elle diffère de la Mauve par de légères stries noires sur les joues, et par un pouce très court, imparfait ; bec jaune ; pieds bruns. — Cette espèce paraît plus répandue aussi ; elle habite toutes les côtes d'Europe.

La M. PYGMÉE (*L. minutus*) est la *Mouette de Sibérie*, de Buffon ; bec et pieds d'un rouge cramoisi ; longueur, 26 centim. environ. — La M. BLANCHE appartient aux mers glaciales. — Il y a aussi la *M. à ailes noires*, —la *M. à queue blanche et noire*, etc.

MOUFETTE (*Mephitis*). Ce nom, du latin *mephiticus*, méphitique, désigne un genre de Carnassiers digitigrades, très voisin des Martes, des Putois et des Zorilles, dont il diffère par la forme des dents carnassières, qui sont divisées profon-

Fig. 870. — Moufette.

dément par une cavité en deux portions, l'une antérieure, composée de 3 tubercules, l'autre postérieure, n'étant qu'un simple talon terminé par deux tubercules aigus ; par des ongles aux pieds de devant, robustes, arqués et propres à fouir ; par une paire de côtes de plus qu'aux Putois, etc.

Les Moufettes appartiennent au Nouveau-Monde. Leur histoire est peu avancée. Elles vivent dans les terriers qu'elles se construisent, et y passent toute la journée à dormir ; la nuit elles en sortent pour aller à la recherche de leur nourriture, qui se compose de miel, d'œufs, de petits quadrupèdes. Ces animaux répandent à volonté une odeur infecte, produite par un liquide que sécrètent deux glandes placées sous la queue. « Cette odeur est si forte, dit Ralm, qu'elle suffoque : s'il tombait une goutte de cette liqueur dans les yeux, on courrait risque de perdre la vue ; et quand il en tombe sur les habits, elle leur imprime une odeur si forte, qu'il est très difficile de la faire passer... En 1749, il vint un de ces animaux auprès de la ferme où je logeais : c'était en hiver et pendant la nuit ; les chiens étaient éveillés et le poursuivaient : dans le moment il se répandit une odeur si fétide, qu'étant dans mon lit, je pensai être suffoqué. Les vaches beuglaient de toutes leurs forces. Sur la fin de la même année, il s'en glissa un autre dans notre cave.... Une femme qui l'aperçut la nuit à ses yeux étincelants, le tua, et dans le moment il remplit la cave d'une telle odeur, que, non-seulement cette femme en fut malade pendant quelques jours, mais que le pain, la viande et les autres provisions qu'on conservait dans cette cave furent tellement infectés, qu'on ne put en rien garder, et qu'il fallut tout jeter dehors. »

L'espèce type est la MOUFETTE CHINCHE ou d'AMÉRIQUE, qui est grosse comme un Chat domestique. — On remarque encore la M. DU CHILI et la M. FEUILLÉE, qui diffèrent peu de la précédente.

Quant à la *Moufette du Cap*, ce n'est autre chose que le *Zorille*. — V. ce mot.

MOUFLON. On admet généralement que le Mouflon est la souche du Mouton, et cependant c'est à l'article de ce dernier qu'on reporte son histoire. — V. *Mouton*.

MOULE (*Mytilus*). Le genre Moule a été séparé par Linné des Mulettes ou *Unios*, et des Anodontes ; mais cet illustre naturaliste y renfermait encore d'autres mollusques, tels que des Huîtres et des Avicules, qui en ont été séparés par de Blainville. Les Moules sont des Mollusques acéphales de la famille des Mytilacés, à coquille solide, bivalve et équivalve, épidermée, régulière, libre, close, ovale ou parfois subcylindrique : à charnière sans dents ou formée par quelques très petites dents cardinales. Animal ayant un corps ovalaire convexe ; manteau ouvert dans tout son bord inférieur ; appendice abdominal linguiforme, canaliculé dans son milieu, uni par plusieurs muscles rétracteurs qui donnent attache au byssus placé à la partie postérieure de la base du pied ; bouche simple, labiée, garnie de palpes épaisses et grandes.

Les Moules vivent dans presque toutes les mers, et sont très nombreuses sous toutes les zones ; mais les plus grandes sont propres aux pays chauds. Elles vivent en troupes plus ou moins considérables, ordinairement placées d'une manière serrée les unes contre les autres, et fixées plus ou moins solidement par leur byssus dans une situation oblique. Les unes sont ainsi groupées à la superficie des corps, d'autres recherchent de préférence les excavations qui peuvent y exister, quelques-unes enfin se creusent elles-mêmes une loge, comme les Lithodomes. Ces mollusques ne vivent pas tous dans l'eau salée, à ce qu'il paraît ; quelques espèces habiteraient tantôt la mer, tantôt l'eau douce ; il y en a même une que l'on trouve dans le Danube. On pense que les Moules se nourrissent de très petits animaux ou de leur frai, comme semblerait le prouver la propriété qu'elles ont d'être vénéneuses quand elles se sont repues de celui des Astéries.

« L'hermaphrodisme des Moules est bien constaté ; on sait qu'un seul individu constitue l'espèce. Le produit femelle de la génération ne sort pas à l'état parfait, mais il est rejeté sous forme de glaire ou de substance gélatineuse, dans laquelle sont contenus les germes des jeunes Moules. Celles-ci, dont la grosseur égale à peine celle d'un grain de millet, ont déjà leur byssus, qui, naissant avec elles, servirait, d'après l'opinion de M. de Blainville, à les attacher à l'aide de l'appendice linguifère de la mère.

« La plupart des côtes de France fournissent une grande quantité de Moules. On les pêche pendant toute l'année, les grandes chaleurs et le temps du frai exceptés : cette pêche n'offre aucune difficulté, et est ordinairement faite par des femmes et des enfants. Un mauvais couteau leur suffit, et ils les cueillent en brisant les filaments du byssus qui les attache aux corps submergés, ou entre elles.

Dans les endroits où les bancs de Moules sont sur des rochers ouverts à toutes les mers, elles sont rarement un peu belles : celles, au contraire, qui se tiennent dans les endroits calmes et abrités, acquièrent un volume assez grand et ont un goût très délicat. Malgré la grande destruction qu'on en fait, leur multiplication est si considérable que leur nombre n'en paraît pas diminué. Comme elles sont l'objet d'une consommation presque générale, puisque partout l'homme en fait sa nourriture, on a dû s'occuper, dans quelques endroits, de rechercher les moyens de les faire multiplier et de leur donner quelques qualités qu'elles n'ont pas habituellement. Sur les côtes de l'Océan, on y parque les Moules, un peu à la manière des huîtres, et il paraît même qu'on est parvenu à imprimer à la chair de ces mollusques plus de tendreté et à lui donner des qualités meilleures, en les mettant dans les lieux où la salure de l'eau de la mer est tempérée par les pluies ou par l'eau de rivière : aussi, sur les côtes de l'Océan, les pêcheurs jettent-ils dans les marais salants les Moules prises dans la mer. »

De tout temps les Moules ont été employées à la nourriture de l'homme. Souvent elles déterminent des accidents qui simulent un véritable empoisonnement, et que l'on a attribués tantôt à la présence d'un petit crabe qui s'introduit dans les coquilles de ces mollusques, tantôt au frai des Astéries ; mais il est plus probable que ces symptômes d'intoxication, auxquels on remédie en provoquant le vomissement, et que l'on peut prévenir, assure-t-on, en assaisonnant les Moules avec du vinaigre et du poivre, tiennent à une disposition particulière des individus, à leur idiosyncrasie. Les Moules sont aussi recherchées par beaucoup d'oiseaux de mer, qui les détachent, brisent leur coquille et s'en nourrissent.

De Blainville a établi cette distinction :

ESPÈCES	dont les sommets ne sont pas terminaux	MODIOLE.
	dont les sommets ne sont pas terminaux et dont la forme générale est cylindrique	MODIOLE LITHOPHAGE.
	dont les sommets sont terminaux et la coquille élargie et aplatie en arrière	MOULE.

Les *Moules proprement dites* forment deux groupes : 1° celles à coquille lisse et non sillonnée dans sa longueur, parmi lesquelles on distingue la M. comestible (V. ce mot) ; 2° celles à coquille sillonnée dans sa longueur.

MOULE COMESTIBLE (*M. edulis*). La coquille, blanche en dedans, excepté le limbe et l'impression musculaire qui sont violets, est d'un violet foncé uniforme en dehors. — Elle est très commune sur nos côtes.

Une variété, appelée *Moule blonde*, qui est un peu plus petite et dont les valves sont plus minces et colorées en roux pâle, est très estimée sur nos côtes de Normandie.

On nomme *Moule d'étang*, l'Anodonte ; *Moule*

des peintres, la Mulette. — Ces mollusques ne se trouvent que dans les eaux douces ; ils rampent à l'aide de leurs pieds, mais ne se fixent pas comme les Moules proprement dites.

MOURINE (*Myliobatis*). Genre de Poissons chondroptérygiens, de la famille des Sélaciens, établi aux dépens des Raies, et renfermant des espèces à tête saillante, à mâchoires garnies de larges dents plates ; à queue grêle, longue, terminée en pointe et armée d'un aiguillon.

La MOURINE AIGLE (*M. aquila*), vulg. *Aigle de mer*, *Ratepenade*, est l'espèce principale. Ses nageoires pectorales sont d'une grande étendue et terminées de chaque côté par un angle aigu, ce qui les a fait comparer à des ailes d'oiseaux d'une grande envergure. Cette espèce de Raie, à cause de la forme de sa tête et de ses yeux saillants, a été comparée aussi au Crapaud, d'où son nom vulgaire de *Crapaud de mer*. La queue ne présente qu'une petite nageoire dorsale ; entre cette nageoire et le bout de la queue se voit un gros et long piquant, un dard très fort, dentelé des deux côtés, constituant une arme dangereuse, non à cause du venin dont il était supposé accompagné par les anciens, mais parce que ses dentelures font des plaies déchiquetées. Sa peau est lisse, épaisse, coriace, gluante ; le dos est d'un brun foncé olivâtre, le ventre d'un blanc plus ou moins éclatant. Nous n'avons pas représenté ce poisson, mais la figure du Céphaloptère (V. ce mot) peut donner une idée suffisante de la sienne.

La Raie-Aigle habite la Méditerranée et l'Océan ; elle peut devenir très grande. « Les vibrations de sa queue paraissent être si rapides, que l'aiguillon qui y est attaché paraît en quelque sorte lancé comme un javelot ou décoché comme une flèche, et recevoir de cette vitesse, qui le fait pénétrer très avant dans les corps qu'il atteint, une action des plus fortes. C'est avec ce dard ainsi agité, et avec sa queue déliée et plusieurs fois contournée, que la Raie-Aigle atteint, saisit, cramponne, retient et met à mort les animaux qu'elle poursuit pour en faire sa proie, ou ceux qui passent auprès de son asile, lorsqu'à demi couverte de vase, elle se tient en embuscade au fond des eaux salées. C'est encore avec ce piquant très dur et dentelé qu'elle se défend avec le plus grand avantage contre les attaques auxquelles elle est exposée ; et voilà pourquoi, lorsque les pêcheurs ont pris une Raie-Aigle, ils s'empressent de séparer de sa queue l'aiguillon qui la rend si dangereuse ; mais si sa queue présente un aiguillon si redouté, on n'en voit aucun sur son corps. »

On prend ce poisson toute l'année sur la plage de Nice. Sa chair est de médiocre qualité, presque toujours dure ; mais son foie, très volumineux, est très bon à manger et donne beaucoup d'huile. On trouve quelquefois attachée sur son corps l'espèce de sangsue marine qu'on nomme *Hirudo muricata*.

MOURON (*Asine*). Espèce du genre *Alsine* de Linné, ou *Stellaria* de Smith, lequel genre toutefois comprend des Plantes de la famille des Caryophyllées, herbacées, dont les caractères botaniques sont : calice à 5 sépales ; corolle à 5 pétales bifides ou bipartits ; étamines 10, ou moins ; styles 3 ; capsule à 6 valves.

Le MOURON DES OISEAUX (*A. media*) ou *Morgeline* est une petite plante annuelle, à tiges nombreuses, étalées diffuses ou couchées, molles, succulentes, présentant sur l'une de leurs faces une ligne longitudinale de poils courts qui alterne d'un entre-nœud à l'autre ; feuilles molles, ovales, brièvement acuminées, les inférieures pétiolées ; fleurs blanches, à pétales profondément divisés, ordinairement plus courts que le calice.

Cette plante est extrêmement commune dans les lieux frais, les champs humides, aux bords des fossés, au pied des murs. Elle fleurit toute l'année. On la donne aux petits oiseaux de volière qu'elle rafraîchit et qui la mangent avec plaisir. Dans quelques localités, on la sert en salade comme la Mâche. En médecine, elle passe pour rafraîchissante et s'emploie surtout en cataplasmes.

Le *Mouron rouge* est une Anagallide, de la famille des Primulacées ; par conséquent, c'est à tort qu'au mot *Anagallis* nous avons renvoyé au mot *Mouron*.

Mais comme la confusion règne dans beaucoup de livres, nous dirons un mot de l'*Anagallide*, qui est un genre composé de plantes annuelles ou vivaces, à feuilles opposées, entières ; à fleurs axillaires solitaires, opposées, roses, rouges ou bleues. — C'est à l'*Anagallis arvensis* qu'on donne le nom de *Mouron rouge*. Ce nom peut tromper les personnes inexpérimentées et leur faire cueillir pour le Mouron des oiseaux une plante qui tue ces aimables prisonniers. — On nomme *Mouron bleu* une variété de l'Anagallide, dont les fleurs sont d'un beau bleu ou à gorge rougeâtre.

MOUSSERON. Le vulgaire désigne sous ce nom plusieurs espèces de Champignons du genre

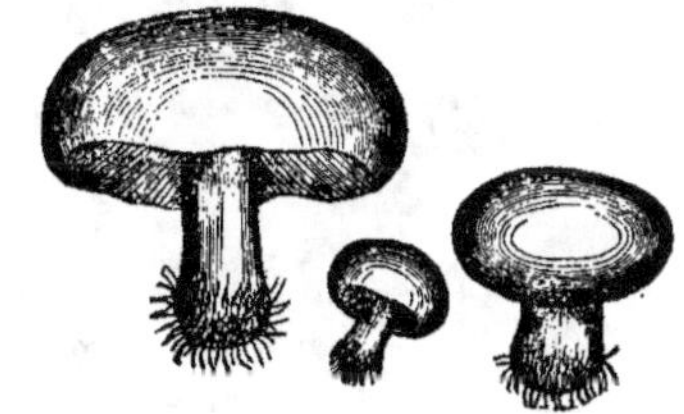

Fig. 871. — Mousseron (Agaric).

Agaric, qui croissent au milieu des mousses, des friches et des pelouses. — Ces Champignons sont fort estimés et fort recherchés par les gastronomes ; mais il n'est pas facile de les bien distinguer les uns des autres.

Parmi les espèces les plus communes en France, et qu'on regarde comme les véritables Mousserons, nous citerons l'*Agaric mousseron* , que nous figurons. •

MOUSSES. Famille de Végétaux inembryonés, dont la description qui suit est empruntée à Ach. Richard : — « Petites plantes vivaces, venant en général par touffes plus ou moins serrées dans les lieux ombragés , secs ou humides , à terre ou sur le tronc des arbres, sur les rochers, les murs et les toits de nos habitations. Leur tige est simple ou rameuse, leur racine fibreuse; leurs feuilles alternes, sessiles, entières , dépourvues de nervures. Leurs organes de reproduction sont de deux sortes : les mâles ou anthéridies sont ovoïdes, allongés, celluleux, plus ou moins pédicellés à leur base , accompagnés d'utricules articulées ou paraphyses, environnés de folioles et formant des rosettes ou fleurs mâles. Les femelles représentent des involucres carpelliformes plus ou moins nombreux, ovoïdes, terminés en une pointe tubuleuse un peu évasée. De leur intérieur naît un conceptacle ou sporange nommé *urne*, qui par

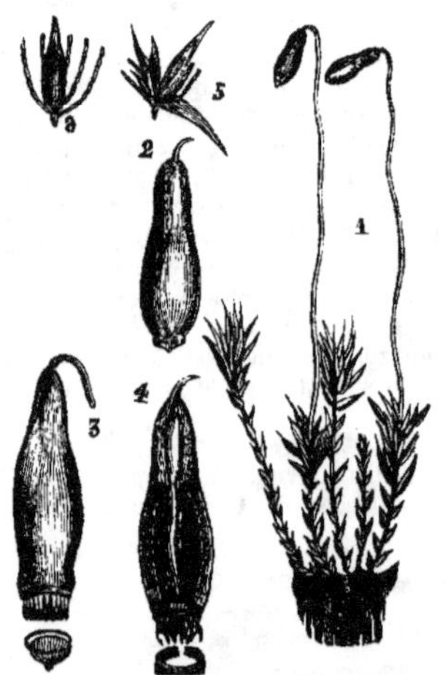

Fig. 872. Mousse (famille).

1. La plante de grandeur naturelle. — 2. L'urne entière. — 3. La même, dont on a enlevé l'opercule, ce qui fait voir le péristome mis à nu — 4 Urne, fendue dans sa longueur : on voit les parois de l'urne, la columelle centrale, le péristome interne, et le péristome externe détaché. — 5. Fleur mâle sous la forme d'une rosette. — 6. Anthéridie, entourée de paraphyses.

suite de l'allongement de la soie qui la supporte, déchire circulairement les parois de l'involucre en deux parties : l'une inférieure, nommée la *vaginale*, reste à la base de la soie sans prendre

d'accroissement; l'autre supérieure, sous le nom de *coiffe*, reste appliquée sur le sommet de l'urne qu'elle recouvre en partie. L'urne, analogue à un fruit pyxidiforme, présente une sorte de couvercle nommé *opercule*, qui en se détachant découvre l'ouverture de l'urne bordée d'un double rebord, distingué en péristome interne et externe , nu ou bordé de dents ou de soies. Les spores

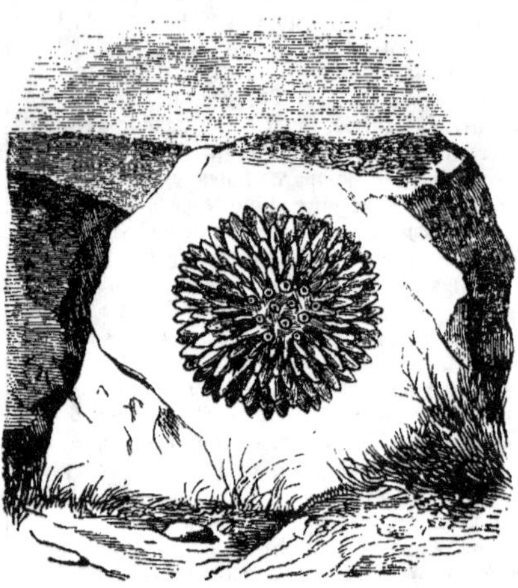

Fig. 873. — Genre de Mousse d'Allemagne (Anacalypte).

sont placées dans l'urne autour d'un axe nommé *columelle*. Tantôt les anthéridies sont réunies avec les urnes dans un même involucre, on dit alors que les Mousses sont *hermaphrodites*; tantôt elles sont unisexuées , monoïques ou dioïques. »

Toutes les Mousses recherchent les lieux bas et humides et l'ombre des forêts ; c'est là que, serrées les unes contre les autres, elles forment ces beaux tapis de verdure qui remplacent, dans les bois, ceux que les Graminées forment au milieu des prairies. Certaines espèces couvrent les vieux arbres et les grosses branches d'un manteau protecteur , qui les préserve des vicissitudes atmosphériques. D'autres envahissent les marais, et , par l'accumulation de leurs débris, soulèvent peu à peu le sol et finissent par former les tourbières, dépôts précieux de combustibles pour certains pays privés de bois. Ces plantes nous rendent donc trois services importants , d'abord en garantissant nos arbres de l'action des froids trop rigoureux; ensuite en desséchant les marais , qu'elles rendent ainsi propres à la culture, et enfin en nous procurant une substance combustible qui remplace le bois et le charbon de terre, dans les pays qui en sont dépourvus. Nous ne parlons pas de l'emploi qu'on en fait pour emballer les objets fragiles et pour garnir les matelas, parce que ces usages sont trop peu importants, si on les compare aux trois autres.

« On connaît plus de mille espèces de Mousses, qu'on trouve répandues dans toutes les parties du monde, mais surtout dans les régions septentrionales, dont elles forment la principale végétation. On les a divisées en une cinquantaine de genres, dont les principaux sont les Sphagnes (*Sphagnum*) qui peuplent les marais ; les Bryes (*Bryum*), qui forment de si belles pelouses à l'ombre des forêts ; les Mnies (*Mnium*), qui cachent l'aridité des rochers ; les Fontinales (*Fontinalis*), dont une espèce, commune dans toute l'Europe, a été surnommée *incombustible*, parce qu'on dit qu'elle empêche la communication du feu ; les Hypnes (*Hypnum*), très répandues partout et toutes remarquables par leurs formes élégantes. »

MOUSTIQUES (de l'espagnol *mousquitos*, petite mouche). Nom vulgaire donné dans les colonies aux Diptères du genre *Cousin*. — V. ce mot.

MOUTARDE (*Sinapis*). Genre de Plantes, de la famille des Crucifères, annuelles, bisannuelles ou vivaces, plus ou moins velues, à feuilles pétiolées, lyrées ou pinnatipartites ; à fleurs jaunes : 4 sépales étalés, non gibbeux ; 4 pétales en croix, à onglets linéaires et à limbe évasé ; 6 étamines, à filets tubulés, dont 2 courtes et 2 plus grandes ; silique linéaire subcylindrique, à valves présentant 3-5 nervures longitudinales droites, saillantes, et terminées par un bec long plus ou moins comprimé ; graines en une seule série. — On connaît plus de quarante espèces de ce genre, à peu près nulles pour l'ornement, mais dont quelques-unes sont utilisées sous le rapport économique.

Moutarde noire (*S. nigra*), vulg. *Sénevé.* Tige droite, un peu velue, cylindrique, très rameuse, haute de 70 cent. à 1 mètre ; feuilles alternes, pétiolées, un peu charnues, assez semblables à celles de la rose, laciniées ou pinnatifides, presque glabres ; lobes obtus, inégalement dentés. Les fleurs sont petites, disposées en longues grappes, jaunes, à pédicelles courts, rapprochés des tiges.

La Moutarde est une plante rustique et annuelle, qu'on rencontre très fréquemment dans les sols arides et pierreux, et qui fleurit en mai-août. On la cultive pour en récolter la graine, qui fait tout le prix de cette culture. Cette crucifère est très connue pour ses usages culinaires et médicaux. Ses semences, seules employées, répandent, lorsqu'on les écrase, une odeur légèrement piquante ; et, quand on les mâche, leur saveur amère, chaude et âcre se répand rapidement dans l'intérieur de la bouche et du pharynx. Elles fournissent une certaine quantité d'huile volatile d'une odeur forte et très âcre, et, par expression, beaucoup d'huile douce. En un mot, la graine de Moutarde noire est un stimulant énergique, un rubéfiant de la peau, et même un vésicant lorsque son

application est prolongée. Elle a été administrée à l'intérieur contre l'atonie, l'anorexie, les maladies accompagnées de débilité, le scorbut, la chlorose, etc. ; mais de nos jours son emploi est borné à l'extérieur sous forme de cataplasme irritant (*Sinapisme*) pour produire une révulsion à la peau dans les cas de congestion au cerveau, de métastase goutteuse, d'inflammation profonde, etc.

La *Moutarde* de nos tables est un condiment qui s'associe avec avantage aux viandes blanches et glutineuses, à toutes les substances fades, et qui facilite la digestion chez les sujets froids, apathiques, ou qui vivent d'aliments grossiers et indigestes. Mais son usage est nuisible dès que l'estomac est le siège d'un état inflammatoire.

Fig. 874. — Moutarde.

(1, Fleur détachée ; — 2, organes sexuels de la fleur. — 3, pétale onguiculé ; — 4, pistil).

Moutarde blanche (*S. alba*). Plante annuelle, de 40 à 70 cent., rameuse, poilue ; feuilles lyrées pinnatipartites ; fleurs d'un jaune pâle ; siliques courtes, velues, à bec comprimé ensiforme.

La graine de Moutarde blanche, moins âcre et moins parfumée que celle de la Moutarde noire, n'est pas aussi bonne pour la préparation des sinapismes, mais est plus agréable pour la fabrication de la Moutarde de table. Depuis quelques années on a beaucoup vanté les propriétés merveilleuses de la graine de Moutarde blanche ; on la dit propre à la guérison de tous les maux, au traitement des affections les plus opposées : c'est dire qu'elle n'est propre à rien, car on devrait être revenu de toutes ces panacées universelles qui font apparition de loin en loin, et dont les plus recommandables sont celles qui ne font ni bien ni mal. La Moutarde blanche est tout simplement un laxatif tonique très convenable pour entretenir la liberté du ventre chez les vieillards, les personnes dont les voies digestives sont dans l'atonie ou la débilité.

La Moutarde des champs (*S. arvensis*) infecte les terres qui n'ont pas été soigneusement sarclées et où l'on a permis à cette plante de porter ses graines et de se semer naturellement. Cette espèce, qui est annuelle comme les deux autres, s'élève sous la forme d'une tige droite ou rameuse de un à deux pieds de haut, tout au plus, garnie d'un feuillage découpé et terminé par des fleurs d'un jaune presque blanchâtre. Le seul moyen de purger les terres de la Moutarde des champs est d'y cultiver quelques plantes sarclées, telles que la pomme de terre, le maïs, la betterave, les haricots, etc., et cela pendant deux ans au moins.

« La *Moutarde d'Orient*, la *M. hispide* ou *velue* et la *M. fausse-roquette* sont moins connues que les précédentes, et ne présentent rien de très remarquable. »

MOUTON (*Ovis*). Genre de Ruminants, de la famille des Tauriens, dont voici l'exposé sommaire des caractères : cornes grosses, creuses, persistantes, ridées en travers, contournées latéralement en spirale ; museau terminé par des narines de forme allongée, sans la partie nue appelée mufle ; pas de larmiers ; pas de barbe au menton ; oreilles médiocres, pointues ; pelage assez variable par sa nature, souvent laineux ; jambes assez grêles, sans brosses aux poignets ; pas de pores inguinaux ; deux mamelles inguinales, etc.

Avant Linné, le genre Mouton n'était pas distingué de la Chèvre ; il est vrai que les caractères différentiels sont à peine marqués. « Les

Fig. 875. — Mouflon d'Europe.

Moutons ne peuvent être confondus avec les Ruminants sans cornes et pourvus de canines, comme les Chameaux, les Lamas, les Chevrotains ; ni avec ceux dont la tête est ornée de bois ramifiés et caducs, tels que les Cerfs, ou productions osseuses couvertes de peau, comme les Girafes. Dès lors on ne peut les rapprocher que des Bœufs, des Antilopes et surtout des Chèvres ; mais les Bœufs se distinguent des Moutons par leur corps trapu, par leurs membres courts et robustes, leur fanon lâche et pendant sous le cou, leurs cornes lisses, leur mufle large, etc. ; les Antilopes s'en distinguent par les chevilles des cornes totalement solides, sans pores ni sinus dans le plus grand nombre des Antilopes ; par le nombre des mamelles, qui est souvent de quatre ; par la présence de larmiers, de pores inguinaux ; par des cornes anguleuses souvent même très lisses ; enfin les Chèvres en diffèrent par le chanfrein droit ou concave, la direction des cornes d'abord en haut et ensuite en arrière, la présence assez constante, au moins chez les mâles, d'une barbe sous le menton, et enfin par l'absence de l'appareil de sécrétion particulier qui occupe le niveau de l'articulation supérieure des phalanges mitoyennes sur chaque pied du Mouton.

Les Moutons habitent plusieurs régions de l'ancien et du nouveau continent : la Corse, la Sardaigne et quelques autres îles de la Méditerranée sont les lieux où l'on trouve l'espèce la plus anciennement connue, le Mouflon, qui est regardé comme la souche primitive de nos Moutons domestiques d'Europe ; les autres espèces se rencontrent dans la chaîne de l'Atlas, dans les montagnes de la Sibérie et du Kamtchatka, dans celles du Canada, etc. Ces ruminants se nourrissent de végétaux bas, principalement de graminées. Ils vivent en familles ou en troupes plus ou moins nombreuses, dans les pays élevés, montagneux, toutefois dans les zones inférieures à celles habitées par les Chèvres. Comme celles-ci d'ailleurs, à l'état sauvage, on les voit sauter de rocher en rocher avec une vitesse presque incroyable ; leur force musculaire et leur souplesse sont prodigieuses : ils font des bonds très élevés, et leur course est si rapide que l'on ne pourrait les atteindre s'ils ne s'arrêtaient fréquemment pour regarder le chasseur d'un air stupide et attendre qu'il soit à leur portée pour recommencer leur course. A l'état domestique, les mœurs des Moutons sont tout à fait modifiées, comme nous le dirons ; au lieu de leur fierté naturelle et de leur caractère indomptable, ils sont souples et soumis, et ce n'est qu'à l'époque des amours que les mâles reprennent leurs mœurs originelles et qu'ils se livrent entre eux des combats furieux. La Chèvre produit avec le Mouton, la Brebis avec le Bouc,

et les métis qui en proviennent sont quelquefois féconds, preuve évidente que les deux genres sont excessivement voisins.—On ne connaît d'une manière complète qu'un assez petit nombre d'espèces : nous ne parlerons que de quatre.

MOUFLON (*ovis aries fera*), encore appelé *Mufflone de Sardaigne, M. de Corse.* Cornes très grandes, grosses, ridées à leur base, atteignant jusqu'à 60 centim. de longueur; chez les femelles elles sont plus petites ou manquent : corps assez épais, musculeux, couvert de deux sortes de poils, l'un laineux, épais, ayant ses filaments en tire-bouchon, l'autre soyeux raide, court; jambes robustes, sabots courts; pelage fauve terne, mêlé de poils noirs aux parties supérieures ; taille, 1 m. 45 c. de long, 75 cent. de haut.

Le Mouflon était connu des anciens. Il se trouve dans les parties les plus élevées de la Corse et de la Sardaigne, sur les montagnes occidentales de la Turquie d'Europe, dans l'île de Chypre, etc. Ces animaux ne quittent jamais les sommités des montagnes, marchant par troupes de plus de 100 individus, à la tête desquels se trouve toujours un vieux mâle. Ces troupes se divisent en bandes plus petites à l'époque du rut, c'est-à-dire en décembre et janvier. Chaque bande est formée de quelques femelles et d'un seul mâle; et lorsqu'elles se rencontrent, les mâles se livrent des combats meurtriers. Les femelles portent 5 mois, et mettent bas deux petits qui peuvent marcher dès le moment de leur naissance, mais qui n'atteignent leur entier développement qu'à la troisième année.

La domesticité ne modifie pour ainsi dire pas le caractère du Mouflon; du moins ceux qu'on a possédés au Muséum de Paris sont restés méchants, indociles, presque indomptables, bien différents en cela des animaux carnassiers, que l'on parvient presque toujours à captiver par la douceur et de bons traitements.

MOUFLON d'AFRIQUE (*O. tragelaphus*) ou *Mouflon à manchettes, Mouton barbu.* « On lui donne la taille du Mouton ordinaire : son chanfrein est peu arqué : ses cornes, médiocres, sont un peu plus longues que la tête, se touchent à leur base, s'élèvent d'abord droites, puis se recourbent en arrière et un peu en dedans vers leur extrémité ; elles sont ridées transversalement, et leur face antérieure est la plus large. Le pelage, généralement d'un fauve roussâtre, est assez court partout, si ce n'est sous le cou, où il existe une longue crinière pendante de poils longs et assez grossiers. Les poignets des jambes antérieures ont aussi, chacun, une sorte de manchette composée de poils très longs et non frisés.

« M. Desmarest assigne pour patrie à cette espèce les lieux déserts et escarpés de la Barbarie. M. Geoffroy l'a également observée en Égypte : le Muséum possède un individu rapporté par lui, et tué près des portes de la ville du Caire ; il ne paraît pourtant pas qu'il se tienne habituellement dans cette partie de l'Égypte. »

MOUFLON D'ASIE OU ARGALI (*O. ammon*). Tête un peu allongée ; cornes, chez les mâles très grosses, très longues, se couchant en arrière et en dessous, puis paraissant en avant avec la pointe dirigée en haut et en dehors ; corps couvert de poils courts en hiver ; queue très courte.

Cette espèce habite les régions fraîches et tempérées de l'Asie, et n'est pas rare dans les montagnes de la Mongolie, dans le Kamtchatka. Les Argalis sont très forts et très agiles ; dans leurs combats pour la possession des femelles, les mâles perdent quelquefois leurs cornes. Ces animaux s'accouplent deux fois par an, au printemps et à l'automne, et chaque portée est d'un ou deux petits. Si, comme l'ont avancé quelques auteurs, l'Argali ne diffère pas spécifiquement du Mouflon de Corse, celui-ci étant, suivant d'autres, le type originaire des Moutons domestiques, il s'ensuivrait, dit Desmarest, que l'Argali pourrait être aussi la souche de quelques-uns de ces animaux.

MOUFLON D'AMÉRIQUE OU BÉLIER DE MONTAGNE (*O. montana*). Ce Mouton est remarquable par les formes sveltes de son corps, qui est porté sur de très longues jambes. Ses cornes sont ramenées en devant des yeux, en décrivant à peu près un tour de spirale.— Ces ruminants vivent, selon Harlan, par troupes de 20-30 individus. Le Bélier de montagne a été découvert dans le voisinage de l'Elk, vers le 50e degré de latitude nord. On a pensé qu'il était le même que l'Argali, lequel aurait passé la mer sur la glace. C'est à cet animal surtout que se rapporte ce qui a été dit de la force, de l'agilité, de la vitesse et de l'indocilité du Mouton à l'état sauvage.

MOUTON DOMESTIQUE. C'est du Mouflon et peutêtre de l'Argali que sont descendues nos races de Moutons, dont les variétés, qui produisent toutes entre elles, sont devenues presque innombrables, et dont le pelage, les mœurs, la force et l'agilité sont si différents de ce qu'ils sont dans l'espèce primitive. « Chez elles, l'intelligence est nulle. Totalement soumises à l'homme, elles sont tellement dégénérées, qu'il leur serait difficile et même impossible de retourner à l'état de nature,

quand bien même elles se trouveraient placées dans les circonstances les plus favorables à leur existence. Une fois abandonnées par l'homme, elles ne tarderaient pas à disparaître. Leurs habitudes naturelles sont aussi celles d'un animal abâtardi, si l'on peut dire. Les *Béliers* ne montrent de l'ardeur et du courage qu'à l'époque du rut. Alors, poussés par un sentiment de jalousie, ils se battent entre eux en se frappant à grands coups de tête ; mais, toute leur ardeur s'éteignant bien vite, ils redeviennent indolents et stupides. Les *Brebis* n'ont plus ce courage que montre une mère pour défendre sa progéniture. Faibles et timides, elles laissent enlever leurs petits sans beaucoup les protéger et sans donner d'autres marques d'attachement que quelques bêlements plaintifs, expression vraie de leur impuissance. Pourtant les *Agneaux* paraissent doués d'un sentiment un peu plus fin ; car ils savent reconnaître leur mère au milieu d'un troupeau, ce qui peut-être aussi n'est dû qu'à l'instinct. Les Moutons sont de la plus parfaite indifférence les uns à l'égard des autres. Entre eux, point d'attachement, point de dévoûment : si on vient les effrayer, ils se rapprochent, se serrent ; mais on dirait que l'égoïsme l'ordonne, car l'un cherche à se faire protéger par l'autre. Toujours, dans leur marche ou dans leur fuite, c'est la détermination d'un seul, le plus avancé, qui devient la règle de conduite de tous les autres. Ils ne savent éviter aucun danger, et même ils sont incapables de chercher un abri contre les intempéries de l'atmosphère. Ils savent à peine trouver leur nourriture dans les terrains peu abondants en végétaux ; en un mot, ils sont le type de la stupidité. »

Il nous est impossible de passer en revue les diverses races de Moutons : il nous sufâra de dire

Fig. 877. — Mouton.

qu'on en a établi trois grandes divisions : 1o les *races à grosse queue* ; 2o les *races à longue queue* ; et 3o les *races à longues jambes*, dont semblent dériver toutes les espèces européennes, parmi lesquelles figurent avec avantage les *Mé-rinos*, qui sont espagnols d'origine, les *races anglaises* et *françaises*, et leurs sous-variétés, etc.

Le Mouton est un des animaux les plus utiles à l'homme, car il le vêtit en quelque sorte, il le nourrit, et fournit suif et fromages; de plus, sa peau est employée à divers usages. En économie rurale et domestique, le Mouton donne de beaux résultats: mais il est exposé à des épidémies meurtrières. Le cadre de cet ouvrage nous oblige à renvoyer aux ouvrages spéciaux pour les considérations intéressantes que ce sujet comporte.

MOUVEMENT. En physiologie, c'est-à-dire dans l'économie animale, les Mouvements sont nombreux et variés; tous se rapportent à trois catégories; Mouvements de totalité ou d'ensemble (*Locomotion*); Mouvements sur place (*Attitudes*); Mouvements exécutés involontairement par les viscères et les organes de la vie végétative, etc. (*Mouvements involontaires*). Telles sont les trois divisions de cet article, que nous terminerons par l'étude des *Mouvements dans la série zoologique*.

Les Mouvements résultent de la contraction des muscles (V. *Motricité*), et cette contraction est sous l'influence du système nerveux (V. *In-nervation*); toutefois, il n'y a pas que les parties pourvues de fibres musculaires qui se meuvent, quoique ce soit le cas infiniment le plus ordinaire, les ligaments, les parois artérielles et d'autres tissus élastiques, ayant subi une certaine extension, reviennent sur eux-mêmes en vertu des lois de l'élasticité et d'un certain mode de vitalité à eux spécial.—V. *Muscles*.

MOUVEMENTS DE LOCOMOTION. La Locomotion est l'action physiologique par laquelle l'animal se transporte d'un lieu à un autre. Ses instruments sont les muscles, organes actifs, et les os, organes passifs. — C'est par l'intermédiaire des leviers passifs représentés par les os que les muscles changent les rapports des parties dans les mouvements de locomotion; en mouvant ces leviers osseux sur lesquels ils s'insèrent, les muscles locomoteurs meuvent en même temps toutes les parties qui, groupées autour de ces mêmes leviers, constituent avec l'os lui-même les résistances que doit vaincre la puissance contractile. Ainsi, par exemple, lorsque, le bras étant pendant, on soulève l'avant-bras sur le bras, la partie soulevée ou mise en mouvement est représentée par l'avant-bras et par la main, pris dans leur ensemble et constituant la *résistance*; la force motrice ou la *puissance* est représentée par les muscles fléchisseurs de l'avant-bras sur

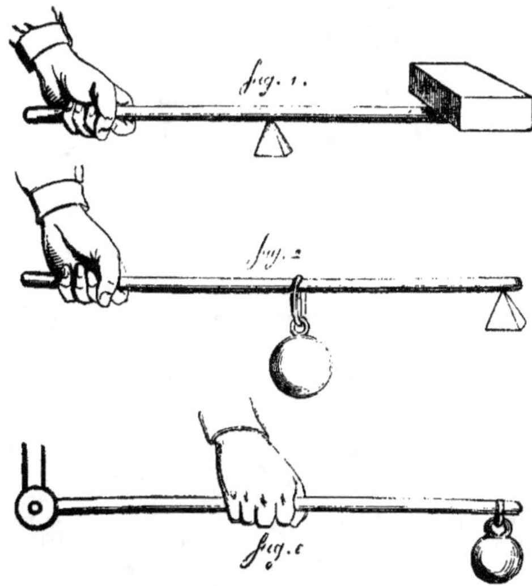

Fig. 878. — Leviers des trois genres.

le bras (biceps et brachial antérieur), tandis que le *point d'appui* est à l'articulation du coude (cubito-humérale).

Ne pouvant, faute d'espace, examiner la forme des muscles, la disposition des fibres musculaires autour d'une corde (le tendon), au moyen de laquelle elles transmettent toutes leurs actions réunies (V. *Muscles*), nous passerons de suite à la théorie des leviers, puisqu'aussi bien la machine humaine ne fonctionne, comme toutes les autres, qu'en vertu des lois qui découlent de leur étude.

Le *levier* est une tige droite ou courbe, inflexible, employée pour mouvoir, soulever ou soutenir des poids : c'est la plus simple de toutes les machines ; elle en constitue l'élément fondamental.

Tout levier, lorsqu'il est mis en jeu, présente à considérer trois choses essentielles : 1° le *point d'appui*, c'est-à-dire le corps résistant sur lequel appuie le levier, et qui devient le centre du mouvement; 2° la *puissance*, ou la force qui fait mouvoir ce levier; 3° la résistance, ou le poids à ébranler (fig. 878). Ces trois conditions capitales peuvent se combiner de trois manières différentes, ce qui donne naissance à trois genres de leviers.

Le *levier du premier genre* a son point d'appui entre la résistance et la puissance.

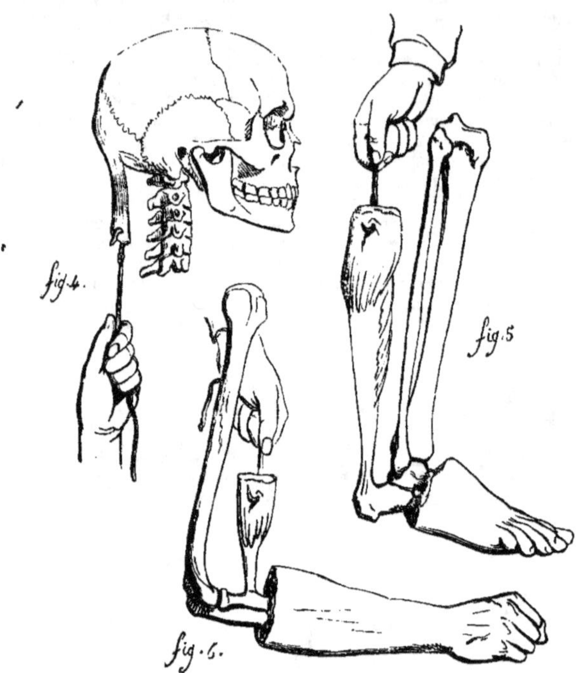

Fig. 879. — Exemples de leviers dans l'organisme humain.

Le *levier du second genre* est celui dans lequel la résistance est entre le point d'appui et la puissance.

Le *levier du troisième genre* présente la puissance entre la résistance et le point d'appui.

On appelle *bras de levier* les portions de la tige inflexible qui séparent le point d'appui de la puissance et de la résistance; or, celles ci ont une action d'autant plus énergique que leur bras de levier est plus long. Ainsi, par exemple, la puissance est double ou triple, suivant que son bras de levier a une longueur deux fois ou trois fois plus grande que celle de la résistance.

Nous venons de voir comment la connaissance des leviers trouve son application dans la mécanique animale. Poursuivons :

A. On a un exemple du levier du premier genre dans la manière dont se meut la tête sur la colonne vertébrale. En effet, en se fléchissant, soit en avant, soit en arrière, cette partie représente un levier dans lequel la première vertèbre cervicale est le point d'appui, et les muscles fléchisseurs et extenseurs sont alternativement puissance et résistance (fig. 4 de ce dessin).

B. Le levier du second genre trouve son application dans l'action de s'élever sur la pointe des pieds, car le pied, qui représente ce levier, appuie sur le sol par son extrémité antérieure; par son autre extrémité, il donne prise à la puissance représentée par les muscles jumeaux et le soléaire, laquelle soulève le poids du corps supporté par le tibia et le péroné , poids qui constitue la résistance (fig. 5).

C. Le levier du troisième genre est représenté par la flexion de l'avant-bras sur le bras. En effet, le point d'appui siège dans l'articulation du coude; la résistance est à l'extrémité du membre et due à son poids; la puissance , ayant pour agent le muscle biceps brachial , est entre cette résistance et le point d'appui (fig. 6).

Le levier du troisième genre est le plus employé dans la mécanique humaine ; car presque tous les mouvements des membres le représentent. Dans ces parties, en effet, le point d'appui est à une extrémité des os, la résistance à l'autre extrémité, et la puissance est entre les deux, comme on peut le remarquer dans les flexions de la jambe sur la cuisse, de la cuisse sur le bassin , etc. Il est bon d'observer que, dans ces leviers, le bras de la résistance est beaucoup plus long que celui de la puissance, et que par conséquent cette dernière, perdant beaucoup de son action, devait être augmentée par le nombre des muscles et des faisceaux musculaires , ainsi qu'on en a la preuve en étudiant l'anatomie des membres. Mais si le levier du troisième genre est peu favorable à la puissance, il l'est au contraire beaucoup à la vitesse et à l'agilité , car cette puissance n'a besoin de faire qu'un léger parcours pour que la résistance en opère un très grand.

Les Mouvements de locomotion sont la Marche, la Course, le Saut, la Nage, et, pour certains animaux, le Vol, la Reptation, etc. Mais avant de les décrire, il importe d'expliquer ce qu'on entend par *centre de gravité du corps animal.*

« La pesanteur agit verticalement de haut en bas sur tous les corps; en d'autres termes, tous les corps sont pesants. Les poids des différentes molécules dont l'ensemble constitue les corps représentent donc autant de forces agissant suivant la verticale. Ces forces sont sensiblement parallèles les unes aux autres , et ont en conséquence une *résultante* commune. Le point du corps qui résume toutes ces forces différentes , ou, autrement dit, le point d'application de la résultante , se nomme le *centre de gravité* de ce corps. Tout corps soutenu par son centre de gravité est nécessairement en équilibre. Lorsque le corps repose sur une surface ou sur un plan , il est en équilibre toutes les fois que la verticale qui passe par son centre de gravité tombe perpendiculairement sur sa *base de sustentation.*

« L'homme n'est en équilibre qu'autant que la verticale qui passe par son centre de gravité tombe dans la base de sustentation représentée par les pieds, ou dans le parallélogramme construit aux limites de ses pieds, lorsque ceux-ci sont écartés.

« Le centre de gravité de l'homme doit être pris en grande considération dans la station et dans les mouvements de la locomotion : de sa position, en effet, résulte l'équilibre ou la chute du corps.

« La détermination expérimentale du centre de gravité n'offre pas de sérieuses difficultés. Si nous partageons le corps de l'homme (supposé debout) par un plan idéal perpendiculaire , qui le divise en deux parties égales, l'une droite, l'autre gauche , nous pouvons admettre que chacune de ces parties a sensiblement le même poids. Le centre de gravité du corps humain occupe donc ce plan. Si, maintenant, ainsi que l'a fait Borelli, on place l'homme sur une surface horizontale mobile, à la manière d'une balance, on constate que le corps se maintient en équilibre lorsque le plan vertical qui passe par le point d'appui de l'appareil divise en même temps la dernière vertèbre lombaire, à peu près par sa partie moyenne. Il en résulte que le centre de gravité du corps est situé à la rencontre du plan vertical qui partage en deux le corps , et du plan horizontal qui partage la dernière vertèbre lombaire. De plus , comme le tronc est en équilibre sur les têtes des fémurs, le centre de gravité se trouve aussi sur le plan qui coupe verticalement le bassin, en passant par l'axe de rotation du bassin sur la tête des fémurs. Le centre de gravité est donc déterminé par le point de rencontre de ces trois plans (1) ; il correspond en un point idéalement placé dans *l'aire intérieure* du bassin. Ce point est situé à 1 centimètre environ au-dessus d'un plan horizontal qui passerait par le promontoire (c'est-à-dire par l'angle saillant formé par l'articulation de la dernière vertèbre lombaire avec le sacrum). »

Marche. C'est de celle de l'homme qu'il est question. Le corps est transporté en avant par le rôle alternatif des deux jambes, dont l'une supporte le poids du corps , tandis que l'autre est dirigée en avant. Lorsqu'on examine attentivement un homme qui marche, on peut décomposer un double pas en plusieurs temps successifs. Dans un premier temps, le corps repose sur les deux jambes, le pied gauche placé en avant, je suppose, et le pied droit en arrière; dans un second temps, le corps n'est plus appuyé que sur le membre gauche, tandis que l'autre , suspendu dans l'espace, se dirige en avant; dans un troisième temps, le corps s'appuie de nouveau sur les deux membres ; dans un quatrième temps, le membre droit touche terre et supporte seul le poids du corps, tandis que le membre gauche se dirige en avant pour replacer le corps dans la position du départ. L'homme qui marche incline son corps en avant. Cette inclinaison, qui tend à faire passer la ligne

---

(1) Le centre de gravité est donc le point de rencontre du plan perpendiculaire antéro-postérieur , plan partageant le corps en deux moitiés symétriques , du plan latéral perpendiculaire passant par l'axe qui réunit les têtes des fémurs , et du plan horizontal déterminé par expérience.

du centre de gravité du tronc en avant des têtes de fémurs qui le supportent, est caractéristique de tous les mouvements de progression. Elle est destinée à lutter contre la résistance de l'air ; et en même temps, le tronc se trouve ainsi placé dans la direction oblique suivant laquelle se fait l'allongement du membre arc-bouté.

La Marche peut être supportée assez longtemps par l'homme, à la condition qu'elle s'opère sur un sol uni, ou sur un plan légèrement incliné par en bas. Lorsque le plan est incliné par en haut, les efforts musculaires qu'il doit faire pour soulever à chaque pas le centre de gravité suivant une ligne ascensionnelle parallèle au plan incliné, ajoutent à l'effort ordinaire tout le travail musculaire correspondant à l'élévation (mesurée sur la verticale) d'un poids égal à celui du corps, depuis le point de départ jusqu'au point d'arrivée.

Course. Genre de locomotion qui consiste à se porter en avant par une suite de sauts plus ou moins rapides. La Course diffère de la Marche, en ce que le moment pendant lequel les deux jambes posent sur le sol, dans cette dernière, y est remplacé par un moment durant lequel aucune des deux jambes ne touche la terre.

Le corps n'est pas toujours soutenu, et périodiquement il se détache du sol, pour flotter en l'air pendant un court espace de temps. On distingue deux sortes de Courses : celle dans laquelle le corps s'élève très peu par le mouvement sautillant, et se projette presque en ligne horizontale, ou la *Course* proprement dite ; et celle dans laquelle le corps est lancé beaucoup plus haut à chaque saut, ou le *trotter.* Cette seconde manière de courir est peu avantageuse pour avancer rapidement.

Saut. La Course nous offre une première espèce de Saut ; mais on peut sauter autrement, c'est-à-dire que les deux membres inférieurs reposant ensemble sur le sol, et plus ou moins fléchis, peuvent s'étendre ensemble, et faire quitter aux pieds le sol en même temps. Supposons le Saut vertical : les pieds se rapprochent et le corps se fléchit fortement dans toutes ses articulations. Alors le corps se redresse brusquement, exactement comme une tige élastique qu'on presserait sur le sol par une de ses extrémités et qu'on abandonnerait ensuite à elle-même. La détente du corps réagit sur l'appui solide du sol et détermine un mouvement ascensionnel, capable de vaincre le poids du corps et de l'élever au-dessus de terre.

Le corps peut être élevé obliquement de bas en haut et d'arrière en avant, ou de bas en haut et d'avant en arrière, de manière à décrire une parabole. Nous ne pouvons nous étendre davantage sur ces mouvements locomoteurs, et nous renvoyons le lecteur aux ouvrages de physiologie.

Natation. « La Natation offre avec le Saut une certaine analogie. Il y a cette différence, toutefois, que l'eau ne fournit pas aux membres qui se détendent la même solidité d'appui que le sol ;

une partie de la force d'impulsion est perdue.

« Le poids spécifique de l'homme l'emportant un peu sur celui de l'eau, il ne se maintient à la surface que par l'agitation du liquide. Lorsque l'homme est sans mouvement, il tend à gagner le fond ; c'est ce qu'on peut facilement observer sur le cadavre (1). La différence entre le poids du corps et celui du volume d'eau déplacé est assez faible. Dans les profondes inspirations, l'air contenu dans la poitrine diminue assez le poids spécifique du corps pour qu'il devienne plus léger que l'eau. L'homme n'a donc besoin que de faibles mouvements pour se maintenir à la surface du liquide, et ces mouvements ne sont même rigoureusement nécessaires qu'au moment de l'expiration. C'est ce dont on peut se convaincre en se renversant sur le dos, en inclinant la tête en arrière, et en soulevant la poitrine vers le niveau de l'eau. Au moment de l'inspiration, on peut rester immobile, mais il faut agiter les mains par un léger mouvement latéral et de haut en bas, au moment de l'expiration, pour ne pas descendre.

« Lorsqu'on veut progresser dans l'eau, on peut se placer dans des situations diverses. Les positions qui conviennent le mieux à la Natation sont celles dans lesquelles le corps est allongé plus ou moins horizontalement dans les couches supérieures du liquide. Il peut, d'ailleurs, être étendu soit sur le ventre, soit sur le dos. La Natation sur le ventre est la plus commune. La Natation sur le dos est plutôt une attitude de repos ; elle n'est pas comparable à la première pour la rapidité. »

ATTITUDES. Ce sont la Station verticale, la Station sur un seul pied, les Stations sur la pointe des pieds, sur les genoux, assise, couchée, etc.

Station verticale. « Lorsqu'on envisage un homme qui se tient debout sur les deux pieds, le corps est à l'état d'*équilibre,* mais les puissances musculaires ne sont pas inactives ; elles agissent dans des sens divers, et se balancent réciproquement pour maintenir le corps dans la verticale. Le corps de l'homme et celui des animaux n'est, à proprement parler, à l'état de repos, que lorsqu'il est étendu sur le sol ou sur des corps plans, obéissant ainsi librement aux lois de la pesanteur.

« La condition essentielle pour que l'équilibre de la Station soit possible, c'est que la ligne qui passe par le centre de gravité du corps tombe sur la base de sustentation. La verticale, menée du centre de gravité du corps à la base de sustentation peut, d'ailleurs, rencontrer celle-ci sur des points divers de son étendue, en sorte que le tronc peut s'incliner à droite, à gauche, en arrière, en

---

(1) Les cadavres flottent souvent sur l'eau, mais c'est là un effet de la putréfaction, qui tient au développement *de gaz* dans l'intérieur des cavités splanchniques. Ces gaz, augmentant le *volume* du corps sans augmenter sensiblement son poids, diminuent par conséquent sa pesanteur *spécifique.*

avant, d'une certaine quantité, sans que l'équilibre de la Station soit détruit. Lorsqu'au lieu d'être rapprochés, les pieds sont écartés l'un de l'autre, la base de sustentation, étant élargie de tout l'écartement des pieds, permet au tronc des inclinaisons beaucoup plus étendues, dans le sens de l'écartement des pieds. Lorsque, par exemple, les pieds sont écartés latéralement, le tronc peut se balancer à droite et à gauche, transportant alternativement la charge sur chacune des limites de cette base, limites correspondantes à l'appui des pieds. Lorsque les pieds sont écartés en avant et en arrière, le tronc peut se déplacer dans le sens antéro-postérieur, etc.

« Lorsque l'homme ajoute à son propre poids des poids étrangers, lorsqu'il porte, par exemple, des fardeaux, il est obligé de prendre certaines attitudes caractéristiques, pour que le centre de gravité de son corps, calculé avec le poids additionnel, soit toujours dans la verticale qui passe par la base de sustentation. C'est ainsi que l'homme qui porte une charge de bois ou toute autre sur ses épaules incline le tronc en avant, de manière à faire équilibre, par le poids du tronc (1), au poids qui tend à transporter le centre de gravité en arrière, et à maintenir ce centre dans la verticale qui passe par les pieds.

« Lorsqu'au lieu d'être supportée en arrière, la charge se trouve appliquée en avant, dans un éventaire, par exemple, le corps prend une attitude opposée. Le tronc se renverse en arrière, de manière à faire équilibre au poids additionnel.

« L'homme qui porte un fardeau à la main se renverse de côté, pour la même raison. De plus, lorsque le poids qu'il porte est lourd, il tient généralement soulevé et étendu le bras du côté opposé. En agissant ainsi, il augmente la longueur du bras de levier situé du côté où il s'incline, et il n'a pas besoin d'incliner autant le tronc pour faire équilibre au poids soulevé (2). Dans les divers Mouvements de locomotion, les bras ne restent pas inactifs et ils agissent d'une manière analogue par leurs déplacements. »

Nous ne décrirons pas les autres Stations, dont on conçoit d'ailleurs facilement le mécanisme, d'après ce qui précède, afin de ne pas trop étendre cet article, qui d'ailleurs ne ressort pas directement de l'histoire naturelle proprement dite.

MOUVEMENTS PARTIELS. Mouvements qui changent la position réciproque des parties du corps

sans déranger celui-ci de la place qu'il occupe. Leur nombre est immense; aussi, ne pouvant les passer en revue, nous nous bornerons à mentionner ceux de la tête, du tronc et des membres, considérés dans leur ensemble.

Mouvements de la tête. Les Mouvements de totalité de la tête sont ceux qui dirigent cette partie en tous sens, qui la fléchissent en avant, en arrière, sur les côtés, et qui lui font exécuter une sorte de rotation. Tous se font au moyen du levier du premier genre, dont la puissance et la résistance varient suivant le sens des mouvements, mais dont le point d'appui, qui est à l'articulation de l'occipital avec la première vertèbre (occipito-axoïdienne), reste invariable. Les muscles qui les exécutent sont ceux de la partie postérieure et supérieure du tronc, lesquels se fixent aux os du crâne, et ceux de la partie antérieure du cou qui s'attachent soit à la base du crâne, soit à la mâchoire intérieure. D'autres muscles contribuent indirectement aux mouvements de la tête en agissant sur la colonne cervicale : tous reçoivent l'influence nerveuse des premières paires de nerfs rachidiens.

Mouvements du tronc. Ils se passent dans les articulations des vertèbres. Ils sont assez bornés, parce que ces os sont unis les uns aux autres par un fibro-cartilage qui prête peu, et que, d'un autre côté, leurs apophyses transverses et épineuses viennent bientôt, en s'appuyant les unes sur les autres, mettre un terme aux flexions de la colonne sur ses côtés et en arrière. Les flexions en avant sont les plus faciles; mais en arrière surtout, elles sont à peine possibles à cause des apophyses épineuses qui sont longues et comme imbriquées. Cependant en s'exerçant de bonne heure à toutes espèces de mouvements, comme font les bateleurs, on peut parvenir à assouplir les fibro-cartilages, à changer la direction naturelle des apophyses, et par conséquent à faire exécuter au tronc des mouvements étendus dans tous les sens.

La colonne vertébrale représente un levier du troisième genre quand elle se meut en totalité, mais elle offre autant de leviers du premier genre qu'il y a de vertèbres mises en action dans ses mouvements partiels. En effet, dans le premier cas la tige inflexible, représentée par le rachis, a son point d'appui sur le bassin, la résistance est représentée par le poids de la tête et des viscères de la poitrine et du bas-ventre qui tendent à entraîner la colonne vertébrale en avant, la puissance consiste dans l'action des muscles sacro-lombaires. Dans le second cas, chaque vertèbre constitue un levier du premier genre, car le point d'appui répond à la partie moyenne de la vertèbre, la puissance et la résistance sont alternativement à l'extrémité de l'apophyse épineuse et en avant du corps vertébral, selon les muscles qui agissent.

Tous les muscles qui font mouvoir le tronc reçoivent l'influence nerveuse des nerfs rachidiens.

---

(1) Le *poids* du tronc séparé des membres est d'environ 40 kilogrammes. Le centre de gravité du *tronc* (supposé détaché des membres inférieurs) correspond, dans la poitrine, à un point placé dans le plan qui couperait la poitrine au niveau de l'appendice xyphoïde. Il ne faut pas confondre le centre de gravité du *tronc* avec celui du *corps entier.*

(2) Le soulèvement du bras tend, en effet, à augmenter le bras de levier et à reporter ainsi le centre de gravité du tronc plus loin de la verticale.

« Nous ne parlerons pas ici des Mouvements de la poitrine ou des côtes, parce que leur histoire, qui offre un grand intérêt, sera mieux placée dans celle du mécanisme de la respiration. »

Mouvements des membres. Les mouvements des membres sont infiniment plus étendus, plus variés et plus prestes que tous ceux dont il a été question. Cela tient à trois conditions principales. D'abord les muscles chargés de leur exécution sont très nombreux ; ils existent en profusion à l'avant-bras et à la jambe surtout, outre qu'ils sont forts et terminés par des tendons grêles qui glissent très aisément dans des coulisses spéciales. En second lieu, les articulations, dont les surfaces articulaires sont contiguës et sans cesse humectées de synovie, sont très favorablement disposées. Enfin, le levier du troisième genre, précisément le plus favorable à l'étendue et à l'agilité des mouvements, est celui qu'on rencontre aux membres.

Les Mouvements des membres ont pour but essentiel de rapprocher et d'éloigner de l'individu les objets de ses rapports immédiats. Ils se rapportent à six modes : 1° l'*attraction*, par laquelle nous attirons à nous l'objet ; 2° la *répulsion*, mouvement inverse ; 3° l'*adduction*, par laquelle nous rapprochons de notre ligne médiane le corps pris au moyen de la main ou du pied ; 4° l'*abduction*, qui est le phénomène contraire ; 5° la *circumduction*, au moyen de laquelle le membre, exécutant un mouvement complexe d'élévation, d'abduction, d'abaissement et d'adduction, décrit un cône dont le sommet est à l'articulation supérieure, et la base à l'extrémité libre ; 6° enfin, la *rotation*, mouvement dans lequel un os roule précisément sur son axe.

Les Mouvements des membres inférieurs servent spécialement à la locomotion. Il n'en est pas de même de ceux des membres supérieurs, beaucoup plus nombreux et variés : ceux-ci, en effet, servent aux besoins du toucher, du goût, de l'odorat, de l'audition même, et de la vue dans certaines circonstances. Ils sont employés dans les arts manuels, dans les exercices gymnastiques, pour l'attaque et pour la défense, etc. ; enfin, ils concourent journellement, sous le nom de gestes, à l'expression des actes de l'intelligence.

MOUVEMENTS INVOLONTAIRES. « Les muscles qui mettent les parties en mouvement par le jeu des leviers osseux ; en d'autres termes, les muscles de la locomotion sont pour la plupart soumis à l'empire de la volonté : on les désigne généralement sous le nom de muscles du *mouvement volontaire*, ou, avec Bichat, sous le nom de muscles de la *vie animale*. Les muscles dont la contraction est soustraite à l'empire de la volonté (muscles de l'intestin, de la vessie, de l'utérus, etc.) ont été désignés sous le nom de muscles du *mouvement involontaire*, ou, avec Bichat, sous le nom de muscles de la *vie organique*. Les premiers de ces muscles sont surtout en rapport avec le jeu des fonctions de relation ; les seconds avec celui des fonctions de nutrition. Cette distinction des muscles en muscles volontaires et muscles involontaires a été souvent attaquée depuis Bichat. Il est aisé, en effet, de se convaincre qu'un certain nombre de muscles sont tour à tour volontaires ou involontaires. Les muscles du thorax et de l'abdomen agissent sans cesse dans les phénomènes mécaniques de la respiration, et pendant la veille et pendant le sommeil, sans que nous en ayons conscience. Or, nous pouvons aussi à tout instant mouvoir ces mêmes muscles dans des directions et avec une intensité subordonnée à notre caprice ou à nos besoins. Dans l'acte si compliqué de l'accouchement, ne voyons-nous pas un grand nombre de muscles tour à tour volontaires et involontaires ? Nous pourrions encore citer d'autres exemples. Mais, malgré ses imperfections, nous pensons que cette classification doit rester dans la science. Outre qu'elle repose sur une vue d'ensemble d'une haute portée, elle est simple et vraie d'une manière générale. D'ailleurs, toutes les classifications qu'on a cherché à substituer à celles-là sont loin d'être plus rigoureuses, et ont généralement le défaut d'être beaucoup moins claires.

« Indépendamment des Mouvements volontaires ou involontaires dont nous venons de parler, mouvements visibles et mesurables à l'œil nu, on peut encore observer chez les animaux, à l'aide du microscope, sur quelques points des surfaces muqueuses et dans les éléments de quelques tissus, un certain ordre de Mouvements qui paraissent complétement indépendants du système nerveux. Ces Mouvements, observables seulement au microscope, persistent dans les tissus séparés du corps de l'animal vivant, sont par là même en dehors des Mouvements volontaires, et se rattachent évidemment aux fonctions de nutrition. Tels sont le mouvement *vibratile* et le mouvement *brownien*. Ces mouvements ne peuvent être observés chez l'homme et dans les animaux supérieurs que dans un petit nombre de tissus. Dans quelques animaux inférieurs, ils sont beaucoup plus fréquents et plus répandus. »

C'est au mot *Innervation* que nous renvoyons pour l'influence qu'exerce le système nerveux sur les Mouvements involontaires, dont il est d'ailleurs parlé à propos des fonctions de nutrition.

MOUVEMENTS DANS LA SÉRIE ANIMALE. Les mouvements des animaux dépendent, comme ceux de l'homme, de l'action des puissances musculaires sur des segments mobiles diversement disposés, qui sont : des os, chez les Vertébrés ; des leviers cornés ou testacés formant squelette intérieur ou extérieur (Crustacés, Mollusques) ; le derme cutané lui-même (Annélides), etc. Les organes de locomotion, d'ailleurs accommodés au milieu dans lequel l'animal est appelé à vivre, s'appellent jambes, ailes, nageoires, etc.

Quadrupèdes. La *Station* des Quadrupèdes est plus solide que celle de l'homme. La base de sustentation, représentée par le parallélogramme tracé entre les quatre points par lesquels ils touchent le sol offre en effet une grande étendue. La Station quadrupède n'est, pas plus que la Station bipède, une attitude passive, et si l'animal peut la supporter plus longtemps que l'homme, elle détermine néanmoins la fatigue. Dans la station quadrupède, les muscles extenseurs des membres doivent en effet lutter, par leur contraction, contre le poids du corps, qui tend à fléchir les segments des membres dans leurs diverses articulations. Chez les quadrupèdes comme chez l'homme, la contraction musculaire se trouve soulagée, au moment de la sustentation, par certaines parties ligamenteuses sur lesquelles se répartit une portion de la charge. Tel est, entre autres, chez les solipèdes et chez les ruminants, l'appareil fibreux, très solide, désigné sous le nom de ligament suspenseur du boulet, ligament qui tend à prévenir la flexion de la région digitée sur le métacarpe dans les membres antérieurs, et sur le métatarse dans les membres postérieurs.

« Le cheval offre, dans son mode de station, quelque chose d'analogue à la *Station hanchée* de l'homme. Dans l'état le plus ordinaire, il ne repose *franchement* que sur trois pieds. L'un des membres postérieurs est légèrement fléchi et ne touche le sol que par la *pince*.

« Les Mouvements des quadrupèdes peuvent être, comme chez l'homme, distingués en mouvements sur place et en mouvements de locomotion. Parmi les premiers, on peut signaler l'attitude en vertu de laquelle les quadrupèdes se dressent momentanément sur leurs pieds de derrière. Ce mouvement, connu chez le cheval sous le nom de *cabrer*, se produit chez lui assez difficilement ; il est beaucoup plus facile chez le singe et chez l'ours, et par l'éducation on peut aussi accoutumer le chien à ce genre d'exercice. Cette attitude ne dure généralement que peu de temps. Chez le cheval, il est rare que le centre de gravité puisse se placer dans la verticale de la base de sustentation ; aussi a-t-il une tendance naturelle à retomber sur ses pieds de devant aussitôt que l'effort d'élévation est arrivé à ses dernières limites. Lorsque le redressement a été porté au point qu'il se trouve en *équilibre* sur les sabots de derrière, cet équilibre ne peut durer qu'un instant, parce que la masse du corps est si grande, par rapport à l'étroitesse de la base de sustentation, qu'il suffit d'un faible mouvement du tronc pour déplacer le centre de gravité.

« Dans les Mouvements de *progression* des Quadrupèdes, les jambes quittent alternativement le sol par des mouvements d'extension analogues à ceux de l'homme, et, comme chez lui, le membre qui a quitté terre se dirige en avant et oscille à la manière d'un pendule. Ajoutons que, dans la plupart des mouvements de progression, c'est principalement dans les membres postérieurs que se développe la puissance qui fait progresser le corps en avant.

« Les allures du Cheval ont été mieux étudiées que celles des autres quadrupèdes. Chacun sait que le cheval peut aller au pas, à l'amble, au trot ou au galop. L'allure la plus lente, le pas, et l'allure la plus rapide, le galop, sont communes à presque tous les animaux. Lorsque le cheval commence le *pas*, ses pieds se détachent du sol dans l'ordre suivant : le membre antérieur droit, je suppose, puis le postérieur gauche, l'antérieur gauche, le postérieur droit. Pendant tout le temps qu'il marche, il a toujours deux pieds en l'air et deux pieds sur le sol d'un même côté. Ce n'est qu'au moment où le cheval *entame* le pas que, partant d'abord d'un seul pied, il repose pendant un instant sur trois jambes. L'*amble*, ou le *pas relevé*, n'est qu'une sorte de pas précipité, caractérisé par le jeu alternatif des deux membres du même côté. A tous les moments de cette allure, le cheval a deux pieds levés et deux pieds à l'appui du même côté. Le *trot* est une allure dans laquelle deux membres, en diagonale, sont successivement et simultanément levés et appuyés. Le *galop* est l'allure la plus rapide du cheval ; c'est une succession de sauts dans lesquels le corps quitte tout à fait le sol pendant un temps variable. Le corps, qui retombe, fait entendre quatre ou trois battues, suivant que les pieds touchent le sol les uns après les autres, ou que deux d'entre eux le touchent simultanément. Dans les sauts du galop, comme dans tous les sauts auxquels peut se livrer le cheval, c'est par la détente des membres postérieurs qu'il se détache du sol. Dans l'allure du galop, le cheval peut atteindre à une grande vitesse : il n'est pas rare de rencontrer des bêtes de course qui font quatre kilomètres en cinq minutes.

« Les Quadrupèdes, de même que l'homme, sont capables de se mouvoir dans l'eau ou de nager. La natation est chez eux plus facile que chez l'homme. D'une part, ils conservent dans l'eau leur position naturelle ; d'autre part, ils se soutiennent et progressent dans l'eau de la même manière que dans la locomotion à la surface du sol. »

Oiseaux. Le *vol* n'est pas très différent de la natation. Il y a toutefois cette différence essentielle, c'est que le milieu dans lequel se meut l'animal est ici beaucoup moins dense. Le poids du fluide qu'il déplace est infiniment moindre que son propre poids, et il doit faire, pour se soutenir en l'air, des efforts très énergiques.

« Les Oiseaux se distinguent, entre tous les animaux à ailes, par la puissance de leur vol. La charpente osseuse et les muscles locomoteurs sont appropriés chez les oiseaux à ce mode de progression. Le sternum, sur lequel s'insèrent les muscles du vol, prend chez eux un développement considérable, et forme une sorte de bouclier qui recouvre le thorax et une partie de l'abdomen. On remarque en outre, à la partie moyenne du sternum, une crête longitudinale et saillante (le *bréchet*), qui multiplie les points d'insertion des muscles et en même temps donne une direction plus favorable à la puissance musculaire. L'épaule, chez les oiseaux, est également disposée de la manière la plus favorable à la puissance des ailes ; l'omoplate est en effet réuni et fixé au sternum, non-seulement par une clavicule, mais encore par l'apophyse coracoïde, prolongée, chez les oiseaux, sous forme d'un os plus fort et plus résistant que la clavicule elle-même. Les os des bras et de l'avant-bras diffèrent peu de ceux de l'homme, à l'exception que le radius et le cubitus sont immobiles l'un sur l'autre. Le carpe se compose de deux petits os suivis de deux métacarpiens terminés par deux ou trois doigts rudimentaires. Les plumes des ailes se fixent sur la main, sur l'avant-bras et sur le bras. Celles qui naissent du bras diffèrent peu des autres plumes de l'oiseau ; on les désigne sous le nom de *tectrices* ; celles de l'avant-bras et de la main, désignées sous le nom de *rémiges*, sont les véritables plumes du vol ; elles forment par leur superposition étagée un plan continu et résistant. C'est de la longueur des rémiges, bien plus que de la longueur des os du membre supérieur, que dépendent la grandeur des ailes et la puissance du vol.

« Lorsque l'oiseau veut *s'envoler*, il élève l'humérus, et, avec lui, l'aile ployée. Puis il déploie l'avant-bras sur le bras, et aussitôt que l'aile est étendue, il l'abaisse subitement. L'air brusquement refoulé résiste, et représente un point d'appui sur lequel l'oiseau s'élève. Avant qu'il ne soit parvenu au plus haut point de sa course, avant, par conséquent, que l'attraction terrestre ne le ramène à terre, il reploie contre lui ses ailes abaissées, puis il soulève de nouveau l'humérus, étend l'aile, frappe l'air, et ainsi de suite. L'aile de l'oiseau, qui frappe l'air pour s'élever dans l'atmosphère, n'agit pas suivant un plan horizontal, mais, bien au contraire, dans une direction oblique de haut en bas et d'avant en arrière. Il en résulte que, tout en s'élevant, il progresse en avant. Quand l'oiseau veut s'élever dans la verticale, il éprouve une certaine difficulté, parce que ses ailes sont tellement disposées, que leur jeu tend naturellement à la progression. Beaucoup d'entre eux ne peuvent s'élever ainsi qu'en *volant contre le vent*.

« Plus les ailes sont grandes, plus est grande aussi la masse d'air frappée à chaque coup d'aile, et moins les oiseaux ont besoin de répéter le mouvement. Les oiseaux à vol puissant agitent bien plus lentement leurs ailes que les autres ; ils peuvent même, lorsque leur envergure est considérable relativement à la masse de leur corps, se soutenir quelque temps en l'air, les ailes étendues, ou plutôt ne descendre que lentement, à la manière d'un parachute, suivant une succession de plans obliques. On dit alors que l'oiseau *plane*.

« Les Oiseaux nagent plus facilement que les mammifères ; leur pesanteur spécifique étant moindre que le volume d'eau qu'ils déplacent, ils se tiennent naturellement à la surface : ils n'ont à opérer que les mouvements de progression. Il y a beaucoup d'oiseaux aquatiques ; ces oiseaux ont généralement les pieds palmés et transformés ainsi en une véritable rame. Parmi ces oiseaux, il en est dont les ailes sont devenues tout à fait rudimentaires, et dont la natation est le mode principal de progression. D'autres sont à la fois bons nageurs et bons voiliers. Ces derniers sont ceux qui font les voyages les plus lointains. Ils peuvent traverser les mers. On estime que les oiseaux bons voiliers peuvent faire 80 kilomètres à l'heure.

« Les Oiseaux reposent sur le sol sur deux pieds. Ce sont des bipèdes à la manière de l'homme. Aussi les oiseaux ont-ils le bassin large, les os des hanches très développés, et leurs pattes sont naturellement écartées l'une de l'autre. Pour que l'oiseau se tienne en équilibre, il faut nécessairement que le centre de gravité tombe sur la base de sustentation. Nous avons dit plus haut que le centre de gravité de l'oiseau correspond au niveau des épaules ; or, les membres inférieurs de l'oiseau sont attachés en arrière et assez loin de l'épaule ; s'il ne tombe pas en avant, cela dépend de l'angle formé par la flexion de la cuisse sur la jambe et de la jambe sur le tarse, d'où il résulte que les doigts s'avancent *en avant* du point où tomberait la verticale qui passerait par les épaules de l'oiseau. La station, loin d'être une position fatigante pour l'oiseau, est au contraire pour lui une attitude de repos, et la plupart d'entre eux se perchent pour dormir ; en même temps ils s'affaissent sur leurs membres. La branche sur laquelle ils reposent est alors embrassée par les doigts. Les muscles fléchisseurs des phalanges, passant derrière l'articulation tibio-tarsienne, ont une tendance naturelle à amener les doigts dans la flexion, quand les segments du membre inférieur s'inclinent les uns sur les autres. Le poids du corps, qui tend à amener la flexion du membre inférieur, tend donc en même temps à fléchir les doigts, et l'oiseau serre sans aucun effort la branche sur laquelle il repose. »

Insectes. Ils forment une classe innombrable d'êtres ailés, sur les Mouvements desquels nous n'avons rien à dire de particulier.

Poissons. Ce qui les caractérise principalement, c'est que leurs membres sont transformés en nageoires. Nous n'avons pas à parler de celles-ci en ce moment. C'est principalement en frappant latéralement et alternativement l'eau, par les mouvements de la queue et du tronc, que le poisson progresse dans l'eau. Les nageoires verticales du dos et du ventre augmentent d'autant la surface du corps dans les mouvements de latéralité, et concourent ainsi à la progression. Les nageoires pectorales et ventrales ne servent guère qu'à maintenir l'équilibre de l'animal ; elles peuvent concourir aussi à modifier la direction.

Les Poissons présentent, pour la plupart, une poche remplie de gaz, ou *vessie natatoire*, qui leur est d'un grand secours dans la natation. Cette poche communique quelquefois avec le tube digestif; mais d'autres fois elle est close de toutes parts. La vessie natatoire peut être comprimée par les mouvements des côtes, et, suivant le volume qu'elle présente, elle donne au corps du poisson une pesanteur spécifique inférieure ou supérieure à celle de l'eau, et il peut ainsi sans mouvements monter à la surface de l'eau ou s'enfoncer dans sa profondeur. La vessie natatoire manque, en général, chez les poissons qui vivent dans la vase, et qui viennent rarement à la surface de l'eau.

Il est des Poissons sans nageoires. Ces poissons, comme d'ailleurs la multitude innombrable d'animaux inférieurs que renferme l'océan des mers, se meuvent dans le liquide par les mouvements propres du corps. Le mode de progression n'est pas très différent de celui des poissons. C'est par des mouvements rapides, obliques à gauche et à droite, que le corps s'avance, suivant la résultante de tous les efforts successifs.

Animaux rampants. Beaucoup d'animaux à sang froid, quoique pourvus de membres, se traînent sur le sol plutôt qu'ils ne marchent. Les Serpents, les Limaces, les Vers de terre, les Sangsues, d'autres animaux encore, sont dépourvus de membres et s'avancent réellement en *rampant*. La reptation peut donc être incomplète ou complète. Lorsque l'animal qui rampe est pourvu de membres (Crapauds, Pipas, Iguames, Crocodiles, etc.), la progression a lieu comme chez les animaux quadrupèdes, avec cette différence que l'abdomen et le thorax touchent le sol et glissent à sa surface pendant le mouvement. D'autres fois l'animal projette ses deux membres antérieurs en avant, les fixe et attire à eux la masse du corps pour recommencer ensuite. Ce mode de progression est le seul possible chez les reptiles qui n'ont qu'une paire de membres.

Le mouvement de progression des Serpents a une certaine analogie avec celui-là. En effet, le Serpent a toujours, au moment du mouvement, une partie du corps immobile, tandis que les autres portions de son corps s'avancent sur cette partie, qui lui sert d'appui. Lorsqu'il veut se mouvoir, il rapproche la queue de la tête par une succession de mouvements latéraux, puis la partie postérieure du corps s'applique à son tour au sol, et c'est le côté qui correspond à la tête qui se dirige en avant. Le mouvement que le Serpent exécute sur le plan horizontal, la Chenille l'exécute sur le plan vertical. Sa tête étant fixée, elle rapproche sa queue près de la partie antérieure du corps, en soulevant en cercle la partie moyenne du corps. Puis la queue se fixe, et toute la partie soulevée du corps se développe en avant, sur le point d'appui de la queue. Quand le développement est achevé, la queue se rapproche de la tête de nouveau fixée, et ainsi de suite. La plupart des Chenilles ont des pattes rudimentaires ou des soies qui aident leur progression, en favorisant l'adhérence successive des divers points de leur corps.

Le Ver de terre et la Limace progressent comme les Chenilles, avec cette différence que leur corps ne quitte pas, à proprement parler, le sol. Les points fixes et les points mobiles, très rapprochés les uns des autres, changent successivement de position de la queue à la tête et de la tête à la queue, et donnent à l'ensemble du mouvement le caractère *vermiculaire*. La Sangsue, qui progresse de la même manière, quand elle est sur le sol, offre, à chacune de ses extrémités, une ventouse qui facilite l'adhérence de sa tête et de sa queue. Parmi les Insectes dépourvus d'ailes, quelques-uns se distinguent par un nombre considérable de pattes, attachées aux anneaux du thorax et de l'abdomen. Les Scolopendres en ont cinquante ou soixante paires, quelques Iules jusqu'à soixante-quatorze paires. La progression de ces animaux est décomposée ainsi en une multitude de mouvements partiels, correspondants à chacun de leurs anneaux, et rappelle le mouvement vermiculaire des Annélides.

MUCOR (qui veut dire *moisissure*). Genre de Cryptogames, type de la famille des Mucédinées, formant ce qu'on appelle vulgairement *Moisissures*. Ce sont des végétaux d'une petitesse et d'une fragilité extrêmes qui croissent sur tous les corps susceptibles de fermenter ou de se putréfier. On les trouve disposés en touffes blanchâtres, jaunâtres ou roussâtres.

Le MUCOR VULGAIRE, ou *Moisi proprement dit*, est l'espèce la plus commune. Le Moisi n'est pas, comme on pourrait le croire, le produit de la décomposition des corps sur lesquels on le rencontre si habituellement dans les lieux bas et humides; il est au contraire le produit des séminules renfermées dans des conceptacles qui lui sont propres, et qui, par suite de la rupture de ces derniers, ont été transportés plus ou moins loin par l'air environnant. De tous les moyens proposés pour préserver du Moisi les corps qui en sont attaquables, le meilleur est de placer ces derniers dans des lieux abrités du contact de l'air chaud et humide.

MUE. Nom donné aux divers changements auxquels les animaux sont sujets à certaines époques de leur vie, mais qui n'altèrent en rien leurs formes primitives, ce qui est différent dans les *métamorphoses.* — V. ce mot. — Ces changements ont lieu principalement dans la peau ou ses appendices, tels que poils, plumes, etc. Les Mammifères, les Oiseaux, les Poissons et les Reptiles éprouvent des Mues de diverses sortes. Dans les deux premières classes, les Mues s'effectuent soit au passage d'un âge à un autre, comme, par exemple, de la jeunesse à la puberté; soit aux changements de saison.

Parmi les *Mammifères*, les Chevaux, les Chiens, les Chats, etc., voient tomber leur poil d'hiver au printemps; les jeunes lionceaux ont une livrée qu'ils perdent en grandissant; les Cerfs éprouvent chaque année une Mue dans leur bois; l'Homme lui-même n'est pas à l'abri d'une chute partielle passagère et périodique de ses cheveux. — Tous les *Oiseaux* muent régulièrement en automne, les uns plus tôt, les autres plus tard : il en est qui muent deux fois par an. Chez les mâles seuls les couleurs du plumage changent. Beaucoup de volatiles meurent au moment de la Mue, la plupart cessent de chanter. — Parmi les *Reptiles*, les Couleuvres changent fréquemment de peau ou d'épiderme. — Chez les *Crustacés*, l'Ecrevisse se dépouille de sa carapace pour en revêtir une autre. — Chez les *Insectes*, la Mue est le moment où leurs larves sont forcées de changer de peau par suite de l'accroissement de leur corps; le Ver à soie change de peau trois fois avant de filer son cocon.

La Mue s'accompagne presque toujours de quelque trouble dans les fonctions de l'animal, qui est plus triste, plus silencieux, languissant, qui même périt souvent à cette époque critique.

MUFLE. C'est cette portion de peau nue, rugueuse, ordinairement noire, qui termine le museau d'un grand nombre de Mammifères, et en particulier de beaucoup de Ruminants, de plusieurs Rongeurs et d'un grand nombre de Carnassiers. C'est dans cette peau criblée d'un nombre considérable de pores muqueux que sont percés les orifices externes de l'organe de l'olfaction chez ces animaux.

MUFLIER (*Antirrhinum*). Genre de Plantes, de la famille des Scrophulariacées, annuelles ou vivaces, ayant des feuilles opposées, ou les supérieures alternes; des fleurs pourpres ou jaunes, plus rarement blanches, axillaires, disposées en grappes : calice 5-partit; corolle à tube bossu en dehors à la base, à limbe en gueule; lèvre supérieure bifide à lobes réfléchis en dehors, lèvre inférieure 3-lobée, présentant un palais saillant bilobé qui forme la gorge; étamines 4, incluses; capsule polysperme, etc. — Les espèces de ce genre sont moins nombreuses depuis qu'on en a séparé les Linaires. Toutes se font remarquer par la singularité de leur corolle, dont la forme, offrant quelque ressemblance avec le mufle d'un quadrupède, leur en a fait donner le nom vulgaire ou scientifique.

Mu FLIER DES JARDINS (*A. majus*), vulg. *Gueule de loup* ou *de lion, Mufle de veau.* Plante vivace, à tiges robustes, dressées, pubescentes; feuilles lancéolées, un peu épaisses; fleurs en grappes terminales : calice à divisions pubescentes glanduleuses, très courtes; corolle très grande, rouge ou blanche, à palais jaune, dépassant très longuement le calice.

Le Muflier est assez fréquemment subspontané sur les vieux murs, où il fleurit en juin-septembre, mais il est surtout cultivé dans les jardins.

On en prolonge la floraison en recépant de près les tiges défleuries. Cette plante n'est d'aucun usage en médecine.

Le M. A FEUILLES LARGES (*A. latifolium*) est à peu près semblable au précédent, mais moins élevé; ses feuilles sont plus larges, ses fleurs jaunes.—Commune dans le midi de l'Europe.

Fig. 880. — Muflier.

Le M. RUBICOND (*A. orontium*) se distingue à ses feuilles linéaires, opposées dans le bas, alternes supérieurement; à son calice plus long que la corolle, qui est pourpre. —Espèce annuelle, de France; elle passe pour vénéneuse.

MUGE. — V. *Mugiloïdes.*

MUGILOIDES. Famille de Poissons abdominaux, à corps presque cylindrique à cause de l'épaisseur de leur dos; écailles grandes, se prolongeant sur le dessus de la tête; deux dorsales, la première n'offrant que quatre épines fortes; pointues; dents fines, souvent imperceptibles, lèvres charnues et crénelées en forme de chevron, caractères qui manquent aux Cyprinoïdes dont cette famille se rapproche.

Le genre MUGE (*Mugil*) est le type des Mugiloïdes. Les espèces connues sous le nom de *Mulets,* ont le corps presque cylindrique, recouvert par de très grandes écailles, qui s'avancent sur le dessus de la tête, etc.

Ces poissons habitent la mer, remontent rarement aux embouchures des fleuves, et se nourrissent d'animaux mous. Ils ont des habitudes pacifiques; et, malgré leur grandeur quelquefois assez considérable, ils deviennent la proie des poissons voraces. Ils sont aussi en butte aux poursuites de l'homme, qui les recherche pour s'en nourrir.

L'espèce la plus commune est le *Muge à large tête,* vulg. *Cabot,* exclusif à la Méditerranée. Il atteint 50 à 65 centim. Il remonte en troupe à l'embouchure des fleuves, où on le pêche en abondance. — On compte une cinquantaine d'autres espèces.

MUGUET (*Convallaria*). Genre de la famille des Asparagacées, borné à une seule plante.

Muguet de mai (*C. maialis*). Tige de 16 à 20 cent. de haut, grêle et nue, embrassée à sa base par 2 ou 3 feuilles elliptiques, aiguës, et portant au sommet 4 à 6 fleurs pédicellées et penchées, blanches, formant un épi unilatéral : périanthe en clochette, à 6 dents rejetées en dehors ; 6 étamines, insérées à la base de ce périanthe; ovaire triloculaire; baies rouges.

Fig. 881. — Muguet.

Qui ne connaît le Muguet, cette petite plante, émule de la Violette, qui fleurit en avril-mai, dans les bois, les taillis, où elle est très commune ? Ses jolies fleurs répandent un parfum délicieux, qui la fait aimer et rechercher par les jeunes filles. Ces fleurs contiennent une huile essentielle qui agit comme principe irritant ; et, réduites en poudre, elles provoquent l'éternuement. Un temps fut où leur infusion était très employée comme antispasmodique.

Le *Sceau de Salomon* ne fait plus partie du genre *Convallaria*.

MULET, MULE. On désigne ordinairement par ce nom tous les métis regardés comme inféconds, et qui résultent de l'accouplement de deux animaux d'espèces différentes. Le **Mulet** proprement dit est le résultat de l'accouplement de l'Ane et de la Jument. Il tient de l'un et de l'autre ; sa tête est plus grosse et plus courte que celle du Cheval, ses oreilles presque aussi longues que celles de l'Ane. Il a, comme ce dernier, les jambes sèches et la queue presque nue; il tient plus de la Jument par le volume du corps, par l'avant-main, par l'encolure, par la croupe, les hanches, etc. Le **Bardeau**, produit du Cheval et de l'Anesse, tient au contraire plus de l'Ane ; il est plus petit que le Mulet proprement dit ; son encolure est plus mince, son dos plus tranchant, sa croupe plus pointue, plus avalée. On regarde généralement les Mulets comme inféconds, bien qu'ils possèdent tous les organes procréateurs ; cependant on a des exemples de leur fécondité, surtout dans les climats chauds. Les Mulets supportent mieux la fatigue que le Cheval ; ils sont moins délicats sur la qualité des aliments, moins maladifs, ont le pied plus sûr et portent mieux les fardeaux ; aussi les emploie-t-on de préférence dans les pays des montagnes et dans ceux où les fourrages sont peu abondants. L'Espagne en fait un grand usage et en a fait un grand commerce; en France, le Poitou en élève beaucoup. On donne encore le nom de **Mulet** aux individus neutres de certaines espèces d'insectes, dont les organes générateurs ont avorté. Tels sont les Abeilles ouvrières, les Fourmis soldats, les Termes.

MULET. Nom vulgaire du Poisson appelé *Muge*, et du *Mulle*. — V. ces mots.

MULETTE (*Unio*). Genre de Coquilles bivalves, de la famille des Mytilacés, ressemblant aux Moules, avec lesquelles on les confond souvent; mais l'animal a le pied gros et non canaliculé, de plus, il manque de byssus; la coquille est de forme assez variable, mais toujours équivalve, assez bombée, à valves plus épaisses que celles des Anodontes.

Les Mulettes sont communes dans nos eaux douces; mais c'est surtout dans l'Amérique du Nord qu'elles abondent : plusieurs y sont remarquables par leurs couleurs irisées et leur grande taille. Ces animaux font leurs petits vivants et par un mécanisme particulier. C'est dans les branchies de leurs parents que les jeunes prennent leurs premiers développements; ils ont alors de très petites dimensions et sont presque méconnaissables.

Mulette des peintres (U. *pictorum*). Allongée, nacrée à l'intérieur, recouverte en dehors d'un épiderme luisant, verdâtre ou brun; elle atteint jusqu'à 10 à 12 cent. de longueur. — Très commune dans toute la France, en Allemagne, dans les Pays-Bas, elle préfère les eaux courantes des petites rivières comme des grands fleuves. Les peintres se servent de ses valves comme de celles des Moules ordinaires, pour délayer leurs couleurs.

Mulette margarifère (U. *margariferus*). Cette espèce, qui est beaucoup plus grande que la précédente, se trouve surtout dans le Rhin, dans les lacs et les étangs boueux de l'Europe. — Elle fournit des perles.

MULLE (*Mullus*). Genre de Poissons osseux, de la famille des Percoïdes, qui ont le corps oblong, couvert de larges écailles dures et rudes; tête comprimée, yeux placés sur les côtés et rapprochés l'un de l'autre ; 2 nageoires dorsales séparées l'une de l'autre ; 2 barbillons attachés sous la symphyse de la mâchoire inférieure, se retirant entre les branches de cette mâchoire dans l'état de repos.

Les Mulles, qu'on nomme vulgairement *Surmulets*, ont une grande analogie avec les Percoïdes ; mais ils s'en distinguent surtout par leurs barbillons pendants sous la mâchoire supérieure. Ces appendices leur servent à tromper leur proie ; en effet, cachés dans la vase ou dans le sable, ils laissent flotter au gré des eaux ces organes qui deviennent un appât pour les petits poissons.

MULLE ROUGET OU ROUGET BARBET (*M. barbatus*). Tête tronquée, large, à profil tombant verticalement, d'où une physionomie singulière représentant à peu près un cercle. Parure riche ; nonseulement ses nageoires resplendissent des divers reflets de l'or, mais encore le rouge dont il est peint, paraissant au travers des écailles très transparentes, il reçoit en passant, de ces plaques diaphanes polies et luisantes, toute la vivacité que l'art peut donner aux nuances qu'il emploie par le moyen d'un vernis préparé.

Le Rouget des anciens, ou *vrai Rouget*, appartient à la Méditerranée. Il doit sa célébrité à ses brillantes couleurs, à la beauté de ses formes et à l'excellence de sa chair. Les Romains opulents et blasés par les plaisirs, raconte Pline, se faisaient une jouissance de faire expirer ce poisson entre leurs mains, afin de suivre de leurs yeux avides de spectacles nouveaux la variété de nuances pourpres qui se succédaient pendant son agonie. La valeur du Rouget augmentait dans des proportions fabuleuses, suivant sa taille. « Sénèque raconte l'histoire d'un Mulle présenté à l'empereur Tibère, qui pesait quatre livres et demie, et que ce prince ridiculement économe envoya au marché. Apicius et Octavius se le disputèrent, et le dernier l'emporta au prix de cinq mille sesterces, qui dans ce temps-là faisaient neuf cent soixante-quatorze francs. Juvénal en cite un qui fut vendu six mille sesterces (4,168 francs) et pesait près

de six livres. Asinius Céler, au rapport de Pline, en acheta un huit mille sesterces (4,558 francs) du temps de Caligula. Cependant les plus chers de tous furent ceux dont parle Cétone, qui, au nombre de trois, furent payés trente mille sesterces (5,844 francs); ce qui engagea Tibère à rendre des lois somptuaires et à faire taxer les viviers apportés au marché. C'était apparemment la circonstance d'en avoir trois à la fois d'une grande taille, qui en avait si fort augmenté la valeur. Ces grands Mulles venaient de la mer ; Pline ajoute qu'ils ne grandissent pas dans les viviers et dans les piscines. Martial cite de ces poissons qui y vivaient depuis longtemps et qui étaient en quelque sorte apprivoisés ; leur éducation y exigeait des soins et des dépenses extraordinaires ; car ils supportaient difficilement l'esclavage, et c'était à peine, dit Columelle, s'il en restait quelques-uns sur plusieurs milliers. »

De nos jours les Mulles Rougets ne sont plus l'objet de soins ni de tortures extraordinaires ; mais ils sont considérés comme de beaux et bons poissons de mer, dont la chair, blanche et ferme, est agréable au goût et digestible.

MULLE SURMULET (*M. surmuletus*). Des raies dorées et longitudinales distinguent ce poisson du Rouget, avec lequel on le confond habituellement ; l'ouverture de la bouche est plus petite, les barbillons sont un peu plus longs ; il y a des écailles très grandes sur le front, les joues, la nuque. — Le Surmulet est plus commun dans l'Océan que dans la Méditerranée. Sa taille est de 35 à 45 centimètres. Il est vorace et se jette souvent sur les cadavres d'animaux. Ces poissons vont par troupes, et font leurs premières pontes vers les embouchures des rivières. On les pêche avec des filets, des louves, des nasses et surtout à l'hameçon. Il n'était guère moins recherché que le Rouget par les Romains, parce que sa chair est aussi blanche, feuilletée, agréable au goût.

MULOT. Rongeur du genre *Rat.* — V. ce mot.

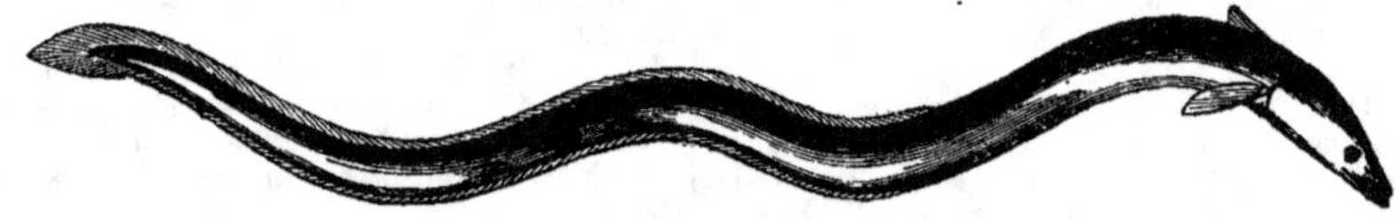

Fig. 882. — Murène-Anguille.

MURÈNE (*Muræna*). Genre de Poissons malacoptérygiens, de la famille des Anguilliformes, dont les caractères consistent à avoir des nageoires (pectorale, dorsale, caudale et anale) ; narines tubulées ; yeux voilés par une membrane ; corps serpentiforme et visqueux. — Les espèces qui restent dans ce genre démembré depuis Linné sont :

La MURÈNE-ANGUILLE. — V. *Anguille*.

La M. TACHETÉE (*M. ophis*), de la mer du Sud, qui devient fort grande et est de mauvais goût.

La M. CONGRE, qui parvient à plus de 3 mètres de long, dans les mers d'Europe et d'Amérique.

L'espèce qui portait particulièrement le nom de *Murène*, chez les anciens, et qui le porte encore dans une partie de l'Europe, le *Murœna helena* de Linné, fait partie maintenant du genre Gymnothorax de Bloch.

Les Romains élevaient ce poisson à grands frais dans des viviers creusés près de la mer, et le cruel Védius Pollion en nourrissait de la chair des esclaves qui lui avaient désobéi : *ad murœnas*, disait-il. Ce langage laconique était l'arrêt de mort d'un malheureux qui n'avait d'autre tort souvent que celui de déplaire à son barbare maître.

MURIER (*Morus*). Genre de Plantes, de la famille des Urticacées, qui se rapprochent beaucoup des Orties (*Urtica*) par les parties de la fructification, des Jacquiers (*Artocarpus*) par les fruits, des Figuiers (*Ficus*) par le port et par la forme des feuilles. Ce sont des arbres à suc propre, laiteux et plus ou moins âcre, portant des feuilles simples, alternes découpées en lobes inégaux ; des fleurs monoïques, unisexuées, en chatons ovoïdes : les mâles ont 4 étamines à filaments grêles ; les femelles, un ovaire cordiforme, libre, surmonté de 2 styles allongés ; calice à 4 folioles ovales et concaves ; baie charnue, succulente, comestible (*mûres*), formée par les écailles du calice qui est persistant, etc.

Les Mûriers ont une importance extrême, non comme arbres fruitiers, mais parce qu'ils servent de nourriture, on peut dire exclusive, à la chenille connue sous le nom de *Ver à soie*. — V. ce mot. — Les espèces sont assez nombreuses ; nous allons passer en revue les principales, d'après le *Dictionnaire d'histoire naturelle*.

Le **MURIER BLANC**, comme toutes les variétés obtenues par les semis ou les greffes, est réellement le seul qui jusqu'à présent ait été cultivé très en grand sur tous les points du midi de la France ; c'est donc à lui qu'appartient, au moins en très grande partie, l'immense avantage qui résulte des vers à soie.

Cet arbre, originaire de la Chine, s'élève à vingt-cinq ou trente pieds dans les climats tempérés et jusqu'à cinquante dans le midi de l'Europe. Sa tige, dont la grosseur est proportionnée à sa hauteur, se divise en branches éparses et nombreuses, qui forment cependant une tête arrondie. Ses feuilles sont pétiolées ou portées sur une queue, ovales, un peu échancrées en cœur, aiguës à leur extrémité, dentées sur leurs bords, entières et souvent découpées sur le même arbre ; elles sont d'un vert luisant, glabre, c'est-à-dire non velues en dessus, mais tomenteuses en dessous. Ses fleurs sont mâles ou femelles, et ces dernières changent à peine de forme en se changeant en fruits ; ceux-ci sont rouges ou blanchâtres.

Les variétés du Mûrier blanc sont nombreuses, mais généralement assez difficiles à distinguer d'une manière certaine, car elles sont fondées pour la plupart du temps sur la forme et la découpure de leurs feuilles, et rien n'est aussi variable, puisque l'on trouve sur le même arbre des feuilles entières et des feuilles découpées plus ou moins grandes,

plus ou moins pointues. De toutes ces variétés les seules qui, de l'aveu des bons cultivateurs et des habitants des Cévennes et du Vivarais, doivent être distinguées, sont :

1° Le *Mûrier blanc colombassette*. C'est, dit-on, la variété la plus anciennement connue. Sa feuille, petite, mince et légère, est très soyeuse, c'est-à-dire que les vers que l'on nourrit avec elle font beaucoup de soie. Les mûres sont jaunâtres et fort grosses.

2° La *Colombassette rose* a les feuilles un peu plus grandes et d'un vert plus foncé que la variété précédente ; elle est estimée pour la nourriture des vers ; ses fruits sont rougeâtres.

3° La *Colombassette verte*. Ses feuilles ne sont pas aussi fines que celles des variétés précédentes ; mais elles sont plus grandes et plus allongées surtout ; ses fruits sont petits et bleuâtres.

4° La *Rabalayre* ou *Traîneuse*. Cette variété est assez facile à distinguer de toutes les autres, parce que ses feuilles sont plus éloignées, et moins nombreuses par conséquent, et que l'arbre croît plus vite. Il porte peu de fruits, et ceux-ci sont petits et bleuâtres.

5° La *Poumaou* ou la *Pomme*. Sa feuille est grande, fine et ronde ; l'arbre produit des jets courts, mais très feuillés. On en distingue une sous-variété dont la feuille est plus arrondie, et que l'on nomme la *meyne*.

6° L'*Amella* ou l'*Amande* a la feuille ovale, épaisse, pesante, mais difficile à cueillir ; elle balance ce défaut par plusieurs avantages, car l'arbre résiste mieux aux hivers rigoureux, et ses feuilles sont à l'abri de la maladie de la *tache* ou de la *rouille*, qui porte de grands préjudices aux nourrisseurs. Ce Mûrier produit très peu de fruit.

7° La *Fourcade* ou la *Fourche* est une variété dont la feuille est presque ronde, et qui produit beaucoup, parce que ses bourgeons sont très rapprochés.

8° La *Dure* doit son nom à la difficulté qu'on éprouve à détacher les feuilles de leurs rameaux ; elles sont au reste à peu près de la même forme que celles de la Fourcade.

9° L'*Admirable* doit son nom à la beauté et à la grandeur de ses feuilles, dont quelques-unes ont jusqu'à dix pouces de long ; mais, en raison de leur épaisseur, on ne les donne aux vers qu'après leur quatrième mue, époque où leur force et leur grand appétit leur permettent de les manger sans perte. L'arbre tend à se rabougrir et porte fort peu de fruits.

De toutes ces variétés du Mûrier blanc, cultivé aux environs d'Alais, dans les Cévennes, à Aubenas, et dans le Vivarais, on assure que la Colombasse et la Colombassette sont celles dont la feuille est la plus favorable à la santé des vers, en même temps qu'elle leur fait produire beaucoup de soie de bonne qualité ; mais quand on veut avoir une très grande quantité de feuilles, ce à quoi les nourrisseurs tiennent souvent davantage encore, on donne la préférence à la Pomme, à la Meyne, à la Fourcade, à l'Amella et à l'Admirable, surtout quand on se contente de vendre sa feuille au quintal et qu'on ne la fait pas manger , ainsi que cela se pratique toutes les fois que l'on se trouve trop en feuille vers la fin du nourrissage, ou bien quand on ne veut pas se donner la peine d'élever des vers et de courir toutes les chances de cette éducation. Le prix ordinaire de la feuille est de trois à cinq francs les cent livres ; mais dans les cas pressants il monte beaucoup plus haut. On est dans l'usage de fixer le prix de la feuille avant la pousse , et d'estimer le nombre de quintaux que chaque arbre peut produire. Quand les vers sont à leur deuxième mue, ce qui a été cueilli et mangé avant cette époque est estimé par les experts et payé par l'acheteur sur le pied de ce que ces feuilles auraient pesé si on les eût laissées se développer. C'est ainsi que l'on traite à Anduze, département du Gard ; à Aubenas, département de l'Ardèche, etc.

Il ne faut pas qu'un Mûrier soit très gros pour porter quatre à cinq quintaux de feuilles ; on en a qui en produisent dix à douze, et l'on assure qu'il y en avait anciennement de très gros et très vieux qui rapportaient jusqu'à vingt quintaux.

En 1822, un voyageur naturaliste français, Pérotte, découvrit à Manille , dan. le jardin d'un Chinois, une nouvelle espèce de Mûrier, dont le feuillage le frappa par sa largeur excessive. Il l'acheta, en rabattit tous les rameaux, et en fit à bord un assez grand nombre de boutures, dont il laissa une bonne partie dans nos colonies et dont il rapporta le reste en France. Telle est l'origine du Mûrier *multicaulis*, auquel il eût été plus juste de donner le nom de *Pérotte*; mais enfin l'essentiel , c'est que cette belle espèce, qui a le grand avartage de se multiplier par bouture presque aussi facilement que le saule et l'osier, est aujourd'hui répandue dans toutes les parties de l'Europe et de l'Amérique.

Le Mûrier *multicaulis* présente souvent des feuilles en forme de cœur qui ont un pied de long; elles sont d'un très beau vert , fines, légères, et leur surface est largement gaufrée, surtout avant qu'elles ne soient complétement développées; leurs bords sont dentelés et leur pointe est assez aiguë; leur pédoncule, par sa longueur et sa souplesse, permet aux feuilles de s'agiter dans l'air ; mais , comme elles donnent beaucoup de prise au vent , on ne peut élever l'arbre à haute tige ; il faut rabattre ses jets droits presqu'au niveau de la terre dans les premiers jours du printemps, et les convertir en boutures de neuf pouces de long , que l'on enfonce jusqu'au dernier œil dans un terrain frais et profond; de cette manière on peut , avec une première mise de fonds de cent pieds de ce Mûrier multicaulis enracinés, se trouver en état, au bout de trois ans, d'élever une quantité considérable de vers à soie. Sa feuille est, dit-on, très bonne et très soyeuse.

Le *Mûrier noir*, ou *Mûrier à fruit*, nous est arrivé de l'Asie-Mineure : c'est un arbre assez fort,

assez robuste , mais qui est rarement droit ; il ne dépasse guère vingt-cinq à trente pieds, et, quoique les vers à soie mangent fort bien sa feuille , on ne le cultive que pour son fruit, et quand on en a un pied on s'en contente. La mûre qu'il produit est, comme toutes les autres, un assemblage de petits fruits qui ont grossi ensemble, qui se sont tassés, et ont fini par ne former qu'une masse juteuse d'un assez bon goût. On en prépare un sirop rafraîchissant et on en fait entrer le jus dans le ratafia domestique nommé liqueur des fruits rouges.

Quoique le Mûrier résiste aux froids de la Prusse et de la Russie , il paraît cependant bien prouvé que le climat influe sur la bonté de sa feuille, et il est probable que les soies qui proviendront un jour de toutes les plantations faites dans le nord de l'Europe et même dans le nord de la France, se classeront suivant leurs qualités, et que l'on sera dans le cas de les assortir aux usages auxquels on les croira le plus propres.

Dès que le Mûrier est dépouillé de ses premières feuilles, on s'empresse de le tailler, afin qu'il ait encore le temps de pousser des rameaux qui puissent se changer en bois parfait avant les premières gelées , et c'est là une des principales difficultés qui s'opposeront peut-être à ce que l'on puisse cultiver le Mûrier dans les contrées où les froids sont très précoces, car ce sont ces jeunes pousses, qui sont ordinairement longues et droites , qui doivent porter la feuille destinée à la nourriture des vers de l'année suivante. Ces baguettes droites et unies permettent aux ramasseurs de feuilles de les dépouiller d'un seul coup , en faisant glisser la main légèrement serrée d'un bout à l'autre. Vers la fin de l'éducation, il faut une telle quantité de feuilles pour rassasier toute une chambrée, que l'on est souvent forcé de les ramasser la nuit et de payer les ouvriers jusqu'à trois francs par jour. Quelques personnes arrachent la seconde feuille pour la donner aux moutons; mais on pense avec raison que c'est une mauvaise méthode et que les arbres s'en trouvent mal.

Les Mûriers blancs se multiplient par graines, et pour cela on est dans l'usage d'écraser les mûres sur de vieilles cordes, de les frotter fortement avec une poignée de ces fruits mûrs, et d'enterrer la corde ainsi chargée de graine dans une terre légère et meuble. Quant au plant nommé *Pourettes*, on le met en pépinière , en haie, en taillis, suivant que l'on veut les conserver en buisson ou les faire filer à haute tige. Indépendamment du produit essentiel du Mûrier , qui est la feuille , il est encore très précieux comme bois de menuiserie , car il se travaille fort bien, et change à la longue sa couleur jaune contre la teinte rembrunie du noyer. On en fait dans le Midi des tonneaux qui ne donnent aucun goût au tin, et il serait possible de l'employer aussi comme bois de teinture : la couleur jaune qu'il procure n'est pas sans mérite ; des essais en ont été faits à Lyo.

Les Chinois préparent du papier avec les jeunes pousses du Mûrier, qu'ils font macérer, et d'où ils séparent une filasse qui est susceptible de se filer : on s'est assuré de la possibilité d'employer le Mûrier à l'un et l'autre usage par des essais qui n'ont laissé aucun doute à cet égard. On voit donc qu'indépendamment de son utilité indispensable pour la nourriture des vers à soie, c'est encore une très bonne acquisition que le Mûrier, puisque sa feuille est excellente pour les moutons, que son bois est parfait pour la menuiserie, le tour et la tonnellerie, et qu'il peut encore servir comme bois de teinture.

MUSACÉES (de *musa*, bananier). Famille de Plantes monocotylédones exotiques, dont le genre type est le *Bananier*. — V. ce mot.

MUSARAIGNE (*Sorex*). Ce nom (qui vient de *mus*, rat; *aranea*, araignée) désigne un genre de petits Carnassiers de l'ordre des Insectivores, dont voici les caractères : corps assez allongé, semblable à celui des Rats pour la forme; tête fort allongée, à museau disposé en une sorte de boutoir; pattes non disposées pour fouir; queue plus ou moins longue et assez souvent quadrilatère; yeux assez petits, etc.

Fig. 883. — Musaraigne.

Ce sont les plus petits mammifères connus; la plus grande espèce égale à peine la taille du Surmulot. Ces animaux ressemblent aux Rats sous quelques rapports; mais leur museau se termine en une espèce de trompe; leur queue n'est point comprimée comme celle des Desmans, qui n'ont point d'ailleurs comme eux de palmatures aux pieds de derrière, ni de glandes odoriférantes sur les flancs. Les Musaraignes ont le pelage doux et épais, d'une longueur à peu près égale sur toutes les parties du corps, plus court pourtant sur le museau, la queue et les pattes, et dont la couleur est d'un gris plus ou moins brunâtre, à teinte susceptible de changer suivant certaines circonstances. Ces animaux, que dans notre pays on nomme vulgairement *Musettes*, se rencontrent dans presque toutes les parties du monde; ils sont presque aveugles, et vivent principalement dans les prairies et dans le voisinage des habitations, restant cachés dans quelque trou qu'ils ne creusent pas eux-mêmes, ou sous les pierres, pendant une grande partie du jour. Plusieurs affectionnent le bord des eaux, et y cherchent les vers et les autres animaux articulés qui y vivent. Les Musaraignes répandent par leurs glandes que nous avons signalées, une odeur telle que les Carnassiers qui les attaquent ne les mangent pas. C'est à tort que l'on a dit, depuis la plus haute antiquité, et que Buffon a répété que leur morsure est venimeuse ; il n'en est absolument rien.

Quelques Musaraignes, conservées à l'état de momies, ont été trouvées dans les tombeaux des anciens Égyptiens, et la raison qui semble avoir déterminé ce peuple à les placer au nombre des animaux sacrés, c'est que, suivant Antoine Liberalis, Latone avait pris la forme d'une Musaraigne pour échapper aux poursuites de Typhon, ou bien, d'après Plutarque, parce que cet animal ne nuit pas à l'homme.

Quelques espèces ont également été signalées à l'état fossile. — Ce genre est nombreux en espèces qu'on a partagées en quatre sous-genres : 1° les *Sorex*, qui ont toujours les oreilles découvertes; 2° les *Amphisorex*, qui ont les oreilles repliées et presque cachées dans les poils; 3° les *Hydrosorex*, à oreilles cachées, et aux tarses garnis extérieurement d'une rangée de poils raides; 4° enfin les *Brachisorex*, dont les oreilles sont aussi cachées, et la queue est très courte. Les *Solénodons* ont été détachés des Musaraignes, mais nous en indiquerons les caractères après la revue des principales espèces suivantes :

Musaraigne commune (*S. araneus*), vulg. *Musette*. Cette espèce, dont la longueur est de 62 millimètres, non compris la queue qui en a 25, se trouve assez communément dans les diverses parties de la France, de l'Allemagne, de l'Italie et de presque toute l'Europe. Elle se cache dans les troncs d'arbres, les creux des rochers, sous les feuilles, etc.; et l'hiver, elle se rapproche des habitations, et vient se cacher dans les écuries, les granges, les cours à fumier, etc.

Musaraigne géante (*S. giganteus*). Tête et corps longs de 14 centim.; queue, 5 centim. Elle est assez commune dans les Indes orientales; est très incommode par l'odeur musquée qu'elle répand, et qui, dit-on, fait fuir les serpents.

Musaraigne carrelet (*S. tetragonurus*), du 2ᵉ sous-genre. Taille de la M. commune. Elle se trouve dans presque toute l'Europe, dans les jardins et dans les granges.

Musaraigne aquatique (*S. carinatus*). Elle appartient au 3ᵉ sous-genre. Longueur totale, 10 centim., sur lesquels la queue en mesure 5. Cette espèce vit dans les ruisseaux tranquilles, et attaque des animaux parfois plus forts qu'elle. Son pelage présente de nombreuses variations de couleur. Commune aux environs de Paris.

Le Solénodon (*S. paradoxus*) est une grande espèce dont Brandt a fait un genre distinct. Cet

animal habite l'Amérique tropicale et plus spéciale-
lement Haïti et Cuba.

MUSC ou **Porte-musc** (*Moschus moschiferus*).
· Nous nous sommes déjà occupés de cette espèce
de Ruminant, du genre *Chevrotain* (V. ce mot);
nous n'y reviendrons pas.

La substance que fournit cet animal, le *Musc*,
ne lui est point exclusive : le Pécari, l'Ondatra,
le Desman et quelques autres quadrupèdes étrangers ont aussi des productions musquées. Parmi
nos animaux indigènes, le Blaireau, la Fouine, le
Rat musqué, ont une odeur de musc très prononcée. La Civette, l'Ambre gris, le Castoréum,
ont beaucoup d'analogie avec le musc. Plusieurs
végétaux contiennent aussi le principe musqué
d'une manière très évidente. On a même prétendu
qu'un principe analogue existait dans les minéraux.

MUSCADIER (*Myristica*). Genre d'Arbres, de
la famille des Myristicacées, ayant pour caractères botaniques : fleurs dioïques; calice à 3 divisions profondes; fleurs mâles contenant de 3 à
12 étamines soudées, dont les anthères s'ouvrent
longitudinalement; fleurs femelles à ovaire libre,
uniovulé; baie ou drupe monosperme; la graine
est recouverte d'un arillode découpé en plusieurs
lanières étroites.

Muscadier aromatique (*M. moschata*). Arbre
de 10 mètres de haut, très touffu, ressemblant à
un oranger; feuilles alternes, ovales lancéolées,
entières, à nervures latérales régulières, coriaces;
fleurs dioïques, en faisceaux axillaires solitaires,
composés chacun de 4 à 6 fleurs pédicellées : calice campanulé à 3 divisions ovales aiguës; 12 étamines réunies en une colonne creuse par les filets
et les anthères; ovaire libre, 2 styles courts, etc.

Le Muscadier croît aux Moluques; il a été
transporté à l'île de France; on le cultive aussi
à Cayenne et dans les Antilles. Le fruit de cet arbre, appelé *muscade*, est une sorte de drupe pyriforme ou de baie capsulaire, à peu près de la
grosseur du poing, s'ouvrant en deux valves
épaisses et charnues; il renferme une graine
grosse, ovoïde, solide, revêtue dans presque
toute son étendue d'un arillode découpé en lanières étroites et inégales, de couleur de chair,
et connu sous le nom de *macis*. Au-dessous de
cet arillode est une sorte de coque fragile qui recouvre immédiatement l'amande ou la *muscade*
proprement dite.

Cette amande est ovoïde, de la grosseur d'une
petite noix, assez dure cependant, un peu onctueuse. On la débarrasse de son macis, après
avoir exposé celui-ci au soleil pendant deux ou
trois jours, afin de la faire sécher; puis mise à
nu, elle constitue la *noix muscade* du commerce,
qui est bien plus employée comme aromate que
comme aliment. C'est un excitant extrêmement
énergique, dont l'abus pourrait même occasionner des accidents graves. Quant au *macis*, à cette

membrane charnue et frangée (arillode) qui recouvre la graine, il a une saveur aromatique,
piquante, fort agréable; on en retire, ainsi que
de l'amande, deux sortes d'huiles, l'une fixe et
grasse, l'autre volatile.

Le macis et la muscade sont deux médicaments
éminemment stimulants, qui entrent dans un grand
nombre de préparations pharmaceutiques.

Le **Muscadier a suif** (*M. sebifera*), qui croît
dans la Guyane, fournit une huile grasse et concrète avec laquelle on prépare en Amérique des
bougies.

MUSCARI (*Muscari*). Genre de la famille des
Liliacées, très voisin des Jacinthes, renfermant de
petites plantes à racine bulbeuse, à feuilles radicales, à fleurs en épi. — Toutes les espèces sont
européennes, et quatre ou cinq sont indigènes à
la France. Ces dernières sont :

Le **Muscari chevelu**, vulg. *Vaciet à Jacinthe*,
V. à *toupet*, dont la hampe, de 40 à 50 centim. de
haut, est chargée de 50 à 80 fleurs en grappes,
d'un bleu rougeâtre. On le cultive dans les jardins, et l'on considère comme variété le *M. monstrueux*, ou *Jacinthe de Sienne*, *Lilas de terre*,
qui porte des fleurs en panache, de couleur bleu
lilas. — Le **M. a grappe**, vulg. *Ail à chien*, est
commun en France dans les endroits cultivés, où
il fleurit en avril-mai. Ses fleurs sont d'un beau
bleu, souvent relevé d'un rebord blanchâtre. —
Le **M. en épi** diffère du précédent par ses feuilles
plus larges; il est du midi de la France.

MUSCIDES (de *musca*, mouche). Tribu d'Insectes de l'ordre des Diptères athéricères, ayant
presque tous, à peu de chose près, le port de la
Mouche domestique. Tête cylindrique, vésiculeuse dans le milieu, ayant 2 gros yeux à réseaux
et 3 yeux lisses très distincts; 2 ailes horizontales; 2 ailerons assez grands et 2 balanciers petits; pattes souvent garnies de petits poils raides;
tarses terminés par 2 crochets, entre lesquels
sont deux pelotes membraneuses.

« Dans ces insectes, l'accouplement se fait
comme à l'ordinaire, à l'exception de la Mouche
commune, dite Mouche d'appartement; bientôt
après les femelles font leur ponte; celle-ci s'opère
suivant l'instinct du genre auquel appartient l'insecte, soit sur les excréments, et alors les œufs
sont munis d'appendices qui les empêchent d'y
être entièrement submergés, soit sur les matières
cadavéreuses en décomposition, dont leurs larves
hâtent la disparition de dessus le sol; quelques
espèces s'attaquent à d'autres insectes vivants, et
leurs larves vivent en parasites dans leur corps à
la manière de celles des Ichneumons; d'autres
peuvent introduire les leurs dans les tissus des
végétaux, et alors la présence de ces larves y détermine des excroissances en forme de galles analogues à celles que produisent les Cynips; quelques espèces, enfin, ont la faculté de pondre des
larves toutes formées; aussi sont-elles nommées

vivipares ; mais comme ces larves tiennent dans leur abdomen bien plus de place que des œufs, elles font des pontes bien moins nombreuses ; la vue doit naturellement guider ces insectes dans le choix des endroits où ils déposent leurs œufs, mais il est certain que l'odorat y contribue beaucoup ; car on voit quelques espèces, habituées à enfouir les leurs dans les matières stercorales, les déposer sur quelques plantes qui ont des odeurs analogues.

Les larves ne tardent guère à éclore : ce sont des vers blancs, coniques, ridés, pointus en avant, le plus souvent tronqués en arrière ; la tête est rétractile, très variable de forme, sans yeux, sans antennes, armée seulement de deux crochets dont elles se servent pour hacher les viandes ou les matières dont elles se nourrissent ; elles ont deux stigmates sur la partie qui peut être considérée comme le premier segment thoracique, les autres ouvertures trachéennes sont reportées sur une plaque située à l'extrémité du corps. Ces larves ne subissent aucun changement de peau ; quand le moment de leur métamorphose arrive, elles se contractent, la peau se durcit, et elles passent à un état désigné sous le nom de boule allongée. Le temps qu'elles passent à l'état de nymphe, sous cette coque, est plus ou moins long, selon la saison ; pour sortir de sa prison, l'insecte gonfle la face de sa tête qui est susceptible d'une grande dilatation et fait sauter une calotte de sa coque, qui alors lui livre passage.

Les insectes de cette tribu sont très nombreux et très répandus ; quelques-uns sont nuisibles par le tort qu'ils font à l'agriculture ; mais la plupart sont seulement incommodes par la persévérance avec laquelle ils s'attachent aux parties découvertes de notre corps, malgré les efforts qu'on fait pour les chasser, et par la crainte que nous donnent toujours leurs œufs pour les viandes qu'on est obligé de conserver ou de servir sur nos tables. Cette tribu est maintenant divisée en trois sections, par M. Macquart : elles sont reconnaissables aux caractères suivants :

1° Créophiles : antennes de 2 ou 3 articles (*Achias, Mouche, Sarcophage,* etc.).

2° Anthomysides : antennes d'un seul article ; front étroit (*Anthomye, Pégomye,* etc.).

3° Acalyptères : antennes d'un seul article ; front large (*Nyctéribie, Mélophage, Calobate, Hippobosque,* etc.).

MUSCLES. Organes fibreux, charnus, mous, rouges ou rougeâtres, qui, sous l'influence de la volonté, de certaines irritations, du galvanisme surtout, se raccourcissent dans le sens de leurs fibres et servent à l'exécution de mouvements divers. Les Muscles, qui sont réduits à un état rudimentaire dans les animaux inférieurs, deviennent de plus en plus nombreux dans les classes plus élevées, et forment, dans les vertébrés surtout, la plus grande partie de la masse du corps. Considérés dans cette dernière catégorie d'animaux, où

ils présentent leur plus haut degré de perfection, ils se divisent en deux grandes classes : les uns sont *extérieurs,* les autres *intérieurs.*

Les premiers appartiennent en général à la vie de relation, et sont dits *volontaires,* parce qu'ils se meuvent sous l'influence de la volonté dans l'état normal. Ils sont au nombre de 3 ou 4 cents, s'attachant aux diverses parties du squelette, qu'ils font mouvoir de différentes manières, servant aux organes des sens, de la voix, etc. Chacun d'eux offre à considérer un corps charnu ou *ventre,* et deux extrémités ordinairement terminées par un *tendon.* Les tendons sont des espèces de cordes fibreuses, blanches, plus ou moins étendues, sur lesquelles vont se terminer les fibres musculaires, et qui transmettent aux parties auxquelles elles s'insèrent toutes les contractions de ces mêmes fibres. Lorsque celles-ci doivent constituer des Muscles très allongés, le corps charnu qu'elles constituent est divisé par un tendon moyen ou par des fibres aponévrotiques qui augmentent leur action d'autant qu'elles les raccourcissent davantage. Les Muscles volontaires ont des formes et des usages variables, auxquels la plupart doivent leurs noms.

Les Muscles intérieurs, ou *involontaires, de la vie organique,* sont très petits et très faibles (cœur et matrice exceptés) comparativement aux précédents. Ils sont en général disposés par couches et faisceaux qui s'entrecroisent, formant des plans mobiles aux parois intestinales et vésicales, des organes creux (cœur, matrice), etc. Leur contraction n'est pas excitée par la volonté ; elle l'est physiologiquement par le stimulus spécial à l'organe, stimulus qui est le sang pour le cœur, les menstrues pour la matrice, l'aliment pour les intestins, l'urine pour la vessie, etc. — L'étude de la contractilité musculaire a beaucoup exercé les physiologistes. Mais ce sujet ne peut être examiné ici ; par conséquent nous renvoyons aux ouvrages d'anatomie et de physiologie, ainsi qu'aux articles *Mouvements, Innervation,* etc., de ce dictionnaire.

MUTILLE (*Mutilla*). Genre d'Hyménoptères porte-aiguillons, insectes très voisins des Fourmis, et dont les mâles sont seuls pourvus d'ailes. Tête arrondie ; yeux lisses ; antennes droites, sétacées ; 4 ailes. Les femelles ont la tête plus large, les antennes plus courtes, courbées : elles courent à terre avec rapidité, mais les mâles se trouvent sur les fleurs.

Les espèces sont très nombreuses. Nous possédons la M. maure, et la M. a pieds rouges, qui est des environs de Paris.

MYDAS (*Mydaüs*). Genre de Carnassiers, très voisin des Moufettes, et fondé sur une seule espèce, qui présente : tête pyramidale, allongée ; oreilles sans conque ; narines dépassant les maxillaires et se terminant en un mufle comparable au groin du Cochon ; 4 mamelles, dont 2 pectorales et 2 abdominales.

Le **Télagon** (*M. meliceps*), dont les poils sont peu abondants, surtout dans la région abdominale, est brun, sauf la ligne médiane de l'occiput, du dos et de la queue, qui est blanche. Au reste, cette disposition est très susceptible de varier, et cela ne doit point étonner chez des animaux si voisins des Mouffettes, où la mutabilité des couleurs est si remarquable ; ainsi cette ligne blanche est souvent interrompue par la couleur brune qui s'étend sur le reste du corps et qui empiète alors sur elle ; elle finit même, dans certains cas, par disparaître presque entièrement, de sorte que, dans ce cas, la couleur du corps est à peu près uniforme ; mais, par les particularités que nous avons indiquées en commençant, le genre Mydas se distingue toujours bien de celui des Mouffettes. Ce qui lui a valu son nom se rapporte à l'odeur extrêmement puante que cet animal répand ainsi que les Mouffettes. Il se trouve dans les îles de Java et de Sumatra.

MYDAS (*Mydas*). Diptère notacanthe, géant dans son ordre, ayant de grands rapports avec les Asiliques. Comme eux, ces insectes chassent leur proie d'un vol rapide, la saisissent de leurs pattes robustes, et la sucent souvent sans cesser de voler. — Le M. géant est long de 3 centim. Ce Diptère est du Brésil.

MYE (du gr. *myax*, moule). Genre de Mollusques conchifères, comprenant des animaux incomplétement recouverts par une coquille bivalve, transverse, ovale, presque équilatérale, bâillante aux deux bouts, portant à l'une des valves une dent cardinale, comprimée, dressée presque verticalement, et à l'autre une fossette correspondante.—Les Myes vivent enfoncées dans le sable, sur les côtes de l'Océan d'Europe. On distingue la **M. tronquée**, la **M. des sables**, etc.

MYGALE (*Mygale*). Genre d'Arachnides pulmonés, de la famille des Aranéides, auquel Walckenaër assigne les caractères suivants : yeux au nombre de huit, presque égaux, groupés sur une élévation, et ainsi disposés : trois de chaque côté, formant par leur réunion un triangle renversé et dont la pointe est en devant ; les deux autres situés sur une ligne transverse, entre les précédents ; mandibules horizontales, avec leur crochet terminal fléchi en dessous, et ayant dans quelques-unes, des pointes cornées, disposées en forme de râteau ou de dents de peigne, et placées au-dessous de ce crochet ; palpes insérées à l'extrémité des mâchoires ; filières inégales, dont deux beaucoup plus grandes, de quatre articles, saillantes et presque cylindriques ; les autres sont très petites. La bouche des Mygales n'a pas la même organisation que celle des autres Araignées ; les mandibules dirigées en avant et de niveau avec le céphalothorax, sont grosses et robustes ; elles sont armées, dans quelques espèces, de piquants plus ou moins apparents, qui servent comme de griffes à l'animal pour s'accrocher. Les filières ne sont qu'au nombre de deux paires, formées de 3 articles. Les pattes sont robustes, la première paire étant plus courte que la deuxième, et celle-ci moins longue que la quatrième ; indépendamment de leur villosité, elles offrent des piquants plus ou moins nombreux suivant les espèces, et sont terminées par des griffes rétractiles. On trouve deux sacs pulmonaires de chaque côté.

Le genre Mygale renferme les Araignées les plus grandes et les plus fortes ; on y trouve aussi des espèces plus faibles, mais dont l'instinct et l'industrie leur tiennent lieu de force. Ce sont des animaux nocturnes, qui établissent leur domicile dans des cavités ordinairement souterraines, dont ils tapissent l'ouverture à la manière des Aranéides tubicoles, également nocturnes. Walckenaër a divisé les nombreuses espèces en trois familles :

1° Les *Plantigrades*, celles à pattes charnues et veloutées en dessous, à ongles non pectinés, insérés en dessus et cachés dans les poils ; à mandibules dépourvues de râteaux : ce sont les plus grandes.

2° Les *Digitigrades inermes*, dont les pattes sont minces à leur extrémité, avec des ongles terminaux, apparents et pectinés.

3° Les *Digitigrades mineuses*, dont les pattes ont les ongles terminaux, apparents, non pectinés ; les mandibules ont à l'extrémité de leur pièce des pointes cornées, droites, formant un râteau.

Mygale aviculaire (*M. avicularia*). C'est la plus remarquable de la famille des Plantigrades, dont les espèces sont monstrueuses, pouvant saisir de petits oiseaux, et étant redoutées aux Antilles et dans l'Amérique méridionale. Corps très velu, long de 5 cent. au plus ; couleur brun foncé ; poils très longs aux pattes ; griffes fortes, coniques, très noires.

Cette Araignée, sur laquelle les voyageurs ont publié plusieurs récits qui ne s'accordent pas toujours, ne file point de toile, mais se terre et s'embusque dans les fentes de la paroi dépouillée des ravins creusés dans les tufs volcaniques. Elle chasse souvent au loin et se tapit sous des feuilles pour surprendre sa proie, ou elle grimpe sur les rameaux des arbres pour dévorer les petits du colibri. C'est la nuit qu'elle attaque ses ennemis. Sa force musculaire est très grande, son courage et sa férocité non moins extraordinaires ; lorsqu'elle applique ses tenailles sur un corps dur et poli, on y voit aussitôt les traces d'un liquide qui doit être le venin qu'elle injecte et qui rend sa piqûre dangereuse. La femelle porte ses œufs renfermés dans une coque de soie blanche, d'un tissu serré, qu'elle maintient sous son corselet au moyen de ses antennules. Quand elle est très pressée par ses ennemis, elle l'abandonne un instant ; mais elle revient la prendre aussitôt que le combat a cessé. (Moreau de Jonnes.)

Ce que dit Latreille des mœurs de la Mygale aviculaire diffère de ce récit. Cette Araignée « établit son domicile dans les gerçures des arbres , sous leur écorce, dans les interstices des masses de pierre , ou sur l'une des surfaces des feuilles de divers végétaux, propres par leur forme, leur expansion, la nature de leur épiderme et leurs proportions, à remplir son but. On la trouve non-seulement à la campagne et dans les lieux solitaires , mais encore dans les habitations. La cellule qu'elle se construit et où elle se renferme a la forme d'un tube rétréci à son extrémité postérieure. Elle se compose d'une soie très blanche, à tissu fort serré, semblable, en un mot, par sa contexture, sa couleur et sa mollesse, à de la mousseline très claire. La toile développée de l'une de ces loges , la plus grande de celles que j'ai reçues, est longue d'environ deux décimètres sur près de six centimètres de large, mesurée dans son plus grand diamètre transversal; car dans cet état elle a la figure d'un ovale allongé, tronqué antérieurement et rétréci en manière de filet au bout opposé. Le nid qui doit renfermer la progéniture de cet animal est de la forme et de la grandeur d'une grande noix. Le plus grand de ceux que je possède a cinq centimètres de long sur près de trente-cinq millimètres de diamètre. Ce nid n'est qu'une coque ou enve-

loppe épaisse d'un peu moins d'un millimètre, composée d'une soie semblable à celle qui forme l'habitation, mais disposée sur trois couches au moins, dont l'intermédiaire est plus mince. L'extérieure est lâche, un peu plissée ou ridée dans le cocon dont je viens de donner les proportions. Le produit de la ponte occupe entièrement le vide intérieur ; je n'y ai point aperçu cette espèce de bourre soyeuse qui enveloppe intérieurement les œufs des diverses espèces d'Aranéides, ceux notamment des Epières. M. Goudot m'a dit avoir retiré de l'un de ces cocons une centaine de petits. Un autre cocon, duquel quelques petits s'étaient déjà échappés, m'en a offert une soixantaine; ils avaient commencé à éclore au retour de ce naturaliste. Une petite ouverture circulaire, pratiquée à l'une des extrémités de la coque , indiquait le lieu de leur sortie. Malgré l'examen le plus attentif, je n'ai pu découvrir dans l'intérieur du cocon au-cune parcelle des œufs de l'animal; mais j'y ai trouvé en grande abondance les premières dépouilles des petits sous la forme de pellicules très minces, d'un roussâtre très pâle. Les petits, à l'issue de cette première mue , sont longs de trois à quatre millimètres , noirs, mais avec un reflet bleuâtre ou verdâtre, produit par la couleur des poils les plus longs, ceux des pieds principalement. On y distingue très bien les huit yeux , et les alentours de la bouche sont déjà rougeâtres comme dans les individus adultes. La femelle place son cocon près de sa demeure , et veille ainsi à sa sûreté. Vu sa forme et ses dimensions, et d'après l'analogie encore, il n'est nullement probable, ainsi qu'on l'a avancé, qu'elle le transporte avec elle dans ses courses. M. Goudot, qui a fourni à M. Latreille ces observations, dit qu'il n'a jamais trouvé près de l'habitation de la Mygale aviculaire des débris de corps d'insectes; sa toile est toujours propre : il faut donc qu'elle vive hors de sa demeure en allant à la chasse. Ses voyages, suivant le même observateur, ont toujours lieu pendant l'absence du soleil sur l'horizon. On trouve cette espèce assez communément à la Martinique. »

L'espèce que Pison nomme *Nhamdu* (Grande Araignée) est très voisine de l'Aviculaire. Elle « nidifie à la manière des oiseaux dans les cavités des vieux arbres ou dans les décombres. Pison dit encore qu'elle se construit quelquefois des toiles semblables à celles que font toutes les Araignées. Latreille pense que l'auteur n'a pas vu ces toiles, et qu'il est possible qu'on l'ait induit en erreur par de faux rapports. Il paraît qu'il est dans la même erreur ou qu'il s'abandonne à des conjectures, quand il dit que, dans l'accouplement, ces Araignées ont leurs corps opposés l'un à l'autre. Suivant cet auteur, la piqûre de cette Mygale, la liqueur qu'elle distille de sa bouche, et même ses poils, sont réputés venimeux; le meilleur antidote, suivant lui, est la préparation du Crabe qu'il nomme Aratu (*Grapsus pictus*); on le pile et on en fait un breuvage en le mêlant avec du vin; il agit comme vomitif. Cette Mygale, au rapport du même voyageur, se dépile avec l'âge; alors la peau de son ventre est d'un rouge incarnat. Mérian, qui a observé les insectes de Surinam, dit avoir trouvé plusieurs individus de la Mygale aviculaire sur la *Guajave*, y faisant leur nid et se tenant à l'affût dans le cocon que forme une chenille du même arbre. L'auteur de l'Histoire naturelle de la France équinoxiale place l'habitation de la Mygale aviculaire dans les fentes des rochers. Dans le Voyage à la Guyane du capitaine Stedmann, cette Araignée est appelée Araignée de buisson, et sa toile est, dit-on, de peu d'étendue, mais forte. On voit d'après ces relations, par la dissemblance qui règne entre elles, que des voyageurs, peu accoutumés à observer la nature, n'ont fait qu'errer dans le vague, et que leurs assertions ne sont pas propres à jeter un grand jour sur l'histoire de ces grandes Araignées. »

MYGALE MAÇONNE (*M. cœmentaria*). Cette espèce a environ 17 millim. de longueur; son corps est d'un brun fauve, avec la carène du tronc, ses bords et les pattes plus pâles; l'abdomen a, au milieu du dos, une suite de taches triangulaires, brunes, et des points plus foncés sur les côtés.

La Mygale maçonne se trouve aux environs de Montpellier. Elle est nocturne comme la précédente. Son industrie lui a valu son nom de *maçonne*. En effet, elle « choisit ordinairement pour faire son nid un endroit où il ne se rencontre aucune herbe, un terrain en pente ou à pic, afin que l'eau de la pluie ne puisse s'y arrêter; elle tâche aussi de trouver une terre forte, exempte de roches et de petites pierres, et y creuse un boyau de un ou deux pieds de profondeur, du même diamètre partout, et assez large pour qu'elle puisse s'y mouvoir en liberté. Elle le tapisse d'une toile adhérente à la terre, soit pour éviter les éboulements, soit pour se ménager des moyens de communication, afin de sentir du fond de son trou ce qui se passe à la porte. C'est surtout dans la fermeture qu'elle construit à l'entrée de son terrier que brille principalement toute l'industrie de cette Araignée. Elle forme, avec plusieurs couches de terre détrempée et liées entre elles par des fils, une porte ronde de la grandeur de son trou, dont le dessus, qui est plat et raboteux, se trouve à fleur de terre, et dont la partie inférieure ou le dessous est convexe, uni et recouvert d'une toile très forte et à tissu très serré; ces fils, prolongés du côté le plus élevé du trou, y attachent la porte comme avec des tentures, de manière que quand on ouvre cette porte et qu'on vient à l'abandonner ensuite, elle se referme d'elle-même par son propre poids; l'entrée du trou forme par son évasement une espèce de feuillure contre laquelle la porte vient battre et n'a que le jeu nécessaire pour y entrer et s'y appliquer exactement; ce couvercle ou opercule est exactement semblable extérieurement au terrain qui l'environne; il ne présente aucune saillie ni fissure quand il est fermé, et il est difficile de découvrir l'endroit où il existe. C'est dans ce trou ainsi fortifié que la Mygale femelle dépose ses œufs, et c'est en août qu'elle entre en amour; du moins ce n'est qu'après ce temps qu'on a trouvé des petits dans les nids des Mygales. Dorthez en a compté une trentaine dans un seul nid. Quand on vient à inquiéter la Mygale maçonne dans son habitation, et qu'on tente d'ouvrir la porte de son nid, elle emploie toute sa force et son adresse pour l'empêcher. Dès qu'elle sent le moindre mouvement à sa porte, elle se précipite du fond de son trou, où elle se tient toujours, et accourt à l'entrée: là, le corps renversé et accroché par les pattes, d'un côté aux parois de l'ouverture, et de l'autre à la toile qui tapisse le dessous de l'opercule, elle tire fortement à elle. L'abbé Sauvages, qui faisait ces expériences, vit, en entr'ouvrant la porte, l'Araignée placée comme nous venons de le dire. Chaque fois qu'il parvenait à entr'ouvrir cette porte avec une épingle, et qu'il venait de lâcher prise, elle se refermait de suite; il l'ouvrit et la laissa refermer plusieurs fois sans que l'Araignée lâchât prise, et elle ne céda et ne s'enfuit au fond que quand la porte fut entièrement ouverte. Si on ne force pas l'entrée de la Mygale et qu'on revienne à la charge plusieurs fois, après de courts intervalles, elle arrive sur-le-champ et répète le même manège. Tant qu'elle tient sa porte fermée, elle ne craint rien, et l'on peut travailler autour de son trou et creuser la terre pour enlever son habitation sans qu'elle abandonne son poste; si on la fait sortir de son nid, elle perd tout le courage qu'elle montrait en le défendant; le grand jour le fait disparaître, et ce n'est qu'en chancelant qu'elle parvient à faire quelques pas: elle semble dans un élément étranger. On ne l'a jamais vue sortir d'elle-même de son habitation, ce qui porte à croire qu'elle est nocturne; en effet, Olivier dit que la Mygale ariane, qu'il a trouvée dans l'île de Naxos, ne sort de son nid que pendant la nuit. Il paraît constant que la Mygale maçonne et toutes les autres espèces analogues ne travaillent à la

Fig. 885. — Mygale maçonne.

construction de leurs nids que pendant la nuit; car personne, jusqu'à présent, n'en a vu pendant le jour hors de leur habitation. Il est presque certain qu'elle ne sort aussi que la nuit pour recueillir les insectes qui se prennent dans les filets qu'elle tend à fleur de terre aux environs de son habitation. Dorthez a trouvé des débris d'insectes et de Coléoptères assez gros au fond de son nid. Latreille pense que ces araignées vivent dans le voisinage les unes des autres, sans se nuire, et il base son opinion sur un fait incontestable. « Il existe, dit-il, dans la collection du Muséum d'histoire naturelle de Paris, un bloc de terre taillé en forme de parallélipipède, et dont un des côtés offre à chacun de ses angles un nid de la Mygale de Sauvages. »

La Mygale pionnière (*M. fodiens*), ou *Araignée de Corse*, emploie à peu près les mêmes précautions, mais elle apporte encore plus de perfection dans son ouvrage. Son nid consiste en tubes qu'elle creuse dans une terre argileuse d'un rouge brique, qu'elle crépit avec une espèce de mortier assez solide, et tapisse d'une étoffe soyeuse.

« Pour clore nos demeures, nous avons des por-tes qui, roulant sur des gonds, viennent s'appliquer dans une feuillure, et y sont retenues ensuite par un moyen quelconque; l'Araignée pionnière ne s'enferme pas entièrement chez elle; à l'orifice extérieur de son tube est adaptée une porte maintenue en place par une charnière et tenue dans une sorte d'évasement circulaire qu'on ne peut mieux comparer qu'à une véritable feuillure. Cette porte, ou si l'on aime mieux ce couvercle, se rabat en dehors, et l'on conçoit que l'Araignée, lorsqu'elle veut sortir, n'a besoin que de la pousser pour l'ouvrir. Mais le moyen qu'elle emploie pour la fermer est vraiment remarquable. A en juger par son aspect, on croirait, dit l'auteur, que ce couvercle est formé d'un amas de terre grossièrement pétrie et revêtue, du côté qui correspond à l'intérieur de l'habitation, par une toile solide; mais cette structure, qui déjà pourrait surprendre chez un animal qui n'a pas d'instrument particulier pour construire, est bien plus compliquée qu'elle ne le paraît d'abord. En effet, je me suis assuré, en faisant une coupe verticale du couvercle, que son épaisseur, qui n'a pas moins de deux à trois lignes, résultait d'un assemblage de couches de terre et de couches de toile au nombre de plus de trente, emboîtées les unes dans les autres, et rappelant assez bien, à cause de cette disposition, ces poids de cuivre en usage pour nos petites balances, et dont les divisions, qui ont la forme de petites capsules, se reçoivent successivement jusqu'à la dernière. Si on examine chacune de ces couches de toile, on remarque qu'elles aboutissent toutes à la charnière, qui se trouve ainsi d'autant plus renforcée que la porte a plus de volume. La rainure elle-même, sur laquelle la porte s'applique, et que nous avons précédemment appelée la feuillure, est épaisse, et son épaisseur est due au grand nombre de couches qui la constituent. Ce nombre paraît même correspondre à celui que présente le couvercle. »

MYLABRE (*Mylabris*). Genre de Coléoptères hétéromères, famille des Trachélides, tribu des Cantharidies ou Vésicants, dont voici les caractères propres : antennes de onze articles en massue graduée, avec le dernier qui est ovoïde; tibias terminés par deux épines étroites et allongées; articles des tarses entiers, etc.

Les Mylabres se trouvent habituellement sur les plantes, principalement sur celles à fleurs composées. Ce sont des insectes peu agiles, qui ne font presque aucun mouvement pour s'échapper quand on veut les saisir, et se contentent de contracter leurs pattes et de faire le mort. Quoique très nombreux dans les pays chauds, ils sont encore inconnus dans leurs larves et leurs métamorphoses. Les anciens eux-mêmes les avaient remarqués; ils les appelaient Cantharides.

Mylabre variable (*M. variabilis*). Il est velu; ses élytres sont noirs, mais avec deux larges bandes transversales inégales de couleur jaune, et une tache presque ronde de même couleur immédiatement à leur base ; il résulte de cette disposition des couleurs que les élytres offrent 3 bandes noires et inégales qui les traversent dans toute leur largeur. Longueur totale de l'insecte, 18 à 20 millim. environ.

On trouve abondamment ce Mylabre dans les

Fig. 886. — Mylabre variable.

régions méridionales de la France, à Montpellier, en Italie, etc. Il vit sur les fleurs des plantes de la famille des Synanthérées. Cette espèce est vésicante à peu près au même degré que la Cantharide ; c'est sur elle que le docteur Bretonneau, de Tours, a fait ses intéressantes recherches, démontrant l'identité d'action entre les deux insectes.

Mylabre de la chicorée (*M. cichorii*). Il a beaucoup de ressemblance avec le précédent, mais il est plus grand, et ses couleurs ne sont pas disposées tout à fait de la même manière : par exemple, les bandes jaunes transversales sont incomparablement plus larges. — Cette espèce est originaire de la Chine ; on dit qu'on la rencontre aux environs de Paris, mais il est probable qu'on prend pour elle le Mylabre variable. Comme ce dernier, du reste, elle jouit de propriétés irritantes.

« La plupart des auteurs disent que le Mylabre variable est la Cantharide des Grecs. Nous remarquerons d'abord que Dioscoride connaissait plusieurs insectes auxquels on donnait le nom de *Cantharides*. Ainsi il parle de Cantharides qui vivaient sur le rosier blanc, d'autres sur le frêne, d'autres dans l'intérieur des galles du rosier sauvage. Ces divers insectes n'appartiennent certainement pas au genre Cantharide des modernes, surtout celui qui vivait dans les excroissances du rosier sauvage, qui probablement était un hyménoptère du genre Cynips. Il est très probable que notre Cantharide commune était celle qu'on trouvait alors abondamment sur les frênes comme aujourd'hui. Il est vrai qu'il ajoute que celles qui étaient d'une seule couleur étaient presque inefficaces, ce qui ne serait pas applicable à notre Cantharide officinale. Il a également connu sous le nom de Cantharide une espèce qui selon lui était la plus vésicante et qui se distinguait des autres par les bandes jaunes et transversales de ses ailes. Ces caractères semblent bien s'appliquer à une espèce de Mylabre; mais est-ce au *M. variabilis*, ou *M. cichorii* de la plupart des entomologistes, comme on l'a dit généralement jusqu'à ce jour? C'est ce qu'il n'est pas facile de décider. Car plusieurs espèces de ce genre présentent le même caractère de bandes jaunes et transversales sur des élytres noirs, et de plus, dans les riches collections que nous avons examinées, et en particulier dans celle de M. Dupont, nous n'avons pas vu le *Mylabris variabilis*, ni le vrai *M. cichorii*, parmi les espèces trouvées en Grèce. Nous avons au contraire rencontré une grande et belle espèce très rapprochée du *Mylabris sidæ*, originaire de la Chine, mais qui en diffère seulement parce que la tache jaune occupe immédiatement la base de l'élytre et se prolonge jusqu'à son bord externe, tandis que dans le *M. sidæ* la tache jaune est placée un peu au-dessus de la base de l'élytre qui est noire, et qu'il en existe une seconde séparée de la première sur l'angle externe et inférieur au même élytre. Il est très probable que c'est cette espèce, qu'on pourrait appeler *Mylabris Dioscoridis*, qui a été mentionnée par les anciens. On trouve également en Grèce le *Mylabris spartii*, très voisin du *M. variabilis;* mais il offre une tache jaune au milieu de la bande noire qui occupe le sommet de chaque élytre. Peut-être aussi a-t-il été connu des anciens. »

MYOPOTAME (*Myopotamus*). Genre de Rongeur, dont la forme rappelle celle du Castor; il a la tête large; le museau obtus; les oreilles petites, rondes; les pieds longs, à 5 doigts, ceux-ci libres au train de devant, palmés au train de derrière; ongles obtus, gros, peu arqués; queue allongée, conique, forte, écailleuse, parsemée de gros poils.

Ce genre ne comprend qu'une espèce, le Myopotame ou Coypou (*M. coypus*), dont la place n'est pas définitivement fixée dans la série des Mammifères. Toutefois, d'après l'ensemble de ses caractères et de ses mœurs, tout en ne l'éloignant pas trop des Rats et surtout du genre Campagnol, on doit très probablement le rapprocher des Castors.

Le Myopotame a une longueur totale d'un mètre environ, sur laquelle la queue a plus de 33 cent. Son pelage est d'un brun marron qui s'éclaircit sur les flancs; les poils de sa queue sont rares, courts et raides, comme chez tous les mammifères qui vont à l'eau; l'extrémité du museau est blanche; les moustaches sont longues et raides, etc.

Cet animal est très commun dans les diverses provinces du Chili, de Buénos-Aires et du Tucuman; il se trouve aussi, mais beaucoup plus rarement au Paraguay et au Brésil. Il habite les bords des rivières, dans des terriers qu'il sait se creuser; il nage avec une grande facilité. Il a, par son pelage, des rapports nombreux avec le Castor, et sa fourrure est employée dans le commerce de la chapellerie. On s'accorde généralement sur le caractère doux et presque familier de ce rongeur, qui semble s'attacher à ceux qui prennent soin de lui. La femelle fait 5 à 7 petits par portée ; elle en a le plus grand soin, et, dans leur jeunesse, les conduit partout avec elle.

MYOSOTIDE (*Myosotis*). Genre de Plantes herbacées, de la famille des Borraginacées, annuelles ou vivaces, pubescentes, velues, dont les feuilles radicales sont ordinairement disposées en rosette ; et les fleurs, ordinairement petites, sont disposées en grappes qui terminent la tige et les rameaux : calice à 5 divisions ; corolle en forme de soucoupe, dont le tube est court et muni, à sa partie supérieure, de 5 écailles convexes ; 5 étamines à filets très courts, incluses ; 4 carpelles.

Fig. 887. — Myosotis.

(1, fleur détachée ; — 2, calice ; — 3, pistil ; — 4, corolle ouverte montrant les étamines.)

Les Myosotides (de *mus*, souris ; *os*, *otos*, oreille, par allusion à la forme des feuilles), vulgairement nommées *Scorpiones*, sont bien au nombre de quarante espèces, dont la plupart se trouvent en Europe.

Myosotide vivace (*M. perennis*). Tiges de 10 à 60 centim., couchées radicantes à la base ou dressées non radicantes, à feuilles pubescentes-rudes, oblongues, les radicales atténuées en pétiole ; corolle assez grande, d'un bleu pâle, à gorge jaune, à limbe plan. — Cette plante, que le vulgaire nomme *Ne m'oubliez-pas*, et *Plus je vous vois, plus je vous aime*, est bisannuelle ou vi-

vace, et croît aux bords des rivières, des fossés, des marais, dans les prairies humides, fleurissant pendant la plus grande partie de l'été. Elle mérite d'être placée dans les endroits frais et humides de nos jardins et encore mieux sur les bords des pièces d'eau ou des ruisseaux dans les jardins paysagers.

Myosotide annuelle (*M. annua*). Tige droite, un peu rameuse, hérissée de poils blancs, ainsi que les feuilles, qui sont spatulées en bas, oblongues et sessiles en haut ; fleurs petites, d'un bleu céleste, quelquefois jaunes ou très pâles, pédicellées, et disposées en grappes roulées en spirale avant leur développement ; tube de la corolle plus court que les divisions du calice, à limbe peu évasé.

Cette espèce est l'*Oreille-de-Souris* du vulgaire. On la trouve dans les lieux arides et sablonneux, où elle s'élève à peine à la hauteur de 15 à 16 cent., tandis que, dans les endroits ombragés et un peu gras, sa taille dépasse 25 et 30 centim. Si sa grandeur est sujette à varier, il en est de même de la couleur de ses fleurs (*M. versicolor*).

MYOSURE (*Myosurus*), vulg. *Queue-de-Souris*. Plante annuelle, de la famille des Renoncules, glabre, à pédoncules radicaux uniflores ; feuilles toutes radicales, linéaires, entières ; fleurs d'un jaune verdâtre : 5 sépales prolongés en éperon au-dessous de leur insertion ; 5 pétales plus courts, à onglet tubuleux plus long que le limbe ; 5-10 étamines ; carpelles très nombreux.—La Queue-de-Souris est assez commune dans les champs argileux ou sablonneux humides, surtout dans les endroits inondés l'hiver.

MYRIAPODES (du gr. *myrios*, dix mille, sans nombre, et *pous*, pied) ou Mille pieds. Classe d'Articulés, comprenant des animaux terrestres, articulés, à segments nombreux, n'ayant point d'abdomen apode distinct du thorax ; point d'ailes ; tête pourvue de deux antennes ; à chaque anneau du corps s'articulent une ou deux paires de pattes, etc.

Les Myriapodes tiennent en quelque sorte le milieu entre les Annélides et les Crustacés. Ils méritent qu'on procède à un examen spécial de leur physiologie.

Relation. En commençant par le système nerveux, nous voyons les principaux nerfs formant, sur la ligne médiane du corps, au-dessous du canal intestinal, une série de ganglions, chacun de ces ganglions correspondant à un des anneaux du corps.—Le corps ne se compose que de deux parties, la tête et le thorax ; celui-ci est composé, ainsi qu'il a été dit déjà, d'une suite d'anneaux à peu près semblables et égaux entre eux, dont le nombre est au moins de six, mais quelquefois excessivement considérable. Tous les anneaux sont pourvus de pattes, qui sont plus ou moins longues. Les deux antennes président au toucher. Les yeux sont ou simples, et alors souvent réunis plusieurs ensemble, ou composés, ou même absents quelquefois; ces organes paraissent souvent moins nombreux dans le jeune âge qu'ils ne doivent l'être plus tard.

Nutrition. Le tube digestif est tout à fait droit chez les Myriapodes. Le ventricule chylifique forme à lui seul les trois quarts de la longueur de tout le tube digestif. On remarque à la bouche deux mandibules épaisses, sans palpes, formées de deux pièces articulées; au-dessous d'elles est une sorte de lèvre divisée en quatre pièces également articulées, et qui, avec deux paires de petits pieds recourbés et rapprochés de la bouche, représentent les pieds-mâchoires des Crus-

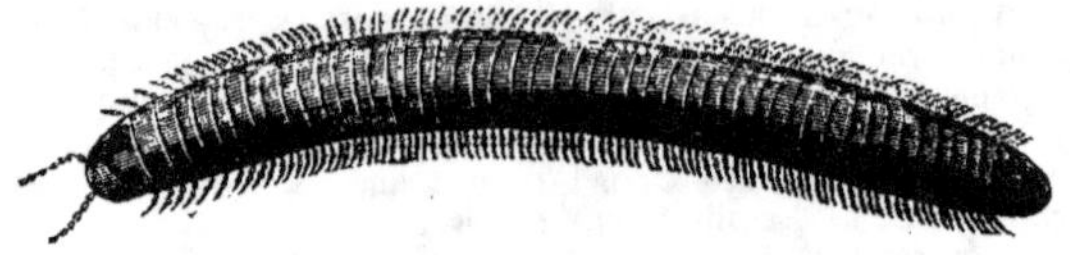

Fig. 888. — Myriapode-Chilognate (Iule).

acés. — Tous ces animaux respirent l'air au moyen de trachées qui s'ouvrent sur les côtés de leur corps par des stigmates; chaque segment est partagé en deux demi-segments, dont un seul offre deux stigmates. — Quant au système vasculaire, il est fort incomplet, comme celui de tous les animaux trachéens.

Reproduction. Les Myriapodes offrent une génération bisexuée, dioïque, ovipare ou ovovivipare. D'après P. Savi, de Pise, ces animaux éprouveraient une demi-métamorphose. En sortant de l'œuf, ils seraient apodes, et ce ne serait que plus tard que leurs pieds se développent. Selon de Geer et Gervais, les jeunes Iules sont pourvus de pieds en sortant de l'œuf. Mais ce qui est fort remarquable, c'est qu'avec l'âge, le nombre des pieds, et par conséquent des segments du corps, va en augmentant.

Les Myriapodes vivent ordinairement dans les lieux humides et ombragés, sous les pierres, les feuilles, les écorces, et même dans nos habitations (*Scutigère*). Leurs mœurs varient selon la nature des familles auxquelles ils appartiennent. Certaines espèces sont frugivores (*Iules,*

Fig. 889. — Myriapode-Chilopode (Scolopendre).

Glomeris); d'autres attaquent au contraire les animaux pour s'en nourrir (*Scolopendres*). La plupart craignent la sécheresse et y succombent rapidement, tandis que, placées dans des conditions plus favorables, elles sont au contraire très vivaces. Les Myriapodes, et en particulier les Scolopendres, résistent merveilleusement aux plus grandes mutilations. — « Quand on arrache la tête à un Géophile, on le voit aussitôt marcher dans le sens de la queue, et il peut vivre ainsi pendant quelque temps ; si on lui enlève ensuite l'extrémité anale, il recommence d'abord à marcher en sens contraire comme pour fuir l'objet qui vient de le blesser, mais on peut bientôt remarquer qu'il n'a plus alors de direction bien déterminée, car il s'avance tantôt d'avant en ar-rière et tantôt d'arrière en avant. Les Iules sont beaucoup moins vivaces que les autres animaux de cette classe. »

Deux familles ont été formées dans cette classe :

1° Les CHILOGNATES, dont les antennes sont courtes, plus renflées à leur extrémité, et composées de sept articles ; corps ordinairement cylindrique et crustacé ; chaque article porte ordinairement deux paires de pattes. On y trouve les genres *Iule, Glomeris, Polydesme,* etc.

2° Les CHILOPODES, à antennes longues et subulées, composées d'au moins 14 articles et quelquefois d'un nombre bien plus considérable, portant chacun une seule paire de pattes, et dont le corps déprimé est généralement membraneux. Ici se rapportent les genres *Scolopendre*, *Scutigère*, *Géophile*, etc.

MYRICACÉES. Famille de Plantes dicotylédones, à fleurs à pétales diclines, disposées en chatons. Arbres ou Arbrisseaux exotiques, dont les fleurs sont unisexuées, le plus souvent dioïques, en chatons; les mâles se composent d'une ou plusieurs étamines, souvent réunies ensemble sur un androphore rameux et placé à l'aisselle d'une bractée; les fleurs femelles, sessiles et solitaires à l'aisselle d'une bractée plus longue qu'elles, se composent d'un ovaire lenticulaire dont le style, court, est surmonté de 2 longs stigmates subulés et glanduleux, et est accompagné en dehors de 2, 3 ou un plus grand nombre d'écailles persistantes qui se soudent quelquefois avec le fruit. Celui-ci est une sorte de petite noix monosperme et indéhiscente, quelquefois membraneuse et ailée sur les bords.

Cette famille, formée de genres auparavant placés parmi les Amentacées, est voisine des Bétulacées, dont elle diffère par son ovaire uniloculaire et son ovule dressé. Le genre type est le *Myrica*. V. *Galé* et *Cirier*. — Le genre *Casuarina*, qui par son port ressemble à une Prèle gigantesque, en a été séparé par Mirbel et Lindley pour en former une famille distincte nommée *Casuaracées*.

MYRIPRISTIS (*Myripristis*). Genre de Poissons acanthoptérygiens, dont le nom signifie *mille scies*, à cause du bord dentelé de toutes les pièces et écailles qui garnissent leurs joues. Ils ressemblent d'ailleurs beaucoup aux Holocentres par les cannelures de leur crâne, les 8 rayons de la membrane branchiostége, les épines de la base de la caudale, les 7 rayons mous de leurs nageoires ventrales; mais ils en diffèrent par l'absence d'une forte épine à l'angle de leur préopercule, etc.

Toutes les espèces sont étrangères et très ressemblantes entre elles. La plus connue est le *M. Jacobus*, vulg. *Frère Jacques*, de la Martinique, au corps court, haut; à la tête obtuse, avec la queue courte et mince; ses écailles sont grandes, finement striées et dentelées, leurs bords jettent un éclat doré. Ce poisson est d'ailleurs d'une beauté ravissante par l'éclat de ses couleurs, où se marient le blanc argenté, le vermillon, le jaune et le rose.

MYRISTICACÉES. Famille de Plantes dicotylédones, à fleurs apétales diclines non en chatons. Arbres des régions tropicales, à fleurs dioïques, dont le calice monosépale est à trois divisions valvaires; 3 à 12 étamines monadelphes dans les mâles; ovaire libre uniloculaire et uniovulé dans les femelles, avec style court, terminé par un stigmate lobé. Le fruit est une sorte de baie capsulaire s'ouvrant en 2 valves, etc.

Cette famille a pour type le *Muscadier* (*Myristica*). Elle est très distincte des Lauracées

par ses étamines monadelphes s'ouvrant par un sillon longitudinal, etc.

MYRMÉCOBIE (*Myrmecobius*). Genre de Mammifères, de l'ordre des Marsupiaux, dont la tête est allongée, avec oreilles médiocres et droites; queue également médiocre; pieds antérieurs à 5 doigts, les postérieurs tétradactyles; mais son principal caractère est emprunté à la forme singulière et au grand nombre de ses dents, qui sont appropriées au régime insectivore. — Une seule espèce, de la Nouvelle-Hollande.

Myrmécobie a bandes (*M. fasciatus*). Corps long de 25 centim., queue de 20; pelage roux tiqueté en dessus, avec du brun sur les lombes et à la queue, et 6 ou 7 bandes transversales d'un blanc jaunâtre sur le dos et la croupe; ventre blanchâtre; pattes fauves.

Cet animal, d'apparence élégante et qui a une certaine analogie avec les Mangoustes, quoiqu'il appartienne aux Marsupiaux par l'ensemble de ses caractères, a été découvert, il y a une vingtaine d'années, dans les environs de la rivière des Cygnes, par Waterhouse. Les lieux où il y a le plus de fourmilières sont ceux qu'il préfère.

MYRMÉCOPHAGE. — V. *Fourmilier*.

MYRMÉDONIE (*Myrmedonia*). Genre de Coléoptères, du groupe des Staphilins, renfermant une quarantaine d'espèces, dispersées en Europe, en Asie, en Afrique et en Amérique, remarquables surtout par la structure de leurs tarses et par leurs pattes intermédiaires laissant un espace marqué entre eux et les autres membres. Ces insectes, d'une couleur sombre, nuancée parfois de rougeâtre, ont les élytres très courts, les antennes assez épaisses et le corselet presque canaliculé au milieu.

F g. 890. — Myrmédonie.

Les Myrmédonies se trouvent presque toujours aux environs des fourmilières, sans doute parc qu'ils en dévorent les hôtes. Lorsqu'on les touche ils font le mort, et relèvent leur abdomen de manière à ce que son extrémité touche presque les élytres.

MYRMÉLÉON. — V. *Fourmilion*.

MYRMICE (*Myrmica*). Genre d'Hyménoptères

porte-aiguillons , de la tribu des Formicaires , ayant pour caractères distinctifs : palpes maxillaires longues, de 6 articles; antennes découvertes; abdomen ayant son pédicule formé de deux nœuds et muni d'un aiguillon. — Ces insectes vivent en terre ou sous les pierres où ils établissent de nombreuses galeries et cellules soutenues par des piliers. Les neutres et les femelles ont un aiguillon très aigu dont la piqûre est assez vive et même un peu venimeuse. Quand elles veulent s'en servir, elles recourbent leur corps en dessous et paraissent courbées en deux : l'aiguillon se dirige alors entre leurs pattes. Les larves ne filent pas de coque pour opérer leur métamorphose. Leurs variétés sont en général assez nombreuses. — Les deux principales sont la M. ROUGE et la M. DES GAZONS, communes aux environs de Paris.

MYROBOLANS (du gr. *myron*, parfum; *balanon*, gland). On donne ce nom dans le commerce aux fruits desséchés de diverses espèces de Badamier qu'on apporte de l'Amérique et de l'Inde, et dont on fait usage en médecine comme purgatifs. On les distingue en :

M. citrins, d'un jaune rougeâtre , d'un goût astringent et désagréable , et ayant la forme de nos prunes de Mirabelles; ils renferment une amande.

M. emblics, de la grosseur d'une noix de galle, noirâtres et chagrinés, faciles à se mettre en quartiers.

M. bélérins , de la grosseur d'une muscade , d'un jaune rougeâtre en dehors et jaunâtre en dedans; ils 'sont à noyaux.

M. indis , sans noyau , noirs en dehors et en dedans, fort durs et d'un goût aigrelet.

Les Myrobolans ont joui d'une grande réputation. Mesué n'a pas craint de leur attribuer toutes les vertus de la fontaine de Jouvence : par leur usage, dit-il, la vieillesse est retardée et la fleur de la jeunesse se conserve longtemps. On ne les emploie presque plus aujourd'hui et peu de pharmacies en sont approvisionnées.

MYROXYLE (*Myroxylum*). Genre de la famille des Légumineuses , comprenant des Arbres résineux exotiques, à feuilles pinnées et à fleurs disposées en grappes simples ou rameuses et axillaires.

Le Myroxyle est un arbre qui croît dans les provinces les plus chaudes du continent de l'Amérique méridionale , au Pérou et dans la province de Carthagène, aux environs de la ville de Tolu. Son port est gracieux; son écorce lisse et épaisse est très résineuse , ainsi que ses autres parties ; feuilles de 8 folioles alternes , très entières et glabres, parsemées de points translucides comme le Millepertuis ; fruits longs de 10 à 15 centim., fortement comprimés, membraneux et en forme d'ailes sur leurs côtés, glabres, renflés à leur sommet, contenant une ou deux graines.

Jusqu'à présent, dit Ach. Richard, on avait considéré comme formant deux genres les végétaux qui produisent le *baume du Pérou* et le *baume de Tolu*. Le premier avait été placé dans la famille des Légumineuses, et le second dans celle des Térébinthacées. Mais, en examinant avec soin les caractères assignés au genre *Toluifera* par tous les auteurs, j'ai remarqué que ces caractères étaient absolument les mêmes que ceux du *Peruiferum*, à l'exception du fruit, décrit d'après Miller, qui serait à 4 loges et à 4 graines; et j'ai reconnu plus tard que les deux arbres constituaient deux espèces d'un même genre.

Le MYROXYLE DU PÉROU (*M. peruiferum*) fournit le baume du Pérou , dont on distingue deux sortes dans le commerce, l'un presque sec, obtenu en pratiquant des incisions à l'écorce de l'arbre, l'autre liquide, d'un brun rougeâtre, qui s'extrait en faisant bouillir dans l'eau les écorces et les jeunes rameaux , et qui est le baume du Pérou noir du commerce. Son odeur est forte mais agréable, sa saveur âcre et amère. Il brûle en répandant une fumée blanche , qui est produite par l'acide benzoïque.

Le M. DE TOLU (*M. toluiferum*) donne le *baume de Tolu*, obtenu des incisions faites au tronc de l'arbre. On le reçoit dans des vases, où on le laisse sécher; il constitue alors des masses solides d'une couleur fauve, d'une odeur très suave, d'une saveur âcre mais agréable , se liquéfiant avec facilité.

Ces substances résineuses et balsamiques ont un mode d'action entièrement semblable. Elles sont stimulantes et portent principalement leur action sur les organes broncho-pulmonaires. On les emploie en tablettes ou en sirop dans les catarrhes chroniques, alors que la chaleur, la fièvre et la douleur ont disparu et qu'il s'agit de faciliter l'expectoration du mucus bronchique sécrété en plus ou moins grande abondance.

MYRRHE. Gomme résine que l'on a cru pendant longtemps produite par l'*Amyris Kataf*, arbrisseau d'Arabie, mais qui proviendrait plutôt d'une espèce de BAUMIER (*Balsamodendron myrrha*). Cette substance est en larmes irrégulières rougeâtres et recouvertes d'une sorte de poussière blanchâtre , dont la cassure est brillante, avec de petites stries blanchâtres; sa saveur est âcre et amère, son odeur aromatique. Elle se dissout plus facilement dans l'eau que dans l'alcool. On l'employait autrefois comme tonique et stimulante.

MYRSINÉACÉES ou **MYRSINACÉES**. Famille d'Arbres ou d'Arbustes exotiques, à feuilles glabres, coriaces ; à fleurs disposées en grappes, ou en espèce d'ombelles indéfinies, ou enfin axillaires : calice persistant, à 4 ou 5 divisions profondes ; corolle régulière à 4 ou 5 lobes ; étamines en même nombre que les lobes de la corolle, et attachées à leur base, avec les filets courts et les anthères sagittées et introrses ; ovaire libre, uniloeulaire, à style simple. — Cette famille a des rapports avec les Sapotacées et les Ébénacées.

Fig. 891. — Myrsinée (Ardisia).

MYRSINE (*Myrsine*). Genre type de la famille des Myrsinéacées, comprenant des Arbrisseaux ou des Arbustes, à feuilles alternes et coriaces, à fleurs axillaires souvent en corymbes, dont on connaît une trentaine d'espèces réparties dans l'Amérique méridionale, la Nouvelle-Hollande, l'Asie et l'Afrique. Plusieurs espèces sont cultivées au Muséum de Paris et par quelques riches amateurs.

MYRTACÉES. Famille de Plantes dicotylédones polypétales, se composant d'Arbres ou d'Arbrisseaux d'un port élégant, dont les diverses parties sont pleines d'un suc odorant et résineux. Feuilles opposées, souvent persistantes ; calice monosépale, adhérent avec l'ovaire infère, à 4, 5 ou 6 divisions, à préfloraison valvaire ; autant de pétales que de divisions au calice ; étamines très nombreuses, à filets libres ou diversement soudés ; ovaire infère, à 2 ou 6 loges pluriovulées ; style simple ; stigmate lobé. Fruit offrant un grand nombre de variations.

Cette famille est partagée en sept tribus naturelles : les MYRTÉES comprennent le Myrte, le Giroflier ; les GRANATÉES, le Grenadier ; et ces plantes sont les seules dont nous fassions l'histoire dans cet ouvrage, car toutes les autres sont exotiques et très rares.

MYRTE (*Myrtus*). Genre de la famille des Myrtacées, Arbres et Arbrisseaux élégants, qui ont les tiges droites, rameuses ; les feuilles opposées, entières, ponctuées ; les fleurs axillaires, fort belles, composées d'un calice persistant à 5 divisions concaves, d'une corolle à 5 pétales arrondis, sessiles, insérés sur le calice ; de nombreuses étamines, libres, insérées au pourtour d'un disque épigyne et dont les filets subulés sont terminés par des anthères arrondies. L'ovaire est infère, globuleux, à 2-3 loges, surmonté d'un style filiforme à stigmate simple.

Ce genre se compose de dix-neuf espèces, qui croissent dans les climats équatoriaux, sauf une, qui se montre spontanée dans le midi de la France. Nous voulons parler du

MYRTE COMMUN (*M. communis*). Charmant arbrisseau, d'un port agréable, dont le feuillage est toujours vert, touffu, formant contraste avec la blancheur de ses fleurs ; les fruits sont des baies ovales à 3 loges, d'un pourpre foncé, couronnées par les bords du calice.

Cet arbrisseau croît dans le midi de la France, en Italie, en Espagne, etc. On le multiplie très facilement par marcotte et par boutures. Son bois est dur ; son écorce, ses feuilles et ses baies sont propres à tanner les cuirs. Les baies servent de plus à la teinture ; les merles en sont très friands : les anciens les mettaient dans leurs ragoûts. On retire des feuilles, qui ont une odeur douce, une huile aromatique qui entre dans les parfums.

Le Myrte a été connu dans la plus haute antiquité. Il était, chez les Grecs, consacré à Vénus et l'emblème de l'amour et des doux plaisirs. Il ornait les statues de leurs héros, la couche des nouveaux époux ; il faisait partie essentielle des mystères et des cérémonies les plus riantes et des plaisirs de la table. Ce fut, au rapport de Pline, le premier de tous les arbres que l'on planta sur la place publique de Rome.

Le Myrte commun offre plusieurs variétés qui diffèrent par la grandeur, la forme des feuilles, etc. Citons parmi elles le *Myrte romain*, à petites et à grandes feuilles lancéolées ; le *M. de Tarente*, aux feuilles ovales, disposées en croix sur 4 rangs, et aux rameaux courts ; le *M. bétique*, dont les feuilles serrées au sommet des rameaux simulent celles de l'Oranger ; le *M. à fleurs doubles*, etc.

Mentionnons quelques espèces exotiques, telles que le MYRTE COTONNEUX (*M. tomentosa*), des forêts de la Cochinchine, cultivé quelquefois en pot et en serre tempérée dans nos climats ; les filets de ses étamines sont d'un beau rouge carmin. — Le M. GÉROFLIER (*M. caryophyllata*), des Antilles, de Ceylan, etc., est une belle espèce dont l'odeur et la saveur rappellent celles du Géroflier. Son écorce sert de condiment chez les Indiens. — Le M. TOUT-ÉPICE (*M. pimenta*) est un arbre de l'Amérique équatoriale, dont les baies noires font partie des épices et des parfums connus sous le nom de *Piment de la Jamaïque*.

Le nom de *Myrte* est quelquefois donné vulgairement à des plantes qui n'ont rien de commun avec les Myrtacées : c'est ainsi que l'on appelle

Myrte-bâtard le Galé-Piment (*Myrica gale*) de nos lieux humides.

MYRTILLE. — V. *Airelle.*

MYTILACÉES (de *mytilus*, moule). Famille de Mollusques acéphales pourvus de coquille bivalve, dont voici les caractères : manteau adhérent vers les bords , fendu dans toute sa moitié inférieure, avec un orifice distinct pour l'anus, et une indication de l'orifice branchial par l'épaississement plus considérable des bords postérieurs du manteau ; pied linguiforme, canaliculé , avec un byssus en arrière à sa base ; 2 muscles adducteurs, dont l'interne très petit ; cqouille régulière, équivalve , souvent épidermée ou cornée ; charnière à ligament sub-intérieur , marginal , linéaire, occupant une grande partie du bord dorsal. — Les genres sont : *Modiole* , *Moule* , *Lithodome* ; et pour quelques auteurs , *Anodonte, Mulette, Cardite, Cristatelle.*

FIN DU TOME DEUXIÈME.

PARIS. — Typographie et Lithographie LACOUR, rue Soufflot, 18.